실기시험요령

1 시험 요강

■ 시험과목(전기용접, 특수용접, 가스용접 공통)

- **필기** : 1. 용접일반　　2. 용접재료　　3. 기계제도(비절삭부분)
- **실기** : 전기용접 작업(전기 용접), CO_2용접 및 티그 용접(특수 용접), 가스용접 작업

■ 검정방법

- **필기** : 전 과목 혼합, 객관식 60문항(60분)
- **실기** : 작업형 (1시간 40분 정도)

■ 합격기준

- **필기·실기** : 100점을 만점으로 하여 60점 이상

2 실기방법 (작업시간 1시간 40분, 연장 15분)

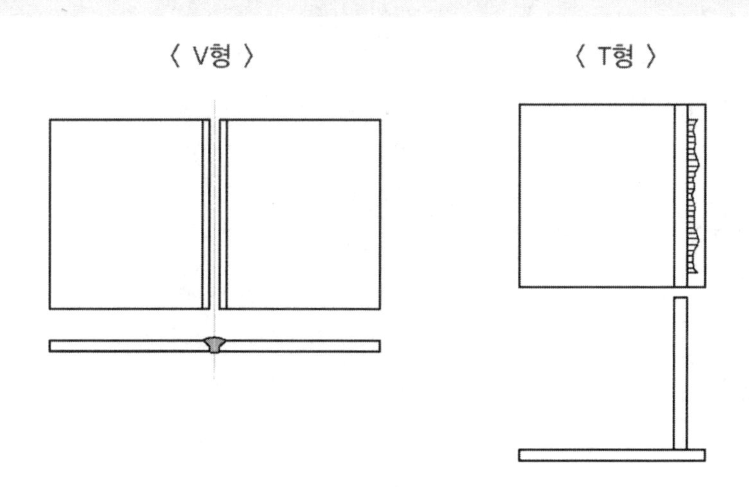

■ 전기 용접 기능사(실기)

시험편 두께 t6, t9를 위보기, 수평, 수직 맞대기 자세(V형) 중 2자세 출제
시험편 두께 t6, t9중 아래보기, 수평, 수직 필릿(T형) 중 1자세 출제

■ 특수 용접 기능사(실기)

CO_2 용접 시험편 두께 t6, t9를 아래보기, 수평, 수직 맞대기 자세(V형) 중 1자세 출제
CO_2 용접 시험편 두께 t6, t9를 아래보기, 수평, 수직 필릿(T형) 중 1자세 출제
스테인리스 용접 아래보기, 수평, 수직, 위보기 맞대기 자세(V형) 중 1자세 출제

■ 가스 용접 기능사(실기)

시험편 두께 t6, t9를 위보기, 수평, 수직 맞대기 자세(V형) 중 2자세 출제
시험편 두께 t6, t9 중 아래보기, 수평, 수직 필릿(T형) 중 1자세 출제

3 용접기능사 채점 항목

구 분	항 목		비 고
시험편 외관 (V형 맞대기 2가지 자세 무작위 출제)	아래보기	표면	
	수직보기		
	수평보기	이면	
	위보기		
	필릿 용접		
결 함	자세별 오버랩, 언더컷		
	필릿 오버랩, 언더컷		
용접 시점	자세별 시점		
	필릿 시점		
크레이터 처리	자세별 크레이터		
	자세별 크레이터		
	필릿 크레이터		
굴곡시험	자세별 표면		
	자세별 이면		
필릿	용입, 슬랙 혼입, 융합불량, 선상 조직, 기공, 터짐 등		
안전	작업복, 보호구, 안전수칙		

실습 방법

01 재료 및 공구 준비

① 실습 작업에 필요한 재료인 모재 및 용접봉을 준비한다.

② 실습복, 각종 보호구 및 작업 공구를 준비한다.

02 홈 가공

① 준비된 모재를 V홈 가공을 한다. 일반적으로 홈각도는 54～70°정도로 초보자일수록 홈각도를 크게 하여야 충분한 용입을 할 수 있다.

② 루트면을 가공한다. 이론적으로는 1.5～2.5mm정도 가공한다. 작업하는 사람에 사용전류값 등에 따라 가공면의 두께는 달라진다. 만일 작업시 이면 비드를 만들고자 할 때 용락이 잘 일어나면 루트면을 두껍게 갈거나 전류값을 낮추어 주어야 한다. 또한 용락은 되지 않으나 이면 비드가 잘 나오지 않을 때는 루트면을 얇게 가공하거나 또는 루트 간격을 넓게 하여 이면 비드가 나올 수 있도록 하여야 한다.

02

③ 재료 중간 부분을 표시한다. 자격증 시험을 볼 때 시종단에 엔드탭을 설치하지 않기 때문에 시험모재 150mm에서 양쪽 끝 32mm를 잘라내고, 그 다음 양쪽 38mm를 사용하며, 가운데 10mm도 사용하지 않는다.

03 가접하기

① 작업대 위에 가공된 모재를 어긋나지 않도록 수평으로 놓는다.

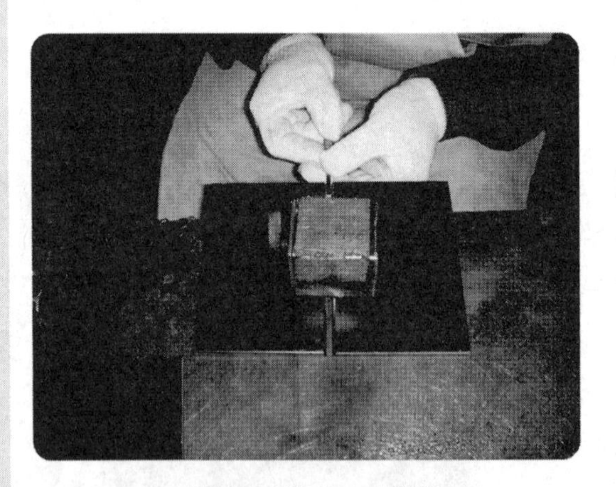

전기용접 및 CO_2 시험편

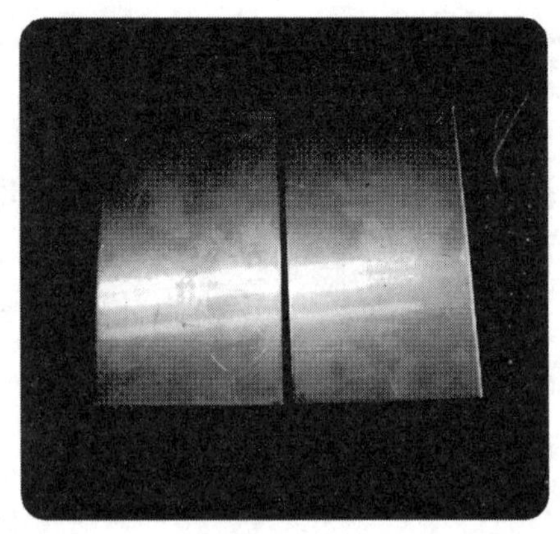

스테인리스 시험편

② 용접을 시작하는 부분은 2.5 ~ 3.0mm, 끝나는 부분은 3.5 ~ 4.0mm정도 간격을 띄운다.

③ 용접전류는 130 ~ 140A 정도로 맞춘 후 모재가 흔들리지 않도록 마그네틱 또는 기타 다른 모재 등을 이용하여 신속히 용접한다. 초보자의 경우는 폐모재 즉 사용하지 않는 모재를 옆에 놓고 아크를 발생시킨 후 가접 부위를 확인한 후 신속히 옮겨 가접을 실시한다.

03

참고

티그 용접 방법

- 스테인리스 용접 시 가스가 배출되는지 확인을 해야 한다. 가스게이지 눈금이 5～10정도로 열어놓고 작업을 실시한다.(용접기 ON OFF를 확인한다.)
- 텅스텐 전극봉을 뾰족하게 가공을 한 것을 준비 한다. 용접기 전류는 직류로 전환하여 작업한다.
- 준비된 모재에 이물질이 묻어 있는지 확인한다.

④ 가접을 마친 후 2～5°정도 역변형을 준다.

04 이면비드 용접하기

① 자세에 따라 시험편(모재)을 지그에 고정한다.

아래보기

수평보기

수직보기

위보기

② 각 자세에 따른 이면 비드 만들기 전류값으로 전류를 조절한다.
(용접봉은 ∅3.2 기준, 작업조건 및 작업자에 따라 달라질 수 있다.)

자 세		1차 (이면)	2차 (표면)	3차 (표면)
피복 아크 용접	아래보기(6t)	85	115	
	아래보기(9t)	85	125	120
	수직(6t)	90	120	
	수직(9t)	90	125	115
	수평(6t)	90	120	
	수평(9t)	87	4∅ : 140 3.2∅ : 130	120
	위보기(6t)	87	120	
	위보기(9t)	87	115	120
	필릿(6t)	130		125
	필릿(9t)	140		130
CO_2 용접		전류 120A, 전압19 ~ 20V가 통상적으로 기준이 되지만 장비상태나 특성에 따라 값이 크게 다를 수 있다.		
TIG 용접		80(t3)	60 ~ 70	2.4∅
		90(t4)	65 ~ 75	〃

전기용접기

CO_2 용접기

티크 용접기

③ 홀더를 가볍게 쥐고 시선은 모재와 용접봉이 일치하는 지점에 둔다.

④ 시작점의 선단에서 아크를 발생하여 예열하고, 키홀(열쇠 구멍 모양)을 만든 다음에 작업각 및 진행각을 유지하며 용접을 진행한다. 일반적으로 작업각 및 진행각은 모든 용접에서 75˚를 유지하는 것을 원칙으로 조절한다.(작업 조건 및 작업자에 따라 약간씩 차이는 있을 수 있다.) 위빙을 하지 않는 것이 원칙이나 필요시 약간의 위빙을 한다.

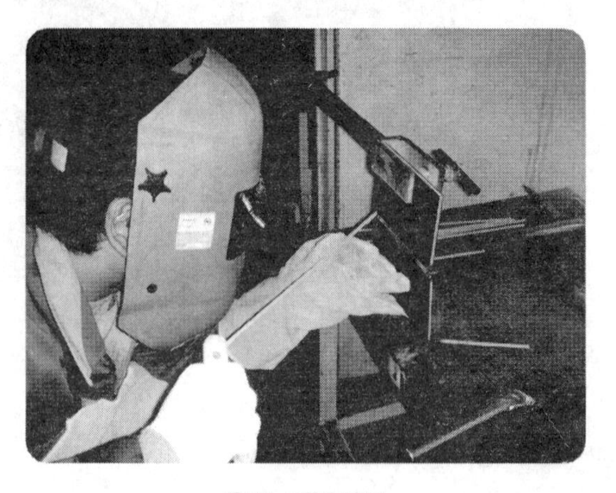
용접 시작하기

⑤ 용접봉을 하나를 가지고 끝까지 용접이 가능하면 아크를 중간에 끊지 않고 계속 용접을 진행하나 그렇지 못하고 끝까지 가기 어려울 경우에는 사용하지 않는 부분이 모재 가운데 부분에서 아크를 끊어 준다.

비드를 이으려고 할 때는 비드 끝부분보다 5mm정도 앞선 곳에서 아크를 발생시킨 후 키 홀까지 온 다음 키 홀 부근에서 약간 머물러 이음하며, 키 홀이 만들어지면 그 상태를 유지하면서 계속 진행한다.

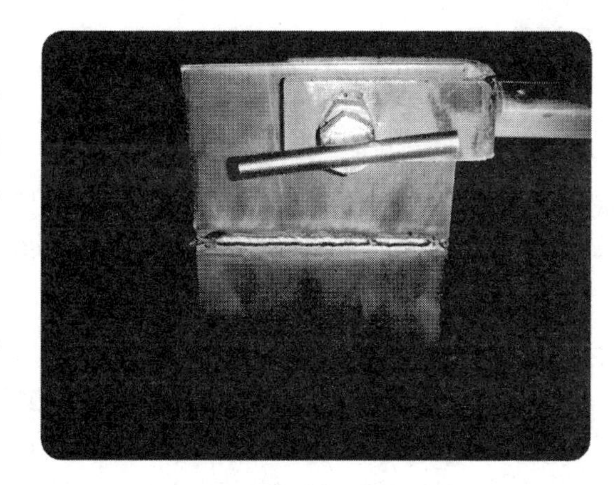

이면 비드 용접

⑥ 슬랙과 스팩터 등을 깨끗이 제거하여 융합불량 등의 결함이 생기지 않도록 한다.

05 2차 표면비드 용접하기

① 각 자세에 따른 표면 비드 만들기 전류값으로 전류를 조절한다. 이때 용접봉 굵기에 따라 적절한 전류값으로 조정하여야 한다.

② 시작점의 선단에서 천천히 용접봉을 진행시켜 아크가 발생하면 아크 길이를 길게 하여 충분히 예열한 후 천천히 작업을 진행한다. 아래보기, 수직, 위보기 등은 위빙을 하면서 진행한다. 위빙을 할 때 양쪽 끝에서는 반드시 머물러 주며, 아크 길이가 길어지지 않도록 주의한다.

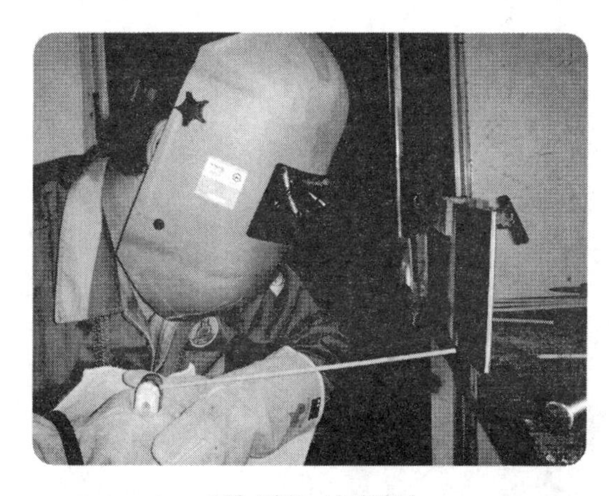

2차 비드 시작하기

③ 모재 두께에 따라 t6의 경우는 2차 비드만으로 완성하나, t9의 경우는 3차 비드를 쌓아야 하므로 비드의 높이가 모재 표면과 같거나 약간 낮은 것이 좋다.

④ 슬랙과 스팩터 등을 깨끗이 제거하여 융합불량 등의 결함이 생기지 않도록 한다.

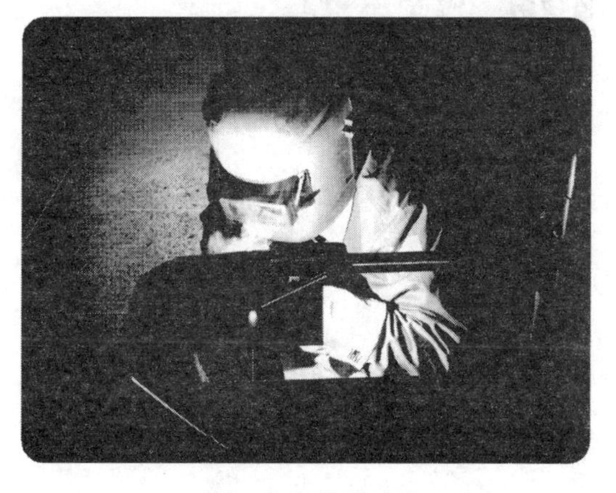

2차 비드 용접하기

06 3차 표면비드 용접하기

① 각 자세에 따른 표면 비드 만들기 전류값으로 전류를 조절한다. 이때 용접봉 굵기에 따라 적절한 전류값으로 조정하여야 한다.

② 시작점의 선단에서 천천히 용접봉을 진행시켜 아크가 발생하면 아크 길이를 길게 하여 충분히 예열한 후 천천히 작업을 진행한다. 아래보기, 수직, 위보기 등은 위빙을 하면서 진행한다. 위빙을 할 때 양쪽 끝에서는 반드시 머물러 주며, 아크 길이가 길어지지 않도록 주의한다.

3차(표면)비드 용접하기

③ 슬랙과 스팩터 등을 깨끗이 제거하여 외관 검사시 좋은 점수를 받도록 시험편을 청소하여야 한다.

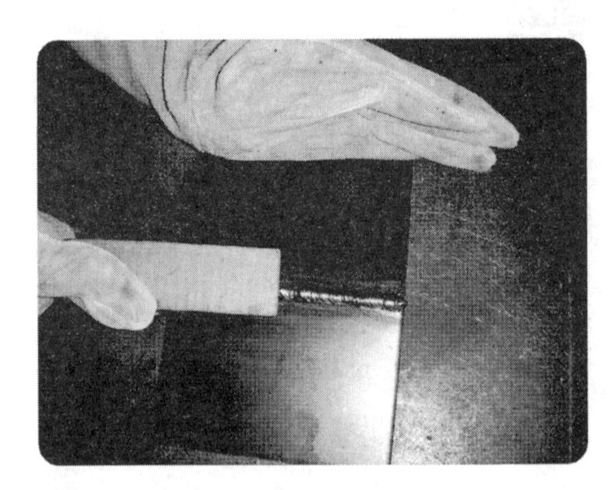

모재 청소하기

07 마무리하기

① 용접기 전원을 모두 내리고, 작업 공구 등을 정리 정돈한다.

② 시험편을 제출한다.

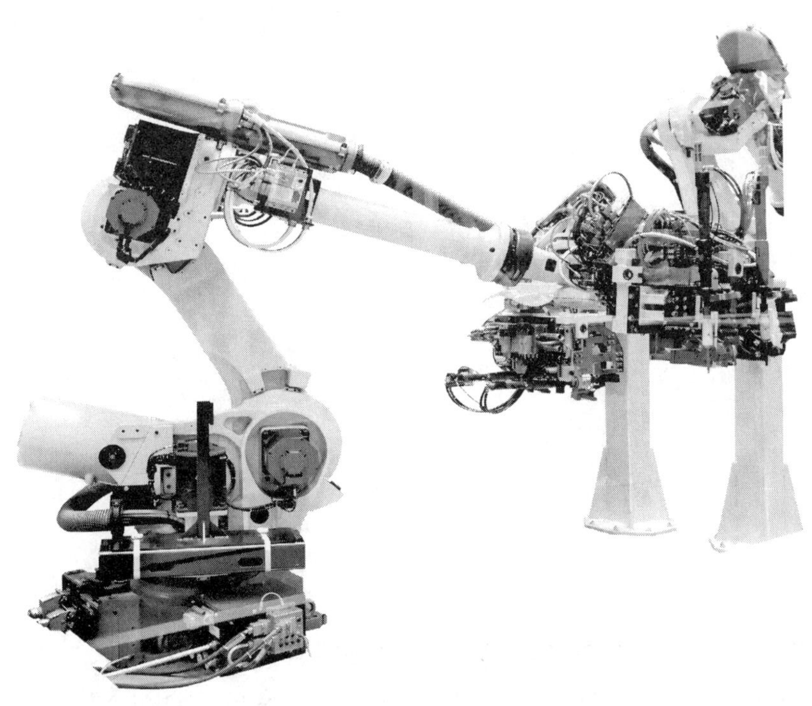

Hj 골든벨타임

시작하기 전에...

경제 규모 세계 11위, 세계 최강 조선 강국 대한민국!

이것이 오늘날 우리의 현주소이다. 이렇게 될 수 있는데 일조한 산업 직종을 들라하면 주저 없이 '용접(鎔接, welding)'분야를 추천할 수 있다.

왜냐하면 용접은 조선, 기계, 자동차, 전기, 전자 및 건설 등의 산업에서 제품이나 설비의 제조, 조립, 설치, 보수 등에 이르기까지 광범위하게 사용되고 있는 국가 기반 산업이기 때문이다.

이처럼 다양한 분야에 응용되고 필요로 하는 용접은 앞으로도 지속적으로 기술 인력의 수요가 요구되고 있다. 국가에서는 다양한 용접기술을 향상시키기 위한 제반 환경조성과 전문화된 기능 인력을 양성하기 위하여 기술에 걸맞은 자격제도를 시행해 오고 있다.

이에 본 자격증을 취득코자 하는 수험생들에게 짧은 기간 내에 소기의 목적달성을 위한 묘책으로 만반의 수험대비서를 발간하게 되었다.

이 책의 구성은 다음과 같다.

1 **1장에서 6장까지는 「용접 일반」에 대하여 구체적인 내용 설명 후 기출 문제를 해설과 더불어 수록하였다.**

일반적으로 용접관련 자격시험에서는 이 단원의 출제 비중이 가장 높으며, 비파괴 검사 관련 자격 종목에서도 이 내용으로 충분하리라 본다. 따라서 내용을 체계적으로 공부하고 관련 CBT예상문제를 꼭 풀어보아야 한다. 물론 CBT예상문제에도 대표 문항에 해설을 붙여 놓고 내용은 같으나 형태가 다른 문항을 순서대로 기술하여 수검자들의 편이성을 최대한 높였다.

2. **7장은 용접관련 공부를 하는 독자들이 가장 어려워하는 「기계 재료」를 다룬 단원이다.**

   이 장은 CBT예상문제를 풀면서 해설이 부족할 경우 내용을 찾아 공부하면 효과적일 것이다. 또한 용접 관련 및 비파괴 검사 관련, 기계 관련 자격증을 취득하고자 하는 독자들에게도 매우 유용한 과목이다.

3. **8장은 「기계 제도」를 다룬 단원으로서 용접 관련 자격증 및 기계관련 자격증을 취득하고자 하는 독자들에게 도움을 줄 수 있는 장이다.**

   수능 시험에서도 직탐영역의 기초 제도 부분을 공부하는 학생들에게도 매우 유용한 단원이다.

4. **마지막으로 다루고 있는 CBT복원문제는 신경향 문제를 분석하여 수검자의 예지력을 향상시킬 수 있다.**

   문제 출제 경향과 동시에 문제 은행식 출제 방식에 완벽 대응하고 있다.

그러므로 이 책은 크게 용접 일반, 재료(야금), 제도를 다루고 있는 이론서 및 수험서이다.

끝으로 이 책과 더불어 「CBT 용접 기능사」를 같이 공부하면 매우 도움이 될 것이다.

저자 일동

이 책의 차례

chapter 3 가스용접

chapter 4 특수용접

chapter 5 절단 및 그 밖의 용접

chapter 6 시공 및 설계

chapter 7 기계재료

chapter 8 기계제도

chapter 9 CBT복원문제

01 용접원리

용접원리

1. 개요

용접이란 접합하고자 하는 2개 이상의 물체나 재료의 접합 부분을 냉간, 반용융 또는 용융 상태로 하여 직접 접합 시키거나 또는 접합하고자 하는 두 가지 이상의 물체 사이에 용융된 용가재를 첨가하여 간접적으로 접합 시키는 것을 말한다. 이것은 뉴턴의 만유인력의 법칙에 따라 접합 하고자 하는 두 금속간의 간격이 10^{-8}cm(Å) 즉 1억분의 1cm정도 접근시키면 인력이 작용되어 결합되는 것이다.

그러므로 금속 표면이 평활하게 보여도 크게 확대시켜 보면 오목, 볼록하게 되어 있기 때문에, 넓은 면적에서는 그대로 원자 사이의 인력이 작용되어 결합되지 않는다. 따라서 접합의 목적을 달성하기 위해서는 금속 표면에 산화막을 제거하고 산화물의 발생을 방지하면 표면 원자들이 접근할 수 있도록 만들어 주어야 된다.

2. 접합의 종류

① **기계적 접합법** : 볼트, 리벳, 나사, 핀 등으로 결합하는 방법

② **야금적 접합법** : 고체 상태에 있는 두 개의 금속 재료를 열이나 압력, 또는 열과 압력을 동시에 가해서 서로 접합하는 것으로 용접은 이에 속한다.

3. 용접의 역사

용접 사용의 역사는 금속 사용의 역사라 할 수 있다. 본격적인 용접의 발달은 패러디(Faraday)가 19세기에 들어서 발전기를 만들었고 1873년에 전동기가 발명되면서 약진을 가져왔다.

① 제 1기(1885 ~ 1902) : 탄소 아크 용접, 전기 저항 용접, 금속 아크 용접, 테르밋 용접, 가스 용접

② 제 2기(1926 ~ 1936) : 불활성 가스 아크 용접, 서브머지드 용접, 원자 수소 용접

③ 제 3기(1948 ~ 1967) : 이산화탄소 아크 용접, 일렉트로 슬랙 용접, 초음파 용접, 마찰 용접, 전자빔 용접

4. 용접의 분류

(1) 융접(Fusion Welding)

접합 부분을 용융 또는 반용융 상태로 하고 여기에 용접봉 즉 용가재를 첨가하여 접합하는 방법

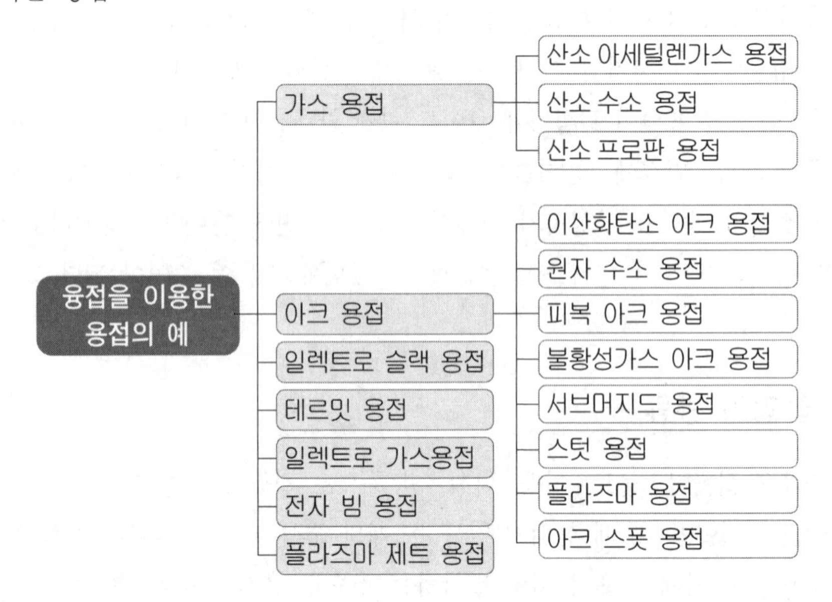

① 가스 용접

㉠ 산소 아세틸렌가스 용접 : 지연성 가스인 산소와 가연성 가스인 아세틸렌을 이용하여 전기가 없는 곳에서도 이용할 수 있는 용접법이다. 일반적으로 산소와 아세틸렌을 1 : 1로 혼합하여 용접봉을 첨가하여 용접하는 방법이다. 하지만 재질에 따라 그 혼합비는 달라질 수 있다.

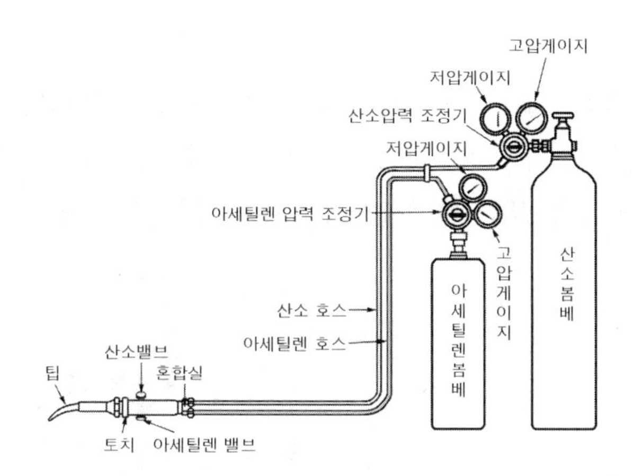

㉡ 산소 수소 용접 : 산소와 수소의 혼합 가스의 연소열을 이용하는 용접으로 화염 온도가 낮아 저 융점 금속재료에 이용된다. 수소의 화염은 무광이나 용접 장치는 산소 – 아세틸렌 용접과 거의 동일하다.

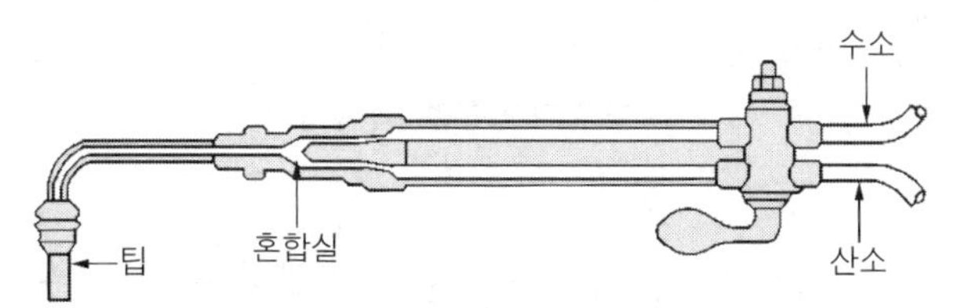

▲ 산소 – 수소 용접 토치

㉢ 산소 – 프로판 용접 : 산소 – 프로판의 경우는 대부분 절단용으로 많이 쓰인다. 왜냐하면 절단을 위해서는 산소를 많이 필요로 하는데 프로판 팁의 경우 산소 분출공이 많아 절단용으로 우수하다. 하지만 얇은 판 절단의 경우에는 산소 – 아세틸렌이 더 우수하다.

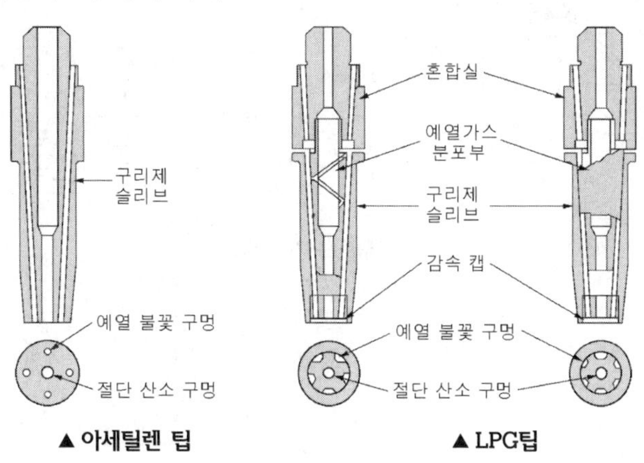

▲ 아세틸렌 팁 ▲ LPG팁

② 아크 용접

㉠ 피복 아크용접 : 교류를 사용한 용접의 경우 아크가 불안정하므로 피복제를 입힌 용접봉을 사용하여 용접해야 아크를 안정시킬 수 있다. 피복제를 사용하므로 피복 아크 용접 또는 에너지원을 전기를 사용하므로 전기 용접이라고도 한다.

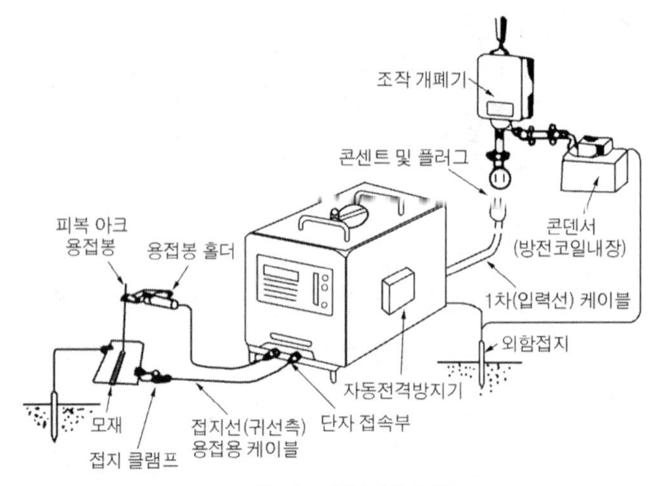

▲ 교류 아크 용접기의 구성

㉡ 일렉트로 가스용접 : 일렉트로 슬랙 용접과 같이 수직 자동 용접이나 플럭스를 사용하지 않고 실드 가스(탄산가스)를 사용하며, 용접봉과 모재 사이에 발생한 아크열에 의하여 모재를 용융 용접하는 방법

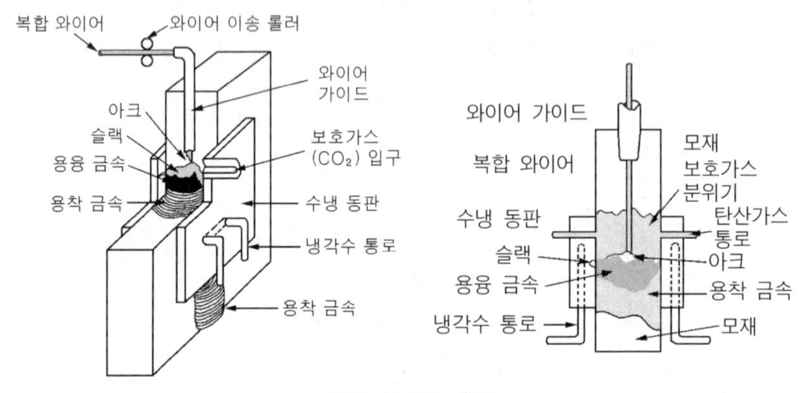

▲ 일렉트로 가스 용접

㉢ 불활성가스 아크용접(티그·미그용접) : 티그 용접은 GTAW(Gas Tungsten Arc Welding)용접 이라고도 하나 상품명인 아르곤 용접으로 일반적으로 부르고 있다. 수동용접으로 박판에 주로 사용된다. 반면, 미그 용접은 GMAW(Gas Metal Arc Welding)용접이라고 하며, 반자동 또는 자동 용접으로 티그보다 두꺼운 판 용접에 사용되고 있다. 또한, 아르곤 가스와 이산화탄소 가스 등을 혼합 사용하는 용접법을 MAG용접이라 하는데 혼합 가스를 사용하면 스팩터가 적고 슬랙이 거의 생기지 않아 비드 형상이 양호한 용접이 된다.

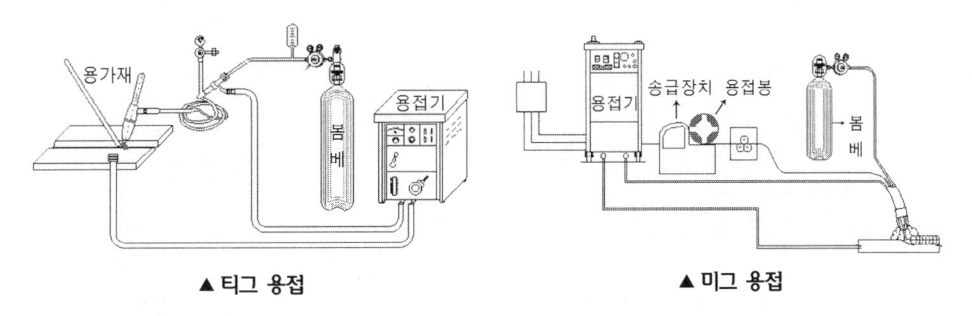

▲ 티그 용접 ▲ 미그 용접

㉣ 이산화탄소 아크용접 : 환원성 분위기 조성을 위하여 이산화탄소를 사용하는 반(半)자동 용접으로 조선소, 교량 건축 등에서 가장 많이 사용되고 있는 용접법으로 솔리드 와이어 또는 플럭스 코드 와이어를 사용하여 용접한다. 하지만 이 용접법은 이산화탄소를 사용하므로 환기에 주의하여야 한다.

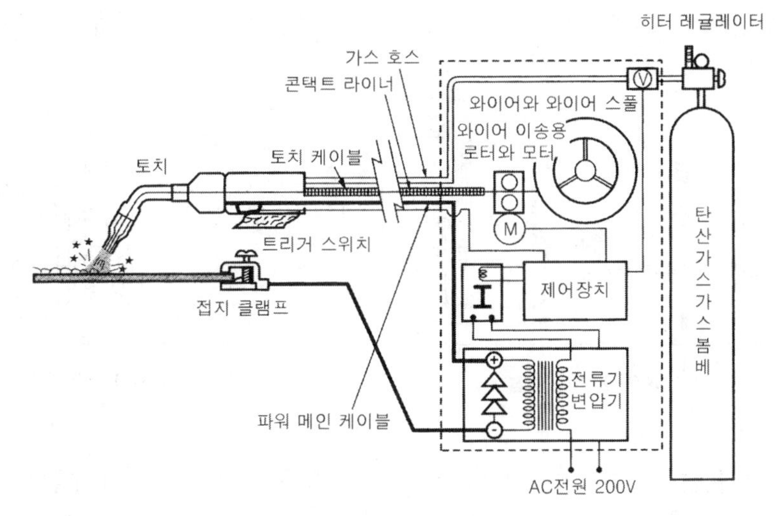

▲ 탄산가스 아크 용접기의 구조

㉤ 서브머지드 아크용접 : 미세한 입상의 플럭스를 접합부에 부어 모아 그 가운데에 와이어를 송급하여 와이어와 모재와의 사이의 아크를 발생시켜 용접하는 것으로 아크가 보이지 않아 잠호용접이라고 한다.

㉥ 원자 수소용접 : 수소 기류 중에서 2개의 텅스텐 전극 사이에 아크를 발생시키면 수소 분자는 수소 원자로 해리되고, 이 때 나오는 열을 이용하여 용접하는 방법으로 오늘날 거의 실용화되지 못하고 그 사용이 매우 적다.

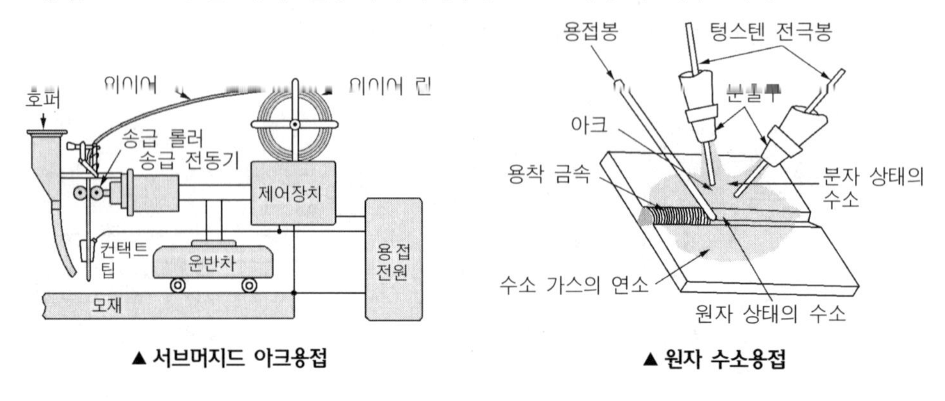

▲ 서브머지드 아크용접　　▲ 원자 수소용접

㉦ 아크 스텃 용접 : 직경 10mm 이하의 봉 등을 볼트로 모재에 심어 붙이는 용접법으로 스텃 선단에 세라믹 캡을 씌워 스텃 끝부분을 모재에 접촉시켜 전류를 통해 아크를 발생시키고 용접한다.

㉧ 아크 스폿용접 : 아크의 높은 열과 집중성을 이용하여 포개진 2장의 옆면에서 아크를 0.5 ~ 5초간 정도 발생시켜 팁 밑 부분을 융합시키는 용접한다.

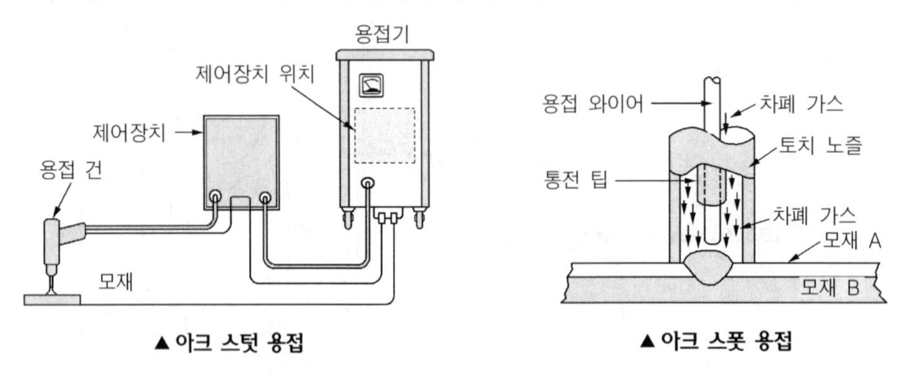

▲ 아크 스텃 용접　　▲ 아크 스폿 용접

③ **테르밋 용접** : 산화철과 알루미늄의 화학반응을 이용하여 생긴 고온의 화학 반응열을 이용하여 용접하는 것으로 전기가 없는 곳에서도 사용가능하다. 하지만 오늘날 그 사용이 점점 줄어들고 있다.

④ **전자 빔 용접** : 고 진공 중에 전자 빔을 가속 충돌시켜 충돌에너지에 의해 피용접물을 고온으로 용융 용접한다.

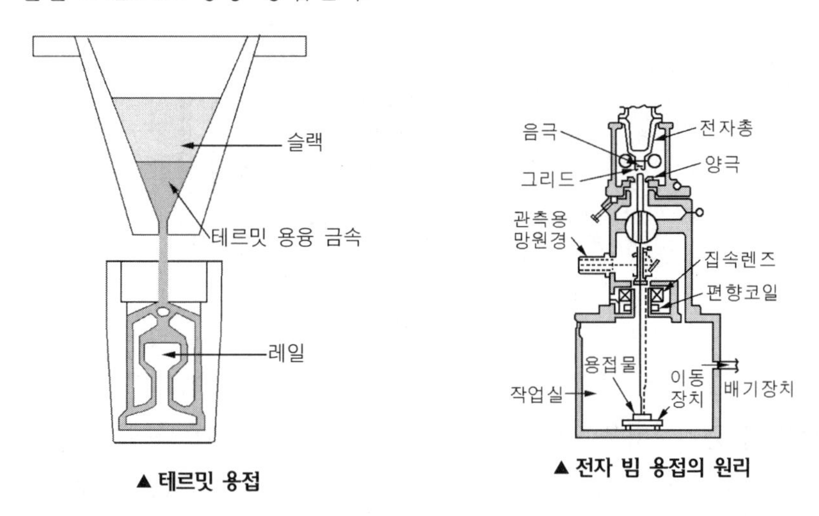

▲ 테르밋 용접

▲ 전자 빔 용접의 원리

(2) 압접(Pressure Welding)

접합 부분을 열간 또는 냉간 상태에서 압력을 주어 접합하는 방법

> **참고** 냉간이란 얼린다는 의미가 아니고 금속의 재결정 온도 이하를 의미한다. 예를 들어 철의 재결정 온도는 450℃이므로 상온에서 가공 또는 용접하는 것을 냉간 상태에서 가공이라고 할 수 있다.

① **냉간 압접** : 재료의 온도를 상온 그대로 고압력을 가해 용접하는 방법으로 상온 용접법이라고도 불리기도 한다. 하지만 재료의 변형이 크다는 결점이 있다.

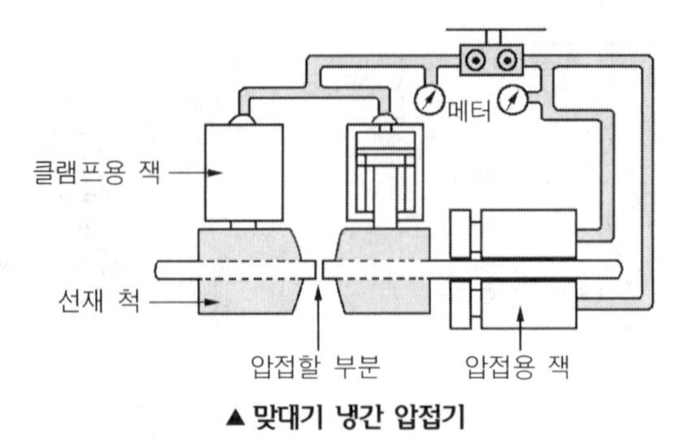

▲ 맞대기 냉간 압접기

② **초음파 용접** : 가벼운 압력으로 용접 팁 사이에 접합재를 놓고 초음파를 넣으면 혼을 통해 전달된 진동 에너지를 이용하여 재료를 접합하는 방법으로 필름, 박판 등의 접합에 이용된다.

③ **마찰 용접** : 한쪽의 재료를 고정해 놓고 다른 쪽의 재료를 고속 회전시켜 단면을 접촉해 접촉면에서 생긴 마찰열을 이용하여 온도를 올리고 적당한 온도가 되었을 때 회전을 멈추고 강한 압력을 주어 접합시킨다.

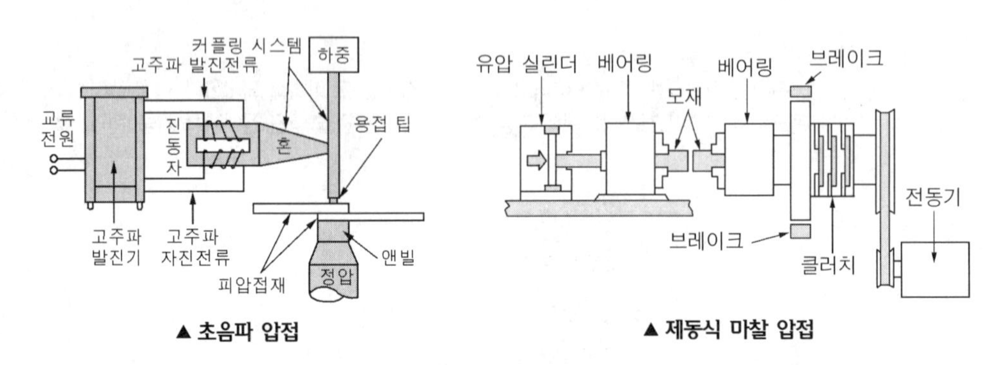

▲ 초음파 압접 ▲ 제동식 마찰 압접

④ **고주파 용접** : 고주파 유도가열 압접법으로 유도코일에 의해 모재 내에 집중적으로 형성시킨 유도전류의 저항 발열을 이용하여 용접한다.

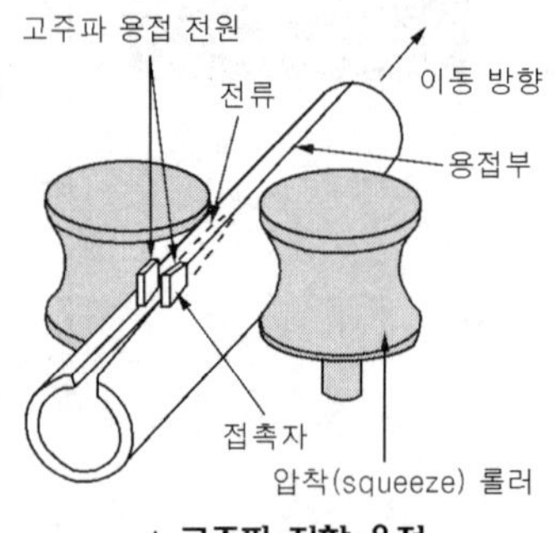

▲ 고주파 저항 용접

⑤ **폭발 압접** : 용접물의 한끝에 붙인 뇌관부에서 폭발이 진행되어 맞은편의 재료에 충돌해서 압접된다.

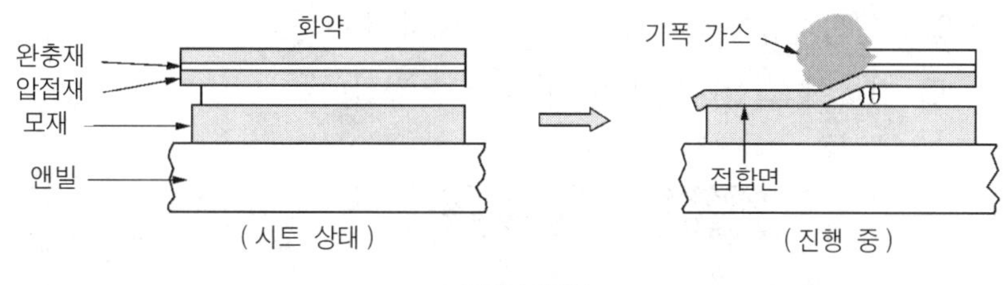

▲ **폭발 압접법**

⑥ **단접** : 가열한 재료를 다이에 통과시켜 인발될 때의 압력으로 관 형태를 제조할 때 일반적으로 사용한다.

⑦ **확산 압접** : 재료의 양쪽단면을 깨끗이 해놓고 가압해서 온도를 올리면 원자들 사이에는 공동을 통해 양자의 금속은 서로 확산하게 되면서 접합한다.

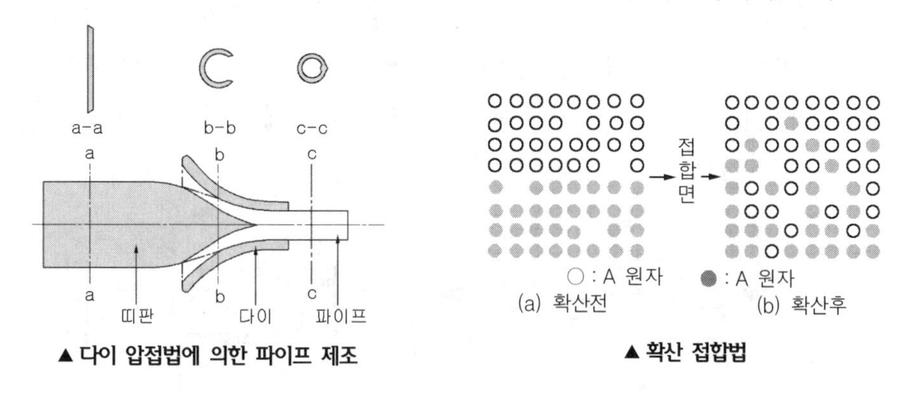

▲ **다이 압접법에 의한 파이프 제조**

▲ **확산 접합법**

⑧ **전기 저항 용접**

㉠ 점용접 : 맞대어 놓은 두 모재에 강하게 가압하면서 대전류를 흘려 짧은 시간 내에 접합한다.

㉡ 심 용접 : 점용접의 연속이라고 생각하면 된다. 회전 전극을 이용하여 접합한다.

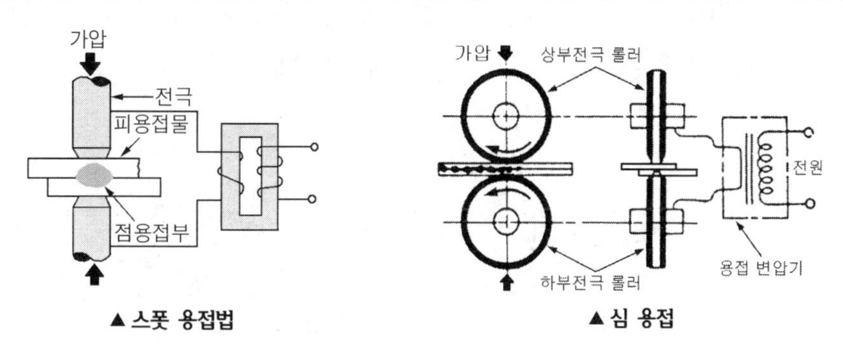

▲ **스폿 용접법**

▲ **심 용접**

㉢ 프로젝션 용접 : 용접할 모재에 돌기를 만들어 접촉시킨 후 통전 가압해서 용접하는 방법

㉣ 업셋 용접 : 접합 단면을 전극으로 해서 통전하고 압접 온도에 도달하면 가압력을 가하여 접합하는 맞대기 저항 용접한다.

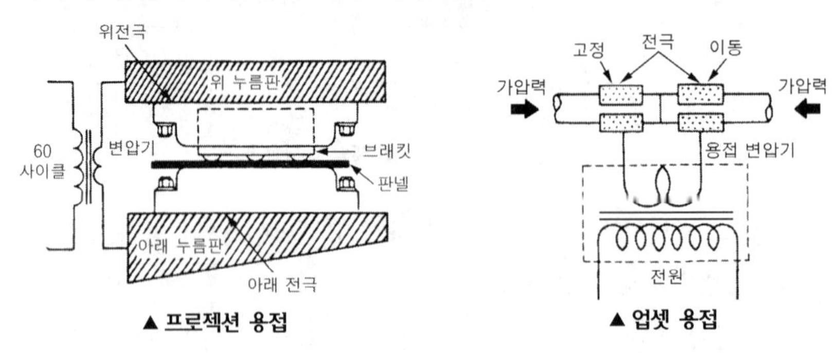

▲ 프로젝션 용접 ▲ 업셋 용접

㉤ 플래시 용접 : 업셋 용접과의 차이는 용접면을 가볍게 접촉시키면서 통전해서 생긴 불꽃으로 재료를 가열해서 가압하여 접합하는 용접법이다.

㉥ 퍼커션 용접 : 축적된 전기 에너지를 맞대기 면에 급격히 방전시켜 발생하는 아크로 가열하고 충격적 압력으로 접합한다.

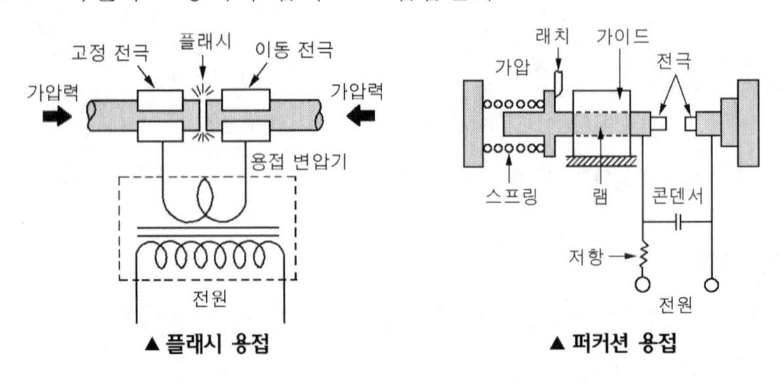

▲ 플래시 용접 ▲ 퍼커션 용접

⑨ **가스 압접** : 산소 – 아세틸렌 불꽃으로 접합하고자 하는 부분을 가열하고 적당한 온도가 되었을 때 가압하여 용접하는 것으로 용접봉이 필요 없다.

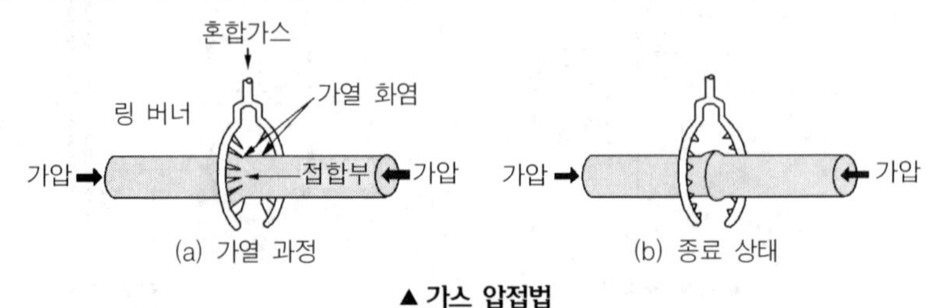

▲ 가스 압접법

(3) 납땜(Brazing and Soldering)

접합하고자 하는 재료 즉 모재는 녹이지 않고 모재보다 용융점이 낮은 금속을 녹여 표면 장력으로 접합시키는 방법

> **참고** 온도 450℃를 기준으로 그 이상을 경납, 그 이하를 연납이라고 한다.

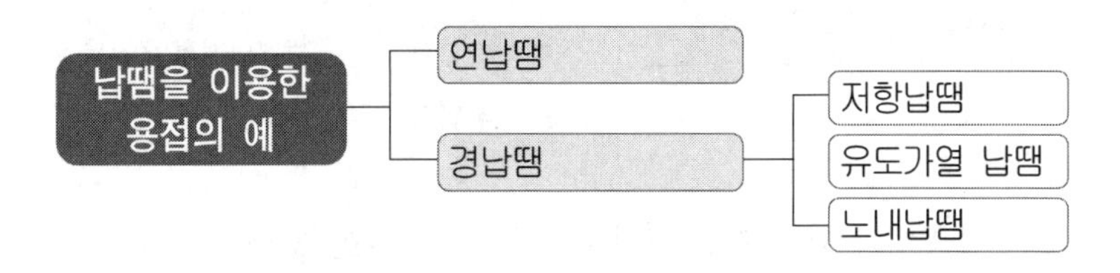

① **연납땜** : 450℃ 이하에서 접합한다.

② **경납땜** : 450℃ 이상에서 용접하는 것

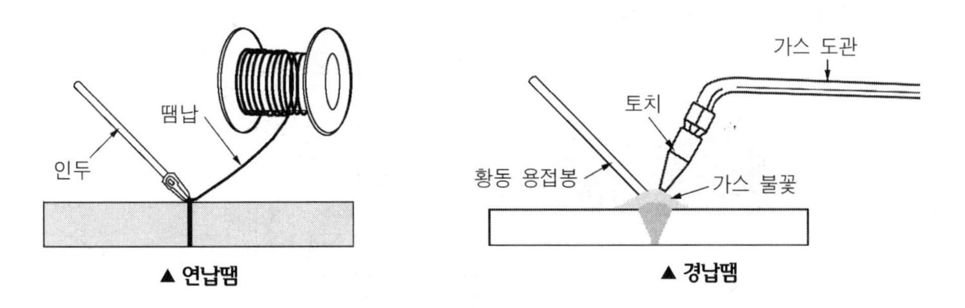

▲ 연납땜　　▲ 경납땜

㉠ 저항 납땜 : 납땜을 하려고 하는 부분에 납땜 재료를 넣고 전극을 통해 전류를 흘려서 줄 열에 의해 납땜 재료를 녹여 납땜한다.

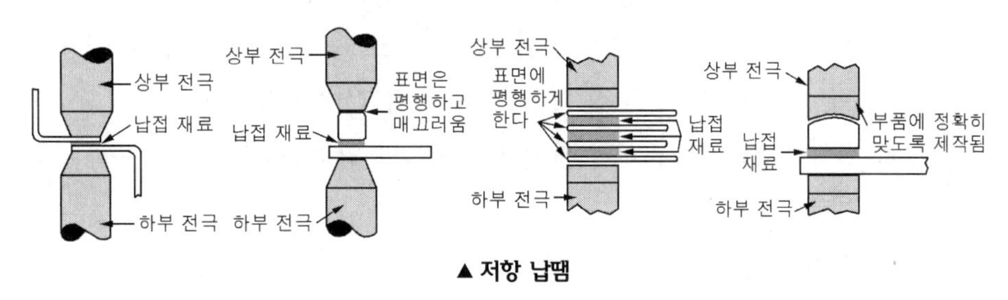

▲ 저항 납땜

㉡ 유도가열 납땜 : 납땜하고자 하는 재료를 고주파 가열 코일의 내부 또는 가깝게 두고 코일에 고주파 전류를 통하여 납땜하고자 하는 것에 유도 전류를 생성케

하여 납땜한다.

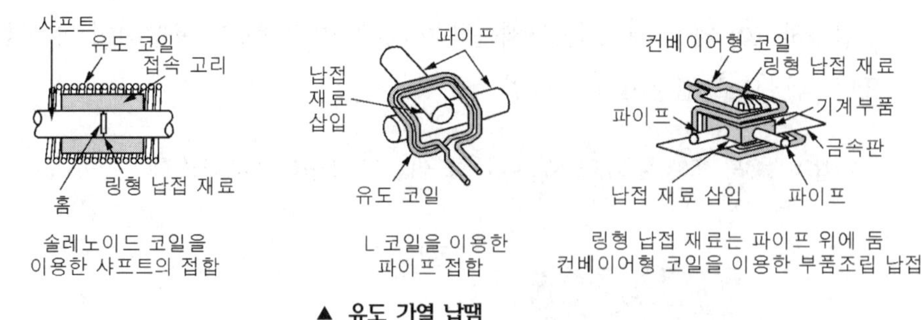

▲ 유도 가열 납땜

㉢ 노내 납땜 : 피 납땜물을 적당한 온도로 가열한 노내에서 납땜하는 방법으로 복잡한 형상의 물건이나 작업량이 많은 경우에 적합한 방법

(4) 기타 분류

① 에너지원에 따른 분류

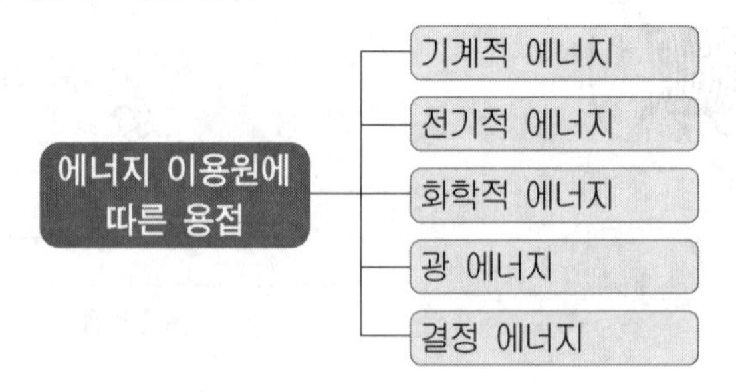

㉠ 기계적 에너지 : 진동에너지를 이용하는 초음파, 마찰력을 이용하는 마찰 용접, 가압력을 이용하는 냉간 및 열간 압접, 단접 등

㉡ 전기적 에너지 : 아크열을 이용하는 아크 용접, 저항 발열을 이용하는 스폿 용접, 플래시 버트 용접, 플라즈마 용접, 전자 빔 용접 등

㉢ 화학적 에너지 : 충격력을 이용하는 폭발 압접, 연소열을 이용하는 테르밋 용접, 가스 용접 등

㉣ 광 에너지

㉤ 결정 에너지

② **작업방법에 따른 분류**

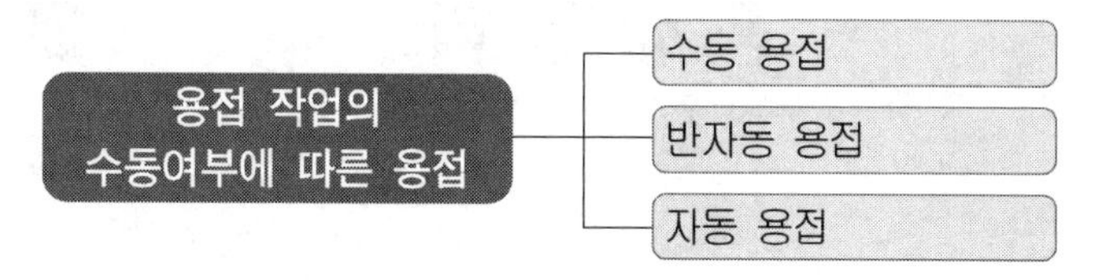

㉠ 수동 용접 : 피복 아크 용접, 가스 용접 등

㉡ 반자동 용접 : 이산화탄소 아크 용접, 미그 용접 등

㉢ 자동 용접 : 서브머지드 용접, 일렉트로 가스 용접 등

(5) 용접의 장·단점

① **장점**

㉠ 작업 공정을 줄일 수 있다.

㉡ 형상의 자유화를 추구 할 수 있다.

㉢ 이음 효율을 향상(기밀 수밀 유지)시킬 수 있다.

㉣ 중량 경감, 재료 및 시간이 절약된다.

㉤ 이종 재료의 접합이 가능하다.

㉥ 보수와 수리가 용이하다.(주물의 파손부 등)

② **단점**

㉠ 품질 검사가 곤란하다.

㉡ 제품의 변형을 가져 올 수 있다(잔류 응력 및 변형에 민감).

㉢ 유해 광선 및 가스 폭발 위험이 있다.

㉣ 용접사의 기능과 양심에 따라 이음부 강도가 좌우된다.

(6) 용접 작업의 구성 요소

① **에너지원(열원)** : 전기에너지(피복 아크 용접 등), 화학 반응에너지(가스 용접, 테르밋 용접 등), 기계적 에너지(각종 압접), 전자파 에너지(고주파 용접 등)

② **용접 기구** : 용접에 사용되는 용접기 등

③ **용접 재료** : 모재, 용접봉 등

Q1

금속과 금속을 충분히 접근시키면 그들 사이에 원자 간의 인력이 작용하여 서로 결합한다. 이 결합을 이루기 위해서는 원자들을 몇 cm정도 접근시켜야 하는가?

① Å = 10^{-7}cm　② Å = 10^{-8}cm
③ Å = 10^{-6}cm　④ Å = 10^{-9}cm

해설 용접이란 접합하고자 하는 2개 이상의 물체나 재료의 접합 부분을 냉간, 반용융 또는 용융 상태로 하여 직접 접합 시키거나 또는 접합하고자 하는 두 가지 이상의 물체 사이에 용융된 용가재를 첨가하여 간접적으로 접합 시키는 것을 말한다. 이것은 뉴턴의 만유인력의 법칙에 따라 접합 하고자 하는 두 금속간의 간격이 10^{-8}cm(Å)즉 1억분의 1cm정도 접근시키면 인력이 작용되어 결합되는 것이다.

그러므로 금속 표면이 평활하게 보여도 크게 확대시켜 보면 오목, 볼록하게 되어 있기 때문에, 넓은 면적에서는 그대로 원자 사이의 인력이 작용되어 결합되지 않는다. 접합의 목적을 달성하기 위해서는 금속 표면에 산화막을 제거하고 산화물의 발생을 방지하면 표면 원자들이 접근할 수 있도록 해주어야 된다.

Q2

접합 부분을 용융 또는 반용융 상태로 하고 여기에 용접봉 즉 용가재를 첨가하여 접합하는 방법은?

① 압접　② 융접
③ 통접　④ 납땜

해설 ① 융접(Fusion Welding) : 접합 부분을 용융 또는 반용융 상태로 하고 여기에 용접봉 즉 용가재를 첨가하여 접합하는 방법으로 그 종류는 피복 아크 용접, 가스 용접, 불활성 가스 아크 용접, 서브머지드 용접, 이산화탄소 아크 용접, 일렉트로 슬랙 및 일렉트로 가스 용접 등이 있다.
② 압접 (Pressure Welding) : 접합 부분을 열간 또는 냉간 상태에서 압력을 주어 접합하는 방법으로 그 종류는 전기 저항 용접(점용접, 심용접, 프로젝션 용접, 업셋 용접, 플래시 용접, 퍼커션 용접), 초음파 용접, 마찰 용접, 유도가열 용접, 가스 압접 등이 있다.
③ 납땜(Brazing and Soldering) : 모재보다 용융점이 낮은 용가재(용접봉)를 사용하여 모재는 녹이지 않고 용접봉만 녹여 표면장력으로 접합시키는 방법으로 그 종류는 크게 온도 450℃를 기준으로 그 이하에서 용접하는 연납땜과 그 이상에서 용접하는 경납땜이 있다.

Q3

용접법 중 이음부를 가열하여 큰 소성변형을 주어 접합하는 방법은?

① 압접　② 융접
③ 통접　④ 납땜

Q4

용접법 중 모재를 용융하지 않고 모재의 용융점보다 낮은 금속을 녹여 접합부에 넣어 표면장력으로 접합시키는 방법은?

① 융접　② 압접
③ 납땜　④ 단접

해설 ① 용접은 크게 융접, 압접, 납땜으로 구분
② 용접이란 모재도 녹고, 용접봉도 녹여 붙이는 것
③ 압접이란 모재만 녹인 뒤에 일정한 압력을 가하여 접합하는 것

1. ② 2. ② 3. ① 4. ③

④ 납땜이란 모재보다 용융점이 낮은 용가재(용접봉)를 사용하여 모재는 녹이지 않고 용접봉만 녹여 표면장력으로 접합시키는 방법을 말한다.

Q5

용접법의 분류에서 용접에 속하지 않는 것은?

① 가스용접 ② 초음파 용접
③ 피복 아크용접 ④ 탄산가스 아크용접

Q6

용접법 중 용접에 해당하지 않는 것은?

① 피복 아크 용접
② 서브머지드 아크 용접
③ 스텃 용접
④ 단접

Q7

용접에 해당하는 용접법은?

① 초음파 용접
② 연납땜
③ 업셋 맞대기 용접
④ 일렉트로 슬랙 용접

해설 일렉트로 슬랙 용접 : 서브머지드 아크 용접에서와 같이 처음에는 플럭스 안에서 모재와 용접봉 사이에 아크가 발생하여 플럭스가 녹아서 액상의 슬랙이 되면 전류를 통하기 쉬운 도체의 성질을 갖게 되면서 아크는 꺼지고 와이어와 용융 슬랙 사이에 흐르는 전류의 저항 발열을 이용하는 자동 용접법

Q8

다음 용접법의 분류 중 압접에 해당하는 것은?

① 테르밋 용접 ② 전자 빔 용접
③ 유도가열 용접 ④ 탄산가스 아크 용접

Q9

용접을 크게 분류할 때, 압접에 해당되지 않는 것은?

① 전기저항 용접 ② 초음파 용접
③ 프로젝션 용접 ④ 전자빔 용접

Q10

용접법 중 압접에 해당하지 않는 것은?

① 프로젝션 용접
② 플래시 용접
③ 일렉트로 슬랙 용접
④ 초음파 용접

Q11

용접법의 분류 중에서 압접에 해당되는 것은?

① 마찰용접 ② 전자빔용접
③ 테르밋용접 ④ 피복아크용접

Q12

다음 중 아크 용접법이 아닌 것은?

① 산소 가스 아크 용접
② 불활성 가스 아크 용접
③ 이산화탄소 아크 용접
④ 서브머지드 아크 용접

해설 불활성 가스 아크 용접, 서브머지드 용접, 이산화탄소 아크 용접은 아크 용접이다. 하지만 산소 가스 아크 용접은 없다.

정답 5. ② 6. ④ 7. ④ 8. ③ 9. ④ 10. ③ 11. ① 12. ①

Q13

다음 용접법의 분류 중 아크 용접에 해당하지 않는 것은?

① 서브머지드 아크용접
② 불활성 가스 아크용접
③ 스텃 용접
④ 일랙트로 슬랙 용접

해설 일렉트로 슬랙 용접

① 원리 : 서브머지드 아크 용접에서와 같이 처음에는 플럭스 안에서 모재와 용접봉 사이에 아크가 발생하여 플럭스가 녹아서 액상의 슬랙이 되면 전류를 통하기 쉬운 도체의 성질을 갖게 되면서 아크는 꺼지고 와이어와 용융 슬랙 사이에 흐르는 전류의 저항 발열을 이용하는 자동 용접법

② 특징

- 전기 저항 열을 이용하여 용접(주울의 법칙 적용) $Q = 0.24I^2 RT$
- 두꺼운 판의 용접으로 적합하다.(단층으로 용접이 가능)
- 매우 능률적이고 변형이 적다.
- 홈모양은 I형이기 때문에 홈가공이 간단하다.
- 변형이 적고, 능률적이고 경제적이다.
- 아크가 보이지 않고 아크 불꽃이 없다.
- 기계적 성질이 나쁘다.
- 노치 취성이 크다.(냉각 속도가 늦기 때문에)
- 가격이 고가이다.
- 용접 시간에 비하여 준비 시간이 길다.
- 용도로는 보일러 드럼, 압력 용기의 수직 또는 원주이음, 대형 부품 로울 등에 후판 용접에 쓰인다.

Q14

용접은 여러 가지 용도로 다양하게 이용이 되고 있다. 다음 중 용접의 용도만으로 묶어진 것은?

① 교량, 항공기, 컨테이너, 농기구
② 철탑, 배관, 조선, 시멘트관 접합
③ 농기구, 교량, 자동차, 시멘트관 접합
④ 철탑, 건물, 철도차량, 시멘트관 접합

해설 용접의 일반적인 용도는 금속의 접합이라 할 수 있다. 아울러 용접을 야금적 접합이라고 부르는 의미에서 시멘트관 접합은 일반적인 용접의 용도로 보기 어렵다.

Q15

용접법과 기계적 접합법을 비교할 때, 용접법의 장점이 아닌 것은?

① 작업공정이 단축되며 경제적이다.
② 기밀성, 수밀성, 유밀성이 우수하다.
③ 재료가 절약되고 중량이 가벼워진다.
④ 이음효율이 낮다.

해설 ① 용접의 장점

- 작업 공정을 줄일 수 있다.
- 형상의 자유화를 추구 할 수 있다.
- 이음 효율 향상(기밀 수밀 유지)
- 중량 경감, 재료 및 시간의 절약
- 이종 재료의 접합이 가능하다.
- 보수와 수리가 용이하다.(주물의 파손부 등)

② 용접의 단점

- 품질 검사가 곤란하다.
- 제품의 변형을 가져 올 수 있다.(잔류 응력 및 변형에 민감)
- 유해 광선 및 가스 폭발 위험이 있다.
- 용접사의 기능과 양심에 따라 이음부 강도가 좌우한다.

Q16

용접을 기타 이음과 비교해 볼 때, 장점이 아닌 것은?

① 이음구조가 간단하다.
② 두께에 제한을 거의 받지 않는다.
③ 용접 모재의 재질에 대한 영향이 작다.
④ 기밀과 수밀성을 얻을 수 있다.

해설 용접은 열로 인하여 모재의 잔류 응력발생으로 인하여 변형 및 치수 불량 등이 발생하며, 열 영향부(Heat Affect Zone)에 대한 대책도 필요하다.

13. ④ 14. ① 15. ④ 16. ③

Q17

다음 중 용접법에 관한 설명으로 틀린 것은?

① 용기 제작에서 기밀성, 수밀성, 유밀성이 높다.
② 구조물의 중량 감소로 제작비가 줄어든다.
③ 품질검사가 쉬우며 응력 집중이 없다.
④ 로봇 용접의 등장으로 공정의 무인화가 가능하다.

Q18

용접법의 일반적인 장점이 아닌 것은?

① 작업 공정이 단축된다.
② 완전한 기밀과 수밀성을 얻을 수 있다.
③ 작업의 자동화가 용이하다.
④ 강도가 증가되고 변형이 없다.

Q19

용접의 단점이 아닌 것은?

① 재질의 변형 및 잔류응력이 존재 한다.
② 이종재료를 접합할 수 없다.
③ 저온취성이 생길 우려가 많다.
④ 품질검사가 곤란하고 변형과 수축이 생긴다.

Q20

용접이음의 장점이 아닌 것은?

① 품질 검사가 용이하다.
② 이종재료를 접합할 수 있다.
③ 작업의 자동화가 쉽다.
④ 복잡한 구조물의 제작이 쉽다.

Q21

용접의 장점에 대한 설명으로 틀린 것은?

① 이음의 효율이 높고 기밀, 수밀이 우수하다.
② 두께에 관계없이 거의 무제한으로 접합할 수 있다.
③ 응력이 분산되어 노치부에 균열이 생기지 않는다.
④ 재료가 절감되고 작업공정 단축으로 경제적이다.

Q22

용접을 주조품이나 단조품과 비교하였을 때의 이점이 아닌 것은?

① 작업 공정의 단축이 가능하다.
② 품질 검사가 용이하다.
③ 이종 재질을 조합시킬 수 있다.
④ 제작비가 적게 든다.

Q23

다음 중 용접 이음의 장점이 아닌 것은?

① 기밀성이 우수하다.
② 작업의 자동화가 용이하다.
③ 용접 재료의 내부에 잔류응력이 존재한다.
④ 구조가 간단하고 재료의 두께에 제한이 없다.

정답 17. ③ 18. ④ 19. ② 20. ① 21. ③ 22. ② 23. ③

Q24

용접의 장점이 아닌 것은?

① 재료가 절약되고 중량이 가벼워진다.
② 작업 공정이 단축되며 경제적이다.
③ 수밀성, 기밀성, 유밀성이 우수하며 이음 효율이 높다.
④ 용접사의 기량에 따라 용접부의 품질이 좌우된다.

Q25

용접작업의 주요 구성 요소로 거리가 가장 먼 것은?

① 열원 ② 용가재
③ 용접 모재 ④ 용접부 검사장치

해설 용접 작업의 구성 요소
① 에너지원(열원) : 전기에너지(피복 아크 용접 등), 화학 반응에너지(가스 용접, 테르밋 용접 등), 기계적 에너지(각종 압접), 전자파 에너지(고주파 용접 등)
② 용접 기구 : 용접에 사용되는 용접기 등
③ 용접 재료 : 모재, 용접봉 등

정답 24. ④ 25. ④

02

피복아크용접

1. 개요

(+)전극과 (−)전극이 만나면 열과 소리와 빛을 수반하는데 용접은 그 사이의 아크열을 이용하여 접합하는 것이다.

피복 아크 용접은 피복제를 입힌 용접봉과 모재 사이에서 발생하는 5,000℃ 정도의 아크열을 이용하여 모재의 일부와 용접봉을 녹여서 용접하는 용극식 용접방법으로 전기 용접이라고도 불린다.

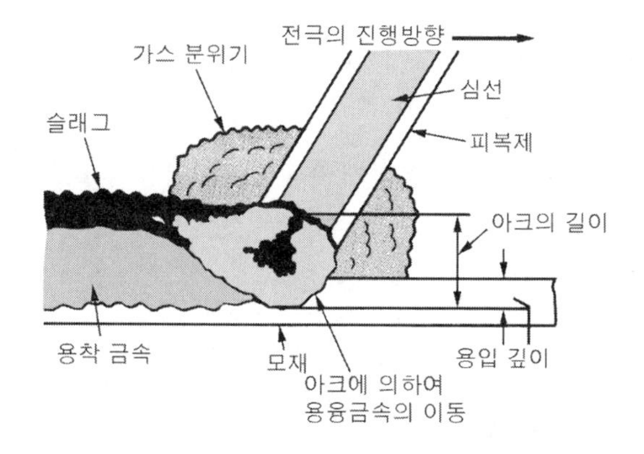

> **참고** 아크란 스파크의 연속이라고 생각하면 된다. 즉 스파크가 꺼지지 않고 계속 유지되는 상태를 아크라 한다. 이론적으로는 음극과 양극의 두 전극을 일정한 거리를 두고 전류를 통하면 두 전극 사이에 활 모양이 불꽃 방전이 일어나는 데 이것을 아크라 한다.

아크는 아크 코어, 아크 흐름, 아크 불꽃의 세 부분으로 구성되어 있는데 여기서 아크 코어의 길이를 아크 길이라 하며, 아크 코어를 중심으로 모재가 녹으며 온도가 가장 높은 부분으로 백색을 띄고, 아크 흐름은 아크 코어를 둘러쌓고 있는 담홍색 부분이다. 끝으로 아크 불꽃은 아크 흐름 주위에 흩어진 불꽃을 말한다.

(1) 피복 아크 용접의 장·단점

① **장점**

㉠ 열효율이 높고 효율적인 용접을 할 수 있다.

㉡ 폭발의 위험이 없다.

㉢ 변형이 적고 기계적 성질이 양호한 용접부를 얻을 수 있다.

② **단점**

㉠ 전격의 위험이 있다.

㉡ 아크 광선에 의한 피해를 줄 수 있다.

(2) 용어 정의

① **아크** : 기체 중에서 일어나는 방전의 일종으로 피복 아크 용접에서의 온도는 5,000 ~ 6,000℃이다.

② **용융지(용융 풀)** : 모재가 녹은 쇳물 부분

③ **용적** : 용접봉이 녹아 모재로 이행되는 쇳물 방울

④ **용착** : 용접봉이 녹아 용융지에 들어가는 것

⑤ **용입** : 모재가 녹은 깊이

⑥ **용락** : 모재가 녹아 쇳물이 떨어져 흘러내려 구멍이 나는 것

(3) 용접 회로(Welding Cycle)

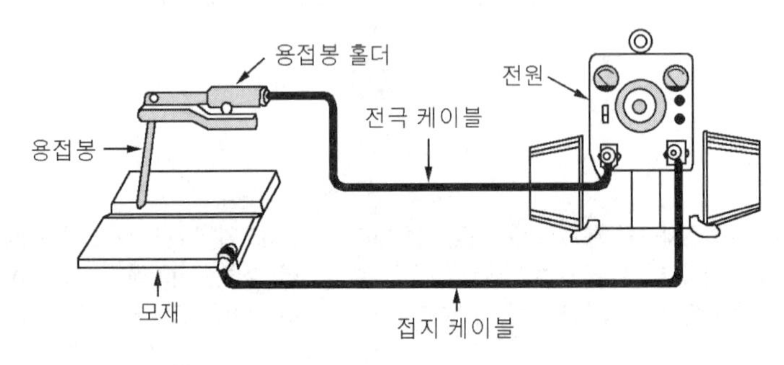

용접기(전원) → 전극 케이블 → 홀더 → 용접봉 → 모재 → 접지 케이블 → 용접기(전원)

> **참고** 회로(Cycle)라고 하는 의미는 닫혀있다는 의미이다. 즉 시작과 끝이 없고 한 곳이라도 끊어지면 안 된다는 개념을 가지고 있다.

2. 아크의 성질

(1) 직류 아크중의 전압 분포

① 아크 전압(Va) = 음극 전압 강하(Vn) + 양극 전압 강하(Vp) + 아크 기둥 전압 강하(Vc)

② 양극과 음극 부근에서의 전압강하는 전극 표면이 극히 짧은 길이의 공간에 일어나는 전압강하로 그 값은 전극의 재질에 따라 변한다.

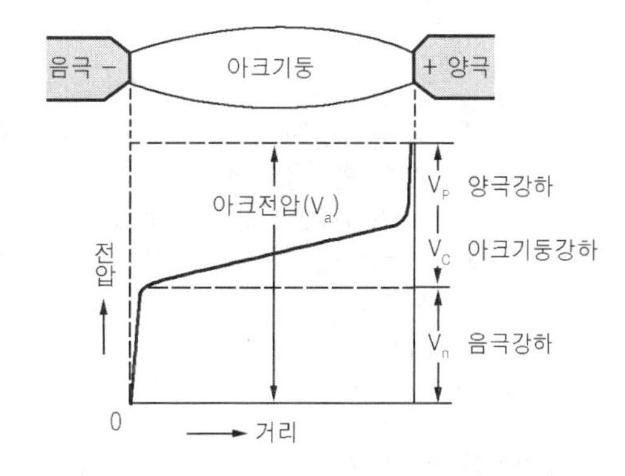

③ 아크 기둥 전압 강하는 플라스마라고도 하며 아크 길이에 비례하여 증가 또는 감소하므로 전극 물질이 일정하다고 가정하면 아크 전압은 아크 길이에 따라 변한다. 즉 아크 길이가 길어지면 아크 전압도 커진다.

(2) 극성(Polarity)

극성은 직류(DC)에서만 존재하며 종류는 직류 정극성(DCSP : Direct Current Straight Polarity)과 직류 역극성(DCRP : Direct Current Reverse Polarity)이 있다. 또한 양극에서 발열량이 70% 이상 나온다.

극 성	상 태	특 징
직류 정극성 모재(+) 용접봉(-)	용접봉(전극), 아크, 모재, 용접기 (⊖ 용접봉, ⊕ 모재)	• 모재의 용입이 깊다. • 용접봉의 늦게 녹는다. • 비드 폭이 좁다. • 후판 등 일반적으로 사용된다.
직류 역극성 모재(-) 용접봉(+)	용접봉(전극), 아크, 모재, 용접기 (⊕ 용접봉, ⊖ 모재)	• 모재의 용입이 얕다. • 용접봉이 빨리 녹는다. • 비드 폭이 넓다. • 박판 등의 비철금속에 사용된다.

- **용입의 비교** : 직류 정극성(DCSP) > 교류(AC) > 직류 역극성(DCRP)

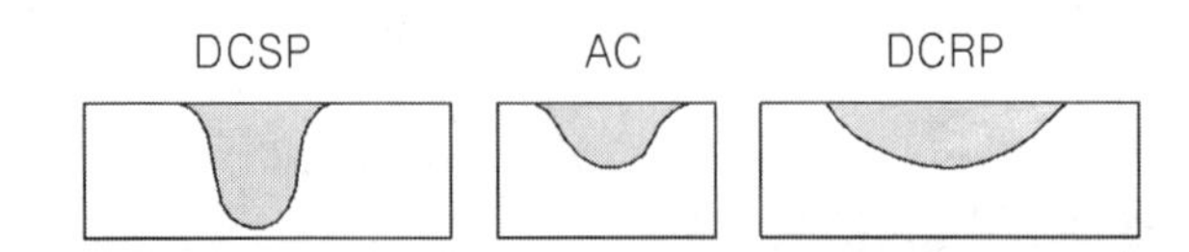

> **참고** 전기에는 양극(+)과 음극(-)이 있는데 색깔로 구분한다. (+)의 경우 빨간색, (-)의 경우는 검정색을 사용한다. 그 이유는 (+)가 위험하기 때문에 빨간색을 사용하는 것이다. 그러므로 여기서는 (+)의 발열량이 (-)에 비하여 높아 위험하다고 생각하고, 직류 정극성의 경우 모재 쪽에 (+)를 연결하므로 모재의 발열량이 높으므로 빨리 녹는다고 이해하면 된다.
> 일반적으로 모재와 용접봉을 비교하여 볼 때 용접봉 보다 모재가 두껍기 때문에 모재 측에 양극(+)을 용접봉 측에 음극(-)을 연결하는 것이 일반적이며, 이를 정극성이라 부른다.

(3) 아크 쏠림

아크 쏠림, 아크 블로우, 자기불림 등은 모두 동일한 말이며 용접전류에 의한 아크 주위에 발생하는 자장이 용접봉에 대하여 비대칭일 때 일어나는 현상이다.

① 직류 용접기 대신 교류 용접기를 사용한다.
② 아크 길이를 짧게 유지한다.
③ 접지를 용접부에서 멀리한다.
④ 긴 용접선에는 후퇴법을 사용한다.
⑤ 용접부의 시 · 종단에는 엔드탭을 설치한다.

> **참고** 교류에서는 쏠림이 없으며, 대신에 피복제가 한쪽으로 쏠려있는 편심율이 있다.

(4) 용접 입열(Weld heat input)

외부에서 용접 모재에 주어지는 열량으로 일반적으로 모재에 흡수되는 열량은 입열의 75 ~ 85%이다. 용접 입열이 충분하지 못하면 용입 불량 등의 용접 결함을 수반할 수 있다.

$$H = \frac{60EI}{V} \quad [\text{Joule/cm}]$$

H : 용접 입열, E : 아크 전압[V],
I : 아크 전류[A], V : 용접 속도[cm/min]

※ 용접에서의 속도는 1분당 몇 cm 이동 했느냐가 의미 있기 때문에 용접 속도의 단위는 [cm/min]이다.

(5) 용융 금속의 이행 형태

용융 금속의 이행 형태에 영향을 주는 요소는 용접 전류, 보호가스, 전압 등이 있다.

① **단락형** : 주기적으로 발생되는 와이어와 모재의 단락에 의해 큰 용적의 용융금속이 이행되며(표면 장력의 작용)평균 전류 및 입력 에너지가 작아 주로 맨 용접봉 및 박 피복봉을 사용할 때 나타난다.

② **글로 뷸러형(핀치 효과형)** : 원주상에 흐르는 전류 소자간에 흡입력이 작용하여 원기둥이 가늘어지면서 용융방울이 모재로 이행하는 형식으로 비교적 큰 용적이 단락되지 않고 이행하며 전류의 흡입력에 의해 봉끝의 금속이 떨어져 나간다. 주로 저수소계를 사용할 때 많이 나타난다.

③ **스프레이형(분무상 이행형)** : 가스 폭발의 힘과 아크 힘에 의해 용접봉 끝의 용융금속이 아주 미세한 입자로 되어 빠른 속도로 용접부에 이행하는 형식으로 스팩터가 거의 없고 비드 외관이 아름답고, 용입이 깊다. 주로 일미나이트계, 고산화티탄계, 미그 용접시는 아르곤 가스가 80%이상일 때만 일어난다.

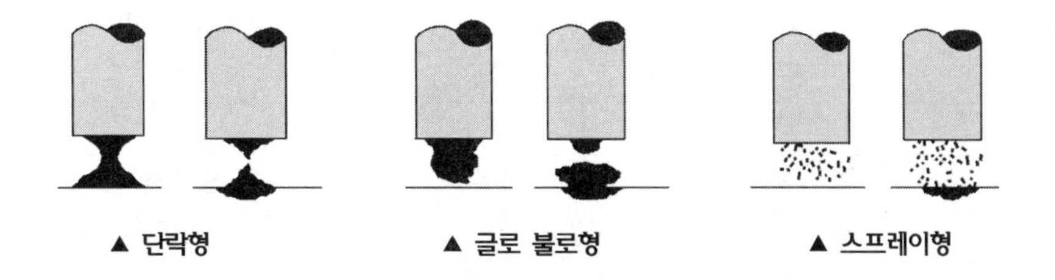

▲ 단락형　　▲ 글로 불로형　　▲ 스프레이형

> **참고** 아크 용접에서 사용되는 용접 전류는 주위에 자기장을 형성하며, 전류와 유도된 자기장에 의하여 아크 기둥의 내부로 가해지는 힘이 발생하게 된다. 이와 같은 현상을 핀치 효과라 하고 발생하는 전자기력을 핀치력 또는 로렌츠의 힘이라고 하며, 용융부나 아크에 큰 영향을 미친다. 전자기력은 전류밀도와 자속밀도의 벡터곱으로 계산된다.

(6) 용접봉의 용융 속도

용접봉의 용융 속도는 단위 시간당 소비되는 용접봉의 길이 또는 무게로 나타낸다.

① 용융속도 = 아크전류 × 용접봉 쪽 전압강하

② 용융속도는 아크 전압 및 심선의 지름과 관계없이 용접 전류에만 비례한다.

3. 아크 용접기의 종류

(1) 직류 및 교류의 비교

직류는 시간에 관계없이 방향과 크기가 일정한 전기에너지를 공급하므로 안정된 전기를 얻을 수 있다는 장점이 있다. 또한 교류에 비해 전격에 위험이 적다. 하지만 가격이 고가이며, 관리가 복잡하여 우수한 피복제 교류가 많이 생산되어 근래에는 교류가 많이 쓰이고 있다.

비 교	직 류	교 류
아 크 안 정	안정	불안정
극 성 변 화	가능	불가능
아 크 쏠 림	쏠림	쏠림 방지
무부하 전압	40 ~ 60V	70 ~ 80V
전격 위험	적다	크다
비 피복봉	사용 가능	사용 불가
구 조	복잡	간단
고 장	많다	적다
역 률	우수	떨어짐
소 음	발전기형은 크다	대체적으로 적음
가 격	고가	저가
용 도	박판	후판

(2) 직류 아크 용접기

① **발전기형** : 전동 발전식과 엔진 구동식이 있으며, 전기가 없는 옥외에서 사용 가능하다. 또한 정류기형에 비해 우수한 직류를 얻을 수 있는 장점은 있으나 가격이 고가이며 소음이 나고 보수와 점검이 어렵다.

② **정류기형** : 셀렌, 실리콘, 게르마늄 정류기를 사용하여 교류를 정류하여 직류를 얻는 용접기로 다른 전기기기에 비해 완전한 직류를 얻지 못하며, 셀렌 등을 정류기로 사용하는 용접기는 특히 먼지에 주의해야 한다. 또한 셀렌 정류기는 80℃이상, 실리콘 정류기는 150℃이상이면 폭발할 우려가 있어 팬으로 바람을 불어 열을

빼내어 주어야한다. 아울러 종류로는 가동철심형, 가동코일형, 가포화리액터형이 있는데 가장 널리 사용되는 것은 가포화리액터형이다.

③ **전지식** : 활용성이 매우 적다.

(3) 교류 아크 용접기

① **탭 전환형** : 코일의 감긴 수에 따라 전류를 조정한다. 하지만 탭과 탭사이의 전류를 조절할 수 없어 미세 전류 조절이 불가능하며, 넓은 범위의 전류 조정이 어렵다. 주로 소형으로 사용되나 적은 전류 조정시에도 무부하 전압이 높아 감전의 위험이 있다.

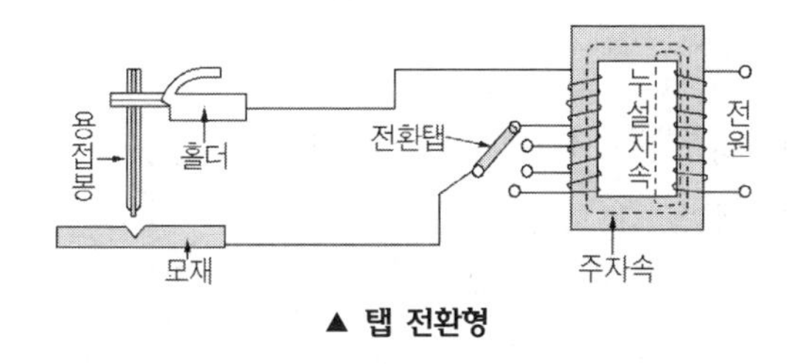

▲ **탭 전환형**

② **가동 코일형** : 1차 코일의 거리 조정으로 누설자속을 변화하여 전류를 조정한다. 아크 안정도가 높고 소음은 없으나 가격이 고가여서 현재 거의 사용되지 않고 있다.

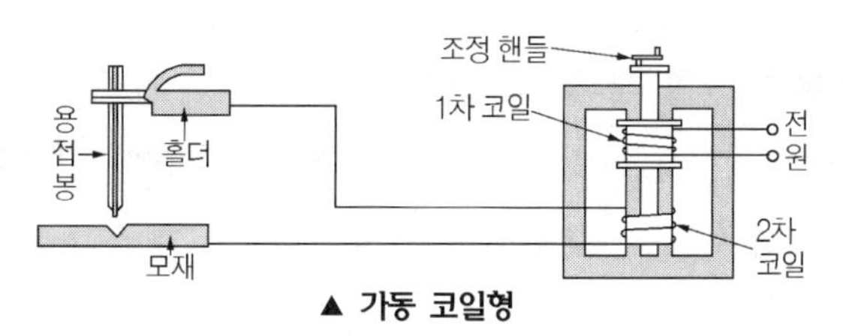

▲ **가동 코일형**

③ **가동 철심형** : 가동철심으로 누설자속을 가감하여 전류를 조정하여 광범위한 전류 조절과 더불어 미세 전류 조절이 가능하여 현재 가장 널리 사용되고 있다.

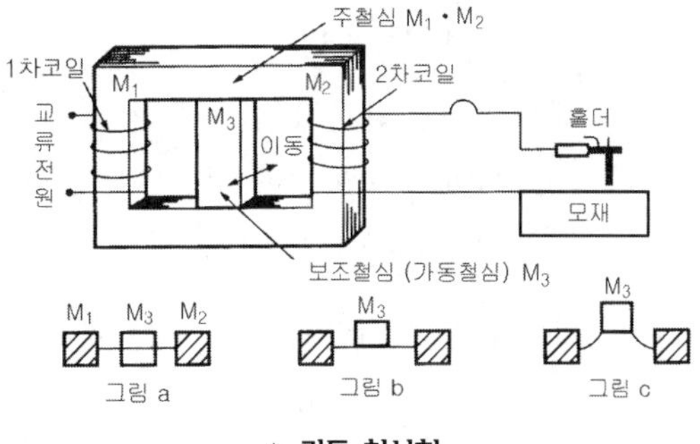

▲ **가동 철심형**

④ **가포화 리액터형** : 가변 저항의 변화로 용접 전류를 조정한다. 전기적 전류 조정으로 소음이 없고 원격 제어가 가능하다.

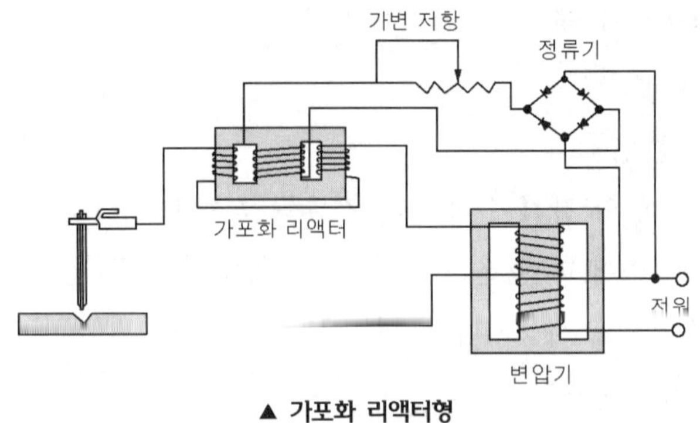

▲ 가포화 리액터형

⑤ **교류 아크 용접기의 특징** : 전원의 무부하 전압이 항상 재점호 전압보다 높아야 아크가 안정된다. 용접기의 용량은 AW(Arc Welder)로 나타내며 이는 정격 2차 전류를 의미한다. 예를 들어 AW200이란 정격 2차 전류가 200A임을 의미한다. 정격 2차 전류의 조정 범위는 20 ~ 110%이다.

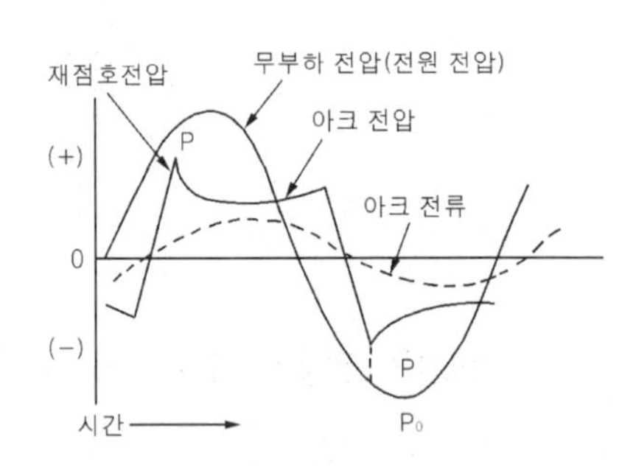

⑥ **교류 용접기를 취급할 때 주의 사항**

㉠ 정격 사용율 이상으로 사용할 때 과열되어 소손이 생긴다.

㉡ 가동 부분, 냉각 팬을 점검하고 주유한다.

㉢ 탭 전환은 아크 발생 중지 후 실시한다.

㉣ 탭 전환의 전기적 접속부는 전기적 접촉 원활을 위하여 자주 샌드페이퍼 등으로 닦아 준다.

㉤ 2차측 단자의 한쪽과 용접기 케이스는 반드시 접지 한다.

㉥ 옥외의 비바람이 부는 곳, 습한장소, 직사광선이 드는 곳에서 용접기를 설치하지 않는다.

㉦ 휘발성 기름이나 가스가 있는 곳, 유해한 부식성 가스가 존재하는 장소는 용접기 설치를 피한다.

㉧ 용접 케이블 등이 파손된 부분은 절연 테이프로 보수한다.

⑦ 교류 아크 용접기 부속 장치

㉠ 전격 방지기 : 감전의 위험으로부터 작업자를 보호하기 위하여 2차 무부하 전압을 20 ~ 30[V]로 유지하는 장치

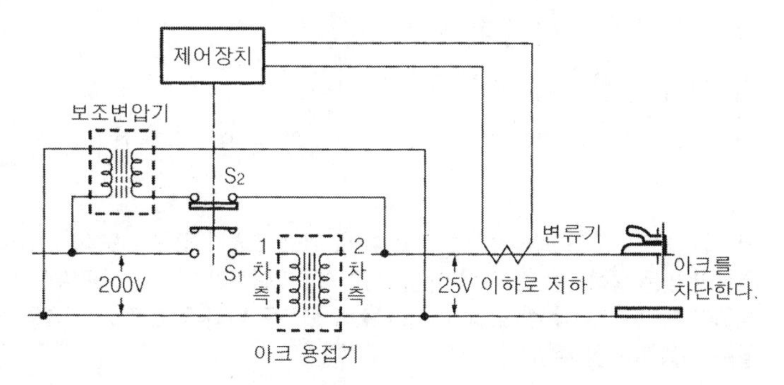

㉡ 고주파 발생 장치 : 아크의 안정을 확보하기 위하여 상용 주파수의 아크 전류 외에, 고전압 3,000 ~ 4,000[V]를 발생하여 용접 전류를 중첩시키는 장치이다.

㉢ 핫 스타트 장치 : 처음 모재에 접촉한 순간의 0.2 ~ 0.25초 정도의 순간적인 대전류를 흘려서 아크의 초기 안정을 도모하는 장치로 일명 아크 부스터라 한다.

㉣ 원격 제어 장치 : 용접기에서 멀리 떨어진 장소에서 전류와 전압을 조절할 수 있는 장치로 가포화 리액터형과 전동기 조작형이 있다.

⑧ 용접기의 사용율 및 역률과 효율

㉠ $사용율(\%) = \dfrac{(아크시간)}{(아크시간 + 휴식시간)} \times 100$

㉡ 허용 사용율(%) × (실제용접전류)^2 = 정격 사용율(%) × (정격2차전류)^2

즉, $허용사용율(\%) = \dfrac{(정격2차전류)^2}{(실제용접전류)^2} \times 정격사용율$

㉢ 역률과 효율(단위에 주의한다.)

- $역률 = \dfrac{소비전력(kW)}{전원입력(kVA)} \times 100$
- $효율 = \dfrac{아크출력(kW)}{소비전력(kW)} \times 100$
- 소비전력 = 아크출력 + 내부 손실
- 전원입력 = 무부하전압 × 정격 2차 전류
- 아크출력 = 아크전압 × 정격 2차 전류

㉣ 교류 용접기에 콘덴서를 병렬로 설치했을 때의 이점

- 역률이 개선된다.
- 전원 입력이 적게 되어 전기 요금이 적게 된다.
- 전압 변동률이 적어진다.(무효전력)
- 여러 개의 용접기를 접속 할 수 있다.
- 배전선의 재료가 적어진다(선의 굵기를 줄일 수 있다.).

참고 역률이 높으면 좋은 용접기라고 말할 수 도 있고 그렇지 않을 수도 있다. 왜냐하면 일반적으로 역률이 높은 용접기는 소비전력이 높아 효율이 떨어지기 때문에 이 경우는 역률이 낮은 경우가 효율이 더 좋다고 할 수 있다. 하지만 소비 전력은 변화 없고 전원 입력을 적게 할 수 있다면 좋은 용접기라 할 수 있다.

(4) 용접기에 필요한 특성

① **부 특성(부저항 특성)** : 전류가 작은 범위에서 전류가 증가하면 아크 저항이 작아져 아크 전압이 낮아지는 특성으로 부저항 특성 또는 부특성이라고 한다. 이 법칙은 일반 전기 회로에서 적용되는 옴의 법칙(Ohm's law)과는 다르다.

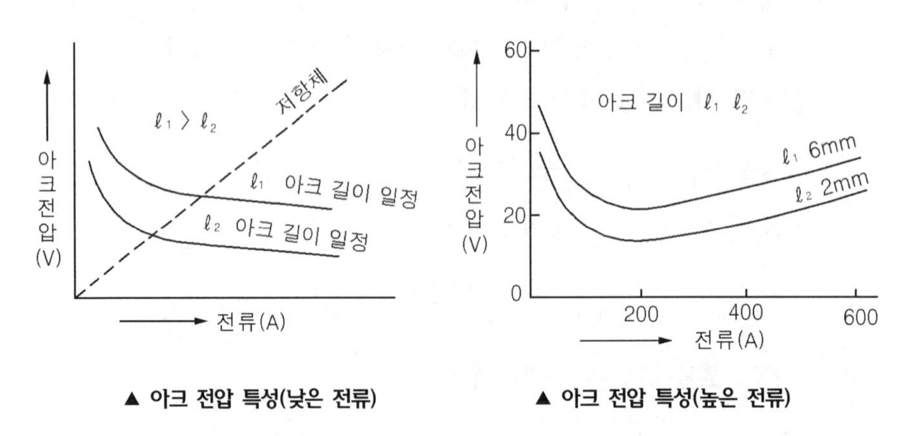

▲ 아크 전압 특성(낮은 전류) ▲ 아크 전압 특성(높은 전류)

② **수하 특성** : 부하 전류가 증가하면 단자 전압이 저하하는 특성을 수하 특성(垂下特性)이라 한다.

$$V = E - IR$$

V : 단자 전압 E : 전원 전압

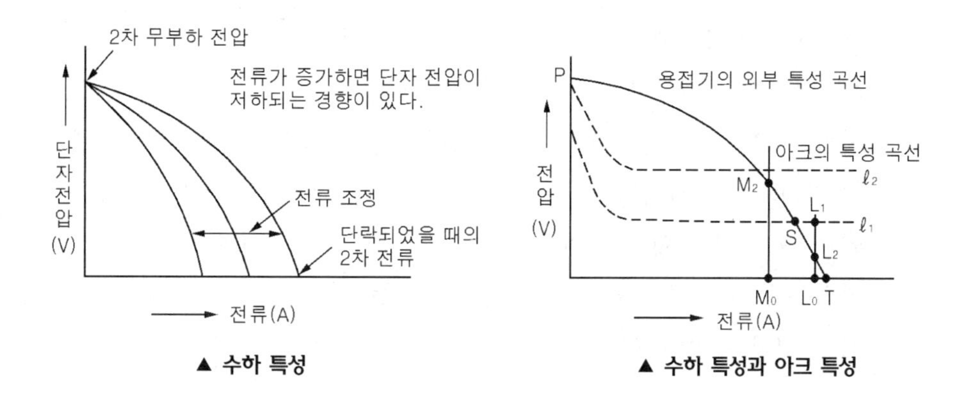

▲ 수하 특성　　　　▲ 수하 특성과 아크 특성

③ **정전류 특성** : 아크 길이가 크게 변하여도 전류 값은 거의 변하지 않는 특성으로 수하 특성 중에서도 전원 특성 곡선에 있어서 작동점 부근의 경사가 상당히 급한 것을 정전류 특성이라 한다.

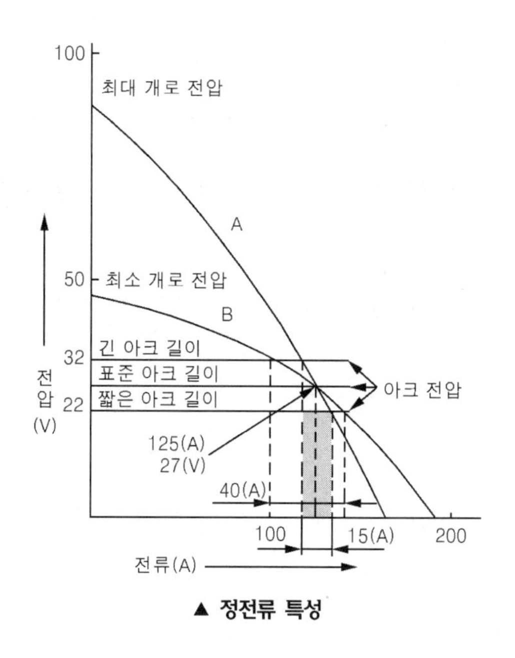

▲ 정전류 특성

> **참고** 이상 ①, ②, ③은 수동 용접에 필요한 특성이다.

④ **상승 특성** : 큰 전류에서 아크 길이가 일정할 때 아크 증가와 더불어 전압이 약간씩 증가하는 특성이다. 이 상승 특성은 반자동 및 자동 용접에서 아크의 안정을 도모하기 위하여 사용되는 특성이다.

⑤ **정전압 특성(자기 제어 특성)** : 수하 특성과는 반대의 성질을 갖는 것으로 부하 전류가 변해도 단자 전압이 거의 변하지 않는 것으로 CP(Constant Potential)특성이라고도 한다. 주로 반자동 및 자동 용접에 필요한 특성이다. 또한 아크 길이가 길어지면 부하 전압은 일정하지만 전류가 낮아져 정상보다 늦게 녹아 정상적인 아크 길이를 맞추고 반대로 아크 길이가 짧아지면 부하 전압은 일정하지만 전류가 높아져 와이어의 녹는 속도를 빨리하여 스스로 아크 길이를 맞추는 것을 자기 제어 특성이라 한다.

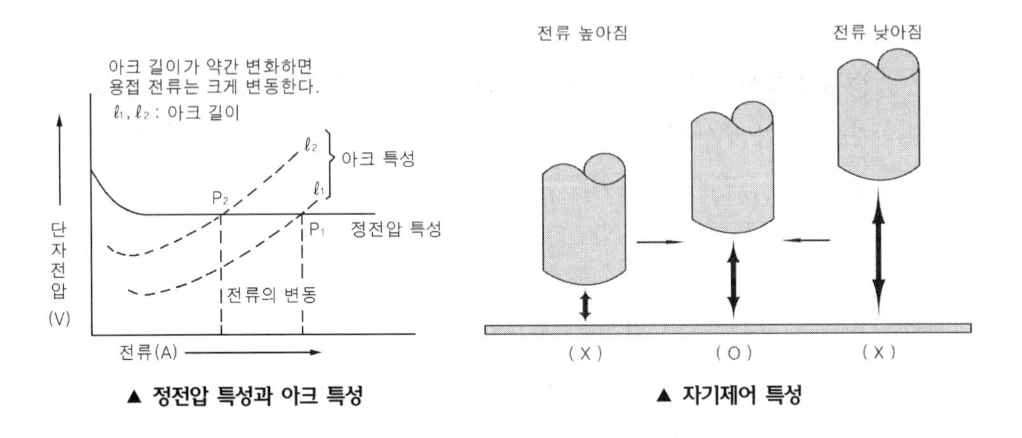

▲ 정전압 특성과 아크 특성 ▲ 자기제어 특성

참고 ④, ⑤는 자동 용접기에 필요한 특성이다.

피복 아크 용접

Q1

피복아크 용접에서 용접봉과 모재 사이에 전원을 걸고 용접봉 끝을 모재에 살짝 접촉시켰다가 떼면 청백색의 강한 빛을 내며 큰 전류가 흐르게 되는 데 이것을 무슨 현상이라고 하는가?

① 아크 현상
② 정전기 현상
③ 스패터 현상
④ 전해 현상

해설 아크 현상이란 용접봉과 모재 사이에 전원을 걸고 용접봉 끝을 모재에 살짝 접촉시켰다가 떼면 청백색의 강한 빛을 내며 큰 전류가 흐르는 것으로 아크는 아크 코어, 아크 흐름, 아크 불꽃의 세 부분으로 구성되어 있는데 여기서 아크 코어의 길이를 아크 길이라 하며, 아크 코어를 중심으로 모재가 녹으며 온도가 가장 높은 부분으로 백색을 띄고, 아크 흐름은 아크 코어를 둘러쌓고 있는 담홍색 부분이다. 끝으로 아크 불꽃은 아크 흐름 주위에 흩어진 불꽃을 말한다. 따라서 여기서는 적색이 온도가 가장 낮다.

Q2

피복아크용접에서 발생하는 아크(arc)의 온도는 얼마 정도인가?

① 약 1,000℃
② 약 3,000℃
③ 약 5,000℃
④ 약 8,000℃

해설 피복 아크 용접은 피복제를 입힌 용접봉과 모재 사이에서 발생하는 아크열이 5,000℃정도 되는데 이 열을 이용하여 모재의 일부와 용접봉을 녹여서 용접하는 용극식 용접방법으로 전기 용접이라고도 불린다.

Q3

왼쪽의 설명과 오른쪽의 용접용어가 각각 일치하지 않는 것은?

① 피용접물 : 모재
② 모재의 일부가 녹은 쇳물 부분 : 용융지
③ 모재가 녹은 깊이 : 용락
④ 용접봉이 용융지에 녹아들어 가는 것 : 용착

해설 용어 정의
① 아크 : 기체 중에서 일어나는 방전의 일종으로 피복 아크 용접에서의 온도는 5,000 ~ 6,000℃이다.
② 용융지(용융 풀) : 모재가 녹은 쇳물 부분
③ 용적 : 용접봉이 녹아 모재로 이행되는 쇳물 방울
④ 용착 : 용접봉이 녹아 용융지에 들어가는 것
⑤ 용입 : 모재가 녹은 깊이
⑥ 용락 : 모재가 녹아 쇳물이 떨어져 흘러내려 구멍이 나는 것

Q4

피복아크 용접에서 "모재의 일부가 녹은 쇳물 부분"을 의미하는 것은?

① 용극부
② 용융지
③ 용입부
④ 용적지

정답 1. ① 2. ③ 3. ③ 4. ②

Q5

피복아크 용접에서 용착을 가장 옳게 설명한 것은?

① 모재가 녹는 시간
② 용접봉이 녹는 시간
③ 용접봉이 용융지에 녹아 들어가는 것
④ 모재가 용융지에 녹아 들어가는 것

Q6

아크용접을 할 때 아크열에 의하여 모재가 녹은 깊이를 무엇이라 하는가?

① 용입 ② 용착
③ 용융지 ④ 용적

Q7

피복아크의 용접회로가 알맞게 연결된 것은?

① 전원 – 전극케이블 – 용접봉 홀더 – 용접봉 – 모재 – 접지케이블 – 전원
② 전원 – 전극케이블 – 모재 – 용접봉 홀더 – 용접봉 – 접지케이블 – 전원
③ 전원 – 접지케이블 – 용접봉 홀더 – 용접봉 – 모재 – 전극케이블 – 전원
④ 전원 – 접지케이블 – 전극케이블 – 용접봉 홀더 – 모재 – 전원

해설 용접 회로(Welding Cycle)
용접기 → 전극 케이블 → 홀더 → 용접봉 및 모재 → 접지 케이블 → 용접기

Q8

피복 아크 용접기의 회로도로 옳게 연결된 것은?

① 용접기 – 전극 케이블 – 용접봉 홀더 – 피복 아크 용접봉 – 아크 – 모재 – 접지케이블
② 용접기 – 용접봉 홀더 – 전극 케이블 – 모재 – 아크 – 피복아크 용접봉 – 접지케이블
③ 용접기 – 피복 아크 용접봉 – 아크 – 모재 – 접지 케이블 – 전극 케이블 – 용접봉 홀더
④ 용접기 – 전극 케이블 – 접지 케이블 – 용접봉 홀더 – 피복 아크 용접봉 – 아크 – 모재

Q9

피복 아크 용접의 용접 조건에 관한 설명으로 옳은 것은?

① 아크 기둥 전압은 아크 길이에 거의 정비례하여 증가한다.
② 아크 길이가 짧아지면, 발열량은 증가한다.
③ 차가운 모재를 예열하기 위해 짧은 아크를 이용한다.
④ 아크 길이가 길어질수록 아크는 안정된다.

해설 아크의 성질
① 아크 전압 (Va) = 음극 전압 강하(Vn) + 양극 전압 강하(Vp) + 아크 기둥 전압 강하)(Vc)
② 양극과 음극 부근에서의 전압강하는 전극 표면이 극히 짧은 길이의 공간에 일어나는 전압강하로 그 값은 전극의 재질에 따라 변한다.
③ 아크 기둥 전압 강하는 플라스마라고도 하며 아크 길이에 비례하여 증가 또는 감소하므로 전극 물질이 일정하다고 가정하면 아크 전압은 아크 길이에 따라 변한다. 즉 아크 길이가 길어지면 아크 전압도 커진다.
④ 아크를 처음 발생할 때 아크 길이는 약간 길게 한다.(3 ~ 4mm)

5. ③ 6. ① 7. ① 8. ① 9. ①

Q10

피복아크(arc) 용접 작업에서 아크길이 및 아크전압에 관한 설명으로 틀린 것은?

① 품질이 좋은 용접을 하려면 원칙적으로 짧은 아크를 사용하여야 한다.
② 아크길이는 심선의 지름보다 길어야 좋다.
③ 아크전압은 아크길이에 비례한다.
④ 아크길이가 너무 길면 아크가 불안정하게 된다.

Q11

아크(arc)길이가 길 때 일어나는 현상이 아닌 것은?

① 아크가 불안정해진다.
② 용융금속의 산화 질화가 안 된다.
③ 열 집중력이 부족하다.
④ 전압이 높고 스패터가 많다.

해설 아크 길이가 길어지면 아크 전압이 높아지고 아크는 불안정해지며, 용착 금속부의 보호가 원활하지 못해 용착 금속이 산화 및 질화가 될 수 있다.

Q12

용접에서 아크가 길어질 때, 발생하는 현상이 아닌 것은?

① 아크가 불안정하게 된다.
② 스패터가 심해진다.
③ 산화 및 질화가 일어난다.
④ 발열량이 감소한다.

해설 아크 전압은 양극전압강하 + 음극전압강하 + 아크기둥전압강하의 합으로 구할 수 있다. 즉 아크기둥전압강하는 아크 길이가 커지면 커진다. 즉 전압이 커지면 발열량도 커진다.($Q = 0.24V \cdot I \cdot t = 0.24I^2Rt$)

Q13

다음 용접에 관한 설명 중 틀린 것은?

① 아크용접은 가스용접보다 두꺼운 판의 용접에 사용한다.
② 아크용접에서 교류보다 직류의 아크가 안정되어 있다.
③ 직류 전류에서 60 ~ 75%가 음극에서 열이 발생한다.
④ 아크용접이 가스 용접보다 온도가 높다.

해설 극성(Polarity) 직류(DC)에서만 존재하며 종류는 직류 정극성(DCSP : Direct Current Straight Polarity)과 직류 역극성(DCRP : Direct Current Reverse Polarity)이 있다. 또한 양극에서 발열량이 70%이상 나온다. 아울러 아크 용접의 온도는 5,000 ~ 6,000℃, 가스 용접의 온도는 3,000℃ ~ 3,500℃ 정도이다.

Q14

직류 아크용접에서 용접봉의 용융이 늦고, 모재의 용입이 깊어지는 극성은?

① 직류 정극성 ② 직류 역극성
③ 용극성 ④ 비용극성

해설 극성의 설명

① 극성은 직류(DC)에서만 존재하며 종류는 직류 정극성(DCSP : Direct Current Straight Polarity)과 직류 역극성(DCRP : Direct Current Reverse Polarity)이 있다.
② 일반적으로 양극(+)에서 발열량이 70%이상 나온다.
③ 정극성일 때 모재에 양극(+)을 연결하므로 모재측에서 열 발생이 많아 용입이 깊게 되고, 음극(−)을 연결하는 용접봉은 천천히 녹는다.
④ 역극성일 때 모재에 음극(−)을 연결하므로 모재측의 열량 발생이 적어 용입이 얕고 넓게 된다. 하지만 용접봉은 양극(+)에 연결하므로 빨리 녹게 된다.
⑤ 일반적으로 모재가 용접봉에 비하여 두꺼워 모재측에 양극(+)을 연결하는 것을 정극성이라 한다.

정답 10. ② 11. ② 12. ④ 13. ③ 14. ①

Q15

피복아크 용접에서 직류 정극성의 성질로서 옳은 것은?

① 용접봉의 용융속도가 빠르므로 모재의 용입이 깊게 된다.
② 용접봉의 용융속도가 빠르므로 모재의 용입이 얕게 된다.
③ 모재쪽의 용융속도가 빠르므로 모재의 용입이 깊게 된다.
④ 모재쪽의 용융속도가 빠르므로 모재의 용입이 얕게 된다.

Q16

직류 용접기 사용시 역극성(DCRP)과 비교한 정극성(DCSP)의 일반적인 특성은?

① 용접봉의 용융속도가 빠르다.
② 비드 폭이 넓다.
③ 모재의 용입이 깊다.
④ 박판, 주철, 합금강 비철 금속의 접합에 쓰인다.

해설

극성	특징
직류 정극성 모재(+) 용접봉(–)	• 모재의 용입이 깊다. • 용접봉의 늦게 녹는다. • 비드 폭이 좁다. • 후판 등 일반적으로 사용된다.
직류 역극성 모재(–) 용접봉(+)	• 모재의 용입이 얕다. • 용접봉이 빨리 녹는다. • 비드 폭이 넓다. • 박판 등의 비철금속에 사용된다.

Q17

직류 아크 용접의 설명 중 올바른 것은?

① 용접봉을 양극, 모재를 음극에 연결하는 경우를 정극성이라고 한다.
② 역극성은 용입이 깊다.
③ 역극성은 두꺼운 판의 용접에 적합하다.
④ 정극성은 용접 비드의 폭이 좁다.

해설

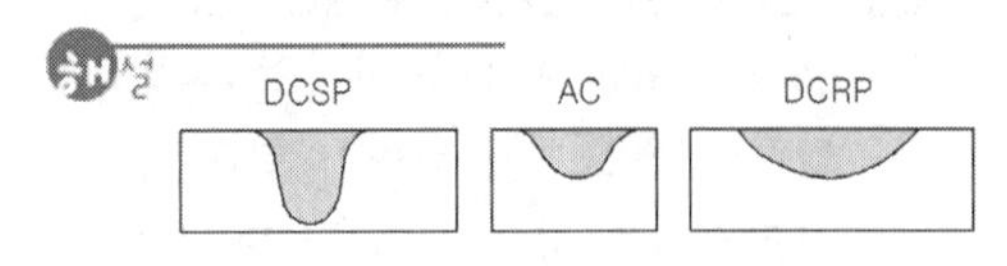

Q18

아크 용접에서 정극성과 비교한 역극성의 특징은?

① 모재의 용입이 깊다.
② 용접봉의 녹음이 빠르다.
③ 비드 폭이 좁다.
④ 후판 용접에 주로 사용된다.

Q19

전기 아크용접기의 음(-)극에 용접봉을, 양(+)극에 모재를 연결한 상태의 극성을 무엇이라 하는가?

① 직류 정극성
② 직류 역극성
③ 음극성
④ 용극성

Q20

직류 역극성으로 용접하였을 때, 나타나는 현상은?

① 용접봉의 용융속도는 늦고 모재의 용입은 직류 정극성보다 깊어진다.
② 용접봉의 용융속도는 빠르고 모재의 용입은 직류 정극성보다 얕아진다.

정답 15. ③ 16. ③ 17. ④ 18. ② 19. ① 20. ②

③ 용접봉의 용융속도는 극성에 관계없으며 모재의 용입만 직류 정극성보다 얕아진다.
④ 용접봉의 용융속도와 모재의 용입은 극성에 관계없이 전류의 세기에 따라 변한다.

Q21

아크 용접에서 직류 역극성으로 용접 할 때의 특성에 대한 설명으로 틀린 것은?

① 전체 발생열량의 70%가 용접봉 쪽에서 발생한다.
② 비드 폭이 좁다.
③ 용접봉의 용융이 빠르다.
④ 박판 용접에 쓰인다.

Q22

용접에서 직류 역극성의 특징 설명 중 틀린 것은?

① 모재의 용입이 깊다.
② 봉의 녹음이 빠르다.
③ 비드 폭이 넓다.
④ 박판, 주철, 고탄소강, 합금강, 비철금속의 용접에 사용한다.

Q23

직류 아크용접에서 역극성의 특징으로 맞는 것은?

① 용입이 깊어 후판 용접에 사용된다.
② 박판, 주철, 고탄소강, 합금강등에 사용된다.
③ 봉의 녹음이 느리다.
④ 비드 폭이 좁다.

Q24

용접 중에 아크가 용접봉 방향에서 한쪽으로 쏠리는 현상으로 직류 용접에서 비피복 용접봉을 사용하였을 때 심하게 나타나는 현상은?

① 아크 현상
② 부저항 특성
③ 플라즈마(plasma) 현상
④ 자기쏠림

해설 아크 쏠림, 아크 블로우, 자기불림, 자기쏠림 등은 모두 동일한 말이며 용접전류에 의한 아크 주위에 발생하는 자장이 용접봉에 대하여 비대칭일 때 일어나는 현상이다.

- 쏠림방지책
  ① 직류 용접기 대신 교류 용접기를 사용한다.
  ② 아크 길이를 짧게 유지한다.
  ③ 접지를 용접부로 멀리한다.
  ④ 긴 용접선에는 후퇴법을 사용한다.
  ⑤ 용접부의 시 · 종단에는 엔드탭을 설치한다.

Q25

직류 아크용접에서 맨(bare) 용접봉을 사용했을 때 심하게 일어나는 현상으로 용접 중에 아크가 한쪽으로 쏠리는 현상을 무엇이라고 하는가?

① 언더컷(undercut)
② 자기불림(magnetic blow)
③ 오버랩(overlap)
④ 기공(blow hole)

Q26

아크 블로우(arc blow)의 방지법으로 적합하지 않은 것은?

① 모재의 시종단에 같은 재료의 보조판을 설치한다.
② 접지를 용접부로 부터 멀리 설치한다.

정답 21. ② 22. ① 23. ② 24. ④ 25. ②

③ 긴 아크길이를 사용한다.
④ 긴 용접선은 후퇴법을 사용한다.

Q27

아크쏠림(arc blow)을 방지하는 방법을 설명한 것 중 맞지 않는 것은?

① 짧은 아크를 사용한다.
② 가접을 크게 하여 후진법으로 용접한다.
③ 식뉴블 사용한다.
④ 어스(earth)를 용접부보다 멀리한다.

Q28

아크 용접에서 아크 쏠림의 방지 대책 중 틀린 것은?

① 용접봉 끝을 아크 쏠림 방향으로 기울일 것
② 접지점을 용접부에서 멀리할 것
③ 직류 아크 용접을 하지 말고 교류용접을 할 것
④ 접지점 두개를 연결할 것

Q29

아크 용접에서 아크쏠림 현상 발생시 방지 대책으로 맞는 것은?

① 용접봉은 비 피복봉을 사용한다.
② 접지점을 용접부에 가까이 한다.
③ 아크 길이를 길게 한다.
④ 직류 대신 교류를 사용한다.

Q30

아크 쏠림 방지대책이 아닌 것은?

① 가능하면 아크가 안정된 직류용접을 한다.
② 용접봉 끝을 아크쏠림 반대 방향으로 기울인다.
③ 접지점을 될 수 있는 대로 용접부에서 멀리한다.
④ 짧은 아크를 사용한다.

Q31

아크 전류 300[A], 아크 전압 35[V], 용접속도 30[cm/min]인 경우에, 용접의 단위길이 1[cm]당 발생하는 용접 입열은 몇 [Joule/cm]인가?

① 18,000　　② 21,000
③ 25,000　　④ 30,000

해설 외부에서 용접 모재에 주어지는 열량으로 일반적으로 모재에 흡수되는 열량은 입열의 75 ~ 85%이다. 용접 입열이 충분하지 못하면 용입 불량 등의 용접 결함을 수반할 수 있다.

$H=\frac{60EI}{V}$ [Joule/cm]

(H : 용접 입열, E : 아크 전압[V], I : 아크 전류[A], V : 용접 속도[cm/min])

그러므로 $H=\frac{60\times35\times300}{30}=21,000$

Q32

용접속도와 뒤틀림의 관계 설명 중 가장 옳은 것은?

① 용접진행속도가 느릴수록 뒤틀림이 적어진다.
② 용접진행속도가 빠를수록 뒤틀림이 적어진다.
③ 용접진행속도와 뒤틀림과는 관계가 없다.
④ 용접봉이 충분히 녹아 용착된 후, 용접 진행 속도를 서서히 이동하면 뒤틀림이 적어진다.

정답 26. ③ 27. ③ 28. ① 29. ④ 30. ① 31. ② 32. ②

해설 용접 입열은 외부에서 용접 모재에 주어지는 열량으로 일반적으로 모재에 흡수되는 열량은 입열의 75 ~ 85%이다. 용접 입열이 충분하지 못하면 용입 불량 등의 용접 결함을 수반할 수 있다. 즉 입열의 양이 많아지면 그 만큼 열영향부가 커져 뒤틀림의 원인이 될 수도 있다.

Q33

아크 전압이 25[V], 아크 전류 120[A], 용접속도 125[mm/min]라 할 때, 피복 아크 용접의 단위길이 1cm당 발생하는 전기적 에너지 H는 몇 Joule/cm인가?

① 7,200　② 14,400
③ 72,000　④ 144,000

해설 $H = \frac{60 \times 25 \times 120}{12.5} = 14,400$ (단위 환산에 주의한다. 속도의 단위가 125mm/min 이므로 cm로 환산하면 12.5cm/min)

Q34

아크전류 200A, 아크전압 25V, 용접속도 15cm/min인 경우, 용접의 단위길이 1cm당 발생하는 전기적 에너지(Energy)값은 몇 Joule/cm인가?

① 15,000　② 20,000
③ 25,000　④ 30,000

해설 $H = \frac{60 \times 25 \times 200}{15} = 20,000$

Q35

용접봉에서 모재로 용융금속이 옮겨하는 용적이행 상태가 아닌 것은?

① 단락형　② 탭 전환형
③ 스프레이형　④ 핀치효과형

해설 용융 금속의 이행 형태
① 단락형 : 큰 용적이 용융지에 단락 되어 표면장력의 작용으로 이행되는 형식으로 맨 용접봉, 박피복 용접봉에서 발생한다.
② 글로 뷸러형 : 비교적 큰 용적이 단락 되지 않고 옮겨가는 형식으로 피복제가 두꺼운 저수소계 용접봉 등에서 발생한다. 핀치 효과형이라고도 한다.
③ 스프레이형 : 미세한 용적이 스프레이와 같이 날려 이행되는 형식으로 고산화티탄계, 일미나이트계 등에서 발생한다. 분무상 이행형이라고도 한다.

Q36

용접봉의 용적 이행형식이 아닌 것은?

① 단락형　② 글로뷸러형
③ 스프레이형　④ 가포화리액터형

Q37

일미나이트계 용접봉을 비롯하여 대부분의 피복아크 용접봉을 사용할 때 많이 볼 수 있으며 미세한 용적이 날리는 용착형태는?

① 단락형
② 스프레이형
③ 누적형
④ 글로뷸러형

Q38

피복제의 일부가 가스화하여 가스를 뿜어냄으로서 미세한 용적이 날려서 용접봉에서 모재로 용융금속이 옮겨가는 방식은?

① 단락형(short circuiting transfer)
② 글로뷸러형(globular transfer)
③ 스프레이형(spray transfer)
④ 리액턴스형(reactance transfer)

정답 33. ② 34. ② 35. ② 36. ④ 37. ② 38. ③

Q39

용접봉의 용융속도는 무엇으로 표시하는가?

① 단위 시간당 소비되는 용접봉의 길이
② 단위 시간당 형성되는 비드의 길이
③ 단위 시간당 용접 입열의 양
④ 단위 시간당 소모되는 용접전류

해설 용접봉의 용융 속도는 단위 시간당 소비되는 용접봉의 길이 또는 무게로 나타낸다.
용융 속도 = 아크 전류 × 용접봉 쪽 전압강하로 표현되며, 용접봉 재질이 일정하다면 용융 속도는 아크 전압 및 심선의 지름과 관계없이 용접 전류에만 비례한다.

Q40

피복아크 용접봉의 용융속도는 어느 식으로 결정되는가?

① 아크 전류 × 용접봉쪽 전압강하
② 아크 전류 × 모재쪽 전압강하
③ 아크 전압 × 용접봉쪽 전압강하
④ 아크 전압 × 모재쪽 전압강하

Q41

용접기로서 구비해야 할 조건에 해당되지 않는 것은?

① 구조 및 취급방법이 간단해야 한다.
② 사용 중에 온도상승이 커야 한다.
③ 아크발생 및 유지가 용이하고 아크가 안정되어야 한다.
④ 역률 및 효율이 좋아야 한다.

해설 용접기는 아크 발생 및 유지가 용이하고 아크가 안정

Q42

교류아크 용접기와 비교한, 직류아크 용접기의 특징을 옳게 설명한 것은?

① 아크의 안정이 우수하다.
② 고장이 적다.
③ 구조가 간단하다.
④ 전격의 위험이 크다.

해설 직류 용접기와 교류 용접기의 비교

비 교	직 류	교 류
아크 안정	안정	불안정
극성 변화	가능	불가능
아크 쏠림	쏠림	쏠림 방지
무부하전압	40 ~ 60V	70 ~ 80V
전격 위험	적다	크다
비 피복봉	사용 가능	사용 불가
구 조	복잡	간단
고 장	많다	적다
역 률	우수	떨어짐
소 음	발전기형은 크다.	대체적으로 적음
가 격	고가	저가
용 도	박판	후판

Q43

직류아크 용접기와 비교한, 교류아크 용접기의 설명에 해당되는 것은?

① 고장이 많다.
② 아크쏠림 방지가 불가능하다.
③ 역률이 매우 양호하다.
④ 무부하 전압이 높다.

Q44

직류 피복아크 용접기와 비교한 교류 피복아크 용접기의 설명으로 맞는 것은?

① 무부하 전압이 낮다.

정답 39. ① 40. ① 41. ② 42. ① 43. ④

② 아크의 안정성이 우수하다.
③ 아크 쏠림이 거의 없다.
④ 전격의 위험이 적다.

Q45

직류아크 용접기와 비교하여 교류아크 용접기의 특징에 대한 설명으로 올바른 것은?

① 무부하 전압이 높고, 감전의 위험이 많다.
② 용접기의 보수, 점검에 있어서 더 많은 노력이 든다.
③ 자기 불림이 있다.
④ 아크가 비교적 안정적이다.

Q46

교류아크 용접기의 2차 측 무부하 전압은 다음 중 몇 V 정도인가?

① 40 ~ 60　② 70 ~ 80
③ 80 ~ 90　④ 90 ~ 100

Q47

피복아크용접기에서 교류변압기의 2차 코일에 전압이 발생하는 원리는 무슨 작용인가?

① 저항유도작용
② 전자유도작용
③ 전압유도작용
④ 전류유도작용

해설 도체와 자력선을 교차 시키면 도체에 기전력이 발생한다. 이 현상을 전자 유도 작용이라 하며 이 유도 작용에 의해 발생한 기전력을 유도 기전력, 흐르는 전류를 유도 전류라 한다. 피복 아크 용접기의 전압 발생 원리는 전자 유도 작용이다.

Q48

아크 용접기에 사용하는 변압기는 어느 것이 가장 적당한가?

① 누설 변압기
② 단권 변압기
③ 전압 조정용 변압기
④ 계기용 변압기

해설 전기용접기의 전원이나 변압기는 철심구성과 코일을 감는 방법 등을 달리하여 부하의 전류가 증가하면 부하의 전압이 뚝 떨어지게 되어 있다. 이 방법은 전류를 안정되게 흘릴 수 있는데, 이런 목적에 사용되는 것을 자기누설변압기라 한다.

Q49

아크 용접기는 용접 작업에 적당하도록 어떠한 원리로 제작되어 있는가?

① 높은 전압에서 작은 전류가 흐른다.
② 낮은 전압에서 큰 전류가 흐른다.
③ 높은 전압에서 큰 전류가 흐른다.
④ 낮은 전압에서 작은 전류가 흐른다.

해설 아크 용접기는 저전압 대전류형으로 되어 있어 용접이 원활하다.

Q50

아크 용접기의 사용에 대한 설명으로 틀린 것은?

① 전격방지기가 부착된 용접기를 사용한다.
② 용접기 케이스는 접지(earth)를 확실히 해 둔다.
③ 개로전압이 높은 용접기를 사용한다.
④ 사용률을 초과하여 사용하지 않는다.

해설 개로 전압 즉 무부하 전압이 높아지면 전격의 위험이 커진다.

정답 44. ③　45. ①　46. ②　47. ②　48. ①　49. ②　50. ③

Q51

직류용접기와 비교하여, 교류용접기의 특징을 잘못 서술한 것은?

① 아크가 불안정하다.
② 고장이 적고, 값이 싸다.
③ 취급이 손쉽다.
④ 감전의 위험이 적다.

Q52

직류아크 용접기에 관한 설명으로 올바른 것은?

① 구조가 간단하다.
② 가격이 저렴하다.
③ 감전의 위험이 많다.
④ 극성의 변화가 가능하다.

Q53

직류 아크 용접기에 대한 설명으로 맞는 것은?

① 발전형과 정류기형이 있다.
② 구조가 간단하고 보수도 용이하다.
③ 누설자속에 의하여 전류를 조정한다.
④ 용접변압기의 리액턴스에 의해서 수하 특성을 얻는다.

해설 직류 아크 용접기의 종류
① 발전기형 직류 아크 용접기 : 전동 발전식과 엔진 구동식이 있으며, 전기가 없는 옥외에서 사용 가능하다. 또한 정류기형에 비해 우수한 직류를 얻을 수 있는 장점은 있으나 고가이며 소음이 나고 보수와 점검이 어렵다.
② 정류기형 직류 아크 용접기 : 셀렌, 실리콘, 게르마늄 정류기를 사용하여 교류를 정류하여 직류를 얻는 용접기로 완전한 직류를 얻지 못하며, 셀렌 등을 정류기로 사용하는 용접기는 특히 먼지에 주의해야 한다. 또한 셀렌 정류기는 80℃이상, 실리콘 정류기는 150℃이상이면 폭발할 우려가 있어 팬으로 바람을 불어 열을 빼내어 주어야한다. 아울러 종류로는 가동철심형, 가동코일형, 가포화리액터형이 있는데 가장 널리 사용되는 것은 가포화리액터형이다.
③ 전지식 : 활용성이 매우 적음

Q54

발전기형 직류아크 용접기의 특성이 아닌 것은?

① 완전한 직류를 얻을 수 있다.
② 회전하므로 고장나기가 쉽고 소음이 난다.
③ 구동부, 발전기부로 되어 가격이 비싸다.
④ 보수 점검이 간단하다.

Q55

발전기형 용접기와 정류기형 용접기를 비교한 아래의 표에서 틀린 것은?

		발전기형	정류기형
①	전원	없는 곳에서 가능	없는 곳에서 불가능
②	직류전원	완전한 직류	불완전한 직류
③	구조	간단	복잡
④	고장	많다	적다

Q56

발전(모터, 엔진형)형 직류용접기와 비교하여 정류기형 직류용접기를 설명한 것 중 잘못된 것은?

① 소음이 나지 않는다.
② 취급이 간단하고 가격이 싸다.
③ 정류기 파손에 주의한다.
④ 완전한 직류를 얻는다.

정답 51. ④ 52. ④ 53. ① 54. ④ 55. ③ 56. ④

Q57

교류아크 용접기의 종류가 아닌 것은?

① 정류기형
② 가동 철심형
③ 탭 전환형
④ 가포화 리액터형

해설 교류 아크 용접기
① 탭 전환형 : 코일의 감긴 수에 따라 전류를 조정한다. 하지만 탭과 탭사이의 전류를 조절할 수 없어 미세 전류 조절이 불가능하며, 넓은 범위의 전류 조정이 어렵다. 주로 소형으로 사용되나 적은 전류 조정시에도 무부하 전압이 높아 감전의 위험이 있다.
② 가동 코일형 : 1차 코일의 거리 조정으로 누설자속을 변화하여 전류를 조정한다. 아크 안정도가 높고 소음은 없으나 가격이 고가여서 현재 거의 사용되지 않고 있다.
③ 가동 철심형 : 가동철심으로 누설자속을 가감하여 전류를 조정하여 광범위한 전류 조절과 더불어 미세 전류 조절이 가능하여 현재 가장 널리 사용되고 있다.
④ 가포화리액터형 : 가변 저항의 변화로 용접 전류를 조정한다. 전기적 전류 조정으로 소음이 없고 원격 제어가 가능하다.

Q58

교류 아크 용접기의 종류 별 특성을 설명한 것 중 바르게 된 것은?

① 가동 철심형은 현재 가장 많이 사용하며 미세 전류 조정이 불가능하다.
② 가동 코일형은 가격이 싸며 현재 많이 사용한다.
③ 탭 전환형은 주로 대형에 많고 넓은 범위의 전류 조정이 쉽다.
④ 가포화 리액터형은 가변저항의 변화로 용접전류를 조정한다.

Q59

가동철심형 용접기의 특성을 설명한 것이다. 잘못 설명된 것은?

① 현재 가장 많이 사용한다.
② 미세한 전류 조정이 가능하다.
③ 광범위한 전류 조정이 어렵다.
④ 코일의 감긴 수에 따라 전류를 조정한다.

Q60

전류 조정이 용이하고 전류 조정을 전기적으로 하기 때문에 이동부분이 없으며 가변저항을 사용함으로써 용접 전류의 원격조정이 가능한 용접기는?

① 탭 전환형 ② 가동 코일형
③ 가동 철심형 ④ 가포화 리액터형

Q61

교류아크 용접기에서 가변저항을 이용하여 전류의 원격조정이 가능한 용접기는?

① 가포화 리액터형 ② 가동 코일형
③ 탭 전환형 ④ 가동 철심형

Q62

피복 아크 용접기에서 1차 코일을 이동시켜 누설리액턴스 값을 변화시킴으로써 전류조정을 하는 교류용접기는?

① 가동코일형 ② 가동철심형
③ 탭전환형 ④ 리액터형

정답 57. ① 58. ④ 59. ④ 60. ④ 61. ① 62. ①

Q63

규격이 AW 300인 교류 아크 용접기의 정격 2차 전류 범위는?

① 0 ~ 300A ② 20 ~ 330A
③ 60 ~ 330A ④ 120 ~ 430A

해설 교류 아크 용접기의 특징
① 전원의 무부하 전압이 항상 재점호 전압보다 높아야 아크가 안정한다.
② 용접기의 용량은 AW(Arc Welder)로 나타내며 이는 정격 2차 전류를 의미한다. 예를 들어 AW200이란 정격 2차 전류가 200A임을 의미한다.
③ 정격 2차 전류의 조정 범위는 20 ~ 110%이다. AW 300인 경우는 60 ~ 330A가 된다.

Q64

용접기에 AW - 300이란 표시가 있다. 여기서 300은 무엇을 말하는가?

① 2차 최대 전류
② 최고 2차 무부하 전압
③ 정격 사용률
④ 정격 2차 전류

Q65

용접전류가 120A, 전압이 25V일 때, 용접기의 용량은 몇 kW인가?

① 1kW ② 2kW
③ 3kW ④ 4kW

해설 전류(A) × 전압(V) = 전력(W) 즉 일 또는 용량을 나타낸다.
그러므로 120 × 25 = 3000(W) = 3(kW)

Q66

교류용접기의 규격은 무엇으로 정하는가?

① 입력 정격 전압 ② 입력 소모 전압
③ 정격 1차 전류 ④ 정격 2차 전류

Q67

용접기의 보수 및 점검사항 중 잘못 설명한 것은?

① 습기나 먼지가 많은 장소는 용접기 설치를 피한다.
② 용접기 케이스와 2차측 단자의 두쪽 모두 접지를 피한다.
③ 가동부분 및 냉각팬을 점검하고 주유를 한다.
④ 용접케이블의 파손된 부분은 절연테이프로 감아준다.

해설 교류 용접기를 취급할 때 주의 사항
① 정격 사용율 이상으로 사용할 때 과열되어 소손이 생김
② 가동 부분, 냉각 팬을 점검하고 주유할 것
③ 탭 전환은 아크 발생 중지 후 행할 것
④ 탭 전환의 전기적 접속부는 전기적 접촉 원활을 위하여 자주 샌드 페이퍼 등으로 닦아 줄 것
⑤ 2차측 단자의 한쪽과 용접기 케이스는 반드시 접지 할 것
⑥ 옥외의 비바람이 부는 곳, 습한 장소, 직사광선이 드는 곳에서 용접기를 설치하지 말 것
⑦ 휘발성 기름이나 가스가 있는 곳, 유해한 부식성 가스가 존재하는 장소는 용접기 설치를 피할 것
⑧ 용접 케이블 등이 파손된 부분은 절연 테이프로 보수할 것

Q68

금속아크 용접시 지켜야 할 여러 가지 유의사항 중 적합하지 않은 것은?

① 작업시의 전류는 적정하게 조절하고 정리 정돈을 잘하도록 한다.
② 작업을 시작하기 전에 메인스위치를 켜고 난 후 용접기 스위치를 켠다.

63. ③ 64. ④ 65. ③ 66. ④ 67. ②

③ 작업이 끝나면 메인스위치를 끄고 난 후 용접기 스위치를 꺼야 한다.
④ 아크 발생시에는 항상 안전에 신경을 쓰도록 한다.

해설 일반적으로 전원 투입의 순서는 분전반, 강전반(메인 또는 NFB스위치), 끝으로 용접기에 부착되어 있는 ON/OFF스위치를 작동하면 된다. 작업을 마치고 전원을 끄고자 할 때는 반대의 순서로 한다.

Q69

교류 피복아크용접기의 부속장치에 해당되지 않는 것은?

① 자동전격 방지기
② 과부하장치
③ 원격제어장치
④ 핫 스타트 장치

해설 교류 용접기의 부속 장치
① 전격 방지기 : 전격이란 전기적인 충격 즉 감전을 말하며, 전격방지기는 감전의 위험으로부터 작업자를 보호하기 위하여 2차 무부하 전압을 20 ~ 30[V]로 유지하는 장치
② 핫 스타트 장치는 처음 모재에 접촉한 순간의 0.2 ~ 0.25초 정도의 순간적인 대 전류를 흘려서 아크의 초기 안정을 도모하는 장치로 일명 아크 부스터라 한다.
③ 고주파 발생 장치 : 아크의 안정을 확보하기 위하여 상용 주파수의 아크 전류 외에, 고전압 3,000 ~ 4,000[V]를 발생하여, 용접 전류를 중첩시키는 방식

Q70

감전의 위험으로부터 용접 작업자를 보호하기 위해 교류 용접기에 설치하는 것은?

① 고주파 발생 장치
② 전격 방지 장치
③ 원격 제어 장치
④ 시간 제어 장치

Q71

교류용접기에서 무부하 전압이 높기 때문에 감전의 위험이 있어 용접사를 보호하기 위하여 설치한 장치는?

① 초음파 장치 ② 전격방지 장치
③ 고주파 장치 ④ 가동철심장치

Q72

무부하 전압이 비교적 높은 교류용접기에 용접 작업자를 전격의 위험으로부터 보호하기 위하여 사용되며, 작업을 하지 않을 때는 전압을 20 ~ 30V로 유지되고 용접봉을 작업물에 접촉시키면 릴레이(relay)작동에 의해 전압이 높아져 용접작업이 가능해지는 장치는?

① 아크부스터 ② 원격제어장치
③ 전격방지기 ④ 용접봉 홀더

Q73

전격방지기의 기능은 작업을 하지 않을 때, 보조전압기에 의해 용접기의 2차 무부하 전압을 다음 중 약 몇 V 이하로 유지시켜야 되는가?

① 75V ② 55V
③ 45V ④ 25V

Q74

아크 용접기에 전격방지기를 설치하는 이유는?

① 작업자를 감전 재해로부터 보호하기 위하여
② 용접기의 역률을 높이기 위하여
③ 용접기의 효율을 높이기 위하여
④ 용접기의 연속 사용시 과열을 방지하기 위하여

정답 68. ③ 69. ② 70. ② 71. ② 72. ③ 73. ④ 74. ①

Q75

용접 작업시 전격방지를 위한 주의사항 중 틀린 것은?

① 캡타이어 케이블의 피복 상태, 용접기의 접지 상태를 확실하게 점검할 것
② 기름기가 묻었거나 젖은 보호구와 복장은 입지말 것
③ 좁은 장소의 작업에서는 신체를 노출시키지 말 것
④ 개로 전압이 높은 교류 용접기를 사용할 것

Q76

전기용접 작업시 전격에 관한 주의사항으로 틀린 것은?

① 무부하 전압이 필요 이상으로 높은 용접기는 사용하지 않는다.
② 낮은 전압에서는 주의 하지 않아도 되며, 피부에 적은 습기는 용접하는 데 지장이 없다.
③ 작업종료시 또는 장시간 작업을 중지할 때 반드시 용접기의 스위치를 끄도록 한다.
④ 전격을 받은 사람을 발견했을 때는 즉시 스위치를 꺼야한다.

Q77

전격의 방지대책으로 적합하지 않는 것은?

① 용접기의 내부는 수시로 열어서 점검하거나 청소한다.
② 홀더나 용접봉은 절대로 맨손으로 취급하지 않는다.
③ 절연 홀더의 절연부분이 파손되면 즉시 보수하거나 교체한다.
④ 땀, 물 등에 의해 습기찬 작업복, 장갑, 구두 등은 착용하지 않는다.

Q78

아크 용접시 전격을 예방하는 방법으로 틀린 것은?

① 전격방지기를 부착한다.
② 콘덴서를 부착한다.
③ 맨손으로 용접봉을 갈아 끼우지 않는다.
④ 절연성이 좋은 장갑을 사용한다.

Q79

아크발생 초기에 용접봉과 모재가 냉각되어 있어 입열이 부족하면 아크가 불안정하기 때문에 아크 초기만 용접전류를 특별히 크게 해주는 장치는?

① 전격방지장치
② 원격제어장치
③ 핫 스타트 장치
④ 고주파발생장치

해설 핫 스타트 장치는 처음 모재에 접촉한 순간의 0.2~0.25초 정도의 순간적인 대 전류를 흘려서 아크의 초기 안정을 도모하는 장치로 일명 아크 부스터라 한다.

Q80

아크 발생초기에만 용접전류를 특별히 많게 할 목적으로 사용되는 아크 용접기 부속기구로 맞는 것은?

① 전격방지장치
② 원격제어장치
③ 용접봉 홀더
④ 핫 스타트(hot start)장치

정답 75. ④ 76. ② 77. ① 78. ② 79. ③ 80. ④

Q81

교류 아크 용접기 부속장치 중 핫 스타트(Hot start) 장치를 사용했을 때 이점이 아닌 것은?

① 용락을 방지한다.
② 비드 모양을 개선한다.
③ 아크 발생을 쉽게 한다.
④ 아크 발생초기의 비드 용입을 양호하게 한다.

Q82

교류아크용접기에서 안정한 아크를 얻기 위하여 상용 주파의 아크 전류에 고전압의 고주파를 중첩시키는 방법으로 아크발생과 용접작업을 쉽게 할 수 있도록 하는 부속장치는?

① 전격방지장치
② 고주파 발생장치
③ 원격제어장치
④ 핫 스타트장치

해설 고주파 발생 장치 – 아크의 안정을 확보하기 위하여 상용 주파수의 아크 전류 외에, 고전압 3,000~4,000[V]를 발생하여, 용접 전류를 중첩시키는 방식

Q83

교류 아크 용접기의 네임 플레이트(name plate)에 사용률이 40%로 나타나 있다면 그 의미는?

① 용접작업 준비시간
② 아크를 발생시킨 용접 작업시간
③ 전체 용접시간
④ 용접기가 쉬는 시간

해설 ① 용접 작업시간에는 휴식 시간과 용접기를 사용하여 아크를 발생한 시간을 포함하고 있다.
② 용접기에 사용율이 40%라고 하면 용접기가 가동되는 시간 즉 용접 작업시간 중 아크를 발생시킨 시간을 의미한다.
③ 사용율은 다음과 같은 식으로 계산할 수 있다.

$$\text{사용율}(\%) = \frac{(\text{아크시간})}{(\text{아크시간}+\text{휴식시간})} \times 100$$

Q84

용접기의 아크 발생률 8분간하고 2분간 쉬었다면, 사용률은 몇 %인가?

① 25 ② 40
③ 65 ④ 80

해설 사용율은 다음과 같은 식으로 계산할 수 있다.

$$\text{사용율}(\%) = \frac{(\text{아크시간})}{(\text{아크시간}+\text{휴식시간})} \times 100$$

$$\text{사용율}(\%) = \frac{8}{10} \times 100 = 80\%$$

Q85

아크를 9분 동안 일으켜 작업을 한 후, 6분 쉬고 위와 같은 작업을 반복했다. 이 용접기의 사용율은?

① 55% ② 60%
③ 65% ④ 70%

해설 작업시간은 아크 발생 시간 + 휴식 시간 이므로 15분, 아크 발생시간은 9분이므로 $\frac{9}{15} \times 100 = 60$

Q86

아크 발생 시간이 4분이고, 용접기의 휴식 시간이 6분일 경우 사용률(%)은 얼마인가?

① 40% ② 100%
③ 60% ④ 50%

해설 사용율(%) = $\frac{4}{(4+6)} \times 100 = 40\%$

정답 81. ① 82. ② 83. ② 84. ④ 85. ② 86. ①

Q87

사용률이 40%인 교류 아크 용접기를 사용하여 정격전류로 4분 용접하였다면 휴식 시간은 얼마인가?

① 2분 ② 4분
③ 6분 ④ 8분

해설 사용률이 40%이면 10분 작업 중 4분 작업 하고 6분은 휴식 시간이다.

Q88

정격 2차 전류가 400[A], 정격 사용률이 40[%]인 용접기로서 200[A]로 용접할 때 허용 사용률은?

① 150[%] ② 160[%]
③ 170[%] ④ 180[%]

해설 허용 사용율 : 용접기는 항상 용량에 따른 정해진 사용율을 가지고 있다. 즉 정해진 용량인 정격 2차 전류에 따른 정격 사용율을 가지고 있다. 예를 들어 AW 200이고, 정격 사용율 40%라는 의미는 만일 이 용접기를 사용하여 200A를 사용하여 용접하면 한 시간에 40% 즉 24분만 사용 즉 아크를 발생하고, 나머지 36분은 작업을 하지 않고 용접기를 가동하지 않아야 용접기의 소손을 막을 수 있다는 의미이다. 그러므로 허용 사용율은 다음과 같은 식에 의하여 구할 수 있다.

허용 사용율(%) × (실제 용접 전류)^2 = 정격 사용율(%) × (정격 2차 전류)^2

허용 사용율(%) × (200)^2 = 40 × (400)^{2}에서 160% 즉 연속 사용해도 용접기 소손이 없다

Q89

정격 2차 전류 200A, 정격 사용률 40%, 아크용접기로 150A의 용접전류 사용시 허용 사용률은 대략 얼마인가?

① 51.1% ② 61.1%
③ 71.1% ④ 81.1%

해설 허용 사용율(%) × (150)^2 = 40 × (200)^{2}에서 71.1%

Q90

정격전류 200A, 정격 사용율 50%인 아크 용접기로써 실제 아크 전압 30V, 아크 전류 150A로 용접을 수행한다고 가정하면 허용 사용률은 얼마인가?

① 약 70%
② 약 80%
③ 약 90%
④ 약 100%

해설 허용 사용율(%) × (150)^2 = 50 × (200)^{2}에서 약 88.89%

Q91

AW 200, 무부하전압 80V, 아크전압 30V인 교류용접기를 사용할 때 역률과 효율은 각각 몇 % 인가?(단, 내부손실은 4kW이다.)

① 역률 30, 효율 25
② 역률 62.5, 효율 60
③ 역률 75.5, 효율 55
④ 역률 85, 효율 75

해설 역률과 효율(단위에 주의한다.)

$$\text{역률} = \frac{\text{소비전력(kW)}}{\text{전원입력}(KVA)} \times 100$$

$$\text{효율} = \frac{\text{아크출력(kW)}}{\text{소비전력(kW)}} \times 100$$

소비 전력 = 아크 출력 + 내부 손실
전원 입력 = 무부하 전압 × 정격 2차 전류
아크 출력 = 아크 전압 × 정격 2차 전류
여기서 아크 출력은 30 × 200 = 6,000 = 6kW
소비전력은 6 + 4 = 10kW
전원 입력은 80 × 200 = 16,000 = 16KVA

그러므로 $\text{효율} = \frac{6}{10} \times 100 = 60\%$

$\text{역률} = \frac{10}{16} \times 100 = 62.5\%$

정답 87. ③ 88. ② 89. ③ 90. ③ 91. ②

Q92

아크 전압 30V, **아크 전류** 300A, **무부하 전압** 80V, **내부 손실** 4kW**일 때, 효율은 몇 % 인가?**

① 55.3% ② 60.4%
③ 69.2% ④ 79.1%

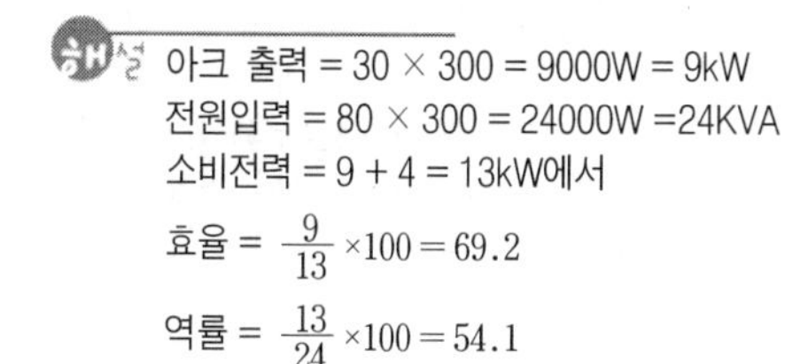
해설 아크 출력 = 30 × 300 = 9000W = 9kW
전원입력 = 80 × 300 = 24000W =24KVA
소비전력 = 9 + 4 = 13kW에서

효율 = $\frac{9}{13} \times 100 = 69.2$

역률 = $\frac{13}{24} \times 100 = 54.1$

Q93

AW-300, **무부하 전압** 80V, **아크 전압** 20V**인 교류용접기를 사용할 때, 역률과 효율을 계산하였다. 맞는 것은?(단, 내부손실을 4kW라 한다.)**

① 역률 80%, 효율 : 20.6%
② 역률 20.6%, 효율 : 80%
③ 역률 60%, 효율 : 41.6%
④ 역률 41.6%, 효율 : 60%

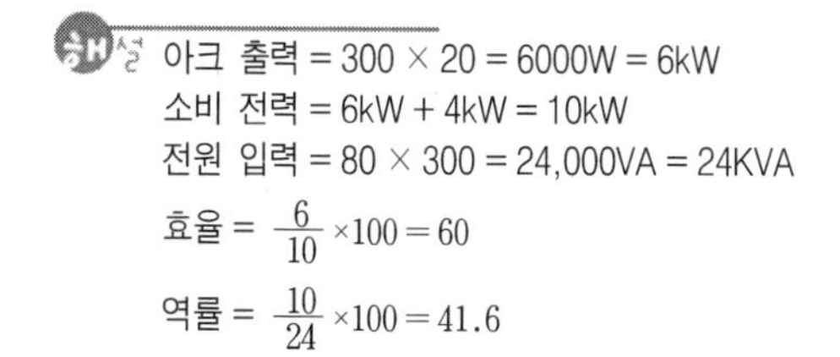
해설 아크 출력 = 300 × 20 = 6000W = 6kW
소비 전력 = 6kW + 4kW = 10kW
전원 입력 = 80 × 300 = 24,000VA = 24KVA

효율 = $\frac{6}{10} \times 100 = 60$

역률 = $\frac{10}{24} \times 100 = 41.6$

Q94

용접기 1차측에 콘덴서를 설치하는 이유로 가장 옳은 것은?

① 역률을 개선 한다.
② 전격을 예방 한다.
③ 용접 진행 속도를 빠르게 한다.
④ 용접기 사용율을 높인다.

해설 교류 용접기에 콘덴서를 병렬로 설치했을 때의 이점
① 역률이 개선된다.
② 전원 입력이 적게 되어 전기 요금이 적게 된다.
③ 전압 변동률이 적어진다.(무효 전력)
④ 배전선의 재료가 적어진다.(선의 굵기를 줄일 수 있다.)
⑤ 여러 개의 용접기를 접속 할 수 있다.

【참고】 역률이 높으면 좋은 용접기라고 말할 수도 있고 그렇지 않을 수도 있다. 왜냐하면 일반적으로 역률이 높은 용접기는 소비전력이 높아 효율이 떨어지기 때문에 이 경우는 역률이 낮은 경우가 효율이 더 좋다고 할 수 있다. 하지만 소비 전력은 변화 없고 전원 입력을 적게 할 수 있다면 좋은 용접기라 할 수 있다.

Q95

아크용접에서 부하전류가 증가하면 단자전압이 저하하는 특성을 무슨 특성이라고 하는가?

① 상승특성 ② 수하 특성
③ 정전압특성 ④ 정전류특성

해설 용접기에 필요한 특성
① 부 특성(부저항 특성) : 전류가 작은 범위에서 전류가 증가하면 아크 저항이 작아져 아크 전압이 낮아지는 특성으로 부저항 특성 또는 부특성이라고 한다. 이 법칙은 일반 전기 회로에서 적용되는 옴의 법칙(Ohm's law)과는 다르다.
② 수하 특성 : 부하 전류가 증가하면 단자 전압이 저하하는 특성을 수하 특성(垂下 特性)이라 한다.
V = E – IR(V : 단자 전압, E : 전원 전압)
③ 정전류 특성 : 아크 길이가 크게 변하여도 전류 값은 거의 변하지 않는 특성으로 수하 특성 중에서도 전원 특성 곡선에 있어서 작동점 부근의 경사가 상당히 급한 것을 정전류 특성이라 한다.

【참고】 이상은 수동 용접에 필요한 특성이다.

④ 상승 특성 : 큰 전류에서 아크 길이가 일정할 때 아크 증가와 더불어 전압이 약간씩 증가하는 특성이다. 이 상승 특성은 반자동 및 자동 용접에서 아크의 안정을 도모하기 위하여 사

정답 92. ③ 93. ④ 94. ① 95. ②

용되는 특성이다.

⑤ 정전압 특성(자기 제어 특성) : 수하 특성과는 반대의 성질을 갖는 것으로 부하 전류가 변해도 단자 전압이 거의 변하지 않는 것으로 CP(Constant Potential)특성이라고도 한다. 주로 반자동 및 자동 용접에 필요한 특성이다. 또한 아크 길이가 길어지면 부하 전압은 일정하지만 전류가 낮아져 정상보다 늦게 녹아 정상적인 아크 길이를 맞추고 반대로 아크 길이가 짧아지면 부하 전압은 일정하지만 전류가 높아져 와이어의 녹는 속도를 빨리하여 스스로 아크 길이를 맞추는 것을 자기 제어 특성이라 한다.

Q96

전류가 작은 범위에서 전류가 증가하면 아크 저항이 작아져 아크 전압이 낮아지는 특성은?

① 정전압 특성
② 상승 특성
③ 부저항 특성
④ 자기제어 특성

Q97

아크 용접기에서 수하 특성이란?

① 전압 – 전류의 특성
② 변압기 – 리액터 정류기의 특성
③ 철심 – 1차 코일의 특성
④ 1차 코일 – 2차 코일의 특성

Q98

수동 아크 용접기가 갖추어야 할 용접기 특성은?

① 수하 특성과 상승 특성
② 정전류 특성과 상승 특성
③ 정전류 특성과 정전압 특성
④ 수하 특성과 정전류 특성

해설 부 특성(부저항 특성), 정전류 특성, 수하 특성은 수동 용접에 필요한 특성이고 상승 특성, 정전압 특성은 자동 용접에 필요한 특성이다.

Q99

정전압 특성에서 부하 전류가 변화하면 단자 전압은 어떻게 변화하는가?

① 낮아진다.
② 높아진다.
③ 변동하지 않는다.
④ 높아지다가 차츰 낮아진다.

정답 96. ③ 97. ① 98. ④ 99. ③

4. 피복 아크 용접용 기구

① **용접용 케이블** : 케이블의 2차측은 유연성이 요구되므로 전선 지름이 0.2~0.5(mm)의 가는 구리선을 수백선 내지 수천선 꼬아서 만든 캡타이어 전선을 사용한다. 또한 크기의 단위도 1개의 선은 의미가 없으므로 단면적(mm^2)을 사용한다. 하지만 1차측은 고정된 선으로 유동성이 없어야 하므로 단선으로 지름(mm)을 사용하여 그 크기를 표시한다.

	200A	300A	400A
1차측 지름(mm)	5.5	8	14
2차측 단면적(mm^2)	38	50	60

② **케이블 커넥터 및 러그** : 케이블을 이어서 사용하고자 할 때 사용하는 것을 커넥터라고 하며, 케이블을 단자 등에 연결하기 위하여 사용하는 것을 러그(lug)라 한다.

③ **접지 클램프**(Ground clamp) : 모재와 용접기를 케이블로 연결할 때 접속하는 것으로 클램프를 사용하기도 하고 러그 등을 사용하여 작업대에 고정하기도 한다.

④ **홀더**(Holder) : 홀더의 종류로는 A형과 B형이 있다. A형은 안전 홀더로 전체가 절연된 것이고 B형은 손잡이만 절연된 것이나 현재는 안전을 고려해서 잘 사용되지 않는다. 홀더의 규격은 기호 다음에 나오는 숫자가 정격 용접 전류이다. 예를 들어 A200호는 정격 2차 전류를 200(A), 용접봉 지름은 3.2~5.0(mm)를 사용할 수 있다.

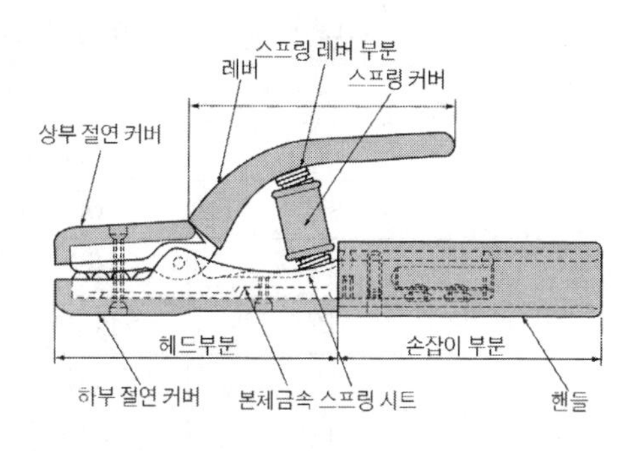

종류	정격용접 전류(A)	사용할 수 있는 용접봉 지름(mm)	접속되는 홀더용 케이블(mm^2)
200호	200	3.2~5.0	38
300호	300	4.0~6.0	50
400호	400	5.0~8.0	60
500호	500	6.4~10.0	80

⑤ **헬멧**(Helmet)**과 핸드 실드**(Hand Shield) : 용접 작업시 아크 광선으로부터 눈이나 얼굴 등을 보호하기 위하여 사용하는 것으로 머리에 착용하는 것을 헬멧, 손으로 잡고 사용하는 것을 핸드 실드라 한다. 헬멧을 사용하면 양손을 다 사용할 수 있다는 장점이 있다.

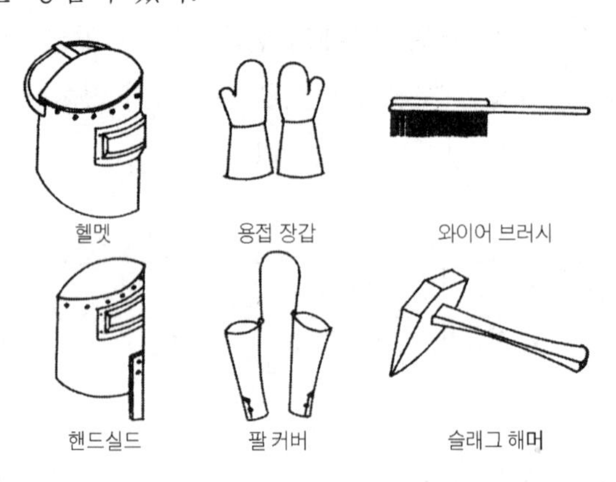

⑥ **차광 유리**(Filter Glass) : 아크 불빛은 적외선과 자외선을 포함하고 있어 눈을 보호하기 위하여 빛을 차단하는 차광 유리를 사용하여야 한다. 전류와 용접봉의 지름이 커질수록 차광도 번호가 큰 것을 사용하며, 일반적으로 피복 아크 용접에서는 차광도 번호 10 ~ 11(용접봉 지름 2.6 ~ 4.0mm, 사용전류 100 ~ 250A), 가스 용접에서는 차광도 번호 4 ~ 7번 정도의 것이 사용된다.

차광도 번호	용접 전류(A)	용접봉 지름(mm)
8	45 ~ 75	1.2 ~ 2.0
9	75 ~ 130	1.6 ~ 2.6
10	**100 ~ 200**	**2.6 ~ 3.2**
11	**150 ~ 250**	**3.2 ~ 4.0**
12	200 ~ 300	4.8 ~ 6.4
13	300 ~ 400	4.4 ~ 9.0
14	400 이상	9.0 ~ 9.6

⑦ **퓨즈**(Fuse) : 용접기의 1차측에 퓨즈를 붙인 안전 스위치를 사용한다. 퓨즈는 규정 값보다 크거나 구리선 철선 등을 퓨즈 대용으로 사용해서는 안 된다.

$$\text{퓨즈의 용량} = \frac{\text{1차입력(KVA)}}{\text{전원전압(200V)}}$$

⑧ **용접 부스** : 학교 등에서 용접기를 고정하여 놓고 용접을 할 경우에는 차광막, 환기 시설을 갖춘 부스 내에서 용접 작업을 한다.

⑨ **보호구** : 장갑, 앞치마, 팔 덮개, 각반, 안전화 등을 착용하여 용접 중 발생되는 열 또는 스팩터로부터 작업자를 보호한다.

⑩ **기타 공구** : 작업 중 전류를 재기 위한 전류계, 필릿 용접의 다리길이를 재기 위한 각장 게이지, 판 두께 등을 재기 위한 버니어 캘리퍼스, 슬랙을 제거하기 위한 슬랙 망치, 용접 후 모재를 잡기 위한 용접용 집게, 용접 후 비드 표면을 청소하기 위한 와이어 브러시 등이 있다.

5. 피복 아크 용접봉

① 용접봉, 용가재, 전극봉 등은 모두 동일한 말이며, 심선의 재료는 저 탄소 림드강으로 황, 인등의 불순물의 양을 제한하여 제조하며 KSD7004에 규정되어 있다.

② 피복 용접봉은 수동 용접에 사용되며, 비피복 용접봉은 반자동 또는 자동 용접에 주로 사용된다. 그림과 같이 심선의 길이 약 25mm 정도와 끝 노출부 약 3mm이하를 전류가 통할 수 있도록 피복하지 않는다.

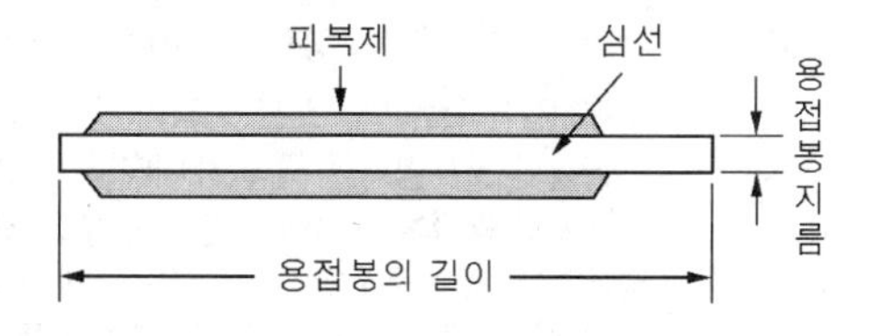

③ 연강용 피복 금속 아크 용접봉은 심선의 굵기에 따라 길이가 규격화되어 있으며, 일반적으로 심선 지름 굵기의 허용 오차는 ± 0.05mm이고, 길이에 따른 허용 오차는 보통 ± 3mm이다. 즉 3.2mm의 경우 길이는 350mm ± 3mm이다. 아울러 편심률은 3.2mm 이상인 용접봉에서는 3%이하이여야 한다.

④ 용접봉을 홀더에 끼우는 용접봉의 접촉부 길이는 2.6mm이하인 것은 20 ± 5mm이며, 3.2mm이상이고 길이가 550mm 이하인 것은 25 ± 5mm, 길이 700mm 이상인 것은 30 ± 5mm이다. 아울러 용접봉의 앞 끝은 아크 발생을 쉽게 하기 위하여 3mm를 초과하지 않는 범위에서 심선을 노출시키거나 적당한 처리를 하여야 한다.

참고 용접봉의 지름(길이)는 KS규격으로 1.6(230, 250), 2.0(250, 300), 2.6(300, 350), 3.2(350, 400), 4.0(350, 400, 450, 550), 4.5(400, 450, 550), 5.0(400, 450, 550, 700), 5.5(450, 550, 700), 6.0(450, 550, 700, 900), 6.4(450, 550, 700, 900), 7.0(450, 550, 700, 900), 8.0(450, 550, 700, 900)이 있다.

(1) 용착 금속의 보호 형식

① **슬랙 생성식(무기물형)** : 슬랙으로 산화, 질화 방지 및 탈산 작용

② **가스 발생식** : 대표적으로 셀롤로오스가 있으며 전 자세 용접이 용이하다.

③ **반가스 발생식** : 슬랙 생성식과 가스 발생식의 혼합

참고 피복의 종류는 A(산(산화철)), AR(루틸), B(염기), C(셀롤로오스), O(산화), R(루틸(중간 피복), RR(루틸(두꺼운 피복), S(기타 종류)를 표시한다.

- A : 중간 또는 두꺼운 피복제를 가지며, 금속적으로 산 특성을 지니는 산화철 – 산화망간 – 실리카 슬랙을 발생시킨다. 피복제는 철 및 망간의 산화물 외에 상당량의 망간철 및 다른 산화제를 포함한다. 슬랙은 전형적인 벌집 구조로 응고되고 쉽게 분리된다. 이러한 종류의 용접봉은 높은 용해 속도를 가지고 높은 전류 밀도와 함께 사용된다. 피복제가 두꺼울 경우 특히 용입 상태가 좋다. 일반적으로 아래보기 자세에 적합하며, 다른 자세에서도 사용가능하다. 이러한 용접봉은 모재의 용접성이 양호하지 못하면 열균열이 발생할 수 있으며 실제 탄소 함유량이 0.24% 초과할 때 수평 또는 수직 및 수직 필릿 용접에서 현저하게 발생한다. 또한 킬드강이 림드강보다 취약하다. 일반적으로 킬드강에서 황의 함유량이 0.05%를 초과하고 림드강에서 0.06%를 초과할 때 나타난다.
- AR : 산 – 루틸 종류의 용접봉은 두꺼운 피복제를 가지며 A와 비슷한 슬랙을 발생시킨다. 이 슬랙은 유동성이 크다. AR은 A와 비슷하지만 차이점은 피복제에 산화티타늄을 포함하고 있다는 점이다. 아울러 그 함량은 35%를 초과하지 않는다.
- B : 염기 종류의 용접봉은 칼슘 또는 염기성 탄산염과 형석을 포함하는 두꺼운 피복제를 가지고 있어 금속적으로 염기성 특성을 나타낸다. 슬랙은 밀도가 높은 중간 수준이고, 갈색에서 흑갈색에 이르는 색깔과 광택을 나타낸다. 슬랙은 쉽게 떨어지며, 빠른 시간에 용접 표면에 떠오르므로 슬랙 혼입이 될 우려는 적다. 용입은 평균 정도이고 보통 직류 역극성에서 사용되지만 교류를 사용하는 경우도 있다. 이러한 종류의 용접봉은 열간 및 냉각 균열에 강해 두꺼운 단면 및 강성이 높은 연강 구조의 용접에 적합하다. 아울러 기공을 피하기 위해서는 건조해 사용하여야 한다.이러한 용접봉을 충분히 건조하여 사용하면 열영향부에서 용접강이 현저한 경화를 보일 때 비드 밑 터짐의 위험이 적다. 이 그룹에 속한 용접봉은 수분의 함유량은 0.6% 보다 적다.
- C : 셀롤로오스 종류의 용접용 피복제는 많은 양의 연소성 유기물을 함유하고 이를 아크로 분해하면 많은 가스 피복을 발생시킨다. 슬랙의 발생은 매우 적고 쉽게 떨어진다. 이러한 용접봉은 모든 자세의 용접에 적합하나. 용착 금속의 스패터 손실은 상당히 크고 용접 표면은 불규칙적이다.
- O : 산화 종류의 용접봉은 산화망간과 함께 산화망간 없이 주로 산화철로 구성된 두꺼운 피복제를 가진다. 피복제는 산화슬랙을 발생시키므로 용접 금속은 적은 양의 탄소 및 망간을 함유한다. 슬랙의 밀도는 높으며 스스로 떨어진다. 주로 수평, 수직필릿, 아래보기 필릿 용접자세에 국한적으로 사용된다. 용접의 외형이 용접부의 기계적 강도보다 중요할 경우에 주로 사용된다.
- R : 피복제는 중간의 두께를 가진다. 피복제의 최대 15%로 정도 셀롤로오스 물질이 존재하여 수직 및 위 보기 자세 용접에 적당하다. 루틸 종류의 용접봉은 많은 아의 루틸 또는 산화티타늄에서 얻어진 성분을 함유하는 피복제를 가지며 그 양은 질량으로 50% 정도이다.
- RR : R과 같이 루틸 종류로 피복제는 두껍다. 피복제에는 5% 이하의 셀롤로오스 물질이 때때로 존재한다. 슬랙의 밀도는 높고 스스로 떨어지면 용접부의 외형은 O형과 유사하다. 열균열은 산 종류 만큼 높지 않지만 용접 목 두께가 산 용접봉보다 훨씬 작다는 점에서 주의를 요한다. 최대 전류는 녹는 속도가 낮아 AR형보다 낮다.
- S : 기타 종류의 용접봉의 표기를 위하여 남겨 두었고 앞서 밝힌 A, AR, B, C, O, R, RR에서 규정된 것들 이외의 피복제에 해당한다.

(2) 피복제의 작용

① 아크 안정
② 산·질화 방지
③ 용적을 미세화 하여 용착 효율 향상
④ 서냉으로 취성 방지
⑤ 용착 금속의 탈산 정련 작용
⑥ 합금 원소 첨가
⑦ 슬랙의 박리성 증대
⑧ 유동성 증가 등
⑨ 전기 절연 작용

(3) 피복제의 종류

① **가스 발생제** : 용융 금속을 대기로부터 보호하기 위하여 중성 또는 환원성 가스를 발생하여 용융 금속의 산화 및 질화를 방지한다. 가스 발생제로는 녹말, 톱밥, 석회석, 셀룰로오스, 탄산바륨 등이 있다.

② **슬랙 생성제** : 용융점이 낮은 가벼운 슬랙을 만들어 용융 금속의 표면을 덮어서 산화나 질화를 방지하고 용착 금속의 냉각 속도를 느리게 한다. 슬랙 생성제로는 석회석, 형석, 탄산나트륨, 일미 나이트, 산화철, 산화티탄, 이산화망간, 규사 등이 있다.

③ **아크 안정제** : 이온화 하기 쉬운 물질을 만들어 재점호 전압을 낮추어 아크를 안정시킨다. 아크 안정제로는 규산나트륨, 규산칼륨, 산화티탄, 석회석 등이 있다.

④ **탈산제** : 용융 금속 중의 산화물을 탈산 정련하는 작용을 한다. 탈산제로는 페로실리콘, 페로망간, 페로티탄, 알루미늄 등이 있다.

⑤ **고착제** : 심선에 피복제를 달라붙게 하는 역할을 한다. 고착제로는 규산나트륨, 규산칼륨, 아교, 소맥분, 해초 등이 있다.

⑥ **합금 첨가제** : 용접 금속의 여러 가지 성질을 개선하기 위하여 피복제에 첨가한다. 합금 첨가재로는 크롬, 니켈, 실리콘, 망간, 몰리브덴, 구리 등이 있다.

(4) 용접봉의 기호

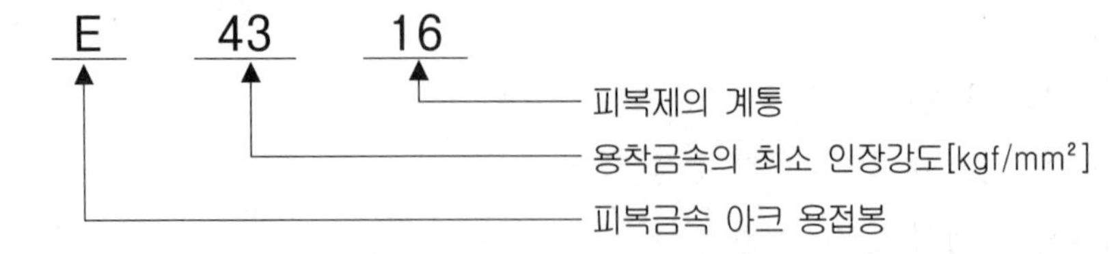

참고 용접 자세(F : 아래보기 자세, V : 수직 자세, H : 수평 자세 또는 수평 필릿 용접 O : 위보기 자세) 아울러 위보기 자세 및 수직 자세는 원칙적으로 심선의 지름 5.0mm를 초과하는 것에는 적용하지 않으며, E4324, E4326 및 E4327의 용접 자세는 주로 수평 필릿 용접으로 한다.

용접봉의 포장에는 종류, 치수, 전류의 종류, 무게 또는 개수, 제조 연월 또는 그 약호, 제조자명 또는 그 약호를 표시한다. 예를 들어 D4301 - AC - 5.0 - 450 이라고 표시되어 있으며, 앞에서부터 종류, 전원, 봉 지름, 길이를 뜻한다.

세 번째 자리는 샤르피 V - 충격값과 연신율에 기초하여 0, 1, 2, 3, 4, 5로 정의 되었다.

(5) 용접봉의 종류

종류 용접자세 전원	주성분	특성 및 용도
알루미나이트계 (Ilmenite type) E4301 F, V, O, H AC 또는 DC(±)	알루미나이트 ($TiO_2 \cdot FeO$)를 약 30% 이상 포함	• 가격 저렴 • 작업성 및 용접성이 우수 • 25mm 이상 후판 용접도 가능 • 수직·위보기 자세에서 작업성이 우수하며 전 자세 용접이 가능하다. • 일반구조물의 중요 강도 부재, 조선, 철도, 차량, 각종 압력 용기 등에 사용
라임티타니아 계 (Lime - titania type) E4303 F, V, O, H AC 또는 DC(±)	산화티탄 (TiO_2) 약 30% 이상과 석회석 ($CaCO_3$)이 주성분	• 작업성은 고산화 티탄계, 기계적 성질은 일미나이트계와 비슷 • 사용 전류는 고산화 티탄계 용접봉보다 약간 높은 전류를 사용 • 비드가 아름다워 선박의 내부 구조물, 기계, 차량, 일반 구조물 등 사용 • 피복제의 계통으로는 산화티탄과 염기성 산화물이 다량으로 함유된 슬랙 생성식
고 셀롤로스계 (High cellulose type) E4311 F, V, O, H AC 또는 DC(±)	가스 발생제인 셀룰로스를 20 ~ 30% 정도 포함	• 아크는 스프레이 형상으로 용입이 크고 비교적 빠른 용융 속도 • 슬랙이 적으므로 비드 표면이 거칠고 스팩터가 많은 것이 결점 • 아연 도금 강판이나 저합금강에도 사용되고 저장 탱크, 배관 공사 등에 사용 • 피복량이 얇고, 슬랙이 적어 수직 상·하진 및 위보기 용접에서 우수한 작업성 • 사용 전류는 슬랙 실드계 용접봉에 비해 10 ~ 15% 낮게 사용되고 사용 전에 70 ~ 100℃에서 30분 ~ 1시간 건조

종류 용접자세 전원	주성분	특성 및 용도
고산화 티탄계 (High titanium oxide type) E4313 F, V, O, H AC 또는 DC(±)	산화티탄 (TiO_2)을 약 35% 정도 포함	• 용도로는 일반 경 구조물, 경자동차 박 강판 표면 용접에 적합 • 기계적 성질에 있어서는 연신율이 낮고, 항복점이 높으므로 용접 시공에 있어서 특별히 유의 • 아크는 안정되며 스팩터가 적고 슬랙의 박리성도 대단히 좋아 비드의 겉모양이 고우며 재 아크 발생이 잘 되어 작업성이 우수 • 1층 용접에 의한 용착 금속은 X선 검사에 비교적 양호한 결과를 가져오나 다층 용접에 있어서는 만족할 만한 결과를 가져오지 못하고, 고온 균열(hot crack)을 일으키기 쉬운 결점
저수소계 (low hydrogen type) E4316 F, V, O, H AC 또는 DC(±)	석회석 ($CaCO_3$)이나 형석 (CaF_2)을 주성분	• 용착 금속 중의 수소량이 다른 용접봉에 비해서 1/10 정도로 현저하게 적은, 우수한 특성 • 피복제는 습기를 흡수하기 쉽기 때문에 사용하기 전에 300~350℃ 정도로 1~2시간 정도 건조시켜 사용 • 아크가 약간 불안하고 용접 속도가 느리며 용접 시점에서 기공이 생기기 쉬우므로 후진(back step)법을 선택하여 문제를 해결하는 경우도 있음 • 용접성은 다른 연강봉보다 우수하기 때문에 중요 강도 부재, 고압 용기, 후판 중 구조물, 탄소 당량이 높은 기계 구조용 강, 구속이 큰 용접, 유황 함유량이 높은 강 등의 용접에 결함 없이 양호한 용접부가 얻어짐
철분 산화 티탄계 (Iron powder titania type) E4324 F, H AC 또는 DC(±)	고산화 티탄계 용접봉(E4313)의 피복제에 약 50% 정도의 철분 첨가	• 작업성이 좋고 스팩터가 적으나 용입이 얕다. • 아래 보기 자세와 수평 필릿 자세의 전용 용접봉 • 보통 저 탄소강의 용접에 사용되지만, 저 합금강이나 중·고 탄소강의 용접에도 사용
철분 저수소계 (Iron powder low hydrogen type) E4326 F, H AC 또는 DC(±)	저수소계 용접봉(E4316)의 피복제에 30~50% 정도의 철분 첨가	• 용착 속도가 크고 작업 능률이 좋다. • 아래 보기 및 수평 필릿 용접 자세에만 사용 • 용착 금속의 기계적 성질이 양호하고, 슬랙의 박리성이 저수소계보다 좋음
철분 산화철계(Iron powder iron oxide type) E4327 F, H F에서는 AC 또는 DC(±) H에서는 AC 또는 DC(-)	산화철에 철분을 30~45%첨가하여 만든 것으로 규산염을 다량 함유	• 산성 슬랙이 생성 • 비드 표면이 곱고 슬랙의 박리성이 좋음 • 아래 보기 및 수평 필릿 용접에 많이 사용 • 아크는 스프레이형이고 스팩터가 적으며, 용입도 철분 산화티탄계(E4324) 보다 깊음
특수계	특별히 규정하고 있지 않음	

(6) 용접봉의 비교

① **기계적 성질** : E4316 > E4301 > E4313

② **작업성** : E4313 > E4301 > E4316

> **참고** 용접봉의 내균열성 : 피복제의 염기도가 높을수록 내균열성이 우수하다.
> 일반적으로 저수소계, 일미나이트, 티탄계의 순서이다.

종류	인장시험			충격 시험	
	인장강도 $N/mm^2(kgf/mm^2)$	항복점 또는 내력 $N/mm^2(kgf/mm^2)$	연신율 %	시험 온도 ℃	샤르피 흡수 에너지 J
E4301	420(43) 이상	345(35) 이상	22 이상	0	47 이상
E4303	420(43) 이상	345(35) 이상	22 이상	0	27 이상
E4311	420(43) 이상	345(35) 이상	22 이상	0	27 이상
E4313	420(43) 이상	345(35) 이상	17 이상	–	–
E4316	420(43) 이상	345(35) 이상	25 이상	0	47 이상
E4324	420(43) 이상	345(35) 이상	17 이상	–	–
E4326	420(43) 이상	345(35) 이상	25 이상	0	47 이상
E4327	420(43) 이상	345(35) 이상	25 이상	0	27 이상
E4340	420(43) 이상	345(35) 이상	22 이상	0	27 이상

(7) 고장력강용 피복 아크 용접봉

항복점 $32kg/mm^2$, 인장강도 $50kg/mm^2$이상의 강으로 연강의 강도를 높이기 위해 Ni, Cr, Mn, Si, Cu, Ti, V, Mo, B 등을 첨가한 저 합금강 용접봉으로 연강 용접봉에 비해 판 두께를 얇게 할 수 있어 구조물의 자중을 줄일 수 있으며, 기초공사가 간단해지고, 재료의 취급이 용이해진다.

(8) 용접봉의 선택과 보관

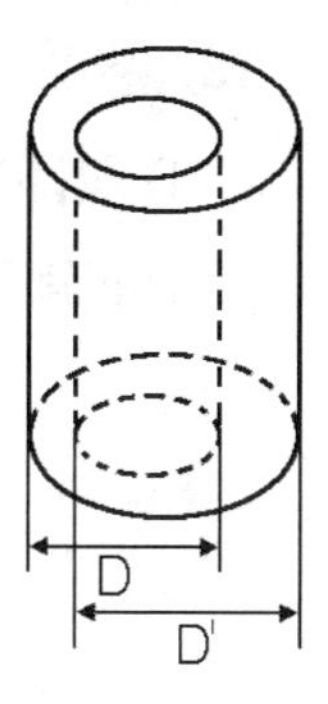

편심율은 3%이내에 용접봉을 선택하며, 용접 자세 및 장소, 모재의 재질, 이음의 모양 등을 고려하여 선택하며 보관 시는 특히 습기에 주의해야 된다.

$$편심율 = \frac{D' - D}{D} \times 100$$

6. 피복 아크 용접 작업

(1) 용접 자세

① **아래보기 자세(Flat position : F)** : 용접하려는 재료를 수평으로 놓고 용접봉을 아래로 향하여 용접하는 자세

② **수직 자세(Vertical position : V)** : 모재가 수평면과 90° 또는 45°이상의 경사를 가지며, 용접방향은 수직 또는 수직면에 대하여 45°이하의 경사를 가지고 상하로 용접하는 자세

③ **수평 자세(Horizontal position : H)** : 모재가 수평면과 90° 또는 45°이상의 경사를 가지며 용접선이 수평이 되게 하는 용접 자세

④ **위보기 자세(OverHead position : O)** : 모재가 눈 위로 올려 있는 수평면의 아래쪽에서 용접봉을 위로 향하여 용접 하는 자세.

⑤ **전 자세(All Position : AP)** : 위 자세의 2가지 이상을 조합하여 용접하거나 4가지 전부를 응용하는 자세를 말한다.

맞대기 용접			
자 세	KS	ISO	AWS
아 래 보 기	F	PA	1G
수 평	H	PC	2G
수 직 (상향)	V	PF	3G
수 직 (하향)	V	PG	3G
위 보 기	O	PE	4G

(2) 용접봉의 각도

① **작업각** : 용접봉과 이음 방향에 나란하게 세워진 수직 평면과의 각도로 표시

② **진행각** : 용접봉과 용접선이 이루는 각도로 용접봉과 수직선 사이의 각도로 표시

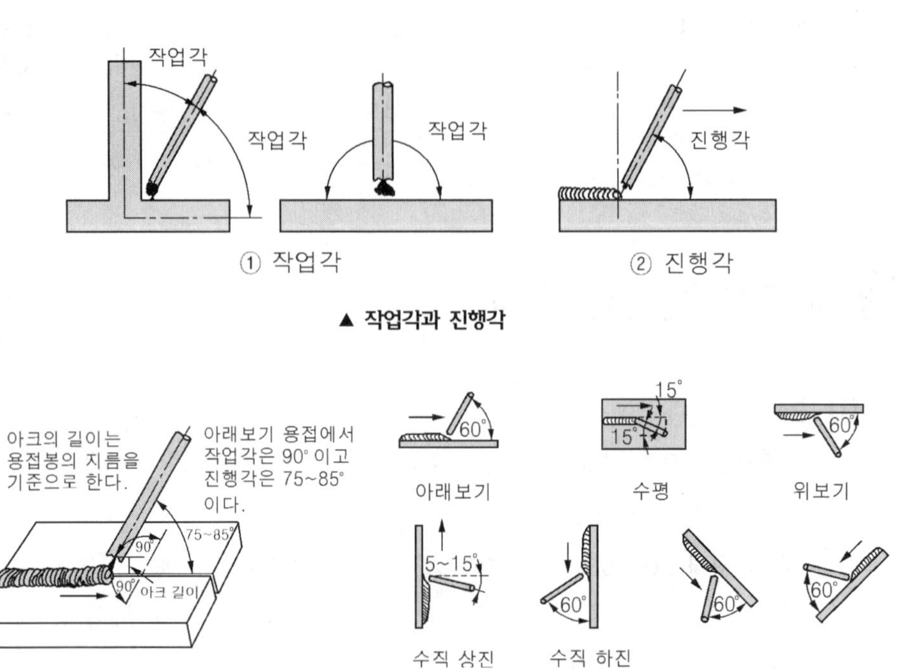

▲ 작업각과 진행각

▲ 용접봉 각도

(3) 용접 전류

① 일반적으로 심선의 단면적 1mm^{2}에 대하여 10 ~ 13A정도로 한다.

② 전류가 적정치 보다 높거나 낮으면 결함을 발생할 수 있다.

용접봉 종류	용접 자세	용접봉 지름(mm) / 용접 전류(A)						
		2.6	3.2	4.0	5.0	6.0	6.4	7.4
E4301	F	50 ~ 85	80 ~ 130	120 ~ 180	170 ~ 240	240 ~ 310	–	300 ~ 370
	V.O,H	40 ~ 70	60 ~ 110	100 ~ 150	130 ~ 200	–	–	–
E4303	F	60 ~ 100	100 ~140	140 ~ 190	200 ~ 60	250 ~ 330	–	310 ~ 390
	V.O,H	50 ~ 90	80 ~ 110	110 ~ 170	140 ~ 210	–	–	–
E4311	F	50 ~ 75	70 ~ 110	110 ~ 155	155 ~ 200	190 ~ 240	–	–
	V.O,H	30 ~ 70	55 ~ 105	90 ~ 140	120 ~ 180	–	–	–

용접봉 종류	용접 자세	용접봉 지름(mm) / 용접 전류(A)						
		2.6	3.2	4.0	5.0	6.0	6.4	7.4
E4313	F	55 ~ 95	80 ~ 130	125 ~ 195	170 ~ 230	230 ~ 300	240 ~ 320	–
	V.O,H	50 ~ 90	70 ~ 120	100 ~ 160	120 ~ 200	–	–	–
E4316	F	55 ~ 85	90 ~ 130	130 ~ 180	180 ~ 240	250 ~ 310	–	300 ~ 380
	V.O,H	50 ~ 80	80 ~ 115	110 ~ 170	150 ~ 210	–	–	–
E4324	F, H-Fil	–	130 ~ 160	180 ~ 220	240 ~ 290	–	350 ~ 450	–
E4326	F, H-Fil	–		140 ~ 180	180 ~ 220	240 ~ 270	270 ~ 300	290 ~ 320
E4327	F, H-Fil	–		170 ~ 200	210 ~ 240	260 ~ 300	280 ~ 330	310 ~ 360

(4) 아크 길이

① 아크 길이는 3mm정도이며 지름이 2.6mm 이하의 용접봉은 심선의 지름과 거의 같은 것이 좋다.

② 아크 길이가 길어지면 전압에 비례하여 증가하며 발열량도 증대된다.

(5) 용접 속도

① 모재에 대한 용접선 방향의 아크 속도 또는 운봉 속도를 말한다.

② **용접 속도에 영향을 주는 요소**

㉠ 용접봉의 종류 및 전류 값

㉡ 이음 모양

㉢ 모재의 재질

㉣ 위빙의 유무

③ **아크 전압 및 전류와 용접 속도와의 관계**

㉠ 전압 및 전류가 일정할 때 속도가 증가되면 비드의 나비는 감소하며 용입 또한 감소된다.

㉡ 실제 작업에서는 비드의 겉모양을 손상시키지 않는 범위 내에서는 약간 빠른 편이 좋다.

(6) 아크 발생 및 중단

① 아크 발생 방법으로는 긁는 법(scratch method)과 찍는 법(tapping method)이 있다.

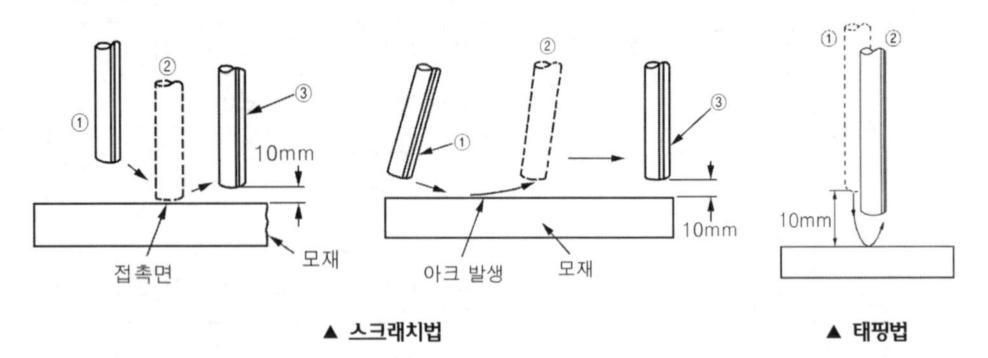

▲ 스크래치법 ▲ 태핑법

② 초보자는 전자를 사용한다.

③ 아크를 처음 발생할 때 아크 길이는 약간 길게 한다(3 ~ 4mm).

④ 아크의 중단 시는 아크 길이를 짧게 하여 크레이터를 채운 후 재빨리 든다.

(7) 운봉법

① 넓은 비드 운봉 피치(간격)는 2 ~ 3mm, 운봉 속도는 양끝에서는 잠시 멈추어 용입이 되도록 하고 중앙은 빠르게 한다.

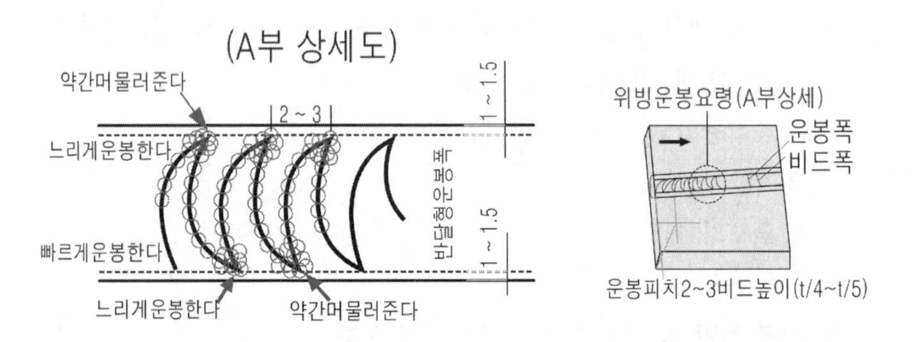

② 운봉폭은 심선 지름의 2 ~ 3배가 적당하며 쌓고자 하는 비드 폭보다 다소 좁게 운봉한다.

③ 자세별 운봉 방법

자세	운봉 방법	그림
아래보기 용접	직 선	
	소파형	
	대파형	
	원 형	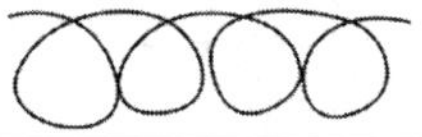
	삼각형	
	각 형	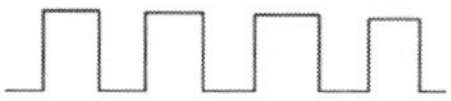
아래보기 T형 용접	대파형	
	선전형	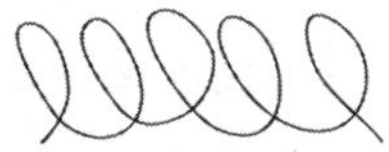
	삼각형	
	부채형	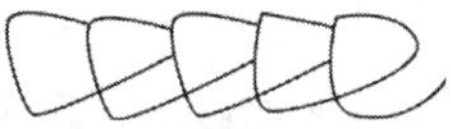
	지그재그형	30~40°
경사판 용접	대파형	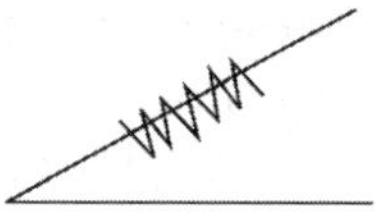
	삼각형	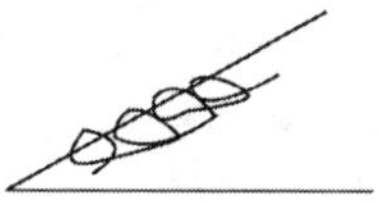
수평 용접	대파형	
	원형	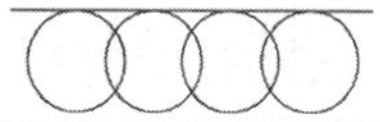
	타원형	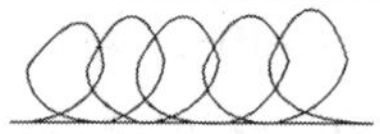
	삼각형	60°
위보기 용접	반월형	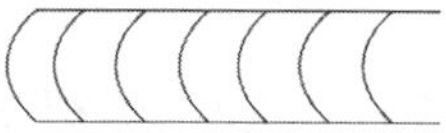
	8자형	
	지그재그형	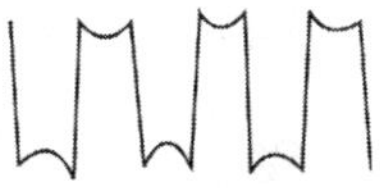
	대파형	
	각 형	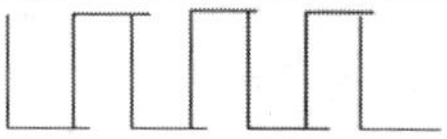
수직 용접	파 형	
	삼각형	
	지그재그형	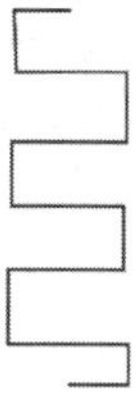

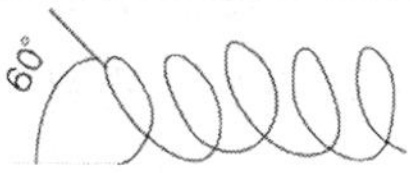

7. 용접 결함

(1) 용접 결함의 종류

① **치수상 결함** : 변형, 치수 및 형상 불량

② **성질상 결함** : 기계적, 화학적 성질 불량

③ **구조상 결함** : 언더컷, 오버랩, 기공, 용입 불량 등

(2) 구조상 결함의 종류

결함의 종류	원 인	대 책
언더컷	• 용접 전류가 너무 높을 때 • 부적당한 용접봉 사용시 • 용접 속도가 너무 빠를 때 • 용접봉의 유지 각도가 부적당 할 때	• 용접 전류를 낮춤 • 조건에 맞는 용접봉 종류와 직경 선택 • 용접 속도를 느리게 함 • 유지 각도를 재조정함
오버랩	• 용접 전류가 너무 낮을 때 • 부적당한 용접봉 사용시 • 용접 속도가 너무 늦을 때 • 용접봉의 유지 각도가 부적당 할 때	• 용접 전류를 높임 • 조건에 맞는 용접봉 종류와 직경 선택 • 용접 속도를 빠르게 함 • 유지 각도를 재조정함
용입 부족	• 용접 전류가 낮을 때 • 용접 속도가 빠를 때 • 용접홈의 각도가 좁을 때 • 부적합한 용접봉 사용시	• 슬랙 피복성을 해치지 않은 범위에서 전류 높임 • 용접 속도를 느리게 함 • 이음 홈의 각도, 루트 간격을 크게 하고 루트면의 치수를 적게 함 • 용입이 깊은 용접봉을 선택함
균열	• 이음의 강성이 너무 클 때 • 부적당한 용접봉 사용 할 때 • 모재의 탄소, 망간 등의 합금 원소 함량이 많을 때 • 모재의 유황 함량이 많을 때 • 전류가 높거나 속도가 빠를 때	• 예열, 후열 시공 • 저수소계 용접봉 사용과 건조 관리 • 적절한 속도로 운봉 • 용접 금속 중의 불순물 성분을 저하 • 용접 조건의 선택에 의해 비드 단면 형상을 조정

결함의 종류	원 인	대 책
기공	• 수소 또는 일산화탄소 과잉 • 용접부의 급속한 응고 • 모재 가운데 유황함유량 과대 • 기름 페인트 등이 모재에 묻어 있을 때 • 아크 길이, 전류 조작의 부적당 • 용접 속도가 너무 빠를 때	• 저수소계 용접봉 등으로 용접봉을 교환 • 위빙을 하여 열량을 높이거나 예열 • 이음의 표면을 깨끗이 청소 • 정해진 전류 범위 안에서 약간 긴 아크를 사용하거나 용접법을 조절 • 적당한 전류를 사용 • 용접 속도를 늦춤
슬랙 혼입	• 이음의 설계가 부적당 할 때 • 봉의 각도가 부적당 할 때 • 전류가 낮을 때 • 슬랙 융점이 높은 봉을 사용할 때 • 용접 속도가 너무 느려 슬랙이 선행할 때 • 전층의 슬랙 제거가 불완전할 때	• 루트 간격을 넓혀 용접 조작을 쉽게 하고, 아크 길이 또는 조작을 적당히 함 • 봉 각도를 조절함 • 전류를 높임 • 용접부를 예열하고. 슬랙 융점이 낮은 것을 선택 • 용접 전류를 약간 높이고 용접 속도를 조절하여 슬랙의 선행을 막음 • 전층 비드의 슬랙을 깨끗이 제거할 것
스패터 (스패터, 용입)	• 전류가 높을 때 • 건조되지 않은 용접봉 사용시 • 아크 길이가 너무 길 때 • 봉각도가 부적당 할 때	• 적정 전류를 사용 • 봉을 충분히 건조하여 사용 • 아크 길이를 조절 • 봉각도를 조절
용락	• 이음의 형상이 부적당 할 때 • 용접 전류가 너무 높을 때 • 아크 길이가 길 때 • 용접 속도가 너무 느릴 때 • 모재가 과열되었을 때	• 루트 면을 크게 하고 루트 간격을 조절 • 용접 전류를 조절 • 아크 길이를 조절 • 열량이 너무 커지지 않도록 용접 속도를 조절
선상 조직	• 용착 금속의 냉각 속도가 빠를 때	• 용착 금속을 서냉한다. • 모재의 재질에 맞는 용접봉을 선택한다.
피트	• 모재에 탄소, 망간, 황 등의 함유량이 많을 때 • 습기, 녹, 페인트가 있을 때 • 용착 금속의 냉각 속도가 빠를 때	• 저수소계 용접봉 등 재질에 맞는 용접봉을 선택한다. • 이음부를 청소하고 봉을 건조시킨다. • 예열을 한다.

피복 아크 용접

Q1

AW 200인 용접기의 2차측 케이블로 부적당한 것은?

① 30(mm²)　② 38(mm²)
③ 50(mm²)　④ 60(mm²)

해설 케이블의 2차측은 유연성이 요구되므로 전선 지름이 0.2 ~ 0.5(mm)의 가는 구리선을 수백선 내지 수천선 꼬아서 만든 캡타이어 전선을 사용한다. 또한 크기의 단위도 1개의 선은 의미가 없으므로 단면적(mm²)을 사용한다. 하지만 1차측은 고정된 선으로 유동성이 없어야 하므로 단선으로 지름(mm)을 사용하여 그 크기를 표시한다.

	200A	300A	400A
1차측 지름(mm)	5.5	8	14
2차측 단면적(mm²)	38	50	60

그러므로 38(mm²)보다 큰 것을 사용하면 된다.

Q2

AW 400인 용접기의 1차측 케이블로 적당한 것은?

① 5.5(mm)　② 8(mm)
③ 10(mm)　④ 14(mm)

Q3

피복아크 용접용 기구가 아닌 것은?

① 용접 홀더　② 토치 라이터
③ 케이블 커넥터　④ 접지 클램프

해설 피복 아크 용접용 기구는 우선 용접 회로를 생각하여 보면 쉽게 알 수 있다. 즉 용접기, 전극 케이블(커넥터, 클램프), 홀더, 모재, 접지 케이블, 다시 용접기로 돌아온다. 즉 토치라이터는 피복 아크 용접용 기구가 아니라 가스 용접 등에 점화를 위해 필요한 기구라 할 수 있다.

Q4

피복 아크 용접시 필요 없는 공구는?

① 헬멧　② 앞치마
③ 전류계　④ 토치 램프

Q5

용접봉 홀더가 KS규격으로 200호일 때, 용접기의 정격전류로 맞는 것은?

① 100A　② 200A
③ 400A　④ 800A

해설 홀더의 종류로는 A형과 B형이 있다. A형은 안전홀더로 전체가 절연된 것이고 B형은 손잡이만 절연된 것이나 현재는 안전을 고려해서 잘 사용되지 않는다. 홀더의 규격은 기호 다음에 나오는 숫자가 정격 용접 전류이다. 예를 들어 A200호는 정격 2차 전류를 200(A), 용접봉 지름은 3.2 ~ 5.0(mm)를 사용할 수 있다.

Q6

정격용접전류 400A의 용접기에 적합한(감전의 위험이 없도록 절연된) 안전홀더(holder)는?

① A형 400호　② A형 200호
③ B형 400호　④ B형 200호

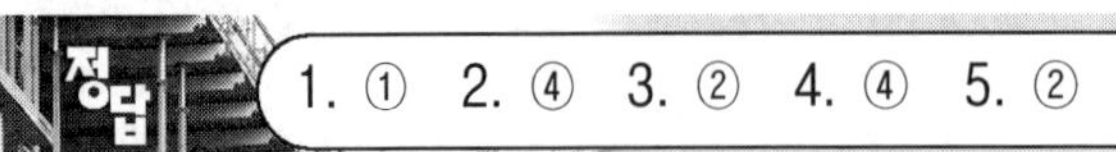

1. ①　2. ④　3. ②　4. ④　5. ②　6. ①

Q7

300호 홀더의 정격 용접 전류는 몇 암페어(A)인가?

① 600A ② 300A
③ 150A ④ 100A

Q8

용접 작업시 아크 광선으로부터 눈이나 얼굴 등을 보호하기 위하여 사용하는 보호 장비는?

① 슬랙 망치 ② 용접 장갑
③ 앞치마 ④ 용접 헬멧

해설 용접 작업시 아크 광선으로부터 눈이나 얼굴 등을 보호하기 위하여 사용하는 것으로 머리에 착용하는 것을 헬멧, 손으로 잡고 사용하는 것을 핸드 실드라 한다. 헬멧을 사용하면 양손을 다 사용할 수 있다는 장점이 있다.

Q9

용접봉 지름이 ∅9mm 정도이고, 용접전류가 400A 이상인 탄소아크 용접에 적합한 차광유리의 규격번호는?

① 18 ② 14
③ 10 ④ 6

해설

차광도 번호	용접 전류(A)	용접봉 지름(mm)
8	45 ~ 75	1.2 ~ .0
9	75 ~ 130	1.6 ~ 2.6
10	100 ~ 200	2.6 ~ 3.2
11	150 ~ 250	3.2 ~ 4.0
12	200 ~ 300	4.8 ~ 6.4
13	300 ~ 400	4.4 ~ 9.0
14	400 이상	9.0 ~ 9.6

Q10

용접봉 지름 1.0 ~ 1.6mm, 용접 전류 30 ~ 45A의 아크 용접에 사용하는 차광유리의 차광도 번호는?

① 7 ② 10
③ 12 ④ 14

Q11

용접봉 지름 2.6 ~ 4.0mm, 용접 전류 100 ~ 200A의 아크 용접에 사용하는 차광유리의 차광도 번호는?

① 7 ② 9
③ 11 ④ 14

Q12

용접기를 설치하고자 한다. 1차 입력이 10[KVA]이고 전원 전압이 200[V]이면 퓨즈의 전류값은 얼마인가?

① 50A ② 100A
③ 200A ④ 300A

해설 용접기의 1차측에 퓨즈(Fuse)를 붙인 안전 스위치를 사용한다. 퓨즈는 용량에 꼭 맞는 것을 사용하여야 하며, 규정 값보다 크거나 구리선 철선 등을 퓨즈 대용으로 사용해서는 안 된다. 다음과 같은 식으로 계산한다.

$$\text{퓨즈의 용량}(A) = \frac{\text{1차입력}(KVA)}{\text{전원전압}(200V)} = \frac{10000}{200} = 50$$

Q13

200[V]용 아크용접기의 1차 입력이 15[kVA]일 때, 퓨즈의 용량은 얼마[A]가 적당한가?

① 65[A] ② 75[A]
③ 90[A] ④ 100[A]

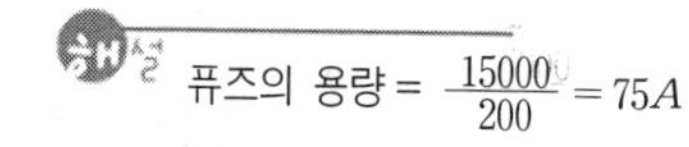

해설 $\text{퓨즈의 용량} = \frac{15000}{200} = 75A$

정답 7. ② 8. ④ 9. ② 10. ① 11. ③ 12. ① 13. ②

Q14

1차 입력이 22(KVA), 전원 전압을 220(V)의 전기를 사용할 때 퓨즈 용량(A)은?

① 220A ② 150A
③ 100A ④ 90A

해설 퓨즈의 용량 = $\frac{22000}{220} = 100$

Q15

KS규격에 규정된 연강용 피복아크 용접봉 심선의 재질은?

① 킬드강 ② 고탄소강
③ 주철 ④ 저탄소 림드강

해설 용접봉, 용가재, 전극봉 등은 모두 동일한 말이며, 심선의 재료는 저 탄소 림드강으로 황, 인등의 불순물의 양을 제한하여 제조한다.

Q16

연강용 피복 아크 용접봉 심선의 성분 중 고온 균열을 일으키는 성분은?

① 황 ② 인
③ 망간 ④ 규소

해설 황은 적열 취성(고온 취성)의 원인이며, 고온에서 균열이 생기는 원인이 된다.

Q17

피복아크 용접봉을 선택할 때의 고려사항 중 잘못된 것은?

① 용접사의 경력
② 용접 구조물에 요구되는 품질
③ 이음의 모양 및 용접부의 성질
④ 용접장소와 자세

해설 용접봉 선택시 중요한 사항은 재질, 이음 모양, 자세, 용접 전류 등을 고려하여야 한다.

Q18

일반적으로 사용되는 피복아크 용접용 ∅3.2의 심선의 길이는 얼마인가?

① 700mm ② 350mm
③ 900mm ④ 550mm

해설 용접봉은 심선은 규격화 되어 있으며, 일반적으로 심선 지름의 굵기의 허용오차는 ±0.05mm이고, 길이의 허용 오차는 ±3mm이다. 일반적으로 3.2mm의 경우 길이는 350mm ± 3mm이다. 용접봉을 홀더에 끼우는 용접봉의 노출부의 길이는 25 ± 5mm이고, 700 및 900일 때는 30 ± 5mm이다.

Q19

피복아크 용접봉에서 심선지름 8mm 이하를 사용할 경우 심선길이의 허용오차는 몇 mm로 유지해야 하는가?

① ±0.3 ② ±1
③ ±3 ④ ±5

Q20

KS규격에서, 연간용 피복 아크 용접봉의 표준 치수가 아닌 것은?

① ∅2.6[mm]
② ∅3.2[mm]
③ ∅4.0[mm]
④ ∅5.2[mm]

해설 연강용 피복 금속 아크 용접봉은 KSD 7004에 자세히 규정하고 있으며, 피복제의 종류, 사용 전류, 용접 자세에 따라 표 같이 분류하고 있다. 용접봉 지름(mm)은 KS규격으로 1.6(230, 250), 2.0(250, 300), 2.6(300, 350), 3.2(350, 400), 4.0(350,

정답 14. ③ 15. ④ 16. ① 17. ① 18. ② 19. ③ 20. ④

400, 450, 550), 4.5(400, 450, 550), 5.0(400, 450, 550, 700), 5.5(450, 550, 700), 6.0(450, 550, 700, 900), 6.4(450, 550, 700, 900), 7.0(450, 550, 700, 900), 8.0(450, 550, 700, 900)이 있다.

Q21

피복 아크 용접봉의 피복제가 연소한 후 생성된 물질이 용접부를 어떻게 보호하느냐에 따라 세 가지로 분류한다. 적합하지 않은 것은?

① 가스 발생식　② 합금 첨가식
③ 슬랙 생성식　④ 반가스 발생식

해설 용착 금속의 보호 형식
① 슬랙 생성식(무기물형) : 슬랙으로 산화, 질화 방지 및 탈산 작용
② 가스 발생식 : 대표적으로 셀룰로오스가 있으며 전 자세 용접이 용이하다.
③ 반가스 발생식 : 슬랙 생성식과 가스 발생식의 혼합

Q22

피복아크 용접봉의 피복제가 연소한 후 생성된 물질이 용접부를 보호하는 방식에 따라 분류할 때 틀린 것은?

① 스패터 발생식　② 가스 발생식
③ 슬랙 생성식　④ 반가스 발생식

Q23

피복 용접봉의 내 균열성이 좋은 정도는?

① 피복제의 염기성이 높을수록 양호하다.
② 피복제의 산성이 높을수록 양호하다.
③ 피복제의 산성이 낮을수록 양호하다.
④ 피복제의 염기성이 낮을수록 양호하다.

해설 피복제의 염기성이 높을수록 내 균열성이 좋다. 특히 저수소계의 염기성이 높아 내 균열성이 우수하다.

Q24

연강용 피복용접봉에서 피복제의 역할 중 틀린 것은?

① 아크를 안정하게 한다.
② 스패터링을 많게 한다.
③ 전기절연작용을 한다.
④ 용착금속의 탈산정련 작용을 한다.

해설 피복제의 역할
① 아크 안정
② 산·질화 방지
③ 용적을 미세화 하여 용착 효율 향상
④ 서냉으로 취성 방지
⑤ 용착 금속의 탈산 정련 작용
⑥ 합금 원소 첨가
⑦ 슬랙의 박리성 증대
⑧ 유동성 증가
⑨ 전기 절연 작용 등이 있다.

Q25

피복 아크 용접봉에서 피복제의 작용이 아닌 것은?

① 아크의 안정
② 합금 원소의 첨가
③ 잔류 응력의 제거
④ 아크의 분위를 중성이나 환원성 분위기로 만듬

Q26

용접에서 피복제의 역할이 아닌 것은?

① 용적(globule)을 미세화하고, 용착효율을 높인다.
② 용착금속의 응고와 냉각속도를 빠르게 한다.
③ 피복제는 전기 절연작용을 한다.
④ 용착 금속에 적당한 합금원소를 첨가한다.

정답 21. ② 22. ① 23. ① 24. ② 25. ③ 26. ②

Q27

교류 아크 용접기를 사용할 때, 피복 용접봉을 사용하는 이유로 가장 적합한 것은?

① 전력 소비량을 절약하기 위하여
② 용착 금속의 질을 양호하게 하기 위하여
③ 용접시간을 단축하기 위하여
④ 단락 전류를 갖게 하여 용접기의 수명을 길게 하기 위하여

Q28

피복아크 용접봉에서 피복제의 역할에 해당되는 것은?

① 서냉 방지작용
② 슬랙 제거작용
③ 산화 정련작용
④ 아크 안정작용

Q29

피복제의 주된 역할로 틀린 것은?

① 아크를 안정하게 한다.
② 스패터링(spattering)을 많게 한다.
③ 모재 표면의 산화물을 제거 한다
④ 슬랙 제거를 쉽게 하고, 파형이 고운 비드를 만든다.

Q30

아크 용접에서 피복제의 역할로서 옳지 않은 것은?

① 용착 금속의 급냉 방지
② 용착 금속의 탈산정련작용
③ 전기 절연작용
④ 스패터의 다량 생성 작용

Q31

피복아크 용접봉에서 피복제의 역할 설명 중 틀린 것은?

① 아크를 안정시킨다.
② 대기로부터 용착금속을 보호한다.
③ 용융금속의 탈산 정련 작용을 한다.
④ 용착금속의 응고, 냉각속도를 빠르게 한다.

Q32

피복아크용접에서 피복제의 성분에 포함되지 않는 것은?

① 아크안정성분　② 탈산성분
③ 피복이탈성분　④ 합금성분

Q33

피복아크 용접봉의 피복배합제 성분 중 가스 발생제는?

① 산화티탄　② 규산나트륨
③ 규산칼륨　④ 탄산바륨

해설 피복제의 종류

① 가스 발생제 : 용융 금속을 대기로부터 보호하기 위하여 중성 또는 환원성 가스를 발생하여 용융 금속의 산화 및 질화를 방지한다. 가스 발생제로는 녹말, 톱밥, 석회석, 셀롤로오스, 탄산바륨 등이 있다.
② 슬랙 생성제 : 용융점이 낮은 가벼운 슬랙을 만들어 용융 금속의 표면을 덮어서 산화나 질화를 방지하고 용착 금속의 냉각 속도를 느리게 한다. 슬랙 생성제로는 석회석, 형석, 탄산나트륨, 일미 나이트, 산화철, 산화티탄, 이산화망간, 규사 등이 있다.
③ 아크 안정제 : 이온화하기 쉬운 물질을 만들어 재점호 전압을 낮추어 아크를 안정시킨다. 아크 안정제로는 규산나트륨, 규산칼륨, 산화티탄, 석회석 등이 있다.
④ 탈산제 : 용융 금속 중의 산화물을 탈산 정련하는 작용을 한다. 탈산제로는 페로실리콘, 페로망간, 페로티탄, 알루미늄 등이 있다.

정답 27. ② 28. ④ 29. ② 30. ④ 31. ④ 32. ③ 33. ④

⑤ 고착제 : 심선에 피복제를 달라붙게 하는 역할을 한다. 고착제로는 규산나트륨, 규산칼륨, 아교, 소맥분, 해초 등이 있다.
⑥ 합금 첨가제 : 용접 금속의 여러 가지 성질을 개선하기 위하여 피복제에 첨가한다. 합금 첨가제로는 크롬, 니켈, 실리콘, 망간, 몰리브덴, 구리 등이 있다.

Q34

환원가스발생 작용을 하는 피복아크 용접봉의 피복제 성분은?

① 산화티탄 ② 규산나트륨
③ 탄산칼륨 ④ 셀룰로오스

Q35

용융금속의 표면을 덮어, 산화나 질화를 방지하는 피복배합제는?

① 슬랙 생성제 ② 아크 안정제
③ 고착제 ④ 탈산제

Q36

산화철, 루틸 등과 같이 용융금속을 덮어서 산화나 질화를 방지함과 아울러 그 냉각을 천천히 하고 탈산작용을 돕는 피복 배합제는?

① 슬랙생성제 ② 가스발생제
③ 고착제 ④ 합금제

Q37

피복 배합제의 성질 중 아크를 안정시켜주는 것은?

① 탄산나트륨(Na_2CO_3)
② 붕산(H_3BO_3)
③ 마그네슘(Mg)
④ 구리(Cu)

Q38

아크용접에서 피복제 중 아크 안정제에 해당되지 않는 것은?

① 산화티탄(TiO_2)
② 석회석($CaCO_3$)
③ 탄산바륨($BaCO_3$)
④ 규산칼륨(K_2SiO_3)

Q39

아크 용접봉의 피복제 중에서 아크 안정 성분은?

① 산화티탄 ② 붕사
③ 페로망간 ④ 니켈

Q40

피복아크 용접봉의 피복 배합제 성분 중 아크 안정제로 첨가하는 성분은?

① 붕사 ② 산화티탄
③ 알루미나 ④ 마그네슘

Q41

피복 아크 용접봉에서 피복 배합제인 아교는 무슨 역할을 하는가?

① 아크 안정제
② 합금제
③ 탈산제
④ 고착제

정답 34. ④ 35. ① 36. ① 37. ① 38. ③ 39. ① 40. ② 41. ④

Q42

피복 아크용접봉의 피복제는 유기물과 무기물의 분말을 적당히 배합하고 고착제를 사용하여 심선에 고착시키는데 다음 중 고착제에 해당하는 것은?

① 산화티탄 ② 규소철
③ 망간 ④ 규산나트륨

Q43

아크용접에서 피복제 중 고착제의 성분에 해당되지 않는 것은?

① 규산나트륨
② 소맥분
③ 탄산바륨
④ 규산칼륨

Q44

피복배합제의 종류에서 규산나트륨, 규산칼륨 등의 수용액이 주로 사용되며 심선에 피복제를 부착하는 역할을 하는 것은 무엇인가?

① 탈산제
② 고착제
③ 슬랙 생성제
④ 아크 안정제

Q45

다음 피복배합제 중 탈산제의 역할을 하지 않는 것은?

① 규소철(Fe – Si)
② 석회석($CaCO_3$)
③ 망간철(Fe – Mn)
④ 티탄철(Fe – Ti)

Q46

피복아크 용접봉의 피복제 중에 들어있는 물질 중 금속이 산화되지 않도록 탈산작용을 하며, 용접금속의 품질이 좋아지도록 정련작용을 하는 원소로 묶은 것은?

① 페로실리콘, 산화니켈, 소맥분
② 페로티탄, 크롬선, 규사
③ 페로실리콘, 소맥분, 목재톱밥
④ 알루미늄, 구리, 물유리

Q47

피복 아크 용접봉의 피복제에 합금 원소로서 첨가되는 성분은?

① 규산칼륨 ② 망간
③ 이산화망간 ④ 산화철

Q48

용접봉의 기호 E4316에서 43과 16의 뜻을 각각 올바르게 설명한 것은?

① 용착금속의 최소 인장강도와 용접전류
② 용착금속의 최소 인장강도와 피복제 계통
③ 사용 용접전류와 용착금속의 최소 인장강도
④ 사용 용접봉의 최소 전류와 용착금속의 최소인장강도

해설 용접봉의 기호 및 종류

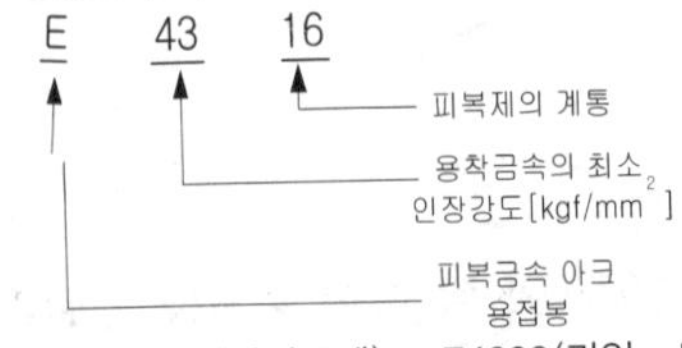

E4301(일미나이트계), E4303(라임 티탄계), E4311(고 셀룰로오스계), E4313(고산화티탄계), E4316(저수소계), E4324(철분 산화 티탄계), E4326(철분저수소계), E4327(철분산화철계)

정답 42. ④ 43. ③ 44. ② 45. ② 46. ③ 47. ② 48. ②

Q49

연강용 피복아크 용접봉 E4327중 "27"이 뜻하는 것은?

① 피복제의 계통
② 용접모재
③ 전 용착금속의 최소 인장강도
④ 전기용접봉의 뜻

Q50

연강을 아크 용접봉과 피복제 계통이 잘못 짝지어진 것은?

① E4316 – 저수소계
② E4311 – 고셀룰로스계
③ E4327 – 철분저수소계
④ E4303 – 라임티타니아계

Q51

연강용 피복금속 아크용접봉의 계통을 각각 설명한 것 중 잘못된 것은?

① E4316 : 저수소계
② E4301 : 일미나이트계
③ E4327 : 철분산화철계
④ E4313 : 철분산화티탄계

Q52

피복아크 용접봉의 기호 중 고산화티탄계를 표시한 것은?

① E4301
② E4303
③ E4311
④ E4313

Q53

연강 피복 아크 용접봉인 E4316의 계열은 어느 계열인가?

① 저수소계　② 고산화티탄계
③ 철분저수소계　④ 일미나이트계

Q54

고장력강용 피복아크 용접봉에서 철분 저수소계 피복제 계통은 다음 중 어느 것인가?

① 5826　② 5316
③ 5003　④ 5001

Q55

비드 표면이 곱고 슬랙의 박리성이 좋아 접촉용접을 할 수 있으며 아래 보기 및 수평 필렛 용접에 많이 사용되는 용접봉은?

① 저수소계
② 일미나이트계
③ 철분산화철계
④ 라임 티타니아계

해설 셋째 자리가 숫자 2가 아래보기 및 수평 필렛을 뜻하므로 철분산화철계(E4327)가 답이다.

Q56

연강용 피복아크 용접봉 중 일미나이트계(E 4301)용접봉은 일미나이트 성분을 몇 %이상 함유하고 있는가?

① 10　② 30
③ 15　④ 20

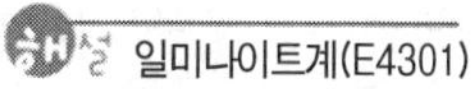

해설 일미나이트계(E4301)
① 일미나이트($TiO_2 \cdot FeO$)를 약 30% 이상 포함
② 작업성 및 용접성이 우수하며 가격이 저렴

정답 49. ①　50. ③　51. ④　52. ④　53. ①　54. ①　55. ③　56. ②

③ 25mm 이상 후판 용접도 가능
④ 일반구조물의 중요 강도 부재, 조선, 철도, 차량, 각종 압력 용기 등에 사용
⑤ 수직·위보기 자세에서 작업성이 우수하며 전자세 용접이 가능하다.

Q57

산화티탄(TiO_2) 약 30%이상과 석회석($CaCO_3$)이 주성분이고, 고산화티탄계의 새로운 형대로써 피복이 비교적 두꺼우며 전자세에 용접이 우수한 용접봉은?

① 라임티타니아계 ② 일미나이트계
③ 고셀롤로스계 ④ 저수소계

해설 라임티탄계(E4303)
① 산화 티탄(TiO_2) 약 30% 이상과 석회석($CaCO_3$)이 주성분
② 피복제의 계통으로는 산화티탄과 염기성 산화물이 다량으로 함유된 슬랙 생성식
③ 작업성은 고산화 티탄계, 기계적 성질은 일미나이트계와 비슷하다.
④ 비드가 아름다워 선박의 내부 구조물, 기계, 차량, 일반 구조물 등 사용되며, 사용 전류는 고산화 티탄계 용접봉보다 약간 높은 전류를 사용

Q58

피복제 중 가스 발생제로 셀룰로오스를 20 ~ 30% 정도 포함한 용접봉으로 용입은 깊으나 스패터가 많고 표면이 거친 용접봉의 종류는?

① E4311 ② E4316
③ E4324 ④ E4340

해설 E4311(고셀룰로오스계)
① 셀룰로오스를 20 ~ 30% 정도 포함한 용접봉
② 피복량이 얇고, 슬랙이 적어 수직 상·하진 및 위보기 용접에서 우수한 작업성
③ 아크는 스프레이 형상으로 용입이 크고 비교적 빠른 용융 속도를 낼 수 있으나 슬랙이 적으므로 비드 표면이 거칠고 스패터가 많은 결점이 있다.

Q59

피복아크 용접봉의 특징 중 틀린 것은?

① E4311 : 가스실드식 용접봉으로 박판 용접에 사용된다.
② E4301 : 용접성이 우수하여 일반 구조물의 중요강도 부재 용접에 사용된다.
③ E4313 : 용입이 깊어서 고장력강 및 중량물 용접에 사용된다.
④ E4316 : 연성과 인성이 좋아서 고압용기, 후판 중구조문 용접에 사용된다.

해설 고산화티탄계(E4313)
① 고산화티탄계는 TiO_2을 약 35%정도 함유
② 아크는 안정되며 스패터가 적고 슬랙의 박리성도 대단히 좋아 비드의 겉모양이 고우며 재아크 발생이 잘 되어 작업성이 우수.
③ 용도로는 일반 경 구조물, 경자동차 박 강판 표면 용접에 적합
④ 작업성 : E4313 > E4301 > E4316
⑤ 기계적 성질 : E4316 > E4301 > E4313

Q60

피복제 중에 TiO_2을 포함하고, 박판용접으로 주로 사용되며, 아크가 안정되고 스패터도 적으며 슬랙의 박리성이 대단히 좋으며 작업성이 좋아, 전자세 용접에 많이 이용되는 피복 아크용접 봉은?

① E4301 ② E4311
③ E4316 ④ E4313

Q61

연강용 피복금속 아크 용접봉에서 피복제 중에 산화티탄을 약 35% 정도 포함한 용접봉으로 일반 경구조물 용접에 많이 사용되는 것은 무엇인가?

① 저수소계 ② 일미나이트계
③ 고산화티탄계 ④ 고셀롤로스계

정답 57. ① 58. ① 59. ③ 60. ④ 61. ③

Q62

용입이 비교적 얕아서 박판의 용접에 적당하며 기계적 성질이 다른 용접봉에 비하여 약하고 용접 중에 고온 균열을 일으키기 쉬운 결점이 있으며, TiO_2를 포함하는 용접봉의 계통은?

① 고산화티탄계
② 저수소계
③ 일미나이트계
④ 고셀룰로스계

Q63

연강용 피복금속 아크용접봉에서 충격시험이 가장 양호한 것은?

① E4303
② E4311
③ E4327
④ E4316

해설 저수소계(E4316)

① 석회석($CaCO_3$)이나 형석(CaF_2)을 주성분으로 용착 금속 중의 수소량이 다른 용접봉에 비해서 $\frac{1}{10}$ 정도로 현저하게 적은 우수한 특성이 있다.
② 피복제는 습기를 흡수하기 쉽기 때문에 사용하기 전에 300 ~ 350℃ 정도로 1 ~ 2시간 정도 건조시켜 사용한다.
③ 기계적 성질은 다른 연강봉보다 우수하기 때문에 중요 강도 부재, 고압 용기, 후판 중 구조물, 탄소 당량이 높은 기계 구조용 강, 균열의 감수성이 좋고 구속도가 큰 구조물, 유황 함유량이 높은 강 등의 용접에 결함 없이 양호한 용접부가 얻어진다.
④ 작업성 : 고산화티탄계(E4313) > 일미나이트계(E4301) > 저수소계(E4316)
⑤ 기계적 성질 : 저수소계(E4316) > 일미나이트계(E4301) > 고산화티탄계(E4313)

Q64

수소함유량이 타 용접봉에 비해서 $\frac{1}{10}$ 정도 현저하게 적고 특히 균열의 감수성이나 탄소, 황의 함유량이 많은 강의 용접에 사용되는 용접봉은?

① E4301　② E4313
③ E4316　④ E4324

Q65

저수소계 피복 용접봉(E 4316)의 피복제의 주성분은 다음 중 어느 것인가?

① 석회석($CaCo_3$)
② 산화티탄(TiO_2)
③ 일미나이트($TiO_2 \cdot FeO$)
④ 망간철(Fe − Mn)

Q66

용접봉의 습기 제거를 위해 온도 300 ~ 350℃의 건조로에서 1 ~ 2시간 건조시켜 사용해야 하는 용접봉은?

① E4301　② E4311
③ E4316　④ E4327

Q67

저수소계 용접봉은 사용하기 전 몇℃에서 건조시켜 사용해야 하는가?

① 50℃ ~ 100℃
② 150℃ ~ 200℃
③ 300℃ ~ 350℃
④ 400℃ ~ 450℃

정답 62. ①　63. ④　64. ③　65. ①　66. ③　67. ③

Q68

저수소계 용접봉의 특징이 아닌 것은?

① 용착금속 중의 수소량이 다른 용접봉에 비해서 현저하게 적다.
② 용착금속의 취성이 있으며 화학적 성질도 좋다.
③ 균열에 대한 감수성이 특히 좋아서 두꺼운 판 용접에 사용된다.
④ 고탄소강 및 황의 함유량이 많은 쾌삭강 등의 용접에 사용되고 있다.

Q69

균열에 대한 감수성이 특히 좋아서 두꺼운 판 구조물의 첫층 용접 혹은 구속도가 큰 구조물,고장력강 및 탄소나 황의 함유량이 많은 강의 용접시 사용되는 용접봉은?

① 일미나이트계 ② 저수소계
③ 라임 티타니아계 ④ 고산화티탄계

Q70

용착금속은 인성이 좋고 기계적 성질이 우수하며 피복제 중 석회석 등의 염기성 탄산염을 주성분으로 하고 여기에 형석(CaF_2), 페로실리콘 등을 배합한 용접봉은?

① E4301(일미나이트계)
② E4311(고셀룰로스계)
③ E4313(고산화티탄계)
④ E4316(저수소계)

Q71

용접봉 선택방법의 기준이 되지 않는 것은?

① 용접장소와 자세 ② 아크전압
③ 사용 용접기기 ④ 모재의 재질

해설 용접봉의 선택과 보관
편심율은 3%이내에 용접봉을 선택하며, 용접 자세 및 장소, 모재의 재질, 이음의 모양 등을 고려하여 선택하며 보관 시는 특히 습기에 주의해야 된다.

Q72

피복제의 편심율은 몇 % 이내로 제한 하는가?

① 3 ② 5
③ 7 ④ 9

Q73

아크 용접작업에 대한 설명 중 옳은 것은?

① 아크 빛은 용접 재해 요소가 되지 않는다.
② 교류 용접기를 사용할 때에는 필히 비피복 용접봉을 사용한다.
③ 가죽 장갑은 감전의 위험이 크므로 면장갑을 착용한다.
④ 아크가 발생 도중에는 용접 전류를 조정하지 않는다.

해설 아크 빛은 적외선 및 자외선을 포함하고 있어 차광유리를 통하여 작업을 하여야 하며, 교류 용접기는 아크가 불안정하므로 피복봉을 사용하여야 한다. 또한 아크 발생 중에는 용접전류를 조정하지 않는다.

Q74

피복 아크 용접에서 그림과 같은 방법으로 아크를 발생시키는 것은?

① 긁는법
② 찍는법
③ 접선법
④ 원주법

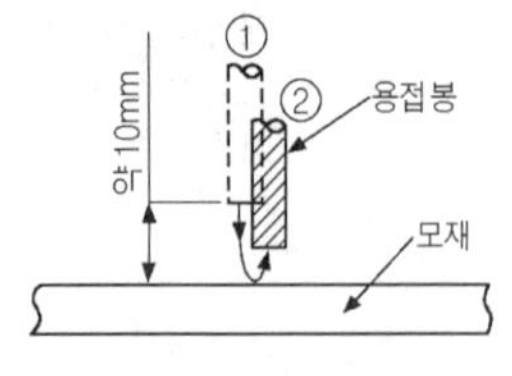

정답 68. ② 69. ② 70. ④ 71. ② 72. ① 73. ④ 74. ②

해설 아크 발생 및 중단
① 아크 발생 방법으로는 긁는 법(scratch method)과 찍는 법(tapping method)이 있다.
② 초보자는 전자를 사용한다.
③ 아크를 처음 발생할 때 아크 길이는 약간 길게 한다.(3 ~ 4mm)
④ 아크의 중단 시는 아크 길이를 짧게 하여 크레이터를 채운 후 재빨리 든다.

Q75

용접 자세를 나타내는 기호가 틀리게 짝지어진 것은?

① 위보기자세 : O
② 수직자세 : V
③ 아래보기자세 : U
④ 수평자세 : H

해설 용접 자세
① 아래보기 자세(Flat position : F) : 용접하려는 재료를 수평으로 놓고 용접봉을 아래로 향하여 용접하는 자세
② 수직 자세(Vertical position : V) : 모재가 수평면과 90°또는 45°이상의 경사를 가지며, 용접방향은 수직 또는 수직면에 대하여 45°이하의 경사를 가지고 상하로 용접하는 자세
③ 수평 자세(Horizontal position : H) : 모재가 수평면과 90°또는 45°이상의 경사를 가지며 용접선이 수평이 되게 하는 용접 자세
④ 위보기 자세(OverHead position : O) : 모재가 눈 위로 올려 있는 수평면의 아래쪽에서 용접봉을 위로 향하여 용접 하는 자세
⑤ 전 자세(All Position : AP) : 위 자세의 2가지 이상을 조합하여 용접하거나 4가지 전부를 쓰인다.

Q76

피복아크용접에서 상진법으로 수직 용접할 때 비교적 많이 적용되는 운봉법이 아닌 것은?

① 직선 ② 삼각형
③ 8자형 ④ 백스텝

해설 수직 상진 용접에 운봉법은 파형, 삼각형, 지그재그형이 많이 사용되고 8자형은 위보기에 사용된다.

Q77

용접부의 결함은 치수상 결함, 구조상 결함, 성질상 결함으로 구분된다. 구조상 결함들로만 구성된 것은?

① 기공, 변형, 치수불량
② 기공, 용입불량, 용접균열
③ 언더컷, 연성부족, 표면결함
④ 표면결함, 내식성 불량, 융합불량

해설 용접 결함의 분류
① 치수상 결함 : 변형, 치수 및 형상 불량
② 구조상 결함 : 언더컷, 오버랩, 융합불량, 기공, 용입 불량, 균열 등
③ 성질상 결함 : 기계적, 화학적 성질 불량

Q78

용접결함의 종류 중 구조상의 결함에 속하지 않는 것은?

① 변형
② 융합불량
③ 슬랙 섞임
④ 기공

Q79

용접결함을 구조상결함과 치수상 결함으로 분류할 때 치수상의 결함은?

① 용접균열
② 슬랙 섞임
③ 형상불량
④ 표면결함

정답 75. ③ 76. ③ 77. ② 78. ① 79. ③

Q80

용접 후 팽창과 수축에 의한 변형은 어떤 결함에 속하는가?

① 치수상의 결함
② 구조상의 결함
③ 성질상의 결함
④ 팽창상의 결함

Q81

다음 용접 결함의 분류에서 치수상 결함에 속하는 것은?

① 용입불량　② 변형
③ 슬랙섞임　④ 언더컷

Q82

용접결함 중에서 구조상 결함에 해당되지 않는 것은?

① 용접균열　② 융합불량
③ 표면결함　④ 가로수축

Q83

용접결함과 그 원인을 조사한 것 중 틀린 것은?

① 오버랩 – 운봉법 불량
② 기공 – 용접봉의 습기
③ 슬랙섞임 – 용접이음 설계의 부적당
④ 선상조직 – 홈각도의 과대

해설 ① 오버랩의 원인은 용접 전류가 너무 낮을 때, 부적당한 용접봉 사용시, 용접 속도가 너무 늦을 때, 용접봉의 유지 각도가 부적당 할 때
② 언더컷의 원인은 용접 전류가 너무 높을 때, 부적당한 용접봉 사용시, 용접 속도가 너무 빠를 때, 용접봉의 유지 각도가 부적당 할 때
③ 기공은 수소 또는 일산화탄소 과잉, 용접부의 급속한 응고, 모재 가운데 유황함유량 과대, 기름 페인트 등이 모재에 묻어 있을 때, 아크 길이, 전류 조작의 부적당, 용접 속도가 너무 빠를 때, 용접봉의 습기가 있을 때
④ 슬랙 섞임은 이음의 설계가 부적당 할 때, 봉의 각도가 부적당 할 때, 전류가 낮을 때, 슬랙 용점이 높은 봉을 사용 할 때, 용접 속도가 너무 느려 슬랙이 선행할 때, 전층의 슬랙 제거가 불완전 할 때
⑤ 선상 조직은 용착금속의 냉각 속도가 빠르때, 모재 재질이 불량할 때
⑥ 피트는 모재에 탄소, 망간, 황 등의 함유량이 많을 때, 습기, 녹, 페인트가 있을 때, 용착 금속의 냉각 속도가 빠를 때, 외부에 생긴 작은 구멍
⑦ 스팩터는 전류가 높을 때, 건조되지 않은 용접봉 사용시, 아크 길이가 너무 길 때, 봉각도가 부적당 할 때
⑧ 용입 부족 : 전류가 낮을 때, 용접 속도가 빠를 때, 홈 각도가 좁을 때 발생

Q84

용접결함과 그 원인을 조합한 것이다. 틀린 것은?

① 변형 – 홈 각도 과대
② 기공 – 강재에 부착되어 있는 기름
③ 용입부족 – 전류과대
④ 슬랙 섞임 – 전층의 슬랙 제거 불완전

Q85

아크 길이가 길 때, 발생하는 현상이 아닌 것은?

① 스패터의 발생이 많다.
② 용착금속의 재질이 불량해진다.
③ 오버랩이 생긴다.
④ 비드의 외관이 불량해진다.

정답 80. ① 81. ② 82. ④ 83. ④ 84. ③ 85. ③

Q86

용접 전류가 적고, 용접봉의 선택 불량, 용접봉의 유지각도가 불량할 때에 발생하는 용접 결함은 무엇인가?

① 용입 불량
② 언더컷
③ 오버랩
④ 선상조직

Q87

언더컷의 방지 대책으로 옳은 것은?

① 루트 간격을 크게 한다.
② 용접속도를 빠르게 한다.
③ 짧은 아크길이를 유지한다.
④ 높은 전류를 사용한다.

Q88

피복아크 용접에서 과대전류, 용접봉 운봉각도의 부적합, 용접속도가 부적당할 때, 아크 길이가 길 때 일어나며, 모재와 비드 경계부분에 페인 홈으로 나타나는 표면결함은?

① 스패터
② 언더 컷
③ 슬랙 섞임
④ 오버 랩

Q89

고전류, 고속도일 때 생기는 용접결함은?

① 언더 컷(undercut)
② 피시 아이(fish eye)
③ 피트(pit)
④ 설퍼 균열

Q90

피복 아크용접봉의 피복제에 습기가 있을 때 용접을 하면 가장 많이 발생하는 결함은?

① 기공이 생긴다.
② 크레이터가 생긴다.
③ 언더컷 현상이 생긴다.
④ 오버랩 현상이 생긴다.

Q91

피복제에 습기가 있는 용접봉으로 용접하였을 때 직접적으로 나타나는 현상이 아닌 것은?

① 용접부에 기포가 생기기 쉽다.
② 용접부에 균열이 생기기 쉽다.
③ 용락이 생기기 쉽다.
④ 용접부에 피트가 생기기 쉽다.

Q92

습기가 있는 용접봉을 사용하면 다음과 같은 단점이 있다. 여기에 해당되지 않는 것은?

① 피복제가 벗겨지기 쉽고 아크가 불안정하다.
② 용착금속의 기계적 성질이 불량해진다.
③ 용접기를 손상시킨다.
④ 블로홀(blow hole)이 생긴다.

Q93

아크 용접부에 기공이 발생하는 원인과 가장 관련이 없는 항은?

① 이음 설계의 결함이 있을 때
② 용착부가 급냉 될 때
③ 용접봉에 습기가 많을 때
④ 아크 길이, 전류 값 등이 부적당할 때

정답 86. ③ 87. ③ 88. ② 89. ① 90. ① 91. ③ 92. ③ 93. ①

Q94

용접부의 내부 결함으로써 슬랙 섞임을 방지하는 것은?

① 제1층을 지름이 큰 봉으로서 용접한다.
② 운봉속도를 빠르게 한다.
③ 용접전류를 적게 한다.
④ 운봉속도를 느리게 한다.

Q95

기공 또는 용용금속이 튀는 현상이 생겨 용접한 부분의 바깥 면에 나타나는 작고 오목한 구멍을 무엇이라고 하는가?

① 플래시(flash)
② 피닝(peening)
③ 플럭스(flux)
④ 피트(pit)

Q96

용접결함에서 피트(pit)가 발생하는 원인이 아닌 것은?

① 모재 가운데 탄소, 망간 등의 합금원소가 많을 때
② 습기가 많거나 기름, 녹, 페인트가 묻었을 때
③ 모재를 예열하고 용접하였을 때
④ 모재 가운데 황 함유량이 많을 때

Q97

스패터(spatter)의 과다 발생 원인이 아닌 것은?

① 전류의 과대
② 아크의 길이 과대
③ 용접봉의 흡습
④ 전류의 과소

Q98

다음은 용접 결함 중 스패터가 발생하는 원인이다. 잘못된 것은?

① 전류가 너무 높을 때
② 건조되지 않은 용접봉을 사용했을 때
③ 아크 길이가 너무 길 때
④ 아크 블로 홀이 너무 작을 때

Q99

홈각도가 좁거나, 속도가 빠를 때, 용접 전류가 낮을 때 생기기 쉬운 용접 결함은?

① 오버랩
② 언더 컷
③ 용입 불량
④ 비드균열

Q100

용접전류가 적정전류보다 적을 때 발생되기 쉬운 용접 결함은?

① 용입 불량
② 언더 컷
③ 피트
④ 비드균열

정답 94. ② 95. ④ 96. ③ 97. ④ 98. ④ 99. ③ 100. ①

03

가스용접

1. 개요
2. 용접용 가스
3. 아세틸렌 발생기
4. 아세틸렌의 폭발성
5. 용해 아세틸렌
6. 산소 용기와 호스
7. 토치 및 팁
8. 부속 장치
9. 산소 아세틸렌의 불꽃의 종류
10. 역류, 역화 및 인화
11. 용접용 재료 및 용제
12. 보호구 및 공구
13. 산소-아세틸렌 용접 작업
14. 연납땜 및 경납땜

1. 개요

가스 용접은 가연성 가스(아세틸렌, 석탄 가스, 수소 가스, LPG 등)와 지연성 가스(산소, 공기)의 혼합으로 가스가 연소할 때 발생하는 열(약 3,000℃정도)을 이용하여 모재를 용융 시키면서 용접봉을 공급하여 접합하는 방법이다.

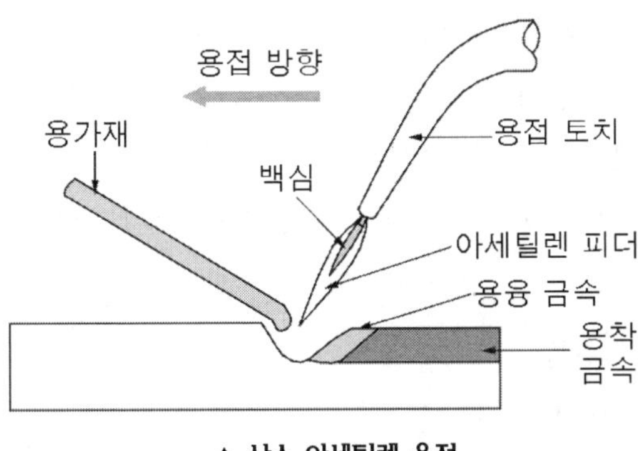

▲ 산소 아세틸렌 용접

참고

연소란 가연성 물질과 지연성 물질이 산화반응에 의해 열과 빛을 수반하고 열의 이동과 기체의 흐름을 일으키는 현상이라고 정의할 수 있다.

연소의 종류로는 표면연소(공기와 접촉하고 있는 고체 또는 액체 표면에서 연소가 일어남), 분해연소(고체 또는 액체가 열분해하여 발생한 가연성 기체가 공기 중에서 연소가 일어남), 증발연소(고체 또는 액체의 증발에 의해 생긴 증기가 공기 중에서 연소하는 경우), 자기연소(가연물과 산화제가 혼합되어 있는 물질의 연소)가 있다.

연소범위란 가연성 가스와 공기와의 혼합가스가 불이 붙을 수 있는 농도로 가연성 가스의 온도나 압력이 높아지면 연소범위는 넓어지고, 공기 중보다 산소 중에서 넓어지며, 불활성 가스가 있는 경우 그에 비례하여 줄어든다. 연소하한이 낮을수록, 상한과 하한의 폭이 클수록, 상한이 클수록 위험하다.

(1) 가스 용접의 장·단점

① 장점

㉠ 전기가 필요 없다. ㉡ 용접기의 운반이 비교적 자유롭다.
㉢ 용접 장치의 설비비가 전기 용접에 비하여 싸다.
㉣ 불꽃을 조절하여 용접부의 가열 범위를 조정하기 쉽다.
㉤ 박판 용접에 적당하다. ㉥ 용접되는 금속의 응용 범위가 넓다.
㉦ 유해 광선의 발생이 적다. ㉧ 용접 기술이 쉬운 편이다.

② 단점

㉠ 고압가스를 사용하기 때문에 폭발, 화재의 위험이 크다.
㉡ 열효율이 낮아서 용접 속도가 느리다.
㉢ 아크 용접에 비해 불꽃의 온도가 낮다.
㉣ 금속이 탄화 및 산화될 우려가 많다.
㉤ 열의 집중성이 나빠 효율적인 용접이 어렵다.
㉥ 일반적으로 신뢰성이 적다.
㉦ 용접부의 기계적 강도가 떨어진다.
㉧ 가열 범위가 넓어 용접 응력이 크고, 가열 시간 또한 오래 걸린다.

(2) 가스 용접법의 종류

① 산소-아세텔렌 용접
② 산소-수소 용접
③ 산소-프로판
④ 기타(공기-아세틸렌, 산소-석탄가스 등)

2. 용접용 가스

(1) 지연성 가스

자신은 타지 않으면서 다른 물질의 연소를 돕는 가스를 지연성 가스 또는 조연성 가스라고 하며 대표적으로 O_2가 있다.

① **산소(Oxygen : O_2)**

㉠ 산소는 공기와 물이 주성분이며, 분자량이 16으로 공기 중에 21%나 존재하며, 일반적으로 대기 중에서 얻거나 또는 물의 전기 분해에 의해 제조하여 사용하고 있다.

㉡ 무색, 무취 무미의 기체로 1ℓ의 중량은 0℃ 1기압에서 1.429g이다. 또한 비중은 1.105로 공기보다 무겁다.

㉢ 용융점은 −219℃, 비등점은 −183℃이며, −119℃에서 50기압으로 압축하면 담황색의 액체가 된다.

㉣ 산소는 공업용과 의료용이 있으며, 순도가 높을수록 좋다. KS규격에 의하면 공업용 산소의 순도는 99.5% 이상으로 규정하고 있다.

㉤ 금, 백금 등을 제외한 다른 금속과 화합하여 산화물을 만든다.

㉥ 산소는 일반적으로 고압 용기에 35℃에서 150kgf/cm²의 고압으로 압축하여 충전한다.

② **산소의 제조 방법**

㉠ 물의 전기 분해에 의한 제조 방법 : 물(H_2O)에 묽은 황산(H_2SO_4)이나 수산화나트륨(NaOH)을 넣고 직류 전기를 통하면 양극에서는 산소가 음극에서는 수소가 각각 발생한다.

$$2H_2O \xrightarrow{\text{전기 분해}} \underset{\text{음극}}{2H_2\uparrow} + \underset{\text{양극}}{O_2\uparrow}$$

㉡ 액체 공기의 비등점 차이에 의한 제조 : 액체 공기 중에는 액체 질소와 액체 산소가 있는데 이중 액체 질소는 −196℃에서, 액체 산소는 −183℃에서 비등(沸騰)하므로, 먼저 비등점이 낮은 질소가 증발하고 산소는 남게 되어 이것을 기화 압축하여 압력용기에 넣어 제조한다.

(2) 가연성 가스

가스 용접에 사용되는 가연성 가스는 주로 아세틸렌(C_2H_2)이 많이 사용되며, 용도에 따라 수소(H_2), 도시가스, LP가스, 천연 가스 등이 사용된다.

① 가연성 가스의 조건

㉠ 불꽃 온도가 높을 것

㉡ 연소 속도가 빠를 것

㉢ 발열량이 클 것

㉣ 용융 금속과 화학 반응을 일으키지 않을 것

> **참고** 인화점이란 외부의 직접적인 점화원에 의하여 불이 붙을 수 있는 최저온도로 인화점이 낮은 물질은 그 만큼 위험하다는 의미이다.
> 발화점이란 외부의 직접적인 점화원 없이도 스스로 가열된 열이 쌓여서 발화되는 최저온도로 같은 물질이라도 발화점은 주어진 환경이나 조건에 따라 달라질 수 있고, 일반적으로 산소와 친화력이 큰 물질 일수록 발화점이 낮다.
> 연소점이란 연소상태가 중단되지 않고 계속 유지될 수 있는 최저 온도로 일반적으로 인화점보다 10℃ 정도 높은 온도이다.

가스의 종류	완전 연소 반응식	비중	발열량 (kcal/m^3)	가스 혼합비 (가연성 가스 : 산소)			산소와 혼합시 불꽃 최고 온도(℃)	공기중 기체 함유량
아세틸렌	$C_2H_2 + 2\frac{1}{2}O_2 = 2CO_2 + H_2O$	0.906	12,753.7	1 : 1.1	1 : 1.8	1 : 1.7	3,430	2.5 ~ 80
수소	$H_2 + \frac{1}{2}O_2 = H_2O$	0.070	2,446.4	1 : 0.5	1 : 0.5	1 : 0.5	2,900	4 ~ 74
프로판	$C_3H_8 + 5O_2 = 3CO_2 + 4H_2O$	1.522	20,550.1	1 : 3.75	1 : 4.75	1 : 4.5	2,820	2.4 ~ 9.5
메탄	$CH_4 + 2O_2 = CO_2 + 2H_2O$	0.555	8,132.8	1 : 1.8	1 : 2.25	1 : 2.1	2,700	5 ~ 15

② 아세틸렌(C_2H_2)

㉠ 비중은 0.906으로 공기보다 가볍고, 가연성 가스로 가장 많이 사용한다.

㉡ 카바이드(CaC_2)에 물을 작용시켜 제조한다.

$$CaC_2 + 2H_2O \rightarrow C_2H_2 \uparrow + Ca(OH)_2 + 31872(cal)$$

㉢ 순수한 것은 무색, 무취의 기체이다. 하지만 인화수소, 유화수소, 암모니아와 같은 불순물 혼합할 때 악취가 난다.

아세틸렌 가스 중의 불순물

종 류	인화수소(PH_3), (%)	황화수소(H_2S), (%)
1 급	0.06이하	0.20이하
2 급	0.10이하	0.20이하

㉣ 15℃ 1기압에서 1ℓ의 무게는 1.176g이다.

㉤ 여러 가지 액체에 잘 용해되며 물에는 같은 양, 석유에는 2배, 벤젠에는 4배, 알코올에서는 6배, 아세톤에는 25배 용해되며, 그 용해량은 압력에 따라 증가한다. 단 소금물에는 용해되지 않는다.

㉥ 대기압에서 -82℃이면 액화하고, -85℃이면 고체로 된다.

㉦ 산소와 혼합하였을 때 3,000~3,430℃의 고온을 낸다.

③ 수소(H_2)

㉠ 0℃ 1기압에서 1ℓ의 무게는 0.0899g 가장 가볍고, 확산 속도가 빠르다.

㉡ 무색, 무미, 무취로 불꽃은 육안으로 확인이 곤란하다.

㉢ 납땜이나 수중 절단용으로 사용한다.

㉣ 아세틸렌 다음으로 폭발성이 강한 가연성 가스이다.

㉤ 고온, 고압에서는 취성이 생길 수 있다.

㉥ 제조법으로는 물의 전기 분해 및 코크스의 가스화법으로 제조한다.

④ 액화 석유 가스(LPG : Liquefied Petroleum Gas)

㉠ 석유계 탄화 수소계 혼합물(C_3H_8)로 화염 분위기가 산화되기 때문에 용접용으로는 부적합하여 절단용으로 주로 사용된다.

㉡ 상온에서는 무색, 투명하고, 약간의 냄새가 있다.

㉢ 비중이 1.522로 공기보다 무겁다.

㉣ 프로판(C_3H_8), 부탄(C_4H_{10})이 주성분이며, 이와 같은 가스를 알칸(C_nH_{2n+2} : CH_4, C_2H_6, C_3H_8, C_4H_{10}, C_5H_{12}.......)계열의 가스라고도 한다.

㉤ 발열량은 높으나 열의 집중성이 아세틸렌 보다 떨어진다.

⑤ 기타 가연성 가스

㉠ 액화 천연 가스(LNG)는 대량 수송과 저장이 쉽고, 액화 과정에서 공해가 발생되지 않는 청정에너지이다.

㉡ 천연 가스의 주성분은 메탄(CH_4)으로, 유전 습지대 등에서 분출한다.

3. 아세틸렌 발생기

(1) 카바이드(CaC_2)

① 산화칼슘(생석회)에 코크스를 가하여 만든다.

② 비중이 2.2이다.

③ 무색이나 제조 과정에서 불순물 함유로 회 흑색을 띤다.

④ 물과 반응하여 아세틸렌을 만든다.

⑤ 카바이드 1kg을 물과 작용할 때 이론적으로는 475kcal의 열 및 348 ℓ 에 아세틸렌이 발생한다. 하지만 실제 사용할 때는 230 ~ 300 ℓ 를 발생하는 것으로 간주한다.

카바이드와 가스 발생량

종 류	가스 발생량(ℓ / kgf)
1 호	290 이상
2 호	270 이상
3 호	230 이상

(2) 카바이드를 취급 할 때 주의 사항

① 발생기 밖에서 물이나 습기에 노출되어서는 안 된다.

② 저장하는 통 가까이 빛이나 인화 가능한 어떤 것도 엄금한다.

③ 카바이드를 옮길 때는 모넬 메탈이나 목재 공구를 사용한다.

(3) 아세틸렌의 제조 방법

① **투입식**(물속에 카바이드를 투입하여 가스를 발생한다.)

㉠ 발생 가스 온도가 낮고, 불순물 발생이 적다.

㉡ 대량 생산에 적당하다.

㉢ 청소 및 취급이 용이하다.

㉣ 물의 사용량이 많고, 설치 면적이 많이 든다.

㉤ 카바이드 덩어리의 크기가 일정해야 한다.

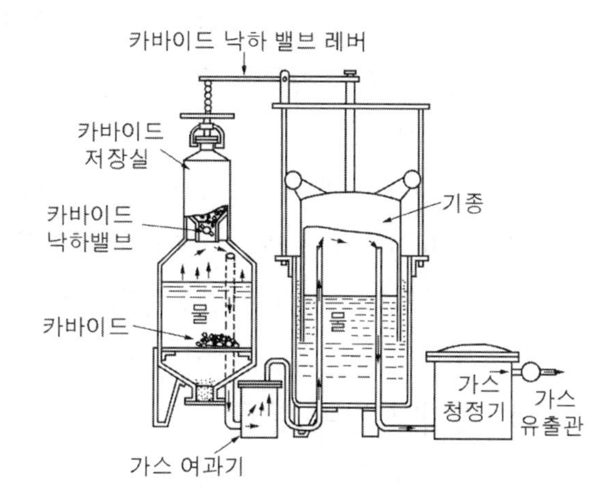

▲ 투입식

② **주수식**(카바이드에 소량에 물을 공급하여 가스를 발생한다.)

㉠ 물의 소비가 적다.

㉡ 취급이 간단하고 안전도가 높다.

㉢ 반응열이 높고 불순물이 많다.

㉣ 청소가 불편하다.

㉤ 지연 가스 발생의 우려가 있다.

③ **침지식**(카바이드를 기종의 주머니에 넣고 필요할 때만 물에 접촉하여 가스를 발생한다.)

㉠ 구조가 간단하고, 취급이 용이하여, 이동용에 적합하다.

㉡ 지연 가스 발생이 쉽다.

㉢ 온도 상승이 크다.

㉣ 불순 가스 발생이 많고 폭발 위험이 많다.

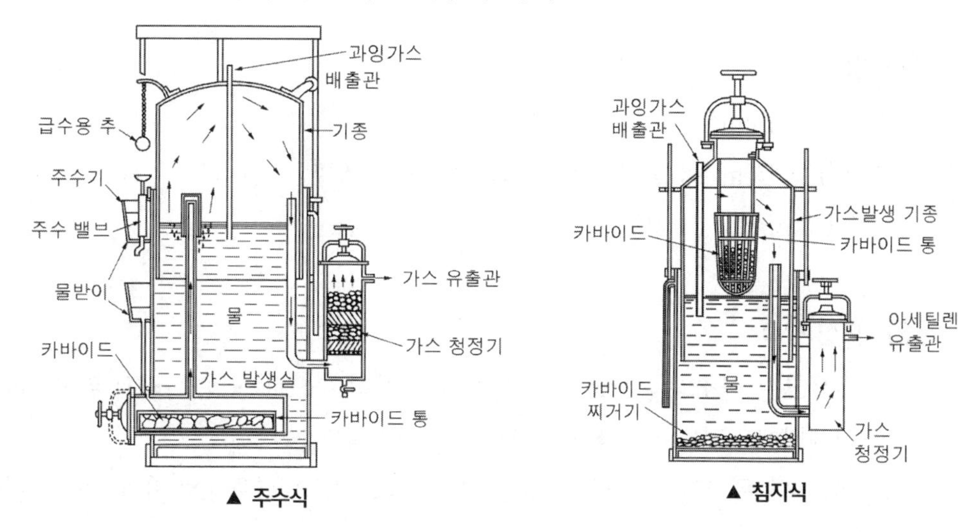

▲ 주수식 ▲ 침지식

(4) 취급

① 빙결되었을 때 온수나 증기를 사용하여 녹인다.
② 충격, 타격, 진동이 없어야 한다.
③ 화기가 가까이 있으면 안 된다.
④ 발생기 물의 온도는 60℃이하로 한다.
⑤ 카바이드의 교환은 옥외에서 작업하며, 검사는 비눗물을 사용하여 검사한다.
⑥ 발생기의 운반 및 보관 사용하지 않을 때 기종 내의 가스 및 카바이드를 제거한다.

(5) 압력에 따라 분류

저압식(0.07kg/cm^{2}이하), 중압식(0.07~1.3kg/cm^2), 고압식(1.3이상kg/cm^2)으로 분류된다.

4. 아세틸렌의 폭발성

(1) 온도

① 406 ~ 408℃ : 자연 발화
② 505 ~ 515℃ : 폭발 위험
③ 780℃ : 자연 폭발

(2) 압력

① 1.3(kgf/cm^2) : 이하에서 사용
② 1.5(kgf/cm^2) : 충격 가열 등의 자극으로 폭발
③ 2.0(kgf/cm^2) : 자연 폭발

(3) 혼합가스

① 공기 또는 산소가 혼합한 경우 불꽃 또는 불티 등으로 착화, 폭발의 위험성이 있다.
② 아세틸렌 15%, 산소 85%에서 가장 위험하다.
③ 인화수소를 포함한 경우 : 0.02%이상 폭발성, 0.06%이상 자연 폭발한다.

(4) 기타

① 구리, 구리합금(구리 62% 이상), 은, 수은 등과 접촉하여 120℃ 부근에서 폭발성 화합물이 생성된다.

② 압력이 주어진 아세틸렌가스에 충격, 마찰, 진동 등에 의하여 폭발의 위험성이 있다.

> **참고** 폭발연소는 발열과 발광을 수반하는 산화반응이고, 폭발은 그 반응이 급격히 진행하여 빛을 발하는 것 외에 폭발음과 충격압력을 내며 순간적으로 반응이 완료되는 것이다. 그 종류로는 우선 가스폭발이라 하여 가연성 기체 및 가연성 액체의 증기는 공기, 산소, 염소, 불소, 이산화질소 등의 지연성 기체와 일정한 비율로 혼합하면 가연성 혼합기체를 형성하고 여기에 어떤 점화원이 주어지면 가스폭발에 이른다. 아세틸렌, 에틸렌 등은 단일성분이라도 폭발을 일으키지 않는데 이를 분해폭발이라 한다. 다음으로는 저온도 액체와 고온도 액체가 접촉해서 고온액체로부터 저온액체로 급속히 열 이동이 일어났기 때문에 저온도의 액체가 과열상태가 되고 그 후 비등 증발하는 것에 의해 급격한 압력상승이 발생한 증기폭발이 있고 끝으로 분진폭발이라 하여 가연성 고체 분진이 공기 중에서 일정농도(폭발범위) 이상으로 부유하다 점화원을 만나면 폭발을 일으키는 것이 있다. 분진폭발의 특성은 가스폭발과 대개 비슷하며 크기가 0.1mm 보다 작은 밀가루 입자가 공기 $1m^3$당 40 - 4000g 정도 흩어져 있다면 공기가 몹시 축축하거나 산소가 부족하지 않는 한 약간의 불꽃만 있어도 폭발이 일어난다. 같은 종류의 폭발이 설탕, 인스턴트커피, 감자 가루 등에서도 일어날 수 있다.

5. 용해 아세틸렌

(1) 용해 아세틸렌의 특징

① 아세톤 1ℓ에 324ℓ에 아세틸렌이 용해된다.

② 용해 아세틸렌 1kg을 기화시키면 905ℓ에 아세틸렌가스 발생한다.

> **참고** 0℃ 1기압에서 $C_2H_2(12 \times 2 + 1 \times 2)$에서 26 : 22.4ℓ
> 1000(1kg) : χ χ는 861ℓ가 나온다.
> 보일 샤를에 법칙에 의하여 $\frac{P \cdot V}{T} = \frac{P' \cdot V'}{T'}$, $\frac{1 \cdot 861}{273} = \frac{1 \cdot V'}{273+15}$에서 약 908ℓ가 나온다.
> 하지만, 손실을 고려하여 약 905ℓ로 계산한다.

③ 압력이 높아 역화에 위험이 적다.

④ 저장, 운반이 간단하다.

⑤ 순도를 높일 수 있으며, 가스 압력을 일정하게 할 수 있다.

⑥ 낮은 기온에서도 작업이 가능하다.

(2) 용해 아세틸렌 용기

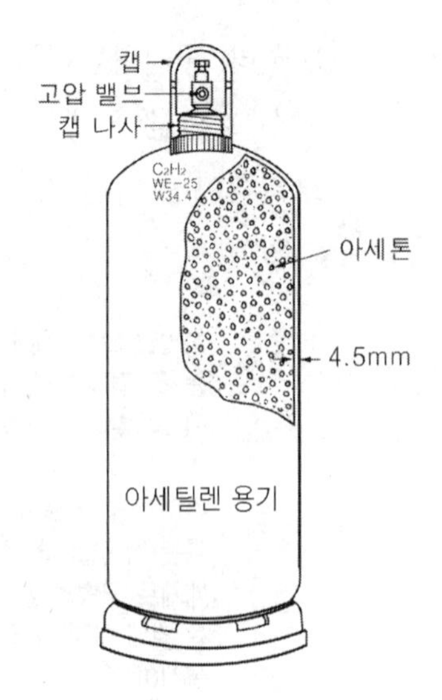

① 내용적 15ℓ, 30ℓ, 40ℓ, 50ℓ의 4종이 있으며, 30ℓ가 가장 일반적이다.

② 15℃ 15기압으로 충전한다. 그러므로 아세톤에 아세틸렌이 25배 녹으므로 25 × 15 = 375(ℓ)가 용해된다.

③ 폭발 방지를 위해 105℃ ± 5℃에서 녹는 퓨즈가 2개 있다.

④ 규조토, 목탄, 석면의 다공성 물질에 아세톤이 흡수되어 있다.(다공도는 75% 이상, 92% 미만)

⑤ 용기의 색은 황색으로 되어있다.

⑥ 용기의 나사 방향은 왼나사로 되어 있다.

(3) 용기 안의 아세틸렌 양

$$C = 905(A - B)$$

C : 아세틸렌가스 양, A : 병 전체의 무게, B : 빈 병의 무게

(4) 호스(도관)

① 호스의 색은 적색을 사용한다.

② 10kgf/cm^{2}의 내압 시험에 합격하여야 한다.

(5) 용해 아세틸렌 취급시 유의사항

① 저장실에는 착화에 위험이 없어야 한다.

② 용기는 반드시 세워서 취급하여야 한다.

③ 용기의 온도를 40℃ 이하로 유지하며 이동시에는 반드시 캡을 씌워야 한다.

④ 동결 부분은 35℃ 이하의 온수로 녹이며, 누설 검사는 비눗물을 사용한다.

6. 산소 용기와 호스

(1) 산소 용기

① 최고 충전 압력(FP)은 보통 35℃에서 150kgf/cm² 으로 한다.

② 산소병 또는 봄베(bomb)는 에르하르트법 또는 만네스만법으로 제조하며, 인장강도 57(kgf/cm²)이상, 연신율 18% 이상의 강재가 사용된다.

③ 용기의 내압 시험 압력(TP)은 최고 충전 압력의 $\frac{5}{3}$로 한다.

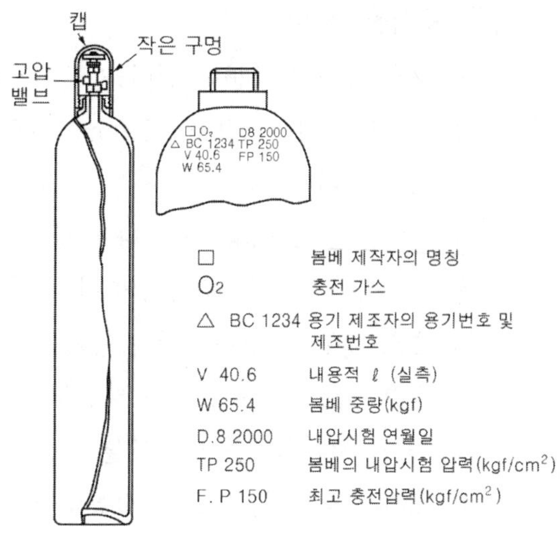

④ 산소 용기는 보통 5,000ℓ, 6,000ℓ, 7,000ℓ의 3종류가 있다. 즉 기압으로 나누어 내용적으로 환산하여 보면, 33.7ℓ, 40.7ℓ, 46.7ℓ가 있다.

⑤ 용기의 색은 공업용은 녹색, 의료용은 백색이다.

⑥ 산소와 아세틸렌을 다량으로 사용할 때는 용기를 한 곳에 모아 놓고 전 수요량에 적합한 압력 조정기를 설치하고 사용처에 감압하여 공급하는 매니폴드(Manifold)가 있다.

⑦ 용기의 나사는 오른나사로 되어있다.

(2) 산소 용기를 취급할 때 주의 점

① 타격, 충격을 주지 않는다.

② 직사광선, 화기가 있는 고온의 장소를 피한다.

③ 용기 내의 압력이 너무 상승(170kgf/cm²)되지 않도록 한다.

④ 밸브가 동결되었을 때 더운물 또는 증기를 사용하여 녹여야 한다.

⑤ 누설 검사는 비눗물을 사용한다.

⑥ 용기 내의 온도는 항상 40℃ 이하로 유지하여야 한다.
⑦ 용기 및 밸브 조정기 등에 기름이 부착되지 않도록 한다.
⑧ 저장실에 가스를 보관시 다른 가연성 가스와 함께 보관하지 않는다.

(3) 용접용 호스

① 사용 압력에 충분히 견디는 구조여야 된다.
② 도관의 크기는 6.3mm, 7.9mm, 9.5mm의 3종이 있다. 일반적으로 7.9mm가 많이 사용된다.
③ 길이는 필요 이상 길게 하지 말고, 5m정도로 한다.
④ 충격이나 압력을 주지 말아야 된다.
⑤ 호스 내부의 청소는 압축 공기를 사용한다.
⑥ 빙결된 호스는 더운물로 사용하여 녹인다.
⑦ 가스 누설 검사는 비눗물을 사용한다.
⑧ 도관의 색은 녹색 또는 검정색을 사용한다.
⑨ 90kgf/cm^{2}의 내압 시험에 합격하여야 한다.
⑩ 호스의 연결은 고압 조임 밴드를 사용한다.

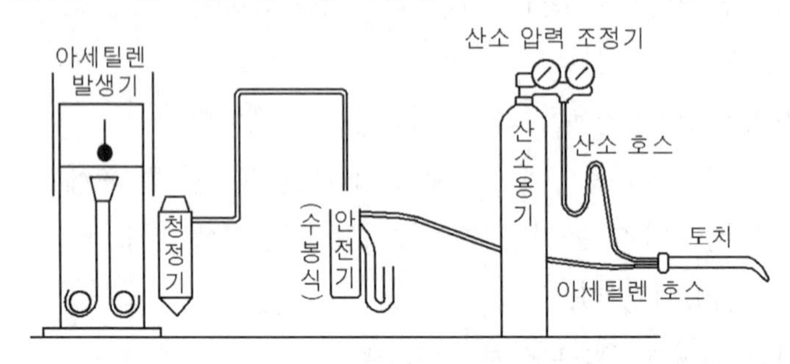

(4) 용기의 총 가스량 및 사용시간 계산

① **산소 용기의 총 가스량** : 내용적 × 기압
② **사용할 수 있는 시간** : 산소용기의 총 가스량 ÷ 시간당 소비량

가 스 용 접

Q1

연소의 3요소에 해당하는 것은?

① 가연물, 산소, 정촉매
② 가연물, 빛, 탄산가스
③ 가연물, 산소, 점화원
④ 가연물, 산소, 공기

해설 연소의 3대 요소는 점화원, 가연물, 산소 공급원이다. 즉 불이 붙을 수 있는 불씨인 점화원, 불이 붙는 물질이 가연물, 타는 것을 도와주는 산소가 필요하다.

Q2

불티가 바람에 날리거나 혹은 튀어서 발화점에서 떨어진 곳에 있는 대상물에 착화하여 연소되는 현상을 무슨 연소라고 하는가?

① 전염 연소　　② 대류 연소
③ 복사 연소　　④ 비화 연소

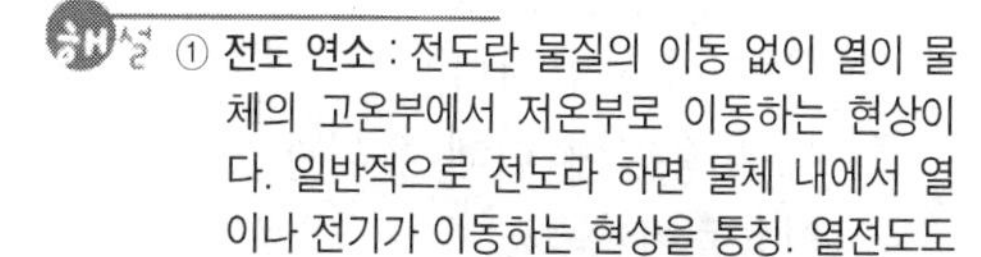

해설 ① **전도 연소** : 전도란 물질의 이동 없이 열이 물체의 고온부에서 저온부로 이동하는 현상이다. 일반적으로 전도라 하면 물체 내에서 열이나 전기가 이동하는 현상을 통칭. 열전도도가 낮을수록 인화가 용이한 물질

② **대류 연소** : 대류란 유체의 실질적인 흐름에 의해 열이 전달되는 현상이다. 유체 내부의 어느 부분의 온도가 높다면 이 부분의 유체는 열에 의해 팽창되어 밀도가 낮아지므로 가벼워져 상승하게 되고 주위의 낮은 온도의 유체가 그 구역으로 흘러 들어오는 순환의 과정이 연속

③ **복사 연소** : 모든 물체는 그 물체의 온도 때문에 열에너지를 파장의 형태로 계속적으로 방사하며, 화염의 접촉 없이 연소가 확산되는 현상은 복사열에 의한 것으로 볼 수 있다. 인접물의 화재로부터 발생한 화염에서 발생한 화염의 복사열에 의해 착화되어 화재가 확산되는 현상이 복사열에 의한 화재확산의 전형적인 현상

④ **전염 연소** : 화염이 물체에 접촉하여 연소가 확산되는 현상으로 화염의 온도가 높을수록 잘 이루어짐

⑤ **비화 연소** : 불티가 바람에 날리거나 튀어서 멀리 떨어진 곳에 있는 가연물에 착화되는 현상이 비화에 의한 연소의 확대

Q3

연소의 종류가 아닌 것은?

① 증발연소　　② 분해연소
③ 표면연소　　④ 중합연소

해설 연소의 종류

① 표면연소 : 공기와 접촉하고 있는 고체 또는 액체 표면에서만 연소가 일어나는 경우로서 목탄, 코크스, 숯, 금속분, 나트륨 등의 연소가 있다.

② 분해연소 : 고체 또는 액체가 열분해하여 발생한 가연성 기체가 공기 중에서 연소하는 경우로서 섬유, 석탄, 플라스틱, 목재 등의 연소가 있다.

③ 증발연소 : 다수의 액체 연료와 어느 종류의 고체연료(고형파라핀 등)는 연소에 앞서 액체로부터 기체로의 증발이 일어나 증기가 기체연료와 같은 화염을 전부 연소한다. 즉 액체 또는 고체의 증발에 의해 생긴 증기가 공기 중에서 연소하는 경우로서 알코올, 에테르 등의 가연성 액체, 유황, 고체알코올, 양초 및 나프탈렌 등의 가연성 고체의 연소가 여기에 속한다.

④ 자기연소 : 가연물과 산화제가 혼합되어 있는 물질의 연소와 분자 내의 니트로기($-NO_2$)와 같이 쉽게 산소를 유리할 수 있는 기(基)를 가지고 있는 화합물의 연소현상으로, 흑색화약, 백색화약, NA - FO폭약 등이며 후자의 경우가 TNT, 니트로셀룰로우스, 피크르산 등 제5류위험물 중 여기에 속하는 것이 많다.

정답 1. ③　2. ④　3. ④

Q4

공기 중의 산소를 필요로 하지 않고 자신의 물질 분자속에 있는 산소에 의하여 연소하는 것은?

① 내부 연소　② 발열 연소
③ 정상 연소　④ 완전 연소

해설 공기 중의 산소를 필요로 하지 않고 자신의 물질 분자 속에 있는 산소에 의하여 연소하는 것을 내부 연소라 한다.

Q5

아크용접에 비교한, 가스용접의 특징으로 맞는 것은?

① 열효율이 높다.
② 용접속도가 빠르다.
③ 응용범위가 넓다.
④ 유해광선의 발생이 많다.

해설 ① 가스 용접의 장점
- 전기가 필요 없다.
- 용접기의 운반이 비교적 자유롭다.
- 용접 장치의 설비비가 전기 용접에 비하여 싸다.
- 불꽃을 조절하여 용접부의 가열 범위를 조정하기 쉽다.
- 박판 용접에 적당하다.
- 용접되는 금속의 응용 범위가 넓다.
- 유해 광선의 발생이 적다.
- 용접 기술이 쉬운 편이다.

② 가스용접의 단점
- 고압가스를 사용하기 때문에 폭발, 화재의 위험이 크다.
- 열효율이 낮아서 용접 속도가 느리다.
- 아크 용접에 비해 불꽃의 온도가 낮다.
- 금속이 탄화 및 산화될 우려가 많다.
- 열의 집중성이 나빠 효율적인 용접이 어렵다.
- 일반적으로 신뢰성이 적다.
- 용접부의 기계적 강도가 떨어진다.
- 가열 범위가 넓어 용접 응력이 크고, 가열 시간 또한 오래 걸린다.

Q6

아크 용접에 비교한 가스용접의 장점으로 틀린 것은?

① 운반이 편리하다.
② 전원이 필요 없다.
③ 유해 광선이 적다.
④ 후판 용접이 용이하다.

Q7

산소 - 아세틸렌 가스 용접의 장점이 아닌 것은?

① 가열시 열량 조절이 쉽다.
② 전원설비가 없는 곳에서도 설치할 수 있다.
③ 피복아크용접보다 유해광선이 적다.
④ 피복아크용접보다 열효율이 높다.

Q8

산소 - 아세틸렌가스 용접의 장점이 아닌 것은?

① 가열시 열량 조절이 쉽다.
② 설비 비용이 싸다.
③ 아크 용접에 비해 유해광선이 적다.
④ 열효율이 높다.

Q9

가스용접의 장점이 아닌 것은?

① 응용범위가 넓다.
② 가열시 열량조절이 비교적 자유롭다.
③ 직접 용접에 이용되는 열효율이 높다.
④ 설비 비용이 싸다.

정답 4. ①　5. ③　6. ④　7. ④　8. ④　9. ③

Q10

아크용접과 비교한 가스용접의 단점은?

① 운반이 불편하다.
② 열량의 조절이 어렵다.
③ 설비비가 비싸다.
④ 열의 집중성이 나쁘다.

Q11

가스 용접을 아크 용접, 기타 다른 용접과 비교할 때의 단점에 해당 되는 것은?

① 가열 조절이 비교적 어렵다.
② 아크용접에 비해 유해광선의 발생이 많다.
③ 응용범위가 대단히 좁다.
④ 열의 집중성이 나쁘다.

Q12

산소 - 아세틸렌 가스용접의 단점이 아닌 것은?

① 열 효율이 낮다.
② 폭발할 위험이 있다.
③ 가열시간이 오래 걸린다.
④ 가스 불꽃의 조절이 어렵다.

Q13

가스 용접의 장점이 아닌 것은?

① 응용 범위가 넓다.
② 후판 용접에 적당하다.
③ 운반이 편리하다.
④ 설비비가 싸다.

Q14

산소의 일반적인 성질에 대한 설명으로 틀린 것은?

① 무미, 무색, 무취의 기체이다.
② 스스로 연소하여 가연성가스라고 한다.
③ 금, 백금, 수은 등을 제외한 모든 원소와 화합시 산화물을 만든다.
④ 액체 산소는 보통 연한 청색을 띤다.

해설 산소(Oxygen : O_2)

① 산소는 공기와 물이 주성분으로 분자량이 16으로 공기 중에 21%나 존재하며, 일반적으로 대기 중에서 얻거나 또는 물의 전기 분해에 의해 제조하여 사용하고 있다.
② 자신은 타지 않으면서 다른 물질의 연소를 돕는 가스를 지연성 가스 또는 조연성가스라고 하며 대표적으로 산소가 있다.
③ 무색, 무취 무미의 기체로 1 ℓ의 중량은 0℃ 1기압에서 1.429g이다. 또한 비중은 1.105로 공기보다 무겁다.
④ 용융점은 −219℃, 비등점은 −183℃이며, −119℃에서 50기압으로 압축하면 담황색의 액체가 된다.
⑤ 산소는 공업용(녹색)과 의료용(백색)이 있으며, 순도가 높을수록 좋다. KS규격에 의하면 공업용 산소의 순도는 99.5% 이상으로 규정하고 있다.
⑥ 금, 백금 등을 제외한 다른 금속과 화합하여 산화물을 만든다.
⑦ 산소는 일반적으로 고압 용기에 35℃에서 150kgf/cm^2의 고압으로 압축하여 충전한다.

Q15

산소의 성질에 관한 설명으로 틀린 것은?

① 다른 물질의 연소를 돕는 조연성 기체이다.
② 아세틸렌과 혼합 연소시켜 용접, 가스절단에 사용한다.
③ 산소자체가 연소하는 성질이 있다.
④ 무색, 무취, 무미의 기체이다.

정답 10. ④ 11. ④ 12. ④ 13. ② 14. ② 15. ③

Q16

가스용접용 주원소로 사용되는 산소의 성질에 대해서 설명한 것 중 옳은 것은?

① 비중은 0.91이다.
② 다른 물질의 연소를 도와주는 조연성 기체이다.
③ 공기와 물이 주성분이고 유색, 유취, 유미의 기체이다.
④ 중량은 1리터에 1.17g이다.

Q17

산소는 대기 중의 공기 속에 약 몇% 함유되어 있는가?

① 11% ② 21%
③ 31% ④ 41%

Q18

산소의 성질을 설명한 것으로 잘못된 것은?

① 산소는 공기와 물이 주성분이다.
② 성질은 무색, 무취, 무미의 기체이다.
③ 1 ℓ 의 중량은 0℃, 1기압에서 1.429g이다.
④ 산소의 비중은 0.806이다.

Q19

산소의 성질에 관한 설명으로 틀린 것은 ?

① 다른 물질의 연소를 돕는 조연성 기체이다.
② 산소는 공기와 물의 주성분이다.
③ 산소자체가 연소하는 성질이 있다.
④ 무색, 무취, 무미의 기체이다.

Q20

용접용 가스의 구비 조건에 대한 설명으로 옳지 않은 것은?

① 연소온도가 높을 것
② 연소속도가 느릴 것
③ 용융금속과 화학반응을 일으키지 않을 것
④ 발열량이 클 것

해설 가연성 가스의 조건
① 불꽃 온도가 높을 것
② 연소 속도가 빠를 것
③ 발열량이 클 것
④ 용융 금속과 화학 반응을 일으키지 않을 것

Q21

가연성 가스가 가져야 할 성질 중 맞지 않는 것은?

① 불꽃의 온도가 높을 것
② 용융금속과 화학반응을 일으키지 않을 것
③ 연소속도가 느릴 것
④ 발열량이 클 것

Q22

연소의 난이성에 대한 설명이 틀린 것은?

① 화학적 친화력이 큰 물질일수록 연소가 잘 된다.
② 발열량이 큰 것일수록 산화반응이 일어나기 쉽다.
③ 예열하면 착화 온도가 낮아져서 착화하기 쉽다.
④ 산소와의 접촉 면적이 좁을수록 온도가 떨어지지 않아 연소가 잘 된다.

정답 16. ② 17. ② 18. ④ 19. ③ 20. ② 21. ③ 22. ④

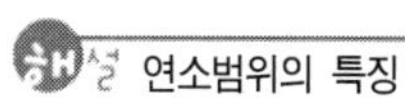
연소범위의 특징
① 가연성 가스의 온도나 압력이 높아지면 연소 범위는 넓어진다.
② 공기중보다 산소중에서 넓어진다.
③ 불활성 가스가 있다면 그에 비례하여 좁아진다.

Q23

가스용접에 사용되는 연료가스와 화학기호가 잘못 연결된 것은?

① 아세틸렌 – C_2H_2
② 프로판 – C_3H_8
③ 메탄 – C_4H_{10}
④ 수소 – H_2

해설 가스 용접에 사용되는 가연성 가스는 주로 아세틸렌(C_2H_2)가 많이 사용되며, 용도에 따라 수소(H_2), 알칼계열의 가스 즉 CNH_{2n+2}가스가 사용되는데 CH_4 메탄, C_2H_6 에탄, C_3H_8 프로판, C_4H_{10} 부탄 등이 사용된다.

Q24

가스용접에서 가연성 가스로 사용하지 않는 것은?

① 아세틸렌(C_2H_2)가스
② 프로판(LPG)가스
③ 수소(H)가스
④ 산소(O_2)가스

Q25

납땜이나 가스 절단 등에 사용되는 가스가 아닌 것은 ?

① 천연가스
② 부탄가스
③ 도시가스
④ 티탄가스

Q26

가스 용접에 사용되는 열원이 아닌 것은?

① 에탄 ② 메탄
③ 수소 ④ 질소

해설 질소는 가연성 가스가 아니며 일반적으로 누설 검사 등에 사용된다.

Q27

부탄가스의 화학 기호는?

① C_4H_{10} ② C_3H_8
③ C_5H_{12} ④ C_2H_6

Q28

연소 범위가 가장 큰 가스는?

① 수소 ② 메탄
③ 프로판 ④ 아세틸렌

해설

가스의 종류	비중	산소와 혼합시 불꽃 최고 온도(℃)	공기 중 기체 함유량
아세틸렌	0.906	3,430	2.5~80
수소	0.070	2,900	4~74
프로판	1.522	2,820	2.4~9.5
메탄	0.555	2,700	5~15

따라서 아세틸렌이 가장 공기 중 기체 함유량이 가장 많으므로 연소 범위가 가장 크다.

Q29

가연성 가스 중 공기 중에서 수소의 폭발 범위는 다음 중 어느 것인가?

① 5 ~ 55% ② 4 ~ 94%
③ 4 ~ 75% ④ 5 ~ 100%

23. ③ 24. ④ 25. ④ 26. ④ 27. ① 28. ④ 29. ③

Q30

절단용 가스 중 발열량이 가장 높은 것은?

① 수소가스 ② 메탄가스
③ 프로판가스 ④ 아세틸렌가스

해설

가스의 종류	비중	발열량 (kcal/m²)	산소와 혼합시 불꽃 최고 온도(℃)
아세틸렌	0.906	12,753.7	3,430
수소	0.070	2,446.4	2,900
프로판	1.522	20,550.1	2,820
메탄	0.555	8,132.8	2,700

Q31

가스 중에서 연소열이 큰 것에서 작은 것의 순서로 배열된 것은?

① 아세틸렌 – 프로판 – 수소 – 메탄
② 프로판 – 아세틸렌 – 메탄 – 수소
③ 프로판 – 메탄 – 수소 – 아세틸렌
④ 아세틸렌 – 수소 – 메탄 – 프로판

Q32

다음의 혼합가스 연소에서 불꽃 온도가 가장 높은 것은?

① 산소 – 수소 불꽃
② 산소 – 프로판 불꽃
③ 산소 – 아세틸렌 불꽃
④ 산소 – 부탄 불꽃

Q33

가스 용접의 불꽃 온도 중 가장 낮은 것은?

① 산소 – 아세틸렌 용접
② 산소 – 프로판 용접
③ 산소 – 수소 용접
④ 산소 – 메탄 용접

Q34

가연성 가스 : 산소 가스 혼합비가 최적이고, 가연성 가스를 1로 할 때, 산소 가스의 소모량이 가장 적은 가스는?

① 메탄 ② 수소
③ 프로판 ④ 아세틸렌

해설 산소 가스의 소모량이 이중 가장 적은 것은 수소이며, 가장 많은 것은 프로판이다.

Q35

가연성가스의 연소와 같은 폭발은 어느 것인가?

① 물리적 폭발
② 원자 폭발
③ 화학적 폭발
④ 열 폭발

해설 폭발은 크게 물리적 폭발과 화학적 폭발로 나눌 수 있는 데 전자는 진공용기의 압과, 과열액체의 급격한 비등에 의한 증기폭발, 용기의 과압과 과충진 등에 의한 용기파열 등을 들 수 있으며, 물질의 용해열, 수화열도 물리적 폭발요인이 된다. 후자는 화학반응에 의하여 단시간에 급격한 압력상승을 수반할 때 폭발이 이루어지고, 이러한 화학반응으로는 산화 · 분해 · 중합반응 등이 있으며, 폭발시에 많은 양의 열이 발생한다. 이러한 열을 이용하여 용접을 한다.

Q36

가연물을 가열할 때 반사열만을 가지고 연소가 시작되는 최저온도는?

① 인화점 ② 발화점
③ 연소점 ④ 융점

정답 30. ③ 31. ② 32. ③ 33. ④ 34. ② 35. ③ 36. ②

해설 ① **인화점** : 외부의 직접적인 점화원에 의하여 불이 붙을 수 있는 최저온도
② **발화점** : 외부의 직접적인 점화원 없이도 스스로 가열된 열이 쌓여서 발화되는 최저온도
③ **연소점** : 연소상태가 중단되지 않고 계속 유지될 수 있는 최저 온도
④ **융점** : 고체가 액체가 되는 점

Q37

인화점을 가장 올바르게 설명한 것은?

① 물체가 발화하는 최저 온도
② 포화 상태에 달하는 최저 온도
③ 포화 상태에 달하는 최고 온도
④ 가연성 증기를 발생할 수 있는 최저 온도

해설 기체 또는 휘발성 액체에서 발생하는 증기가 공기와 섞여서 가연성 또는 완폭발성(緩爆發性) 혼합기체를 형성하고, 여기에 불꽃을 가까이 댔을 때 순간적으로 섬광을 내면서 연소하는, 즉 인화되는 최저의 온도를 말한다. 물질에 따라 특유한 값을 보이며, 주로 액체의 인화성을 판단하는 수치로서 중요하다.

Q38

가연물의 자연발화를 방지하는 방법을 설명한 것 중 틀린 것은?

① 공기의 유통이 잘 되게 할 것
② 가연물의 열 축적이 용이하지 않도록 할 것
③ 수분으로 하여금 촉매 역할을 하도록 할 것
④ 저장실의 온도를 낮게 유지할 것

해설 발화점은 외부의 직접적인 점화원 없이도 스스로 가열된 열이 쌓여서 발화되는 최저온도로 불꽃을 물질에 직접 접촉하지 않아도 물질에 열이 쌓여 온도가 높아지면 물질별로 다른 온도에서 저절로 화재가 발생하는데 이 지점을 발화점 또는 발화온도라 함
① 같은 물질이라도 발화점은 주어진 환경이나 조건에 따라 달라질 수 있음
② 일반적으로 산소와 친화력이 큰 물질 일수록 발화점이 낮음

Q39

금속 분말의 분진폭발에 대한 예방대책 중 틀린 것은?

① 나트륨, 칼륨 같은 알칼리 금속은 보호액 속에 담그고 완전 밀폐하여 보호액의 증발을 막는다.
② 용기는 연한 금속재료를 사용한다.
③ 자동차, 기차, 선박 등으로 운반할 때 넘어지거나 굴러 떨어지지 않도록 한다.
④ 용기를 보관하는 장소는 부식시키기 쉬운 가스가 발생하는 곳, 습기가 많은 곳은 피한다.

해설 분진폭발
① 가연성 고체분진이 공기 중에서 일정농도(폭발범위) 이상으로 부유하다 점화원을 만나면 분진폭발을 일으킨다.
② 알루미늄과 철을 포함한 대부분의 금속 가루는 폭발성이 매우 강하다.
③ 분진폭발의 특성은 가스폭발과 대개 비슷하며 폭발하한계농도, 최소착화에너지, 최소발화에너지, 최대폭발압력, 폭발압력최대상승속도, 산소한계농도 등이 폭발위험성을 나타내는 요소다.
④ 크기가 0.1mm 보다 작은 밀가루 입자가 공기 1m³당 40 – 4000g 정도 흩어져 있다면 공기가 몹시 축축하거나 산소가 부족하지 않는 한 약간의 불꽃만 있어도 폭발이 일어난다. 같은 종류의 폭발이 설탕, 인스턴트 커피, 감자 가루 등에서도 일어날 수 있다.

Q40

다음 중 분진 폭발성이 가장 큰 금속은?

① 알루미늄(Al) ② 크롬(Cr)
③ 동(Cu) ④ 납(Pb)

Q41

분진 폭발을 일으키지 않는 물질은?

정답 37. ④ 38. ③ 39. ② 40. ①

① 마그네슘 ② 커피 가루
③ 옥수수 전분 ④ 시멘트 가루

해설 크기가 0.1mm 보다 작은 밀가루 입자가 공기 1m³당 40－4000g 정도 흩어져 있다면 공기가 몹시 축축하거나 산소가 부족하지 않는 한 약간의 불꽃만 있어도 폭발이 일어난다.
같은 종류의 폭발이 설탕, 인스턴트커피, 감자 가루 등에서도 일어날 수 있다.

Q42

연소 온도에 가장 큰 영향을 미치는 것은?

① 공기비 ② 연료의 발열량
③ 연료의 통풍력 ④ 연료의 착화온도

해설 연소 온도에 가장 큰 영향을 미치는 것은 공기비이다.

Q43

가연물 중에서 착화온도가 가장 낮은 것은 어느 것인가?

① 수소(H_2) ② 일산화탄소(CO)
③ 아세틸렌(C_2H_2) ④ 휘발유(Gasoline)

해설 ① 인화점이란 가연물이 점화원의 직접적인 영향으로 연소가 일어나는 최저온도로 폭발하한과 폭발 상한이라는 조건이 충족되어야 연소가 일어남
② 착화점이란 가연물이 점화원 없이 외부의 간접적인 열에 의해 연소가 일어나는 최저온도로 외부의 온도, 압력 등의 물리적인 조건에 의해 변화. 즉 착화 온도가 높을 수록 안전하다.
가솔린 착화온도 300℃, 아세틸렌 400～440℃, 수소570～600℃ ,일산화탄소 580～630

Q44

자연 발열이 아닌 것은?

① 산화열에 의한 발열
② 분해열에 의한 발열
③ 미생물에 의한 발열
④ 촉매열에 의한 발열

해설 자연발열이란 화학작용으로 혼합화합물에 의한 발열로서 산화, 중합 등의 화학반응에 의한 발화를 의미한다. 촉매란 자신은 반응하지 않고 반응을 도와주는 것을 말한다.

Q45

다음 중 확산연소를 옳게 설명한 것은?

① 수소, 메탄, 프로판 등과 같은 가연성가스가 버너 등에서 공기 중으로 유출해서 연소하는 경우이다.
② 알콜, 에테르 등 인화성 액체의 연소에서 처럼 액체의 증발에 의해서 생긴 증기가 착화하여 화염을 발하는 경우이다.
③ 목재, 석탄, 종이 등의 고체 가연물 또는 지방유와 같이 고비점(高沸點)의 액체 가연물이 연소하는 경우이다.
④ 화약처럼 그 물질 자체의 분자 속에 산소를 함유하고 있어 연소시 공기 중의 산소를 필요로 하지 않고 물질 자체의 산소를 소비해서 연소하는 경우이다.

해설 확산 연소는 연료와 공기를 혼합시키지 않고 연료만 버너로부터 분출시켜 연소에 필요한 공기는 모두 화염의 주변에서 확산에 의해 공기와 연료를 서서히 혼합시키면서 연소시키는 방식을 말한다.

Q46

다음 중 순수한 카바이트 1kg의 이론적 아세틸렌가스 발생량은 몇 리터인가?

① 248 ② 284
③ 348 ④ 384

해설 물과 반응하여 아세틸렌을 만든는 카바이드 1kg를 물과 작용할 때 이론적으로는 475kca;의 열 및 348ℓ에 아세틸렌이 발생한다. 하지만 실제 사용할 때는 230～300ℓ를 발생하는 것으로 간주한다.

정답 41. ④ 42. ① 43. ④ 44. ④ 45. ① 46. ③

Q47

카바이드 통에서 카바이드를 들어낼 때 사용해야 되는 것은?

① 쇠삽　② 쇠주걱
③ 모넬메탈　④ 단조용 집게

해설 취급상 주의 사항
① 빙결되었을 때 온수나 증기를 사용하여 녹인다.
② 충격, 타격, 진동이 없어야 한다.
③ 화기가 가까이 있으면 안 되며, 카바이드를 옮길 때는 나무주걱이나 모넬메탈을 사용하여 정전기를 방지한다.
④ 발생기 물의 온도는 60℃이하로 한다.
⑤ 카바이드의 교환은 옥외에서 작업하며, 검사는 비눗물을 사용하여 검사한다.
⑥ 발생기의 운반 및 보관 사용하지 않을 때 기종 내의 가스 및 카바이드를 제거한다.
⑦ 압력에 따라 저압식(0.07kg/cm²이하), 중압식(0.07~1.3kg/cm²), 고압식(1.3이상kg/cm²)으로 분류된다.

Q48

저압식 토치의 아세틸렌 사용압력은 발생기식의 경우 몇 kgf/cm²이하의 압력으로 사용하여야 하는가?

① 0.03kgf/cm² 이하
② 0.07kgf/cm² 이하
③ 0.17kgf/cm² 이하
④ 0.4kgf/cm² 이하

Q49

아세틸렌 발생기의 취급상 안전에 위배되는 사항은?

① 발생기가 습하지 않고 가급적이면 공기 유통이 좋은 곳에 설치한다.
② 발생기 내의 물이 얼어붙는 경우 즉시 화기류를 써서 녹이도록 한다.
③ 발생기의 정비 및 이동시에는 발생기내의 카바이드를 완전히 제거한다.
④ 카바이드를 교환할 경우, 혼합가스의 배제에 힘써야 한다.

Q50

아세틸렌가스의 성질에 대한 설명으로 옳은 것은?

① 은(Ag)과 접촉해도 폭발성화합물이 생성되지 않는다.
② 200 ~ 300℃가 되면 자연 발화한다.
③ 순수한 아세틸렌은 무색, 무미이고 일종의 향기를 내는 기체이다.
④ 산소와 화합하여 생긴 안전한 가스이다.

해설 아세틸렌(C_2H_2)
① 비중은 0.906으로 공기보다 가볍고, 가연성 가스로 가장 많이 사용한다.
② 카바이드(CaC_2)에 물을 작용시켜 제조한다.($CaC_2 + 2H_2O \rightarrow C_2H_2\uparrow + Ca(OH)_2 + 31,872(kcal)$)
③ 순수한 것은 무색, 무취의 기체이다. 하지만 인화수소, 유화수소, 암모니아와 같은 불순물 혼합할 때 악취가 난다.

〈아세틸렌 가스 중의 불순물〉

종 류	인화 수소 (PH3), (%)	황화 수소 (H2S), (%)
1 급	0.06이하	0.20이하
2 급	0.10이하	0.20이하

④ 15℃ 1기압에서 1ℓ의 무게는 1.176g이다.
⑤ 여러 가지 액체에 잘 용해되며 물에는 같은 양, 석유에는 2배, 벤젠에는 4배, 알코올에서는 6배, 아세톤에는 25배 용해되며, 그 용해량은 압력에 따라 증가한다. 단 소금물에는 용해되지 않는다.
⑥ 대기압에서 −82℃이면 액화하고, −85℃이면 고체로 된다.
⑦ 산소와 혼합하였을 때 3000~3430℃의 고온을 낸다.

정답 47. ③　48. ②　49. ②　50. ③

Q51

순수한 아세틸렌가스의 성질로 옳지 않은 것은?

① 무색 무취의 기체이다.
② 공기보다 무겁다.
③ 각종 액체에 잘 용해된다.
④ 산소와 적당히 혼합하면 높은 열을 낸다.

Q52

15℃ 1기압에서 아세틸렌 1리터의 무게는 다음 중 몇 g 정도인가?

① 0.15　② 1.176
③ 3.176　④ 5.15

Q53

가스 용접에 이용되는 아세틸렌 가스에 대한 다음 설명 중 옳은 것은?

① 아세틸렌가스의 자연 폭발 온도는 406 ~ 408℃이다.
② 아세틸렌가스는 공기중에 3 ~ 4%정도 포함될 때 가장 위험하다.
③ 아세틸렌가스 1리터의 무게는 1기압 15℃에서 1.176g이다.
④ 아세틸렌 발생기에서 1.2기압 이하의 가스를 발생시켜서는 안 된다.

Q54

아세틸렌가스에 대한 설명 중 옳지 않은 것은?

① 아세틸렌가스는 수소와 탄소가 화합된 매우 안정한 기체이다.
② 보통 아세틸렌가스는 불순물이 포함되어 있기 때문에 매우 불쾌한 악취가 발생한다.
③ 아세틸렌가스의 비중은 0.91정도로서 공기보다 가볍다.
④ 아세틸렌 가스는 여러 가지 액체에 잘 용해된다.

Q55

아세틸렌(C_2H_2)의 성질로 맞지 않는 것은?

① 매우 불안전한 기체이므로 공기 중에서 폭발위험성이 가장 크다.
② 공기보다 무겁다.
③ 순수한 것은 무색, 무취이다.
④ 구리, 은, 수은과 접촉하면 폭발성 화합물을 만든다.

Q56

아세틸렌가스의 성질에 대한 설명이다. 옳은 것은?

① 수소와 산소가 화합된 매우 안정된 기체이다.
② 1리터의 무게는 1기압 15℃에서 1,176g이다.
③ 가스용접용 지연성 연료 가스이며, 카바이드로부터 제조된다.
④ 공기를 1로 했을 때의 비중은 1.91이다.

Q57

아세틸렌(Acetylene)이 연소하는 과정에 포함되지 않는 원소는?

① 유황(S)　② 수소(H)
③ 탄소(C)　④ 산소(O)

정답 51. ② 52. ② 53. ③ 54. ① 55. ② 56. ② 57. ①

해설 아세틸렌이 연소한다는 것은 산소 공급원과 반응하여 탄다는 의미이므로 아세틸렌은 C_2H_2에 O_2가 나온다.

Q58

가스용접에 쓰이는 수소가스에 관한 설명으로 틀린 것은?

① 부탄가스라고도 한다.
② 수중절단의 연료 가스로도 사용된다.
③ 무색, 무미, 무취의 기체이다.
④ 공업적으로는 물의 전기분해에 의해서 제조한다.

해설 수소의 성질
① 수소(H_2)는 0℃ 1기압에서 1ℓ의 무게는 0.0899g 가장 가볍고, 확산 속도가 빠르다.
② 무색, 무미, 무취로 불꽃은 육안으로 확인이 곤란하다.
③ 납땜이나 수중 절단용으로 사용한다.
④ 아세틸렌 다음으로 폭발성이 강한 가연성 가스이다.
⑤ 고온, 고압에서는 취성이 생길 수 있다.
⑥ 제조법으로는 물의 전기 분해 및 코크스의 가스화법으로 제조한다.

Q59

최대 연소 속도가 가장 큰 가스는?

① 수소 ② 메탄
③ 프로판 ④ 부탄

해설 수소는 가장 가벼운 기체로 아세틸렌 다음으로 폭발의 위험성이 큰 가스로 연소속도가 빠르다.

Q60

연소범위와 같은 의미가 아닌 것은?

① 폭발범위 ② 폭발한계
③ 연소한계 ④ 위험한계

해설 연소는 발열과 발광을 수반하는 산화반응이고, 폭발은 그 반응이 급격히 진행하여 빛을 발하는 것 외에 폭발음과 충격압력을 내며 순간적으로 반응이 완료되는 것이다. 그러므로 위험한계와 연소범위는 의미가 다르다.

Q61

연소 한계의 설명으로 가장 올바르게 정의한 것은?

① 착화온도의 상한과 하한
② 물질이 탈 수 있는 최저온도
③ 완전연소가 될 때의 산소 공급 한계
④ 연소에 필요한 가연성 기체와 공기 또는 산소와의 혼합가스 농도 범위

해설 연소 한계란 가연성기체 또는 액체의 증기와 공기와의 혼합물에 점화했을 때 화염이 전체에 전파하여 폭발을 일으키는 가스의 농도한계를 말한다.

Q62

다음 중 수소의 성질이 아닌 것은?

① 무색, 무미, 무취이다.
② 확산 속도가 크므로 실내에서 퍼지기 쉽다.
③ 산소와 화합되기 쉽고 연소시 2,000℃ 이상의 온도가 된다.
④ 기체 중에서 폭발범위가 가장 넓다.

Q63

청색의 겉불꽃으로 짧고 무색의 불꽃심이기 때문에 육안으로 불꽃조절이 곤란하여 많이 쓰이지 않는 가스는?

① 아세틸렌가스 ② 프로판 가스
③ 수소 가스 ④ 석탄 가스

58. ① 59. ① 60. ④ 61. ④ 62. ④ 63. ③

Q64

청색의 겉불꽃에 둘러싸인 무광의 불꽃이므로 육안으로는 불꽃 조절이 어렵고, 납땜이나 수중 절단의 예열 불꽃으로 사용되는 것은?

① 산소 – 수소 가스 불꽃
② 산소 – 아세틸렌가스 불꽃
③ 도시가스 불꽃
④ 천연가스 불꽃

Q65

카바이드(CaC_2)와 물(H_2O)과의 접촉으로 발생되는 아세틸렌가스는 순수한 카바이드 2kg에서 몇 리터의 아세틸렌가스가 다음 중 이론적으로 발생하는가?

① 260 ② 348
③ 520 ④ 696

해설 물과 반응하여 아세틸렌을 만든는 카바이드 1kg를 물과 작용할 때 이론적으로는 475kcal의 열 및 348ℓ에 아세틸렌이 발생한다. 하지만 실제 사용할 때는 230~300ℓ를 발생하는 것으로 간주한다.

Q66

프로판 가스 저장실의 통풍용 환기 구멍이 아래쪽에 위치하는 가장 큰 이유는?

① 가스를 조절하기 쉬우므로
② 공기보다 무거우므로
③ 구멍 뚫기가 쉬우므로
④ 물이 잘 빠지게 하기 위하여

해설 액화 석유 가스(LPG : Liquefied Petroleum Gas)
① 석유계 탄화 수소계 혼합물(C_3H_8)로 화염 분위기가 산화되기 때문에 용접용으로는 부적합하여 절단용으로 주로 사용된다.
② 상온에서는 무색, 투명하고, 약간의 냄새가 있다.
③ 비중이 1.522로 공기보다 무겁다.
④ 프로판(C_3H_8), 부탄(C_4H_{10})이 주성분이며, 이와 같은 가스를 알칸(C_nH_{2n+2} : CH_4, C_2H_6, C_3H_8, C_4H_{10}, C_5H_{12}.......)계열의 가스라고도 한다.
⑤ 발열량은 높으나 열의 집중성이 아세틸렌 보다 떨어진다.

Q67

LPG의 연소 특성으로 가장 거리가 먼 설명은?

① 연소시 많은 공기가 필요하다.
② 연소시 발열량이 크다.
③ 연소 범위가 좁다.
④ 착화온도가 낮다.

Q68

아세틸렌은 액체에 잘 용해되며 석유에는 2배, 알코올에는 6배, 아세톤에는 몇 배가 용해되는가?

① 12배 ② 20배
③ 25배 ④ 50배

해설 아세틸렌은 여러 가지 액체에 잘 용해되며 물에는 같은 양, 석유에는 2배, 벤젠에는 4배, 알코올에서는 6배, 아세톤에는 25배 용해되며, 그 용해량은 압력에 따라 증가한다. 단 소금물에는 용해되지 않는다.

Q69

용해 아세틸렌의 용해량은 압력에 비례한다. 15℃ 10기압에서 아세톤 1리터에 대하여 몇 리터의 아세틸렌이 용해되는가?

① 250 ② 300
③ 350 ④ 400

해설 $25 \times 10 = 250$

정답 64. ① 65. ④ 66. ② 67. ④ 68. ③ 69. ①

Q70

아세톤은 각종 액체에 잘 용해된다. 15℃ 15 **기압에서 아세톤** 2ℓ**에 아세틸렌이 몇** ℓ **정도가 용해되는가?**

① 150ℓ
② 225ℓ
③ 375ℓ
④ 750ℓ

해설 $15 \times 2 \times 25 = 750ℓ$

Q71

아세틸렌 용기속의 다공물질의 구비조건 중에서 옳지 않은 것은?

① 화학적으로 안정되고 다공도는 50% 미만일 것
② 강도와 안정성이 있을 것
③ 가스충전과 방출이 쉬울 것
④ 아세톤이 골고루 침윤될 것

해설 용해 아세틸렌 용기
① 내용적 15ℓ, 30ℓ, 40ℓ, 50ℓ의 4종이 있다. 가장 일반적인 것이 30ℓ이다.
② 15℃ 15기압으로 충전한다. 그러므로 아세톤에 아세틸렌이 25배 녹으므로 $25 \times 15 = 375$(ℓ)가 용해된다.
③ 폭발 방지를 위해 105℃ ± 5℃에서 녹는 퓨즈가 2개 있다.
④ 규조토, 목탄, 석면의 다공성 물질에 아세톤이 흡수되어 있다.(다공도는 75%이상, 92%미만)
⑤ 용기의 색은 황색으로 되어있다.
⑥ 용기의 나사 방향은 왼나사로 되어 있다.
⑦ 내압 시험 압력은 최고 충전 압력에 3배

Q72

아세틸렌 용기속의 다공성 물질의 구비조건이 아닌 것은?

① 화학적으로 안정되고 다공성일 것
② 강도와 안정성이 있을 것
③ 아세톤에 골고루 침윤될 것
④ 충전은 쉽고 방출은 어려울 것

Q73

용해 아세틸렌의 장점 중 틀린 것은?

① 운반이 쉽고, 발생기 및 부속장치가 필요 없다.
② 용기를 뉘어서 사용해도 된다.
③ 순도가 높고 좋은 용접을 할 수 있다.
④ 아세틸렌의 손실이 대단히 적다.

Q74

용해 아세틸렌 용기를 취급할 때의 주의사항으로 틀린 것은?

① 충격을 가해서는 안 된다.
② 화기 가까이 설치해서는 안 된다.
③ 반듯이 세워서 사용한다.
④ 소금물로 누설검사를 한다.

해설 용해 아세틸렌 취급시 유의사항
① 저장실에는 착화에 위험이 없어야 한다.
② 용기는 반드시 세워서 취급하여야 한다.
③ 용기의 온도를 40℃ 이하로 유지하며 이동시에는 반드시 캡을 씌워야 한다.
④ 동결 부분은 35℃ 이하의 온수로 녹이며, 누설 검사는 비눗물을 사용한다.

Q75

다음 용해 아세틸렌 취급시 주의사항으로 잘못 설명된 것은?

① 저장 장소는 통풍이 잘 되어야 한다.
② 용기밸브를 열 때는 전용 핸들로 ¼ ~ ½ 회전만 시킨다.

정답 70. ④ 71. ① 72. ④ 73. ② 74. ④

③ 가스 사용 후에는 반드시 약간의 잔압 0.1[kgf/cm²]을 남겨두어야 한다.
④ 용기는 40℃ 이상에서 보관한다.

Q76

용해아세틸렌 용기 취급시 주의 사항이다. 틀린 것은?

① 옆으로 눕히면 아세톤이 아세틸렌과 같이 분출하게 되므로 반드시 세워서 사용해야 한다.
② 아세틸렌가스의 누설 시험은 비눗물로 해야 한다.
③ 용기 밸브를 열 때에는 핸들을 1~2회 정도 돌리고, 밸브에 핸들을 빼 놓은 상태로 사용한다.
④ 저장실의 전기스위치, 전등 등 은 방폭 구조여야 한다.

Q77

용해 아세틸렌의 취급시 주의사항 설명으로 잘못된 것은?

① 아세틸렌 용기는 옆으로 눕혀서 사용한다.
② 화기에 가깝거나 온도가 높은 곳에 설치해서는 안 된다.
③ 누설검사에는 비눗물을 사용한다.
④ 밸브가 얼었을 때에는 따뜻한 물로 녹인다.

Q78

용해 아세틸렌 용기 취급시 주의 사항이다. 잘못된 것은?

① 동결부분은 50℃이상의 온수로 녹여야 한다.
② 저장 장소는 통풍이 양호해야 한다.
③ 운반시 용기의 온도는 40℃ 이하로 유지하며 반드시 캡을 씌워야 한다.
④ 용기는 전락, 전도, 충격을 가하지 말고 신중히 취급해야 한다.

Q79

일반적이 아세틸렌 용기의 호칭 크기로 틀린 것은?

① 20 ℓ ② 30 ℓ
③ 40 ℓ ④ 50 ℓ

Q80

아세틸렌가스는 매우 타기 쉬운 기체이므로 화기 또는 불꽃을 접근시키는 일은 위험하다. 자연 발화온도는 몇℃인가?

① 250 ~ 300℃ ② 300 ~ 397℃
③ 406 ~ 408℃ ④ 500 ~ 505℃

해설 아세틸렌의 위험성
① 온도
- 406 ~ 408℃ : 자연 발화
- 505 ~ 515℃ : 폭발 위험
- 780℃ : 자연 폭발

② 압력
- 1.3(kgf/cm²) : 이하에서 사용
- 1.5(kgf/cm²) : 충격 가열 등의 자극으로 폭발
- 2.0(kgf/cm²) : 자연 폭발

Q81

아세틸렌가스는 15℃에서 다음 중 몇 기압 이상이 되면 충격 진동 등에 의해 분해 폭발할 염려가 있는가?

① 0.5기압 이상 ② 1기압 이상
③ 1.3기압 이상 ④ 1.5기압 이상

정답 75. ④ 76. ③ 77. ① 78. ① 79. ① 80. ③ 81. ④

Q82

아세틸렌가스는 매우 타기 쉬운 기체이므로 화기 또는 불꽃을 접근시키는 일은 위험하다. 자연 발화온도는 몇 ℃ 정도인가?

① 250 ~ 300℃　② 300 ~ 397℃
③ 406 ~ 408℃　④ 500 ~ 505℃

Q83

용해 아세틸렌 병의 충전 중량을 계산하여 4.6kg이 되었다. 15℃ 1기압으로 환산해서 용기내 아세틸렌은 몇 리터가 용해되어 있는가?(이때 가스용적을 905 리터로 계산함)

① 4140　② 4163
③ 4286　④ 4209

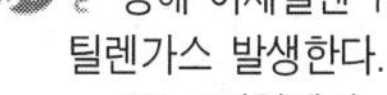

해설 용해 아세틸렌 1kg을 기화시키면 905ℓ에 아세틸렌가스 발생한다.

0℃ 1기압에서

C_2H_2(12 × 2 + 1 × 2)에서 26 : 22.4ℓ

1,000(1kg) : χ　　χ는 861ℓ가 나온다.

보일 샤를에 법칙에 의하여

$\frac{P \cdot V}{T} = \frac{P' \cdot V'}{T'}$, $\frac{1 \cdot 861}{273} = \frac{1 \cdot V'}{273+15}$ 에서 약 908ℓ가 나온다. 하지만 손실을 고려하여 약 905ℓ로 계산한다.

아울러 용기 안의 아세틸렌 양

C = 905(A − B)(C : 아세틸렌가스 양 A : 병 전체의 무게 B : 빈 병의 무게)

그러므로 905 × 4.6 = 4163

Q84

A는 병 전체 무게(빈병 무게 + 아세틸렌 무게)이고, B는 빈병의 무게이며, 또한 15℃, 1기압에서의 아세틸렌 용적을 905리터라고 할 때 용해 아세틸렌가스의 양인 C(리터)를 계산하는 식은?

① C = 905(B − A)
② C = 905 + (B − A)
③ C = 905(A −B)
④ $C = 905(\frac{A}{B})$

Q85

용해 아세틸렌병의 전체 무게가 15℃, 1기압에서 70kg이고, 빈병의 무게가 60kg 일 때, 아세틸렌가스의 용적은 약 몇 ℓ인가?

① 6,000ℓ　② 7,000ℓ
③ 9,050ℓ　④ 11,000ℓ

해설 용기 안의 아세틸렌 양 C = 905(A − B) 여기서 C는 아세틸렌 양, A는 병전체의 무게, B는 빈병의 무게로 C = 905(70 − 60) = 9050가 나온다.

Q86

용해 아세틸렌의 양을 측정하는 방법은?

① 기압에 의해 측정한다.
② 아세톤이 녹는 양에 의해서 측정한다.
③ 무게에 의하여 측정한다.
④ 사용시간에 의하여 측정한다.

Q87

가스용접을 하기전 병의 무게는 57kg이었다. 용접 후 무게는 54kg이라면 사용한 용해아세틸렌 가스의 양은 몇 리터인가?(단, 15℃, 1기압하에서 아세틸렌가스 1kg의 용적은 905 리터이다.)

① 약 810　② 약 855
③ 약 2,715　④ 약 3,078

해설 용기 안의 아세틸렌 양

C = 905(A − B)(C : 아세틸렌 가스 양 A : 병 전체의 무게 B : 빈 병의 무게)

그러므로 905 × 3 = 2,715

정답 82. ③　83. ②　84. ③　85. ③　86. ③　87. ③

Q88

아세틸렌이 충전되어 있는 병의 무게가 64kg이었고, 사용 후 공병의 무게가 61kg이었다면 이 때 사용된 아세틸렌의 양은 몇 리터인가?(단, 아세틸렌의 용적은 905리터임)

① 348　② 450
③ 1,044　④ 2,715

해설 용기 안의 아세틸렌 양 C = 905(A − B) 여기서 C는 아세틸렌 양, A는 병전체의 무게, B는 빈병의 무게로 C = 905(64 − 61) = 2,715가 나온다.

Q89

산소 용기를 취급할 때의 주의사항으로 옳은 것은?

① 운반 중에 충격을 주지 말아야 한다.
② 직사광선이 쬐이는 곳에 두어야 한다.
③ 산소밸브의 개폐는 빨리해야 한다.
④ 산소 누설시험에는 순수한 물을 사용해야 한다.

해설 산소 용기를 취급할 때 주의 점
① 타격, 충격을 주지 않는다.
② 직사광선, 화기가 있는 고온의 장소를 피한다.
③ 용기 내의 압력이 너무 상승(170kgf/cm²)되지 않도록 한다.
④ 밸브가 동결되었을 때 더운물, 또는 증기를 사용하여 녹여야 한다.
⑤ 누설 검사는 비눗물을 사용한다.
⑥ 용기 내의 온도는 항상 40℃이하로 유지하여야 한다.
⑦ 용기 및 밸브 조정기 등에 기름이 부착되지 않도록 한다.
⑧ 저장실에 가스를 보관시 다른 가연성 가스와 함께 보관하지 않는다.

Q90

산소용기를 취급할 때의 주의사항 중 옳지 않은 것은?

① 연소할 염려가 있는 계통이나 먼지를 피해야 한다.
② 산소병은 안전하게 직사광선 아래 두어야 한다.
③ 산소용기는 화기로부터 멀리 두어야 한다.
④ 산소 누설 시험에는 비눗물을 사용한다.

Q91

다음 중 산소 용기 취급에 대한 설명이 잘못된 것은?

① 산소병밸브, 조정기 등은 기름천으로 잘 닦는다.
② 산소병 운반시에는 충격을 주어서는 안된다.
③ 산소 밸브의 개폐는 천천히 해야 한다.
④ 가스 누설의 점검을 수시로 한다.

Q92

산소용기를 취급할 때 주의사항으로 맞는 것은?

① 넘어지지 않도록 눕혀서 보관한다.
② 햇빛이 잘 드는 옥외에 보관한다.
③ 누설시험은 비눗물로 한다.
④ 밸브는 녹슬지 않도록 기름을 칠해둔다.

Q93

산소가스 용기의 취급에 관한 설명 중 틀린 것은?

① 산소용기, 밸브, 조정기, 고정구는 기름이 묻지 않게 한다.
② 산소용기 속에 다른 가스를 혼합하여 사용한다.

정답 88. ④　89. ①　90. ②　91. ①　92. ③

③ 산소와 아세틸렌 용기는 각각 별도로 저장한다.
④ 산소용기에 전도, 충격을 주어서는 안 된다.

Q94

산소와 아세틸렌 용기를 취급할 때의 주의사항이다. 올바르지 못한 것은?

① 용기를 운반할 때에는 충격을 주지 않는다.
② 산소 밸브는 빨리 열고 빨리 닫아야 한다.
③ 가스의 누설 상태를 비눗물로 수시로 점검한다.
④ 용기 가까운 곳에서는 인화물질의 사용을 금한다.

Q95

산소와 아세틸렌 용기 취급시 주의할 사항 중 틀린 것은?

① 산소병 운반시는 충격을 주어서는 안 된다.
② 아세틸렌병은 안전하게 옆으로 뉘워서 사용한다.
③ 산소병 내에 다른 가스를 혼합하면 안된다.
④ 아세틸렌병 가까이 불꽃이 튀어서는 안 된다.

Q96

산소용기의 각인에 포함되지 않는 사항은?

① 내압시험압력 ② 최고충전압력
③ 제조년월일 ④ 용기의 도색 색채

해설 산소 용기

① 최고 충전 압력(FP)은 보통 35℃에서 150kgf/cm²으로 한다.
② 산소병 또는 봄베(bomb)는 에르하르트법 또는 만네스만법으로 제조하며, 인장강도 57(kgf/cm²)이상, 연신율 18% 이상의 강재가 사용된다.
③ 산소 용기에는 충전 가스의 명칭, 용기 제조번호, 용기 중량, 내압 시험 압력, 최고 충전 압력 등이 각인 되어 있다.
④ 용기의 내압 시험 압력(TP)은 최고 충전 압력(5P)의 $\frac{5}{3}$로 한다.
⑤ 산소 용기는 보통 5,000ℓ, 6,000ℓ, 7,000ℓ의 3종류가 있다. 즉 기압으로 나누어 내용적으로 환산하여 보면, 33.7ℓ, 40.7ℓ, 46.7ℓ가 있다.
⑥ 용기의 색은 녹색이다.

Q97

산소 용기의 윗부분에 각인되어 있지 않은 것은?

① 산소 용기의 중량
② 충전가스의 내용적(리터)
③ 산소의 순도
④ 최고 충전 압력

Q98

산소 용기에 각인되어 있는 사항의 설명으로 틀린 것은?

① TP : 내압시험압력
② FP : 최고충전압력
③ V : 내용적
④ W : 제조번호

Q99

압력용기에 각인된 기호의 설명 중 잘못된 것은?

① V : 내용적(실측) [ℓ]
② W : 용기중량[kgf]

정답 93. ② 94. ② 95. ② 96. ④ 97. ③ 98. ④

③ TP : 내압시험 압력[kgf/cm^2]
④ FP : 상용 압력[kgf/cm^2]

Q100

그림과 같이 산소용기의 외면에 여러 가지 기호로 내용을 명시하였다. TP가 나타내는 뜻을 무엇인가?

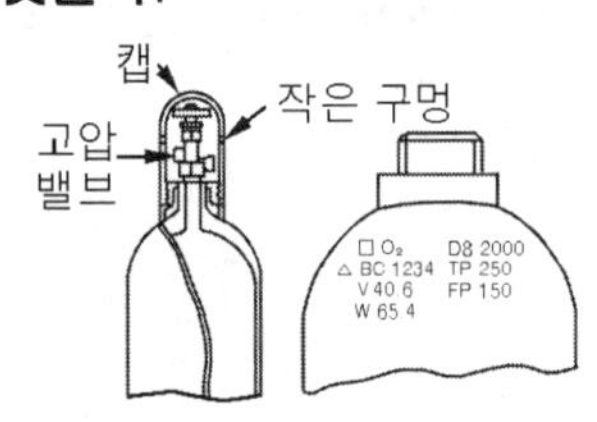

① 용기의 내용적
② 용기의 중량
③ 용기 내압시험압력
④ 최고 충전 압력

Q101

산소용기의 일반적인 호칭크기가 아닌 것은?

① 9,000 ℓ ② 7,000 ℓ
③ 6,000 ℓ ④ 5,000 ℓ

해설 산소 용기는 보통 5,000 ℓ, 6,000 ℓ, 7,000 ℓ의 3종류가 있다. 즉 기압으로 나누어 내용적으로 환산하여 보면, 33.7 ℓ, 40.7 ℓ, 46.7 ℓ가 있다.

Q102

35℃에서 120kgf/cm²으로 압축하여 충전한 용기속의 산소량이 5604 리터라면 내부용적은 몇 리터로 계산되는가?

① 0.02 ② 54.84
③ 67.25 ④ 46.7

해설 산소 용기의 총 가스량 = 내용적 × 기압
사용할 수 있는 시간 = 산소 용기의 총 가스량 ÷ 시간당 소비량
그러므로 내부용적 = 5604 ÷ 120 = 46.7

Q103

내용적 40.7 ℓ, 125kgf/cm²의 압력으로 충전되어 있는 산소용기의 양은 몇 ℓ인가?

① 1695.8
② 3815.6
③ 5087.5
④ 5612.6

해설 40.7 × 125 = 5087.5

Q104

내용적 40리터, 충전압력이 150kgf/cm²인 산소용기의 압력이 100kgf/cm²까지 내려갔다면 소비한 산소의 량은 몇 리터인가?

① 2,000
② 3,000
③ 4,000
④ 5,000

해설 산소 소비량 = (150 − 100) × 40 = 2,000

Q105

산소용기의 내용적이 33.7리터(ℓ)인 용기에 120kgf/cm²이 충전되어 있을 때, 대기압 환산용적은 몇 리터인가?

① 2,803 ② 4,044
③ 5,604 ④ 3,560

해설 33.7 × 120 = 4044 ℓ

정답 99. ④ 100. ③ 101. ① 102. ④ 103. ③ 104. ① 105. ②

Q106

내부용적 46.7리터의 산소 용기에 35℃에서 150kgf/cm²로 충전하였을 때, 용기 속의 산소량은 약 몇 리터인가?

① 5,000
② 6,000
③ 7,000
④ 8,000

해설 46.7 × 150 = 7005

Q107

산소병 내용적이 40.7리터인 용기에 100kgf/cm²로 충전되어 있다면 프랑스식 팁 100번을 사용하여 표준불꽃으로 약 최대 몇 시간까지 용접이 가능한가?

① 약 16시간
② 약 22시간
③ 약 31시간
④ 약 41시간

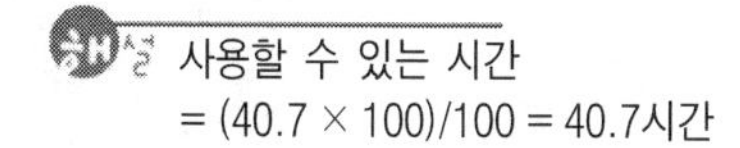
해설 사용할 수 있는 시간
= (40.7 × 100)/100 = 40.7시간

Q108

내용적이 40리터인 산소용기에 150기압의 산소가 들어있다. 1시간에 200리터를 소모하는 토치를 사용하여 중성 불꽃으로 작업하면, 몇 시간이나 사용할 수 있는가?

① 10　② 20
③ 30　④ 40

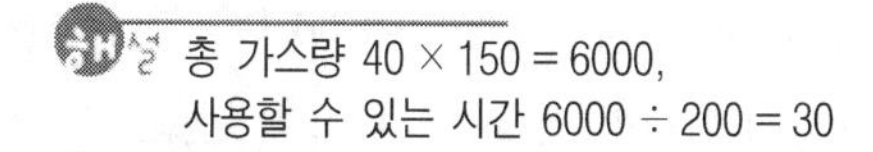
해설 총 가스량 40 × 150 = 6000,
사용할 수 있는 시간 6000 ÷ 200 = 30

정답 106. ③ 107. ④ 108. ③

7. 토치 및 팁

(1) 토치의 역할

산소와 아세틸렌가스를 일정하게 혼합가스로 만들어 이 가스를 연소시켜 불꽃을 형성하여 용접작업을 할 수 있게 만들어 주는 장치를 가스 용접용 토치라고 한다.

(2) 토치의 구조

밸브, 혼합실, 팁으로 이루어져 있다.

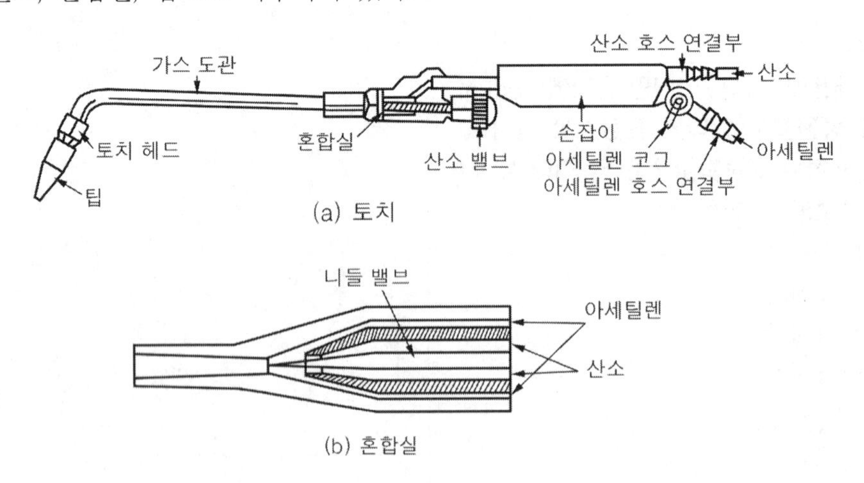

(3) 분류

① **압력에 따른 분류**

㉠ 저압식(발생기식 : 0.07kgf/cm^2, 용해식 0.2kgf/cm^2)

㉡ 중압식(0.07kgf/cm^2 ~ 1.3kgf/cm^2)

㉢ 고압식(1.3kgf/cm^2 이상)이 있다.

② **불변압식과 가변압식** : 불변압식(독일식)은 1개의 팁에 1개의 인젝터가 있는 형식이며, 가변압식(프랑스식)은 인젝터에 니들 밸브가 있어 유량과 압력을 조절할 수 있다.

㉠ 불변압식 토치 : 토치의 구조가 복잡하고 무겁다. 인화될 위험이 적다.

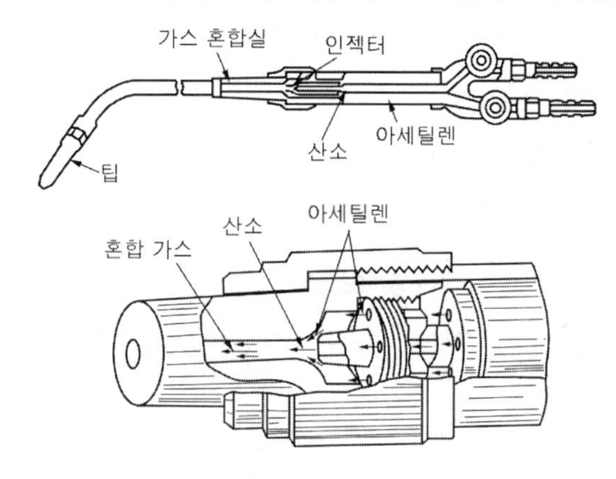

㉡ 가변압식 토치 : 팁이 작아 갈아 끼우기가 편리하고 가벼워 작업이 쉽다.

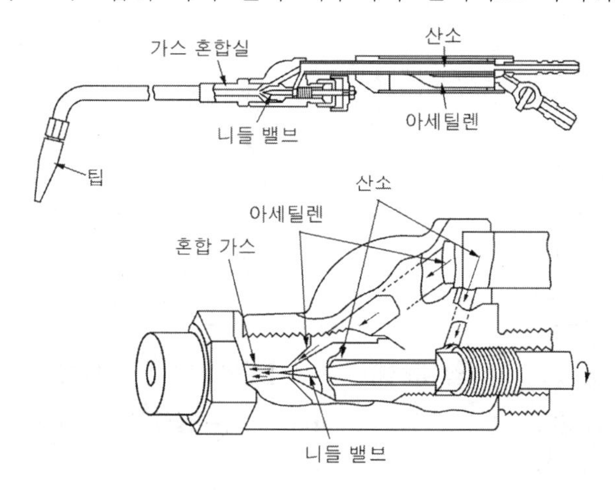

③ **크기에 따른 분류** : 소·중·대형으로 분류되며 각각의 크기는 300 ~ 350mm, 400 ~ 450mm, 500mm 이상이다.

(4) 토치의 팁 종류

팁의 종류	특 징	크 기
A형(불변압식) 독일형	니들 밸브가 없다.	용접할 수 있는 강판의 두께
B형(가변압식) 프랑스형	니들 밸브가 있어 불꽃 조절 용이하다.	1시간당 소비되는 아세틸렌 소비량

① 독일식은 두께 1mm를 1번, 두께 2mm를 2번이라고 한다.

② 프랑스식은 100번 : 표준불꽃으로 용접하였을 때 1시간당 아세틸렌가스 소비량 100ℓ라는 의미이다.

③ 독일식 1번은 프랑스식 100번과 같다고 생각하면 된다.

④ KS규격 A형은 A1, A2, A3 B형은 B00, B0, B1, B2이 규정되어 있다.

불변압식(A형) 토치의 팁 번호와 산소 압력

형식	팁 번호	산소 압력(kgf/mm²)	흰 불꽃의 길이(mm)	판 두께(mm)
A1호	1	1.0	5	1.0 ~ 1.5
	2	1.5	8	1.5 ~ 2.0
	3	1.8	10	2.0 ~ 4.0
	5	2.0	13	4.0 ~ 6.0
	7	2.3	14	6.0 ~ 8.0
A2호	10	3.0	15	8.0 ~ 12.0
	13	3.5	16	12.0 ~ 15.0
	16	4.0	17	15.0 ~ 18.0
	20	4.5	18	18.0 ~ 22.0
	25	4.5	18	22.0 ~ 25.0
A3호	30 ~ 50	5.0	21	25이상

가변압식(B형) 토치의 팁 번호와 산소 압력

형식	팁 번호	산소 압력(kgf/mm²)	흰 불꽃의 길이(mm)	판 두께(mm)
B00호	10 ~ 16	1.5	1 ~ 2	0.5이하
	25~40		4 ~ 5	0.4 ~ 1.0
B0호	50 ~ 70	2	7 ~ 8	0.5 ~ 1.0
	100	2	10	1.0 ~ 1.5
	140	2	11	1.5 ~ 2.0
	200 ~ 230	2 ~ 3	12	2.0 ~ 2.5
B1호	320	3	12 ~ 13	3.2 ~ 4.0
	400	3	13 ~ 14	4.0 ~ 4.5
	500	3	14 ~ 17	4.5 ~ 5.5
B2호	630	4	19	5.5 ~ 8.0
	800	4	19 ~ 20	8.0 ~ 10
	1,000	4	20	10 ~ 12

(5) 토치의 구비 조건 및 취급 요령

① 안정성이 높을 것
② 역화가 없을 것
③ 기름 또는 그리스를 토치에 바르지 말 것
④ 팁의 청소는 팁 클리너를 사용할 것
⑤ 팁을 교환 시는 밸브를 반드시 잠글 것

8. 부속 장치

(1) 안전기

① 가스의 역류, 역화로 인한 위험을 방지 할 수 있는 구조로 되어 있어야 한다.
② 빙결이 되었을 때는 온수나 증기를 사용하여 녹인다.
③ 유효 수주는 25mm이상을 유지 하여야 한다.
④ 종류는 수봉식과 스프링식이 있다.

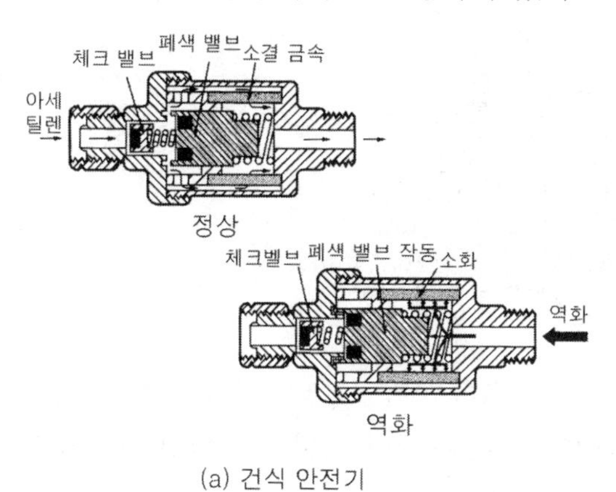

(a) 건식 안전기

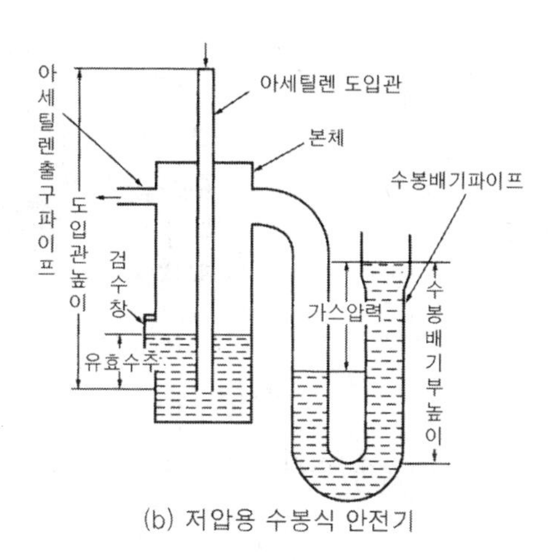

(b) 저압용 수봉식 안전기

(2) 청정기

카바이드에 발생한 아세틸렌가스에 불순물로 인한 용착 금속의 성질의 악화 및 기기의 부식, 불꽃 온도 저하, 역류, 역화, 폭발 위험이 있으므로 불순물을 제거해야 한다.

① **물리적 방법** : 수세법(물속으로 가스통과), 여과법(목탄, 코우크스 등으로 가스통과)

② **화학적 방법** : 헤라톨, 카다리졸, 아카린, 플랑크린 등의 청정제 사용

③ **청정색의 변색** : 황갈색 → 청색, 회색으로 바뀌면 청정 능력 상실

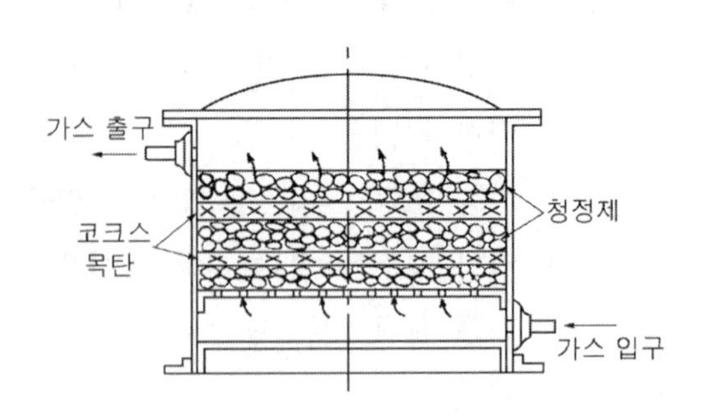

(3) 압력 조정기

① 압력 조정기는 게이지라고도 하며, 산소와 아세틸렌을 사용압력으로 조정하는 것을 말한다.

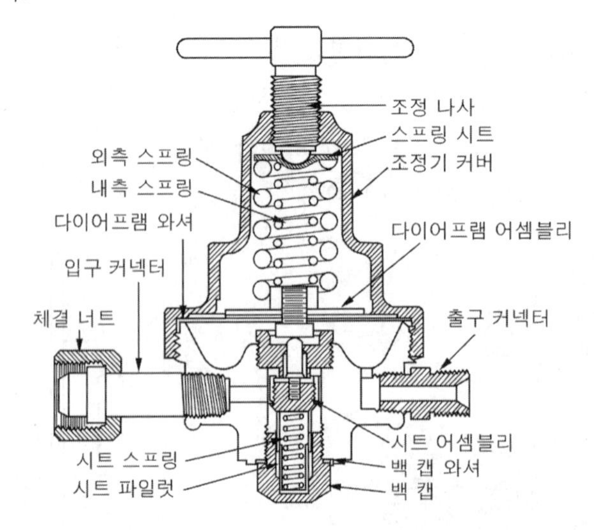

② **작동 순서** : 부르동 관 → 켈리브레이팅 링크 → 섹터 기어 → 피니언 → 눈금판

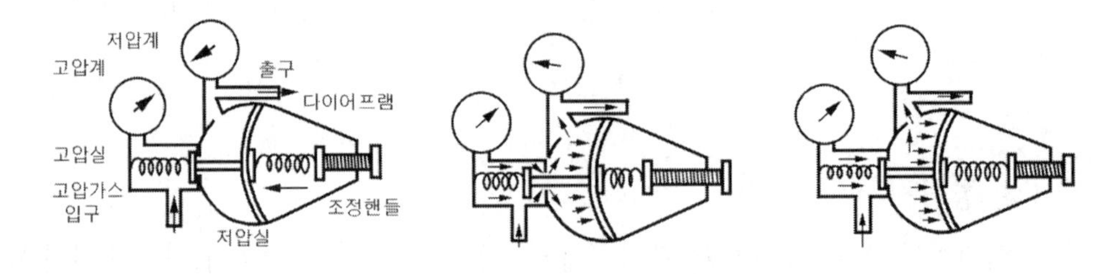

③ **종류**

㉠ 프랑스식(스템형) : 매우 예민한 작동

㉡ 독일식(노즐형) : 고장이 적음

④ **압력 조정기 취급시 유의사항**

㉠ 설치 전 먼지 등을 불어낸 후 연결부에 가스 누설이 없도록 정확하게 연결한다.

㉡ 압력 조정기 설치구의 나사부나 조정기의 각부에 그리스나 기름등을 사용하지 않는다.

㉢ 압력 조정기의 지시 바늘이 잘 보이도록 설치한다.

㉣ 가스의 누설검사는 비눗물을 사용한다.

9. 산소 아세틸렌의 불꽃의 종류

(1) 불꽃의 구성

① 백심(불꽃심), 속불꽃, 겉불꽃으로 구성되어 있다.

㉠ 백심(Flame core) : 환원성 백색 불꽃이다.

㉡ 속불꽃(Inner flame) : 백심부에서 생성된 일산화탄소와 수소가 공기 중의 산소와 결합 연소되어 고열을 발생하는 부분이다.

㉢ 겉불꽃(Outer flame) : 연소가스가 다시 주위 공기의 산소와 결합하여 완전연소 되는 부분이다.

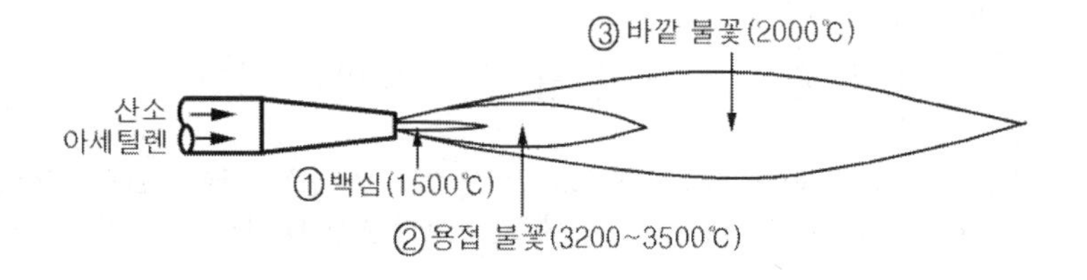

② 온도가 가장 강한 부분이 속불꽃으로 3,200 ~ 3,450℃이다.

(2) 불꽃의 종류

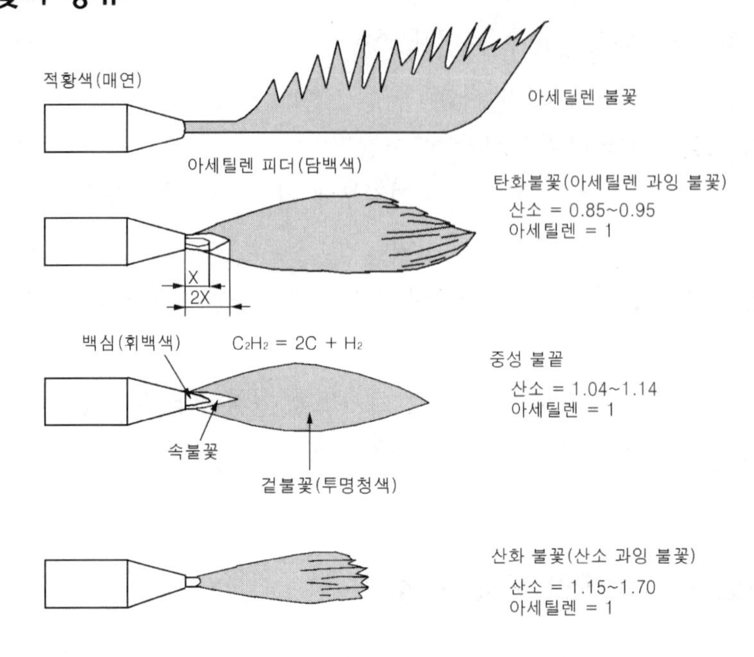

① **중성 불꽃**(neutral flame)

㉠ 산소와 아세틸렌가스의 혼합비가 1 : 1 정도로 이루어질 때 얻어지는 불꽃으로 표준 불꽃이라고도 한다.

㉡ 백심 불꽃과 아세틸렌 깃이 일치될 때를 중성 불꽃이 된다.

㉢ 이론상 산소와 아세틸렌의 혼합비는 2.5 : 1이나 산소의 1.5는 공기 중에서 얻는다.

㉣ 용접 작업에 가장 알맞은 불꽃으로 금속의 용접부에 산화나 탄화의 영향이 가장 적게 미치는 불꽃이다.

㉤ 연강, 반연강, 주철, 구리, 아연, 납, 은, 알루미늄, 니켈, 주강 등에 사용한다.

> **참고** 확산 연소 연료와 공기를 혼합시키지 않고 연료만 버너로부터 분출시켜 연소에 필요한 공기는 모두 화염의 주변에서 확산에 의해 공기와 연료를 서서히 혼합시키면서 연소시키는 방식을 말한다.

② **산화 불꽃**(excess oxygen flame)

㉠ 산소 과잉 불꽃 또는 산화불꽃이라고도 한다.

㉡ 산화성 분위기를 만들어 일반적인 금속의 용접에는 사용하지 않는다.

㉢ 용접을 할 때 금속을 산화시키므로 구리, 황동 등의 용접에 사용한다.

③ **탄화 불꽃**(excess acetylene flame, carbonizing flame)

㉠ 아세틸렌 과잉 불꽃 또는 환원성불꽃이라 한다.

㉡ 속불꽃과 겉불꽃 사이에 연한 백색의 제3의 불꽃 즉 아세틸렌 깃이 있다.

㉢ 아세틸렌 밸브를 열고 점화한 후 산소 밸브를 조금만 열게 되면 다량의 그을음이 발생하며 연소하게 되는 경우이다.

㉣ 이 불꽃은 산소의 량이 부족할 경우에 생기는 것으로 금속의 산화를 방지할 필요가 있는, 스테인리스강, 스텔라이트, 모넬메탈 등의 용접에 사용된다.

산소 – 아세틸렌 불꽃의 온도

용적비(산소 : 아세틸렌)	불꽃의 형태	불꽃의 온도(℃)
0.8 : 1.0	탄화불꽃	3,070
0.9 : 1.0	탄화불꽃	3,150
1.0 : 1.0	중성불꽃	3,230
1.5 : 1.0	산화불꽃	3,430
2.0 : 1.0	산화불꽃	3,370
2.5 : 1.0	산화불꽃	3,320

10. 역류, 역화 및 인화

① **역류(Contra flow)** : 가스 용접에서는 일반적으로 산소의 압력이 아세틸렌가스의 압력보다 높게 사용되므로 팁 끝이 막히거나 하여 고압 산소가 밖으로 흐르지 못하고, 산소보다 압력이 낮은 쪽인 아세틸렌 호스 쪽으로 흘러 폭발의 위험이 있는 현상을 말한다. 이러한 현상의 원인으로는 산소 압력 과다, 아세틸렌(C_2H_2) 공급량 부족 등을 들 수 있으며, 방지책으로는 팁을 깨끗이 청소한다. 아울러 역류가 발생하였을 경우 산소를 차단한 후 아세틸렌을 차단시키면 된다.

② **역화(Back fire)** : 팁 끝이 모재에 닿아 순간적으로 팁 끝이 막히거나 팁 끝의 가열 및 조임 불량 및 가스 압력의 부적당할 때 폭음이 나며선 불꽃이 꺼졌다가 다시 나타나는 현상을 말한다. 역화를 방지하려면 팁의 과열을 막고, 토치 기능을 점검한다. 역화가 발생하였을 경우는 우선 아세틸렌을 차단 후 산소를 차단하여야 한다.

③ **인화(Flash back)** : 역류, 역화에 비하여 매우 위험한 것으로 팁 끝이 순간적으로 막혀 가스의 분출이 되지 못하고 불꽃이 토치의 가스 혼합실까지 들어오는 현상을 말한다. 인화를 방지하기 위해서는 가스 유량을 적당하게 조정하며, 팁을 항상 깨끗이 청소한다. 아울러 토치 및 각 기구를 항상 점검한다. 인화가 발생하였을 경우 우선 아세틸렌을 차단 후 산소를 차단한다.

> **참고** 역화 방지기(Flashback Arrestor) : 불꽃을 아세틸렌가스 등의 가연성 가스봄베로 들어가는 것을 차단하는 장치

④ **불꽃 변화의 원인과 대책**

㉠ 불꽃이 자주 변함 : 가스 중의 수분이 있을 경우 불꽃이 커졌다 작아졌다 하므로 수분이 호스에 고이지 않도록 수시로 청소한다.

㉡ 점화시에 폭음 발생 : 혼합 가스의 배출이 불완전하거나, 산소 및 아세틸렌의 압력이 부적당할 때 발생하는 현상으로 가스 혼합비를 조절한다.

㉢ 작업 중에 소리가 발생 : 토치의 팁이 과열되면 작업 중 '탁탁' 소리가 나므로 산소를 분출하면서 팁을 물속에 넣어 식혀 준 뒤 작업한다. 또한 팁과 모재가 접촉하였을 경우에도 소리가 날 수 있다.

11. 용접용 재료 및 용제

(1) 가스 용접봉

① 연강용, 주철용, 비철 금속 재료용 등이 있다.

② NSR(용접된 그대로), SR(응력 제거 풀림 625 ± 25℃)이 있다.

연강용 용접봉의 기계적 성질(KS D7005)

용접봉 종류 (끝면의 색)	시험편 처리	인장강도 (kgf/mm²)	연신률 (%)
GA46 (적색)	SR	46 이상	20 이상
	NSR	51 이상	17 이상
GA43 (청색)	SR	43 이상	25 이상
	NSR	44 이상	20 이상

연강용 용접봉의 기계적 성질(KS D7005)

용접봉 종류 (끝면의 색)	시험편 처리	인장강도(kgf/mm²)	연신률(%)
GA35 (황색)	SR	35 이상	28 이상
	NSR	37 이상	23 이상
GB46 (백색)	SR	46 이상	18 이상
	NSR	51 이상	15 이상
GB43 (흑색)	SR	43 이상	20 이상
	NSR	44 이상	15 이상
GB35 (자색)	SR	35 이상	20 이상
	NSR	37 이상	15 이상
GB32 (녹색)	NSR	32 이상	15 이상

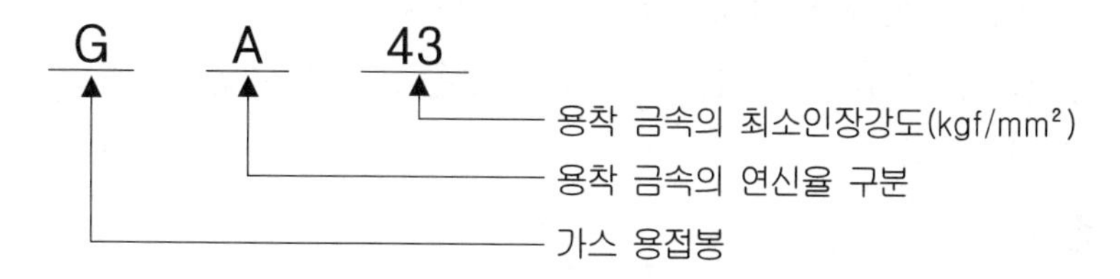

③ 지름은 1.0, 1.6, 2.0, 2.6, 3.2, 4.0, 5.0, 6.0이 있으며 길이는 모두 1,000mm 이다.

④ 용접봉을 선택할 경우는 다음의 조건에 맞는 재료를 선택하여야 한다.
㉠ 모재와 같은 재질이어야 하며 충분한 강도를 줄 수 있을 것
㉡ 용융 온도가 모재와 같고, 기계적 성질에 나쁜 영향을 주지 말 것
㉢ 용접봉의 재질 중에 불순물을 포함하고 있지 않을 것

⑤ **가스 용접봉 중에 포함된 성분**
㉠ 탄소(C) : 강의 강도를 증가시키나 연신율, 연성 등을 저하시킨다.
㉡ 규소(Si) : 강도를 저하시키나, 기공(blow hole)을 줄일 수 있다.
㉢ 인(P) : 강에 취성을 주며 가연성을 떨어뜨린다.
㉣ 황(S) : 용접부에 저항력을 감소시키며 기공이 발생할 우려가 있다.

⑥ 용접봉 지름과 판 두께와의 관계

$$D=\frac{T}{2}+1$$ (D : 지름, T : 판 두께)

모재에 따른 용접봉의 지름 선택

재료 두께(mm)	2.5 이하	2.5 ~ 6.0	5.0 ~ 8.0	7.0 ~ 10	9.0 ~ 15
용접봉 지름(mm)	1.0 ~ 1.6	1.6 ~ 3.2	3.2 ~ 4.0	4.0 ~ 5.0	4.0 ~ 6.0

(2) 용제

① 모재 표면의 불순물과 산화물의 제거로 양호한 용접이 되도록 도와준다.

② 용접 중에 생기는 산화물과 유해물을 용융시켜 슬랙으로 만들거나, 산화물의 용융 온도를 낮게 하기 위해서 용제를 사용한다.

③ 용제는 분말이나 액체로 된 것이 있으며, 분말로 된 것은 물이나 알코올에 개어서 사용한다.

④ 종류

용접 금속	용 제(flux)
연 강	일반적으로 사용하지 않는다.
반 경 강	중탄산소다 + 탄산소다
주 철	중탄산나트륨 70%, 탄산나트륨 15%, 붕사 15%
구리합금	붕사 75%, 붕산, 플로오르화 나트륨, 염화나트륨 25%
알루미늄	염화칼륨 45%, 염화나트륨 30%, 염화리튬 15% 플루오르화 칼륨 7%, 황산칼륨 3%

참고 연강에 경우 때에 따라 충분한 용제 작용을 돕기 위해 규산나트륨, 붕사, 붕산을 사용할 때도 있다.

12. 보호구 및 공구

(1) 보안경(Welding goggles)

① 보안경은 작업 중 유해한 자외선과 적외선의 피해를 방지한다.

② 용접 중 스팩터나 비산하는 불티 등이 눈에 들어가는 것을 방지한다.

③ 일반적으로 연납땜은 2번, 경납땜은 3 ~ 4번, 가스용접은 4 ~ 8번을 사용한다.

(2) 점화 라이터와 팁 클리너(Tip cleaner)

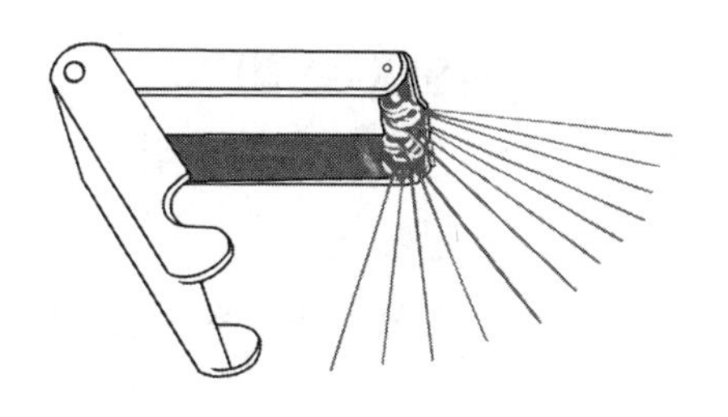

① 가스 용접을 하고자 점화를 할 때는 반드시 전용 점화 라이터를 사용한다.

② 팁의 구멍이 스팩터, 그을음 등으로 막혀 가스 분출이 원활하지 못할 경우 팁 클리너를 사용하여 구멍을 뚫은 후 작업을 하여야 한다. 이때 주의할 점은 팁의 구멍이 늘어나는 것을 방지하기 위하여 구멍보다 약간 지름이 작은 팁 클리너를 사용하여야 한다.

(3) 기타 보호구 및 공구

용접 장갑, 앞치마, 각반, 용접 지그, 집게, 와이어 브러시, 스패너 등이 있다.

13. 산소 – 아세틸렌 용접 작업

(1) 불꽃 조절

① 압력 조정기 설치 전 용기의 밸브를 열어 먼지를 제거한 후 압력 조정기를 가스의 누설이 없도록 설치한다.

② 아세틸렌 압력은 산소 압력의 1/10 수준인 0.1 ~ 0.4kgf/cm² 조정하고, 산소 압력은 3 ~ 4kgf/cm² 으로 조정한다.

③ 그을음을 방지하기 위하여 아세틸렌 밸브를 열은 후 산소 밸브를 조금 열어 점화 라이터를 이용하여 점화한다.

④ 점화 후 산소 밸브 및 아세틸렌 밸브를 조절하여 사용하고자 하는 불꽃으로 조절한다.

(2) 용접 작업

① 전진법(좌진법)

㉠ 용접봉이 토치 보다 앞서 나가는 것을 생각하면 된다.

㉡ 오른쪽 → 왼쪽으로 진행한다.

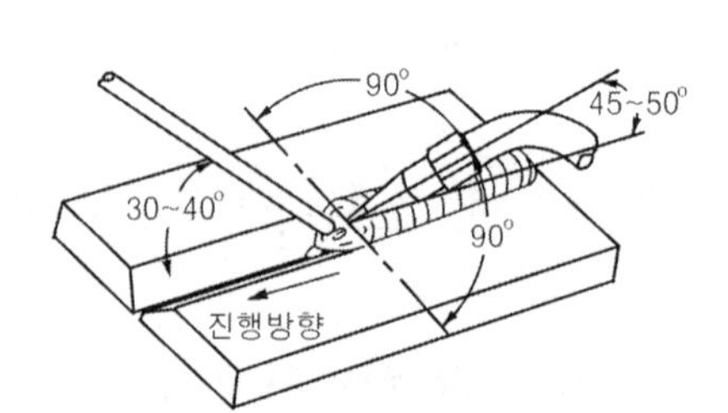

▲ 전진법

② 후진법(우진법)

㉠ 용접봉이 토치 뒤에 있는 것을 생각하면 된다.

㉡ 왼쪽 → 오른쪽으로 진행한다.

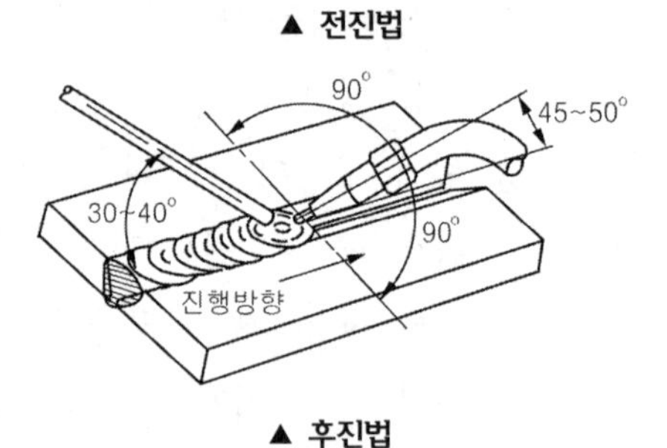

▲ 후진법

③ 전진법과 후진법에 비교

비교 내용	후진법	전진법
열 이용율	좋다	나쁘다
용접 속도	빠르다	느리다
홈 각도	작다(60°)	크다 (80°)
변형	적다	크다
산화성	적다	크다
비드 모양	나쁘다	좋다
용도	후판	박판

참고 전진법은 비드 모양만 좋고 모든 것은 후진법에 비해 나쁘다고 생각하면 된다.

 14. 연납땜 및 경납땜

(1) 연납땜(Soldering)

① 융점이 450℃이하의 용가재를 사용하여 납땜하는 방법이다.

② 사용되는 용가재는 주로 주석(Sn) – 납(Pb) 합금이며, 주석의 함유량에 따라 흡착 작용이 달라진다. 즉 주석의 함유량이 많아지면 흡착작용이 커져 이음강도가 커진다. 카드뮴 – 아연납은 모재에 가공 경화를 주지 않고 이음 강도가 요구 될 때 쓰이며, 카드뮴(40%), 아연(60%)은 알루미늄의 저항 납땜에 사용된다. 또한 저 융점 납땜으로는 주석 – 납 합금에 비스무트를 첨가한 것이 사용된다. 이는 100℃ 이하의 용융점을 가진 납땜을 의미한다.

③ 사용 용제는 부식성 용제인 염화아연, 염화암모니아, 염산 등이 있으며, 비부식성 용제로는 송진, 수지, 올리브유 등이 있다.

④ 작업방법에는 인두 납땜, 가스 납땜, 전기 납땜 등이 있다.

(2) 경납땜(Brazing)

① 용융점이 낮은 금속을 녹여, 모세관 현상을 이용하여 두 모재 사이에 스며들어가게 하여 접합하는 방법으로 450℃이상에서 납땜하는 방법이다.

② 사용되는 용가재로는 은납, 구리, 구리합금, 알루미늄합금, 금합금 등이 사용되고 있다.

㉠ 은납 : 은, 구리, 아연을 주성분으로 은이 증가하면 가격은 올라가나 융점이 저하된다. 경우에 따라 니켈, 카드뮴, 주석을 첨가하며, 융점이 비교적 낮고 유동성이 좋으며, 인장강도 전연성 등의 성질이 우수하고 은백색으로 색이 미려하여 철강, 스테인리스강, 구리 및 그 합금 등에 널리 사용된다.

㉡ 구리납 : 구리납이란 구리 85% 이상의 납을 말하며, 철강, 니켈 및 구리–니켈 합금의 납땜에 쓰인다.

㉢ 황동납 : 구리와 아연을 주성분으로 아연 60%까지 있으며, 아연의 증가로 인장강도가 증가된다. 주로 철강, 구리 및 구리 합금에 이용되며, 융점이 820 ~ 930℃정도여서 과열시 아연이 증발하여 다공성의 이음이 되기 쉬어 가열에 주의한다.

㉣ 인동납 : 구리를 주성분으로 소량의 은, 인을 포함한 납땜으로 유동성이 좋고, 전기나 열의 전도성, 내식성 등의 기계적 성질은 우수하나 황을 함유한 고온 가스 중에서의 사용은 좋지 못하다.

㉤ 알루미늄납 : 알루미늄에 구리, 규소, 아연 등을 첨가한 납땜

㉥ 양은납 : 구리, 아연, 니켈 합금이며 니켈 함유량이 많을수록 융점이 높고 색은 변한다.

㉦ 금납 : 금, 은, 구리 합금으로 치과용 또는 장식용으로 사용되는 납땜이다.

③ 사용 용제로는 붕사, 붕산, 염화리튬, 빙정석, 산화제1동이 사용된다.

④ 작업 방법에는 가스 경납땜, 노내 경납땜, 유도 가열 경납땜, 저항 경납땜, 담금 경납땜이 있다.

㉠ 가스 경납땜 : 일반적으로 산소－아세틸렌 화염을 이용하여 가열하여 이음하는 방식으로 용제는 이음면과 납의 양쪽에 도포하여 작업한다. 과도한 가열은 납의 확산 및 산화를 초래하기 쉽다.

㉡ 노내 경납땜 : 전열 또는 가스 화염을 사용하는 노중에 물품을 넣고 납땜하는 방식으로 노안에 놓고 작업을 하기 때문에 조건 제어가 정확하고, 많은 물품을 한번에 작업할 수 있다.

㉢ 유도 가열 경납땜 : 납과 용제를 장입한 이음을 고주파 유도 전류를 사용하여 가열 납땜하는 방법으로 짧은 시간 내에 작업할 수 있는 장점이 있으나, 국부 가열에 따른 변형이 따르기 쉽고, 큰 물품은 작업할 수 없는 형상에 제한이 있다.

㉣ 저항 경납땜 : 이음면에 용제를 바르고 납을 장입한 다음 전극 사이에 끼우고 가압하면서 전류를 흘려 저항 발열로 접합하는 방법으로 짧은 시간 내에 작업할 수 있는 장점이 있으나, 물품의 크기와 형상에 제한이 따른다.

㉤ 담금 경납땜 : 납을 장입한 이음을 미리 가열한 염욕에 침적하여 가열하거나 용제가 들어 있는 용융납액 중에 담그어 가열하여 납땜하는 방법으로 강재의 황동 납땜에 사용되고 대량생산에 적합하다.

Q1

가스용접 토치를 크게 3부분으로 나눌 때, 3부분에 해당되지 않는 것은?

① 손잡이(torch body)
② 혼합실(mixing chamber)
③ 코일스프링(coil spring)
④ 팁(tip)

해설 가스 용접 토치는 크게 팁, 혼합실, 손잡이로 구성되어 있다.

Q2

가스용접에서 팁의 재료로 가장 적당한 것은?

① 고탄소강　② 고속도강
③ 스테인리스강　④ 동합금

해설 가스 용접의 팁은 불변압식(독일식)은 1개의 팁에 1개의 인젝터가 있는 형식이며, 가변압식(프랑스식)은 인젝터에 니들 밸브가 있어 유량과 압력을 조절할 수 있다. 재질로는 동합금(동의 함유량 62%이하)를 사용한다.

Q3

중압식 토치는 아세틸렌가스의 사용압력이 몇 kgf/cm²이상인가?

① 0.07　② 0.07 ~ 1.0
③ 0.07 ~ 1.3　④ 0.07 ~ 2.0

해설 저압식(0.07kg/cm²이하), 중압식(0.07~1.3kg/cm²), 고압식(1.3이상kg/cm²)으로 분류된다.

Q4

산소 - 아세틸렌 가스용접에서 고압식 토치는 아세틸렌가스 압력이 몇 kgf/cm² 이상일 때 사용되는가?

① 0.07　② 1
③ 1.3　④ 2

Q5

가스용접 팁의 능력에서 불변압식 토치의 팁 번호는 무엇을 기준으로 나타내는가?

① 판의 두께
② 산소 소비량
③ 아세틸렌 소비량
④ 백심의 길이

해설

팁의 종류	특 징
A형(불변압식) 독일형	니들 밸브가 없다.
	용접할 수 있는 강판의 두께
B형(가변압식) 프랑스형	니들 밸브가 있어 불꽃 조절 용이하다.
	1시간당 소비되는 아세틸렌 소비량

① 독일식은 두께 1mm를 1번, 두께 2mm를 2번이라고 한다.
② 프랑스식은 100번 : 표준불꽃으로 용접하였을 때 1시간당 아세틸렌가스 소비량 100ℓ라는 의미이다.
③ 독일식 1번은 프랑스식 100번과 같다고 생각하면 된다.
④ KS 규격 A형은 A1, A2, A3 B형은 B00, B0, B1,B2이 규정되어 있다.

1. ③　2. ④　3. ③　4. ③　5. ①

Q6

가스용접에서, 저압식 토치의 형식 중 불변압식(KS규격)의 종류에 해당되지 않는 것은?

① A1호 ② A2호
③ A3호 ④ A0호

Q7

가스용접에서 불변압식 팁의 번호가 20번이라면 20이 뜻하는 것은?

① 20mm 연강판 용접이 가능하다.
② 1분당 20리터의 아세틸렌이 소비된다.
③ 1시간당 20리터의 아세틸렌이 소비된다.
④ 1일 20리터의 아세틸렌이 소비된다.

Q8

불변압식 가스용접 토치의 설명으로 올바른 것은?

① 인젝터가 팁속에 들어 있다.
② 프랑스식이다.
③ 가볍고 작업이 용이하다.
④ 니들 밸브가 있다.

Q9

가스용접에서 가변압식 팁의 능력을 표시하는 것은?

① 표준불꽃으로 용접시 매시간당 아세틸렌가스의 소비량을 리터로 표시한 것
② 표준불꽃으로 용접시 매시간당 산소의 소비량을 리터로 표시한 것
③ 표준불꽃으로 용접시 매분당 아세틸렌가스의 소비량을 리터로 표시한 것
④ 표준불꽃으로 용접시 매분당 산소의 소비량을 리터로 표시한 것

Q10

가스용접에서 가변압식(프랑스식) 팁(tip)의 능력을 나타내는 기준은?

① 용접을 할 수 있는 판의 두께
② 매 시간당 아세틸렌 가스의 소비량
③ 사용 용접봉의 지름
④ 매 시간당 산소의 분출량

Q11

가스용접에서, 가변압식 토치 팁을 나타내는 것은?

① D 01호 ② C 01호
③ A 01호 ④ B 01호

Q12

프랑스식 가스 용접기에서, 팁번호 200번에 해당되는 설명은?

① 두께 20mm 연강판의 용접이 가능하다.
② 두께 20mm 알루미늄판의 용접이 가능하다.
③ 표준 불꽃으로 1시간당 유출되는 아세틸렌 소비량이 200리터이다.
④ 표준 불꽃으로 1분당 유출되는 아세틸렌 소비량이 200리터이다.

Q13

가변압식의 팁 번호가 200일 때 10시간동안 표준 불꽃으로 용접했을 경우, 아세틸렌가스의 소비량은 몇 리터 인가?

① 180 ② 2,000
③ 210 ④ 20,000

정답 6. ④ 7. ① 8. ① 9. ① 10. ② 11. ④ 12. ③ 13. ②

Q14

표준 불꽃에서 프랑스식 가스용접 토치의 용량은?

① 1시간에 소비하는 아세틸렌가스의 양
② 1분에 소비하는 아세틸렌가스의 양
③ 1시간에 소비하는 산소가스의 양
④ 1분에 소비하는 산소가스의 양

Q15

내용적 40리터의 산소 용기에 100kgf/cm^{2}의 산소가 들어 있다면 가변압식 팁 200번으로 중성불꽃을 사용하여 용접할 때 몇 시간 사용할 수 있는가?

① 20시간 ② 15시간
③ 10시간 ④ 8시간

해설 총 가스량 $40 \times 100 = 4000$, 사용할 수 있는 시간 $4000 \div 200 = 20$

Q16

가스용접용 토치의 팁중 표준불꽃으로 1시간 용접시 아세틸렌 소모량이 100리터인 것은?

① 고압식 200번 팁
② 중압식 200번 팁
③ 가변압식 100번 팁
④ 불변압식 100번 팁

Q17

프랑스식 팁 100 번은 몇 mm 연강 판의 용접에 적당한가?

① 1 ~ 1.5 ② 10 ~ 20
③ 5 ~ 7 ④ 8 ~ 9

Q18

가변압식 가스용접 토치에서 팁의 능력에 대한 설명으로 옳은 것은?

① 매 시간당 소비되는 아세틸렌가스의 양
② 매 시간당 소비되는 산소의 양
③ 매 분당 소비되는 아세틸렌가스의 양
④ 매 분당 소비되는 산소의 양

해설

팁의 종류	특 징
A형(불변압식) 독일형	니들 밸브가 없다.
	용접할 수 있는 강판의 두께
B형(가변압식) 프랑스형	니들 밸브가 있어 불꽃 조절 용이하다.
	1시간당 소비되는 아세틸렌 소비량

① 독일식은 두께 1mm를 1번, 두께 2mm를 2번이라고 한다.
② 프랑스식은 100번 : 표준불꽃으로 용접하였을 때 1시간당 아세틸렌가스 소비량 100ℓ라는 의미이다.
③ 독일식 1번은 프랑스식 100번과 같다고 생각하면 된다.
④ KS 규격 A형은 A1, A2, A3 B형은 B00, B0, B1,B2이 규정되어 있다.

Q19

아세틸렌 발생기를 사용한 가스용접에서 산소가 아세틸렌 호스를 통하여 발생기로 역류하는 것을 막아 아세틸렌 발생기의 폭발을 방지하는 것은?

① 청정기 ② 안전기
③ 압력 조정기 ④ 도관

해설 가스 용접 부속 장치
① 안전기
- 가스의 역류, 역화로 인한 위험을 방지 할 수 있는 구조로 되어 있어야 한다.
- 빙결이 되었을 때는 온수나 증기를 사용하여 녹인다.
- 유효 수주는 25mm이상을 유지 하여야 한다.
- 종류는 수봉식과 스프링식이 있다.

14. ① 15. ① 16. ③ 17. ① 18. ① 19. ②

Q20

아세틸렌가스의 청정 방법에는 물리적인 방법과 화학적인 방법이 있다. 화학적인 청정 방법에 사용되는 것은?

① 펠트 ② 목탄
③ 코크스 분말 ④ 헤라톨

해설 카바이드에 발생한 아세틸렌 가스에 불순물로 인한 용착 금속의 성질의 악화 및 기기의 부식, 불꽃 온도 저하, 역류, 역화, 폭발 위험이 있으므로 불순물을 제거해야 한다.

① 물리적 방법 (수세법, 여과법)
② 화학적 방법 (헤라톨, 카다리졸, 아카린, 플랑크린)
③ 청정색의 변색 황갈색 → 청색, 회색

Q21

가스 압력 조정기 취급시 주의사항 설명으로 틀린 것은?

① 압력 조정기 설치구에 있는 먼지를 불어내고 설치할 것
② 조정기를 견고히 설치한 다음, 조정 핸들을 조이고 밸브를 조용히 열 것
③ 설치 후 반드시 비눗물로 점검할 것
④ 취급시 기름 묻은 장갑 등을 사용하지 말 것

해설 압력 조정기

① 압력 조정기는 게이지라고도 하며, 산소와 아세틸렌을 사용압력으로 조정하는 것
② 작동 순서 : 부르동 관 → 켈리브레이팅 링크 → 섹터 기어 → 피니언 → 눈금판
③ 종류
- 프랑스식(스템형) : 매우 예민한 작동
- 독일식 (노즐형) : 고장이 적음

④ 압력 조정기 취급시 유의사항
- 설치 전 먼지 등을 불어낸 후 연결부에 가스 누설이 없도록 정확하게 연결한다.
- 압력 조정기 설치구의 나사부나 조정기의 각 부에 그리스나 기름등을 사용하지 않는다.
- 압력조정기의 지시 바늘이 잘 보이도록 설치한다.
- 가스의 누설검사는 비눗물을 사용한다.
- 밸브를 연 뒤 조정 핸들을 이용하여 사용 압력에 맞춘다.

Q22

산소 - 아세틸렌가스를 용접할 때 사용하는 산소압력 조정기의 취급에 관한 설명 중 틀린 것은?

① 산소 용기에 산소압력 조정기를 설치할 때 압력 조정기 설치구에 있는 먼지를 털어내고 연결한다.
② 산소압력 조정기 설치구 나사부나 조정기의 각 부에 그리스를 발라 잘 조립되도록 한다.
③ 산소압력 조정기를 견고하게 설치한 후 가스 누설 여부를 비눗물로 점검한다.
④ 산소압력 조정기의 압력 지시계가 잘 보이도록 설치한다.

Q23

가스 용접기의 압력조정기가 갖추어야 할 점이 아닌 것은?

① 조정 압력이 용기 내의 가스량 변화에 따라 유동성이 있을 것
② 작동이 예민할 것
③ 조정 압력과 사용 압력의 차가 적을 것
④ 가스의 방출량이 많더라도 흐르는 양이 안정될 것

Q24

불빛의 색 중에서 온도가 제일 낮은 색깔은?

① 황적색 ② 백적색
③ 회백색 ④ 적색

정답 20. ④ 21. ② 22. ② 23. ① 24. ④

해설 가스 용접에서도 아세틸렌 과잉 불꽃의 색은 적황색이며, 산소 과잉 불꽃의 색은 휘백색이다. 일반적으로 산소 과잉 불꽃의 온도가 높으므로 적색이 온도가 가장 낮다. 참고적으로 아크의 경우는 아크 코어, 아크 흐름, 아크 불꽃의 세 부분으로 구성되어 있는데 여기서 아크 코어의 길이를 아크 길이라 하며, 아크 코어를 중심으로 모재가 녹으며 온도가 가장 높은 부분으로 백색을 띄고, 아크 흐름은 아크 코어를 둘러쌓고 있는 담홍색 부분이다. 끝으로 아크 불꽃은 아크 흐름 주위에 흩어진 불꽃을 말한다.

Q25

산소 - 아세틸렌의 불꽃 구성에서 완전연소가 될 때 다음 중 속불꽃의 온도는?

① 1500℃
② 3200~3500℃
③ 3500~4000℃
④ 5000℃

해설 불꽃의 구성
① 백심(불꽃심), 속불꽃, 겉불꽃으로 구성되어 있다.
② 백심(Flame core) : 환원성 백색 불꽃이다.
③ 속불꽃(Inner flame) : 백심부에서 생성된 일산화탄소와 수소가 공기 중의 산소와 결합 연소되어 고열을 발생하는 부분이다. 온도가 가장 강한 부분으로 3200 ~ 3450℃이다.
④ 겉불꽃(Outer flame) : 연소가스가 다시 주위 공기의 산소와 결합하여 완전연소 되는 부분이다.

Q26

산소와 아세틸렌을 1 : 1로 혼합하여 연소시킬 때 생성되는 불꽃이 아닌 것은?

① 불꽃심
② 속불꽃
③ 겉불꽃
④ 산화불꽃

Q27

표준불꽃이라고도 부르며 보통은 정상 불꽃으로 가스용접 작업이 이루어진다. 이런 형태의 불꽃을 무슨 불꽃이라 하나?

① 탄화불꽃　② 중성불꽃
③ 산화불꽃　④ 화염불꽃

해설 불꽃의 종류
① 중성 불꽃(neutral flame)
- 산소와 아세틸렌가스의 혼합비가 1 : 1 정도로 이루어질 때 얻어지는 불꽃으로 표준 불꽃이라고도 한다. 백심 불꽃과 아세틸렌 깃이 일치될 때를 중성 불꽃이 된다.
- 이론상 산소와 아세틸렌의 혼합비는 2.5 : 1이나 산소의 1.5는 공기중에서 얻는다.
- 용접 작업에 가장 알맞은 불꽃으로 금속의 용접부에 산화나 탄화의 영향이 가장 적게 미치는 불꽃이다.
- 연강, 반연강, 주철, 구리, 아연, 납, 은, 알루미늄, 니켈, 주강 등에 사용한다.
- 불꽃의 온도는 3,230℃정도이다.

② 산성 불꽃(excess oxygen flame)
- 산소 과잉 불꽃 또는 산화불꽃이라고도 한다. 백심이 짧아지고 속불꽃이 없어 바깥 불꽃만으로 되어 있다.
- 산화성 분위기를 만들어 일반적인 금속의 용접에는 사용하지 않는다.
- 용접을 할 때 금속을 산화시키므로 구리, 황동 등의 용접에 사용한다.
- 불꽃의 온도는 3,320 ~ 3,430℃정도이다.

③ 탄화 불꽃(excess acetylene flame, carbonizing flame)
- 아세틸렌 과잉 불꽃 또는 환원성불꽃이라 한다.
- 속불꽃과 겉불꽃 사이에 연한 백색의 제3의 불꽃 즉 아세틸렌 깃이 있다.
- 아세틸렌 밸브를 열고 점화한 후 산소 밸브를 조금만 열게 되면 다량의 그을음이 발생하며 연소하게 되는 경우이다.
- 이 불꽃은 산소의 량이 부족할 경우에 생기는 것으로 금속의 산화를 방지할 필요가 있는, 스테인리스강, 스텔라이트, 모넬메탈 등의 용접에 사용된다.
- 불꽃의 온도는 3,070 ~ 3,150℃정도이다.

정답 25. ② 26. ④ 27. ②

Q28

산소 아세틸렌 가스용접시 연강판 용접에 가장 적당한 불꽃은?

① 탄화 불꽃　　② 중성 불꽃
③ 산화 불꽃　　④ 약한 탄화 불꽃

Q29

가스용접에서 백심이 짧아지고 속불꽃이 없어져서 바깥 불꽃만으로 된 불꽃의 옳은 명칭은?

① 바깥불꽃　　② 중성불꽃
③ 산화불꽃　　④ 탄화불꽃

Q30

산화불꽃으로 가스 용접하는 것이 가장 적합한 것은?

① 황동　　② 모넬메탈
③ 스텔라이트　　④ 스테인리스

Q31

속불꽃과 겉불꽃 사이에 백색의 제3불꽃 즉 아세틸렌 페더(excess acetlene feather)가 있는 불꽃은 ?

① 중성 불꽃　　② 산화 불꽃
③ 아세틸렌 불꽃　④ 탄화 불꽃

Q32

산소 – 아세틸렌 불꽃에서 매연을 내면서 적황색으로 타는 불꽃의 명칭은?

① 표준 불꽃　　② 탄화 불꽃
③ 산화 불꽃　　④ 질화 불꽃

Q33

산소 – 아세틸렌가스 불꽃의 종류 중 불꽃온도가 가장 높은 것은?

① 탄화 불꽃　　② 중성 불꽃
③ 산화 불꽃　　④ 연소 불꽃

Q34

가스 용접 작업 중 불꽃에 산소의 양이 많을 때 나타나는 현상은?

① 아세틸렌의 소비가 과다해진다.
② 용접부에 기공이 발생한다.
③ 용접봉의 소비가 적게 된다.
④ 용제의 사용이 필요 없게 된다.

Q35

가스 용접에서 산소와 아세틸렌의 혼합비율이 1 : 1인 불꽃으로 일반 연강재나 주철의 용접에 쓰이는 불꽃은?

① 탄화불꽃　　② 산화불꽃
③ 중성불꽃　　④ 혼합불꽃

Q36

가스 용접에서 팁 끝이 순간적으로 막히면 혼합실까지 불꽃이 밀려들어가는데 이것을(　　)라고 하며, 불꽃이 순간적으로 "펑펑" 소리를 내면서 팁 끝에 불꽃이 들어가거나 꺼지는 것을 (　　)라 한다. (　　)에 알맞는 용어는?

① 역류, 역화
② 인화, 역화
③ 역화, 역류
④ 인화, 역류

정답 28. ② 29. ③ 30. ① 31. ④ 32. ② 33. ③ 34. ② 35. ③ 36. ②

해설 ① 역류(Contra flow) : 가스 용접에서는 일반적으로 산소의 압력이 아세틸렌가스의 압력보다 높게 사용되므로 팁 끝이 막히거나 하여 고압 산소가 밖으로 흐르지 못하고, 산소보다 압력이 낮은 쪽인 아세틸렌 호스 쪽으로 흘러 폭발의 위험이 있는 현상을 말한다. 이러한 현상의 원인으로는 산소 압력 과다, C_2H_2공급량 부족 등을 들 수 있으며, 방지책으로는 팁을 깨끗이 청소한다. 아울러 역류가 발생하였을 경우 산소를 차단한 후 아세틸렌을 차단시키면 된다.
② 역화(Back fire) : 팁 끝이 모재에 닿아 순간적으로 팁 끝이 막히거나 팁 끝의 가열 및 조임 불량 및 가스 압력의 부적당할 때 폭음이 나며선 불꽃이 꺼졌다가 다시 나타나는 현상을 말한다. 역화를 방지하려면 팁의 과열을 막고, 토치 기능을 점검한다. 역화가 발생하였을 경우는 우선 아세틸렌을 차단 후 산소를 차단하여야 한다.
③ 인화(Flash back) : 역류, 역화에 비하여 매우 위험한 것으로 팁 끝이 순간적으로 막혀 가스의 분출이 되지 못하고 불꽃이 토치의 가스 혼합실까지 들어오는 현상을 말한다. 인화를 방지하기 위해서는 가스 유량을 적당하게 조정하며, 팁을 항상 깨끗이 청소한다. 아울러 토치 및 각 기구를 항상 점검한다. 인화가 발생하였을 경우 우선 아세틸렌을 차단 후 산소를 차단한다.

Q37

가스 용접에서 역류 역화가 일어나는 원인이 아닌 것은?

① 토치를 부주의하게 취급하였을 때
② 아세틸렌의 압력이 과대할 때
③ 팁 구멍이 막혔을 때
④ 팁이 가열되었을 때

Q38

팁 끝이 모재에 닿는 순간 순간적으로 팁 끝이 막혀 팁 속에서 폭발음이 나면서 불꽃이 꺼졌다가 다시 나타나는 현상을 무엇이라 하는가?

① 역화 ② 인화
③ 역류 ④ 폭발

Q39

가스용접 토치 취급상 주의 사항이 아닌 것은?

① 토치를 망치나 갈고리 대용으로 사용하여서는 안 된다.
② 점화 되어있는 토치를 아무 곳에나 함부로 방치하지 않는다.
③ 팁 및 토치를 작업장 바닥이나 흙 속에 함부로 방치하지 않는다.
④ 작업 중 역류나 역화가 발생시 산소의 압력을 높여서 예방한다.

Q40

가스 용접봉의 조건에 들지 않는 것은?

① 모재와 같은 재질일 것
② 불순물이 포함되어 있지 않을 것
③ 용융 온도가 모재보다 낮을 것
④ 기계적 성질에 나쁜 영향을 주지 않을 것

해설 가스 용접봉은 모재의 재질과 같아야 하므로 모재와 용융 온도가 같아야 한다.

Q41

연강판 두께 4.4mm의 모재를 가스 용접할 때 가장 적당한 가스 용접봉의 지름은 몇 mm인가? (단, 일반적인 가스 용접봉 계산식으로 구함)

① 1.0 ② 1.6
③ 2.0 ④ 3.2

해설 G A 43
① G(가스 용접봉) A(용착 금속의 연신율 구분) 43(용착 금속의 최소 인장 강도(kgf/mm^2))
② 지름은 1.0, 1.6, 2.0, 2.6, 3.2, 4.0, 5.0, 6.0이 있으며 길이는 모두 1,000mm이다.
③ 용접봉을 선택할 경우는 다음의 조건에 맞는 재료를 선택하여야 한다.

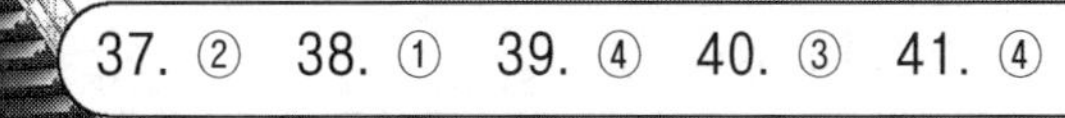

정답 37. ② 38. ① 39. ④ 40. ③ 41. ④

- 모재와 같은 재질이어야 하며 충분한 강도를 줄 수 있을 것
- 용융 온도가 모재와 같고, 기계적 성질에 나쁜 영향을 주지 말 것.
- 용접봉의 재질 중에 불순물을 포함하고 있지 않을 것

④ 가스 용접봉 중에 포함된 성분
- 탄소(C) : 강의 강도를 증가시키나 연신율, 연성 등을 저하시킨다.
- 규소(Si) : 강도를 저하시키나, 기공(blow hole)을 줄일 수 있다.
- 인(P) : 강에 취성을 주며 가연성을 떨어뜨린다.
- 황(S) : 용접부에 저항력을 감소시키며 기공이 발생할 우려가 있다.

⑤ 용접봉 지름과 판 두께와의 관계 : $D = \frac{T}{2} + 1$(D : 지름, T : 판 두께)
그러므로 판 두께의 반이 2.2에 1을 더한 3.2mm

Q42
연강판 두께 6.0mm를 가스 용접하려고 할 때 가장 적당한 용접봉의 지름을 계산하면?(단, 계산으로 구함)

① 1.6mm ② 2.6mm
③ 4.0mm ④ 5.0mm

Q43
가스용접 시 철판의 두께가 3.2mm일 때 용접봉의 지름은 얼마로 하는가?(단 계산으로 구함)

① 1.2mm ② 2.6mm
③ 3.5mm ④ 4mm

Q44
연강용 가스 용접봉에 관한 각각의 설명으로 틀린 것은?

① SR : 응력을 제거한 것
② NSR : 응력을 제거하지 않은 것
③ GA46 : 가스용접봉의 재질 및 용착금속의 인장강도
④ GB43 : 가스용접봉의 재질 및 용착금속의 전단강도

해설 가스 용접봉은 연강용, 주철용, 비철 금속 재료용 등이 있다. NSR(응력을 제거하지 않은 것), SR(응력 제거 풀림 625 ± 25℃)이 있다.
GA43 : 43 용착 금속의 최소 인장강도(kgf/mm²)

Q45
가스용접봉 표시 GA46에서 46의 의미는?

① 용접봉의 재질
② 용접봉의 규격
③ 용착금속의 최소인장 강도
④ 용접봉의 종류

Q46
연강용 가스용접봉 GA46, SR의 설명 중 옳지 않은 것은?

① G는 가스용접봉을 의미한다.
② A는 용착금속의 변형률을 의미한다.
③ 46은 용착금속의 최저 인장강도가 46kgf/mm² 이상인 것을 의미한다.
④ SR은 응력을 제거하지 않은 것을 의미한다.

Q47
연강용 가스 용접봉에서 625 ± 25℃로 한 후에 "응력을 제거했다"는 영문자 표시에 해당되는 것은?

① NSR ② EH
③ SR ④ GA

42. ③ 43. ② 44. ④ 45. ③ 46. ④ 47. ③

Q48

가스용접봉의 표시가 GA46에서 46이 뜻하는 것은?

① 제품의 번호
② 재질의 종류
③ 용접봉의 지름(mm)
④ 최소인장강도(kgf/cm^2)

Q49

KS규격에 규정하고 있는 연강용 가스 용접봉의 시험편처리 표시 기호 중 NSR의 뜻은?

① 625 ± 25℃로써 용착금속의 응력을 제거한 것
② 용착금속의 인장강도를 나타낸 것
③ 용착금속의 응력을 제거하지 않은 것
④ 연신율을 나타낸 것

Q50

가스용접봉의 성분 중에서 기공을 막아주나 강도가 떨어지게 하는 특징을 보이는 성분은 무엇인가?

① 탄소
② 인
③ 규소
④ 유황

해설 가스 용접봉 중에 포함된 성분
① 탄소(C) : 강의 강도를 증가시키나 연신율, 연성 등을 저하시킨다.
② 규소(Si) : 강도를 저하시키나, 기공(blow hole)을 줄일 수 있다.
③ 인(P) : 강에 취성을 주며 가연성을 떨어뜨린다.
④ 황(S) : 용접부에 저항력을 감소시키며 기공이 발생할 우려가 있다.

Q51

다음 중 가스용접에서 용제(FLUX)를 사용하는 가장 중요한 이유인 것은?

① 용접봉 용융속도를 느리게 하기 위하여
② 모재의 용융온도를 낮추기 위하여
③ 침탄이나 질화를 돕기 위하여
④ 용접봉 산화물을 제거하기 위하여

해설 용제의 역할
① 모재 표면의 불순물과 산화물의 제거로 양호한 용접이 되도록 도와준다.
② 용접 중에 생기는 산화물과 유해물을 용융시켜 슬랙으로 만들거나, 산화물의 용융 온도를 낮게 하기 위해서 용제를 사용한다.
③ 용제는 분말이나 액체로 된 것이 있으며, 분말로 된 것은 물이나 알코올에 개어서 사용한다.

Q52

가스용접에서 용제(flux)를 사용하는 목적과 방법을 설명한 것 중 틀린 것은?

① 용접 중에 생성된 산화물과 유해물을 용융시켜 슬랙으로 만든다.
② 분말 용제를 알콜에 개어 용접 전에 용접봉이나 용접 홈에 발라서 사용한다.
③ 연강을 용접할 경우에는 용제를 사용하여야 한다.
④ 용제에는 건조한 분말이나 페이스트(paste)가 있으며, 용접봉 표면에 피복한 것도 있다.

Q53

가스용접에서 용제(flux)를 사용하는 이유는?

① 산화작용 및 질화작용을 도와 용착금속의 조직을 미세화 하기 위해
② 모재의 용융온도를 낮게 하여 가스 소비량을 적게 하기 위해

정답 48. ④ 49. ③ 50. ③ 51. ④ 52. ③

③ 용접봉의 용융속도를 느리게 하여 용접봉 소모를 적게 하기 위해
④ 용접 중 금속의 산화물과 비금속 개재물을 용해하여 용착금속의 성질을 양호하게 하기 위해

Q54

산소 아세틸렌가스 용접에서 주철에 사용하는 용제가 아닌 것은?

① 붕사 ② 탄산나트륨
③ 중탄산나트륨 ④ 염화나트륨

해설

〈각종 금속의 용접에 적당한 용제〉

용접 금속	용 제(flux)
연 강	일반적으로 사용하지 않는다.
반 경 강	중탄산소다 + 탄산소다
주 철	중탄산나트륨 70%, 탄산나트륨 15%, 붕사 15%
구리합금	붕사 75%, 염화나트륨 25%
알루미늄	염화칼륨 45%, 염화나트륨 30%, 염화리튬 15% 플루오르화 칼륨 7%, 황산칼륨 3%

Q55

가스용접 작업시 일반적으로 용제(flux)를 사용하지 않아도 좋은 금속은?

① 주철 ② 알루미늄
③ 연강 ④ 구리합금

Q56

다음 금속 중 가스 용접을 할 때에 일반적으로 용제를 사용하지 않는 것은?

① 연강 ② 반경강
③ 주철 ④ 알루미늄

Q57

모재의 산화물을 없애고 기포나 슬랙이 생기는 것을 방지하기 위하여 용제를 사용하는데, 연강의 가스 용접에 적당한 용제는?

① 탄산나트륨
② 붕사
③ 붕산
④ 일반적으로 사용하지 않음

Q58

각종 금속의 가스 용접시 사용하는 용제들 중 주철 용접에서 사용하는 용제는?

① 봉사, 염화리듐
② 탄산나트륨, 붕사, 중탄산나트륨
③ 염화리듐, 중탄산나트륨
④ 규산 칼륨, 붕사, 중탄산나트륨

Q59

가스 용접시 용제로(중탄산소다 + 탄산소다)를 사용하는 것은?

① 알루미늄
② 주 철
③ 구리합금
④ 반경강

Q60

구리 및 구리합금 용접 시 사용되는 용제가 아닌 것은?

① 붕사
② 붕산
③ 플루오르화나트륨
④ 염화칼륨

정답 53. ④ 54. ④ 55. ③ 56. ① 57. ④ 58. ② 59. ④ 60. ④

Q61

알루미늄(Aℓ)을 가스용접할 때, 용제로 사용되는 것은?

① 용제를 사용하지 않음
② 탄산나트륨, 붕사, 중탄산나트륨, 안티몬
③ 붕사, 염화리튬, 안티몬
④ 염화나트륨, 염화칼륨, 염화리튬

Q62

가스 용접에서 붕사 75%에 염화나트륨 25%가 혼합된 용제는 어떤 금속용접에 적합한가?

① 연강 ② 주철
③ 알루미늄 ④ 구리합금

Q63

가스용접에 전진법과 비교한 후진법(back hand method)의 특징 설명에 해당되지 않는 것은?

① 두꺼운 판의 용접에 적합하다
② 용접 속도가 빠르다
③ 용접 변형이 크다
④ 소요 홈의 각도가 작다.

해설

비교 내용	후진법	전진법
열 이용율	좋다	나쁘다
용접 속도	빠르다	느리다
홈 각도	작다(60°)	크다(80°)
변형	적다	크다
산화성	적다	크다
비드 모양	나쁘다	좋다
용도	후판	박판

후진법이 비드 모양만 나쁘고 모든 것이 다 좋다.

Q64

가스용접 작업에서 후진법이 전진법보다 더 좋은 점이 아닌 것은?

① 열 이용률이 좋다.
② 용접속도가 빠르다.
③ 얇은 판의 용접에 적당하다.
④ 용접 변형이 작다.

Q65

가스용접에서 전진법과 비교한 후진법(back hand method)의 특징 설명에 해당되지 않는 것은?

① 두꺼운 판의 용접에 적합하다.
② 용접부의 기계적 성질이 우수하다.
③ 용접변형이 크다.
④ 소요 홈의 각도가 작다.

Q66

가스 용접에서 전진법과 비교한 후진법의 설명으로 맞는 것은?

① 열효율이 나쁘다.
② 얇은 재료의 용접에 적합하다.
③ 용접변형이 크다.
④ 두꺼운 판의 용접에 적합하다.

Q67

토치와 용접봉을 오른쪽으로 향하여 가스용접 하는 후진법에 대한 설명 중 잘못된 것은?

① 전진법에 비해 용접변형이 작고 용접속도가 빠르다.
② 전진법에 비해 두꺼운 판의 용접에 적합하다.

정답 61. ④ 62. ④ 63. ③ 64. ③ 65. ③ 66. ④

③ 전진법에 비해 비드 표면이 매끈하지 못하다.
④ 전진법에 비해 기계적 성질이 떨어진다.

Q68

산소 - 아세틸렌 용접법에서 후진법(우진법)의 설명이 아닌 것은?

① 열효율이 좋다.
② 비드가 거칠다.
③ 용접 속도가 느리다.
④ 용접 변형이 작다.

Q69

가스용접 작업에서 후(우)진법에 비교한 전(좌)진법의 장점은?

① 용접 변형이 작다.
② 용접 속도가 빠르다.
③ 비드 모양이 보기 좋다.
④ 용착 금속의 조직이 미세하다.

Q70

가스용접법에서 후진법과 비교한, 전진법의 설명에 해당하는 것은?

① 열 이용률이 나쁘다.
② 용접속도가 빠르다.
③ 용접변형이 작다.
④ 용착금속의 조직이 미세하다.

Q71

산소, 아세틸렌 용접에서 후진법과 비교한 전진법의 설명으로 틀린 것은?

① 열 이용률이 나쁘다.
② 용접변형이 작다.
③ 용접속도가 느리다.
④ 산화의 정도가 심하다.

Q72

가스용접의 아래보기 자세에서 왼 손에는 용접봉, 오른 손에는 토치 팁을 각각 들고 작업할 때, 전진법(forward method)를 설명한 것은?

① 오른쪽에서 왼쪽으로 용접한다.
② 왼쪽에서 오른쪽으로 용접한다.
③ 아래에서 위로 용접한다.
④ 위에서 아래로 용접한다.

해설 용접 작업
① 전진법(좌진법)
- 용접봉이 토치 보다 앞서 나가는 것을 생각하면 된다.
- 오른쪽 → 왼쪽으로 진행한다.
② 후진법(우진법)
- 용접봉이 토치 뒤에 있는 것을 생각하면 된다.
- 왼쪽 → 오른쪽으로 진행한다.

Q73

가스 용접시 토치의 팁이 막혔을 때 조치 방법으로 가장 올바른 것은?

① 팁 클리너를 사용한다.
② 내화벽돌 위에 가볍게 문지른다.
③ 철판 위에 가볍게 문지른다.
④ 줄칼로 부착물을 제거한다.

해설 팁의 구멍이 스패터, 그을음 등으로 막혀 가스 분출이 원활하지 못할 경우 팁 클리너를 사용하여 구멍을 뚫은 후 작업을 하여야 한다. 이때 주의할 점은 팁의 구멍이 늘어나는 것을 방지하기 위하여 구멍보다 약간 지름이 작은 팁 클리너를 사용하여야 한다.

정답 67. ④ 68. ③ 69. ③ 70. ① 71. ② 72. ① 73. ①

Q74

가스용접에서 양호한 용접부를 얻기 위한 조건과 거리가 먼 것은?

① 모재표면의 균일
② 모재의 과열
③ 용착금속의 용입상태 균일
④ 용접부에 첨가된 금속의 성질 양호

해설 양호한 용접부를 얻기 위해서는 우선 모재 표면이 균일하고, 예열 및 후열 등으로 균열 발생을 억제하여야 한다. 모재가 과열 되어 있으면 결함 발생의 우려가 많다.

Q75

다음 중 가스 용접 및 산소 절단 작업시 사용하는 필터렌즈의 가장 적당한 차광번호는?

① 2 ~ 3번
② 6 ~ 8번
③ 9 ~ 12번
④ 13 ~ 16번

해설 차광 유리(Filter Glass) : 아크 불빛은 적외선과 자외선을 포함하고 있어 눈을 보호하기 위하여 빛을 차단하는 차광 유리를 사용하여야 한다. 전류와 용접봉의 지름이 커질수록 차광도 번호가 큰 것을 사용하며, 일반적으로 피복 아크 용접에서는 차광도 번호 10 ~ 11(용접봉 지름 2.6 ~ 4.0mm, 사용전류 100 ~ 250A), 가스 용접에서는 차광도 번호 4 ~ 8번 정도의 것이 사용된다.

Q76

가스용접 작업에 관한 안전사항으로서 틀린 것은?

① 점화시는 산소밸브를 먼저 연다.
② 호스의 누설 시험시에는 비눗물을 사용한다.
③ 용접시 토치의 끝을 긁어서 오물을 털지 않는다.
④ 가스흡연에 조심한다.

해설 이론적으로는 가연성 가스인 아세틸렌을 먼저 열고 지연성 가스인 산소를 여는 것이 원칙이다. 하지만 실제적으로는 아세틸렌을 먼저열고 점화하면 그을음이 나기 때문에 약간에 산소를 연 다음에 아세틸렌을 열어 점화한다.

Q77

산소 - 아세틸렌가스 용접을 이용하여 용접하지 않는 모재는?

① 탄소강
② 회주철
③ 티탄합금
④ 순 알루미늄

해설 티탄은 비강도가 대단히 크면서 내식성이 아주 우수하고 600℃ 이상에서는 산화 질화가 빨라 TIG 용접시 특수 실드 가스 장치가 필요하다.

Q78

용접 작업상의 안전수칙 중 적당하지 않은 것은?

① 산소병이나 아세틸렌 병은 운반시 충격을 주면 안 된다.
② 가열된 가스용접 토치는 물에 그 전체를 담그어 식힌다.
③ 전기아크용접을 할 때에는 보호구를 착용해야 한다.
④ 산소와 아세틸렌 고무호스는 바뀌지 않도록 해야 한다.

해설 가스 용접 작업 중에 토치의 팁이 과열되면 작업 중 '탁탁' 소리가 나므로 산소를 분출하면서 팁을 물속에 넣어 식혀 준 뒤 작업한다. 또한 팁과 모재가 접촉하였을 경우에도 소리가 날 수 있다.

정답 74. ② 75. ② 76. ① 77. ③ 78. ②

Q79

납땜법에 관한 설명으로 틀린 것은?

① 비철 금속의 접합도 가능하다.
② 재료에 수축현상이 없다.
③ 땜납에는 연납과 경납이 있다.
④ 모재를 녹여서 용접한다.

Q80

연납과 경납을 구분하는 용융점은 몇 ℃인가?

① 200℃ ② 300℃
③ 450℃ ④ 500℃

해설 연납과 경납의 구분 온도는 450℃이다.

Q81

연납에 대한 특성 설명이 아닌 것은?

① 인장강도 및 경도가 낮고 용융점이 낮으므로 납땜이 쉽다.
② 주석 – 납계 합금이 가장 많이 사용된다.
③ 강도를 중요시하지 않는 구리, 놋쇠, 함석 등의 납땜에 사용된다.
④ 은납, 황동납 등이 이에 속하고 물리적 강도가 크게 요구될 때 사용된다.

해설 연납의 종류

① 주석 – 납
- 대표적 연납이다.
- 흡착 작용은 주석의 함유량이 많아지면 커진다.

② 카드뮴 – 아연납
- 모재에 가공 경화를 주지 않고 이음 강도가 요구 될 때 쓰인다.
- 카드뮴(40%), 아연(60%)은 알루미늄의 저항 납땜에 사용된다.

③ 저 융점 납땜
- 주석 – 납 합금에 비스무트를 첨가한 것이 사용된다.
- 100℃ 이하의 용융점을 가진 납땜을 의미한다.

Q82

연납땜에 사용되는 납은?

① 주석납
② 황동납
③ 인동납
④ 양은납

Q83

다음 중 연납땜의 성분을 나타내는 것은 어느 것인가?

① Sn + Pb
② Zn + Pb
③ Cu + Pb
④ Al + Pb

Q84

납땜에 사용되는 용제의 작용에 들지 않는 것은?

① 산화물 용해 및 불순물이 잘 떠오르게 한다.
② 이음부를 청결히 한다.
③ 부식 방지 및 강도를 높인다.
④ 용제로는 붕사, 붕산, 식염, 염화아연 등이 쓰인다.

해설 용제의 역할

① 모재 표면의 불순물과 산화물의 제거로 양호한 용접이 되도록 도와준다.
② 용접 중에 생기는 산화물과 유해물을 용융시켜 슬랙으로 만들거나, 산화물의 용융 온도를 낮게 하기 위해서 용제를 사용한다.
③ 용제는 분말이나 액체로 된 것이 있으며, 분말로 된 것은 물이나 알코올에 개어서 사용한다.

정답 79. ④ 80. ③ 81. ④ 82. ① 83. ① 84. ③

Q85

경납땜에 사용되는 용가재의 구비 조건이 아닌 것은?

① 접합이 튼튼하고 모재와 친화력이 있어야 한다.
② 용융온도가 모재보다 낮고 유동성이 있어 이음간에 흡인이 쉬워야 한다.
③ 모재와의 전위차가 가능한 한 커야 한다.
④ 모재와 야금적 반응이 만족스러워야 한다.

Q86

납땜시 용제가 갖추어야 할 조건이 아닌 것은?

① 모재의 불순물 등을 제거하고 유동성이 좋을 것
② 청정한 금속면의 산화를 쉽게 할 것
③ 땜납의 표면장력에 맞추어 모재와의 친화도를 높일것
④ 납땜 후 슬랙 제거가 용이할 것

해설 땜납의 구비 조건
① 모재 보다 용융점이 낮을 것
② 표면 장력이 작아 모재 표면에 잘 퍼질 것
③ 유동성이 좋아 틈이 잘 메워질 수 있을 것
④ 모재와 친화력이 있어야 된다.

Q87

납땜시 사용하는 용제가 갖추어야 할 조건이 아닌 것은?

① 모재의 산화 피막과 같은 불순물을 제거하고 유동성이 좋을 것
② 청정한 금속면의 산화를 방지할 것
③ 땜납의 표면장력을 맞추어서 모재와의 친화도를 높일 것
④ 전기 저항 납땜에 사용되는 것은 부도체일 것

Q88

납땜의 용제가 갖추어야 할 조건 중 맞는 것은?

① 모재나 땜납에 대한 부식작용이 최대한일 것
② 납땜 후 슬랙 제거가 용이할 것
③ 전기저항 납땜에 사용되는 것은 부도체일 것
④ 침지땜에 사용되는 것은 수분을 함유하여야 할 것

Q89

다음 경납땜에서 갖추어야할 조건 중 틀린 것은?

① 모재와 친화력이 없어야 된다.
② 기계적, 물리적, 화학적 성질이 좋아야 한다.
③ 모재와의 전위차가 가능한 적어야 한다.
④ 용융온도가 모재보다 낮아야 한다.

Q90

경납땜시 경납으로 갖추어야할 조건으로 잘못 설명된 것은?

① 기계적, 물리적, 화학적 성질이 좋아야 한다.
② 접합이 튼튼하고 모재와 친화력이 있어야 한다.
③ 금, 은, 공예품들의 땜납에는 색조가 같아야 한다.
④ 용융온도가 모재보다 높고 유동성이 좋아야 한다.

정답 85. ③ 86. ② 87. ④ 88. ② 89. ① 90. ④

Q91

연납용 용제가 아닌 것은?

① 식염(NaCl)
② 염화아연($ZnCl_2$)
③ 염산(HCl)
④ 염화암모늄(NH_4Cl)

해설 용제
① 연납용 용제
- 부식성 용제인 염화아연, 염화암모늄, 염산 등
- 비부식성 용제로는 송진, 수지, 올리브유 등

② 경납용 용제는 붕사, 붕산, 염화리튬, 빙정석, 산화제1동이 사용된다.

Q92

연납땜의 용제가 아닌 것은?

① 붕산　② 염화 아연
③ 염산　④ 염화암모늄

Q93

연납땜용 용제로 사용되는 것은?

① 붕사($Na_2B_4O_7 \cdot 10H_2O$), 붕산(H_3BO_3), 식염(NaCl)
② 염화아연($ZnCl_2$), 염산(HCl), 염화암모늄(NH_4Cl)
③ 산화제일동(Cu_2O), 식염(NaCl)
④ 염화리튬(LiCl), 염화칼륨(KCl), 플루오르화리튬(LiF)

Q94

납땜에는 경납과 연납이 있다. 연납의 납땜 시 용제로서 적당한 것은?

① 붕사　② 붕산
③ 염화아연　④ 산화제일구리

Q95

경납땜에 사용하는 용제는?

① 염화아연　② 붕산
③ 염화암모늄　④ 염산

Q96

경납땜에 사용되는 용제(Flux)는?

① 염산　② 염화암모늄
③ 송진　④ 붕사

Q97

연납땜에 가장 많이 사용되는 용가재는?

① 주석 납　② 인동 납
③ 양은 납　④ 황동 납

Q98

연납용 용제로만 구성되어 있는 것은?

① 붕사 – 붕산 – 염화아연
② 염화아연 – 염산 – 염화암모늄
③ 불화물 – 알카리 – 염산
④ 붕산염 – 염화암모늄 – 붕사

Q99

납땜법의 종류가 아닌 것은?

① 인두 납땜　② 가스 납땜
③ 초경 납땜　④ 노내 납땜

해설 연납땜(Soldering)
① 융점이 450℃이하의 용가재를 사용하여 납땜하는 방법이다.
② 사용되는 용가재는 주로 주석(Sn) – 납(Pb) 합금이며, 주석의 함유량에 따라 흡착 작용이

91. ①　92. ①　93. ②　94. ③　95. ②　96. ④　97. ①　98. ②　99. ③

달라진다. 즉 주석의 함유량이 많아지면 흡착 작용이 커져 이음강도가 커진다.
③ 사용 용제는 부식성 용제인 염화아연, 연화암모늄, 염산 등이 있으며, 비부식성 용제로는 송진, 수지, 올리브유 등이 있다.
④ 작업방법에는 인두 납땜, 가스 납땜, 노내 납땜, 전기 납땜 등이 있다.

Q100

경납용 용가재에 대한 각각의 설명이 틀린 것은?

① 은 납 : 구리, 은, 아연이 주성분으로 구성된 합금으로 인장강도, 전연성 등의 성질이 우수하다.
② 황동 납 : 구리와 니켈의 합금으로, 값이 저렴하여 공업용으로 많이 쓰인다.
③ 인동 납 : 구리가 주성분이며 소량의 은, 인을 포함한 합금으로 되어있다. 일반적으로 구리 및 구리합금의 땜납으로 쓰인다.
④ 알루미늄 납 : 일반적으로 알루미늄에 규소, 구리를 첨가하여 사용하며 용점은 600℃ 정도이다.

해설 경납땜(Brazing)

용융점이 낮은 금속을 녹여, 모세관 현상을 이용하여 두 모재 사이에 스며들어 가게 하여 접합하는 방법으로 450℃이상에서 납땜하는 방법이다. 사용되는 용가재로는 은납, 구리합금, 알루미늄합금, 금합금이 사용되고 있으며, 은납의 경우 은이 증가하면 가격은 올라가나 용점이 저하된다.

사용 용제로는 붕사, 붕산, 염화리튬, 빙정석, 산화제1동이 사용된다.

가열 방법으로는 토치, 고주파 유도, 저항 납땜방법 등이 있다.

경납의 종류

① 은납
- 은, 구리, 아연을 주성분으로 경우에 따라 카드뮴, 니켈, 주석 등을 첨가하여 만든다.
- 용점이 비교적 낮고 유동성이 좋다.
- 인장 강도, 전·연성이 우수하고 색깔이 은백색으로 미려
- 철강, 스테인리스강, 구리 및 구리합금 등에 쓰인다.
- 가격이 고가라는 단점이 있다.

② 구리납
- 구리 85%이상에 납을 말한다.
- 철강, 니켈 및 구리 - 니켈 합금의 쓰인다.

③ 황동납
- 구리와 아연을 주성분으로 한 납이다.
- 아연의 증가에 따라 인장 강도가 증가한다.
- 철강 및 구리 및 구리합금용이다.
- 과열로 인한 아연의 증발로 다공성의 이음이 되기 쉽다.

④ 인동납
- 구리를 주성분으로 소량에 은, 인을 포함한다.
- 유동성이 좋고 전기 전도도 및 기계적 성질이 좋다.
- 황을 함유한 고온 가스 중에서 사용은 피한다.

⑤ 알루미늄 납
- 알루미늄에 구리, 규소, 아연을 첨가한 납이다.
- 작업성이 떨어진다.

⑥ 양은납
- 구리(47%) - 아연(11%) - 니켈(42%)의 합금이다.
- 니켈의 함유량이 늘어나면 용점이 높아지고 색이 변한다.
- 용점이 높고 강인하여 철강, 동, 황동 모넬메탈 등에 사용

Q101

납땜을 가열방법에 따라 분류한 것이 아닌 것은?

① 인두납땜 ② 가스납땜
③ 유도가열납땜 ④ 수중납땜

Q102

경납땜을 설명한 것 중 잘못된 것은?

① 용융점이 450℃ 보다 높다.
② 알루미늄용 경납의 용접은 600℃ 정도이다.
③ 은납은 은, 구리, 아연이 주성분으로 된 합금이다.
④ 경납용 용제로는 주로 염화아연($ZnCl_2$)

정답 100. ② 101. ④ 102. ④

을 사용한다.

해설 용제
① 연납용 용제
- 부식성 용제인 염화아연, 염화암모늄, 염산 등
- 비부식성 용제로는 송진, 수지, 올리브유 등

② 경납용 용제는 붕사, 붕산, 염화리튬, 빙정석, 산화제1동이 사용된다.

Q103

내열합금용 경납땜재는?

① 구리 – 금납　② 황동납
③ 인동납　④ 은납

해설 은납은 철강, 스테인리스강, 구리 및 구리합금, 황동납은 철강 및 구리 및 구리합금용, 인동납은 황을 함유한 고온 가스 중에서 사용은 피한다. 내열 합금용은 구리 – 금납이 사용된다.

Q104

이음부에 납땜재와 용제를 발라 저항열을 이용하여 가열하는 방법으로 저항용접이 곤란한 금속의 납땜이나 작은 이종금속의 납땜에 적당한 방법은?

① 담금 납땜　② 저항 납땜
③ 노내 납땜　④ 유도 가열 납땜

해설 저항 납땜은 납재는 주로 은납, 인동 등을 사용하여 강, 동, 동합금, 니켈, 니켈 합금 등을 납땜 하며, 이음부에 납 땜재와 용제를 발라 저항열을 이용하여 가열하는 방법으로 짧은 시간에 이음이 가능하나, 물품의 크기에 제한을 받는다.

Q105

경납에 사용되는 용가재 중에서 구리가 주성분이며, 소량의 은, 인을 포함한 합금으로 되어 있는 것은?

① 양은 납　② 알루미늄 납
③ 인동 납　④ 망간 납

해설 인동납
① 구리를 주성분으로 소량에 은, 인을 포함한다.
② 유동성이 좋고 전기 전도도 및 기계적 성질이 좋다.
③ 황을 함유한 고온 가스 중에서 사용은 피한다.

Q106

구리가 주성분이며 소량의 은, 인을 포함하여 전기 및 열전도도가 뛰어나므로 구리나 구리합금의 납땜에 적합한 것은?

① 구리납 또는 황동납
② 인동납
③ 금납
④ 내열납

Q107

은, 구리, 아연이 주성분으로 된 합금이며 인장강도, 전연성 등의 성질이 우수하여 구리, 구리합금, 철강, 스테인리스강 등에 사용되는 납은?

① 마그네슘 납　② 인동납
③ 은납　④ 알루미늄납

Q108

산소 – 아세틸렌가스로 경납땜할 때, 차광번호로 맞는 것은?

① 2 – 4　② 6 – 7
③ 8 – 9　④ 10 – 11

해설 연납땜의 경우 2번, 경납땜의 경우 3 ~ 4

정답 103. ①　104. ②　105. ③　106. ②　107. ③　108. ①

Q109

기체나 액체 연료를 토치나 버너로 연소시켜 그 불꽃을 이용하여 납땜하는 것은?

① 유도가열납땜
② 담금납땜
③ 가스납땜
④ 저항납땜

해설 납땜의 작업방법에는 인두 납땜, 가스 납땜, 전기 납땜, 노내 납땜 등이 있다. 여기서 가스 납땜은 기체나 액체 연료를 토치나 버너로 연소시켜 그 불꽃을 이용하여 납땜하는 방법이다.

Q110

주성분이 은, 구리, 아연의 합금인 경납으로 인장강도, 전연성 등의 성질이 우수하여 구리, 구리합금, 철강, 스테인리스강 등에 사용되는 납재는?

① 양은납 ② 알루미늄납
③ 은납 ④ 내열납

해설 은납
① 은, 구리, 아연을 주성분으로 경우에 따라 카드뮴, 니켈, 주석 등을 첨가하여 만든다.
② 융점이 비교적 낮고 유동성이 좋다.
③ 인장 강도, 전·연성이 우수하고 색깔이 은백색으로 미려
④ 철강, 스테인리스강, 구리 및 구리합금 등에 쓰인다.
⑤ 가격이 고가라는 단점이 있다.

Q111

땜납을 인두에 녹였을 때, 색깔이 회색으로 변하였다. 가장 타당한 이유는?

① 인두의 온도가 너무 높다.
② 용제가 적다.
③ 인두의 온도가 너무 낮다.
④ 용제가 인두에 많이 묻었다.

해설 땜납을 녹일 때 인두의 온도가 너무 높으면 납이 타서 회색으로 변한다. 아울러 인두의 온도나 너무 낮아 장시간 가열해도 색깔이 회색으로 변할 수 있다.

Q112

다음 경납 중 내열 합금용 납땜재인 것은?

① 구리 – 금납 ② 황동납
③ 인동납 ④ 은납

해설 ① 은납은 철강, 스테인리스강, 구리 및 구리합금
② 황동납은 철강 및 구리 및 구리합금용
③ 인동납은 황을 함유한 고온 가스 중에서 사용은 피한다.
④ 내열 합금용은 구리 – 금납이 사용된다.

Q113

황동납의 주성분은?

① 구리 + 아연 ② 은 + 구리
③ 알루미늄 + 구리 ④ 구리 + 금납

해설 황동납
① 구리와 아연을 주성분으로 한 납이다.
② 아연의 증가에 따라 인장 강도가 증가한다.
③ 철강 및 구리 및 구리합금용이다.
④ 과열로 인한 아연의 증발로 다공성의 이음이 되기 쉽다.

Q114

텅스텐용의 땜납 종류가 아닌 것은?

① 구리(Cu)
② 구리 – 은(Cu – Ag)
③ 니켈(Ni)
④ 니켈 – 구리(Ni – Cu)

해설 은납
① 은, 구리, 아연을 주성분으로 경우에 따라 카드뮴, 니켈, 주석 등을 첨가하여 만든다.
② 융점이 비교적 낮고 유동성이 좋다.

정답 109. ③ 110. ③ 111. ① 112. ① 113. ① 114. ②

③ 인장 강도, 전·연성이 우수하고 색깔이 은백색으로 미려
④ 철강, 스테인리스강, 구리 및 구리합금 등에 쓰인다.
⑤ 가격이 고가라는 단점이 있다.

Q115

전기 저항 열을 이용한 납땜 방법은?

① 가스 납땜
② 유도 가열 납땜
③ 노내 납땜
④ 저항 납땜

해설 저항 경납땜
① 전류를 흘려 저항 발열을 이용하여 접합하는 방법
② 짧은 시간에 이음이 가능하나, 물품의 크기에 제한을 받는다.

Q116

스테인리스 강판을 납땜하기 곤란한 이유는?

① 경도가 높으므로
② 재질이 강하므로
③ 니켈을 함유하고 있으므로
④ 강한 산화막이 있으므로

해설 알루미늄, 스테인리스는 강한 산화막을 가지고 있어 용접 및 절단이 곤란하다.

정답 115. ④ 116. ④

04

특수용접

1. 불활성 가스 아크 용접

아르곤(Ar) 또는 헬륨(He) 등 고온에서 다른 금속과 반응하지 않는 불활성 가스(Inert Gas)속에서 텅스텐 전극 또는 금속 전극과 모재와의 사이에 아크를 발생시켜 그 열로 용접하는 방법이다.

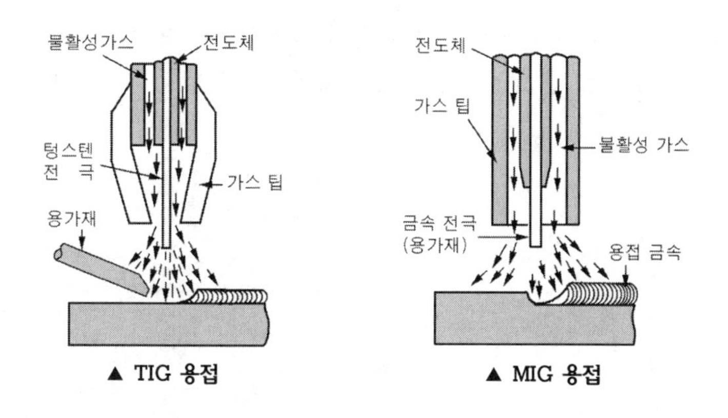

▲ TIG 용접　　▲ MIG 용접

> **참고** 불활성 가스는 18족의 가스로 다른 기체와 반응하지 않아 비활성 가스라고도 한다. 그 가스의 종류로는 헬륨(He), 네온(Ne), 아르곤(Ar), 크립톤(Kr), 크세논(Xe), 라돈(Rn) 등이 있다.

(1) 불활성 가스 아크 용접의 장·단점

① 장점

㉠ 고 능률적이며 전 자세 용접에 적합하다.

㉡ 피복제와 용제는 필요 없으며, 대신 보호 가스로 불활성 가스인 헬륨(He), 아르곤(Ar) 등을 사용한다.

㉢ 산화가 쉬운 금속의 용접에 적합하며, 비철 금속 용접이 용이하다.

㉣ 용착부의 제반 성질이 우수하다.

② **단점**

㉠ 장비가 고가이며, 설비비가 비싸다.

㉡ 실외 작업에서 바람이 부는 곳에서 사용하기 곤란하다.

㉢ 슬랙이 형성되지 않아 냉각 속도가 빨라 용착 금속의 기계적 성질이 변할 수 있다.

㉣ 토치가 용접부에 닿을 수 없는 경우 용접이 곤란하다.

(2) 불활성 가스 텅스텐 아크 용접(GTAW)의 원리

불활성 가스 텅스텐 아크 용접은 텅스텐 전극을 사용하여 발생한 아크열로 모재를 용융시켜 접합하며, 용가재를 공급하여 모재와 함께 용융시킨다. 보호 가스로는 모재와 텅스텐 용접봉의 산화를 방지하기 위하여 불활성 가스인 아르곤(Ar), 헬륨(He) 등을 사용하므로 TIG(Tungsten inert Gas)용접으로 부르기도 한다. 상품명으로는 헬륨－아크 용접, 아르곤 용접 등으로 불린다.

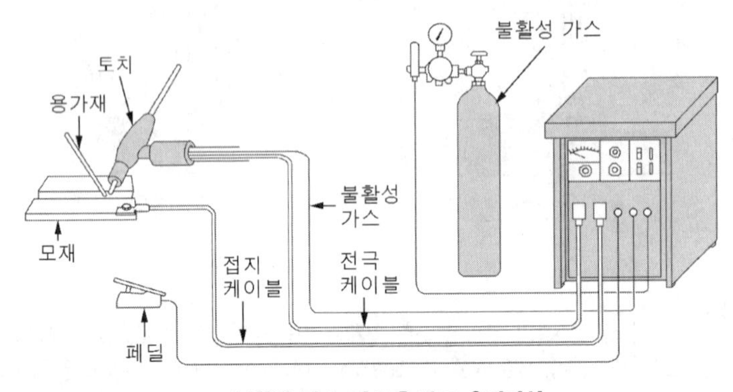

▲ 불활성 가스 텅스텐 아크 용접장치

① **불활성 가스 텅스텐 아크 용접 특징**

㉠ 전극은 텅스텐 전극을 사용. 전자 방사 능력을 높이기 위하여 토륨을 1~2% 함유한 토륨 텅스텐봉이 사용된다.

㉡ 전극은 비용극식, 비소모식이라 하여 직접 용가재로 사용하지 않고, 용접전원으로는 직류, 교류가 모두 쓰인다.

② 불활성 가스 텅스텐 아크 용접의 장·단점

㉠ 장점

- 용접된 부분이 더 강해진다.
- 연성 내부식성이 증가한다.
- 플럭스가 불필요하며 비철금속 용접이 용이하다.
- 보호 가스가 투명하여 용접사가 용접 상황을 잘 확인 할 수 있다.
- 용접 스팩터를 최소한으로 하여 전자세 용접이 가능하다.
- 용접부 변형이 적다.

㉡ 단점

- 소모성 용접을 쓰는 용접 방법보다 용접 속도가 느리다.
- 텡스텐 전극이 오염될 경우 용접부가 단단하고 취성을 가질 수 있다.
- 용가재의 끝 부분이 공기에 노출되면 용접부의 금속이 오염된다.
- 가격이 고가(텡스텐 전극이 가격 상승을 초래, 용접기 가격도 고가)이다.
- 후판에는 사용할 수 없다.(3mm 이하에 박판에 사용된다. 주로 0.4 ~ 0.8mm 에 쓰임)

③ 불활성 가스 텅스텐 아크 용접 전원

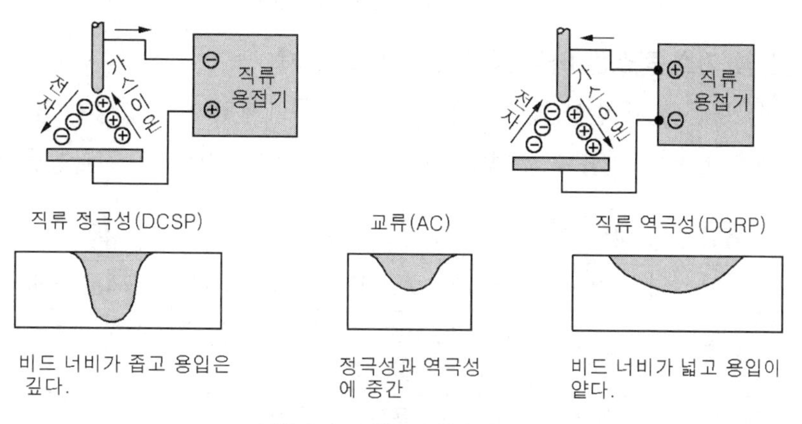

▲ 불활성 가스 아크 용접의 극성 비교

㉠ 직류 정극성(폭이 좁고 깊은 용입을 얻음) → 높은 전류, 용접봉은 정극성 일 때는 끝을 뾰족하게 가공, 용입이 깊고, 비드폭은 좁아지며, 용접 속도가 빠르다.

㉡ 직류 역극성(폭이 넓고 얕은 용입을 얻음) → 청정작용이 있다. 특수한 경우 Al,

Mg등의 박판 용접에만 쓰이고 있다. 용입이 얕고, 비드폭은 넓어진다. 정극성에 비해 전극이 가열되어 소모되기 쉬워 전극 지름이 4배정도 큰 사이즈를 사용한다.

참고 청정 작용이란 아르곤 가스의 이온이 모재 표면 산화막에 충돌하여 산화 막을 파괴 제거하는 작용

㉢ 교류를 사용할 때는 아크가 불안정하므로 고주파 약 전류를 이용한다. 용입과 비드 폭은 정극성과 역극성의 중간 정도이며 약간에 청정 작용도 있다.

참고 알루미늄의 티그 용접시 교류전원을 사용하는 이유는 알루미늄의 티그 용접에서는 역극성을 사용하게 되면 용제 없이도 용접이 쉽고 청정 작용이 있으나 전극이 가열되어 용착 금속에 혼입되는 수가 있고 아크가 불안정하게 되며, 용접 조작이 어렵고, 정극성을 사용하게 되면 청정작용이 없으므로 역극성과 정극성의 혼합이라 할 수 있는 교류를 사용한다.

④ 용접 전류에 고주파 전류를 더했을 때 장점

㉠ 전극을 모재에 접촉시키지 않아도 아크가 발생한다.
㉡ 아크가 대단히 안정하며, 아크 길이가 길어져도 끊어지지 않는다.
㉢ 전극을 접촉시키지 않아도 되므로 전극의 수명이 길어진다.
㉣ 일정 지름의 전극에 대하여 광범위한 전류의 사용이 가능하다.

⑤ 불활성 가스 텅스텐 아크 용접 전극봉 및 토치

㉠ 전극봉은 전자 방사 능력이 좋고, 낮은 전류에서도 아크 발생이 쉽고 오손 또한 적은 토륨 1~2%를 포함한 텅스텐(용융점이 3,400℃) 전극봉을 사용한다.

종류	색 구분	용도
순 텅스텐	초록	낮은 전류를 사용하는 용접에 사용, 가격은 저가
1% 토륨	노랑	전류 전도성이 우수하며, 순 텅스텐 보다 가격은 다소 고가이나 수명이 길다.
2% 토륨	빨강	박판 정밀 용접에 사용한다.
지르코니아	갈색	교류 용접에 주로 사용한다.

참고 티그용접에서 텅스텐 전극봉의 돌출길이는 맞대기 3 ~ 5mm가 적당하다. 필릿 용접에서는 6 ~ 9mm가 적당하다.

㉡ 토치는 공랭식과 수랭식(200A 이상)이 있으며, 그 형태는 직선형 토치, 플렉시블형 토치, T형 토치가 있다.

참고 ① 티그 토치의 가스팁 재질 : 세라믹, 유리 금속으로 높은 열에 잘 견딜 수 있고 용접봉으로부터 열을 빨리 발산할 수 있는 것을 사용
② 직경 : 텅스텐 전극봉 직경의 4~6배로 컵의 사이즈가 너무 작으면 과열되어 잘 깨어지고, 너무 크면 가스 보호 효과가 떨어져 가스 소모가 많다.

⑥ **불활성 가스 텅스텐 아크 용접의 보호 가스** : 실드 가스는 주로 아르곤이 사용되나 헬륨이 사용되기도 한다. 아르곤이 헬륨에 비해 이온화 에너지가 작아 아크의 발생이 용이하며, 공기보다 무겁기 때문에 아래보기 용접자세에서 용융부의 보호성이 양호하며 가격도 아르곤 가스가 저렴하다. 헬륨을 사용하면 고온의 아크로 인하여 용입이 증가하여 열전도가 높은 알루미늄 합금 등을 용접하는데 적당하다.

비교 내용	아르곤	헬륨
아크 전압	낮다.	높다.
아크 발생	쉽다.	어렵다.
아크 안정	우수	불량
청정 작용	우수(DCRP와 AC)	거의 없다.
용입(모재 두께)	얕다(박판)	깊다(후판)
열 영향부	넓다.	좁다.
가스 소모량	적다.	많다.
사용 용접법	수동 용접	자동 용접

참고 가스 퍼징(Gas Purging)이란 일정한 이면 비드를 얻기 위해 용접기 전면과 같이 뒷면에도 아르곤 또는 헬륨을 공급해서 용착 금속의 산화를 방지하는 것(가스 공급량 27 ℓ/min)이다.

아르곤 용기의 색은 회색이며 충전기압은 약 140kgf/cm^{2}이다.

⑦ **불활성 가스 텅스텐 아크 용접 작업**

㉠ 용융점이 낮은 금속 즉 납, 주석 또는 주석의 합금 등의 용접에는 이용되지 않는다.

㉡ 아크를 발생하는 방법은 모재와 접촉에 의한 방법, 고전압에 의한 방법, 고주파에 의한 방법(직류인 경우 아크 발생 초기만 사용하며, 교류인 경우에는 사용 중에도 발생)

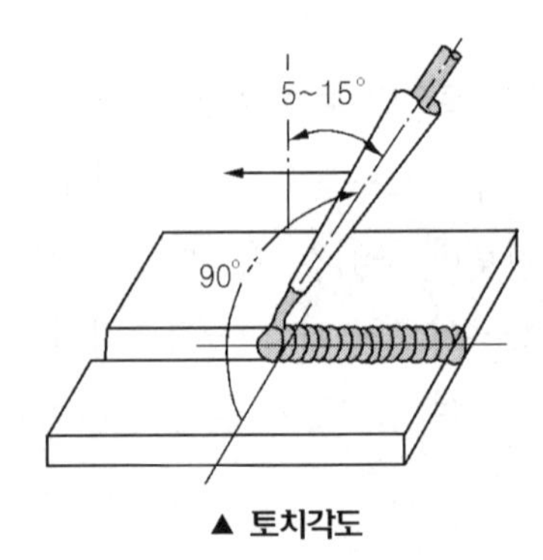

▲ 토치각도

> **참고** 티그 용접에서 아크 원더링(흔들림)의 원인으로는 아르곤 가스에 공기가 혼입되었을 때, 전극의 끝이 불량할 때, 전극의 전류밀도가 낮은 경우, 자기에 의한 영향을 받을 경우 아크 원더링이 발생한다.
> 불활성 가스 용접시 용접전· 후에도 가스를 약간씩 유출시켜야 하는 이유는, 용접 전에는 도관이나 토치에 있는 공기를 배출시키기 위해서이고, 용접 후에는 가열된 상태의 용접부 및 텅스텐 전극이 산화 혹은 질화되는 것을 방지하기 위해서이다.

㉢ 티그 용접에서 제어 장치에는 아르곤 가스 개폐 제어 장치, 용접 와이어의 기동 정지 및 속도 제어 장치, 용접 전류의 조절 장치, 반자동식 와이어 송급 속도 원격 제어 장치 등이 있다.

> **참고** 아르곤 펄스 용접의 장점으로는 이면 비드 용접, 전자세 용접이 용이하며, 두께의 차이가 있는 용접 및 이종 합금의 용접이 용이하다. 또한 용접 조건이나 이음의 정밀도에 여유가 크며, 아크의 안정성과 지향성이 강해서 용접의 작업성이 향상된다. 용접 입열과 열확산의 균형이 좋아 고품질의 용접이 가능하며, 박판(0.5mm)의 용접이 용이하다. 끝으로 용접 비드가 좋고 용접 변형 및 용접 결함이 적다.

(3) 불활성 가스 금속 아크 용접(GMAW)의 원리

가스 메탈 아크 용접은 기본적으로 용가재로서 작용하는 소모전극 와이어를 일정한 속도로 용융지에 송급하면서 전류를 통하여 와이어와 모재사이에서 아크가 발생되도록 하는 용접법이다. 상품명으로는 에어코우메틱, 시그마, 필터 아크, 아르고노오트 용접법 등으로 불린다.

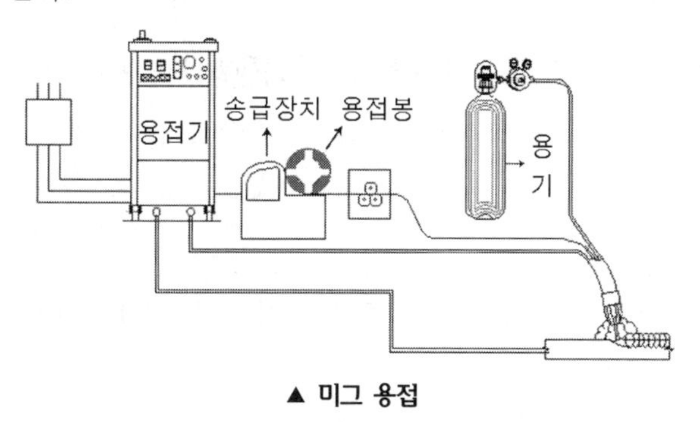

▲ 미그 용접

① 불활성 가스 금속 아크 용접의 특징

㉠ 전극 자체가 용접봉이어서 녹으므로 용극식, 소모식이라 한다.

㉡ 전류 밀도가 티그 용접의 2배, 일반 용접의 4 ~ 6배로 매우 크고 용적이행은 스프레이형이다.

㉢ 전 자세 용접이 가능하고 판 두께가 3 ~ 4mm 이상의 Al·Cu합금, 스테인리스강, 연강 용접에 이용된다.

② 불활성 가스 금속 아크 용접의 장·단점

㉠ 장점

- 용접기 조작이 간단하여 손쉽게 용접할 수 있다.
- 용접 속도가 빠르다.
- 슬랙이 없고 스팩터가 최소로 되기 때문에 용접 후 처리가 불필요하다.
- 용착 효율이 좋다 (수동 피복 아크 용접 60% MIG는 95%)
- 전자세 용접이 가능하며, 용입이 크며, 전류밀도는 티그 용접의 2배, 일반 용접의 4 ~ 6배로 매우 크고 용적이 행은 스프레이형이다.

㉡ 단점

- 장비가 고가이고, 이동해서 사용하기 곤란하다.

- 토치가 용접부에 접근하기 곤란한 경우 용접하기 어렵다.
- 슬랙이 없기 때문에 취성이 발생할 우려가 있다.
- 옥외에서 사용하기 힘들다.

③ **불활성 가스 금속 아크 용접의 전원** : 불활성 가스 금속 아크 용접은 반자동 및 자동 용접이므로 전원은 정전압 특성을 가진 직류 역극성이 주로 사용된다.

④ **불활성 가스 금속 아크 용접의 용융 금속 이행형태** : 용융 금속의 이형형태에 영향을 주는 인자는 용접봉 사이즈, 용접 전류 및 전압, 보호 가스, 용접봉의 돌출길이 등이다.

㉠ 단락형

- 큰 용융 쇳물이 용융지에 접촉하고 표면 장력에 의해 모재로 1초에 20~200회 이행한다.
- 비교적 낮은 전류에서 발생한다.
- 탄산 가스를 실드가스로 사용할 때 일어난다.
- 박판 용접에 적합하다.
- 전자세 용접이 가능하다.

㉡ 입적 이행

- 용접봉 끝에서 쇳물 방울이 와이어 직경의 2~3배 크기로 되어 모재로 이행한다.
- 모든 종류의 실드가스에서 발생한다.
- 낮은 전류 밀도에서 발생한다.
- 아크가 불안정해 지고 용입이 얕으며, 스팩터가 많이 발생한다.
- 위보기 자세에는 사용이 불가능하다.

㉢ 스프레이형 이행(분무형 이행)

- 용접봉의 직경과 같거나 작은 용적이 급속한 분무형태로 이행한다.
- 높은 전류밀도에서 발생한다.
- 실드가스로서 불활성 가스를 80%이상 사용할 때 일어난다.
- 용접 입열이 크고 용입이 깊기 때문에 3.2mm이상의 후판에 좋다.
- 전자세 용접이 가능하다.

⑤ 불활성 가스 금속 아크 용접의 가스

㉠ He 가스는 Ar가스를 사용할 때보다 용입 및 속도를 증가 시킬 수 있다.

㉡ 실드 가스의 종류

종 류	용도 및 특징
아르곤	전류 밀도가 크고, 청정 능력이 좋다.
헬륨	용입이 비교적 얕고, 비드 폭이 넓어진다. Al, Mg 같은 비철 금속에 이용
아르곤 + 헬륨(25%)	용입이 깊고, 아크 안정성이 우수하다. 후판에 사용되며, 모재 두께가 두꺼울수록 헬륨의 함량을 증가 시키면 된다.
아르곤 + 탄산가스	아크가 안정되고, 용융 금속의 이행을 빨리 촉진 시켜 스패터를 줄일 수 있다. 연강, 저 합금강, 스테인리스강의 용접에 이용된다.
아르곤 + 헬륨(90%) + 탄산가스	단락형 이행으로 주로 오스테나이트계 스테인리스강 용접에 사용된다.
아르곤 + 산소(1 ~ 5%)	언더컷을 방지 할 수 있고, 스테인리스강 용접에 주로 사용된다.

⑥ 불활성 가스 금속 아크 용접 작업

㉠ 사용 토치는 공랭식(200A이하), 수냉식이 있다.

㉡ 아크 길이는 6 ~ 8mm를 사용하며 전진법을 주로 사용하며, 일반적으로 진행각은 10~15° 작업각은 30 ~ 35°로 한다.

전진법	후진법
• 용접선이 잘 보이므로 운봉을 정확하게 할 수 있다. • 비드 높이가 낮고 평탄한 비드가 형성된다. • 스패터가 비교적 많으며 진행 방향으로 흩어진다. • 용착금속이 아크보다 앞서기 쉬워 용입이 얕아진다.	• 용접선이 노즐에 가려 운봉을 정확하게 하기 어렵다. • 높이가 약간 높고 폭이 좁은 비드를 얻을 수 있다. • 아크가 안정적이며, 스패터의 발생이 적다. • 용융금속이 앞서나가지 않아 깊은 용입을 얻는다. • 비드 형상이 잘 보이기 때문에 비드의 폭과 높이 등을 제어하기 쉽다.

㉢ 용접에 영향을 주는 변수

- 전류 : 용접 전류와 와이어 송급 속도는 돌출 길이가 일정하면 거의 정비례한다. 같은 직경의 와이어에서 전류가 증가하면 전류밀도가 커져서 용입과 와이어의 용융속도는 증가한다.
- 전압 : 용접 금속에 이행 형태에 중요한 영향을 주는 요소로 단락형 용접에서는 비교적 낮은 전압인데 비하여 분무형 이행은 높은 전압이어야 한다. 용접 전류와 와이어 용융 속도가 증가하면 아크 안정을 위하여 전압을 다소 증가하여야 한다. 적정 전압보다 아크 전압이 높아지면 비드폭이 넓어지고, 표면 덧살은 낮아지며, 스팩터가 많아진다.
- 돌출길이 : 전류 접촉팁에서 와이어 끝까지 거리를 말하며, 만일 돌출길이가 증가하면 용가재의 용착 속도를 증가시켜 비드 높이를 증가시키고, 용접 전류와 용입을 감소시킨다. 돌출길이가 감소할 때는 비드 높이를 감소시키며, 용접전류와 용입을 증가시킨다.
- 용접속도는 모재 두께가 증가할수록 용접 속도는 늦게 해야 한다. 같은 이음 형상과 재료 두께에서는 전류가 증가하면 용접속도는 증가한다. 일반적으로 전진법으로 하면 용접속도는 빨라진다.
- 용접봉 직경 : 같은 전류에서 용접봉 직경이 작아지면 전류밀도가 커지므로 용입이 깊어지고, 동시에 용접봉의 용착속도가 증가하므로 용접속도에도 영향을 준다.
- 모재의 기울임 : 모재의 기울임에 따라 상향용접에 비드와 하향 용접의 비드가 달라진다.

㉣ 와이어 송급 방식

- 푸쉬(Push) 방식 : 반자동 용접에 적합
- 풀(Pull) 방식 : 송급시 마찰저항을 작게하여 와이어 송급을 원활하게 한 방식으로 직경이 작고 연한 와이어에 이용
- 푸쉬 – 풀 방식 : 송급 튜브가 길고 연한 재료에 사용이 가능하나. 조작이 불편하다.

참고 미그 용접과 마그 용접의 차이점은 미그 용접은 사용가스로 아르곤이나 헬륨을 사용하며, 마그(MAG)용접은 가스를 2가지 이상 혼합하여 사용하는 것을 말한다.

2. 서브머지드 아크 용접(Submerged Arc Welding)

용접부 표면에 입상의 플럭스를 공급 살포하고, 그 플럭스속에 연속적으로 전극 와이어를 송급하여 와이어 선단과 모재사이에 아크를 발생시키는 용접법이다. 발생된 아크열은 와이어, 모재 및 플럭스를 용융시키며, 용융된 플럭스는 슬랙을 형성하고 용융금속은 용접비드를 형성한다. 서브머지드 아크 용접은 용접 아크가 플럭스 내부에서 발생하여 외부로 노출되지 않기 때문에 잠호용접이라고도 부른다.

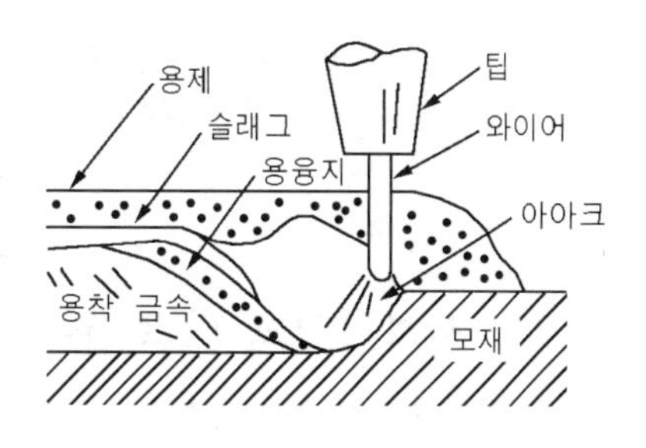

(1) 서브머지드 아크 용접의 장·단점

① **장점**

㉠ 고전류 사용이 가능하여 용착 속도가 빠르고 용입이 깊다.(용접속도가 수동 용접에 비해 10 ~ 20배, 용입은 2 ~ 3배 정도가 커서 능률적이다.)

㉡ 기계적 성질이 우수하다.

㉢ 유해 광선이 적게 발생하여 작업 환경이 깨끗하다.

㉣ 비드 외관이 아름답다.

㉤ 열효율이 높다.

㉥ 용접 조건만 일정하면 용접사의 기량차에 의한 품질에 영향을 주지 않아 신뢰도를 높일 수 있다.

㉦ 용접 홈의 크기가 작아도 되며 용접 재료의 소비 및 용접 변형이 적다.

㉧ 한 번 용접으로 75mm까지 용접이 가능하다.

㉨ 용제(Flux)에 의한 불순물 제거로 품질이 우수하다.

② **단점**

㉠ 장비의 가격이 고가이다.

㉡ 용접선이 짧거나 복잡한 경우 수동에 비하여 비능률적이다.

㉢ 용접 상태를 육안으로 확인이 곤란하여 치명적인 결함을 식별할 수 없다.

㉣ 적용 자세에 제한을 받는다.(대부분 아래보기 자세)

㉤ 적용 소재에 제약을 받는다.(탄소강, 저합금강, 스테인리스강 등에 사용)

㉥ 용접 홈의 정밀도가 좋아야 한다.
㉦ 용제(Flux)에 흡습에 주의하여야 한다.
㉧ 입열량이 커서 용접 금속의 결정립의 조대화로 충격값이 커진다.

참고 서브머지드 아크 용접의 홈의 정밀도는 루트 간격 0.8mm이하, 루트면 7 ~ 16mm 홈 각도 오차 ±5°, 루트 오차 ±1mm가 요구된다.

(2) 서브머지드 아크 용접의 용제

① 서브머지드 용접의 용제 조건

㉠ 적당한 용융 온도 및 점성을 가져 양호한 비드를 얻을 수 있을 것
㉡ 용착 금속에 적당한 합금원소의 첨가할 수 있고 탈산, 탈황 등의 정련작용으로 양호한 용착금속을 얻을 수 있을 것
㉢ 적당한 입도를 가져 아크의 보호성이 좋을 것
㉣ 용접 후 슬랙의 박리성이 좋을 것

참고 용제의 역할은 아크 안정, 절연 작용, 용접부의 오염 방지, 합금 원소 첨가, 급랭 방지, 탈산 정련 작용 등

② **서브머지드 용접의 용제의 종류** : 소결형 용제는 용융형 용제보다 용입이 얕고(용융형에 70 ~ 80%) 비드폭이 넓어지므로 소결형 용제를 사용할 때는 가능한 홈을 깊게하고 전류를 높이며 전압을 낮게한다. 소결형 용제는 용융형 용제에 비하여 겉보기 비중이 매우 작아 살포량을 용융형 보다 20 ~ 50% 높게 해야 한다. 용제의 살포 량이 너무 많으면 가스가 밖으로 배출되지 못해 기공 발생 우려가 있고 너무 적으면 아크가 노출되어 용접부를 보호 할 수 없어 비드가 거칠고 기공이 생길 수 있다.

㉠ 용융형 용제

- 외관은 유리 형상의 형태
- 흡습성이 적어 보관이 편리하다.
- 화학 성분에 따라 미국 LINDE사의 상표이 G20, G50, G80 등으로 표시
- 용제에 합금 첨가제가 거의 들어가 있지 않아 용접 후 원하는 기계적 성질에 따라 적당한 와이어를 선정하여야 한다.

- 입자는 입도로 표시(20 × 200, 20 × D : 20메시(mesh)에서 200메시까지, 20메시 미분까지 포함)
- 입자가 가늘수록 고 전류를 사용하며, 용입이 얕고 비드 폭이 넓은 평활한 비드를 얻을 수 있다.
- 전류가 낮을 때는 굵은 입자를, 전류가 높을 때는 가는 입자를 사용한다.

㉡ 소결형 용제

- 착색이 가능하여 식별이 가능하나 흡습성이 강해 장기 보관시 변질의 우려가 있다.
- 기계적 강도를 요구하는 곳에 합금제 첨가가 쉬워 사용되나 비드 외관은 용융형에 비해 거칠다.
- 용융형에 비해 비교적 넓은 재질에 응용 사용되고 있다.
- 용융형에 비해 슬랙 박리성이 좋고 미분 발생이 거의 없다.
- 다층 용접에는 적합하지 못하다.

㉢ 혼성형 용제 : 용융형 + 소결형

(3) 서브머지드 아크 용접의 전원

① 전극에 따른 분류

종 류	전극 배치	특 징	용 도
텐덤식	2개의 전극을 독립 전원에 접속한다.	비드 폭이 좁고 용입이 깊다. 용접 속도가 빠르다.	파이프라인에 용접에 사용
횡 직렬식	2개의 용접봉 중심이 한 곳에 만나도록 배치	아크 복사열에 의해 용접. 용입이 매우 얕다. 자기 불림이 생길 수가 있다.	육성 용접에 주로 사용한다.
횡 병렬식	2개 이상의 용접봉을 나란히 옆으로 배열	용입은 중간 정도이며 비드 폭이 넓어진다.	

② 직류 전원은 400A 이하의 역극성을 사용하여 박판, 구리 합금, 스테인레스 등에 응용 사용되고, 교류는 쏠림이 없고 그 종류는 전류에 따라 500A, 750A, 1000A, 2000A, 4000A의 용량이 있다. 일반적으로 전기 시설비가 많이 든다.

(4) 서브머지드 아크 용접 작업

① 용접 장치

㉠ 헤드

- 용접봉 송급 모터와 릴
- 용제 호퍼
- 제어 박스

㉡ 용접부에 용접봉을 공급하는 와이어 피너

㉢ 용접부에 에너지를 공급하는 전원

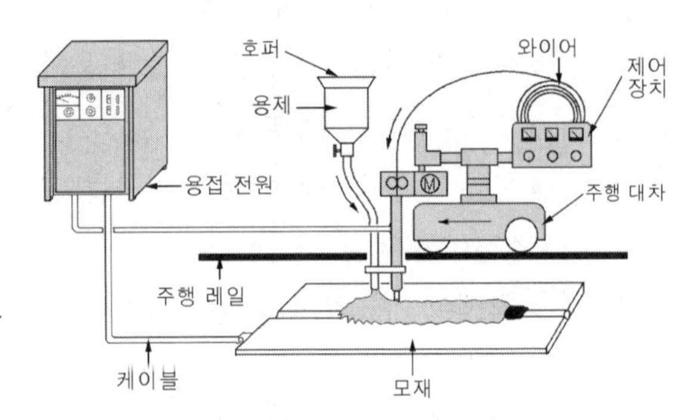

▲ 서브머지드 아크 용접장치

㉣ 플러스를 공급하고 저장하는 플럭스 코어

㉤ 용접부위를 이동하는 장치(주행대차)

> **참고** 서브 머지드 아크 용접기에서 아크 길이를 항상 일정하게 유지하기 위한 장치는 전압 제어 상자이며 원리는 아크 길이가 길어지면 높은 전압이 방전관의 그리드에 전해지고, 출력측의 고전압이 나타나며 와이어의 송급 전동기의 전압이 높아져 회전이 빨라지면서 아크 길이가 짧아진다. 반대로 길이가 짧아지면 송급 전동기의 전압이 낮아져 회전이 늦어져 아크 길이가 길어진다. 이러한 반복으로 아크 길이를 일정하게 유지할 수 있다.

② 서브머지드 용접의 와이어

㉠ 일반적으로 용접봉 직경에 따른 사용 전류 범위는(100 ~ 200) × 와이어 직경 = 전류에 관계

㉡ 와이어 종류는 맨 용접봉과 플럭스 코드 용접봉과 비슷한 형태로 공급된다.

㉢ 크기는 1.2 ~ 12.7mm가 있으며 보통은 2.4 ~ 7.9mm가 사용된다. 12.5kg(S), 25kg(M), 75kg(L)이 있다.

㉣ 와이어에 동을 도금하는 이유는 팁이나 콘텍트 죠의 전기적 접촉 양호 및 녹스는 것을 방지하며, 송급 롤러와 접촉을 원활하게 하기 위하여 도금을 한다.

㉤ EM6K(E : 전기 용접봉의 첫 자, M : 중망간(L : 저망간, H : 고망간), 6 : 탄소 함유량(0.06%), K : 원소재의 탈산 처리 유무)

③ 용접 방법

㉠ 전진법 : 용입 감소, 비드 폭이 증가, 비드 면이 편평

㉡ 후진법 : 용입 증가, 비드 폭이 좁고, 비드 면이 높아짐

> **참고** 비드 폭은 아크 전압에 비례한다. 용입은 전류에 비례하고 비드 폭과는 별로 관계없으며, 용접봉 직경 및 용접 속도에 반비례한다.

㉢ 용제에 두께는 양을 서서히 증가하면서 불빛이 새어 나오지 않도록 한다.

> **참고** 낮은 전류에서 굵은 입자를 가진 플럭스를 높은 전류에서는 가는 입자를 사용하여야 한다. 낮은 전류에서는 냉각 속도가 빠르므로 가는 입자를 가진 플럭스를 사용할 경우 용접할 때 발생되는 가스가 대기중으로 방출되지 못해 기포를 발생할 수 있고, 반대로 높은 전류에서 굵은 입자를 사용하면 대기로부터 용접부 보호가 불충분하게 되어 기포 및 표면 상태 거침, 언더컷 등이 발생될 수 있다.

㉣ 서브머지드 아크 용접의 뒤면 용접의 배킹재는 용제 백킹 용접, 용제 구리 백킹 용접, 용접 석면 백킹 용접이 있으나 수소 취화나 기공, 노치 등이 발생할 우려가 있다.

> **참고** 서브머지드 용접 후 균열발생 원인 탄소와 황의 편석, 수축 동공의 결합으로 일어나며, 용착금속의 폭과 깊이의 비가 너무 작을 때 발생한다. 그 대책으로는 용융 금속이 하부에서 상부로 냉각되게 하여 용착금속의 표면쪽으로 비스듬이 초기결정이 성장하도록 하며, 적당한 전류로 가능한 굵은 용접봉을 사용하여 용입을 감소시킨다.

㉤ 서브머지드 아크 용접에서 접촉 튜브 끝에서 돌출한 전극 와이어의 선단까지의 길이를 돌출길이라 하며, 돌출길이 증가시 용착 속도 증가, 용접 전류와 용입은 감소한다. 일반적으로 돌출길이는 와이어 직경의 8배정도가 적당하다.

> **참고** 서브머지드 용접시 가접할 경우 용접봉의 종류와 길이는 아크 용접보다 용접 입열이 크고 열량이 높으므로 가접을 약하게 할 경우 크랙이 발생할 여지가 많으므로 고장력강 용접봉, 또는 저수소계 용접봉을 사용하고 50 ~ 70정도의 가접이 좋다.

㉥ 서브머지드 아크 용접의 점화방법으로는 스틸 울 사용(Steel Wool), 탄소봉 점화, 전극봉 점화, 통전 방식 점화, 용접 금속에 의한 점화, 고주파 점화 등이 있다.

3. 이산화탄소 아크 용접

(1) 이산화탄소 아크 용접 원리

불활성 가스 금속 아크 용접과 원리가 같으며, 불활성 가스 대신 탄산가스를 사용한 용극식 용접법이다. 일반적으로 플럭스 코드가 많이 사용되며, 연강 용접에 적합하다.

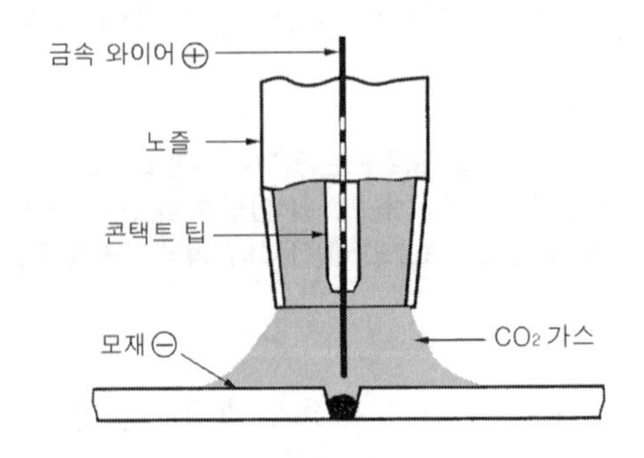

(2) 이산화탄소 아크 용접의 장·단점

① 장점

㉠ 가는 와이어로 고속 용접이 가능하며 수동 용접에 비해 용접 비용이 저렴하다.

㉡ 가시 아크이므로 시공이 편리하고, 스팩터가 적어 아크가 안정하다.

㉢ 전자세 용접이 가능하고 조작이 간단하다.

㉣ 잠호 용접에 비해 모재 표면에 녹과 거칠기에 둔감하다.

㉤ 미그 용접에 비해 용착 금속의 기공 발생이 적다.

㉥ 용접 전류의 밀도가 크므로 용입이 깊고, 용접속도를 매우 빠르게 할 수 있다.

㉦ 산화 및 질화가 되지 않은 양호한 용착 금속을 얻을 수 있다.

㉧ 보호가스가 저렴한 탄산가스라서 용접경비가 적게 든다.

㉨ 강도와 연신성이 우수하다.

② 단점

㉠ 이산화탄소 가스를 사용하므로 작업량 환기에 유의한다.

㉡ 비드 외관이 타 용접에 비해 거칠다

㉢ 고온 상태의 아크 중에서는 산화성이 크고 용착 금속의 산화가 심하여 기공 및 그 밖의 결함이 생기기 쉽다.

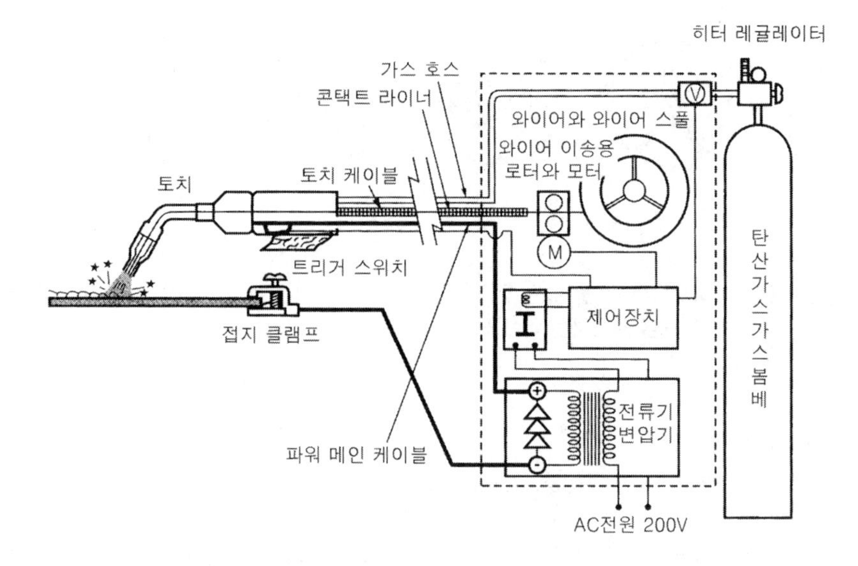

(3) 이산화탄소 아크 용접의 종류

① 용극식

㉠ 솔리드 와이어 이산화탄소법

㉡ 솔리드 와이어 혼합 가스법 : $CO_2 + O_2$법, $CO_2 + Ar$법, $CO_2 - Ar - O_2$법

㉢ 용제가 들어 있는 와이어 CO_2법

- 아아고스 아크법(컴파운드 와이어)
- 퓨즈 아크법
- 유니언 아크법(자성용)
- 버나드 아크 용접(NCG법)

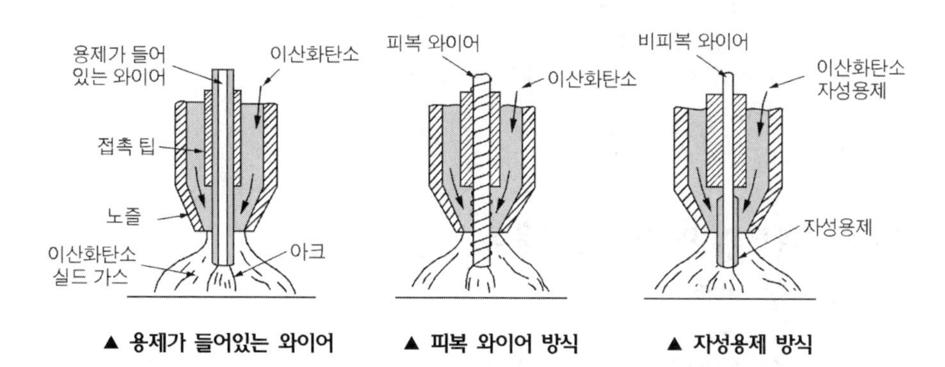

▲ 용제가 들어있는 와이어 ▲ 피복 와이어 방식 ▲ 자성용제 방식

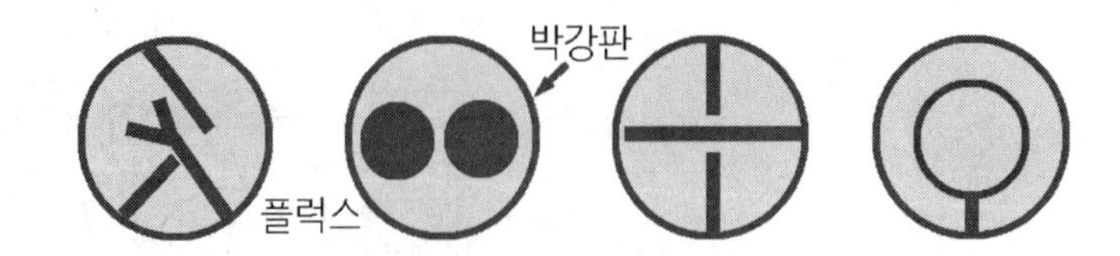

참고 용접봉속의 용제 즉 플럭스는 아크를 안정하게 하고 합금 첨가, 탈산제, 용착부에 슬랙 생성으로 용착 금속 등을 보호하는 역할을 한다.

② 비용극식

㉠ 탄소 아크법 ㉡ 텅스텐 아크법

참고 플럭스 코드 아크 용접(Flux Cored Arc Welding. FCAW)은 와이어의 단면적 감소로 인한 전류 밀도 상승으로 용착속도 증가하고, 플럭스에 의한 용접부의 금속학적 성질이 향상되며, 슬랙에 의한 매끄러운 비드 외관을 유지할 수 있으며, 수직 상진 용접에서 슬랙에 의한 비드 처짐 방지로 고전류 사용이 가능하다.

(4) 이산화탄소 아크 용접의 전원

정전압 특성이나 상승 특성을 이용한 직류 또는 교류를 사용한다.

(5) 이산화탄소 아크 용접의 와이어

0.9 ~ 2.4mm까지 있으나 주로 1.2 ~ 1.6mm가 주로 쓰임, 녹 방지를 위하여 구리 도금이 되어 있다. 크기는 10kg와 20kg가 있다.

참고 이산화탄소 아크 용접에서 팁과 모재와의 거리는 200A 이하에서는 10 ~ 15mm, 200A 이상에서는 15 ~ 25mm가 적당하다.
YGA-50W-1.2-20 (50W 용착 금속의 최소 인장 강도, 1.2는 와이어의 굵기, 20은 와이어의 무게)

(6) 이산화탄소 아크 용접의용도

철도, 차량, 건축, 조선, 전기기계, 토목 기계 등

참고 CO_2농도에 따른 인체의 영향 : 3 ~ 4% 두통, 15% 이상 위험, 30% 이상 치명적이다.

4. 넌 실드 아크 용접

① **원리** : 옥외에서 사용 가능하도록 플럭스가 첨가된 복합 와이어를 사용하여 용접을 진행한다.

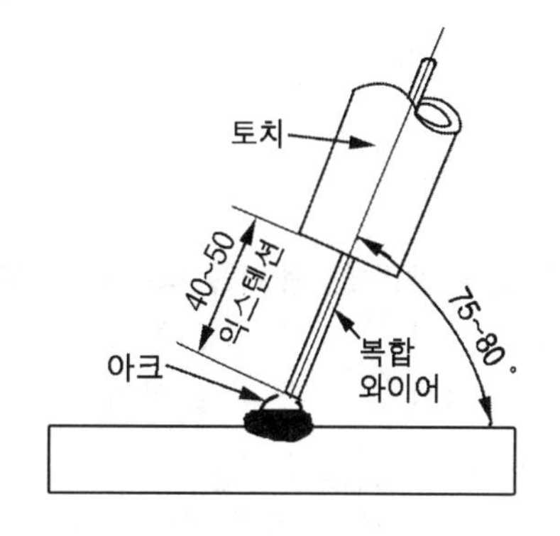

▲ 넌실드 아크 용접

② **특징**

㉠ 장점

- 보호 가스나 용제가 필요없다.
- 바람이있는 옥외에서 사용 가능하다.
- 전원으로는 교류 및 직류를 모두 사용 가능하다.
- 전자세 용접이 가능하다.
- 용접 비드가 아름답고 슬랙의 박리성이 우수하다.
- 용접 장치가 간단하고 운반이 편리하다.
- 아크를 중단하지 않고 연속 용접을 할 수 있다.

㉡ 단점

- 용착 금속에 기계적 성질이 다소 떨어진다.
- 와이어 가격이 고가이다.
- 아크 빛이 강하며, 보호 가스 발생이 많아 용접선이 잘 안 보인다.

참고 플러스 코드 와이어의 단면형상 중 튜브 형상은 스트립의 끝이 맞대기 형상을 하고 있는 경우로 이음부가 없거나 스트립의 끝이 겹쳐있는 형상, 심장 형상은 스트립의 양쪽 끝이 접혀져 와이어 안쪽으로 내려온 형상으로 제조회사에 따라 여러 가지가 있다. 끝으로 이중 겹침 형상은 튜브 내부에 또 다른 튜브를 가지고 있는 모양으로 외부공간에는 플럭스 성분을 채우고 내부공간에는 금속 분말을 첨가한다.

Q1

다음 중 아르곤 용기를 나타내는 색깔은?

① 황색　　② 녹색

③ 회색　　④ 흰색

해설 ① 아세틸렌 – 황색
② 산소 – 녹색(공업용), 백색(의료용)
③ 아르곤 – 회색
④ 수소 – 주황색
⑤ 이산화탄소 – 청색
⑥ 질소 – 회색, 의료용(흑색)

Q2

아르곤(Ar)가스는 일반적으로 용기에 다음 중 몇 기압(kgf/cm²)으로 충전하는가?

① 약 80

② 약 100

③ 약 140

④ 약 250

해설 아르곤 용기의 색은 회색이며 충전기압은 약 140kgf/cm²이다.

Q3

TIG용접 및 MIG용접에 사용되는 불활성가스로 맞는 것은?

① 수소가스

② 아르곤가스

③ 탄산가스

④ 질소가스

해설 불활성 가스는 18족의 가스로 다른 기체와 반응하지 않아 비활성 가스라고도 한다. 그 가스의 종류로는 헬륨(He), 네온(Ne), 아르곤(Ar), 크립톤(Kr), 크세논(Xe), 라돈(Rn) 등이 있다.

비교 내용	아르곤	헬륨
아크 전압	낮다.	높다.
아크 발생	쉽다.	어렵다.
아크 안정	우수	불량
청정 작용	우수(DCRP와 AC)	거의 없다.
용입(모재 두께)	얕다(박판)	깊다(후판)
열 영향부	넓다.	좁다.
가스 소모량	적다.	많다.
사용 용접법	수동 용접	자동 용접

Q4

불활성 가스 아크용접에 주로 사용되는 가스는?

① CO_2

② Ce

③ Ar

④ C_2H_2

Q5

불활성 가스의 종류에 해당되지 않는 것은?

① 아르곤(Ar)

② 헬륨(He)

③ 네온(Ne)

④ 질소(N_2)

정답 1. ③　2. ③　3. ②　4. ③　5. ④

Q6

불활성 가스 아크용접에서 티그(TIG) 용접의 전극봉은?

① 니켈
② 탄소강
③ 텅스텐
④ 저합금강

해설 티그(TIG(Tungsten Inert Gas)) 전극봉
① 전극은 텅스텐 전극을 사용. 전자 방사 능력이 좋고, 낮은 전류에서도 아크 발생이 쉽고 오손 또한 적은 토륨 1~2%를 포함한 텅스텐 전극봉을 사용한다.
② 전극은 비용극식, 비소모식이라 하며 용접전원으로는 직류, 교류가 모두 쓰인다.
③ 종류

종류	색 구분	용 도
순 텅스텐	초록	낮은 전류를 사용하는 용접에 사용, 가격은 저가
1% 토륨	노랑	전류 전도성이 우수하며, 순 텅스텐 보다 가격은 다소 고가이나 수명이 길다.
2% 토륨	빨강	박판 정밀 용접에 사용한다.
지르코니아	갈색	교류 용접에 주로 사용한다.

Q7

불활성가스 텅스텐 아크용접에서 전자방사 능력이 현저하게 뛰어나고 아크발생이 용이하며 불순물 부착이 적고 전극의 소모가 적어 직류정극성에는 좋으나 교류에는 좋지 않은 것으로 주로 강, 스테인리스강, 동합금 용접에 사용되는 전극봉은?

① 순 텅스텐 전극봉
② 토륨 텅스텐 전극봉
③ 니켈 텅스텐 전극봉
④ 지르코늄 텅스텐 전극봉

Q8

전극봉을 직접 용가재로 사용하지 않는 것은?

① MIG 용접
② TIG 용접
③ 서브머지드 아크 용접
④ 피복 아크 용접

Q9

TIG용접의 전극봉에서 전극의 조건으로 잘못된 것은?

① 고용융점의 금속
② 전자방출이 잘되는 금속
③ 전기 저항률이 높은 금속
④ 열전도성이 좋은 금속

Q10

TIG 용접법에 대한 설명으로 틀린 것은?

① 금속 심선(Metal)을 전극으로 사용한다.
② 텅스텐을 전극으로 사용한다.
③ 알곤 분위기에서 한다.
④ 교류나 직류전원을 사용할 수 있다.

해설 ① 불활성 가스 텅스텐 아크 용접 특징
- 전극은 텅스텐 전극을 사용. 전자 방사 능력을 높이기 위하여 토륨을 1~2% 함유한 토륨 텅스텐봉이 사용
- 전극은 비용극식, 비소모식이라 하여 직접 용가재로 사용하지 않고, 용접전원으로는 직류, 교류가 모두 쓰인다.

② 불활성 가스 텅스텐 아크 용접의 장점
- 용접된 부분이 더 강해진다.
- 연성 내부식성이 증가한다.
- 플럭스가 불필요하며 비철금속 용접이 용이하다.
- 보호 가스가 투명하여 용접사가 용접 상황을 잘 확인 할 수 있다.
- 용접 스팩터를 최소한으로 하여 전자세 용접이 가능하다.

정답 6. ③ 7. ② 8. ② 9. ③ 10. ①

- 용접부 변형이 적다.

③ 불활성 가스 텅스텐 아크 용접의 단점

- 소모성 용접을 쓰는 용접 방법보다 용접 속도가 느리다.
- 텡스텐 전극이 오염될 경우 용접부가 단단하고 취성을 가질 수 있다.
- 용가재의 끝 부분이 공기에 노출되면 용접부의 금속이 오염된다.
- 가격이 고가(텡스텐 전극이 가격 상승을 초래, 용접기 가격도 고가)
- 후판에는 사용할 수 없다.(3mm이하에 박판에 사용된다. 주로 0.4 ~ 0.8mm에 쓰임)

④ 불활성 가스 텅스텐 아크 용접 전원

- 직류 정극성(폭이 좁고 깊은 용입을 얻음) → 높은 전류, 용접봉은 정극성 일 때는 끝을 뾰족하게 가공, 용입이 깊고, 비드폭은 좁아지며, 용접 속도를 빠르다.
- 직류 역극성(폭이 넓고 얕은 용입을 얻음) → 청정작용이 있다. 특수한 경우 Al, Mg등의 박판 용접에만 쓰이고 있다. 용입이 얕고, 비드폭은 넓어진다. 정극성 보다 4배정도 사이즈가 큰 용접봉 사용

Q11

TIG 용접 토치의 형태에 따른 종류가 아닌 것은?

① T형 토치
② Y형 토치
③ 직선형 토치
④ 플렉시블형 토치

해설 티그 용접의 토치 형태는 직선형 토치, 플렉시블형 토치, T형 토치가 있다.

Q12

다음 용접법 중 비소모식 아크 용접법은?

① 불활성 가스 텅스텐 아크 용접
② 서브머지드 아크 용접
③ 논 가스 아크 용접
④ 피복 금속 아크 용접

Q13

전극봉을 직접 용가재로 사용하지 않는 것은?

① CO_2가스 아크용접
② TIG 용접
③ 서브머지드 아크 용접
④ 피복 아크 용접

Q14

TIG 용접에서 직류 정극성으로 용접할 때 전극 선단의 각도가 다음 중 몇 도 정도이면 가장 적합한가?

① 5 ~ 10°
② 10 ~ 20°
③ 30 ~ 50°
④ 60 ~ 70°

해설 직류 정극성일 때는 모재에 양극(+), 용접봉 즉 전극에 음극(-)을 연결하므로 30 ~ 50°정도 되게 뾰족하게 간다.

Q15

TIG 용접에서 텅스텐 전극봉은 맞대기 용접봉의 경우 가스노즐의 끝에서부터 몇 mm 정도 돌출시키는가?

① 1 ~ 2
② 3 ~ 6
③ 7 ~ 9
④ 10 ~ 12

해설 티그 용접에서 텅스텐 전극봉의 돌출길이는 맞대기 3 ~ 5mm가 적당하다. 필릿 용접에서는 6 ~ 9mm가 적당하다.

정답 11. ② 12. ① 13. ② 14. ③ 15. ②

Q16

불활성가스 텅스텐 아크(TIG)용접의 직류 정극성(DCSP)에는 좋으나 교류에는 좋지 않고 주로 강, 스텐레스강, 동합금 용접에 사용되는 토륨-텅스텐 전극봉의 토륨 함유량은 몇 % 인가?

① 0.15 ~ 0.5　② 1 ~ 2
③ 3 ~ 4　④ 5 ~ 6

Q17

알루미늄(Aℓ)을 불활성가스 텅스텐 아크 용접법으로 접합하고자 하는 경우 필요한 전원과 극성으로 가장 적합한 것은?

① 직류 정극성(DCSP)
② 직류 역극성(DCRP)
③ 교류(AC)
④ 고주파 장치가 붙은 교류(ACHF)

해설 알루미늄의 경우는 교류가 적합한 전원이며, 고주파 장치가 붙어 있는 것을 사용하면 초기 아크 발생이 쉽고 텅스텐 전극의 오손 등이 적다.

Q18

TIG 용접으로 Al의 재질을 용접할 때 가장 적합한 전류는 어느 것인가?

① AC　② ACHF
③ DCRP(−)　④ DCSP(+)

Q19

알루미늄 합금 용접시 청정작용이 잘 되는 것은?

① Ar 가스 사용, DCSP
② He 가스 사용, DCSP
③ Ar 가스 사용, ACHF
④ He 가스 사용, ACHF

Q20

TIG용접에서 ACHF(고주파전류병용)의 특징 설명으로 틀린 것은?

① 전극을 모재에 접촉시키지 않아도 아크가 발생한다.
② 아크가 안정되며, 아크가 길어져도 끊어지지 않는다.
③ 고주파 전류 중첩으로 전극의 수명이 짧다.
④ 일정한 지름의 전극에 대하여 광범위한 전류의 사용이 가능하다.

해설 티그 용접에서 고주파전류 병용(ACHF)을 사용하는 경우는 알루미늄인데, 고주파 장치가 붙어 있어 초기 아크 발생이 쉽고 텅스텐 전극의 오손 등이 적다.

Q21

고주파 펄스 TIG 용접기의 장점 설명으로 틀린 것은?

① 전극봉의 소모가 적어 수명이 길다.
② 20A이하의 저전류에서 아크의 발생이 안정되고 0.5mm 이하의 박판용접도 가능하다.
③ 콘택트 팁에서 통전되므로 와이어 중에 저항열이 적게 발생되어 고전류 사용이 가능하다.
④ 좁은 홈의 용접에서 아크의 교란상태가 발생되지 않아 안정된 상태의 용융지가 형성된다.

해설 고주파 펄스 티그 용접의 특징
① 전극을 모재에 접촉하지 않아도 아크가 발생하여 전극의 오손을 줄일 수 있다.
② 고주파에 전류를 중첩시켜 아크가 안정되고, 긴 아크를 유지할 수 있다.
③ 전자세 용접이 용이하며, 일정한 용접봉 사이즈로 용접할 수 있는 범위가 넓어지고 낮은 전류로 용접이 용이하다.

16. ②　17. ④　18. ②　19. ③　20. ③　21. ③

Q22

두께 3mm의 마그네슘 판을 맞대기 이음하려고 할 때 가장 적합한 용접법은?

① 피복아크 용접법
② 산소 – 아세틸렌 용접법
③ 불활성가스텅스텐 아크 용접법
④ 서브머지드 용접법

해설 두께 3mm 박판의 마그네슘을 용접하고자 할 때는 불활성 가스 텅스텐 아크 용접을 작업한다.

Q23

불활성가스 텅스텐 아크용접의 상품명으로 불리는 것은?

① 에어 코우메틱 용접법
② 시그마 용접법
③ 필러 아크 용접법
④ 헬륨 아크 용접법

해설 불활성 가스 텅스텐 아크 용접의 상품명으로는 헬륨 – 아크 용접, 아르곤 용접 등으로 불린다.

Q24

TIG용접에서 정극성과 역극성의 설명으로 맞는 것은?

① 정극성은 전자가 모재에서 전극으로 흐른다.
② 정극성은 용입이 깊다.
③ 역극성은 전자가 전극에서 모재로 흐른다.
④ 역극성은 용입이 깊다.

해설 불활성 가스 텅스텐 아크 용접의 극성

① 직류 정극성(폭이 좁고 깊은 용입을 얻음) → 높은 전류, 용접봉은 정극성 일 때는 끝을 뾰족하게 가공, 용입이 깊고, 비드폭은 좁아지며, 용접 속도를 빠르다.
② 직류 역극성(폭이 넓고 얕은 용입을 얻음) → 청정 작용이 있다. 특수한 경우 Al, Mg등의 박판 용접에만 쓰이고 있다. 용입이 얕고, 비드폭은 넓어진다. 정극성 보다 4배정도 지름이 큰 전극봉 사용
【참고】 청정 작용이란 아르곤 가스의 이온이 모재 표면 산화막에 충돌하여 산화 막을 파괴 제거하는 작용
③ 교류를 사용할 때는 아크가 불안정하므로 고주파 약 전류를 이용함. 용입과 비드 폭은 정극성과 역극성의 중간, 약간에 청정 작용도 있다.

Q25

청정 효과는 어느 용접에서 생기는 효과인가?

① 원자 수소 용접
② 이산화탄소 아크 용접
③ 잠호 용접
④ 불활성 가스 금속 아크 용접

Q26

티그 용접에서 직류 역극성을 사용하였을 경우 다음 사항 중 옳은 것은?

① 폭이 좁고 용입이 깊은 용접부를 얻을 수 있다.
② 전극이 고온으로 가열되어 끝이 녹기 쉽다.
③ 비드가 아름답고 정극성보다 모재의 가열을 더 많이 받는다.
④ 용접 속도가 대단히 빠르고 가는 전극도 사용할 수 있다.

Q27

불활성가스텅스텐 아크용접법의 극성에 대한 설명으로 틀린 것은?

① 직류 정극성(DCSP)에서는 모재의 용입이 깊고 비드 폭이 좁다.

정답 22. ③ 23. ④ 24. ② 25. ④ 26. ②

② 직류역극성(DCRP)에서는 전극소모가 많으므로 지름이 큰 전극을 사용한다.
③ 직류 정극성(DCSP)에서는 청정작용이 있어 알루미늄이나 마그네슘 용접에 알곤 가스를 사용한다.
④ 직류 역극성(DCRP)에서는 모재의 용입이 얕고 비드 폭이 넓다.

Q28

불활성 가스 텅스텐 아크 용접을 설명한 것 중 잘못된 것은?

① 직류 역극성에서는 청정작용이 있다.
② 알루미늄과 마그네슘의 용접에 적합하다.
③ 텅스텐을 소모하지 않아 비용극식이라고 한다.
④ 잠호 용접법이라고도 한다.

해설 서브머지드 아크 용접(잠호 용접)은 용제 속에서 아크를 발생시켜 용접하며, 상품명으로는 유니언 멜트 용접, 링컨 용접법이라고도 한다. 전원으로는 직류(400A이하에 역극성을 사용하여 박판에 사용), 교류(설비비가 싸고 쏠림이 없다)가 모두 쓰인다.

Q29

텅스텐 전극의 비용극식, 불활성가스 아크 용접(TIG)의 상품 명칭에 해당되지 않는 것은?

① 헬리아크(heli arc)
② 아르곤아크(argon arc)
③ 헬리웰드(heli weld)
④ 필러아크(filler arc)

해설 불활성 가스 텅스텐 아크 용접의 상품명으로는 헬륨 – 아크 용접, 아르곤 용접 등으로 불린다.

Q30

불활성 가스 금속아크(MIG)용접에 관한 설명으로 틀린 것은?

① 용접 후 슬랙 또는 잔류용제를 제거하기 위한 처리가 필요하다.
② 청정작용에 의해 산화막이 강한 금속도 쉽게 용접할 수 있다.
③ 아크가 극히 안정되고 스패터가 적다.
④ 전자세 용접이 가능하고 열의 집중이 좋다.

해설 불활성 가스 금속 아크 용접(GMAW)

① 장점
- 용접기 조작이 간단하여 손쉽게 용접할 수 있다.
- 용접 속도가 빠르다
- 슬랙이 없고 스팩터가 최소로 되기 때문에 용접 후 처리가 불필요하다.
- 용착 효율이 좋다.(수동 피복 아크 용접 60% MIG는 95%)
- 전자세 용접이 가능하며, 용입이 크며, 전류밀도도 높다.

② 단점
- 장비가 고가이고, 이동해서 사용하기 곤란하다.
- 토치가 용접부에 접근하기 곤란한 경우 용접하기 어렵다.
- 슬랙이 없기 때문에 취성이 발생할 우려가 있다.
- 옥외에서 사용하기 힘들다.

③ 특징
- 용극식, 소모식
- 에어코우메틱, 시그마, 필터 아크, 아르고노오트 용접법
- 전류 밀도가 티그 용접의 2배, 일반 용접의 4~6배로 매우 크고 용적이 행은 스프레이형이다.
- 전 자세 용접이 가능하고 판 두께가 3~4mm 이상의 Al·Cu합금, 스테인리스강, 연강 용접에 이용된다.
- 아크 길이는 6~8mm를 사용하며 전진법을 주로 사용
- He 가스는 Ar가스를 사용할 때보다 용입 및 속도를 증가시킬 수 있다.
- 전원은 정전압 특성을 가진 직류 역극성이 주로 사용됨
- 토치 공랭식(200A이하), 수냉식이 있다.

정답 27. ③ 28. ④ 29. ④ 30. ①

Q31

MIG 용접시 와이어 송급방식의 종류가 아닌 것은?

① 풀(pull)방식
② 푸시(push) 방식
③ 푸시 풀(push – pull) 방식
④ 푸시 언더(push – under) 방식

해설 미그 용접에서 와이어를 공급하는 방식
① 미는 방식(Push) : 반자동 용접 장치에 주로 사용
② 당기는 방식(Pull) : 전자동 용접 장치에 주로 사용
③ 밀고 당기는 방식(Push –Pull)이 있다.

Q32

MIG용접의 기본적인 특징이 아닌 것은?

① 대체로 모든 금속의 용접이 가능하다.
② 스패터 및 합금성분의 손실이 적다.
③ 아크가 안정되므로 박판 용접에 적합하다.
④ 용착금속의 품질이 높다.

Q33

미그(MIG)용접 제어장치에 해당되지 않는 것은?

① 아르곤 가스 개폐제어장치
② 용접 와이어의 기동, 정지 및 속도제어장치
③ 용접 전압의 투입차단제어장치
④ 보호 장치와 안전장치

Q34

MIG 용접용 전원은 직류 역극성 이며, 정전압 특성의 직류 아크 용접기를 사용하고, 가는 와이어를 사용하여 전류밀도를 높이는데, TIG 용접법의 약 몇 배 정도의 전류밀도를 갖는가?

① 2배 ② 4배
③ 6배 ④ 8배

Q35

불활성가스 금속아크용접(MIG)의 제어장치로써 크레이터 처리 기능에 의해 낮아진 전류가 서서히 줄어들면서 아크가 끊어지는 기능으로 이면용접 부위가 녹아내리는 것을 방지하는 제어기능은?

① 예비가스 유출시간(preflow time)
② 스타트 시간(start time)
③ 크레이터 충전시간(crater fill time)
④ 번백 시간(burn back time)

해설 불활성가스 금속아크용접(MIG)의 제어장치로써 크레이터 처리 기능에 의해 낮아진 전류가 서서히 줄어들면서 아크가 끊어지는 기능으로 이면(back)용접 부위가 녹아(burn)내리는 것을 방지하는 제어기능

Q36

MIG 용접에서 주로 사용되는 전원은?

① 교류
② 직류
③ 직류와 교류 병용
④ 관계없음

Q37

불활성 가스 금속아크용접에 관한 설명으로 틀린 것은?

① 박판용접(3mm 이하)에 적당하다.
② 피복아크용접에 비해 용착효율이 높아 고능률적이다.

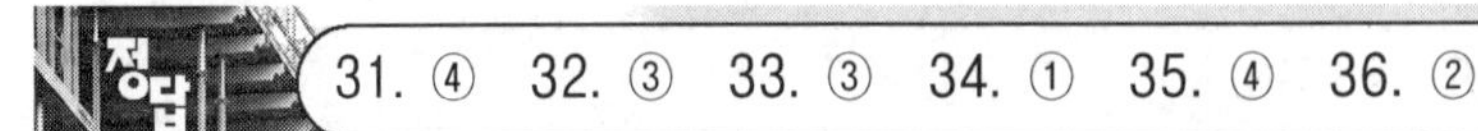

정답 31. ④ 32. ③ 33. ③ 34. ① 35. ④ 36. ②

③ TIG용접에 비해 전류밀도가 높아 용융 속도가 빠르다.

④ CO_2용접에 비해 스패터 발생이 적어 비교적 아름답고 깨끗한 비드를 얻을 수 있다.

Q38

서브머지드 아크용접의 특징이 아닌 것은?

① 용접설비가 상당히 비싸다.

② 아크가 보이지 않으므로 용접부의 적부를 확인하기가 곤란하다.

③ 용접 길이가 짧을 때 능률적이며, 수평 및 위보기 자세 용접에 주로 이용된다.

④ 용입이 크므로 용접 홈의 정밀도가 좋아야 한다.

해설 ① 서브머지드 아크 용접의 장점

- 고전류 사용이 가능하여 용착 속도가 빠르고 용입이 깊다.(용접속도가 수동 용접에 비해 10~20배, 용입은 2~3배 정도가 커서 능률적이다.)
- 기계적 성질이 우수하다.
- 유해 광선이 적게 발생하여 작업 환경이 깨끗하다.
- 비드 외관이 아름답다.
- 열효율이 높다.
- 용접 조건만 일정하면 용접사의 기량차에 의한 품질에 영향을 주지 않아 신뢰도를 높일 수 있다.
- 용접 홈의 크기가 작아도 되며 용접 재료의 소비 및 용접 변형이 적다.
- 한 번 용접으로 75mm까지 용접이 가능하다.
- 용제(Flux)에 의한 불순물 제거로 품질이 우수하다.

② 서브머지드 아크 용접의 단점

- 장비의 가격이 고가이다.
- 용접선이 짧거나 복잡한 경우 수동에 비하여 비능률적이다.
- 용접 상태를 육안으로 확인이 곤란하여 치명적인 결함을 식별할 수 없다.
- 적용 자세에 제한을 받는다. 대부분 아래보기 자세)
- 적용 소재에 제약을 받는다.(탄소강, 저합금강, 스테인리스강 등에 사용)
- 용접 홈의 정밀도가 좋아야 한다. 서브머지드 아크 용접의 홈의 정밀도는 루트 간격 0.8mm 이하, 루트면 7~16mm 홈 각도 오차 ±5°, 루트 오차 ±1mm가 요구된다.
- 용제(Flux)에 흡습에 주의하여야 한다.
- 입열량이 커서 용접 금속의 결정립의 조대화로 충격값이 커진다.

③ 서브머지드 용접기 용량에 따른 분류

- 전류에 따라 4000A(M형), 2000A(UE형, USW형), 1200A(DS형, SW형), 900A(UMW형, FSW형)로 나눈다.
- 전극의 종류에 따른 분류

종류	전극 배치	특징	용도
텐덤식	2개의 전극을 독립 전원에 접속	비드폭이 좁고 용입이 깊다. 용접 속도가 빠르다.	파이프 라인에 용접에 사용
횡 직렬식	2개의 용접봉 중심이 한 곳에 만나도록 배치	아크 복사열에 의해 용접. 용입이 매우 얕다. 자기 불림이 생길 수가 있다.	육성 용접에 주로 사용한다.
횡 병렬식	2개 이상의 용접봉을 나란히 옆으로 배열	용입은 중간 정도이며 비드폭이 넓어진다.	

Q39

다음 중 서브머지드 아크용접의 다른 이름(명칭)이 아닌 것은?

① 잠호 용접 ② 유니언멜트 용접

③ 링컨 용접 ④ 플라즈마 아크 용접

해설 서브머지드 아크 용접(잠호 용접)은 용제 속에서 아크를 발생시켜 용접하며, 상품명으로는 유니언 멜트 용접, 링컨 용접법이라고도 한다.

Q40

서브머지드 아크 용접의 V형 맞대기 용접시, 루트 면쪽에 받침쇠가 없는 경우에는 루트 간격을 몇 mm이하로 하여야 하는가?

① 0.8mm 이하 ② 1.2mm 이하

③ 1.8mm 이하 ④ 2.0mm 이하

37. ① 38. ③ 39. ④ 40. ①

Q41

맞대기 용접이음에서 홈의 루트 간격은 중요하다. 특히 서브머지드 아크 용접의 경우는 잘못하면 용락이 되기 쉬우므로 이를 제한하는데 어느 정도로 하는가?

① 0.8mm이하 ② 1.0mm이하
③ 1.2mm이하 ④ 1.5mm이하

Q42

다음은 전극에 배치에 따른 서브머지드 용접기의 종류이다. 이중 욕성 용접에 사용되는 것은?

① 텐덤식 ② 횡 병렬식
③ 횡 직렬식 ④ 직·병렬식

Q43

용제를 사용하는 전자동 용접방식의 하나로 모재 용접부에 미세한 가루 모양의 용제를 공급관을 통하여 공급하고, 그 속에 전극 와이어를 넣어 와이어 끝과 모재 사이에서 아크를 발생시키는 용접은?

① 일렉트로 슬랙 용접
② 테르밋 용접
③ 서브머지드 아크 용접
④ 불활성 가스 아크 용접

Q44

용제(flux)가 필요한 용접법은?

① MIG용접
② 원자수소 용접
③ CO_2용접
④ 서브머지드 용접

Q45

자동금속 아크 용접법으로 모재의 이음 표면에 미세한 입상 모양의 용제를 공급하고, 용제 속에 연속적으로 전극와이어를 송급하여 모재 및 전극와이어를 용융시켜 대기로부터 용접부를 보호하면서 하는 용접법은?

① 불활성가스 아크용접
② 이산화탄소 아크용접
③ 서브머지드 아크용접
④ 일렉트로 슬래 용접

Q46

서브머지드 아크 용접의 장점에 해당되지 않는 것은?

① 용접속도가 수동용접보다 빠르고 능률이 높다.
② 용접홈의 크기는 작아도 상관없고, 용접 변형도 적다.
③ 용접조건을 일정하게 하면 강도가 좋아서 이음의 신뢰도가 높다.
④ 루트간격이 너무 커도 용락 될 위험이 없다.

Q47

서브머지드 아크용접에 대한 특징으로 옳은 것은?

① 용접 설비비가 상당히 싸다.
② 용접속도가 느리므로 저능률의 용접이 된다.
③ 이음 홈이 넓으므로 용접 재료비는 많이 든다.
④ 용접선이 구부러지거나 짧으면 비능률적이다.

정답 41. ① 42. ③ 43. ③ 44. ④ 45. ③ 46. ④ 47. ④

Q48

자동아크 용접법 중의 하나로서 그림과 같은 원리로 이루어지는 용접법은?

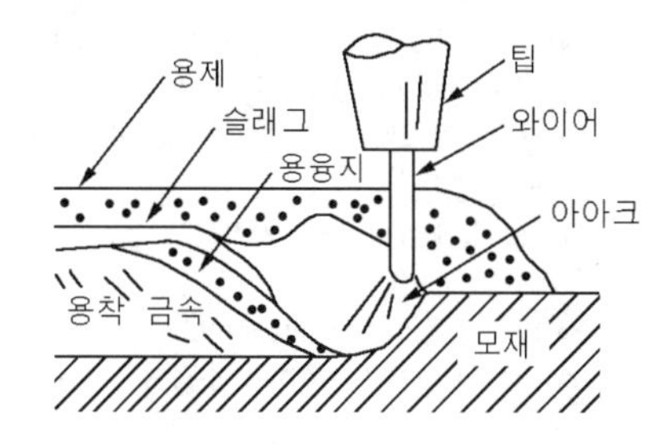

① 전자빔용접
② 서브머지드 아크용접
③ 테르밋용접
④ 불활성가스 아크용접

Q49

다음은 서브머지드 아크 용접에 관해서 쓴 것이다. 틀린 것은?

① 텅스텐 전극을 사용한다.
② 유니언 멜트는 상품명이다.
③ 용접 속도가 빠르다.
④ 용접 효율이 좋다.

Q50

서브머지드 아크 용접의 관한 다음 사항 중 틀린 것은?

① 용제에 의한 야금 작용으로 용접 금속의 품질을 양호하게 할 수 있다.
② 용접 중 대기와 차폐가 확실히 행하여져 대기 중의 산소, 질소 등의 해를 받는 일이 적다.
③ 용제의 단열 작용으로 용입을 크게 할 수 있고, 높은 전류 밀도로 용접 할 수 있다.
④ 특수한 장치를 사용하지 않더라도 전 자세 용접이 가능하며 이음 가공의 정도가 엄격하다.

Q51

다음 중 서브머지드 아크 용접법의 장점이 아닌 것은?

① 용접 속도가 수동 용접보다 10 ~ 20배 정도 빠르고 능률이 높다.
② 용접 홈의 크기는 작아도 상관없고 용접 변형도 적다.
③ 용접 조건을 일정하게 하면 강도가 좋아서 이음의 신뢰도가 높다.
④ 모재에 큰 전류를 흘려 줄 수가 있어 불량률이 없고 용입이 대단히 깊다.

Q52

일명 유니온 멜트 용접법이라고도 불리며, 아크가 용제 속에 잠겨 있어 밖에서는 보이지 않는 용접법은?

① 불활성 가스 텅스텐 아크 용접
② 일렉트로 슬랙 용접
③ 서브머지드 아크 용접
④ 이산화탄소 아크 용접

Q53

서브머지드 아크 용접에서 용착 금속의 화학 성분이 변화하는 요인과 관계가 없는 것은?

① 용접 층수 ② 용접 전류
③ 용접 속도 ④ 용접봉의 건조

해설 ①, ②, ③ 이외에 아크 전압이 영향을 준다.

정답 48. ② 49. ① 50. ④ 51. ④ 52. ③ 53. ④

Q54

서브머지드 아크용접에 사용되는 용융형 용제에 대한 특징 설명 중 틀린 것은?

① 흡습성이 거의 없으므로 재건조가 불필요하다.
② 미용융 용제는 다시 사용이 가능하다.
③ 용제의 화학적 균일성이 양호하다.
④ 합금 원소의 첨가가 용이하다.

해설 ① 서브머지드 용접의 용제 조건
- 적당한 용융 온도 및 점성을 가져 양호한 비드를 얻을 수 있을 것
- 용착 금속에 적당한 합금원소의 첨가할 수 있고 탈산, 탈황 등의 정련작용으로 양호한 용착금속을 얻을 수 있을 것
- 적당한 입도를 가져 아크의 보호성이 좋을 것
- 용접 후 슬랙의 박리성이 좋을 것

【참고】 용제의 역할은 아크 안정, 절연 작용, 용접부의 오염 방지, 합금 원소 첨가, 급랭 방지, 탈산 정련 작용 등

② 서브머지드 용접의 용제의 특징
㉠ 소결형 용제는 용융형 용제보다 용입이 얕고(용융형에 70~80%) 비드폭이 넓어지므로 소결형 용제를 사용할 때는 가능한 홈을 깊게 하고 전류를 높이며 전압을 낮게한다. 소결형 용제는 용융형 용제에 비하여 겉보기 비중이 매우 작아 살포량을 용융형 보다 20~50% 높게 해야 한다.
㉡ 용제의 살포 량이 너무 많으면 가스가 밖으로 배출되지 못해 기공 발생 우려가 있고 너무 적으면 아크가 노출되어 용접부를 보호 할 수 없어 비드가 거칠고 기공이 생길 수 있다.

③ 용제의 종류
㉠ 용융형 용제
- 외관은 유리 형상의 형태
- 흡습성이 적어 보관이 편리하다.
- 화학 성분에 따라 미국 LINDE사의 상표이 G20, G50,G80 등으로 표시
- 용제에 합금 첨가제가 거의 들어가 있지 않아 용접 후 원하는 기계적 성질에 따라 적당한 와이어를 선정하여야 한다.
- 입자는 입도로 표시(20 × 200, 20 × D : 20메시(mesh)에서 200메시까지, 20메시 미분까지 포함)
- 입자가 가늘수록 고 전류를 사용하며, 용입이 얕고 비드 폭이 넓은 평활한 비드를 얻을 수 있다.
- 전류가 낮을 때는 굵은 입자를, 전류가 높을 때는 가는 입자를 사용한다.

㉡ 소결형 용제
- 착색이 가능하여 식별이 가능하나 흡습성이 강해 장기 보관시 변질의 우려가 있다.
- 기계적 강도를 요구하는 곳에 합금제 첨가가 쉬워 사용되나 비드 외관은 용융형에 비해 거칠다.
- 용융형에 비해 비교적 넓은 재질에 응용 사용되고 있다.
- 용융형에 비해 슬랙 박리성이 좋고 미분 발생이 거의 없다.
- 다층 용접에는 적합하지 못하다.

㉢ 혼성형 용제 : 용융형 + 소결형

Q55

서브머지드 아크용접에 사용되는 용접용 용제 중 용융형 용제에 대한 설명으로 맞는 것은?

① 큰 입열 용접성이 양호하다.
② 고속 용접성이 양호하다.
③ 저수소, 저산소화가 된다.
④ 합금원소의 첨가가 용이하다.

Q56

서브머지드 아크용접에서 용융형 용제의 특징 설명으로 옳은 것은?

① 흡습성이 크다.
② 비드 외관이 거칠다.
③ 용제의 화학적 균일성이 양호하다.
④ 용접전류에 따라 입도의 크기는 같은 용제를 사용해야한다.

Q57

서브머지드 아크 용접에서 사용되는 용제에 대한 다음 설명 중 틀린 것은?

① 소결형 용제는 페로실리콘, 페로망간 등을 함유시켜 직접 탈산 정련 작용이 가능하게 한다.

정답 54. ④ 55. ② 56. ③

② 용제의 크기는 입도로 표시하며 높은 전류에서는 큰 입도의 것이 사용된다.
③ 용제의 역할은 아크 안정, 정련 작용 및 합금 첨가 작용 등이다.
④ 소결형 용제는 용제 소모량이 적고 경제적이며, 아크의 안정성이 좋다.

해설 소 전류에서는 입도가 크고, 대 전류에서는 입도가 작은 것을 사용한다. 입자가 가늘수록 용입이 얕고 비드 폭이 넓으며 평활한 비드를 얻는다.

Q58

다음은 소결형 용제에 대한 설명이다. 해당되지 않는 것은?

① 흡습성이 있어 보관이 어렵다.
② 착색이 가능하다.
③ 식별이 불가능하다.
④ 기계적 성질을 개선 할 수 있다.

Q59

서브머지드 아크 용접 방법에 대한 설명으로 옳은 것은?

① 전진법을 사용하면 용입이 증가하고 비드폭이 좁아진다.
② 비드폭은 아크 전압이 커지면 커지고, 용입은 전류가 커지면 깊어진다.
③ 후진법을 사용하면 비드면이 편형해진다.
④ 비드폭은 용접봉 직경이 커지거나 속도가 빨라지면 커진다.

해설 용접 방법
- 전진법 : 용입 감소, 비드 폭이 증가, 비드 면이 편평
- 후진법 : 용입 증가, 비드 폭이 좁고, 비드 면이 높아짐
- 비드 폭은 아크 전압에 비례한다. 용입은 전류에 비례하고 비드 폭과는 별로 관계없으며, 용접봉 직경 및 용접 속도에 반비례한다.
- 용제에 두께는 양을 서서히 증가하면서 불빛이 새어 나오지 않도록 한다.

Q60

서브머지드 아크 용접의 용접헤드(welding head)에 속하지 않는 것은?

① 와이어 송급장치
② 제어장치
③ 접촉팁(contact tip) 및 그의 부속품
④ 모재

해설 용접 장치
㉠ 헤드
- 용접봉 송급 모터와 릴
- 용제 호퍼
- 제어 박스

㉡ 용접부에 용접봉을 공급하는 와이어 피더
㉢ 용접부에 에너지를 공급하는 전원
㉣ 플러스를 공급하고 저장하는 플럭스 코어
㉤ 용접부위를 이동하는 장치(주행대차)

Q61

서브머지드 아크 용접장치에 대한 설명 중 틀린 것은?

① 와이어 송급장치, 접촉팁, 용제호퍼 등을 용접헤드(welding head)라 한다.
② 용접 전류는 접촉팁에서 와이어에 송급된다.
③ 직류 전원이 설비비가 적고, 자기불림이 없다.
④ 박판에서는 약 400A 이하에서 직류 역극성으로 고속도 용접시공하면 아름다운 비드를 얻을 수 있다.

해설 아크 쏠림, 아크 블로우, 자기불림 등은 모두 동일한 말이며 용접전류에 의한 아크 주위에 발생하는 자장이 용접봉에 대하여 비대칭일 때 일어나는 현상으로 직류 사용시 나타난다.

정답 57. ② 58. ③ 59. ② 60. ④ 61. ③

Q62

탄산가스 아크 용접의 특징설명으로 틀린 것은?

① 용착금속의 기계적 성질이 우수하다.
② 가시 아크이므로 시공이 편리하다.
③ 아르곤 가스에 비하여 가스 가격이 저렴하다.
④ 용입이 얕고 전류밀도가 매우 낮다.

해설 이산화탄소 아크 용접
① 장점
- 가는 와이어로 고속 용접이 가능하며 수동 용접에 비해 용접 비용이 저렴하다.
- 가시 아크이므로 시공이 편리하고, 스팩터가 적어 아크가 안정하다.
- 전자세 용접이 가능하고 조작이 간단하다.
- 잠호 용접에 비해 모재 표면에 녹과 거칠기에 둔감하다.
- 미그용접에 비해 용착 금속의 기공 발생이 적다.
- 용접 전류의 밀도가 크므로 용입이 깊고, 용접 속도를 매우 빠르게 할 수 있다.
- 산화 및 질화가 되지 않은 양호한 용착 금속을 얻을 수 있다.
- 보호가스가 저렴한 탄산가스라서 용접경비가 적게 든다.
- 강도와 연신성이 우수하다.

② 단점
- 탄산가스를 사용하므로 작업량 환기에 유의한다.
- 비드 외관이 타 용접에 비해 거칠다
- 고온 상태의 아크 중에서는 산화성이 크고 용착 금속의 산화가 심하여 기공 및 그 밖의 결함이 생기기 쉽다.

Q63

이산화탄소 아크 용접의 특징으로 적당하지 않은 것은?

① 용착 금속의 기계적, 야금적 성질이 우수하다.
② 자동, 반자동의 고속 용접이 가능하다.
③ 용접 입열이 커서 용융 속도가 빠르다.
④ 용접선이 구부러지거나 짧으면 더 능률적이다.

Q64

이산화탄소 아크용접의 특징 설명으로 틀린 것은?

① 용착금속의 기계적, 야금적 성질이 우수하다.
② 자동 또는 반자동 용접은 불가능하다.
③ 용입이 깊다.
④ 가시 아크이므로 시공이 편리하다.

Q65

연강 용접을 수동 용접에 비해 경제적으로 할 수 있고 특히 필렛 용접 이음에서 종래의 수동 용접보다 깊은 용입을 얻을 수 있는 용접법은?

① 이산화탄소 아크 용접
② 불활성 가스 텅스텐 아크 용접
③ 단락 옮김 아크 용접
④ 불활성 가스 금속 아크 용접

Q66

이산화탄소 아크 용접으로 연강을 용접할 때, 모재성분에 적합한 와이어를 썼을 경우, 그 특징 설명으로 틀린 것은?

① 서브머지드 아크 용접법에 비하여 모재 표면의 녹과 거칠기 등에 비교적 민감하다.
② 가는 선재의 고속도용접이 가능하여 용접비용이 수동용접에 비하여 싸다.
③ 필릿용접 이음에서는 종래의 수동용접에 비하여 깊은 용입을 얻을 수 있다.
④ 가시 아크 이므로 시공에 편리하고, 용착금속의 기계적, 금속학적 성질이 좋은 용접이 될 수 있다.

정답 62. ④ 63. ④ 64. ② 65. ① 66. ①

Q67

이산화탄소 아크용접에 대한 설명으로 맞는 것은?

① 탄소 전극봉을 사용한다.
② 비철금속 용접에만 적합하다.
③ 전류밀도가 낮아 용입이 얕다.
④ 용접속도가 빠르고 경제적이다.

Q68

이산화탄소 아크 용접의 특징이 아닌 것은?

① 값싼 이산화탄소를 사용하여 자동, 반자동의 고속 용접을 할 수 있다.
② 용착 금속의 기계적, 야금적 성질이 우수하다.
③ 전류 밀도가 높아 용입이 깊고 용융 속도가 빠르다.
④ 용접와이어가 동합금이므로 구리 계통의 용접에 효과가 크다.

Q69

이산화탄소(CO_2) 아크용접기의 특성으로 맞는 것은?

① 정전압 특성 ② 정전류 특성
③ 수하 특성 ④ 자기제어 특성

해설 수동 용접에 필요한 특성으로는 부특성, 수하 특성, 정전류 특성, 자동 및 반자동 용접에 필요한 특성으로는 상승 특성, 정전압 특성(자기 제어 특성)이 있다. 그러므로 이문제의 정답은 엄밀히 말하면 ①와 ④이다.

Q70

반자동 용접(CO_2 용접)에서 용접전류와 전압을 높일 때의 특성 설명으로 옳은 것은?

① 용접전류가 높아지면 용착율과 용입이 감소한다.
② 아크전압이 높아지면 비드가 좁아진다.
③ 용접전류가 높아지면 와이어의 용융속도가 느려진다.
④ 아크전압이 지나치게 높아지면 기포가 발생한다.

해설 이산화탄소 아크 용접
① 불활성 가스 금속 아크 용접과 원리가 같으며, 불활성 가스 대신 탄산가스를 사용한 용극식 용접법이다. 일반적으로 플럭스 코드가 많이 사용된다.
② 용입을 결정하는 가장 큰 요인은 전류로 전류값이 높아지면 용입이 깊어진다.
③ 비드 형상을 결정하는 것은 용접 전압인데 전압 값이 높아지면 비드 형상이 넓어진다. 하지만 지나치게 커지면 기포가 발생할 수 있다.
④ 용융 속도는 아크 전류에 거의 정비례하여 증가하며, 용접 속도가 빠르면 모재의 입열이 감소되어 용입이 얕아진다.

Q71

이산화탄소 아크용접에서 전류는 용입을 결정하는 가장 큰 요인이며, 용접속도는 용접전류, 아크전압과 함께 용입 깊이, 비드형상, 용착 금속량 등이 결정되는 중요한 요인이다. 아크전압이 결정하는 가장 중요한 요인은?

① 용착 금속량 ② 비드형상
③ 용입 ④ 용접결함

Q72

용제가 들어있는 와이어 이산화탄소법과 관련이 없는 용접법은?

① 미그 아크법 ② 아르코스 아크법
③ 퓨즈 아크법 ④ 유니언 아크법

67. ④ 68. ④ 69. ① 70. ④ 71. ② 72. ①

해설 용제가 들어 있는 와이어 CO_2법 : 아아고스 아크법(컴파운드 와이어), 퓨즈 아크법, 유니언 아크법(자성용), 버나드 아크 용접(NCG법)이 있다.

Q73

이산화탄소 아크용접의 저전류 영역(약 200A 미만)에서 팁과 모재간의 거리는 약 몇 mm 정도가 가장 적합한가?

① 5 ~ 10　　② 10 ~ 15
③ 15 ~ 20　　④ 20 ~ 25

해설 이산화탄소 아크 용접에서 팁과 모재와의 거리는 200A이하에서는 10 ~ 15mm, 200A이상에서는15 ~ 25mm가 적당하다.

Q74

다음 중 CO_2 가스 용접의 실드 가스로서 쓰여지지 않는 것은 어느 것인가?

① CO_2 가스
② CO_2 + Ar + O_2
③ CO_2 + Ar
④ CO_2 + H_2

해설 솔리드 와이어 혼합 가스법으로 CO_2 + O_2법, CO_2 + Ar법, CO_2 − Ar − O_2법

Q75

이산화탄소 아크용접 토치 취급시 주의사항 중 틀린 것은?

① 와이어 굵기에 적합한 팁을 끼운다.
② 팁구멍의 마모상태를 점검한다.
③ 토치케이블은 가능한 곡선으로 사용한다.
④ 노즐에 부착된 스패터를 제거한다.

해설 용접 토치 케이블이 꼬이면 와이어의 송급이 어려우므로 가능한 짧고 직선으로 사용하여야 한다.

Q76

CO_2 가스 아크용접의 보호가스 설비에서 히터장치가 필요한 가장 중요한 이유는?

① 액체가스가 기체로 변하면서 열을 흡수하기 때문에 조정기의 동결을 막기 위하여
② 기체가스를 냉각하여 아크를 안정하게 하기 위하여
③ 동절기의 용접시 용접부의 결함방지와 안전을 위하여
④ 용접부의 다공성을 방지하기 위하여 가스를 예열하여 산화를 방지하기 위하여

해설 액체 가스가 기화화면서 주변의 열등을 흡수하는데 이때 압력 조정기가 동결될 수 있기 때문에 히터를 사용한다.

Q77

이산화탄소 아크용접시 이산화탄소의 농도가 몇 %일 때 두통이나 뇌빈혈을 일으키는가?

① 3 ~ 4　　② 15 ~ 16
③ 33 ~ 34　　④ 55 ~ 56

해설 CO_2농도에 따른 인체의 영향
- 3 ~ 4% : 두통
- 15%이상 : 위험
- 30%이상 : 치명적

Q78

CO_2아크용접시, 이산화탄소의 농도가 15%이면 어떤 현상이 일어나는가?

① 뇌빈혈을 일으킨다.
② 위험상태가 된다.
③ 치사량이 된다.
④ 아무렇지도 않다.

정답 73. ② 74. ④ 75. ③ 76. ① 77. ① 78. ②

Q79

보호가스 공급없이 와이어 자체에서 발생하는 가스에 의해 아크 분위기를 보호하는 용접법으로 용접전원은 교류, 직류 어느 것이나 사용이 가능하며, 직류를 사용하면 비교적 낮은 용접전류로 안정된 아크가 얻어지므로 얇은 판의 용접에 적합한 용접법은?

① 일렉트로 슬랙 용접
② 스텃 용접
③ 논 가스 아크용접
④ 플라즈마 아크용접

해설 논 실드 아크 용접(논가스 아크 용접)

옥외에서 사용 가능하도록 플럭스가 첨가된 복합 와이어를 사용하여 용접을 진행한다.

① 장점
- 보호 가스나 용제를 불필요
- 바람이 있는 옥외에서 사용 가능
- 전원으로는 교류 및 직류를 모두 사용 가능
- 전자세 용접이 가능
- 용접 비드가 아름답고 슬랙의 박리성이 우수
- 용접 장치가 간단하고 운반이 편리
- 아크를 중단하지 않고 연속 용접을 할 수 있다.

② 단점
- 용착 금속에 기계적 성질이 다소 떨어진다.
- 와이어 가격이 고가이다.
- 아크 빛이 강하며, 보호 가스 발생이 많아 용접선이 잘 안 보인다.

정답 79. ③

5. 플라즈마 아크 용접

(1) 플라즈마 아크 용접 원리

가스 분자가 전기적 에너지에 의하여 양이온과 음이온(전자)으로 유리되어 전류를 통할 수 있는 상태를 플라즈마 상태라고 하는데 발생된 온도는 10,000 ~ 30,000℃정도이다.

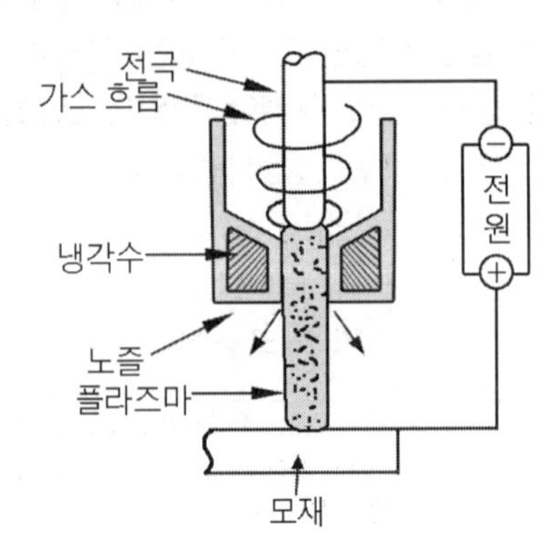

▲ 플라즈마 발생 원리

일반 아크 용접에서도 아크 기둥은 플라즈마 상태이다. 플라즈마 아크 용접은 고속으로 분출되는 비이행형 아크(플라즈마 제트)를 이용한 용접법으로써 GTAW 용접법의 특수한 형태라고 할 수 있다. 플라즈마 용접에서는 보호가스 이외에도 플라즈마 가스가 별도로 공급되고 있고, 텅스텐 전극봉은 수냉형 수축 노즐 내부에 위치한다.

플라즈마 용접과 GTAW 용접에 가장 큰 차이점은 텅스텐 전극에 위치가 다르다는데 있다. 플라즈마 아크 용접은 수축 노즐내이 있으나, TIG 용접은 노즐 밖에 노출되어 있다. 그러므로 TIG에서는 거리가 멀어지면 열을 받는 모재 부위가 넓어져 단위면적당 용접입열이 감소되나 플라즈마는 아크의 집중성이 좋아 노즐과 모재사이의 거리가 멀어져도 영향을 받지 않는다.

- 열적 핀치 효과(냉각으로 인한 단면 수축으로 전류 밀도 증대)
- 자기적 핀치 효과(방전 전류에 의해 자장과 전류의 작용으로 단면 수축하여 전류 밀도 증대)

(2) 플라즈마 아크 용접 장·단점

① 장점

㉠ 아크 형태가 원통이고 지향성이 좋아 아크 길이가 변해도 용접부는 거의 영향을 받지 않는다.

㉡ 용입이 깊고 비드 폭이 좁으며 용접 속도가 빠르다.

㉢ V형 등으로 용접할 것도 I형으로 용접이 가능하며, 1층 용접으로 완성 가능
㉣ 전극봉이 토치 내의 노즐 안쪽에 들어가 있으므로 모재에 부딪칠 염려가 없으므로 용접부에 텅스텐 오염의 염려가 없다.
㉤ 용접부의 기계적 성질이 우수하다.
㉥ 작업이 쉽다.(박판, 덧붙이, 납땜에도 이용되며 수동 용접도 쉽게 설계)

② **단점**

㉠ 설비비가 고가이다.
㉡ 용접속도가 빨라 가스의 보호가 불충분하다.
㉢ 무부하 전압이 높다.
㉣ 모재 표면을 깨끗이 하지 않으면 플라즈마 아크 상태가 변하여 용접부에 품질이 저하된다.

(3) 사용 가스 및 전원

① **사용 가스**

㉠ Ar : 아크 안정성이 우수, 하지만 용접부에 기공과 언더컷 결함을 수반할 수 있다.
㉡ H_2 : 아르곤에 비하여 열전도율이 크므로 열적 핀치 효과를 촉진하고 가스의 유출속도를 증대시킨다.
㉢ 모재에 따라 질소 또는 공기도 사용 가능하다.

② 일반적으로 플라즈마 가스로써 아르곤을 사용하고, 보호 가스로는 아르곤에 수소(2 ~ 5%)를 사용하는 것이 보통이다.
③ 전원은 일반적으로 직류가 사용된다.

(4) 플라즈마 용접의 종류

① **플라즈마 아크 용접(이행형)** : 텅스텐 전극에 (−)극, 모재에 (+)극을 연결하는 직류 정극성의 특성을 가지며, 모재가 전기회로의 일부이므로 반드시 전기 전도성을 가져야 하며 깊은 용입을 얻을 수 있다.
② **플라즈마 제트 용접(비이행형)** : 모재 대신에 수축 노즐에 (+)극을 연결하여 이행형에 비하여 열효율이 낮고 수축노즐이 과열될 우려가 있으나, 비전도체인 경우에도 적용이 가능하기 때문에 비금속의 용접이나 절단에 이용된다.

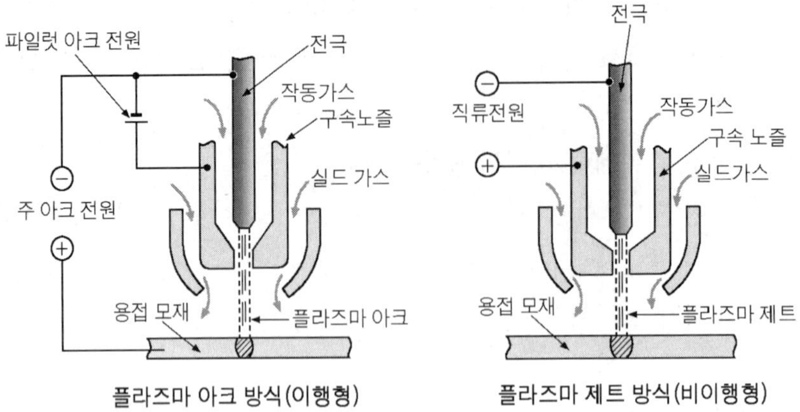

플라즈마 아크 방식(이행형)　　플라즈마 제트 방식(비이행형)

▲ 플라즈마 발생 방식

(5) 용도

탄소강, 스테인리스강, 티탄, 니켈합금, 구리 등에 적합하다.

6. 일렉트로 슬랙 용접

(1) 일렉트로 슬랙 용접 원리(Electro Slag Welding, ESW)

서브머지드 아크 용접에서와 같이 처음에는 플럭스 안에서 모재와 용접봉 사이에 아크가 발생하여 플럭스가 녹아서 액상의 슬랙이 되면 전류를 통하기 쉬운 도체의 성질을 갖게 되면서 아크는 꺼지고 와이어와 용융 슬랙 사이에 흐르는 전류의 저항 발열을 이용하는 자동 용접법이다.

(2) 일렉트로 슬랙 용접 특징

① 전기 저항 열($Q = 0.24I^2Rt$)을 이용하여 용접(주울의 법칙 적용)한다.

② 두꺼운 판의 용접법으로 적합하다.(단층으로 용접이 가능)

③ 매우 능률적이고 변형이 적다.

④ 홈 모양은 I형이기 때문에 홈 가공이 간단하다.

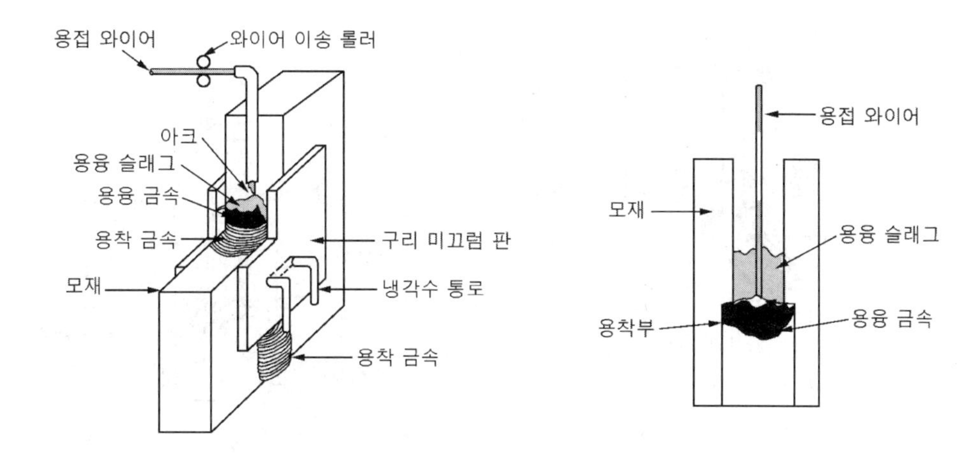

⑤ 변형이 적고, 능률적이고 경제적이다.
⑥ 아크가 보이지 않고 아크 불꽃이 없다.
⑦ 기계적 성질이 나쁘다.
⑧ 노치 취성이 크다.(냉각 속도가 늦기 때문에)
⑨ 가격이 고가이다.
⑩ 용접 시간에 비하여 준비 시간이 길다.
⑪ 용도로는 보일러 드럼, 압력 용기의 수직 또는 원주이음, 대형 부품 로울 등에 후판 용접에 쓰인다.

 7. 일렉트로 가스 용접(인클로오스 용접)

(1) 일렉트로 가스 용접 원리(Electro Gas Welding. EGW)

일렉트로 가스 용접은 수직자세의 맞대기 이음부를 CO_2중에서 미그 용접과 같은 방법을 적용하여 용접하는 미그 용접의 특수한 한 형태라고 말할 수 있다.

일렉트로 슬랙 용접과 같이 수직 자동 용접이나 플럭스를 사용하지 않고 실드 가스(탄산가스)를 사용하며, 용접봉과 모재 사이에 발생한 아크열에 의하여 모재를 용융 용접하는 방법으로 용융 금속이 흘러 내지리 않도록 수냉 구리판을 설치한다.

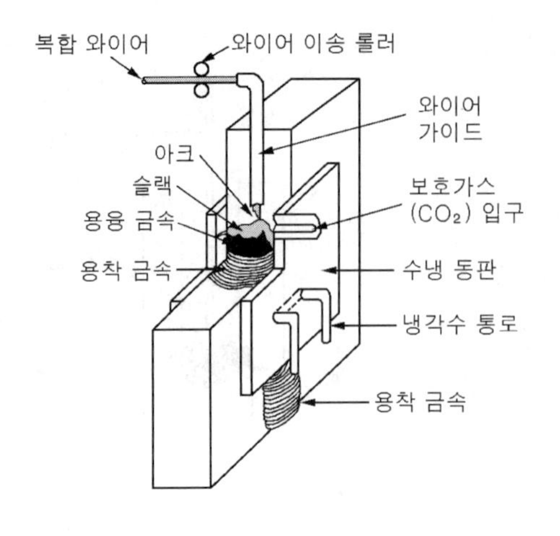

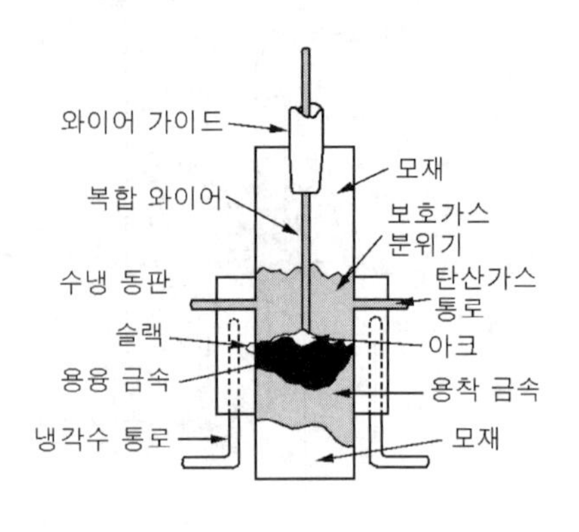

(2) 일렉트로 가스 용접 특징

① 일렉트로 슬랙 용접보다는 두께가 얇은 중후판(40 ~ 50mm)에 적당하다.

② 용접속도가 빠르고 용접홈은 가스 절단 그대로 사용

③ 용접 후 수축, 변형, 비틀림 등의 결함이 없다.

④ 용접 금속의 인성은 떨어진다.

⑤ 용접 속도는 자동으로 조절 된다.

⑥ 스팩터 및 가스의 발생이 많고 용접 작업시 바람에 영향을 많이 받는다.

⑦ 용접 전원은 정전압 특성의 직류 전원(역극성)이나 수하 특성의 교류 전원도 사용된다.

8. 스텃 용접

(1) 스텃 용접 원리

스텃 용접은 크게 저항 용접에 의한 것, 충격 용접에 의한 것, 아크 용접에 의한 것으로 구분 되며, 아크 용접은 모재와 스텃 사이에 아크를 발생 시켜 용접한다.

(2) 스텃 용접 특징

① 자동 아크 용접이다.

② 볼트, 환봉, 핀 등을 용접한다.

③ 0.1 ~ 2초 정도의 아크가 발생한다.
④ 셀렌 정류기의 직류 용접기를 사용한다. 교류도 사용 가능하다.
⑤ 짧은 시간에 용접되므로 변형이 극히 적다.
⑥ 철강재 이외에 비철 금속에도 쓸 수 있다.
⑦ 아크를 보호하고 집중하기 위하여 도기로 만든 페롤을 사용한다.

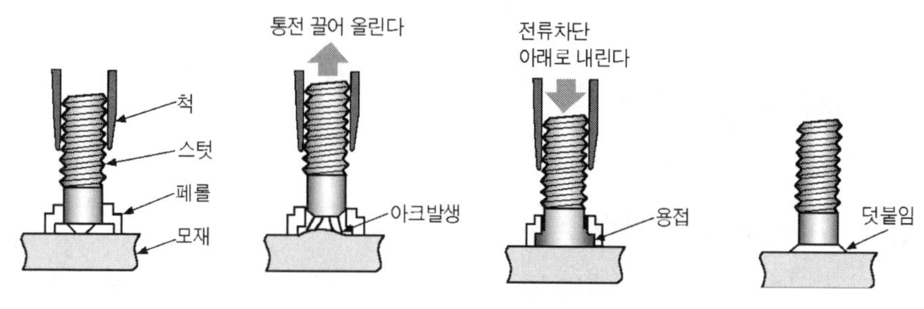

▲ 넬슨식 아크 스텃 용접의 원리

9. 전자 빔 용접

(1) 전자 빔 용접의 원리

고 진공 중에서 전자를 전자 코일로서 적당한 크기로 만들어 양극 전압에 의해 가속시켜 접합부에 충돌시켜 그 열로 용접하는 방법이다.

(2) 전자 빔 용접의 특징

① 용접부가 좁고 용입이 깊다.
② 얇은 판에서 두꺼운 판까지 광범위한 용접이 가능하다.(정밀제품에 자동화에 좋다.)
③ 고 용융점 재료 또는 열전도율이 다른 이종 금속과의 용접이 용이하다.
④ 용접부가 대기의 유해한 원소와 차단되어 양호한 용접부를 얻을 수 있다.
⑤ 고속 용접이 가능하므로 열 영향부가 적고, 완성치수에 정밀도가 높다.

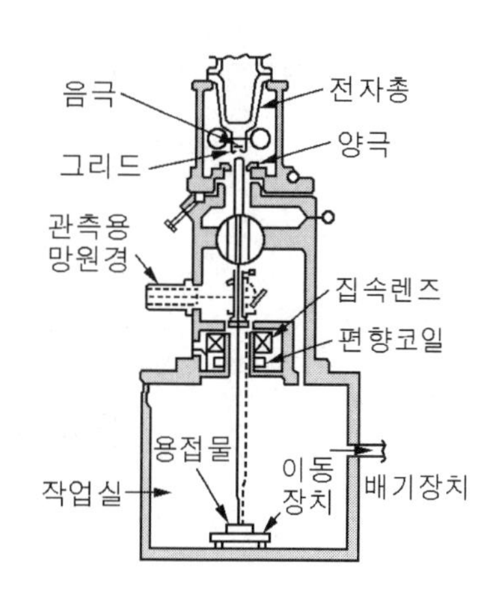

⑥ 고 진공형, 저 진공형, 대기압형이 있다.
⑦ 저전압 대 전류형, 고 전압 소 전류형이 있다.
⑧ 피 용접물의 크기에 제한을 받으며 장치가 고가이다.
⑨ 용접부의 경화 현상이 일어나기 쉽다.
⑩ 배기 장치 및 X선 방호가 필요하다.

10. 원자 수소 용접

(1) 원자 수소 용접의 원리

수소 가스 분위기 중에서 2개의 텅스텐 용접봉 사이에 아크를 발생시키면 수소 분자는 아크의 고열을 흡수하여 원자 상태 수소로 열해리 되며, 다시 모재 표면에서 냉각되어 분자 상태로 결합될 때 방출되는 열(3,000 ~ 4,000℃)을 이용하여 용접하는 방법

(2) 원자 수소 용접의 특징

① 용접부의 산화나 질화가 없으므로 특수 금속 용접이 용이하다.
② 연성이 좋고 표면이 깨끗한 용접부를 얻는다.
③ 발열량이 많아 용접 속도가 빠르고 변형이 적다.
④ 기술적이 어려움이 있다.
⑤ 비용의 과다 등으로 차차 응용 범위가 줄어들고 있다.
⑥ 특수 금속 (스테인리스강, 크롬, 니켈, 몰리브덴)에 이용
⑦ 고속도강, 바이트 등 절삭공구의 제조에 사용

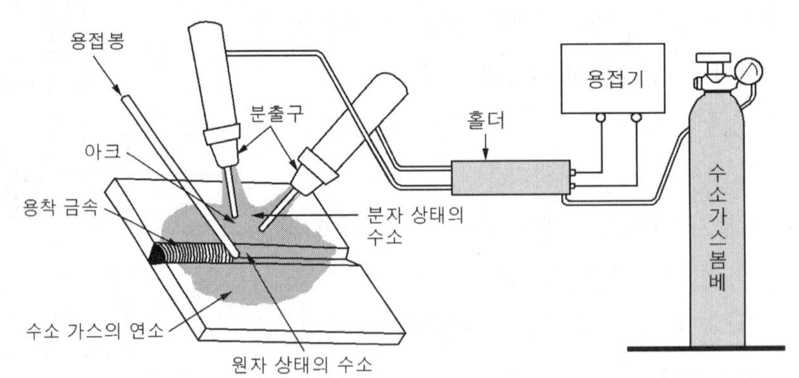

11. 테르밋 용접

(1) 테르밋 용접의 원리

알루미늄 분말과 산화철 분말(FeO, Fe_2O_3, Fe_3O_4)을 1 : 3 ~ 4로 혼합한 것으로 테르밋 반응(화학 반응), 즉 산화철의 산소를 알루미늄이 빼앗아갈 때 일어나는 반응과 함께 발생된 열(2,800℃)을 이용하여 용접한다. 테르밋 반응을 위해 1,000℃의 고온이 필요하므로 점화제로는 마그네슘과 과산화바륨이 사용되고 있다.

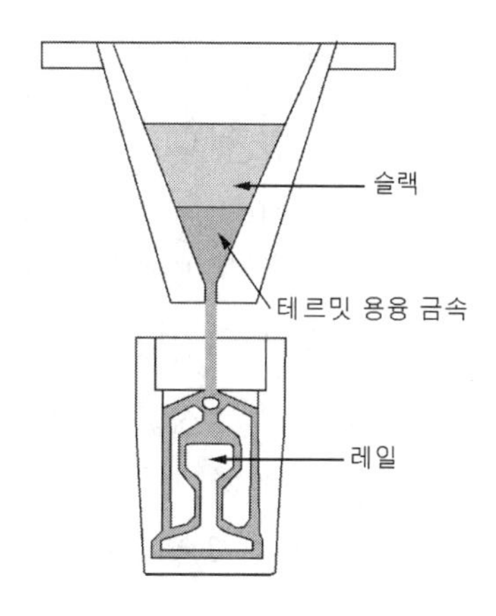

$3Fe_3O_4 + 8Al \rightarrow 9Fe + 4Al_2O_3 + 19.3kcal$

$Fe_3O_4 + 2Al \rightarrow 2Fe + Al_2O_3 + 181.5kcal$

(2) 테르밋 용접의 특징

① 용융 테르밋 용접과 가압 테르밋 용접이 있다.

② 작업이 간단하고 기술습득이 용이하다.

③ 전력이 불필요하다.

④ 용접 시간이 짧고 용접 후의 변형도 적다.

⑤ 용도로는 철도레일, 덧붙이 용접, 큰 단면의 주조, 단조품의 용접에 적합하다.

12. 초음파 용접

(1) 초음파 용접의 원리

초음파(18kHz이상)를 진동 에너지로 변환하여 접합 재료에 전달, 가압(압축 공기 이용) 및 마찰에 의한 열로 접합하는 방법(압접임을 기억할 것)으로 이종 재료나 판재 두께가 0.01 ~ 2mm, 플라스틱류는 1 ~ 5mm정도로 주로 얇은 판 용접에 이용된다.

(2) 초음파 용접의 특징

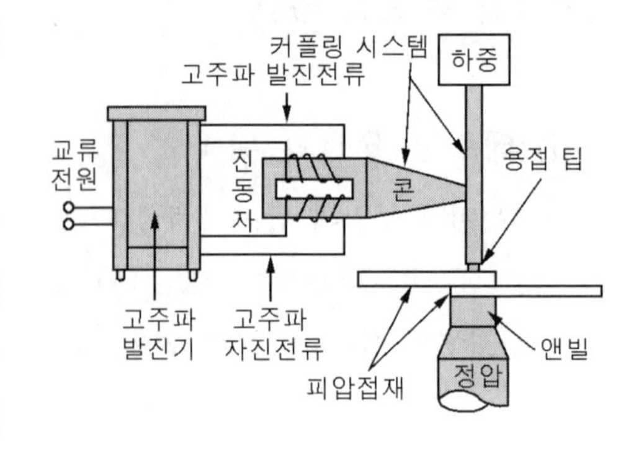

① 냉간 압접에 비해 주어지는 압력이 작아 변형이 작다.
② 압연한 그대로의 용접이 된다.
③ 이종 금속의 용접도 가능하다.
④ 극히 얇은 판, 즉 필름도 쉽게 용접한다.
⑤ 판의 두께에 따라 용접 강도가 현저히 달라진다.
⑥ 용접 장치로는 초음파 발진기, 진동자, 진동 전달 기구, 압접팁으로 구성된다.
⑦ 접합 재료의 종류 및 판의 두께에 따라 접합 조건이 달라지나 접합부의 외부 변형을 적게 한다는 의미에서 가급적 단시간으로 한다.

13. 가스 압접

(1) 가스 압접의 원리

접합부를 가스 불꽃으로 재결정 온도 이상 가열하고 축 방향으로 가압하여 접합하는 방법이다.

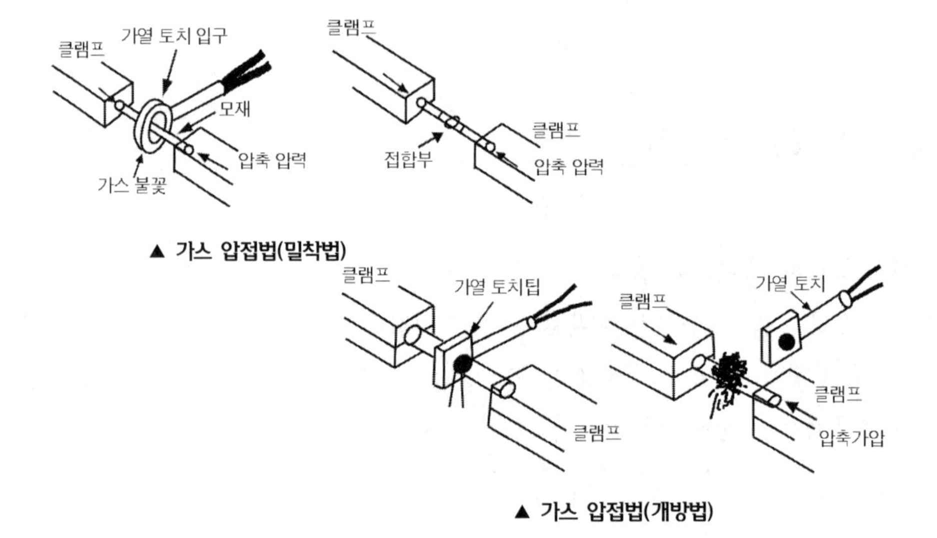

▲ 가스 압접법(밀착법)

▲ 가스 압접법(개방법)

(2) 가스 압접의 특징

① 이음부에 탈탄층이 전혀 없다.
② 전력 및 용접봉 용제가 필요 없다.
③ 장치가 간단하고 설비비 및 보수비가 싸다.
④ 작업이 거의 기계적이다.
⑤ 종류로는 밀착 맞대기 방법, 개방 맞대기 방법이 있다.

14. 아크 점 용접법

(1) 아크 점 용접의 원리

아크의 높은 열과 집중성을 이용하여 접합부의 한쪽에서 0.5 ~ 5초 정도 아크를 발생시켜 융합하는 방법

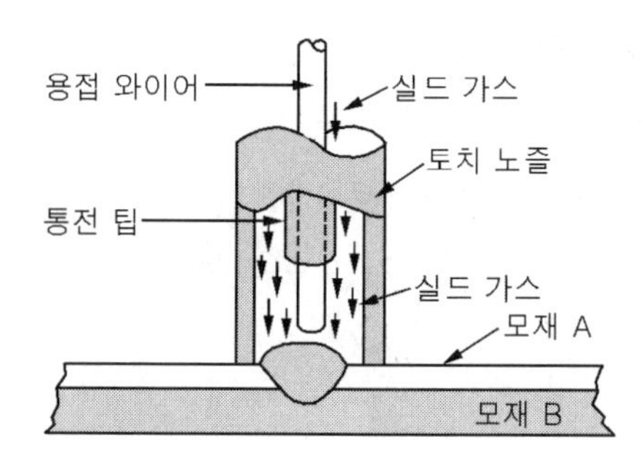

(2) 아크 점 용접의 특징

① 1 ~ 3mm 정도 윗판과 3.2 ~ 6mm정도 아래판에 맞추어서 용접(6mm까지는 구멍을 뚫지 않고 시공 가능)한다.
② 극히 얇은 판을 사용할 때는 용락을 방지하기 위하여 구리 받침쇠를 사용하여 용락을 방지한다.
③ 종류로는 불활성 가스 텅스텐 아크 점 용접법(비용극식)과, 용극식(불활성 가스 금속 아크 용접법, 이산화탄소 아크 용접, 피복 아크 용접)이 있다.

15. 마찰 용접

(1) 마찰 용접의 원리

접합하고자 하는 재료를 접촉시키고 하나는 고정시키며 다른 하나를 가압, 회전하여 발생되는 마찰열로 적당한 온도가 되었을 때 접합한다.

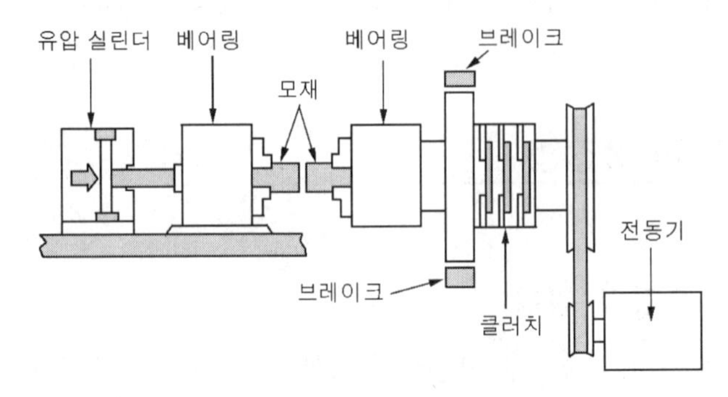

(2) 마찰 용접의 특징

① 컨벤셔널형과 플라이 휘일형이 있다.

② 자동화가 용이하며 숙련이 필요 없다.

③ 접합 재료의 단면은 원형으로 제한한다.

④ 상대 운동을 필요로 하는 것은 곤란하다.

16. 단락 이행 용접(short arc welding)

(1) 단락 이행 용접의 원리

불활성가스 금속 아크 용접과 비슷하나 1초동안 100회 이상 단락하여 아크 발생 시간이 짧고 모재의 열 입력도 적어진다.

(2) 단락 이행 용접의 특징

① 가는 솔리드 와이어를 이용한다.

② 용력이행은 스프레이형이다.

③ 0.8mm 정도 박판 용접에 이용한다.

④ 와이어 종류는 0.76mm, 0.89mm, 1.14mm정도로 규소 – 망간계가 사용된다.

17. 플라스틱 용접

(1) 플라스틱 용접의 원리

용접 방법으로는 열기구 용접, 마찰 용접, 열풍 용접, 고주파 용접 등을 이용할 수 있으나 열풍 용접이 주로 사용되고 있다.

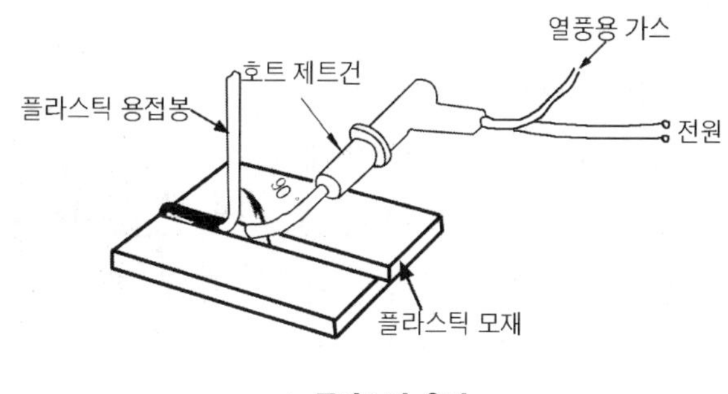

▲ 플라스틱 용접

(2) 플라스틱 용접의 특징

① 전기 절연성이 좋다. ② 가볍고 비강도가 크다.

③ 열가소성만 용접이 가능하다.

18. 레이저 빔 용접

(1) 레이저 빔 용접의 원리

유도 방사에 의한 빛의 증폭이란 뜻으로, 레이저에서 얻어진 접속성이 강한 단색 광선으로 강렬한 에너지를 가지고 있으며, 이때의 광선 출력을 이용하여 접합한다.

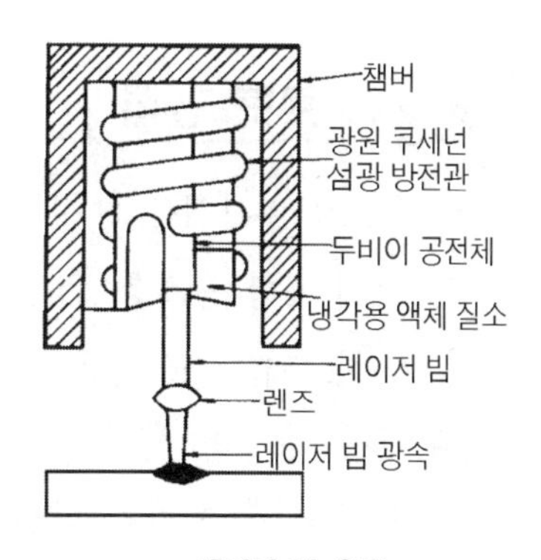

▲ 레이저 빔 용접

(2) 레이저 빔 용접의 특징

① 용접 장치는 고체 금속형, 가스 방전형, 반도체형이 있다.

② 아르곤, 질소, 헬륨으로 냉각하여 레이저 효율을 높일 수 있다.

③ 원격 조작이 가능하고 육안으로 확인하면서 용접이 가능하다.
④ 에너지 밀도가 크고, 고융점을 가진 금속에 이용된다.
⑤ 정밀 용접도 가능하다.
⑥ 불량 도체 및 접근하기 곤란한 물체도 용접이 가능하다.

19. 고주파 용접

고주파 전류를 도체의 표면에 집중적으로 흐르는 성질인 표피 효과와 전류 방향이 반대인 경우는 서로 근접해서 생기는 성질인 근접 효과를 이용하여 용접부를 가열 용접하는 방법으로 고주파 유도 용접과 고주파 저항 용접이 있다.

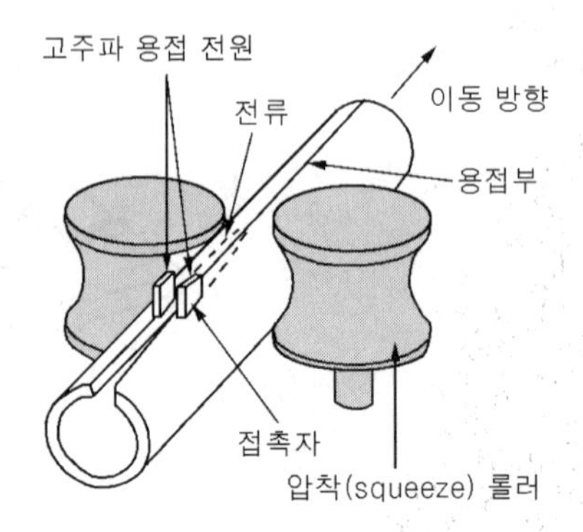

20. 아크 이미지 용접

전자빔, 레이저 광선과 비슷, 탄소 아크나 태양 광선 등의 열을 렌즈로 모아서 모재에 집중시켜 용접하는 방법으로 박판 용접이 가능(특히 우주 공간에서는 수증기가 없기 때문에 3,500 ~ 5,000℃의 열을 얻을 수 있다.)하다.

21. 로봇 용접

인간의 손작업을 대신하여 용접하는 것으로 크게 저항 용접용 로봇과 아크 용접용 로봇이 있으며, 직교 좌표형 및 다 관절형이 있다. 로봇 용접은 사람이 하기에 위험한 작업이나 또는 단순 반복 작업등에 이용되고 있으며, 원활히 사용하기 위해서는 포지셔너, 턴테이블, 센서, 주행 대차, 컨베이어 장치 등 주변 장치가 필요하다.

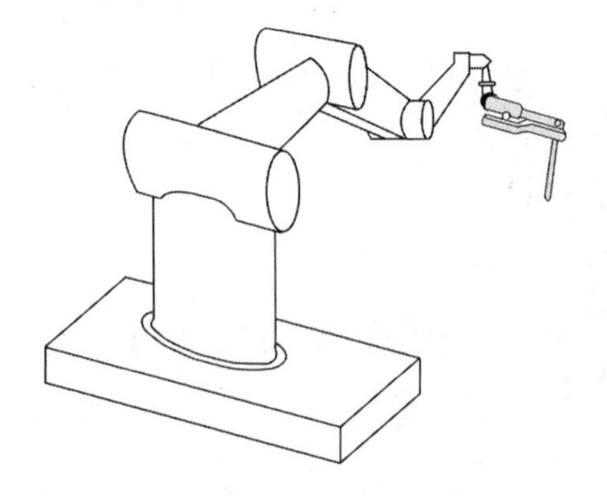

22. 전기 저항 용접

(1) 전기 저항 용접의 개요

도체에 전류를 흐르게 하면 도체 내부의 전기 저항에 의하여 열 손실을 일으킨다. 일반적인 전기회로에서는 이와 같은 손실을 최소화하는 방향으로 기술을 발전시키고 있으나. 저항 용접은 오히려 발열 손실을 적극적으로 이용하는 용접방법이다

① 용접물에 전류가 흐를 때 발생되는 저항 열로 접합부가 가열되었을 때 가압하여 접합한다.

② 저항 용접의 3대 요소는 용접 전류, 통전 시간, 가압력이다.

㉠ 용접 전류 : 저전압 대전류 방식으로 전압은 1 ~ 10V정도이지만 전류는 수만 또는 수십만 암페어이다.

㉡ 통전 시간 : 열전도가 큰 것은 대전류를 사용하여 통전 시간을 짧게 연강 등은 대전류를 사용하지 않고 통선 시간을 길게 한다.

㉢ 가압력 : 모재와 모재, 전극과 모재 사이에 접촉 저항은 전극의 가압력이 클수록 작아진다.

1) 이음형상에 따라 분류

① **겹치기 저항 용접** : 점 용접, 프로젝션용접, 심 용접

② **맞대기 저항 용접** : 업셋 용접, 플래시 용접, 퍼커션 용접이 있다.

2) 전기 저항 용접의 특징

① 용접사의 기능에 무관하다.

② 용접 시간이 짧고 대량 생산에 적합하다.

③ 용접부가 깨끗하다.

④ 산화 작용 및 용접 변형이 적다.

⑤ 가압 효과로 조직이 치밀하다.

⑥ 설비가 복잡하고 가격이 비싸다.

⑦ 후열 처리가 필요하다.

(2) 전기저항 용접의 종류

1) 점 용접

① 열 영향부가 좁으며 돌기가 없다.

② 박판 용접 및 대량 생산에 적합하다.

③ 바둑알 모양처럼 생긴 것을 너깃이라 한다.

④ 용융점이 높은 재료, 열전도가 큰 재료 및 전기적 저항이 작은 재료는 용접이 곤란하다.

⑤ 구멍을 가공할 필요가 없고 숙련을 요하지 않는다.

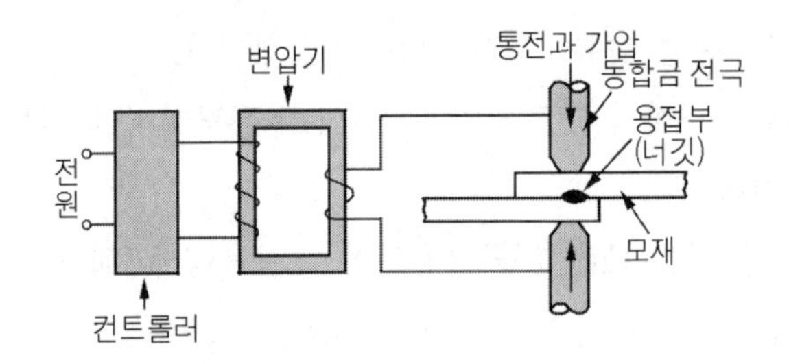

⑥ **과정** : 접촉 저항에 의한 온도 상승 → 접촉부의 변화, 변형 및 저항 감소 → 용융 → 용접부의 가압력에 의해서 용접부 생성

⑦ **종류** : 단극식, 직렬식, 다전극식, 맥동, 인터랙 점 용접이 있다.

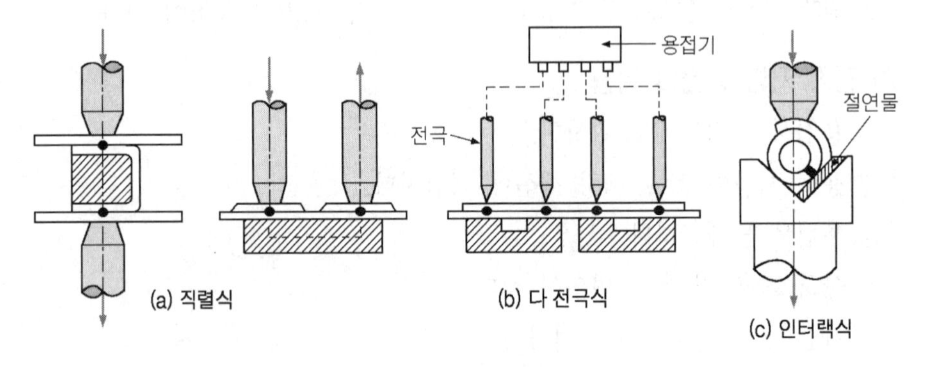

▲ 점 용접법의 종류

⑧ 전극의 종류로는 R형, P형, F형, C형, E형이 있다.

2) 심 용접

① 점 용접에 비해 가압력은 1.2 ~ 1.6배, 용접 전류는 1.5 ~ 2.0배 증가

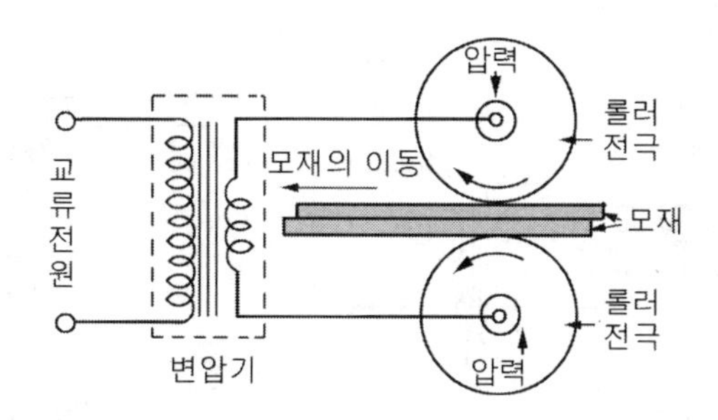

② 단속 통전법, 연속 통전법, 맥동 통전법 등이 있다.

③ 이음 형상에 따라 원주 심, 세로 심이 있다.

④ 용접 방법에 따라 매시 심, 포일 심, 맞대기 심, 로울러 심이 있다.

⑤ 기·수·유밀성을 요하는 0.2 ~ 4mm 정도 얇은판에 이용된다.

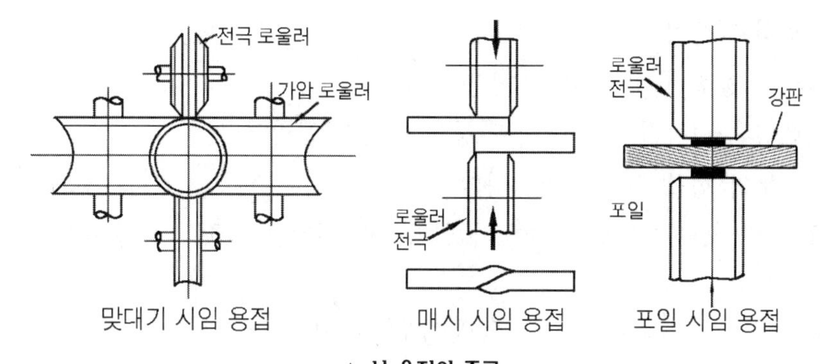

▲ 심 용접의 종류

3) 돌기 용접(프로 젝션 용접)

① 접합재의 한쪽에 돌기를 만들어 압접 하는 방법이다.

② 이종 금속 판 두께가 다른 것의 용접이 가능하다.

③ 전극의 소모가 적다(수명이 길다. 작업 능률이 높다).

④ 용접 설비비가 비싸다.

⑤ 돌기의 정밀도가 높아야 한다.

⑥ 용접기 설비가 비싸다.

⑦ 돌기를 내는 쪽은 두꺼운 판, 열전도와 용융점이 높은 쪽에 만든다.

⑧ 돌기 지름은(판두께 × 2 + 0.7), 높이(판두께 × 0.4 + 0.25)로 구한다.

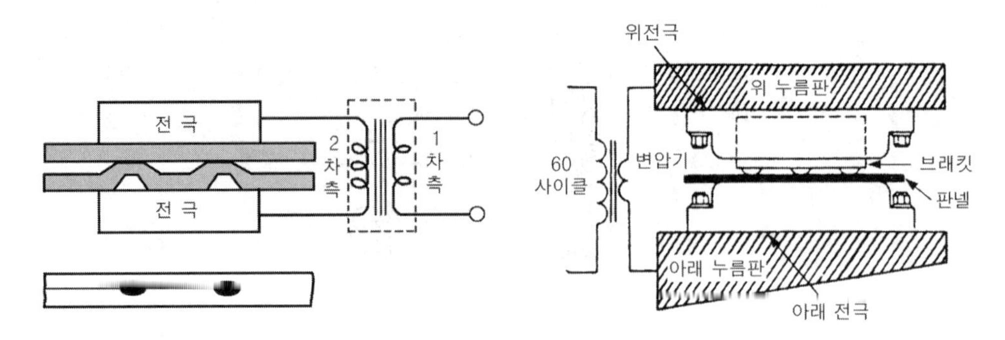

4) 업셋 용접

① 용접재를 맞대어 가압하고 전류를 통하면 접촉 저항으로 발열되어 일정한 온도에 달했을 때 축방향으로 강한 압력을 가해 접합한다.

② 불꽃의 비산이 없다.

③ 플래시 용접에 비해 열영향부가 커진다.

④ 비대칭 단면적이 큰 것, 박판 등의 용접은 곤란하다.

⑤ 용접부의 접합 강도는 우수하다.

⑥ 용접부의 산화물이나 개재물이 밀려나와 건전한 접합이 이루어진다.

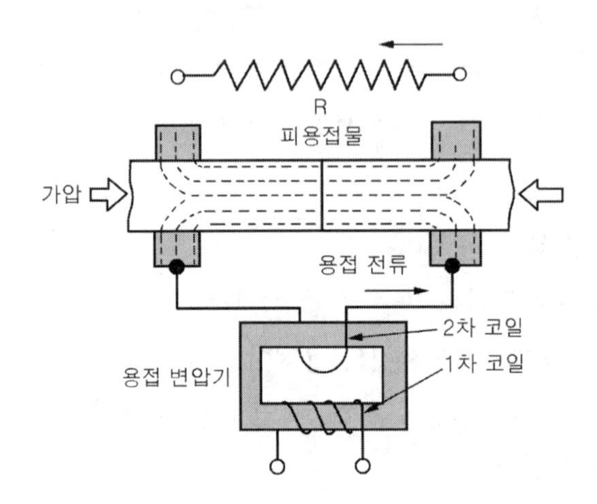

5) 플래시 용접

① 용접물에 간격을 두어 설치하고 전류를 통하여 발열 및 불꽃 비산을 지속시켜 접합면이 골고루 가열되었을 때 가압하여 접합하는 방법이다.
② 예열 → 플래시 → 업셋 순으로 진행된다.
③ 열 영향부 및 가열 범위가 좁다.
④ 이음의 신뢰도가 높고 강도가 좋다.
⑤ 용접 시간, 소비 전력이 적다.
⑥ 용접면에 산화물의 개입이 적다.
⑦ 종류가 다른 재료의 용접이 가능하다.
⑧ 강재, 니켈, 니켈 합금 등에 적합하다.

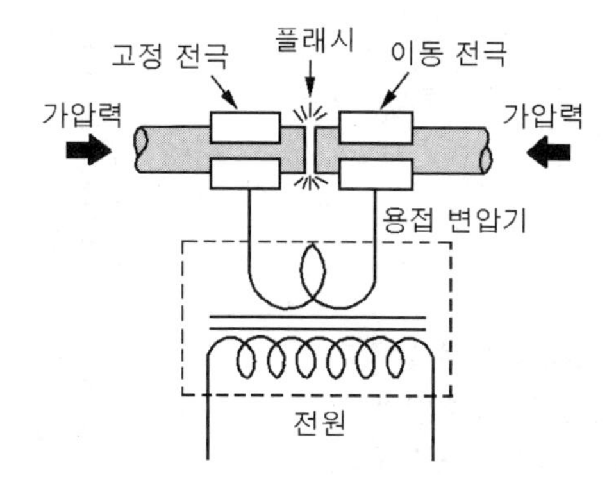

6) 충격 용접(퍼커션 용접)

축전기에 축전된 전기 에너지를 짧은 시간(1,000분의 1초 이내)에 방출시켜 금속 용접면에 매우 짧은 시간에 방전시켜 이때 발생된 열로 가압하여 접합

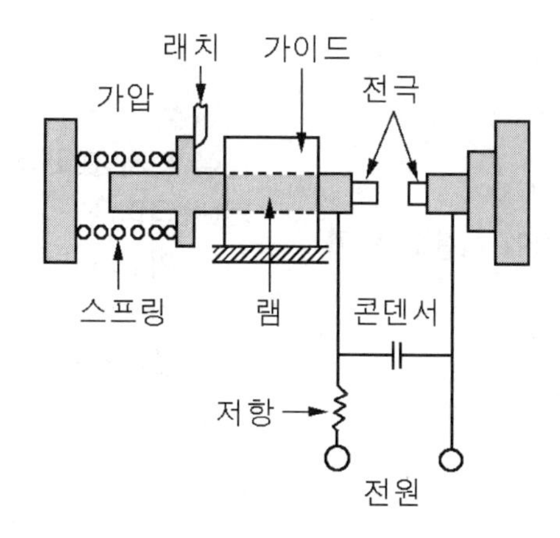

Q1

열적 핀치 효과와 자기적 핀치 효과를 이용하는 용접은?

① 초음파 용접 ② 고주파 용접
③ 레이저 용접 ④ 플라즈마 아크 용접

해설 플라즈마 용접 및 절단은 열적 핀치 효과와 자기적 핀치 효과를 이용하는데 전자는 냉각으로 인한 단면 수축으로 전류 밀도 증대하는 방법이고 후자는 방전 전류에 의해 자장과 전류의 작용으로 단면 수축하여 전류 밀도 증대되는 것이다.

Q2

아크 플라즈마의 외각을 강제적으로 냉각하면 아크 플라즈마는 열 손실이 최소한이 되도록 표면적을 축소시켜야 전류 밀도가 증가하여 온도가 상승한다. 이와 같은 현상을 무엇이라 하는가?

① 열적 핀치 효과
② 자기적 핀치 효과
③ 플라즈마 핀치 효과
④ 플라즈마 제트

Q3

플라즈마 아크(Plasma Arc)에 사용되는 가스가 아닌 것은?

① 암모니아 ② 수소
③ 아르곤 ④ 헬륨

해설 플라즈마 아크 용접의 특징

① 장점
- 아크 형태가 원통이고 지향성이 좋아 아크 길이가 변해도 용접부는 거의 영향을 받지 않는다.
- 용입이 깊고 비드 폭이 좁으며 용접 속도가 빠르다.
- 다음 용접으로는 V형 등으로 용접할 것도 I형으로 용접이 가능하며, 1층 용접으로 완성 가능
- 전극봉이 토치 내의 노즐 안쪽에 들어가 있으므로 모재에 부딪칠 염려가 없으므로 용접부에 텅스텐 오염의 염려가 없다.
- 용접부의 기계적 성질이 우수하다.
- 작업이 쉽다.(박판, 덧붙이, 납땜에도 이용되며 수동 용접도 쉽게 설계)

② 단점
- 설비비가 고가
- 용접속도가 빨라 가스의 보호가 불충분하다.
- 무부하 전압이 높다.
- 모재 표면을 깨끗이 하지 않으면 플라즈마 아크 상태가 변하여 용접부에 품질이 저하됨

③ 사용 가스 및 전원
- 사용 가스로는 Ar, H_2를 사용하며 모재에 따라 N 또는 공기도 사용
- 전원은 직류가 사용

④ 용도 : 탄소강, 스테인리스강, 티탄, 니켈합금, 구리 등에 적합

Q4

열적 핀치 효과나 자기적 핀치 효과를 이용한 용접법은?

① 이산화탄소 아크 용접법
② 서브머지드 아크 용접법
③ 불활성가스 금속 아크 용접법
④ 플라즈마 아크 용접법

정답: 1. ④ 2. ① 3. ① 4. ④

Q5

플라즈마 아크용접에 관한 설명 중 맞지 않는 것은?

① 전류밀도가 크고 용접속도가 빠르다.
② 기계적 성질이 좋으며 변형이 적다.
③ 설비비가 적게 든다.
④ 1층으로 용접할 수 있으므로 능률적 이다.

Q6

아크를 발생시키지 않고 와이어와 용융 슬랙 그리고 모재 내에 흐르는 전기 저항열에 의하여 용접하는 방법은?

① 티그용접
② 미그용접
③ 일렉트로 슬랙 용접
④ 이산화탄소 용접

해설 일렉트로 슬랙 용접

① 원리 : 서브머지드 아크 용접에서와 같이 처음에는 플럭스 안에서 모재와 용접봉 사이에 아크가 발생하여 플럭스가 녹아서 액상의 슬랙이 되면 전류를 통하기 쉬운 도체의 성질을 갖게 되면서 아크는 꺼지고 와이어와 용융 슬랙 사이에 흐르는 전류의 저항 발열을 이용하는 자동 용접법

② 특징
- 전기 저항 열을 이용하여 용접 (주울의 법칙 적용)$Q = 0.24I^2RT$
- 두꺼운 판의 용접으로 적합하다.(단층으로 용접이 가능)
- 매우 능률적이고 변형이 적다.
- 홈모양은 I형이기 때문에 홈가공이 간단하다.
- 변형이 적고, 능률적이고 경제적이다.
- 아크가 보이지 않고 아크 불꽃이 없다.
- 기계적 성질이 나쁘다.
- 노치 취성이 크다.(냉각 속도가 늦기 때문에)
- 가격이 고가이다.
- 용접 시간에 비하여 준비 시간이 길다.
- 용도로는 보일러 드럼, 압력 용기의 수직 또는 원주이음, 대형 부품 로울 등에 후판 용접에 쓰인다.

Q7

용접의 일종으로서 아크열이 아닌 와이어와 용융 슬랙 사이에 통전된 전류의 저항 열을 이용하여 용접을 하는 것은?

① 테르밋용접 ② 전자빔용접
③ 초음파용접 ④ 일렉트로 슬랙 용접

Q8

두꺼운 판의 양쪽에 수냉 동판을 대고 용접 슬랙 속에서 아크를 발생시킨 후 용융 슬랙의 전기 저항열을 이용하여 용접하는 방법은?

① 서브머저드 아크용접
② 불활성가스 아크용접
③ 일렉트로 슬랙 용접
④ 전자빔 용접

Q9

다음 중 일렉트로 가스 용접에서 주로 사용하는 가스는?

① CO_2 ② O_2
③ Ar ④ He

해설 일렉트로 가스 용접에서 사용되는 가스는 CO_2, 또는 $CO_2 + O_2$이다.

Q10

볼트나 환봉 등을 피스톤형 홀더에 끼우고 모재와 환봉 사이에서 순간적으로 아크를 발생시켜 용접하는 방법은?

① 전자빔 용접 ② 스텃 용접
③ 폭발 용접 ④ 원자수소 용접

정답 5. ③ 6. ③ 7. ④ 8. ③ 9. ① 10. ②

해설 스텃 용접

① 원리 : 스텃 용접은 크게 저항 용접에 의한 것, 충격 용접에 의한 것, 아크 용접에 의한 것으로 구분 되며, 아크 용접은 모재와 스텃 사이에 아크를 발생 시켜 용접한다.

② 특징

- 자동 아크 용접이다.
- 볼트, 환봉, 핀 등을 용접한다.
- 0.1 ~ 2초 정도의 아크가 발생한다.
- 셀렌 정류기의 직류 용접기를 사용한다. 교류도 사용 가능하다.
- 짧은 시간에 용접되므로 변형이 극히 적다.
- 철강재 이외에 비철 금속에도 쓸 수 있다.

Q11

아크를 보호하고 집중시키기 위하여 도자기로 만든 페룰(Ferrule)이라는 기구를 사용하는 용접은?

① 스텃 용접 ② 테르밋 용접
③ 전자빔 용접 ④ 플라즈마 용접

Q12

볼트나 환봉을 피스톤의 홀더에 끼우고 모재와 볼트 사이에 0.1 ~ 2초 정도의 아크를 발생시켜 용접하는 것은?

① 피복 아크 용접 ② 스텃 용접
③ 테르밋 용접 ④ 전자 빔 용접

Q13

스텃 용접의 특징이 아닌 것은?

① 아크열을 이용하여 자동적으로 단시간에 용접부를 가열 용융해서 용접하므로 변형이 극히 적다
② 용접 후 냉각속도가 비교적 빠르므로 모재의 성분이 어는 것이든지 용착 금속부가 경화되는 경우가 있다.
③ 통전시간이나 용접전류가 알맞지 않고 모재에 대한 스텃의 압력이 불충분해도 용접결과는 양호하나 외관은 거칠다.
④ 철강재료 외에 구리, 황동, 알루미늄, 스테인레스강에도 적용된다.

Q14

볼트나 환봉 등을 직접 강판이나 형강에 용접하는 방법으로 볼트나 환봉을 피스톤형의 홀더에 끼우고 모재와 볼트 사이에 순간적으로 아크를 발생시켜 용접하는 방법은?

① 테르밋 용접
② 스텃 용접
③ 서브머지드 아크용접
④ 불활성가스 용접

Q15

다음 중 고 탄소강, 알루미늄, 티탄 합금, 몰리브덴 재료 등을 용접하기에 가장 적합한 것은?

① 전자 빔 용접
② 일렉트로 슬랙 용접
③ 탄산가스 아크 용접
④ 서브머지드 아크 용접

해설 특히 티탄 합금, 몰리브덴 등의 고급 재료는 고진공 중에서 용접을 하여야 좋은 결과를 얻을 수 있다. 그러므로 전자 빔이 가장 적합하다.

Q16

다음 용접 중 배기 장치 및 X선 방호 장치가 필요한 것은?

① 잠호 용접 ② 티그 용접
③ 테르밋 용접 ④ 전자 빔 용접

정답 11. ① 12. ② 13. ③ 14. ② 15. ① 16. ④

해설 전자 빔 용접의 단점

① 피 용접물의 크기에 제한을 받으며 장치가 고가이다.
② 용접부의 경화 현상이 일어나기 쉽다.
③ 배기 장치 및 X선 방호가 필요하다.

Q17

내식성을 필요로 하며 고도의 기밀, 유밀을 필요로 하는 내압용기 제작에 가장 적당한 용접법은?

① 아크 스텃 용접
② 일렉트로 슬랙 용접
③ 원자 수소 아크 용접
④ 아크 점 용접

해설 원자 수소 용접

① 원리 : 수소 가스 분위기 중에서 2개의 텅스텐 용접봉 사이에 아크를 발생시키면 수소 분자는 아크의 고열을 흡수하여 원자 상태 수소로 열해리 되며, 다시 모재 표면에서 냉각되어 분자 상태로 결합될 때 방출되는 열(3,000 ~ 4,000℃)을 이용하여 용접하는 방법
② 특징
- 용접부의 산화나 질화가 없으므로 특수 금속 용접이 용이하다.
- 연성이 좋고 표면이 깨끗한 용접부를 얻는다.
- 발열량이 많아 용접 속도가 빠르고 변형이 적다.
- 기술적이 어려움이 있다.
- 비용의 과다 등으로 차차 응용 범위가 줄어들고 있다.
- 특수 금속 (스테인리스강, 크롬, 니켈, 몰리브덴)에 이용
- 고속도강, 바이트 등 절삭공구의 제조에 사용

Q18

수소 가스 분위기 속에 있는 2개의 텅스텐 용접봉 사이에 아크를 발생시켜서 수소 분자를 열 해리 시켜 다시 모재 표면에서 냉각되어 분자 상태로 결합될 때 방출되는 열을 이용하는 용접 방법은?

① 방전 충격 용접
② 플래시 용접
③ 원자 수소 용접
④ 전자 빔 용접

Q19

금속 산화물이 알루미늄에 의하여 산소를 빼앗기는 반응에 의해 생성되는 열을 이용하여 금속을 접합시키는 용접법은?

① 스텃 용접
② 테르밋 용접
③ 원자수소 용접
④ 일렉트로 슬랙 용접

해설 테르밋 용접

① 원리 : 테르밋 반응에 의한 화학 반응열을 이용하여 용접한다.
② 특징
- 테르밋제는 산화철 분말(FeO, Fe_2O_3, Fe_3O_4)약 3 ~ 4, 알루미늄 분말을 1로 혼합한다.(2,800℃의 열이 발생)
- 점화제로는 과산화 바륨, 마그네슘이 있다.
- 용융 테르밋 용접과 가압 테르밋 용접이 있다.
- 작업이 간단하고 기술습득이 용이하다.
- 전력이 불필요하다.
- 용접 시간이 짧고 용접후의 변형도 적다.
- 용도로는 철도레일, 덧붙이 용접, 큰 단면의 주조, 단조품의 용접

Q20

금속 산화물이 알루미늄에 의하여 산소를 빼앗기는 반응에 의해 생성되는 열을 이용하여 금속을 접합하는 용접 방법은?

① 일렉트로 슬랙 용접
② 테르밋 용접
③ 불활성가스 금속 아크 용접
④ 저항 용접

17. ③ 18. ③ 19. ② 20. ②

Q21

산화철 가루와 알루미늄 가루를 약 3 : 1의 비율로 혼합한 배합제에 점화하면 반응열이 약 2,800℃에 달하며, 주로 레일의 이음에 쓰이는 용접법은?

① 스폿용접
② 테르밋용접
③ 일렉트로 가스용접
④ 심 용접

Q22

초음파 용접에 대한 설명으로 잘못 된 것은?

① 주어지는 압력이 작으므로 용접물의 변형이 작다.
② 표면 처리가 간단하고 압연한 그대로의 재료도 용접이 가능하다.
③ 판의 두께에 따른 용접 강도의 변화가 없다.
④ 극히 얇은 판도 쉽게 용접이 된다.

해설 초음파 용접의 원리는 초음파(18kHz이상)를 진동 에너지로 변환하여 접합 재료에 전달, 가압(압축공기 이용) 및 마찰에 의한 열로 접합하는 방법(압접임을 기억할 것)으로 이종 재료나 판재 두께가 0.01 ~ 2mm, 플라스틱류는 1 ~ 5mm정도로 주로 얇은 판 용접에 이용된다.

특징은 다음과 같다.

① 냉간 압접에 비해 주어지는 압력이 작아 변형이 작다.
② 압연한 그대로의 용접이 된다.
③ 이종 금속의 용접도 가능하다.
④ 극히 얇은 판, 즉 필름도 쉽게 용접한다.
⑤ 판의 두께에 따라 용접 강도가 현저히 달라진다.
⑥ 용접 장치로는 초음파 발진기, 진동자, 진동 전달 기구, 압접팁으로 구성된다.
⑦ 접합 재료의 종류 및 판의 두께에 따라 접합 조건이 달라지나 접합부의 외부 변형을 적게 한다는 의미에서 가급적 단시간으로 한다.

Q23

다음 중 가스 압접법의 특징이 아닌 것은?

① 이음부 탈탄층이 전혀 없다.
② 장치가 간단하고 작업이 거의 기계적이다.
③ 원리적으로 전력이 불필요하다.
④ 이음부에 첨가 금속이 필요하나 설비비가 싸다.

해설 이음부에 전원, 용접봉, 용제가 필요 없다.

Q24

단락 이행 용접에 관한 다음 사항 중 틀린 것은?

① 큰 용적으로 와이어와 모재 사이에 주기적인 단락을 일으키도록 하는 용접
② 단락 횟수는 1초 동안 100회 이상이 될 수 있다.
③ 와이어의 지름은 1.2 ~ 6.4mm인 비교적 큰 와이어를 쓴다.
④ 용입이 얕으므로 0.8mm 정도의 얇은 판 용접이 가능하다.

해설 와이어의 지름은 0.76, 0.89, 1.14를 쓴다.

Q25

마찰 용접의 장점이 아닌 것은?

① 용접작업 시간이 짧아 작업 능률이 높다.
② 이종금속의 접합이 가능하다.
③ 피용접물의 형상치수, 길이, 무게의 제한이 없다.
④ 치수의 정밀도가 높고, 재료가 절약된다.

해설 마찰 용접

① 원리 : 접합하고자 하는 재료를 접촉시키고 하나는 고정시키며 다른 하나를 가압, 회전하여 발생되는 마찰열로 적당한 온도가 되었을 때 접합

정답 21. ② 22. ③ 23. ④ 24. ③ 25. ③

② 특징
- 컨벤셔널형과 플라이 휘일형이 있다.
- 자동화가 용이하며 숙련이 필요 없다.
- 접합 재료의 단면은 원형으로 제한한다.
- 상대 운동을 필요로 하는 것은 곤란하다.

Q26

플라스틱(plastic) 용접 방법만으로 조합된 것은?

① 마찰 용접, 아크 용접
② 고주파 용접, 열풍 용접
③ 플라스마 용접, 열기구 용접
④ 업셋 용접, 초음파 용접

해설 플라스틱 용접
① 원리 : 용접 방법으로는 열기구 용접, 마찰 용접, 열풍 용접, 고주파 용접 등을 이용할 수 있으나 열풍 용접이 주로 사용되고 있다.
② 특징
- 전기 절연성이 좋다.
- 가볍고 비강도가 크다.
- 열가소성만 용접이 가능하다.

Q27

다음의 설명 중 고주파 용접을 설명한 것은 어느 것인가?

① 접속성이 강한 유도 방사에 의한 단색 광선을 이용한다.
② 태양광선 등의 열을 렌즈에 모아 모재에 집중시켜 용접한다.
③ 표피 효과 및 근접 효과를 이용하여 용접한다.
④ 관절형이 오늘날 많이 사용되고 있다.

해설 ①는 레이저 용접, ②는 아크 이미지 용접, ④는 로봇 용접에 특징을 설명하고 있다.
고주파 용접은 고주파 전류를 도체의 표면에 집중적으로 흐르는 성질인 표피 효과와 전류 방향이 반대인 경우는 서로 근접해서 생기는 성질인 근접 효과를 이용하여 용접부를 가열 용접하는 방법이다.

Q28

다음 중 레이저 빔 용접에 특징으로 알맞은 것은?

① 광선의 제어는 원격 조작이 가능하나 육안으로 확인하면서 용접은 불가능하다.
② 열 영향부가 넓어 용접부에 폭이 넓다.
③ 에너지 밀도가 매우 낮아 저 융점 용접에 이용된다.
④ 전자 부품과 같은 작은 크기의 정밀 용접이 가능하다.

해설 육안 식별이 가능하고, 열 영향부가 적다. 또한 에너지 밀도가 높다.

Q29

전기저항 용접의 특징에 대한 설명으로 올바르지 않은 것은?

① 변형 및 잔류응력이 적다.
② 용접재료 두께의 제한을 받지 않는다.
③ 용제나 용접봉이 필요 없다.
④ 대량생산에 적합하다.

해설 전기 저항 용접의 특징
① 용접사의 기능에 무관하다.
② 용접 시간이 짧고 대량 생산에 적합하다.
③ 용접부가 깨끗하다.
④ 산화 작용 및 용접 변형이 적다.
⑤ 가압 효과로 조직이 치밀하다.
⑥ 설비가 복잡하고 가격이 비싸다.
⑦ 후열 처리가 필요하다.
⑧ 이종 금속에 접합은 불가능하다.

Q30

전기 저항 용접의 특징이 아닌 것은?

① 작업 속도가 빠르다.
② 용접봉의 소비량이 많다.
③ 이음 강도에 대한 효율이 높다.
④ 대량 생산에 적합하다.

정답 26. ② 27. ③ 28. ④ 29. ② 30. ②

Q31

저항용접이 아닌 것은?

① 스폿(spot)용접
② 심(seam)용접
③ 프로젝션(projection)용접
④ 스텃(stud)용접

해설 이음형상에 따를 전기저항 용접 분류
① 겹치기 저항 용접 : 점 용접, 프로젝션용접, 심 용접
② 맞대기 저항 용접 : 업셋 용접, 플래시 용접, 퍼커션 용접이 있다.

Q32

저항용접의 종류 중에서 맞대기(butt) 용접이 아닌 것은 ?

① 프로젝션 용접
② 업셋 용접
③ 플래시 용접
④ 퍼커션 용접

Q33

저항용접의 종류가 아닌 것은?

① 스폿 용접
② 심 용접
③ 업셋 맞대기 용접
④ 초음파 용접

Q34

전기 저항용접에 속하지 않는 것은?

① 테르밋 용접
② 점 용접
③ 프로젝션 용접
④ 심 용접

Q35

전기 저항용접에서 맞대기 용접에 해당되는 것은?

① 점용접 ② 플래시 용접
③ 심용접 ④ 프로젝션 용접

Q36

전기저항 용접이 아닌 것은?

① TIG용접
② 점 용접
③ 프로젝션용접
④ 플래시용접

Q37

저항용접의 3요소에 대하여 설명한 것 중 맞는 것은 ?

① 용접전류, 가압력, 통전시간
② 가압력, 용접전압, 통전시간
③ 용접전류, 용접전압, 가압력
④ 용접전류, 용접전압, 통전시간

해설 전기 저항 용접은 용접물에 전류가 흐를 때 발생되는 저항 열로 접합부가 가열되었을 때 가압하여 접합하는 방법으로 저항 용접의 3대 요소는 용접 전류, 통전 시간, 가압력이다.

Q38

저항 용접이 아크 용접에 비하여 좋은 점이 아닌 것은?

① 용접 정밀도가 높다.
② 열에 의한 변형이 적다.
③ 용접 시간이 짧다.
④ 용접 전류가 낮다.

정답 31. ④ 32. ① 33. ④ 34. ① 35. ② 36. ① 37. ① 38. ④

Q39

저항 용접을 할 때의 주의 사항으로 틀린 것은?

① 모재의 접합부를 깨끗이 청소할 것
② 전극부에 접촉 저항이 크게 할 것
③ 냉각수 순환이 충분하도록 점검할 것
④ 모재의 형상 및 두께가 알맞은 전극을 택할 것

해설 접촉 저항이 크게 되면 전류가 잘 흐르지 않는다.

Q40

기밀, 수밀을 필요로 하는 탱크의 용접이나 배관용 탄소 강관의 용접에 가장 적합한 접합법은?

① 심 용접(seam welding)
② 스폿 용접(spot welding)
③ 업셋 용접(upset welding)
④ 플래시 용접(flash welding)

해설 전기 저항 용접의 종류

① 점 용접 : 맞대어 놓은 두 모재에 강하게 가압하면서 대전류를 흘려 짧은 시간 내에 접합한다.
② 심 용접 : 점 용접의 연속이라고 생각하면 된다. 회전 전극을 이용하여 접합하며, 기밀 수밀 등을 요구할 때 사용한다.
③ 프로젝션 용접 : 용접할 모재에 돌기를 만들어 접촉시킨 후 통전 가압해서 용접하는 방법
④ 업셋 용접 : 접합 단면을 전극으로 해서 통전하고 압접 온도에 도달하면 가압력을 가하여 접합하는 맞대기 저항 용접한다.
⑤ 플래시 용접 : 업셋 용접과의 차이는 용접면을 가볍게 접촉시키면서 통전해서 생긴 불꽃으로 재료를 가열해서 가압하여 접합하는 용접법이다.
⑥ 퍼커션 용접 : 축적된 전기 에너지를 맞대기면에 급격히 방전시켜 발생하는 아크로 가열하고 충격적 압력으로 접합한다.

【참고】 점, 심, 프로젝션은 겹치기 이음이고, 업셋, 플래시 퍼커션은 맞대기 이음이다.

Q41

점 용접의 종류가 아닌 것은?

① 맥동 점 용접
② 인터랙 점 용접
③ 직렬식 점 용접
④ 원판식 점 용접

해설 점 용접

① 열 영향부가 좁으며 돌기가 없다.
② 박판 용접 및 대량 생산에 적합하다.
③ 바둑알 모양처럼 생긴 것을 너깃이라 한다.
④ 용융점이 높은 재료, 열전도가 큰 재료 및 전기적 저항이 작은 재료는 용접이 곤란하다.
⑤ 구멍을 가공할 필요가 없고 숙련을 요하지 않는다.
⑥ 과정 : 접촉 저항에 의한 온도 상승 → 접촉부의 변화, 변형 및 저항 감소 → 용융 → 용접부의 가압력에 의해서 용접부 생성
⑦ 종류로는 단극식, 직렬식, 다전극식, 맥동, 인터랙 점 용접이 있다.
⑧ 전극의 종류로는 R형, P형, F형, C형, E형이 있다.

Q42

심(seam) 용접법에서 용접전류의 통전방법이 아닌 것은?

① 직 · 병렬 통전법
② 단속 통전법
③ 연속 통전법
④ 맥동 통전법

해설 심 용접

① 점 용접에 비해 가압력은 1.2~1.6배, 용접전류는 1.5~2.0배 증가
② 단속 통전법, 연속 통전법, 맥동 통전법 등이 있다.
③ 이음 형상에 따라 원주 심, 세로 심이 있다.
④ 용접 방법에 따라 매시 심, 포일 심, 맞대기 심, 로울러 심이 있다.
⑤ 기·수·유밀성을 요하는 0.2~4mm 정도 얇은판에 이용

정답 39. ② 40. ① 41. ④ 42. ①

Q43

다음 중 심 용접의 종류가 아닌 것은?

① 매시 심 용접
② 포일 심 용접
③ 원주 심 용접
④ 맞대기 심 용접

Q44

제품의 한쪽 또는 양쪽에 돌기를 만들어 이 부분에 용접전류를 집중시켜 압접하는 방법은?

① 프로젝션 용접
② 점 용접
③ 전자 빔용접
④ 심 용접

Q45

플래시 용접의 3단계로 옳은 것은?

① 예열 → 플래시 → 업셋
② 업세 → 플래시 → 예열
③ 플래시 → 예열 → 업셋
④ 예열 → 업셋 → 플래시

해설 ① 용접물에 간격을 두어 설치하고 전류를 통하여 발열 및 불꽃 비산을 지속시켜 접합면이 골고루 가열되었을 때 가압하여 접합
② 예열 → 플래시 → 업셋 순으로 진행된다.
③ 열 영향부 및 가열 범위가 좁다.
④ 이음의 신뢰도가 높고 강도가 좋다.
⑤ 용접 시간, 소비 전력이 적다.
⑥ 용접면에 산화물의 개입이 적다.
⑦ 종류가 다른 재료의 용접이 가능하다.
⑧ 강재, 니켈, 니켈 합금 등에 적합하다.

Q46

다음은 플래시 용접과 업셋 용접의 차이점을 열거한 것이다. 이 중 가장 적합한 것은?

① 플래시 용접은 업셋 용접에 비하여 단면적이 큰 것이나 비대칭형의 것들에 대한 적용이 곤란하다.
② 업셋 용접은 능률이 매우 좋고 강재 니켈, 니켈합금에서 좋은 용접 결과를 얻을 수 있다.
③ 업셋 용접은 플래시 용접에 비해 가열 속도가 늦고 용접 시간이 길기 때문에 열 영향부가 넓다.
④ 플래시 용접은 가열 범위가 넓고, 열 영향부가 넓기 때문에 용접면의 끝맺음 가공이 필요하다.

해설 플래시 용접은 업셋 용접과 비슷하게 용접하나 이동 전극이 있어 서서히 이동시키면서 불꽃을 비산하면서 용접한다는 차이점이 있다. 업셋 용접에 비해 전력 소모를 줄일 수 있으며, 용접 속도를 크게 할 수 있다는 장점이 있다.

정답 43. ③ 44. ① 45. ① 46. ③

05 절단 및 그 밖의 용접

1. 절단

(1) 가스 절단

일반적으로 산소 – 아세틸렌 불꽃으로 약 850 ~ 900℃정도로 예열하고, 고압의 산소를 분출시켜 철의 연소 및 산화로 절단한다.

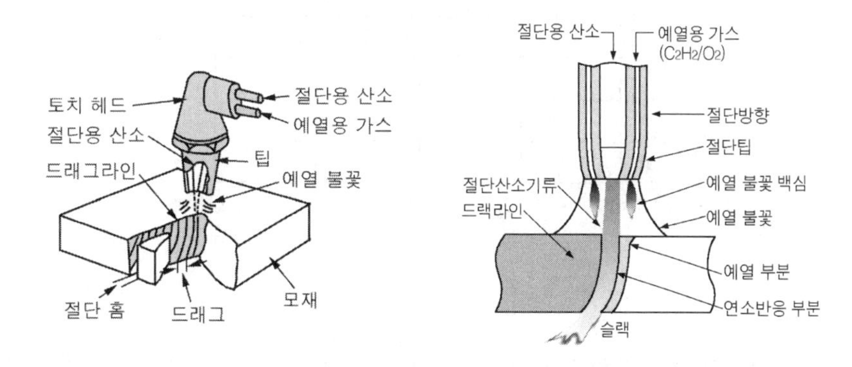

> **참고** 예열 불꽃의 역할 : 절단 개시점을 발화온도로 가열, 절단 산소의 순도 저하 방지, 절단 산소의 운동량 유지, 절단재 표면 스케일 등을 제거하여 절단 산소와의 반응을 용이하게 함

① 주로 강 또는 저 합금강의 절단에 널리 이용됨

> **참고** 원활한 절단 조건 : 모재가 산화 연소하는 온도는 그 금속의 용융점보다 낮아야 한다. 생성된 산화물은 유동성이 우수하고 산소 압력에 잘 밀려나가야 된다. 생성된 산화물의 용융점은 모재의 용융점보다 낮아야 된다. 금속의 화합물에는 불연성물질이 적어야 된다.

② 주철, 비철금속, 스테인리스강(10%이상의 크롬 함유)과 같은 고 합금강은 절단이 곤란하다.

> **참고** 알루미늄 및 스테인리스강이 절단이 곤란한 이유는 절단 중에 생기는 산화물 즉 산화알루미늄(Al_2O_3)와 산화크롬(Cr_2O_3)의 용융점이 모재의 용융점 보다 높기 때문이다.

③ **절단에 영향을 주는 요소**

㉠ 팁의 모양 및 크기
㉡ 산소의 순도(99.5%)와 압력
㉢ 절단 속도
㉣ 예열 불꽃의 세기
㉤ 팁의 거리 및 각도
㉥ 사용 가스
㉦ 절단재의 재질 및 두께 및 표면 상태

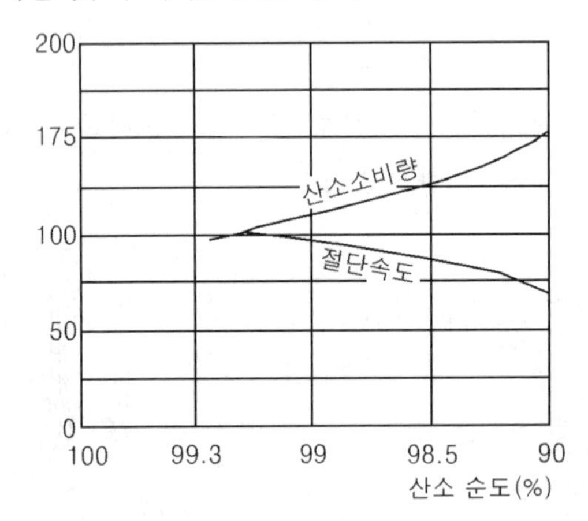

> **참고** 절단 속도는 산소 압력 즉 소비량에 비례한다. 산소의 순도가 높으면 절단 속도를 빨리할 수 있다. 절단 모재의 온도가 높을수록 고속 절단이 가능, 다이버젼트 노즐 등을 사용하면 속도를 증가할 수 있다.

- 산소의 순도가 1% 저하하면 절단 속도는 25% 저하한다. 아울러 순도가 저하하면 산소의 소비량도 증가한다.
- 한계 압력은 절단 모재의 두께에 비례하며, 절단 팁 구경에 반비례한다.
- 예열 불꽃의 세기가 세면 절단면 모서리가 용융되어 둥굴게 되고, 절단면이 거칠게 된다. 또한 슬랙의 박리성이 떨어진다. 반대로 약해지면 드랙의 길이가 증가하고, 절단 속도가 늦어진다.

④ **가스 절단에 양부 판정**

㉠ 드랙은 가능한 작을 것
㉡ 절단 모재의 표면 각이 예리할 것
㉢ 절단면이 평활 할 것
㉣ 슬랙의 박리성이 우수할 것
㉤ 경제적인 절단이 이루어질 것

⑤ **합금 원소가 절단에 미치는 영향**

㉠ 탄소(0.25% 이하의 강은 절단이 가능하나 4%이상의 것은 분말 절단을 해야 한다.)
㉡ 고 규소, 고 망간 등은 절단이 곤란하다. 하지만 망간의 경우는 예열을 하면 절단이 가능하다.
㉢ 탄소량이 적은 니켈강은 절단이 용이하다.
㉣ 크롬 5% 이하는 절단이 용이하지만 10%이상은 분말 절단을 한다.
㉤ 순수한 몰리브덴은 절단이 곤란하다.
㉥ 텅스텐은 20%이상은 절단이 곤란하다.
㉦ 구리 2%까지는 영향을 받지 않는다.
㉧ 알루미늄 10% 이상은 절단이 곤란하다.

(2) 산소 절단법

① 산소와 아세틸렌의 혼합비는 1.4 ~ 1.7 : 1 때 불꽃의 온도가 가장 높다.

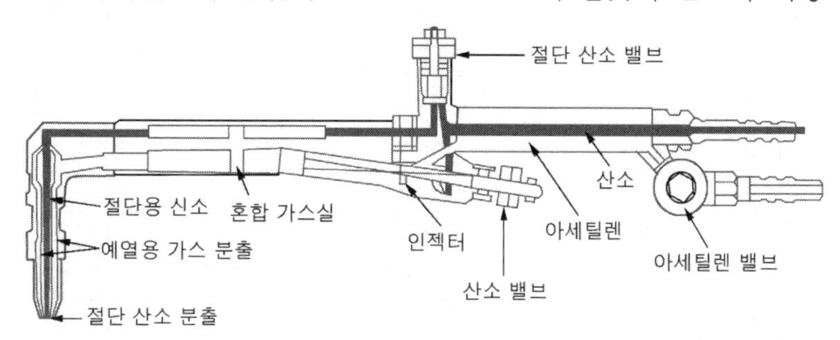

▲ 프랑스식 절단 토치

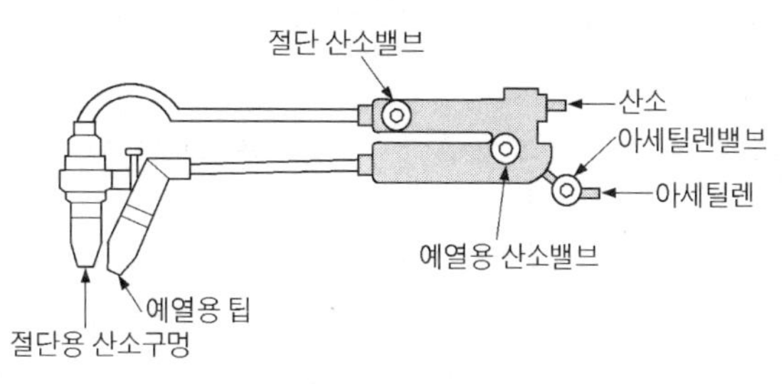

▲ 독일식 절단 토치

② 아세틸렌 게이지 압력이 보통 저압식(0.07kgf/cm²)이하에서 이용되며 산소 압력이 높다. 하지만 중압식(0.4kgf/cm²)은 아세틸렌가스와 산소 가스의 압력이 거의 같은 압력으로 혼합실에서 공급된다.

③ 절단 속도는 산소의 순도 및 압력, 팁의 모양, 모재의 온도 등에 따라 영향을 받으며, 고속 분출을 얻기 위해서는 다이버전트 노즐(절단 속도 20 ~ 25% 향상)을 사용한다.

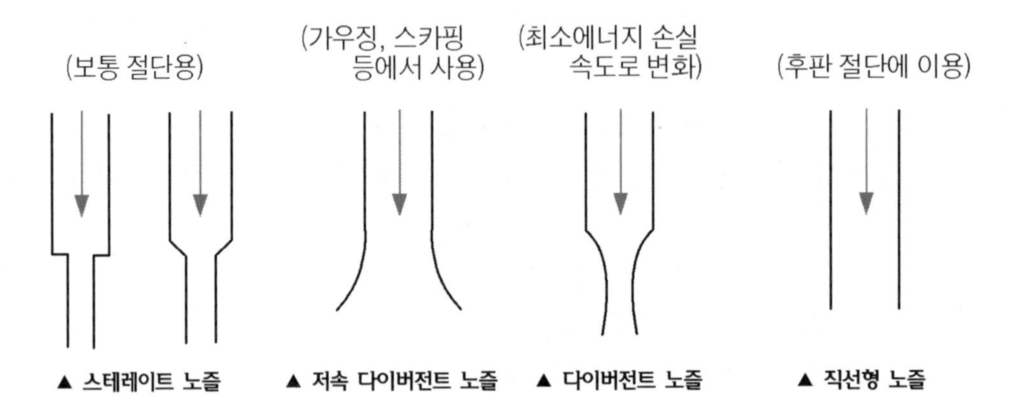

▲ 스테레이트 노즐　▲ 저속 다이버전트 노즐　▲ 다이버전트 노즐　▲ 직선형 노즐

④ 사용 가스의 비교

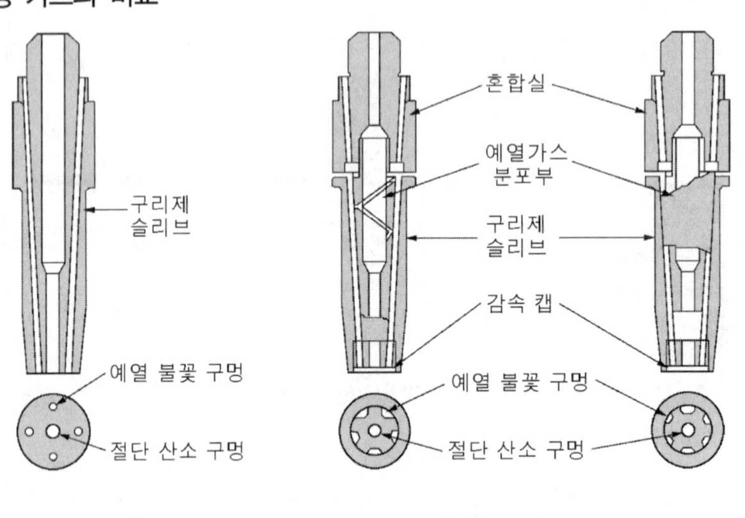

▲ 아세틸렌 팁　▲ 프로판 팁

아세틸렌	프로판
• 혼합비 1 : 1 • 점화 및 불꽃 조절이 쉽다. • 예열 시간이 짧다. • 표면의 녹 및 이물질 등에 영향을 덜 받는다. • 박판의 경우 절단 속도가 빠르다.	• 혼합비 1 : 4.5 • 절단면이 곱고 슬랙이 잘 떨어진다. • 중첩 절단 및 후판에서 속도가 빠르다. • 분출 공이 크고 많다. • 산소 소비량이 많아 전체적인 경비는 비슷하다.

참고 포갬 절단은 두께 12mm 이하의 비교적 얇은 판을 쌓아 포개어 놓고 한 번에 절단하는 방법으로 절단 능률은 우수하나 판과 판 사이에 산화물 또는 틈(0.8mm 이상)이 있으면 밑판에 절단은 곤란하다.

⑤ 드랙의 길이는 판 두께의 $\frac{1}{5}$ 즉 20% 정도가 좋다.

$$드랙 = \frac{드랙의\ 길이(mm)}{판두께(mm)} \times 100$$

⑥ 팁 끝과 강판의 거리는 1.5 ~ 2mm 정도로 하여 약 900℃(연강)되었을 때 절단 산소 밸브를 연다. 절단 산소의 분출 압력이 커질수록 분출 속도와 절단 속도는 빨라지지만 너무 빨리 해서는 안 된다.

⑦ 직선 절단의 경우 팁의 각도는 모재와 90°로 유지하여 절단하고, 홈 절단의 경우는 60°로 유지하여 절단한다.

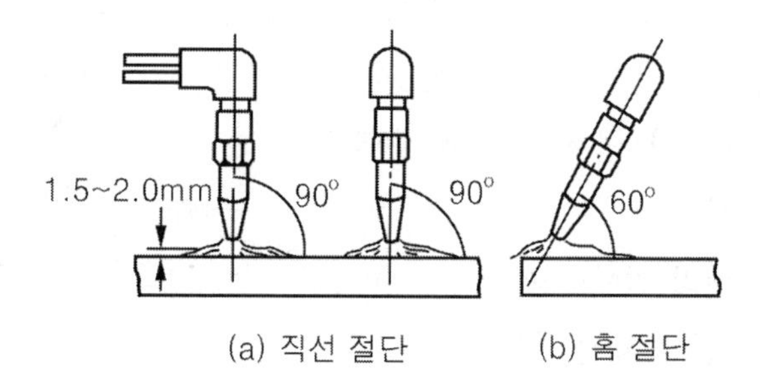

(a) 직선 절단 (b) 홈 절단

(3) 수중 절단

① 주로 침몰선의 해체, 교량 건설 등에 사용되며, 수심 45(M)정도까지 작업이 가능하다.

② 예열용 가스로는 아세틸렌(폭발에 위험), 수소(수심에 관계없이 사용 가능 하나 예열 온도가 낮다), 프로판 가스(LPG), 벤젠 등이 사용된다.

③ 예열 불꽃은 육지 보다 크게(4 ~ 8배), 절단 산소의 압력은 1.5 ~ 2배, 절단 속도는 느리게 한다.

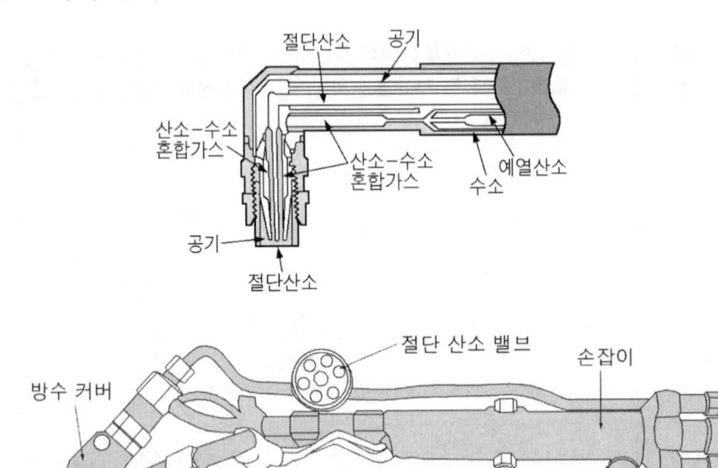

(4) 산소 창 절단

① 토치 대신 내경이 3.2 ~ 6mm, 길이 1.5 ~ 3m의 강관을 통하여 절단 산소를 내보내고 이 강관의 연소하는 발생 열에 의해 절단한다.

② 사용 목적에 따라 알루미늄 강 또는 마그네슘 강으로 된 선재가 가득 채워진다.

③ 아세틸렌가스가 필요 없으며 강괴 후판의 절단 및 암석의 천공 등에 사용된다.

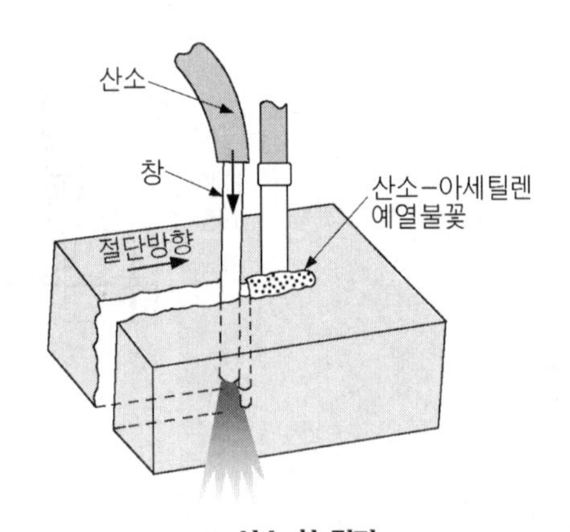

▲ 산소 창 절단

(5) 가스 가우징

① 용접 뒷면 따내기, 금속 표면의 홈 가공을 하기 위하여 깊은 홈을 파내는 가공법으로 홈의 깊이와 폭의 비는 1 : 2 ~ 3 정도이다.

② 가스 용접에 절단용 장치를 이용할 수 있다. 단지 팁은 비교적 저압으로서 대용량의 산소를 방출할 수 있도록 슬로 다이버전트로 팁을 사용한다.

③ 토치의 예열 각도는 30 ~ 40°를 유지한다.

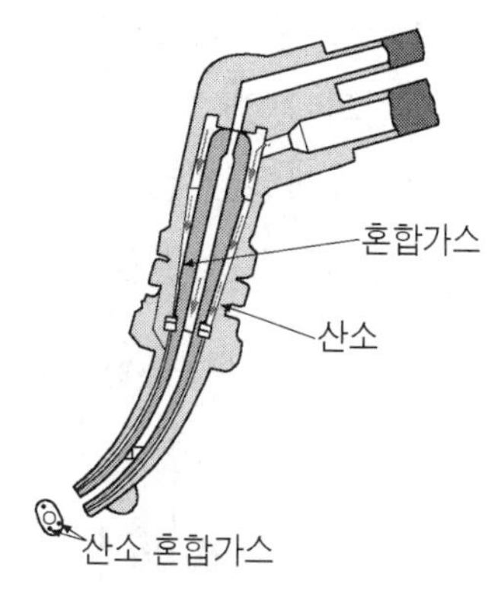

▲ 가스 가우징

(6) 스카핑

① 강재 표면의 탈탄 층 또는 홈을 제거하기 위해 사용

② 가우징과 달리 표면을 얇고 넓게 깎는 것이다.

③ 스카핑의 속도는 냉간재의 경우 5 ~ 7m/min, 열간재의 경우 20m/min로 대단히 빠르다.

④ 작업방법은 스카핑 토치를 75° 경사지게 하고 예열 불꽃의 끝이 표면에 접촉되도록 한다.

> **참고** 스테인리스강의 경우 속도는 탄소강의 약 $\frac{1}{2}$ 정도 폭은 $\frac{2}{3}$ 정도로 한다.

▲ 스카핑 작업 전경

(7) 가스 절단 장치

① 가스 용접과 모든 장치가 똑같다.

② 팁의 모양

㉠ 동심형(프랑스식)

㉡ 이심형(독일식)

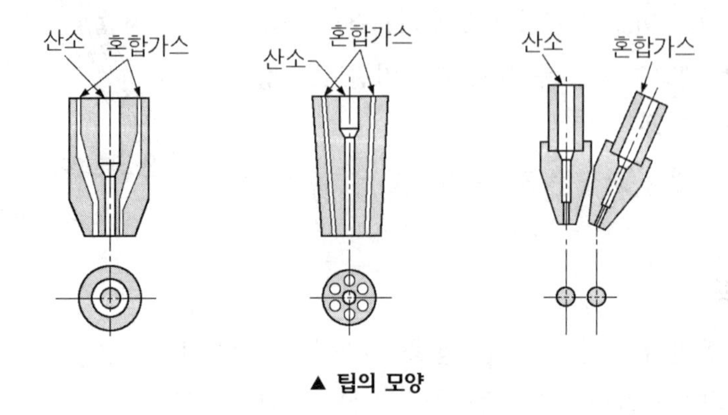

▲ 팁의 모양

③ 자동 절단기가 있어 곧고 긴 직선 절단 등에 사용된다.

④ 형 절단기는 트레이스 형식에 따라 수동식, 기계식, 전 자석식, 광 전관식을 사용하고 있다.

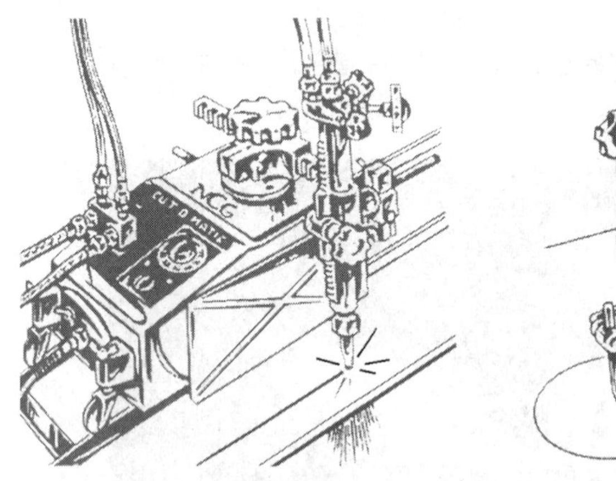

▲ 자동식 직선 절단기

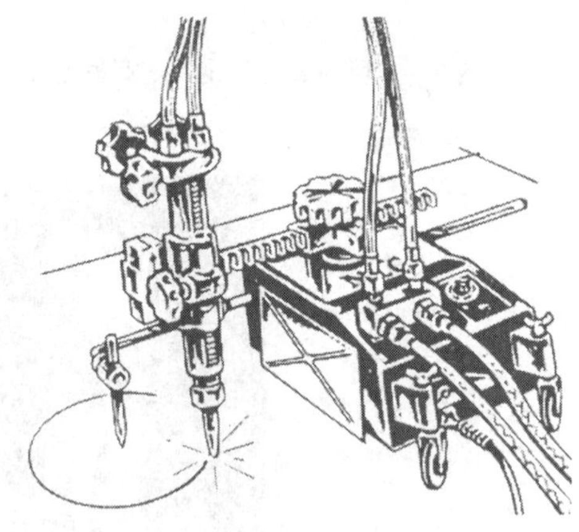

▲ 원형 절단기

2. 아크 절단

(1) 아크 절단의 일반적인 특징

① 전극과 모재 사이에 아크를 발생시켜 그 열로 모재를 용융 절단한다.

② 절단의 온도가 높고 산소 절단보다 비용이 저렴하나 절단면이 거칠다.

③ 정밀도는 가스 절단보다 떨어지나 가스 절단이 곤란한 재료에 사용이 가능하다.

④ 압축 공기, 산소 기류와 함께 쓰면 능률적이다.

⑤ 용도로는 주철, 망간강, 비철금속 등에 적용된다.

(2) 아크 절단의 종류

① 탄소 아크 절단

㉠ 탄소(많이 사용하나 소모성이 크다.), 흑연(전기적 저항이 적고 높은 사용 전류에 적합) 전극봉과 금속 사이에 아크를 발생하여 절단한다.

㉡ 사용 전원은 직류 정극성이 바람직 하지만 때로는 교류도 사용 가능하다.

② 금속 아크 절단

㉠ 보통은 용접봉에 값이 비싸 잘 쓰이지 않고 있으나, 토치나 탄소 용접봉이 없을 때 쓰인다. 탄소 전극봉 대신에 특수 피복제를 입힌 전극봉을 써서 절단한다.

㉡ 사용 전원은 직류 정극성이 바람직 하지만 교류도 사용 가능하다.

③ 산소 아크 절단

㉠ 사용 전원은 직류 정극성이 널리 쓰임, 때로는 교류도 사용된다.

㉡ 중공(속이 빈)의 피복 강전극으로 아크를 발생(예열원)시키고 그 중심부에서 산소를 분출시켜 절단하는 방법으로 절단속도가 크다. 하지만 절단면이 고르지 못하는 단점도 있다.

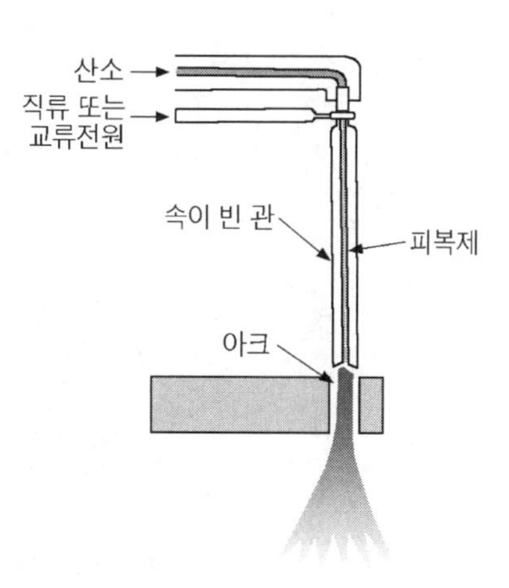

▲ 산소 아크 절단

④ **플라즈마 절단** : 아크 플라즈마의 바깥 둘레를 강제로 냉각하여 발생하는 고온, 고속의 플라즈마를 이용하여 절단한다.

㉠ 무부하 전압이 높은 직류 정극성 이용한다.

㉡ 플라즈마10,000 ~ 30,000℃를 이용하여 절단한다.

㉢ 아르곤 + 수소(질소 + 공기)가스를 이용한다.

㉣ 특수금속, 비금속, 내화물도 절단 가능하다.

㉤ 절단면에 슬랙이 부착되지 않고 열 영향부가 적어 변형이 거의 없다.

참고 수소 가스를 사용하면, 열적 핀치 효과를 증대하고 절단 속도를 증가시킬 수 있다.

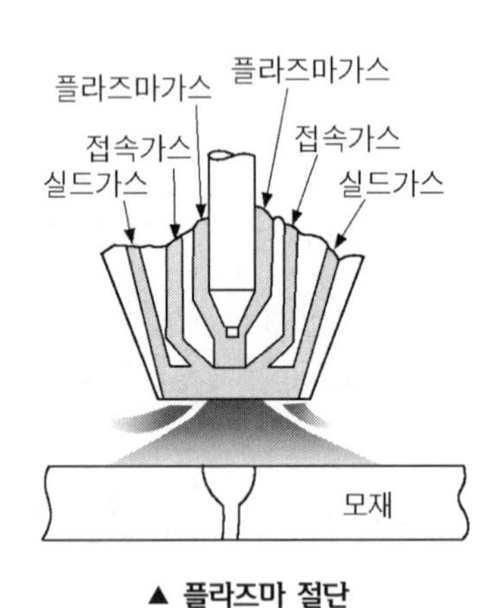

▲ **플라즈마 절단**

플라즈마 절단에는 플라즈마 아크 절단(이행형), 플라즈마 제트 절단(비이행형)이 있어 금속 및 비금속의 절단이 가능하다.

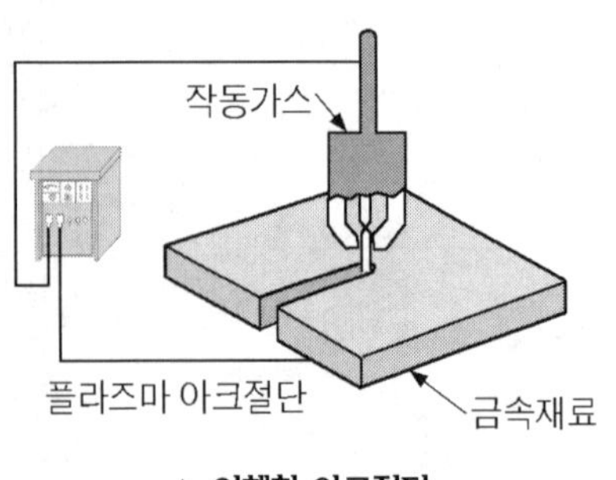

▲ **이행형 아크절단**

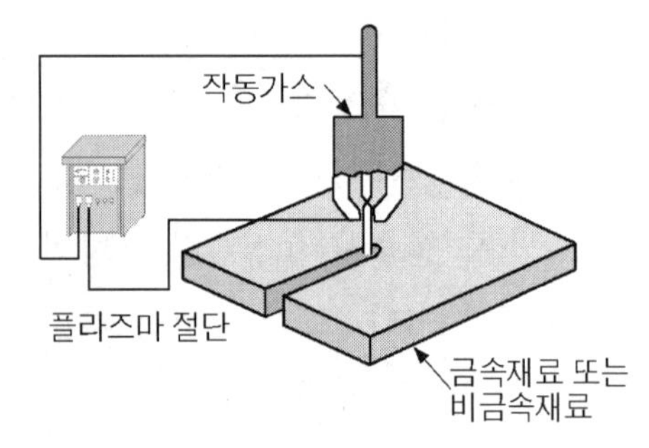

▲ **비이행형 아크절단**

⑤ **티그 및 미그 절단**

㉠ 티그 절단은 열적 핀치 효과에 의한 플라즈마로 절단하는 방법으로 전원으로는 직류 정극성이 사용된다. 주로 알루미늄, 구리 및 구리합금, 스테인리스강과 같은 금속 재료에 절단에만 사용하며 사용 가스로는 아르곤과 수소 혼합가스가 사용된다.

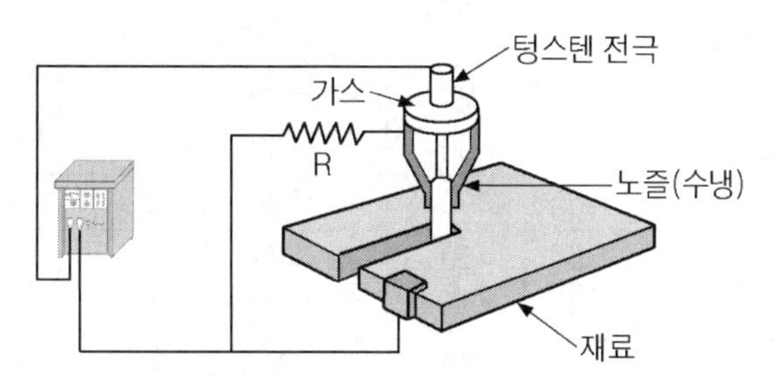

㉡ 미그 절단은 금속전극에 대전류를 흘려 절단, 전원으로는 직류 역극성이 사용된다. 보호가스는 산소를 혼합한 아르곤 가스를 쓰며 효과적이다. 알루미늄과 같이 산화에 강한 금속 절단에 사용 된다.

⑥ **아크 에어 가우징**

㉠ 산소 아크 절단에 압축 공기를 병용하여 결함을 제거(흑연으로 된 탄소봉에 구리 도금을 한 전극 사용), 가스 가우징보다 작업 능률이 2~3배 좋다.

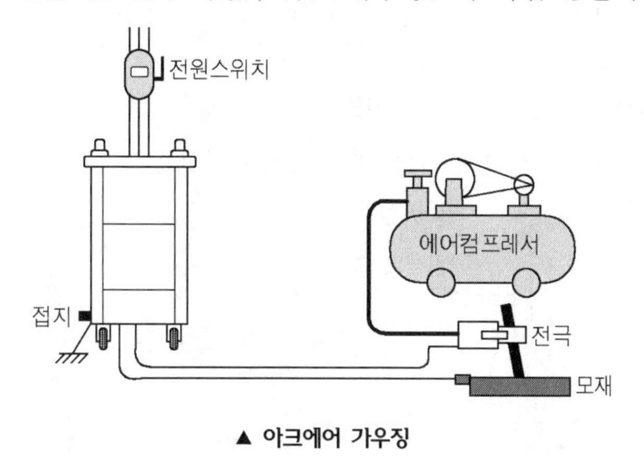

▲ 아크에어 가우징

㉡ 균열의 발견이 특히 쉽다.

㉢ 소음이 없고 경비가 싸다.(단 압축기 소리는 무시한다.)

㉣ 철, 비철금속 어느 경우도 사용된다.

㉤ 전원으로는 직류 역극성이 사용된다.

㉥ 아크 전압 35V, 전류 200 ~ 500A, 압축 공기는 6 ~ 7kg/cm^2 (4kg/cm^{2}이하로 떨어지면 용융 금속이 잘 불려 나가지 않는다.)

㉦ 폭 10mm, 깊이 6mm 정도의 가우징 속도는 900mm/min

탄소봉의 지름(mm)	사용 전류(A)	가우징 속도(mm/min)	홈의 크기(mm)	
			폭	깊이
5.0	100 ~ 200	900 ~ 1200	7 ~ 9	3 ~ 4
6.0	200 ~ 350	900 ~ 1200	9 ~ 11	4 ~ 5
8.0	250 ~ 400	700 ~ 1000	10 ~ 12	5 ~ 6
9.0	300 ~ 450	400 ~ 700	11 ~ 13	6 ~ 7
11.0	400 ~ 550	300 ~ 400	13 ~ 15	8 ~ 9
13.0	450 ~ 600	200 ~ 300	15 ~ 17	9 ~ 10

(3) 기타 절단

① 분말 절단

㉠ 철분 및 플럭스 분말을 자동적으로 산소에 혼입 공급하여 산화열 혹은 용제 작용을 이용하여 절단하는 방법으로 2종류가 있다.

㉡ 철분 절단은 크롬 철, 스테인리스강, 주철, 구리, 청동에 이용된다. 오스테나이트계는 사용하지 않는다.

㉢ 분말 절단은 크롬 철, 스테인리스강이 쓰인다.

㉣ 철, 비철 금속 및 콘크리트 절단에도 쓰인다.

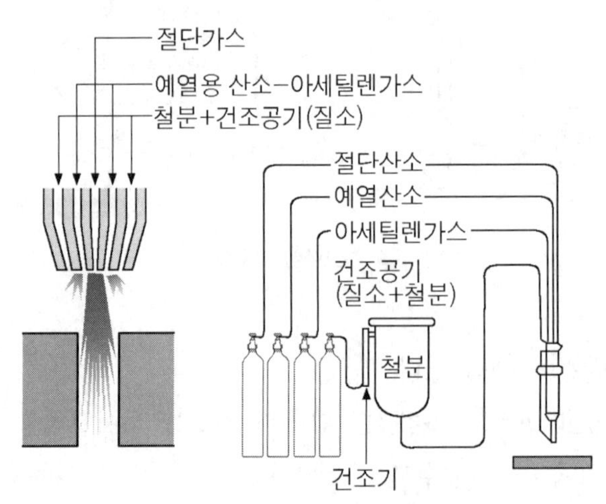

3. 각종 금속의 용접

(1) 저 탄소강

① 용접성이 우수하지만 노치 취성과 용접부 터짐에 주의하여야 한다.
② 두께가 25mm 이상에서는 예열을 하거나 용접봉 선택에 신중을 기한다.

(2) 고 탄소강

① 탄소 함유량의 증가로 급냉 경화, 균열 발생이 생긴다.
② 균열을 방지하기 위하여 전류를 낮게 하며, 용접 속도를 느리게 하며 용접 후 신속히 풀림 처리를 한다. 또한 예열 및 후열(600 ~ 650℃)을 한다.
③ 용접봉은 저수소계를 사용한다.
④ 용접할 때 층간온도를 반드시 지킨다.

> **참고** 고탄소강 용접시 예열을 하지 않으면 열영향부가 담금질 조직이 되어 경도가 높아 취성이 생길 우려가 있다.

(3) 주철

① 수축이 크고 균열이 발생하기 쉽고 기포 발생이 많으며, 급열 급랭으로 용접부의 백선화로 절삭 가공이 곤란하며 이런 이유로 용접이 곤란하다.
② 일산화탄소 가스가 생겨 기공이 생기기 쉽다.
③ 장시간 가열로 흑연이 조대화 된 경우 주철 속에 흙, 모래 등이 있는 경우 용착이 불량하거나 모재와의 친화력이 나쁘다.
④ 예열 및 후열(500 ~ 550℃)을 한다.
⑤ 붕사 15%, 탄산수소나트륨 70%, 탄산나트륨 15% 알루미늄 분말 소량의 혼합제가 널리 쓰임
⑥ **주철의 보수 방법**

㉠ 버터링법 : 처음에 모재와 잘 융합하는 용접봉을 사용하여 적당한 두께까지 용착시키고 난 후 다른 용접봉으로 용접하는 방법이다.

㉡ 비녀장법 : 균열의 수리 및 가늘고 긴 용접을 할 때 용접선에 직각이 되게 6~10mm정도의 ㄷ자형의 강봉을 박고 용접한다.

㉢ 로킹법 : 용접부 바닥면에 둥근홈을 파고 이 부분에 걸쳐 힘을 받도록 하는 방법이다.

㉣ 스텃 법 : 용접 경계부 바로 밑 부분의 모재까지 갈라지는 결점을 보강하기 위하여 스텃 볼트를 사용하여 조이는 방법이다. 비드의 배치는 가능한 짧게 하는 것이 좋다.

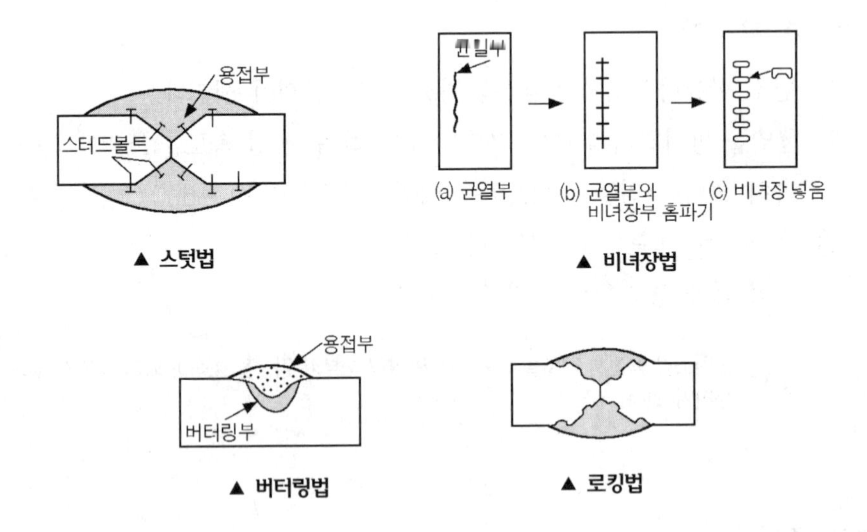

▲ 스텃법

▲ 비녀장법

▲ 버터링법

▲ 로킹법

⑦ **주철의 용접시 주의 사항**

㉠ 보수 용접을 행하는 경우는 본 바닥이 나타날 때까지 잘 깎아낸 후 용접한다.

㉡ 파열의 끝에 작은 구멍을 뚫는다.

㉢ 용접 전류는 필요이상 높이지 말고, 직선 비드를 사용하며, 깊은 용입을 얻지 않는다.

㉣ 될 수 있는 대로 가는 지름의 것을 사용한다.

㉤ 비드 배치는 짧게 여러 번 한다.

㉥ 피닝 작업을 하여 변형을 줄인다.

㉦ 가스 용접을 할 때는 중성불꽃 및 탄화불꽃을 사용하며, 플럭스를 충분히 사용한다.

㉧ 두꺼운 판에 경우에는 예열과 후열 후 서냉한다.

참고
① 주철은 강에 비하여 용융점이 1,150℃정도로 낮고 유동성이 좋고 주조성이 우수하여 각종 주물을 만드는데 사용된다.
② 주철은 인장강도가 낮고 상온에서 가단성 및 연성이 없다.
③ 주철은 용접시 탄소가 많으므로 기포발생에 주의하여야 하며, 예열 및 후열 등의 용접 조건을 충분하게 지켜 시멘타이트층이 생기지 않도록 하여야 한다.
④ 용접시 수축이 많아 균열이 생기기 쉽고 용접 후 잔류 응력 발생에 주의하여야 한다.
⑤ 주철 용접부의 결함에는 편석 또는 주물사가 섞이는 경우가 많다. 그러므로 결함이 있는 부근을 드릴, 정, 연삭숫돌 등으로 홈이나 구멍을 만들어 편석이나 모래를 제거한 뒤 용접한다.
⑥ 균열이 일어나 보수할 경우에는 균열의 전파를 막기 위하여 정지 구멍을 뚫고 보수하여야 균열이 연장되지 않는다.
⑦ 각 층의 슬랙을 완전히 제거하여 기공, 용입불량 등의 결함이 일어나지 않게 하여야 한다.

(4) 고장력강

① 연강보다도 높은 항복점, 인장강도를 가지고 있어서 강도, 경량화, 내식성을 요구할 때 사용한다.

② 고장력강은 연강에 망간 규소를 첨가시켜 강도를 높인 것으로 연강 용접이 가능하지만 합금 성분이 포함되어 있기 때문에 담금질 경화성이 크고 열영향부의 연성 저하로 저온 균열 발생 우려가 있다.

③ **고장력강 용접시 주의사항**

㉠ 용접을 시작하기 전에 이음부 내부 또는 용접할 부분을 청소해야 한다.

㉡ 용접봉은 300 ~ 350℃로 1~2시간 건조한 저수소계를 사용한다.

㉢ 아크 길이는 가능한 짧게 유지하고 위빙 폭을 작게 한다.

㉣ 엔드탭 등을 사용한다.

(5) 스테인리스강

① 0.8mm 까지는 피복 아크 용접을 이용할 수 있다. 피복 아크 용접시 탄소강 보다 10 ~ 20%낮은 전류를 사용한다. 전류는 직류 역극성이 주로 사용된다.

판 두께	자세(F)		자세(V 및 O)	
	용접봉 지름(mm)	전류(A)	용접봉 지름(mm)	전류(A)
1.5	2.0	40	2.6	35
3.0	3.2	90	3.2	65
4.0	4.0	125	3.2	80

② 불활성 가스 아크 용접이 주로 이용되며, 박판(0.4 ~ 0.8mm)은 TIG, 후판은 MIG용접으로 직류 역극성을 사용하여 용접한다.
③ 스테인리스강에 용접에서는 용입이 쉽게 이루어지도록 하는 것이 중요하다.
④ 일반적으로 가장 큰 문제는 열영향, 산화, 질화, 탄소의 혼입 등이며, 특히 용융점이 높은 산화크롬의 생성을 피해야 된다.
⑤ 크롬 니켈 스테인리스강의 용접(18 – 8 스테인리스강)은 탄화물이 석출하여 입계 부식을 일으켜 용접 쇠약을 일으키므로 냉각속도를 빠르게 하든지, 용접 후에 용체화 처리를 하는 것이 중요하다.

> **참고** 용체화 처리(고용화 열처리) : 강의 합금 성분을 고용체로 용해하는 온도 이상으로 가열하고 충분한 시간 동안 유지한 다음 급행하여 합금 성분의 석출을 저해함으로써 상온에서 고용체의 조직을 얻는 조작

⑥ 스테인리스강의 용접

㉠ 페라이트계(13Cr)스테인리스강의 용접
- 예열 온도는 200℃정도, 층간 온도는 80%
- 용접중에는 그대로 유지하고 필요에 따라 용접 후 후열처리를 하면서 서냉
- 가능한 낮은 전류 및 가능 용접봉을 사용하여 용접 입열을 억제한다.

㉡ 마텐자이트계 스테인리스강의 용접
- 예열 온도는 200 ~ 400℃와 층간 온도의 유지 필요
- 용접 직후 냉각되기 전에 700 ~ 800℃로 가열 유지한 후에 공냉
- 후열처리가 어려운 경우 고급 스테인리스봉 사용

㉢ 오스테나이트(18Cr – 8Ni) 스테인리스강의 용접시 주의사항
- 예열을 하지 않는다.
- 층간 온도가 320℃ 이상을 넘어서는 안 된다.
- 용접봉은 모재와 같은 것을 사용하며, 될수록 가는 것을 사용한다.
- 낮은 전류치로 용접하여 용접 입열을 억제한다.
- 짧은 아크 길이를 유지한다. (길면 카바이드 석출)
- 크레이터를 처리한다.

> **참고** 오스트나이트계 스테인리스강의 용접시 발생하는 입계부식을 방지하는 방법은 용접 후 1,050 ~ 1,100°용체화 처리를 하고 공랭. 850°이상으로 가열 급냉 담금질

(6) 구리 및 구리합금

① 용접성에 영향을 주는 것은 열전도도, 열팽창계수, 용융 온도, 재결정 온도 등이다.

② 열전도율이 커서 국부적 가열이 곤란하므로 예열을 통하여 충분한 용입을 얻을 수 있다.

③ 열팽창계수가 커서 용접 후 응고 수축이 생길 수 있다.

④ 티그 용접법, 피복 금속 아크 용접, 가스 용접법(산소－아세틸렌), 납땜법(은납땜) 등이 사용된다.

> **참고** 티그용접을 사용하여 구리를 용접할 경우 아르곤의 순도는 99.9% 이상의 고순도가 필요하며, 판두께 6mm이하, 토륨이 들어있는 전극봉으로 직류 정극성을 사용한다. 또한 예열 온도는 500℃ 정도로 사용하나, 미그 용접의 경우에는 300 ~ 500℃정도를 사용한다.

피복 금속 아크 용접을 이용할 경우 충분히 예열을 할 수 있는 단순한 구조물의 경우에만 사용되며, 전원은 직류 및 교류가 모두 사용가능 하며 직류를 사용할 경우 역극성이 주로 사용된다. 일반적으로 예열 온도는 450℃ 정도가 필요하며, 용접봉은 모재 재질과 같은 것을 선택한다.

⑤ 가접은 가능한 한 많이 하여 변형을 방지하며 경우에 따라 긴 후반의 세로 이음을 양쪽에서 두명의 용접사가 동시에 작업을 진행한다.

⑥ 용접홈의 각도는 60 ~ 90°로 넓게 하고, 경우에 따라 이면의 각도도 넓게 주고 백판을 사용한다.

⑦ 구리 합금의 용접 조건

㉠ 구리에 비하여 예열 온도는 낮아도 된다.

㉡ 루트 간격과 홈 각도를 크게 하고, 용접봉은 모재 재질과 같은 것을 사용한다.

㉢ 가접을 될 수 있는 데로 많이 한다.

㉣ 황동 용접의 경우 아연 증발로 인해 용접사가 아연 중독을 일을킬 수 있다.

(7) 알루미늄 합금

① 열전도가 커서 단시간에 용접 온도를 높이는 데 높은 온도의 열원이 필요하다.

② 팽창 계수가 매우커서 용접 후 변형이 크며, 균열이 생기기 쉽다.

③ 산화알루미늄의 용융온도(2,050℃) 비중 4로 알루미늄의 용융온도(660℃) 비중 2.7보다 높아 용접하기 어렵다.

참고 스테인리스강이나 알루미늄의 경우에는 절단 중에 생기는 산화크롬(Cr_2O_3)과 산화알루미늄(Al_2O_3)이 모재의 용융점보다 높아 유동성이 나쁜 슬랙이 절단표면을 덮어서 산소와 모재와의 반응을 방해해서 쉽게 절단이 이루어지지 않는다.

④ 용융 응고시에는 수소 가스를 흡수하여 기공이 생기기 쉽다.

⑤ 가스용접, 불활성 가스 아크 용접, 전기 저항 용접이 쓰인다.

불활성 가스 아크 용접을 사용할 경우 용제 사용 및 슬랙 제거가 불필요하며 직류 역극성 사용시 청정 작용이 있다. 일반적으로 고주파 전류를 중첩시킨 교류가 많이 사용된다.

저항 용접은 주로 점용접이 사용되며, 모재 표면의 산화막을 제거한 후 용접해야 원하는 성질을 얻을 수 있으며, 재가압 방식을 이용하여 기공의 발생을 막을 수 있다.

참고 가스 용접을 사용할 경우 아세틸렌 과잉 불꽃을 사용하고 200 ~ 400℃로 예열한다. 변형을 막기 위해서는 스킵법과 같은 용접 순서를 고려하여야 한다. 용융점이 낮은 관계로 용접을 빨리 진행한다.

⑥ 용접 후 2%의 질산 또 10%의 더운 황산으로 세척한 후 물로 씻어 냄(또는 찬물이나 끓인물을 사용하여 세척한다.)

(8) 기타

① 니켈과 니켈 합금의 용접은 피복 아크 용접을 쉽게 이용할 수 있다.

② 티탄의 경우는 불활성 가스 아크 용접이 사용되고 있다.

참고 티탄은 비강도가 대단히 크면서 내식성이 아주 우수하고 600℃이상에서는 산화 질화가 빨라 TIG 용접시 특수 실드 가스 장치가 필요하다.

절단 및 그밖의 용접

Q1

강재의 가스 절단시 예열온도로 다음 중 가장 적절한 것은?

① 300 ~ 450℃ ② 450 ~ 700℃
③ 850 ~ 900℃ ④ 1000 ~ 1300℃

해설 가스 절단
① 주로 강 또는 저 합금강의 절단에 널리 이용됨
② 산소 – 아세틸렌 불꽃으로 약 850 ~ 900℃정도로 예열하고, 고압의 산소를 분출시켜 철의 연소 및 산화로 절단한다.
③ 주철, 비철금속, 스테인리스강과 같은 고 합금강은 절단이 곤란하다.
④ 수동 가스 절단 시 백심과 모재 사이의 거리는 1.5 ~ 2mm정도이다.

Q2

수동가스절단은 강재의 절단부분을 가스불꽃으로 미리 예열하고, 팁의 중심에서 고압의 산소를 불어내어 절단한다. 이 때 예열온도는 다음 중 약 몇 ℃인가?

① 600 ② 900
③ 1,200 ④ 1,500

Q3

수동가스 절단시 일반적으로 팁 끝과 강판 사이의 거리는 백심에서 몇 mm 정도 유지시키는가?

① 0.1 ~ 0.5 ② 1.5 ~ 2.0
③ 3.0 ~ 3.5 ④ 5.0 ~ 7.0

Q4

가스 절단에서 피절단 금속(모재)이 갖추어야 할 조건으로 적합하지 않은 것은?

① 모재의 함유성분 중 불연소물이 적을 것
② 슬랙의 유동성과 모재로부터 이탈성이 좋을 것
③ 모재의 연소온도가 용융점보다 같거나 높을 것
④ 금속의 산화물 또는 슬랙이 모재보다 저온에서 녹을 것

해설 가스 절단에서 모재의 연소온도가 용융점보다 높으면 절단이 곤란하다. 예를 들어 알루미늄의 경우는 모재 표면의 산화막의 용융온도가 모재의 용융온도는 높아 절단이 어렵다.

Q5

가스절단에서 양호한 절단면을 얻기 위한 조건으로 틀린 것은?

① 드랙(drag)이 가능한 한 클 것
② 경제적인 절단이 이루어질 것
③ 슬랙 이탈이 양호 할 것
④ 절단면 표면의 각이 예리할 것

해설 가스 절단의 양부 판정
① 드랙은 가능한 작을 것
② 드랙은 일정할 것
③ 절단면 표면의 윗면각이 예리할 것
④ 슬랙의 이탈성이 우수할 것

정답 1. ③ 2. ② 3. ② 4. ③ 5. ①

Q6

가스절단에서 양호한 가스절단면을 얻기 위한 조건으로 틀린 것은?

① 절단면이 깨끗할 것
② 드랙은 가능한 한 작을 것
③ 절단면 표면의 각이 예리할 것
④ 슬랙의 이탈성이 나쁠 것

Q7

가스절단에서 양호한 절단면을 얻기 위한 조건 중 틀린 것은?

① 드랙(drag)의 길이가 가능한 클 것
② 절단면이 평활하고, 노치(notch)가 없을 것
③ 슬랙(slag) 이탈이 양호할 것
④ 절단면 표면의 각이 예리할 것

Q8

가스절단 속도와 절단 산소의 순도에 관한 각각의 설명으로 옳은 것은?

① 절단 산소가 연속적으로 강판을 절단할 만큼 느린 편이 가장 좋다.
② 절단 속도는 보통 토치의 이동 속도와 같은 것이다.
③ 산소 중에 불순물이 있으면 절단면에 생긴 불순물의 슬랙이 산소 확산을 돕는다.
④ 산소의 순도(99% 이상)가 높으면 절단속도가 느리다.

해설 절단 속도는 산소의 순도 및 압력, 팁의 모양, 모재의 온도 등에 따라 영향을 받으며 산소의 순도가 1% 저하되면 25%의 절단 속도가 저하한다. 그러므로 높을수록 절단속도가 빠르다. 가급적 절단속도가 빠른 편이 좋다.

Q9

가스절단 작업 중 절단면의 윗 모서리가 녹아 둥글게 되는 현상이 생기는 원인과 거리가 먼 것은?

① 팁과 강판사이의 거리가 가까울 때
② 절단가스의 순도가 높을 때
③ 예열불꽃이 너무 강할 때
④ 절단속도가 느릴 때

Q10

다음 수동절단 작업 요령 중 틀리게 설명한 것은?

① 절단토치의 밸브를 자유롭게 열고 닫을 수 있도록 가볍게 쥔다.
② 토치의 진행속도가 늦으면 절단면 위 모서리가 녹아서 둥글게 되므로 적당한 속도로 진행한다.
③ 토치가 과열되었을 때는 아세틸렌 밸브를 열고 물에 식혀서 사용한다.
④ 절단시 필요할 경우 지그나 가이드를 이용하는 것이 좋다.

해설 수동 가스 절단 작업에서 팁 끝이 모재에 닿아 순간적으로 팁 끝이 막히거나 팁 끝의 가열 및 조임 불량 및 가스 압력의 부적당할 때 폭음이 나며선 불꽃이 꺼졌다가 다시 나타나는 현상을 역화(Back fire)라 말한다. 역화를 방지하려면 팁의 과열을 막고, 토치 기능을 점검한다. 팁이 과열 되었을 경우 물에 식혀 준다.

Q11

크롬을 몇 %이상 함유한 강이 되면 가스절단이 곤란하여 분말 절단하는가?

① 1% 이상　② 3% 이상
③ 5% 이상　④ 10% 이상

정답 6. ④ 7. ① 8. ② 9. ② 10. ③ 11. ④

해설 합금 원소가 절단에 미치는 영향

① 탄소(0.25% 이하의 강은 절단이 가능하나 4%이상의 것은 분말 절단을 해야한다.)
② 고 규소, 고 망간 등은 절단이 곤란하다. 하지만 망간의 경우는 예열을 하면 절단이 가능하다.
③ 탄소량이 적은 니켈강은 절단이 용이하다.
④ 크롬 5% 이하는 절단이 용이하지만 10%이상은 분말 절단을 한다.
⑤ 순수한 몰리브덴은 절단이 곤란하다.
⑥ 텡스텐은 20%이상은 절단이 곤란하다.
⑦ 구리 2%까지는 영향을 받지 않는다.
⑧ 알루미늄 10% 이상은 절단이 곤란하다.

Q12

가스 절단에서 고속 분출을 얻는데 가장 적합한 다이버젠트 노즐은 보통의 팁에 비하여 산소 소비량이 같을 때 절단 속도를 몇 %정도 증가시킬 수 있는가?

① 5 ~ 10%
② 10 ~ 15%
③ 20 ~ 25%
④ 30 ~ 35%

해설 절단 속도는 산소의 순도 및 압력, 팁의 모양, 모재의 온도 등에 따라 영향을 받으며, 고속 분출을 얻기 위해서는 다이버전트 노즐을 사용하면 속도를 20 ~ 25% 증가시킬 수 있다.

Q13

고속분출을 얻는 데 적합하고 보통의 팁에 비하여 산소의 소비량이 같을 때, 절단 속도를 20 ~ 25% 증가시킬 수 있는 절단 팁은?

① 다이버젼트형 팁
② 직선형 팁
③ 산소 – LP용 팁
④ 보통형 팁

Q14

산소 – 아세틸렌가스 절단과 비교한 산소 – 프로판 가스 절단의 특징이 아닌 것은?

① 절단면 윗모서리가 잘 녹지 않는다.
② 슬랙 제거가 쉽다.
③ 포갬 절단시에는 아세틸렌보다 절단속도가 느리다.
④ 후판 절단시에는 아세틸렌보다 절단속도가 빠르다.

해설

아세틸렌	프로판
• 혼합비 1 : 1 • 점화 및 불꽃 조절이 쉽다. • 예열 시간이 짧다. • 표면의 녹 및 이물질 등에 영향을 덜 받는다. • 박판의 경우 절단 속도가 빠르다.	• 혼합비 1 : 4.5 • 절단면이 곱고 슬랙이 잘 떨어진다. • 중첩 절단 및 후판에서 속도가 빠르다. • 분출 공이 크고 많다. • 산소 소비량이 많아 전체적인 경비는 비슷하다.

Q15

산소 – 아세틸렌가스 절단의 특징으로 틀린 것은?

① 점화가 쉽게 잘 된다.
② 불꽃의 조정이 쉽다.
③ 슬랙이 쉽게 떨어진다.
④ 박판 절단에서 절단속도가 빠르다.

Q16

산소 프로판 가스 절단에서, 산소와 아세틸렌 때의 1 : 1에 비하여 몇 배나 많은 산소를 필요로 하는가?(단, 프로판가스 1에 대하여)

① 8배　② 6배
③ 4.5배　④ 2.5배

정답 12. ③ 13. ① 14. ③ 15. ③ 16. ③

Q17

가스절단에서 드랙라인을 가장 잘 설명한 것은?

① 예열 온도가 낮아서 나타나는 직선
② 절단 토치가 이동한 경로
③ 산소의 압력이 높아 나타나는 선
④ 절단시 절단면에 나타나는 곡선

해설 드랙
① 가스 절단면에 있어서 절단기류의 입구점과 출구점 사이의 수평거리
② 드랙의 길이는 판 두께의 $\frac{1}{5}$ 즉 20%정도가 좋다.
③ 드랙은 가능한 작고 일정할 것

Q18

가스 절단면에 있어서 절단기류의 입구점과 출구점 사이의 수평거리를 무엇이라 하는가?

① 드랙(drag)
② 절단 깊이
③ 절단거리
④ 너깃

Q19

가스절단에서 재료두께가 25mm일 때 표준 드랙의 길이는 다음 중 몇 mm 정도인가?

① 10
② 8
③ 5
④ 2

Q20

강재의 절단부분을 나타낸 그림이다. ①, ②, ③, ④의 명칭이 틀린 것은?

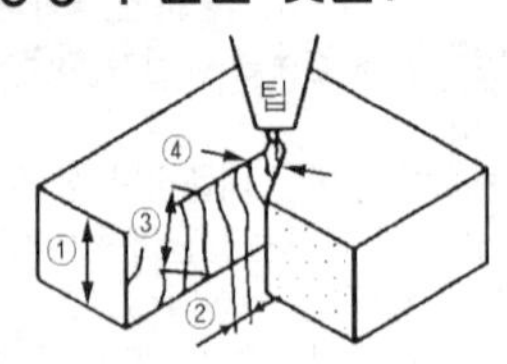

① ① : 판두께
② ② : 드랙(drag)
③ ③ : 드랙 라인(drag line)
④ ④ : 피치(pitch)

해설 피치란 원과 원사이 거리, 단속 용접 사이의 일정한 거리, 나사에서 나사산과 산사이의 거리 등을 말한다.

Q21

가스 절단면의 드랙의 길이는 얼마정도로 하는가?

① 판두께의 $\frac{1}{2}$　　② 판두께의 $\frac{1}{3}$
③ 판두께의 $\frac{1}{5}$　　④ 판두께의 $\frac{1}{7}$

Q22

수중절단(underwater cutting) 작업시 절단산소의 압력은 공기 중에서의 몇 배 정도로 하는가?

① 1.5 ~ 2배　　② 3 ~ 4배
③ 4 ~ 8배　　④ 8 ~ 10배

해설 수중 절단
① 주로 침몰선의 해체, 교량 건설 등에 사용된다.
② 예열용 가스로는 아세틸렌(폭발에 위험), 수소(수심에 관계없이 사용 가능 하나 예열 온도가 낮다), 프로판 가스(LPG), 벤젠이 사용된다.

정답 17. ④　18. ①　19. ③　20. ④　21. ③　22. ①

③ 예열 불꽃은 육지 보다 크게 절단 속도는 느리게 함. 예열 가스의 양은 4 ~ 8배 정도 사용절단 산소의 압력은 1.5 ~ 2배 정도로 한다.
④ 물의 깊이가 깊어지면 수압이 커져 무한정 작업할 수 없다. 일반적으로 수심 45m이내에서 작업한다.

Q23

수중 절단 작업을 할 때에는 예열 가스의 양을 공기 중에서 몇 배로 하는가?

① 0.5 ~ 1배　② 1.5 ~ 2배
③ 4 ~ 8배　④ 8 ~ 16배

Q24

일반적으로 수중에서 절단작업을 할 때 다음 중 물의 깊이가 몇 미터 정도까지 가능한가?

① 60　② 100
③ 40　④ 80

Q25

수중 절단시 고압에서 사용이 가능하고 수중 절단 중 기포 발생이 적어 가장 널리 사용되는 연료가스는?

① 수소　② 질소
③ 부탄　④ 벤젠

해설 ① 수중 절단에 사용되는 가스는 압력에 영향을 덜 받는 가스이어야 한다.
② 수소(H_2)는 0℃ 1기압에서 1ℓ의 무게는 0.0899g 가장 가볍고, 확산 속도가 빠르다.
③ 무색, 무미, 무취로 불꽃은 육안으로 확인이 곤란하다.
④ 납땜이나 수중 절단용으로 사용한다.
⑤ 아세틸렌의 경우 2기압이상이 되면 자연 폭발하므로 수중 절단용으로는 사용하는데 한계가 있다.
⑥ 아세틸렌 다음으로 폭발성이 강한 가연성 가스이다.
⑦ 고온, 고압에서는 취성이 생길 수 있다.
⑧ 제조법으로는 물의 전기 분해 및 코크스의 가스화법으로 제조한다.

Q26

수중 절단시 연료가스로 사용하지 않는 것은?

① 수소　② 아세틸렌
③ 벤젠　④ 이산화탄소

Q27

예열용 연소 가스로는 주로 수소가스를 이용하며, 침몰선의 해체, 교량의 교각 개조 등에 사용되는 절단법은?

① 스카핑　② 산소창 절단
③ 분말절단　④ 수중절단

Q28

강괴 절단시 가장 적당한 방법은?

① 분말 절단법　② 탄소 아크 절단법
③ 산소창 절단법　④ 겹치기 절단법

해설 산소 창 절단은 토치 대신 내경이 3.2 ~ 6mm, 길이 1.5 ~ 3m의 강관을 통하여 절단 산소를 내보내고 이 강관의 연소하는 발생 열에 의해 절단하는 방법으로 아세틸렌가스가 필요 없으며 강괴 후판의 절단 및 암석의 천공 등에 사용

Q29

다음 절단법 중에서 두꺼운 판, 주강의 슬랙 덩어리, 암석의 천공 등의 절단에 이용되는 절단법은?

① 산소창절단　② 수중절단
③ 분말절단　④ 아크절단

23. ③　24. ③　25. ①　26. ④　27. ④　28. ③　29. ①

Q30

가스 가우징(gas gouging)작업시 다음 중 토치의 적당한 예열각도는?

① 30 ~ 45°
② 25 ~ 30°
③ 15 ~ 25°
④ 10 ~ 15°

해설 ① 스카핑은 강재 표면의 탈탄 층 또는 홈을 제거하기 위해 사용하는 것으로 용접 홈을 파는 가우징과 달리 표면을 얕고 넓게 깎는 것이다.
② 가스 가우징은 용접 뒷면 따내기, 금속 표면의 홈 가공을 하기 위하여 깊은 홈을 파내는 가공법으로 홈의 깊이와 폭의 비는 1 : 2 ~ 3 정도로 하며, 가스 용접에 절단용 장치를 이용할 수 있다. 단지 팁은 비교적 저압으로서 대용량의 산소를 방출할 수 있도록 슬로 다이버전트로 팁을 사용한다. 토치의 예열 각도는 30 ~ 45°를 유지한다.

Q31

강재 표면의 균열이나 결함 등을 제거하거나 용접 홈, 용접 부분의 뒷면을 따내는 데 이용되는 작업은?

① 스카핑
② 분말 절단
③ 산소창 절단
④ 가스 가우징

Q32

용접 홈을 가공하기 위하여, 슬로 다이버전트(slow divergent)로 깊은 홈을 파내는 가공법은?

① 치핑
② 슬랙절단
③ 가스가우징
④ 아크 에어 가우징

Q33

용접부분의 뒷면을 따내든지, 강재의 표면결함을 제거하며 U형, H형의 용접 홈을 가공하기 위하여 깊은 홈을 파내는 가공법은?

① 산소창 절단
② 가스 가우징
③ 분말 절단
④ 용사

Q34

가스 가우징에 대한 설명 중 옳은 것은?

① 용접 홈을 가공하기 위한 작업 방법이다.
② 드릴작업의 한 가지 방법이다.
③ 저압식 토치의 압력 조절 방법의 일종이다.
④ 가스의 순도를 조절하기 위한 방법이다.

Q35

가스절단과 비슷한 토치를 사용하여 강재의 표면에 용접 홈을 파내는 가스가공은 ?

① 산소 창 절단
② 가스 가우징
③ 선삭
④ 천공

Q36

가스 가우징에 의한 홈 가공을 할 때 가장 적당한 홈의 깊이 : 나비의 비는 얼마인가?

① 1 : 2 ~ 3
② 2 : 3 ~ 4
③ 2 ~ 3 : 1
④ 3 ~ 4 : 2

정답 30. ① 31. ④ 32. ③ 33. ② 34. ① 35. ② 36. ①

Q37

강재 표면의 흠이나 개재물, 탈탄층 등을 제거하기 위하여 될 수 있는 대로 얇게, 그리고 타원형 모양으로 표면을 깎아내는 가공법은?

① 스카핑 ② 가스 가우징
③ 선삭 ④ 천공

Q38

스카핑(Scarfing) 작업의 설명으로 틀린 것은?

① 용접부의 결함, 뒤따내기, 용접홈의 가공 등에 적합하다.
② 강재표면의 탈탄층 또는 흠을 제거하기 위하여 사용한다.
③ 토치는 가우징 토치에 비하여 능력이 크다.
④ 팁은 슬로우 다이어버전트형이다.

Q39

다음 설명 중 스카핑에 해당되는 것은?

① 홈의 깊이와 나비의 비는 1 : 1 ~ 1 : 1.3 이다.
② 용접결함이나 둥근 홈을 파내는 작업이다.
③ 작업속도는 절단 때의 2 ~ 5배 속도이며 숙련이 필요하다.
④ 각종 강재표면의 탈탄층 또는 흠을 제거하기 위해 사용된다.

Q40

가스절단 장치에 관한 설명으로 틀린 것은?

① 프랑스식 절단 토치의 팁은 동심형이다.
② 중압식 절단 토치는 아세틸렌가스 압력이 보통 0.07kgf/cm² 이하에서 사용된다.
③ 독일식 절단 토치의 팁은 이심형이다.
④ 산소나 아세틸렌 용기내의 압력이 고압이므로 그 조정을 위해 압력 조정기가 필요하다.

해설
① 팁의 모양은 동심형(프랑스식)과 이심형(독일식)이 있으며 동심형은 예열용 불꽃과 고압산소가 같은 장소에서 분출되어 전후, 좌우 등의 직선 절단을 자유롭게 할 수 있다.
② 일반적으로 산소 용기나 아세틸렌 용기의 압력은 고압이므로 압력 조정기를 사용하여 필요압으로 감압하여 사용한다.
③ 아세틸렌 게이지 압력이 보통 저압식(0.07kgf/cm²)이하에서 이용되며 산소 압력이 높다. 하지만 중압식(0.07 ~ 0.4kgf/cm²)은 아세틸렌가스와 산소 가스의 압력이 거의 같은 압력으로 혼합실에서 공급된다.

Q41

가스절단 장치에 관한 설명으로 틀린 것은?

① 프랑스식 절단 토치의 팁은 동심형이다.
② 중압식 절단 토치의 산소압력은 아세틸렌 압력보다 높게 한다.
③ 독일식 절단 토치의 팁은 이심형이다.
④ 산소나 아세틸렌 용기내의 압력이 고압이므로 그 조정을 위해 압력 조정기가 필요하다.

Q42

가스절단 토치 형식 중 동심형에 해당하는 형식은?

① 영국식
② 미국식
③ 독일식
④ 프랑스식

정답 37. ① 38. ① 39. ④ 40. ② 41. ② 42. ④

Q43

가스절단에서 전후, 좌우 직선절단을 자유롭게 할 수 있는 팁은?

① 이심형
② 동심형
③ 곡선형
④ 회전형

Q44

가스 절단기 및 토치의 취급상 주의 사항으로 틀린 것은?

① 가스가 분출되는 상태로 토치를 방치하지 않는다.
② 토치의 작동이 불량할 때는 분해하여 기름을 발라야 한다.
③ 점화가 불량할 때에는 고장을 수리 점검한 후 사용한다.
④ 조정용 나사를 너무 세게 조이지 않는다.

해설 가스 절단기, 토치 및 압력 조정기 등에는 절대로 기름을 쳐서는 안 된다.

Q45

아크절단의 종류가 아닌 것은?

① 탄소 아크절단
② 금속 아크절단
③ 아크에어 가우징
④ 산소창 절단

해설 산소 창 절단은 토치 대신 내경이 3.2 ~ 6mm, 길이 1.5 ~ 3m의 강관을 통하여 절단 산소를 내보내고 이 강관의 연소하는 발생 열에 의해 절단하는 방법으로 아세틸렌가스가 필요 없으며 강괴 후판의 절단 및 암석의 천공 등에 사용

Q46

아크절단의 종류에 해당하는 것은?

① 철분 절단
② 수중 절단
③ 스카핑
④ 아크 에어 가우징

해설 ① 아크 절단
- 전극과 모재 사이에 아크를 발생시켜 그 열로 모재를 용융 절단
- 압축 공기, 산소 기류와 함께 쓰면 능률적임
- 정밀도는 가스 절단보다 떨어지나 가스 절단이 곤란한 재료에 사용이 가능하다.
- 종류로는 탄소 아크 절단, 산소 아크 절단, 아크 에어 가우징 등이 있다.

② 아크 에어 가우징
- 탄소 아크 절단에 압축 공기를 병용하여 결함을 제거(흑연으로 된 탄소봉에 구리 도금을 한 전극 사용)
- 가스 가우징보다 작업 능률이 2 ~ 3배 좋다.
- 균열의 발견이 특히 쉽다.
- 철, 비철금속 어느 경우도 사용된다.
- 전원으로는 직류 역극성이 사용된다.
- 아크 전압 35V, 전류 200 ~ 500A, 압축 공기는 6 ~ 7kg/cm²(4kg/cm² 이하로 떨어지면 용융 금속이 잘 불려 나가지 않는다.)

Q47

아크절단의 종류에 해당하는 것은?

① 분말 절단 ② 방전 절단
③ 스카핑 ④ 아크 에어 가우징

Q48

탄소아크 절단법을 설명한 것 중 틀린 것은?

① 전원은 주로 직류 역극성이 사용된다.
② 절단면은 가스절단면에 비하여 거칠다.
③ 중후판의 절단은 전자세로 작업한다.
④ 절단면에 약간의 탈탄이 생긴다.

정답 43. ② 44. ② 45. ④ 46. ④ 47. ④ 48. ①

해설 탄소 아크 절단
① 탄소(많이 사용하나 소모성이 크다.), 흑연(전기적 저항이 적고 높은 사용 전류에 적합) 전극봉과 금속 사이에 아크를 발생하여 절단하는 방법
② 사용 전원은 직류 정극성이 바람직 하지만 때로는 교류도 사용가능하다.

Q49

탄소 아크 절단에 주로 사용되는 용접전원은?

① 직류정극성　② 직류역극성
③ 용극성　④ 교류

Q50

흑연전극과 모재와의 사이에 발생된 아크열로 모재를 용융시켜 절단하는 절단법은?

① 아크 에어 가우징
② 산소 아크 절단
③ 금속 아크 절단
④ 탄소 아크 절단

Q51

금속 아크 절단법에 대한 설명이다. 틀린 것은?

① 전원은 직류 정극성이 적합하다.
② 피복제는 발열량이 적고 탄화성이 풍부하다.
③ 절단면은 가스절단면에 비하여 대단히 거칠다.
④ 담금질 경화성이 강한 재료의 절단부는 기계가공이 곤란하다.

해설 금속 아크 절단
① 보통은 용접봉에 값이 비싸 잘 쓰이지 않고 있으나, 토치나 탄소 용접봉이 없을 때 쓰인다. 탄소 전극봉 대신에 특수 피복제(발열량이 큰)를 입힌 전극봉을 써서 절단한다.
② 사용 전원은 직류 정극성이 바람직 하지만 교류도 사용 가능하다.

Q52

중공의 피복용접봉과 모재와의 사이에 아크를 발생시키고 이 아크열을 이용하여 절단하는 방법은?

① 산소 아크절단
② 플라즈마 제트절단
③ 산소창 절단
④ 스카핑

해설 ① 산소 아크 절단
- 사용 전원은 직류 정극성이 널리 쓰임, 때로는 교류도 사용
- 중공(속이 빈)의 피복 강전극으로 아크를 발생(예열원)시키고 그 중심부에서 산소를 분출시켜 절단하는 방법으로 절단속도가 크다. 하지만 절단면이 고르지 못하는 단점도 있다.

② 산소 창 절단은 토치 대신 내경이 3.2~6mm, 길이 1.5~3m의 강관을 통하여 절단 산소를 내보내고 이 강관의 연소하는 발생 열에 의해 절단하는 방법으로, 아세틸렌가스가 필요 없으며 강괴 후판의 절단 및 암석의 천공 등에 사용
③ 스카핑은 강재 표면의 탈탄 층 또는 홈을 제거하기 위해 사용하는 것으로 용접 홈을 파는 가우징과 달리 표면을 얕고 넓게 깎는 것이다.
④ 플라즈마 절단에는 이행형 즉 텡스텐 전극과 모재에 각각 전원을 연결하는 방식과 텅스텐 전극과 수냉 노즐에 전원을 연결하고 모재에는 전원을 연결하지 않는 비이행형이 있다. 전자를 플라즈마 아크 절단, 후자를 플라즈마 제트 절단이라고 한다. 그러므로 플라즈마 제트 절단은 전기가 통하지 않는 비금속도 절단 가능하다.

정답 49. ① 50. ④ 51. ② 52. ①

Q53

중공의 피복 용접봉과 모재 사이에 아크를 발생시켜, 이 아크 열을 이용한 절단법으로 가스 절단면은 거칠지만 절단 속도가 빠르므로 철강구조물의 해체나 특히 수중 해체작업에 널리 이용되는 것은?

① 탄소 아크절단 ② 산소아크절단
③ 금속 아크절단 ④ 플라즈마제트절단

Q54

산소 아크 절단을 설명한 것 중 틀린 것은?

① 중심(속이 찬) 원형봉의 단면을 가진 강(steel) 전극을 사용한다.
② 직류 정극성이나 교류를 사용한다.
③ 가스절단에 비해 절단면이 거칠다.
④ 절단속도가 빨리 철강 구조물 해체, 수중 해체 작업에 이용된다.

Q55

일반적으로 산소 아크 절단법에 가장 많이 사용하는 전원은?

① 직류
② 직류 정극성
③ 직류 역극성
④ 직류, 교류 구분 없이 사용

Q56

플라즈마 제트의 아크 절단법에 관한 설명이 틀린 것은?

① 알루미늄 등의 경금속에는 작동가스로 알곤과 수소의 혼합가스가 사용된다.
② 가스절단과 같은 화학반응은 이용하지 않고, 고속의 플라즈마를 사용한다.
③ 텅스텐전극과 수냉 노즐사이에 아크를 발생시키는 것을 비이행형 절단법이라 한다.
④ 기체의 원자가 고온에서 +, − 전자로 분리된 것을 플라즈마라 한다.

해설 기체의 가열로 전리된 전자의 이온이 혼합되어 도전성을 띤 가스체를 플라즈마라고 하며 이때 발생된 온도는 10,000～30,000℃정도이다. 아크 플라즈마를 좁은 틈으로 고속도로 분출시켜 생기는 고온의 불꽃을 이용해서 절단 용사, 용접하는 방법이다.
플라즈마 절단에는 이행형 즉 텡스텐 전극과 모재에 각각 전원을 연결하는 방식인 플라즈마 제트 절단과 텅스텐 전극과 수냉 노즐에 전원을 연결하고 모재에는 전원을 연결하지 않는 비이행형인 플라즈마 아크 절단이 있다. 비이행형의 경우는 비금속, 내화물의 절단도 가능하다.

① 무부하 전압이 높은 직류 정극성 이용
② 플라즈마10,000～30,000℃를 이용하여 절단
③ 아르곤 + 수소(질소 + 공기)가스 이용
④ 특수금속, 비금속, 내화물도 절단 가능
⑤ 절단면에 슬랙이 부착되지 않고 열 영향부가 적어 변형이 거의 없다.

Q57

이행형 플라즈마 아크절단에 대한 설명으로 옳지 않은 것은?

① 직류전원을 사용한다.
② 비철재료의 절단에 주로 이용한다.
③ 전극으로 텅스텐을 사용한다.
④ 고주파 발생장치가 사용된다.

Q58

플라즈마 제트 절단에서 열적 핀치 효과란?

① 아크 단면은 크게 되고 전류 밀도는 증가하여 온도가 상승함
② 아크 단면은 가늘게 되고 전류 밀도도 증가하여 온도가 상승함

53. ② 54. ① 55. ② 56. ④ 57. ②

③ 아크 단면은 변화없고 전류 밀도도 변화 없이 온도가 상승함
④ 아크 단면은 크게 되고 전류 밀도는 낮아지면서 온도가 상승함

해설 플라즈마 용접 및 절단은 열적 핀치 효과와 자기적 핀치 효과를 이용하는데 전자는 냉각으로 인한 단면 수축으로 전류 밀도 증대하는 방법이고 후자는 방전 전류에 의해 자장과 전류의 작용으로 단면 수축하여 전류 밀도 증대되는 것이다.

Q59

플라즈마 제트 절단의 설명이다. 틀린 것은?

① 플라즈마 제트 절단은 플라즈마 제트 에너지를 이용한 융단법의 일종이다.
② 절단 토치와 모재와의 사이에 전기적인 접촉을 필요로 하지 않으므로, 금속, 비금속 재료의 절단에 이용된다.
③ 열효율이 좋으며, 금속 절단에만 이용된다.
④ 아크 플라즈마의 냉각에는 아르곤과 수소의 혼합가스가 사용된다.

Q60

10,000℃ **이상의 고온으로 금속재는 물론 콘크리트 등의 비금속 재료도 절단할 수 있는 것은?**

① 플라즈마제트 절단
② 산소아크 절단
③ TIG 절단
④ 금속아크 절단

Q61

플라즈마 아크 절단에서 텅스텐 전극과 수냉 노즐과의 사이에서 아크를 발생시켜 절단하는 방법은?

① 이행형 아크 절단법
② 비이행형 아크 절단법
③ 가스 가우징법
④ 아크 에어가우징법

Q62

스테인리스 강이나 절단하기 힘든 합금강을 고속 절단할 수 있으며 1/16"의 공차로 절단 능력이 정확한 것은?

① 아크 에어 가우징(arc air gouging)
② 플라즈마 제트절단(plasma jet cutting)
③ 금속 아크 절단(metal arc cutting)
④ TIG 절단(tungsten inert gas cutting)

Q63

플라즈마 아크 절단법의 설명으로 옳지 않은 것은?

① 알루미늄 등의 경금속의 동작 가스는 아르곤과 수소의 혼합가스가 사용 된다.
② 스테인리스강의 동작 가스는 질소와 수소의 혼합가스가 일반적으로 사용된다.
③ 절단장치의 전원으로는 직류가 사용된다.
④ 주로 콘크리트, 내화물 등의 비금속재료의 절단에만 사용된다.

정답 58. ② 59. ③ 60. ① 61. ② 62. ② 63. ④

Q64

10,000 ~ 30,000℃의 높은 열에너지를 열원으로 아르곤과 수소, 질소와 수소, 공기 등을 작동가스로 사용하여 경금속, 철강, 주철, 구리 합금 등의 금속재료와 콘크리트, 내화물 등의 비금속 재료의 절단까지 가능한 것은?

① 플라즈마 아크 절단
② 아크 에어 가우징
③ 금속 아크 절단
④ 불활성가스 아크 절단

Q65

플라즈마 아크 절단에서 알루미늄 등 경금속의 동작가스로 사용되는 혼합 가스는?

① 아르곤과 수소 ② 질소와 수소
③ 헬륨과 수소 ④ 네온과 수소

Q66

텅스텐 전극과 모재 사이에서 아크를 발생시켜 아르곤(Ar)가스 등을 공급하여 절단하는 방법으로 맞는 것은?

① 피복 금속 아크절단
② TIG절단
③ 레이저 절단
④ MIG절단

해설 티그 절단
① 열적 핀치 효과에 의한 플라즈마로 절단하는 방법으로 텅스텐 전극과 모재와의 사이에 아크를 발생시켜 아르곤 가스를 공급하여 절단하는 방법
② 전원은 직류 정극성이 사용된다.
③ 주로 알루미늄, 구리 및 구리합금, 마그네슘, 스테인리스강과 같은 금속 재료에 절단에만 사용하나 열효율이 좋고 능률적이다.
④ 사용 가스로는 아르곤과 수소 혼합가스가 사용된다. 금속재료의 절단에만 한정된다.

Q67

TIG 절단이 곤란한 금속은?

① 순알루미늄
② 마그네슘합금
③ 순구리
④ 회주철

Q68

TIG 절단 작업시, 사용되는 가스는?

① 아르곤과 질소의 혼합가스
② 아르곤과 산소의 혼합가스
③ 아르곤과 오존의 혼합가스
④ 아르곤과 수소의 혼합가스

Q69

다음의 절단법 중에서 직류 역극성을 사용하여 주로 절단 하는 방법은?

① MIG 절단
② 탄소 아크 절단
③ 산소 아크 절단
④ 금속 아크 절단

해설 대부분의 아크 절단은 모재의 양극 (+)을 연결하는 직류 정극성이 사용되는데 아크 에어 가우징과 미그 절단은 직류 역극성을 사용한다.

Q70

주철, 비철금속, 스테인리스강 등을 철분 또는 용제를 자동적으로 또는 연속적으로 절단용 산소에 혼합 공급함으로써 그 산화열 또는 용제의 화학작용을 이용하여 절단하는 방법은?

① 분말절단 ② 수중절단
③ 산소창 절단 ④ 포갬 절단

정답 64. ① 65. ① 66. ② 67. ④ 68. ④ 69. ① 70. ①

해설 분말 절단

① 철분 및 플럭스 분말을 자동적으로 산소에 혼입 공급하여 산화열 혹은 용제 작용을 이용하여 절단하는 방법으로 2종류가 있다.
② 철분 절단은 크롬 철, 스테인리스강, 주철, 구리, 청동에 이용된다. 오스테나이트계는 사용하지 않는다.
③ 분말 절단은 크롬 철, 스테인리스강이 쓰인다.
④ 철, 비철 금속 및 콘크리트 절단에도 쓰인다.

Q71

탄소아크 절단에 압축공기를 병용한 방법으로 용융부에 전극홀더의 구멍에서 탄소 전극봉에 나란히 분출하는 고속의 공기제트를 불어서 홈을 파거나 절단하는 방법은?

① 아크 에어 가우징
② 산소 아크 절단
③ 플라즈마 아크 절단
④ 산소창 절단

해설 아크 에어 가우징

① 탄소 아크 절단에 압축 공기를 병용하여 결함을 제거(흑연으로 된 탄소봉에 구리 도금을 한 전극 사용)
② 가스 가우징보다 작업 능률이 2~3배 좋다.
③ 균열의 발견이 특히 쉽다.
④ 철, 비철금속 어느 경우도 사용된다.
⑤ 전원으로는 직류 역극성이 사용된다.
⑥ 아크 전압 35V, 전류 200~500A, 압축 공기는 6~7kg/cm²(4kg/cm²이하로 떨어지면 용융 금속이 잘 불려 나가지 않는다.

Q72

아크에어 가우징의 특징에 대한 설명 중 틀린 것은?

① 가스 가우징보다 작업의 능률이 높다.
② 모재에 나쁜 영향이 없다.
③ 비철금속의 절단도 가능하다.
④ 조작이 어렵고 복잡하다.

Q73

가스 가우징과 비교한 아크 에어 가우징의 특징 설명으로 잘못된 것은 ?

① 작업능률이 2 ~ 3배 높다.
② 모재에 나쁜 영향을 주지 않는다.
③ 경비는 저렴하나, 용접결함 특히 균열발견이 어렵다.
④ 소음이 적고, 철·비철 어느 경우도 사용이 가능하다.

Q74

아크 에어 가우징에 대한 설명으로 틀린 것은?

① 아크 에어 가우징법의 작업능률은 가스 가우징법보다 2 ~ 3배 높고, 모재에 악영향이 거의 없다.
② 아크 에어 가우징법에는 압축공기를 필요로 하지 않는다.
③ 전원은 보통 직류역극성으로서 아크를 발생시켜 홀더의 구멍으로 압축공기를 분출하여 작업한다.
④ 압축공기용 압축기는 보통 공장용의 압력 6 ~ 7kgf/cm² 정도이다.

Q75

탄소 아크 절단에 압축 공기를 같이 사용하는 방법으로 용접부의 홈파기, 용접 결함부의 제거 절단 및 구멍 뚫기 등에 사용되는 절단 방법은?

① 탄소 아크 절단
② 플라즈마 제트 절단
③ 미그(MIG) 절단
④ 아크 에어 가우징

71. ① 72. ④ 73. ③ 74. ② 75. ④

Q76

연강을 아크 에어 가우징할 때, 너비 10mm, 깊이 5mm 정도의 홈을 파는 경우 가우징의 속도는 다음 중 얼마 정도인가?(단, 사용 전류는 200 ~ 350A 이다.)

① 0.5m/min ② 0.2m/min
③ 1.5m/min ④ 1.0m/min

해설 아크 에어 가우징을 사용하여 연강을 작업할 때 사용전류 200 ~ 350, 깊이 4 ~ 5, 폭 9 ~ 11 일 때 적당한 가우징 속도는 900 ~ 1,200mm/min이다. 즉 0.9 ~ 1.2m/min이 된다.

Q77

아크 에어 가우징의 특징에 대한 설명 중 틀린 것은?

① 작업의 능률이 높다.
② 용접결함의 발견이 쉽다.
③ 비철금속의 절단도 가능하다.
④ 직류 정극성을 이용한다.

Q78

아크 에어 가우징(arc air gouging)시 연강재의 나비10mm, 깊이 6mm정도의 홈을 가공할 때 다음 중 적당한 가우징의 속도는?

① 900mm/min ② 300mm/min
③ 400mm/min ④ 200mm/min

Q79

아크 에어 가우징 장치가 아닌 것은?

① 가우징 토치 ② 가우징봉
③ 압축공기 ④ 열교환기

Q80

아크에어 가우징 작업에서 5 ~ 7[kgf/mm²] 정도의 압력을 가진 압축공기를 사용하여야 좋은 데, 압축공기가 없을 경우 긴급으로 어느 가스를 사용하는 것이 좋은가?

① 아르곤(Ar)
② 프로판(C_3H_8)
③ 아세틸렌(C_2H_2)
④ 메탄(CH_4)

해설 절단 재료와 반응하지 않는 불활성 가스를 사용한다.

Q81

직류 역극성을 사용하는 것은?

① 아크 에어가우징
② 탄소 아크절단
③ 금속 아크절단
④ 산소 아크절단

해설 대부분의 아크 절단은 직류 정극성을 사용하는데 아크 에어가우징과 미그 절단은 직류 역극성을 사용한다.

Q82

아크에어 가우징의 설명으로 맞지 않는 것은?

① 작업능률이 높다.
② 압축공기 압력은 6 ~ 7kgf/cm² 정도가 좋다.
③ 모재에 나쁜 영향이 없다.
④ 전원은 직류보다 교류 쪽이 능률적이다.

정답 76. ④ 77. ④ 78. ① 79. ④ 80. ① 81. ① 82. ④

Q83

가스 가우징이나 치핑에 비교한 아크 에어 가우징의 장점이 아닌 것은?

① 작업 능률이 2~3배 높다.
② 장비 조작이 용이하다.
③ 가우징 작업시 소음이 심하다.
④ 활용 범위가 넓다.

Q84

아크 에어 가우징에 가장 적합한 홀더 전원은?

① DCRP
② DCSP
③ DCRP, DCSP 모두 좋다.
④ 대전류의 DCSP가 가장 좋다.

Q85

아크용접에서 고탄소강의 용접에 균열을 방지하는 방법이 아닌 것은?

① 용접시 200℃ 이상의 예열이 필요하다.
② 용접 직후에는 650℃ 이상의 후열처리 한다.
③ 일반적으로 용접봉은 일미나이트계를 사용한다.
④ 용접 후 급냉을 피하여야 한다.

해설 고 탄소강의 용접
① 탄소 함유량의 증가로 급냉 경화, 균열 발생이 생긴다.
② 균열을 방지하기 위하여 전류를 낮게 하며, 용접 속도를 느리게 하며 용접 후 신속히 풀림 처리를 한다. 또한 예열 후열을 한다.
③ 용접봉은 저수소계를 사용

Q86

고탄소강이나 후판 용접시 예열 및 후열을 하는 목적은?

① 쇳물의 유동성을 좋게 하기 위해
② 균열이나 기공의 발생을 방지하기 위해
③ 담금질 되도록 하기 위해
④ 변형을 방지하기 위해

Q87

고(高) 탄소강의 단층용접에서 예열하지 않았을 때에는 어떻게 되는가?

① 열 영향부가 담금질 조직이 되며, 경도는 대단히 높아진다.
② 열 영향부가 뜨임 조직이 되며, 경도는 대단히 높아진다.
③ 열 영향부가 담금질 조직이 되며, 경도는 대단히 낮아진다.
④ 열 영향부가 뜨임 조직이 되며, 경도는 대단히 낮아진다.

해설 고탄소강 용접시 예열을 하지 않으면 열영향부가 담금질 조직이 되어 경도가 높아 취성이 생길 우려가 있다.

Q88

주철의 용접시 주의사항으로 옳은 것은?

① 냉각되어 있을 때 피닝 작업을 하여 변형을 줄이는 것이 좋다.
② 가스 용접시 중성 불꽃 또는 산화 불꽃을 사용하고 용제는 사용하지 않는다.
③ 큰 물건이나 두께가 다른 것의 용접에는 예열과 후열 후 서냉 작업을 반드시 행한다.
④ 용접전류는 약간 높게 하고 운봉하여 곡선비드를 배치하며 용입을 깊게 한다.

정답 83. ③ 84. ① 85. ③ 86. ② 87. ① 88. ③

해설 주철의 용접시 주의 사항
① 보수 용접을 행하는 경우는 본 바닥이 나타날 때까지 잘 깍아낸 후 용접한다.
② 파열의 끝에 작은 구멍을 뚫는다.
③ 용접 전류는 필요이상 높이지 말고, 직선 비드를 사용하며, 깊은 용입을 얻지 않는다.
④ 될 수 있는 대로 가는 지름의 것을 사용한다.
⑤ 비드 배치는 짧게 여러 번 한다.
⑥ 피닝 작업을 하여 변형을 줄인다.
⑦ 가스 용접을 할 때는 중성불꽃 및 탄화불꽃을 사용하며, 플럭스를 충분히 사용한다.
⑧ 두꺼운 판에 경우에는 예열과 후열 후 서냉한다.

Q89

주철을 용접할 때 주의하여야 할 사항이 아닌 것은?

① 가열되어 있을 때 피닝 작업을 하여 변형을 줄이는 것이 좋다.
② 가능한 한 지름이 가는 용접봉을 사용한다.
③ 비드의 배치는 길게 해서 한 번의 조작으로 완료한다.
④ 보수용접을 할 때는 본 바닥이 나타날 때까지 깎아낸 후 용접한다.

Q90

주철 용접시 고려해야 할 주의 사항 중 틀린 것은?

① 파열의 보수는 파열의 연장을 방지하기 위하여 파열의 끝에 작은 구멍을 뚫는다.
② 비드의 배치는 가능한 길게 하여 단시간에 끝내도록 한다.
③ 가열되어 있을 때 피닝 작업을 하여 변형을 줄이는 것이 좋다.
④ 용접봉은 되도록 가는 지름의 것을 사용한다.

Q91

주철의 용접이 곤란한 이유 중 틀린 것은?

① 수축이 많고 균열이 일어나기 쉽다.
② 일산화탄소가 발생하여 용착금속에 기공이 생기기 쉽다.
③ 모재와 같은 용접봉이면 급냉시켜도 좋다.
④ 불순물 함유시 모재와 친화력이 떨어진다.

Q92

주철 용접시 예열 및 후열하는 목적은?

① 뒤틀림 방지를 위해
② 작업하기 편하도록 하기위해
③ 탄소량을 줄여 균열 방지를 위해
④ 냉각속도를 느리게 하여 균열 방지를 위해

Q93

주철의 용접이 어려운 이유로서 가장 적합한 것은?

① 용접부가 연해지고 빨리 굳어지므로
② 탄소량이 많아 일정한 온도에서 순간적으로 녹고 용접 후 파열되기 쉬우므로
③ 용융온도가 낮고 잔류응력이 커서 풀림이 불가능하므로
④ 연강보다 녹기 쉽고 수축률이 적으므로

해설 주철은 강에 비하여 용융점이 1,150℃정도로 낮고 유동성이 좋고 주조성이 우수하여 각종 주물을 만드는데 사용된다. 하지만 주철은 인장강도가 낮고 상온에서 가단성 및 연성이 없다. 주철은 용접시 탄소가 많으므로 기포발생에 주의하여야 하며, 예열 및 후열 등의 용접 조건을 충분하게 지켜 시멘타이트층이 생기지 않도록 하여야 한다. 또한 용접시 수축이 많아 균열이 생기기 쉽고 용접 후 잔류 응력 발생에 주의하여야 한다.

정답 89. ③ 90. ② 91. ③ 92. ④ 93. ②

Q94

주철 용접이 연강용접에 비해 곤란한 이유는?

① 급랭에 의해 흑선화하기 때문이다.
② 수축이 많아 균열이 생기기 쉽기 때문이다.
③ 연강에 비하여 여린 성질이 없기 때문이다.
④ 탄소가 많으므로 인성이 증가하기 때문이다.

Q95

주철 용접에 대한 설명 중 가장 옳은 것은?

① 주물은 취성재료이므로 연강에 비해 용접이 다소 곤란하다.
② 수축이 많아 균열이 발생하지 않는다.
③ 일산화탄소가 발생하여 용착금속에 기공이 없다.
④ 예열온도는 200℃이다.

해설 ① 주철은 강에 비하여 용융점이 1,150℃정도로 낮고 유동성이 좋고 주조성이 우수하여 각종 주물을 만드는데 사용된다.
② 주철은 인장강도가 낮고 상온에서 가단성 및 연성이 없다.
③ 주철은 용접시 탄소가 많으므로 기포발생에 주의하여야 하며, 예열 및 후열 등의 용접 조건을 충분하게 지켜 시멘타이트층이 생기지 않도록 하여야 한다.
④ 용접시 수축이 많아 균열이 생기기 쉽고 용접 후 잔류 응력 발생에 주의하여야 한다.
⑤ 주철 용접부의 결함에는 편석 또는 주물사가 섞이는 경우가 많다. 그러므로 결함이 있는 부근을 드릴, 정, 연삭숫돌 등으로 홈이나 구멍을 만들어 편석이나 모래를 제거한 뒤 용접한다.
⑥ 균열이 일어나 보수할 경우에는 균열의 전파를 막기 위하여 정지 구멍을 뚫고 보수하여야 균열이 연장되지 않는다.
⑦ 각 층의 슬랙을 완전히 제거하여 기공, 용입불량 등의 결함이 일어나지 않게 하여야 한다.

Q96

주철용접에 관한 설명으로 옳지 않은 것은?

① 주철 속에 기름, 흙, 모래 등이 있는 경우에 용착이 양호하고 모재와의 친화력이 좋다.
② 주철은 연강에 비하여 여리며, 수축이 많이 균열이 생기기 쉽다.
③ 주철은 급냉에 의한 백선화로 기계가공이 곤란하다,
④ 일산화탄소 가스가 발생하여 용착 금속에 기공이 생기기 쉽다.

Q97

주철의 용접시 주의 사항이 아닌 것은?

① 직선 비드로 하고 지나치게 용입을 깊게 하지 않는다.
② 용접봉은 가능한 가는 지름의 것을 사용한다.
③ 가열되어 있을 때에 피닝을 하여 변형을 줄이는 것이 좋다.
④ 예열과 후열은 실시하지 않는다.

Q98

주철의 보수용접 방법으로 적당치 않는 것은?

① 균열 종단부에 구멍을 뚫고 가우징후 주철용봉으로 용접한다.
② 파단부에 홈을 만든 후 철분을 ½정도 채우고 주철용봉으로 용접한다.
③ 파단부에 홈을 만든 후 버터링 방법으로 주철용봉을 사용하여 용접한다.
④ 접합부가 약한 경우는 스텃(stud)법으로 용접한다.

정답 94. ② 95. ① 96. ① 97. ④ 98. ②

해설 주철의 보수 용접 방법

① 버터링법은 처음에 모재와 잘 융합하는 용접봉을 사용하여 적당한 두께까지 용착시키고 난 후 다른 용접봉으로 용접하는 방법
② 비녀장법은 균열의 수리 및 가늘고 긴 용접을 할 때 용접선에 직각이 되게 6~10mm정도의 ㄷ자형의 강봉을 박고 용접한다.
③ 로킹법은 용접부 바닥면에 둥근홈을 파고 이 부분에 걸쳐 힘을 받도록 하는 방법
④ 스텃 법은 용접 경계부 바로 밑 부분의 모재까지 갈라지는 결점을 보강하기 위하여 스텃 볼트를 사용하여 조이는 방법이다. 비드의 배치는 가능한 짧게 하는 것이 좋다.

Q99

다음 주철의 보수용접 방법에 해당되지 않는 것은?

① 피닝법 ② 비녀장법
③ 스텃법 ④ 버터링법

Q100

고장력강의 용접시 주의 사항이 아닌 것은?

① 용접봉은 저수소계를 사용한다.
② 용접입열을 충분히 하기 위하여 아크 길이를 길게 한다.
③ 위빙 폭을 크게 하지 않는다.
④ 용접 개시 전에 이음부 내부 또는 용접할 부분의 청소를 한다.

해설 고장력강용 피복 아크 용접봉

① 항복점 32kg/mm², 인장 강도 50kg/mm²이상의 강으로 연강의 강도를 높이기 위해 Ni, Cr, Mn, Si, Cu, Ti, V, Mo, B 등을 첨가한 저 합금강 용접봉
② 연강 용접봉에 비해 판 두께를 얇게 할 수 있어 구조물의 자중을 줄일 수 있으며, 기초공사가 간단해지고, 재료의 취급이 용이해진다.
③ 일반적으로 피복제 계통은 기계적 성질이 우수한 저수소계를 사용한다.
④ 결함 발생면에서 아크 길이는 가능한 짧게 위빙 폭은 가능한 작게 하는 것이 좋다.

Q101

조질 고장력강의 용접에 대해 재료의 성질 및 용접법이 잘못된 것은?

① 조질 고장력강이란 일반 고장력강보다 높은 항복점, 인장강도를 얻기 위해 담금질, 뜨임 열처리한 것이다.
② 얇은 판에 대하여는 저항용접도 가능하다.
③ 용접균열을 피하기 위해 용접입열을 최대한 적게 하는 것이 좋다.
④ 용접봉은 티탄을 주성분으로 망간, 크롬, 몰리브덴을 소량 첨가한 용접봉이 사용되고 있다.

Q102

고장력강은 연강에 비해서 다음과 같은 잇점이 있는 데, 그 잇점의 설명에 해당 되지 않는 것은?

① 용접공의 기량에 관계없이 용접품질이 일정하다.
② 동일한 강도에서 판의 두께를 얇게 할 수 있다.
③ 소요강재의 중량을 대폭으로 경감시킨다.
④ 재료의 취급이 간편하고 가공이 용이하다.

Q103

고장력강 용접 시 주의사항 중 틀린 것은?

① 용접봉은 저수소계를 사용할 것
② 용접 개시 전에 이음부 내부 또는 용접 부분을 청소 할 것
③ 아크 길이는 가능한 길게 유지할 것
④ 위빙 폭을 크게 하지 말 것

정답 99. ① 100. ② 101. ④ 102. ① 103. ③

Q104

고장력강(HT)의 용접성을 가급적 좋게 하기 위해 줄여야 할 합금원소는?

① C　② Mn
③ S　④ Cr

Q105

고장력강 용접에 가장 적당한 아크 용접봉의 피복제 계통은?(단, 박판은 제외함)

① 일미나이트계　② 고산화티탄계
③ 저수소계　④ 고셀룰로스계

Q106

용접용 고장력강에 해당되지 않는 것은?

① 망간(실리콘)강
② 몰리브덴 함유강
③ 인 함유강
④ 주강

Q107

스테인리스(steinless)강의 가스 절단이 곤란한 가장 큰 이유는?

① 산화물이 모재보다 고용융점이기 때문에
② 탄소 함량의 영향을 많이 받기 때문에
③ 적열 상태가 되지 않기 때문에
④ 내부식성이 강하기 때문에

해설 스테인리스강이나 알루미늄의 경우에는 절단 중에 생기는 산화크롬(Cr_2O_3)과 산화알루미늄(Al_2O_3)이 모재의 용융점보다 높아 유동성이 나쁜 슬랙이 절단표면을 덮어서 산소와 모재와의 반응을 방해해서 쉽게 절단이 이루어지지 않는다.

Q108

페라이트계 스테인리스강의 용접에 대한 설명으로 올바른 것은?

① 용접 후 후열 처리를 하지 않아도 관계없다.
② 급냉하여도 열영향부에 영향을 끼치지 않는다.
③ 용접부분이 각 비드마다 예열온도까지 냉각되도록 한다.
④ 되도록 굵은 용접봉을 사용하여 많은 전류로 빠르게 용접한다.

해설 페라이트계 스테인리스강의 용접
① 모재는 되도록 저탄소가 좋으며, 탄소 0.1% 이하의 용접에서 200 ~ 400℃의 예열이 필요하다.
② 용접 직후 풀림하여 인성을 회복한다.
③ 가스 용접을 사용할 경우 중성불꽃을 사용한다.

Q109

오스테나이트계 스테인리스강의 용접시 유의해야 할 사항이다. 잘못된 것은?

① 예열을 하지 말아야 한다.
② 짧은 아크길이를 유지한다.
③ 층간온도가 320℃ 이상을 넘어서는 안된다.
④ 탄소강보다 10 ~ 20% 높은 전류로 용접을 한다.

해설 오스테나이트(18 - 8) 스테인리스강의 용접시 주의사항
① 예열을 하지 않는다.
② 층간 온도가 320℃ 이상을 넘어서는 안 된다.
③ 용접봉은 모재와 같은 것을 사용하며, 될수록 가는 것을 사용한다.
④ 낮은 전류치로 용접하여 용접 입열을 억제한다.
⑤ 짧은 아크 길이를 유지한다.(길면 카바이드 석출)
⑥ 크레이터를 처리한다.

정답 104. ①　105. ③　106. ④　107. ①　108. ③　109. ④

Q110

오스테나이트계 스테인리스강의 용접시 유의해야 할 사항으로 맞는 것은?

① 예열을 한다.
② 아크길이를 길게 유지한다.
③ 용접봉은 모재 재질과 다르고, 굵은 것을 사용한다.
④ 낮은 전류값으로 용접하여 용접입열을 억제한다.

Q111

오스테나이트계 스테인리스강의 용접시 유의해야 할 사항이 아닌 것은?

① 용접균열을 방지하기 위하여 충분한 예열이 필요하다
② 층간 온도가 320(℃) 이상을 넘어서는 안 된다.
③ 아크를 중단하기 전에 크레이터 처리를 한다.
④ 낮은 전류값으로 용접하여 용접입열을 억제한다.

Q112

오스테나이트계 스테인리스강은 용접시 냉각되면서 고온 균열이 발생하기 쉬운 데 주(主)원인이 아닌 것은?

① 아크 길이가 너무 짧을 때
② 모재가 오염되어 있을 때
③ 크레이터 처리를 하지 않았을 때
④ 구속력이 가해진 상태에서 용접할 때

Q113

스테인리스 강판을 납땜하기 곤란한 이유는?

① 경도가 높으므로
② 재질이 강하므로
③ 니켈을 함유하고 있으므로
④ 강한 산화막이 있으므로

Q114

구리의 용접에서 TIG 용접법에 대한 설명 중 틀린 것은?

① 판 두께 6mm 이하에 많이 사용한다.
② 전극으로는 토륨이 들어있는 텅스텐봉을 사용한다.
③ 전극은 직류정극성(DCSP)을 사용한다.
④ 예열온도는 100 ~ 200℃ 정도로 한다.

해설 티그용접을 사용하여 구리를 용접할 경우 판두께 6mm이하, 토륨이 들어있는 전극봉으로 직류 정극성을 사용한다. 또한 예열 온도는 500℃정도로 사용하나, 미그 용접의 경우에는 300 ~ 500℃정도를 사용한다.

Q115

구리 용접에 대한 시공법의 설명 중 틀린 것은?

① 용접 홈은 기계절삭, 정(chisel), 그라인더 등으로 깎아 정확히 만든다.
② 산소 아세틸렌, 산소 프로판 불꽃으로 200 ~ 350℃로 예열한다.
③ 예열에 의한 변형방지책으로 뒷면을 물로 식힌다.
④ 용접할 부위는 깨끗이 청소하고 와이어 브러시로 광택이 나게 한다.

해설 구리 용접은 열이 급속히 달아나므로 예열이 필요, 열에 의한 방법은 산소 아세틸렌 불꽃 등으로 200 ~ 350℃로 예열하면 변형이 줄어 들 수 있다.

정답 110. ④ 111. ① 112. ① 113. ④ 114. ④ 115. ③

Q116

구리 합금의 용접에 대한 설명으로 잘못된 것은?

① 구리에 비해 예열온도가 낮아도 된다.
② 비교적 루트 간격과 홈 각도를 크게 한다.
③ 가접은 가능한 줄인다.
④ 용제 중 붕사는 황동, 알루미늄황동, 규소청동 등의 용접에 사용된다.

해설 구리 및 구리합금의 용접
① 열전도율이 커서 균열 발생이 쉽다.
② 티그용접법, 피복 금속 아크 용접, 가스 용접법, 납땜법 등이 사용된다.
③ 가접은 가능한 한 많이 하여 변형을 방지한다.
④ 열이 급속히 달아나므로 예열이 필요
⑤ 경우에 따라 긴 후판의 세로 이음은 양쪽에서 두명의 용접사가 동시에 작업을 진행
⑥ 용접홈의 각도는 60~90°로 넓게하고, 경우에 따라 이면의 각도도 넓게 주고 백판을 사용한다.

Q117

다음은 알루미늄 합금의 가스 용접에 관한 설명이다. 틀린 것은?

① 불꽃은 약간 아세틸렌과잉 불꽃을 사용한다.
② 200~400[℃]의 예열을 사용한다.
③ 얇은 판의 용접시에는 변형을 막기 위하여 스킵법과 같은 용접순서를 채택한다.
④ 용융점이 낮은 관계로 용접을 느린 속도로 진행하는 것이 좋다.

해설 알루미늄의 용접
① 열전도가 커서 단시간에 용접 온도를 높이는 데 높은 온도의 열원이 필요하다.
② 팽창 계수가 매우 크다.
③ 가스용접, 불활성 가스 아크 용접, 전기 저항 용접이 쓰임
④ 용접 후 2%의 질산 또 10%의 더운 황산으로 세척한 후 물로 씻어 냄(또는 찬물이나 끓인 물을 사용하여 세척한다.)

Q118

알루미늄(Al)은 철강에 비하여 일반 용접법으로 용접이 극히 곤란하다. 그 이유로 가장 적합한 것은?

① 비열 및 열전도도가 적다.
② 용융점이 비교적 높다.
③ 고온강도가 높다.
④ 열팽창계수가 매우 크다.

Q119

알루미늄은 철강에 비하여 일반 용접법으로서는 용접이 극히 곤란한 데, 그 이유 중 틀린 것은?

① 단시간에 용접온도를 높이는 데에는 높은 온도의 열원이 필요하다.
② 지나친 융해가 되기 쉽다.
③ 팽창계수가 매우 작다.
④ 고온강도가 나쁘며 용접변형이 크다.

Q120

다음 중 알루미나(Al_2O_3)의 물리적 성질로 맞는 것은?

① 용융점 2050℃, 비중 4
② 용융점 660℃, 비중 2.7
③ 용융점 2454℃, 비중 4
④ 용융점 650℃, 비중 1.74

해설 알루미늄의 용융점은 660℃, 비중은 2.7이나 알루미늄 표면에 산화막을 형성하는 산화알루미늄은 용융점은 2,050℃, 비중은 4로 알루미늄이 이산화막 때문에 용접에 어렵다.

정답 116. ③ 117. ④ 118. ④ 119. ③ 120. ①

Q121

일반 구조용 강에 비해 알루미늄 용접이 어려운 이유가 아닌 것은?

① 온도 확산율이 커서 국부가열이 곤란하다.
② 열팽창 수축이 크고 고온 균열을 일으키기 쉽다.
③ 표면의 알루미나(Al_2O_3)가 용접성을 저해 한다.
④ 용융점이 낮아 저전류로 용접 하여야 한다.

Q122

알루미늄 용접에서 용접부의 청소(Cleaning) 방법이 아닌 것은?

① 야금학적 청소법
② 화학적 청소법
③ 끓인 물로 세척
④ 찬 물로 세척

해설 알루미늄 용접에서는 용접 전에는 불순물이 들어가지 않도록 특히 유의하여야 하며 용접 후에는 찬 물, 끓인 물, 약품을 사용하여 청소를 한다.

Q123

비강도가 대단히 크면서 내식성이 아주 우수하고 600℃이상에서는 산화 질화가 빨라 TIG 용접시 용접토치에 특수(Shield gas)장치가 반드시 필요한 금속은?

① Al ② Cu
③ Mg ④ Ti

해설 티탄은 비강도가 대단히 크면서 내식성이 아주 우수하고 600℃이상에서는 산화 질화가 빨라 TIG 용접시 특수 실드 가스 장치가 필요하다.

정답 121. ④ 122. ① 123. ④

06

시공 및 설계

1. 용접 준비
2. 용접 작업
3. 용접 후 처리
4. 용접부의 검사
5. 용접부의 시험
6. 용접 설계
7. 안전 관리

설계와 적당한 시방서에 의하여 필요한 구조물을 제작하는 방법으로 제작상의 필요한 일체의 수단이다.

1. 용접 준비

(1) 일반준비

모재 재질 확인, 용접기 및 용접봉 선택, 지그 결정, 치공구의 선정, 용접사 선임 등

> **참고** 용접 지그의 사용 : 제품의 정밀도를 향상할 수 있으며, 용접 지그는 설치와 분해가 간단하고 정밀도를 유지할 수 있도록 변형 등이 잘 일어나지 않는 튼튼한 구조이어야 한다. 그 효과는 용접을 하기 쉬운 자세를 취할 수 있다. 즉 아래보기 자세로 용접 할 수 있으며, 제품의 정밀도 향상을 가져 올 수 있다. 또한 용접 조립 작업을 단순화 또는 자동화를 할 수 있게 하여 작업 능률이 향상된다. 그 종류로는 가접용 지그, 변형 방지용 지그, 아래보기 용접용 지그 등이 있다.

(2) 용접이음 준비

① 홈 가공

㉠ 용입이 허용하는 한 홈 각도는 작은 것이 좋다.
(일반적으로 피복아크 용접에서 54 ~ 70°)

㉡ 용접 균열에 관점에서는 루트 간격은 좁을수록 좋으며 루트 반지름은 되도록 크게 한다.

② 조립

㉠ 수축이 큰 맞대기 이음을 먼저 용접하고 다음에 필릿 용접을 한다.

㉡ 큰 구조물은 구조물에 중앙에서 끝으로 향하여 용접한다.

㉢ 용접선에 대하여 수축력의 화가 영이 되도록 한다.

㉣ 리벳과 용접을 같이 쓸 때는 용접을 먼저 한다.

㉤ 용접 불가능한 곳이 없도록 한다.

㉥ 물품의 중심에 대하여 대칭으로 용접 진행을 한다.

㉦ 가능한 구속 용접은 피한다.

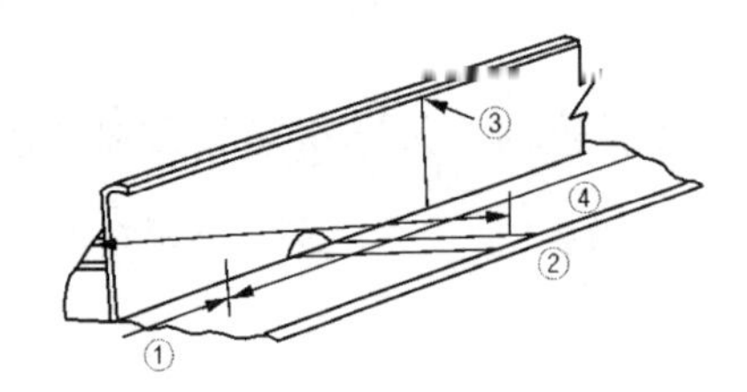

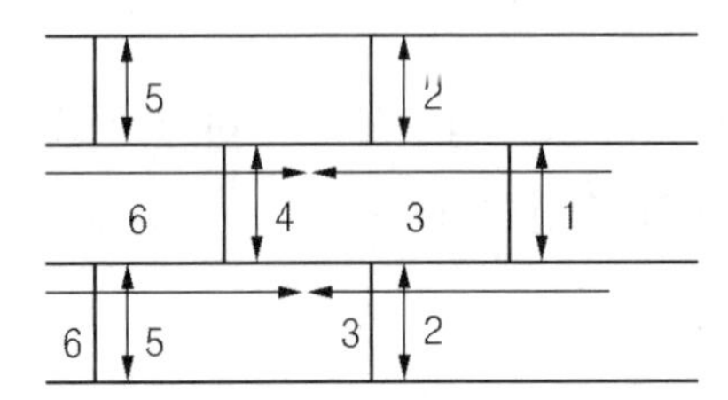

③ **가접**

㉠ 홈안에 가접은 피하고 불가피한 경우 본 용접 전에 갈아낸다.

㉡ 응력이 집중하는 곳은 피한다.

㉢ 전류는 본 용접보다 높게 하며, 용접봉의 지름은 가는 것을 사용한다. 또한 너무 짧게 하지 않는다.

㉣ 시·종단에 엔드탭을 설치하기도 한다.

㉤ 가접사도 본 용접사에 비하여 기량이 떨어지면 안 된다.

㉥ 가접용 지그 등을 사용하여 부재의 형상을 유지한다.

④ **이음부의 청소** : 이음부의 녹, 수분, 스케일, 페인트, 유류, 먼지, 슬랙 등은 기공 및 균열에 원인이 되므로 와이어 브러시, 그라인더, 쇼트 블라스트, 화학약품 등으로 제거한다.

⑤ **홈의 보수**

㉠ 맞대기 용접 : 판 두께 6mm 이하 한쪽 또는 양쪽에 덧살 올림 용접을 하여 깎아 내고 규정 간격으로 홈을 만들어 용접하며, 6 ~ 16mm인 경우는 두께 6mm정도의 뒤판을 대서 용접하여 용락을 방지한다. 또한 16mm이상에서는 판의 전부 혹은 일부(약 300mm)를 대체한다.

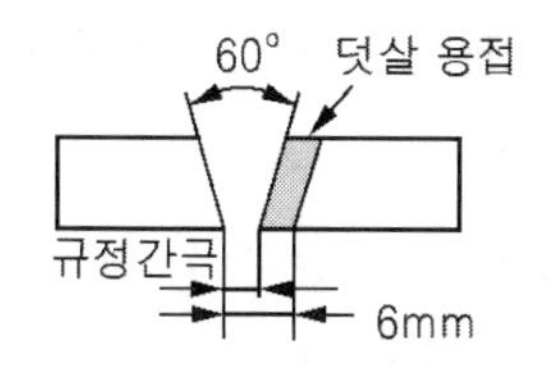

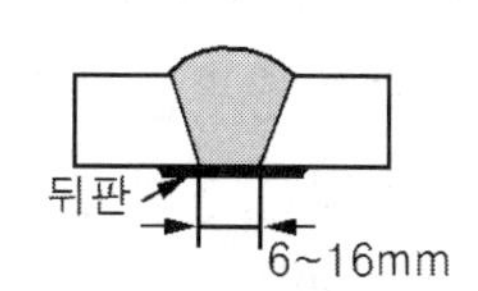

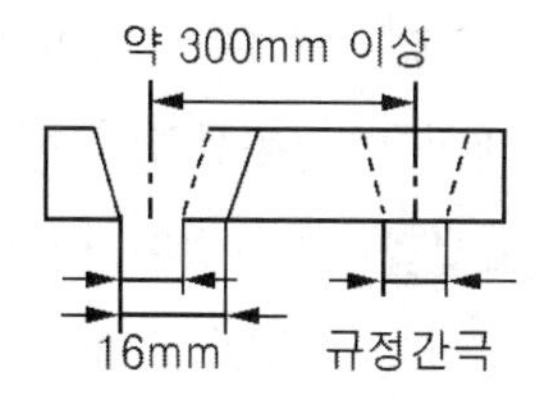

㉡ 필릿 용접 : 용접물의 간격이 1.5mm 이하에서는 규정의 각장으로 용접하며, 1.5 ~ 4.5mm인 경우는 그대로 용접해도 좋으나 각장을 증가시킬 수 도 있다. 4.5mm 이상에서는 라이너를 넣는다거나 또는 부족한 판을 300mm이상 잘라내서 대체한다.

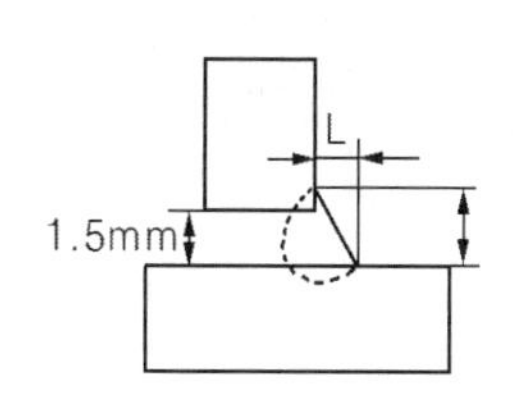

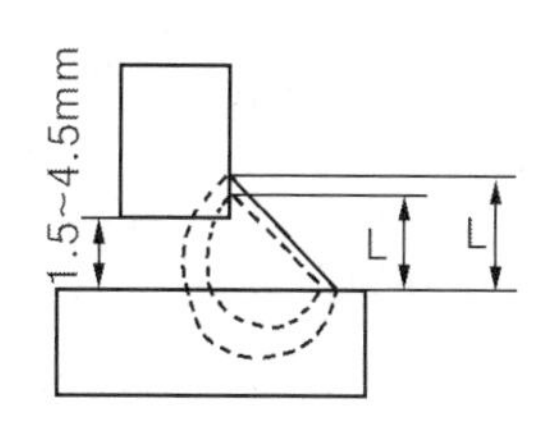

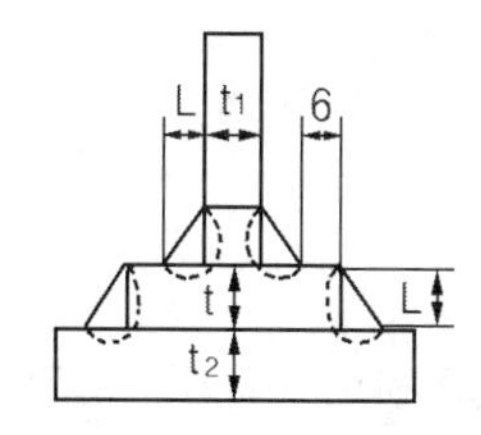

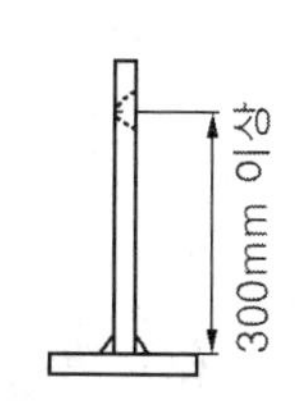

2. 용접 작업

(1) 용접 순서

① 용접전 용접이 불가능한 곳이 없도록 충분히 검토한다.

② 용접물 중심에 대하여 대칭으로 용접하여 변형이 생기지 않도록 한다.

③ 동일 평면내에 많은 이음이 있을 때에는 수축은 가능한 자유단으로 보낸다.

④ 수축이 큰 이음을 먼저하고 작은 이음은 나중에 한다.

⑤ 중립축에 대하여 모멘트 합이 0이 되도록 한다.

(2) 용접 진행 방향에 따른 분류

① **전진법** : 용접 시작 부분보다 끝나는 부분이 수축 및 잔류 응력이 커서 용접 이음이 짧고, 변형 및 잔류 응력이 그다지 문제가 되지 않을 때 사용

② **후진법** : 용접을 단계적으로 후퇴하면서 전체 길이를 용접하는 방법으로 수축과 잔류 응력을 줄이는 방법

③ **대칭법** : 용접 전 길이에 대하여 중심에서 좌우로 또는 용접물 형상에 따라 좌우 대칭으로 용접하여 변형과 수축 응력을 경감한다.

④ **스킵법** : 비석법이라고도 하며 짧은 용접 길이로 나누어 놓고 간격을 두면서 용접하는 방법으로 특히 잔류 응력을 적게 할 경우 사용한다.

⑤ **교호법** : 열 영향을 세밀하게 분포시킬 때 사용

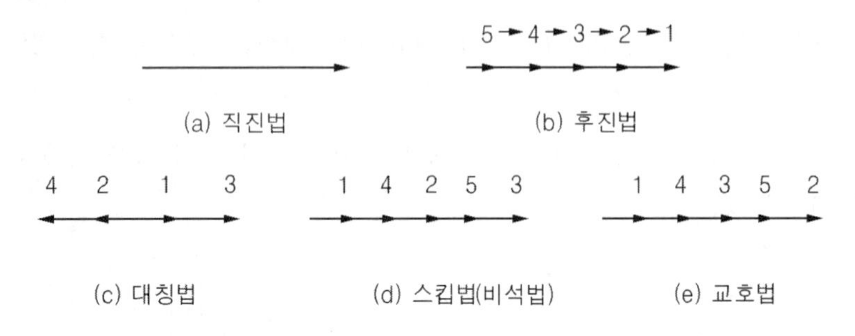

(3) 다층 용접에 따른 분류

① **덧살 올림법(빌드업법)** : 열 영향이 크고 슬랙섞임의 우려가 있다. 한냉시, 구속이 클 때 후판에서 첫층에 균열 발생우려가 있다. 하지만 가장 일반적으로 사용되는 방법이다.

② **캐스케이드법** : 한 부분의 몇 층을 용접하다가 이것을 다음부분의 층으로 연속시켜 용접하는 방법으로 후진법과 같이 사용하며, 용접결함 발생이 적으나 잘 사용되지 않는다.

③ **전진 블록법** : 한 개의 용접봉으로 살을 붙일만한 길이로 구분해서 홈을 한 부분에 여러 층으로 완전히 쌓아 올린 다음, 다음 부분으로 진행하는 방법으로 첫 층에 균열 발생 우려가 있는 곳에 사용된다.

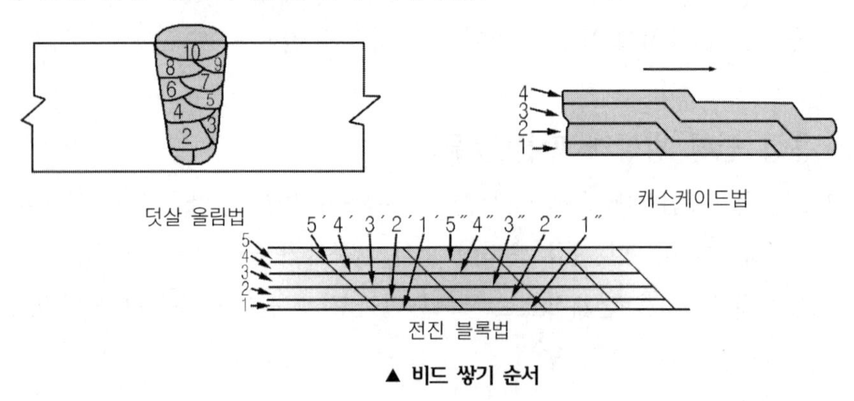

▲ 비드 쌓기 순서

참고 그래비티 용접 장치는 모재와 일정한 경사를 갖는 슬라이드바를 따라 용접 홀더가 하강하도록 되어 있다. 아크가 발생되면 용접봉은 점점 소모되면서 중력에 의하여 서서히 하강하기 때문에 자동적으로 용접이 진행된다. 구조가 복잡하여 사용법은 약간 어려우나 용입과 비드 외관이 양호하다.

참고 오토콘 용접은 영구장치 및 스프링을 이용한 간단한 용접장치를 사용하여 용접을 행하는 방법으로서 고능률 및 수평 필릿 전용 용접법이다. 이 장치는 특수 스프링으로 홀더에 압력을 가하여 용접봉이 자동적으로 모재에 밀착되도록 설계되어 있다. 용입은 약간 얕으나 구조가 간단하여 사용이 쉽고 비드 외관이 양호하다.

(4) 용접할 때 온도 분포

① 열영향부(HAZ : Heat Affected Zone)

㉠ 용착 금속부(1500) : 용융응고한 부분으로 수지상(dendrite) 조직을 나타낸다.

㉡ Bond부(1450) : 모재의 일부가 녹고 일부는 고체 그대로 아주 조립한 위드만 조직 조직을 나타낸다.

㉢ 조립부(1,450 ~ 1,250℃) : 과열로 조립화 된다. 일부는 위드만 조직으로 나타나고 급랭 경화함으로 경도가 최대인 구역이다

㉣ 혼입부(1,250 ~ 1,100℃) : 조립과 미세립의 중간부분

㉤ 입상펄라이트부(900 ~ 750℃) : Pearlite가 세립상으로 분해된 부분

㉥ 취화부(750 ~ 200℃) : 기계적 성질이 취화하나 현미경 조직검사로는 거의 변화가 없는 구역

㉦ 원질부(200 ~ 상온) : 용접열을 받지 않는 소재부분이다.

② 냉각 속도는 얇은 판보다는 두꺼운 판에서 크다.

③ 냉각 속도는 맞대기 이음보다는 T형 이음의 경우가 크다. 즉 열의 확산 방향이 많을수록 크다.

④ 열전도율이 클수록 냉각속도는 크다.

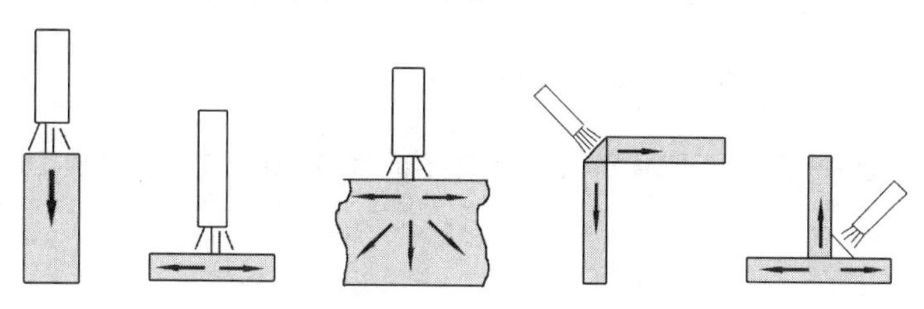

(5) 예열 및 후열

① 저온 균열이 일어나기 쉬운 재료에 대하여 용접전에 피용접물의 전체 또는 이음부 부근의 온도를 올리는 것을 말한다.

② 예열의 목적

㉠ 용접부와 인접된 모재의 수축응력을 감소하여 균열 발생을 억제한다.

㉡ 냉각속도를 느리게 하여 모재의 취성을 방지한다.

㉢ 용착금속의 수소 성분이 나갈 수 있는 여유를 주어 비드 밑 균열을 방지한다.

③ 예열의 방법

㉠ 연강의 경우 두께 25mm이상의 경우나 합금 성분을 포함한 합금강 등은 급랭경화성이 크기 때문에 열 영향부가 경화하여 비드 균열이 생기기 쉽다. 그러므로 50 ~ 350℃정도로 홈을 예열하여 준다.

㉡ 기온이 0℃이하에서도 저온 균열이 생기기 쉬우므로 홈 양끝 100mm 나비를 40 ~ 70℃로 예열한 후 용접한다.

㉢ 주철은 인성이 거의 없고 경도와 취성이 커서 500 ~ 550℃로 예열하여 용접 터짐을 방지한다.

㉣ 용접시 저수소계 용접봉을 사용하면 예열 온도를 낮출 수 있다.

㉤ 탄소 당량이 커지거나 판 두께가 두꺼울수록 예열 온도는 높일 필요가 있다.

㉥ 주물의 두께 차가 클 경우 냉각 속도가 균일하도록 예열

> **참고** 탄소량에 따른 예열 온도 : 탄소량이 늘어날수록 예열 온도는 높게 한다.
> ① 탄소량 0.2% 이하 : 90℃ 이하
> ② 탄소량 0.2% ~ 0.3% : 90℃ ~ 150℃
> ③ 탄소량 0.3% ~ 0.45% : 150℃ ~ 260℃
> ④ 탄소량 0.45% ~ 0.83% : 260℃ ~ 420℃

④ 후열의 목적

㉠ 용접 후 급랭에 의한 균열 방지

㉡ 용접 금속의 수소량 감소 효과

> **참고** 후열은 용접후의 급랭을 피하는 목적의 후열, 응력을 제거하기 위한 후열 등이 있다.

3. 용접 후 처리

(1) 잔류 응력 제거법

① **노내 풀림법** : 유지 온도가 높을수록, 유지 시간이 길수록 효과가 크다. 노내 출입 허용 온도는 300℃를 넘어서는 안된다. 일반적인 유지 온도는 625 ± 25℃, 판 두께 25mm 1시간이다. 가열 및 냉각 속도의 식은 다음과 같다.

$$냉각속도(R) \leq 200 \times \frac{25}{t} \ (\text{deg}/h)$$

② **국부 풀림법** : 큰 제품, 현장 구조물 등과 같이 노내 풀림이 곤란할 경우 사용하며 용접선 좌우 양측을 각각 약 250mm 또는 판 두께 12배 이상의 범위를 가열한 후 서냉한다. 하지만 국부 풀림은 온도를 불균일하게 할 뿐 아니라 이를 실시하면 잔류 응력이 발생될 염려가 있으므로 주의하여야 한다. 유도가열 장치를 사용한다.

③ **기계적 응력 완화법** : 용접부에 하중을 주어 약간의 소성 변형을 주어 응력을 제거한다. 실제 큰 구조물에서는 한정된 조건하에서만 사용할 수 있다.

④ **저온 응력 완화법** : 용접선 좌우 양측을 정속도로 이동하는 가스 불꽃으로 약 150mm의 나비를 약 150 ~ 200℃로 가열 후 수냉하는 방법으로 용접선 방향의 인장 응력을 완화시키는 방법

⑤ **피닝법** : 끝이 둥근 특수 해머로 용접부를 연속적으로 타격하며 용접 표면에 소성 변형을 주어 인장 응력을 완화한다. 첫층 용접의 균열 방지 목적으로 700℃ 정도에서 열간 피닝을 한다.

참고 일반적인 유지 온도는 625 ± 25℃ 이다. 판 두께 25mm 1시간이 적당하며, 고온 배관용 탄소강관, 고압 배관용 탄소강관, 보일러 및 열교환기용 탄소강 강관 (6, 7, 8종) 등은 유지온도 725 ± 25℃ 판 두께 25mm 2시간이 적당하다.

(2) 변형 방지법

① **억제법** : 모재를 가접 또는 구속 지그를 사용하여 변형억제

② **역변형법** : 용접전에 변형의 크기 및 방향을 예측하여 미리 반대로 변형시키는 방법

③ **도열법** : 용접부 주위에 물을 적신 석면, 동판을 대어 열을 흡수시키는 방법

④ **용착법** : 대칭법, 후퇴법, 스킵법 등을 사용한다.

⑤ **수축변형**

㉠ 면내의 수축 변형 : 가로 수축, 세로 수축, 회전 수축

㉡ 면외의 수축 변형 : 굽힘 변형(가로, 세로 방향), 좌굴 변형, 비틀림 변형

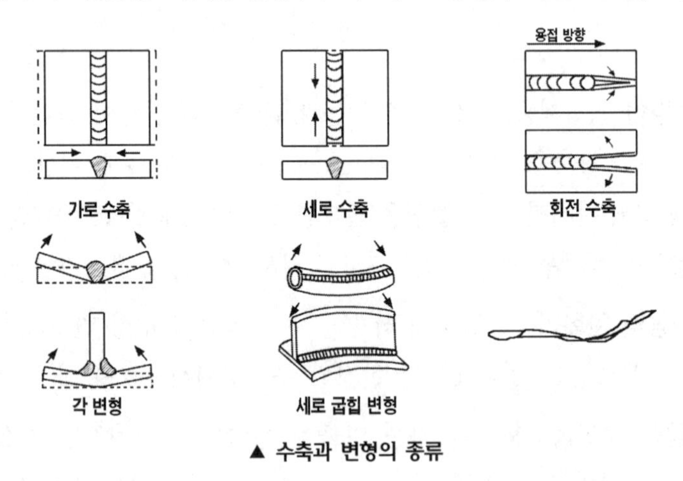

▲ 수축과 변형의 종류

> **참고** 루트 간격이 크면 수축이 크다. 한 쪽면 용접 즉 V형 등이 X형 보다 크다. 위빙을 하면 수축이 작다. 구속도가 크면 수축이 작다. 피닝을 하면 수축을 줄일 수 있다.

(3) 변형의 교정

① 박판에 대한 점 수축법 : 가열온도 500 ~ 600℃, 가열시간은 30초 정도, 가열부 지름 20 ~ 30mm, 가열 즉시 수냉한다.

② 형재는 대한 직선 수축법을 사용한다.

③ 가열 후 해머질 하여 변형을 교정한다.

④ 후판에 대해 가열 후 압력을 가하고 수냉하는 방법으로 변형을 교정한다.

⑤ 롤러에 걸어 변형을 교정한다.

⑥ 절단하여 정형 후 재 용접하여 변형을 교정한다.

⑦ 피닝법을 사용하여 변형을 교정한다.

(4) 결함의 보수

① 기공 또는 슬랙 섞임이 있을 때는 그 부분을 깎아 내고 재 용접

② 언더컷이 있을 때는 가는 용접봉을 사용하여 파인 부분의 용접

③ 오버랩이 있을 때는 덮인 일부분을 깎아내고 재 용접

④ 균열일 때는 균열 끝에 정지 구멍을 뚫고 균열부를 깎아 낸 후 홈을 만들어 재 용접

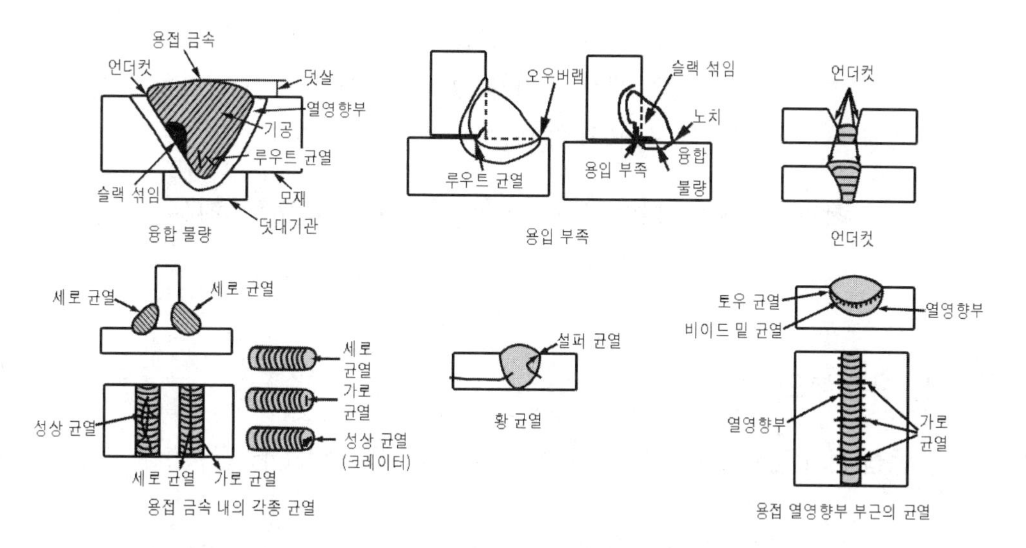

참고

• 균열의 발생 원인 : 수소의 의한 균열, 내·외적인 힘에 의한 균열, 노치에 의한 균열, 변태에 의한 균열, 용착 금속의 화학 성분에 의한 균열

용접을 끝낸 직후의 크레이터 부분의 생기는 크레이터 균열, 용접선 위에 나타나는 비드 균열, 너무 작아 육안으로는 확인 곤란한 마이크로 균열, 외부에서는 볼 수 없는 비드 밑 균열, 열영향부 균열, 비드 표면과 모재와의 경계부에 발생하는 토 균열, 비틀림이 주원이 되어 발생하는 힐 균열, 저온 균열에서 가장 주의하여야 할 균열인 첫층 용접의 루트 근방에서 발생하는 루트 균열, 모재의 재질 결함으로서의 균열인 래미네이션 균열 등이 있다.

비드 밑 균열은 용접 비드 바로 아래에 용접선 아주 가까이 거의 이와 평행되게 모재 열영향부에 생기는 균열로 고탄소강이나 저합금강과 같은 담금질에 의한 경화성이 강한 재료를 용접했을 때 생기는 균열

토 균열은 맞대기 용접 및 필릿 용접 의 어느 경우나 비드 표면과 모재와의 경계부에 생기는 균열로 예열을 하거나 강도가 낮은 용접봉을 사용하면 효과적이다.

설퍼 균열은 강중에 황이 층상으로 존재하는 고온 균열을 말한다.

(5) 보수 용접(육성 용접)

① 기계 부품 등의 일부 마멸된 부분을 깎아 내거나 그대로 다시 원래 상태가 되도록 덧붙임 용접을 하는 방법을 말한다.

② 열처리 없이 경도가 높은 것을 만들 수 있는데 ,망간강, 크롬 – 코발트 – 텅스텐 등을 기본으로 하는 합금계 심선이 필요하다.

③ 용사법 : 용융된 금속을 고속기류에 불어 붙임 이용한다.

(6) 용접 후의 가공

① 용접 후 기계가공을 하는 경우에 용접부에 잔류 응력이 풀려지는 경우에 변형우려가 있으므로 잔류 응력 제거를 한다.

② 굽힘 가공할 것은 균열 발생 우려가 있으므로 노내 풀림 처리를 실시한다.

③ 철강 용접의 천이 온도의 최고가열 온도는 400 ~ 600℃ 이다.

참고 천이온도란 재료가 연성 파괴에서 취성 파괴로 변하는 온도범위를 말한다.

4. 용접부의 검사

① **용접 전의 검사** : 용접 설비, 용접봉, 모재, 용접 준비, 시공 조건, 용접사의 기량 등

② **용접 중의 검사** : 각 층의 융합 상태, 슬랙 섞임, 균열, 비드 겉모양, 크레이터 처리, 변형 상태, 용접봉 건조, 용접 전류, 용접 순서, 운봉법, 용접 자세, 예열 온도, 층간 온도 점검 등

③ **용접 후의 검사** : 후열 처리 방법, 교정 작업의 점검, 변형, 치수 등의 검사

참고 용접봉의 조건 : 기계적 성질이 우수할 것, 작업성이 좋을 것
① 전류 : 판 두께, 이음 형상, 용접 자세, 용접봉의 종류, 용접 속도 등에 따라 선택
② 전압 및 아크 길이 : 가능한 짧은 아크 길이를 사용해야 좋은 용접부를 얻을 수 있다.
③ 용접자세 : 가능한 아래보기 자세를 취할 수 있도록 한다.

5. 용접부의 시험

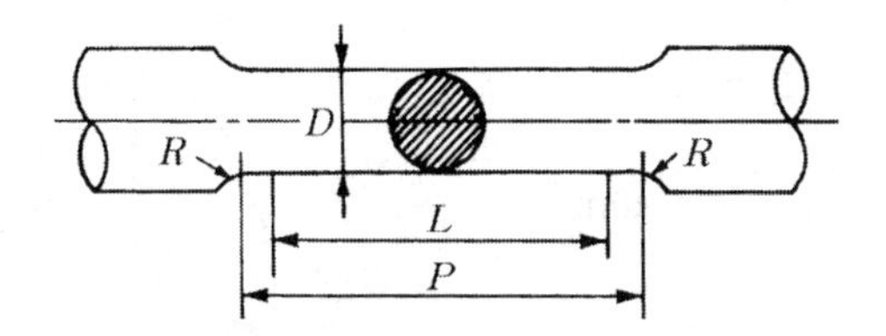

표점거리 : L = 50(mm)
평행부 길이 : P = 60(mm)
직경 : D = 14(mm)
부의 반경 : R = 15(mm)이상

(1) 기계적 시험

① 인장 시험

㉠ 항복점 : 하중이 일정한 상태에서 하중의 증가 없이 연신율이 증가되는 점

㉡ 영률 : 탄성한도 이하에서 응력과 연신율은 비례(후크의 법칙)하는데 응력을 연신율로 나눈 상수

㉢ 인장강도= $\dfrac{\text{최대하중}}{\text{원단면적}}$

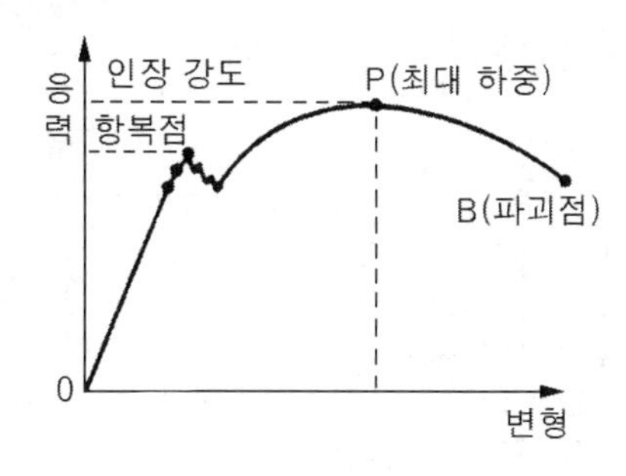

㉣ 연신율 : $\dfrac{\text{시험후늘어난길이}(A'-A)}{\text{원래길이}(A)}\times 100$ (A : 원래길이, A' : 늘어난 길이)

㉤ 내력 : 주철과 같이 항복점이 없는 재료에서는 0.2%의 영구 변형이 일어날 때의 응력값을 내력으로 표시

참고 안전율 = $\dfrac{\text{인장강도}}{\text{허용응력}}$
(정하중 : 3, 동하중(단진 응력) : 5, 동하중(교번 응력) : 8, 충격 하중 : 12)

② 경도 시험

㉠ 브리넬 경도 : 압입자의 크기

$$HS = \frac{P}{A} = \frac{P}{\pi Dh}$$

$$= \frac{2P}{\pi D(D-\sqrt{D^2-d^2})} \ [\mathrm{kg/mm^2}]$$

W : 하중[kg]

A : 오목 부분의 표면적[mm^2]

D : 강구의 지름

d : 오목 부분의 지름[mm]

h : 오목 부분의 깊이[mm]

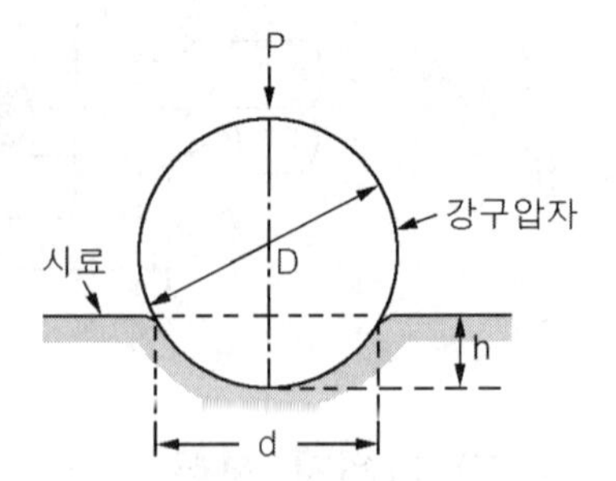

㉡ 비커스 경도 : 내면 각이 136°인 다이아몬드 사각뿔의 압입자에 대각선 길이로 측정

$$Hv = \frac{\text{하중[kg]}}{\text{자국의표면적}[mm^2]} = 1.8544\frac{P}{d^2} = \frac{2P^{\sin}\frac{\Theta}{2}}{d^2} \ [\mathrm{kg/mm^2}]$$

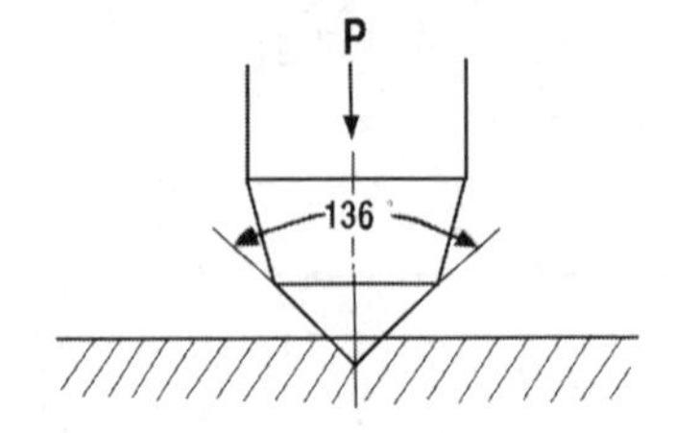

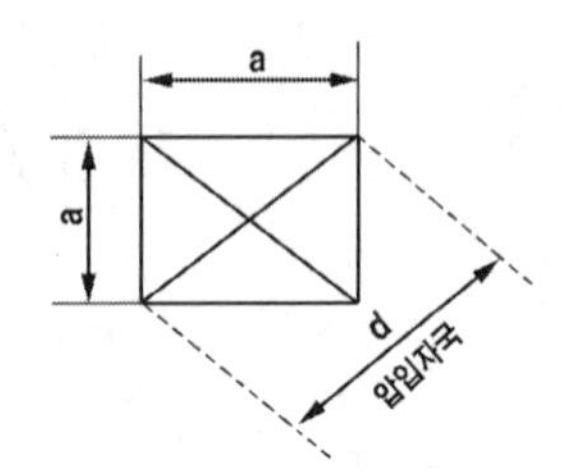

㉢ 로크웰 경도 : B스케일(하중이 100kg), C스케일(꼭지각이 120° 하중은 150kg)이 있다.

스케일	압 입 체	시험가중	경도계산식	적 용	기호
B 스케일	지름 약 1.5mm(1/16″)	100kg	130 − 500⊿t	풀림한 연질 재료	HRB
C 스케일	꼭지각 120° 다이아몬드 원추	150kg	100 − 500⊿t	담금질된 굳은 재료	HRC

㉣ 쇼어 경도 : 추를 일정한 높이에서 낙하시켜 반발한 높이로 측정한다. 완성품의 경우 많이 쓰인다.

$$Hs = \frac{10000}{65} \times \frac{h}{h_0}$$

h : 튀어 오른 높이[mm], h_0 : 떨어뜨린 높이[mm]

③ **굽힘 시험**

㉠ 모재 및 용접부의 연성, 결함의 유무를 시험한다.

㉡ 종류로는 표면, 이면, 측면 굴곡시험이 있다.

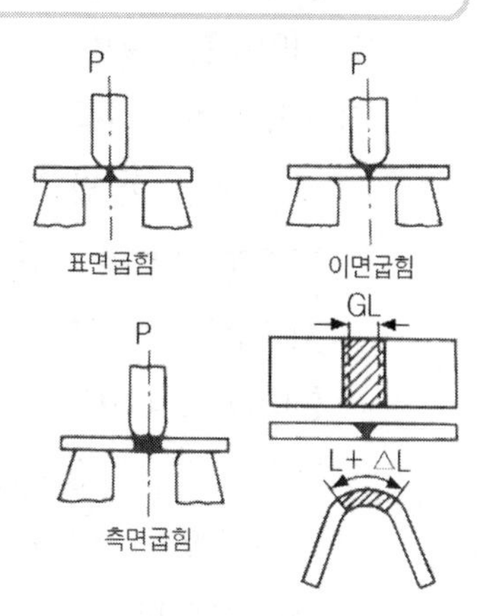

▲ 굽힘 시험 방법

④ **동적 시험**

㉠ 충격 시험 : 재료의 인성과 취성을 알아본다.

㉡ 종류 : 샤르피식, 아이조드식이 있다.

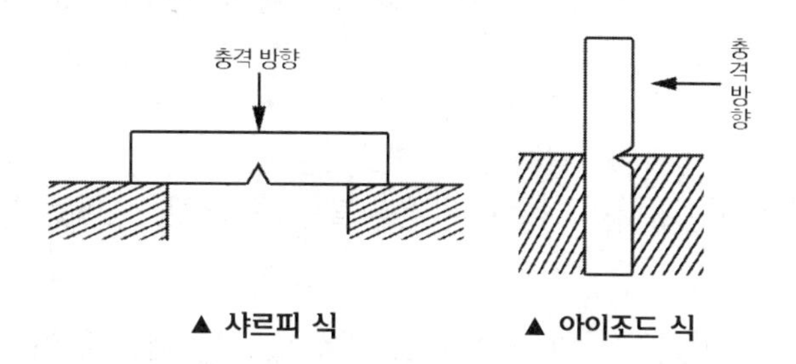

▲ 샤르피 식　　▲ 아이조드 식

㉢ 피로 시험 : 반복되어 작용하는 하중(안전하중) 상태에서의 성질(피로 한도, S－N 곡선)을 알아낸다.

⑤ **크리프 시험** : 재료의 인장강도보다 적은 일정한 하중을 가했을 때 시간의 경과와 더불어 변화하는 현상인 크리프 현상을 이용하여 변형을 검사하는 방법

(2) 화학적 시험

① **화학 분석**

② **부식 시험** : 습 부식, 고온 부식(건 부식), 응력 부식 시험 → 내식성 검사위해 사용

③ **수소 시험** : 45℃ 글리세린 치환법, 진공 가열법, 확산성 수소량 측정법, 수은에 의한 방법

> **참고** 설퍼 프린트란 철강 재료에 존재하는 황의 분포상태를 검사하는 방법으로 1 ~ 5%의 황산 수용액에 브로마이드 인화지를 담금 후 수분을 제거한 다음 이것을 시험면에 부착하여 브로마이드 인화지에 흑색 또는 흑갈색으로 착색시키는 것을 보고 철강 중의 황의 분포를 알아내는 방법이다.

(3) 금속학적 시험

① **파면시험** : 결정의 조밀, 균열, 슬랙섞임, 기공, 은점 등을 육안으로 관찰한다.

② **매크로 조직 시험** : 용접부 단면을 연삭기 또는 샌드페이퍼로 연마하여 적당한 매크로 에칭을 한 다음 육안이나 저 배율의 확대경으로 관찰하여 용입의 양부 및 열영향부 등을 검사한다. 철강의 에칭액으로는 (염산 : 물), (염산 : 황산 : 물), (초산 : 물)등이 쓰이며, 시험 순서로는(시편 채취 → 마운팅 → 연마 → 부식 → 검사)

③ **현미경 조직 시험** : 시험편을 충분히 연마하여 고배율로 미소결함을 관찰한다. 부식액으로는 철강용은 피크로산 알콜 용액 ,초산 알콜 용액을 쓰며, 스테인리스강은 왕수알콜 용액을 구리, 구리합금용은 염화철액, 염화암모늄액, 과황산 암모늄액이 쓰인다. 알루미늄 및 그 합금은 플로오르화 수소액, 수산화나트륨이 쓰인다.

(4) 비파괴 시험

① **외관 검사(VT)** : 비드의 외관, 나비, 높이 및 용입불량, 언더컷, 오버랩 등의 외관 양부를 검사

② **누설 검사(LT)** : 기밀, 수밀, 유밀 및 일정한 압력을 요하는 제품에 이용되는 검사로 주로 수압, 공기압을 쓰나 때에 따라서는 할로겐, 헬륨가스 및 화학적 지시약을 쓰기도 한다.

③ **침투 검사(PT)** : 표면에 미세한 균열, 피트 등의 결함에 침투액을 표면 장력의 힘으로 침투시켜 세척한 후 현상액을 발라 결함을 검출하는 방법으로 형광 침투 검사와 염료 침투 검사가 있는데 후자가 주로 현장에서 사용된다.

④ **자기 검사(MT)** : 철강 재료 등 강자성체를 자기장에 놓았을 때 시험편 표면이나 표면 근천에 균열, 편석, 기공, 용입불량 등의 결함이 있으면 결함 부분에는 자속이 통하기 어려워 누설자속이 생긴다. 비자성체는 사용이 곤란하다. 그 종류로는 축 통전법, 직각 통전법, 관통법, 코일법, 극간법이 있다.

⑤ **초음파 검사(UT)** : 0.5 ~ 15MHz의 초음파를 내부에 침투시켜 내부의 결함, 불

균일 층의 유무를 알아냄. 종류로는 투과법, 펄스 반사법(가장 일반적), 공진법이 있다. 장점으로는 위험하지 않으며 두께 및 길이가 큰 물체에도 사용가능하나 결함위치의 길이는 알 수 없으며 표면의 요철이 심한 것 얇은 것은 검출이 곤란하다.

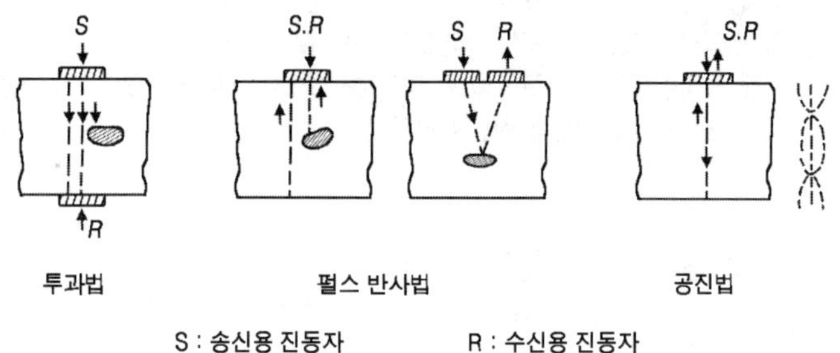

⑥ **방사선 투과 검사(RT)** : 가장 확실하고 널리 사용됨

㉠ X선 투과 검사 : 균열, 융합불량, 기공, 슬랙 섞임 등의 내부 결함 검출에 사용된다. X선 발생장치로는 관구식과 베타트론 식이 있다. 단점으로는 미소 균열이나 모재면에 평행한 라미네이션 등의 검출은 곤란하다.

참고 결함의 등급 판정은 제 1종~제 4종이 있다.

㉡ γ선 투과 검사 : X선으로 투과하기 힘든 후판에 사용한다. γ선원으로는 Ra, Co^{60}, Ce^{134}, Th^{170}, Ir^{92} 등이 사용된다.

구분	X선	γ 선
전원	있다.	없다
선의 크기	크다	작다
가격	비싸다.	싸다
모재 두께	얇다	두껍다
촬영 장소	비교적 넓다.	협소한 곳도 가능
에너지원	임의 선택 가능	고정

⑦ **와류 검사(맴돌이 검사)** : 금속 내에 유기된 와류 전류를 이용한 검사법으로 자기 탐상이 곤란한 비자성체 검사에 사용된다.

(5) 용접성 시험

① **용접 연성 시험** : 용접부의 최고 경도 시험, 용접 비드의 굽힘 시험(코메렐 시험), 용접 비드의 노치 굽힘 시험(킨젤 시험), T형 필릿 굽힘 시험

> **참고**
> - 코메렐 시험 : 시험편 표면에 반원형의 작은 홈을 파서 그곳에 일정한 조건으로 비드를 용접한 후 소정의 지그를 구부리는 방법으로 용접부의 균열 발생 여부 및 그 상황등을 관찰하는 시험
> - 킨젤 시험 : 표면에 세로 길이로 비드 용접하여 이에 직각으로 V노치를 붙인 시험편을 구부리는 시험으로 노치 굽힘 시험방법이다.

② **용접 균열 시험** : 리하이형 구속 균열 시험, CTS 균열 시험, 피스코 균열 시험, T형 필릿 용접 균열 시험

> **참고**
> - 리하이형 구속 균열 시험 : 저온 균열 시험으로 맞대기 용접 균열 시험으로 냉각 중에 균열이 일어나는 구속의 정도를 정량적으로 구하기 위한 시험. 시험 비드 용접 후 2일(48시간)이 지난 후 시험편 표면, 이면, 측면에서 균열 조사
> - 피스코 균열 시험 : 고온 균열 시험으로 맞대기 구속균열 시험법으로 연강, 고장력강, 스테인리스강, 비철 금속에 대한 용접봉의 균열시험에 이용된다.

③ **노취 취성 시험** : 용접부의 노치 충격 시험(샤르피 시험), 로버트슨 시험, 밴더 빈 시험, 칸 티어 시험, 슈나트 시험, 티퍼 시험 등

> **참고**
> - T형 필릿 굽힘 시험 : 시험편을 규정의 지그로 일정한 각도까지 굽힘에 필요한 최대 하중과 균열 등을 검사하는 방법
> - 로버트슨 시험 : 시험편의 노치부를 액체 질소를 채우고 반대쪽에서 가스불꽃으로 가열하여 거의 직선적인 온도 구배를 부여해 놓고 시험편의 양단에 하중을 건채로 노치부에 충격을 가해서 균열을 발생시켜, 시험편에 전파되는 균열이 정지하는 온도의 위치를 구하여 취성 균열의 정지 온도로 정하고 인장응력과 이온도와의 관계를 알아내는 시험
> - 티버 시험 : 시험편을 저온에서 인장 파단 시켜 파면의 천이 온도를 구한다.

6. 용접 설계

(1) 용접 설계자가 갖추어야 할 지식

① 용접 재료에 대한 물리적 성질 ② 용접 구조물의 변형

③ 열응력에 의한 잔류 응력 발생 ④ 용접 구조물이 받는 하중의 종류

⑤ 정확한 용접 비용 산출　　　　　⑥ 용접부의 검사법

(2) 용접 이음의 종류

① 맞대기 이음　　② 겹치기 이음　　③ 모서리 이음
④ T형 이음　　⑤ 한면 덮개판 이음　　⑥ 양면 덮개판 이음
⑦ 변두리 이음 등

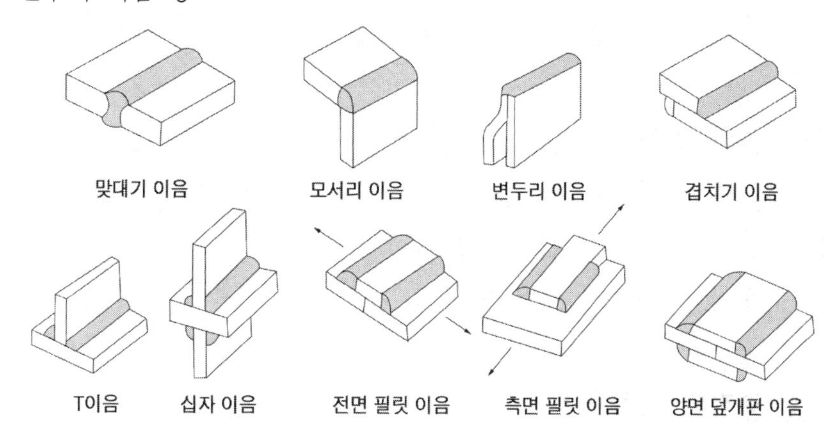

(3) 용접 홈 형상의 종류

① **한면 홈이음** : I형, V형, ✓형(베벨형), U형, J형
② **양면 홈이음** : 양면 I형, X형, K형, H형, 양면 J형

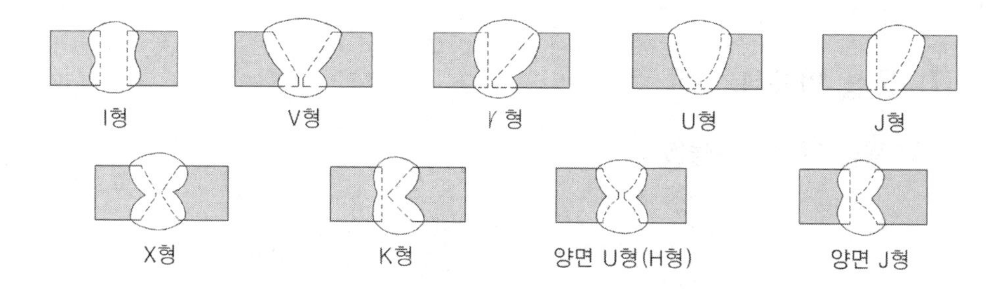

③ 판 두께 6mm까지는 I형, 6 ~ 19mm까지는V형, ✓형(베벨형), J형, 12mm이상은 X형, K형, 양면 J형이 쓰이고 16 ~ 50mm에는 U형 맞대기 이음이 쓰이며 50mm이상에서는 H형 맞대기 이음에 쓰인다.

(4) 용착부 모양에 따른 분류

① 맞대기 용접　② 필릿 용접　③ 플러그 용접
④ 비드 용접　⑤ 슬롯 용접 등

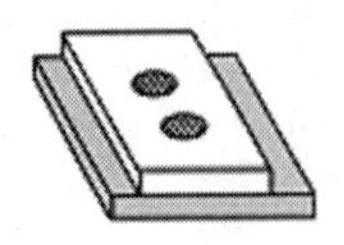
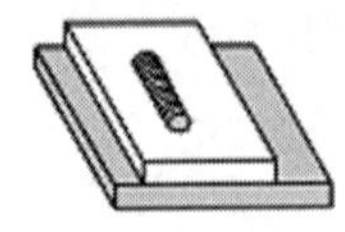
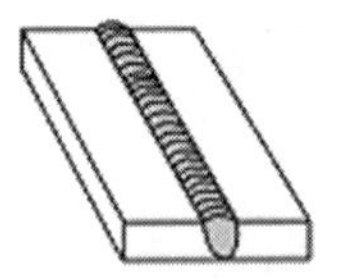
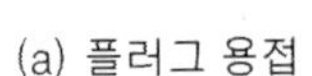

(a) 플러그 용접　(b) 슬롯 용접　(c) 비드 용접

(5) 용접 홈의 명칭

① a : 홈각도　② d : 홈 깊이
③ R : 루트 간격　④ r : 루트 반경
⑤ f : 루트 면　⑥ b : 베벨각

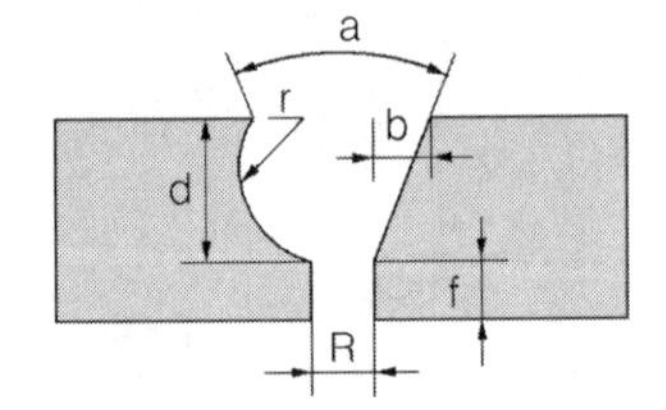

(6) 필릿 용접의 종류

전면, 측면, 경사 필릿이 있다.

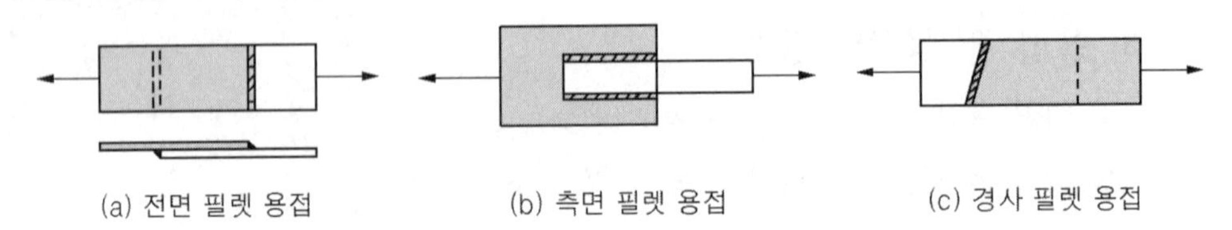

(a) 전면 필렛 용접　(b) 측면 필렛 용접　(c) 경사 필렛 용접

(7) 용접 이음의 강도

① 용접 이음의 효율(%)

$$\eta = \frac{(\text{용착금속강도})}{(\text{모재인장강도})} \times 100$$

② 허용 응력 및 안전율

$$\text{안전율} = \frac{(\text{인장강도})}{(\text{허용응력})}$$

③ 맞대기 이음에서의 최대 인장 하중

$$P = \sigma h \ell = \sigma t \ell$$

P = 용접 이음의 최대 인장 하중, σ = 용착 금속의 인장강도,
h = 목두께, t = 판 두께, ℓ = 용접길이

④ 필릿 용접

이론상 목두께(N) = 목 길이(L) × cos 45° = 0.707L

L = 다리길이, N = 목두께

(8) 용접 이음의 설계시 주의점

① 아래 보기 용접을 많이 하도록 한다.
② 용접 작업에 지장을 주지 않도록 간격을 둘 것
③ 필릿 용접은 되도록 피하고 맞대기 용접을 하도록 한다.
④ 판 두께가 다른 재료의 이음시 구배를 두어 갑자기 단면이 변하지 않도록 한다.(¼이하 테이퍼 가공을 함)
⑤ 맞대기 용접에는 이면 용접을 하여 용입 부족이 없도록 할 것
⑥ 용접 이음부가 한곳에 집중되지 않도록 설계할 것

7. 안전 관리

(1) 안전 표식의 색채

① **적색** : 방화 금지, 고도의 위험
② **황적** : 위험, 항해, 항공의 보안 시설
③ **노랑** : 충돌, 추락, 전도 등의 주의
④ **녹색** : 안전 지도, 피난, 위생 및 구호 표시, 진행
⑤ **청색** : 주의 수리 중 , 송전 중 표시
⑥ **진한 보라색** : 방사능 위험 표시

⑦ **백색** : 통로, 정돈

⑧ **검정** : 위험표지의 문자, 유도 표지의 화살표

(2) 통행과 운반

① 통행로 위의 높이 2M이하에서는 장해물이 없을 것

② 기계와 다른 시설물과의 폭은 80cm이상으로 할 것

③ 좌측 통행 할 것

④ 작업자나 운반자에게 통행을 양보할 것

(3) 화재 및 폭발 방지책

① 인화성 액체의 반응 또는 취급은 폭발 범위 이하의 농도로 할 것

② 석유류와 같이 도전성이 나쁜 액체의 취급 시에는 마찰 등 에 의해 정전기 발생이 우려되므로 주의 할 것

③ 점화 원의 관리를 철저히 할 것

④ 예비 전원의 설치 등 필요한 조치를 할 것

⑤ 방화 설비를 갖출 것

⑥ 가연성 가스나 증기의 유출 여부를 철저히 검사할 것

⑦ 화재 발생할 때 연소를 방지하기 위하여 그 물질로부터 적절한 보유 거리를 확보할 것

참고 ① 연소의 3대 요소 - 점화원, 가연물, 산소공급원

② 화상의 종류
- 1도 화상은 피부의 표피층에만 화상이 국한된 것으로 단순히 피부의 색깔이 햇볕에 탔을 때와 같이 붉어지는 경우
- 2도 화상은 피부의 진피층까지 화상이 있는 것을 말하며 물집이 생기고 흉터는 아직 생기는 않은 정도
- 3도 화상은 표피, 진피뿐만 아니라 피하조직 층까지 피부 전 층에 화상을 받은 것을 말하며, 반드시 피부이식수술을 해야 치유 됨
- 4도 화상은 3도 화상보다 더 심한 경우를 말하며, 화상 입은 부위 조직이 탄화되어 검게 변함

③ 산이나 알칼리에 피부가 노출되었다고 해서 중화를 시키려고 반대되는 성분을 이용하여 닦아내면 절대로 안 된다. 오히려 다른 성분에 의한 손상만 받을 뿐이며 깨끗한 물을 갖고 많이 씻어냄으로써 희석시켜야 한다.

(4) 소화기의 용도

① **포말 소화기** : 보통 화재, 기름 화재에는 적합하나 전기화재는 부적합하다.

② **분말 소화기** : 기름 화재에 적합하며 기타 화재에는 양호하다.

③ **CO_2소화기** : 전기화재에 적합하며 기타 화재에는 양호하다.

등급별 소화 방법

분 류	A급 화재	B급 화재	C급 화재	D급 화재
명 칭	보통 화재	기름 화재	전기 화재	금속 화재
가 연 물	목재, 종이, 섬유	유류, 가스	전기	Mg, Al 분말
주된 소화 효과	냉각	질식	냉각, 질식	질식
적용 소화기	물, 분말	포말, 분말, CO_2	분말, CO_2	모래, 질식

참고 연소의 종류

① 전도 연소 : 전도란 물질의 이동 없이 열이 물체의 고온부에서 저온부로 이동하는 현상이다. 일반적으로 전도라 하면 물체 내에서 열이나 전기가 이동하는 현상을 통칭한다. 열전도도가 낮을수록 인화가 용이한 물질이다.

② 대류 연소 : 대류란 유체의 실질적인 흐름에 의해 열이 전달되는 현상이다. 유체 내부의 어느 부분의 온도가 높다면 이 부분의 유체는 열에 의해 팽창되어 밀도가 낮아지므로 가벼워져 상승하게 되고 주위의 낮은 온도의 유체가 그 구역으로 흘러 들어오는 순환의 과정이 연속된다.

③ 복사 연소 : 모든 물체는 그 물체의 온도 때문에 열에너지를 파장의 형태로 계속적으로 방사하며, 화염의 접촉 없이 연소가 확산되는 현상은 복사열에 의한 것으로 볼 수 있다. 인접물의 화재로부터 발생한 화염에서 발생한 화염의 복사열에 의해 착화되어 화재가 확산되는 현상이 복사열에 의한 화재확산의 전형적인 현상이다.

④ 전염 연소 : 화염이 물체에 접촉하여 연소가 확산되는 현상으로 화염의 온도가 높을수록 잘 이루어진다.

⑤ 비화 연소 : 불티가 바람에 날리거나 튀어서 멀리 떨어진 곳에 있는 가연물에 착화되는 현상이 비화에 의한 연소의 확대이다.

(5) 전기 용접 작업의 장애

① 전격(감전)

② 유해 가스 및 유독 가스에 의한 중독

③ 유해 광선에 의해 재해

참고 전압은 전기를 흘려 줄 수 있는 능력이며, 전류는 전기의 흐름, 저항은 전기의 흐름을 방해하는 것으로 인체에 전류가 100[mA]가 흐르면 사망하고, 50[mA]이상이면 사망할 위험에 처한다.

Q1

용접시공을 가장 올바르게 설명한 것은?

① 경제성과 사용성능을 잘 생각하여 구조물에 따른 판 두께, 사용재료에 적합한 용접봉을 선택하는 것이다.
② 용접기와 그 외에 필요한 설비가 제대로 준비 되었는지 조사하는 것이다.
③ 용접제작 도면을 잘 이해하고 작업 내용을 충분히 검토하는 것이다.
④ 적당한 설계 및 시방서에 의하여 용접구조물을 제작하는 방법이며, 제작상에 필요한 일체의 수단을 포함한다.

해설 용접 시공이란 적당한 시방서에 의하여 필요한 구조물을 제작하는 방법

Q2

용접 지그(jig) 사용에 대한 설명으로 틀린 것은?

① 작업이 용이하고 능률을 높일 수 있다.
② 제품의 정밀도를 유지할 수 있다.
③ 구속력을 매우 크게 하여 잔류 응력의 발생을 줄인다.
④ 같은 제품을 다량 생산할 수 있다.

해설 용접 지그 사용 효과
① 용접을 하기 쉬운 자세를 취할 수 있다. 즉 아래보기 자세로 용접 할 수 있다.
② 제품의 정밀도 향상을 가져 올 수 있다.
③ 용접 조립 작업을 단순화 또는 자동화를 할 수 있게 하여 작업 능률이 향상된다.

Q3

용접작업의 경비를 절감시키기 위한 유의사항 중 잘못된 것은?

① 용접봉의 적절한 선정
② 용접시의 작업능률 향상
③ 용접지그를 사용하여 위보기자세 시공
④ 고정구를 사용하여 능률향상

Q4

용접지그(JIG)를 사용하여 용접할 경우 무슨 자세로 용접하는 것이 가장 유리한가?

① 수직자세 ② 아래보기자세
③ 수평자세 ④ 위보기자세

Q5

용접 지그 선택의 기준이 아닌 것은?

① 물체를 튼튼하게 고정 시킬 크기와 형태일 것
② 용접위치를 유리한 용접자세로 쉽게 움직일 수 있을 것
③ 물체의 고정과 분해가 용이해야 하며 청소에 편리할 것
④ 변형이 쉽게 되는 구조로 제작될 것

해설 용접 지그를 사용하면 제품의 정밀도 향상할 수 있으며, 용접 지그는 설치와 분해가 간단하고 정밀도를 유지할 수 있도록 변형 등이 잘 일어나지 않는 튼튼한 구조이어야 한다.

1. ④ 2. ③ 3. ③ 4. ② 5. ④

Q6

용접을 로봇(robot)화 할 때, 그 특징의 설명으로 잘못된 것은?

① 용접결과가 일정하다.
② 제품의 정밀도가 향상된다.
③ 단순작업에서 벗어날 수 있다.
④ 생산성이 저하된다.

해설 로봇을 사용하여 용접을 하면 자동화 용접을 통한 균일한 품질과, 정밀도가 높은 제품을 만들 수 있으며, 생산성이 향상된다. 또한 용접사는 단순한 작업에서 벗어 날 수 있다.

Q7

로봇용접의 장점에 관한 다음 설명 중 맞지 않는 것은?

① 작업의 표준화를 이룰 수 있다.
② 열악한 환경에서도 작업이 가능하다.
③ 반복 작업이 가능하다.
④ 복잡한 형상의 구조물에 적용하기 쉽다.

Q8

용접 순서를 결정하는 기준은 가능한 한 변형이나 잔류응력의 누적을 피할 수 있도록 하나, 일반적인 유의 사항으로 잘못된 것은?

① 용접물의 중심에 대하여 항상 대칭으로 용접을 해 나간다.
② 수축이 적은 이음을 먼저 용접하고 수축이 큰 이음은 나중에 용접한다.
③ 용접물이 조립되어 감에 따라 용접작업이 불가능한 곳이나 곤란한 경우가 생기지 않도록 한다.
④ 용접물의 중립축을 참작하여 그 중립축에 대한 용접수축력의 모멘트의 합이 0이 되게 하면 용접선 방향에 대한 굽힘이 없어진다.

해설 용접 조립시 유의점
① 수축이 큰 맞대기 이음을 먼저 용접하고 다음에 필렛 용접
② 큰 구조물은 구조물에 중앙에서 끝으로 향하여 용접
③ 용접선에 대하여 수축력의 화가 영이 되도록 한다.
④ 리벳과 같이 쓸 때는 용접을 먼저 한다.
⑤ 용접 불가능한 곳이 없도록 한다.
⑥ 물품의 중심에 대하여 대칭으로 용접 진행

Q9

용접 순서를 결정하는 사항으로 맞지 않는 것은?

① 같은 평면 안에 많은 이음이 있을 때에는 수축은 되도록 자유단으로 보낸다.
② 중심에 대하여 항상 대칭으로 용접을 진행시킨다.
③ 수축이 작은 이음을 먼저 용접하고 큰 이음을 뒤에 용접 한다.
④ 용접물의 중립축에 대하여 용접으로 인한 수축력 모멘트의 합이 0이 되도록 한다.

Q10

용접이음 준비사항으로서 가장 올바른 것은?

① 피복아크 용접에서 용접균열은 루트 간격이 넓을수록 좋다.
② 대전류를 사용하는 서브머지드 아크 용접은 루트 간격을 0.8mm 이상으로 크게 한다.
③ 홈 모양은 용입이 허용하는 범위에서 홈 각도를 크게하여 용착 금속량을 많게 한다.
④ 홈 가공은 가스절단법에 의하나 정밀한 것은 기계가공에 의하기도 한다.

해설 ① 용입이 허용하는 한 홈 각도는 작은 것이 좋다.
② 일반적으로 피복아크 용접에서 54 ~ 70°를 사용한다. (초보자일수록 원활한 용입을 위하여 홈각도를 넓게 사용한다.)

6. ④ 7. ④ 8. ② 9. ③ 10. ④

③ 용접 균열에 관점에서는 루트 간격은 좁을수록 좋으며 루트 반지름은 되도록 크게 한다.
④ 서브머지드 용접의 경우 홈의 정밀도가 높아야 한다.(루트 간격 0.8mm이하, 홈각도 오차 ±5도, 루트 오차 ±1mm)

Q11

홈 가공에 관한 설명 중 옳지 않은 것은?

① 능률적인 면에서 용입이 허용되는 한 홈 각도는 작게 하고 용착 금속량도 적게 하는 것이 좋다.
② 용접균열이라는 관점에서 루트 간격은 클수록 좋다.
③ 자동용접의 홈 정도는 손 용접보다 정밀한 가공이 필요하다.
④ 피복아크용접에서의 홈 각도는 54~70° 정도가 적합하다.

Q12

피복 아크 용접에서 가접할 때, 본 용접보다 지름이 약간 가는 용접봉을 사용하게 되는 가장 큰 이유는?

① 용접봉의 소비량을 줄이기 위하여
② 가접 모양을 좋게 하기 위하여
③ 변형량을 줄이기 위하여
④ 본 용접이 용이하게 하기 위하여

해설 가접
① 홈안에 가접은 피하고 불가피한 경우 본 용접 전에 갈아낸다.
② 응력이 집중하는 곳은 피한다.
③ 전류는 본 용접보다 높게 하며, 용접봉의 지름은 가는 것을 사용하여 본 용접이 용이하게 하며, 너무 짧게 하지 않는다.
④ 시·종단에 엔드탭을 설치하기도 한다.
⑤ 가접사도 본 용접사에 비하여 기량이 떨어지면 안 된다.

Q13

가접 방법에서 가장 옳은 설명은?

① 가접은 반드시 본 용접을 실시할 홈 안에 하도록 한다.
② 가접은 가능한 한 튼튼하게 하기 위하여 길고 많게 한다.
③ 가접은 본 용접과 비슷한 기량을 가진 용접공이 할 필요는 없다.
④ 가접은 강도상 중요한 곳과 용접의 시점 및 종점이 되는 끝부분에는 피해야 한다.

Q14

용접에서 모재의 용접면을 청소하는 데 잘못된 사항은?

① 용접면에 녹이 있으면 깨끗이 제거 후 용접한다.
② 브러시, 그라인더, 숏 블라스트 등을 사용하여 청소한다.
③ 수분이나 기름기의 청소는 버너 등으로 태워 버린다.
④ 홈 가공면 중 가스 가공한 면은 오래 두어도 녹이 나지 않는다.

해설 가스 가공은 산소를 이용하여 절단하므로 특히 산화되기 쉽다. 즉 홈 가공면 중 가스 가공한 면은 다른 면보다 훨씬 녹이 잘난다.

Q15

피복 아크 용접시 슬랙(slag)을 제거할 때, 안전사항에 가장 위배되는 어느 것인가?

① 가능한 한 눈을 가까이 접근시켜 제거한다.
② 보호안경을 쓰고서 하는 것이 좋다.
③ 슬랙 해머를 사용한다.
④ 와이어 브러시를 사용한다.

해설 슬랙 제거시 슬랙이 눈에 들어가면 심각한 재해를 초래할 수 있다.

정답 11. ② 12. ④ 13. ④ 14. ④ 15. ①

Q16

크레이터(crater) 처리 미숙으로 일어나는 결함이 아닌 것은?

① 수축될 때 균열이 생기기 쉽다.
② 파손이나 부식의 원인이 된다.
③ 슬랙의 섞임이 되기 쉽다.
④ 용접봉의 단락 원인이 된다.

해설 용접부의 끝 부분을 크레이터라고 하며, 일반적으로 크레이터 처리는 아크 길이를 짧게 하여 운봉을 정지시켜서 크레이터를 채운 다음 용접봉을 빠른 속도로 들어 아크를 끊는다. 이때 크레이터 처리를 잘 못하면 균열, 슬랙 섞임, 등이 일어나거나 파손될 수 있어 시종단에 엔드탭을 사용한다.

Q17

용착법에 대해 잘못 표현 된 것은?

① 후진법 : 용접진행 방향과 용착 방향이 서로 반대가 되는 방법이다.
② 대칭법 : 이음의 수축에 따른 변형이 서로 대칭이 되게 할 경우에 사용된다.
③ 스킵법 : 이음 전 길이에 대해서 뛰어 넘어서 용접하는 방법이다.
④ 전진법 : 각 층마다 전체의 길이를 용접하면서 쌓아 올리는 방법이다.

해설 ① 전진법 : 용접 시작 부분보다 끝나는 부분이 수축 및 잔류 응력이 커서 용접 이음이 짧고, 변형 및 잔류 응력이 그다지 문제가 되지 않을 때 사용
② 후진법 : 용접을 단계적으로 후퇴하면서 전체 길이를 용접하는 방법으로 수축과 잔류 응력을 줄이는 방법
③ 대칭법 : 용접 전 길이에 대하여 중심에서 좌우로 또는 용접물 형상에 따라 좌우 대칭으로 용접하여 변형과 수축 응력을 경감한다.
④ 비석법 : 스킵법이라고도 하며 짧은 용접 길이로 나누어 놓고 간격을 두면서 용접하는 방법으로 특히 잔류 응력을 적게 할 경우 사용한다.
⑤ 교호법 : 열 영향을 세밀하게 분포시킬 때 사용

Q18

용착법 중 용접이음의 전 길이에 걸쳐서 건너뛰어서 비드를 놓는 방법으로 변형, 잔류응력이 가장 적게 되며 용접선이 긴 경우에 적당한 용착법은?

① 대칭법(symmetry method)
② 교호법(alternate method)
③ 후진법(back step method)
④ 비석법(skip method)

Q19

용접 길이가 짧거나 변형 및 잔류응력의 우려가 별로 없는 재료를 용접할 경우 가장 능률적인 용착법은?

① 전진법 ② 후진법
③ 비석법 ④ 대칭법

Q20

잔류 응력을 최소로 해야 할 경우 사용되는 용착법으로 가장 적합한 것은?

① 후진법
② 전진법
③ 전진 블록법
④ 덧살 올림법

Q21

다음 중 용착법의 설명으로 잘못된 것은?

① 한 부분에 대해 몇 층을 용접하다가 다음 부분의 층으로 연속시켜 용접하는 것이 스킵법이다.
② 잔류응력을 최소화하기 위해 후진법으로 용접한다.

정답 16. ④ 17. ④ 18. ④ 19. ① 20. ①

③ 각 층마다 전체의 길이를 용접하면서 다층용접을 하는 방식이 덧살 올림법이다.
④ 변형이 서로 대칭이 되게 하는 것이 대칭법이다.

Q22

용착법의 설명으로 틀린 것은?

① 1 2 3 4 5 : 전진법
→→→→→
② 5 4 3 2 1 : 후퇴법
→→→→→
③ 4 2 1 3 : 대칭법
←←→→
④ 1 2 5 3 4 : 스킵법
→→→→→

해설 비석법은 스킵법이라고도 하며 짧은 용접 길이로 나누어 놓고 간격을 두면서 용접하는 방법으로 특히 잔류 응력을 적게 할 경우 사용한다.
① ④ ② ⑤ ③
→ → → → →

Q23

다음의 그림은 다층 용접을 할 때 중앙에서 비드를 쌓아 올리면서 좌우로 진행하는 방법이다. 무슨 용착법인가?(단 그림은 용접 중심선 단면도이다.)

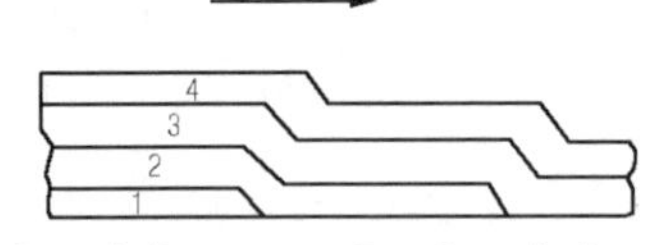

① 빌드업법 ② 케스케이드법
③ 전진블럭법 ④ 스킵버

해설 다층 용접에 따른 분류
① 덧살 올림법(빌드업법) : 열 영향이 크고 슬랙 섞임의 우려가 있다. 한냉시, 구속이 클 때 후판에서 첫층에 균열 발생우려가 있다. 하지만 가장 일반적인 방법이다.
② 캐스케이드법 : 한 부분의 몇 층을 용접하다가 이것을 다음부분의 층으로 연속시켜 용접하는 방법으로 후진법과 같이 사용하며 , 용접 결함 발생이 적으나 잘 사용되지 않는다.
③ 전진 블록법 : 한 개의 용접봉으로 살을 붙일 만한 길이로 구분해서 홈을 한 부분에 여러 층으로 완전히 쌓아 올린 다음, 다음 부분으로 진행하는 방법으로 첫층에 균열 발생 우려가 있는 곳에 사용된다.

Q24

용접부를 형상적으로 보았을 때, 부재의 표면에 용착 금속을 입히는 방법으로, 주로 마멸된 부재를 보수하거나, 내식성, 내마멸성 등에 뛰어난 용착 금속을 모재 표면에 피복할 때 이용되는 용접 방법은?

① 맞대기 용접
② 필릿 용접
③ 플러그 용접
④ 덧살올림 용접

Q25

용접 전 길이에 대해서 각층을 연속하여 용접하는 방법으로, 한랭시나 구속이 클 때 판 두께가 두꺼울 때에는 첫 층에 균열이 생길 우려가 있는 용착법은?

① 대칭법 ② 블록법
③ 빌드업법 ④ 캐스케이드법

Q26

용접 작업에서 비드(bead)를 만드는 순서로 다층 쌓기로 작업하는 용착법에 해당되지 않는 것은?

① 스킵법 ② 빌드업법
③ 전진블록법 ④ 캐스케이드법

정답 21. ① 22. ④ 23. ② 24. ④ 25. ③ 26. ①

Q27

다층 용접에서 각 층마다 전체의 길이를 용접하면서 쌓아 올리는 용접방법은?

① 전진 블록법
② 빌드업법
③ 케스케이드법
④ 스킵법

Q28

아크 용접한 용접부와 인접되어 있고 입상의 큰 조직으로 된 모재 부분의 명칭은 무엇인가?

① 원질부　　② 변질부
③ 융합부　　④ 용착금속

해설 용접 열향부는 HAZ(Heat Affect Zone)부르고 용접부와 인접되어 있고 입상의 큰 조직은 변질부, 원래 소재를 원질부로 구분할 수 있다.

Q29

용접부를 예열하는 목적의 설명으로 틀린 것은?

① 수축 변형을 증가시킨다.
② 연성 및 노치인성의 개선을 기대한다.
③ 열영향부의 균열 방지를 한다.
④ 용접 작업성을 개선한다.

해설 ① 예열의 목적
㉠ 용접부와 인접된 모재의 수축응력을 감소하여 균열 발색 억제
㉡ 냉각속도를 느리게 하여 모재의 취성 방지
㉢ 용착금속의 수소 성분이 나갈 수 있는 여유를 주어 비드 밑 균열 방지
② 후열의 목적
㉠ 용접 후 급랭에 의한 균열 방지
㉡ 용접 금속의 수소량 감소 효과

Q30

용접부를 예열하는 목적의 설명으로 틀린 것은?

① 용접작업에 의한 수축 변형을 증가시킨다.
② 용접부의 냉각속도를 느리게 하여 결함을 방지한다.
③ 열영향부의 균열을 방지한다.
④ 용접 작업성을 개선한다.

Q31

저온균열이 일어나기 쉬운 재료에 용접 전에 균열을 방지할 목적으로 온도를 올리는 것을 무엇이라고 하는가?

① 도열　　② 예열
③ 후열　　④ 유도가열

해설 ① 연강의 경우 두께 25mm이상의 경우나 합금 성분을 포함한 합금강 등은 급랭 경화성이 크기 때문에 열 영향부가 경화하여 비드 균열이 생기기 쉽다. 그러므로 50 ~ 350℃정도로 홈을 예열하여 준다.
② 기온이 0℃이하에서도 저온 균열이 생기기 쉬우므로 홈 양끝 100mm 나비를 40 ~ 70℃로 예열한 후 용접한다.
③ 주철은 인성이 거의 없고 경도와 취성이 커서 500 ~ 550℃로 예열하여 용접 터짐을 방지한다.
④ 용접시 저수소계 용접봉을 사용하면 예열 온도를 낮출 수 있다.
⑤ 탄소 당량이 커지거나 판 두께가 두꺼울수록 예열 온도는 높일 필요가 있다.
⑥ 주물의 두께 차가 클 경우 냉각 속도가 균일하도록 예열

Q32

탄소량 0.2% 이하인 용접재료의 적당한 예열온도는?

① 90℃ 이하　　② 90 ~ 150℃
③ 150 ~ 260℃　　④ 260 ~ 420℃

정답 27. ② 28. ② 29. ① 30. ① 31. ② 32. ①

해설 탄소량에 따른 예열 온도
① 탄소량 0.2% 이하 : 90℃ 이하
② 탄소량 0.2%~0.3% : 90℃~150℃
③ 탄소량 0.3%~0.45% : 150℃~260℃
④ 탄소량 0.45%~0.83% : 260℃~420℃
즉 탄소량이 늘어날수록 예열 온도는 높게 한다.

Q33

용착강에 터짐이 발생하는 경우로 틀린 것은?

① 용착강에 기포 등의 결함이 있는 경우
② 예열, 후열을 한 경우
③ 유황함량이 많은 강을 용접한 경우
④ 나쁜 용접봉을 사용한 경우

Q34

잔류응력을 경감시키기 위한 다음 설명 중 틀린 것은?

① 적당한 용착법과 용접순서를 선정할 것
② 용착금속의 양(量)을 될 수 있는 대로 증가시킬 것
③ 적당한 포지셔너(Positioner)를 이용할 것
④ 예열을 이용할 것

해설 용접부에 용착량이 증가하면, 열 영향부가 커져 잔류 응력이 더 많이 발생할 수 있다.

Q35

잔류응력을 완화시켜 주는 방법이 아닌 것은?

① 응력제거 – 어닐링
② 저온응력 완화법
③ 기계적 응력 완화법
④ 케이블 커넥터법

해설 잔류 응력 경감법
① 노내 풀림법 : 유지 온도가 높을수록, 유지 시간이 길수록 효과가 크다. 노내 출입 허용 온도는 300℃를 넘어서는 안된다. 일반적인 유지 온도는 625±25℃ 이다. 판두께 25mm 1시간
② 국부 풀림법 : 큰 제품, 현장 구조물 등과 같이 노내 풀림이 곤란할 경우 사용하며 용접선 좌우 양측을 각각 약 250mm 또는 판 두께 12배 이상의 범위를 가열한 후 서냉한다. 하지만 국부 풀림은 온도를 불균일하게 할 뿐 아니라 이를 실시하면 잔류 응력이 발생될 염려가 있으므로 주의하여야 한다. 유도가열 장치를 사용한다.
③ 기계적 응력 완화법 : 용접부에 하중을 주어 약간의 소성 변형을 주어 응력을 제거한다. 실제 큰 구조물에서는 한정된 조건하에서만 사용할 수 있다.
④ 저온 응력 완화법 : 용접선 좌우 양측을 정속도로 이동하는 가스 불꽃으로 약 150mm의 나비를 약 150~200℃로 가열 후 수냉하는 방법으로 용접선 방향의 인장 응력을 완화시키는 방법
⑤ 피닝법 : 끝이 둥근 특수 해머로 용접부를 연속적으로 타격하며 용접 표면에 소성 변형을 주어 인장 응력을 완화한다. 첫층 용접의 균열 방지 목적으로 700℃정도에서 열간 피닝을 한다.

Q36

잔류 응력 경감법 중에서 노내 풀림법의 설명으로 가장 적절한 것은?

① 유지온도가 높을수록 또 유지시간이 짧을수록 효과가 크다.
② 유지온도가 낮을수록 또 유지시간이 짧을수록 효과가 크다.
③ 유지온도가 높을수록 또 유지시간이 길수록 효과가 크다.
④ 유지온도가 낮을수록 또 유지시간이 길수록 효과가 크다.

정답 33. ② 34. ② 35. ④ 36. ③

Q37

용접부에 생긴 잔류응력을 제거하는 방법 중에 해당되지 않는 것은?

① 노내 풀림법
② 역변형법
③ 국부 풀림법
④ 기계적 응력 완화법

Q38

잔류응력을 경감시킬 수 있는 방법으로 맞는 것은?

① 점 가열법
② 롤러 처리법
③ 피닝법
④ 가열 후 해머 타격법

Q39

노내 풀림 및 국부풀림의 유지온도와 시간이 틀리게 연결된 것은?

① 보일러용 압연강재 : 625 ± 25℃ : 판 두께 25mm에 대해 1h
② 용접구조용 압연강재 : 725 ± 25℃ : 판 두께 25mm에 대해 2h
③ 일반구조용 압연강재 : 625 ± 25℃ : 판 두께 25mm에 대해 1h
④ 고온고압 배관용강관 : 725 ± 25℃ : 판 두께 25mm에 대해 2h

해설 일반적인 유지 온도는 625 ± 25℃ 이다. 판두께 25mm 1시간이 적당하며, 고온 배관용 탄소강관, 고압 배관용 탄소강관, 보일러 및 열교환기용 탄소강 강관 (6, 7, 8종) 등은 유지온도 725 ± 25℃ 판두께 25mm 2시간이 적당하다.

Q40

일반구조용 강재의 용접응력 제거를 위해 노내 및 국부풀림의 유지온도로 적당한 것은?

① 825 ± 25℃ ② 625 ± 25℃
③ 525 ± 25℃ ④ 325 ± 25℃

Q41

용접 후에 용접물 전체를 노중에서 또는 국부적으로 600 ~ 650℃로 가열하여 일정시간 유지한 다음 200 ~ 250℃까지 서서히 냉각하는 잔류 응력 제거법을 무엇이라 하는가?

① 저온 응력 완화법
② 응력제거 열처리
③ 피닝
④ 기계적 처리

Q42

용점부의 잔류 응력을 경감시키기 위해서 가스불꽃으로 용접선 나비의 60 ~ 130mm에 걸쳐서 150℃ ~ 200℃정도로 가열 후 수냉시키는 잔류응력 경감법을 무엇이라 하는가?

① 노내 풀림법 ② 국부 풀림법
③ 저온응력 완화법 ④ 기계적응력 완화법

Q43

용접 후 잔류응력이 있는 제품에 하중을 주어 용접부에 약간의 소성 변형을 일으키게 한 다음 하중을 제거하는 잔류응력 경감 방법은?

① 노내 풀림법
② 기계적 응력 완화법
③ 저온 응력 완화법
④ 국부 풀림법

정답 37. ② 38. ③ 39. ② 40. ② 41. ② 42. ③ 43. ②

Q44

해머로서 용접부를 연속적으로 때려 용접 표면상에 소성변형을 주어 용접금속부의 인장 응력을 완화하는 방법은?

① 표면법
② 얇은 판에 대한 점 완화법
③ 피닝법
④ 기계적응력 완화법

Q45

아크용접에서 피닝을 하는 목적으로 가장 알맞는 것은?

① 용접부의 응력을 완화시킨다.
② 모재의 재질을 검사하는 수단이다.
③ 응력을 강하게 하고 변형을 유발시킨다.
④ 모재 표면의 이물질을 제거한다.

Q46

다음 용접 후 가공에 대한 사항 중 바르게 설명한 것은?

① 용접 후에 굽힘 가공을 하면 균열이 발생하는 수가 있는데 이는 용접열영향부가 연화되면서 연성이 증가되기 때문이다.
② 굽힘 가공을 하는 제품은 가공 전에 풀림처리를 하지 않는 것이 바람직하다.
③ 용접 후 가공을 실시하는 것에 대해서는 노내 풀림을 하지 않는 것이 좋다.
④ 용접부를 기계가공에 의하여 절삭하면 변형이 생기는 수가 있으므로 기계가공을 하기 전에 응력제거 처리를 해두는 것이 바람직하다.

Q47

용접변형과 잔류응력을 경감시키는 방법을 틀리게 설명한 것은?

① 용접 전 변형 방지책으로는 역변형법을 쓴다.
② 용접시공에 의한 경감법으로는 대칭법, 후진법, 스킵법 등이 쓰인다.
③ 모재의 열전도를 억제하여 변형을 방지하는 방법으로는 도열법을 쓴다.
④ 용접 금속부의 변형과 응력을 제거하는 방법으로는 담금질을 한다.

Q48

용접에서 변형이 생기는 가장 큰 이유는?

① 용착금속의 수축과 팽창
② 용착금속의 경화
③ 용접 이음부의 가공불량
④ 용착금속의 용착불량

해설 용접 변형의 가장 큰 원인은 열로 인한 용착 금속의 팽창과 수축이다.

Q49

용접 변형 방지법 중 용접 전에 방지대책을 강구하는 방법은?

① 스킵법　② 후퇴법
③ 역변형법　④ 대칭법

해설 변형 방지법
① 억제법 : 모재를 가접 또는 구속 지그를 사용하여 변형억제
② 역변형법 : 용접전에 변형의 크기 및 방향을 예측하여 미리 반대로 변형시키는 방법
③ 도열법 : 용접부 주위에 물을 적신 석면, 동판을 대어 열을 흡수시키는 방법
④ 용착법 : 대칭법, 후퇴법, 스킵법 등을 사용한다.

정답 44. ③ 45. ① 46. ④ 47. ④ 48. ① 49. ③

Q50

용접 금속 및 모재의 수축에 대하여 용접 전에 반대방향으로 굽혀 놓고 작업하는 것은?

① 역변형법
② 각변형법
③ 예측법
④ 국부변형법

Q51

용접에서 변형교정 방법이 아닌 것은?

① 얇은 판에 대한 점수축법
② 롤러에 거는 방법
③ 형재에 대한 직선 수축법
④ 노내풀림법

해설 용접 후 변형 교정 방법
① 박판에 대한 점 수축법 : 가열온도 500 ~ 600℃, 가열시간은 30초 정도, 가열부 지름 20 ~ 30mm, 가열 즉시 수냉
② 형재에 대한 직선 수축법
③ 가열 후 해머질 하는 방법
④ 후판에 대해 가열후 압력을 가하고 수냉하는 방법
⑤ 로울러에 거는 법
⑥ 절단하여 정형후 재 용접하는 방법
⑦ 피닝법
노내 풀림법은 잔류 응력 경감법이다.

Q52

용접 후 처리에서 변형 교정하는 일반적인 방법으로 틀린 것은?

① 형재에 대하여 직선 수축법
② 두꺼운 판에 대하여 수냉한 후 압력을 걸고 가열하는법
③ 가열한 후 해머로 두드리는 법
④ 얇은 판에 대한 점 수축법

Q53

용접할 때 발생한 변형을 교정하는 방법들 중 가열할 때 발생되는 열응력을 이용하여 소성 변형을 일으켜 변형을 교정하는 방법은?

① 가열 후 해머로 두드리는 방법
② 롤러에 거는 방법
③ 박판에 대한 점 수축법
④ 피닝법

Q54

변형 교정에서의 얇은 판에 대한 점 수축법의 가공온도와 가열시간 가열점의 지름은 각각 어느 정도로 하는 것이 좋은가?

① 온도 : 300 ~ 600℃,약 15초, 지름 : 50 ~ 110mm
② 온도 : 400 ~ 600℃,약 20초, 지름 : 110 ~ 120mm
③ 온도 : 500 ~ 600℃,약 30초, 지름 : 20 ~ 30mm
④ 온도 : 600 ~ 700℃,약 40초, 지름 : 30 ~ 50mm

Q55

용접변형의 교정방법이 아닌 것은?

① 박판에 대한 점 수축법
② 형재(形材)에 대한 직선 수축법
③ 가열 후 해머링 하는 방법
④ 정지구멍을 뚫고 교정하는 방법

Q56

용접 후처리에서, 가열하여 발생되는 열응력으로 소성변형을 일으키게 하여 변형을 교정하는 방법은?

① 롤러가공법

정답 50. ① 51. ④ 52. ② 53. ③ 54. ③ 55. ④

② 냉각한 후 해머로 두드리는법
③ 피닝법
④ 형재에 대한 직선 수축법

Q57

용접 후 변형을 교정하는 방법이 아닌 것은?

① 박판에 대한 점 수축법
② 형재(形材)에 대한 직선 수축법
③ 가스 가우징법
④ 롤러에 거는 방법

Q58

용접 결함의 보수 방법 중 옳지 않은 것은?

① 결함이 언더컷일 경우는 가는 용접봉을 사용하여 재용접 한다.
② 결함이 균열인 경우는 가는 용접봉을 사용하여 재용접 한다.
③ 결함이 오우버랩인 경우 일부분을 깎아내고 재용접 한다.
④ 결함이 균열인 경우는 균열 양단에 드릴로써 정지구멍을 뚫고 균열부위를 깎아내고 재용접 한다.

해설 결함의 보수 방법
① 기공 또는 슬로그 섞임이 있을 때는 그 부분을 깎아 내고 재 용접
② 언더컷 : 가는 용접봉을 사용하여 파인 부분을 용접
③ 오버랩 : 덮인 일부분을 깎아내고 재 용접
④ 균열일 때는 균열 끝에 정지 구멍을 뚫고 균열부를 깎아 낸 후 홈을 만들어 재 용접

Q59

용접부에 오버랩의 결함이 생겼을 때, 가장 올바른 보수방법은?

① 작은 지름의 용접봉을 사용하여 용접한다.
② 결함 부분을 깎아내고 재용접한다.
③ 드릴로 정지구멍을 뚫고 재용접한다.
④ 결함부분을 절단한 후 덧붙임 용접을 한다.

Q60

제품을 용접한 후 일부분에 언더컷이 발생하였을 때에 보수 방법으로 가장 적당한 것은?

① 결함의 일부분을 깎아내고 재 용접한다.
② 홈을 만들어 용접한다.
③ 결함부분을 절단하고 재 용접한다.
④ 가는 용접봉을 사용하여 보수한다.

Q61

정지구멍(Stop hole)을 뚫어 결함부분을 깎아내고 재용접해야 할 결함은?

① 용입부족　② 언더컷
③ 오버랩　④ 균열

Q62

용접결함 중 균열의 보수방법으로 가장 옳은 방법은?

① 작은 지름의 용접봉으로 재용접한다.
② 굵은 지름의 용접봉으로 재용접한다.
③ 전류를 많게 하여 재용접한다.
④ 정지구멍을 뚫어 균열부분은 홈을 판 후 재용접한다.

Q63

용접전 꼭 확인해야 할 사항이 아닌 것은?

① 예열 후열의 필요성을 검토한다.
② 용접전류 용접순서 용접조건을 미리 선정한다.

정답 56. ④ 57. ③ 58. ② 59. ② 60. ④ 61. ④ 62. ④

③ 양호한 용접성을 얻기 위해서 용접부에 물로 분무한다.
④ 홈면에 페인트 기름 녹 등의 불순물이 없는지 확인한다.

해설 ① 용접 전의 검사 : 용접 설비, 용접봉, 모재, 용접 준비, 시공 조건, 용접사의 기량 등
② 용접 중의 검사 : 각 층의 융합 상태, 슬랙 섞임, 균열, 비드 겉모양, 크레이터 처리, 변형 상태, 용접봉 건조, 용접 전류, 용접 순서, 운봉법, 용접 자세, 예열 온도, 층간 온도 점검 등
③ 용접 후의 검사 : 후열 처리 방법, 교정 작업의 점검, 변형, 치수 등의 검사

Q64

용접재료를 선택할 때 고려할 사항이 아닌 것은?

① 모재와 용접부의 기계적 성질
② 모재와 용접부의 물리적 화학적 안정성
③ 경제성을 고려할 것
④ 용접기의 종류와 예열방법

해설 용접 재료를 선택할 때는 그 재질의 성질 즉 물리적, 화학적, 기계적 성질을 고려하여 선정하여야 하며, 아울러 경제적인 것도 고려하여야 한다. 하지만 용접기의 종류는 재료 선택 후 고려하여야 할 사항이다.

Q65

용접작업을 시작하기 전의 점검사항 중 안전상 특히 가장 중요한 것은?

① 토치의 각부 접속 불량을 점검한다.
② 아세틸렌가스 순도 및 발생량을 점검한다.
③ 안전기의 수위를 점검한다.
④ 산소 용기의 위치와 조정기를 점검한다.

Q66

용접 전의 작업검사로서 해야 할 사항이 아닌 것은?

① 용접기기, 보호기구, 지그, 부속기구 등의 적합성을 조사한다.
② 용접봉은 겉모양과 치수, 용착금속의 성분과 성질 등을 조사한다.
③ 홈의 각도, 루트간격, 이음부의 표면 상태 등을 조사한다.
④ 후열처리, 변형교정 작업, 치수의 잘못 등에 대해 검사한다.

Q67

인장 시험기를 사용하여 측정할 수 없는 것은?

① 항복점 ② 연신율
③ 경도 ④ 인장강도

해설 인장 시험
① 항복점 : 하중이 일정한 상태에서 하중의 증가 없이 연신율이 증가되는 점
② 영률 : 탄성한도 이하에서 응력과 연신율은 비례(후크의 법칙)하는데 응력을 연신율로 나눈 상수
③ 인장강도 : 최대하중/원단면적
④ 연신율 : $\frac{\text{늘어난길이}}{\text{원래길이}} \times 100$
⑤ 내력 : 주철과 같이 항복점이 없는 재료에서는 0.2%의 영구 변형이 일어날 때의 응력값을 내력으로 표시

Q68

용접재료의 인장시험에서 구할 수 없는 것은?

① 항복점 ② 단면 수축률
③ 비틀림 ④ 연신율

63. ③ 64. ④ 65. ③ 66. ④ 67. ③ 68. ③

Q69

시험편을 인장 파단시켜 항복점(또는 내력), 인장강도, 연신율, 단면 수축률 등을 조사하는 시험법은?

① 경도시험 ② 굽힘시험
③ 충격시험 ④ 인장시험

Q70

인장시험의 인장시험편에서 규제요건에 해당되지 않는 것은?

① 시험편의 무게 ② 시험편의 지름
③ 평행부의 길이 ④ 표점거리

해설 인장 시험편은 시험편의 지름, 평행부의 길이, 표점 거리를 규제한다.

Q71

용접 시험편에, P = 하중, D = 재료의 지름, A = 재료의 최초 단면적일 때, 인장강도를 구하는 식으로 옳은 것은?

① $\frac{P}{\pi D}$ ② $\frac{P}{A}$
③ $\frac{P}{A^2}$ ④ $\frac{A}{P}$

해설 인장력은 단위 면적당 작용하는 힘으로 다음과 같은 식으로 구한다.

$$인장력 = \frac{하중}{단면적} = \frac{P}{A}$$

Q72

인장 시험에서 인장강도(σ)를 구하는 올바른 식은?(단, A = 시험편의 단면적(mm^2), P = 하중(kgf)이다.)

① $\sigma = \frac{P}{2A}$ (kgf/mm²)
② $\sigma = \frac{P}{A}$ (kgf/mm²)
③ $\sigma = \frac{A}{P}$ (kgf/mm²)
④ $\sigma = \frac{A}{2P}$ (kgf/mm²)

해설 인장강도는 단위 면적당 작용하는 힘 즉 최대하중/원단면적으로 구할 수 있다.

Q73

용착금속의 인장강도가 45kgf/mm²이고 안전율이 9일 때, 용접이음의 허용응력은 몇 kgf/mm²인가?

① 5 ② 36
③ 53 ④ 405

해설

$$안전율 = \frac{용착금속의인장강도}{허용응력}$$

$$허용응력 = \frac{용착금속의인장강도}{안전율} = \frac{45}{9} = 5$$

Q74

연강의 인장시험에서 하중 100[kgf], 시험편의 최초 단면적 20[mm²]일 때 응력은 다음 중 어느 것인가?

① 5[kgf/mm²] ② 10[kgf/mm²]
③ 15[kgf/mm²] ④ 20[kgf/mm²]

해설 맞대기 이음에서의 최대 인장 하중 : $P = \sigma h \ell = \sigma t \ell$ (σ : 응력, P : 하중, A($t\ell$) : 단면적)

$$응력(\sigma) = \frac{하중}{단면적} = \frac{100}{20} = 5$$

Q75

지름 14mm 표점거리 5cm인 연강시험 편에 5,000kgf 으로 인장시험 결과 5.5cm가 되었다면 이 재료의 연신율은 몇 %인가?

① 5 ② 10
③ 15 ④ 20

정답 69. ④ 70. ① 71. ② 72. ② 73. ① 74. ① 75. ②

해설 연신율 = $\frac{늘어난길이}{원래길이} \times 100 = \frac{5.5-5}{5} \times 100 = 10$

Q76

모재 및 용접부의 연성과 결함의 유무를 조사하기 위하여 무슨 시험을 하는 것이 가장 쉬운가?

① 경도시험 ② 압축시험
③ 굽힘시험 ④ 충격시험

해설 굽힘 시험은 모재 및 용접부의 연성, 결함의 유무를 시험하는 방법으로 종류로는 표면 굽힘, 이면 굽힘, 측면 굽힘 시험이 있다. 국가기술자격 검정에서 사용하는 방법이다.

Q77

시험하는 부분이 전부 용착 금속으로 된 시험편은?

① 루트 굽힘 시험편
② 표면 굽힘 시험편
③ 측면 굽힘 시험편
④ 전 용착 금속 시험편

해설 굽힘 시험은 이면 즉 루트 굽힘 시험, 표면 굽힘 시험, 측면 굽힘 시험을 할 수 있고 문제와 같이 시험편 모두가 전부 용착 금속으로 된 것을 전 용착 금속 시험편이라 부른다.

Q78

용접사의 실기 기능검사 시험에서 용접시험편 균열부의 길이를 측정하게 되어 있다. 적당한 시험법은?

① 인장시험법 ② 굽힘시험법
③ 충격시험법 ④ 피로시험법

Q79

강구 또는 다이아몬드 추를 사용하며, '낙하 뛰어 오름' 형식이고, 재료의 탄성변형에 대한 저항을 경도로 나타내는 시험기는?

① 쇼어 경도 시험기
② 브리넬 경도 시험기
③ 로크웰 경도 시험기
④ 비커즈 경도 시험기

해설 경도 시험

① 브리넬 경도는 담금질된 강구를 일정하중으로 시험편의 표면에 압입한 후 이때 생긴 오목자국의 표면적을 측정하여 구한다. 그 공식은 $H_B = \frac{P}{A} = \frac{2P}{\pi D(D-\sqrt{D^2-d^2})}$ 가 된다.

② 비커스 경도는 꼭지각인 136°인 다이아몬드 4각추의 압자를 일정하중으로 시험편에 압입한 후 생긴 오목자국의 대각선을 측정하여 경도를 산출한다. 그 공식으로는 $1.854 \times \frac{P}{d^2}$ 로 구한다.

③ 로크웰 경도 : B스케일(하중이 100kg), C스케일(꼭지각이 120° 하중은 150kg)이 있다.

④ 쇼어 경도 : 추를 일정한 높이에서 낙하시켜 반발한 높이로 측정한다. 완성품의 경우 많이 쓰인다.

$Hs = \frac{10,000}{65} \times \frac{h}{h_0}$ (h_0 : 추의 낙하 높이(25cm), h : 추의 반발 높이)

Q80

B스케일과 C스케일이 있는 경도 시험법은?

① 로크웰 ② 쇼어
③ 브리넬 ④ 비커즈

Q81

브리넬 경도 시험공식으로 올바른 것은?(단, P = 하중, D = 강구의 지름, d = 강구에 의한 압입 자국 지름이다.)

① $H_B = \frac{2P}{\pi D(D-D^2-d^2)}$

정답 76. ③ 77. ④ 78. ② 79. ① 80. ①

② $H_B = \dfrac{2P}{\pi D(D - \sqrt{D^2 - d^2})}$

③ $H_B = \dfrac{\pi D(D - D^2 - d^2)}{2P}$

④ $H_B = \dfrac{\pi D(D - D^2 - d^2)}{2P}$

Q82

p는 하중(kgf), d는 피라밋 자국의 표면적일 때, 비커즈 경도시험 산출 기본공식(Hv)으로 다음 중 옳은 것은?

① $1.1 \times \dfrac{P}{D}$　　② $1.854 \times \dfrac{P}{d^2}$

③ $1.1 \times \dfrac{P}{d^2}$　　④ $1.854 \times \dfrac{d^2}{P}$

Q83

용접부의 시험법 중 기계적 시험법에 해당하는 것은?

① 파면시험
② 육안조직시험
③ 현미경 조직시험
④ 피로시험

해설 기계적 시험(동적 시험)
① 충격 시험 : (샤르피식, 아이조드식) 재료의 인성과 취성을 알아봄
② 피로 시험 : 반복되어 작용하는 하중(안전하중) 상태에서의 성질(피로 한도, S－N 곡선)을 알아낸다.

Q84

용접부의 검사법 중 기계적 시험이 아닌 것은?

① 인장시험　　② 물성시험
③ 굽힘시험　　④ 피로시험

Q85

용접부 시험방법 중 충격시험 방법에 이용되는 방식은 ?

① 암슬러식
② 충돌식
③ 샤르피식
④ 시험식

Q86

샤르피(Charpy)식의 시험기를 사용 하는 시험 방법은?

① 경도시험　　② 충격시험
③ 인장시험　　④ 피로시험

Q87

금속재료의 인성(toughness)의 척도를 나타내는 것은?

① 인장강도　　② 피로한도
③ 충격치　　④ 전단강도

Q88

부식 시험은 어느 시험법에 속하는가?

① 금속학적 시험
② 화학적 시험
③ 피로 시험
④ 충격 시험

해설 화학적 시험
① 화학 분석
② 부식 시험 : 습 부식, 고온 부식(건 부식), 응력 부식 시험 → 내식성 검사위해 사용
③ 수소 시험 : 45℃ 글리세린 치환법, 진공 가열법, 확산성 수소량 측정법, 수은에 의한 방법

정답 81. ② 82. ② 83. ④ 84. ② 85. ③ 86. ② 87. ③ 88. ②

Q89

용접물이 청수, 해수, 유기산, 무기산 및 알칼리 등에 접촉되어 받는 부식상태에 대해 시험하는 부식시험에 속하지 않는 것은?

① 습부식시험
② 건부식시험
③ 응력부식시험
④ 시간부식시험

Q90

용접부의 시험에서, 수소 시험이란 무엇을 측정하는 것인가?

① 응고 직후에 발생하는 수소의 양
② 용접봉에 함유한 수소의 양
③ 모재에 함유한 수소의 양
④ 응고 직후부터 일정시간 사이에 발생하는 수소의 양

Q91

용접할 부위에 황(S)의 분포 여부를 알아보기 위해 설퍼 프린트하고자 한다. 이때 사용할 시약은?

① H_2SO_4
② KCN
③ 피크린산 알코올
④ 질산 알코올

해설 설퍼 프린트란 철강 재료에 존재하는 황의 분포상태를 검사하는 방법으로 1 ~ 5%의 황산 수용액에 브로마이드 인화지를 담금 후 수분을 제거한 다음 이것을 시험면에 부착하여 브로마이드 인화지에 흑색 또는 흑갈색으로 착색시키는 것을 보고 철강 중의 황의 분포를 알아내는 방법이다.

Q92

용접부의 시험법 중 기계적 시험법이 아닌 것은?

① 굽힘 시험 ② 경도 시험
③ 인장 시험 ④ 부식 시험

Q93

용접부의 시험 및 검사의 분류에서 수소 시험은 무슨 시험에 속하는가?

① 기계적 시험 ② 낙하 시험
③ 화학적 시험 ④ 압력 시험

Q94

수압시험기 취급시의 안전 사항으로 틀린 것은?

① 압력 상승 전에 반드시 압력계를 점검한다.
② 수압시험을 할 때에는 용기를 손으로 잡고 누수부위를 살핀다.
③ 펌프작동을 하여도 부하가 걸리지 않으면, 압력계, 펌프, 도관, 공기 혼입여부 등을 점검한다.
④ 수압 시험시는 용기를 일정한 장소에 배치한 후 시험하도록 한다.

해설 수압 시험시 용기에서 떨어진 곳에서 누수 여부를 관찰하여야 한다. 자칫 잘못하면 수압에 의해 시험자가 다칠 수 있다.

Q95

용착 금속이나 모재의 파면에서, 결정의 파면이 은백색으로 빛나는 파면을 무엇이라 하는가?

① 연성파면 ② 취성파면
③ 인성파면 ④ 결정파면

해설 용착 금속이나 모재의 파면에서, 결정의 파면이 은백색으로 빛나는 파면을 취성 파면이라 한다.

정답 89. ④ 90. ④ 91. ① 92. ④ 93. ③ 94. ② 95. ②

Q96

초음파 탐상법에 속하지 않는 것은?

① 투과법
② 펄스반사법
③ 공진법
④ 맥동법

해설 용접부의 비파괴 검사 종류

① 외관 검사(VT) : 비드의 외관, 나비, 높이 및 용입불량, 언더컷, 오버랩 피트 등의 외관 양부를 검사
② 누설 검사(LT) : 기밀, 수밀, 유밀 및 일정한 압력을 요하는 제품에 이용되는 검사로 주로 수압, 공기압을 쓰나 때에 따라서는 할로겐, 헬륨가스 및 화학적 지시약을 쓰기도 한다.
③ 침투 검사(PT) : 표면에 미세한 균열, 피트 등의 결함에 침투액을 표면 장력의 힘으로 침투시켜 세척한 후 현상액을 발라 결함을 검출하는 방법으로 형광 침투 검사와 염료 침투 검사가 있는데 후자가 주로 현장에서 사용된다.
④ 자기 검사(MT) : 표면에 가까운 곳의 균열, 편석, 기공, 용입불량 등의 검출에 사용되나 비자성체는 사용이 곤란하다.
⑤ 초음파 검사(UT) : 초음파 검사(UT) : 0.5~15MHz의 초음파를 내부에 침투시켜 내부의 결함, 불균일 층의 유무를 알아냄. 종류로는 투과법, 공진법, 펄스 반사법(가장 일반적)이 있다. 장점으로는 위험하지 않으며 두께 및 길이가 큰 물체에도 사용가능하나 결함위치의 길이는 알 수 없으며 표면의 요철이 심한 것 얇은 것은 검출이 곤란하다. 발진 탐촉자와 수파탐촉자를 각각 다른 탐촉자로 시행하는 2탐촉자법과 1개로 양자를 겸용하는 1탐촉자법이 있다.
⑥ 방사선 투과 검사(RT) : 가장 확실하고 널리 사용됨
㉠ X선 투과 검사 : 균열, 융합불량, 기공, 슬랙 섞임 등의 내부 결함 검출에 사용된다. X선 발생장치로는 관구식과 베타트론 식이 있다. 단점으로는 미소 균열이나 모재면에 평행한 라미네이션 등의 검출은 곤란하다.
㉡ γ선 투과 검사 : X선으로 투과하기 힘든 후판에 사용한다. γ선원으로는 라듐, 코발트60, 세슘 134가 있다.
⑦ 와류 검사(맴돌이 검사) : 금속 내에 유기된 와류 전류를 이용한 검사법으로 자기 탐상이 곤란한 비자성체 검사에 사용된다.
⑧ 보조 기호로는 N(수직탐상), A(경사각 탐상), S(한 방향으로부터의 탐상), B(양 방향으로부터의 탐상), W(이중 벽 촬영), D(염색, 비형광 탐상시험), F(형광 탐상 시험), O(전둘레 시험), Cm(요구 품질 등급)

Q97

RT(방사선투과검사)에 의해 큰 균열을 촬영하여 판독하면 어떻게 나타나는가?

① 백색의 불규칙한 점
② 불규칙한 검은 반점
③ 검은 예리한 선
④ 뿌옇고 길게 나타나는 선

해설 균열을 RT를 사용하여 검사해 보면 검은 예리한 선이 나타난다.

Q98

다음 중 γ선원으로 사용되지 않는 원소는?

① 이리듐 192
② 코발트 60
③ 세슘 134
④ 몰리브덴 30

Q99

천연의 방사성 동위 원소를 사용하는 검사방법으로, 장치가 간단하고 운반도 용이하며 취급이 간단한 비파괴 검사법은?

① 맴돌이 전류검사
② 자분검사
③ γ선 투과검사
④ 초음파 검사

정답 96. ④ 97. ③ 98. ④ 99. ③

Q100

초음파 검사에 관한 설명이다. 옳지 않은 것은?

① 초음파 검사법은 파장이 짧은 음파 0.5~15MHz정도의 음파를 검사물 내부에 침투시켜 내부의 결함을 찾는 것이다.
② 초음파 검사법은 투과법, 펄스반사법, 공진법 등이 있다.
③ 초음파의 입사각도에 따라 수직탐상법과 사각탐상법이 있는 데 용접부와 같이 비드파가 있을 때에는 수직탐상법이 비드 삭제가공을 요하지 않으므로 간단하다.
④ 발진 탐촉자와 수파탐촉자를 각각 다른 탐촉자로 시행하는 2탐촉자법과 1개로 양자를 겸용하는 1탐촉자법이 있다.

Q101

초음파 탐상법의 장점이 아닌 것은?

① 얇은 판에 적합하다.
② 검사자에게 위험이 없다.
③ 한쪽에서도 탐상할 수 있다.
④ 길이가 긴 물체의 탐상에 적합하다.

Q102

용접부의 결함 검사법에서 초음파 탐상법의 종류에 해당되지 않는 것은?

① 스테레오법 ② 투과법
③ 펄스반사법 ④ 공진법

Q103

초음파 탐상법에서 일반적으로 널리 사용되며, 초음파의 펄스를 시험체의 한쪽면으로부터 송신하여 그 결함에서 반사되는 형태로 결함을 판정하는 방법은?

① 투과법 ② 공진법
③ 침투법 ④ 펄스 반사법

Q104

자기분말 검사법에 해당되는 재료는?

① 오스테나이트계의 스테인레스강
② 자성재료
③ 목재
④ 유리

Q105

용접부의 완성검사에 사용되는 비파괴 시험이 아닌 것은?

① 방사선 투과시험
② 형광 침투시험
③ 자기 탐상법
④ 현미경 조직시험

Q106

용접부의 검사법 중 비파괴 검사법이 아닌 것은?

① X선 투과 시험 ② 형광침투 시험
③ 육안조직 시험 ④ 초음파 시험

Q107

다음 용접부의 시험법 중 비파괴 시험법에 해당하는 것은?

① 경도시험 ② 누설시험
③ 부식시험 ④ 피로시험

100. ③ 101. ① 102. ① 103. ④ 104. ② 105. ④ 106. ③ 107. ②

Q108

용접부의 검사법 중 비파괴검사인 것은?

① 육안조직검사 ② 형광침투검사
③ 화학분석검사 ④ 현미경조직검사

Q109

용접부의 파괴 검사(시험)방법은?

① 형광 침투 검사
② 방사선 투과 검사
③ 맴돌이 검사
④ 현미경 조직 검사

Q110

용접부 검사법의 종류 중 비파괴검사법에 해당 되지 않는 것은?

① 외관 시험 ② 형광침투 시험
③ 초음파 시험 ④ 굽힘 시험

Q111

용접부의 외관검사시 관찰사항이 아닌 것은?

① 용입 ② 오버랩
③ 언더컷 ④ 경도

Q112

용접제품을 파괴치 않고 육안검사가 가능한 결함은?

① 라미네이숀(lamination)
② 피트(pit)
③ 기공(blow hole)
④ 은점(fish eye)

Q113

용접부의 표면이 좋고 나쁨을 검사하는 것으로 가장 많이 사용하고 있으며 간편하며, 경제적인 검사방법은?

① 자분검사 ② 외관검사
③ 초음파검사 ④ 침투검사

Q114

용접부 시험 중 비파괴 시험방법이 아닌 것은?

① 초음파 시험 ② 맴돌이 전류 시험
③ 침투 시험 ④ 크리프 시험

해설 용접부를 비파괴 시험하는 방법은: 초음파(UT), 방사선(RT), 침투(PT), 자분 탐상(MT), 맴돌이 전류 시험(ECT) 등이 있다.

크리프 시험은 재료의 인장강도보다 적은 일정한 하중을 가했을 때 시간의 경과와 더불어 변화하는 현상인 크리프 현상을 이용하여 변형을 검사하는 방법이다.

Q115

다음 중 비파괴 시험에 속하는 것은?

① 인장시험 ② 화학시험
③ 침투시험 ④ 균열시험

Q116

시험편의 왼쪽을 액체 질소로 냉각하고 오른쪽을 가스 불꽃으로 가열하여 거의 직선적인 구배를 주고, 시험편의 양 끝에 하중을 가한 상태로 노치부에 충격을 가하여 균열 상태를 알아보는 시험법은?

① 노치 충격 시험
② T형 용접 균열 시험

정답: 108. ② 109. ④ 110. ④ 111. ④ 112. ② 113. ② 114. ④ 115. ③

③ 슬릿형 용접 균열 시험
④ 로버트슨 시험

해설 시험편의 노치부를 액체 질소를 채우고 반대쪽에서 가스불꽃으로 가열하여 거의 직선적인 온도 구배를 부여해 놓고 시험편의 양단에 하중을 건채로 노치부에 충격을 가해서 균열을 발생시켜, 시험편에 전파되는 균열이 정지하는 온도의 위치를 구하여 취성 균열의 정지 온도로 정하고 인장응력과 이 온도와의 관계를 알아내는 시험이 로버트슨 시험이다.

Q117

용접결함에 해당되지 않는 용어는?

① 비드 톱 균열(top bead crack)
② 비드 밑 균열(under bead crack)
③ 토우 균열(toe crack)
④ 설퍼 균열(sulphur crack)

해설 ① 비드 밑 균열은 용접 비드 바로 아래에 용접선 아주 가까이 거의 이와 평행되게 모재 열영향부에 생기는 균열로 고탄소강이나 저합금강과 같은 담금질에 의한 경화성이 강한 재료를 용접했을 때 생기는 균열
② 토 균열은 맞대기 용접 및 필릿 용접 의 어느 경우나 비드 표면과 모재와의 경계부에 생기는 균열로 예열을 하거나 강도가 낮은 용접봉을 사용하면 효과적이다.
③ 설퍼 균열은 강중에 황이 층상으로 존재하는 고온 균열을 말한다.

Q118

그림과 같이 점선 A－A'를 따라 가스 절단하였을 때, 나타나는 일반적인 절단강재의 제일 밑 부분 형상은 어떻게 되는가?

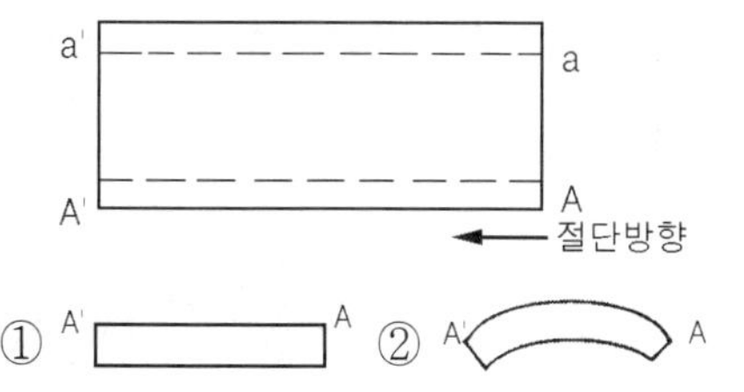

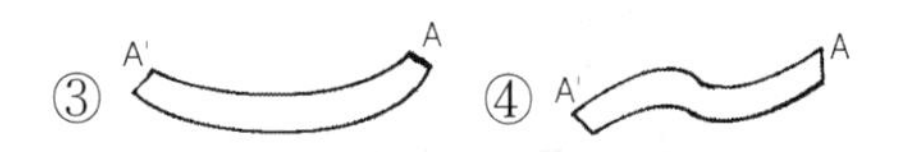

해설 열을 가하면 오모라 든다. 그래서 변형을 미리 예측하여 역으로 변형을 주고 용접을 하게 되면 원래 모양처럼 되돌릴 수 있다.

Q119

필릿 용접에서 그림과 같은 용접변형의 명칭은?

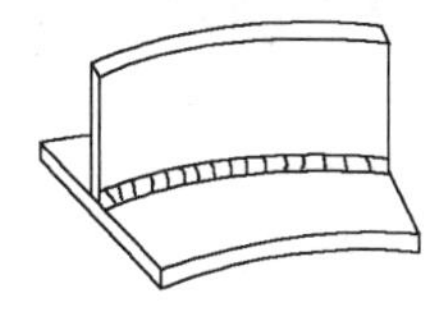

① 세로 수축 ② 가로 수축
③ 세로 굽힘 변형 ④ 가로 굽힘 변형

해설 그림은 종 굴곡 변형 즉 세로 굽힘 변형으로 지름이 가늘고 길이가 긴 T형이나 상,하 플랜지 플레이트의 단면적이 다른 I형 부재 등에서 많이 발생하는 변형이다.

Q120

용접균열에 대한 발생 원인의 경우가 아닌 것은?

① 과대전류, 과대속도로 용접할 경우
② 예열, 후열을 할 경우
③ 유황함량이 많은 강을 용접할 경우
④ 나쁜 용접봉을 사용할 경우

Q121

맞대기 이음의 가접부 또는 제1층 용접의 루트 부근 열영향부에서 주로 발생되며, 구속 응력 또는 수소가 중요한 영향을 미치는 용접균열은?

① 루트균열 ② 크레이터균열
③ 토 균열 ④ 설퍼균열

해설 루트 균열은 저온 균열로 그 원인은 수소취화에 있다.

정답 116. ④ 117. ① 118. ③ 119. ③ 120. ② 121. ①

Q122

다음 그림과 같이 필릿 용접을 하였을 때, 어느 방향으로 변형이 가장 크게 나타나는가?

① 1
② 2
③ 3
④ 4

해설 그림에서 1방향으로 외력이 주어지면 2부분에 용접이 되어 있지 않아 가장 변형이 크게 일어날 수 있다.

Q123

용접 설계상 주의해야 할 사항 중 틀린 것은?

① 국부적으로 열이 집중되도록 한다.
② 이음부에서 될 수 있는 한 모멘트가 작용하지 않도록 한다.
③ 현저하게 서로 다른 부재끼리 용접하지 않는다.
④ 용접이음의 형식과 응력 집중을 항상 고려해야 한다.

해설 용접 이음의 설계시 주의점
① 아래 보기 용접을 많이 하도록 한다.
② 용접 작업에 지장을 주지 않도록 간격을 둘 것
③ 필릿 용접은 되도록 피하고 맞대기 용접을 하도록 한다.
④ 판 두께가 다른 재료의 이음시 구배를 두어 갑자기 단면이 변하지 않도록 한다.(¼이하 테이퍼 가공을 함)
⑤ 맞대기 용접에는 이면 용접을 하여 용입 부족이 없도록 할 것
⑥ 용접 이음부가 한곳에 집중되지 않도록 설계할 것
⑦ 물품의 중심에 대하여 대칭으로 용접 진행

Q124

용접설계상 주의사항으로 틀린 것은?

① 부재 및 이음은 될 수 있는 대로 조립작업, 용접 및 검사를 하기 쉽도록 한다.
② 부재 및 이음은 단면적의 급격한 변화를 피하고 응력집중을 받지 않도록 한다.
③ 용접이음은 가능한 한 많게 하고 용접선을 집중시키며, 용착량도 많게 한다.
④ 용접은 될 수 있는 한 아래보기 자세로 하도록 한다.

Q125

다음은 용접이음에 대한 설명이다. 옳지 않은 것은?

① 변형이 없도록 용접순서를 결정한다.
② 용접선은 가능한 교차해서 튼튼하게 용접한다.
③ 필렛 용접은 가능한 피하고 맞대기 용접을 하도록 한다.
④ 용입 부족이 생기지 않도록 이음형상 선택에 신중을 기한다.

Q126

두께가 다른 판을 맞대기 이음한 그림 중 응력집중을 덜기 위해서 가장 좋은 것은 ?

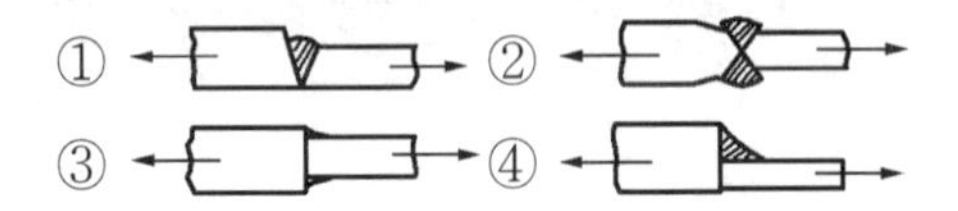

Q127

다음 그림은 어떤 용접의 이음인가?

① 겹치기 이음
② 맞대기 이음
③ 기역자 이음
④ 모서리 이음

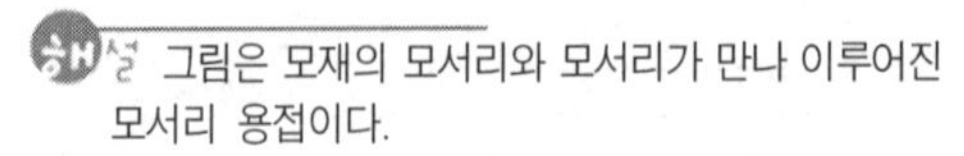

해설 그림은 모재의 모서리와 모서리가 만나 이루어진 모서리 용접이다.

정답 122. ① 123. ① 124. ③ 125. ② 126. ② 127. ④

Q128

맞대기용접 홈 중에서 가장 얇은 박판에 사용하는 홈은?

① I형홈　　② V형홈
③ H형홈　　④ J형홈

해설 용접 홈 형상의 종류
① 한면 홈이음 : I형, V형, ✔형(베벨형), U형, J형
② 양면 홈이음 : 양면 I형, X형, K형, H형, 양면 J형 즉 한쪽 방향에서는 V형 또는 U형이 완전한 용입을 얻을 수 있다.
③ 판 두께 6mm까지는 I형, 6 ~ 19mm까지는V형, ✔형(베벨형), J형, 12mm이상은 X형, K형, 양면 J형이 쓰이고 16 ~ 50mm에는 U형 맞대기 이음이 쓰이며 50mm이상에서는 H형 맞대기 이음에 쓰인다.

Q129

맞대기 용접에서 한쪽 방향의 완전한 용입을 얻고자 할 때 가장 적합한 홈의 형상은?

① I형　　② X형
③ V형　　④ H형

Q130

다음 중에서 특히 두꺼운 판을 맞대기 용접에 의해 충분한 용입을 얻으려고 할 때 가장 적합한 홈의 형상은?

① H형　　② V 형
③ U 형　　④ I 형

Q131

용접에서 X형 맞대기 이음을 나타내는 것은?

① 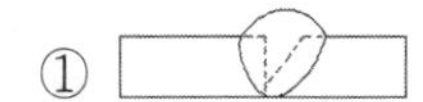
② 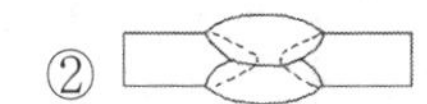
③ 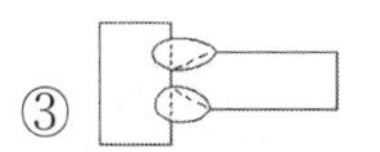
④ 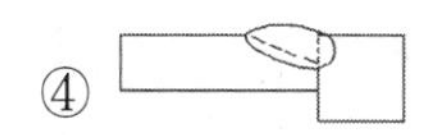

해설 ①는 베벨형, ②는 X형이다.

Q132

맞대기용접에서 용접기호는 기선에 대하여 90도(度)의 평행선을 그리어 나타내며, 얇은 판에 많이 사용되는 홈의 용접은?

① V형 용접　　② I형 용접
③ X형 용접　　④ H형 용접

해설 I형 용접기호는 기선에 대하여 두 개의 수직 직선 즉 ||로 표현한다.

Q133

모재의 홈 가공을 V형으로 했을 경우 엔드탭(end - tap)은 어떤 조건으로 하는 것이 가장 좋은가?

① I형 홈 가공으로 한다.
② V형 홈 가공으로 한다.
③ X형 홈 가공으로 한다.
④ 홈 가공이 필요 없다.

해설 모재의 시종단에 설치하는 엔드탭은 홈 모양과 같은 형태로 설치한다.

Q134

다음 그림에서 루트 간격(root opening)을 표시하는 것은?

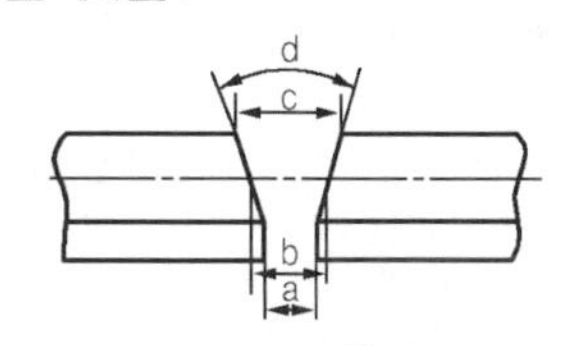

① a　　② b
③ c　　④ d

정답 128. ①　129. ③　130. ①　131. ②　132. ②　133. ②　134. ①

해설 ① 용입이 허용하는 한 홈 각도(d)는 작은 것이 좋다. 일반적으로 피복아크 용접에서 54 ~ 70° 를 사용한다.
② 용접 균열에 관점에서는 루트 간격(a)은 좁을수록 좋으며 루트 반지름은 되도록 크게 한다.

Q135

필릿용접에서는 용접선의 방향과 응력의 방향이 이루는 각도에 따라 분류한다. 그림과 같은 필릿 용접은?

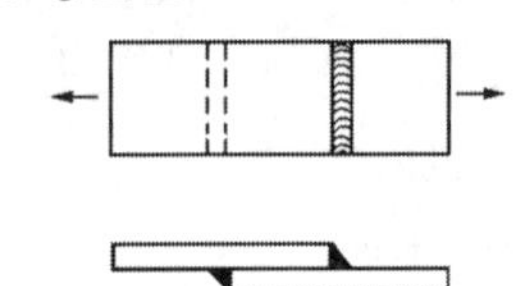

① 측면 필릿용접 ② 경사 필릿용접
③ 전면 필릿용접 ④ T형 필릿용접

해설 필렛 용접의 종류
전면, 측면, 경사 필렛이 있다.

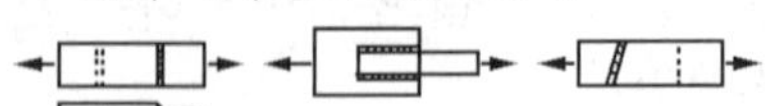

(a) 전면 필렛 용접 (b) 측면 필렛 용접 (c) 경사 필렛 용접

Q136

맞대기 용접 이음에서 모재의 인장강도는 45 kgf/mm²이며, 용접시험편의 인장강도가 47 kgf/mm²일 때 이음효율은 몇 %인가?

① 104.4 ② 96.7
③ 92 ④ 2

해설 $이음효율 = \frac{용접시험편의인장강도}{모재의인장강도} \times 100$에서

$\frac{47}{45} \times 100 = 104.4$

Q137

연강재의 용접 이음부에 충격 하중이 작용할 때 안전율은 다음 중 얼마가 적당한가?

① 3 ② 5
③ 8 ④ 12

해설 $안전율 = \frac{인장강도}{허용응력}$
① 정하중 : 3
② 동하중(단진 응력) : 5
③ 동하중(교번 응력) : 8
④ 충격 하중 : 12

Q138

연강 용접 이음의 안전율은 정하중일 때 얼마로 하는가?

① 3 ② 5
③ 8 ④ 12

Q139

KS규격에서 나타내는 방사능의 안전표시 색채는?

① 빨강 ② 녹색
③ 자주 ④ 주황

해설 안전 표식의 색채
① 적색 : 방화 금지, 고도의 위험
② 황적 : 위험, 항해, 항공의 보안 시설
③ 노랑 : 충돌, 추락, 전도 등의 주의
④ 녹색 : 안전 지도, 피난, 위생 및 구호 표시, 진행
⑤ 청색 : 주의 수리 중 , 송전 중 표시
⑥ 진한 보라색 : 방사능 위험 표시
⑦ 백색 : 통로, 정돈
⑧ 검정 : 위험표지의 문자, 유도 표지의 화살표

Q140

KS규격에 의한, 안전색채에 관한 각각의 표시사항으로 옳은 것은?

① 빨강 : 고도의 위험
② 노랑 : 안전

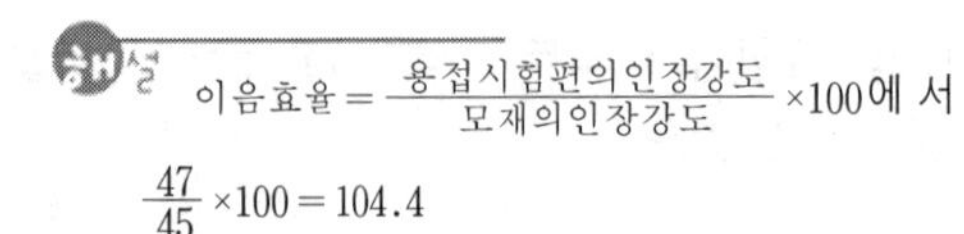

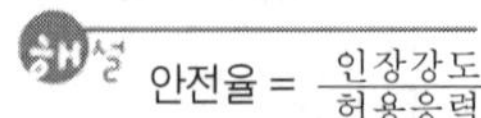

정답 135. ③ 136. ① 137. ④ 138. ① 139. ③

③ 파랑 : 방사능
④ 주황 : 피난

Q141

납땜할 때, 염산이 몸에 튀었을 경우 1차 조치로 어떻게 하여야 좋은가?

① 빨리 물로 씻는다.
② 그냥 놓아 두어야 한다.
③ 손으로 문질러 둔다.
④ 머큐러크롬을 바른다.

해설 산이나 알칼리에 피부가 노출되었다고 해서 중화를 시키려고 반대되는 성분을 이용하여 닦아내면 절대로 안 된다. 오히려 다른 성분에 의한 손상만 받을 뿐이며 깨끗한 물을 갖고 많이 씻어냄으로써 희석시켜야 한다.

Q142

보호 안경이 필요 없는 작업은?

① 탁상 그라인더 작업
② 디스크 그라인더작업
③ 수동가스 절단작업
④ 금긋기 작업

해설 가공 중 칩이 발생하는 경우와 불꽃 등이 비산하는 경우에는 보호 안경이 필요하다.

Q143

화재의 3요소가 아닌 것은?

① 가연성 물질　② 연쇄 반응
③ 산소공급원　④ 착화원

해설 연소의 3대 요소는 점화원, 가연물, 산소 공급원이다. 즉 불이 붙을 수 있는 불씨인 점화원, 불이 붙는 물질이 가연물, 타는 것을 도와주는 산소가 필요하다.

Q144

연소의 3요소에 해당하지 않는 것은?

① 가연물　② 부촉매
③ 산소공급원　④ 점화에너지 열원

Q145

스파크에 대해서 가장 주의해야 할 가스는?

① LPG　② CO_2
③ He　④ O_2

해설 연소의 3대 요소는 점화원, 가연물, 산소 공급원이다. 즉 불이 붙을 수 있는 불씨인 점화원, 불이 붙는 물질이 가연물, 타는 것을 도와주는 산소가 필요하다. 즉 여기서는 가연물이 되는 가연성 가스와 점화원이 되는 스파크의 관계를 찾으면 된다.

Q146

산소 공급원이 될 수 없는 것은?

① 공기　② 산화제
③ 산화칼슘　④ 내부연소성 물질

Q147

다음 용접 작업 중 안전과 가장 거리가 먼 것은?

① 가스 누출이 없는 토치나 호스를 사용한다.
② 좁은 장소에서 작업할 때 항상 환기에 신경 쓴다.
③ 우천시 옥외 작업을 금한다.
④ 가스 누설 검사는 화기로 확인한다.

해설 가스 누설 검사는 반드시 비눗물을 사용한다.

정답 140. ① 141. ① 142. ④ 143. ② 144. ② 145. ① 146. ③ 147. ④

Q148

전기적 점화원의 종류가 아닌 것은?

① 유도열
② 정전기
③ 저항열
④ 마모열

해설 마모열은 기계적 점화원이다.

Q149

가연성가스가 누출되었으나, 아직 인화되지 않는 경우에 있어서 안전 방호대책을 설명한 것이다. 틀린 것은?

① 밸브 등의 폐쇄로 가스공급을 차단시킨다.
② 창과 문을 개방하여 가스를 방출시킨다.
③ 부근의 착화원이 될 만한 것은 신속히 치운다.
④ 환기를 위하여 배기 팬(fan)을 작동시켜 누출가스를 방출시킨다.

해설 배기 팬을 작동시킬 때 잘못하면 스파크가 발생하여 점화원이 되어 더 큰 사고를 초래할 수 있다.

Q150

아세틸렌 용기 누설부에 불이 붙었을 때 제일 우선으로 해야 하는 조치는?

① 용기를 옥외로 운반한다.
② 용기내의 잔류가스를 신속하게 방출시킨다.
③ 용기의 밸브를 잠근다.
④ 용기와 연결된 호스를 제거한다.

해설 아세틸렌 용기 누설부에 불이 붙었을 때 우선적으로 할 일이 가스를 차단하는데 있다.

Q151

일반적으로 가스 폭발을 방지하기 위한 예방대책 중 제일 먼저 조치를 취하여야 할 것은?

① 소화기의 비치
② 가스 누설의 방지
③ 착화의 원인 제거
④ 배관의 강도 증가

해설 모든 사고 예방 대책 중 최선의 방법은 예방이다. 가스 폭발을 방지하기 위해서는 가스 누설을 방지하여 사고를 미연에 막아야 된다.

Q152

다음 중 B급 화재는 어느 경우의 화재인가?

① 일반화재　② 유류화재
③ 전기화재　④ 금속화재

해설 화재의 종류
① A급(일반 화재) 목재, 종이, 섬유 등이 연소한 후 재를 남기는 화재(물을 사용하여 불을 끔)
② B급(유류 화재) 석유, 프로판 가스 등과 같이 연소할 후 아무것도 남기지 않는 화재(이산화탄소, 소화 분말 등을 뿌려 불을 끔)
③ C급(전기 화재) 전기 기계 등에 의한 화재(이산화탄소, 증발성 액체, 소화 분말 등을 뿌려 불을 끔)
④ D급(금속 화재) 마그네슘과 같은 금속에 의한 화재(마른 모래를 뿌려 불을 끔)

Q153

소규모의 인화성 액체화재나 불전도성 소화제를 필요로 하는 전기설비 화재의 초기진화에 제일 적합한 소화기는?

① 일반소화기
② 포말소화기
③ 분말소화기
④ CO_2소화기

정답 148. ④　149. ④　150. ③　151. ②　152. ②　153. ④

Q154

금속나트륨, 마그네슘 등과 같은 가연성 금속의 화재는 몇 급 화재로 분류되는가?

① A급 화재 ② B급 화재
③ C급 화재 ④ D급 화재

Q155

LP가스를 소량 취급시 화재 사고를 예방하는 대책을 설명한 것 중 틀린 것은?

① 용기의 설치는 가급적 옥외에 설치한다.
② 용기는 직사일광의 차단이나 낙하물에 의한 손상을 방지하기 위하여 상부에 덮개를 한다.
③ 옥외의 용기로부터 옥내의 장소까지는 금속고정배관으로 하고, 고무호스의 사용부분은 될 수 있는 대로 길게 한다.
④ 연소기구의 주위에 가연물과 충분한 거리를 둔다.

해설 사용하는 고무 호스 부분이 길면 호스의 꼬임 등으로 인하여 사고가 날 수 있어 될 수 있는 대로 짧게 한다.

Q156

건물 밀집지역에서 강풍시의 연소속도가 그 구조면에서 볼 때 다음 중 가장 빠른 것은 어느 것인가?

① 목조
② 유리방화조
③ 석(石)내화조
④ 철조

해설 바람이 불 때 가장 빨리 타는 것은 목조건물이다. 그래서 화재에 대비하기 위하여 불연물로 감싸기도 한다.

Q157

화상의 응급처치 및 주의사항으로 옳지 않은 것은?

① 화상자의 의복은 벗기지 않는다.
② 화상부를 온수에 담그어 화기를 뺀다.
③ 물집을 터트리지 않는다.
④ 환자가 갈증을 느낄 때에는 소다를 탄 냉수를 조금씩 마시게 한다.

해설 용접시 화상이 나면 2차 감염에 유의해야 한다. 즉 물이나 각종 민간요법을 동원한 치료는 적절치 못한 조치이다.

Q158

피부가 빨갛게 되며 쓰리고 아픈 증세의 화상을 입었다고 하면, 몇도 화상에 해당하는가?

① 제1도 화상 ② 제2도 화상
③ 제3도 화상 ④ 제4도 화상

해설 화상의 종류

① 1도 화상은 피부의 표피층에만 화상이 국한된 것으로 단순히 피부의 색깔이 햇볕에 탔을 때와 같이 붉어지는 경우
② 2도 화상은 피부의 진피층까지 화상이 있는 것을 말하며 물집이 생기고 흉터는 아직 생기는 않은 정도
③ 3도 화상은 표피, 진피뿐만 아니라 피하조직층까지 피부 전 층에 화상을 받은 것을 말하며, 반드시 피부이식수술을 해야 치유 됨
④ 4도 화상은 3도 화상보다 더 심한 경우를 말하며, 화상 입은 부위 조직이 탄화되어 검게 변함

Q159

용접작업을 할 때 발생할 화재 및 폭발 방지에 대한 조치사항을 설명한 것으로 틀린 것은?

① 화재를 진화하기 위하여 방화 설비를 설치할 것
② 용접 작업 부근에 점화원을 두지 않도록 할 것

정답 154. ④ 155. ③ 156. ① 157. ② 158. ①

③ 배관 및 기기에서 가스 누출이 되지 않도록 할 것
④ 가연성 가스는 항상 옆으로 뉘어서 보관할 것

해설 가스의 보관은 뉘어서 해서는 안 된다. 왜냐하면 가스통이 굴러 충격 등의 영향으로 폭발 등의 사고를 낼 수 있어 가스 용기를 사용할 때는 항상 고정하거나 운반차 등에 고정하여 작업하여야 한다.

Q160

건물 안에서 화재가 발생할 때, 대피하는 요령을 설명한 것 중 틀린 것은?

① 침착하게 피난법을 잘 판단하여야 한다.
② 연기로부터 빨리 도망친다.
③ 피난할 수 있는 시간이 약 10 ~ 15분이므로 여유를 가지고 피난한다.
④ 방재 시설이 완벽한 곳이라도 피난 방송을 잘 청취해야 한다.

해설 화재발생시 5분 안에 진화여부를 판단하여야 한다.

Q161

안전을 위하여, 장갑을 사용할 수 있는 작업은?

① 드릴링 작업　② 선반 작업
③ 용접 작업　④ 밀링 작업

해설 공구 등이 회전하는 작업 즉 선반, 밀링, 드릴링 작업 등에서는 장갑을 착용해서는 안 된다.

Q162

안전모에 대한 설명이다. 잘못 표현 된 것은?

① 턱 끈은 반드시 졸라 맬 것
② 작업에 적합한 안전모를 사용할 것
③ 안전모는 작업자 공용으로 사용할 것
④ 머리상부와 안전모 내부의 상단과의 간격은 25mm 이상 유지하도록 조절하여 쓸 것

해설 안전모는 작업자 각자의 신체 사이즈 즉 머리 사이즈에 맞는 것을 착용해야 하므로 공용 착용해서는 안 된다.

Q163

전기 스위치류의 취급에 관한 안전사항으로 틀린 것은?

① 운전중 정전 되었을 때는 스위치는 반드시 끊는다.
② 스위치의 근처에는 여러 가지 재료 등을 놓아두지 않는다.
③ 스위치를 끊을 때는 부하를 무겁게 해 놓고 끊는다.
④ 스위치는 노출시켜 놓지 말고 꼭 뚜껑을 만들어 놓는다.

해설 스위치를 끊을 때에는 부하를 가볍게 하여 놓아야 된다. 즉 용접에서는 스위치를 끊는 순서가 각 용접기에 부착된 ON/OFF스위치를 우선 차단 한 후에 용접기 앞에 설치된 NFB스위치 차단 후 마지막으로 분전반 스위치를 차단한다. 물론 전원의 투입은 역순으로 한다.

Q164

인체에 전류가 몇 [mA] 이상 흐르면 사망할 위험이 있는가?

① 8　② 15
③ 20　④ 50

해설 전압은 전기를 흘려 줄 수 있는 능력이며, 전류는 전기의 흐름, 저항은 전기의 흐름을 방해하는 것으로 인체에 전류가 100[mA]가 흐르면 사망하고, 50[mA)이상이면 사망할 위험에 처한다.

정답 159. ④　160. ③　161. ③　162. ③　163. ③　164. ④

Q165

용접 작업시의 안전 사항이다. 올바르지 못한 것은?

① 전류 10[mA]로 감전되면 순간적으로 사망할 위험이 있다.
② 습한 장갑이나 작업복을 입고 용접하면 감전의 위험이 있으므로 주의한다.
③ 절연 홀더의 절연 부분이 균열이나 파손되었으면 곧바로 보수하거나 교체한다.
④ 맨홀과 같이 밀폐된 구조물 안에서 용접을 할 때에는 보호자를 두거나 2명 이상이 교대로 작업한다.

Q166

전기 합선에 의한 전기화재의 예방대책을 설명 한 것 중 부적당한 것은?

① 퓨즈(fuse)는 규격품에 관계없이 알루미늄 재질을 사용한다.
② 노후 전선은 즉시 새 것으로 교체한다.
③ 공사시 각종 전선을 손상시키지 않도록 한다.
④ 용량에 맞는 규격의 전선을 사용한다.

해설 용접기의 1차측에 퓨즈(Fuse)를 붙인 안전 스위치를 사용한다. 퓨즈는 규정 값보다 크거나 구리선 철선 등을 퓨즈 대용으로 사용해서는 안 된다. 다음과 같은 식으로 계산한다.

$$퓨즈의용량(A) = \frac{1차입력(KVA)}{전원전압(200V)}$$

Q167

아크 용접기에 누전되었을 때 가장 올바른 조치는?

① 전압이 낮기 때문에 계속 용접하여도 된다.
② 스위치는 그냥 두고 누전된 부분을 절연시킨다.
③ 용접기만 만지지 않으면 된다.
④ 스위치를 끄고 누전된 부분을 절연시킨다.

해설 누전 되었을 때 모든 작업을 중지 한 후우선 스위치를 끄고 누전 부위를 찾아 조치 후 다시 작업에 임해야 한다.

Q168

전기용접기의 누전시 조치사항으로 가장 알맞은 것은?

① 전원 스위치를 내리고 누전된 부분을 절연시킨 후 계속 용접하여도 된다.
② 전압이 낮을 때에는 계속 용접하여도 된다.
③ 용접기를 만지지만 않으면 계속 용접하여도 된다.
④ 전원만 바꾸면 계속 용접하여도 된다.

해설 누전 되었을 때 즉각 작업을 중단하고, 누전 원인을 찾아 조치 후 작업에 임한다.

Q169

아크 용접시 광선에 의하여 초기에 인체에 일어나기 쉬운 가장 타당한 재해는?

① 광선관계로 수정체에 자극을 주어 근시가 된다.
② 자외선 때문에 각막과 망막에 자극을 주어 결막염을 일으킨다.
③ 강렬한 광선 때문에 시신경이 피로해져 맹인이 된다.
④ 강렬한 가시광선 때문에 수정체에 영향을 주어 난시가 된다.

해설 아크 광선에는 자외선, 적외선, 가시광선을 포함하고 있다. 초기 작업 중 아크 광선에 노출되면 자외선으로 인하여 눈에 결막염 등을 일으킬 수 있다.

정답 165. ① 166. ① 167. ④ 168. ① 169. ②

Q170

용접작업에서 안전에 대해 설명한 것 중 틀린 것은?

① 높은 곳에서 용접 작업할 경우 추락, 도괴, 낙하 등의 위험이 있으므로 항상 안전벨트와 안전모를 착용한다.
② 용접 작업 중에 여러 가지 유해 가스가 발생하기 때문에 통풍 또는 환기 장치가 필요하다.
③ 가연성의 분진, 화약류 등 위험물이 있는 곳에서는 용접을 해서는 안 된다.
④ 가스 용접은 강한 빛이 나오지 않기 때문에 보안경을 착용하지 않아도 괜찮다.

해설 가스 용접이 불빛이 약하더라도 차광도 번호가 낮은 보안경을 착용하여야 한다. 일반적으로 연납땜은 2번, 경납땜은 3~4번, 가스용접은 4~8번을 사용

Q171

높은 곳에서 용접 작업시 지켜야 할 사항이 아닌 것은?

① 용접작업과 도장작업을 같이 해도 관계없다.
② 족장이나 발판이 견고하게 조립되어 있는지 확인한다.
③ 주변에 낙하물건 및 작업위치 아래에 인화성 물질이 없는지 확인한다.
④ 고소작업장에서 용접 작업시 안전벨트 착용 후 안전로프를 핸드레일에 고정시킨다.

해설 용접 작업과 도장 작업을 같이 하지 않는다. 왜냐하면 도장 작업을 위해서는 신나 등 가연물이 많아 용접 불꽃 등으로 인하여 점화되어 큰 재해로 이어질 수 있다.

Q172

용접 작업시 안전 수칙에 관한 내용이다. 다음 중 틀린 것은?

① 용접 헬멧, 용접보호구, 용접 장갑은 반드시 착용해야 한다.
② 심신에 이상이 있을 때에는 쉬지 않고, 보다 더 집중해서 작업을 한다.
③ 미리 소화기를 준비하여 작업 중에는 만일의 사고에 대비한다.
④ 환기가 잘되게 한다.

해설 몸에 이상이 있을 때는 즉시 작업을 중단하여야 한다.

Q173

피복아크 용접작업에 대한 안전사항으로 적합하지 않은 것은?

① 저압전기는 어느 작업이든 안심할 수 있다.
② 퓨즈는 규정된 대로 알맞은 것을 끼운다.
③ 전선이나 코드의 접속부는 절연물로서 완전히 피복하여 둔다.
④ 용접기 내부에 함부로 손을 대지 않는다.

해설 전격의 위험을 항상 생각하여야 한다. 저압 전기일지라도 땀을 흘린 후라든가, 물에 젖은 손을 가지고 사용하게 되면 저항값이 떨어져 위험할 수 있다.

Q174

용접에서 안전 작업복장을 설명한 것 중 틀린 것은?

① 작업 특성에 맞아야 한다.
② 기름이 묻거나 더러워지면 세탁하여 착용한다.
③ 무더운 계절에는 반바지를 착용한다.
④ 고온 작업시에는 작업복을 벗지 않는다.

정답 170. ④ 171. ① 172. ② 173. ① 174. ③

해설 아크 불빛에는 자외선, 적외선, 가시광선을 포함하고 있어 자외선에 의한 피부 손상을 초래할 수 있고, 작업 중 비산하는 스팩터에 의하여 화상을 입을 수 도 있다.

Q175

다음 여러 작업에 대한 행동에서 가장 안전한 것은?

① 용접장갑을 끼고 중량물은 운반하였다.
② 면장갑을 끼고 그라인더 가공을 하였다.
③ 아크 발생 중 전류를 올렸다.
④ 맨손으로 해머작업을 하였다.

해설 장갑 등을 끼고 회전하는 기계를 사용해서 작업을 해서는 안 되며, 무거운 중량물을 옮기는데 용접장갑을 끼워서는 안 된다. 전류의 조정은 반드시 아크 발생을 중지 후 한다. 그래서 탭 전환 즉 전류 조정은 아크 발생 중지 후 하라고 하는 것이다.

정답 175. ④

07

기계재료

1. 기계 재료의 분류
2. 용접 재료 개요
3. 철강 재료
4. 열처리
5. 비철금속과 그 합금

1. 기계 재료의 분류

(1) 기계 재료의 재질적 분류

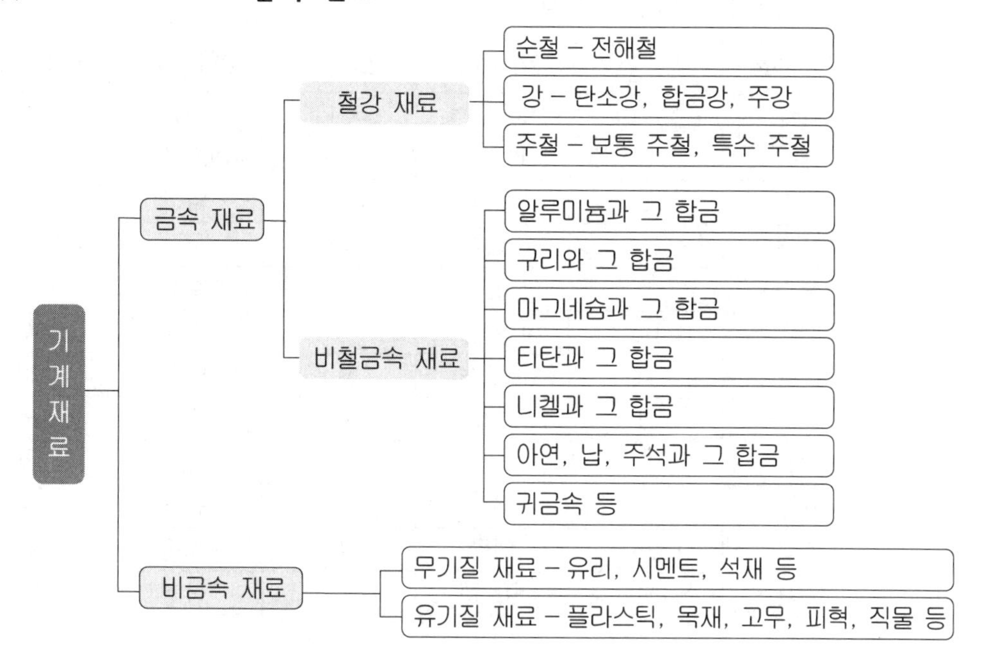

(2) 기계 재료에 필요한 성질

① 주조성, 소성, 절삭성 등이 양호해야 한다.

② 열처리성이 우수하며, 표면 처리성이 좋아야 한다.

③ 기계적 성질, 화학적 성질이 우수하고 경량화가 가능해야 한다.

④ 재료의 보급과 대량 생산이 가능하며, 제품 값과 관련한 경제성이 있어야 한다.

2. 용접 재료 개요

(1) 금속과 그 합금

① 금속의 공통적 성질

㉠ 실온에서 고체이며, 결정체이다.(단, 수은제외)

㉡ 빛을 반사하고 고유의 광택이 있다.

㉢ 가공이 용이하고, 연·전성이 크다.

㉣ 열, 전기의 양도체이다.

㉤ 비중이 크고, 경도 및 용융점이 높다.

② 자주 등장하는 원소 기호의 이름

원소 이름	원소 기호	원소 이름	원소 기호	원소 이름	원소 기호
은	Ag	알루미늄	Al	금	Au
붕소	B	베릴륨	Be	비스무트	Bi
탄소	C	칼슘	Ca	염소	Cl
코발트	Co	크롬	Cr	구리	Cu
불소	F	철	Fe	수소	H
헬륨	He	이리듐	Ir	칼륨	K
리튬	Li	마그네슘	Mg	망간	Mn
질소	N	니켈	Ni	네온	Ne
산소	O	인	P	납	Pb
백금	Pt	황	S	규소	Si
주석	Sn	티탄	Ti	바나듐	V
우라늄	U	텅스텐	W	아연	Zn

③ 합금(alloy)

㉠ 금속의 성질을 개선하기 위하여 단일 금속에 한 가지 이상의 금속이나 비금속 원소를 첨가한 것

㉡ 단일 금속에서 볼 수 없는 특수한 성질을 가지며 원소의 개수에 따라 이원 합금, 삼원 합금이 있다.

㉢ 종류로는 철 합금, 구리 합금, 경합금, 원자로용 합금, 기타 합금이 있다.

④ 합금의 상

㉠ 일반적으로 물질의 상태는 기체, 액체, 고체의 세 가지가 있는데, 금속은 온도에 따라 고체 상태에서 결정 구조가 다른 상태로 존재한다. 이와 같은 각 물질의 상태를 상(phase)이라 한다.

㉡ 합금에서 하나의 상으로만 되는 것을 단상 합금이라 하고, 두 가지의 것을 2상 합금, 세 가지의 것을 3상 합금, 또 상이 많은 것을 다상 합금이라 한다.

㉢ 단상 합금에는 고용체와 금속간 화합물이 있다.

⑤ 합금의 일반적 성질

㉠ 성분을 이루는 금속보다 우수한 성질을 나타내는 경우가 많다.

㉡ 성분 금속보다 강도 및 경도가 증가한다.

㉢ 주조성이 좋아진다.

㉣ 용융점이 낮아진다.

㉤ 전·연성은 떨어진다.

㉥ 성분 금속의 비율에 따라 색이 변한다.

(2) 재료의 성질

① 물리적 성질

㉠ 비중

경금속(비중 4.5(g/cm³)이하)		중금속(비중 4.5(g/cm³)이상)	
리튬(Li)	0.53	지르코늄(Zr)	6.05(β상)
칼륨(K)	0.86	바나듐(V)	6.16
칼슘(Ca)	1.55	안티몬(Sb)	6.62(26℃)
마그네슘(Mg)	1.74	아연(Zn)	7.13
규소(Si)	2.33	크롬(Cr)	7.19
알루미늄(Al)	2.7	망간(Mn)	7.43
티탄(Ti)	4.5	철(Fe)	7.87
		카드뮴(Cd)	8.64(26℃)
		코발트(Co)	8.83
		니켈(Ni)	8.90(25℃)
		구리(Cu)	8.93
		몰리브덴(Mo)	10.2
		납(Pb)	11.34
		이리듐(Ir)	22.5

- 비중이 크다는 것은 무겁다는 것을 의미한다.
- 단위 용적의 무게와 표준물질(물 4℃의)의 무게의 비를 비중이라 한다. 비중 4.5를 기준으로 이하를 경금속, 이상을 중금속이라 한다.
- 금속 중에서 가장 가벼운 것은 리튬(Li)이며 가장 무거운 것은 이리듐(Ir)이다.

㉡ 용융점 : 금속을 가열하여 고체에서 액체로 되는 온도를 용융 온도 또는 용융점이라 한다. 이와 반대로 액체에서 고체로 되는 온도를 응고 온도라 하며 같은 금속에서 응고 온도와 용융 온도는 같다.

금속	용융 온도(℃)	금속	용융 온도(℃)
알루미늄(Al)	660.4	금(Au)	1064.43
베릴륨(Be)	1238	몰리브덴(Mo)	2020
카드뮴(Cd)	321.1	마그네슘(Mg)	650
크롬(Cr)	1875	망간(Mn)	1246
코발트(Co)	1495	니켈(Ni)	1453
구리(Cu)	1084.88	티탄(Ti)	1668
철(Fe)	1536	텅스텐(W)	3400

㉢ 전기 전도율

- 순서 : Ag > Cu > Au > Al > Mg > Ni > Fe > Pb의 순이다.
- 열전도율도 전기 전도율과 순서가 비슷하다.
- 금속 중에서 전기 전도율이 가장 좋은 것은 은이다.
- 일반적으로 순금속에서 다른 금속 또는 비금속을 첨가하여 합금을 만들면 대개의 경우 전기 전도율은 저하된다.

㉣ 탈색력

- 금속의 색을 변색시키는 힘으로 주석이 가장 크다
- Sn > Ni > Al > Fe > Cu 등의 순이다.

㉤ 자기적 성질

- 금속을 자석에 접근시킬 때 강하게 잡아당기는 물질을 강자성체, 약간 잡아당기면 상자성체, 서로 잡아당기지 않는 금속을 반자성체라 한다.
- 강자성체(철, 니켈, 코발트 등), 상자성체(산소, 망간, 백금 알루미늄 등), 반자성체는 (비스무트, 안티몬, 금, 은, 구리 등)

ⓑ 기타

- 비열(물질 1kg의 온도를 1K(켈빈)만큼 높이는데 필요한 열량
- 열팽창 계수(물체의 온도가 1℃ 상승하였을 경우, 증가한 물체와 팽창하기 전 물체의 치수 비를 말하며, 일반적으로 선팽창 계수를 사용한다.)
- 열전도율(물체 내의 분자로부터 다른 분자로의 열에너지의 이동, 즉 물체 내의 한쪽에서 다른 쪽으로 열의 이동을 말한다.)

② **화학적 성질** : 금속의 화학적 성질 중 실용적으로 문제가 되는 것은 부식과 내식성을 들 수 있다.

㉠ 부식

- 금속은 접하고 있는 주위 환경, 즉 화학적 또는 전기 화학적인 작용에 의해 비금속성 화합물을 만들어 점차로 손실되어 가는데 이 현상을 부식이라 한다.
- 부식에 종류에는 습 부식(전기 화학적 부식), 건 부식(화학적 부식)이 있다.
- 금속의 부식은 습기가 많은 대기 중일수록 부식되기 쉽고, 대부분 전기 화학적 부식이다.

㉡ 내식성

- 금속의 부식에 대한 저항력 즉 견디는 성질로 Cr, Ni 등이 우수한 성질을 보이고 있다.
- 금속이 부식되기 쉽다는 것은 화합물이 되기 쉽다는 것과 같은 뜻이다.
- 기타 산에 견디는 성질을 내산성(耐酸性)이라 하고 염기에 견디는 성질을 내염기성이라 한다.

③ **기계적 성질**

㉠ 연·전성 : 가늘고 길게, 얇고 넓게 변형이 되는 성질

- 연성 순서 : Au > Ag > Al > Cu > Pt > Fe
- 전성 순서 : Au > Ag > Pt > Al > Fe > Cu

㉡ 강도 : 단위 면적 당 작용하는 힘

㉢ 경도 : 무르고 굳은 정도를 나타내는 것

참고 일반적으로 금속 재료는 온도의 상승과 더불어 강도가 감소하고 연신율이 커지는 것이 보통이다. 하지만 청열 취성과 같이 온도가 210 ~ 360℃ 부근에서 연강은 오히려 상온보다 연신율은 낮아지고 강도 및 경도가 높아져 부스러지기 쉬운 성질을 가질 수 있다.

㉣ 취성 : 메짐이라고도 하며, 깨지는 성질

> **참고** 재료의 온도가 상온보다 낮아지면 경도나 인장 강도는 증가하지만 연신율이나 충격값 등은 감소하여 부스러지기 쉽다. 이러한 성질을 저온 취성이라 한다.

㉤ 소성 : 외력을 가한 뒤 제거해도 변형이 그대로 유지되는 성질

㉥ 탄성 : 외력을 제거하면 원래로 돌아오는 성질

㉦ 인성 : 굽힘, 비틀림 등에 견디는 질긴 성질

㉧ 재결정 : 가공에 의해 생긴 응력이 적당한 온도로 가열하면 일정 온도에서 응력이 없는 새로운 결정이 생기는 것

④ **가공상의 성질**

㉠ 주조성 : 금속이나 합금을 녹여 기계 부품인 주물을 만들 수 있는 성질

㉡ 소성 가공성 : 재료의 외력을 가하여 원하는 모양으로 만드는 작업

㉢ 접합성 : 재료의 용융성을 이용하여 두 부분을 접합하는 성질

㉣ 절삭성 : 절삭 공구에 의해 재료가 절삭되는 성질

(3) 금속의 결정과 합금 조직

1) 금속의 결정

결정체인 금속이나 합금은 용융 상태에서 냉각되면 고체로 변화하게 되는데, 이와 같이 같은 물체의 상태가 다른 상을 변하는 것을 변태라 한다.

① **결정 순서** : 핵 발생 → 결정의 성장 → 결정경계 형성 → 결정체

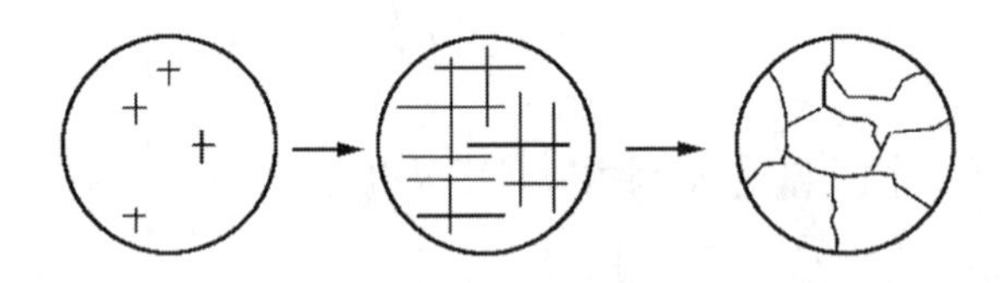

② **결정의 크기** : 냉각 속도가 빠르면 핵 발생이 증가하여 결정 입자가 미세해진다.

③ **주상정** : 금속 주형에서 표면의 빠른 냉각으로 중심부를 향하여 방사상으로 이루어지는 결정

④ **수지상 결정** : 용융 금속이 냉각할 때 금속 각부에 핵이 생겨 나뭇가지와 같은 모양을 이루는 결정

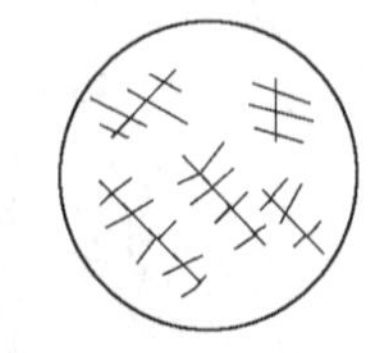

▲ 수지상 결정

⑤ **편석** : 금속의 처음 응고부와 나중 응고부의 농도차가 있는 것으로 불순물이 주 원인이다.

2) 금속 결정의 종류

① 결정 입자 : 금속 또는 합금의 응고는 전체 융체에서 동시에 발생하는 것이 아니라, 결정핵을 중심으로 여기에 원자들이 차례로 결합되면서 이루어진다. 이 때 같은 결정핵으로부터 성장된 고체 부분은 어떤 곳에서나 같은 원자 배열을 가지게 되는 데 이를 결정 입자라 한다.

② 금속의 응고 중 결정핵이 하나 밖에 존재 하지 않았다면 이 금속은 1개의 결정만으로 이루어지게 되어 이를 단결정이라 한다.(실리콘)

③ 대부분의 금속은 작은 결정들이 모여 무질서한 집합체를 이루고 있으며, 이와 같은 결정의 집합체를 다결정체라 한다.

④ 결정 입자의 원자들은 각각 그 금속 특유의 결정형을 가지고 있으며, 그 배열이 입체적이고 규칙적으로 되어 있는데 이 원자들의 중심점을 연결해 보면 입체적인 격자가 되는데, 이 격자를 공간격자 또는 결정격자라 한다.

⑤ 단위포(단위격자) : 결정격자 중 금속 특유의 형태를 결정짓는 최소 단위의 원자의 모임

⑥ 격자 상수 : 단위포 한 모서리의 길이

⑦ 결정립의 크기 : 0.01 ~ 0.1mm

종 류	특 징	금 속
체심입방격자 (B·C·C)	• 강도가 크고 전·연성은 떨어진다. • 단위격자속 원자수 2, 배위수는 8	Cr, Mo, W, V, Ta, K, Ba, Na, Nb, Rb, α−Fe, δ−Fe
면심입방격자 (F·C·C)	• 전·연성이 풍부하여 가공성이 우수하다. • 배위수는 12, 단위격자속 원자수 2	Ag, Al, Au, Cu, Ni, Pb, Ce, Pd, Pt, Rh, Th, Ca, γ−Fe
조밀육방격자 (C·H·P)	• 전·연성 및 가공성 불량하다. • 배위수는 12, 단위격자속 원자수 2	Ti, Be, Mg, Zn, Zr, Co, La

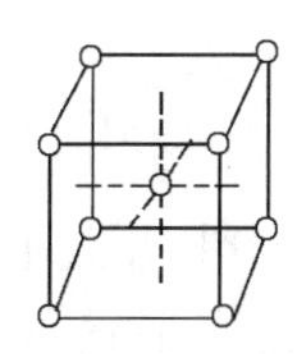
▲ 체심입방격자(B.C.C)

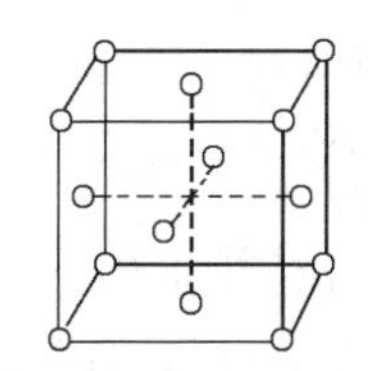
▲ 면심입방격자(F.C.C)

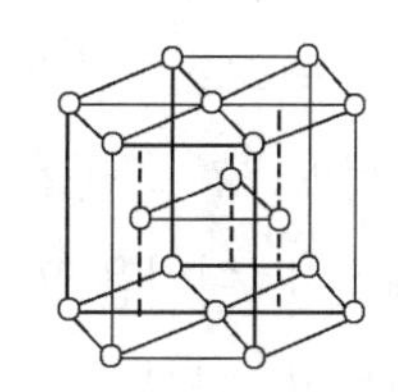
▲ 조밀육방격자(HCP)

3) 금속의 소성 변형

① **슬립** : 금속 결정형이 원자 간격이 가장 작은 방향으로 층상 이동하는 현상(원자 밀도가 최대인 격자면에서 발생)

② **트윈(쌍정)** : 변형 전과 변형 후 위치가 어떤 면을 경계로 대칭되는 현상(연강을 대단히 낮은 온도에서 변형시켰을 때 관찰된다.)

③ **전위** : 불안정하거나 결함이 있는 곳으로부터 원자 이동이 일어나는 현상

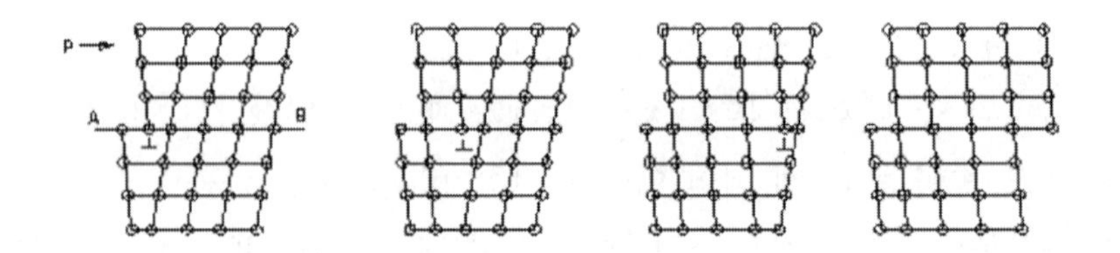

④ **경화**

㉠ 가공 경화 : 금속을 소성 가공하면 변형 증가에 따라 가공 경화(가공에 의해 단단해 지는 성질)가 일어난다. 일반적으로 금속을 냉간 가공하면 경도 및 강도가 향상되는 특징이 있다. 즉 강도와 경도는 가공도의 증가에 따라 처음에는 증가율이 커지나 나중에는 일정해진다. 연신율은 이와 반대이다.

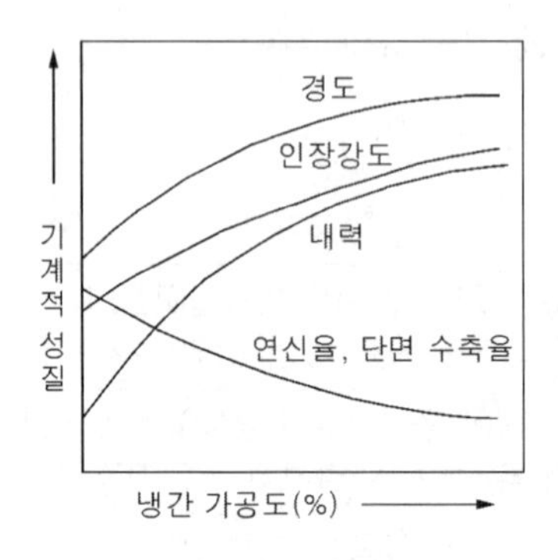

㉡ 시효 경화 : 시간이 지남에 따라 단단해 지는 성질

㉢ 인공 시효 : 인위적으로 단단하게 만드는 것

⑤ **회복** : 냉간 가공을 계속하면 가공 경화가 일어나 더 이상의 냉간가공이 불가능해진다. 이것을 일정 온도로 가열하면 어느 온도에서 급격히 강도와 경도가 저하되고, 연성이 급격히 회복되어 냉간 가공이 쉬운 상태로 된다.

㉠ 순서 : 내부응력 제거 → 연화 → 재결정 → 결정입자의 성장

㉡ 연화 현상은 재결정 이전의 것과 재결정에 직접 관계되어 일어나는 것으로 구분하는데 앞의 현상을 회복이라고 한다.

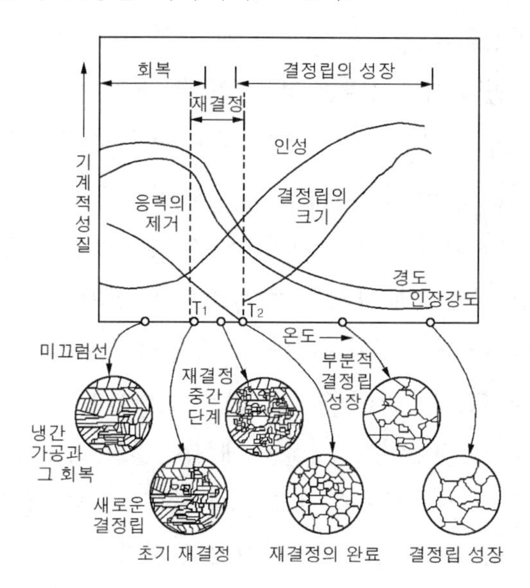

⑥ **재결정** : 가공에 의해 생긴 응력이 적당한 온도로 가열하면 일정 온도에서 응력이 없는 새로운 결정이 생기는 것

㉠ 금속의 재결정 온도 : Fe(350 ~ 450℃), Cu(150 ~ 240℃), Au(200℃), Pb(−3℃), Sn(상온) Al(150℃) 등

㉡ 재결정은 냉간 가공도가 낮을수록 높은 온도에서 일어난다.

㉢ 재결정은 가열온도가 동일하면 가공도가 낮을수록 오랜 시간이 걸리고 가공도가 동일하면 풀림 시간이 길수록 낮은 온도에서 일어난다.

㉣ 재결정 입자의 크기는 주로 가공도에 의하여 변화되고, 가공도가 낮을수록 커진다.

> **참고** 풀림 : 재결정 온도 이상으로 가열하여 가공 전의 연화 상태로 만드는 것을 말한다.

⑦ **입자의 성장** : 재결정에 의하여 새로운 결정 입자는 온도의 상승, 시간의 경과와 더불어 큰 결정 입자가 근처에 있는 작은 결정 입자를 잠식하여 점차 그 크기가 증가되는 현상으로 결정입자의 성장은 고온에서 오랜 시간 가열함으로써 이루어지고, 온도가 상승할수록 급속히 이루어진다.

⑧ **냉간 가공과 열간 가공**

㉠ 냉간 가공 : 냉간 가공이란 재결정 온도보다 낮은 온도에서 가공하는 것으로 냉간 가공된 금속 재료는 내부 변형과 입자의 미세화로 인하여 결정 입자가 변형되어 가공경화를 일으켜 강도나 경도가 증가되지만 인성은 줄어든다. 그러므로 냉간가공을 계속하려면 작업도중에 자주 풀림을 하여 가공 경화를 없애고 전성, 연성을 회복시켜 주어야 하며 상온 가공이라고도 한다.

㉡ 열간 가공 : 열간 가공이란 재결정 온도보다 높은 온도에서 가공하는 것으로 재료를 가열하게 되면 연하게 되어 소성이 증가되므로 성형하기 쉽다. 특히 주조품을 열간 가공하게 되면 수지상 조직이 파괴되어 조직이 균일하고 치밀하게 되어 강도나 연성이 향상된다. 또한 열간 가공하는 온도는 금속 및 합금에 종류에 따라 다르다. 일반적으로 강은 변태점이상, 구리 합금은 700℃전후, 경합금은 500℃전후이고, 재질을 해치지 않을 정도의 고온에서 시작하여 적당한 온도에 도달될 때까지 가공을 계속한다. 또한 열간가공을 끝맺는 온도를 피니싱 온도라 하며 고온 가공이라고도 한다.

4) 금속의 변태

① **동소 변태** : 고체 내에서 원자 배열이 변하는 것

㉠ α − Fe(체심), γ − Fe(면심), δ − Fe(체심)

㉡ 동소 변태 금속 : Fe(912℃, 1400℃), Co(477℃), Ti(830℃), Sn(18℃) 등

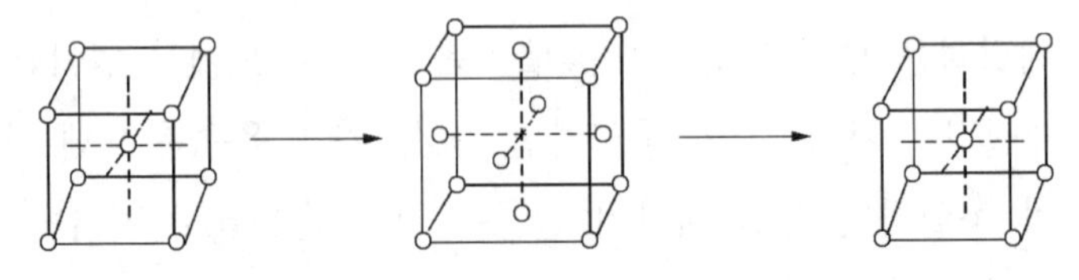

② **자기 변태** : 원자 배열은 변화가 없고 자성만 변하는 것(Fe, Ni, Co)

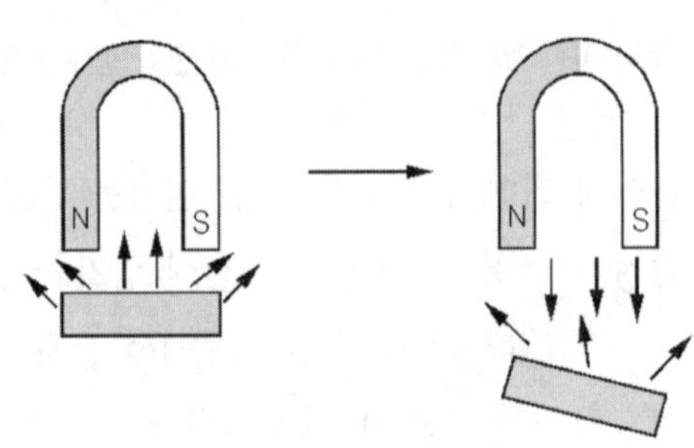

㉠ 순수한 시멘 타이트는 210℃이하에서 강자성체. 그 이상에서는 상자성체

㉡ 자기 변태 금속 : Fe(768℃), Ni(358℃), Co(1,160℃)

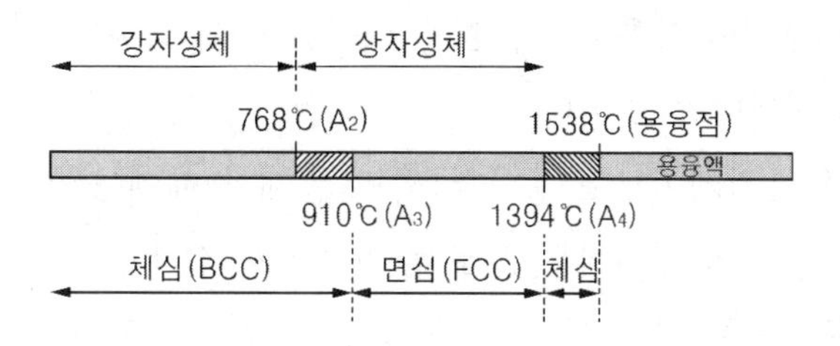

5) 변태점 측정 방법

열 분석법, 열 팽창법, 전기 저항법, 자기 분석법 등이 있다.

6) 합금의 조직

① **상** : 물질의 상태는 기체, 액체, 고체의 세 가지가 있는데 금속은 온도에 따라 고체 상태에서 결정 구조가 다른 상태로 존재하는데 이와 같은 물질의 상태를 상이라 한다.

② **상률** : 어떤 상태에서 온도가 자유로이 변할 수 있는가를 알아냄. 즉 여러 개의 상으로 이루어진 물질의 상 사이의 열적 평형 관계를 나타내는 법칙

㉠ 자유도 : $F = n + 2 - P$(F : 자유도, n은 성분의 수, P는 상의수)

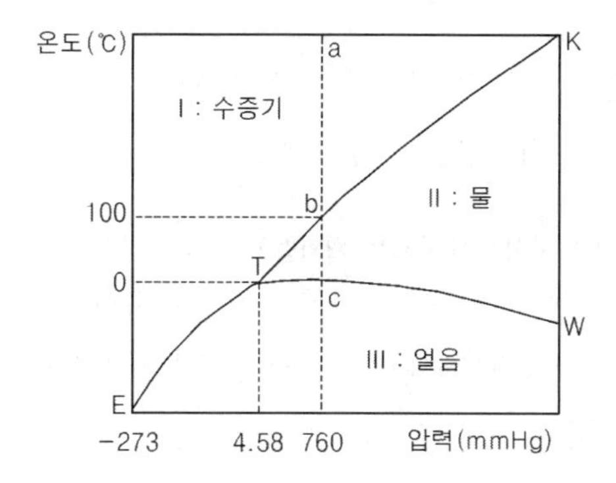

㉡ 물의 상태도

• Ⅰ, Ⅱ, Ⅲ 구역의 자유도는 $F = 1 + 2 - 1 = 2$ 즉 물, 얼음, 수증기인 1상이 존재하기 위해서는 온도, 압력 두 가지를 다 변화시켜도 존재할 수 있다.

- TK, TE, TW의 자유도는 F = 1 + 2 − 2 = 1이므로 온도 또는 압력 하나만 을 변경 시킬 수 있다. 즉 대기압력하에서는 비등점과 용융점은 일정하다.
- T(삼중점)에서 자유도 F = 1 + 2 − 3 = 0이 되며, 즉 불변계로서 이것은 완전히 고정된다는 뜻이다.
- 순금속은 1원계이므로 용융 금속만 존재할 때에는 상의 수 p = 1, F = 1이 되므로 용융 상태에서는 온도를 자유롭게 선택할 수 있다.

③ **평형 상태도** : 공존하고 있는 것의 상태를 온도와 성분의 변화에 따라 나타낸 것. 즉, 합금이나 화합물의 물질계가 열역학적으로 안정 상태에 있을 때 조성, 온도, 압력과 존재하는 상의 관계를 나타낸 것.

④ **합금의 상**

㉠ 고용체 : 고체 A + 고체 B ⇔ 고체 C

- 침입형 : 철원자 보다 작은 원자가 고용하는 경우로 보통 금속 상호간에는 일어나지 않으며, 금속에 C, H, N 등 비금속 원소가 소량 함유되는 경우 일어난다. 철은 약간의 탄소나 질소를 고용하는 침입형 고용체를 만든다.

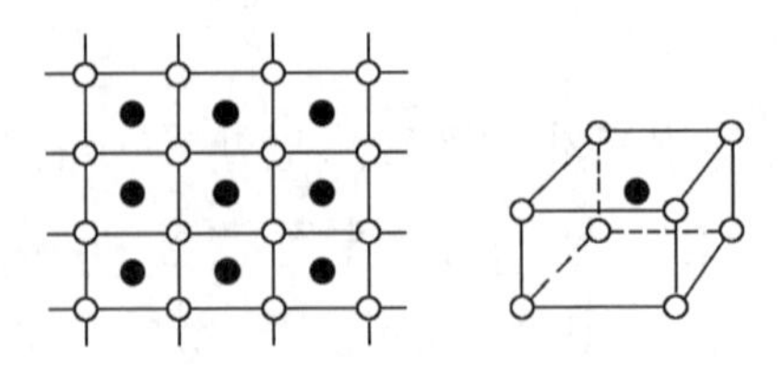

- 치환형 : 철원자의 격자 위치에 니켈 등에 원자가 들어가 서로 바꾸는 것이다. (Ag − Cu, Cu − Zn 등)

> **참고** 일반적으로 금속 사이에 고용체는 치환형이 많다.

- 규칙 격자형 : 고용체 내에서 원자가 어떤 규칙성을 가지고 배열된 경우이다. (Ni_3 − Fe, Cu_3 − Au, Fe_3 − Al)

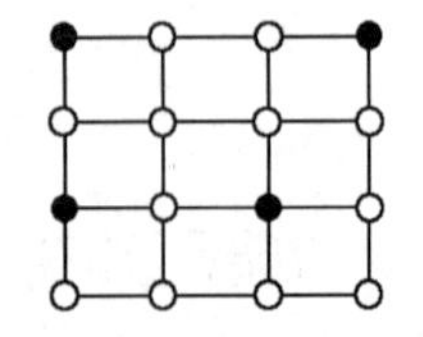
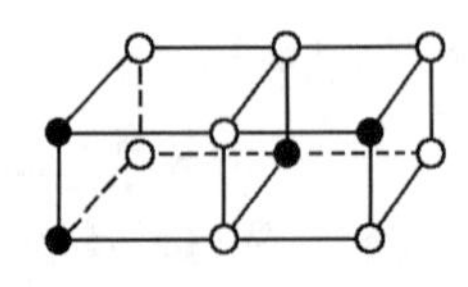

▲ 치환형

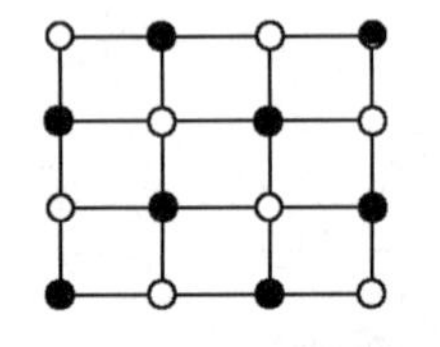
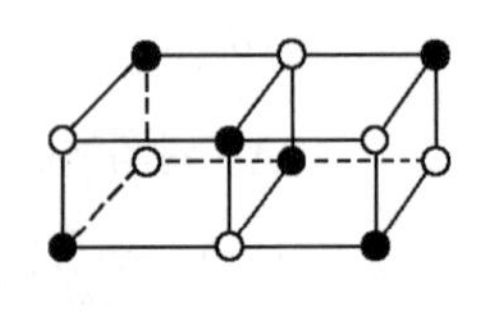

▲ 규칙 격자형

㉡ 금속간 화합물 : 친화력이 큰 성분 금속이 화학적으로 결합되면 각 성분 금속과는 성질이 현저하게 다른 독립된 화합물을 만드는데 이것을 금속간 화합물이라 한다.(Fe_3C, Cu_4Sn, Cu_3Sn $CuAl_2$, Mg_2Si, $MgZn_2$)

- 금속간 화합물은 일반적으로 경도가 높기 때문에 그 특성을 이용하여 여러 가지 우수한 공구 재료를 만드는 데 사용한다.

⑤ **합금의 응고와 상태도의 관계(합금의 열분석 곡선과 상태도의 관계)**

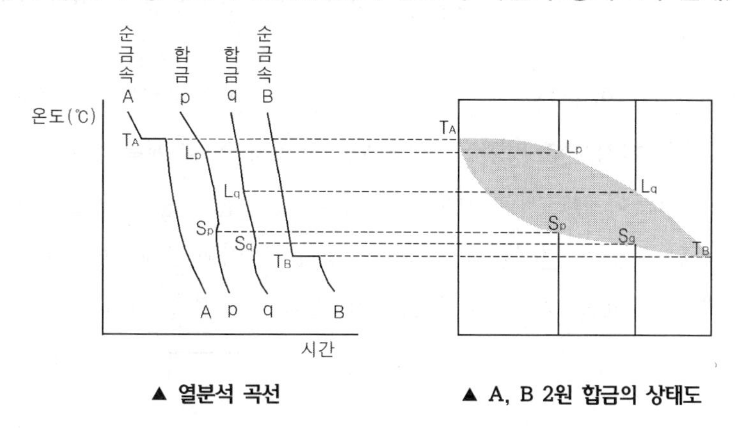

▲ 열분석 곡선 ▲ A, B 2원 합금의 상태도

⑥ **2성분계 상태도** : 서로 다른 2종류의 성분으로 구성되어 있는 금속을 2성분계 금속(합금)이라 하는데 이것은 조성과 온도에 따라 존재하는 상태가 다르다. 일반적으로 조성의 변화를 가로축에 온도의 변화를 세로축에 표시한다. 2성분계의 상태도는 그 형태에 다라 전율 고용체형, 공정계, 포정계, 편정계 등으로 나눌 수 있다.

㉠ 전율 고용체 : 두 성분이 서로 어떠한 비율인 경우에도 상관없이 이것이 용해하여 하나의 상이 될 때 이들 두 성분은 전율 고용한다고 한다.

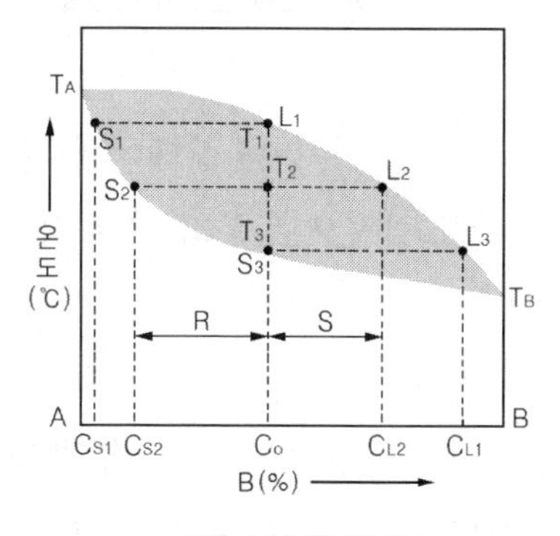

▲ 전율 고용체 상태도

- L_1점에 이르면 용융액에서 고체의 결정이 나오기 시작하는데 이것을 정출이라 한다.
- 온도 T_2에서의 고상과 액상의 상대량은 다음과 같다.

$$고상(\%) = \frac{S}{R+S} \times 100(\%) = \frac{C_{L2} - C_0}{C_{L2} - C_{S2}} \times 100(\%)$$

$$액상(\%) = \frac{R}{R+S} \times 100(\%) = \frac{C_0 - C_{S2}}{C_{L2} - C_{S2}} \times 100(\%)$$

- T_2온도에 있어서는 정출되는 S_2농도인 고상의 양과 L_2 농도인 액상의 양이 T_2점을 지점으로 평형을 유지하게 되는데 이 관계를 천칭 관계라 한다.
- 만일 냉각이 빨라서 확산이 될 시간이 없으면 처음에 정출된 부분과 나중에 정출된 부분의 현저한 농도차가 생기는데 이와 같이 처음에 응고한 부분과 나중에 응고한 부분에서 농도차가 일어나는 것을 편석이라 한다.

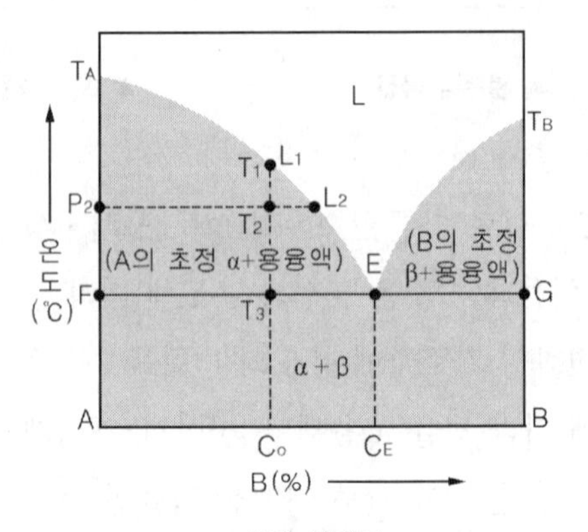

▲ 공정 상태도
(두 성분이 순수하게 정출할 경우)

㉡ 공정 : 두 개의 성분 금속이 용융 상태에서 균일한 액체를 형성하나 응고 후에는 성분 금속이 각각 결정으로 분리, 기계적으로 혼합된 것을 말한다.(액체 ⇔ 고체A + 고체B)

- 그림에서 고상선은 FEG이다.
- E점의 조성(CE)인 합금은 마치 순금속의 경우와 같이 E점이 나타내는 일정 온도에서 응고한다. 그러나 그 곳의 응고 조직은 F점에서 나타내는 A금속과 G점에서 나타내는 B금속이 서로 정출한 것으로 나타난다. 이와같이 일정한

온도에서 동시에 2개의 다른 금속이 정출되는 것을 공정반응이라 하며, 그 조직을 공정 조직, 그 온도를 공정 온도라 한다.

- 공정형 상태도에서 공정 조성보다 왼쪽에 있는 합금을 아공정 합금이라 하며 공정점보다 오른쪽에 있는 합금을 과공정 합금이라 한다.
- 고용체 공정형 상태도 : 그림에서 곡선 CED는 액상선, 곡선 CFEGD는 고상선, 직선 FEG는 공정선, 점 E는 공정점이다. 또한 곡선 FH는 α 고용체(A성분에 B성분이 고용된 것)에서 B성분을 고용할 수 있는 한도를 표시하는 용해도 곡선이며, 곡선 GK는 β 고용체(B성분에 A성분이 고용된 것)에서 A성분을 고용할 수 있는 한도를 표시하는 용해도 곡선이다.

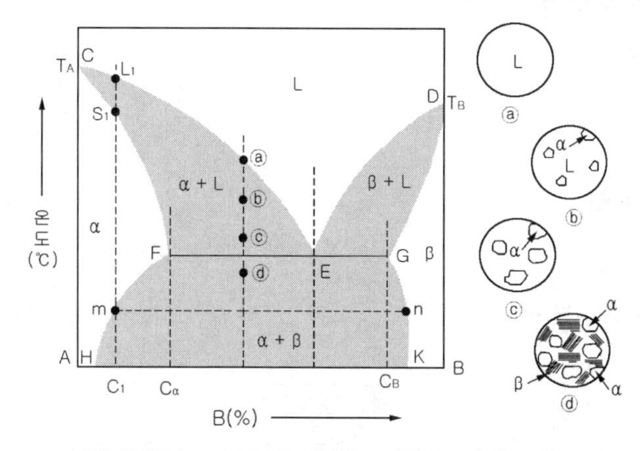

▲ 공정 상태도(A, B 두 성분이 어느 범위의 고용체를 만들 때)

ⓒ 포정 반응 : A, B 양 성분 금속이 용융상태에서는 완전히 융합되나, 고체 상태에서는 서로 일부만이 고용되는 경우로 고용체가 액체와 반응하여 고용체의 외주부에 별개의 고용체를 만드는 포정반응을 일으키는 것을 말한다.

(고용체A + 액체 ⇔ 고용체B) (Cd – Hg계, Co – Cu계 합금)

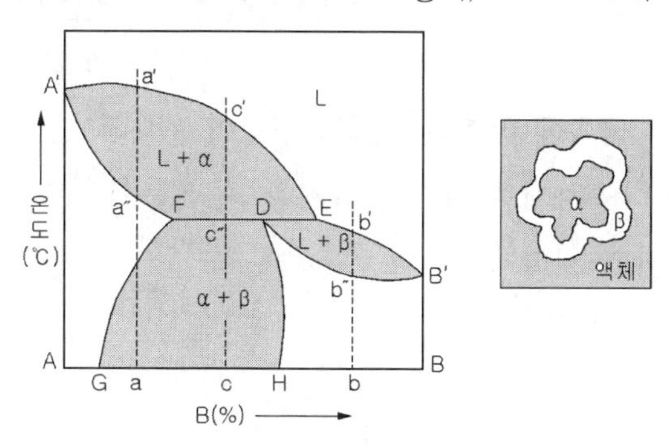

㉣ 편정 반응 : 액체A + 고체 ⇔ 액체B

㉤ 공석 : 고체 상태에서 공정과 같은 현상으로 생성되며 철강의 경우 0.86%C 점에서 오스테나이트와 시멘타이트의 공석을 석출(펄라이트)이라 한다.

7) 재료의 식별

① 모양에 의한 방법

② 색에 의한 방법

㉠ 회백색 : Zn, Pb 등

㉡ 은백색 : Ni, Fe, Mg 등

③ 경도에 의한 방법

④ 불꽃 시험

3. 철강 재료

(1) 철강 재료의 분류

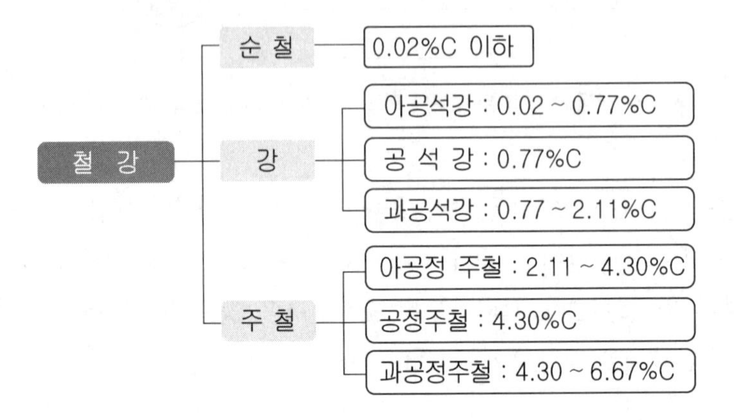

철강 재료는 다른 금속에 비하여 기계적 성질이 우수하며, 열처리를 하면 이들이 가지고 있는 성질을 다양하게 변화시켜 유용한 재료를 조정할 수 있으므로 각종 기계 재료로 많이 사용되고 있다.

(2) 제철법

1) 철의 제조 과정

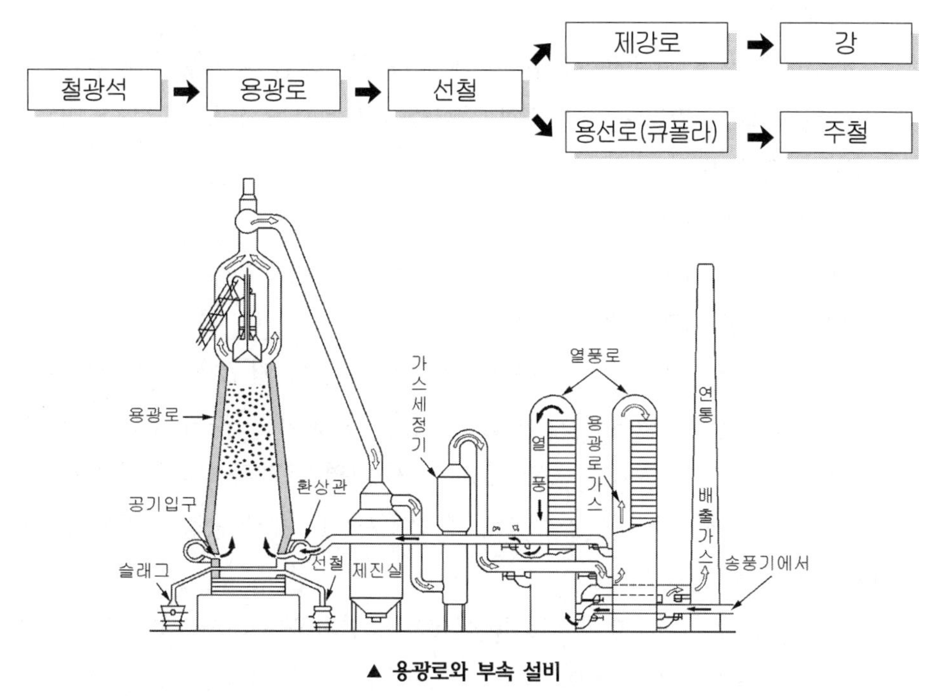

▲ 용광로와 부속 설비

① **철광석** : 40% 이상의 철분을 함유한 것

㉠ 철광석의 종류 : 자철광(철분 약 72%), 적철광(약 70%), 갈철광(약 55%), 능철강(약 40%)

㉡ 인과 황은 0.1% 이하로 제한

② **용광로(고로)** : 철광석을 녹여 선철을 만드는 로

㉠ 1일 선철의 생산량을 ton으로 용량을 표시한다.(보통 100 ~ 2,000ton)

㉡ 열 및 환원제(연료)로 코크스를 사용한다.

㉢ 용제는 석회석과 형석을 사용한다.

㉣ 탈산제는 망간 등을 사용한다.

③ **선철** : 철강의 원료인 철광석을 용광로에서 분리시킨 것.

㉠ 90% 정도가 강을 제조

㉡ 10% 정도가 용선로에서 주철 제조

㉢ 선철은 파단면의 색깔에 따라 백선, 회선, 반선으로 구분

㉣ 용도에 따라 제강용 선철, 주물용 선철로 구분

- 제강용 선철 : 1종은 제강로에 의하여 쓰이는 선철, 2종은 전기로에 의하여 제조되는 선철
- 주물용 선철 : 1종은 회 주철품에 사용되는 선철, 2종은 가단 주철품에 사용되는 선철, 3종은 구상 흑연 주철품에 사용되는 선철

④ **용선로(큐폴라)**

㉠ 주철을 제조하기 위한 로

㉡ 매 시간 당 용해 할 수 있는 무게를 ton으로 용량 표시

⑤ **제강로** : 강을 제조하기 위한 로

용광로에서 생산된 선철은 불순물과 탄소량이 많아 경도가 높고 인성이 낮기 때문에 소성 가공할 수 없어 기계 재료로 사용할 수 없다. 따라서 철강은 선철이나 고철을 전로, 전기로 또는 평로 등의 제강로에서 가열, 용해하여 산화제와 용제를 첨가하여 불순물을 제거하고, 탄소를 알맞게 감소시키는 제강 공정을 거쳐 만들어진다.

㉠ 평로(반사로)

- 바닥이 넓은 반사로인 평로를 이용하여 선철을 용해시키고, 여기에 고철, 철광석 등을 추가로 장입하여 강을 만드는 제강로이다.
- 선철은 1,700℃ 정도의 고온에서 탄소, 규소, 망간 등이 산화에 의하여 제거되며, 황은 슬랙에 의해 제거 조정되고, 정련이 완료될 시기에 페로망간, 페로실리콘, 알루미늄 등을 첨가하여 용강 중의 산소와 질소를 제거한다.
- 연료는 가스발생로에서 발생한 가스 또는 중유를 사용하며, 가스와 공기를 별도로 예열하기 위하여 축열실을 갖추고 있는데, 이 축열실의 온도는 조업할 때 약 1,000℃가 된다.
- 대량 생산이 가능하다.
- 평로의 용량은 1회에 생산되는 용강의 무게로 나타낸다. 보통 25 ~ 300톤의 평로가 사용된다.
- 종류로는 염기성 평로(저급재료), 산성 평로(고급재료)가 있는데 대부분은 염기성 평로가 사용된다.

㉡ 전로 제강법

- 전로제강법은 용해한 쇳물을 경사식으로 된 노에 넣고 연료사용 없이 노 밑에 뚫린 구멍을 통하여 1.5 ~ 2.0 기압의 공기를 불어넣거나, 노 위에서 산소

를 불어넣어 쇳물 안의 탄소나 규소와 그 밖의 불순물을 산화 연소시켜, 정련 과정을 통하여 강으로 만드는 방법이다.

- 1회에 용해하는 양을 톤으로 표시하여 크기를 나타내며, 보통 60 ~ 100톤, 200 ~ 300톤 정도의 것이 사용된다.
- 연료비가 필요 없고, 정련 시간이 짧다. 품질 조절이 불가능하다.
- 강종의 범위도 극저 탄소강으로부터 고탄소강, 합금강까지 제조가 가능하며 건설비는 평로의 60 ~ 70%에 불과하므로 현재 세계적으로 가장 많이 사용되고 있는 제강법이다.
- 단점으로는 주로 용선을 사용하게 되므로 고로 설비가 있는 공장에서만 사용이 가능하다는 단점이 있다.
- 베세머법(산성법) : 고규소, 저인규소 내화물 사용
- 토마스법(염기성) : 저규소, 고인생석회 또는 마그네샤 내화물 사용

ⓒ 전기로 제강법

- 전열을 이용하여 선철, 고철 등의 제강 원료를 용해시켜 강을 만드는 제강법
- 온도 조절이 쉬워 탈산, 탈황, 정련이 용이하므로 우수한 품질을 얻을 수 있으나 전력비가 많이 드는 결점이 있다.
- 전기로의 용량은 1회에 생산되는 용강의 무게로 나타내는데 보통 0.3 ~ 0.5톤의 전기로가 많이 사용된다.
- 전열 발생 방식에 따라 아크식과 전기 저항식, 전기 유도식이 있다.
- 합금강이나 특수강의 고급강 제조에는 주로 고주파 유도로가 사용된다.
- 산소 이외의 유해한 가스의 흡수가 적어 스테인리스강, 내열강 및 공구강 등 특수강 제조에 적합하다.

ⓓ 도가니로

- 1회에 용해할 수 있는 구리의 무게를 kg으로 표시
- 고 순도 강을 제조하는데 목적
- 정확한 성분을 필요로 하는 것에 적합 (동합금, 경합금 등)
- 열효율이 떨어진다.
- 단점으로는 고가이다.

⑥ **강괴의 제조**

평로, 전로, 전기로 등에서 정련이 끝난 용강에 탈산제를 넣어 탈산시킨 다음 주철로 만든 일정한 형태의 주형에 주입하고 그 안에서 응고시킨다. 주형의 단면은 압연이나 단조에 편리하도록 사각형, 육각형, 둥근형 등 여러 형태가 있다.

- 용강을 주형에 부어서 굳힌 금속의 덩어리를 잉곳(ingot)이라 한다.
- 강의 경우는 강괴(steel ingot)라 한다.

㉠ 림드강

- 평로 또는 전로 등에서 용해한 강에 페로망간을 첨가하여 가볍게 탈산시킨 다음 주형에 주입한 것
- 탈산조작이 충분하지 않기 때문에 응고가 진행되면서 용강의 남은 탄소와 산소가 반응하여 일산화탄소가 많이 발생하므로 응고 후에도 방출하지 못한 가스가 아래 그림과 같이 기포 상태로 강괴 내에 남아 있다.

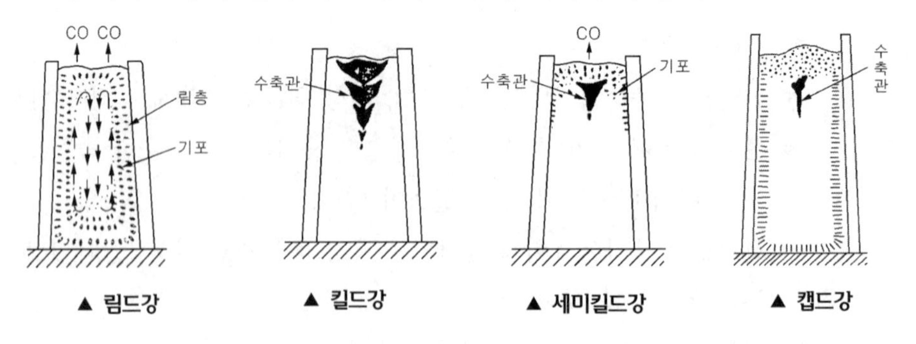

▲ 림드강　▲ 킬드강　▲ 세미킬드강　▲ 캡드강

- 수축공이 없으며 기공과 편석이 많아 질이 떨어진다.
- 탄소 함유량은 보통 0.3%이하의 저 탄소강이 주로 사용된다.
- 구조용 강재 및 피복 아크 용접용 모재 등으로 사용된다.

㉡ 킬드강

- 레이들 안에서 강력한 탈산제인 페로실리콘, 페로망간, 알루미늄 등을 첨가하여 충분히 탈산시킨 다음 주형에 주입하여 응고시킨다.
- 기포 및 편석은 없으나 헤어 크랙이 생기기 쉽다.
- 상부에 수축공이 생기므로 응고 후에 10 ~ 20%를 잘라 낸다.
- 강으로 재질이 균질하고 기계적 성질이 좋다
- 탄소 함유량은 0.3%이상이다.

㉢ 세미킬드강

- 탈산의 정도를 킬드강과 림드강의 중간 정도로 한 것
- 경제성과 기계적 성질이 양자의 중간 정도이며, 일반 구조용 강, 두꺼운 판 등의 소재로 쓰인다.
- 탄소 함유량은 0.15 ~ 0.3%이다.

㉣ 캡드강

- 페로망간으로 가볍게 탈산한 용강을 주형에 주입한 다음, 다시 탈산제를 투입하거나 주형에 뚜껑을 덮고 비등 교반 운동을 조기에 강제적으로 끝마치게 한 것
- 조용히 응고시킴으로써 내부를 편석과 수축공이 적은 상태로 만든 강
- 캡트 탈산제를 사용한 화학적 캡드강과 주형 뚜껑을 사용하여 만든 기계적 캡드강으로 구분한다.

2) 철강의 분류

① **철강의 5대 원소** : C, Si, Mn, P, S

② **순철** : 탄소 0.03%이하를 함유한 철

③ **강**

㉠ 아공석강 : C 0.77% 이하로 페라이트와 펄라이트로 이루어짐

㉡ 공석강 : C 0.77%로 펄라이트로 이루어짐

㉢ 과공석강 : C 0.77%이상으로 펄라이트와 시멘타이트로 이루어짐

> **참고** 펄라이트에서 펄은 진주라는 의미로 페라이트는 검정색 시멘타이트는 흰색이 서로 중앙으로 되어있어 진주같다고 해서 붙여진 이름이다.

④ **주철** : 탄소 1.7 ~ 6.67%를 함유한 철 하지만 보통 2.5 ~ 4.5%까지의 것을 말함

㉠ 아공정 주철 : C1.7 ~ 4.3%

㉡ 공정 주철 : C4.3%

㉢ 과공정 주철 : C4.3% 이상

3) 철강의 성질

① **순철**

㉠ 담금질이 안 됨, 연하고 약함, 전기재료로 사용

㉡ 인장 강도, 비례 한도, 연신율 등의 성질은 결정립이 작을수록 향상됨

② 강

㉠ 제강로에서 제조, 담금질이 잘되고 강도, 경도가 크다.

㉡ 기계 재료로 사용된다.

③ 주강

㉠ 주조한 강을 말하며 주로 산성 평로에서 제조한다.

㉡ 수축률이 크고 균열이 생기기 쉬운 결점이 있어, 풀림(확산 풀림)을 해야 한다.

㉢ 기포 발생 방지를 위하여 탈산제를 많이 사용하므로 Mn, Si 등이 잔재한다.

④ 주철

㉠ 큐폴라(용선로)에서 제조한다.

㉡ 담금질이 안 됨. 경도는 크나 메지므로 주물 재료로 사용된다.

(3) 탄소강

1) 순철

① 순철의 특징

㉠ 탄소량이 낮아서 기계 재료로서는 부적당하지만 항장력이 낮고 투자율이 높아서 변압기, 발전기용 철심으로 사용

㉡ 단접성 용접성 양호

㉢ 유동성 및 열처리성은 불량

㉣ 전·연성이 풍부하여 박철판으로 사용된다.

② 순철의 변태

㉠ 동소 변태 (910℃, 1,400℃)

- A_3 변태(912℃) : α철(체심입방격자) ⇔ γ철(면심입방격자)
- A_4 변태(1,400℃) : γ철(면심입방격자) ⇔ δ철(체심입방격자)

㉡ 자기변태 (768℃)

- A_2 변태(768℃) : α철(강자성) ⇔ α철(상자성)

2) 탄소강

① 탄소강의 성질

㉠ 탄소강의 성질은 함유된 성분, 열처리 또는 가공 방법에 따라 다르나 표준 상태에서는 주로 탄소의 함유량에 크게 영향을 받는다.

㉡ 인장 강도와 경도는 공석 조직 부근에서 최대이다.

㉢ 과공석 조직에서는 경도는 증가하나 강도는 급격히 감소한다.

㉣ 탄소의 함유량에 따라 극연강(0.1%C 이하), 연강(0.1 ~ 0.3%C), 반경강(0.3 ~ 0.5%C), 경강(0.5 ~ 0.8%C), 최경강(0.8 ~ 2.0%C)으로 분류한다.

② 탄소강에서 생기는 취성(메짐)

종류	현 상	원인
청열 취성	강이 200 ~ 300℃로 가열되면 경도, 강도가 최대로 되고, 연신율, 단면 수축률은 줄어들게 되어 메지게 되는 것으로 이때 표면에 청색의 산화 피막이 생성된다.	P
적열 취성	고온 900℃이상에서 물체가 빨갛게 되어 메지는 것을 적열 취성이라 한다.	S
상온 취성	충격, 피로 등에 대하여 깨지는 성질로 일명 냉간 취성이라고도 한다.	P

③ 탄소량과 인장강도의 관계

㉠ 탄소량에 따른 인장 강도 : 20 + 100 × C(%) (C는 탄소 함유량)

㉡ 인장 강도에 따른 경도 : 2.8 × 인장강도

④ 탄소강의 종류

㉠ 저탄소강 : 탄소량이 0.3%이하의 강으로 가공성이 우수하고, 단접은 양호하다. 하지만 열처리가 불량하다. 극연강, 연강, 반연강이 있다.

㉡ 고탄소강 : 탄소량이 0.3%이상의 강으로 경도가 우수하고, 열처리가 양호하다. 하지만 단접이 불량하다. 반경강, 경강, 최경강이 있다.

㉢ 기계 구조용 탄소 강재 : 저탄소강(0.08 ~ 0.23%)구조물, 일반 기계 부품으로 사용한다.

㉣ 탄소 공구강 : 고탄소강(0.6 ~ 1.5%), 킬드강으로 제조한다.

㉤ 주강 : 수축률이 주철의 2배. 융점(1,600)이 높고 강도는 크나 유동성이 작다. 응력, 기포가 발생하여 조직이 억세므로 주조 후 풀림이 필요

㉥ 쾌삭강 : 강에 S, Zr, Pb, Ce 등을 첨가하여 절삭성을 향상시킨 강

㉦ 침탄강 : 표면에 C를 침투시켜 강인성과 내마멸성을 증가시킨 강

⑤ 강의 표준 조직

㉠ 페라이트(α, δ) : 일명 지철이라고도 하며 순철에 가까운 조직으로 극히 연하고 상온에서 강자성체인 체심입방격자 조직이다.

㉡ 펄라이트(α + Fe_3C) : 726℃에서 오스테나이트가 페라이트와 시멘타이트 층상의 공석정으로 변태한 것으로 페라이트보다 경도, 강도는 크며 어느 정도 연성도 가지고 있으며, 자성이 있다.

㉢ 오스테나이트(γ) : γ 철에 탄소를 고용한 것. 탄소가 최대 2.11% 고용된 것으로 723℃에서 안정된 조직으로 실온에서는 존재하기 어렵고 인성이 크며 상자성체이다.

㉣ 시멘타이트(Fe_3C) : 철에 탄소가 6.67% 화합된 철의 금속간 화합물로 현미경으로 보면 흰색의 침상으로 나타나는 조직으로, 고온의 강중에서 생성하는 탄화철을 말한다. 경도가 높고 취성이 많으며 상온에선 강자성체이다. 또한 1,153℃에서 빠른 속도로 흑연을 분리시키는 특성을 갖는다.

㉤ 레데부라이트 : 4.3% 탄소의 용융철이 1,148℃이하로 냉각될 때 2.11% 탄소의 오스테나이트와 6.67% 탄소의 시멘타이트로 정출되어 생긴 공정 주철이며, A_1 점 이상에서는 안정적으로 존재하는 조직으로 경도가 크고 메지는 성질을 가진다.(γ + Fe_3C)

⑥ $Fe-Fe_3C$ 상태도

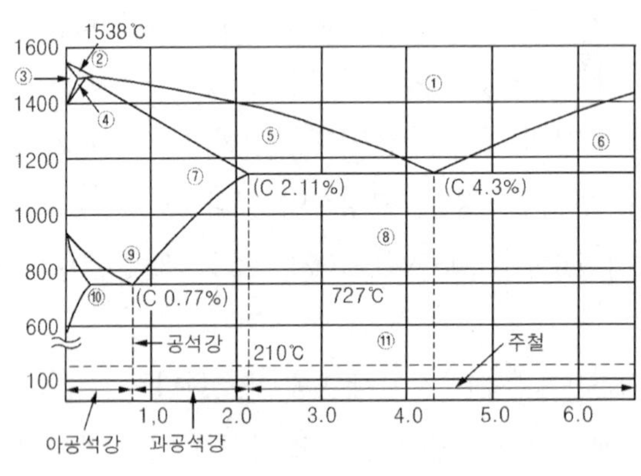

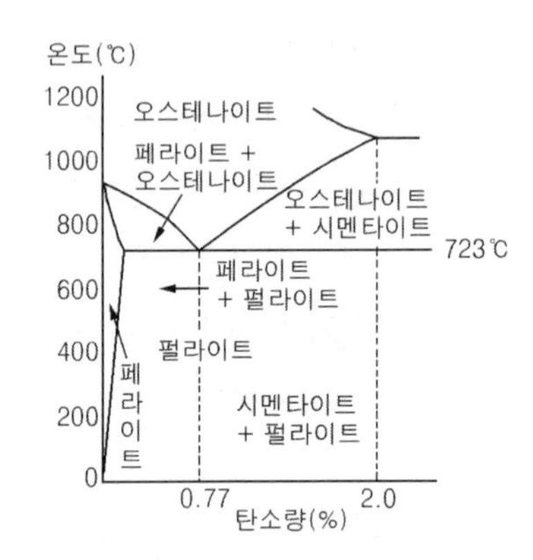

① 용액 ② δ 고용체 + 용액
③ δ 고용체 ④ δ 고용체 + γ 고용체
⑤ γ 고용체 + 용액 ⑥ 용액 + Fe_3C
⑦ γ 고용체 ⑧ γ 고용체 + Fe_3C
⑨ α 고용체 + γ 고용체 ⑩ α 고용체
⑪ α 고용체 + Fe_3C

⑦ **탄소강의 표준 상태의 성질**

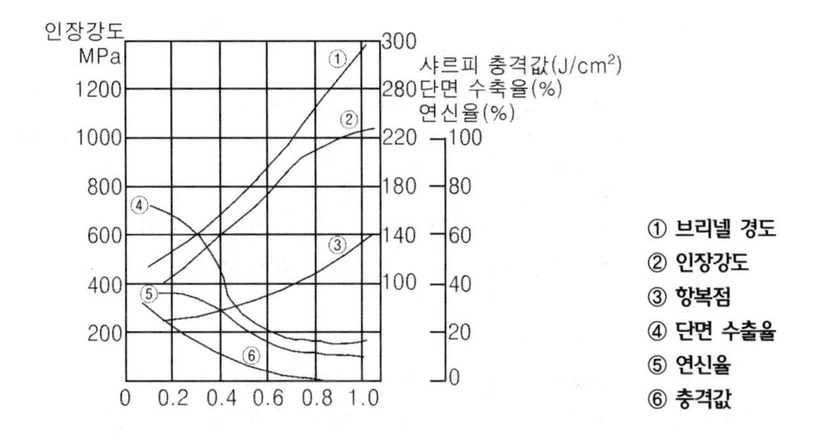

㉠ 물리적 성질과 화학적 성질

- 탄소강의 물리적 성질은 순철과 시멘타이트의 혼합물로서 그 근사 값을 알 수 있으며, 탄소 함유량에 따라 변한다.
- 비중과 선팽창 계수는 탄소의 함유량이 증가함에 따라 감소
- 비열, 전기 저항, 보자력 등은 탄소의 함유량이 증가함에 따라 증가
- 내식성은 탄소의 함유량이 증가할수록 저하
- 시멘타이트 자신은 페라이트보다 내식성이 우수하나 페라이트와 시멘타이트가 공존하게 되면 시멘타이트는 페라이트의 부식을 촉진한다.
- 탄소강에 0.15 ~ 0.25% 정도의 구리를 첨가하면 내식성이 개선된다.
- 탄소강은 알칼리에는 거의 부식되지 않으나 산에는 약하다. 탄소량이 0.2% 이하의 탄소강은 산에 대한 내식성이 있으나 그 이상의 탄소강은 탄소가 많을수록 내식성이 저하된다.

㉡ 기계적 성질

- 아공석강에서는 탄소 함유량이 많을수록 경도와 강도가 증가되지만 연신율과 충격값은 매우 낮아진다.
- 과공석강에서는 망상의 시멘타이트가 생겨 변형이 잘 안되며, 경도 또한 증가된다. 하지만 강도는 오히려 급속히 감소한다.

⑧ 탄소 이외 함유 원소의 영향

성분 원소	영 향
C	• 인장 강도, 경도 항복점 증가 • 연신율, 충격값, 비중, 열전도도는 감소
Mn (0.2 ~ 0.8)	• 인장 강도, 경도, 인성, 점성 증가, • 연성 감소 • 주조성과 담금질성 향상, 고온 가공성 증가 • 황화철(FeS)의 생성을 막아 황의 해(적열 취성)를 제거하며 일반적으로 탈산제로도 쓰인다. • 결정립의 성장 방해
Si 림드강 (0.1% 이하) 킬드강 (0.2 ~ 0.4)	• 인장 강도, 탄성 한도, 경도 증가 • 주조성(유동성) 증가 하지만 단접성은 저하시킴 • 연신율, 충격 값 저하시킴 • 결정립 조대화, 냉간 가공성 및 용접성 저하시킴 • 탈산제
S 쾌삭강 (0.08 ~ 0.35%)	• 인성, 변형률, 충격치가 저하하며 용접성을 저하시킴 • 고온 가공성을 해친다. • 적열 취성의 원인이 된다. • 일반적인 강에서는 0.03% 이하로 제한 • 0.25% 정도 첨가하여 절삭성을 향상
P 공구강 (0.025% 이하)	• 연신율 감소, 균열 발생, 충격값 저하 • 결정립을 거칠게 하며 냉간 가공성 저하 • 청열 취성에 원인
H	• 헤어 크랙 및 은점의 원인, 내부 균열의 원인
Cu	• 부식 저항 증가(내식성 향상) • 압연 할 때 균열 발생

참고 비금속 개재물의 영향(Fe_2O_3, FeO, MnS, MnO, Al_2O_3, SiO_2 등
① 재료 내부에 점 상태로 존재하여 인성을 저하시키고 취성의 원인이 된다.
② 열처리 할 때 개재물로부터 균열이 생긴다.
③ 산화철이나 Al_2O_3, SiO_2 등은 단조나 압연시 균열을 일으키기 쉽고 취성의 원인이 된다.

(4) 합금강(특수강)

① **합금강의 정의** : 합금강은 탄소강에 다른 원소를 첨가하여 강의 기계적 성질을 개선한 강을 말하며, 특수한 성질을 부여하기 위하여 사용하는 특수 원소로는 Ni, Mn, W, Cr, Mo, V, Al 등이 있다.

② **합금강의 특징**

㉠ 기계적 성질이 개선된다.
㉡ 내식, 내마멸성이 좋아진다.
㉢ 고온에서의 기계적 성질 저하 방지를 할 수 있다.
㉣ 담금질성이 개선되다.
㉤ 단접 및 용접성 등이 좋아진다.
㉥ 전·자기적 성질이 개선된다.
㉦ 결정 입자의 성장을 방지한다.

③ **합금강의 분류**

분 류	종 류	주요 용도
구조용 합금강	강인강	크랭크축, 기어, 볼트, 너트, 키, 축
	표면 경화용	기어, 축, 피스톤 핀, 스플라인 축 등
공구용 합금강	합금 공구강	절삭 공구, 프레스 금형, 정, 펀치 등
	고속도 공구강	절삭 공구, 금형 등
내식·내열용 합금강	스테인리스강	칼, 식기, 취사 용구, 화학 공업 장치
	내열강	내연 기관의 흡기·배기 밸브, 터빈 날개, 고온·고압 용기
	내식·내열 초합금	제트 엔진 부품, 터빈 날개
특수용도 합금강	쾌삭강	볼트, 너트, 기어 , 축 등
	스프링강	스프링, 축 등
	내마멸강	크로스 레일, 파쇄기 등
	베어링강	볼 베어링, 전동체(강구, 롤러) 등
	자석용강	전력 기기, 자석 등
	규소강	철심, 변압기 철심
	불변강	게이지, 시계추

④ **첨가 원소의 영향**

첨가 원소	영 향
Ni	강인성과 내식성 및 내산성 증가, 저온 충격 저항 증가
Cr	적은 양에 의하여 경도와 인장강도가 증가하고, 함유량의 증가에 따라 내식성과 내열성 및 자경성이 커지며, 탄화물을 만들기 쉬워 내마멸성을 증가한다. 내식성 증가

첨가 원소	영 향
Mo	텅스텐과 거의 흡사하나, 그 효과는 텅스텐의 약 2배이다. 담금질 깊이가 커지고, 크리프 저항과 내식성이 커진다. 뜨임 취성을 방지한다.
Mn	적은 양일 때는 거의 니켈과 같은 작용을 하며, 함유량이 증가하면 내마멸성이 커진다. 황의 해를 방지한다. 고온에서 강도 경도 증가, 탈산제
Si	적은 양은 다소 경도와 인장 강도를 증가시키고 함유량이 많아지면 내식성과 내열성이 증가된다. 전기적 특성을 개선하며 탈산제, 유동성을 증가한다.
W	적은 양일 때에는 크롬과 비슷하며, 탄화물을 만들기 쉽고, 경도와 내마멸성이 커진다. 또한 고온 경도와 고온 강도가 커진다. 뜨임 취성을 방지한다.
V	몰리브덴과 비슷한 성질이나, 경화성은 몰리브덴보다 훨씬 더하다. 단독으로는 그렇게 많이 사용하지 않고, 크롬 또는 크롬 – 텅스텐과 함께 있어야 비로소 그 효력이 나타난다.
Cu	석출 경화를 일으키기 쉽고, 내산화성을 나타낸다.
Co	고온 경도와 고온 인장 강도를 증가시키나 단독으로는 사용하지 않는다.
Ti	규소나 바나듐과 비슷하며, 입자 사이의 부식에 대한 저항을 증가시켜 탄화물을 만들기 쉬우며, 결정입자를 미세화시킨다.

⑤ 합금강의 분류

㉠ 구조용 합금강 : 탄소강 보다 큰 강도 및 우수한 기계적 성질이 요구될 때 크롬, 니켈, 몰리브덴, 망간, 규소 등을 첨가하여 내마멸성을 개선한 것으로 구조용 합금강은 담금질 및 뜨임 처리를 하여 사용하는 것이 보통

분 류	종 류		특 징
강인강 인장 강도, 탄성한도, 연율, 충격치 등의 기계적 성질이 우수하고 가공성 및 내식성이 좋다.	Ni강(1.5 ~ 5%)		• 질량 효과가 적고 자경성을 가진다.
	Cr강(1 ~ 2%)		• 자경성이 있어 경도 증가, 내마모성 및 내식성 개선
	Mn강	저Mn강 (1 ~ 2%)	• 일명 듀콜강, 조직은 펄라이트 • 용접성 우수, 내식성 개선 위해 Cu첨가
		고Mn강 (10 ~ 14%)	• 하드 필드강(수인강), 조직은 오스테나이트 • 경도가 커서 내마모재, 광산 기계, 칠드 롤러
	Ni – Cr강 (1% 이하)		• 일명 SNC, 뜨임 취성이 있다. • 850℃에서 담금질하고 600℃에서 뜨임하여 소르바이트 조직

분 류	종 류	특 징
강인강 인장 강도, 탄성한도, 연율, 충격치 등의 기계적 성질이 우수하고 가공성 및 내식성이 좋다.	Ni – Cr – Mo강	• Mo 0.15 ~ 0.3첨가로 뜨임 취성 • 가장 우수한 구조용강
	Cr – Mo강	• SNC 대용품
	Cr – Mn – Si강	• 크로만실, 철도용, 크랭크축 등
쾌삭강 (피절삭성 향상)	S, Pb	• 강도를 요하지 않는 부분에 사용
표면 경화용강	침탄강	• Ni, Cr, Mo 첨가
	질화강	• Al, Cr, Mo, Ti, V 등 첨가
스프링강 탄성·피로한도 개선	Si – Mn, Cr – Mn, Cr–V, SUS	• 자동차, 내식, 내열 스프링

Ⓛ 공구용 합금강 : 고온 경도, 내마모성, 강인성이 크며, 열처리가 쉬운 강

분 류	종류 (성분 원소)	특 징
합금 공구강 (STS)	탄소 공구강에 Cr, Ni, W, V, Mo 첨가	• 내마모성 개선, 담금질 효과 개선 • 결정의 미세화
고속도강 (SKH)	W 고속도강 W : Cr : V 18 : 4 : 1	• 600℃ 경도 유지 • 표준형 고속도강으로 일명 H. S. S • 예열 : 800 ~ 900℃ • 1차 경화 1,250 ~ 1,300℃ 담금질 • 2차 경화 550 ~ 580℃에서 뜨임
	Co 고속도강	• 표준형에 Co 3% • 경도 및 점성 증가
	Mo 고속도강	• Mo 첨가로 뜨임 취성 방지
주조 경질 합금	스텔라이트 Co – Cr – W	• 단조가 곤란하여 주조한 상태로 연삭하여 사용 • 절삭 속도는 고속도강의 2배이나 인성은 떨어짐
소결 경질 합금	초경 합금 WC – Co TiC – Co TaC – Co	• Co 점결제, 열처리 불필요 • 수소 기류 중에서 소결 • 1차 소결 : 800 ~ 1,000℃ • 2차 소결 : 1,400 ~ 1,450℃ • D(다이스), G(주철), S(강절삭용) • 내마모성 및 고온 경도는 크나 충격에 약하다.
비금속 초경합금	세라믹 (Al_2O_3)	• 1,600℃에서 소결 • 충격에 대단히 약하다. 고온 절삭용
시효 경화 합금	Fe – W – Co	• 뜨임 경도가 높고 내열성이 우수 • 고속도강 보다 수명이 길고 석출 경화성이 크다.

㉢ 특수용도 합금강

분 류	종류(성분 원소)	특 징
스테인리스강 (SUS)	페라이트계 (Cr 13%)	• 강인성 및 내식성이 있다. • 열처리에 의해 경화가 가능하다. • 용접은 가능하다. 자성체이다.
	마텐자이트계	• 13Cr을 담금질하여 얻는다. • 18Cr 보다 강도가 좋다. • 자경성이 있으며 자성체이다. • 용접성이 불량하다.
	오스테나이트계 (Cr(18) – Ni(8))	• 내식, 내산성이 13Cr 보다 우수 • 용접성이 SUS중 가장 우수 • 담금질로 경화되지 않는다. 비자성체
내열강	Al, Si, Cr을 첨가 산화피막 형성	• 고온에서 성질이 변하지 않는다. • 열에 의한 팽창 및 변형이 적다. • 냉간·열간 가공, 용접이 쉽다. • 탐켄, 해스텔로이, 인코넬, 서미트
자석강(SK)	Si강	• 잔류 자기 항장력이 크다.
베어링강	고탄소 크롬강	• 내구성이 크며, 담금질 직후 반드시 뜨임 필요
불변강	인바(Ni 36%)	• 팽창 계수가 적다. • 표준척, 열전쌍, 시계 등에 사용
	엘린바 (Ni(36) – Cr(12))	• 상온에서 탄성률이 변하지 않음 • 시계 스프링, 정밀 계측기 등
	플래티 나이트 (Ni 10 ~ 16%)	• 백금 대용 • 전구, 진공관 유리의 봉입선 등
	퍼멀로이 (Ni 75 ~ 80%)	• 고 투자율 합금 • 해전 전선의 장하 코일용 등
	기타	• 코엘린바, 초인바, 이소에라스틱

(5) 주강

① 주강의 개요

㉠ 용융한 탄소강 또는 합금강을 주조 방법에 의해 만든 제품을 주강품 또는 강주물이라 하며 그 재질을 주강(cast steel)이라 한다.

㉡ 주강의 탄소량은 0.4 ~ 0.5% 이하를 함유하는 경우가 대부분으로 그 용융 온도가 1,600℃ 전후의 고온이 되기 때문에 주철에 비하여 그 취급이 까다롭다.

㉢ 주강의 경우는 주철에 비하여 응고 수축이 크다.

② **주강의 특성**

㉠ 탄소 주강의 강도는 탄소량이 많아질수록 커지고, 연성은 감소하게 되며, 충격값은 떨어지고 용접성도 나빠진다.

㉡ 망간의 함유량이 증가하면 인장강도는 커지나 탄소에 비해 그 영향은 크지 않다.

㉢ 탄소 주강은 풀림 또는 불림을 하여 사용한다. 불림을 한 것은 풀림을 한 것보다 결정립이 미세해져 인장 강도가 높아지고, 연신율도 향상된다.

㉣ 주철에 비하여 기계적 성질이 우수하고, 용접에 의한 보수가 용이하며, 단조품이나 압연품에 비하여 방향성이 없는 것이 큰 특징이다.

③ **주강의 조직**

㉠ 주강은 Fe－C의 합금으로 C의 함유량이 주철에 비해 낮다.

㉡ 주강의 현미경 조직은 C가 0.8% 이하의 경우에는 페라이트와 펄라이트가 존재하고, 펄라이트는 C 함유량이 많을수록 많아진다. C가 0.8% 이상에서는 펄라이트와 유리 시멘타이트로 되는데 C량이 많아질수록 시멘타이트의 양이 많아진다.

④ **주강의 열처리**

㉠ 주강품은 주조 상태로서는 조직이 억세고 취약하기 때문에 주조한 다음 반드시 풀림 열처리를 하여 조직을 미세화 시킴과 동시에, 주조할 때 생긴 응력을 제거하여 사용한다.

㉡ 보통 주강에 실시하는 열처리는 탄소강의 열처리 방법과 같으나, 담금질은 합금의 첨가 효과를 높이기 위하여 실시한다. 담금질한 다음에는 내부 응력의 제거와 인성을 부여하기 위하여 뜨임을 한다.

⑤ **주강의 종류와 용도**

㉠ 보통 주강(carbon cast steel)

- 보통 주강은 탄소 주강이라고도 하며, 탄소의 함유량에 따라 0.2%이하의 저탄소 주강, 0.2～0.5%의 중탄소 주강, 그 이상의 고탄소 주강으로 구분한다.
- 탈산제로는 규소, 망간, 알루미늄, 티탄 등이 첨가되어 있다.
- 보통 주강에서는 규소나 망간을 0.5% 이내로 하는 것이 일반적이다.
- 철도, 조선, 광산용 기계 및 설비 그리고 구조물 및 기계 부품 등의 기계 재료로 사용된다.

㉡ 합금 주강(alloy cast steel)

- 합금 주강은 강도 또는 내식성, 내열성 및 내마멸성 등을 향상시키기 위하여 보통 주강에 니켈, 망간, 구리, 몰리브덴, 바나듐 등의 원소를 1종 또는 2종 이상 배합한 주강을 말한다.
- 종류로는 니켈 주강(강인성을 높일 목적), 크롬 주강(강도와 내마멸성이 증가), 니켈-크롬 주강(저합금 주강으로 강도가 크고 인성이 양호), 망간 주강(펄라이트계인 저망간 주강은 열처리하여 제지용 롤 등에 사용)이 있다.

(6) 주철

1) 주철의 개요

① 주철의 탄소 함유량은 2.0 ~ 6.68%의 강이다.

② 실용적 주철은 2.5 ~ 4.5%의 강이다.

③ 철강보다 용융점(1,150 ~ 1,350℃)이 낮아 복잡한 것이라도 주조하기 쉽고 또 값이 싸기 때문에 일반 기계 부품과 몸체 등의 재료로 널리 쓰인다.

④ 전·연성이 작고 가공이 안 된다.

⑤ 비중 7.1 ~ 7.3으로 흑연이 많아질수록 낮아진다.

⑥ 담금질, 뜨임은 안 되나 주조 응력의 제거 목적으로 풀림 처리는 가능하다.

⑦ 자연 시효 : 주조 후 장시간 방치하여 주조 응력을 제거하는 것이다.

2) 주철의 성장

고온에서 장시간 유지 또는 가열 냉각을 반복하면 주철의 부피가 팽창하여 변형 균열이 발생하는 현상

- Fe_3C의 흑연화에 의한 성장
- A_1 변태에 따른 체적의 변화
- 페라이트 중에 고용되어 있는 규소의 산화에 의한 팽창
- 불균일한 가열로 생기는 균열에 의한 팽창
- 흡수된 가스에 의한 팽창

① **흑연화**

㉠ 촉진제 : Si, Ni, Ti, Al

㉡ 흑연화 방지제 : Mo, S, Cr, V, Mn

② **전 탄소량** : 유리 탄소와 화합 탄소를 합친 양

③ 탄소 4.3% 공정 주철, 1.7 ~ 4.3% 아공정 주철, 4.3%이상 과공정 주철

3) 주철의 장·단점

장점	• 용융점이 낮고 유동성(주조성)이 좋다. • 마찰 저항성이 우수하다. • 내식성이 있다. • 가격이 저렴하며 절삭 가공이 된다. • 압축 강도가 크다.(인장강도의 3 ~ 4배)
단점	• 인장 강도와 충격값이 작다. • 상온에서 가단성 및 연성이 없다. • 용접이 곤란하다.

4) 주철의 조직

① **구성** : 펄라이트와 페라이트가 흑연으로 구성

② **주철 중의 탄소의 형상**

㉠ 유리 탄소(흑연) – 규소가 많고 냉각 속도가 느릴 때 회주철(편상)

- 흑연은 인장 강도를 약하게 하나 흑연의 양, 크기, 모양 및 분포 상태는 주물의 특징인 주조성, 내마멸성 및 절삭성, 인성 등을 좋게 하는데 영향을 끼친다.
- 흑연을 구상화 하면 흑연이 철 중에 미세한 알갱이 상태로 존재하게 되어 주철을 탄소강과 유사한 강인한 조직을 만들 수 있다.
- 안정 평형 상태

㉡ 화합 탄소(Fe_3C) – 규소가 적고 망간이 많으며, 냉각 속도가 빠를 때 백주철(괴상)

- 주철에서 나타나는 상은 흑연을 비롯하여 Fe_3C, MnS, FeS, Fe_3P 등이 있는데 이중 Fe_3C(시멘타이트)의 경도가 1,100(HV)정도로 가장 단단하다.
- 준안정 평형 상태

③ **흑연화** : 화합 탄소가 3Fe와 C로 분리되는 것

④ **흑연화의 영향** : 용융점을 낮게 하고 강도가 작아진다.

5) 마우러 조직 선도

C, Si의 양 냉각 속도에 따른 조직의 변화를 표시한 것

① **페라이트(ferrite)** : 페라이트는 철을 주체로 한 고용체로서, 주철에 있어서는 규소의 전부, 망간의 일부 및 극히 소량의 탄소를 포함하고 있다.

② **펄라이트(pearlite)** : 단단한 시멘타이트와 연한 페라이트가 혼합된 상이므로 그 성질은 양자의 중간정도이다.

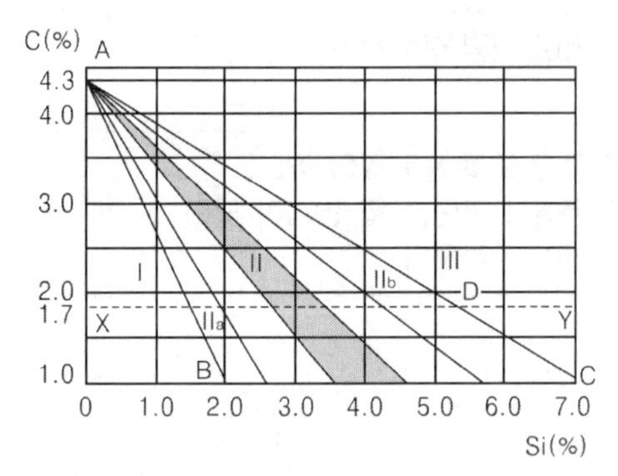

㉠ 백주철(Ⅰ) : pearlite + cementite

㉡ 반주철(II_a) : pearlite + cementite + 흑연

㉢ 펄라이트 주철(Ⅱ) : pearlite + 흑연

㉣ 보통주철(II_b) : pearlite + ferrite + 흑연 → 일명 회주철

㉤ 극연주철(Ⅲ) : ferrite + 흑연 → 페라이트 주철

③ **흑연의 모양과 분포**

㉠ A형 : 편상구조로 기계적 성질 우수

㉡ B형 : 장미꽃 형태로 기계적 성질이 나쁘다.

㉢ C형 : 미세한 흑연 중에 조대한 초정 흑연이 혼합되어 있다.

㉣ D형 : 미세한 공정 흑연으로 강도 내마멸성이 나쁘다.

㉤ E형 : 수지 상정 간의 편석 형태의 분포를 하고 있으며, 강도는 높지만 굴곡성이 부족하다.

(A형)

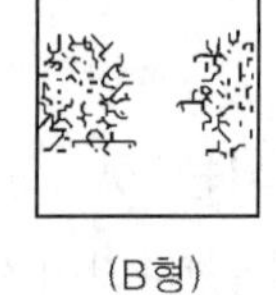
(B형)

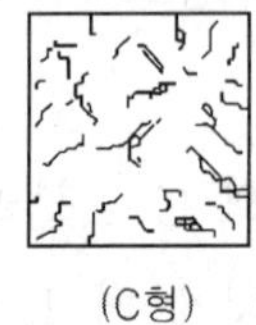
(C형)

(D형)

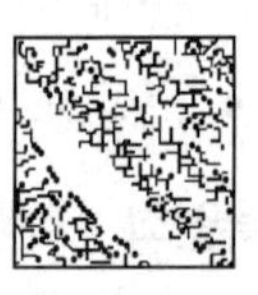
(E형)

④ **스테타이트** : Fe - Fe_3C - Fe_3P의 3원 공정 조직 내마모성이 강해지나 오히려 다량일 때는 취약해진다.

6) 주철의 성질

① 물리적 성질

㉠ 비중은 규소와 탄소가 많을수록 작아지며, 용융 온도는 낮아진다.

㉡ 흑연편이 클수록 자기 감응도가 나빠진다.

㉢ 투자율을 크게 하기 위해서는 화합 탄소를 적게 하고 유리 탄소를 균일하게 분포시킨다.

㉣ 규소와 니켈의 양이 증가할수록 고유 저항이 높아진다.

② 화학적 성질

㉠ 염산, 질산 등의 산에는 약하나 알칼리에는 강하다.

㉡ 물에 대한 내식성이 매우 좋아 상수도용 관으로 사용한다. 하지만 물이 급속하게 충돌하는 곳에서는 주철은 심하게 침식된다.

㉢ 바닷물에 대해서는 비교적 내식성이 좋으나 파도 등의 충격을 받으면 침식이 쉽게 일어난다.

③ 기계적 성질

㉠ 주철은 경도를 측정하여 그 값에 따라 재질을 판단할 수 있으며 주로 브리넬 경도(HB)로 사용한다. 페라이트가 많은 것은 HB = 80 ~ 120, 백주철의 경우에는 HB = 420 정도이다.

㉡ 주철의 기계적 성질은 탄소강과 같이 화학성분만으로는 규정할 수가 없기 때문에, KS규격에서는 인장강도를 기준으로 분류하고 있으며, 회주철의 경우는 98 ~ 440MPa범위이다. 하지만 탄소, 규소의 함유량과 주물 두께의 영향을 같이 나타내기 위하여 편의상 탄소 포화도를 사용하며 얇은 주물을 제외하고는 포화도 Sc = 0.8 ~ 0.9정도의 것이 가장 큰 인장강도를 갖는다.

㉢ 압축강도는 인장강도의 3 ~ 4배 정도이며, 보통 주철에서는 4배 정도이고 고급 주철일수록 그 비율은 작아진다.

㉣ 주철은 깨지기 쉬운 큰 결점을 가지고 있다. 하지만 고급 주철은 어느 정도 충격에 견딜 수 있다. 저탄소, 저규소로 흑연량이 적고 유리 시멘타이트가 없는 주철은 다른 주철에 비하여 충격값이 크다.

㉤ 주철 조직 중 흑연이 윤활제 역할을 하고, 흑연 자신이 윤활유를 흡수, 보유하므로 내마멸성이 커진다. 크롬을 첨가하면 내마멸성을 증가시킨다.

㉥ 회주철에는 흑연의 존재에 의해 진동을 받을 때 그 에너지를 속히 흡수하는 특성이 있으며, 이 성능을 감쇠능이라 한다. 회주철의 감쇠능은 대단히 양호하며, 강의 5 ~ 10배에 달한다.

④ 고온에서의 성질

㉠ 주철 조직에 함유되어 있는 시멘타이트는 고온에서는 불안정한 상태로 존재하며, 450 ~ 600℃에 이르면 철과 흑연으로 분해하기 시작하여 750 ~ 800℃에서 $Fe_3C \rightarrow 3Fe + C$로 분해되는데 이를 시멘타이트의 흑연화라 한다.

㉡ 주철은 A_1 변태점 이상의 온도에서 장시간 방치하거나 다시 되풀이하여 가열하면 점차로 그 부피가 증가되는 성질이 있는데, 이러한 성질을 주철의 성장이라 한다.

㉢ 주철은 400℃ 정도까지는 상온에서와 같이 내열성을 가지나 400℃를 넘으면 강도가 점차 저하되고 내열성도 나빠진다.

㉣ 유동성은 용해 후 주형에 주입할 때 주철 쇳물의 흐르는 정도를 나타내는 것으로 탄소, 규소, 인, 망간 등의 함유량이 많을수록 유동성은 증가하나 황은 유동성을 나쁘게 하는 원소이다.

㉤ 주입 후 냉각 응고시에는 부피의 변화가 나타나며, 응고 후에도 온도의 강하에 따라 수축이 생긴다. 수축에 의하여 균열과 수축 구멍 등의 결함이 발생한다.

⑤ 여러 원소의 영향

㉠ 탄소 이외의 원소는 탄소 함유량으로 환산하는데 이를 탄소 당량이라 한다.

$$\text{탄소당량} = C(\%) + \frac{1}{3}Si(\%),$$

$$\text{탄소포화도}(Sc) = \frac{\text{전체탄소함유량}}{4.3 - \frac{Si}{3.2} - 0.2759}$$

- 탄소 포화도 Sc가 1인 경우에는 정확하게 공정이 되고, 흑연과 오스테나이트를 동시에 정출한다. 또 탄소 포화도가 1이하일 때에는 아공정 성분, 1이상일 때에는 과공정 성분으로 된다.

첨가 원소	영 향
C	주철 중의 탄소는 화합 탄소와 유리 탄소로 존재하며 이것이 합해져 전 탄소량이 된다. 탄소 함유량이 4.3%까지의 범위 안에서는 탄소 함유량의 증가와 더불어 용융점이 저하되며, 주조성이 좋아진다. 화합탄소가 많으면 파단면은 흰색이 되어, 쇳물을 주입할 때의 유동성도 나쁘고 냉각시에 수축이 커진다. 흑연이 많으면 수축이 적게 되고 유동성도 좋아지며, 파단면은 회색이 된다.
Si	규소는 화합 탄소를 분리하여 흑연을 유리시키는 성질이 있어 주철의 질을 연하게 하고 냉각시 수축을 적게 하는데 영향을 끼친다.
Mn	보통 주철에서는 0.4 ~ 1.0% 망간을 함유하고 탈황제로 작용한다. 망간은 황과 화합하여 황화망간으로 되어 용해 금속 표면에 떠오르며, 적은 양은 주철의 재질과는 무관하다. 망간 함유량이 증가함에 따라 펄라이트는 미세해지고, 페라이트는 감소한다.
P	주철 중의 인은 제철 과정에서 광석, 코크스 및 석회석으로부터 들어간다. 인이 들어가면 용융점이 저하되어 유동성은 좋아지나 탄소의 용해도가 저하되어 시멘타이트가 많아지면서 단단하고 취약해지므로 보통 주물에서는 0.5% 이하가 좋다.
S	황은 거의 전부가 선철 제조 과정에서 코크스로부터 들어가게 되는데 망간이 적을 때 황화철로 편석 하여 균열의 원인이 된다. 황은 시멘타이트를 안정시키나 많은 황이 존재하면 메짐성이 증가하며, 강도가 현저히 감소된다. 흑연의 정출을 방해하는 황은 유해 원소로 알려지고 있으며 망간이 0.6% 이상 함유되면 0.12%까지 황은 큰 영향은 없다. 하지만 구상 흑연 주철에서 황이 구상화를 방해하게 되므로 0.03%이하로 제한하고 있다.
Ni	페라이트 속에 잘 고용되어 있으며 강도를 증가시키고, 펄라이트를 미세하게 하여 흑연화를 증가시킨다. 또 흑연을 균일하게 분포시키므로 내열성, 내식성 및 내마멸성을 증가시킨다.
Cr	탄화물을 형성시키는 원소이므로 흑연 함유량을 감소시키는 한편 미세하게 하여 주물을 단단하게 한다. 그러나 시멘타이트의 분해가 곤란하므로 가단주철을 제조할 때에는 크롬의 함유량을 최소화하는 것이 좋다.
Cu	적은 양이면 흑연화 작용을 약간 촉진시키며, 인장 강도와 내산, 내식성을 크게 한다. 그러나 너무 많이 혼입하면 시멘타이트의 분해는 대단히 곤란해지므로 약 0.1 ~ 0.5% 정도로 제한해야 한다.
Mg	흑연의 구상화를 일으키며, 기계적 성질을 좋게 한다. 따라서 구상화 주철은 구상화제로 마그네슘 합금을 사용한다.

7) 주철의 종류

① **보통 주철(회주철 GC 1 ~ 3종)**

㉠ 인장 강도 10 ~ 20kg/mm²

㉡ 조직은 페라이트 + 흑연으로 주물 및 일반 기계 부품에 사용

㉢ C = 3.2 ~ 3.8% Si = 1.4 ~ 2.5% Mn = 0.4 ~ 1.0%, P = 0.3 ~ 0.8%, S < 0.06%

② **고급주철(회주철 GC : 4 ~ 6)**

㉠ 펄라이트 주철을 말한다.

㉡ 인장강도 25kg/mm²이상

㉢ 고강도를 위하여 C, Si량을 작게 한다.

㉣ 조직펄라이트 + 흑연으로 주로 강도를 요하는 기계 부품에 사용

㉤ 종류는 란쯔, 에멜, 코살리, 파워스키, 미하나이트 주철이 있다.

③ **특수 주철의 종류**

종류	특징
미하나이트 주철	• 흑연의 형상을 미세 균일하게 하기 위하여 Si, Si – Ca분말을 첨가하여 흑연의 핵형성을 촉진한다. • 인장강도 35 ~ 45kg/mm² • 조직 : 펄라이트 + 흑연(미세) • 담금질이 가능하다. • 고강도 내마멸, 내열성 주철 • 공작 기계 안내면, 내연 기관 실린더 등에 사용
특수 합금 주철	• 특수 원소 첨가하여 강도, 내열성, 내마모성 개선 • 내열 주철(크롬 주철) : Austenite 주철로 비자성 니크로실날 • 내산 주철(규소 주철) : 절삭이 안되므로 연삭 가공에 의하여 사용 • 고력 합금주철 : 보통주철 + Ni(0.5 ~ 2.0%) + Cr + Mo의 에시큘러주철이 있다.
칠드 주철	• 용융 상태에서 금형에 주입하여 접촉면을 백주철로 만든 것 • 각종의 롤러 기차 바퀴에 사용한다. • Si가 적은 용선에 망간을 첨가하여 금형에 주입
구상흑연 주철 (노듈러 주철) (덕타일주철)	• 용융 상태에서 Mg, Ce, Mg – Cu 등을 첨가하여 흑연을 편상에서 구상화로 석출시킨다. • 기계적 성질 : 인장 강도는 50 ~ 70kg/mm² (주조 상태), 풀림 상태에서는 45 ~ 55kg/mm²이다. 연신율은 12 ~ 20%정도로 강과 비슷하다. • 조직은 Cementite형(Mg첨가량이 많고 C, Si가 적으며, 냉각 속도가 빠를 때 Pearlite형(Cementite와 Ferrite의 중간), Ferrite 형(Mg양이 적당, C 및 특히 Si가 많고, 냉각 속도 느릴 때) 만들어진다. • 성장도 적으며, 산화되기 어렵다. • 가열 할 때 발생하는 산화 및 균열 성장을 방지

종류	특　　징
가단 주철	• 백심 가단주철(WMC) 탈탄이 주목적. 산화철을 가하여 950℃에서 70 ~ 100시간 가열 • 흑심 가단주철(BMC) Fe_3C의 흑연화가 목적 1단계 (850 ~ 950℃ 풀림)유리 Fe_3C → 흑연화 2단계 (680 ~ 730℃ 풀림)Pearlite중에 Fe_3C → 흑연화 • 고력 펄라이트 가단 주철 (PMC) 흑심 가단주철에 2단계를 생략한 것 • 가단주철의 탈탄제 : 철광석, 밀 스케일, 헤어 스케일 등의 산화철을 사용

④ **주철의 열처리**

㉠ 주조 후 장기간 방치하여 두면 주조 응력이 없어지는 경우가 있는데 이를 자연시효라 한다.

㉡ 주조 응력을 제거하려면 풀림 열처리(500 ~ 600℃)하면 된다.

4. 열처리

(1) 일반 열처리

1) 열처리의 목적

금속을 적당한 온도로 가열 및 냉각시켜 특별한 성질을 부여하는데 있다.

2) 담금질

① 강을 A_3 변태 및 A_1 선 이상 30 ~ 50℃로 가열한 후 수냉 또는 유냉으로 급랭시키는 방법

② **조직**

㉠ 마텐자이트(Martensite) : 강을 수냉한 침상 조직으로 강도는 크나 취성이 있다.

㉡ 트루스타이트(Troosite) : 강을 유냉한 조직으로 α − Fe과 Fe_3C의 혼합 조직

㉢ 소르바이트(Sorbite) : 공냉 또는 유냉 조직으로 α − Fe과 Fe_3C의 혼합조직이다. 강도와 탄성을 동시에 요구하는 구조용 재료로 사용한다.

㉣ 오스테나이트(Austenite) : α − Fe과 Fe_3C의 침상 조직으로 노중 냉각하여 얻는 조직으로 연성이 크고, 상온 가공과 절삭성이 양호하다.

③ **서브제로 처리(심랭 처리)** : 담금질 직후 잔류 오스테나이트를 없애기 위해서 0℃ 이하로 냉각하는 것으로 치수의 정확을 요하는 게이지 등을 만들 때 심랭 처리를 하는 것이 좋다.

④ **질량 효과** : 재료의 크기에 따라 내·외부의 냉각 속도가 틀려져 경도가 차이나는 것을 질량 효과라 한다. 일반적으로 탄소강은 질량 효과가 크며 니켈, 크롬, 망간, 몰리브덴 등을 함유한 특수강은 임계 냉각 속도가 낮으므로 질량 효과도 작다. 또한 질량 효과가 작다는 것은 열처리가 잘 된다는 것이다.

⑤ **경화능 시험** : 재료에 따라 담금질이 어느 정도 잘 되느냐 하는 성질을 나타낼 때 경화능이라 하고 강의 열처리 효과는 경화능과 담금질재의 냉각능에 의해 결정된다. 주로 시험 방법은 조미니 시험이 널리 쓰이고 있다.

⑥ **각 조직의 경도 순서** : M > T > S > P > A > F

⑦ **냉각 속도에 따른 조직 변화 순서** : M(수냉) > T(유냉) > S(공랭) > P(노냉) 이중 Pearlite는 열처리 조직이 아님

⑧ **담금질 액**

㉠ 소금물 : 냉각 속도가 가장 빠르다.

㉡ 물 : 처음은 경화능이 크나 온도가 올라 갈수록 저하한다.

㉢ 기름 : 처음은 경화능이 작으나 온도가 올라갈수록 커진다.

㉣ 염화나트륨 10% 또는 수산화나트륨 10% 용액 냉각 능력이 크다.

3) 뜨임

① 담금질된 강을 A_1 변태점 이하로 가열 후 냉각시켜 담금질로 인한 취성을 제거하고 경도를 떨어뜨려 강인성을 증가시키기 위한 열처리이다.

② **뜨임의 종류**

㉠ 저온 뜨임 : 내부 응력만 제거하고 경도 유지 150℃

㉡ 고온 뜨임 : Sorbite 조직으로 만들어 강인성 유지 500 ~ 600℃

③ **뜨임 조직의 변화** :

조직의 변화	뜨임온도(℃)
α－마텐자이트 → β－마텐자이트	100 ~ 200
마텐자이트 → 트루스타이트	250 ~ 400
트루스타이트 → 소르바이트	400 ~ 600
소르바이트 → 펄라이트	650

④ **뜨임 취성의 종류**

㉠ 저온 뜨임 취성 : 300 ~ 350℃ 정도에서 충격치가 저하되는 현상

㉡ 뜨임 시효 취성 : 500℃ 정도에서 시간의 경과와 더불어 충격치가 저하되는 현상으로 Mo첨가로 방지 가능

㉢ 뜨임 서냉 취성 : 550 ~ 650℃ 정도에서 수냉 및 유냉한 것보다 서냉하면 취성이 커지는 현상

4) 불림

① 조직을 표준화 즉 균일화하기 위하여 공냉한다.

② A_3 또는 Acm 변태점 이상 30 ~ 50℃의 온도 범위로 일정시간 가열해서 미세하고 균일한 오스테나이트로 만든 후 공기 중에서 서냉시키면 미세한 α고용체와 Fe_3C로 조직이 변하여 기계적 성질이 향상된다.

③ 불림에서 유의점은 서서히 가열하여 국부적인 가열을 피하고 강재의 크기에 따라 적당한 가열 시간을 유지하며, 필요 이상의 고온 가열이나 장시간 가열을 하지 않는다.

탄소량(%)	불림온도(℃)
0.16이하	925
0.17 ~ 0.34	875
0.35 ~ 0.54	850
0.55 ~ 0.79	830

5) 풀림

재질의 연화 및 응력제거를 목적으로 노내에서 서냉한다.

① **풀림의 목적** : 강을 연하게 하여 기계가공성 향상(완전 풀림), 내부 응력을 제거(응력 제거 풀림), 기계적 성질을 개선(구상화 풀림)

② **풀림의 종류**

㉠ 고온 풀림

- 완전 풀림 : A_3 또는 A_1 변태점 보다 30 ~ 50℃ 높은 온도로 가열하고 일정시간 유지한 다음 노 안에서 아주 서서히 냉각시키면 변태에 의하여 거칠고

큰 결정 입자가 붕괴되어 새로운 미세한 결정 입자가 되며, 내부 응력도 제거되어 연화된다.

- 확산 풀림 : 강의 오스테나이트를 A_3선 또는 Acm선 이상의 적당한 온도로 가열한 다음 장시간 유지하면 결정립 내에 짙어진 탄소, 인, 황 등의 원소가 확산되면서 농도차가 작아진다. 온도는 보통 1,200 ~ 1,300℃이다.
- 항온 풀림

㉡ 저온 풀림

- 응력 제거 풀림 : 주조, 단조, 압연, 용접 및 열처리에 의해 생긴 열응력과 기계가공에 의해 생긴 내부 응력을 제거할 목적으로 150 ~ 600℃정도의 비교적 낮은 온도에서 실시하는 풀림
- 구상화 풀림 : 구상화 열처리는 A_1 변태점 바로 아래나 위의 온도에서 일정 시간을 유지한 다음 서냉하면 시멘타이트는 미세하게 분리되면서 계면 장력에 따라 구상화된다.
- 가공 도중 재료를 연화시키는 연화 풀림 또는 중간 풀림

(2) 특수 열처리

1) 항온 열처리

① **효과** : 담금질과 뜨임을 같이 하므로 균열 방지 및 변형 감소의 효과가 있다.

② **방법** : 강을 Ac_1 변태점 이상으로 가열한 후 변태점 이하의 어느 일정한 온도로 유지된 항온 담금질욕 중에 넣어 일정한 시간 항온 유지 후 냉각하는 열처리이다.

③ **특징** : 계단 열처리 보다 균열 및 변형 감소와 인성이 좋다. 특수강 및 공구강에 좋다.

④ **종류**

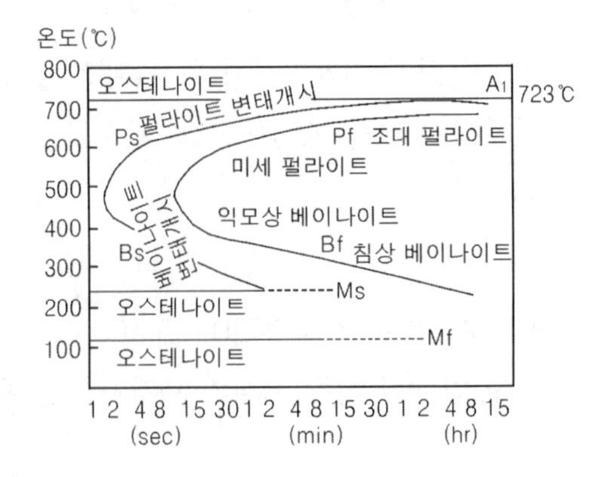

㉠ 오스템퍼 : 베이나이트 담금질로 뜨임이 불필요하다.

㉡ 마템퍼 : 마텐자이트와 베이나이트의 혼합조직으로 충격치가 높아진다.

㉢ 마퀜칭 : S곡선의 코 아래에서 항온 열처리 후 뜨임으로 담금 균열과 변형이 적은 조직이 된다.

㉣ 타임 퀜칭 : 수중 혹은 유중 담금질하여 300 ~ 400℃ 정도 냉각시킨 후 다시 수냉 또는 유냉 하는 방법

㉤ 항온 뜨임 : 뜨임 작업에서 보다 인성이 큰 조직을 얻을 때 사용하는 것으로 고속도강, 다이스강의 뜨임에 사용한다.

㉥ 항온 풀림 : S곡선의 코 혹은 다소 높은 온도에서 항온 변태 후 공랭하여 연질의 펄라이트를 얻는 방법

참고 임계 냉각 속도 : 마텐자이트 변태는 어느 한도 이상의 냉각 속도가 아니면 변태가 일어나지 않는 것을 말한다.

2) 표면 경화법

① 침탄법

㉠ 고체 침탄법 : 침탄제인 코크스 분말이나 목탄과 침탄 촉진제(탄산바륨, 적혈염, 소금)를 소재와 함께 900 ~ 950℃로 3 ~ 4시간 가열하여 표면에서 0.5 ~ 2mm의 침탄층을 얻음.

㉡ 액체 침탄법 : 침탄제인 NaCN, KCN에 염화물 NaCl, KCl, $CaCl_2$ 등과 탄화염을 40 ~ 50%첨가하고 600 ~ 900℃에서 용해하여 C와 N가 동시에 소재의 표면에 침투하게 하여 표면을 경화시키는 방법으로 침탄 질화법이라고도 한다.

㉢ 가스 침탄법 : 메탄가스, 프로판 가스 등에 탄화 수소계 가스로 가득 찬 노 안에 놓고 일정시간 가열하여 소재 표면으로 탄소의 확산이 이루어지게 하는 침탄법이다. 가스 침탄법은 침탄 온도, 기체 공급량, 기체 혼합비 등의 조절로 균일한 침탄층을 얻을 수 있고, 작업이 간편하며, 열효율이 높고, 연속적으로 침탄 온도에서의 직접 담금질이 가능하다는 장점이 있어 공업적으로 다량 침탄을 할 때 이용된다. 침탄 조작, 즉, 고온가열이 완료된 후에는 일단 서냉시킨 다음 1차·2차 담금질, 뜨임을 한다.

② **질화법** : 암모니아(NH_3)가스를 이용하여 520℃에서 50 ~ 100시간 가열하면 Al, Cr, Mo 등이 질화되며, 질화가 불필요하면 Ni, Sn도금을 한다.

③ **침탄법과 질화법의 비교**

비교 내용	침탄법	질화법
경도	작다.	크다.
열처리	필요	불필요
변형	크다.	적다
수정	가능	불가능
시간	단시간	장시간
침탄층	단단하다.	여리다.

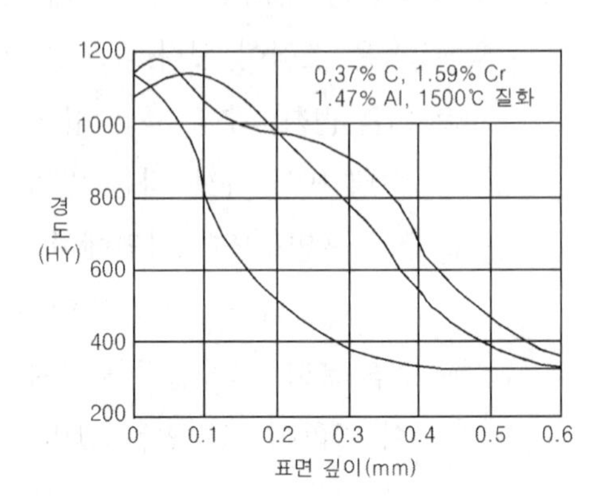

④ **금속 침탄법** : 내식, 내산, 내마멸을 목적으로 금속을 침투시키는 열처리

㉠ 세라 다이징 : Zn
㉡ 크로마이징 : Cr
㉢ 칼로라이징 : Al
㉣ 실리코 나이징 : Si

⑤ **화염 경화법** : 산소 – 아세틸렌 화염으로 표면만 가열하여 냉각시켜 경화

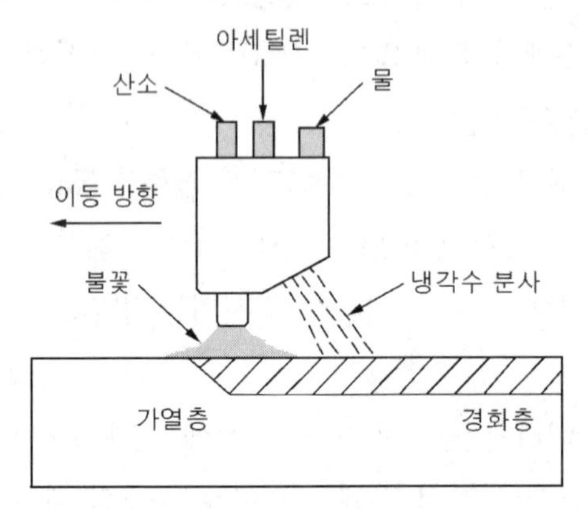

⑥ **고주파 경화법** : 고주파 열로 표면을 열처리하는 방법으로 경화 시간이 짧고 탄화물을 고용시키기가 쉽다. 고주파 경화법은 가열 후 수냉을 하고, 특히 이동 가열에서는 분수 냉각법이 사용된다. 복잡한 형상의 소재도 쉽게 적응할 수 있고, 소요 시간이 짧아 많이 사용되고 있다.

⑦ 기타

㉠ 하드 페이싱 : 소재의 표면에 스텔라이트나 경합금 등을 융접 또는 압접으로 용착시키는 표면 경화법

㉡ 숏 피닝 : 소재 표면에 강이나 주철로 된 작은 입자(∅0.5 ~ 1.0mm)들을 고속으로 분사시켜 가공 경화에 의하여 표면의 경도를 높이는 경화법으로 숏 피닝을 하면 휨과 비틀림의 반복 하중에 대한 피로 한도는 현저히 증가되나 인장강도와 압축강도는 거의 증가하지 않는다.

㉢ 방전 경화법 : 피경화재의 철강 표면과 경화용 초경 합금 전극 사이에 주기적으로 불꽃 방전을 일으켜 공구 , 기타 내구성을 필요로 하는 기계 부품의 표면을 경화하는 방법

㉣ 메탈 스프레이 등

참고

1. 탄소강의 종류

① 냉간 압연 강판(SCP) : 1종, 2종, 3종이 있다.
② 열간 압연 강판(SHP) : SHP1, SHP2, SHP3이 있다.
③ 일반 구조용 압연강(SS) : SS330, SS400, SS490, SS540이 있다.
④ 기계 구조용 탄소강(SM) : SM0C, SM12C, SM15C, SM17C, SM20C, SM22C, SM25C, SM28C, SM30C, SM33C, SM35C, SM38C, SM40C, SM43C, SM45C
⑤ 탄소 공구강(STC) : STC1, STC2, STC3, STC4, STC5, STC6, STC7이 있다. 단, 불순물로서는 0.25% Cu, 0.25% Ni, 0.3% Cr을 초과해서는 안 된다.
⑥ 용접 구조용 압연강재 : SM 400A · B · C, SM 490A · B · C, SM 490YA · YB, SM 520B · C, SM 570, SM 490TMC, SM 520TMC, SM 570TMC(용접구조용 압연강재(KS D3515)의 SWS 표기는 한국산업규격의 개정('97. 10. 22)에 의하여 SM으로 변경되었다. 즉 SM 400A, B, C가 있으며, 400은 인장강도를 의미한다.)

2. 탄소 함유량에 따른 탄소강의 분류

종별	C(%)	인장 강도(Mpa)	연신율(%)	용 도
극연강	0.12미만	370미만	25	강판, 강선, 못, 강관, 리벳
연강	0.13 ~ 0.20	370 ~ 430	22	강판, 강봉, 강관, 볼트, 리벳
반연강	0.20 ~ 0.30	430 ~ 490	20 ~ 18	기어, 레버, 강판, 볼트, 너트 강관
반경강	0.30 ~ 0.40	490 ~ 540	18 ~ 14	강판, 차축
경강	0.40 ~ 0.50	540 ~ 590	14 ~ 10	차축, 기어, 캠, 레일
최경강	0.50 ~ 0.70	590 ~ 690	10 ~ 7	축, 기어, 레일, 스프링, 피아노선
탄소 공구강	0.60 ~ 1.50	690 ~ 490	7 ~ 2	목공구, 석공구, 절삭 공구, 게이지
표면 경화용 강	0.08 ~ 0.20	490 ~ 440	15 ~ 20	기어, 캠, 축

Q1

금속의 일반적인 성질 중 옳지 않은 것은?

① 연성과 전성이 커서 가공이 용이하다.
② 결정체를 만든다.
③ 전기 및 열의 양도체이다.
④ 일반적으로 비중이 작고, 특유의 광택을 가지고 있다.

해설 일반적으로 금속은 비중이 크다.

Q2

비철 금속재료가 아닌 것은?

① 알루미늄
② 구리
③ 주철
④ 니켈

해설 ① 철금속 : 순철, 탄소강, 주강, 주철
② 비철 금속 : 구리, 알루미늄, 마그네슘, 니켈 등
③ 비금속 : 유리, 시멘트 등

Q3

다음 중 기계적 성질이 아닌 것은?

① 경도
② 비중
③ 피로
④ 충격

해설 비중은 물리적 성질이다.

Q4

전기 전도율이 가장 좋은 것은?

① Ag ② Cu
③ Au ④ Al

해설 구리로 잘못 알기 쉬우나 은이 전기 전도와 열전도율은 가장 좋다.

Q5

다음 중 금속의 색깔을 탈색하는 힘이 큰 것부터 작은 것의 순서를 올바르게 나타낸 항은?

① Al – Ag – Sn – Pt
② Fe – Zn – Ni – Ag
③ Sn – Ag – Pt – Al
④ Ni – Fe – Cu – Zn

해설 탈색력이 강한 순서는 Sn > Ni > Al > Fe > Cu > Zn 순이다.

Q6

다음 중 합금의 물리적 성질이 아닌 것은?

① 비중
② 열팽창계수
③ 강도
④ 용융잠열

해설 ① 물리적 성질 : 비중, 열팽창계수, 용융잠열, 열전도율, 전기 전도율 등
② 기계적 성질 : 강도, 경도, 항복점 등
③ 화학적 성질 : 내식성, 내열성, 부식 등

정답 1. ④ 2. ③ 3. ② 4. ① 5. ④ 6. ③

Q7

다음 중 비중이 가장 높은 금속은?

① 크롬　　② 바나듐
③ 망간　　④ 구리

해설

크롬(Cr)	7.19
바나듐(V)	6.16
망간(Mn)	7.43
구리(Cu)	8.93

구리가 가장 비중이 많이 나간다. 하지만 일반적으로 구리는 전연성이 우수하여 얇고 가는 것을 많이 보다 보니까 가벼울 것으로 생각하나 실제로는 철(7.8)보다 무겁다.

Q8

다음 중 경금속에 해당하지 않는 금속으로만 되어 있는 것은?

① Al, Be, Na　　② Si, Ca, Ba
③ Mg, Ti, Li　　④ Cd, Mn, Pb

해설 Cd(8.65), Mn(7.4), Pb(11.4)로 비중이 4.5이상이다.

Q9

다음 재료에서 용융점이 가장 높은 재료는?

① Mg　　② W
③ Pb　　④ Fe

해설 텅스텐(W)가 3,400℃로 용융점이 가장 높아 불활성 가스 텅스텐 아크 용접의 전극으로 사용된다.

Q10

용융점이 가장 높은 금속은?

① 이리듐(Ir)
② 팔라듐(Pd)
③ 텅스텐(W)
④ 몰리브덴(Mo)

해설 텅스텐의 3,400℃로 금속중에서 용융점이 가장 높다. 비중이 가장 높은 것은 이리듐으로 22.5이다.

Q11

열전도율이 가장 큰 금속은?

① 연강　　② 스테인리스강
③ 알루미늄　　④ 구리

해설 전기 전도율

① 순서 : Ag > Cu > Au > Al > Mg > Ni > Fe > Pb 의 순이다.
② 열 전도율도 전기 전도율과 순서가 비슷하다.
③ 금속 중에서 전기 전도율이 가장 좋은 것은 은이다.
④ 일반적으로 순금속에서 다른 금속 또는 비금속을 첨가하여 합금을 만들면 대개의 경우 전기 전도율은 저하된다.

Q12

용접 입열이 일정할 경우 냉각속도가 가장 빠른 모재의 재료는?

① 스테인리스강
② 구리
③ 연강
④ 알루미늄

Q13

다음 중 용융점이 가장 낮은 것은?

① Fe　　② Pb
③ Zn　　④ Sn

해설 주석은 비중이 7.3인 용융 온도가 231.9℃인 은색의 유연한 금속이다.

정답 7. ④　8. ④　9. ②　10. ③　11. ④　12. ②　13. ④

Q14

용접부에 주상조직은 어떤 경우에 생기는가?

① 단층 용접으로 용착량이 많을 때
② 다층으로 용접할 때
③ 용접시 예열과 후열을 할 때
④ 다층용접 후 서랭할 때

해설 주상 조직이란 빠른 냉각으로 중심부를 향하여 방사상으로 이루어지는 결정을 말하며, 용접시 단층 용접으로 용착량이 많은 경우 주상 조직이 생긴다.

Q15

다음 중 합금의 일반적인 성질 중 옳지 않은 것은?

① 강도 및 경도가 증가한다.
② 전·연성은 떨어진다.
③ 용융점이 올라가고 주조성이 향상된다.
④ 색깔이 아름답다.

해설 일반적으로 합금의 용융점은 내려간다.

Q16

외력을 제거해도 원래 상태로 돌아가지 않는 성질을 무엇이라 하는가?

① 취성　② 전성
③ 연성　④ 소성

해설 판금 작업 및 프레스 가공 등에서 필요한 성질로 외력을 제거하면 원래 상태로 돌아가지 않는 것을 소성이라 하며, 돌아가는 것을 탄성이라 한다.

Q17

철의 재결정 온도는?

① 250 ~ 350℃　② 350 ~ 450℃
③ 530 ~ 600℃　④ 200℃

해설 재결정 온도를 기준으로 이상은 열간 가공, 이하는 냉간 가공이라는 용어를 사용한다. 철의 재결정 온도는 350 ~ 450℃이다. 금과 은 등은 200℃이며 백금은 450℃, 납은 −3℃이다.

Q18

금속재료의 가공도와 재결정 온도와의 관계 중 맞는 것은?

① 재결정 온도가 높으면 가공도가 높다.
② 가공도가 큰 것은 재결정 온도가 높아진다.
③ 가공도는 재결정 온도와는 관계없고 가공 형식에 따라 달라진다.
④ 가공도가 큰 것은 재결정 온도가 낮아진다.

해설 가공도가 큰 것은 재결정 온도가 낮아서 쉽게 가공할 수 있다는 것을 의미한다.

Q19

다음 중 면심 입방 격자로 되어 있는 것은?

① 몰리브덴, 아연, 납 크롬
② 알루미늄, 니켈, 구리, 백금
③ 티탄, 카드뮴, 안티몬, 은
④ 구리, 금, 마그네슘, 주석

해설 티탄, 베릴륨, 마그네슘, 아연은 대표적인 조밀육방 격자이다. 또한 몰리브덴, 크롬은 체심 입방 격자이다. 면심 입방 격자는 가공성이 뛰어 나다. 즉 전·연성이 풍부하다.

Q20

액체로부터 고체의 결정이 생성되는 현상은?

① 포정　② 석출
③ 응고　④ 정출

해설 액체로부터 고체의 결정이 생성되는 것은 정출이며, 고용체로부터 고체가 생성되는 것은 석출이라 한다.

정답 14. ①　15. ③　16. ④　17. ②　18. ④　19. ②　20. ④

Q21

금속을 용융 상태에서 서냉할 때 응고하면서 나타나는 결정 형태는?

① 구상　② 주상
③ 관상　④ 수지상

해설 나무 가지 모양이라고 해서 수지상 결정이라 한다.

Q22

철 - 탄소(Fe - C) 평형 상태도에서, 912 - 1,394℃에서는 (　)격자이고(　)철이라 한다. (　)에 각각 알맞는 용어는?

① 면심입방, γ　② 조밀육방, β
③ 체심입방, α　④ 체심입방, δ

해설 금속의 변태
① 동소 변태 : 고체 내에서 원자 배열이 변하는 것
㉠ α - Fe(체심), γ - Fe(면심), δ - Fe(체심)
㉡ 동소 변태 금속 : Fe(912℃, 1,400℃), Co(477℃), Ti(830℃), Sn(18℃) 등
② 자기 변태 : 원자 배열은 변화가 없고 자성만 변하는 것(Fe, Ni, Co)
㉠ 순수한 시멘 타이트는 210℃이하에서 강자성체. 그 이상에서는 상자성체
㉡ 자기 변태 금속 : Fe(768℃), Ni(358℃), Co(1,160℃)

Q23

결정 입자의 크기와 형상에 관한 설명 중 틀린 것은?

① 결정 입자의 크기는 금속의 종류와 불순물의 함량에 따라서 다르다.
② 냉각속도가 빠르면 결정 핵의 수가 많아진다.
③ 결정 핵의 수는 각각의 결정 핵간의 간격, 결정축의 방향 등이 있는 각각의 장소에 따라 다르다.
④ 불순물의 결정을 방지하기 위하여 모서리를 직각이 되게 한다.

해설 불순물의 결정을 방지하기 위하여 라운딩이나 모따기를 한다.

Q24

상온 가공에서의 변화 중 틀린 것은?

① 연신율 증가　② 항복점이 높아짐
③ 인장강도 증가　④ 경도 증가

해설 인장 강도 및 경도가 증가한다는 것은 연신율이 떨어진다는 것과 같은 의미이다.

Q25

동소 변태란?

① 다른 온도에서 성질이 서서히 변하는 것을 의미한다.
② 일정한 온도에서 성질이 점차적으로 변하는 것을 의미한다.
③ 다른 온도에서 성질이 급격히 변하는 것을 의미한다.
④ 일정한 온도에서 성질이 급격히 변하는 것을 의미한다.

해설 동소 변태란 원자 배열이 변하여 성질이 급격히 변하는 것을 말하며 일정한 온도 즉 철에서는 910℃, 1,400℃에서 일어난다.

Q26

다음은 슬립에 대한 설명이다. 관계가 없는 것은?

① 재료에 인장력이 작용할 때 미끄럼 변화를 일으킨다.
② 슬립 면은 원자 밀도가 조밀한 면 또는 그

정답 21. ④　22. ①　23. ④　24. ①　25. ④

것에 가까운 면에서 일어나며 슬립방향은 원자 간격이 작은 방향으로 일어난다.
③ 재료에 인장력이 작용해서 변형전과 변형후의 위치가 어떤 면을 경계로 대칭적으로 변형한 것
④ 소성 변형이 진행되면 저항이 증가하고 강도, 경도 증가

해설 어떤 면을 경계로 대칭적으로 변하는 것은 쌍정이다. 특히 구리합금에서 많이 일어난다.

Q27

쌍정이 생기기 쉬운 원소로 알맞은 것은?

① 주석 ② 안티몬
③ 구리 ④ 비스무트

해설 어떤 면을 경계로 대칭적으로 변하는 것을 쌍정이라 하는데 특히 구리합금에서 많이 일어난다.

Q28

다음은 전위에 관한 설명이다. 잘못된 것은?

① 금속의 결정격자가 불완전하거나 결함이 있을 때 외력에 작용하면 이곳으로부터 이동이 생기는 현상이다.
② 전위에 의해 소성 변형이 생긴다.
③ 전위에는 날끝 전위와 나사 전위가 있다.
④ 황동을 풀림 했을 때나 연강을 저온에서 변형시켰을 때 흔히 일어난다.

해설 슬립, 쌍정(트윈), 전위에 정의의 대하여 문제를 통하여 잘 알아둔다. 구리 합금을 풀림 했을 때 잘 일어나는 것은 쌍정이다.

Q29

다음 중 포정 반응은?

① A고용체 → 용융 A + 용융 B
② 융액 → 고용체A + 고용체 B
③ 융액 + 고용체A → 고용체 B
④ 융액A + 고용체B → 고용체A

해설 융액 + 고용체 A → 고용체 B는 포정 반응이며, 융액 A + 고용체 → 융액 B는 편정 반응이다.

Q30

강자성체만으로 구성된 것은?

① 철 – 니켈 – 코발트
② 금 – 구리 – 철
③ 철 – 구리 – 망간
④ 백금 – 금 – 알루미늄

해설 자기 변태 금속인 Fe(775℃), Ni(358℃), Co(1,160℃)는 강자성체이다.

Q31

강괴의 종류 중 탄소 함유량이 0.3% 이상이고, 재질이 균일하고, 기계적 성질 및 방향성이 좋아 합금강, 단조용강, 침탄강의 원재료로 사용되나 수축관이 생긴 부분이 산화되어 가공 시 압착되지 않아 잘라내야 하는 것은?

① 킬드강 ② 세미킬드강
③ 림드강 ④ 캡드강

해설 강괴(steel ingot)
① 림드강
㉠ 평로 또는 전로 등에서 용해한 강에 페로 망간을 첨가하여 가볍게 탈산시킨 다음 주형에 주입한 것
㉡ 탈산 조작이 충분하지 않기 때문에 응고가 진행되면서 용강 의 남은 탄소와 산소가 반응하여 일산화 탄소가 많이 발생하므로 응고 후에도 방출하지 못한 가스가 아래 그림과 같이 기포 상태로 강괴 내에 남아 있다.
㉢ 수축공이 없으며 기공과 편석이 많아 질이 떨어진다.

정답 26. ③ 27. ③ 28. ④ 29. ③ 30. ① 31. ①

㉣ 탄소 함유량은 보통 0.3%이하의 저 탄소강이 주로 사용된다.
㉤ 구조용 강재 및 피복 아크 용접용 모재 등으로 사용된다.
② 킬드강
㉠ 레이들 안에서 강력한 탈산제인 페로실리콘, 페로망간, 알루미늄등을 첨가하여 충분히 탈산시킨 다음 주형에 주입하여 응고시킨다.
㉡ 기포 및 편석은 없으나 헤어 크랙이 생기기 쉽다.
㉢ 상부에 수축공이 생기므로 응고 후에 10~20%를 잘라 낸다.
㉣ 강으로 재질이 균질하고 기계적 성질이 좋다
㉤ 탄소 함유량은 0.3%이상이다.

Q32

용접금속에 수소가 잔류하면 헤어크랙(Hear Crack)의 원인이 된다. 용접시 수소의 흡수가 가장 많은 강은?

① 저탄소킬드강
② 세미킬드강
③ 고탄소킬드강
④ 세미림드강

해설 킬드강은 용강 중에 Fe－Si, 또는 Al 분말 등의 강한 탈산제를 첨가하여 완전히 탈산한 강을 말한다. 용접이 원활한 강은 저탄소강이며 용접시 수소의 함유로 인하여 헤어크랙 등이 생길 수 있는 것이 저탄소킬드강이다.

Q33

탄소강에서 헤어크랙(hair crack)의 원인이 되는 원소는?

① 산소
② 수소
③ 질소
④ 탄소

해설 수소는 머리카락 모양처럼 생기는 헤어 크랙과 고기 눈 처럼 빛나는 은점의 원인이 된다.

Q34

용접부에 은점을 일으키는 주요 원소는?

① 수소　② 인
③ 산소　④ 탄소

Q35

순철에 대한 설명 중 맞는 것은?

① 순철은 동소체가 없다.
② 전기 재료 변압기 철심에 많이 사용된다.
③ 기계 구조용으로 많이 사용된다.
④ 순철에는 전해철, 탄화철, 쾌삭강 등이 있다.

해설 페라이트(α, δ)는 일명 지철이라고도 하며 순철에 가까운 조직으로 극히 연하고 상온에서 강자성체인 체심입방격자 조직으로 변압기 철심 등에 사용된다. 912℃를 기준으로 이하를 α철(체심 입방 격자), 1,400℃까지를 γ철(면심입방 격자), 그 이후는 다시 δ철(체심입방격자)의 동소체를 갖는다.

- 순철의 성질
  ① 담금질이 안 됨, 연하고 약함, 전기재료로 사용
  ② 인장 강도, 비례 한도, 연신율 등의 성질은 결정립이 작을수록 향상됨

Q36

다음 중 연성이 가장 큰 재료는?

① 순철　② 탄소강
③ 경강　④ 주철

Q37

순철의 자기 변태점은 다음 중 몇 ℃인가?

① 520℃　② 768℃
③ 907℃　④ 1,400℃

해설 자기 변태 금속 Fe(768℃), Ni(358℃), Co(1,160℃)

32. ①　33. ②　34. ①　35. ②　36. ①　37. ②

Q38

자기 감응도가 크고, 잔류자기 및 항자력이 작으므로, 변압기의 철심이나 교류기계의 철심 등에 쓰이는 강은?

① 텅스텐강 ② 코발트강
③ 규소강 ④ 크롬강

해설 규소강은 변압기 철심 등에 사용된다.

Q39

자기변형이 감소되어 자성이 개선되며, 전기저항도가 향상되어 전류의 손실이 작아져서 철심재료로 많이 쓰이는 것은?

① 규소강 ② 스프링강
③ 영구 자석강 ④ 쾌삭강

해설 규소강은 자기변형이 감소되어 자성이 개선되며, 전기저항도가 향상되어 전류의 손실이 작아져서 철심재료로 많이 쓰인다.

Q40

다음 중 철강의 탄소 함유량에 따라 대분류한 것은?

① 순철, 강, 주철
② 순철, 주강, 주철
③ 선철, 강, 주철
④ 선철, 주강, 주철

해설 철강의 분류
① 철강의 5대 원소 : C, Si, Mn, P, S
② 순철 : 탄소 0.03%이하를 함유한 철
③ 강 : 아 공석강 : C0.77% 이하로 페라이트와 펄라이트로 이루어짐, 공석강 : C0.77%로 펄라이트로 이루어짐, 과 공석강 : C0.77%이상으로 펄라이트와 시멘타이트로 이루어짐
④ 주철 : 탄소 2.0 ~ 6.68%를 함유한 철 하지만 보통 4.5%까지의 것을 말함. 아공정 주철 : C1.7 ~ 4.3%, 공정 주철 : C4.3%, 과공정 주철 : C4.3%이상

Q41

철강의 분류는 무엇으로 하는가?

① 성질 ② 탄소량
③ 조직 ④ 제작방법

Q42

탄소강의 성질에 가장 큰 영향을 끼치는 원소는?

① 탄소 ② 규소
③ 망간 ④ 황

Q43

탄소강 중에 함유되어 있는 대표적인 5원소는?

① Mn, S, P, H_2, Si
② C, P, S, Si, Mn
③ Si, C, Ni, Cr, Mo
④ P, S, Si, Ni, O_2

해설 철강의 분류
① 철강의 5대 원소 : C, Si, Mn, P, S
② 순철 : 탄소 0.03%이하를 함유한 철
③ 강 : 아 공석강 : C0.77% 이하로 페라이트와 펄라이트로 이루어짐, 공석강 : C0.77%로 펄라이트로 이루어짐, 과 공석강 : C0.77%이상으로 펄라이트와 시멘타이트로 이루어짐
④ 주철 : 탄소 2.0 ~ 6.68%를 함유한 철 하지만 보통 4.5%까지의 것을 말함. 아공정 주철 : C1.7 ~ 4.3%, 공정 주철 : C4.3%, 과공정 주철 : C4.3%이상

Q44

다음 중 저 탄소강의 탄소함유량은?

① C = 0.30% 이하
② C = 0.30 ~ 0.45%

38. ③ 39. ① 40. ① 41. ② 42. ① 43. ②

③ C = 0.45 ~ 1.7%
④ C = 1.7 ~ 2.5%

해설 탄소강의 성질은 함유된 성분, 열처리 또는 가공 방법에 따라 다르나 표준 상태에서는 주로 탄소의 함유량에 크게 영향을 받는다.

인장 강도와 경도는 공석 조직 부근에서 최대이다. 과공석 조직에서는 경도는 증가하나 강도는 급격히 감소한다. 탄소의 함유량에 따라 극연강(0.1%C 이하), 연강(0.1 ~ 0.3%C), 반경강(0.3 ~ 0.5%C), 경강(0.5 ~ 0.8%C), 최경강(0.8 ~ 2.0%C)으로 분류한다. 또한 탄소량 0.3%이하 즉 연강부분을 저탄소강이라 한다.

Q45

탄소강에 함유되는 주요한 원소에 해당되는 것은?

① Zn ② Mn
③ Co ④ Ni

Q46

탄소강에서 가장 많이 함유된 주성분 원소는?

① Fe + Mn ② Fe + Si
③ Fe + C ④ Fe + Cu

Q47

일반적으로 탄소 함유량이 증가함에 따라 용접성이 불량하여 지므로 탄소강보다는 저합금강이 훨씬 많이 실용화되는데 그 이유로 틀린 것은?

① 탄소강의 인성과 전성이 증가하여 용접성이 불량해진다.
② 질량효과가 크므로 열처리 효과가 나쁘다.
③ 경화도중에 균열 경향이 크다.
④ 고온에서 내식성과 내산화성이 불량하다.

해설 탄소강의 물리적 성질은 순철과 시멘타이트의 혼합물로서 그 근사값을 알 수 있으며, 탄소 함유량에 따라 변한다.

① 인성(질긴 성질), 전성(퍼지는 성질)등은 탄소량이 증가하면 오히려 감소한다.
② 탄소 함유량이 많을수록 일반적으로 경도와 강도가 증가되지만 연신율과 충격값은 매우 낮아진다.
③ 비중과 선팽창 계수는 탄소의 함유량이 증가함에 따라 감소
④ 비열, 전기 저항, 보자력 등은 탄소의 함유량이 증가함에 따라 증가
⑤ 내식성은 탄소의 함유량이 증가할수록 저하

Q48

탄소강의 물리적 성질을 설명한 것 중 틀린 것은?

① 탄소 함유량의 증가와 더불어 탄성률, 열전도율이 증가한다.
② 탄소 함유량이 많아지면 시멘타이트가 증가한다.
③ 탄소 함유량의 증가와 더불어 비중, 열팽창계수가 감소한다.
④ 탄소 함유량에 따라 물리적 성질은 직선적으로 변화 한다.

Q49

탄소강이 표준상태에서 탄소의 양이 증가하면 기계적 성질은 어떻게 되는가?

① 인장강도, 경도 및 연신율이 모두 감소한다.
② 인장강도, 경도 및 연신율이 모두 증가한다.
③ 인장강도와 연신율은 증가하나 경도는 감소한다.
④ 인장강도와 경도는 증가하나 연신율은 감소한다.

정답 44. ① 45. ② 46. ③ 47. ① 48. ① 49. ④

Q50

탄소강의 표준상태에서 기계적 성질에 관한 설명으로 옳은 것은?

① 탄소가 많을수록 강도나 경도가 감소하지만 인성 및 충격값은 증가한다.
② 탄소가 많을수록 강도나 경도가 증가하지만 인성 및 충격값은 감소한다.
③ 탄소가 적을수록 강도나 경도가 증가하지만 인성 및 충격값은 감소한다.
④ 탄소가 적을수록 강도나 경도가 증가하며 인성 및 충격값도 함께 증가한다.

Q51

강의 기계적 성질 중 일반적으로 탄소량이 증가함에 따라 감소하는 것은?

① 경도　② 인장강도
③ 연신율　④ 항복점

Q52

일반적으로 탄소강에서 탄소량이 증가할 경우 알맞은 사항은?

① 경도감소, 연성감소
② 경도감소, 연성증가
③ 경도증가, 연성증가
④ 경도증가, 연성감소

Q53

탄소강의 물리적 성질 중 탄소량이 많아지면 그 성질이 증가하는 것은?

① 비중　② 선팽창 계수
③ 용융 온도　④ 비열

Q54

탄소강에 관한 설명으로 옳은 것은?

① 탄소가 많을수록 가공 변형은 어렵게 된다.
② 탄소강의 표준상태에서 탄소가 많을수록 강도가 감소한다.
③ 반경강, 경강, 초경강은 단접이 잘 된다.
④ 탄소강의 표준상태에서 탄소가 많을수록 경도가 감소한다.

Q55

탄소강에서 탄소를 증가시킬수록 내식성은 어떻게 나타나는가?

① 내식성은 좋아진다.
② 내식성은 나빠진다.
③ 내식성은 탄소와 상관이 없다.
④ 구리가 첨가되면 내식성은 감소한다.

Q56

탄소강의 기계적 성질에서 경도와 인장강도가 상승하면 같이 향상되는 성질은?

① 항복점　② 연신율
③ 단면 수축율　④ 충격값

Q57

강의 성질에 가장 크게 영향을 미치는 것은 탄소이다. 탄소량이 증가할 때 옳지 않은 것은?

① 인장강도가 증가한다.
② 경도가 감소한다.
③ 충격치가 떨어진다.
④ 연신율이 감소한다.

정답 50. ② 51. ③ 52. ④ 53. ④ 54. ① 55. ② 56. ① 57. ②

Q58

다음 중 용접성이 가장 좋은 금속은?

① 주철
② 주강
③ 저탄소강
④ 고탄소강

해설 탄소량이 적을수록 용접성은 좋아진다. 그러므로 저탄소강에 비하여 탄소량이 많은 주철, 주강, 고탄소강은 용접성이 떨어진다.

Q59

예열하지 않은 단층용접(강철)재료에서 탄소량이 증가되면 다음 설명 중 옳은 것은?

① 용접성이 좋아진다.
② 용접부의 경도가 낮아진다.
③ 용접부의 경도가 높아진다.
④ 용접부의 경도가 낮아지고, 용접성이 좋아진다.

해설 탄소량에 따른 예열 온도
① 탄소량 0.2% 이하 : 90℃ 이하
② 탄소량 0.2% ~ 0.3% : 90℃ ~ 150℃
③ 탄소량 0.3% ~ 0.45% : 150℃ ~ 260℃
④ 탄소량 0.45% ~ 0.83% : 260℃ ~ 420℃
즉 탄소량이 늘어날수록 예열 온도는 높게 한다. 아울러 탄소량이 늘어나면 강도 및 경도는 높아지고, 연신율, 인성, 충격치 등은 저하한다.

Q60

탄소강 중에 함유된 대표적인 5원소는?

① 탄소, 규소, 니켈, 망간, 인
② 탄소, 규소, 황, 망간, 인
③ 탄소, 규소, 니켈, 크롬, 인
④ 탄소, 규소, 마그네슘, 황, 인

Q61

용융 금속의 유동성을 좋게 하므로 탄소강 중에는 보통 0.2 ~ 0.6% 정도 함유되어 있으며, 또한 이것이 함유되면 단접성 및 냉간가공성을 해치고 충격저항을 감소시키는 원소는?

① 망간　　② 인
③ 규소　　④ 황

해설 규소(림드강 0.1%이하, 킬드강 0.2 ~ 0.4)의 영향
① 인장 강도, 탄성 한도, 경도 증가
② 주조성(유동성) 증가 하지만 단접성은 저하
③ 연신율, 충격 값 저하
④ 결정립 조대화, 냉간 가공성 및 용접성 저하
⑤ 탈산제

Q62

규소가 탄소강에 미치는 영향으로서 틀린 것은?

① 단접성을 양호하게 한다.
② 인장 강도, 탄성 한계, 경도 등을 증가시킨다.
③ 결정을 조대화 한다.
④ 연신율 및 충격 치를 감소시킨다.

해설 규소는 탄소강의 단접성, 냉간 가공성을 저해한다.

Q63

탄소강 중에 함유된 성분 중 규소에 관한 설명으로 틀린 것은?

① 연산율과 충격값을 감소시킨다.
② 인장강도, 탄성한계, 경도를 상승시킨다.
③ 결정립을 조대화 시키고 가공성을 해친다.
④ 강의 담금질 효과를 증대시켜 경화능이 커진다.

정답 58. ③ 59. ③ 60. ② 61. ③ 62. ① 63. ④

Q64

탄소강에서 Mn의 영향은 어떤 것인가?

① 강철의 적열 취성의 원인이 된다.
② 강철의 상온여림의 원인이 된다.
③ 연신율과 충격치 등을 감소시킨다.
④ 황의 해를 제거시킨다.

해설 탄소강 중의 망간의 영향
① 인장 강도, 경도, 인성, 점성 증가
② 연성 감소
③ 주조성과 담금질성 향상, 고온 가공성 증가
④ 황화철(FeS)의 생성을 막아 황의 해(적열 취성)를 제거하며 일반적으로 탈산제로도 쓰인다.
⑤ 결정립의 성장 방해

Q65

탄소강에서 황에 의한 적열 취성을 방지하기 위하여 첨가 하는 원소는 무엇인가?

① 니켈(Ni)
② 크롬(Cr)
③ 규소(Si)
④ 망간(Mn)

Q66

탄소강의 성질에 미치는 인(P)의 영향으로 적당하지 않은 것은?

① 결정입자의 미세화
② 상온 취성의 원인
③ 편석으로 충격값 감소
④ 인장 강도와 경도가 증가

해설 인(P)의 영향
① 연신율 감소, 균열 발생, 충격값 저하
② 결정립을 거칠게 하며 냉간 가공성 저하
③ 청열 취성에 원인

Q67

탄소와 결합하여 탄화물을 만들어 강에 내마멸성을 가지게 하고 내식성, 내산화성을 좋게 하는 합금원소는?

① Mn ② Ni
③ Cr ④ Mo

해설 크롬은 적은 양에 의하여 경도와 인장강도가 증가하고, 함유량의 증가에 따라 내식성과 내열성 및 자경성이 커지며, 탄화물을 만들기 쉬워 내마멸성을 증가한다. 그 외에 원소로 니켈, 망간, 텅스텐, 몰리브덴 등은 열처리 후 공랭 하여도 담금질 효과를 얻을 수 있다.

Q68

강의 자경성을 높여 주는 원소는?

① 크롬 ② 탄소
③ 코발트 ④ 바나듐

Q69

탄소강에 함유된 성분 중 황에 대한 설명으로 옳지 않은 것은?

① 고온가공성을 해치게 한다.
② 냉간 메짐을 일으킨다.
③ 망간을 첨가하여 황의 해를 제거할 수 있다.
④ 0.25%의 황이 함유된 강을 쾌삭강이라 한다.

해설 취성이나 메짐은 같은 말이며 황은 고온 취성(적열 취성), 인은 청열 취성(상온 취성, 냉간 취성의 원인이 된다.

종류	현 상	원인
청열 취성	강이 200 ~ 300℃로 가열되면 경도, 강도가 최대로 되고, 연신율, 단면 수축률은 줄어들게 되어 메지게 되는 것으로 이때 표면에 청색의 산화 피막이 생성된다.	P
적열 취성	고온 900℃이상에서 물체가 빨갛게 되어 메지는 것을 적열 취성이라 한다.	S
상온 취성	충격, 피로 등에 대하여 깨지는 성질로 일명 냉간 취성이라고도 한다.	P

정답 64. ④ 65. ④ 66. ① 67. ③ 68. ① 69. ②

Q70

탄소강의 적열 메짐의 원인이 되는 원소는?

① S ② CO_2
③ Si ④ Mn

Q71

철강 중에 함유되는 황이 황화철(FeS)로 되어 강입자의 경계에 망상되어 분포할 때 고온에서 매우 취약하게 되는 현상은?

① 청열 메짐 ② 적열 메짐
③ 항온 메짐 ④ 측온 메짐

Q72

탄소강이 황(S)을 많이 함유하게 되면 고온에서 메짐(Shortness)이 나타나는 현상을 무엇이라 하는가?

① 적열메짐 ② 청열메짐
③ 저온메짐 ④ 충격메짐

Q73

철강 재료에 다량 함유되면 냉간 메짐을 일으키는 원소는?

① 인 ② 황
③ 규소 ④ 망간

Q74

탄소강이 가열되어 200 ~ 300℃ 부근에서 상온일 때보다 메지게 되는 현상을 무엇이라 하는가?

① 적열메짐 ② 가열메짐
③ 비가열메짐 ④ 청열메짐

Q75

탄소강의 청열메짐(blue - shortness)의 온도는?

① 900℃ 이상 ② 50 ~ 80℃
③ 100 ~ 200℃ ④ 200 ~ 300℃

Q76

탄소 0.25%인 탄소강의 온도 변화에 따른 기계적 성질을 나타낼 때, 인장강도는 몇 도에서 최대를 나타내는가?

① 15℃ ② 100℃
③ 200 ~ 300℃ ④ 768 ~ 910℃

해설 탄소강은 200 ~ 300℃로 가열되면 경도, 강도가 최대로 되고, 연신율, 단면 수축률은 줄어들게 되어 메지게 되는 것으로 이때 표면에 청색의 산화 피막이 생성된다. 이때 생기는 취성을 청열 취성이라 하면 P(인)이 원인이 된다.

Q77

강(Steel)의 상온 가공성을 나쁘게 하며 상온 취성(Cold brittleness)의 원인이 되는 원소는?

① 규소(Si) ② 탄소(C)
③ 인(P) ④ 유황(S)

Q78

탄소강(carbon steel)은 온도에 따라 기계적 성질 변화가 있는데 200 ~ 300℃에서 인장강도와 경도가 최대로 되며 연신율과 단면 수축율은 최소로 된다. 이와 같이 상온에서 보다 취약해지는 성질을 무엇이라고 하는가?

① 적열취성(Red shortness)
② 인성(Toughness)

70. ① 71. ② 72. ① 73. ① 74. ④ 75. ④ 76. ③ 77. ③

③ 자경성(Self – hardness)
④ 청열취성(Blue – shortness)

Q79

탄소강에 함유된 성분에 대한 각각의 설명으로 옳은 것은?

① 황(S)은 헤어 크랙(hair crack)이라고 하는 내부 균열을 가지고 있다.
② 규소(Si)는 강의 고온 가공성을 나쁘게 한다.
③ 수소(H_2)는 용융금속의 유동성을 좋게 하고, 피절삭성을 향상시킨다.
④ 인(P)은 제강할 때 편석을 일으키기 쉽다.

해설 인은 청열 취성의 원인이며 제강할 때 편석을 일으키기 쉽다.

Q80

강의 탈산제로 적당하지 않은 것은?

① 페로 – 실리콘(Fe – Si)
② 알루미늄(Al)
③ 페로 – 망간(Fe – Mn)
④ 페로 – 니켈(Fe – Ni)

해설 용융 금속 중의 산화물을 탈산 정련하는 작용을 하는 탈산제로는 페로실리콘, 페로망간, 페로티탄, 알루미늄 등이 있다.

Q81

0.4% C의 탄소강에 극소량(0.002%정도)을 첨가해도 담금질 경화능이 매우 우수하며, 최근 미국 자동차 공업계에서 니켈 – 크롬강 대용으로 널리 사용되고 있는 원소는?

① B ② Mo
③ Mn ④ Cr

해설 탄소강에 극소량(일반적으로 0.0005 ~ 0.003%)을 첨가해도 담금질 경화능이 매우 우수하며, 최근 미국 자동차 공업계에서 니켈–크롬강 대용으로 사용되는 것은 붕소이다.

Q82

공석강의 탄소(C)함량은 얼마인가?

① 0.02%
② 0.77%
③ 2.11%
④ 6.68%

해설 ① 아 공석강 : C0.77% 이하로 페라이트와 펄라이트로 이루어짐
② 공석강 : C0.77%로 펄라이트로 이루어짐
③ 과 공석강 : C0.77%이상으로 펄라이트와 시멘타이트로 이루어짐

Q83

상온(常溫)에서 공석강의 현미경 조직은?

① 펄라이트(Pearlite)
② 페라이트(Ferrite) + 펄라이트(Pearlite)
③ 시멘타이트(Cementite) + 펄라이트(Pearlite)
④ 오스테나이트(Austenite) + 펄라이트(Pearlite)

Q84

탄소강 조직에서 과공석강의 조직은?

① 페라이트와 펄라이트의 혼합조직
② 펄라이트
③ 펄라이트와 시멘타이트의 혼합조직
④ 시멘타이트

정답 78. ④ 79. ④ 80. ④ 81. ① 82. ② 83. ① 84. ③

Q85

1.5%탄소가 들어 있는 강의 표준 현미경 조직은?

① 펄라이트
② 펄라이트 + 시멘타이트
③ 펄라이트 + 페라이트
④ 페라이트 + 시멘타이트

해설 과 공석강이므로 시멘타이트와 펄라이트가 혼합되어있다.

Q86

탄소강의 충격치가 0에 가깝게 되어 저온취성의 현상이 나타나는 온도는 몇 ℃인가?

① −100
② −70
③ −30
④ 0

해설 탄소강의 충격치가 0에 가깝게 되어 저온취성의 현상이 나타나는 온도는 영하 70℃이다.

Q87

철 - 탄소(Fe - C)계 평형상태도에서 공정주철의 탄소 함유량은 얼마인가?

① 0.11%
② 1.2%
③ 4.3%
④ 1.7%

Q88

탄소강 중에서 오스테나이트(austenite)의 조직은?

① α 고용체
② β 고용체
③ γ 고용체
④ δ 고용체

해설 강의 표준 조직

① 페라이트(α, δ) : 일명 지철이라고도 하며 순철에 가까운 조직으로 극히 연하고 상온에서 강자성체인 체심 입방 격자 조직이다.
② 펄라이트(α + Fe_3C) : 726℃에서 오스테나이트가 페라이트와 시멘타이트의 층상의 공석정으로 변태한 것으로 페라이트보다 경도, 강도는 크며 어느 정도 연성도 가지고 있으며, 자성이 있다.
③ 오스테나이트(γ) : γ철에 탄소를 고용한 것으로 탄소가 최대 2.11% 고용된 것으로 723℃에서 안정된 조직으로 실온에서는 존재하기 어렵고 인성이 크며 상자성체이다.
④ 시멘타이트(Fe_3C) : 철에 탄소가 6.67% 화합된 철의 금속간 화합물로 현미경으로 보면 흰색의 침상으로 나타나는 조직으로, 고온의 강 중에서 생성하는 탄화철을 말하며 경도가 높고 취성이 많으며 상온에선 강자성체이다. 또한 1,153℃에서 빠른 속도로 흑연을 분리시키는 특성을 가진다.
⑤ 레데부라이트 : 4.3% 탄소의 용융철이 1,148℃ 이하로 냉각될 때 2.11% 탄소의 오스테나이트와 6.67% 탄소의 시멘타이트로 정출되어 생긴 공정 주철이며, A1점 이상에서는 안정적으로 존재하는 조직으로 경도가 크고 메지는 성질을 가진다.(γ + Fe_3C)

Q89

경도가 가장 높은 강의 조직은?

① 페라이트
② 펄라이트
③ 솔바이트
④ 투르스타이트

해설 강의 조직은 페라이트, 펄라이트, 시멘타이트가 있으며, 열처리 조직으로 마텐자이트, 투르스타이트, 솔바이트 등이 있다. 여기서 가장 경도가 높은 것은 열처리 조직인 마텐자이트, 다음으로 트루스타이트 등의 순서이나 강의 조직에서 답을 골라야 하므로 펄라이트가 된다.

정답 85. ② 86. ② 87. ③ 88. ③ 89. ②

Q90

선철(PIG IRON)은 철과 탄소의 합금으로 보통 탄소가 2.5 - 3.5%, 규소 1.5 - 2.5% 정도 포함되어 있으며 그 밖에 망간, 황, 인등이 포함되어 있다. 이 선철의 열처리전 현미경 조직에 해당되지 않는 것은?

① 시멘타이트(Fe_3C)
② 흑연(Graphite)
③ 페라이트(Ferrite)
④ 솔바이트(Sorbite)

해설 ① 강의 표준 조직 : 페라이트, 펄라이트, 시멘타이트
② 열처리 조직 : 마텐자이트, 트루스타이트, 솔바이트

Q91

페라이트(ferrite)에 대한 설명 중 틀린 것은?

① 극히 연하고 연성이 크다.
② 상온에서 강자성이다.
③ 전기 전도도가 높다.
④ 담금질에 의해서 경화된다.

Q92

탄소강에서 시멘타이트(Cementite) 조직이란?

① Fe와 C의 화합물
② Fe와 S의 화합물
③ Fe와 P의 화합물
④ Fe와 O의 화합물

Q93

레데부라이트는 다음 중 어느 것인가?

① 시멘타이트의 용해 및 응고점
② δ고용체가 석출을 끝내는 고상선
③ γ고용체로부터 α고용체와 시멘타이트가 동시에 석출하는 점
④ 포화되고 있는 2.1% 탄소의 γ고용체와 6.67% 탄소의 Fe_3C와의 공정

해설 γ고용체 + Fe_3C = 레데부라이트

Q94

도면 부품 란에 SM45C로 기입되어 있을 때 어떤 재료를 의미 하는가?

① 용접 구조용 압연강재
② 탄소 주강품
③ 기계 구조용 탄소강재
④ 회주철품

해설 ① 냉간 압연 강판(SCP) : 1종, 2종, 3종이 있다.
② 열간 압연 강판(SHP) : SHP1, SHP2, SHP3이 있다.
③ 일반 구조용 압연강(SS) : SS330, SS400, SS490, SS540이 있다.
④ 기계 구조용 탄소강(SM) : SM10C, SM12C, SM15C, SM17C, SM20C, SM22C, SM25C, SM28C, SM30C, SM33C, SM35C, SM38C, SM40C, SM43C, SM45C
⑤ 탄소 공구강(STC) : STC1, STC2, STC3, STC4, STC5, STC6, STC7이 있다. 단 불순물로서는 0.25% Cu, 0.25% Ni, 0.3% Cr을 초과해서는 안 된다.
⑥ 용접 구조용 압연강재 : SM400 A · B · C, SM490 A · B · C, SM490 YA · YB, SM520 B · C, SM570, SM490 TMC, SM520 TMC, SM570 TMC
⑦용접구조용 압연강재(KS D3515)의 SWS 표기는 한국산업규격의 개정('97. 10. 22)에 의하여 SM으로 변경되었다. 즉 SM400 A, B, C가 있으며, 400은 인장강도를 의미한다.

정답 90. ④ 91. ④ 92. ① 93. ④ 94. ③

Q95

프레스 성형성이 우수하고 표면이 미려하며, 치수가 정확하므로 제관, 차량, 냉장고, 전기기기 등의 제조 및 건설분야의 소재로 가장 많이 쓰이는 탄소강은?

① 냉간 압연 강판
② 열간 압연 강판
③ 일반 구조용 압연강
④ 탄소 공구강

해설 냉간 가공이란 재료의 재결정 온도이하에서 가공하는 것을 말하고 열간 가공이라 재료의 재결정 온도 이상에서 가공하는 것을 말한다. 그러므로 여기서는 상온 즉 냉간 가공으로도 만들 수 있는 것을 골라야 된다.

Q96

탄소강에 합금 원소를 상당량 첨가하여 특정한 기계적 성질이나 물리 · 화학적 성질을 개선하여 여러 가지 목적에 알맞도록 한 강을 무엇이라 하는가?

① 주철
② 성질강
③ 주강
④ 합금강

해설 합금강의 정의
합금강은 탄소강에 다른 원소를 첨가하여 강의 기계적 성질을 개선한 강을 말하며, 특수한 성질을 부여하기 위하여 사용하는 특수 원소로는 Ni, Mn, W, Cr, Mo, V, Al 등이 있다.

Q97

합금강에 영향을 끼치는 주요 합금 원소가 아닌 것은?

① 흑연　② 니켈
③ 크롬　④ 망간

Q98

탄소 공구강의 구비조건으로 틀린 것은?

① 상온 및 고온경도가 낮아야 한다.
② 내마모성이 커야 한다.
③ 가공이 용이하고, 가격이 싸야 한다.
④ 열처리가 쉬워야 한다.

해설 공구용 합금강은 고온 경도, 내마모성, 강인성이 크며, 열처리가 쉬운 강

Q99

탄소 공구강의 구비조건으로 틀린 것은?

① 경도가 낮고, 낮은 온도에서 경도를 유지하여야한다.
② 내마멸성이 커야 한다.
③ 가공이 용이하고, 가격이 싸야 한다.
④ 열처리가 쉬워야 한다.

Q100

18 - 4 - 1형 고속도강의 성분이 그 순서대로 옳은 것은?

① W, Cr, Ni　② W, Cr, Cu
③ W, V, Co　④ W, Cr, V

해설

고속도강 SKH	W 고속도강 W : Cr : V 18 : 4 : 1	• 600℃ 경도 유지 • 표준형 고속도강으로 일명 H. S. S • 예열 : 800 ~ 900℃ • 1차 경화 1,250 ~ 1,300℃ 담금질 • 2차 경화 550 ~ 580℃에서 뜨임
	Co 고속도강	• 표준형에 Co 3% • 경도 및 점성 증가
	Mo 고속도강	• Mo 첨가로 뜨임 취성 방지

정답 95. ① 96. ④ 97. ① 98. ① 99. ① 100. ④

Q101

18 - 4 - 1형의 고속도강 표준 조성은?

① Cr18% - W4% - V1%
② Cr4% - W18% - V1%
③ Cr1% - W4% - V18%
④ Cr4% - W1% - V18%

Q102

표준형 텅스텐 고속도강은 0.8 ~ 0.9% 탄소 외에 어떤 성분으로 구성되어 있는가?

① 18(Co) - 4(W) - 1(Cr)
② 18(W) - 4(V) - 1(Cr)
③ 18(W) - 4(Cr) - 1(V)
④ 18(Cr) - 4(W) - 1(V)

Q103

Co - Cr - W - C - Fe의 주조합금은?

① 고속도강 ② 서멧
③ 스텔라이트 ④ 위디아

해설

분 류	종류(성분 원소)	특 징
주조 경질 합금	스텔라이트 Co - Cr - W	• 단조가 곤란하여 주조한 상태로 연삭하여 사용 • 절삭 속도는 고속도강의 2배이나 인성은 떨어짐

Q104

재료 중 소결합금인 것은?

① 하드필드강
② 고속도강
③ 위디아(widia)
④ 내마모강

해설 초경합금

① 성분 WC - Co, TiC - Co, TaC - Co
② Co 점결제, 열처리 불필요
③ 수소 기류 중에서 소결하며 만든 소결 경질 합금
④ 1차 소결 : 800 ~ 1,000℃
⑤ 2차 소결 : 1,400 ~ 1,450℃
⑥ D(다이스), G(주철), S(강절삭용)
⑦ 내마모성 및 고온 경도는 크나 충격에 약하다.
⑧ 상품명으로는 위디아 등이 있다.

Q105

W, Ti, Ta 등의 금속탄화물의 분말형 금속원소를 프레스로 성형한 다음, 이것을 소결하여 만든 합금으로 절삭 공구에는 물론 다이스 및 내열, 내마멸성이 요구되는 부품에 많이 사용되는 금속은?

① 초경합금
② 주조경질합금
③ 합금공구강
④ 세라믹

Q106

분말 야금에 의해서 만들어진 것은?

① 초경합금 ② 고속도강
③ 두랄루민 ④ 가단주철

Q107

초경 질합금 공구에는 S, D, G용이 있다. S 종류에 해당하는 것은?

① 강절삭용
② 다이스용
③ 주철용
④ 인성 공구용

해설 S는 강절삭용, D는 다이스용, G는 주철용이다.

정답 101. ② 102. ③ 103. ③ 104. ③ 105. ① 106. ① 107. ①

Q108

알루미나를 주성분으로 하고 거의 결합제를 사용하지 않고 소결한 절삭 공구 재료로서 고속도 및 고온 절삭에 사용되는 공구는?

① 고속도강
② 초경합금
③ 세라믹
④ 스텔라이트

해설 알루미나(Al_2O_3)를 주성분으로 한 세라믹은 고속 및 고온 절삭이 가능하나 충격에는 약하다.

Q109

강에 어떤 원소를 첨가하면 강인성, 저온 충격성이 개선되는가?

① Cr ② Mn
③ W ④ Ni

해설 강인성과 저온 충격성을 개선하는데 혼합하는 원소는 니켈이다. 그래서 니켈 합금이 강인강으로 쓰인다.

Q110

담금질이 쉽고, 뜨임 메짐이 적으며 열간가공이 용이하고 다듬질 표면이 아름다우며 용접성이 좋고 고온강도가 있어 니켈-크롬강과 더불어 널리 사용되는 구조용 합금강은?

① 니켈강
② 크롬강
③ 크롬 – 망간강
④ 크롬 – 몰리브덴강

해설 Ni – Cr강은 일명 SNC라고 하면 대표적인 구조용 강이다. Cr 1% 이하를 사용하고 850℃에서 담금질하고 600℃에서 뜨임하여 솔바이트 조직을 얻는다. 하지만 뜨임 취성이 있다. 대용품으로는 Cr – Mo강을 사용하여 Mo은 뜨임 취성을 방지한다.

Q111

구조용 특수강인 Ni - Cr강에서 니켈 함유량은 몇 %인가?

① 5
② 10 ~ 20
③ 20 ~ 30
④ 30이상

해설 SNC는 솔바이트 조직으로 5%이내의 니켈을 함유한다.

Q112

합금강의 원소 효과에서 함유량이 많아지면 그 영향을 잘못 설명한 것은?

① Cr : 내마멸성이 증가한다.
② Mn : 적열취성을 방지한다.
③ Mo : 뜨임취성을 일으킨다.
④ Si : 내식성이 증가한다.

Q113

합금강에 첨가하는 원소 중 고온강도 개선, 인성향상과 저온취성을 방지해 주는 원소는?

① Mo ② Ni
③ Cu ④ Ti

Q114

특수강에서 뜨임취성이 가장 많이 나타나는 강종은?

① Si강
② Cr강
③ Ni – Cr강
④ Ni – Mo강

108. ③ 109. ④ 110. ④ 111. ① 112. ③ 113. ① 114. ③

Q115

열간 가공이 쉽고 다듬질 표면이 아름다우며 용접성이 좋고 고온강도가 큰 장점이 있어 각종 축, 강력볼트, 아암, 레버 등에 사용되는 강은?

① 크롬 – 바나듐강
② 크롬 – 몰리브덴강
③ 규소 – 망간강
④ 니켈 – 알루미늄 – 코발트강

해설 크롬 – 몰리브덴강은 니켈 – 크롬강에서 니켈 대신 몰리브덴을 소량 첨가하여 성질을 향상시킨 것으로 용접성이 우수하고 니켈–크롬강에 비하여 질량효과 기계적 성질도 큰 차이가 없다. 몰리브덴을 첨가하여 메짐성이 적어져 고온 가공성이 좋고 가공면이 깨끗하여 얇은 강판이나 관의 제조에 많이 사용된다. 기타 각종 축, 기어, 강력 볼트 등에도 사용된다.

Q116

망간 10 – 14%의 강은 상온에서 오스테나이트 조직을 가지며 각종 광산기계, 기차레일의 교차점, 냉간 인발용의 드로잉 다이스 등에 이용되는 것은?

① 듀콜강
② 스테인리스강
③ 고속도강
④ 하드필드강

해설

저Mn강	• Mn 1 ~ 2% • 일명 듀콜강 • 조직은 펄라이트 • 용접성 우수 • 내식성 개선 위해 Cu첨가
고Mn강	• Mn 10 ~ 14% • 하드 필드강, 수인강 • 조직은 오스테나이트 • 경고가 커서 내마모재 • 광산 기계, 칠드 로울러

Q117

고망간 강과 가장 밀접한 특성은?

① 내마멸성 ② 연성
③ 전성 ④ 내부식성

Q118

내마멸성이 우수하고 경도가 커서 각종 광산기계, 기차 레일의 교차점, 칠드롤러, 불도저 등의 재료로 이용되며, 하드 필드강이라고도 하는 것은?

① 크롬강
② 고망간강
③ 니켈 – 크롬강
④ 크롬 – 몰리브덴강

Q119

망간 10 ~ 14%의 강은 상온에서 오스테나이트 조직을 가지며 내마멸성이 특히 우수하여 각종 광산기계, 기차 레일의 교차점, 냉간인발용의 드로잉 다이스 등에 이용되는 강은?

① 듀콜강 ② 스테인리스강
③ 고속도강 ④ 하드필드강

Q120

다음의 저 망간 강에 대한 설명 중 틀린 것은?

① 듀콜강이라고도 한다.
② Mn을 2 ~ 5% 함유한 강이다.
③ 펄라이트 망간강이다.
④ 선박 교량 차량 건축 등에 사용된다.

해설 망간을 1%함유한 강을 저 망간강이라 한다.

정답 115. ② 116. ④ 117. ① 118. ② 119. ④ 120. ②

Q121

내연기관의 피스톤 재료로서 필요한 성질이 아닌 것은?

① 열 전도도가 클 것
② 비중이 작을 것
③ 열팽창 계수와 마찰계수가 클 것
④ 고온에서 강도가 클 것

해설 피스톤 재료는 내열성을 가지고 마찰계수가 작아야 된다.

Q122

다음에서 스프링강이 갖추어야 할 성질 중 틀린 것은?

① 탄성 한도가 커야 한다.
② 피로 한도가 작아야 한다.
③ 항복 강도가 커야 한다.
④ 충격 값이 커야 한다.

해설 피로 한도가 작으면 금방 부서진다. 고로 피로 한도가 커야 한다.

Q123

게이지강의 구비조건을 가장 잘못 설명한 것은?

① 내마멸성 내식성이 클 것
② 고온에서 경도 및 강도가 좋을 것
③ 치수의 변화가 적을 것
④ 열처리에 의한 변형이 적을 것

해설 게이지강은 치수 변화가 적을 것 등이 요구되는 성질이지 고온에서 기계적 성질인 강도 경도 등을 요하는 것은 아니다.

Q124

P이나 S을 첨가하여 절삭성을 향상시킨 특수강을 무엇이라 하는가?

① 내열강
② 내부식강
③ 쾌삭강
④ 내마모강

해설 절삭성을 향상시킨 강을 쾌삭강이라 한다.

Q125

특수 용도용 합금강 중 스프링강의 특성이 아닌 것은?

① 취성이 우수하다.
② 탄성한도가 우수하다.
③ 피로한도가 우수하다.
④ 크리프저항이 우수하다.

해설 스프링강은 탄성이나 피로한도를 개선한 강이다.

Q126

크롬을 주체로 하고 내충격성과 내마멸성 증대를 위해서 규소, 니켈, 텅스텐 등을 첨가한 Cr - Si계 밸브용 강은?

① 실크롬 강(silchrome steel)
② 하드필드 강(hadfield steel)
③ 듀콜 강(ducol steel)
④ 스텔라이트(stellite)

해설 하드필드강은 고망간강이며, 듀콜강은 저망간 강이다. 스텔라이트는 주조경질 합금이다.

Q127

18 - 8형 스테인리스강에서 "8"이 의미하는 재료는?

① Co ② Ni
③ Mo ④ Si

21. ③ 122. ② 123. ② 124. ③ 125. ① 126. ① 127. ②

해설

분류	종류(성분 원소)	특　　징
스테인레스강 SUS	페라이트계 (Cr 13%)	• 강인성 및 내식성이 있다. • 열처리에 의해 경화가 가능하다. • 용접은 가능하다. 자성체이다.
	마텐자이트계	• 13Cr을 담금질하여 얻는다. • 18Cr 보다 강도가 좋다. • 자경성이 있으며 자성체이다. • 용접성이 불량하다.
	오스테나이트계 (Cr(18)–Ni(8))	• 내식, 내산성이 13Cr 보다 우수 • 용접성이 SUS중 가장 우수 • 담금질로 경화되지 않는다. 비자성체

Q128

탄소강에 니켈이나 크롬 등을 첨가하여 대기 중이나 수중 또는 산에 잘 견디는 내식성을 부여한 합금강으로 불수강이라고도 하는 것은?

① 미하나이트강　② 주강
③ 스테인리스강　④ 탄소공구강

Q129

일반적으로 스테인리스강에 함유하는 원소 중 철 다음으로 가장 많이 함유되는 원소는?

① 아연　② 텅스텐
③ 코발트　④ 크롬

Q130

13형 스테인리스강의 13은 무엇을 의미하는가?

① Mn　② Mo
③ Cr　④ Si

Q131

탄소강에 12% - 14% Cr을 첨가한 합금강은?

① 크롬 – 니켈계 스테인리스강
② 산화 스테인리스강
③ 질화 스테인리스강
④ 크롬계 스테인리스강

Q132

스테인리스강의 종류를 나열한 것 중 틀린 것은?

① 페라이트계　② 펄라이트계
③ 마텐자이트계　④ 오스테나이트계

Q133

일반적으로 스테인리스강의 종류에 해당 되는 것은?

① 비자성 스테인리스강
② 영구자석 스테인리스강
③ 페라이트계 스테인리스강
④ 플래티나이트 스테인리스강

Q134

다음 중 스테인리스 강의 조직이 아닌 것은?

① 오스테나이트계
② 베이나이트계
③ 마텐자이트계
④ 페라이트계

정답　128. ③　129. ④　130. ③　131. ④　132. ②　133. ③　134. ②

Q135

스테인리스강을 조직상으로 분류한 것 중 틀린 것은?

① 오스테나이트계
② 마텐자이트계
③ 시멘타이트계
④ 페라이트계

Q136

강인성 및 내식성이 있고, 열처리에 의하여 경화할 수 있는 13형 크롬스테인리스강과 같은 것은?

① 페라이트계 스테인리스강
② 솔바이트계 스테인리스강
③ 시멘타이트계 스테인리스강
④ 오스테나이트계 스테인리스강

Q137

현재 많이 사용되고 있는 오스테나이트계 스테인리스강의 대표적인 화학적 조성으로 맞는 것은?

① 13% Cr
② 13% Ni
③ 18% Cr, 8% Ni
④ 18% Ni, 8% Cr

Q138

18 - 8 스테인리스강의 성분으로 올바른 것은?

① Cr(18%) - Ni(8%)
② Ni(18%) - Cr(8%)
③ Si(18%) - Ni(8%)
④ Ni(18%) - Si(8%)

Q139

다음 용접재료 중 비자성체이며, Cr 18% - Ni 8%의 18 - 8스테인리스강을 다른 용어로 표현한 것은?

① 페라이트계 스테인리스강
② 마텐자이트계 스테인리스강
③ 오스테나이트계 스테인리스강
④ 석출경화형 스테인리스강

Q140

Cr18% - Ni8%인 18 - 8 스테인리스강이 대표적이며, 내식성이 스테인리스강에서 가장 높고 비자성이며 내충격성, 기계가공성이 우수한 스테인리스강의 종류는?

① 페라이트계
② 마텐자이트계
③ 석출경화형 합금
④ 오스테나이트계

Q141

오스테나이트계 스테인리스강의 특징을 나타낸 설명 중 틀린 것은?

① 내식성이 우수하다.
② 용접이 쉽다.
③ 13Cr - 0.2C의 스테인리스강이다.
④ 내산성이 우수하다.

Q142

오스테나이트계 스테인리스강에 대한 설명 중 틀린 것은?

① 내식성이 가장 높다.
② 비자성이다.

정답: 135. ③ 136. ① 137. ③ 138. ① 139. ③ 140. ④ 141. ③

③ 용접이 비교적 잘 되며, 가공성이 좋다.
④ 염산, 염소가스, 황산 등에 강하다.

Q143

표준 성분은 18(Cr) - 8(Ni)로서 내식성, 내충격성, 기계가 공성이 좋으며 비자성체로 용접도 비교적 잘 되며 염산, 황산에 약하고 결정 입계부식이 발생하기 쉬운 스테인리스강을 무엇이라 하는가?

① 페라이트계 스테인리스강
② 마텐자이트계 스테인리스강
③ 오스테나이트계 스테인리스강
④ 석출 경화형 스테인리스강

Q144

비자성이고 상온에서 오스테나이트 조직인 스테인리스강은?

① 18Cr - 8 Ni 스테인리스강
② 13Cr 스테인리스강
③ Cr계 스테인리스강
④ 13Cr - Al 스테인리스강

Q145

크롬계 스테인리스강에 니켈을 첨가하여 크롬계 스테인리스 강보다 내산, 내식성이 우수한 오스테나이트 스테인리스강(stainless steel)의 표준 조성이 옳은 것은?

① 10% 크롬, 10% 니켈
② 18% 크롬, 8% 니켈
③ 10% 크롬, 8% 니켈
④ 8% 크롬, 18% 니켈

Q146

18 - 8형 스테인리스강에서 18이 나타내는 것은?

① Cr ② Mo
③ Ni ④ Co

Q147

18 - 8형 스테인리스강의 주(主)가 되는 합금원소는?

① 철, 코발트, 니켈
② 철, 크롬, 니켈
③ 철, 텅스텐, 니켈
④ 철, 마그네슘, 니켈

Q148

오스테나이트계 스테인리스강은 내식성은 좋으나 아래의 어느 물질에는 약한가?

① 유기산 ② 염산, 황산
③ 질산 ④ 초산, 빙초산

Q149

600 ~ 800℃에서 입계 부식을 일으키는 금속은?

① 황동
② 18 - 8 스테인리스강
③ 청동
④ 다이스강

해설 스테인리스강
① 0.8mm 까지는 피복 아크 용접을 이용할 수 있다.
② 불활성 가스 아크 용접이 주로 이용된다.
③ 스테인리스강에 용접에서는 용입이 쉽게 이루어지도록 하는 것이 중요하다.

정답 142. ④ 143. ③ 144. ① 145. ② 146. ① 147. ② 148. ② 149. ②

④ 크롬 니켈 스테인리스강의 용접(18 – 8 스테인리스강)은 탄화물이 석출하여 입계 부식을 일으켜 용접 쇠약을 일으키므로 냉각속도를 빠르게 하든지, 용접후에 용체화 처리를 하는 것이 중요하다.

【참고】 용체화 처리(고용화 열처리)

강의 합금 성분을 고용체로 용해하는 온도 이상으로 가열하고 충분한 시간 동안 유지한 다음 급행하여 합금 성분의 석출을 저해함으로써 상온에서 고용체의 조직을 얻는 조작

⑤ 입계 부식을 일으키는 금속은 오스테나이트계 스테인리스강으로 티탄, 니오브 등을 섞어 주어 방지할 수 있다.

Q150

18 – 8 스테인리스강의 대표적인 조성 성분은?

① Ni – Mn ② Cr – W
③ Cr – Ni ④ W – V

Q151

오스테나이트계 스테인리스강의 특징을 나타낸 설명 중 틀린 것은?

① 내식성이 우수하다.
② 용접이 쉽다.
③ 13Cr – 0.2C의 스테인리스강이다.
④ 입계부식이 생기기 쉽다.

Q152

스테인리스강은 내식성이 강한 강으로 부식이 잘 되지 않아 화학제품의 용기나 관 등에 많이 사용되고 있는데 스테인리스강의 주성분으로 다음 중 가장 적당한 것은?

① Fe – Cr – Ni ② Fe – Cr – Co
③ Fe – Cr – Cu ④ Fe – Cr – V

Q153

스테인리스 조직 중 용접성이 가장 좋지 않은 것은?

① 오스테나이트계 ② 페라이트계
③ 마르텐자이트계 ④ 펄라이트계

Q154

스테인리스강 중에서 용접에 의해 경화가 심하므로 예열을 필요로 하는 것은?

① 시멘타이트계 ② 페라이트계
③ 오스테나이트계 ④ 마텐자이트계

해설 오스테나이트계는 예열을 해서는 안 되나 열처리에 의해 경화가 심한 마텐자이트는 예열을 필요로 한다.

Q155

마텐자이트 조직의 스테인리스강 S80의 내식성을 개량시키는 방법으로 다음 중 맞는 것은?

① 탄소량 증가와 크롬의 감소
② 니켈, 몰리브덴의 첨가
③ 티타늄, 바나듐의 첨가
④ 아연, 주석의 첨가

해설 마텐자이트 스테인리스강에 니켈을 첨가하면 내식성, 점성의 증가 및 담금질성이 커지며, 몰리브덴을 첨가하면 내식성, 내크리프성을 향상시킨다.

Q156

담금질 가능한 스테인리스강으로 용접 후 경도가 증가하는 것은?

① STS 316 ② STS 304
③ STS 202 ④ STS 410

해설 스테인리스강중 담금질이 가능 하여 용접 후 경도가 증가하는 것은 STS 410이다.

150. ③ 151. ③ 152. ① 153. ③ 154. ④ 155. ② 156. ④

Q157

열처리의 종류에 해당되지 않는 것은?

① 연속 냉각 열처리
② 표면경화 열처리
③ 항온 열처리
④ 전해 열처리

해설 열처리에 종류로는 일반 열처리, 항온 열처리, 표면 경화 열처리 등으로 구분할 수 있으며, 전해 열처리라는 것은 없다. 아울러 일반 열처리를 계단 열처리라 부르기도 한다.

Q158

담금질한 강을 A_1 변태점보다 낮은 온도에서 일정 온도로 가열하여 인성을 증가시킬 목적으로 시행하는 열처리는?

① 뜨임　② 침탄
③ 풀림　④ 불림

해설 강의 일반 열처리 방법
① 담금질 : 강을 A_3 변태 및 A_1선 이상 30 ~ 50℃로 가열한 후 수냉 또는 유냉으로 급랭시키는 방법으로 강을 강하게 만드는 열처리이다.
② 뜨임 : 담금질된 강을 A_1 변태점 이하로 가열 후 냉각시켜 담금질로 인한 취성을 제거하고 경도를 떨어뜨려 강인성을 증가시키기 위한 열처리이다.
③ 풀림 : 재질의 연화 및 내부 응력 제거를 목적으로 노내에서 서냉한다
④ 불림 : A_3또는 Acm선 이상 30 ~ 50℃정도로 가열, 가공 재료의 결정 조직을 균일화한다. 공기 중 공랭하여 미세한 Sorbite 조직을 얻는다.

Q159

탄소강의 일반(기본) 열처리 방법을 나타낸 것이다. 틀린 것은?

① 불림　② 뜨임
③ 담금질　④ 침탄

Q160

경도가 큰 재료를 A_1 변태점 이하의 일정온도로 가열하여 인성을 증가시킬 목적으로 하는 열처리법은?

① 뜨임(tempering)
② 풀림(annealing)
③ 불림(normalizing)
④ 담금질(quenching)

Q161

A_3또는 Acm선 이상 30 ~ 50℃정도로 가열하여 균일한 오스테나이트 조직으로 한 후에 공냉시키는 열처리작업은?

① 담금질(quenching)
② 불림(normalizing)
③ 풀림(annealing)
④ 뜨임(tempering)

Q162

다음 중 풀림의 목적이 아닌 것은?

① 결정립을 미세화 시킨다.
② 가공경화 현상을 해소 시킨다.
③ 경도를 높이고 조직을 치밀하게 만든다.
④ 내부응력을 제거한다.

Q163

불림(normalizing)에 의해서 얻는 조직은?

① 일반조직
② 표준조직
③ 유심조직
④ 항온열처리조직

정답 157. ④ 158. ① 159. ④ 160. ① 161. ② 162. ③ 163. ②

Q164

다음 중 경도가 가장 높은 조직은?

① 페라이트
② 펄라이트
③ 솔바이트
④ 투르스타이트

해설 ① 강의 표준 조직 : 페라이트, 펄라이트, 시멘타이트
② 강의 열처리 조직 : 마텐자이트, 투르스타이트, 솔바이트
③ 강을 A_3 변태 및 A_1선 이상 30 ~ 50℃로 가열한 후 수냉 또는 유냉으로 급랭시키는 담금질은 수냉 즉 급냉을 하면 마텐자이트(Martensite)라는 침상 조직의 강도는 크나 취성이 조직
④ 유냉을 하면 그보다는 강도 및 경도가 떨어지는 트루스타이트(Troosite)
⑤ 강도와 탄성을 동시에 요구할 때 얻어 지는 솔바이트를 얻을 수 있다.

Q165

질량효과가 가장 큰 금속은?

① 탄소강
② 니켈강
③ 크롬강
④ 니켈 – 크롬강

해설 재료의 크기에 따라 내·외부의 냉각 속도가 틀려져 경도가 차이나는 것을 질량 효과라 한다. 일반적으로 탄소강은 질량 효과가 크며 니켈, 크롬, 망간, 몰리브덴 등을 함유한 특수강은 임계 냉각 속도가 낮으므로 질량 효과도 작다. 또한 질량 효과가 작다는 것은 열처리가 잘 된다는 것이다.

Q166

강철의 담금질 성질을 높이기 위한 원소가 아닌 것은?

① Pb ② Mo
③ Ni ④ Mn

해설 재료의 크기에 따라 내·외부의 냉각 속도가 틀려져 경도가 차이나는 것을 질량 효과라 한다. 일반적으로 탄소강은 질량 효과가 크며 니켈, 크롬, 망간, 몰리브덴 등을 함유한 특수강은 임계 냉각 속도가 낮으므로 질량 효과도 작다. 또한 질량 효과가 작다는 것은 열처리가 잘 된다는 것이다.

Q167

탄소강을 담금질할 때 내부와 외부에 담금질 효과가 다르게 나타나는 일은?

① 노치 효과 ② 질량 효과
③ 담금질 효과 ④ 비중 효과

해설 재료의 크기에 따라 내·외부의 냉각 속도가 차이가 있어 경도가 차이가 나는 것을 질량 효과라 한다.

Q168

탄소강의 담금질 효과는 냉각액과 밀접한 관계가 있다. 다음 중 냉각 능력이 가장 강한 것은?

① 소금물 ② 비눗물
③ 수돗물 ④ 각종유류

해설 담금질 액
① 소금물 : 냉각 속도가 가장 빠름
② 물 : 처음은 경화능이 크나 온도가 올라 갈수록 저하
③ 기름 : 처음은 경화능이 작으나 온도가 올라갈수록 커진다.
④ 염화나트륨 10% 또는 수산화나트륨 10% 용액 냉각 능력이 크다.

Q169

탄소강의 담금질 효과는 냉각액과 밀접한 관계가 있다. 다음 중 냉각 능력이 가장 큰 것은 어느 것인가?

① 비눗물 ② 수돗물
③ 소금물 ④ 절삭유

정답 164. ④ 165. ① 166. ① 167. ② 168. ① 169. ③

Q170

담금질된 강의 경도를 증가시키고 시효변형을 방지하기 위한 목적으로 0℃이하의 온도에서 처리하는 것은?

① 풀림처리(Annealing)
② 심냉처리(Sub - Zero treatment)
③ 불림처리(Normalizing)
④ 항온열처리(Isothermal heat treatment)

해설 서브제로 처리(심랭 처리) : 담금질 직후 잔류 오스테나이트를 없애기 위해서 0℃ 이하로 냉각하는 것으로 치수의 정확을 요하는 게이지등을 만들 때 심랭 처리를 하는 것이 좋다.

Q171

강을 오스템퍼링 했을 때의 조직은?

① 마텐자이트 ② 투르스타이트
③ 솔바이트 ④ 베이나이트

해설 항온 열처리
① 효과 : 담금질과 뜨임을 같이 하므로 균열 방지 및 변형 감소의 효과
② 방법 : 강을 Ac_1 변태점 이상으로 가열한 후 변태점 이하의 어느 일정한 온도로 유지된 항온 담금질욕 중에 넣어 일정한 시간 항온 유지 후 냉각하는 열처리이다.
③ 특징 : 계단 열처리 보다 균열 및 변형 감소와 인성이 좋다. 특수강 및 공구강에 좋다.
④ 종류
㉠ 오스템퍼 : 베이나이트 담금질로 뜨임이 불필요하다.
㉡ 마템퍼 : 마텐자이트와 베이나이트의 혼합조직으로 충격치가 높아진다.
㉢ 마퀜칭 : S곡선의 코 아래에서 항온 열처리 후 뜨임으로 담금 균열과 변형이 적은 조직이 된다.
㉣ 타임 퀜칭 : 수중 혹은 유중 담금질하여 300 ~ 400℃ 정도 냉각 시킨 후 다시 수냉 또는 유냉 하는 방법
㉤ 항온 뜨임 : 뜨임 작업에서 보다 인성이 큰 조직을 얻을 때 사용하는 것으로 고속도강, 다이스강의 뜨임에 사용한다.
㉥ 항온 풀림 : S곡선의 코 혹은 다소 높은 온도에서 항온 변태 후 공랭하여 연질의 펄라이트를 얻는 방법

Q172

열처리를 분류할 때 항온 열처리에 해당되지 않는 것은?

① 오스템퍼링 ② 마템퍼링
③ 노멀라이징 ④ 마퀜칭

Q173

탄소강의 냉간가공시 가공 경화된 재료에 대하여 600 ~ 650℃의 저온으로 경도를 저하시켜 소성 가공과 절삭 가공을 쉽게 하는 풀림 방법은?

① 확산 풀림
② 연화 풀림
③ 구상화 풀림
④ 완전 풀림

해설 풀림의 종류
① 고온 풀림
㉠ 완전 풀림 : A_3 또는 A_1 변태점 보다 30 ~ 50℃ 높은 온도로 가열하고 일정 시간 유지한 다음 노 안에서 아주 서서히 냉각시키면 변태에 의하여 거칠고 큰 결정 입자가 붕괴되어 새로운 미세한 결정 입자가 되며, 내부 응력도 제거되어 연화된다.
㉡ 확산 풀림 : 강의 오스테나이트를 A_3선 또는 Acm선 이상의 적당한 온도로 가열한 다음 장시간 유지하면 결정립 내에 짙어진 탄소, 인, 황 등의 원소가 확산되면서 농도차가 작아진다. 온도는 보통 1,200 ~ 1,300℃이다.
㉢ 항온 풀림
② 저온 풀림
㉠ 응력 제거 풀림 : 주조, 단조, 압연, 용접 및 열처리에 의해 생긴 열응력과 기계가공에 의해 생긴 내부 응력을 제거할 목적으로 150 ~ 600℃정도의 비교적 낮은 온도에서 실시하는 풀림
㉡ 구상화 풀림 : 구상화 열처리는 A_1 변태점 바로 아래나 위의 온도에서 일정 시간을 유지한 다음 서냉하면 시멘타이트는 미세하게 분리되면서 계면 장력에 따라 구상화된다.
㉢ 가공 도중 재료를 연화시키는 연화 풀림 또는 중간 풀림

정답 170. ② 171. ④ 172. ③ 173. ②

Q174

강재를 용접한 후에 용접부의 열 응력을 제거하기 위한 풀림 열처리는?

① 항온 풀림 ② 응력제거 풀림
③ 구상화 풀림 ④ 열화 풀림

Q175

주조, 단조, 압연, 용접 및 열처리에 의하여 생긴 열응력과 기계가공에 의해 생긴 내부응력을 제거하기 위한 풀림 온도는 다음 중 몇 ℃인가?

① 150 ~ 600
② 700 ~ 800
③ 900 ~ 1,000
④ 1,100 ~ 1,200

Q176

주조, 단조, 압연, 용접 및 열처리에 의해 생긴 열응력과 기계가공에 의해 생긴 내부응력을 제거할 목적으로 150 ~ 600℃ 정도의 낮은 온도로 실시하는 풀림은?

① 완전 풀림
② 등온 풀림
③ 응력제거 풀림
④ 연화 풀림

Q177

다음 중 강표면에 침탄 탄소를 확산 침투시켜 표면을 경화시키는 방법은?

① 고체 침탄법 ② 액체 질화법
③ 가스 질화법 ④ 시멘테이션법

해설 표면 경화법

① 침탄법

㉠ 고체 침탄법 : 침탄제인 코크스 분말이나 목탄과 침탄 촉진제(탄산바륨, 적혈염, 소금)를 소재와 함께 900 ~ 950℃로 3 ~ 4시간 가열하여 표면에서 0.5 ~ 2mm의 침탄층을 얻음

㉡ 액체 침탄법 : 침탄제인 NaCN, KCN에 염화물 NaCl, KCl, $CaCl_2$ 등과 탄화염을 40 ~ 50%첨가하고 600 ~ 900℃에서 용해하여 C와 N가 동시에 소재의 표면에 침투하게 하여 표면을 경화시키는 방법으로 침탄 질화법이라고도 한다.

㉢ 가스 침탄법 : 메탄 가스, 프로판 가스 등에 탄화 수소계 가스로 가득 찬 노 안에 놓고 일정 시간 가열하여 소재 표면으로 탄소의 확산이 이루어지게 하는 침탄법이다. 가스 침탄법은 침탄 온도, 기체 공급량, 기체 혼합비 등의 조절로 균일한 침탄층을 얻을 수 있고, 작업이 간편하며, 열효율이 높고, 연속적으로 침탄 온도에서의 직접 담금질이 가능하다는 장점이 있어 공업적으로 다량 침탄을 할 때 이용된다. 침탄 조작, 즉 고온 가열이 완료된 후에는 일단 서냉시킨 다음 1차·2차 담금질, 뜨임을 한다.

② 질화법 : 암모니아(NH_3)가스를 이용하여 520℃에서 50 ~ 100시간 가열하면 Al, Cr, Mo등이 질화되며, 질화가 불필요하면 Ni, Sn도금을 한다.

Q178

침탄법의 종류가 아닌 것은?

① 고체 침탄법 ② 액체 침탄법
③ 가스 침탄법 ④ 화염 침탄법

Q179

시안화칼리나 황혈염을 주성분으로 한 분말제를 적열된 강재표면에 뿌려서 급랭시키는 표면 경화 법은?

① 질화법 ② 청화법
③ 침탄법 ④ 화염 담금질

해설 침탄 질화법이라고도 하며 이는 액체 침탄의 일종인 청화법이다.

174. ② 175. ① 176. ③ 177. ① 178. ④ 179. ②

Q180

크랭크축과 같이 복잡하고 큰 재료의 표면을 경화시키는데 이용되는 방법은?

① 침탄법 ② 청화법
③ 질화법 ④ 불꽃 담금질

해설 재료가 크고 복잡한 것은 화염 경화법인 불꽃 담금질을 이용한다.

Q181

질화법에 쓰이는 기체는?

① 아황산가스
② 암모니아 가스
③ 탄산가스
④ 석탄 가스

해설 질화란 질소 성분이 들어가야 되므로 암모니아 (NH_3)가 쓰인다.

Q182

청화법에서 침탄제로 사용되지 않는 것은?

① 탄산소다
② 염화소다
③ 코크스
④ 염화칼륨

해설 코크스는 고체 침탄법에 사용되는 침탄제이다.

Q183

강도 및 인성이 큰 강철에 표면 경도만을 높이는 열처리를 표면경화처리라 하는데 그 중 물리적 표면경화처리 방법에 포함되지 않는 것은?

① 침탄 질화법
② 화염 담금질법
③ 숏 피닝법
④ 고주파 담금질법

Q184

다음 중 화학적인 표면 경화법이 아닌 것은?

① 침탄법
② 화염경화법
③ 금속침투법
④ 질화법

해설 화염 경화법은 산소 – 아세틸렌 화염으로 표면만 가열하여 냉각시켜 경화

Q185

침탄강의 구비조건이 아닌 것은?

① 저탄소강일 것
② 강재 결함이 없을 것
③ 결정립의 고온 성장이 없을 것
④ 경화강일 것

해설 침탄강은: 표면에 C를 침투시켜 강인성과 내마멸성을 증가시킨 강으로 탄소량이 0.2%이하인 저탄소강을 주로 사용한다.

Q186

표면경화를 위하여 철강표면에 Zn을 확산 침투시키는 금속 침투법은?

① 실리코나이징(siliconizing)
② 칼로라이징(calorizing)
③ 크로마이징(chromizing)
④ 세라다이징(sheradizing)

해설 금속 침탄법 : 내식, 내산, 내마멸을 목적으로 금속을 침투시키는 열처리
① 세라 다이징 : Zn ② 크로마이징 : Cr
③ 칼로라이징 : Al ④ 실리코 나이징 : Si

정답 180. ④ 181. ② 182. ③ 183. ① 184. ② 185. ④ 186. ④

Q187

세라다이징이라는 금속 침투법은 어떤 금속을 침투시키는가?

① Zn
② Cr
③ Al
④ B

Q188

표면경화 열처리방법 중 금속침투법의 확산 침투 원소의 종류가 아닌 것은?

① Zn
② Cr
③ Al
④ Cu

Q189

금속의 표면에 코발트 - 크롬 - 텅스텐(Co - Cr - W) 합금이나 경합금 등의 금속을 용착시켜 표면 경화층을 만드는 것은?

① 숏 피닝(shot peening)
② 하드 페이싱(hard facing)
③ 샌드 블라스트(sand blast)
④ 화염 경화법(flame hardening)

해설 표면 경화 열처리

① 하드 페이싱 : 소재의 표면에 스텔라이트(Co – Cr – W) 나 경합금 등을 용접 또는 압접으로 용착시키는 표면 경화법
② 숏 피닝 : 소재 표면에 강이나 주철로 된 작은 입자(∅0.5 ~ 1.0mm)들을 고속으로 분사시켜 가공 경화에 의하여 표면의 경도를 높이는 경화법으로 숏 피닝을 하면 휨과 비틀림의 반복 하중에 대한 피로 한도는 현저히 증가되나 인장 강도와 압축강도는 거의 증가하지 않는다.
③ 화염 경화법 : 산소 – 아세틸렌 화염으로 표면만 가열하여 냉각시켜 경화

Q190

연강재 표면에 스텔라이트(Stellite)나 경합금을 용착시켜 표면경화시키는 방법은?

① 브레이징(brazing)
② 숏 피닝(shot peening)
③ 하드 페이싱(hard facing)
④ 질화법(nitriding)

Q191

소재표면에 스텔라이트나 경합금 등을 용접 또는 압접으로 용착시키는 표면 경화법을 무엇이라고 하는가?

① 숏 피닝
② 고주파 경화법
③ 화염 경화법
④ 하드 페이싱

Q192

화염경화법(flame hardening)의 장점을 설명한 것 중 틀린 것은?

① 국부담금질이 가능하다.
② 부품의 크기나 형상에 제한이 없다.
③ 일반 담금질법에 비해 담금질 변형이 적다.
④ 가열온도의 조절이 쉽다.

해설 화염 경화법 : 산소 – 아세틸렌 화염으로 표면만 가열하여 냉각시켜 경화. 경화층의 깊이는 불꽃 온도, 가열 시간, 화염의 이동 속도에 의하여 결정된다. 이 방법의 가장 큰 장점은 부품의 크기나 형상에 제한이 없고 국부적으로 가열할 수 있다.

정답 187. ① 188. ④ 189. ② 190. ③ 191. ④ 192. ④

Q193

탄소강 표면에 산소-아세틸렌 화염으로 표면만을 가열하여 오스테나이트로 만든 다음, 급랭하여 표면층만을 담금질하는 방법은?

① 기체 침탄법 ② 질화법
③ 고주파 경화법 ④ 화염 경화법

Q194

다음 중 화염 경화법에 적당한 탄소강의 탄소량은?

① 1.6% 전후 ② 1.2% 전후
③ 0.8% 전후 ④ 0.4% 전후

Q195

주강품에 대한 설명 중 잘못된 것은?

① 형상이 복잡하여 단조로써는 만들기 곤란할 때, 주강품을 사용한다.
② 주강은 수축율이 주철의 약 5배이다.
③ 주강품은 주조상태로써는 조직이 억세고, 메지다.
④ 주철로써 강도가 부족할 경우에, 주강품을 사용한다.

해설 주강의 개요

① 용융한 탄소강 또는 합금강을 주조 방법에 의해 만든 제품을 주강품 또는 강주물이라 하며 그 재질을 주강(cast steel)이라 한다.
② 주강의 탄소량은 0.4~0.5% 이하를 함유하는 경우가 대부분으로 그 용융 온도가 1,600℃ 전후의 고온이 되기 때문에 주철에 비하여 그 취급이 까다롭다.
③ 주강의 경우는 주철의 비하여 응고 수축이 2배 정도 크다.
④ 주철에 비하여 기계적 성질이 우수하고, 용접에 의한 보수가 용이하며, 단조품이나 압연품에 비하여 방향성이 없는 것이 큰 특징이다.

Q196

주강의 수축률은 주철의 약 몇 배인가?

① 1 ② 2
③ 4 ④ 6

Q197

주강에 대한 설명 중 틀린 것은?

① 주철로써는 강도가 부족할 경우에 사용된다.
② 용접에 의한 보수가 용이하다.
③ 단조품이나 압연품에 비하여 방향성이 없다.
④ 주강은 주철에 비하여 용융점이 낮다.

해설 주강의 특성

① 탄소 주강의 강도는 탄소량이 많아질수록 커지고, 연성은 감소하게 되며, 충격값은 떨어지며 용접성도 나빠진다.
② 망간의 함유량이 증가하면 인장강도는 커지나 탄소에 비해 그 영향은 크지 않다.
③ 탄소 주강은 풀림 또는 불림을 하여 사용한다. 불림을 한 것은 풀림을 한 것 보다 결정립이 미세해져 인장 강도가 높아지고, 연신율도 향상된다.
④ 주철에 비하여 기계적 성질이 우수하고, 용접에 의한 보수가 용이하며, 단조품이나 압연품에 비하여 방향성이 없는 것이 큰 특징이다.
⑤ 주강의 현미경 조직은 C가 0.77% 이하의 경우에는 페라이트와 펄라이트가 존재하고, 펄라이트는 C 함유량이 많을수록 많아진다. C가 0.77% 이상에서는 펄라이트와 유리 시멘타이트로 되는데 C량이 많아질수록 시멘타이트의 양이 많아진다.
⑥ 저망간 주강의 조직은 펄라이트로 롤러 등에 사용

Q198

주강의 특성으로 틀린 것은?

① 주철에 비해 기계적 성질이 월등하다.
② 주철에 비해 강도는 크나 용융점이 낮고 유동성이 크다.

정답 193. ④ 194. ④ 195. ② 196. ② 197. ④

③ 주철에 비해 강도는 크나 용융점이 높고 수축율이 크다.
④ 주강은 주조한 상태로는 조직이 거칠고 메짐성을 가지고 있다.

Q199

구조용 부분품이나 롤러 등에 이용되며 열처리에 의하여 니켈-크롬 주강에 비교될 수 있을 정도의 기계적 성질을 가지고 있는 저망간 주강의 조직은?

① 오스테나이트(Austenite)
② 펄라이트(Pearlite)
③ 페라이트(Ferrite)
④ 시멘타이트(Cementite)

Q200

주조시에 유동성이 나쁘고 응고수축이 크기 때문에 그 대책이 필요한 것은?

① 단강
② 주강
③ 알루미늄
④ 청동

Q201

주강품에 다량의 탈산제를 첨가하는 이유는?

① 불림 처리를 위해서
② 기포 발생의 방지를 위해서
③ 풀림 처리를 위해서
④ 조직이 억세고 메지기 때문에

Q202

용강을 주형에 주입하여 만들며, 용융점이 높고, 수축률이 크며, 주조 후에는 완전풀림을 실시해야 하는 재료는?

① 구리　② 주철
③ 연강　④ 주강

Q203

주강품 2종(Mn, Cr, SC_2)의 화학성분 중 탄소(C)의 함량은 몇 %인가?

① 0.45 ~ 0.55%　② 0.25 ~ 0.35%
③ 0.10 ~ 0.25%　④ 0.35 ~ 0.45%

해설 보통 주강은 탄소 주강이라고도 하며, 탄소의 함유량에 따라 0.2%이하의 저탄소 주강, 0.2 ~ 0.5%의 중탄소 주강, 그 이상의 고탄소 주강으로 구분하며, 탈산제로는 규소, 망간, 알루미늄, 티탄 등이 첨가되어 있다. 보통 주강에서는 규소나 망간을 0.5% 이내로 하는 것이 일반적이다. 용도로는 철도, 조선, 광산용 기계 및 설비 그리고 구조물 및 기계 부품 등의 기계 재료로 사용된다. 문제의 주강품 2종의 경우 탄소 함유량은 0.25 ~ 0.35%이다.

Q204

합금 주강에 해당되지 않는 것은?

① 니켈 주강　② 망간 주강
③ 크롬 주강　④ 납 주강

해설 합금 주강에는 니켈 주강, 크롬 주강, 니켈-크롬 주강, 망간 주강이 있다.

Q205

주강과 주철의 비교 설명으로 잘못된 것은?

① 주강은 주철에 비해 수축율이 크다.
② 주강은 주철에 비해 용융점이 높다.

정답 198. ② 199. ② 200. ② 201. ② 202. ④ 203. ② 204. ④

③ 주강은 주철에 비해 기계적 성질이 우수하다.
④ 주강은 주철보다 용접에 의한 보수가 어렵다.

Q206

주철에 대한 물리적, 화학적 성질을 설명한 것 중 맞는 것은?

① 규소(Si)와 탄소(C)가 많을수록 비중이 작아지며 용융온도는 낮아진다.
② 투자율을 크게하 기 위해서는 유리탄소를 적게 하고 화합탄소를 균일하게 분포시킨다.
③ 규소(Si)와 니켈(Ni)의 양을 증가시키면 고유 저항이 낮아진다.
④ 주철은 염산, 질산 등의 산에는 강하나 알칼리에는 약하다.

해설 주철의 개요
① 주철의 탄소 함유량은 1.7 ~ 6.68%의 강이다.
② 실용적 주철은 2.5 ~ 4.5%의 강이다.
③ 철강보다 용융점(1,150 ~ 1,350℃)이 낮아 복잡한 것이라도 주조하기 쉽고 또 값이 싸기 때문에 일반 기계 부품과 몸체 등의 재료로 널리 쓰인다.
④ 전·연성이 작고 가공이 안 된다.
⑤ 비중 7.1 ~ 7.3으로 흑연이 많아질수록 낮아진다.
⑥ 담금질, 뜨임은 안되나 주조 응력의 제거 목적으로 풀림 처리는 가능하다.
⑦ 자연 시효 : 주조 후 장시간 방치하여 주조 응력을 제거하는 것이다.
⑧ 압축 강도는 인장 강도의 비하여 3 ~ 4배이다.

Q207

주철의 기계적 성질 중 틀린 것은?

① 휨강도가 작다.
② 절삭성이 좋다.
③ 인장 강도가 작다.
④ 연성, 전성이 크다.

Q208

주철에 관한 설명으로 틀린 것은?

① 인장강도가 압축강도보다 크다.
② 주철은 백주철, 반주철, 회주철 등으로 나눈다.
③ 주철은 취성이 연강보다 크다.
④ 흑연은 인장강도를 약하게 한다.

Q209

주철(Cast iron)의 특징에 대한 설명으로 틀린 것은?

① 값이 저렴하다.
② 주조성이 양호하다.
③ 고온에서 소성 변형이 된다.
④ 인장 강도는 강에 비하여 적다.

Q210

일반적으로 주철의 장점이 아닌 것은?

① 압축강도가 크다.
② 담금질성이 우수하다.
③ 내마모성이 우수하다.
④ 주조성이 우수하다.

Q211

주철의 전 탄소량이란?

① 유리탄소와 흑연을 합한 것
② 화합탄소와 유리 탄소를 합한 것
③ 화합탄소와 구상 흑연을 합한 것
④ 탄화철과 흑연을 합한 것

해설 유리 탄소인 흑연과 화합탄소인 시멘타이트를 합한 것이 전 탄소량이다.

정답 205. ④ 206. ① 207. ④ 208. ① 209. ③ 210. ② 211. ②

Q212

주철의 성질에 대한 설명으로 틀린 것은?

① 비중은 규소와 탄소가 많을수록 작아진다.
② 흑연편이 클수록 자기 감응도가 나빠진다.
③ 투자율을 크게 하기 위해서는 화합 탄소를 적게 하여야 한다.
④ 규소와 니켈의 양이 증가함에 따라 고유 저항이 낮아진다.

해설 주철의 물리적 성질
① 비중은 규소와 탄소가 많을수록 작아지며, 용융 온도는 낮아진다.
② 흑연편이 클수록 자기 감응도가 나빠진다.
③ 투자율을 크게 하기 위해서는 화합 탄소를 적게 하고 유리 탄소를 균일하게 분포시킨다.
④ 규소와 니켈의 양이 증가할수록 고유 저항이 높아진다.

Q213

주철의 성장 원인이 되는 것 중 잘못된 것은?

① Fe_3C 흑연화에 의한 팽창
② 불균일한 가열로 생기는 균열에 의한 팽창
③ 흡수되는 가스의 팽창으로 인해 항복되어 생기는 팽창
④ 고용된 원소인 Mn의 산화에 의한 팽창

해설 주철의 성장이란 고온에서 장시간 유지 또는 가열 냉각을 반복하면 주철의 부피가 팽창하여 변형 균열이 발생하는 현상으로 다음과 같은 원인에 의해 발생한다.
① Fe_3C의 흑연화에 의한 성장
② A_1변태에 따른 체적의 변화
③ 페라이트 중의 규소의 산화에 의한 팽창
④ 불균일한 가열로 인한 팽창
㉠ 흑연화 촉진제 : Si, Ni, Ti, Al
㉡ 흑연화 방지제 : Mo, S, Cr, V, Mn

Q214

주철의 성장 원인이 되는 것 중 틀린 것은?

① 펄라이트 조직 중의 Fe_3C 흑연화에 의한 팽창
② 빠른 냉각속도에 의한 시멘타이트의 석출로 인한 팽창
③ 페라이트 조직 중의 고용되어 있는 규소의 산화에 의한 팽창
④ A_1변태에서 체적변화가 생기면서 미세한 균열이 형성되어 생기는 팽창

Q215

주철의 성장에 관한 설명 중 틀린 것은?

① 주물을 300℃의 온도에서 가열하면 성장한다.
② 고온의 주철은 변형이나 균열이 일어나 강도, 수명을 저하시킨다.
③ 고온의 주철을 사용하면 부피가 크게 불어난다.
④ Fe_3C중의 흑연화에 의한 팽창이다.

Q216

주철의 성장 원인에 대한 설명 중 틀린 것은?

① 페라이트 조직 중의 Si의 산화
② 흑연의 미세화에 따른 조직의 치밀화
③ 흡수된 가스의 팽창에 따른 부피의 증가
④ 펄라이트 조직 중의 Fe_3C 분해에 따른 흑연화

Q217

주철의 성장 원인에 속하지 않는 것은?

① 고용원소인 규소(Si)의 산화에 의한 팽창
② Fe_3C의 흑연화에 의한 팽창
③ 균일한 가열에 의한 팽창
④ A_1변태에서 체적변화에 의한 팽창

212. ④ 213. ④ 214. ② 215. ① 216. ② 217. ③

Q218

주철의 성장 원인에 대한 설명 중 틀린 것은?

① 페라이트 조직 중의 Si의 산화
② 흑연의 미세화에 따른 조직의 치밀화
③ 흡수된 가스에 의한 팽창
④ 시멘타이트의 흑연화에 의한 팽창

Q219

다음 중 주철의 성장을 방지하는 방법이 아닌 것은?

① 흑연의 미세화로서 조직을 치밀하게 한다.
② 편상흑연을 구상흑연화 시킨다.
③ 반복 가열 냉각에 의한 균열처리를 한다.
④ 탄소 및 규소의 양을 적게 한다.

Q220

다음 중 주철의 흑연화를 방지하며 탄화물을 안정시키는 대표적인 원소는?

① Al ② Cr
③ Ti ④ Ni

Q221

주철(cast iron)에 미치는 규소의 영향 중 틀린 것은?

① 주철중의 화합탄소를 분리하여 흑연을 유리시킨다.
② 냉각시 수축을 적게 한다.
③ 주철의 질을 연하게 한다.
④ 주철의 성장을 방해한다.

Q222

주철의 용해 중 쇳물의 유동성을 감소시키는 원소는?

① P ② Mn
③ Si ④ S

해설 용재 중 쇳물의 유동성을 증가하는 대표적 원소는 규소(Si)이며 유동성을 감소시키는 원소는 황(S)이다.

Q223

보통 주철의 인장강도는 다음 중 어느 것인가?

① 98 ~ 196MPa(12 ~ 20kgf/mm^2)
② 240 ~ 250MPa(20 ~ 30kgf/mm^2)
③ 340 ~ 350MPa(30 ~ 40kgf/mm^2)
④ 440 ~ 640MPa(40 ~ 50kgf/mm^2)

해설 기계적 성질

① 주철은 경도를 측정하여 그 값에 따라 재질을 판단할 수 있으며 주로 브리넬 경도(HB)로 사용하며, 페라이트가 많은 것은 HB = 80 ~ 120, 백주철의 경우에는 HB = 420 정도이다.
② 주철의 기계적 성질은 탄소강과 같이 화학성분만으로는 규정할 수가 없기 때문에, KS규격에서는 인장강도를 기준으로 분류하고 있으며, 회주철의 경우는 98 ~ 440MPa범위이다. 하지만 탄소, 규소의 함유량과 주물 두께의 영향을 같이 나타내기 위하여 편의상 탄소포화도를 사용하며 얇은 주물을 제외하고는 포화도 Sc = 0.8 ~ 0.9정도의 것이 가장 큰 인장강도를 갖는다.
③ 압축강도는 인장강도의 3 ~ 4배 정도이며, 보통 주철에서는 4배 정도이며, 고급 주철 일수록 그 비율은 작아진다.
④ 주철은 깨지기 쉬운 큰 결점을 가지고 있다. 하지만 고급 주철은 어느 정도 충격에 견딜 수 있다. 저탄소, 저규소로 흑연량이 적고 유리 시멘타이트가 없는 주철은 다른 주철에 비하여 충격값이 크다.
⑤ 주철 조직 중 흑연이 윤활제 역할을 하고, 흑연 자신이 윤활유를 흡수, 보유하므로 내마멸성이 커진다. 크롬을 첨가하면 내마멸성을 증가시킨다.

정답 218. ② 219. ③ 220. ② 221. ④ 222. ④ 223. ①

⑥ 회주철에는 흑연이 존재에 의해 진동을 받을 때 그 에너지를 속히 흡수하는 특성이 있으며, 이 성능을 감쇠능이라 한다. 회주철의 감쇠능은 대단히 양호하며, 강의 5 ~ 10배에 달한다.

Q224

보통주철의 압축강도는 인장강도의 약 몇 배 정도가 되는가?

① 1 ~ 1.5배 ② 1.5 ~ 2배
③ 3 ~ 4배 ④ 5 ~ 6배

Q225

보통 주철의 인장강도는 다음 중 어느 것인가?

① 12 ~ 20kgf/mm²
② 20 ~ 30kgf/mm²
③ 30 ~ 40kgf/mm²
④ 40 ~ 50kgf/mm²

해설 주철의 종류
① 보통 주철(회주철 GC 1 ~ 3종)
㉠ 인장 강도 10 ~ 20kg/mm²
㉡ 조직은 페라이트 + 흑연으로 주물 및 일반 기계 부품에 사용
㉢ C = 3.2 ~ 3.8% Si = 1.4 ~ 2.5% Mn = 0.4 ~ 1.0%, P = 0.3 ~ 0.8%, S < 0.06%

Q226

고급주철의 바탕은 어떤 조직으로 이루어 졌는가?

① 펄라이트 ② 시멘타이트
③ 페라이트 ④ 오스테 나이트

해설 고급 주철
① 펄라이트 주철을 말한다.
② 인장강도 25kg/mm²이상
③ 고강도를 위하여 C, Si량을 작게 한다.
④ 조직 펄라이트 + 흑연 으로 주로 강도를 요하는 기계 부품에 사용
⑤ 종류로는 란쯔, 에멜, 코살리, 파워스키, 미하나이트 주철이 있다.

Q227

일반적으로 보통 주철은 어떤 형태의 주철인가?

① 칠드주철 ② 가단주철
③ 합금주철 ④ 회주철

Q228

주철에 해당되는 것은?

① 아공석 주철 ② 과공석 주철
③ 공정주철 ④ 공석주철

해설 주철은 탄소 2.0 ~ 6.68%를 함유한 철 하지만 보통 4.5%까지의 것을 말함. 아공정 주철 : C1.7 ~ 4.3%, 공정 주철 : C4.3%, 과공정 주철 : C4.3% 이상을 말한다. 즉 주철도 탄소강과 마찬가지로 탄소, 규소, 인, 황, 망간 등이 주요성분이다.

Q229

보통 주철의 일반적인 주요성분 중에 속하지 않는 원소는?

① 규소 ② 아연
③ 망간 ④ 탄소

Q230

탄소(C) 이외에 보통 주철에 포함된 주요성분이 아닌 것은?

① Mn ② Si
③ P ④ Al

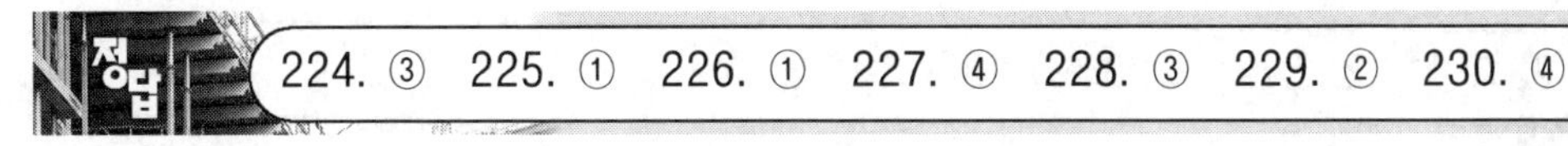

Q231

보통 주철에 0.4 ~ 1% 정도 함유되며, 화학 성분 중 흑연화를 분해하여 백주철화를 촉진하고, 황(S)의 해를 감소시키는 것은?

① 수소(H) ② 구리(Cu)
③ 알루미늄(Al) ④ 망간(Mn)

해설 망간은 보통 주철에서는 0.4 ~ 1.0% 망간을 함유하고 탈황제로 작용한다. 망간은 황과 화합하여 황화망간으로 되어 용해 금속 표면에 떠오르며, 적은 양은 주철의 재질과는 무관하다. 망간 함유량이 증가함에 따라 펄라이트는 미세해지고, 페라이트는 감소한다.

Q232

마우러의 조직도(Maurer's diagram)를 올바르게 설명한 것은 ?

① 탄소와 흑연량에 따른 주철의 조직관계를 표시한 것
② 탄소와 시멘타이트량에 따른 주철의 조직관계를 표시한 것
③ 규소와 망간량에 따른 주철의 조직관계를 표시한 것
④ 탄소와 규소량에 따른 주철의 조직관계를 표시한 것

해설 마우러 조직 선도
① C, Si의 양 냉각 속도에 따른 조직의 변화를 표시한 것
② 페라이트(ferrite) : 철을 주체로 한 고용체로서, 주철에 있어서는 규소의 전부, 망간의 일부 및 극히 소량의 탄소를 포함하고 있다.
③ 펄라이트(pearlite) : 단단한 시멘타이트와 연한 페라이트가 혼합된 상이므로 그 성질은 양자의 중간정도이다.
㉠ 백주철(I) : pearlite + cementite
㉡ 반주철(II a) : pearlite + cementite + 흑연
㉢ 펄라이트 주철(II) : pearlite + 흑연
㉣ 보통 주철(II b) : pearlite + ferrite + 흑연 → 일명 회주철
㉤ 극연 주철(III) : ferrite + 흑연 → 페라이트 주철

Q233

비교적 규소(Si)량이 많고 냉각속도를 느리게 하여 조직 중에 탄소의 많은 양이 흑연화 되어 있는 주철은?

① 백주철
② 회주철
③ 극경주철
④ 합금주철

해설 주철의 조직
① 펄라이트와 페라이트가 흑연으로 구성
② 주철 중의 탄소의 형상
㉠ 유리 탄소(흑연)
- 규소가 많고 냉각 속도가 느릴 때 회주철(편상)
- 흑연은 인장 강도를 약하게 하나, 흑연의 양, 크기, 모양 및 분포 상태는 주물의 특징인 주조성, 내마멸성 및 절삭성, 인성 등을 좋게 하는데 영향을 끼친다.
- 흑연을 구상화 하면 흑연이 철 중에 미세한 알갱이 상태로 존재하게 되어 주철을 탄소강과 유사한 강인한 조직을 만들 수 있다.

㉡ 화합 탄소(Fe_3C)
- 규소가 적고 망간이 많고 냉각 속도가 빠를 때 백주철(괴상)
- 주철에서 나타나는 상은 흑연을 비롯하여 (Fe_3C, MnS, FeS, Fe_3P등이 있는데 이중(Fe_3C(시멘타이트)의 경도가 1,100(HV)정도로 가장 단단하다.

③ 흑연화 : 화합 탄소가 3Fe와 C로 분리되는 것
④ 흑연화의 영향 : 용융점을 낮게 하고 강도가 작아진다.
⑤ 반주철 : 유리 탄소(흑연) + 화합 탄소(Fe_3C)

Q234

주철에 함유된 탄소가 흑연(graphite) 상태로 존재하고 파단면이 회색을 띠고 있는 주철은?

① 회주철
② 백주철
③ 칠드주철
④ 반주철

정답 231. ④ 232. ④ 233. ② 234. ①

Q235

주철의 조직 중에서 규소량이 적으며 냉각 속도가 빠를 때 많이 나타나는 조직은?

① 페라이트　② 시멘타이트
③ 레데부라이트　④ 마텐자이트

Q236

주철은 파면상의 색깔로 분류할 수 있는 데 그 중에 탄소의 일부가 유리되어 흑연화하므로 회색으로 나타나는 주철을 무엇이라 하는가?

① 백주철　② 반주철
③ 회주철　④ 흑주철

Q237

백주철이란 탄소가 주철 속에 어떤 상태로 포함되어 있는 것을 말하는가?

① 페라이트　② 탄소흑연
③ 화합탄소　④ 펄라이트

해설 주철 중의 탄소의 형상
① 유리 탄소(흑연) - 규소가 많고 냉각 속도가 느릴 때 회주철(편상)
㉠ 흑연은 인장 강도를 약하게 하나, 흑연의 양, 크기, 모양 및 분포 상태는 주물의 특징인 주조성, 내마멸성 및 절삭성, 인성 등을 좋게 하는데 영향을 끼친다.
㉡ 흑연을 구상화 하면 흑연이 철 중에 미세한 알갱이 상태로 존재하게 되어 주철을 탄소강과 유사한 강인한 조직을 만들 수 있다.
② 화합 탄소Fe_3C - 규소가 적고 망간이 많고 냉각 속도가 빠를 때 백주철(괴상)
③주철에서 나타나는 상은 흑연을 비롯하여 (Fe_3C, MnS, FeS, Fe_3P등이 있는데 이중(Fe_3C(시멘타이트)의 경도가 1,100(HV)정도로 가장 단단하다.
④ 흑연화 : 화합 탄소가 3Fe와 C로 분리되는 것
⑤ 흑연화의 영향 : 용융점을 낮게 하고 강도가 작아진다.

Q238

주철은 함유하는 탄소의 상태와 파단면의 색에 따라 3종으로 분류되는데 다음 중 아닌 것은?

① 회주철(gray cast iron)
② 백주철(white cast iron)
③ 반주철(mottled cast iron)
④ 합금주철(alloyed cast iron)

Q239

가단주철은 어떤 방법으로 만드는가?

① 백주철을 탈탄하여
② 구상화 주철을 열처리하여
③ 반강주물을 단조하여
④ 주철을 담금질하여

해설 ① 백심 가단 주철(WMC) 탈탄이 주목적 산화철을 가하여 950℃에서 70 ~ 100시간 가열
② 흑심 가단 주철(BMC) Fe_3C의 흑연화가 목적
1단계(850 ~ 950℃풀림)유리 Fe_3C → 흑연화
2단계(680 ~ 730℃풀림)Pearlite중에 Fe_3C → 흑연화
③ 고력 펄라이트 가단 주철 (PMC) 흑심 가단 주철에 2단계를 생략한 것
④ 가단 주철의 탈탄제 : 철광석, 밀 스케일, 헤어 스케일 등의 산화철을 사용

Q240

구상 흑연 주철의 접종제로 적합한 것은?

① 페로 망간(Fe - Mn)
② Fe - Sn - Mg
③ 세륨(Ce)
④ 칼슘(Ca)

해설 구상흑연주철(노듈러 주철, 덕타일주철)
① 용융 상태에서 Mg, Ce, Mg - Cu 등을 첨가하여 흑연을 편상에서 구상화로 석출시킨다.
② 기계적 성질 인장 강도는 50 ~ 70kg/mm²(주

정답 235. ② 236. ③ 237. ③ 238. ④ 239. ① 240. ③

조 상태), 풀림 상태에서는 45~55kg/mm²이 다. 연신율은 12~20%정도로 강과 비슷하다.
③ 조직은 Cementite형 (Mg첨가량이 많고, C, Si가 적고 냉각 속도가 빠를 때 Pearlite형 (Cementite와 Ferrite의 중간), Ferrite 형 (Mg양이 적당, C 및 특히 Si가 많고, 냉각 속도 느릴 때) 만들어진다.
④ 성장도 적으며, 산화되기 어렵다.
⑤ 가열 할 때 발생하는 산화 및 균열 성장이 방지

Q241

구상 흑연 주철에 유해한 성분이 아닌 것은?

① 주석　② 납
③ 구리　④ 비스무트

Q242

구상 흑연 주철은 어떤 원소를 첨가하여 흑연을 구상화한 것인가?

① 크롬　② 마그네슘
③ 몰리브덴　④ 니켈

Q243

구상흑연주철은 용융 상태의 주철 중에 다른 성분을 첨가 처리하여 흑연을 구상화하는 것인 데 이에 사용되는 재료가 아닌 것은?

① 마그네슘　② 주석
③ 세륨　④ 칼슘

Q244

용융상태의 주철 중에 무엇을 첨가하면 구상 흑연 조직이 얻어지는가?

① 알루미늄　② 마그네슘
③ 흑연　④ 몰리브덴

Q245

미하나이트 주철(Meehanite cast iron) 제조시 첨가원소는?

① 칼슘 – 규소　② 망간 – 규소
③ 규소 – 크롬　④ 크롬 – 몰리브덴

해설 미하나이트 주철
① 흑연의 형상을 미세 균일하게 하기 위하여 Si, Si – Ca분말을 첨가하여 흑연의 핵 형성을 촉진한다.
② 인장 강도 35~45kg/mm²
③ 조직 : 펄라이트 + 흑연(미세)
④ 담금질이 가능하다.
⑤ 고강도 내마멸, 내열성 주철
⑥ 공작 기계 안내면, 내연 기관 실린더 등에 사용

Q246

바탕이 펄라이트(pearlite)이고 흑연이 미세하게 분포되어 있어 인장강도 35~45kgf/mm²에 달하며 담금질을 할 수 있고 내마멸성이 요구되는 공작 기계의 안내면과 강도를 요하는 기관의 실린더에 쓰이는 주철은?

① 미하나이트 주철(meehanite cast iron)
② 구상흑연 주철(nodular graphite cast iron)
③ 칠드 주철(chilled cast iron)
④ 흑심가단 주철(black – heart malleable cast iron)

Q247

고급주철로 백선또는 반선 배합의 용탕에 Ca – Si를 접종해서 만든 주철은 어느 것인가?

① 구상흑연 주철
② 미하나이트 주철
③ 오스테나이트 주철
④ 베이나이트 주철

241. ③　242. ②　243. ②　244. ②　245. ①　246. ①　247. ②

Q248

규소 또는 칼슘 - 규소 분말을 첨가하여 흑연의 핵 형성을 촉진시켜 흑연의 형성을 미세하고 균일하게 분포시킨 주철은?

① 구상흑연 주철(Nodular graphite cast iron)
② 흑심 가단 주철(Black−heart cast iron)
③ 백심 가단 주철(White−heart cast iron)
④ 미하나이트 주철(Meehanite cast iron)

Q249

주철의 결점인 여리고 약한 인성을 개선하기 위하여 백주철을 만든 후 장시간 열처리하여 탄소의 상태를 분해 또는 소실시켜 인성 또는 연성을 증가시킨 주철을 무엇이라 하는가?

① 가단 주철
② 구상 흑연 주철
③ 칠드 주철
④ 고력 합금 주철

해설 ① 백심 가단 주철(WMC) 탈탄이 주목적 산화철을 가하여 950℃에서 70 ~ 100시간 가열
② 흑심 가단 주철(BMC) Fe_3C의 흑연화가 목적
1단계(850 ~ 950℃풀림)유리 Fe_3C → 흑연화
2단계(680 ~ 730℃풀림)Pearlite중에 Fe_3C → 흑연화
③ 고력 펄라이트 가단 주철 (PMC) 흑심 가단 주철에 2단계를 생략한 것
④ 가단 주철의 탈탄제 : 철광석, 밀 스케일, 헤어 스케일 등의 산화철을 사용

Q250

가단주철의 종류가 아닌 것은?

① 펄라이트 가단주철
② 백심 가단주철
③ 흑심 가단주철
④ 페라이트 가단주철

Q251

백주철을 고온에서 장시간 열처리하여 시멘타이트 조직을 분쇄하거나 소실시켜서 얻는 가단주철에 속하지 않는 것은?

① 흑심 가단주철
② 백심 가단주철
③ 펄라이트 가단주철
④ 솔바이트 가단주철

Q252

가단 주철의 분류에 해당되지 않는 것은?

① 백심 가단 주철
② 흑심 가단 주철
③ 반선 가단 주철
④ 펄라이트 가단 주철

Q253

가단주철의 종류가 아닌 것은?

① 백심 가단 주철
② 산화 가단 주철
③ 흑심 가단 주철
④ 펄라이트 가단 주철

정답 248. ④ 249. ① 250. ④ 251. ④ 252. ③ 253. ②

5. 비철 금속과 그 합금

(1) 구리와 그 합금

1) 구리의 제련

① 황동광, 휘동광, 반동강, 적동광(구리광석) → 용광로 → 매트 → 전로 → 조동)

② 조동을 전기 정련하면 전기 구리, 반사로에서 정련하면 형구리이다.

2) 구리의 종류

① **전기구리** : 전기 분해에 의해서 얻어진 것으로, 순도 99.99% 이상의 것도 있지만 불순물로서 Sb, As, S 등이 들어가기 쉽고 H_2도 포함되어 있어 전기 구리 그대로는 취약하다.

② **정련구리** : 전기구리를 용융 정제하여 구리 중의 산소를 0.02 ~ 0.04% 정도로 함유한 것이다. 정련 구리는 전기 및 열전도율이 대단히 좋고, 또 내식성, 전연성이 좋으며, 강도가 커서 판, 선, 봉으로 가공하여 널리 사용한다.

③ **탈산구리** : 정련구리는 0.03% 정도의 산소를 불순물로서 포함하고 있으므로, P으로 탈산하여 산소 함유량을 0.02% 이하 낮춘 것이 탈산 구리이며, 판 또는 관으로 사용한다.

④ **무산소구리** : 산소나 탈산제를 포함하지 않은 고순도의 구리를 말하며, 산소량이 0.001 ~ 0.002% 정도이다. 이 구리는 정련 구리와 탈산 구리의 장점을 합한 것으로, 전도율과 가공성이 좋으므로 주로 전자 기기에 사용된다.

3) 구리의 성질

① **물리적 성질**

㉠ 비자성체이며 전기와 열의 양도체이다. 은 다음으로 전도율이 우수하다. 하지만 열전도율은 보통 금속 중에서 높다.

- 인, 철, 규소, 비소, 안티몬, 주석 등은 전기 전도율을 현저히 저하시키나, 카드뮴은 전기 전도율을 저하시키지 않으며 구리의 강도 및 내마멸성을 향상시킨다.

㉡ 비중은 8.96 용융점 1,083℃이며 변태점이 없다.

② **화학적 성질**

㉠ 철강 재료에 비하여 내식성이 크다. 하지만 공기 중에 오래 방치하면 이산화탄소 및 수분 등의 작용에 의하여 표면에 녹색의 염기성 탄산구리가 생기며, 이것은 인체에 대단히 유해하다. 탄산구리는 물에 녹지 않고 보호 피막의 역할을 하며, 부식율도 대단히 낮으므로 수도관, 물탱크, 열교환기, 선박 등에 널리 사용된다. 하지만 물속에 이산화탄소 및 산소의 양이 많아지면 탄산이 생겨서 보호 피막의 생성을 억제시켜 부식율이 높아진다.

㉡ 황산, 염산에 용해되며 습기, 탄산가스, 해수에 녹이 생긴다.

㉢ 수소병이란 환원 여림에 일종으로 산화구리를 환원성 분위기에서 가열하면 수소가 동 중에 확산 침투하여 균열이 발생하는 것을 말한다.

③ **기계적 성질**

㉠ 구리는 항복 강도가 낮으므로 상온에서 가공이 쉽지만, 가공 경화율은 다른 면심 입방 결정체보다 높은 편이다. 즉 소성 가공률이 클수록 인장 강도와 경도는 증가하지만 연신율 및 단면 수축률은 감소한다.

㉡ 경화 정도에 따라 경질(H) 연질(O)로 구분한다.

㉢ 인장강도는 가공도 70%에서 최대이며 600 ~ 700℃에서 30분간 풀림하면 연화된다.

4) 구리 합금

고용체를 형성하여 성질을 개선하며 α고용체(F. C. C)는 연성이 커서 가공이 용이하나, β(B. C. C)고용체는 가공성이 나빠진다. 기타 γ, ε, η, δ의 계가 있으나 공업적으로는 45% Zn이하가 사용되므로 α, β상이 중요하다.

① **황동(Cu + Zn)** : 가공성, 주조성, 내식성, 기계적 성질이 개선된다.

㉠ 물리적 성질

- 아연 함유량의 증가에 따라 거의 직선적으로 비중은 작아진다.
- 전기 및 열전도율은 아연 함유량이 34%까지는 낮아지다가 그 이상이 되면 상승하여 50% 아연에서 최대값을 가진다.
- 7 : 3 황동은 1,200℃, 6 : 4 황동은 1,100℃를 넘으면 아연이 비등하므로 용융시킬 때에 각별한 주의를 요한다.

㉡ 화학적 성질

- 탈아연 부식 : 황동은 순구리에 비하여 화학적 부식에 대한 저항이 크며, 고온으로 가열하여도 별로 산화되지 않는다. 하지만 물 또는 부식성 물질이 용해되어 있을 때에는 수용액의 작용에 의해서 황동의 표면 또는 내부까지 황동에 함유되어 있는 아연이 용해되는 현상을 말한다. 탈아연 된 부분은 다공질이 되어 강도가 감소한다. 이러한 현상은 6 : 4 황동에서 주로 볼 수 있다. 방지책으로는 아연편을 연결한다.
- 자연균열 : 관 봉 등의 가공재에 잔류 변형(응력) 등이 존재할 때 아연이 많은 합금에서는 자연히 균열이 발생하는 일이 종종 있다. 이러한 현상을 자연균열이라 하며, 특히 아연의 함유량이 40%의 합금에서 일어나기 쉽다. 암모니아, 습기, 이산화탄소 등의 분위기에서 이를 촉진하며, 방지법으로는 저온풀림, 도금 등의 방법이 있다.
- 고온 탈 아연 : 고온에서 증발에 의해 황동 표면으로부터 아연이 없어지는 현상을 말하며, 이러한 현상은 고온일수록, 표면이 깨끗할수록 심하다. 이것을 방지하려면 표면에 산화 피막을 형성시키면 효과적이다.

㉢ 기계적 성질

- Zn의 함유량이 30%에서 연신율 최대이며, 40%에서는 인장 강도가 최대이다.
- 경년변화 : 상온 가공한 황동 스프링이 사용할 때 시간의 경과와 더불어 스프링 특성을 잃는 현상이다.

② 황동의 종류

㉠ 실용 황동

종 류	성분(%) (Cu : Zn)	용 도
Gilding metal	95 : 5	코닝이 쉬워 화폐, 메달, 토큰
Commercial bronze	90 : 10	디프 드로잉 재료, 메달, 배지, 가구용, 건축용 등, 청동 대용으로 사용
Red brass	85 : 15	건축용, 금속 잡화, 소켓 체결용, 콘덴서, 열교환기, 튜브 등
Low brass	80 : 20	금속 잡화, 장신구, 악기 등에 사용(톰백)
Cartridge brass	70 : 30	판, 봉, 관, 선 등의 가공용 황동에 대표, 자동차 방열기, 전구 소켓, 탄피, 일용품

종 류	성분(%) (Cu : Zn)	용 도
Yellow brass	65 : 35	7 : 3 황동과 용도는 비슷하나 가격이 저렴, 냉간 가공하기 전에 400 ~ 500℃ 풀림
Muntz metal	60 : 40	값이 싸고, 내식성이 다소 낮고, 탈아연 부식을 일으키기 쉬우나 강력하기 때문에 기계 부품용으로 많이 쓰인다. 판재, 선재, 볼트, 너트, 열교환기, 파이프, 밸브, 탄피, 자동차 부품, 일반 판금용 재료 등
황동 주물	Pb 2.5%	절삭성, 내해수성, 내알칼리성을 요구하는 선박 부품, 보일러 부품 등에 사용한다. 황동 주물은 청동 주물에 비하여 강도, 경도 및 내식성은 낮으나, 절삭성과 주조성이 좋기 때문에 기계 부품, 보일러 부품, 건축용 부품에 많이 쓰인다.

㉡ 특수 황동 : 실용 황동에 소량의 다른 원소를 첨가하여 색깔, 내마멸성, 내식성 및 기계적 성질을 개선한 합금이다.

<table>
<tr><th colspan="2">종 류</th><th>성 분</th><th>용 도</th></tr>
<tr><td colspan="2">연황동
(lead brass)</td><td>6 : 4 황동 +
Pb(1.5 ~ 3.7%)</td><td>• 절삭성 개선(쾌삭 황동)
• 강도와 연신율은 감소
• 시계용 치차, 나사 등</td></tr>
<tr><td rowspan="2">주석황동</td><td>네이벌</td><td>6 : 4 황동 +
Sn(1%)</td><td rowspan="2">• Zn의 산화 및 탈아연 부식 방지
• 해수에 대한 내식성 개선
• 선박, 냉각용 등에 사용
• 인성을 요할 때는 0.7% Sn</td></tr>
<tr><td>에드미럴티</td><td>7 : 3 황동 +
Sn(1%)</td></tr>
<tr><td colspan="2">철황동
(delta metal)</td><td>6 : 4 황동 + Fe
(1% ~ 2% 내외)</td><td>• 강도 내식성 개선
• 철이 2% 이상이면 인성 저하
• 선박, 광산, 기어, 볼트 등</td></tr>
<tr><td colspan="2">규소황동</td><td>Cu(80 ~ 85%)
Zn(10 ~ 16%)
Si(4 ~ 5%)</td><td>• 일명 실진
• 내식성 주조성 양호
• 선박용</td></tr>
<tr><td colspan="2">양은</td><td>7 : 3 황동 +
Ni(15 ~ 20%)</td><td>• 부식 저항이 크고 주·단조 가능
• 가정용품, 열전쌍, 스프링 등</td></tr>
</table>

종 류	성 분	용 도
강력황동	6 : 4 황동 + Mn, Al, Fe, Ni, Sn	• 황동에 소량의 망간을 첨가하면 인장강도, 경도 및 연신율이 증가되어 고강도 황동이라고도 함 • 망가닌(황동에 망간이 10 ~ 15%) 은 전기저항률이 크고 저항 온도 계수가 작으므로 표준 저항기 또는 정밀 기계의 부품 • 주조 가공성 향상 • 강도 내식성 개선 • 선박용 프로펠러, 광산 등
알루미늄황동	Al 소량 첨가	• 내식성이 특히 강해짐 • 알브락, 알루미 브라스 등

③ 청동(Cu + Sn)

- 좁은 의미에서는 구리와 주석의 합금이지만, 넓은 의미에서는 황동 이외의 구리 합금을 모두 말한다.
- 황동보다 주조성이 좋고 내식성과 내마멸성이 좋으므로, 예부터 화폐, 종, 미술 공예품, 동상, 병기, 기계 부품, 베어링 및 각종 일용품 재료로 사용되어 왔다.
- 황동과 마찬가지로 α, β, γ, δ, ε, η 상이 있으며, 응고 범위가 대단히 넓으므로 결정 편석이 일어나기 쉽다.

㉠ 물리적 성질

- 주석을 20% 함유한 청동은 비중 및 선팽창률은 순구리와 비슷
- 3 ~ 10% 주석을 함유한 청동의 전기 전도율은 9 ~ 12% IACS로 순구리의 1/10 정도로 감소한다.
- 10% 주석을 함유한 청동의 열전도율은 45 ~ 55 W/m·K이지만 이는 순구리에 비하여 거의 1/8정도이다.

㉡ 화학적 성질

- 주석을 10% 정도까지 함유한 청동은 주석의 함유량이 증가할수록 내해수성이 좋아지므로 선박용 부품에 널리 사용된다.
- 청동은 고온에서 산화하기 쉬우며 납 함유량이 증가할수록 내식성은 나빠지고, 또 산이나 알칼리 수용액 중에서는 부식률이 높아진다.

㉢ 기계적 성질

- 주석의 4%에서 연신율이 최대, 15%이상에서 강도, 경도 급격히 증대
- 청동은 내마멸성이 크므로 대부분이 주조품으로 사용된다.

④ **청동의 종류**

㉠ 실용 청동

종 류	성 분	용 도
포금	8 ~ 12% Sn, 1 ~ 2% Zn	• 단조성이 좋고 강력하며 내식성이 있어 밸브, 콕, 기어, 베어링 부시 등의 주물에 널리 사용된다. • 88% Cu, 10% Sn, 2% Zn인 애드미럴티 포금은 주조성과 절삭성이 뛰어나다.
미술용 청동	2 ~ 8% Sn, 1 ~ 12% Zn, 1 ~ 3% Pb	• 동상이나 실내 장식품 또는 건축물의 재료
화폐용 청동	3 ~ 8% Sn, 1% Zn	• 성형성이 좋고 각인하기 쉬우므로 화폐나 메달 등에 사용한다.

㉡ 특수 청동 : 특수청동은 구리 주석계 합금에 다른 원소를 넣어서 특성을 개선한 것이며 주석을 전혀 함유하지 않은 알루미늄 청동, 니켈 등도 있다.

종 류	성 분	용 도
인청동	청동에 1% 이하 P첨가	• 유동성이 좋아지고, 강도, 경도, 내식성 및 탄성률 등 기계적 성질이 개선 • 봉은 기어, 캠, 축, 베어링 등 • 선은 코일 스프링, 스파이럴 스파링
스프링용 인청동	7 ~ 9% Sn, 0.03 ~ 0.35% P	• 적당히 냉간 가공을 하면 탄성 한도가 높아진다. • 전연성, 내식성 및 내마멸성이 좋다. • 자성이 없으므로 통신 기기, 계기류 등의 고급 스프링의 재료로 사용
납 청동	4 ~ 22% Pb, 6 ~ 11% Sn	• 연성은 저하하지만 경도가 높고, 내마멸성이 크다. • 자동차나 일반기계의 베어링 부분에 사용된다. • 납 청동에서 납을 4 ~ 22% 정도 함유한 것은 윤활성이 좋으므로 철도 차량, 압연 기계 등의 고압용 베어링에 적합 • 켈밋 합금은 구리에 30 ~ 40% 납을 가한 것으로 이것은 고속 고하중용 베어링으로 자동차, 항공기 등에 널리 쓰임

종 류	성 분	용 도
베어링용 청동	Cu + Sn (13 ~ 15%)	• 외측의 경도가 높은 δ 조직으로 이루어짐
알루미늄 청동	구리에 Al 6 ~ 10.5% 첨가	• 기계적 성질, 내식성, 내열성, 내마멸성이 우수하다. • 화학 기계 공업, 선박, 항공기, 차량 부품 등의 재료로 사용 • 주물용 알루미늄 청동은 강도가 높고 비중이 작을 뿐만 아니라, 내식성 등이 좋아서 대형 프로펠러에 많이 사용 • 또한 경도, 강도, 내마멸성이 높으므로 압연기, 각종 기어, 밸브, 펌프, 터빈 부품 등에 적합하다. • 내식성에서는 고크롬 스테인리스강 주물보다 우수하고, 18-8 스테인리스강 주물과 거의 같은 수준이어서 수차의 로터, 유압 조절용 대형 밸브, 스핀들 등의 수력 기계에도 사용된다. • 가공용 알루미늄 청동은 강도, 내열성, 내마멸성이 좋아 소성 가공도 할 수 있다. • 단조품, 봉, 관, 선, 판 등의 제품으로 이용된다. • 또 5% 알루미늄, 0.5% 철을 함유한 합금은 색깔이 황금색과 비슷하므로 장식용에 사용된다. • 강도는 알루미늄 10%에서 최대이며, 가공성은 8%에서 최대, 주조성은 나쁘다. • 자기 풀림이 발생하여 결정이 커진다.

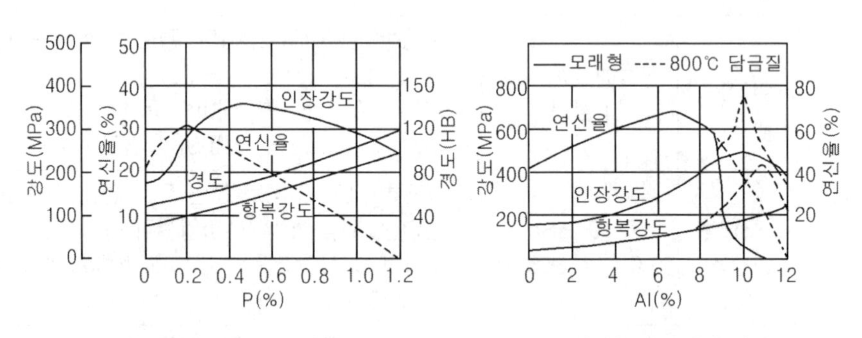

▲ 알루미늄 청동의 기계적 성질 ▲ 인 청동의 기계적 성질

⑤ 기타 구리 합금

㉠ 규소 청동

- 규소를 4% 이하 함유한 구리 합금. 5% 이상의 규소에서는 석출 과정에 의해 시효 경화를 할 수 있지만, 주조와 가공이 곤란하다.

- 열처리 효과가 작으므로 700 ~ 750℃에서 풀림하여 사용
- 고온, 저온 모두에서 내식성이 좋고 용접성이 우수하며, 강도도 연강과 비슷하여 화학 공업용 재료로 이용
- 냉간 가공재는 응력 부식 균열에 대한 저항이 큰 것이 특징
- 소형 나사 등에는 0.5% 납을 넣어서 피삭성을 개선

㉡ 크롬 청동

- 전도성과 내열성이 좋아 용접용, 전극 재료 등에 사용된다.
- 실용 합금은 0.5 ~ 0.8%의 크롬을 함유하고 있다.
- 시효 경화성이 있어 1,000℃에서 급랭 후 450 ~ 500℃에서 시효 처리 함

㉢ 베릴륨 청동

- 구리 합금 중에서 가장 높은 경도와 강도를 가지나 값이 비싸고 산화하기 쉬우며, 가공하기 곤란하다는 단점도 있다.
- 강도, 내마멸성, 내피로성, 전도율 등이 좋으므로 베어링, 기어, 고급 스프링, 공업용 전극 등에 쓰인다.
- 고강도 베릴륨 청동(1.6 ~ 2.0% Be, 0.25 ~ 0.35% Co)과 고전도성 베릴륨 청동(0.25 ~ 0.6% Be, 1.4 ~ 2.6% Co)이 있으며, 소량의 코발트, 니켈, 또는 은을 첨가하여 사용한다. 코발트는 결정립계의 성장을 억제하고 니켈은 결정립경을 미세화하여 강도 및 인성을 향상시킨다.

㉣ 망간 청동

- 망간이 5~15% 함유된 구리 합금으로서 약 10% 까지는 전연성이 커져서 냉간 가공성이 향상되지만 망간을 많이 함유할 경우 인성이 저하된다.
- 300℃까지는 강도가 저하되지 않아 증기기관의 증기 밸브, 터빈의 프로펠러용으로 사용된다.
- 전기 저항이 높으므로(39 ~ 44 nΩ.m) 전기 저항 재료로서도 사용된다.

㉤ 티탄 청동

- 강도 830MPa, 연신율 8%, 경도(HV) 340 정도인 고강도 합금
- 구리에 5.8%의 티탄이 함유된 합금을 진공로에서 885℃로 16시간 가열하여 물에 담금질하여 430℃ 시효 처리 함
- 내열성은 좋으나 전도율이 낮은 것이 결점이다.

- 티탄 청동에 베릴륨이나 은 등을 첨가하면 베릴륨 청동 정도의 높은 인장 강도를 얻을 수 있다.
- 4% Ti, 0.5% Be, 0.5% Co, 또는 2% Ni, 1% Fe을 넣은 CTB 합금의 인장 강도는 1200MPa이고, 4% Ti, 3% Ag, 1% Zr CTG 합금의 인장 강도는 1,130MPa로 내마멸성도 베릴륨 청동보다 우수하다.

ⓑ 구리 – 니켈 – 규소 합금

- 구리에 3 ~ 4% Ni, 약 1% Si가 함유된 코슨 합금(C 합금)이 있다.
- 900℃에서 급랭시킨 후 400 ~ 500℃에서 뜨임하면 인장 강도가 향상되고 (830 ~ 930MPa), 전도율이 크므로 통신선, 스프링 재료 등에 사용된다.
- 이 합금에 3 ~ 6% Al을 첨가하면 강도가 향상되고, 내열성 및 내피로성이 우수하여 항공기 및 선박 부품 등에 사용된다.

ⓢ 니켈 구리 합금 : 어드밴스(Ni44%), 콘스탄탄(Ni45%), 콜슨 합금, 쿠니알 청동이 있다.

ⓞ 호이슬러 합금 : 강자성 합금. Cu – Mn – Al이 주성분

ⓙ 오일리스 베어링 : 다공성의 소결 합금 즉 베어링 합금의 일종으로 무게의 20 ~ 30% 기름을 흡수시켜 흑연 분말 중에서 수소 기류로 소결시킨다. Cu – Sn – 흑연 분말이 주성분이다.

(2) 알루미늄과 그 합금

1) 알루미늄의 제조

① 보크사이트($Al_2O_3 \cdot 2H_2O$) + 수산화나트륨(NaOH) → 알루미나(Al_2O_3)를 만들고 이것을 전기 분해하여 순도 99.99%인 것을 얻는다.

② 명반석, 토혈암 등에서도 제조한다.

③ 불순물로는 철, 구리, 규소 등이 함유되어 있으며, 마그네슘, 베릴륨 다음으로 가볍고, 지구상에 규소 다음으로 많이 존재하는 원소이다.

④ 다른 금속과 잘 합금되며, 주조도 가능하다.

2) 알루미늄의 성질

① 물리적 성질

㉠ 비중 2.7 용융점 660℃ 변태점이 없으며 색깔은 은백색이다.

㉡ 열 및 전기의 양도체로 전기 전도율은 구리의 60%이상이므로 송전선으로 많이 사용한다. 전기 전도율을 감소시키는 불순물로 Si, Cu, Ti, Mn등을 들 수 있다.

② **화학적 성질**

㉠ 알루미늄은 대기 중에서 쉽게 산화되지만 그 표면에 생기는 산화알루미늄(Al_2O_3)의 얇은 보호 피막으로 내부의 산화를 방지한다.

㉡ 내식성을 저하하는 불순물로는 구리, 철, 니켈 등이 있다.

㉢ 마그네슘과 망간 등은 내식성에 거의 영향을 끼치지 않는다.

㉣ 황산, 묽은 질산, 인산에는 침식되며 특히 염산에는 침식이 대단히 빨리 진행된다.

㉤ 80% 이상의 진한 질산에는 침식에 잘 견디며, 그 밖의 유기산에는 내식성이 좋아 화학 공업용으로 널리 쓰인다.

③ **기계적 성질**

㉠ 전·연성이 풍부하며 400~500℃에서 연신율이 최대이다.

㉡ 풀림 온도 250~300℃이며 순수한 알루미늄은 주조가 안 된다.

㉢ 알루미늄은 순도가 높을수록 강도, 경도는 저하하지만, 철, 구리, 규소 등의 불순물 함유량에 따라 성질이 변한다.

㉣ 다른 금속에 비하여 냉간 또는 열간 가공성이 뛰어나므로 판, 원판, 리벳, 봉, 선 등으로 쉽게 소성 가공할 수 있다. 경도와 인장 강도는 냉간 가공도의 증가에 따라 상승하나 연신율은 감소한다.

3) 알루미늄의 특성과 용도

① Cu, Si, Mg 등과 고용체를 만들며 열처리로 석출 경화, 시효 경화시켜 성질을 개선한다.

② 송전선, 전기 재료, 자동차, 항공기, 폭약 제조 등에 사용한다.

③ **석출 경화** : 알루미늄의 열처리 법으로 급랭에서 얻은 과포화 고용체에서 과포화된 용해물을 석출시켜 안정화시킴. 석출 후 시간의 경과에 따라 시효 경화된다.

④ **인공 내식 처리법** : 알루마이트법, 황산법, 크롬산법

4) 알루미늄 합금의 종류

① **주조용 알루미늄 합금** : 알루미늄의 합금 주물은 철강 주물보다 가벼우므로 자동차 부품을 비롯하여 산업 기계, 전기 기구, 통신 기구, 위생 용기 등에 널리 사용된다. 주형은 모래형, 셸형, 금형 등이 주로 사용되며 최근에는 금형 주조가 발

달하여 피스톤, 실린더 헤드 커버 등의 기계 부품에 이용되고 있다.

㉠ Al – Cu

- 4% 구리 합금을 500℃ 부근까지 가열한 후 담금질하면 제 2상이 석출할 수 있는 시간적인 여유가 없으므로 2상으로 되지 않고 과포화 상태의 고용체가 상온에서 얻어진다. 이러한 열처리를 용체화 처리라 한다.
- 이 과포화 고용체는 상온에서 대단히 불안정하므로 제 2상을 석출하려는 경향이 있으며, 시간의 경과에 따라 강도, 경도가 증가하여 상온 시효를 일으킨다. 또 상온보다 조금 높은 온도(100 ~ 150℃)에서는 시효 경화가 촉진되는데 이것을 인공 시효라 한다.

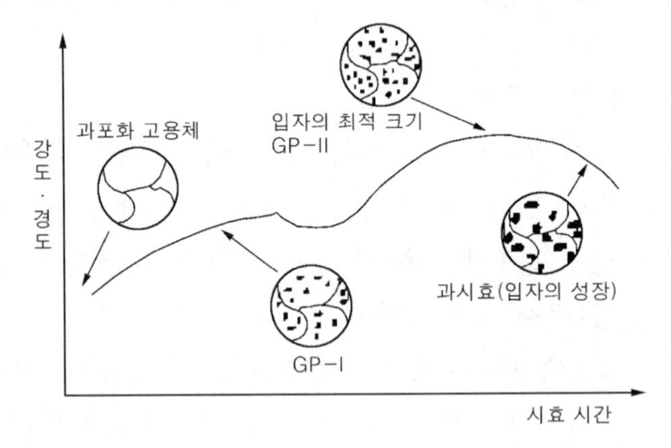

- 그림에서 보는 바와 같이 시효 시간에 따른 경도, 강도의 변화는 세 가지의 다른 석출 구조에 의함을 알 수 있다. 경화는 미세한 중간상의 석출물 형성인 Ⅰ단계와 Ⅱ단계에 의한 것이며, θ상의 안전상 석출이 일어나는 단계에서는 이미 과시효과 되어 경도는 저하하기 시작한다. 이와 같이 석출물에 의한 강화 현상은 Al – Cu – Mg계, Al – Zn계 등에도 있다.
- 주조성, 절삭성이 개선되지만 고온메짐, 수축 균열이 있다. 주조시에 고온에서 발생하는 균열은 1% 정도의 규소를 첨가하면 억제할 수 있다. 망간, 니켈 등을 첨가하면 고온 강도가 현저히 개선된다.
- 인장 강도는 구리 함유량의 증가와 함께 상승하지만 연신율은 감소하며 최대 인장 강도는 구리 함유량이 4 ~ 5%일 때가 적당하다.
- 알루미늄 – 구리계 합금은 과거에는 8%의 구리 또는 12% 구리 합금이 강도

와 경도가 높고 내마멸성 및 열전도율이 좋아 공랭 실린더, 피스톤 등에 사용되었으나, 최근에는 4.5% 구리 합금이 주조성이 좋고 열처리에 의해서 강도가 현저히 증가한다고 알려져 있다.

- 자동차 하우징, 버스 및 항공기 바퀴, 스프링, 크랭크 케이스에 사용.

㉡ Al – Si

- 이 합금은 10 ~ 14%의 Si가 함유된 실루민으로 대표적인 주조용 알루미늄 합금이다.
- 아래 그림에서 알 수 있듯이 576℃에서는 알루미늄에 대한 규소의 용해도가 너무 적으므로 열처리에 의한 강도 향상을 기대할 수 없다.

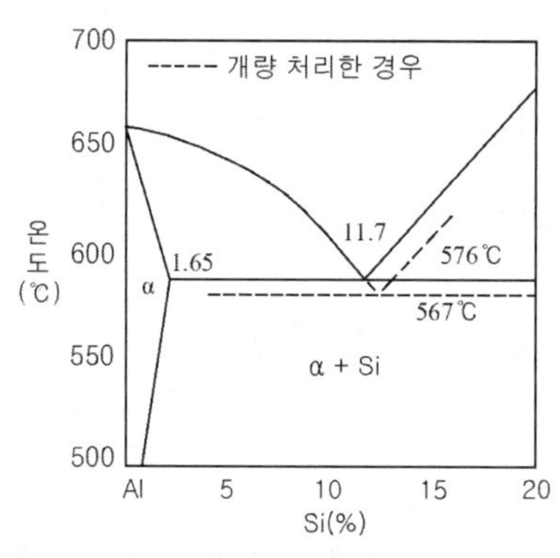

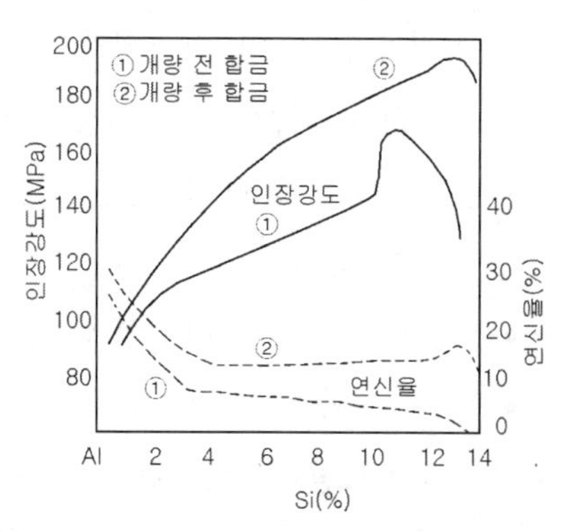

- 실루민은 주조시 모래형과 같이 냉각 속도가 느리면 규소가 편석하며, 결정립경이 커지기 쉬우므로 기계적 성질이 좋지 않게 된다. 따라서 주조할 때 0.05 ~ 1%의 금속 나트륨을 첨가하면 기계적 성질이 개선되는데 이를 개량 처리라 한다.

참고 개질(개량) 처리 방법

① 열처리 효과가 없고 개질 처리(규소의 결정을 미세화)로 성질을 개선한다.

② 개질 처리 방법 : 금속 나트륨 첨가법, 불소 첨가법, 수산화나트륨, 알카리 염류를 사용하는 방법

- 실루민은 기계적 성질이 우수하고 수축 여유가 비교적 적으며, 유동성이 좋을 뿐 아니라, 용융 온도가 낮아 주조성이 좋으므로 얇고 복잡한 모래형 주물에 많이 이용된다.
- 내식성은 순Al과 비슷하며, 비중이 작고, 열팽창 계수는 Al 합금 중에서 가장 작다.
- 단점으로는 항복 강도, 고온 강도, 피로 강도가 작고 절삭성이 나쁘다.
- 실루민에 소량의 Mg(1%이하)을 첨가하여 시효성을 부여한 γ실루민(9% Si, 0.5% Mg)과 실루민에 구리를 넣어서 시효성을 부여한 구리 실루민(9% Si, 3% Cu) 등이 있다.

㉢ Al – Cu – Si

- 라우탈이라 하며 Si 첨가로 주조성 향상 Cu 첨가로 절삭성 향상된다.

② 내열

㉠ Al(92.5%) – Cu(4%) – Ni(2%) – Mg(1.5%)

- Y합금이라 하며 대표적인 내열합금으로 내연기관의 실린더에 사용한다.
- Y합금에는 구리나 니켈을 적게 넣고, 그 대신 철, 규소 및 소량의 티탄을 넣은 영국의 히디미늄 RR50 및 RR53이 있다.
- RR50은 주조성이 좋으므로 실린더 블록, 크랭크 케이스 등 복잡한 대형 주물에 사용되고, RR53은 강도가 크고 내열성이 좋으므로 피스톤 실린더 헤드 등과 같은 내열 기관의 고온 부품에 사용된다.

㉡ Al(12%) – Si(1%) – Cu(1%) – Mg(1.8%) – Ni

- Lo – Ex라 하며, 열팽창 계수 및 비중이 작고 내마멸성 및 고온 강도가 큰 특징이 있다.
- 내열성이 우수하나 Y합금 보다 열팽창 계수가 작다.
- Na으로 개량 처리 및 피스톤 재료로 사용

㉢ 다이캐스트용 합금(ALDC 1 ~ ALDC 9)

- 다이 캐스팅은 기계 가공에 의해 제작된 견고한 금형에 용융 상태의 합금을 가압 주입하여 치수가 정확한 동일형의 주물을 대량 생산하는 방법
- 유동성이 좋고 열간 취성이 적으며, 응고 수축에 대한 용탕 보급성이 좋고 금형에 잘 부착하지 않아야 한다.
- 1,000℃ 이하의 저온 용융 합금이며 Al – Si – Cu계, Al – Si계 Al – Mg계 합금을 사용하여 금형에 주입시켜 만든다.

③ 내식용 알루미늄 합금

㉠ Al – Mg(10% ~ 12%)

- 대표적인 것이 하이드로날륨으로 Al–Mg(10%~12%)의 합금이다.
- 다른 주물용 알루미늄 합금에 비하여 내식성, 강도, 연신율이 우수하고, 절삭성이 매우 좋다.
- 응고 온도 범위가 넓으므로 조직이 편석되기 쉽고, 또 고온에서 Mg의 고용도가 높아지므로 400℃에서 풀림하면 강도와 연성이 향상된다.

- 실용 범위는 마그네슘의 12% 정도이며, 10% 정도의 마그네슘을 함유한 알루미늄 합금은 425℃에서 20시간 이상 가열하여 공랭시키면 강도가 높아진다.

㉡ 기타 : 알민(Al − Mn), 알드리(Al − Mg − Si)등이 있다.

④ **가공용 알루미늄 합금** : 두랄루민계(Al − Cu − Mg, Al − Zn − Mg)의 고강도 합금계와(Al − Mn, Al − Mg, Al − Mg − Si) 내식성 합금계로 나눌 수 있다.

㉠ 두랄루민(4.0% Cu, 0.5% Mg, 0.5% Mn, 95% Al)
- 단조용 알루미늄 합금의 대표로 고강도 이다.
- Al − Cu − Mg − Mn이 주성분이며 Si는 불순물로 함유된다.
- 고온(500 ~ 510℃)에서 용체화 처리한 다음, 물에 담금질하여 상온에서 시효시키면 기계적 성질이 향상된다. 이 합금계는 2017합금계이다.

㉡ 초두랄루민(SD 4.5% Cu, 1.5% Mg, 0.6% Mn, 93.4% Al) : 2024계 합금으로 2017 합금을 개량한 것으로 두랄루민 보다 Mg은 증가, Si는 감소시킨다. 항공기의 주요 구조 재료나 리벳 등에 사용된다.

㉢ 초강 두랄루민(ESD 1.6% Cu, 5.6% Zn, 2.5% Mg, 0.2% Mn, 0.3% Cr)
- 2000번계 알루미늄 합금에 비하여 시효 경화 상태에서는 연신율이 약간 낮지만 인장 강도가 높아 주로 항공기용 재료로 사용된다.
- 이 합금에서 $MgZn_2$가 5% 이상이면 시효 경화성이 현저하여 고강도 합금으로 매우 적합하다. 하지만 내식성이 좋지 못하며 특히 바닷물에 대하 내식성은 순 알루미늄의 ⅓정도 이다.
- 응력 부식에 의하여 자연 균열을 일으키는 경향이 있으므로, 이것을 방지하기 위하여 Cr 또는 Mn을 0.2 ~ 0.3% 첨가하고 있다. 열처리는 450℃에서 용체화 처리를 하여 약 120℃에서 24시간 인공 시효하여 경화시킨다.

㉣ 내식성 알루미늄 합금
- Mn, Mg, Si 등을 소량 첨가하여 만든 합금으로 내식성에는 나쁜 영향을 끼치지 않고 강도를 개선한다.
- Cr은 응력 부식 균열을 방지하는 효과가 있으며, Cu, Ni, Fe 등은 내식성을 약화시키는 원소이다.
- 그 밖의 가공용 알루미늄 합금
- 알클래드는 고강도 알루미늄 합금에 내식성을 향상시키기 위하여 내식성이

좋은 알루미늄 합금을 피막하여 처리한 재료이다.

- 알클래드 2024는 6006 알루미늄 합금으로, 알클래드 7075는 7072 알루미늄 합금을 피막한 것이다.
- 알루미늄 분말 소결체는 내식성을 향상시키기 위하여 알루미늄 산화 피막을 증가시킨 것으로 이는 산화성 분위기에서 0.5~17%의 미세한 알루미나를 첨가한 분말을 가압 성형시켜 500 ~ 600℃에서 소결한 알루미늄 – 알루미나계 합금이다. 이것을 SAP로 약칭한다.
- SAP는 열팽창 계수가 작고, 전기 전도율, 내식성, 피로 강도 등이 우수하다. 특히 내열성이 좋고 고온 강도가 커서 터빈 날개, 제트 엔진 부품 등에 사용된다.
- Al – Li 합금은 비중이 낮고 탄성 계수가 높으며, 피로 강도 및 저온 인성이 우수하므로 비행기, 항공 우주 구조물의 경량화 재료로서 사용된다.
- 대표적인 것으로 웰드라이트 049(5.4% Cu, 1.3% Li, 0.4% Ag, 0.4% Mg, 0.14% Zr), 합금 2090(2.7% Cu, 2.2% Li, 0.12% Zr)등이 있다.
- 리벳 합금은 2.6% Cu, 0.35% Mg을 첨가한 알루미늄 합금으로, 리벳은 용체화 처리 후 시효 경화 전에 리베팅을 끝내야 한다. 따라서 리벳 재료는 시효 경화가 늦게 일어나는 합금이 좋다.
- Al – Cu – Mg계 고강도 리벳 합금에서는 구리 함유량이 많을수록 용체화 처리 후 시효 경화가 빨리 진행되므로 구리 함유량을 2.6% 정도로 낮추는 것이 좋다. 이의 대표적인 것으로는 2117 알루미늄 합금이 있다.
- 단련용 Y합금은 Al – Cu – Ni 내열 합금이며 Ni의 영향으로 300 ~ 450℃에서 단조 한다.

(3) 마그네슘과 그 합금

1) 마그네슘의 제조

① 돌로마이트, 마그네사이트 등을 전해법과 열환원법을 사용하여 고온에서 용융, 전해하여 정제되므로 순도 99.99%를 얻을 수 있다.

② 불순물로는 Al, Si, Mn, Fe, Zn, Cu, Ni 등이 있으며, Fe, Cu, Ni은 내식성을 현저히 저하시킨다.

③ 철에 의한 내식성의 저하는 망간을 소량 첨가시키면 개선되므로 대부분의 마그

네슘 합금에는 망간을 함유하고 있다.

④ 마그네슘은 구리나 알루미늄에 비하여 냉간 가공성은 나쁘지만 열간 가공성이 좋으며 350 ~ 450℃에서도 쉽게 가공할 수 있다.

2) 마그네슘의 성질 및 용도

① 비중이 1.74로 실용 금속 중에서 가장 가볍고 용융점 650℃이며 조밀 육방 격자이다.

② 마그네사이트, 소금 앙금, 산화마그네슘으로 얻는다.

③ 마그네슘의 전기 열전도율은 구리, 알루미늄보다 낮고, Sb, Li, Mn, Cu, Sn 등의 함유량의 증가에 따라 저하한다. 선팽창 계수는 철의 2배 이상으로 대단히 크다.

④ 전기 화학적으로 전위가 낮아서 내식성이 나쁘다. 알칼리 수용액에 대해서는 비교적 침식되지 않지만, 산, 염류의 수용액에는 현저하게 침식된다. 부식을 방지하기 위하여 양극 산화 처리, 도금 및 도장한다.

⑤ 마그네슘은 가공 경화율이 크기 때문에 실용적으로 10 ~ 20% 정도의 냉간 가공성을 갖는다. 그러나 절삭 가공성은 대단히 좋으므로 고속 절삭이 가능하고 마무리면도 우수하다.

3) 마그네슘 합금

- 마그네슘 합금은 비강도가 크므로 경합금 재료로 가장 큰 이점이 있다.
- 주물용 마그네슘 합금과 가공용 마그네슘 합금으로 분류되며, 합금 원소로는 표준적인 기계적 성질을 얻기 위한 Al, Zn 있으며, 높은 강도와 인성을 부여하는 Zr, 그리고 내열성을 가지게 하는 Th이 있다.

① **주물용 마그네슘 합금** : Mg – Al, Mg – Zn계 합금이 있으며, 희토류 원소 또는 Th을 첨가하여 크리프 특성이 향상된 내열성 마그네슘 합금이 있다.

㉠ Mg – Al계 합금(일명 도우 메탈)(마그네슘 합금 주물 1종 ~ 3종, 5종)

- 알루미늄은 순 마그네슘에서 볼 수 있는 결정 입자의 조대화를 억제하고, 주조 조직을 미세화하며, 기계적 성질을 향상시키는 중요한 원소
- 이 합금의 인장 강도는 6% A_1일 때 최대가 되며, 연신율과 단면 수축률은 4% A_1에서 최대가 된다.
- 이 합금은 마그네슘 합금 중에서 비중이 가장 작고 용해 주조, 단조가 쉬워서 비교적 균일한 제품을 만들어 낼 수 있다.
- 아연을 소량 첨가하면 강도는 개선되나 주조성이 저하된다.

㉡ Mg－Zn－Zr계(마그네슘 합금 주물 6종, 7종)

- 이 합금은 인성을 향상시키기 위하여 Zr을 첨가한 것으로, Zr의 첨가에 의해 결정립경의 미세화로 인하여 상온에서 강도와 인성이 향상된다.
- Zr 첨가에 의해서 결정립 미세화에 효과가 있는 것은 Zn, Ce, Th을 포함한 합금계이며, Al, Mn, Si를 포함한 합금계에는 미세한 효과가 없다.
- 유사 합금인 ZK 61A는 실용 주물용 합금 중에서 가장 큰 비강도를 가짐

㉢ Mg－희토류계 합금(마그네슘 주물 8종)

- 이 합금은 6종 7종과 같이 Zr을 첨가하여 결정립경을 미세화한 것으로 250℃까지의 내열성을 가진다.
- 희토류 원소로는 보통 세륨(Ce), 네오디뮴(Nd), 프라세오디뮴(Pr), 사마륨(Sm), 란탄(La) 등이 첨가되어 주조성이 개선되고 내압성이 향상

㉣ Mg－Th계 합금(HK 31A, HK 32A) : Mg 및 Mg－Zn계에 토륨을 첨가하면 희토류 원소를 첨가한 경우보다 크리프 특성이 향상된다.

② **가공용 마그네슘 합금** : 가공용 Mg계 합금은 주물용 합금과 마찬가지로 내식성이 나쁘므로 방식 처리하여 사용한다.

㉠ Mg－Mn계 합금

- 이 합금은 망간을 1.2% 이상 함유하여 내식성을 향상시킨 것으로, 망간의 고용도가 작기 때문에 석출 경화가 어려우므로 열처리에 의해서 성질이 개선되지 않는다.
- MIA합금(Mg, 1.2% Mn, 0.3% Ca, 0.05% Cu)은 값이 싸고 강도가 있고, 또 용접성 고온 성형성이 우수하고 내식성도 비교적 좋다.

㉡ Mg－Al－Zn계 합금(일명 일렉트론)

- 이 합금은 냉간 가공에 의해서 적당한 강도와 인성을 얻을 수 있다.
- AZ 31B(2.5～3.5% Al, 0.6～1.4% Zn), 및 31C(2.4～3.6% Al, 0.5～1.5% Zn)는 고용 강화와 가공 경화를 통한 판재, 관재, 봉재로서 가장 많이 사용되고 있다.
- 알루미늄 함유량이 많은 AZ61A(5.8～7.2% Al, 0.4～1.5% Zn), AZ80A(7.8～9.2% Al, 0.2～0.8% Zn)는 중간상의 석출에 의해 강도가 증가하며, 가공성이 나쁘므로 열간 압출재료로 사용된다.

㉢ Mg－Zn－Zr계 합금

- Mg에 Zn을 첨가하면 주조 조직이 조대화하여 취약해지므로, Zr을 넣어서 결정립을 미세화함과 동시에 열처리 효과를 향상시킨다. 이 합금(ZK 21A, ZK 40A, ZK 60A)은 압출 재료로서 우수한 성질을 가진다.
- Mg－Th계 합금(HM 21A, HM 31A)이 있으며, 이들 합금은 크리프성 및 내열성이 우수하여 항공기 부품 등 비교적 높은 온도의 부분에 사용된다.

(4) 니켈 합금

① 니켈의 특성

㉠ 은백색의 금속으로 면심입방격자 이다.

㉡ 비중이 8.90이고 용융 온도가 1,453℃이다.

㉢ 상온에서는 강자성체이지만 358℃ 부근에서 자기 변태하여 그 이상에서는 강자성이 없어진다. 특히 V, Cr, Si, Al, Ti 등은 니켈의 자기 변태점의 온도를 저하시키고, Cu, Fe은 이 온도를 상승시킨다.

㉣ 황산, 염산에는 부식되지만 유기 화합물이나 알칼리에는 잘 견딘다.

㉤ 대기 중 500℃ 이하에서는 거의 산화하지 않으나, 500℃ 이상에서 오랫동안 가열하면 취약해지고, 750℃ 이상에서는 산화 속도가 빨라진다. 특히 화학 약품에 대해서는 다른 금속보다 내식성이 커서, 화학, 식품, 화폐, 도금 등에 사용된다.

㉥ 전연성이 크고 상온에서도 소성 가공이 용이하며, 열간 가공은 1,000～1,200℃에서, 풀림 열처리는 800℃ 정도에서 한다.

② 니켈 합금

㉠ Ni－Cu계 합금

종 류	성 분	용 도
큐프로 니켈	70% Cu, 30% Ni	• 내식성이 좋고 전연성이 우수하여 열교환기 콘덴서 등의 재료로 강도 및 연신율이 높다.
콘스탄탄	40～50% Ni	• 전기 저항이 크고, 온도 계수가 낮으므로 통신 기재, 저항선, 전열선 등으로 사용된다. • 이 합금은 철, 구리, 금 등에 대한 열기전력이 높으므로 열전쌍 선으로도 쓰인다. 내산 내열성이 좋고 가공성도 좋다. • 44% Ni, 1% Mn(어드밴스)

종 류	성 분	용 도
모넬메탈	65 ~ 70% Ni	• 내열·내식성이 우수하므로 터빈 날개, 펌프 임펠러 등의 재료로서 사용된다. • R모넬 : 소량의 S(0.025 ~ 0.06%)을 첨가하여 강도를 저하시키고 절삭성을 개선한 것. • K모넬 : 3%의 Al을 첨가한 것으로, 석출 경화에 의해 경도가 향상된 것 • KR 모넬 : K 모넬에 탄소량을 다소 높게(0.28% C)첨가하여 절삭성을 향상시킨 것 • H모넬(3% Si 첨가), S모넬(4% Si 첨가) : 규소를 첨가하여 강도를 향상시킨 것

㉡ Ni – Fe계 합금

종 류	성분	용 도
인바	36% Ni	• 내식성이 좋고 열팽창 계수가 20℃에서 1.2μm/m·K 으로서의 철의 1/10정도이다. • 측량 기구, 표준 기구, 시계 추, 바이메탈 등에 사용된다.
엘린바	36% Ni, 12% Cr, 0.8% C, 1 ~ 2% Mn, 1 ~ 2% Si, 1 ~ 3% W	• 인바에 12% Cr을 첨가하여 개량한 것으로 온도 변화에 따른 탄성 계수의 변화가 거의 없으므로 정밀 계측기기, 전자기 장치, 각종 정밀 부품 등에 사용 • 인바와 5% 미만의 코발트를 첨가한 슈퍼 인바는 열팽창 계수가 가장 낮은 합금이다.
플래티나이트	46% Ni	• 백금 대용으로 사용되며, 열팽창 계수 및 내식성이 있다. • 진공관이이나 전구의 도입선으로 사용되는 듀메트 선은 42% Ni 합금을 심섬으로 하여 구리를 피복한 것이다.
퍼멀로이	45 ~ 49% Ni 75 ~ 79% Ni	• 저 니켈 합금 (Alloy 48 또는 high permeability 49)는 초투자율이 크고 포화 자기 전기 저항도 크므로 자심 재료로 널리 사용되고 있다. • 고 니켈 합금은 적당한 열처리를 하면 비교적 약한 자기장에서 높은 투자율이 얻어지므로 고투자율 자심 재료로 사용된다 • 퍼멀로이를 개량한 것에 몰리브덴 퍼멀로이, 무메탈 등이 있다. • 장하 코일용으로 사용된다.

ⓒ 내식성 니켈계 합금

종 류	성분	용 도
하스텔로이 A	60% Ni, 20% Mo, 20% Fe	• 니켈에 몰리브덴을 넣으면 염산에 대한 내식성이 좋아진다. • 비산화성 환경에서 우수한 내식성이 있으며, 염류, 알칼리, 황산, 인산 수용액 적합
하스텔로이 C N, W	Ni – Cr – Mo	• 부식 환경에 대한 저항성이 우수하다. • 일리움은 이 계에 Cu를 넣은 합금으로 염산이나 산성 염화물 수용액에는 사용이 제한된다. • Ni – Si – Cu계는 강도가 높으며, 충격에 강하여 주로 주조 재료에 이용된다.

ⓔ 내열성 니켈계 합금

종 류	성분	용 도
니크롬	50 ~ 90% Ni, 11 ~ 33% Cr, 0.25% Fe	• 니크롬선은 1,100℃까지 사용되며, 철을 첨가하면 전기저항은 증가하나 내열성이 저하되어 1,000℃이하에서 사용된다. • 니크롬은 전열기 부품, 가스 터빈, 제트 기관 등에 사용된다.
인코넬	72 ~ 76% Ni, 14 ~ 17% Cr, 8% Fe Mn, Si, C	• 내식성과 내열성이 뛰어난 합금이며, 특히 고온에서 내산화성이 좋다. • 유기물과 염류 용액에서도 내식성이 강하며, 기계적 강도가 좋아 전열기 부품, 열전쌍의 보호관 진공관의 필라멘트 등에 사용된다.
크로멜, 알루멜	Cr 10% Al 3%	• 크로멜은 Cr10% 함유한 것이며, 알루멜은 Al3% 함유한 합금이다. • 최고 1,200℃까지 온도 측정이 가능하므로 고온 측정용의 열전쌍으로 사용된다. • 고온에서 내산화성 크며, 다른 비철 금속의 열전쌍에 비하여 사용 수명이 길다.

(5) 티탄과 그 합금

① 티탄의 특성

㉠ 비중이 4.51로서 마그네슘 및 알루미늄보다 크지만 강의 약 60%이다.

㉡ 티탄은 융점이 1,670℃로 높고 고온에서 산소, 질소, 탄소와 반응하기 쉬워 용해 주조가 어렵다.

㉢ 전기 및 열의 전도성이 철보다 나쁘다.

㉣ 내식성은 스테인리스강이나 모넬 메탈처럼 뛰어나다.

㉤ 공기 중에서 700℃이상으로 가열하면 취약해지고 전연성이 저하한다.

㉥ 기계적 성질에 영향을 강하게 받는 원소로는 철과 질소가 있으며 특히 철 함유량의 증가로 인장 강도 및 경도가 증가하지만 연신율이 감소한다.

㉦ 가공 경화성이 크므로 기계적 성질은 냉간 가공도에 따라 크게 변화한다. 다른 구조용 재료보다 비강도가 높고 특히 고온에서 비강도가 뛰어나다.

② 티탄계 합금의 특성

㉠ Mo, V : 내식성을 향상시킨다.

㉡ Al : 수소 함유량이 적게 되어 고온 강도를 높일 수 있다.

㉢ 티탄 합금은 티탄보다 비강도가 높고, 다른 고강도 합금에 비하여 고온강도가 크기 때문에 제트 엔진의 축류, 압축기의 주위 온도가 약 450℃까지의 블레이드, 회전자 등에 사용된다.

㉣ 열처리된 티탄 합금의 항복비(내력/인장 강도)가 0.9 ~ 0.95, 내구비(피로 강도/인장 강도)가 0.55 ~ 0.6 정도의 큰 값을 나타낸다.

㉤ 티탄 합금은 고강도이고 열전도율이 낮으므로 절삭 온도가 높아지고, 공구 재료와 반응하기 쉬우므로 절삭 가공이 대단히 어렵다. 티탄 합금의 절삭에는 냉각 작용과 윤활 작용이 뛰어난 절삭액을 사용함이 바람직하다.

③ 티탄계 합금의 종류

㉠ α형 합금 : 조밀 육방 격자의 α상이 강화되므로 가공성은 나쁘지만 단일 상이므로 용접성이 좋다. 고온에서는 미세 조직이 안정하므로 600℃이상에서의 인장 강도, 400℃ 이상의 크리프 강도는 $\alpha + \beta$형 합금 보다 뛰어나다.

㉡ $\alpha + \beta$형 합금 : 티탄 합금의 대표적으로 가공성이 뛰어나고, 용접성도 좋아 경량 고강도 재료로서 주로 항공기의 구조 용재 등에 사용된다.

㉢ β형 합금 : 이 합금은 전연성이 좋으므로 박판이나 상자 제조에 적합

(6) 아연과 그 합금

① 아연의 특성

㉠ 비중이 7.3이고, 용융 온도가 420℃인 조밀 육방 격자의 회백색 금속

㉡ 철강 재료의 부식 방지 피복용으로서 가장 많이 사용된다.

㉢ 주조성이 좋아 다이 캐스팅용 합금으로서 광범위하게 사용된다.

㉣ 조밀 육방 격자이지만 가공성이 비교적 좋아 실온에서의 냉간 가공도 가능하다. 아연판으로 건전지 재료나 인쇄용 등에 사용된다.

㉤ 수분이나 이산화탄소의 분위기에서는 표면에 염기성 탄산아연의 피막이 발생되어 부식이 내부로 진행되지 않으므로 철판에 아연 도금을 하여 사용한다.

㉥ 건조한 공기 중에서는 거의 산화되지 않지만, 산, 알칼리에 약하며 Cu, Fe, Sb 등의 불순물은 아연의 부식을 촉진시키고, Hg은 부식을 억제한다.

㉦ 주조한 상태의 아연은 결정립경이 커서 인장 강도나 연신율이 낮고 취약하므로 상온 가공을 할 수가 없다. 그러나 열간 가공하여 결정립을 미세화하면 상온에서도 쉽게 가공할 수가 있다.

㉧ 순수한 아연은 가공 후 연화가 일어나지만 불순물이 많으면 석출 경화가 일어난다.

② 아연 합금

㉠ 다이 캐스팅용 합금 : 알루미늄은 가장 중요한 합금 원소이며, 합금의 강도, 경도를 증가함과 동시에 유동성을 개선한다. 주로 4% Al, 0.4% Mg, 1% Cu의 아연 합금이 가장 많이 쓰인다.

㉡ 금형용 아연 합금 : 알루미늄 및 구리 함유량을 증가하여 강도, 경도를 크게 한 것으로 대표적인 것으로는 Kirksite 합금(美), Kayem1, Kayem2(英)가 있으며, 4% Al, 3% Cu, 소량의 Mg 그 밖의 원소를 첨가한다.

㉢ 고망간 - 아연 합금 : 25% Mn, 15% Cu, 소량의 Al을 첨가한 것으로 다이캐스팅 한 것의 인장 강도는 539MPa, 연신율 2%, 경도(HB)는 150정도로 내마멸성이 요구되는 부품에 사용한다.

㉣ 가공용 아연 합금 : Zn - Cu, Zn - Cu - Mg, Zn - Cu - Ti 합금 등이 있다. Zn - Cu, Zn - Cu - Mg의 열간 압연 온도는 175 ~ 300℃이며, Zn - Cu - Ti는 150 ~ 300℃이다. 이들 합금의 열간 취성 온도는 300 ~ 420℃이며 Zn - Cu - Ti 합금은 Ti의 첨가에 의하여 내크리프성이 뛰어나다.

(7) 납과 그 합금

1) 납의 특성

① 납은 비중이 11.36인 회백색 금속으로 용융 온도가 327.4℃로 낮고 연성이 좋아 가공하기 쉬워 오래 전부터 사용되어 왔다.

② 불용해성 피복이 표면에 형성되기 때문에 대기 중에서도 뛰어난 내식성을 가지고 있으므로 광범위하게 사용된다.

③ 납은 지연수와 빗물에는 거의 부식되지 않으며, 황산에는 내식성이 좋으나 순수한 물에 산소가 용해되어 있는 경우에는 심하게 부식되며, 질산이나 염산에도 부식된다.

④ 알칼리 수용액에 대해서는 철보다 빨리 부식된다.

⑤ 열팽창 계수가 높으며, 방사선의 투과도가 낮다.

⑥ 축전지의 전극, 케이블 피복, 활자 합금, 베어링 합금, 건축용 자재, 땜납, 황산용 용기 등에 사용되며, X선이나 라듐 등의 방사선 물질의 보호재로도 사용된다.

2) 납 합금

① 납 - 비소계 합금

㉠ 99.6% Pb, 0.15% As, 0.10% Sn, 0.10% Bi

㉡ 주요 용도로는 케이블 피복용으로 사용되고 있으며, 강도와 크리프 저항이 우수하며, 고온에서 압출 가공할 때 수냉하면 강도가 증가한다.

② 납 - 칼슘계 합금

㉠ 99.9% Pb, 0.008 ~ 0.033% Ca, 0 ~ 0.25% Sn

㉡ 케이블 피복 및 크리프 저항을 필요로 하는 관이나 판 등에 이용되는 합금으로 고온에서 압출 가공 후 방랭하면 시효에 의해서 경화된다.

㉢ 압출 상태에서는 인장 강도 20MPa, 연신율 50% 정도이지만 실온에서 1년간 시효하면 인장 강도는 30MPa 정도로 향상되며 연신율은 ½ 정도로 저하한다.

③ 활자 합금

㉠ 구비 조건

- 용융 온도가 낮을 것
- 주조성이 좋아 요철이 주조면에 잘 나타날 것

- 적당한 압축 및 충격에 대한 저항이 클 것
- 내마멸성 및 내식성을 가질 것 – 가격이 저렴할 것

㉡ Pb – Sb – Sn계 합금은 활자 합금의 구비 조건을 갖춘 실용 합금이다.

- Sb을 첨가하면 내충격 및 내마멸성을 향상시키고, 응고 수축률을 작게 하며, 주조 온도를 저하시킨다.
- Sn을 첨가하면 유동성이 좋아지고, 주조 조직을 미세화하여 인성이 향상된다.

㉢ Cu를 소량 첨가하면 경도가 증가하며 이 계의 합금도 Pb – Sb 합금과 같이 시효 경화성이 있으며, 특히 Sb, Sn 함유량이 낮은 합금에서 경화 현상이 현저하다.

④ 납 – 안티몬계 합금

㉠ 납에 안티몬을 넣으면 강도가 증가하고 부식성은 납과 비슷하다.

㉡ 1%의 안티몬을 함유한 납 합금은 케이블 피복용, 축전지용 전극, 황산용 밸브, 방사선 차폐용 판 등으로 사용된다.

㉢ 안티몬의 고용도가 온도에 따라 크게 변하므로 열간 압출 가공 후에도 시효에 의하여 경화한다.

㉣ 구리, 텔루르 등을 소량 첨가하면 결정립경이 미세화되어 입계 석출에 의한 피로 강도의 저하를 억제하는 효과가 있다.

㉤ 경납은 4~8% 안티몬을 함유한 합금을 말하며, 안티몬 함유량이 비교적 낮은 합금은 판, 관 등의 가공용으로 이용되고, 함유량이 높은 합금은 주물용으로 사용된다.

(8) 주석과 그 합금

① 주석의 특성

㉠ 주석은 비중이 7.3이고 용융 온도가 231.9℃인 은색의 유연한 금속이다.

㉡ 13.2℃이상에서는 체심 정방 격자의 백색 주석(β – Sn)이지만 그 이하에서는 면심입방격자의 회색 주석(α – Sn)이다. 13.2℃가 변태점이다.

㉢ 불순물 중에는 납, 비스무트, 안티몬 등은 변태를 지연시키고, 아연 알루미늄, 마그네슘, 망간 등은 변태를 촉진시킨다.

㉣ 주석은 상온에서 연성이 풍부하므로 소성 가공이 쉽고, 내식성이 우수하다. 피복 가공 처리가 쉬우며, 독성이 없어 강판의 녹 방지를 위한 피복용, 의약품, 식품 등의 포장용 튜브, 장식품에 널리 쓰인다.

㉤ 주석 주조품의 인장 강도는 30MPa 정도로서 고온에서는 온도의 증가에 따라 강도, 경도 및 연신율이 모두 저하한다.

② **주석 합금**

㉠ 땜 납 : 땜납은 보통 주석과 납의 합금으로 구리, 황동, 청동, 철, 아연 등의 금속 제품의 접합용으로 기계, 전기 기구 등의 부문에서 널리 이용되고 있다. 용점은 약 300℃ 이하이다. 땜납에서 주석 함유량이 높은 것은 식기, 은기, 놋쇠 등의 땜납에 사용되고, 납이 많은 것은 전기 부품에 주로 사용된다.

㉡ 기타 합금 : 90 ~ 95% Sn, 1 ~ 3% Cu의 조성을 가진 퓨터는 가단성과 연성이 좋으므로 복잡한 형상의 제품인 쟁반, 잔, 접시 등의 장식품용으로 이용된다.

(9) 베어링용 합금

① **베어링용 합금의 특성**

㉠ 베어링용으로 사용되는 합금에는 화이트 메탈, 구리계 합금, 알루미늄계 합금, 주철, 소결 합금 등이 있다.

㉡ 금속 접촉의 발열에 의해 베어링의 소착에 대한 저항력이 커야 한다.

㉢ 사용 중에 윤활유가 산화하여 산성이 되고, 또 베어링의 온도가 높아져서 부식률이 높아지기 때문에 내식성이 좋아야 한다.

② **베어링용 합금의 종류**

㉠ 주석계 화이트 메탈

- 배빗메탈이라고 하며, 안티몬 및 구리의 함유량이 많아짐에 따라 경도, 인장 강도, 항압력이 증가한다.
- 해로운 불순물로는 철, 아연, 알루미늄, 비소 등이며 고주석 합금에서는 납도 불순물이다.

㉡ 납계 화이트 메탈

- 납 – 안티몬 – 주석 합금이 이계에 속한다.
- 안티몬, 주석의 함유량이 많을수록 항압력이 상승하나, 안티몬이 너무 많아서

안티몬 고용체나 β화합물 상이 많아지면 취약해진다.

- 이 계에 비소를 넣은 것이 WM10이며, 베어링 특성이 좋으므로 자동차, 디젤 기관 등에 사용된다.

㉢ 구리계 베어링 합금

- 켈밋이라고 하는 구리 – 납 합금 이외에 주석 청동, 인청동, 납 청동이 있다.
- 구리 – 납계 베어링 합금은 내소착성이 좋고, 항압력도 화이트 메탈보다 크므로 고속 고하중용 베어링으로 적합하다. 자동차, 항공기 등의 주 베어링용으로 이용된다.
- 주석 청동, 납 청동의 주조 베어링은 저속 고하중용으로 적합하며, 납을 3 ~ 30% 함유한 납 청동도 주조 베어링, 바이메탈 베어링에 이용된다.

㉣ 알루미늄계 합금

- 이 합금은 베어링은 내하중성, 내마멸성, 내식성이 우수하지만, 내 소착성이 약하고 열팽창률이 큰 결점이 있어 널리 사용되지 않는다.
- 독일에서는 5% Al, 1.5% Zn, 0.75% Si, Cu 합금이 자동차 엔진의 주 베어링으로 사용되고 있다.

㉤ 카드뮴계 합금 : 카드뮴은 값이 비싸기 때문에 사용 범위가 제한되어 있지만, 미국에서는 SAE 규격의 합금이 다소 사용되고 있다. 이 합금은 카드뮴에 은, 니켈, 구리 등을 첨가하여 경화시킨 것으로 피로 강도가 화이트 메탈보다 우수하다.

㉥ 아연계 합금

- 화이트 메탈보다 경도가 높으므로 전차용 베어링, 각종 부식용에 사용되며, 대표적인 것으로 Alzen 305가 있다.
- 조성은 30 ~ 40% Al, 5 ~ 10% Cu, 나머지가 Zn이며, 비중이 4.8, 경도(HB) 100 ~ 150 정도이다.

㉦ 함유 베어링(오일리스 베어링)

- 다공질 재료에 윤활유를 함유하게 하여 급유할 필요를 없게 한 것으로 대부분 분말 야금법으로 제조된다.
- 함유 베어링은 다공질이므로 강인성은 낮으나, 급유 횟수를 적게 할 수 있으므로 급유가 곤란한 베어링, 항상 급유할 수 없는 베어링, 급유에 의하여 오손될 염려가 있는 베어링, 그리고 베어링 면 하중이 크지 않은 곳에 사용된다.

(10) 귀금속과 그 합금

① **귀금속의 종류** : 귀금속에는 은, 금, 백금, 팔라듐(Pd), 이리듐, 오스뮴(Os), 로듐(Rh), 루테늄(Ru)이 있다.

② **귀금속의 특징**

㉠ 금을 제외하고는 순금속으로 사용하기 보다는 귀금속끼리 서로 합금하거나 다른 금속을 첨가하여 합금으로 만들어 사용한다.

㉡ 일반적으로 귀금속은 내식성이 뛰어나고 생산량이 적으므로 화폐, 장식품, 화학 약품, 내식용, 치과용, 전기 재료 등에 사용된다.

③ **귀금속 합금의 종류**

㉠ 금과 그 합금

- 금은 아름다운 광택을 가진 면심입방격자로 비중이 19.3이고, 용융 온도는 1,063℃이다.
- 순금은 내식성이 좋으므로 왕수 이외에는 침식되지 않으며, 상온에서는 산화되지 않으나 350℃ 이상에서는 약간 산화된다.
- 금의 순도는 캐럿(carat K)이라는 단위를 사용하며, 24K이 100%의 순금이다.
- 종류로는 Au - Cu계(반지나 장신구), Au - Ag - Cu계(치과용이나 금침), Au - Ni - Cu - Zn계(은백색으로 화이트 골드라 불리며 치과용이나 장식용에 쓰인다.), Au - Pt계(내식성이 뛰어나 노즐 재료로 사용된다.)

㉡ 은과 그 합금

- Ag는 비중이 10.49이고, 모든 금속 중에서 우수한 전기와 열의 양도체이며 또 내산화성이 있으므로 접점 재료 이외에 치과용, 납땜 합금, 장식 합금, 박가루로서도 사용된다.
- 용융 상태에서 응고시 산소를 방출하므로 붕사, 숯가루로 용융, 은의 표면을 덮거나 탈산제를 사용하지 않으면 주괴에 기공이 생긴다.
- 은의 내식성은 대기 중에서 대단히 우수하나, 황화수소에서는 흑색으로 변하며, 진한 염산, 황산 및 질산에는 침식된다.
- 은 - 구리계 합금, 은 - 금 - 아연계 합금, 은 - 팔라듐계 합금, 은 - 주석 - 수은 - 구리계 합금(치과용 아말감)이 있다.

㉢ 백금과 그 합금

- 백금은 비중이 21.45이고 순도에 따라 A(99.99%), B(99.9%), C(99.5%), D(99.0%)의 4종으로 분류된다.
- 백금 도가니는 C종이며, 시판되고 있는 것은 순도 D종이다.
- 내식성이 우수하여 화학적 분석 기기나 전기 접점, 치과 재료로 사용
- 내열성과 고온 저항이 우수하며 산화되지 않으나 인, 유황, 규소 등의 알칼리, 알칼리토류 금속의 염류에서는 침식된다.
- 실용 합금으로는 백금－팔라듐계(보석용), 백금－이리듐계(도량형 자), 백금－로듐계 합금(열전쌍용으로서 고온계)이 있다.

㉣ 고융점 금속

- 고융점 금속이란 융점이 2,000～3,000℃ 정도의 높은 금속으로 텅스텐, 레늄(Re), 몰리브덴, 바나듐, 크롬 등이 있다.
- 실온에서는 내식성이 뛰어나며, 또 합금의 첨가에 의해 내산화성, 내열성이 현저히 향상되므로 고온 발열체, 전자 공업용 재료, 초내열 재료, 초경 공구, 방진 재료 등에 이용된다.

(11) 신소재

① 형상 기억 합금(shape－memory alloys)

㉠ 보통의 금속 재료에서는 탄성 한도 이하의 변형은 외력을 제거하면 완전히 본래의 상태로 되돌아가지만, 항복점을 넘은 변형은 소성 변형이 남게 된다. 이것을 가열하면 재료는 연해진다. 하지만 형상 기억 합금은 이러한 소성 변형은 가열과 동시에 원상태로 회복된다. 즉 형상 기억 합금은 일단 어떤 형상을 기억하면 여러 가지의 형상으로 변형시켜도 적당한 온도로 가열하면 변형전의 형상으로 돌아오는 성질이 있다.

㉡ 미국의 Read에 의하여 금－카드뮴 합금을 가열하여 형상의 회복 현상을 증명함으로써 밝혀졌다. 그 후 인듐－탈륨 합금과 니켈－티탄 합금이 개발되어 쓰이고 있다.

Q1

실용되는 동광석의 종류가 아닌 것은?

① 황동광　② 휘동광
③ 적동광　④ 흑동광

해설 구리의 제련
① 황동광, 휘동광, 반동강, 적동광(구리 광석) → 용광로 → 매트 →전로 → 조동)
② 조동을 전기 정련하면 전기 구리, 반사로에서 정련하면 형구리이다.

Q2

용해시 흡수한 산소를 인(P)으로 탈산하여 산소를 0.01% 이하로 한 것이며, 고온에서 수소 취성이 없고 용접성이 좋아 가스관 열 교환관 등으로 사용되는 구리는?

① 탈산구리　② 정련구리
③ 전기구리　④ 무산소구리

해설 구리의 종류
① 전기 구리 : 전기 분해에 의해서 얻어진 것으로, 순도 99.99% 이상의 것도 있지만 불순물로서 Sb, As, S 등이 들어가기 쉽고 H_2도 포함되어 있어 전기 구리 그대로는 취약하다.
② 정련 구리 : 전기 구리를 용융 정제하여 구리 중의 산소를 0.02 ~ 0.04% 정도로 함유한 것이다. 정련 구리는 전기 및 열전도율이 대단히 좋고, 또 내식성, 전연성이 좋으며, 강도가 커서 판, 선, 봉으로 가공하여 널리 사용한다.
③ 탈산 구리 : 정련 구리는 0.03% 정도의 산소를 불순물로서 포함하고 있으므로, P으로 탈산하여 산소 함유량을 0.02% 이하 낮춘 것이 탈산 구리이며, 판 또는 관으로 사용한다.
④ 무산소 구리 : 산소나 탈산제를 포함하지 않은 고순도의 구리를 말하며, 산소량이 0.001 ~ 0.002% 정도이다. 이 구리는 정련 구리와 탈산 구리의 장점을 합한 것으로, 전도율과 가공성이 좋으므로 주로 전자 기기에 사용된다.

Q3

구리에 관한 설명으로 틀린 것은?

① 전기 및 열의 전도율이 높은 편이다.
② 전연성이 매우 크므로 상온가공이 매우 용이하다.
③ 건조한 공기 중에 산화된다.
④ 철강보다 내식성이 우수하다.

해설 구리(Cu)
① 비자성체이며 전기와 열의 양도체이다.
② 은 다음으로 전도율이 우수하다. 또한 열전도율은 보통 금속 중에서 높은편이다.
③ 비중은 8.96 용융점 1,083℃이며 변태점이 없다.
④ 인, 철, 규소, 비소, 안티몬, 주석 등은 전기 전도율을 현저히 저하시키나, 카드뮴은 전기 전도율을 저하시키지 않으며 구리의 강도 및 내마멸성을 향상시킨다.
⑤ 내식성, 전연성이 좋으며, 강도가 커서 판, 선, 봉으로 가공하여 널리 사용한다.
⑥ 철강재료에 비하여 내식성이 크다. 하지만 공기 중에 오래 방치하면 이산화탄소 및 수분 등의 작용에 의하여 표면에 녹색의 염기성 탄산구리가 생기며, 이것은 인체에 대단히 유해하다.

Q4

구리에 관한 설명으로 틀린 것은?

① 전기 및 열의 전도율이 높은 편이다.
② 전연성이 매우 크므로 상온가공이 용이하다.

정답 1. ④　2. ①　3. ③

③ 화학적 저항력이 적어서 부식이 쉽다.
④ 아름다운 광택과 귀금속적 성질이 우수하다.

Q5

구리의 성질에 대하여 설명한 것 중 맞지 않는 것은?

① 구리는 열전도율과 전기전도율이 보통 금속 중에서 가장 높다.
② 구리의 전기전도율을 가장 해롭게 하는 불순물은 티탄, 인(P), 철, 규소, 비소(As) 등이다.
③ 구리는 상온에서 가공이 쉬우며, 가공도에 따라 강도가 증가한다.
④ 구리는 철강 재료에 비하여 내식성이 크므로 공기 중에서 거의 부식되지 않는다.

Q6

가공 경화된 동(銅)을 연동(軟銅)으로 하기 위한 완전 풀림 온도는 다음 중 몇 도인가?

① 약 200℃
② 약 400℃
③ 약 600℃
④ 약 800℃

해설 가공 경화된 동의 완전 풀림 온도는 약 600℃정도이다.

Q7

구리(Cu)의 녹는점(용점)은 다음 중 얼마인가?

① 750℃ ② 935℃
③ 1,083℃ ④ 1,350℃

Q8

구리(Cu) 및 그 합금의 특징에 대한 설명으로 틀린 것은?

① 전기 및 열의 전도성이 우수하다.
② 상온의 건조한 공기에서는 그 표면이 산화된다.
③ 전연성이 좋아 가공이 용이하다.
④ 아름다운 광택과 귀금속적 성질이 우수하다.

Q9

고온에서 증발에 의해서 황동표면으로부터 아연(Zn)이 없어지는 현상은?

① 고온 탈아연
② 자연 균열
③ 탈아연부식
④ 부식

해설 고온 탈 아연
① 고온에서 증발에 의해 황동 표면으로부터 아연이 없어지는 현상
② 고온일수록, 표면이 깨끗할수록 심하다.
③ 방지하려면 표면에 산화 피막을 형성시키면 효과적이다.

Q10

불순한 물 또는 부식성 물질이 존재하는 수용액의 작용 또는 해수(海水)에 접촉되면 황동표면에서 부터 아연이 가용(可容)하여 점차로 산화물이 많은 해선상(海線狀)의 동(銅)으로 되는 현상은?

① 경년 변화(secular change)
② 탈 아연 부식(dezincification)
③ 시효 경화(age hardening)
④ 자연 균열(season cracking)

정답 4. ③ 5. ① 6. ③ 7. ③ 8. ② 9. ① 10. ②

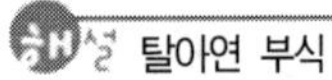
해설 탈아연 부식

① 황동은 순구리에 비하여 화학적 부식에 대한 저항이 크며, 고온으로 가열하여도 별로 산화되지 않는다. 하지만 물 또는 부식성 물질이 용해되어 있을 때에는 수용액의 작용에 의해서 황동의 표면 또는 내부까지 황동에 함유되어 있는 아연이 용해되는 현상을 말한다.
② 탈아연 된 부분은 다공질이 되어 강도가 감소한다.
③ 6 : 4 황동에서 주로 볼 수 있다. 방지책으로는 아연편을 연결한다.
④ 탈아연 현상을 막기 위하여 주석, 안티몬 등을 섞거나 α황동 등을 사용한다.

Q11

황동에서 탈아연 부식의 방지책이 아닌 것은?

① 아연(Zn) 30% 이하의 α 황동을 사용한다.
② 아연(Zn) 30% 이하의 β 황동을 사용한다.
③ 0.1 ~ 0.5%의 안티몬(Sb)을 첨가한다.
④ 1%정도의 주석(Sn)을 첨가한다.

Q12

황동의 자연균열 방지법이 아닌 것은?

① 도금
② 도료
③ 저온풀림
④ 탄산가스와 합금

해설 자연 균열

① 관 봉 등의 가공재에 잔류 변형(응력) 등이 존재할 때 아연이 많은 합금에서는 자연히 균열이 발생하는 일이 종종 있다.
② 아연의 함유량이 40%의 합금에서 일어나기 쉽다.
③ 암모니아, 습기, 이산화탄소 등의 분위기에서 이를 촉진하며, 방지법으로는 저온 풀림, 도금등의 방법이 있다.

Q13

자연균열(season cracking)을 방지하기 위한 대책이 아닌 것은?

① 도료
② 암모니아, 탄산가스접촉
③ Zn도금
④ 응력제거 풀림

Q14

구리와 아연의 합금을 무엇이라 하는가?

① 황동　② 청동
③ 인청동　④ 켈밋

해설 구리 합금

고용체를 형성하여 성질을 개선하며 α고용체(F.C.C)는 연성이 커서 가공이 용이하나, β(B.C.C)고용체는 가공성이 나빠진다. 기타 γ, ε, η, δ의 계가 있으나 공업적으로는 45% Zn이하가 사용되므로 α, β상이 중요하다.

① 황동 (Cu + Zn) : 가공성, 주조성, 내식성, 기계적 성질이 개선된다.
㉠ 아연 함유량의 증가에 따라 거의 직선적으로 비중은 작아진다.
㉡ 전기 및 열전도율은 아연 함유량이 34%까지는 낮아지다가 그 이상이 되면 상승하여 50% 아연에서 최대값을 가진다.
㉢ 7 : 3 황동은 1,200℃, 6 : 4 황동은 1,100℃를 넘으면 아연이 비등하므로 용융 시킬 때에 각별한 주의를 요한다.
㉣ Zn의 함유량이 30%에서 연신율 최대이며, 40%에서는 인장 강도가 최대이다.

Q15

전연성이 좋고, 색깔이 아름다워 모조금이나 판 및 선등에 쓰이며 5 ~ 20%의 아연을 함유하는 황동은?

① 문쯔메탈　② 포금
③ 톰백　④ 7 : 3황동

정답 11. ② 12. ④ 13. ② 14. ① 15. ③

해설 로우 브라스(CU80 : Zn20)는 금속 잡화, 장신구, 악기 등에 사용하며 톰백이라 부른다.

Q16
금색에 가까워 금박대용으로 사용되며 화폐, 메달 등에 많이 사용되는 황동을 무엇이라 하는가?

① 네이벌 황동
② 델타 황동
③ 톰백
④ 쾌삭 황동

Q17
5 ~ 20% Zn이 함유된 황동은?

① 톰백(tombac)
② 문쯔메탈(muntz metal)
③ 애드미럴티황동(admiralty brass)
④ 알브락(albrac)

Q18
상온에서도 전성이 있어 압연이나 드로잉 등의 가공이 용이한 7 : 3 황동은?

① Sb70%, Cu30%
② Cu70%, Zn30%
③ Sb70%, Zn30%
④ Ni70%, Si30%

해설 Cartridge brass 즉 Cu70 : Zn30 은 연신율이 커서 판, 봉, 관, 선등의 가공용 황동에 대표, 자동차 방열기, 전구 소켓, 탄피, 일용품등에 사용된다.

Q19
전연성이 가장 큰 재료는?

① 구리　　② 6 : 4황동
③ 7 : 3 황동　　④ 청동

해설 순수한 구리가 전연성이 가장 우수하며, 황동 중에는 아연의 함유량이 30%일 때 전연성이 우수하고 40%일 대 인장강도가 우수하다.

Q20
다음 중 연신율이 가장 높은 황동은?

① 90%Cu − 10%Zn
② 80%Cu − 20%Zn
③ 70%Cu − 30%Zn
④ 60%Cu − 40%Zn

Q21
7 : 3 황동에서 각 성분의 비율은 얼마인가?

① Cu 70%, Zn 30%
② Cu 70%, Ni 30%
③ Cu 70%, Sn 30%
④ Cu 70%, Sb 30%

Q22
황동의 기계적 성질 중 연신율이 최대가 되는 아연 함유량은?

① 40%　　② 4%
③ 25%　　④ 30%

Q23
6 : 4 황동의 설명으로 틀린 것은?

① 60Cu − 40Zn의 합금이다.
② 내식성이 다소 낮고, 탈 아연 부식을 일으키기 쉽다.

16. ③　17. ①　18. ②　19. ①　20. ③　21. ①　22. ④

③ 일반적으로 판재, 선재, 볼트, 너트, 열교환기 등의 재료로 쓰인다.
④ 상온에서 7 : 3 황동에 비하여 전연성이 높고, 인장 강도가 작다.

해설 Zn의 함유량이 30%에서 연신율 최대이며, 40%에서는 인장 강도가 최대이다.

종 류	성분(%) (Cu : Zn)	용 도
문쯔메탈 (Muntz metal)	60 : 40	값이 싸고, 내식성이 다소 낮고, 탈아연 부식을 일으키기 쉬우나 강력하기 때문에 기계 부품용으로 많이 쓰인다. 판재, 선재, 볼트, 너트, 열교환기, 파이프, 밸브, 탄피, 자동차 부품, 일반 판금용 재료 등
카트리지 브라스 Cartridge brass	70 : 30	판, 봉, 관, 선등의 가공용 황동에 대표, 자동차 방열기, 전구 소켓, 탄피, 일용품

Q24

6 : 4 황동에 관한 설명으로 옳은 것은?

① 아연 40% 내외의 것은 문쯔메탈이라고도 한다.
② 상온에서도 전성이 있다.
③ 압연, 드로잉 등의 가공으로 쉽게 판재, 봉재, 관재 등을 만들 수 있다.
④ 냉간가공성이 좋다.

Q25

구리(Cu)에 아연(Zn)이 35 ~ 45% 포함되어 있고, 고온가공이 용이한 6 : 4 황동은?

① 톰백(tombac)
② 길딩 메탈(gilding metal)
③ 포금(gun metal)
④ 문쯔메탈(muntz metal)

Q26

6 : 4 황동(구리 : 60%, 아연 : 40%)에 속하는 것은?

① 옐로 브라스(Yellow brass)
② 문쯔 메탈(Muntz metal)
③ 레드 브라스(Red brass)
④ 로우 브라스(Low brass)

Q27

구리의 합금 중 6 : 4 황동에 1%정도의 주석을 넣어 스프링용 및 선박 기계용에 사용되는 특수 황동은?

① 애드미럴티 황동
② 네이벌 황동
③ 델타메탈
④ 강력 황동

해설

종류	성분(%) (Cu : Zn)		용 도
주석황동	네이벌	6 : 4 황동 + Sn(1%)	• Zn의 산화 및 탈아연 부식 방지 • 해수에 대한 내식성 개선 • 선박, 냉각용 등에 사용 • 인성을 요할 때는 0.7% Sn
주석황동	에드미럴티	7 : 3 황동 + Sn(1%)	

Q28

6 : 4 황동의 내식성을 개량하기 위하여 1% 전후의 주석을 첨가한 것은?

① 콜슨 합금
② 네이벌 황동
③ 청동
④ 인청동

정답 23. ④ 24. ① 25. ④ 26. ② 27. ② 28. ②

Q29

70 : 30황동에 주석을 1%정도 첨가하여 탈아연 부식을 억제하고 내식성 및 내해수성을 증대시킨 특수 황동은?

① 쾌삭황동
② 네이벌황동
③ 애드미럴티황동
④ 강력황동

Q30

황동에서 냉간 가공용으로 연신율이 최대가 될 때에는 Zn이 몇 %부근 인가?

① Zn 10%
② Zn 20%
③ Zn 30%
④ Zn 40%

Q31

일명 철황동이라고도 하며, 강도가 크고 내식성이 좋아 광산기계, 선박용 기계, 화학기계 등에 사용되는 합금은?

① 연황동
② 주석황동
③ 델터메탈
④ 망간황동

해설

종 류	성분(%) (Cu : Zn)	용 도
철 황동 (delta metal)	6 : 4 황동 + Fe(1% ~2% 내외)	• 강도 내식성 개선 • 철이 2% 이상이면 인성 저하 • 선박, 광산, 기어, 볼트 등

Q32

6 : 4 황동에 철을 1.2% 첨가한 것으로 일명 철황동이라고 하며 강도가 크고 내식성도 좋아 광산기계, 선박용 기계, 화학기계 등에 사용되는 특수 황동은?

① 애드미럴티 황동(admiralty brass)
② 네이벌 황동(naval brass)
③ 델터 메탈(delta metal)
④ 쾌삭 황동(free cutting brass)

Q33

문쯔 메탈(muntz metal)에 1~2%의 철(Fe)를 첨가하여 강도와 내식성을 향상시킨 특수 황동은?

① 네이벌 황동(naval brass)
② 배빗 메탈(babbit metal)
③ 델타 메탈(delta metal)
④ 에드미럴티 황동(admiralty metal)

Q34

황동의 종류를 연결한 것이다. 잘못된 것은?

① Cu + 10%Zn = 델타메탈
② Cu + 20%Zn = 톰백
③ Cu + 30%Zn = 카트리지 황동
④ Cu + 40%Zn = 문쯔메탈

Q35

청동에 관한 설명으로 틀린 것은?

① 넓은 의미에서는 황동 이외의 구리합금을 말한다.
② 부식에 잘 견디므로 밸브, 선박용 판, 동상 등의 재료로 사용된다.

정답 29. ③ 30. ③ 31. ③ 32. ③ 33. ③ 34. ①

③ 좁은 의미로는 구리-아연 합금이다.
④ 황동보다 내식성과 내마모성이 좋다.

해설 ① 황동 : Cu – Zn, ② 청동 : Cu – Sn

Q36

좁은 의미에서 청동(Bronze)의 합금 원소는?

① Cu – Zn ② Cu – Mn
③ Cu – Pb ④ Cu – Sn

Q37

청동합금 중 8 ~ 12% Sn에 1 ~ 2% Zn을 첨가한 구리합금으로 단조성이 좋고 강력하며, 내식성이 있어 밸브, 콕, 기어, 베어링부시 등의 주물에 널리 사용되는 합금은?

① 델타메탈 ② 문쯔메탈
③ 포금 ④ 모넬메탈

해설 포금(Cu, 8 ~ 12% Sn, 1 ~ 2% Zn)
① 단조성이 좋고 강력하며 내식성이 있어 밸브, 콕, 기어, 베어링 부시 등의 주물에 널리 사용된다.
② 88% Cu, 10% Sn, 2% Zn인 애드미럴티 포금은 주조성과 절삭성이 뛰어나다.

Q38

주석 청동 중에 Pb을 3.0 내지 26% 첨가한 것으로 베어링, 패킹재료 등에 널리 사용되는 금속의 명칭은?

① 연 청동 ② 알루미늄 청동
③ 규소 청동 ④ 베릴륨 청동

해설 납(연) 청동의 특징
① 연성은 저하하지만 경도가 높고, 내마멸성이 크다.
② 자동차나 일반 기계의 베어링 부분에 사용된다.
③ 납 청동에서 납을 4 ~ 22% 정도 함유한 것은 윤활성이 좋으므로 철도 차량, 압연 기계 등의 고압용 베어링에 적합.
④ 켈밋 합금은 구리에 30 ~ 40% 납을 가한 것으로 이것은 고속 고하중용 베어링으로 자동차, 항공기 등에 널리 쓰임.

Q39

청동에 탈산제로 미량의 인을 첨가한 합금으로 기계적 성질이 좋고 내식성 내마멸성을 가지며 기어, 베어링, 스프링 등 기계 부품에 많이 사용되는 청동은?

① 인청동
② 알루미늄 청동
③ 규소 청동
④ 포금 청동

해설 청동에 1% 이하 P첨가한 인청동은 유동성이 좋아지고, 강도, 경도, 내식성 및 탄성률 등 기계적 성질이 개선되어 봉은 기어, 캠, 축, 베어링 등에 사용되고, 선은 코일 스프링, 스파이럴 스파링 등에 사용된다.

Q40

청동의 용재 주조시에 탈산제로 사용하는 P의 첨가량이 많아 합금 중에 0.05 ~ 0.5% 정도 남게 하면 용탕의 유동성이 좋아지고 합금의 경도, 강도가 증가하며 내마모성, 탄성이 개선되는 청동은?

① 켈밋(Kelmet)
② 배빗 메탈(babbit metal)
③ 암즈 청동
④ 인청동

Q41

구리합금 중에서 가장 높은 강도와 경도를 가진 청동은?

① 규소청동 ② 니켈청동
③ 베릴륨청동 ④ 망간청동

정답 35. ③ 36. ④ 37. ③ 38. ① 39. ① 40. ④ 41. ③

해설 베릴륨 청동

① 구리 합금 중에서 가장 높은 경도와 인장 강도($133kg/mm^2$)를 가지나 값이 비싸고 산화하기 쉬우며, 가공하기 곤란하다는 단점도 있다.
② 강도, 내마멸성, 내피로성, 전도율 등이 좋으므로 베어링, 기어, 고급 스프링, 공업용 전극 등에 쓰인다.
③ 고강도 베릴륨 청동(1.6 ~ 2.0% Be, 0.25 ~ 0.35% Co)와 고전도성 베릴륨 청동(0.25 ~ 0.6% Be, 1.4 ~ 2.6% Co)이 있으며, 소량의 코발트, 니켈, 또는 은을 첨가하여 사용한다. 코발트는 결정립계의 성장을 억제하고 니켈은 결정립경계을 미세화하여 강도 및 인성을 향상시킨다.

Q42

뜨임 시효 경화성이 있어서 내식성, 내열성, 내피로성 등이 우수하여 베어링이나 고급 스프링에 이용되며, 구리에 2 ~ 3%의 Be을 첨가한 청동 합금은?

① 콜슨(corson)합금
② 암즈 청동(arms bronze)
③ 베릴륨 청동(beryllium bronze)
④ 에버듀(everdur)

Q43

황동에 니켈을 10 ~ 20% 첨가한 것으로 전기저항이 높고 내열, 내식성이 좋으므로 일반 전기 저항체로 사용되며, 주조된 상태에서는 밸브, 콕, 장식품, 악기 등에 사용되는 것은?

① 포금 ② 양은
③ 톰백 ④ 켈멧

해설 양은

① 7 : 3 황동 + Ni(15 ~ 20%)
② 부식 저항이 크고 주단조 가능
③가정용품, 열전쌍, 스프링 등

Q44

백동 또는 양은이라고도 하며 7 : 3 황동에 10 ~ 20%의 Ni을 첨가한 것으로 전기저항체, 밸브, 코크, 광학기계 부품 등에 사용되는 구리합금은?

① 양백
② 문쯔메탈
③ 톰백
④ 쾌삭황동

Q45

정밀절삭 가공을 필요로 하는 시계나 계기용 기어, 나사 등의 재료로 사용되는 쾌삭 황동은?

① 납 황동
② 주석 황동
③ 철 황동
④ 니켈 황동

해설 납(鉛) 황동(lead brass) 6 : 4 황동 + Pb(1.5 ~ 3.7%)를 혼합하면 절삭성이 개선(쾌삭 황동)되고 강도와 연신율은 감소하여, 시계용 치차, 나사 등에 사용된다.

Q46

구리에 납을 30 ~ 40% 함유한 합금으로 고속 항공기 및 자동차의 베어링 메탈로 쓰이는 것은?

① 포금
② 아암즈 청동
③ 켈멧
④ 델타 메탈

해설 켈멧 합금은 구리에 30 ~ 40% 납을 가한 것으로 이것은 고속 고하중용 베어링으로 자동차, 항공기 등에 널리 쓰임.

42. ③ 43. ② 44. ① 45. ① 46. ③

Q47

3 ~ 4% Ni, 1% Si의 구리합금으로 강도와 전기 전도율을 좋게 한 것은?

① 켈멧(kelmet)
② 암즈(arms)청동
③ 네이벌(naval)황동
④ 코슨(corson)합금

해설 코슨(Cu – Ni – Si), 켈멧(Cu – Pb), 네이벌(6 : 4황농 + Sn)

Q48

알루미늄(Al)의 성질에 관한 설명으로 틀린 것은?

① 비중이 가벼운 경금속이다.
② 전기 및 열의 전도율이 구리보다 좋다.
③ 상온 및 고온에서 가공이 용이하다.
④ 공기 중에서 표면에 Al_2O_3의 얇은 막이 생겨 내식성이 좋다.

해설 알루미늄의 성질

① 물리적 성질
㉠ 비중 2.7 용융점 660℃ 변태점이 없으며 색깔은 은백색이다.
㉡ 열 및 전기의 양도체 이다.

② 화학적 성질
㉠ 알루미늄은 대기 중에서 쉽게 산화되지만 그 표면에 생기는 산화알루미늄(Al_2O_3)의 얇은 보호 피막으로 내부의 산화를 방지한다.
㉡ 내식성을 저하하는 불순물로는 구리, 철, 니켈 등이 있다.
㉢ 마그네슘과 망간 등은 내식성에 거의 영향을 끼치지 않는다.
㉣ 황산, 묽은 질산, 인산에는 침식되며 특히 염산에는 침식이 대단히 빨리 진행된다.
㉤ 80% 이상의 진한 질산에는 침식에 잘 견디며, 그 밖의 유기산에는 내식성이 좋아 화학 공업용으로 널리 쓰인다.

③ 기계적 성질
㉠ 전·연성이 풍부하며 400 ~ 500℃에서 연신율이 최대이다.
㉡ 풀림 온도 250 ~ 300℃이며 순수한 알루미늄은 주조가 안 된다.
㉢ 알루미늄은 순도가 높을수록 강도, 경도는 저하하지만, 철, 구리, 규소 등의 불순물 함유량에 따라 성질이 변한다.
㉣ 다른 금속에 비하여 냉간 또는 열간 가공성이 뛰어나므로 판, 원판, 리벳, 봉, 선 등으로 쉽게 소성 가공할 수 있다. 경도와 인장 강도는 냉간 가공도의 증가에 따라 상승하나 연신율은 감소한다.

Q49

다음 중 알루미늄의 용융점은 몇 ℃인가?

① 660.2℃
② 1,112.1℃
③ 1,280℃
④ 1,460℃

Q50

알루미늄 합금의 인공시효 온도는 다음 중 몇 ℃ 정도에서 행하여 주는가?

① 100 ② 120
③ 140 ④ 160

해설 알루미늄의 인공 시효온도는 160℃정도이다.

Q51

다음이 공통적으로 설명하고 있는 원소는?

- 면심입방격자이다.
- 백색의 가벼운 금속으로 비중이 약 2.7이다.
- 염산 중에는 매우 빨리 침식되나 진한 질산에는 잘 견딘다.

① Al ② Cu
③ Mg ④ Zn

정답 47. ④ 48. ② 49. ① 50. ④ 51. ①

Q52

알루미늄의 전기 전도율은 구리의 몇 %정도인가?

① 30 ② 40
③ 50 ④ 65

해설 알루미늄은 전기 전도율은 우수하나 구리의 65% 정도 이다. 은의 전도율이 가장 우수하다.

Q53

공업 재료로 사용되는 알루미늄의 특성이 아닌 것은?

① 무게가 가볍다.
② 전기 및 열전도도가 우수하다.
③ 내식성이 좋다.
④ 소성가공이 어렵다.

Q54

알루미늄의 특성을 설명한 것 중 틀린 것은?

① 가볍고 내식성이 좋다.
② 전기 및 열의 전도성이 좋다.
③ 해수에서도 부식되지 않는다.
④ 상온 및 고온 가공이 쉽다.

Q55

내식성 알루미늄 합금에서 부식균열을 방지하는 효과가 있는 원소는?

① 구리 ② 니켈
③ 철 ④ 크롬

해설 내식성을 증가시켜 주는 원소는 크롬으로 알루미늄 뿐만 아니라 철강에서도 크롬의 함유로 내식성이 있는 스테인레스강 등을 만든다.

Q56

알루미늄의 성질을 설명한 것이다. 틀린 것은?

① 표면에 산화피막이 생겨 내식성이 우수하다.
② 용융점이 높아 고온강도가 크다.
③ 전기 및 열의 양도체이다.
④ 전연성이 우수하다.

Q57

알루미늄의 특성을 설명한 것으로 틀린 것은?

① 가볍고, 내식성 및 가공성이 좋다.
② 주조성이 용이하고, 다른 금속과 잘 합금된다.
③ 해수에 대한 내식성이 아주 강하다.
④ 구리 다음으로 전기 및 열의 전도성이 좋다.

Q58

다음 알루미늄에 대한 설명 중 틀린 것은?

① 전기 및 열의 전도율이 매우 떨어진다.
② 경금속에 속한다.
③ 융점이 660℃ 정도이다.
④ 산화피막 때문에 대기 중에서 부식이 안되나 해수와 산 알칼리에는 부식이 된다.

Q59

알루미늄과 그 합금에 대한 설명 중 틀린 것은?

① 비중 2.7, 용융점 약 660℃이다.
② 알루미늄주물을 많이 소비하는 데에는 자동차 공업이며, 무게를 경감시키고 타이어를 절약할 수 있다.

정답 52. ④ 53. ④ 54. ③ 55. ④ 56. ② 57. ③ 58. ①

③ 산화 피막 때문에 잘 부식이 안 되며, 염산이나 황산 등의 무기산에도 부식되지 않는다.
④ 대기 중에서 내식력이 강하고 전기와 열의 좋은 전도체이다.

Q60

담금질된 알루미늄재료를 다음 중 어느 온도로 가열하면 시효경화를 촉진시킬 수 있는가?

① 160℃정도
② 250 ~ 300℃정도
③ 350℃정도
④ 400℃정도

해설 알루미늄의 용융점은 660℃이며, 전·연성이 풍부하며 400 ~ 500℃에서 연신율이 최대이다. 풀림 온도 250 ~ 300℃이며 순수한 알루미늄은 주조가 안 된다. 알루미늄은 순도가 높을수록 강도, 경도는 저하하지만, 철, 구리, 규소 등의 불순물 함유량에 따라 성질이 변한다. 알루미늄 재료는 160℃정도 가열하면 시효경화를 촉진시킨다.

Q61

다음 알루미늄(Al)의 양극산화 피막법에 쓰이는 내식성 수용액이 아닌 것은?

① 탄산염　② 황화물
③ 초산염　④ 염화물

해설 알루미늄의 양극 산화 피막법에 사용되는 수용액은 탄산염, 황화물, 초산염 등이 쓰이며, 염화물은 알루미늄 용접시 용제로 사용된다.

Q62

실루민의 개량처리에 사용되는 것은?

① Ag　② Na
③ Mg　④ Mo

해설 금속 나트륨, 불소, 수산화나트륨, 가성소다를 첨가하여 질을 개선함

Q63

알루미늄에 대한 설명 중 틀린 것은?

① 비중 2.7, 융점은 약 660℃이다.
② 전기 및 열의 전도율이 매우 불량하다.
③ 바닷물에는 심하게 침식된다.
④ 경금속에 속한다.

Q64

다음 중 알루미나(Al_2O_3)의 물리적 성질로 맞는 것은?

① 용융점 2,050℃, 비중 4
② 용융점 660℃, 비중 2.7
③ 용융점 2,454℃, 비중 4
④ 용융점 650℃, 비중 1.74

해설 알루미늄의 용융점은 660℃, 비중은 2.7이나 알루미늄 표면에 산화막을 형성하는 산화알루미늄은 용융점은 2,050℃, 비중은 4로 알루미늄이 이 산화막 때문에 용접에 어렵다.

Q65

알루미늄 표면에 황금색 경질 피막을 형성하기 위하여 실시하는 방식법은?

① 수산법
② 황산법
③ 통산법
④ 크롬산법

해설 알루미늄의 특성과 용도
① Cu, Si, Mg 등과 고용체를 만들며 열처리로 석출 경화, 시효 경화 시켜 성질을 개선한다.
② 송전선, 전기 재료, 자동차, 항공기, 폭약 제조 등에 사용한다.

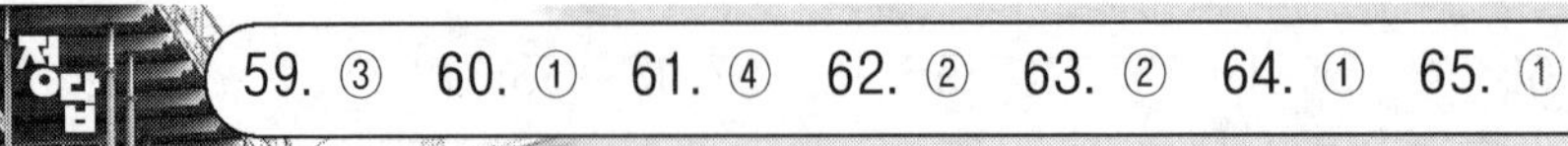

정답 59. ③　60. ①　61. ④　62. ②　63. ②　64. ①　65. ①

③ 석출 경화 : 알루미늄의 열처리 법으로 급랭으로 얻은 과포화 고용체에서 과포화된 용해물을 석출시켜 안정화시킴. 석출 후 시간에 경과에 따라 시효 경화된다.
④ 인공 내식 처리법
㉠ 알루마이트법(수산법) : 수산 용액에 넣고 전류를 통과시켜 알루미늄 표면에 황금색 경질 피막을 형성하는 방법
㉡ 황산법 : 황산액을 사용하며, 농도가 낮은 것을 사용할수록 피막이 단단하게 형성된다. 값이 저렴하여 널리 사용
㉢ 크롬산법 : 산화크롬 수용액을 사용, 전압을 가감하면서 통전시간을 조정. 피막은 내마멸성은 적으나 내식성은 대단히 크다.

Q66

Al - Si의 대표적인 합금으로 Si는 육각판상의 거친 결정이 되므로, 주조시 개량처리에 의해 조직을 미세화시키고 강도를 개선하여 실용화하는 합금은?

① 두랄루민 ② Y합금
③ 실루민 ④ 라우탈

해설 알루미늄 합금의 종류
① 주조용 알루미늄 합금
㉠ Al - Cu : 주조성, 절삭성이 개선되지만 고온 메짐, 수축 균열이 있다.
㉡ Al - Si : 실루민으로 대표적인 주조용 알루미늄 합금이다.
㉢ Al - Cu - Si : 라우탈이라 하며 규소 첨가로 주조성 향상 구리 첨가로 절삭성 향상된다.

Q67

합금의 주조조직에 나타나는 Si는 육각판상 거친 결정이므로 금속 나트륨 등을 접종시켜 조직을 미세화시키고 강도를 개선처리한 주조용 알루미늄 합금으로 Al - Si계의 대표적인 합금은?

① 라우탈(lautal)
② 실루민(silumin)
③ 하이드로 날륨(hydronalium)
④ 두랄루민(duralumin)

Q68

알루미늄 - 규소계 합금은?

① 세슘(Cs) ② 란탄(La)
③ 안티몬(Sb) ④ 실루민(silumin)

Q69

일반용 주조 Al(알루미늄)합금이 아닌 것은?

① Al - Cu ② Al - Si
③ Al - Be ④ Al - Mg

Q70

실루민(silumin) 또는 알팩스(alpax)라 부르는 Al(알루미늄)의 합금으로 보통 주물용에 많이 사용하는데, 다음 중 그 성분이 적당한 것은?

① Al과 Cu의 합금
② Al과 Mg의 합금
③ Al과 Si의 합금
④ Al, Cu, Ni, Mg의 합금

Q71

라우탈은 주조성을 개선하고 피삭성을 좋게 하는 합금으로 이 합금의 표준 성분은 다음 중 어느 것인가?

① Al - Cu - Mg
② Al - Cu - Si
③ Al - Mg - Si
④ Al - Cu - Ni - Mg

66. ③ 67. ② 68. ④ 69. ③ 70. ③ 71. ②

Q72

실루민과 같은 우수한 성질을 가지고 있으며 또한 주조성과 절삭성을 향상시킨 알루미늄 합금이며, 일명 라우탈이라고 하는 것은?

① 알루미늄 – 구리 – 몰리브덴계 합금
② 알루미늄 – 구리 – 마그네슘계 합금
③ 알루미늄 – 구리 – 티탄계 합금
④ 알루미늄 – 구리 – 규소계 합금

Q73

알루미늄에 Cu(3 – 8%)와 Si(3 – 8%)를 첨가한 합금은?

① 콘스탄탄 ② 알팩스
③ 라우탈 ④ 실루민

Q74

내식성 알루미늄(Al)합금에 속하지 않는 것은?

① 하이드로날륨(Hydronalium)
② 알민(Almin)
③ 알드레이(Aldrey)
④ 델타메탈(Delta metal)

해설 알루미늄 합금의 종류
① 내식용 알루미늄 합금
㉠ 대표적인 것이 하이드로날륨으로 Al – Mg의 합금이다.
㉡ 기타 : 알민(Al – Mn), 알드리(Al – Mg – Si) 등이 있다.
㉢ 다른 주물용 알루미늄 합금에 비하여 내식성, 강도, 연신율이 우수하고, 절삭성이 매우 좋다.
㉣ 응고 온도 범위가 넓으므로 조직이 편석하기 쉽고, 또 고온에서 Mg의 고용도가 높아지므로 400℃에서 풀림하면 강도와 연성이 향상된다.
㉤ 실용 범위는 마그네슘의 12% 정도이며, 10% 정도의 마그네슘을 함유한 알루미늄 합금은 425℃에서 20시간 이상 가열하여 공랭시키면 강도가 높아진다.

Q75

알루미늄 – 마그네슘계 합금으로 내식성 알루미늄 합금의 대표적인 것은?

① Y합금
② 실루민
③ 라우탈
④ 하이드로날륨

Q76

Al – Mg계 합금이며 내식성 알루미늄 합금의 대표적인 것으로 강도와 인성이 좋은 재료는?

① Y합금
② 하이드로날륨
③ 두랄루민
④ 실루민

Q77

Al에 약 10%까지의 Mg을 첨가한 Al – Mg 합금으로 내식성, 강도, 연신율이 우수하고, 비중이 작으며, 절삭성이 매우 좋은 합금은?

① 리벳합금
② 알크래드
③ 하이드로날륨
④ Y합금

Q78

두랄루민(duralumin)의 합금 성분은?

① Al + Cu + Sn + Zn
② Al + Cu + Mg + Mn
③ Al + Cu + Ni + Fe
④ Al + Cu + Si + Mo

정답 72. ④ 73. ③ 74. ④ 75. ④ 76. ② 77. ③ 78. ②

해설 알루미늄 합금의 종류
① 단련용 알루미늄 합금
① 두랄루민 : 단조용 알루미늄 합금의 대표
㉠ Al - Cu - Mg - Mn이 주성분 Si는 불순물로 함유된다.
㉡ 고온에서 급랭시켜 시효 경화 시켜 강인성을 얻는다.
② 초 두랄루민 : 두랄루민에 Mg은 증가 S는i 감소시킨다.
③ 단련용 Y합금 : Al - Cu - Ni 내열 합금이며 Ni에 영향으로 300 ~ 450℃에서 단조 한다.

Q79

2.6% Cu, 0.35% Mg을 첨가한 고강도 알루미늄 합금의 대표적인 것으로, 용체화 처리 후 시효경화가 늦게 일어날수록 작업이 용이해지는 합금명은?

① 와이(Y) 합금
② 하이드로날륨
③ 로우 엑스
④ 두랄루민

해설 4% 구리 합금을 500℃ 부근까지 가열한 후 담금질하면 제 2상이 석출할 수 있는 시간적인 여유가 없으므로 2상으로 되지 않고 과포화 상태의 고용체가 상온에서 얻어진다. 이러한 열처리를 용체화 처리라 한다.

두랄루민은 단조용 알루미늄 합금의 대표로 고강도 이다. Al - Cu - Mg - Mn이 주성분 Si는 불순물로 함유된다. 고온(500 ~ 510℃)에서 용체화 처리한 다음, 물에 담금질하여 상온에서 시효시키면 기계적 성질이 향상된다. 이 합금계는 2017합금계이다.

Q80

가공용 Al합금의 대표적 합금인 Al - Cu - Mg - Mn계의 합금은?

① 와이합금
② 두랄루민
③ Al - Mg계 합금
④ 강력알미늄 합금

Q81

다음 중 다이캐스팅용 알루미늄 합금으로 사용되지 않는 것은?

① 라우탈
② 실루민
③ 두랄루민
④ 하이드로날륨

Q82

비행기 몸체로 주로 쓰기 위하여 개발된 합금은?

① 알코아　　② 도이치
③ 두랄루민　　④ 실루민

Q83

단련용 알루미늄 합금 중에 Y합금의 조성원소에 해당되는 것은?

① 구리, 니켈, 마그네슘
② 구리, 아연, 납
③ 구리, 주석, 니켈
④ 구리, 납, 주석, 아연

Q84

다음 중 가공용 알루미늄 합금이 아닌 것은?

① 두랄루민(duralumin)
② 알드레이(aldrey)
③ 알민(almin)
④ 라우탈(lautal)

정답 79. ④ 80. ② 81. ③ 82. ③ 83. ① 84. ④

Q85

Y합금에 대한 설명으로 틀린 것은?

① 시효 경화성이 있어 모래형 및 금형 주물에 사용된다.
② Y 합금은 공랭실린더 헤드 및 피스톤 등에 많이 이용된다.
③ 알루미늄에 규소를 첨가하여 주조성과 절삭성을 향상시킨 것이다.
④ Y 합금은 내열기관의 고온 부품에 사용된다.

해설 알루미늄 합금의 종류
① 내열용 알루미늄 합금
㉠ Y합금 : Al – Cu(4%) – Ni(2%) – Mg(1.5%) 합금, 고온 강도가 커서 내연 기관 실린더 등에 사용된다.
㉡ Lo – Ex : Al – Si – Cu – Mg – Ni 합금, 내열성이 우수하나 Y합금 보다 열팽창 계수가 작다. Na으로 개량 처리 및 피스톤 재료로 사용

Q86

내열용 알루미늄(Al) 합금중에서 와이(Y)합금이 가장 많이 사용되는 용도는?

① 펌프용
② 내연기관용
③ 도금용
④ 공구용

Q87

기계적 성질이 우수하여 피스톤, 실린더 헤드 등과 같은 내연 기관의 고온 부품에 사용되며, Cu(4%), Ni(2%), Mg(1.5%)의 함유된 주물용 알루미늄 합금은?

① Y합금　② 실루민
③ 라우탈　④ 알민

Q88

Y합금이란?

① 알루미늄 합금　② 구리합금
③ 마그네슘 합금　④ 니켈합금

Q89

표준조성이 구리 4%, 니켈 2%, 마그네슘 1.5%를 함유한 알루미늄(Al)합금으로 공랭 실린더 헤드(Cylinder head), 피스톤 등에 사용되는 합금은?

① 로우엑스(Lo – Ex)
② 와이합금(Y – alloy)
③ 하이드로날륨(Hydronalium)
④ 라우탈(Lautal)

Q90

주물용 알루미늄 합금으로 기계적 성질이 우수하여 단조품, 피스톤, 실린더 헤드 등과 같은 내열 기관의 고온 부품에 사용되고 Cu(4%), Ni(2%), Mg(1.5%)이 함유된 합금은?

① Y합금　② 실루민
③ 라우탈　④ 알민

해설 성분은 Y합금이나 주물용이라기 보다는 내열용으로 보아야 한다.

Q91

알루미늄 합금(Alloy)의 종류가 아닌 것은?

① 실루민(silumin)
② Y합금
③ 로엑스(Lo – Ex)
④ 인코넬(Inconel)

정답 85. ③　86. ②　87. ①　88. ①　89. ②　90. ①　91. ④

해설

인코넬	72~76% Ni, 14~17% Cr, 8% Fe Mn, Si, C	• 내식성과 내열성이 뛰어난 합금이며, 특히 고온에서 내산화성이 좋다. • 유기물과 염류 용액에서도 내식성이 강하며, 기계적 강도가 좋아 전열기 부품, 열전쌍의 보호관 진공관의 필라멘트 등에 사용된다.

Q92

알루미늄 합금이 아닌 것은?

① 실루민　② Y합금
③ 초두랄루민　④ 모넬메탈

해설 모넬메탈(Ni 65~70%)

① 내열·내식성이 우수하므로 터빈 날개, 펌프 임펠러 등의 재료로서 사용된다.
② R모넬 : 소량의 S(0.025~0.06%)을 첨가하여 강도를 저하시키고 절삭성을 개선한 것.
③ K모넬 : 3%의 Al을 첨가한 것으로, 석출 경화에 의해 경도가 향상된 것
④ KR모넬 : K모넬에 탄소량을 다소 높게 (0.28% C)첨가하여 절삭성을 향상 시킨 것
⑤ H모넬(3% Si 첨가), S모넬(4% Si 첨가) : 규소를 첨가하여 강도를 향상시킨 것

Q93

마그네슘(Mg)의 특성을 기술한 것 중 틀린 것은?

① 비중이 2.69로 실용 금속 중 가장 가볍다.
② 열전도율은 구리, 알루미늄보다 낮다.
③ 강도는 작으나 절삭성이 우수하다.
④ 티탄, 지르코늄, 우라늄 제련의 환원제이다.

해설 마그네슘의 성질 및 용도

① 비중이 1.74로 실용 금속 중에서 가장 가볍고 용융점 650℃ 조밀 육방 격자이다.
② 마그네사이트, 소금 앙금, 산화마그네슘으로 얻는다.
③ 마그네슘의 전기 열전도율은 구리, 알루미늄보다 낮고, Sb, Li, Mn, Cu, Sn 등의 함유량의 증가에 따라 저하한다. 선팽창 계수는 철의 2배 이상으로 대단히 크다.
④ 전기 화학적으로 전위가 낮아서 내식성이 나쁘다. 알칼리 수용액에 대해서는 비교적 침식되지 않지만, 산, 염류의 수용액에는 현저하게 침식된다. 부식을 방지하기 위하여 양극 산화 처리, 도금 및 도장한다.
⑤ 마그네슘은 가공 경화율이 크기 때문에 실용적으로 10~20% 정도의 냉간 가공성을 갖는다. 그러나 절삭 가공성은 대단히 좋으므로 고속 절삭이 가능하고 마무리면도 우수하다.

Q94

마그네슘에 대한 성질들이다. 이에 속하지 않는 것은?

① 알칼리성에는 견디나, 산이나 염류에는 침식된다.
② 비중이 1.74로 실용 금속 중 가장 가볍다.
③ 면심입방격자이다.
④ 고온에서 발화하기 쉽다.

Q95

마그네슘(Mg)의 용융온도는 다음 중 몇 ℃인가?

① 650　② 750
③ 1,107　④ 1,007

Q96

마그네슘(Mg) 또는 마그네슘합금에 대한 설명 중 틀린 것은?

① 실용 금속 중 가장 가볍다.
② 비강도는 Al 합금보다 작다.

정답 92. ④　93. ①　94. ③　95. ①

③ 마그네슘은 구상흑연 주철의 첨가제로 사용된다.
④ 자동차부품, 전기기기, 선박, 광학기계, 인쇄제판 등에 이용된다.

해설 용융 상태에서 Mg, Ce, Mg – Cu 등을 첨가하여 흑연을 편상에서 구상화로 석출시켜 구상 흑연 주철을 만든다.

Q97

알루미늄을 주성분으로 하는 합금이 아니며, 그 성질은 일렉트론과 거의 같은 것은?

① 실루민(Silumin)
② 두랄루민(Duralumin)
③ Y 합금
④ 도우메탈(Dow Metal)

Q98

도우메탈은 Mg과 무엇의 합금인가?

① Al ② Zn
③ Sn ④ Ce

Q99

일렉트론(Elektron)은 Mg과 무엇의 합금인가?

① Al, Ce ② Al, Zn
③ Al, Sn ④ Ce, Sn

해설 Mg – Al – Zn계 합금(일명 일렉트론)
① 이 합금은 냉간 가공에 의해서 적당한 강도와 인성을 얻을 수 있다.
② AZ 31B(2.5 ~ 3.5% Al, 0.6 ~ 1.4% Zn), 및 31C(2.4 ~ 3.6% Al, 0.5 ~ 1.5% Zn)는 고용 강화와 가공 경화를 통한 판재, 관재, 봉재로서 가장 많이 사용되고 있다.
③ 알루미늄 함유량이 많은 AZ 61A(5.8 ~ 7.2% Al, 0.4 ~ 1.5% Zn), AZ80A (7.8 ~ 9.2% Al, 0.2 ~ 0.8% Zn)는 중간상의 석출에 의해 강도가 증가하며, 가공성이 나쁘므로 열간 압출 재료로 사용된다.

Q100

결정입자의 조대화를 억제하고 주조조직을 미세화하여 기계적 성질을 향상시킨 도우메탈(dow metal)은 마그네슘과 어떤 원소로 만들어진 합금인가?

① 알루미늄
② 주석
③ 티타늄
④ 나트륨

해설 Mg – Al계 합금(일명 도우 메탈)(마그네슘 합금 주물 1종 ~ 3종, 5종)
① 알루미늄은 순 마그네슘에서 볼 수 있는 결정입자의 조대화를 억제하고, 주조 조직을 미세화하며, 기계적 성질을 향상시키는 중요한 원소
② 이 합금의 인장 강도는 6% Al일 때 최대가 되며, 연신율과 단면 수축률은 4% Al에서 최대가 된다.
③ 이 합금은 마그네슘 합금중에서 비중이 가장 작고, 용해 주조, 단조가 쉬워서 비교적 균일한 제품을 만들어 낼 수 있다.
④ 아연을 소량 첨가하면 강도는 개선되나 주조성이 저하된다

Q101

Mg – Al – Zn 합금의 대표적인 것은?

① 실루민
② 두랄루민
③ Y합금
④ 일렉트론

해설 실루민은 Al – Si의 주조용, 두랄루민은 Al – Cu – Mg – Mn으로 단련용 이며, 내열용인 Y합금은 Al – Cu – Ni – Mg이다.

정답 96. ② 97. ④ 98. ① 99. ② 100. ① 101. ④

Q102

니켈(Ni)의 성질을 설명한 것으로 틀린 것은?

① 비중이 8.85이고 용융점이 1,445℃인 은백색의 금속
② 내식성이 강하고 열 전도율이 좋다.
③ 인성이 풍부하며 전연성이 있다.
④ 황산, 염산 등에도 잘 견딘다.

해설 니켈의 특성
① 은백색의 금속으로 면심입방격자이다.
② 비중이 8.90이고 용융 온도가 1,453℃이다.
③ 상온에서는 강자성체이지만 358℃ 부근에 자기 변태하여 그 이상에서는 강자성이 없어진다. 특히 V, Cr, Si, Al, Ti 등은 니켈의 자기 변태점의 온도를 저하시키고, Cu, Fe은 이 온도를 상승시킨다.
④ Cr 함유량이 증가하면 비저항이 증가 약 40%에서 최대가 된다.
⑤ 황산, 염산에는 부식되지만 유기 화합물이나 알칼리에는 잘 견딘다.
⑥ 대기 중 500℃ 이하에서는 거의 산화하지 않으나, 500℃ 이상에서 오랫동안 가열하면 취약해지고, 750℃ 이상에서는 산화 속도가 빨라진다. 특히 화학 약품에 대해서는 다른 금속보다 내식성이 커서, 화학, 식품, 화폐, 도금 등에 사용된다.
⑦ 전연성이 크고 상온에서도 소성 가공이 용이하며, 열간 가공은 1,000~1,200℃에서, 풀림 열처리는 800℃ 정도에서 한다.

Q103

니켈(Ni)에 관한 설명으로 옳은 것은?

① 내식성이 약하다.
② 순 니켈은 열간 및 냉간가공이 용이하다.
③ 열전도율이 나쁘다.
④ 자기 변태점이상의 온도에서 강자성체이다.

Q104

다음 금속 재료 중에서 가장 연소되기 어려운 것은?

① 철 ② 알루미늄
③ 티탄 ④ 니켈

Q105

저온 인성을 요구하는 구조물 용접시 용접봉에 첨가 되어 저온 인성을 향상 시키는 원소는?

① W ② Pb
③ Ni ④ Si

Q106

니켈강은 니켈에 소량의 탄소를 함유한 강으로 가열 후 공기 중에 방치하여도 담금질 효과를 나타내는 데 이와 같은 현상을 무엇이라 하는가?

① 기경성(air hardening)
② 수경성(water hardening)
③ 유경성(oil hardening)
④ 고경성(solid hardening)

해설 공기 중에 방치하여도 단단하게 만들 수 있는 즉 담금질 효과가 있는 것을 기경성이라 한다.

Q107

열팽창계수가 매우 작으며 내식성이 커서 바이메탈, 시계진자, 계측기 부품 등에 사용되는 합금명은?

① 다이스강(dies steel)
② 고속도강(H.S.S)
③ 인바(invar)
④ 스텔라이트(stellite)

정답 102. ④ 103. ② 104. ④ 105. ③ 106. ① 107. ③

불변강	인바 (Ni 36%)	• 팽창 계수가 적다. • 표준척, 열전쌍, 시계 등에 사용
	엘린바 (Ni(36) – Cr(12))	• 상온에서 탄성률이 변하지 않음 • 시계 스프링, 정밀 계측기 등
	플래티 나이트 (Ni 10 ~ 16%)	• 백금 대용 • 전구, 진공관 유리의 봉입선 등
	퍼멀로이 (Ni 75 ~ 80%)	• 고 투자율 합금 • 해전 전선의 장하 코일용 등
	기타	• 코엘린바, 초인바, 이소에라스틱

Q108

불변강의 종류가 아닌 것은?

① 인바(invar)
② 엘린바(elinvar)
③ 스텔라이트(stellite)
④ 플래티나이트(platinite)

Q109

불변강의 종류에 해당되지 않는 것은?

① 인바(invar)
② 슈퍼인바(super invar)
③ 엘린바(elinvar)
④ 인코넬(inconel)

Q110

불변강(invariable steel)에 해당되지 않는 것은?

① 엘린바(elinvar)
② 코엘린바(coelinvar)
③ 인바(invar)
④ 코인바(coinvar)

Q111

불변 강이 갖추어야 할 첫째 조건은?

① 열팽창 계수가 적을 것
② 내식성, 내마멸성이 클 것
③ 자기 감응도가 적을 것
④ 산이나 알칼리에 강할 것

해설 변하지 않아야 되므로 열팽창 계수가 적어야 된다.

Q112

특수강인 플래티나이트의 성질이 아닌 것은?

① 상온 부근에서 탄성률이 변하지 않는다.
② 유리와 거의 동등한 탄성률을 갖는다.
③ 열팽창률이 높다.
④ 백금과 같은 팽창계수를 갖는다.

해설 백금 대용으로 쓰이며 열팽창률이 낮다.

Q113

46% Ni을 함유한 합금강으로 열팽창계수 및 내식성이 있어 백금의 대용으로 사용되며, 열팽창계수가 유리와 비슷하므로 진공관이나 전구의 도입선으로 사용되는 것은?

① 플래티나이트 ② 엘린바
③ 인바 ④ 퍼멀로이

Q114

구리에 40 ~ 50% Ni을 첨가한 합금으로 전기 저항이 크고 온도계수가 낮으므로, 통신기재, 저항선, 전열선 등으로 사용되는 것은?

① 큐프로 니켈 ② 콘스탄탄
③ 모넬메탈 ④ 인바

정답 108. ③ 109. ④ 110. ④ 111. ① 112. ③ 113. ① 114. ②

해설 ① 콘스탄탄은 구리 니켈 합금으로 40 ~ 50% Ni의 양을 가지고 있고 전기 저항이 크고, 온도계수가 낮으므로 통신 기재, 저항선, 전열선등으로 사용된다. 이 합금은 철, 구리, 금 등에 대한 열기전력이 높으므로 열전쌍 선으로도 쓰인다. 내산 내열성이 좋고 가공성도 좋다.
② 44% Ni, 1% Mn을 가진 것을 어드밴스라고 부르고 정밀 전기 저항선에 사용된다.
③ 65 ~ 70% Ni 모넬메탈이라고 부른다.

Q115

어드밴스를 구성하고 있는 주요 금속 원소의 성분은?

① 44% Ni 54% Cu 1% Mn
② 44% Ni 54% Cu 1% Pb
③ 44% Ni 54% Cu 1% W
④ 44% Ni 54% Cu 1% Zn

Q116

구리에 40 ~ 50% Ni을 첨가한 합금으로서 전기저항이 크고 온도계수가 일정하므로 통신기자재, 저항선, 전열선 등에 사용하는 니켈합금은?

① 인바
② 엘린바
③ 모넬메탈
④ 콘스탄탄

Q117

니켈 65 - 70% 정도를 함유한 니켈 - 구리계의 합금이며 내열, 내식성이 좋으므로 화학 공업용 재료에 많이 쓰이는 것은?

① 콘스탄탄 ② 모넬메탈
③ 실루민 ④ Y합금

해설 모넬메탈(Ni 65 ~ 70%)
① 내열·내식성이 우수하므로 터빈 날개, 펌프 임펠러 등의 재료로서 사용된다.
② R모넬 : 소량의 S(0.025 ~ 0.06%)을 첨가하여 강도를 저하시키고 절삭성을 개선한 것.
③ K모넬 : 3%의 Al을 첨가한 것으로, 석출 경화에·의해 경도가 향상된 것
④ KR모넬 : K모넬에 탄소량을 다소 높게(0.28% C)첨가하여 절삭성을 향상 시킨 것
⑤ H모넬(3% Si 첨가), S모넬(4% Si 첨가) : 규소를 첨가하여 강도를 향상시킨 것

Q118

니켈(Ni)과 크롬(Cr)합금 중 15 ~ 20% Cr의 합금으로 높은 전기저항, 내산성, 내열성을 가진 합금은?

① 인바(lnvar)
② 엘린바(Elinvar)
③ 니크롬(Nichrome)
④ 퍼멀로이(Pormalloy)

해설 니크롬(내열성 니켈계 합금)
① 성분 : 0 ~ 90% Ni, 11 ~ 33% Cr, 0.25% Fe
② 니크롬선은 1,100℃까지 사용되며, 철을 첨가하면 전기 저항은 증가하나 내열성이 저하되어 1,000℃이하에서 사용된다.
③ 니크롬은 전열기 부품, 가스 터빈, 제트 기관 등에 사용된다.

Q119

니켈 중의 크롬 함유량이 증가함에 따라 합금의 전기 비저항이 증가하는데 약 몇 % Cr에서 최대가 되는가?

① 40%
② 30%
③ 20%
④ 10%

115. ① 116. ④ 117. ② 118. ③ 119. ①

Q120

Ni - Cr계 합금이 아닌 것은?

① 크로멜(Chromel)
② 선플래티늄(Sunplatinum)
③ 인코넬(Inconel)
④ 엘린바(Elinvar)

해설 ① 니켈 - 구리계

큐프로 니켈	70% Cu, 30% Ni
콘스탄탄	40 ~ 50% Ni
모넬메탈	65 ~ 70% Ni

② 니켈 - 철계

종 류	성분
인바	36% Ni
엘린바	36% Ni, 12% Cr, 0.8% C, 1 ~ 2% Mn, 1 ~ 2% Si, 1 ~ 3% W

Q121

비중이 4.5정도이며 강도는 알루미늄(Al)이나 마그네슘(Mg)보다 크고, 해수에 대한 내식성이 스테인리스강과 비슷하며, 순수한 것은 296MPa 정도의 인장강도를 갖는 비철금속은?

① 티탄(Ti) ② 아연(Zn)
③ 크롬(Cr) ④ 마그네슘(Mg)

해설 티탄의 특성

① 비중이 4.51로서 마그네슘 및 알루미늄보다 크지만 강의 약 60%이다.
② 티탄은 융점이 1,670℃로 높고 고온에서 산소, 질소, 탄소와 반응하기 쉬워 용해 주조가 어렵다.
③ 전기 및 열의 전도성이 철보다 나쁘다.
④ 내식성은 스테인리강이나 모넬 메탈처럼 뛰어나다.
⑤ 공기 중에서 700℃이상으로 가열하면 취약해지고 전연성이 저하한다.
⑥ 기계적 성질에 영향을 강하게 받는 원소로는 철과 질소가 있으며 특히 철 함유량의 증가로 인장 강도 및 경도가 증가하지만 연신율이 감소한다.
⑦ 가공 경화성이 크므로 기계적 성질은 냉간 가공도에 따라 크게 변화한다. 다른 구조용 재료보다 비강도가 높고 특히 고온에서 비강도가 뛰어나다.

Q122

비중이 4.5 정도이며 강도는 알루미늄(Al)이나 마그네슘(Mg)보다 크고, 해수에 대한 내식성이 스테인리스강과 비슷하며, 순수한 것은 50kgf/mm² 정도의 강도를 갖는 비철 금속은?

① 티탄(Ti)
② 아연(Zn)
③ 크롬(Cr)
④ 마그네슘(Mg)

Q123

티탄에 대한 설명 중 틀린 것은?

① 내식성이 좋다.
② 고순도 티탄은 전연성이 풍부하다.
③ 비중이 마그네슘이나 알루미늄보다 작다.
④ 고온에서 강도가 좋다.

Q124

탄화물의 생성을 용이하게 하고, 결정입자 사이의 부식에 대한 저항을 증가시키는 합금 원소는?

① 티탄(Ti) ② 구리(Cu)
③ 규소(Si) ④ 주석(Sn)

해설 티탄은 비중이 4.5이고 그 성질은 규소나 바나듐과 비슷하며, 입자 사이의 부식에 대한 저항을 증가시켜 탄화물을 만들기 쉽다.

정답 120. ④ 121. ① 122. ① 123. ③ 124. ①

Q125

합금강의 원소 효과에 대한 설명에서 규소나 바나듐과 비슷한 작용을 하며 입자 사이의 부식에 대한 저항을 증가시켜 탄화물을 만들기 쉬운 것은?

① 망간
② 티탄
③ 코발트
④ 몰리브덴

Q126

비강도가 대단히 크면서 내식성이 아주 우수하고 600℃ 이상에서는 산화 질화가 빨라 TIG 용접시 용접토치에 특수(Shield gas)장치가 반드시 필요한 금속은?

① Al
② Cu
③ Mg
④ Ti

해설 티탄은 비강도가 대단히 크면서 내식성이 아주 우수하고 600℃ 이상에서는 산화 질화가 빨라 TIG 용접시 특수 실드 가스 장치가 필요하다.

Q127

티탄과 그 합금에 관한 설명으로 틀린 것은?

① 티탄은 비중에 비해서 강도가 크며, 고온에서 내식성이 좋다.
② 티탄에 Mo, V 등을 첨가하면 내식성이 더욱 향상된다.
③ 티탄 합금은 인장강도가 작고, 또 고온에서 크리프(creep) 한계가 낮다.
④ 티탄은 가스 터빈 재료로서 사용된다.

해설 티탄계 합금의 특성

① Mo, V : 내식성을 향상시킨다.
② Al : 수소 함유량이 적게되어 고온 강도를 높일 수 있다.
③ 티탄 합금은 티탄보다 비강도가 높고, 다른 고강도 합금에 비하여 고온강도가 크기 때문에 제트 엔진의 축류, 압축기의 주위 온도가 약 450℃까지의 블레이드, 회전자 등에 사용된다.
④ 열처리된 티탄 합금의 항복비(내력/인장 강도)가 0.9 ~ 0.95, 내구비(피로 강도/인장 강도)가 0.55 ~ 0.6 정도의 큰 값을 나타낸다.
⑤ 티탄 합금은 고강도이고 열전도율이 낮으므로 절삭 온도가 높아지고, 공구 재료와 반응하기 쉬우므로 절삭 가공이 대단히 어렵다. 티탄 합금의 절삭에는 냉각 작용과 윤활 작용이 뛰어난 절삭액을 사용함이 바람직하다

Q128

티탄과 그 합금에 관한 설명으로 틀린 것은?

① 티탄은 비중에 비해서 강도가 크며, 고온에서 내식성이 좋다.
② 티탄에 Mo, V 등을 첨가하면 내식성이 더욱 향상된다.
③ 선팽창계수가 크고, H를 함유하면 고온에서 메짐 현상이 있다.
④ 티탄은 가스 터빈 재료로서 사용된다.

Q129

물리적으로 용법(1,670℃)과 전기저항이 높고, 열팽창계수와 열전도율이 적으며, 기계적으로는 고온에서 비강도와 크리프 강도가 높고, 스테인리스강보다 내식성이 우수하며, 고온 산화가 거의 없어 항공기, 로켓, 가스 터빈 등의 재료에 주로 사용되는 것은?

① 니켈계 합금　② 마그네슘계 합금
③ 주석계 합금　④ 티탄계 합금

125. ② 126. ④ 127. ③ 128. ③ 129. ④

Q130

인장 강도가 크고 고온에서 크리프(Creep) 한계가 높으므로 고온 재료 또는 내식성, 내마멸성 재료로서 우수하며 가스 터빈의 날개용 재료로 사용되는 것은?

① 니켈계 합금 ② 마그네슘계 합금
③ 주석계 합금 ④ 티탄계 합금

Q131

다음 중 아연의 일반적인 특성에 해당하는 것은?

① 비중이 4.51이다.
② 용융온도는 913℃이다.
③ 조밀육방격자의 회백색 금속이다.
④ 아연의 제련에는 증류법, 직류법, 교류법이 있다.

해설 아연의 특성

① 비중이 7.3이고, 용융 온도가 420℃인 조밀육방 격자의 회백색 금속
② 철강 재료의 부식 방지의 피복용으로서 가장 많이 사용된다.
③ 주조성이 좋아 다이 캐스팅용 합금으로서 광범위하게 사용된다.
④ 조밀 육방 격자이지만 가공성이 비교적 좋아 실온에서의 냉간 가공도 가능하다. 아연판으로 건전지 재료나 인쇄용 등에 사용된다.
⑤ 수분이나 이산화탄소의 분위기에서는 표면에 염기성 탄산아연의 피막이 발생되어 부식이 내부로 진행되지 않으므로 철판에 아연 도금을 하여 사용한다.
⑥ 건조한 공기 중에서는 거의 산화되지 않지만, 산, 알칼리에 약하며 Cu, Fe, Sb 등의 불순물은 아연의 부식을 촉진시키고, Hg은 부식을 억제
⑦ 주조한 상태의 아연은 결정립경이 커서 인장 강도나 연신율이 낮고 취약하므로 상온 가공을 할 수가 없다. 그러나 열간 가공하여 결정립을 미세화하면 상온에서도 쉽게 가공할 수가 있다.
⑧ 순수한 아연은 가공 후 연화가 일어나지만 불순물이 많으면 석출 경화가 일어난다.

Q132

아연과 그 합금에 대한 설명으로 틀린 것은?

① 조밀육방 격자형이며 백색으로 연한 금속이다.
② 전해아연은 전해법으로 만들어진다.
③ 주조성이 나쁘므로 다이캐스팅에 사용되지 않는다.
④ 증류아연은 증류법으로 만들어진다.

Q133

용융점이 낮고 주조성 및 기계적 성질도 우수하므로 대부분 다이캐스팅용이나 금형주물용으로 사용되는 합금은?

① 납합금 ② 아연합금
③ 주석합금 ④ 금합금

해설 아연 합금

① 다이 캐스팅용 합금 : 알루미늄은 가장 중요한 합금 원소이며, 합금의 강도, 경도를 증가함과 동시에 유동성을 개선한다. 주로 4% Al, 0.4% Mg, 1% Cu의 아연 합금이 가장 많이 쓰인다.
② 금형용 아연 합금 : 알루미늄 및 구리 함유량을 증가하여 강도, 경도를크게 한 것으로 대표적인 것으로는 Kirksite 합금(美), Kayem1, Kayem2(英)이 있으며, 4% Al, 3% Cu, 소량의 Mg 그 밖의 원소를 첨가한다.
③ 고망간－아연 합금 : 25% Mn, 15% Cu, 소량의 Al을 첨가한 것으로 다이 캐스팅 한 것의 인장 강도는 539MPa, 연신율 2%, 경도(HB)는 150정도로 내마멸성이 요구되는 부품에 사용한다.
④ 가공용 아연 합금 : Zn－Cu, Zn－Cu－Mg, Zn－Cu－Ti 합금 등이 있다. Zn－Cu, Zn－Cu－Mg의 열간 압연 온도는 175～300℃이며, Zn－Cu－Ti는 150～300℃이다. 이들 합금의 열간 취성 온도는 300～420℃이며 Zn－Cu－Ti 합금은 Ti의 첨가에 의하여 내크리프성이 뛰어나다.

정답 130. ④ 131. ③ 132. ③ 133. ②

Q134

납에 관한 설명으로 틀린 것은?

① 납은 전성이 크고 연하며, 공기 중에서는 거의 부식되지 않는다.
② 납은 주물을 만들어 축전지 등에 쓰인다.
③ 납은 질산 및 고온의 진한 염산에도 침식되지 않는다.
④ X선 등의 방사선을 차단하는 힘이 크다.

해설 납의 성질
① 납은 비중이 11.36인 회백색 금속으로 용융 온도가 327.4℃로 낮고 연성이 좋아 가공하기 쉬워 오래 전부터 사용되어 왔다.
② 불용해성 피복이 표면에 형성되기 때문에 대기 중에서도 뛰어난 내식성을 가지고 있으므로 광범위하게 사용된다.
③ 납은 자연수와 바닷물에는 거의 부식되지 않으며, 황산에는 내식성이 좋으나 순수한 물에 산소가 용해되어 있는 경우에는 심하게 부식되며, 질산이나 염산에도 부식된다.
④ 알칼리 수용액에 대해서는 철보다 빨리 부식된다.
⑤ 열팽창 계수가 높으며, 방사선의 투과도가 낮다.
⑥ 축전지의 전극, 케이블 피복, 활자 합금, 베어링 합금, 건축용 자재, 땜납, 황산용 용기 등에 사용되며, X선이나 라듐 등의 방사선 물질의 보호재로도 사용된다.

Q135

회백색 금속으로 윤활성이 좋고 내식성이 우수하며, X선이나 라듐 등의 방사선 차단용으로 쓰이는 것은?

① 니켈(Ni) ② 아연(Zn)
③ 구리(Cu) ④ 납(Pb)

Q136

열팽창 계수가 높으며 케이블의 피복, 활자 합금용, 방사선 물질의 보호재로 사용되는 것은?

① 금 ② 크롬
③ 구리 ④ 납

Q137

퓨즈, 활자, 정밀모형 등에 사용되는 아연, 주석, 납계의 저용용점 합금이 아닌 것은?

① 비스무트 땜납(bismuth solder)
② 리포위쯔 합금(Lipouitz alloy)
③ 다우메탈(dow metal)
④ 우드메탈(Wood's metal)

해설 다우메탈은 Mg + Al 합금이다.

Q138

주석(Sn)에 대한 설명 중 틀린 것은?

① 은백색의 연한 금속으로 용융점은 232℃ 정도이다.
② 독성이 없으므로 의약품, 식품 등의 튜브로 사용된다.
③ 고온에서 강도, 경도, 연신율이 증가된다.
④ 상온에서 연성이 풍부하다.

해설 주석의 특성
① 주석은 비중이 7.3인 용융 온도가 231.9℃인 은색의 유연한 금속이다.
② 13.2℃이상에서는 체심 정방격자의 백색 주석(β − Sn)이지만 그 이하에서는 면심입방격자의 회색 주석(α − Sn)이다. 13.2℃가 변태점이다.
③ 불순물 중에는 납, 비스무트, 안티몬 등은 변태를 지연시키고, 아연 알루미늄, 마그네슘, 망간 등은 변태를 촉진시킨다.
④ 주석은 상온에서 연성이 풍부하므로 소성 가공이 쉽고, 내식성이 우수하고, 피복 가공 처리가 쉬우며, 독성이 없어 강판의 녹 방지를 위하 피복용, 의약품, 식품 등의 포장용 튜브, 장식품에 널리 쓰인다.
⑤ 주석 주조품의 인장 강도는 30MPa 정도로서 고온에서는 온도의 증가에 따라 강도, 경도 및 연신율이 모두 저하한다.

정답 134. ③ 135. ④ 136. ④ 137. ③ 138. ③

Q139

주석을 가장 잘 설명한 것은?

① 4%의 알루미늄을 포함하는 자마크계 합금이 널리 사용된다.
② 구리와 철의 표면 부식방지에 주로 이용된다.
③ 구리, 니켈, 알루미늄등과 합금을 만든다.
④ 다이캐스팅에 사용된다.

해설 주석은 구리와 합금하여 청동을 만들며, 내식성을 개선한다.

Q140

다음 중 주석(Sn)의 비중과 용융점은 얼마인가?

① 2.67, 660℃
② 7.28, 232℃
③ 8.96, 1083℃
④ 7.87, 1538℃

Q141

독성이 없으므로 의약품, 식품 등의 튜브 납땜시 사용할 수 있는 것은?

① Zn – Pb계 ② Sn계
③ Cd – Zn계 ④ Zn계

Q142

저용점합금(fusible alloy)이란 다음의 어느 금속보다 낮은 용점을 가진 합금의 총칭인가?

① 납(Pb) ② 주석(Sn)
③ 아연(Zn) ④ 비스무트(Bi)

해설 저 용점 합금
① Sn 보다 용점이 낮은 합금으로 퓨즈 활자 정밀 모형에 사용
② (Bi – Pb – Sn – Cd)으로 구분되며 명칭은 우드 메탈, 뉴턴 합금, 로즈 합금, 리포위쯔가 있다

Q143

주석보다 용융점이 더 낮은 합금의 총칭으로서 납, 주석, 카드뮴 등의 두가지 이상의 공정합금이라고 보아도 무관한 합금은?

① 저용융점 합금
② 베어링용 합금
③ 납청동 켈밋합금
④ 땜용 합금 및 경납

Q144

저용점 합금은 다음 중 어느 금속의 용융점보다 낮은 합금의 총칭인가?

① Cu ② Zn
③ Mg ④ Sn

Q145

배빗 메탈(babbit metal)이란?

① Pb를 기지로한 화이트 메탈
② Sn을 기지로한 화이트 메탈
③ Sb를 기지로한 화이트 메탈
④ Zn을 기지로한 화이트 메탈

해설 주석(Sn)계 화이트 메탈
① 배빗 메탈이라고 하며, 안티몬 및 구리의 함유량이 많아짐에 따라 경도, 인장 강도, 항압력이 증가한다.
② 해로운 불순물로는 철, 아연, 알루미늄, 비소 등이며 고주석 합금에서는 납도 불순물이다.

정답 139. ② 140. ② 141. ② 142. ② 143. ① 144. ④ 145. ②

Q146

베어링 합금의 필요조건과 상반되는 것은?

① 하중에 견딜 수 있는 경도와 내압력을 가질 것
② 충분한 점성과 인성이 있을 것
③ 주조성이 좋고 열전도율이 클 것
④ 마찰계수가 크고, 저항력이 작을 것

해설 베어링용 합금의 특성
① 베어링용으로 사용되는 합금에는 화이트 메탈, 구리계 합금, 알루미늄계 합금, 주철, 소결 합금 등이 있다.
② 금속 접촉의 발열로 인한 베어링의 소착에 대한 저항력이 커야 한다.
③ 사용 중에 윤활유가 산화하여 산성이 되고, 또 베어링의 온도가 높아져서 부식률이 높아지기 때문에 내식성이 좋아야 한다.

Q147

베어링(Bearing)용 합금으로 사용되지 않는 것은?

① 배빗 메탈(Babbit metal)
② 오일리스(Oilless)
③ 화이트 메탈(White metal)
④ 자마크(Zamak)

해설 베어링용 합금의 종류
① 주석계 화이트 메탈
㉠ 배빗메탈이라고 하며, 안티몬 및 구리의 함유량이 많아짐에 따라 경도, 인장 강도, 항압력이 증가한다.
㉡ 해로운 불순물로는 철, 아연, 알루미늄, 비소 등이며 고주석 합금에서는 납도 불순물이다.
② 납계 화이트 메탈
㉠ 납 – 안티몬 – 주석 합금이 이계에 속한다.
㉡ 안티몬, 주석의 함유량이 많을수록 항압력이 상승하나, 안티몬 너무 많아서 안티몬 고용체나 β화합물 상이 많아지면 취약해진다.
㉢ 이 계에 비소를 넣은 것이 WM10이며, 베어링 특성이 좋으므로 자동차, 디젤 기관 등에 사용된다.
③ 구리계 베어링 합금
㉠ 켈밋이라고 하는 구리 – 납 합금 이외에 주석 청동, 인 청동, 납 청동이 있다.
㉡ 구리 – 납계 베어링 합금은 내소착성이 좋고, 항압력도 화이트 메탈보다 크므로 고속 고하중용 베어링으로 적합하다. 자동차, 항공기 등의 주 베어링용으로 이용된다.
㉢ 주석 청동, 납 청동의 주조 베어링은 저속 고하중용으로 적합하며, 납을 3 ~ 30% 함유한 납 청동도 주조 베어링, 바이메탈 베어링에 이용된다.
④ 알루미늄계 합금
㉠ 이 합금은 베어링은 내하중성, 내마멸성, 내식성이 우수하지만, 내 소착성이 약하고 열팽창률이 큰 결점이 있어 널리 사용되지 않는다.
㉡ 독일에서는 5% Al, 1.5% Zn, 0.75% Si, Cu 합금이 자동차 엔진의 주 베어링으로 사용되고 있다.
⑤ 카드뮴계 합금 : 카드뮴은 값이 비싸기 때문에 사용 범위가 제한되어 있지만, 미국에서는 SAE 규격의 합금이 다소 사용되고 있다. 이 합금은 카드뮴에 은, 니켈, 구리 등을 첨가하여 경화시킨 것으로 피로 강도가 화이트 메탈보다 우수하다.

Q148

용접성은 Ti과 비슷하면서 내식성이 우수하고 열중성자의 흡수가 적어 원자로에서 핵연료 피복제로 사용 되는 것은?

① STS ② Al_2O_3
③ Zn ④ Zr

해설 지로코늄은 내식성이 우수하고 열중성자의 흡수가 적어 원자로에서 핵연료 피복제로 사용

Q149

구리에 함유되어도 전기전도율을 저하시키지 않으면서 구리의 강도 및 내마멸성을 향상시키므로 전철의 트롤선, 크레인의 레일선 등에 주로 첨가하는 원소는?

① 안티몬 ② 카드뮴
③ 주석 ④ 철

146. ④ 147. ④ 148. ④ 149. ②

Q150

전연성이 매우 커서 10 - 6cm 두께의 박판으로 가공할 수 있으며 왕수(王水)이외에는 침식, 산화되지 않는 금속은?

① 구리(Cu)
② 알루미늄(Al)
③ 금(Au)
④ 코발트(Co)

해설 ① 금과 그 합금
㉠ 금은 아름다운 광택을 가진 면심입방격자로 비중이 19.3이고, 용융 온도는 1,063℃이다.
㉡ 순금은 내식성이 좋으므로 왕수 이외에는 침식되지 않으며, 상온에서는 산화되지 않으나 350℃ 이상에서는 약간 산화된다.
㉢ 금의 순도는 캐럿(carat K)이라는 단위를 사용하며, 24K이 100%의 순금이다.
㉣ 종류로는 Au - Cu계(반지나 장신구), Au - Ag - Cu계(치과용이나 금침), Au - Ni - Cu - Zn계(은백색으로 화이트 골드라 불리며 치과용이나 장식용에 쓰인다.), Au - Pt계(내식성이 뛰어나 노즐 재료로 사용된다.)

정답 150. ③

Craftsman Welding

08

기계제도

1. 제도(drawing) 2. 도면의 종류
3. 제도 용구와 제도 준비하기
4. 제도의 규격과 통칙
5. 도면의 크기와 척도알기
6. 선과 문자 그리기
7. 치수 기입하기
8. 정투상도 그리기
9. 특수 투상도
10. 단면도 및 여러 가지 도형그리기
11. 상관체 및 전개도
12. 스케치도 그리기 13. 기계 요소 그리기
14. 배관도면 그리기 15. 용접 도면 그리기

chapter 8 기계제도

1. 제도(drawing)

주문자가 의도하는 주문에 따라, 설계자가 제품의 모양이나 크기를 일정한 규칙에 따라 선, 문자, 기호 등을 이용하여 도면으로 작성하는 과정으로 설계자의 의도를 도면 사용자에게 확실하고 쉽게 전달하는데 목적이 있다.

> **참고** 도면 : 제도에 의해 모든 사람이 이해할 수 있도록 정해진 규칙에 따라 제도 용지에 나타낸 것

2. 도면의 종류

(1) 사용목적에 따른 분류

① **계획도** : 만들고자 하는 물품의 계획을 나타낸 도면

② **주문도** : 주문자의 요구 내용을 제작자에 제시하는 도면

③ **견적도** : 제작자가 견적서에 첨부하여 주문품의 내용을 설명하는 도면

④ **승인도** : 제작자가 주문자와 관계자의 검토를 거쳐 승인을 받은 도면

⑤ **제작도** : 설계제품을 제작할 때 사용하는 도면(부품도, 조립도 등)

⑥ **설명도** : 제품의 구조, 원리, 기능, 취급방법 등을 설명한 도면

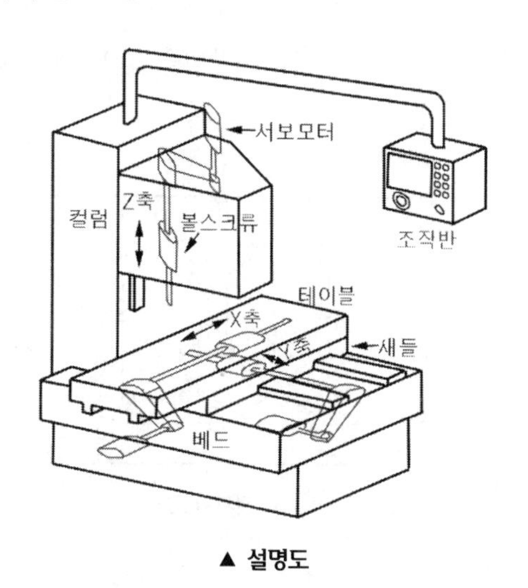

▲ 설명도

(2) 내용에 따른 분류

① **조립도** : 기계나 구조물의 전체적인 조립 상태를 나타내는 도면

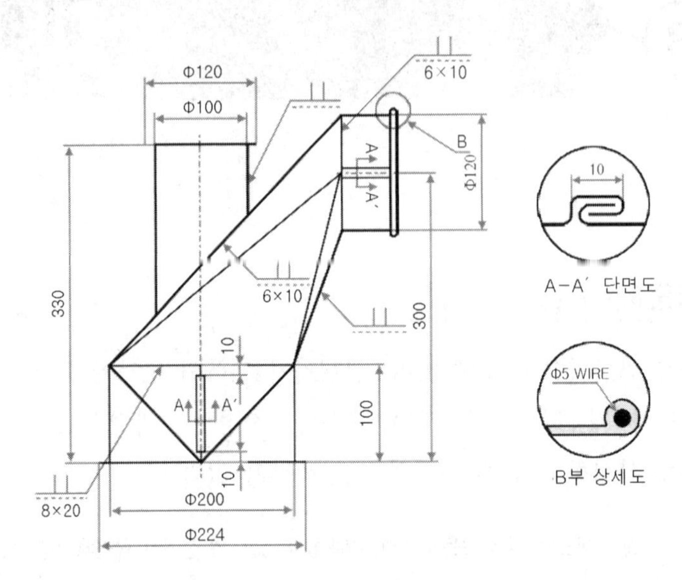

② **부분 조립도** : 규모가 크거나 복잡한 기계를 몇 개의 부분으로 나누어 그린 도면

③ **부품도** : 물품을 구성하는 각 부품에 대하여 상세하게 나타낸 도면

④ **상세도** : 필요한 부분을 확대 하여 상세하게 나타낸 도면

⑤ **전기회로도** : 전기 회로의 접속을 표시하는 도면

⑥ **전자회로도** : 전자 부품이 상호 접속된 상태를 나타낸 도면

⑦ **배관도** : 관의 배치를 표시하는 도면으로, 관의 굵기와 길이, 펌프 밸브 등의 위치와 설치 방법을 나타낸 도면

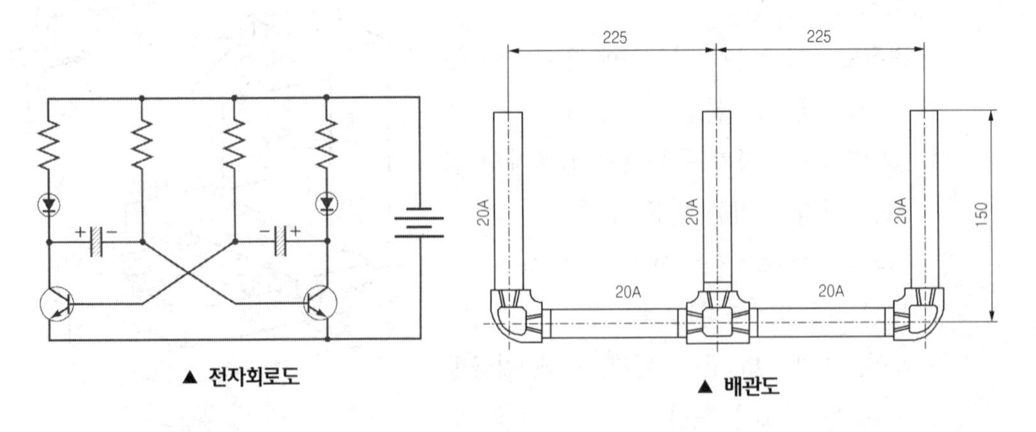

▲ 전자회로도

▲ 배관도

⑧ **공정도** : 제조 과정에서 거쳐야 할 공정의 가공 방법, 사용 공구 및 치수 등을 상세히 나타내는 도면

⑨ **배선도** : 전선의 배치를 나타낸 도면

⑩ **전개도** : 입체물을 평면에 전개한 도면

⑪ **곡면 선도** : 유선형 물체인 선박, 자동차 등의 복잡한 곡면을 나타낸 도면

⑫ **기타** : 설치도, 배치도, 장치도, 외형도, 구조선도, 기초도, 구조도, 접속도, 계통도 등

(3) 작성방법에 따른 분류

- 연필도
- 먹물 제도
- 착색도

(4) 도면 성격에 따른 분류

- 원도
- 복사도
- 트레이스도

3. 제도 용구와 제도 준비하기

(1) 제도 용구

① **제도기** : 영식, 불식, 독일식이 3종류 주로 영식과 독일식이 사용된다.

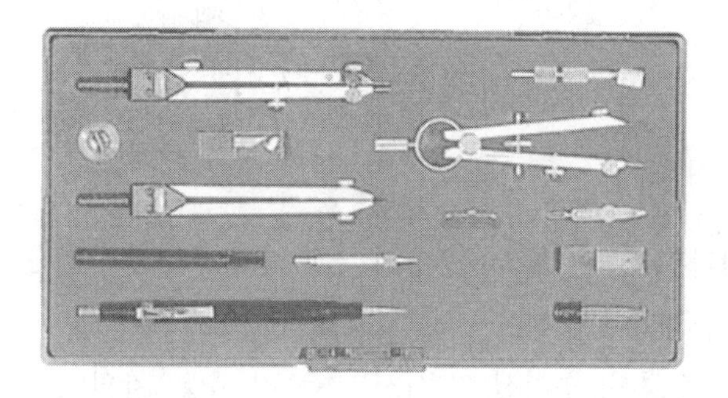

② **컴퍼스 및 디바이더**

㉠ 연필심은 바늘 끝보다 0.5mm 낮게 끼운다.

㉡ 비임 컴퍼스→대형 컴퍼스→중형 컴퍼스→스프링 컴퍼스→드롭 컴퍼스 순으로 원을 그릴 수 있다.

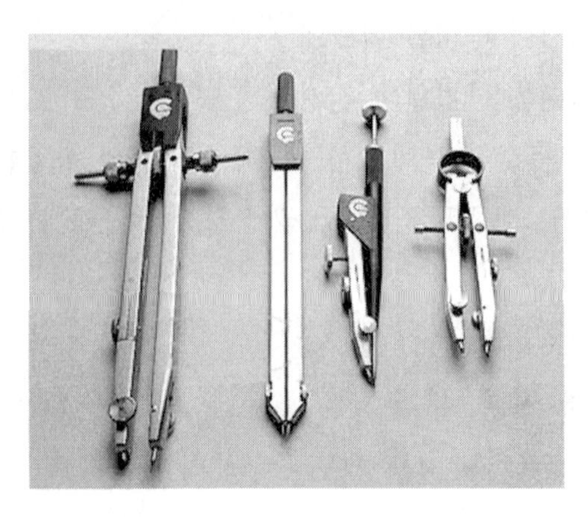

㉢ 원을 그릴 땐 6시 방향에서 시작하여 시계 방향으로 돌린다.

㉣ 디바이더(분할기)는 원호의 등분, 선의 등분, 길이나 치수를 옮길 때 사용한다.

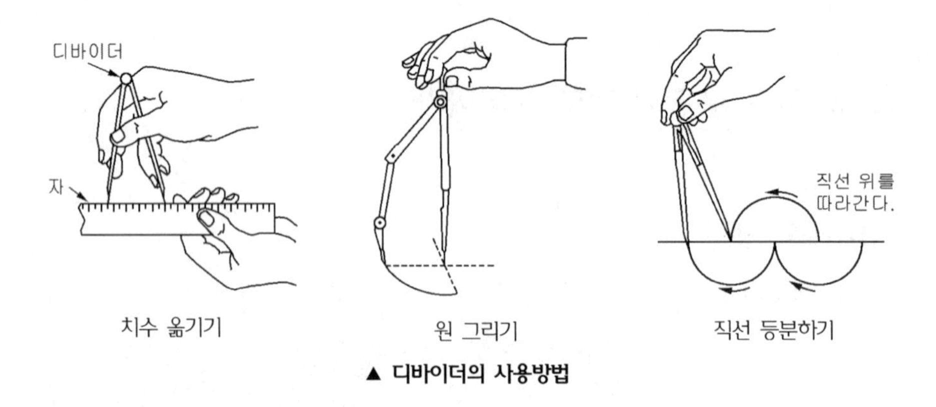

▲ 디바이더의 사용방법

③ **자**

㉠ 삼각자 : 45° × 45° × 90°와 30° × 60° × 90°의 모양으로 된 2개가 1세트로 구성되어 있다.

㉡ T자 : 수평선, 수직선 및 사선 그을 때 사용, 자의 줄 긋는 부분은 완전한 직선이어야 한다.

㉢ 축척자(스케일) : 길이를 잴 때 또는 길이를 줄여 그을 때 사용한다.

㉣ 운형자와 자유곡선자 : 컴퍼스로 그리기 어려운 원호, 곡선을 그을 때 사용한다.

㉤ 형판 : 기본 도형(원, 타원)이나 문자, 숫자 등을 정확히 그릴 수 있다.

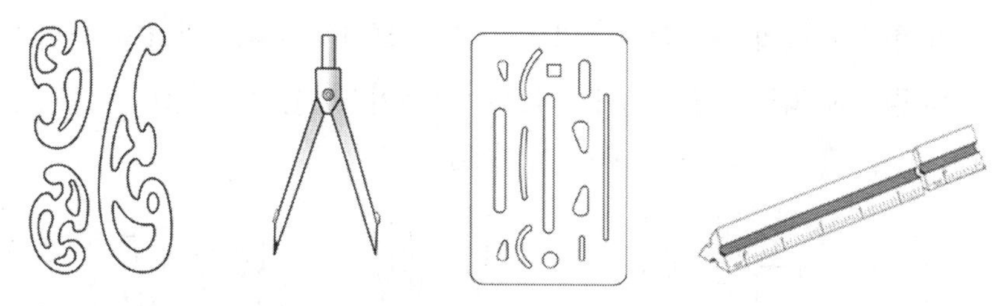

④ **제도용 만년필**

㉠ 선 굵기에 따라 8가지로 구성 : 0.18mm, 0.25mm, 0.35mm, 0.5mm, 0.7mm, 1.0mm, 1.4mm, 2.0mm

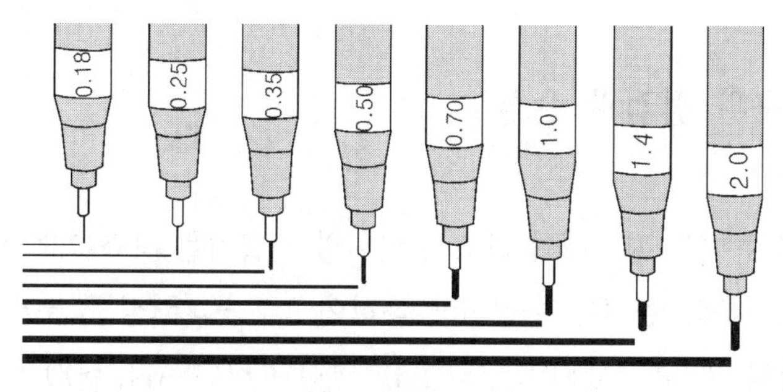

▲ 제도용 만년필의 종류

㉡ 사용법 : 선 그을 때 용지에 수직이 되도록 자를 대고 긋는다.

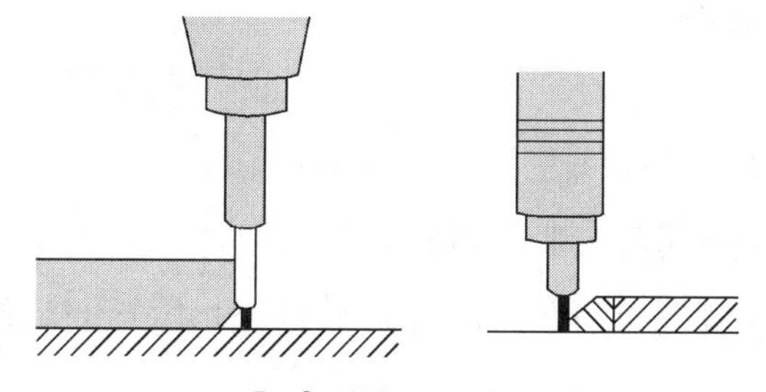

▲ 제도용 만년필의 사용 방법

(2) 제도 준비

① **제도 용구 준비** : 제도기, 삼각자, T자, 운형자, 자유 곡선자, 삼각 축척자, 각도기, 제도판, 연필, 형판, 지우개, 날개비

② **제도 연필 깎는 방법 - 연필심**

㉠ 형태에 따라 : 원뿔형(문자용), 쐐기형(선긋기용), 경사형(컴퍼스용)

㉡ 경도에 따라 : 4H ~ 9H(가는선, 트레이싱용), B ~ 3B(선이나 문자용), 2B ~ 7B(스케치용)

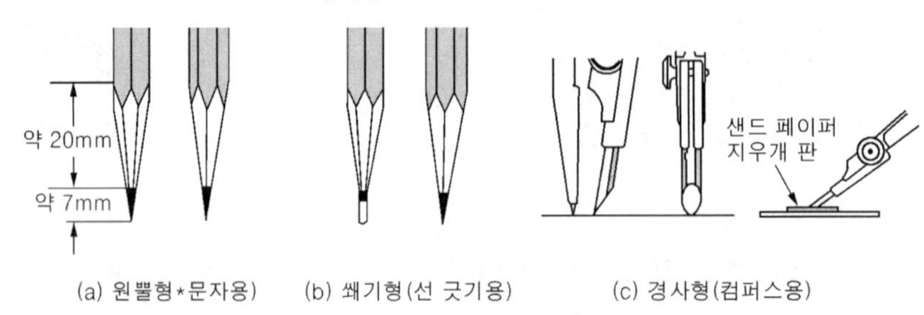

(a) 원뿔형*문자용) (b) 쐐기형(선 긋기용) (c) 경사형(컴퍼스용)

(3) 제도 용구의 점검과 손질

① **제도판**

㉠ 제도판 표면은 평평해야 하고 높낮이와 기울기를 자유롭게 조절이 가능하여야 한다. 뒤쪽의 높이는 수평선에 대하여 10° ~ 15°정도 높게 사용한다.

㉡ 제도판의 규격은 1200 × 900(A_0), 900 × 600(A_1), 600 × 450(A_2)이 있다.

② **제도기** : 녹슬지 않게 사용 후 잘 닦아서 보관한다.

(4) 제도용지의 종류

① **원도지**

㉠ 켄트(Kent)지 : 연필 제도용

㉡ 와트만(Whatman)지 : 채색 제도용

② **트레이싱지** : 반투명지, 미농지, 기름 종이, 합성 수지계 필름

(5) 삼각자와 T자를 이용한 선 긋기 방법

① 연필심은 수평선과 오른쪽으로 약 60°정도 눕혀서 긋는다.

② **수평선 그을 때** : 왼쪽 → 오른쪽 방향

③ **수직선 그을 때** : 아래 → 위 방향

④ **빗금선 그을 때** : 왼쪽 위 → 오른쪽 아래 방향, 왼쪽 아래 → 오른쪽 위 방향

(6) 제도 용구를 점검하고 손질하기

① 제도 용구를 제도판 위에 정리하기

② **제도판 검사하기** : 상처나 요철 확인

③ **드래프터**(Drafter, 제도기계) : T자, 삼각자, 축척자, 각도기 등의 기능을 함께 갖춘 제도 용구로 암식과 트랙식이 있다.

4. 제도의 규격과 통칙

(1) 표준 규격

① **국제 규격**

㉠ 국제적인 공동의 이익을 추구하기 위하여 여러 나라가 협의, 심의, 규정하여 국제적으로 적용하는 규격, 한국은 1963년 가입

㉡ 종류 : 국제 표준화 기구(ISO), 국제 전기 표준 회의(IEC)

② **국가 규격** : 한 국가의 모든 이해 관계자들이 협의, 심의, 규정하여 한 국가 내에서 적용하는 규격

국가 규격 명칭	규격 기호	기 타
국제 표준화 기구 (International Organization for Standardization)	ISO	ISO International Organization for Standardization
한국 산업 규격 (Korea Industrial Standards)	KS	K Korea Standards Mark KS 마크
영국 규격 (British Standards)	BS	BSi Management Systems
독일 규격 (Deutsches Industrie for Normung)	DIN	DIN
미국 규격 (American National Standards Institute)	ANSI	ANSI American National Standards Institute
일본 공업 규격 (Japanese Industrial Standards)	JIS	J : Japan I : Industrial S : Standards

③ **단체 규격** : 사업자 또는 학회 등의 단체 내부 관계자들이 협의, 심의, 규정하여 단체 또는 그 구성원에 적용하는 규격

규격 협회 이름	기호	규격 협회 이름	기호
영국 로이드 선급 협회	LR	프랑스 자동차 규격 협회	BNA
미국 선급 협회	ABS	한국 선급 협회	KR
미국 자동차 기술 협회	SAE	미국 군용 규격	MIL

대한용접·접합학회 The Korean Welding and Joining Society	KWJS	KWJS
미국 용접협회 American Welding Society	AWS	AWS
일본 용접협회 The Japan Welding Engineering Society	JWES	JWES

④ **사내 규격** : 기업이나 공장에서 협의, 심의, 규정하여 해당 기업 또는 공장 내에서 적용하는 규격

(2) KS 제도 통칙

① **한국 공업 표준화법** : 1961년에 공포

② **토목 제도 통칙(KS F1001)** : 1962년 제정

③ **건축 제도 통칙(KS F1501)** : 1962년 제정

④ **제도 통칙(KS A0005)** : 1966년 제정 확정

⑤ **제도 규격 체계도** : 한국 산업 규격인 KS로 규정

⑥ **KS의 부문별 기호**

분류기호	KS A	KS B	KS C	KS D	KS E	KS F	KS G	KS H
부문	기본	기계	전기	금속	광산	토건	일용품	식료품
분류기호	KS K	KS L	KS M	KS P	KS R	KS V	KS W	KS X
부문	섬유	요업	화학	의료	수송기계	조선	항공	정보산업

5. 도면의 크기와 척도알기

(1) 도면의 크기와 양식

① 도면의 크기

㉠ 도면은 반드시 일정한 크기로 만든다.

㉡ 제도 용지의 크기 : 'A계열' 용지의 사용을 원칙으로 한다.

㉢ 신문, 교과서, 공책, 미술 용지 등은 B계열 크기만 사용한다.

㉣ 세로(a)와 가로(b)의 비는 1 : $\sqrt{2}$(1.414213)

㉤ A0 용지의 넓이 : 약 $1m^2$

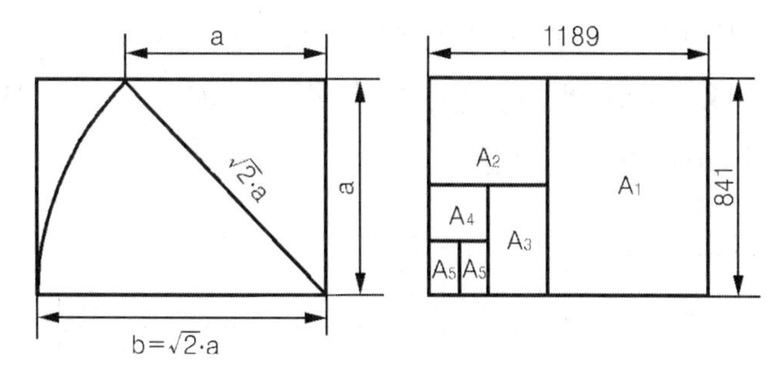

㉥ A0(전지), A1(2절지), A2(4절지), A3(8절지), A4(16절지)

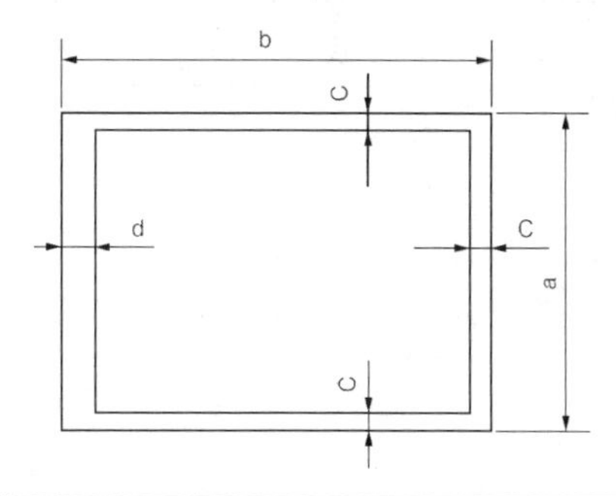

도면의 크기	A0	A1	A2	A3	A4
a × b	841 × 1189	594 × 841	420 × 594	297 × 420	297 × 210
c(최소)	20	20	10	10	10
d(철하지 않을 때)	20	20	10	10	10
d(철할 때)	25	25	25	25	25

ⓢ 큰 도면을 접을 때는 A4크기로 접으며, 표제란이 겉으로 나오도록 한다.(원도는 일반적으로 접어서 보관하지 않고 말아서 보관하며, 복사도 등은 접어서 보관한다.)

② **도면의 양식**

㉠ 윤곽선 : 도면에 그려야 할 내용의 영역을 명확히 하고, 제도 용지의 가장자리에 생기는 손상으로부터 기재 사항을 보호하기 위해 0.5mm이상의 실선을 사용한다.

㉡ 중심마크 : 도면의 사진 촬영 및 복사할 때 편의를 위해 사용, 상하 좌우 중앙의 4개소에 표시한다.

㉢ 표제란

- 위치 : 도면의 오른쪽 아래에 반드시 위치한다.
- 기재 내용 : 도면 번호(도번), 도면 이름(도명), 척도, 투상법, 도면 작성일, 제도자 이름 등을 기입한다.

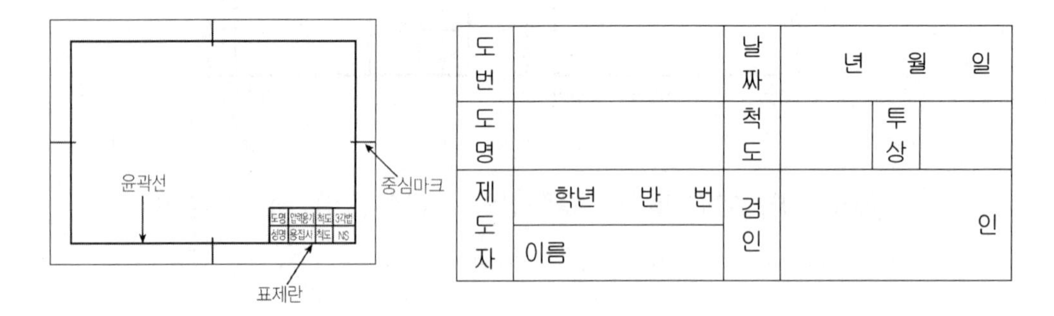

도번		날짜	년 월 일		
도명		척도		투상	
제도자	학년 반 번 이름	검인	인		

참고 반드시 도면에 윤곽선, 중심 마크, 표제란은 그려 넣어야 한다.

㉣ 재단 마크 : 복사한 도면을 재단할 때의 편의를 위해 도면의 4구석에 표시

㉤ 도면의 구역 : 도면에서 특정 부분의 위치를 지시하는데 편리하도록 표시하는 것

㉥ 도면의 비교 눈금 : 도면의 축소나 확대, 복사의 작업과 이들의 복사 도면을 취급할 때의 편의를 위하여 표시하는 것

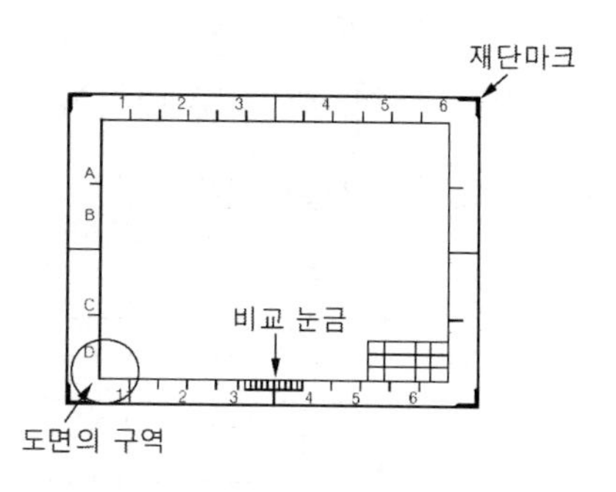

참고 재단마크, 도면의 구역, 도면의 비교 눈금을 필요에 따라 그린다.

㉦ 부품란

- 부품 번호는 부품에서 지시선을 빼어 그 끝에 원을 그리고 원안에 숫자를 기입한다.
- 숫자는 5 ~ 8mm 정도의 크기를 쓰고 숫자를 쓰는 원의 지름은 10 ~ 16mm로 한다. 한 도면에서는 같은 크기로 한다.
- 위치는 오른쪽 위나 오른쪽 아래에 기입한다. 그 크기는 표제란에 따른 크기로 하고 오른쪽 아래에 기입할 때에는 표제란에 붙여서 아래에서 위로 기입하고 품번, 품명, 재료, 개수, 공정, 무게, 비고 등을 기록한다.

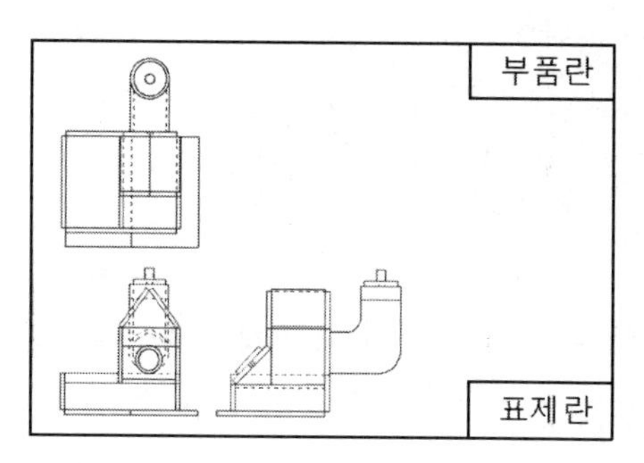

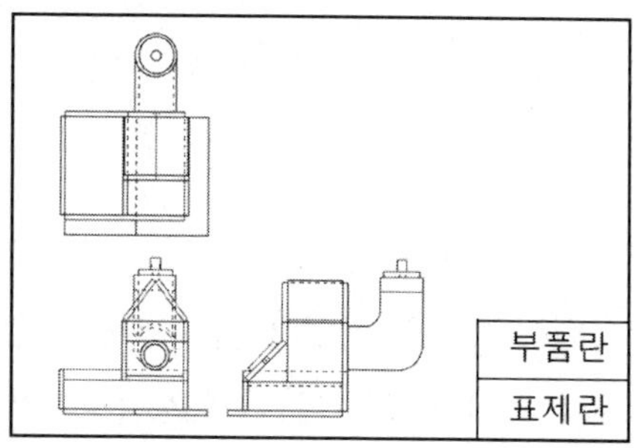

(2) 척도의 기입

① 척도는 원도를 사용할 때 사용하는 것으로서 축소 확대한 복사도에는 적용하지 않는다.

② 축척, 현척 및 배척이 있다.

척도의 종류	값
축 척	1 : 2, 1 : 5, 1 : 10, 1 : 20, 1 : 50, 1 : 100, 1 : 200, 1 : 500
현 척	1 : 1
배 척	2 : 1, 5 : 1, 10 : 1, 20 : 1, 50 : 1, (100 : 1)

참고 축척과 배척을 구분하고자 할 때는 분수를 생각하면 된다. 즉 1 : 2는 $\frac{1}{2}$이 되어 0.5로 줄이는 축척이며, 2 : 1은 $\frac{2}{1}$과 같이 2과 되어 2배로 확대하는 배척이 된다고 생각하면 된다.

③ A : B(A가 도면에서의 크기, B가 물체의 실제 크기)

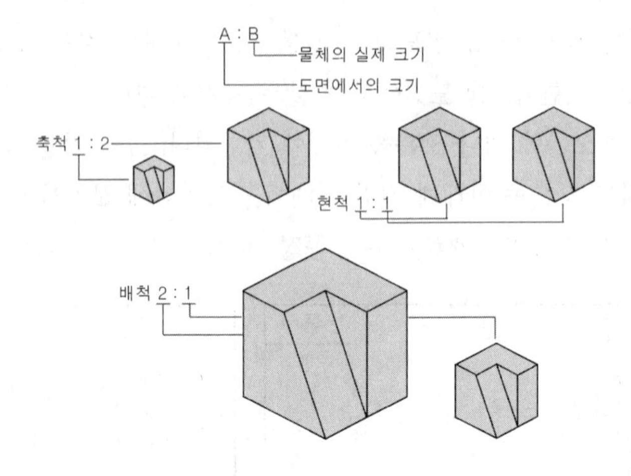

④ 척도의 기입은 표제란에 기입하는 것이 원칙이나 표제란이 없는 경우에도 도명이나 품번에 가까운 곳에 기입한다.

⑤ 치수와 비례하지 않을 때 치수 밑에 밑줄을 긋거나 비례가 아님, 또는 NS(not to scale)등의 문자 기입

⑥ 도면에 기입되는 치수는 축척 및 배척을 하였더라고 현척의 치수를 기입하는 것과 같이 각 부분의 실물의 치수를 그대로 기입하고, 표제란에 척도를 기입한다.

6. 선과 문자 그리기

(1) 선

① **굵기에 따른 선의 종류**

㉠ 한국 산업 규격(KS)에서는 8가지로 규정

㉡ 가는 선 : 0.18 ~ 0.35mm

㉢ 굵은 선 : 가는 선의 2배 정도, 0.35 ~ 1.0mm

㉣ 아주 굵은 선 : 가는 선의 4배 정도, 0.7 ~ 2.0mm

② **용도에 따른 선의 종류**

㉠ 실선 : 굵은 실선, 가는 실선

㉡ 파선 : 은선

㉢ 쇄선 : 일점 쇄선, 이점 쇄선

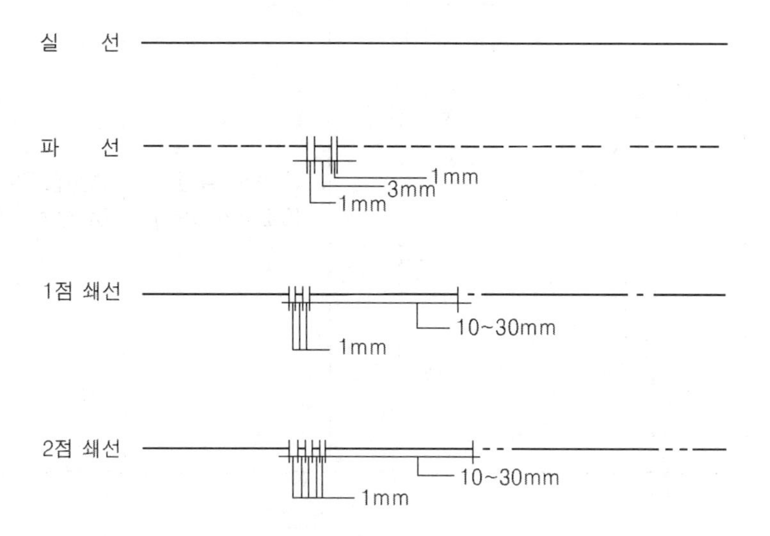

용도에 의한 명칭	표시 방법	선의 종류	용 도
외형선	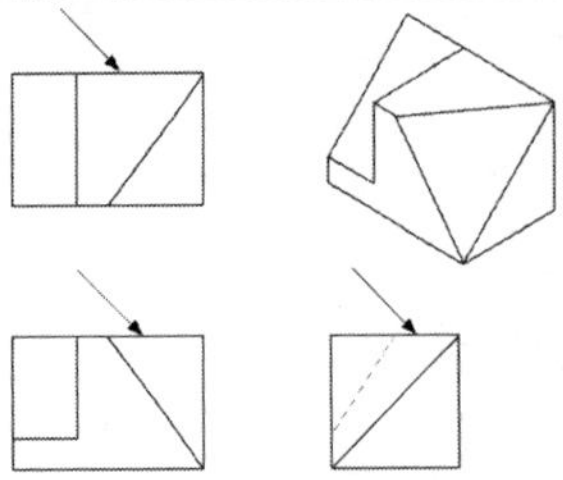	굵은실선 (0.3 ~ 0.8mm)	물체의 보이는 겉모양을 표시하는 선
은 선	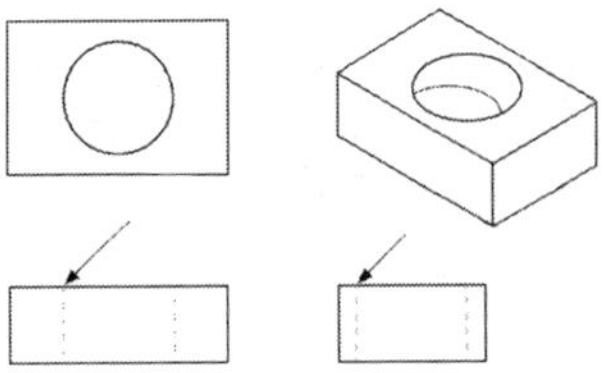	중간 굵기의 파선	물체의 보이지 않는 부분의 모양을 표시하는 선
중심선	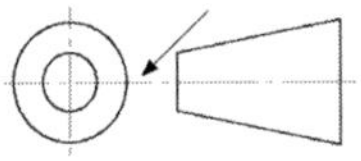	가는 일점쇄선 또는 가는 실선	도형의 중심을 표시하는 선
치수선 치수보조선	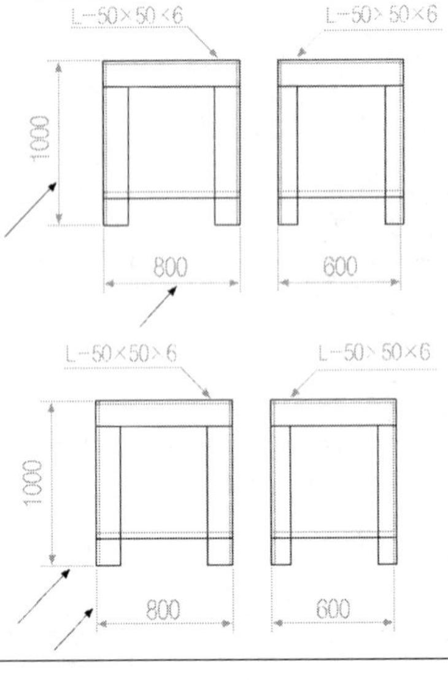 L-50×50×6, L-50×50×6, 1000, 800, 600, L-50×50×6, L-50×50×6, 1000, 800, 600	가는 실선 (0.2mm 이하)	치수를 기입하기 위하여 쓰는 선

용도에 의한 명칭	표시 방법	선의 종류	용 도
지시선	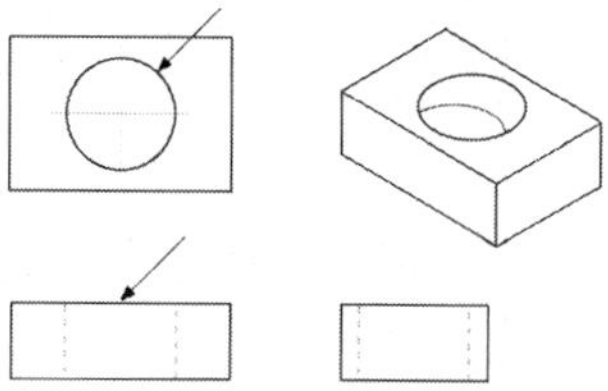	가는 실선 (0.2mm 이하)	지시하기 위하여 쓰는 선
절단선	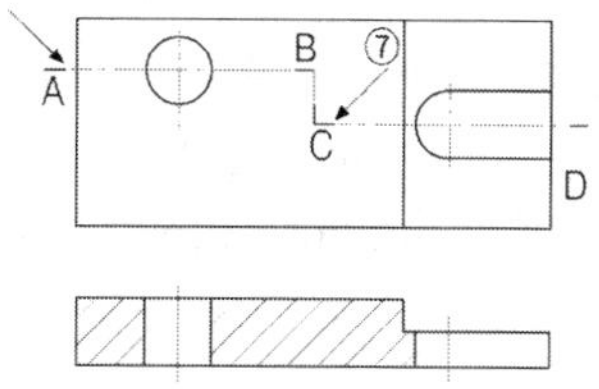 A B ⑦ C D	가는 일점쇄선으로 하고 그 양끝 및 굴곡부 등의 주요한 곳에는 굵은 은선으로 한다. 또 절단선 양 끝에 투상의 방향을 표시하는 화살표를 붙인다.	단면을 그리는 경우 그 절단 위치를 표시하는 선
파단선	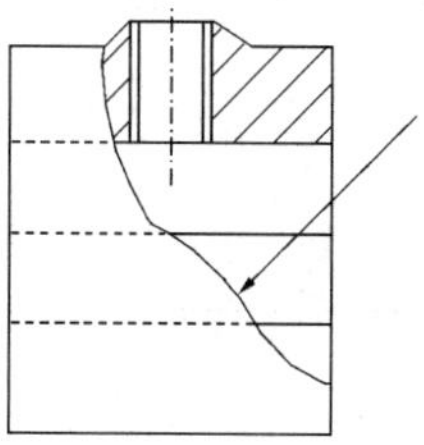	가는 실선 (불규칙하게 그린다)	물체의 일부를 파단한 곳을 표시하는 선 또는 끊어낸 부분을 표시하는 선
가상선	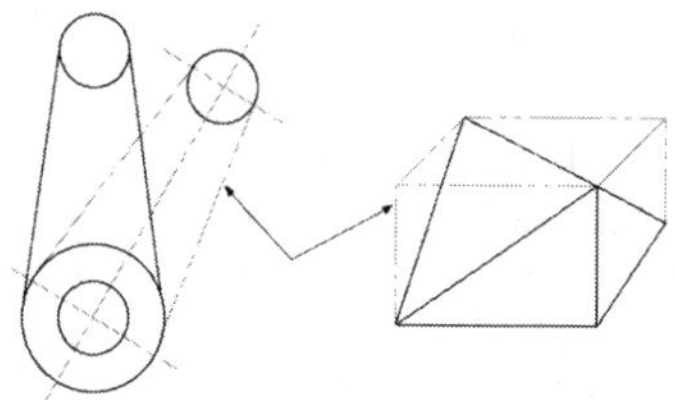	가는 이점쇄선	• 도시된 물체의 앞면을 표시하는 선 • 인접 부분을 참고로 표시하는 선 • 가공 전 또는 가공 후의 모양을 표시하는 선 • 이동하는 부분의 이동 위치를 표시하는 선 • 공구, 지그 등의 위치를 참고로 표시하는 선 • 반복을 표시하는 선

용도에 의한 명칭	표시 방법	선의 종류	용 도
피치선		가는 일점쇄선	• 기어나 스프로킷 등의 이 부분에 기입하는 피치원이나 피치선 • 방향을 변화할 때에는 끝을 굵게 이동하는 부분의 이동 위치를 참고로 표시하는 선
해칭선		가는 실선 (0.2mm 이하)	절단면 등을 명시하기 위하여 쓰는 선
특수한 용도의 선		가는 실선	• 특수한 가공을 실시하는 부분을 표시하는 선
굵은 일점쇄선			

참고 도면을 작성하다 보면 한 도면에 두 종류 이상의 선이 같은 장소에 겹치는 경우가 있을 경우 ① 외형선 → ② (숨)은선 → ③ 절단선 → ④ 중심선 → ⑤ 무게 중심선 의 순서로 표현한다.

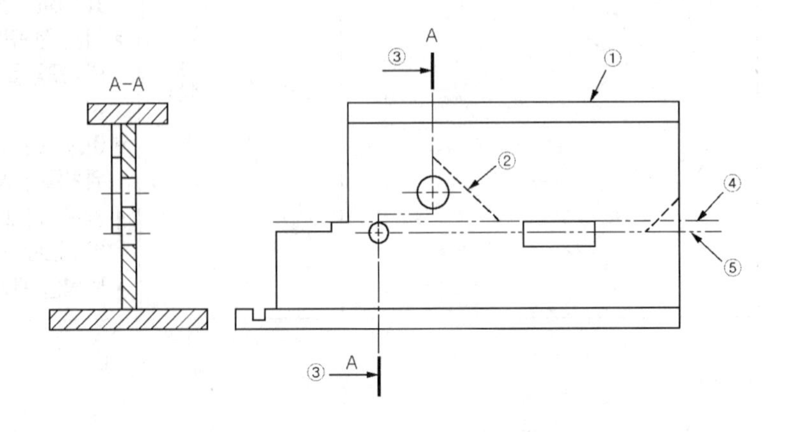

(2) 선의 접속

① 파선이 외형선인 곳에서 끝날 때에는 이어지도록 한다.

② 파선과 파선이 접속하는 부분은 서로 이어지도록 한다.

③ 외형선의 끝에 파선이 접촉할 때에는 서로 잇지 않는다.

④ 두 파선이 인접될 때에는 파선이 서로 어긋나게 긋는다.

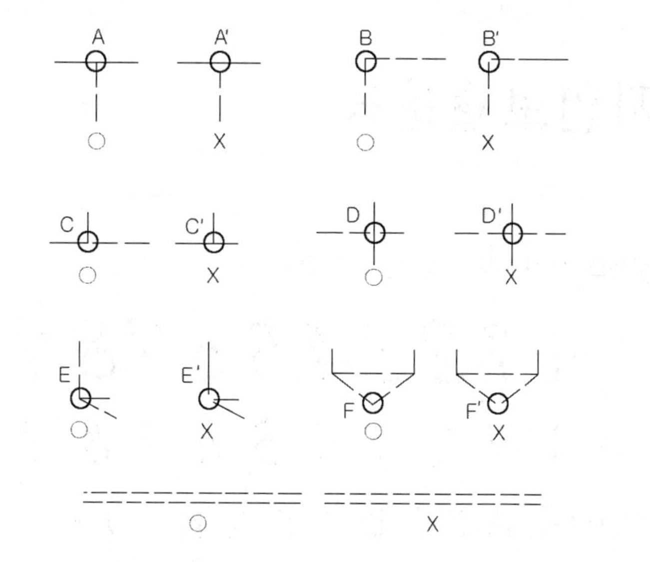

	a	b	c	d
바름				
그름				
설명	파선과 파선이 접속되는 부분은 서로 이어지도록 한다.	파선과 외형선이 만나는 곳은 연결되도록 하고 두 파선이 인접할 때는 파선이 서로 어긋나게 긋는다.	파선과 파선이 만나는 곳은 서로 이어지도록 한다.	파선과 파선이 이어지는 부분은 서로 이어지도록 한다.

(3) 문자

① **한글서체**

㉠ 종류 : 명조체, 그래픽체, 고딕체

새 마 을 건 축

(a) 명조체

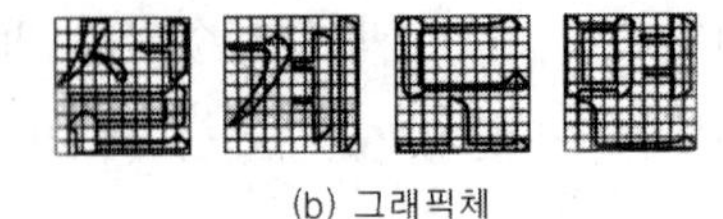

(b) 그래픽체

자연보호운동

(c) 고딕체

㉡ 문자의 크기 : 문자의 높이로 표시

9mm *1234567890*

6.3mm *1 2 3 4 5 6 7 8 9 0*

4.5mm A B C D E F G H I J K L M

3.15mm 대문 현관 거실 침실 식당 마루 방 온돌방 부엌

2.24mm 기초 벽체 바닥 지붕 처마 창호 걸레받이 천장

② **숫자, 로마자 서체**

㉠ 숫자 : 주로 아라비아 숫자

㉡ 로마자 서체 : 고딕체, 로마체, 이탤릭체, 라운드리체

A B C D

(a) 고딕체

A B C D

(b) 로마체

A B C D

(c) 이탤릭체

A B C D

(d) 라운드체

③ **문자판(형판)** : 플라스틱판에 한글, 아라비아 숫자, 로마자를 문자 크기와 선 굵기에 따라 판 것

7. 치수 기입하기

(1) 치수 기입 요소

① **치수**

㉠ 도면에는 완성된 물체의 치수를 기입한다.

㉡ 길이 단위 : mm, 도면에는 기입하지 않는다.

㉢ 각도 단위 : 도(°), 분(′), 초(″)를 사용한다.

㉣ 치수 숫자는 치수선에 대하여 수직 방향은 도면의 우변으로부터, 수평 방향은 하변으로부터 읽도록 기입한다.

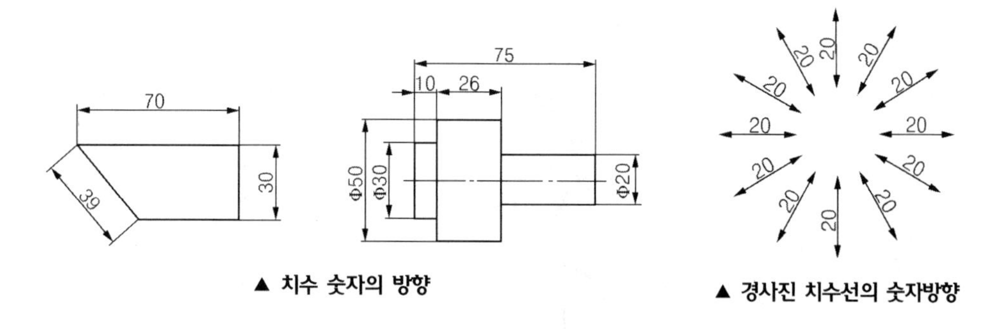

▲ 치수 숫자의 방향

▲ 경사진 치수선의 숫자방향

② **치수 보조 기호** : 치수와 함께 치수의 의미를 명확하게 나타내기 위해 사용하며, 치수 앞에 기호를 붙인다.

	기 호	읽 기	사 용 법
지름	∅	파이	지름 치수의 치수 수치 앞에 붙인다.
반지름	R	아르	반지름 치수의 치수 수치 앞에 붙인다.
구의 반지름	SR	에스아르	구의 반지름 치수의 치수 수치 앞에 붙인다.
정사각형의 변	□	사각	정사각형의 한 변의 치수의 치수 수치 앞에 붙인다.
판의 두께	t	티	판 두께의 치수의 수치 앞에 붙인다.
원호의 길이	⌒	원호	원호의 길이 치수의 치수 수치 위에 붙인다.
45° 모따기	C	시	45° 모따기 치수의 치수 수치 앞에 붙인다.
이론적으로 정확한 치수	▭	테두리	이론적으로 정확한 치수의 치수 수치를 둘러싼다.
참고 치수	( )	괄호	참고 치수의 치수 수치(치수 보조 기호를 포함)를 둘러싼다.

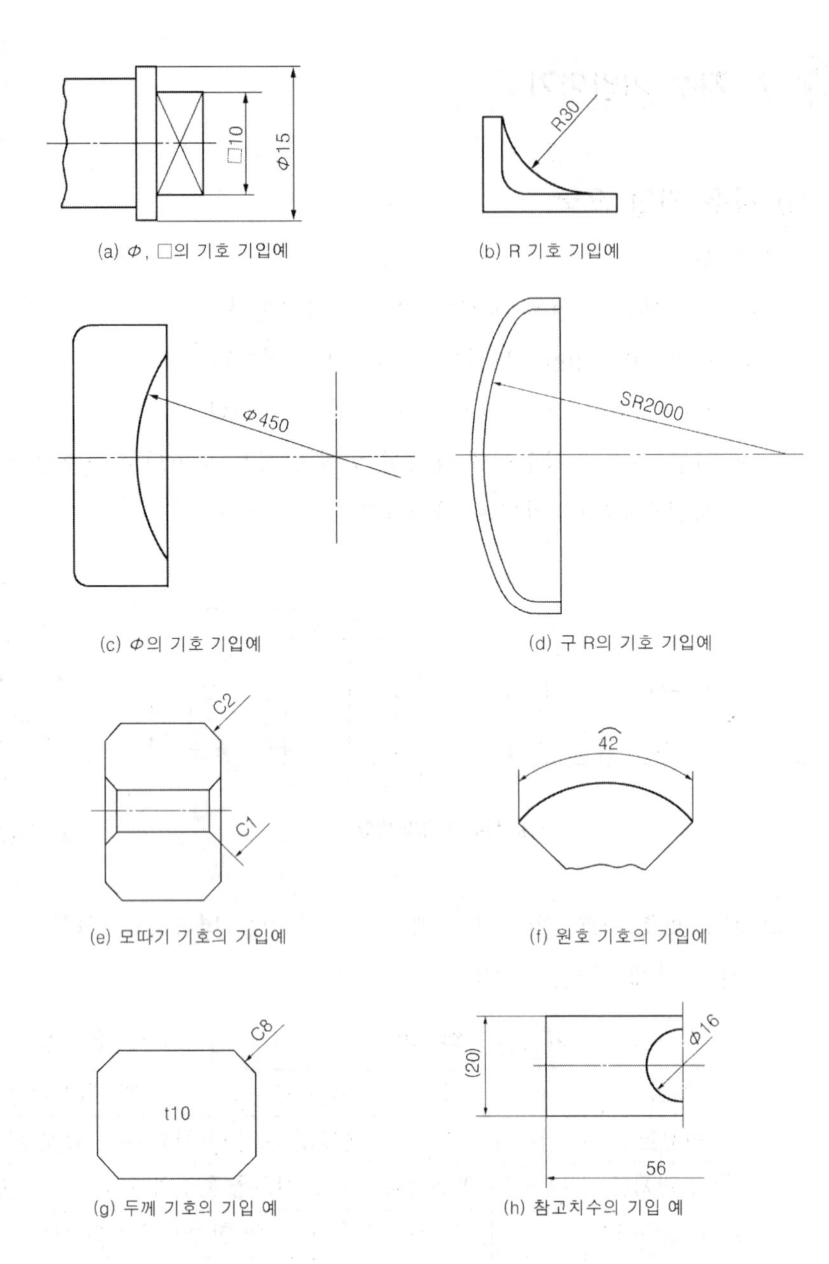

(a) Φ, □의 기호 기입예

(b) R 기호 기입예

(c) Φ의 기호 기입예

(d) 구 R의 기호 기입예

(e) 모따기 기호의 기입예

(f) 원호 기호의 기입예

(g) 두께 기호의 기입 예

(h) 참고치수의 기입 예

③ **치수선 및 치수 보조선** : 가는 실선을 사용하며, 치수선 양 끝에는 화살표를 붙임

㉠ 치수선 : 일반적으로 외형선과 평행하고, 외형선에서 8 ~ 10mm 간격으로 동일하게 그린다.

㉡ 치수 보조선 : 치수선에 수직하게 그리며, 치수선을 지나 약간(2 ~ 3mm) 넘도록 그린다. 아울러 외형선에서 1mm 정도 띄어서 시작한다.

㉢ 치수 보조선은 외형선에 직각으로 긋는다. 단 테이퍼부의 치수를 나타 낼 때는 치수선과 60°의 경사로 긋는다.

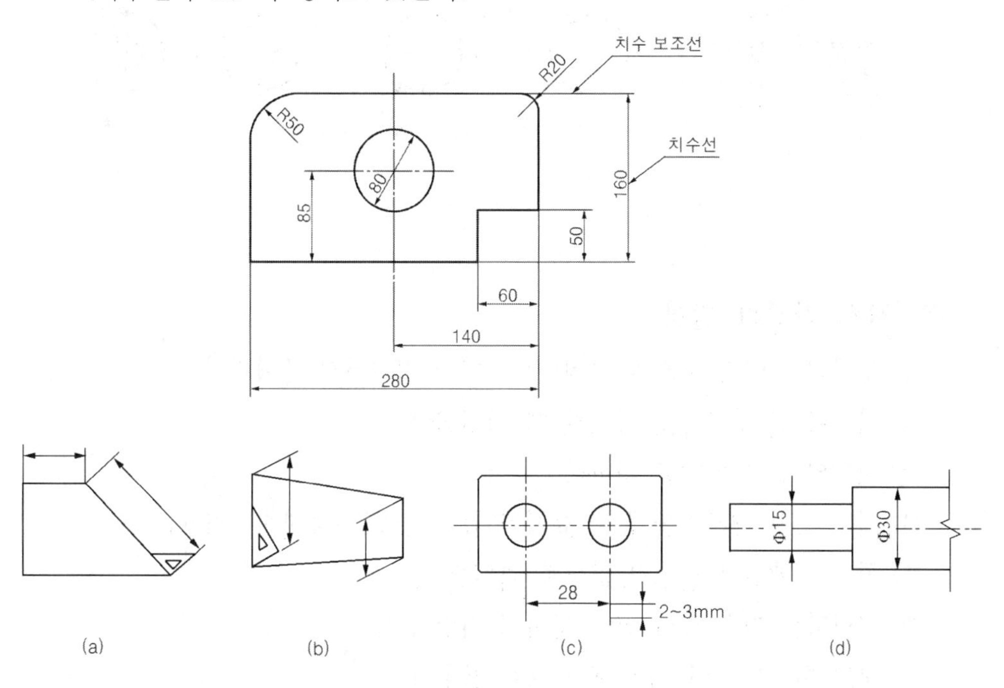

▲ 치수 보조선 긋는 방법

④ **지시선과 화살표**

㉠ 지시선 : 수평선에 60°정도의 경사선으로 지시하는 끝에 화살표를 붙임

㉡ 화살표 : 한계를 표시하기 위해 사용되며, 길이와 나비의 비율은 3 : 1 정도이고, 길이는 2.5 ~ 3mm 정도

㉢ 치수선의 끝 부분 기호 : 한 도면에서는 동일한 모양의 기호 사용

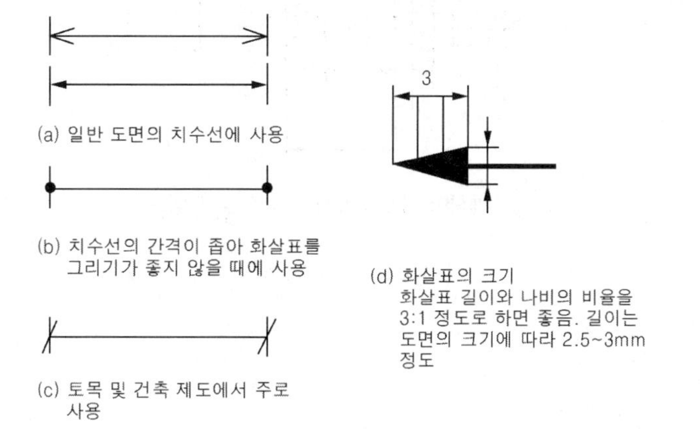

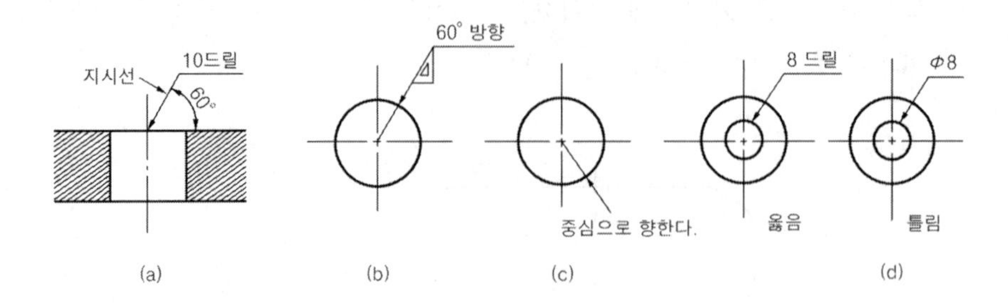

(2) 치수 기입의 원칙

① 도면에 길이의 크기와 자세 및 위치를 명확하게 표시한다.

② 가능한 한 주투상도(정면도)에 기입한다.

③ 치수의 중복 기입을 피한다.

④ 치수 숫자 세자리를 끊는 표시인 콤머 등을 사용하지 않는다.

⑤ 치수는 계산할 필요가 없도록 기입한다.

⑥ 관련되는 치수는 한 곳에 모아서 기입한다.

⑦ 참고 치수는 치수 수치에 괄호를 붙인다.

⑧ 비례척에 따르지 않을 때의 치수 기입은 치수 숫자 밑에 굵은선을 그어 표시해야 한다. 또는 NS(Not to Scale)로 표기한다.

⑨ 외형치수 전체 길이치수는 반드시 기입한다.

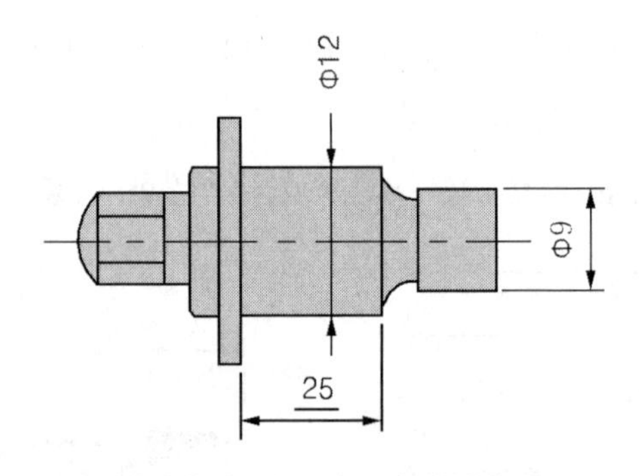

비례척이 아님의 표시 25숫자 밑에 밑줄

(3) 치수 기입의 실제

① **일반 치수 기입 방법**

㉠ 치수 보조선과 치수선은 도면의 위쪽과 왼쪽으로 그린다.

㉡ 치수선의 바로 위 중앙에 완성 치수를 기입한다.

㉢ 치수선과 치수 보조선은 가는 실선으로 그린다.

㉣ 치수 보조선은 치수선의 화살표에서 2 ~ 3mm 더 길게 긋는다.

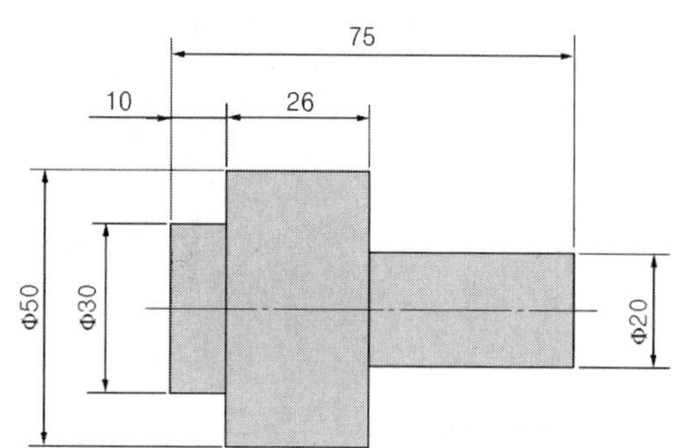

② **정사각형 및 평면의 치수 기입**

㉠ 물체의 단면 모양이 정사각형일 때 : 한 변의 길이를 나타내는 수치 앞에 사각(□)기호를 붙인다.

㉡ 평면을 나타낼 때 : 가는 실선으로 대각선 기호를 그린다.

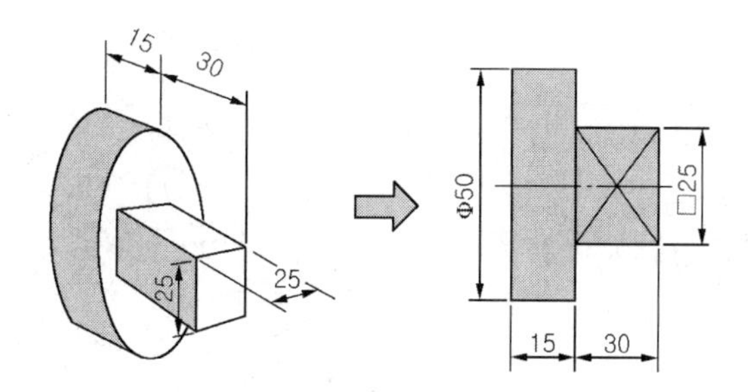

③ **원호의 치수기입**

㉠ 원형이 명확한 경우에는 ∅기호를 생략한다.

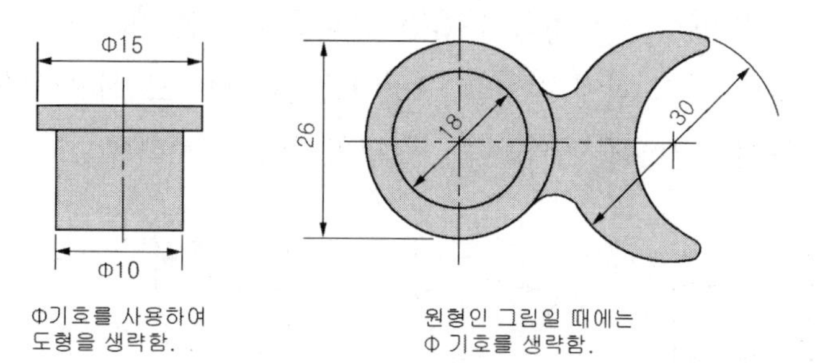

Φ기호를 사용하여 도형을 생략함.

원형인 그림일 때에는 Φ 기호를 생략함.

㉡ 치수선은 원호의 중심을 향해 그으며, 원호 쪽에만 화살표를 기입한다.

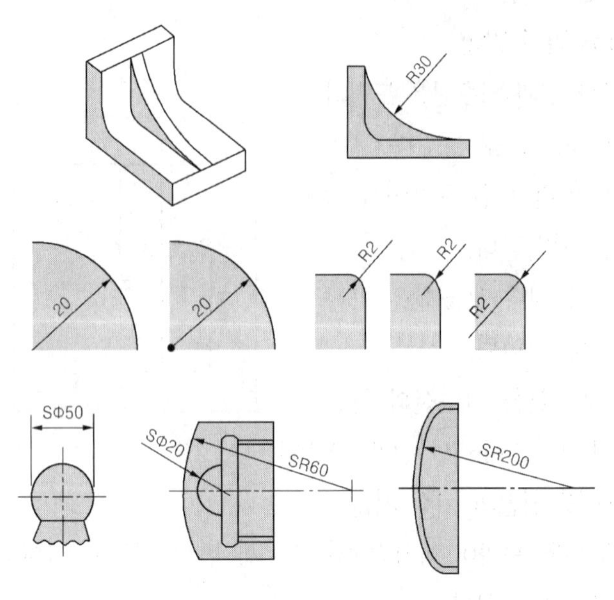

㉢ 중심을 표시할 필요가 있을 때는 + 자로 그 위치를 표시한다.

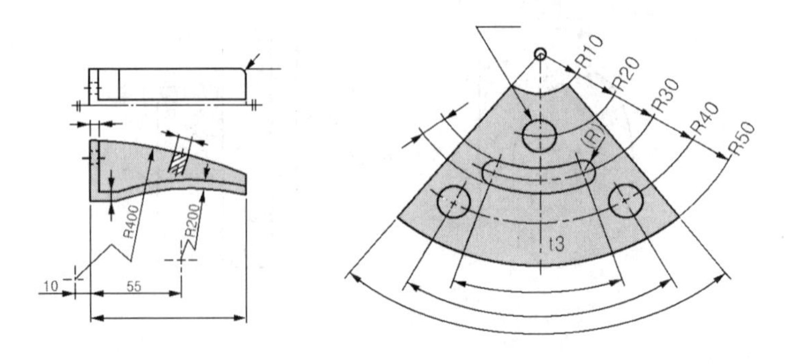

④ **호, 현 및 각도의 치수 기입 방법**

㉠ 원호의 길이는 그 원호와 동심인 원호를 치수선으로 사용한다.

㉡ 현의 길이는 그 현에 평행한 수평선을 치수선으로 사용한다.

㉢ 각도 표시는 각도를 구성하는 두 변의 연장선 사이에 그린 원호를 사용한다.

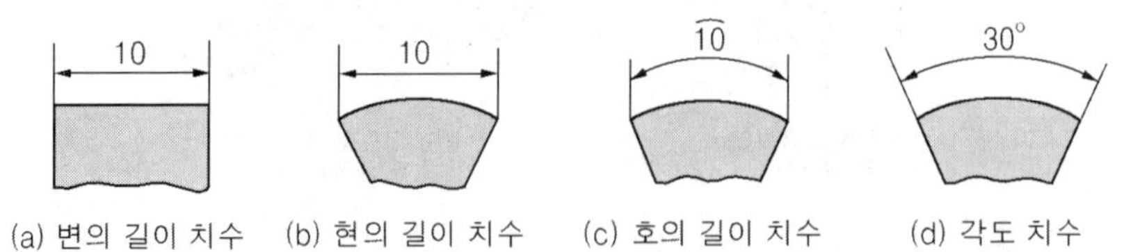

(a) 변의 길이 치수 (b) 현의 길이 치수 (c) 호의 길이 치수 (d) 각도 치수

⑤ **구멍의 치수 기입** : 드릴 구멍, 리머 구멍, 펀칭 구멍, 코어 등의 구별을 표시할 필요가 있을 때에는 숫자에 그 구별을 함께 기입한다.

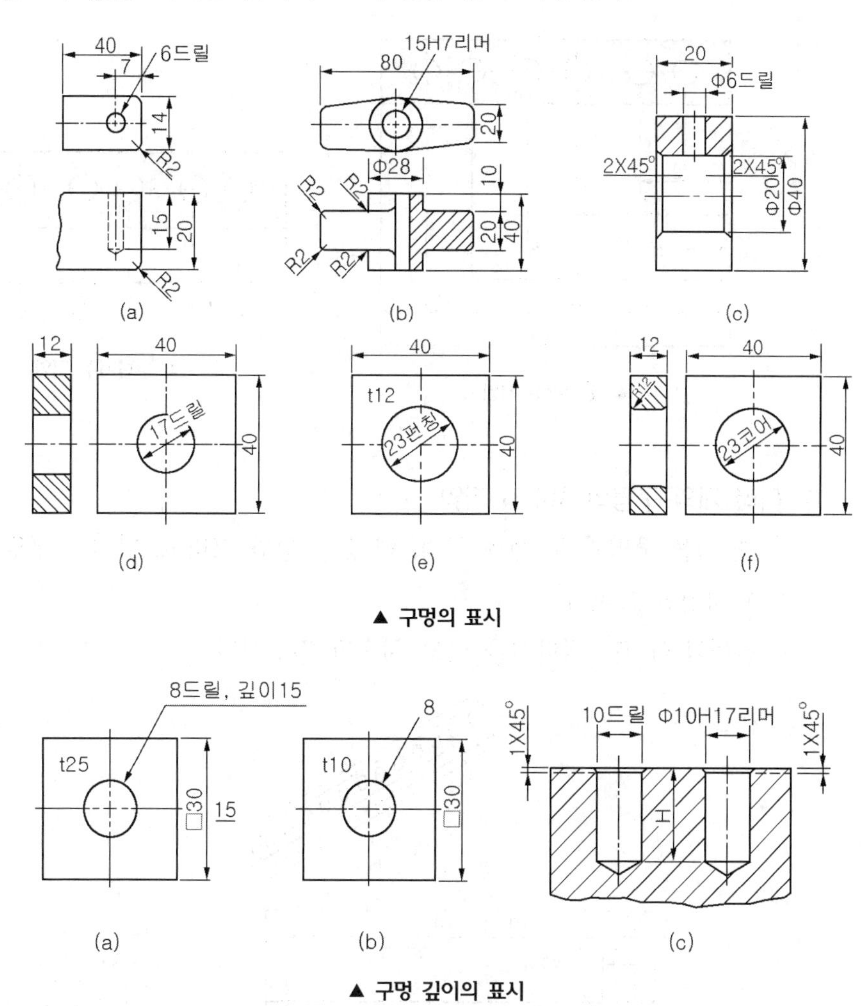

▲ 구멍의 표시

▲ 구멍 깊이의 표시

⑥ **직렬과 병렬 치수의 기입**

㉠ 직렬치수 기입 : 한 지점에서 그 다음 지점까지의 거리를 각각 치수를 기입한 것

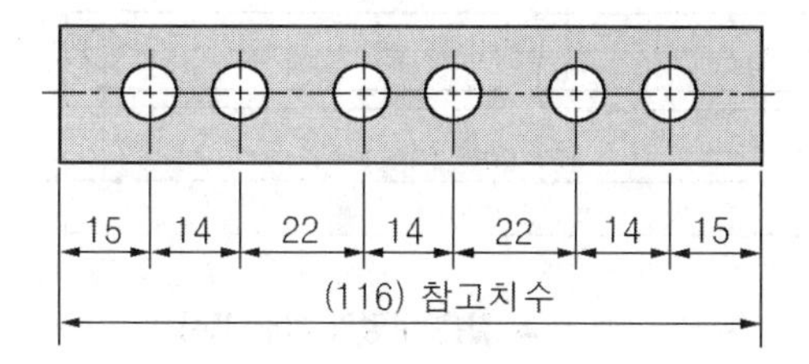

㉡ 병렬치수 기입 : 기준면에서부터 각각의 지점까지 치수를 기입한 것

㉢ 누진치수 기입 : 병렬 치수 기입과 같으면서 1개의 연속된 치수선에 기입한 것

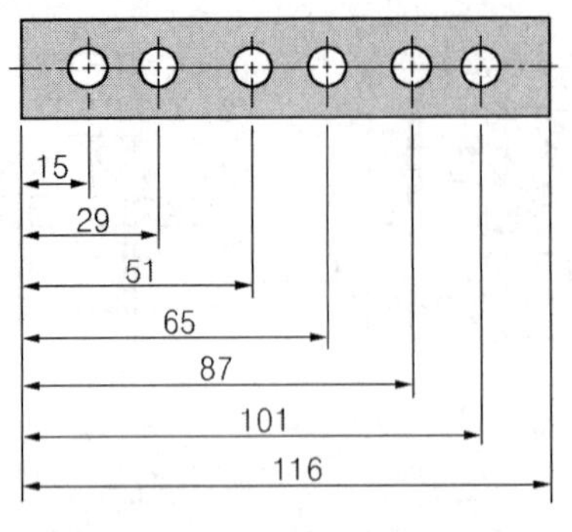

▲ 병렬치수 기입

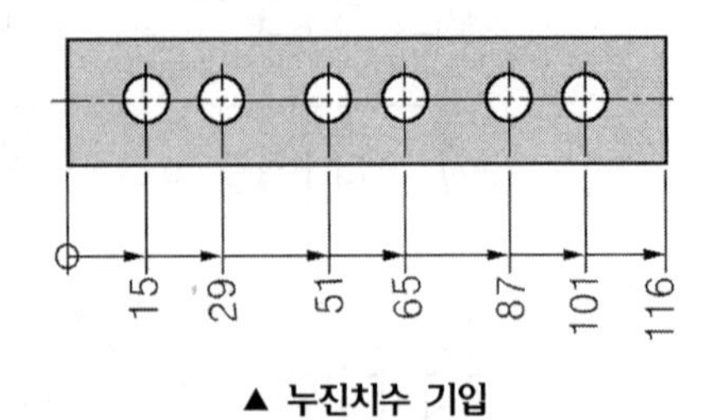

▲ 누진치수 기입

⑦ 여러 개의 구멍의 치수의 기입

㉠ 맨 처음 구멍과 두 번째 구멍, 맨 끝 구멍만 그리고, 나머지 구멍은 중심선과 피치선만 그린다.

㉡ 길이가 길 때 : 절단선을 긋고 치수만 기입한다.

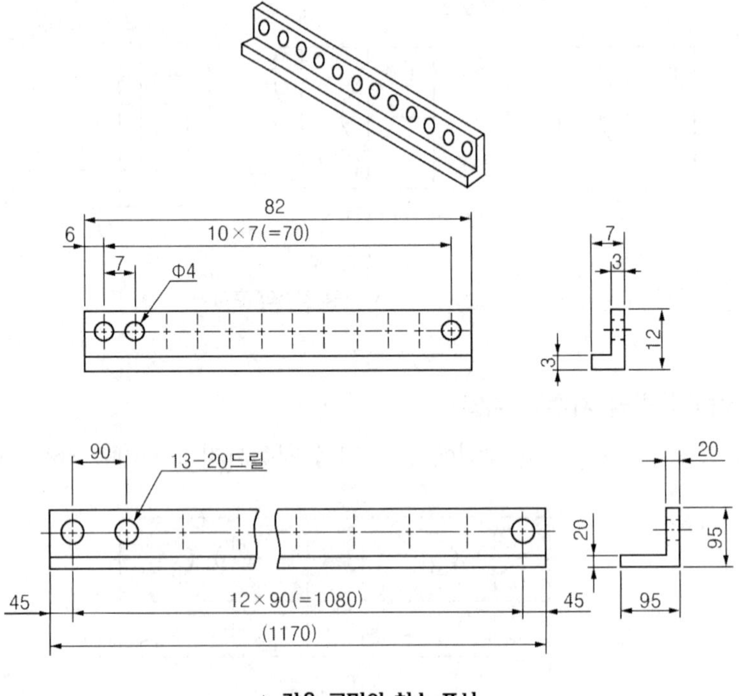

▲ 같은 구멍의 치수 표시

⑧ 테이퍼와 기울기

㉠ 한쪽의 기울기를 구배라 하고, 양면의 기울기를 테이퍼라 한다.

㉡ 테이퍼는 중심선 중앙위에 기입하고 기울기는 경사면에 따라 기입한다.

㉢ 테이퍼는 축과 구멍이 테이퍼 면에서 정확하게 끼워 맞춤이 필요한 곳에만 기입하고 그 외는 일반 치수로 기입한다.

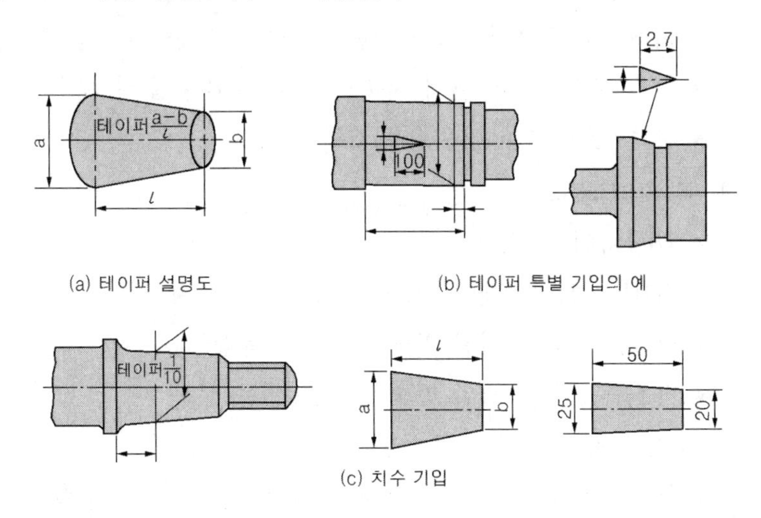

(a) 테이퍼 설명도

(b) 테이퍼 특별 기입의 예

(c) 치수 기입

⑨ 기타 치수 기입법

㉠ 치수에 중요도가 작은 치수를 참고로 나타날 경우에는 치수 숫자에 괄호를 하여 나타낸다.

㉡ 대칭인 도면은 중심선의 한쪽만을 그릴 수 있다. 이 경우 치수선은 원칙적으로 그 중심선을 지나 연장하며, 연장한 치수선 끝에는 화살표를 붙이지 않는다.

㉢ 치수표를 사용하여 치수 기입을 할 수 있다.

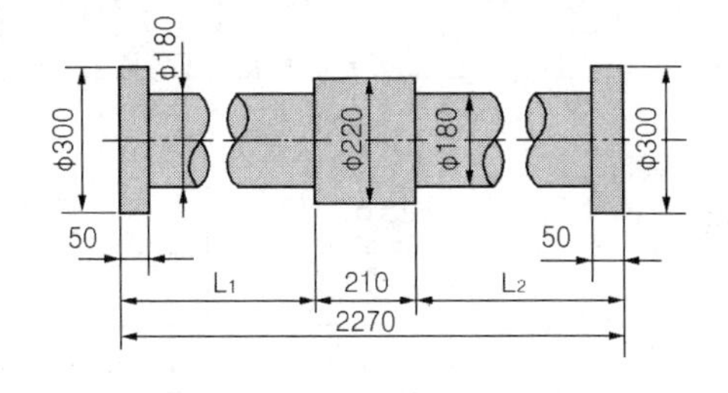

번호 / 기호	1	2	3
L_1	1100	1200	1350
L_2	960	860	710

⑩ 치수 공차

㉠ 치수 공차의 용어

- 실제 치수 : 실제로 측정한 치수로 최종 가공된 치수

- 허용한계 치수 : 허용한계를 표시하는 크고 작은 두 치수
  최대허용 치수 : 실치수에 대하여 허용하는 최대 치수
  최소허용 치수 : 실치수에 대하여 허용하는 최소 치수
- 치수 허용차 : 허용 한계 치수에서 기준 치수를 뺀 값
  위치수 허용차 : 최대 허용 치수에서 기준 치수를 뺀 값
  아래치수 허용차 : 최소 허용 치수에서 기준 치수를 뺀 값
- 기준 치수 : 허용 한계 치수의 기준이 되는 호칭 치수
- 공차 : 최대허용 치수 – 최소허용 치수

㉡ IT 기본 공차

- 18등급이 있다.
- IT01 ~ 04급 : 게이지류에 사용
- IT05 ~ 10급 : 끼워 맞춤이 필요한 부분
- IT11 ~ 16급 : 끼워 맞춤이 필요 없는 부분

㉢ 구멍과 축

- 구멍 : 대문자로 표시하며 A가 가장 크고 Z로 갈수록 작아진다.
- 축 : 소문자로 표시하며 a가 가장 작고 z로 갈수록 커진다.
- 최대틈새 : 구멍의 최대 허용치수(A)에서 축의 최소 허용 치수(a)를 뺀 값
- 최대죔새 : 구멍의 최소 허용치수(Z)에서 축의 최대 허용 치수(z)를 뺀 값
- 끼워 맞춤의 종류 : 헐거운 끼워 맞춤, 억지 끼워 맞춤, 중간 끼워 맞춤이 있다.

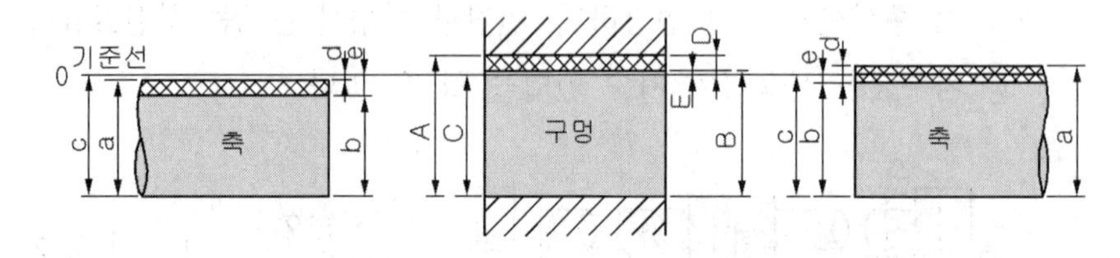

	축	구멍	축
도면 기입 치수	$50^{-0.025}_{-0.050}$	$50^{+0.034}_{+0.009}$	$50^{+0.015}_{-0.010}$
최대 허용 치수	a = 49.975	A = 50.034	a = 50.015
최소 허용 치수	b = 49.950	B = 50.009	b = 49.990
위치수 허용차	d = −0.025	D = 0.034	d = 0.015
아래치수 허용차	e = −0.050	E = 0.009	e = 0.010
치수 공차	t = 0.025	T = 0.025	t = 0.025

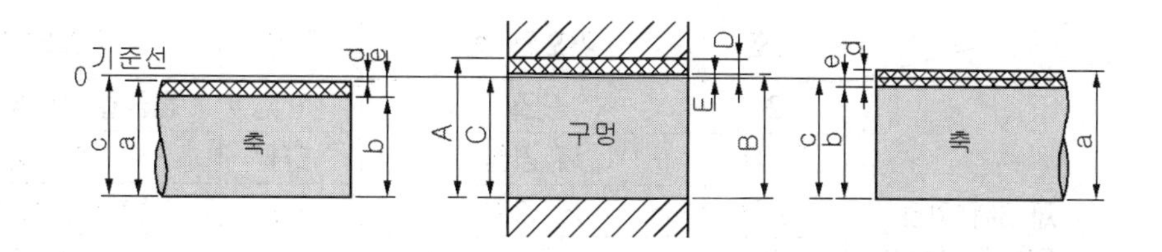

	축	구멍	축
도면 기입 치수	$50^{-0.025}_{-0.050}$	$50^{+0.034}_{+0.009}$	$50^{+0.015}_{-0.010}$
치수 공차	t = 0.025	T = 0.025	t = 0.025

⑪ **재료 기호 표기** : 재료 기호는 보통 3부분으로 표시하나 때로는 5부분으로 표시하기도 한다. 첫째자리는 재질(영어의 머리문자, 원소기호 등으로 표시), 둘째 자리는 제품명, 또는 규격, 셋째 자리는 재료의 종별, 최저 인장 강도, 탄소 함유량, 경·연질, 열처리, 넷째 자리는 제조법, 다섯째 자리는 제품 형상으로 표시된다.

(예 SF40 : S는 재질이 강이며, 제품명은 단조품으로 최저 인장 강도가 40kg/mm²이다.)
(예 FR1-0 : F는 재질이 강이며, R은 봉으로 1종 연질이다.)
(BsBMOR◎ : 황동, 비철 금속 머시인용 봉재로 연질이며, 압출로 만든 파이프이다.)

	기호	기호의 뜻	기호	기호의 뜻
제 1위 기호 (재질 명칭)	Al	알루미늄	K	켈멧 합금
	AlA	알루미늄합금	MgA	마그네슘 합금
	B	청동	NBS	네이벌 황동
	Bs	황동	Nis	양은
	C	초경합금	PB	인청동
	Cu	구리	S	강
	F	철	W	화이트 메탈
제 2위 기호 (규격 및 제품명)	HBs	강력 황동	Zn	아연
	B	바, 또는 보일러	R	봉
	BF	단조봉	HN	질화 재료
	C	주조품	J	베어링 재
	BMC	흑심가단주철	K	공구강
	WMC	백심가단주철	NiCr	니켈크롬강
	EH	내열강	KH	고속도강
	FM	단조재	F	단조품

	기호	기호의 뜻	기호	기호의 뜻
제 3위 기호 (종별 및 특성)	O	연질	T_4	담금질 후 상온시효
	¼ H	¼ 경질	EH	특경질
	½ H	½ 경질	T_2	담금질 후 풀림
	S	특질	W	담금질한 것
	¾ H	¾ 경질	T_3	풀림
	H	경질	SH	초경질
제 4위 기호 (제조법)	Oh	평로강	Cc	도가니강
	Oa	산성 평로강	R	압연
	Ob	염기성 평로강	F	단련
	Bes	전로강	Ex	압출
	E	전기로강	D	인발
제 5위 기호 (형상 기호)	P	강판	⑧	8각강
	●	둥근강	▱	평강
	◎	파이프	I	I 형강
	□	각재	⊏	채널
	⬡	6 각강	L	L 형강

참고 재료 기호

① 냉간 압연 강판(SCP) : 1종, 2종, 3종이 있다.
② 열간 압연 강판(SHP) : SHP1, SHP2, SHP3이 있다.
③ 일반 구조용 압연강(SS) : SS330, SS400, SS490, SS540이 있다.
④ 기계 구조용 탄소강(SM) : SM10C, SM12C, SM15C, SM17C, SM20C, SM22C, SM25C, SM28C, SM30C, SM33C, SM35C, SM38C, SM40C, SM43C, SM45C
⑤ 탄소 공구강(STC) : STC1, STC2, STC3, STC4, STC5, STC6, STC7이 있다. 단 불순물로서는 0.25% Cu, 0.25% Ni, 0.3% Cr을 초과해서는 안 된다.
⑥ 용접 구조용 압연강재 : SM400A · B · C, SM490A · B · C, SM490YA · YB, SM520B · C, SM570, SM490TMC, SM520TMC, SM570TMC

용접구조용 압연강재(KS D3515)의 SWS 표기는 한국산업규격의 개정('97.10.22)에 의하여 SM으로 변경되었다. 즉 SM400A, B, C가 있으며, 400은 인장강도를 의미한다.

8. 정투상도 그리기

(1) 정투상법

- 투상선이 투상면에 대하여 수직으로 투상되는 것
- 정투상법에서는 물체를 정면도, 평면도, 측면도 등으로 나타낸다.

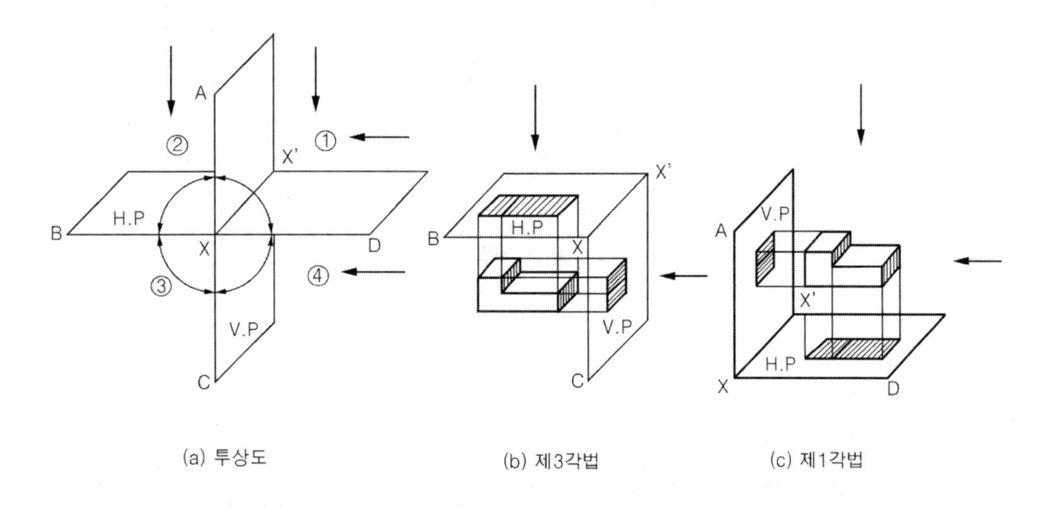

(a) 투상도 (b) 제3각법 (c) 제1각법

✤ **용접기호에서의 3각법과 1각법의 구분**

용접 기호에서 3각법과 1각법의 구분은 실선의 위치로 파악하면 된다.
즉 실선이 파선보다 위에 있으면 3각법, 아래에 있으면 1각법이 된다.

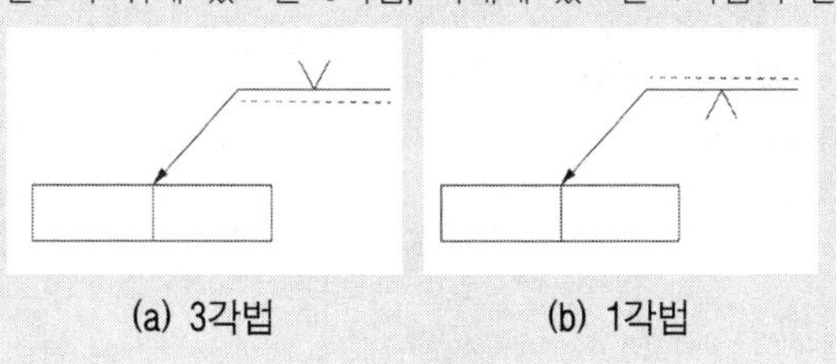

(a) 3각법 (b) 1각법

- 제3각법 : 물체를 제3면각에 놓고 정투상법으로 나타낸 것
- 제1각법 : 물체를 제1면각에 놓고 정투상법으로 나타낸 것
- 한 도면 내에서는 1각법과 3각법을 혼용하지 않는다.

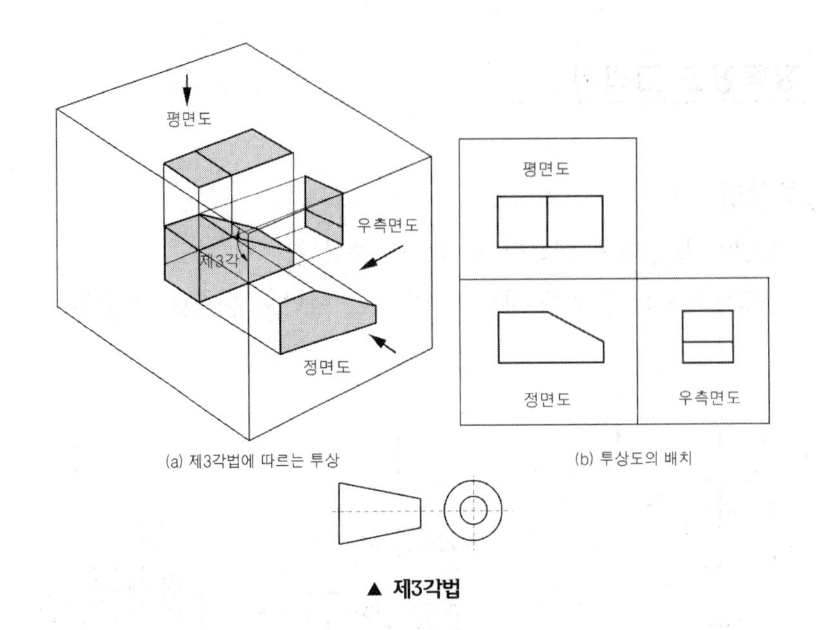

(a) 제3각법에 따르는 투상 (b) 투상도의 배치

▲ 제3각법

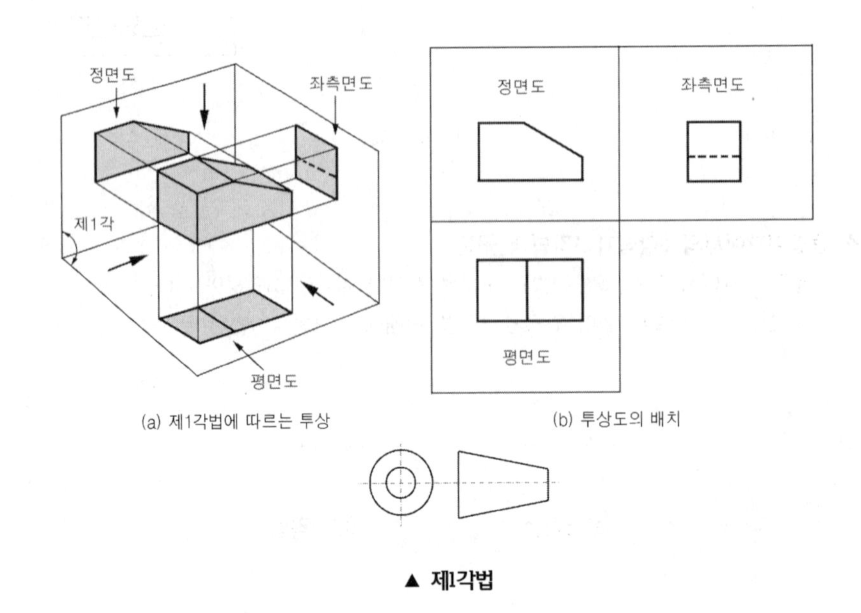

(a) 제1각법에 따르는 투상 (b) 투상도의 배치

▲ 제1각법

① 3각법

㉠ 물체를 제3면각 안에 놓고 투상하는 방법이다.

㉡ 투상방법 : 눈 → 투상면 → 물체

㉢ 정면도를 기준으로 투상된 모양을 투상한 위치에 배치한다.

㉣ KS에서는 제 3각법으로 도면 작성하는 것이 원칙이다.

ⓜ 도면의 표제란에 표시 기호로 표현 가능하다.

ⓑ 장점 : 도면을 보고 물체의 이해가 쉽다.

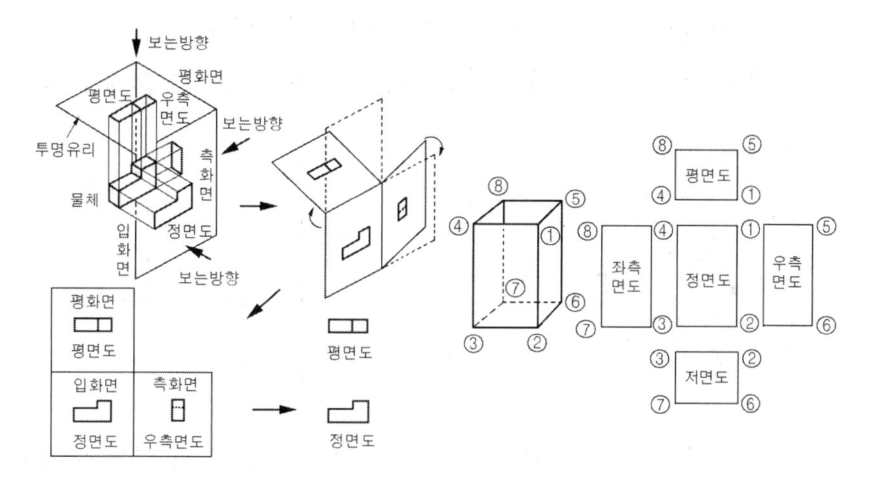

② 1각법

㉠ 물체를 제1면각 안에 놓고 투상하는 방법

㉡ 투상방법 : 눈 → 물체 → 투상면

㉢ 정면도를 기준으로 투상된 모양을 투상한 반대 위치에 배치한다.

㉣ 정면도 아래 평면도, 정면도 우측에 좌측면도 배치한다.

ⓜ 도면의 표제란에 표시 기호로 표현 가능하다.

ⓑ 단점 : 실물 파악이 어려워 특수한 경우에만 사용한다.

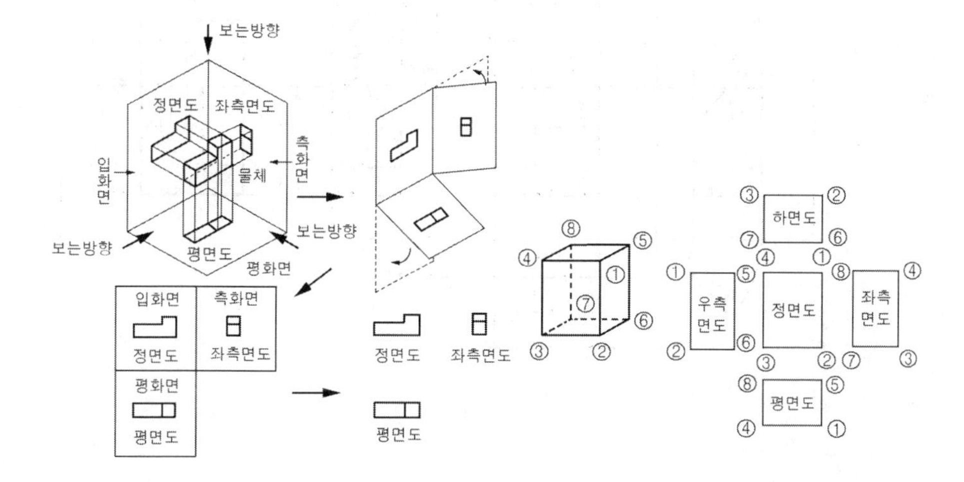

③ 직선의 투상

㉠ 한 화면에 수직인 직선은 점이 된다.

㉡ 한 화면에 평행한 직선은 실제 길이를 나타낸다.

㉢ 한 면에 평행한 면의 경사진 직선은 실제 길이보다 짧게 나타난다.

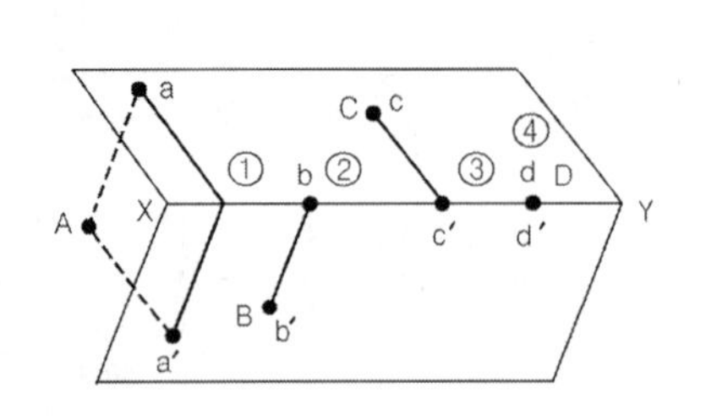

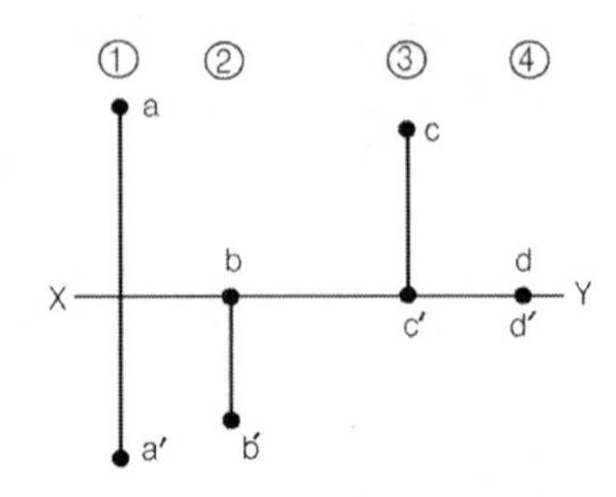

① 점이 공간에 있을 때(점 A) ② 점이 입화면 위에 있을 때(점 B)

③ 점이 평화면 위에 있을 때(점 C) ④ 점이 기선 위에 있을 때(점 D)

④ 투상의 연습

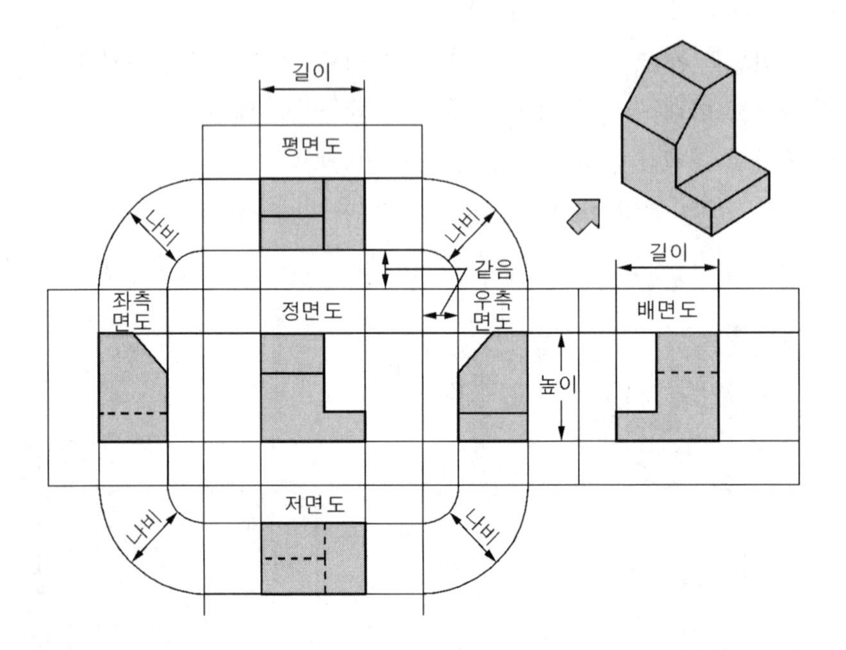

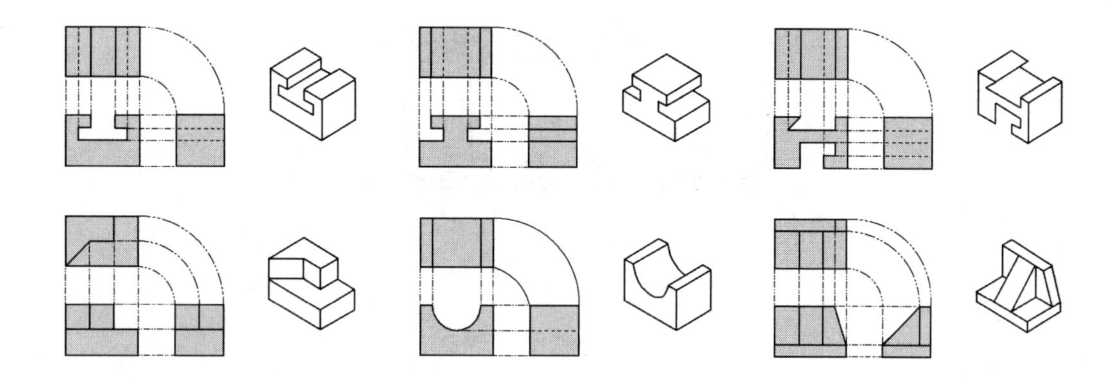

(2) 도형의 표시 방법

① 투상도의 배치

㉠ 언제나 정면도 기준으로 평면도, 우측면도, 좌측면도, 배면도, 저면도를 배치한다.

㉡ 평면형 물체 : 정면도와 평면도만 도시

㉢ 원통형 물체 : 정면도와 우측면도만 도시

㉣ 측면도는 가능한 파선이 적은 쪽으로 투상한다.

㉤ 특별한 경우를 제외하고는 제 3각법으로 한다.

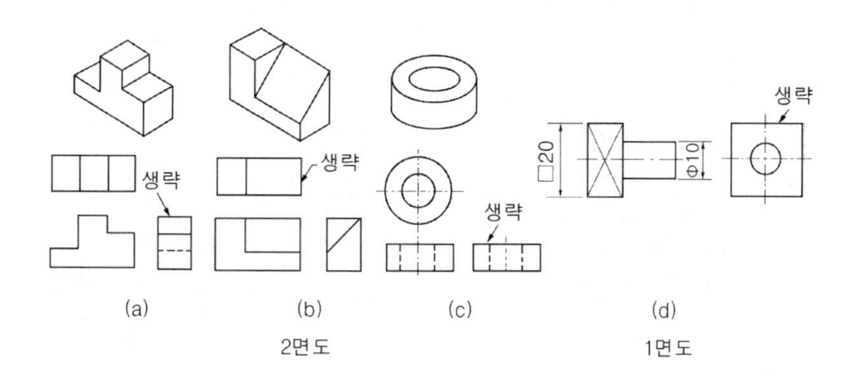

② 정면도의 선정

㉠ 정면도 : 물체의 모양, 기능 및 특징을 가장잘 나타낼 수 있는 면으로 선택

㉡ 동물, 자동차, 비행기 : 측면을 정면도로 선정해야 특징이 잘 나타남

㉢ 정면도를 보충하는 평면도, 측면도, 저면도, 배면도의 투상수는 가능한 적게

㉣ 정면도만으로 표시할 수 있는 물체 : 다른 투상도는 생략(치수 보조 기호 이용)

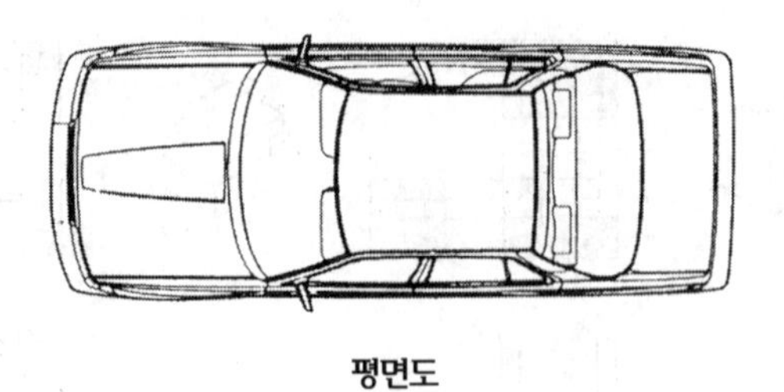

평면도

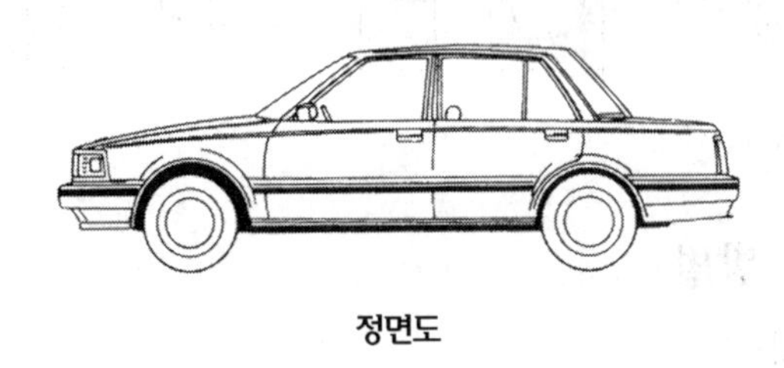

정면도

③ **투상도의 선정**

㉠ 정면도와 평면도만으로 물체를 알 수 있을 때 : 측면도 생략

㉡ 물체의 오른쪽과 왼쪽이 같을 때 : 좌측면도 생략

㉢ 물체의 길이가 길 때 : 정면도와 평면도만으로 표시 가능할 때는 측면도 생략

㉣ 가공용 부품 : 가공하는 상태로 놓고 투상

㉤ 주로 기능을 표현 : 사용하는 상태로 놓고 투상

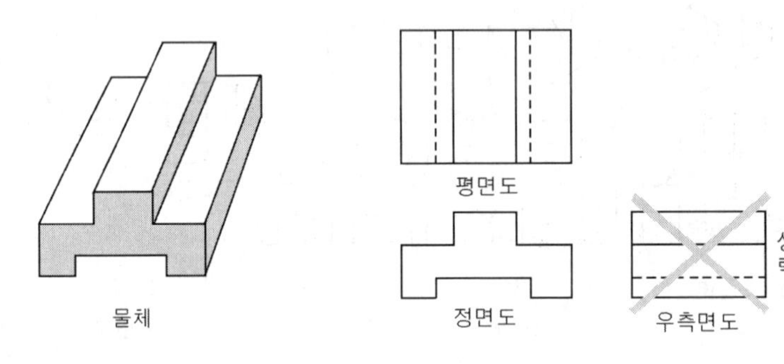

(3) 기타 투상법

① **보조 투상도** : 물체가 경사면이 있어 투상을 시키면 실제 길이와 모양이 틀려져 경사면에 별도의 투상면을 설정하고 이 면에 투상하면 실제 모양이 그려짐

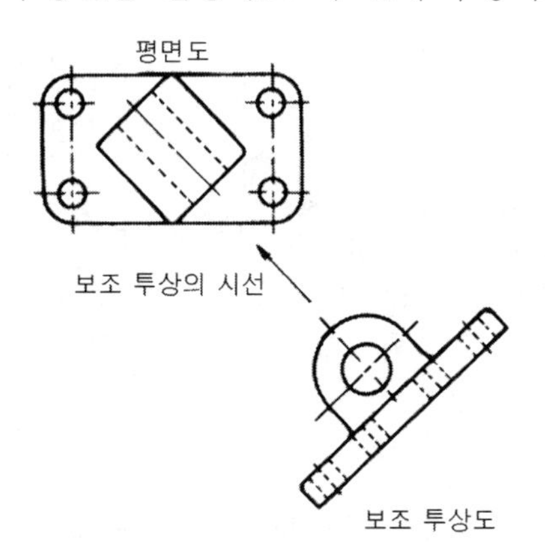

② **부분 투상도** : 물체의 일부 모양만을 도시해도 충분한 경우

③ **국부 투상도** : 대상물의 구멍, 홈 등 한 국부만의 모양을 도시하는 것으로 충분한 경우에는 그 필요 부분만을 국부 투상도로 나타냄

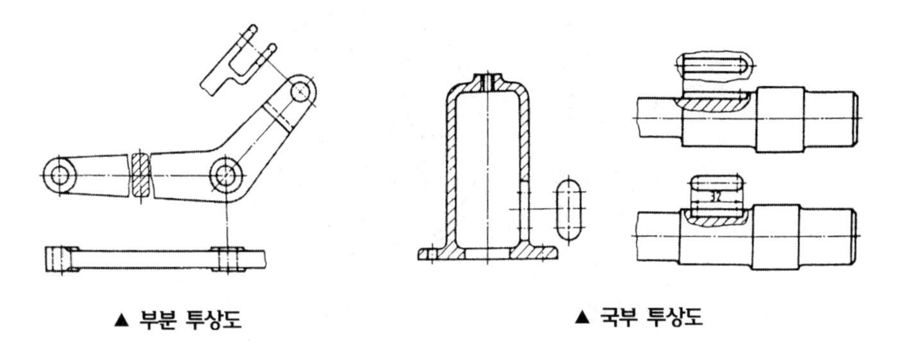

▲ **부분 투상도** ▲ **국부 투상도**

④ **회전 투상도** : 투상면이 어느 각도를 가지고 있기 때문에 그 실형을 표시하지 못할 때에는 그 부분을 회전해서 실제 길이를 나타내는 것

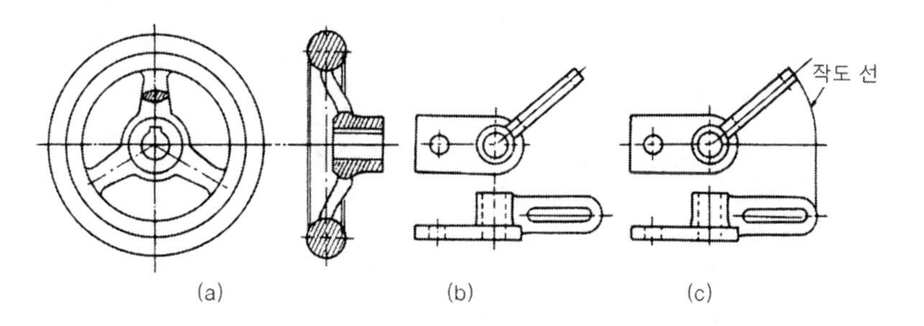

⑤ **요점 투상도** : 우측면도나 좌측면도에 보이는 부분을 모두 나타내면 오히려 복잡해져서 알아보기 어려울 경우, 왼쪽 부분은 좌측면도에 오른쪽 부분은 우측면도에 그 요점만 투상한다.

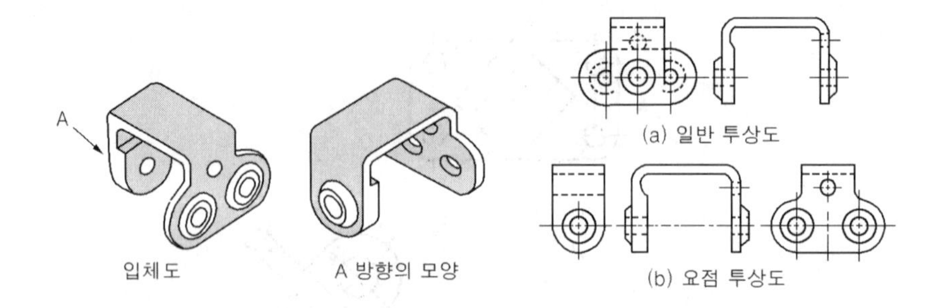

⑥ **복각 투상도** : 도면에 물체의 앞면과 뒷면을 동시에 표현하는 방법으로 정면도를 중심으로 우측면도를 그릴 때 중심선의 왼쪽 반은 제 1각법으로 오른쪽 반은 제 3각법으로 나타낸다. 또한 정면도를 중심으로 좌측면도를 그릴 때 중심선의 왼쪽 반은 3각법으로 오른쪽 반은 제 1각법으로 그린다.

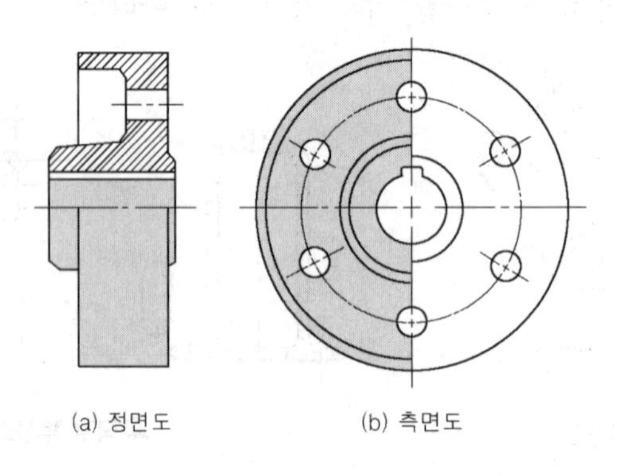

⑦ **확대도(상세도)** : 도면 중에는 그 크기가 너무 작아 치수 기입이 곤란한 경우 그 부분을 적당한 위치에 배척으로 확대하여 상세화 시키는 투상도

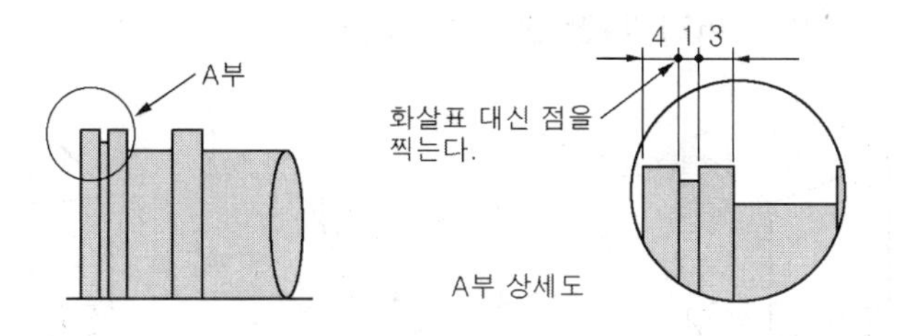

9. 특수 투상도

(1) 축측 투상도

각 모서리가 직각으로 만나는 물체의 모서리를 세 축으로 하여 입체 모양의 투상도로 나타낸 것

① **등각 투상도**

㉠ 물체의 정면, 평면, 측면을 하나의 투상도에서 볼 수 있도록 그린 도법

㉡ 물체의 모양과 특징을 가장 잘 나타냄

㉢ 물체 3개의 세 모서리는 각각 120°

㉣ 용도 : 구상도나 설명도 등

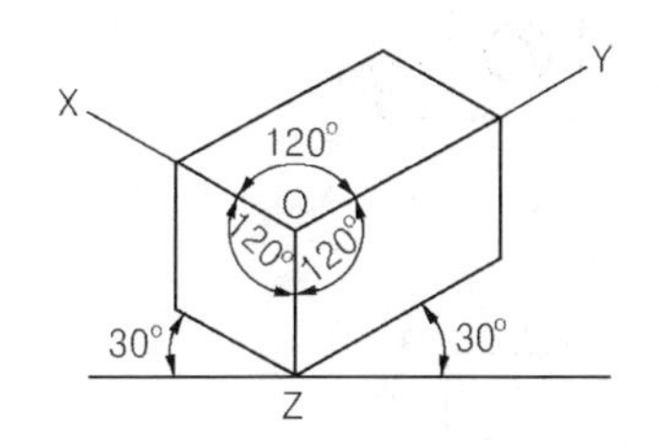

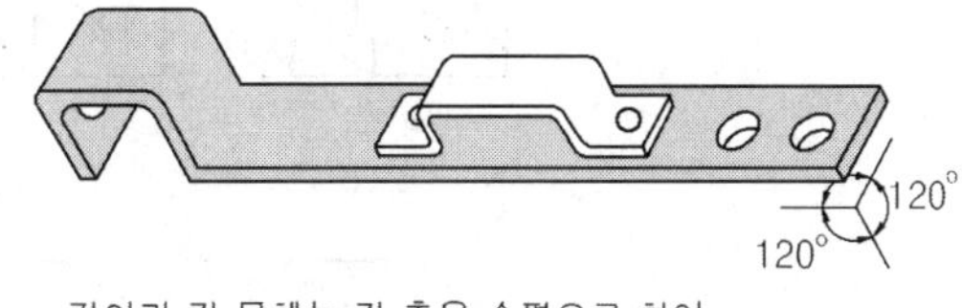

길이가 긴 물체는 긴 축을 수평으로 하여 등각 투상도를 그리는 것이 좋다.

② **부등각 투상도**

㉠ 3개의 축선이 서로 만나서 이루는 세 각들 중에서 두 각은 같게, 나머지 한 각을 다르게 그린 투상도

㉡ 수평선과 이루는 각은 30°, 60°를 많이 사용

㉢ 3개의 축선 중 2개의 축선은 같은 척도로, 나머지 한 축선은 ¾, ½로 줄여서 그린다.

㉣ 원을 그리기가 어려워 잘 쓰이지 않음

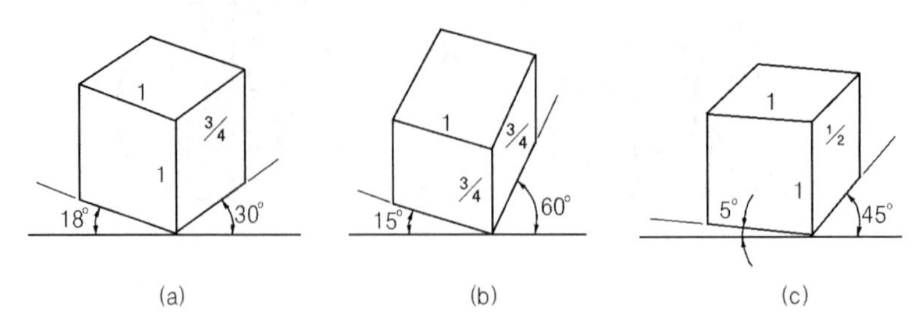

(2) 사 투상도

① 물체를 투상면에 대하여 한쪽으로 경사지게 투상하여 입체로 나타낸 것

② 정면의 도형은 정투상도의 정면도와 거의 같은 형태로 투상되므로 물체의 특징이 잘 나타난다.

③ 물체의 입체를 나타내기 위해 수평선에 대하여 30°, 45°, 60°의 경사각을 주어 그린다.

④ 물체의 경사면 길이는 정면과 다르게 하여 물체가 실감이 나도록 1 : 1, 1 : ¾, 1 : ½이 주로 많이 쓰인다.

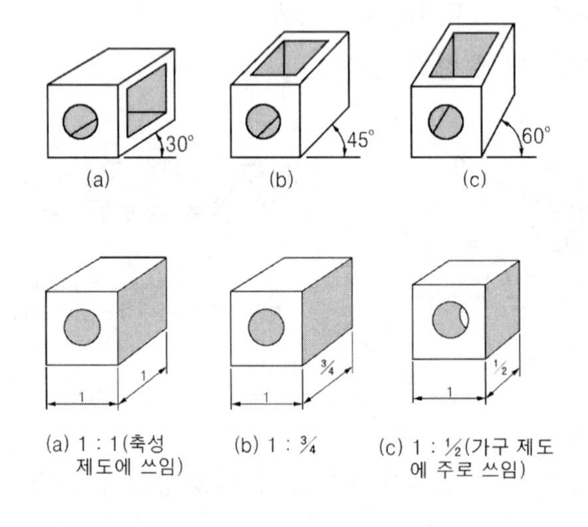

(3) 투시 투상도

① 물체의 앞 또는 뒤에 화면을 놓고 시점에서 물체를 본 시선이 화면과 만나는 각 점을 연결하여 눈에 비치는 모양과 같게 물체를 그리는 것

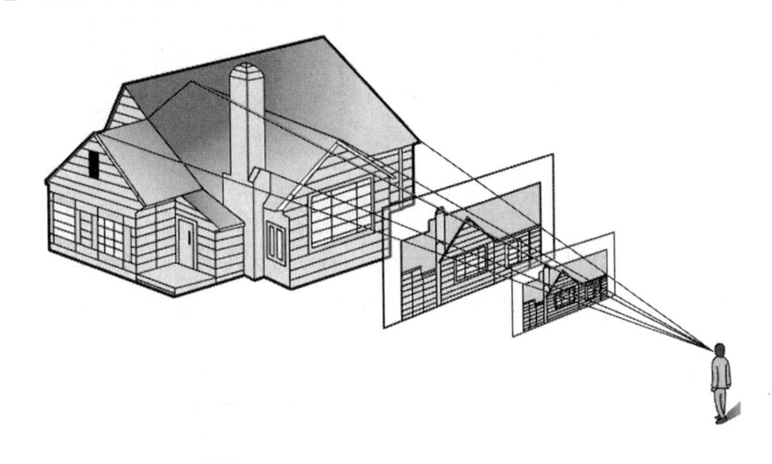

② 물체의 멀고 가까운 거리감을 느낄 수 있도록 하나의 시점과 물체의 각 점을 방사선으로 이어서 그리는 도법

③ **용도** : 사진이나 사생도에 속하는 건축, 교량, 조감도, 도록의 도면 작성

④ **종류** : 평행 투시도, 유각 투시도, 경사 투시도

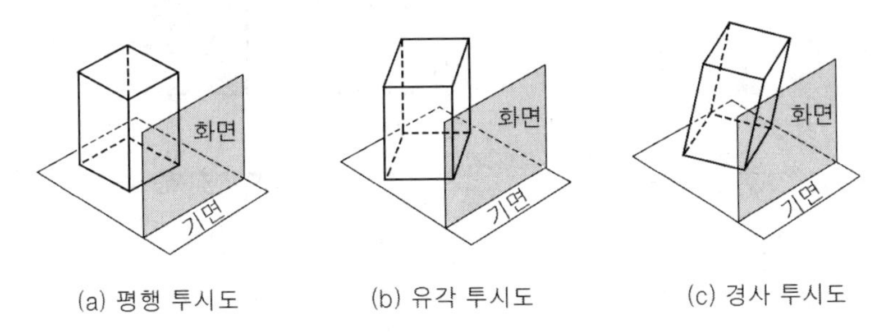

(a) 평행 투시도 (b) 유각 투시도 (c) 경사 투시도

10. 단면도 및 여러가지 도형그리기

(1) 단면도 그리는 방법

① **단면도** : 보이지 않는 물체 내부를 절단하여 내부의 모양을 그리는 것

② 정면도만 단면도로 도시하고 평면도, 측면도는 단면 도시하지 않는다.

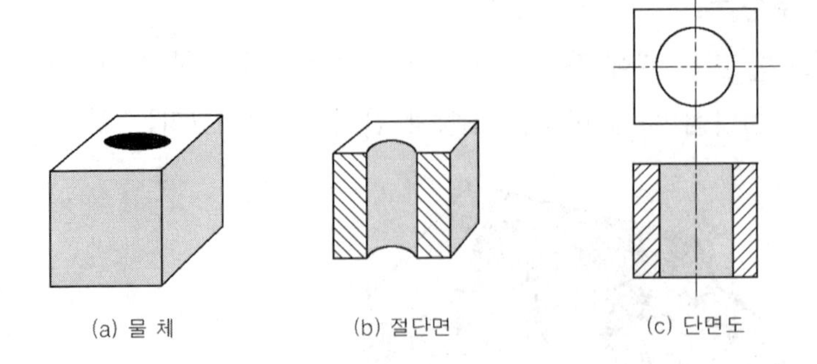
(a) 물 체　(b) 절단면　(c) 단면도

③ 절단면은 중심선에 대하여 45°경사지게 일정한 간격으로 빗금을 긋는다.

④ **절단면 표시** : 해칭, 스머징을 사용한다.

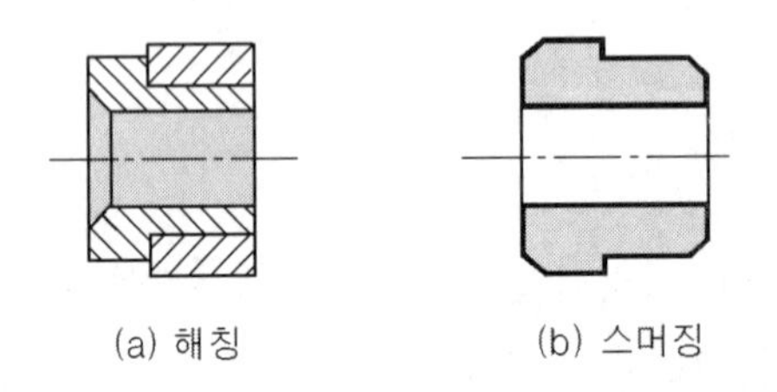
(a) 해칭　(b) 스머징

⑤ 재료를 특별히 나타낼 필요가 있을 때는 아래와 같이 나타낸다.

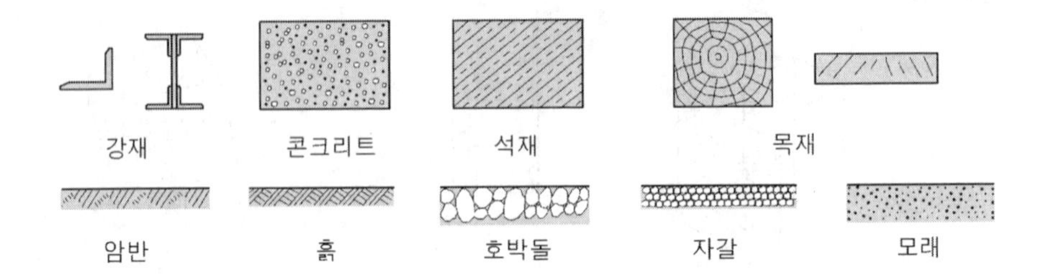

⑥ **절단선** : 끝부분과 꺾이는 부분은 굵은 실선, 나머지는 1점 쇄선을 사용한다.

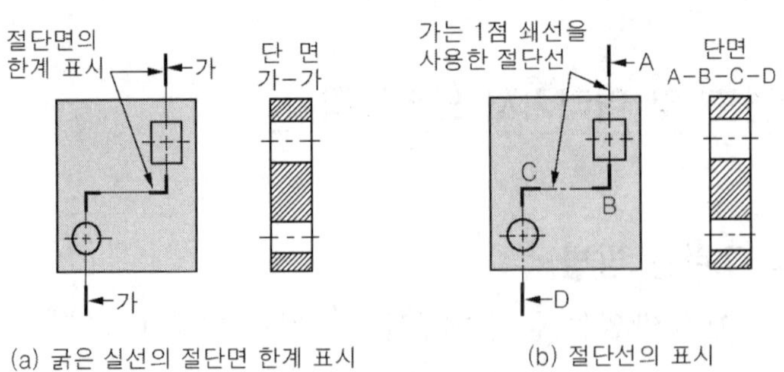

(a) 굵은 실선의 절단면 한계 표시　(b) 절단선의 표시

• 절단면을 설치하는 원리 : 안쪽의 모양을 더 명확하게 나타내기 위해 가상의 절단면을 설치하고 앞부분을 떼어 낸 다음 남겨진 부분의 모양을 그린 것을 단면도라고 한다.

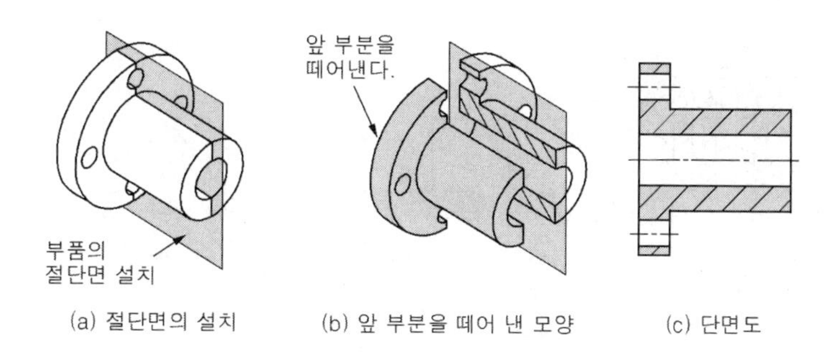

(a) 절단면의 설치 (b) 앞 부분을 떼어 낸 모양 (c) 단면도

⑦ **단면도 그리기**

㉠ 절단면의 뒤에 나타나는 숨은선 중심선 등은 표시하지 않는 것이 원칙이나 부득이한 경우는 표시할 수 있다.

㉡ 절단 뒷면에 나타나는 내부의 모양은 원통면의 한계와 끝이 투상선으로 나타내야 한다.

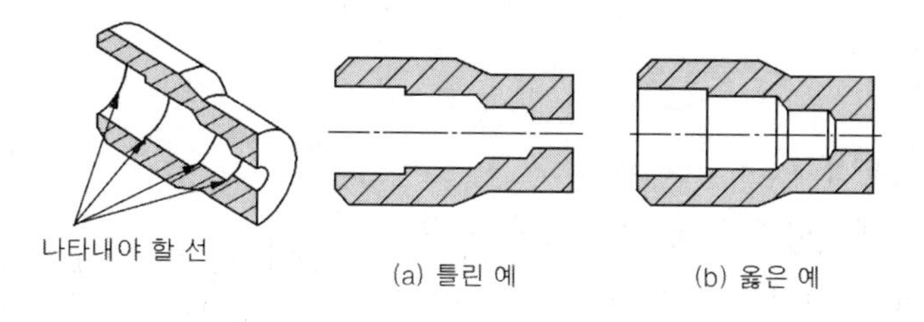

(a) 틀린 예 (b) 옳은 예

(2) 단면도의 종류

① **전단면도(온단면도)**

㉠ 물체의 중심에서 ½로 절단하여 단면 도시

㉡ 물체 전체를 직선으로 절단하여 앞부분을 잘라내고, 남은 뒷부분을 단면으로 그린 것을 말한다.

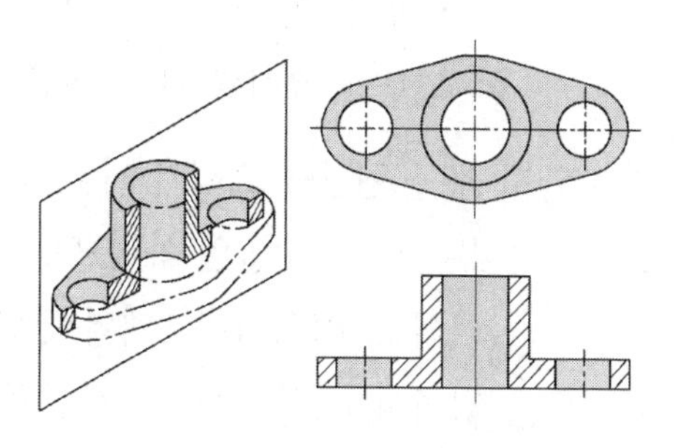

② **반단면도(한쪽단면도)**

㉠ 물체의 상하 좌우가 대칭인 물체의 ¼을 절단하여 내부와 외형을 동시에 도시

㉡ 단면을 표시하는 해칭은 물체의 왼쪽과 위쪽에 한다.

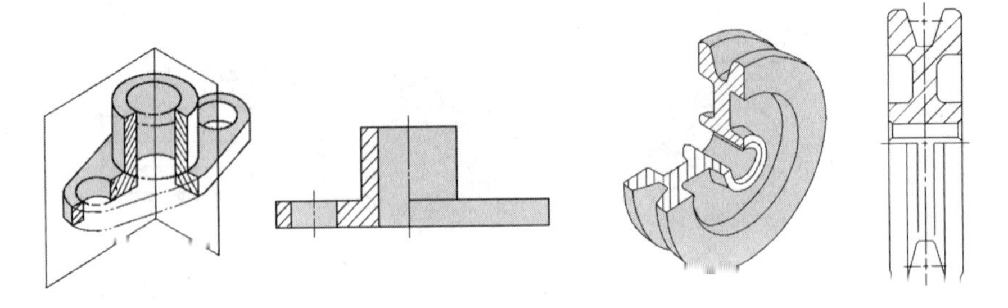

③ **부분 단면도** : 일부분을 잘라내고 필요한 내부 모양을 그리기 위한 방법으로 파단선을 그어서 단면 부분의 경계를 표시한다.

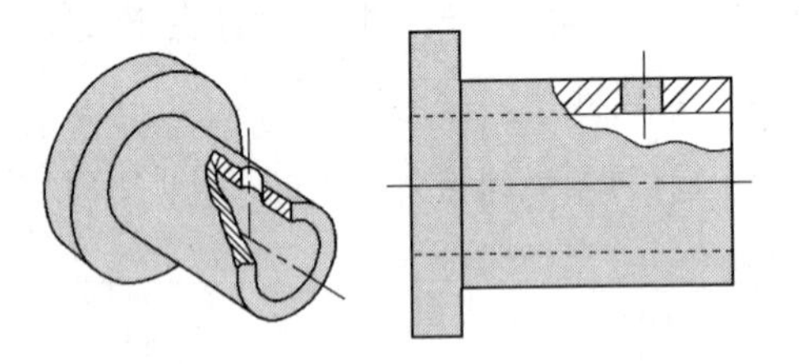

④ **회전 단면도**

㉠ 핸들, 축, 형강 등과 같은 물체의 절단한 단면의 모양을 90° 회전하여 내부 또는 외부에 그리는 것을 말한다.

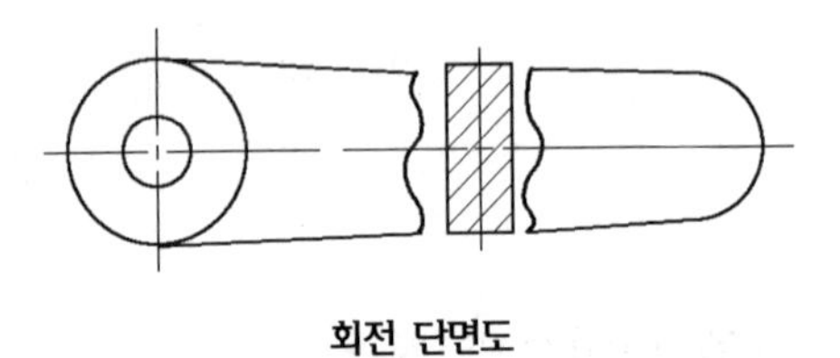

회전 단면도

㉡ 내부에 표시할 때는 가는 실선을 사용한다.

㉢ 외부에 표시할 때는 굵은 실선을 사용한다.

⑤ **계단 단면도 그리기** : 복잡한 물체의 투상도 수를 줄일 목적으로 절단면을 여러 개 설치하여 1개의 단면도로 조합하여 그린 것으로 화살표와 문자 기호를 반드시 표시한다.

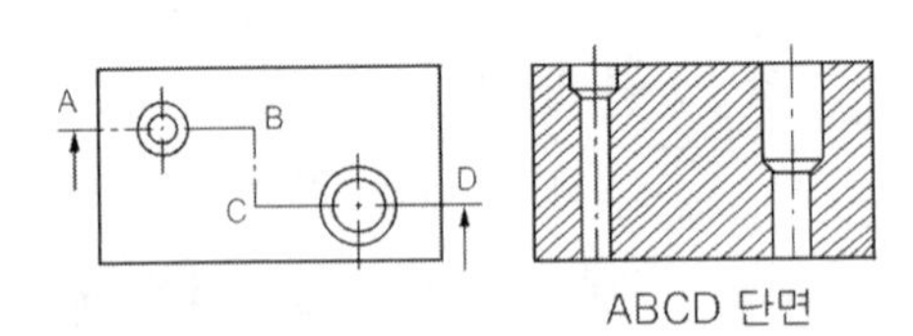

ABCD 단면

⑥ **한줄로 단면도 배치하기**

㉠ 투상도 그리기와 치수 기입을 이해하기 쉽도록 단면도의 방향을 같게 배열하여 표시하는 방법이다.

㉡ 도면 여백이 충분한 경우 축의 중심 연장선 위에 단면도를 차례로 배열하며 순서는 반드시 지켜야 한다.

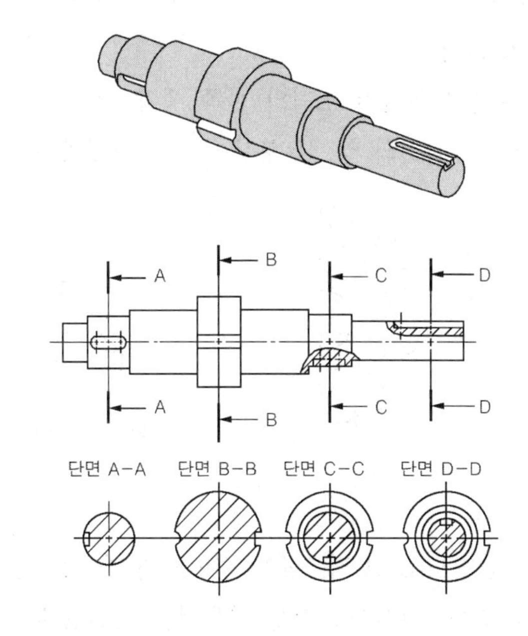

⑦ **길이방향으로 단면하지 않는 부품**

㉠ 길이 방향으로 단면해도 의미가 없거나 이해를 방해하는 부품은 길이 방향으로 단면을 하지 않는다.

㉡ 얇은 물체인 개스킷, 박판, 형강의 경우는 한 줄의 굵은 실선으로 단면 도시

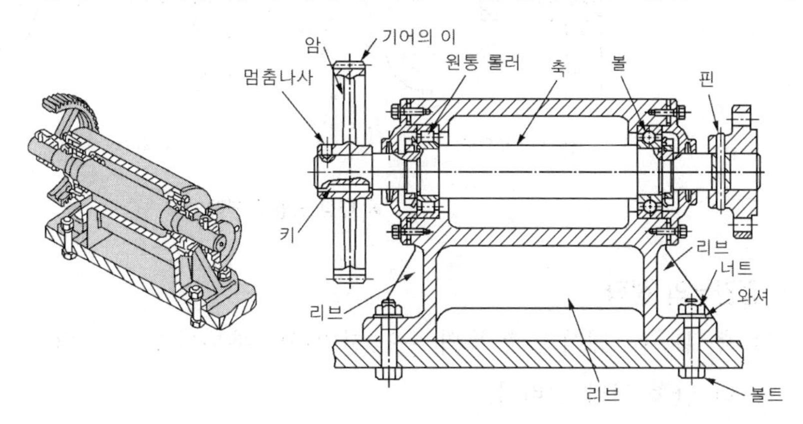

㉢ **얇은 물체의 단면도** : 얇은 판, 형강 등은 단면이 얇아 해칭하기가 어려워 굵은 실선으로 나타낸다.

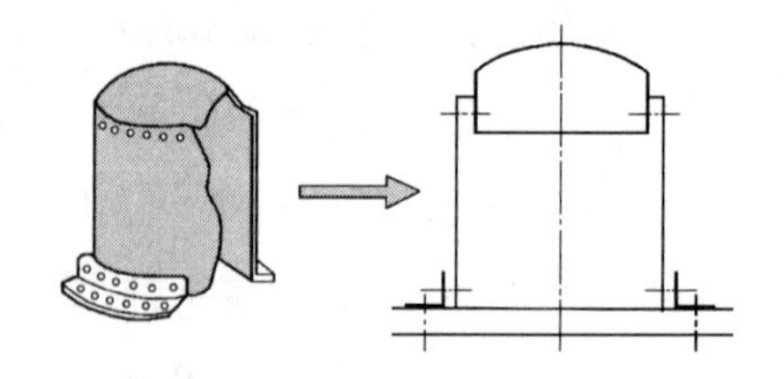

(3) 기타 도시법

① 대칭 도형의 생략

㉠ 대칭 기호를 사용하여 도형의 한쪽 생략

㉡ **대칭 기호** : 중심선의 양 끝 부분에 짧은 2개의 평행한 가는 실선으로 표시

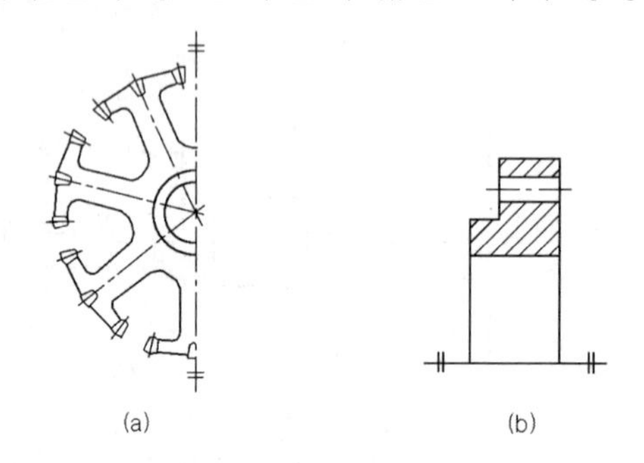

(a) (b)

㉢ 정면도가 단면도로 된 경우에는 정면도에 가까운 곳의 반을 생략하여 그린다.

㉣ 정면도에 외형이 나타나 있을 경우에는 정면도에 가까운 곳의 반을 그린다.

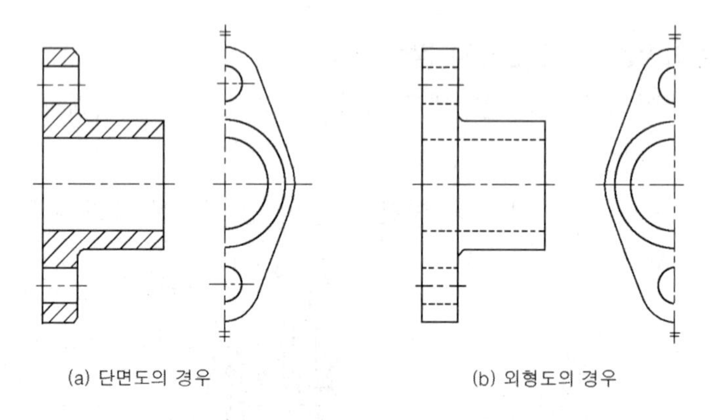

(a) 단면도의 경우 (b) 외형도의 경우

▲ **대칭 도형의 생략**

② 중간부의 생략

㉠ 축, 봉, 관, 테이퍼 축 등의 동일 단면형의 부분이 긴 경우에는 중간 부분을 잘라 단축 시켜 그린다.

㉡ 잘라 버린 끝 부분은 파단선으로 나타낸다.
㉢ 원형일 경우에는 끝 부분을 타원형으로 나타낸다.
㉣ 해칭을 한 단면에서는 파단선을 생략해도 좋다.

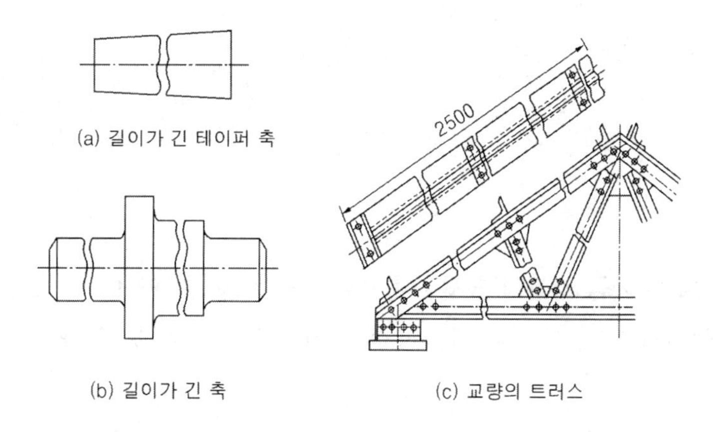

▲ **중간부의 생략**

③ **연속된 같은 모양의 생략** : 같은 종류의 리벳 구멍, 볼트 구멍, 등과 같이 같은 모양이 연속되어 있을 경우에는 그 양끝 부분 또는 필요 부분만 그리며 다른 곳은 생략하고 중심선만 그려 그 위치를 표시한다.

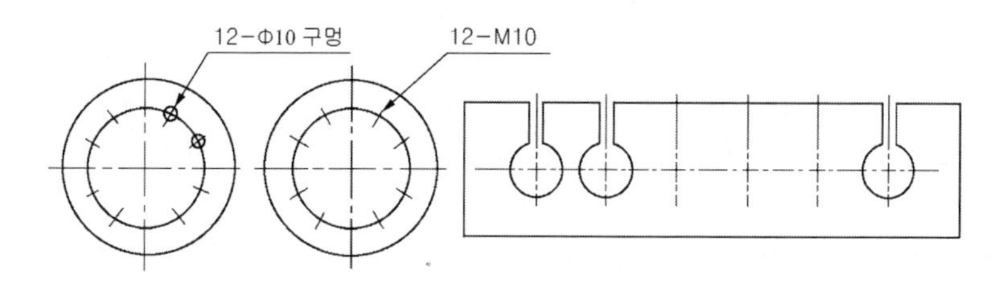

④ **교차부의 도시** : 2면의 교차 부분이 라운드를 가질 경우 그림(a), 교차 부분이 라운드를 가지지 않는 경우 그림 (b)와 같이 굵은 실선으로 그린다.

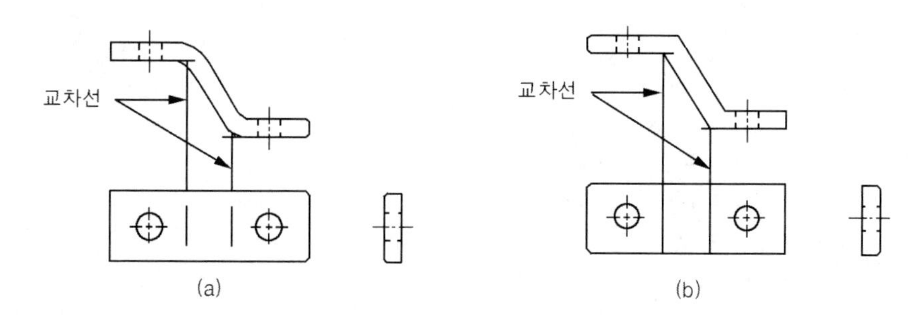

⑤ **일부분에 특수한 모양을 갖는 경우** : 일부분에 특정한 모양 즉 키 홈이 있는 보스 구멍, 홈이 있는 관이나 실린더, 쪼개진 링 등을 가진 것은 그 부분이 그림의 위쪽에 나타나도록 그리는 것이 좋다.

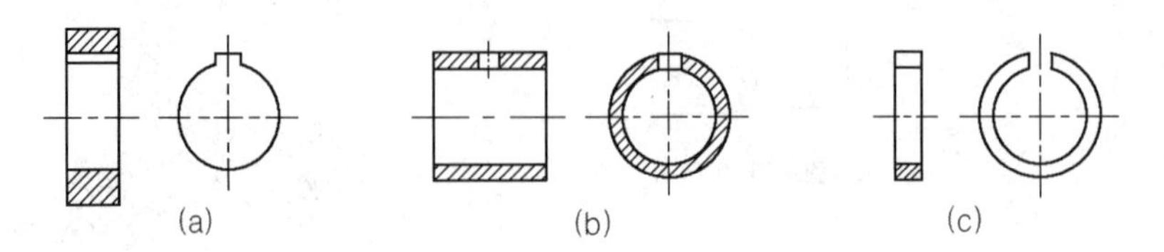

⑥ **특수한 가공 부분의 표시** : 특수한 가공을 하는 경우에는 그 범위를 외형선에 평행하게 약간 떼어서 굵은 1점 쇄선으로 나타낼 수 있다.

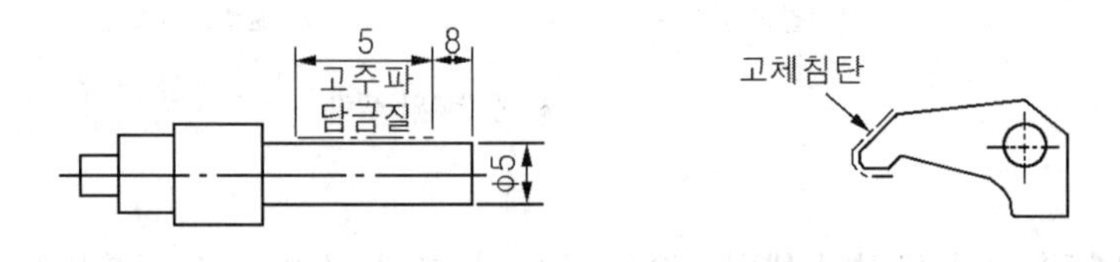

▲ 특수 가공 부분의 도시법

Q1

도면을 내용에 따른 분류와 용도에 따른 분류로 구분할 때 다음 중 용도에 따라 분류한 도면인 것은?

① 상세도 ② 승인도
③ 계통도 ④ 장치도

해설 사용목적(용도)에 따른 분류
① 계획도 : 만들고자 하는 물품의 계획을 나타낸 도면
② 주문도 : 주문자의 요구 내용을 제작자에 제시하는 도면
③ 견적도 : 제작자가 견적서에 첨부하여 주문품의 내용을 설명하는 도면
④ 승인도 : 제작자가 주문자와 관계자의 검토를 거쳐 승인을 받은 도면
⑤ 제작도 : 설계제품을 제작할 때 사용하는 도면(부품도, 조립도 등)
⑥ 설명도 : 제품의 구조, 원리, 기능, 취급방법 등을 설명한 도면

Q2

물, 기름, 가스 등의 배관 접속과 유동 상태를 나타내는 도면의 명칭으로 다음 중 가장 적합한 것은?

① 계통도 ② 배선도
③ 주문도 ④ 부품도

해설 도면을 목적에 따른 분류(계획도, 주문도, 견적도, 승인도, 제작도, 설명도)와 내용에 따른 분류(부품도, 배관도, 배선도, 접속도, 공정도, 계통도 등)으로 분류 할 수 있는데 배관 등의 접속과 유동 상태를 나타내는 도면은 계통도이다.

Q3

KS의 부문별 분류 기호에서 기계분야를 표시하는 기호는?

① A ② B
③ C ④ D

해설 KS A 기본, KS B 기계, KS C 전기, KS D 금속, KS E 광산, KS F 토건 등이 있다.

Q4

큰 도면을 접을 때에 일반적으로 얼마의 크기로 접는 것을 원칙으로 하는가?

① A5 ② A4
③ A3 ④ A2

해설 도면의 크기와 양식
① 도면은 반드시 일정한 크기로 만든다.
② 제도 용지의 크기 : 'A열' 용지의 사용을 원칙으로 한다.
③ 신문, 교과서, 공책, 미술 용지 등은 B계열 크기만 사용한다.
④ 세로(a)와 가로(b)의 비는 1 : $\sqrt{2}$(1.414213)
⑤ A0 용지의 넓이 : 약 $1m^2$
⑥ 큰 도면을 접을 때는 A4 크기로 접으며, 표제란이 겉으로 나오도록 한다.
⑦ A0(1189×841 : 전지), A1(841×594 : 2절지), A2(594×420 : 4절지), A3(420×297 : 8절지), A4(297×210 : 16절지)

정답 1. ② 2. ① 3. ② 4. ②

Q5

제도용지의 규격이 297mm×420mm일 때 호칭방법으로 올바른 것은?

① A5　　② A4
③ A3　　④ A2

Q6

도면을 접는 경우 겉으로 나오게 하는 부분으로 가장 적합한 것은?

① 부품도가 있는 부분
② 조립도가 있는 부분
③ 표제란이 있는 부분
④ 도면이 없는 빈공간이 많은 부분

Q7

도면의 마이크로 사진 촬영 복사 등의 작업을 편리하게 하기 위하여 표시하는 것과 가장 관계가 깊은 것은?

① 윤관선　　② 중심마크
③ 표제란　　④ 재단마크

해설 도면의 양식
① 윤곽선 : 도면에 그려야 할 내용의 영역을 명확히 하고, 제도 용지의 가장자리에 생기는 손상으로부터 기재 사항을 보호하기 위해 0.5mm 이상의 실선을 사용한다.
② 중심 마크 : 도면의 사진 촬영 및 복사할 때 편의를 위해 사용, 상하 좌우 중앙의 4개소에 표시한다.
③ 표제란 : 위치는 반드시 도면의 오른쪽 아래에 위치한다. 기재 내용으로는 도면 번호(도번), 도면 이름(도명), 척도, 투상법, 도면 작성일, 제도자 이름 등을 기입한다.
【참고】 반드시 도면에 윤곽선, 중심 마크, 표제란은 그려 넣어야 한다.
④ 재단 마크 : 복사한 도면을 재단할 때의 편의를 위해 도면의 4 구석에 표시한다.
⑤ 도면의 구역 : 도면에서 특정 부분의 위치를 지시하는데 편리하도록 표시하는 것
⑥ 도면의 비교 눈금 : 도면의 축소나 확대, 복사의 작업과 이들의 복사 도면을 취급할 때의 편의를 위하여 표시하는 것

Q8

도면의 중심마크를 설정하는 가장 중요한 이유는?

① 도면의 척도를 쉽게 알게 하기 위하여
② 부품도의 배치에 참고하기 위하여
③ 부품의 중심을 쉽게 알게 하기 위하여
④ 마이크로 필림 촬영, 복사의 편의를 위하여

Q9

도면의 축소 또는 확대 복사할 때의 편의를 위하여 도면에 마련하는 것과 가장 관계가 깊은 것은?

① 중심 마크　　② 비교 눈금
③ 도면의 구역　　④ 재단 마크

Q10

표제 란에 기입되는 내용이 아니고 부품 란에 기입되어 있는 것은?

① 도명　　② 척도
③ 투상법　　④ 재질

Q11

일반적인 도면의 표제란 위치로 가장 적당한 것은?

① 오른쪽 중앙　　② 오른쪽 위
③ 오른쪽 아래　　④ 왼쪽 아래

5. ③　6. ③　7. ②　8. ④　9. ②　10. ④　11. ③

Q12

도면의 표제란과 부품란 중 일반적으로 부품란에 기재되는 사항인 것은?

① 도명　　② 척도
③ 무게　　④ 제도일자

해설 부품란
① 부품 번호는 부품에서 지시선을 빼어 그 끝에 원을 그리고 원안에 숫자를 기입한다.
② 숫자는 5~8mm 정도의 크기를 쓰고 숫자를 쓰는 원의 지름은 10~16mm로 한다. 한 도면에서는 같은 크기로 한다.
③ 위치는 오른쪽 위나 오른쪽 아래에 기입한다. 그 크기는 표제란에 따른 크기로 하고 오른쪽 아래에 기입할 때에는 표제란에 붙여서 아래에서 위로 기입하고 품번, 품명, 재료, 개수, 공정, 무게, 비고 등을 기록한다.

Q13

일반적인 도면의 부품란에 기입할 사항이 아닌 것은?

① 품명　　② 재질
③ 수량　　④ 척도

Q14

도면에 그려진 길이와 실제 대상물의 길이를 같게 그린 척도를 무엇이라 하는가?

① 축척　　② 배척
③ 현척　　④ 비척

해설 ① 척도의 기입은 표제란에 기입하는 것이 원칙이나 표제란이 없는 경우에도 도명이나 품번에 가까운 곳에 기입한다.
② 치수와 비례하지 않을 때 치수 밑에 밑줄을 긋거나 비례가 아님, 또는 NS(not to scale) 등의 문자 기입
③ 도면에 기입되는 치수는 축척(줄여 그림) 및 배척(확대하여 그림)을 하였더라고 현척(1:1로 그림)의 치수를 기입하는 것과 같이 각 부분의 실물의 치수를 그대로 기입하고, 표제란에 척도를 기입한다.
④ 2배 크게 그리면 면적은 4배 커지며, 반대로 1:2로 축소하여 그리면 면적은 4배로 줄어든다.

Q15

한 변이 10mm 인 정사각형을 배척 2/1 로 도시할 때 도형의 면적은 몇 배가 되는가?

① ½ 배　　② 2 배
③ ¼ 배　　④ 4 배

Q16

실제의 길이가 120mm 일 때 척도 1/2인 도면에는 치수가 얼마로 기입되어 있는가?

① 30　　② 60
③ 120　　④ 240

Q17

도면에서 척도의 표시로 "NS"로 표시된 것은 무엇을 의미 하는가?

① 배척
② 나사의 척도
③ 축척
④ 비례척이 아닌 것

해설 ① 치수와 비례하지 않을 때 치수 밑에 밑줄을 긋거나 비례가 아님, 또는 NS(not to scale) 등의 문자 기입
② 도면에 기입되는 치수는 축척 및 배척을 하였더라고 현척의 치수를 기입하는 것과 같이 각 부분의 실물의 치수를 그대로 기입하고, 표제란에 척도를 기입한다.

정답 12. ③ 13. ④ 14. ③ 15. ④ 16. ③ 17. ④

Q18

도면을 그릴 때 대상물의 실제 길이와 같은 현척이 가장 보편적으로 사용되나, 그림의 형상이 실제치수와 비례하지 않을 경우에 척도란에 사용하는 기호는?

① KS
② NS
③ MS
④ ISO

Q19

도면에서 치수 밑에 밑줄을 친 치수가 의미하는 것은?

① 도면의 척도와 치수부분 길이가 비례하지 않는 치수
② 진직도가 정확해야 할 치수
③ 가장 기준이 되는 치수
④ 참고 치수

해설 치수 숫자에 괄호 예를 들어 (100)과 같이 기입하면 참고 치수, [100]같이 쓰면 이론적으로 정확한 치수 <u>100</u>과 쓰면 도면 척도에 비례하지 않는 치수(NS)를 의미한다.

Q20

실제길이가 100mm인 제품을 척도 2 : 1로 도면을 작성했을 때 도면에 길이치수로 기입되는 값은?

① 200
② 150
③ 100
④ 50

해설 척도가 1 : 2로 줄여 그리든 2 : 1로 확대하여 그리든 도면에 기입되는 치수는 실제길이로 하여야 척도는 표제란에 표시한다.

Q21

도면에서 표제란이나 도면 명칭 또는 품번 부근에 표시된 NS의 뜻으로 다음 중 가장 적합한 것은?

① 스케치도가 아님을 표시
② 1 : 1척도를 표시
③ 비례척이 아님을 표시
④ 도면의 종류 표시

Q22

도형이 비례척이 아닌 경우 치수를 표시하는 방법으로 옳은 것은?

① (125)　② [125]
③ SR125　④ <u>125</u>

해설 비례척에 따르지 않을 때의 치수 기입은 치수 숫자 밑에 굵은선을 그어 표시해야 한다. 또는 NS(Not to Scale)로 표기한다.

Q23

도면에서 굵기에 따른 선의 종류가 아닌 것은?

① 아주 굵은 선
② 굵은 선
③ 가는 선
④ 파선

해설 ① 굵기에 따른 선의 종류
㉠ 한국 산업 규격(KS)에서는 8가지로 규정
㉡ 가는 선 : 0.18 ~ 0.35mm
㉢ 굵은 선 : 가는 선의 2배 정도, 0.35 ~ 1.0mm
㉣ 아주 굵은 선 : 가는 선의 4배 정도, 0.7 ~ 2.0mm
② 용도에 따른 선의 종류
㉠ 실선 : 굵은 실선, 가는 실선
㉡ 파선 : 은선
㉢ 쇄선 : 일점 쇄선, 이점 쇄선

정답 18. ② 19. ① 20. ③ 21. ③ 22. ④ 23. ④

Q24

다음 중 일점쇄선이 사용되지 않는 경우인 것은?

① 특수한 가공을 실시하는 부분을 표시하는 선
② 기어나 스프로킷 등의 이 부분에 기입하는 피치선이나 피치원 표시하는 선
③ 공구 지그 등의 위치를 참고로 표시하는 선
④ 보이지 않은 부분을 나타내기 위하여 쓰는 선

해설 선의 종류와 용도
① 외형선은 굵은 실선으로 그린다.
② 치수선, 치수 보조선, 지시선, 회전 단면선, 중심선, 수준면선 등은 가는 실선으로 그린다.
③ 은선(숨은선)은 가는 파선 또는 굵은 파선으로 그린다
④ 중심선, 기준선, 피치선은 가는 1점 쇄선으로 그린다.
⑤ 특수 지정선은 굵은 1점 쇄선으로 그린다.
⑥ 가상선 무게 중심선은 가는 2점 쇄선으로 그린다.
⑦ 파단선은 물체의 일부를 파단한 곳을 표시하는 선으로 불규칙한 파형의 가는 실선 또는 지그재그 선으로 그린다.
⑧ 절단선은 가는 1점 쇄선으로 끝 부분 및 방향이 변하는 부분을 굵게 한 것
⑨ 해칭은 가는 실선으로 규칙적으로 줄을 늘어놓은 것
⑩ 특수한 용도의 선으로는 가는 실선 아주 굵은 실선으로 나눌 수 있다.

Q25

기계제도에서 물체의 보이지 않는 부분의 형상을 나타내는 선은?

① 외형선
② 가상선
③ 절단선
④ 숨은선

Q26

제도에서 대상물의 보이지 않는 부분의 모양을 표시하는 숨은선을 표시하는 선은?

① 파선　② 파단선
③ 굵은 실선　④ 1점 쇄선

Q27

가려서 보이지 않는 나사부를 그리는 숨은선의 용도로 사용하는 선의 종류는?

① 파선　② 굵은 실선
③ 가는 쇄선　④ 이점 쇄선

Q28

다음 선 중 가는 실선으로 표시되는 선은?

① 물체의 보이지 않는 부분의 형상을 나타내는 선
② 물체의 표면 처리부분을 나타내는 선
③ 단면도를 그릴 경우에 그 절단 위치를 나타내는 선
④ 절단된 단면 등을 명시하기 위한 해칭선

해설 ①는 파선, ②는 굵은 일점 쇄선, ③는절단선으로 양끝과 꺽이는 부부은 꿝은 실선, 그 밖에는 일점쇄선으로 그린다.

Q29

기계제도에서 불규칙한 파형의 가는 실선을 사용하는 선은?

① 중심선　② 파단선
③ 무게 중심선　④ 기어 피치선

해설 물체의 일부를 잘라내는 파단선은 불규칙한 자유선으로 가는실선을 사용한다.

정답 24. ④ 25. ④ 26. ① 27. ① 28. ④ 29. ②

파단선에 관한 설명으로 가장 적합한 것은?

① 되풀이 하는 것을 나타내는 선
② 전단면도를 그릴 경우 그 절단위치를 나타내는 선
③ 물체의 보이지 않는 부분을 가정해서 나타내는 선
④ 물체의 일부를 떼어낸 경계를 표시하는 선

Q31

기계제도에서 대상물의 일부를 떼어 낸 경계를 표시하는데 사용하는 선의 명칭은?

① 가상선 ② 피치선
③ 파단선 ④ 절단선

Q32

다음 중 물체의 일부분의 생략 또는 단면의 경계를 나타내는 선으로 불규칙한 파형의 가는 실선인 것은?

① 파단선 ② 지시선
③ 가상선 ④ 절단선

Q33

기계제도에서 사용하는 파단선의 설명으로 틀린 것은?

① 가는 실선이다.
② 불규칙한 실선이다.
③ 굵기는 외형선과 같다.
④ 프리이 핸드(free hand)로 그린다.

Q34

다음 선중 가는 일점쇄선으로 표시하는 것은?

① 지시선 ② 해칭선
③ 치수선 ④ 피치선

Q35

선의 용도 및 종류에서 가는 1점 쇄선의 용도가 아닌 것은?

① 중심선 ② 기준선
③ 피치선 ④ 지시선

Q36

가동부분의 이동 위치를 표시하는 선은?

① 파선 ② 중심선
③ 파단선 ④ 가상선

해설 가상선은 가는 이점 쇄선을 사용
① 도시된 물체의 앞면을 표시하는 선
② 인접 부분을 참고로 표시하는 선
③ 가공 전 또는 가공 후의 모양을 표시하는 선
④ 이동하는 부분의 이동 위치를 표시하는 선
⑤ 공구, 지그 등의 위치를 참고로 표시하는 선
⑥ 반복을 표시하는 선 등으로 사용된다.

Q37

다음 선 중 가는 2점 쇄선을 사용하는 것은?

① 중심선
② 지시선
③ 가상선
④ 피치선

정답 30. ④ 31. ③ 32. ① 33. ③ 34. ④ 35. ④ 36. ④ 37. ③

Q38

다음 중 가는 2점 쇄선을 사용하여 도시하는 경우는?

① 도시된 물체의 단면 앞쪽을 표시
② 다듬질한 형상이 평면임을 표시
③ 수면, 유면 등의 위치를 표시
④ 중심이 이동한 중심 궤적을 표시

Q39

가동하는 부분의 이동 중의 특정위치 또는 이동 한계를 표시하는 선을 의미하는 선의 용도에 의한 명칭은?

① 가상선　　② 해칭선
③ 기준선　　④ 중심선

Q40

불규칙한 파형의 가는 실선 또는 지그재그 선을 사용하는 것은?

① 파단선　　② 치수보조선
③ 치수선　　④ 지시선

Q41

보기 도면에서 A ~ D 선의 용도에 의한 명칭으로 틀린 것은?

(보기)

① A : 숨은선　　② B : 중심선
③ C : 치수선　　④ D : 지시선

해설 D는 치수 보조선인다.

Q42

보기 도면에서 A, B, C, D 선과 선의 용도에 의한 명칭이 틀린 것은?

(보기)

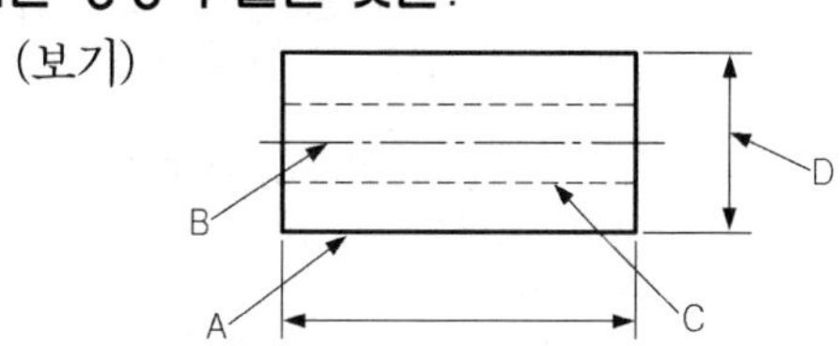

① A : 외형선　　② B : 중심선
③ C : 숨은선　　④ D : 치수보조선

해설 D는 치수선이다.

Q43

도면에 2가지 이상이 같은 장소에 겹치어 나타내게 될 경우 다음 중에서 우선순위가 가장 높은 것은?

① 숨은선　　② 외형선
③ 절단선　　④ 중심선

해설 선의 우선순위 외형선 → 은선 → 절단선 → 중심선 → 무게 중심선의 순서이며 여기서 외형선과 은선은 실제 물체와 관계있어 우선순위에서 앞서는 것이며, 절단선은 절단하는 위치에 따라 외형을 바꿀 수 있기 때문에 그 다음으로 중요하다.

Q44

기계제도에서 치수의 기입의 원칙 설명으로 틀린 것은?

① 치수는 중복 기입을 피한다.
② 치수는 되도록 주투상도에 집중한다.
③ 치수의 단위는 cm를 기준으로 하며 cm의 단위는 기입하지 않는다.
④ 도면에 나타난 치수는 특별히 명시하지 않는 한, 그 도면에 도시된 대상물의 다듬질치수를 표시한다.

정답 38. ①　39. ①　40. ①　41. ④　42. ④　43. ②　44. ③

해설 치수 기입의 원칙
① 도면에는 완성된 물체의 치수 기입한다.
② 길이 단위 : mm, 도면에는 기입하지 않는다.
③ 각도 단위 : 도(°), 분(′), 초(″)를 사용한다.
④ 치수 숫자는 자릿수를 표시하는 콤마 등을 사용하지 않는다.
⑤ 치수 숫자는 치수선에 대하여 수직 방향은 도면의 우변으로부터, 수평 방향은 하변으로부터 읽도록 기입한다.
⑥ 도면에 길이의 크기와 자세 및 위치를 명확하게 표시한다.
⑦ 가능한 한 주투상도(정면도)에 기입한다.
⑧ 치수의 중복 기입을 피한다.
⑨ 치수는 계산할 필요가 없도록 기입한다.
⑩ 관련되는 치수는 한 곳에 모아서 기입한다.
㉠ 참고 치수는 치수 수치에 괄호를 붙인다
㉡ 비례척에 따르지 않을 때의 치수 기입은 치수 숫자 밑에 굵은선을 그어 표시해야 한다. 또는 NS(Not to Scale)로 표기한다.
⑪ 외형치수 전체 길이치수는 반드시 기입한다.

Q45

치수 기입 방법이 틀린 것은?

① 길이는 mm의 단위로 기입하고, 단위 기호는 붙이지 않는다.
② 치수의 자릿수가 많을 경우 세 자리마다 콤마를 붙인다.
③ 관련 치수는 한 곳에 모아서 기입한다.
④ 공정마다 배열을 나누어서 기입한다.

Q46

KS 기계제도에서 치수 기입방법의 설명으로 올바른 것은?

① 길이의 치수는 원칙적으로 밀리미터(mm)로 하고 단위기호는 밀리미터(mm)를 붙인다.
② 각도의 치수는 일반적으로 라디안(rad)으로 하고 필요한 경우에는 분 및 초를 병용한다.
③ 치수에 사용하는 문자는 KS A0107에 따르고 자릿수가 많은 경우 세자리마다 숫자 사이에 콤마를 붙인다.
④ 치수의 소수점은 아래 점으로 하고 숫자 사이에 적당하게 떼어서 그 중간에 약간 크게 찍는다.

Q47

치수 기입법에서 지름, 반지름, 구의 지름 및 반지름, 모따기, 두께 등을 표시할 때 사용되는 보조 기호로 잘못된 것은?

① 두께 : D6
② 반지름 : R3
③ 모따기 : C3
④ 구의 지름 : S⌀6

해설 치수에 사용되는 보조기호는 치수 숫자 앞에 사용하며 다음과 같은 의미가 있다.
① ⌀ : 원의 지름 기호를 나타내며 명확히 구분될 경우는 생략할 수 있다.
② □ : 정사각형 기호로 생략 할 수 있다.
③ R : 반지름 기호
④ 구(S) : 구면 기호로 ⌀,R의 기호 앞에 기입한다.
⑤ C : 모따기 기호
⑥ P : 피치 기호
⑦ t : 판의 두께 기호로 치수 숫자 앞에 표시한다.
⑧ ⊠ : 평면기호
⑨ (   ) : 참고 치수 기호

Q48

치수 숫자와 함께 사용되는 기호 및 기입법이 올바르게 연결된 것은?

① 지름 : P
② 정사각형 : □
③ 구면의 지름 : Φ
④ 구면의 반지름 : R

정답 45. ② 46. ④ 47. ① 48. ②

Q49

도면에서 치수 숫자와 함께 사용되는 기호를 올바르게 연결한 것은?

① 지름 : D
② 정 사각형
③ 반지름 : R
④ 45° 모따기 : 45℃

Q50

도면에서 판의 두께를 표시하는 방법을 정해 놓고 있다. 두께 3mm의 표현이 바르게 표기된 것은?

① P3
② C3
③ t3
④ □3

Q51

치수에 사용되는 치수보조 기호 설명으로 틀린 것은?

① ∅ : 원의 지름
② R : 반지름
③ ⊠ : 정사각형의 변
④ C : 45° 모따기

Q52

다음은 치수 보조기호를 나타낸 것으로 참고 치수를 나타내는 기호는?

① Sϕ
② t
③ ( )
④ □

Q53

치수기입이 □20으로 치수 앞에 정사각형이 표시되었을 경우의 올바른 해석은?

① 이론적으로 정확한 치수가 20mm이다.
② 체적인 20mm인 정육면체이다.
③ 면적인 20mm인 정사각형이다.
④ 한 변의 길이가 20mm인 정사각형이다.

Q54

다음 그림에서 A부분의 대각선으로 그린 가는 실선 ×는 무엇을 표시하는가?

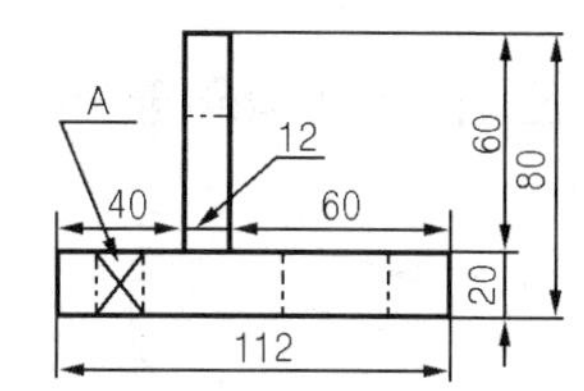

① 사각뿔　　② 평면
③ 원통면　　④ 대칭면

Q55

원통이나 축 등의 투상도에서 대각선을 그어서 그 면이 평면임을 나타낼 때에 사용되는 선은?

① 굵은 실선　　② 은선
③ 가는 실선　　④ 굵은 일점 쇄선

Q56

치수와 병기하여 사용되는 다음 치수기호 중 KS 제도통칙으로 올바르게 기입된 것은?

① 25□　　② 25C
③ SR25　　④ 25ϕ

해설 치수 보조 기호는 치수 숫자 앞에 기입되어야 한다.

정답 49. ③ 50. ③ 51. ③ 52. ③ 53. ④ 54. ② 55. ③ 56. ③

Q57

다음 중 호의 길이 치수 표시로 가장 적합한 것은?

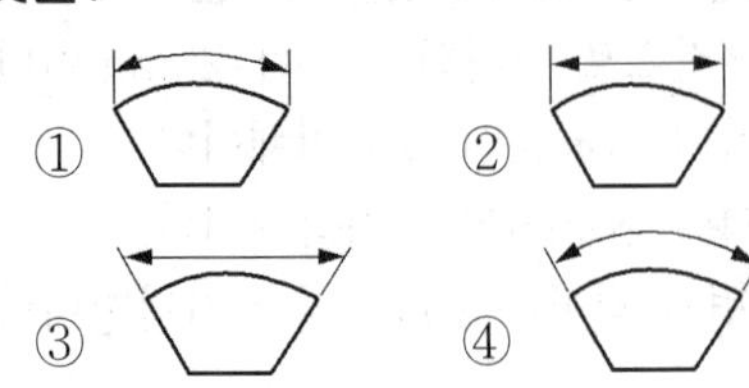

해설 ①는 원호의 길이, ②는 현의 길이, ④는 각도 치수 기입 방법이다.

Q58

보기와 같은 치수선은 다음 중 어느 것을 표시하는가?

(보기)

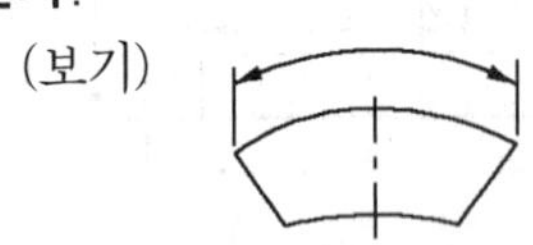

① 호의 치수　② 현의 치수
③ 현의 각도　④ 호의 각도

해설 변, 현, 호, 각도 치수 기입

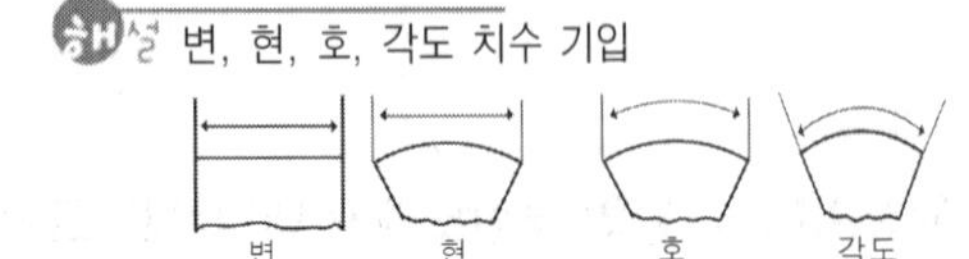

Q59

다음의 치수 기입법 중 현의 길이를 표시하는 것은?

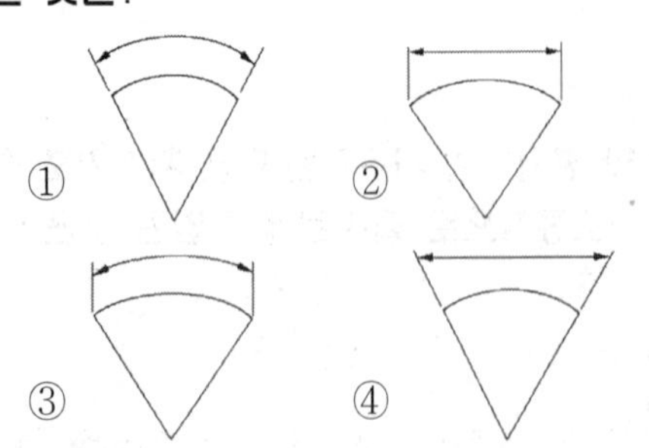

Q60

도면에 표현되는 각도 치수 기입의 예를 나타낸 것이다. 틀린 것은?

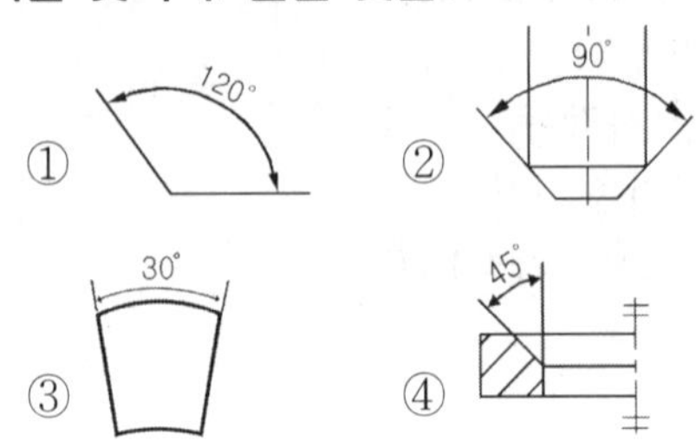

해설 호, 현 및 각도의 치수 기입 방법

① 원호의 길이는 그 원호와 동심인 원호를 치수선으로 사용한다.
② 현의 길이는 그 현에 평행한 수평선을 치수선으로 사용한다.
③ 각도 표시는 각도를 구성하는 두 변의 연장선 사이에 그린 원호를 사용한다.

Q61

다음 그림 중 원호의 길이를 표시하는 것은?

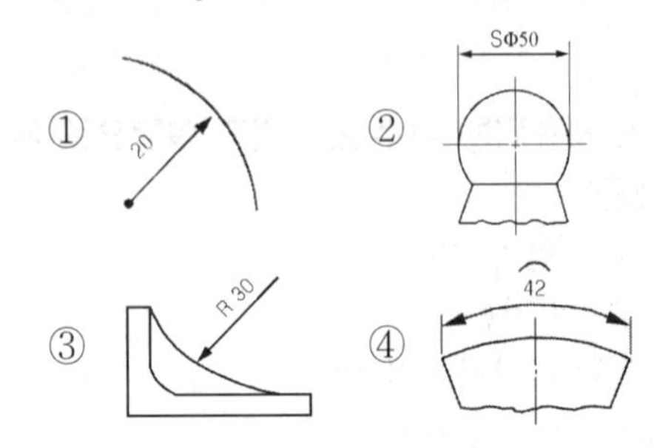

Q62

보기 도면에서 A 부분의 치수 값은?

(보기)

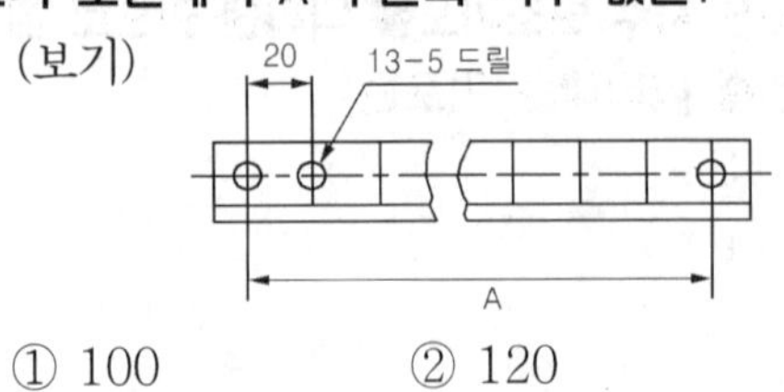

① 100　② 120

정답 57. ①　58. ①　59. ②　60. ③　61. ④　62. ③

③ 240 ④ 260

해설 같은 간격으로 연속하는 같은 종류의 구멍 표시 방법에서 간격의 수(구멍수 − 1) × 간격의 치수 = 합계 치수 그러므로 20 × 12 = 240

Q63

다음의 도면에서 "A"의 길이는 얼마인가?

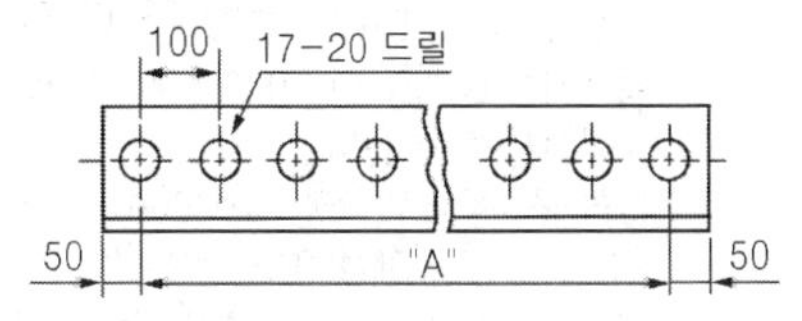

① A = 1,500mm
② A = 1,600mm
③ A = 1,700mm
④ A = 1,800mm

해설 간격의 수 × 간격의 치수 = 합계 치수, 구멍의 수가 17개 이므로 간격은 16개가 되고 그림에서 피치는 100. 그러므로 16 × 100 = 1,600이 된다.

Q64

다음 그림에서 A부의 길이치수로 가장 적합한 것은?

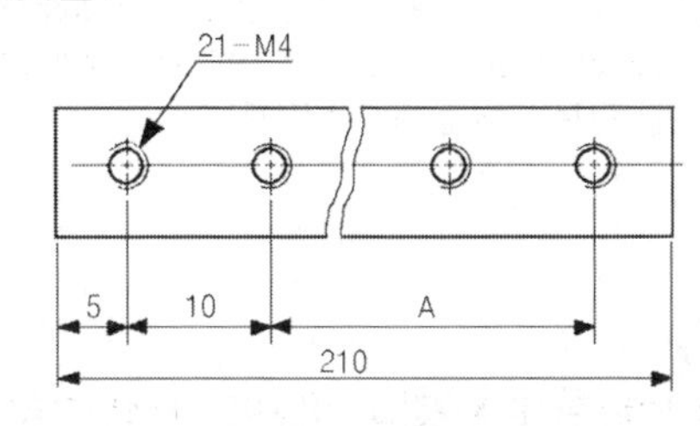

① 185 ② 190
③ 195 ④ 200

해설 간격의 수 × 간격의 치수 = 합계 치수, 구멍의 수가 21개 이므로 간격은 20개가 되고 그림에서 피치는 10. 그러므로 20 × 10 = 200이 된다. 하지만 이미 10이 나와 있으므로 200에서 10을 뺀 190이 정답

Q65

보기와 같은 도면의 설명으로 가장 올바른 것은?

(보기) 30 50 12−20 드릴 30

① 전체길이는 660mm이다.
② 드릴 가공 구멍의 지름은 12mm이다.
③ 드릴 가공 구멍의 수는 12개이다.
④ 드릴 가공 구멍의 피치는 30mm이다.

해설 여러 개의 구멍의 치수의 기입
① 맨 처음 구멍과 두 번째 구멍, 맨 끝 구멍만 그리고, 나머지 구멍은 중심선과 피치선만 그린다.
② 길이가 길 때 : 절단선을 긋고 치수만 기입한다.
③ 12 − 20드릴의 의미는 20mm 드릴 구멍이 12개가 있다는 뜻이다.

Q66

그림과 같이 철판에 구멍이 뚫려있는 도면의 설명으로 올바른 것은?

(보기)

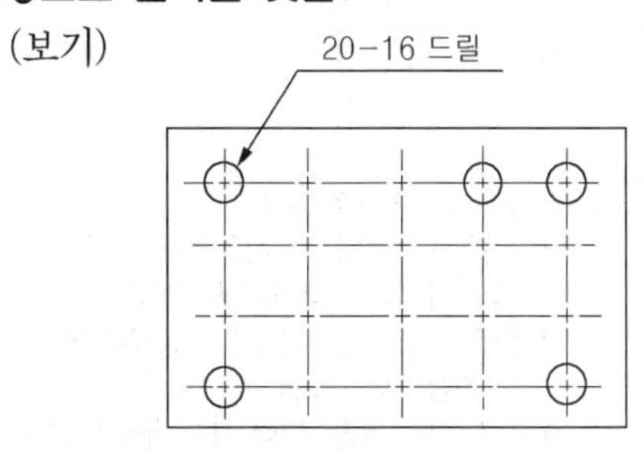

① 구멍지름 16mm, 수량 20개
② 구멍지름 20mm, 수량 16개
③ 구멍지름 16mm, 수량 5개
④ 구멍지름 20mm, 수량 5개

해설 20 − 16드릴의 의미는 앞의 숫자 20은 구명의 개수이고 드릴 앞에 숫자는 드릴의 지름을 의미한다.

정답 63. ② 64. ② 65. ③ 66. ①

Q67

보기 그림의 형강을 올바르게 나타낸 치수 표시법은? 단 길이는 L로 표시함

(보기)

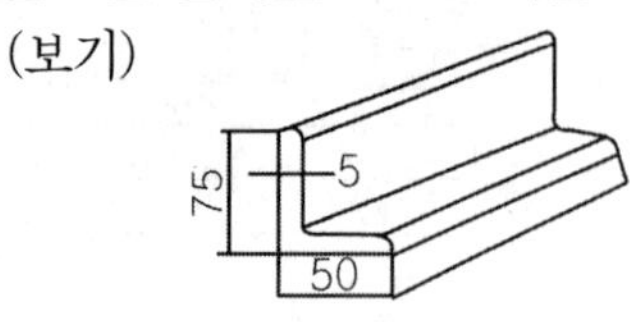

① L75 × 50 × 5 × L
② L75 × 50 × 5 – L
③ L75 × 50 – 5 – L
④ L50 × 75 × 5 × L

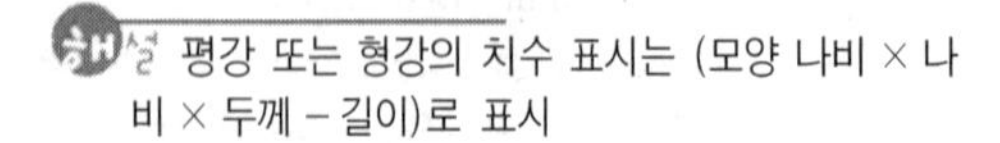
해설 평강 또는 형강의 치수 표시는 (모양 나비 × 나비 × 두께 – 길이)로 표시

Q68

KS 기계제도에서의 치수 배치에서 한 개의 연속된 치수선으로 간편하게 표시하는 것으로 치수의 기점의 위치는 기점 기호(○)로 나타내는 것은?

① 직렬치수 기입법
② 좌표치수 기입법
③ 병렬치수 기입법
④ 누진치수 기입법

해설 직렬과 병렬 치수의 기입
① 직렬 치수 기입 : 한 지점에서 그 다음 지점까지의 거리를 각각 치수를 기입한 것
② 병렬 치수 기입 : 기준면(기점)에서부터 각각의 지점까지 치수를 기입한 것
③ 누진 치수 기입 : 병렬 치수 기입과 같으면서 1개의 연속된 치수선에 기입한 것

Q69

KS 기계재료의 표시기호 SM400A의 명칭은?

① 냉간압연강판 ② 보일러용 압연강재
③ 열간압연강판 ④ 용접구조용 압연강재

해설 ① 냉간 압연 강판(SCP) : 1종, 2종, 3종이 있다.
② 열간 압연 강판(SHP) : SHP1, SHP2, SHP3이 있다.
③ 일반 구조용 압연강(SS) : SS330, SS400, SS490, SS540이 있다.
④ 기계 구조용 탄소강(SM) : SM0C, SM12C, SM15C, SM17C, SM20C, SM22C, SM25C, SM28C, SM30C, SM33C, SM35C, SM38C, SM40C, SM43C, SM45C
⑤ 탄소 공구강(STC) : STC1, STC2, STC3, STC4, STC5, STC6, STC7이 있다. 단, 불순물로서는 0.25% Cu, 0.25% Ni, 0.3% Cr을 초과해서는 안 된다.
⑥ 용접 구조용 압연강재 : SM400A · B · C, SM 490A · B · C, SM490YA · YB, SM520B · C, SM570, SM490 TMC, SM520 TMC, SM 570 TMC(용접구조용 압연강재(KS D 3515)의 SWS 표기는 한국산업규격의 개정('97.10.22)에 의하여 SM으로 변경되었다. 즉 SM400 A, B, C가 있으며, 400은 인장강도를 의미한다.)
⑦ 보일러용 압연강재 SB 등

Q70

다음 기호 중 용접구조용 압연 강재의 KS 재료 기호는?

① SB ② SPP
③ PWR ④ SM400C

해설 용접구조용 압연 강재의 기호는 SM400C이다. SS 400은 일반 구조용 압연 강재, SPP 배관용 탄소강 강관, PWR은 피아노 선재

Q71

도면 부품란에 재료의 기입이 SM45C 로 기입되어 있을 때 재료 명은?

① 용접구조용 압연강재
② 탄소 주강품
③ 기계구조용 탄소강재
④ 회주철품

정답 67. ② 68. ③ 69. ④ 70. ④ 71. ③

Q72

일반구조용 압연 강재 재료 기호 SS330에서 330이 나타내는 의미는?

① 재료의 최대 인장강도 330kgf/mm^2
② 재료의 최저 인장강도 330N/mm^2
③ 재료의 최저 인장강도 330kgf/cm^2
④ 재료의 최대 인장강도 330N/cm^2

해설 일반 구조용 압연 강재 및 기계 구조용 강 등에서 숫자 뒤에 C가 붙으면 탄소량을 숫자만 있으면 재료의 최저 인장강도(kg/mm^2)를 의미한다.

Q73

도면에 SS330으로 표시된 기계재료의 의미로 다음 중 가장 적합한 설명은?

① 합금 공구강으로, 최저인장강도는 330kgf/cm^2
② 일반구조용 압연강재로, 최저인장강도는 330N/mm^2
③ 열간압연 스테인리스 강관으로, 탄소 함유량은 0.33%
④ 압력배관용 탄소강재로, 탄소 함유량은 0.33%

해설 일반 구조용 압연강(SS) : SS330, SS400, SS490, SS540이 있다. 뒤에 숫자는 최저 인장 강도를 의미한다.

Q74

기계재료 기호 SM35C 의 설명으로 틀린 것은?

① S는 강을 뜻한다.
② C는 탄소를 뜻한다.
③ 35는 최저인장강도를 뜻한다.
④ SM은 기계 구조용 탄소강을 뜻한다.

Q75

KS 재료기호 중 SM25C 에서 25가 의미하는 것은?

① 탄소함유량
② 기계구조용 강재
③ 최저인장강도
④ 일반구조용 강철

Q76

용접용 재료 기호가 SM400C으로 표시되었을 때의 재료 기호 설명으로 올바른 것은?

① 일반구조용 압연강재이다.
② C는 용접용을 의미한다.
③ C는 탄소 함유량이다.
④ 400은 최저인장강도를 400N/mm^{2}나타낸다.

해설 용접구조용 압연강재(KS D3515)의 SWS 표기는 한국산업규격의 개정('97.10.22)에 의하여 SM으로 변경되었다. 즉 SM 400 A, B, C가 있으며, 400은 인장강도를 의미한다.

Q77

다음 중 용접구조용 압연강재의 KS 재료기호는?

① SS 400　② SSW 41
③ SBC1　④ SM 400A

Q78

KS 재료기호 중 기계 구조용 탄소강재의 기호는?

① SM35C　② SS490B
③ SF340A　④ ST20A

72. ② 73. ② 74. ③ 75. ① 76. ④ 77. ④ 78. ①

Q79

기계구조용 탄소강재의 KS 재료 기호는?

① SBS　② SCS50
③ SM400A　④ SM45C

Q80

KS 재료 기호 중 일반 구조용 압연강재를 표시하는 것은?

① SM　② SPS
③ SS　④ SBC

Q81

기계재료의 표시법에서 탄소 주강품을 나타내는 재료기호는?

① SC　② SM
③ SHP　④ STC

Q82

다음 투상도법 중 제1각법과 제3각법이 속하는 투상도법은?

① 정투상법　② 등각 투상법
③ 사투상법　④ 부등각 투상법

Q83

다음은 제 3각법에 대하여 설명한 것이다. 틀린 것은?

① 평면도는 정면도의 상부에 도시한다.
② 좌측면도는 정면도의 좌측에 도시한다.
③ 우측면도는 평면도의 우측에 도시한다.
④ 저면도(밑면도)는 정면도 밑에 도시한다.

해설 3각법
① 물체를 제3면각 안에 놓고 투상하는 방법이다.
② 투상 방법 : 눈 → 투상면 → 물체
③ 정면도를 기준으로 투상된 모양을 투상한 위치에 배치한다.
④ KS에서는 제3각법으로 도면 작성하는 것이 원칙이다.
⑤ 도면의 표제란에 표시 기호로 표현 가능하다.
⑥ 정면도 위 평면도, 정면도 우측에 우측면도 배치한다.

Q84

제도에서 투상한 다음 도면 중에 1각법이나 3각법으로 투상하여도 배치 위치가 동일한 위치에 있는 것은?

① 우측면도　② 평면도
③ 정면도　④ 저면도

해설 1각법의 경우 정면도 밑에 평면도, 좌측에 우측면도를 배치하고, 3각법의 경우는 정면도 위에 평면도, 우측에 우측면도를 배치한다. 그 구조의 모양을 1각법은 ㄱ자 형태로 기억하고, 3각법은 ㄴ자 형태로 기억하면 된다. 즉 꼭지점에 정면도가 위치하고, 수직선에 평면도가 수평선에 우측면도가 위치한다고 생각하다.

Q85

보기 그림은 투상법의 기호이다. 몇 각법을 나타내는 기호 인가?

(보기)

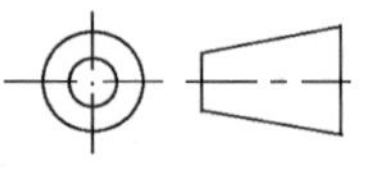

① 제1각법　② 제2각법
③ 제3각법　④ 제4각법

해설 ①, ②, ④, ⑤는 3각법, ③은 1각법

① 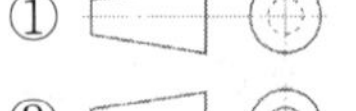
② 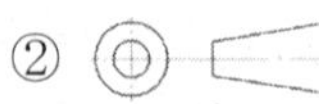
③ 
④ 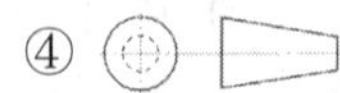
⑤ 

정답 79. ④　80. ③　81. ①　82. ①　83. ③　84. ③　85. ③

Q86

보기의 입체도 A, B, C, D를 1, 2, 3, 4 로 표시된 평면도에서 적합한 형상으로 올바르게 짝지어진 것은?

(보기)

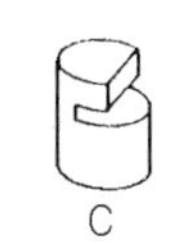
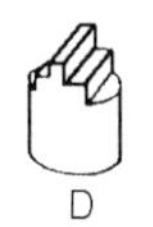

A B C D

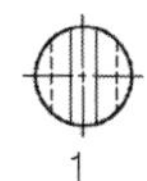
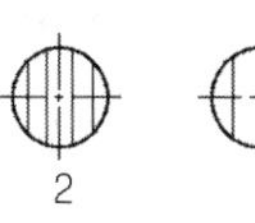
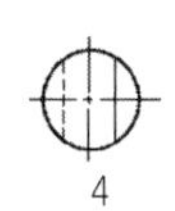

1 2 3 4

① A－3, B－1, C－4, D－2
② A－1, B－4, C－2, D－3
③ A－4, B－2, C－3, D－1
④ A－3, B－2, C－1, D－4

Q87

그림과 같은 입체도에서 화살표 방향이 정면일 때 3각법으로 올바르게 투상한 것은?

(보기)

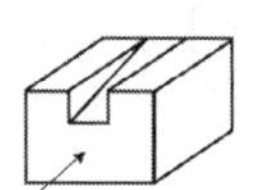

① 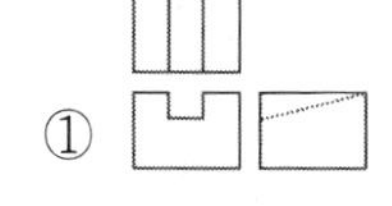
② 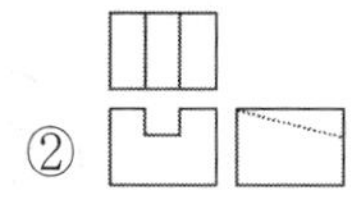
③ 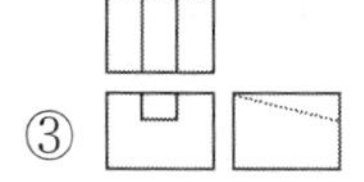
④ 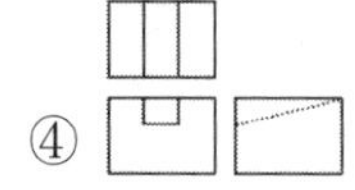

해설

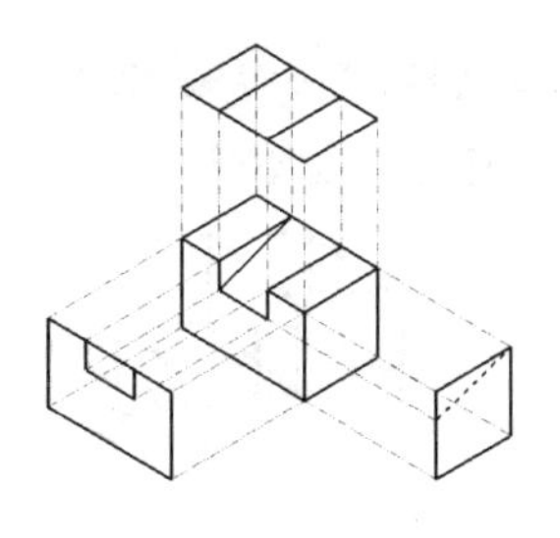

Q88

보기 입체도에서 화살표 방향 투상도로 적합한 것은?

(보기)

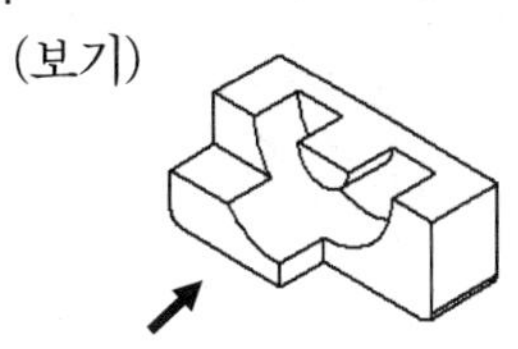

① 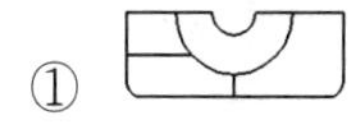
② 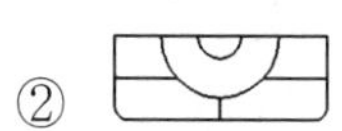
③ 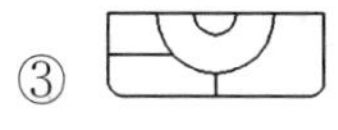
④ 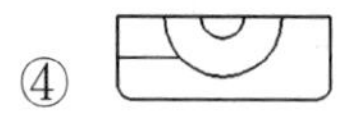

해설

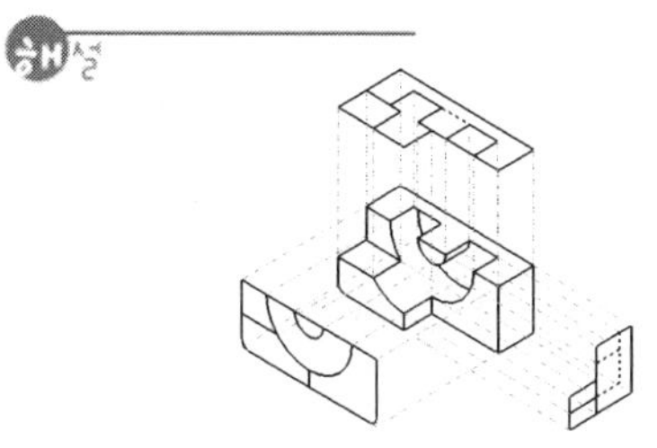

Q89

그림과 같은 입체도에서 화살표 방향을 정면으로 하여 3각법으로 도시할 때 평면도로 가장 적합한 것은?

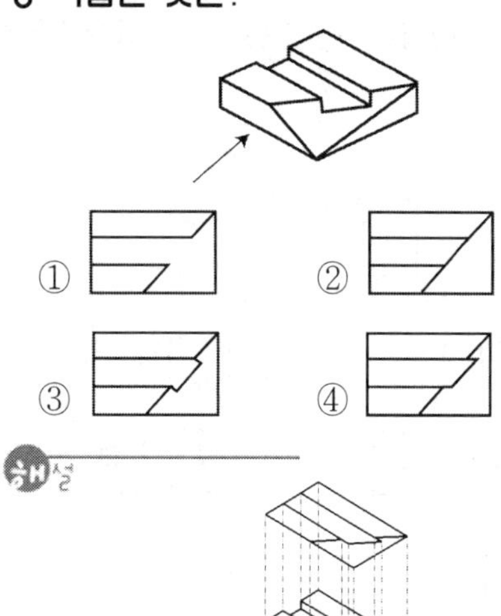

정답

86. ① 87. ④ 88. ③ 89. ④

Q90

그림과 같은 입체도에서 화살표 방향 투상도로 가장 적절한 것은?

① 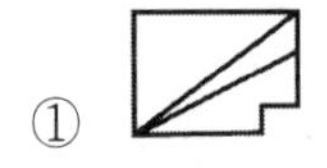

② 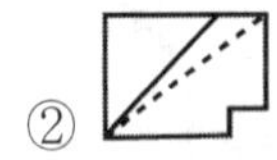

③ 

④ 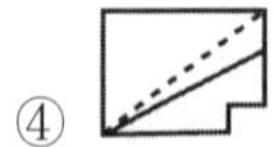

해설

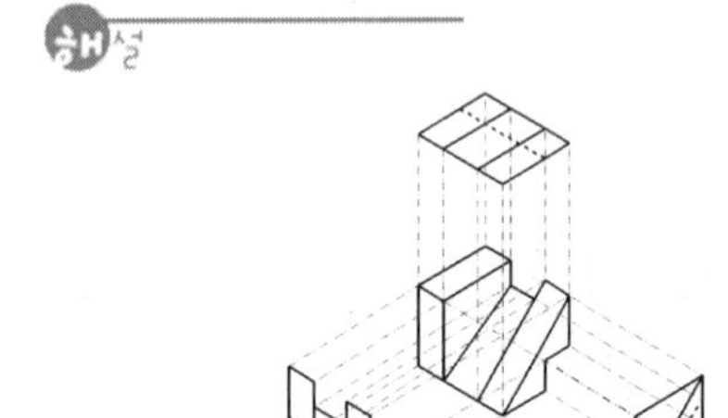

Q91

그림과 같은 입체도에서 화살표 방향이 정면일 때 제 3각법으로 제도한 것으로 올바른 것은?(단, 정면을 기준으로 좌우 대칭 형상이다.)

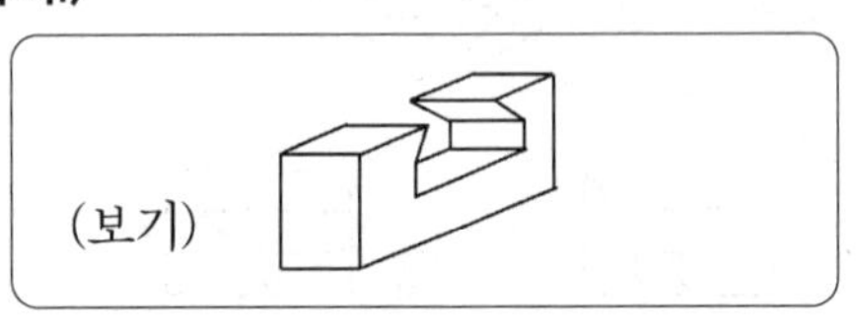

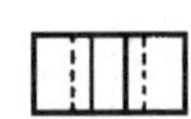
① 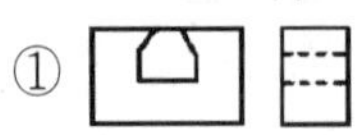

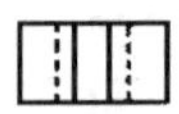
② 

③ 

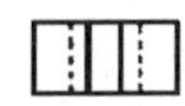
④ 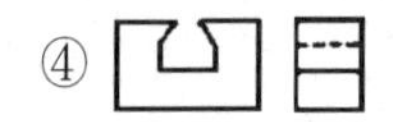

해설

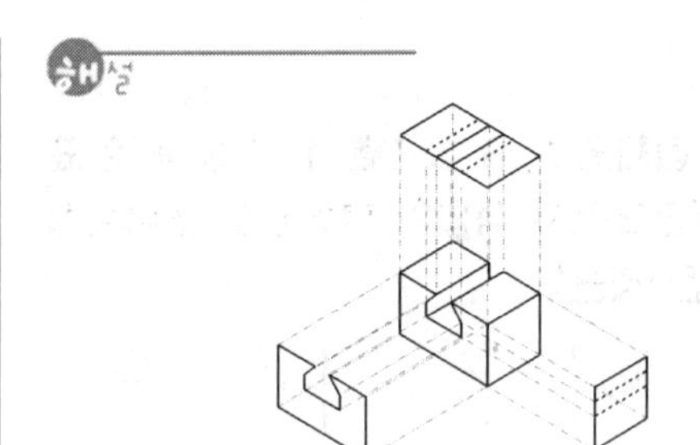

Q92

그림과 같은 입체도에서 화살표 방향을 정면으로 하여 제3각법 투상도로 가장 적합한 것은?

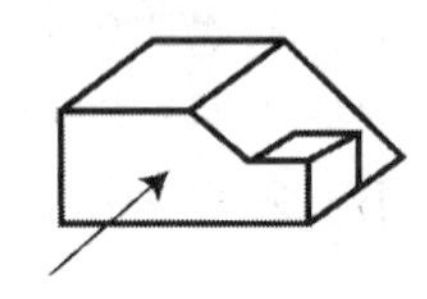

① 

② 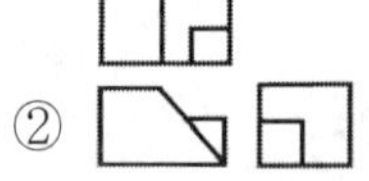

③ 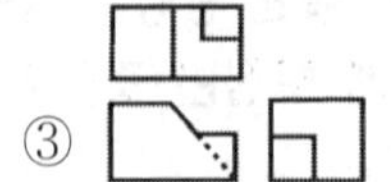

④ 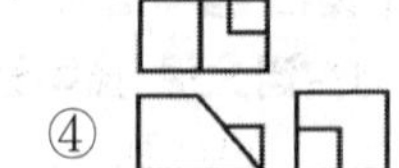

해설

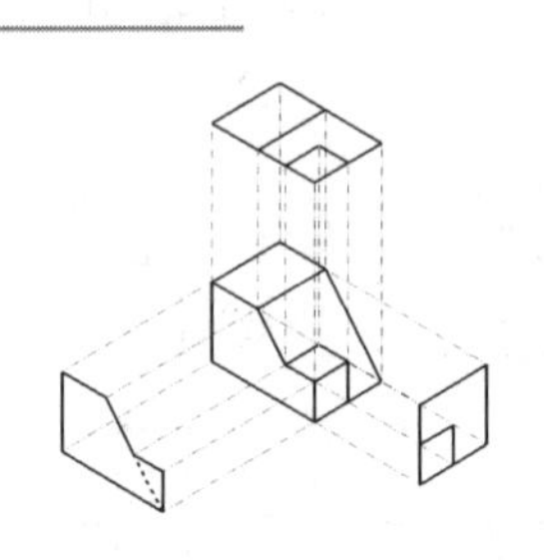

Q93

보기와 같이 화살표 방향을 정면도로 선택하였을 때 평면도의 모양은?

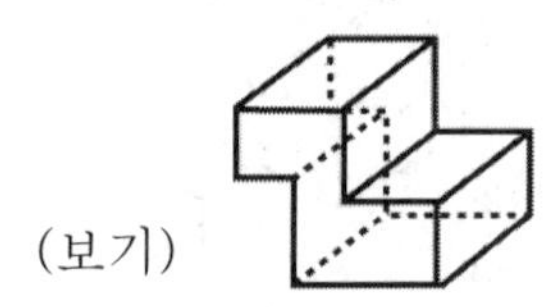

정답 90. ③ 91. ③ 92. ① 93. ②

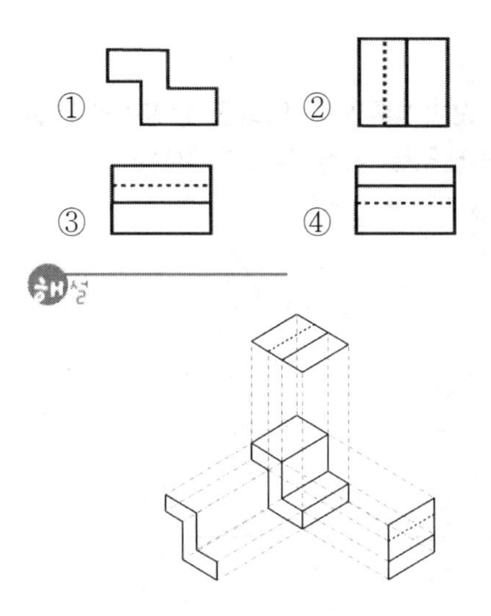

해설

Q94

아래 왼쪽 입체도를 오른쪽과 같은 3각법으로 정투상하여 나타냈을 경우 이 도면에 관한 설명으로 맞는 것은?

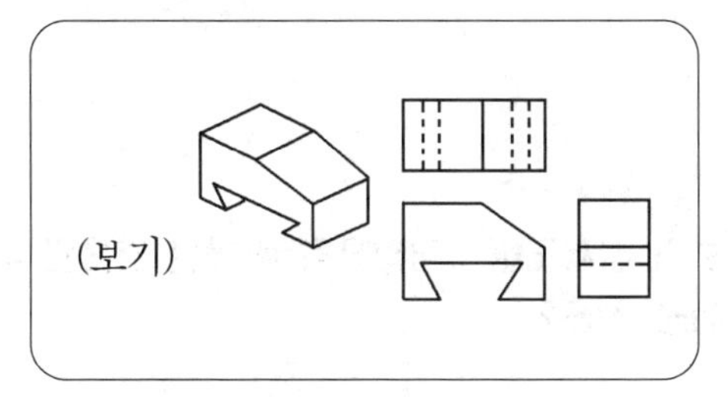

① 정면도만 틀림
② 평면도만 틀림
③ 우측면도만 틀림
④ 투상한 도면은 모두 올바름

해설

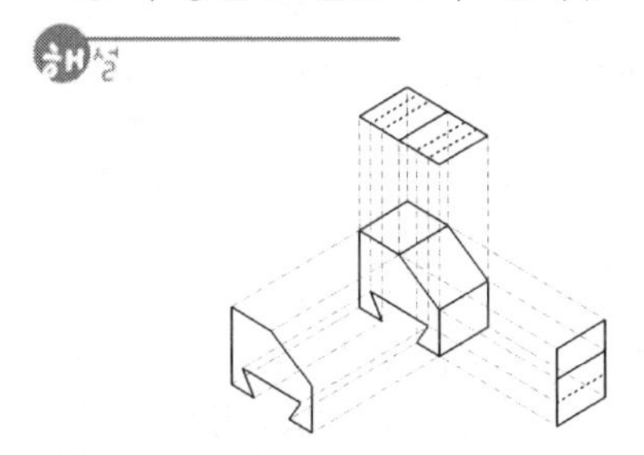

Q95

그림과 같은 입체도에서 화살표 방향으로 본 투상도로 적합한 것은?

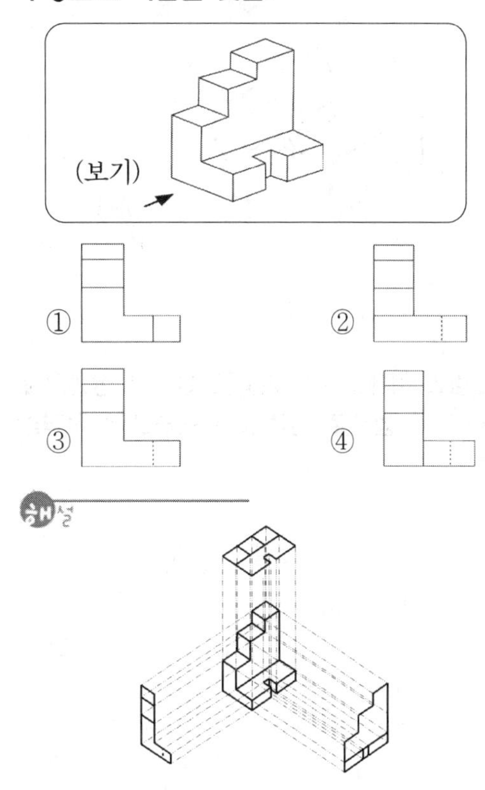

Q96

그림과 같이 제 3각법으로 정투상한 도면의 입체도로 가장 적합한 것은?

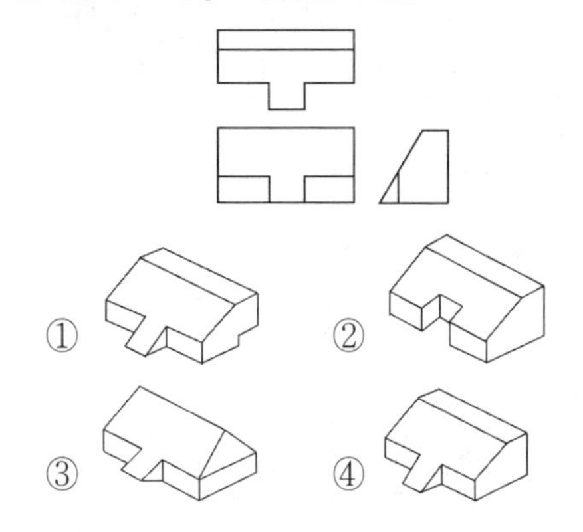

정답 93. ② 94. ④ 95. ③ 96. ④

해설

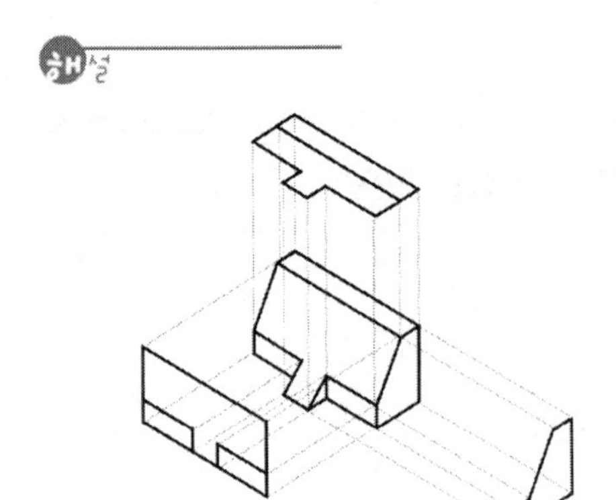

Q97

그림의 입체도에서 화살표 방향을 정면으로 하여 3각법으로 정투상한 도면으로 적합한 것은?

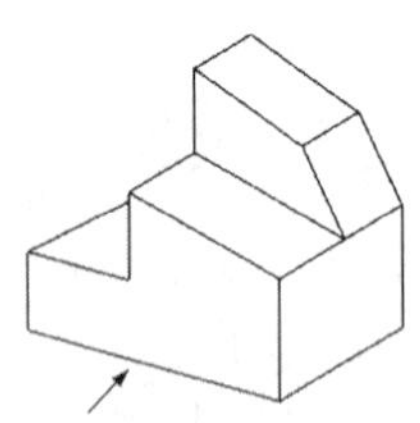

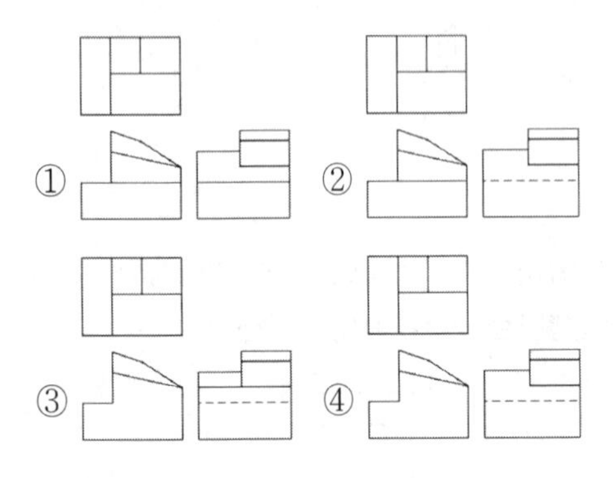

해설

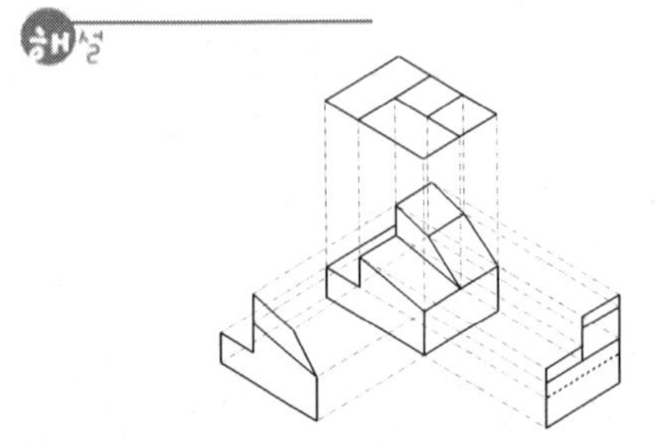

Q98

그림과 같이 입체도의 화살표 방향이 정면일 때, 우측면도로 가장 적합한 것은?

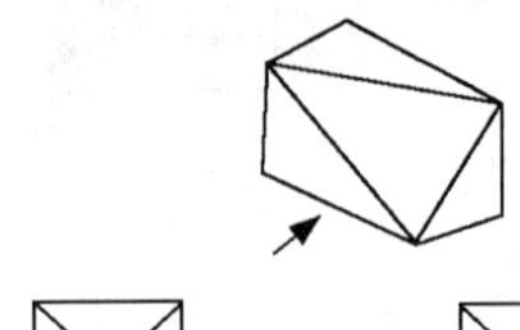

① 
② 
③ 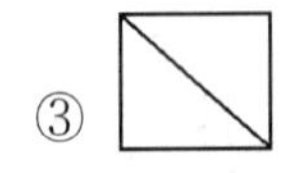
④ 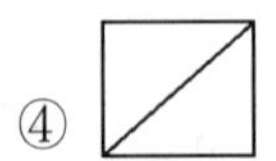

해설

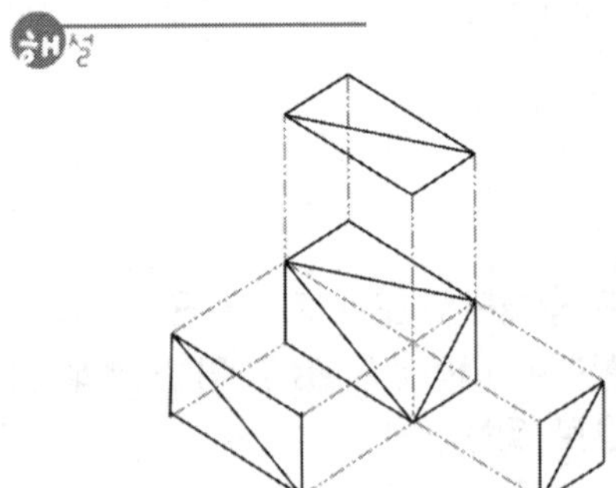

Q99

보기 입체도를 3각법으로 투상한 것으로 가까운 것은?

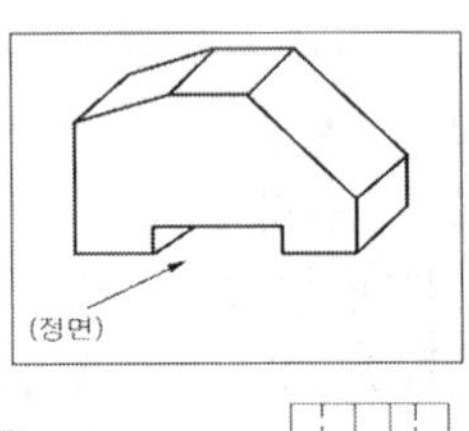

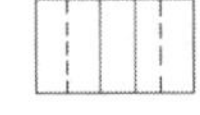

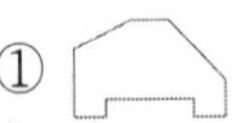

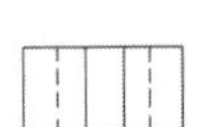

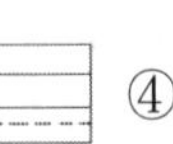
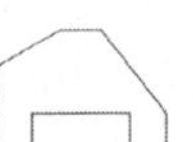
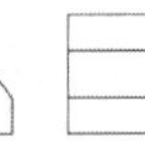

① ② ③ ④

정답: 97. ③ 98. ④ 99. ①

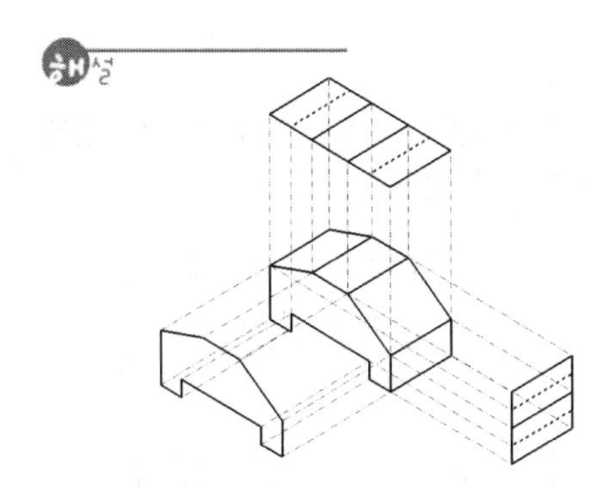

Q100

그림과 같은 입체도의 화살표 방향 투상도로 가장 적합한 것은?

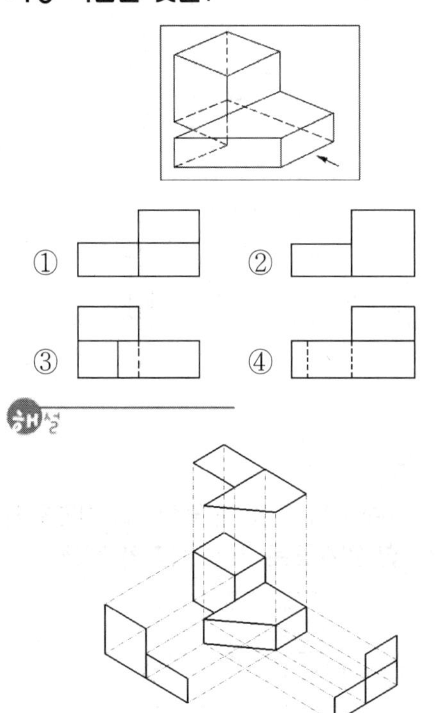

Q101

그림과 같이 제3각법으로 나타낸 정투상도에 대한 입체도로 적합한 것은?

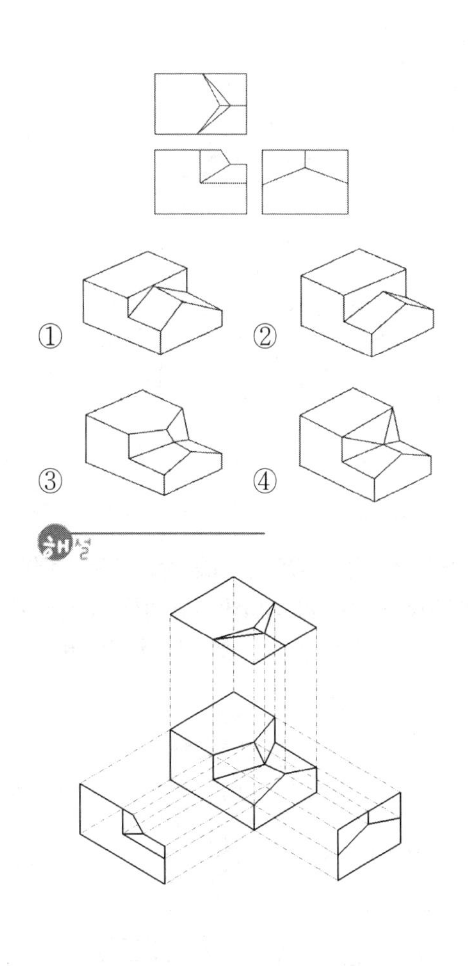

Q102

제3각법으로 정투상한 보기 도면에 적합한 입체도는?

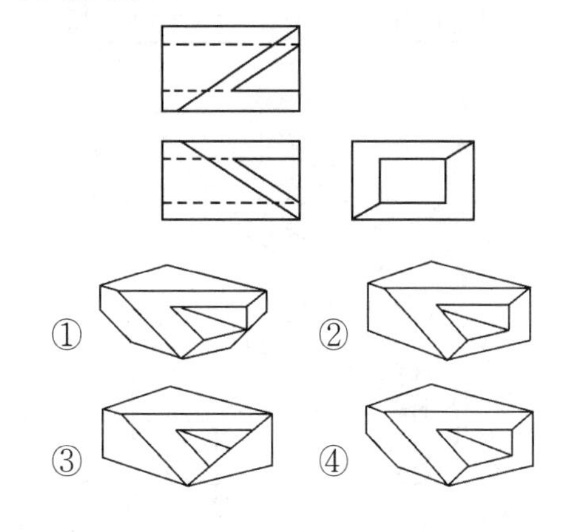

정답 100. ① 101. ③ 102. ②

해설

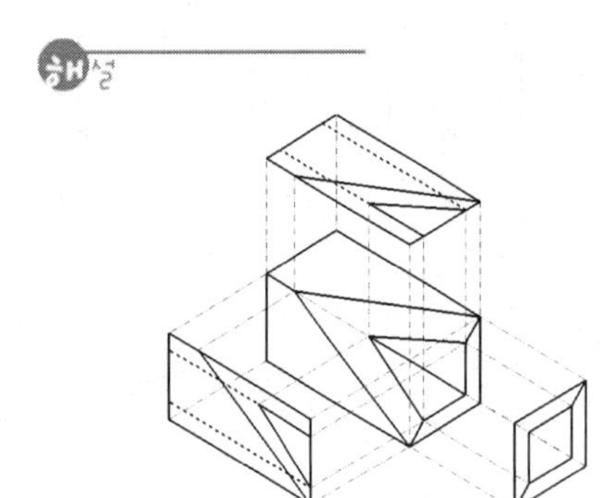

Q103

보기 입체도에서 화살표 쪽을 정면도로 한다면 평면도를 올바르게 나타낸 것은?(단, 평면도상에서 상하, 좌우방향의 형상은 대칭이다)

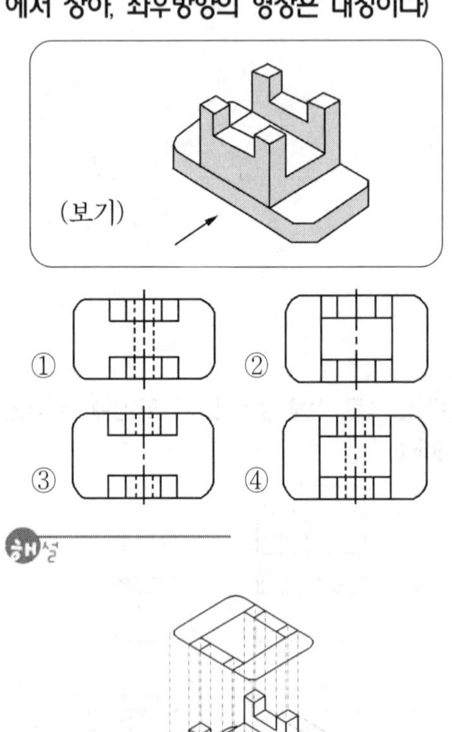

해설

Q104

그림과 같은 제3각 투상도에서 누락된 정면도로 적합한 투상도는?

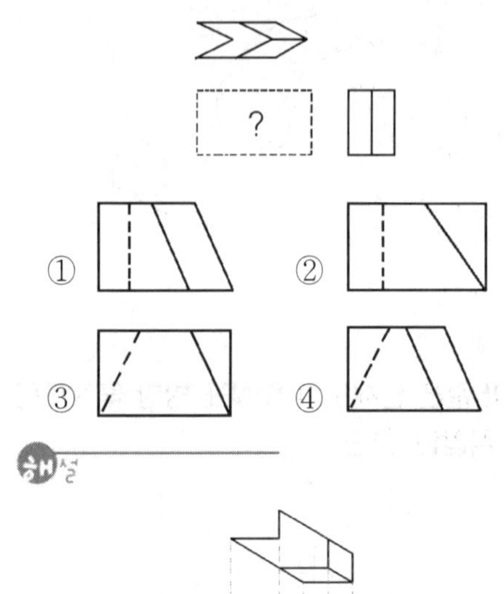

해설

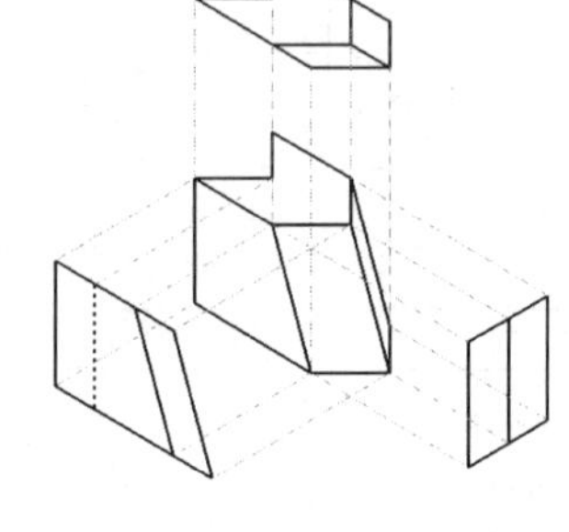

Q105

그림과 같은 제3각법 정투상도의 3면도를 기초로 한 입체도로 가장 적합한 것은?

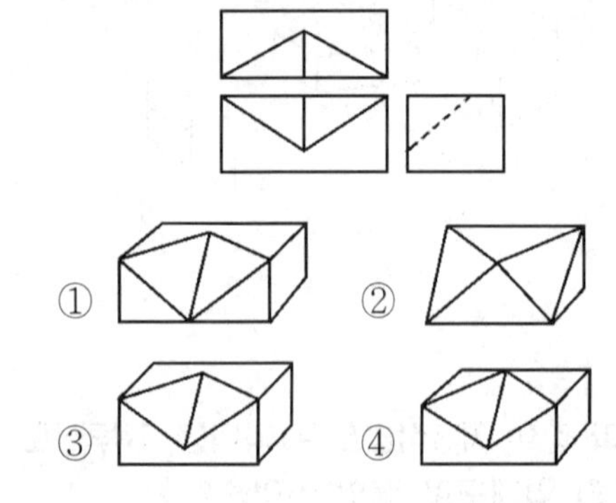

정답 103. ② 104. ① 105. ③

해설

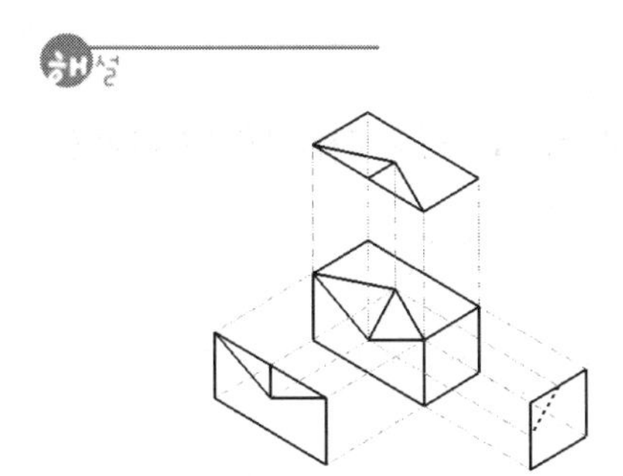

Q107

그림과 같은 입체도에서 화살표 방향 투상도로 적합한 것은?

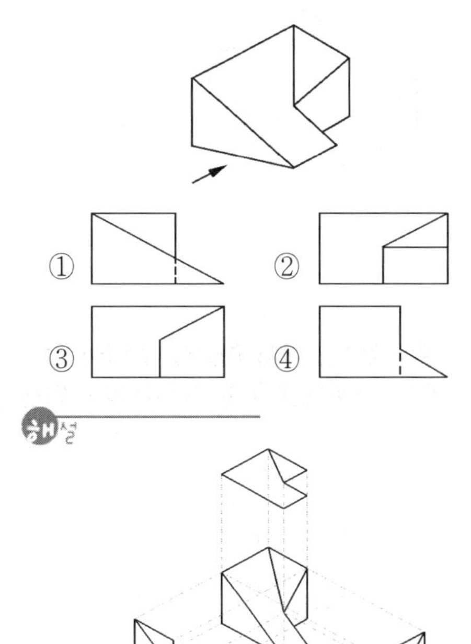

해설

Q106

그림의 도면은 제3각법으로 정투상한 정면도와 평면도이다. 우측면도로 가장 적합한 것은?

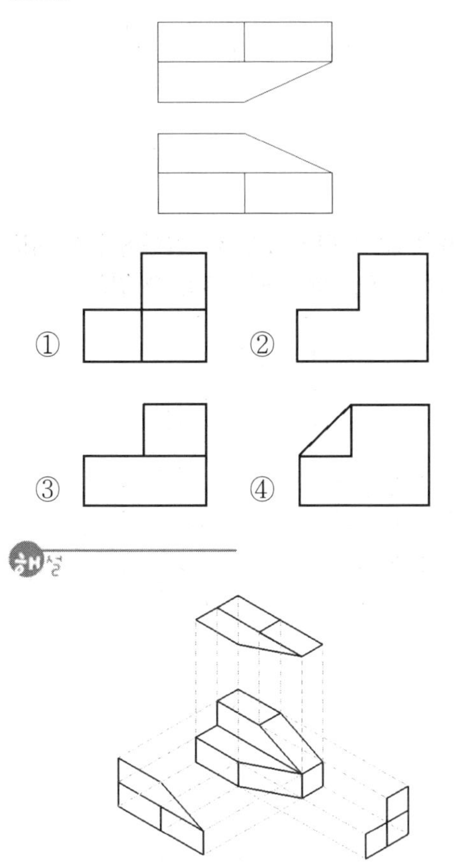

해설

Q108

그림과 같은 정투상도에서 해당하는 입체도는?(단, 화살표 방향이 정면이다)

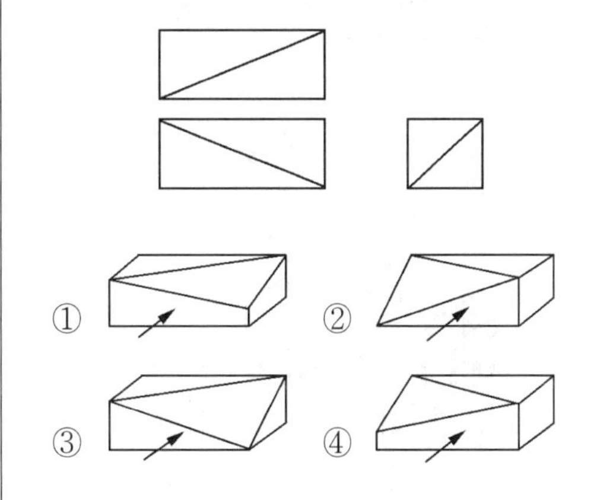

정답

106. ① 107. ① 108. ③

해설

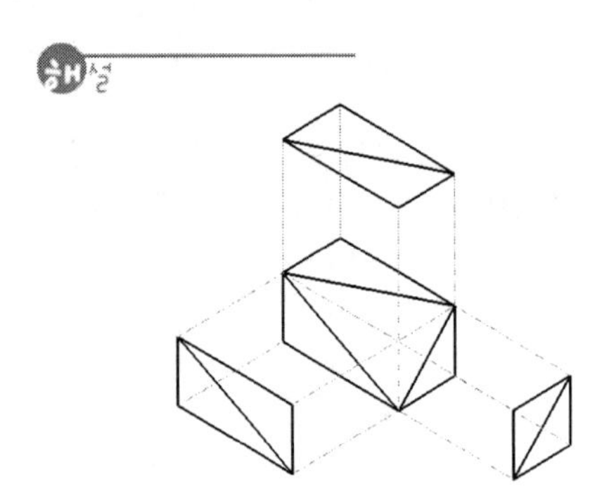

Q109

그림의 등각투상도에서 화살표 방향이 정면일 때 제3각 투상도로 가장 올바르게 나타낸 것은?

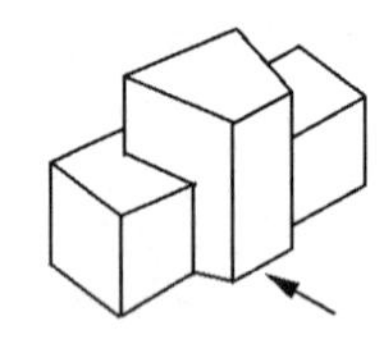

① 평면도

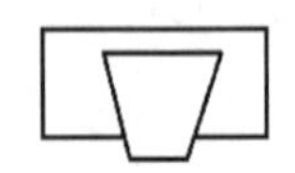

② 좌측면도

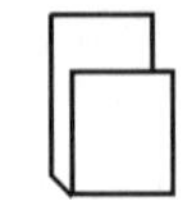

③ 정면도

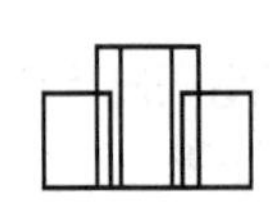

④ 우측면도

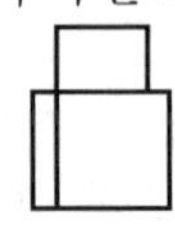

해설

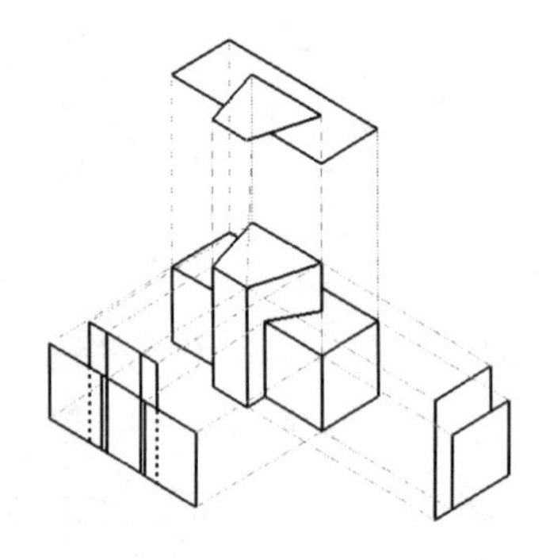

Q110

보기 입체도의 정면도로 가장 적합한 투상은?

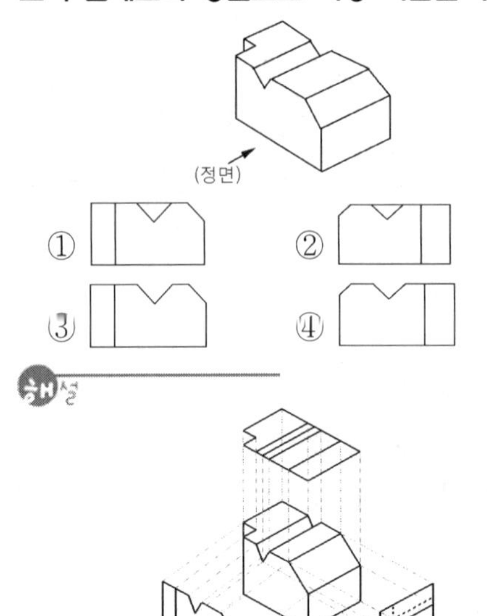

해설

Q111

보기와 같이 제3각법으로 정투상도를 작도할 때 누락된 평면도로 적합한 것은?

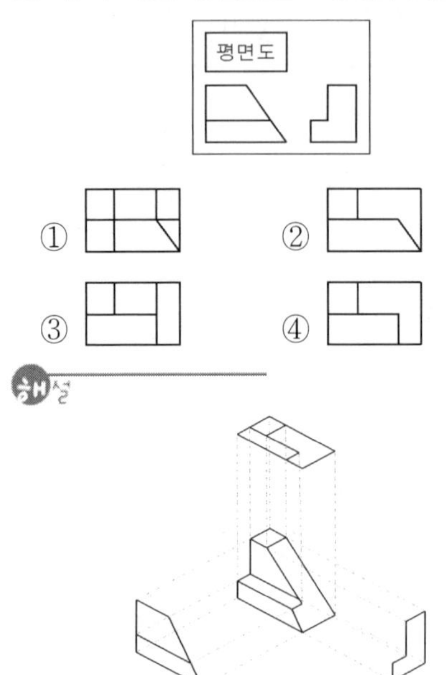

정답 109. ① 110. ③ 111.④

Q112

다음 입체도의 화살표 방향의 투상도로 가장 적합한 것은?

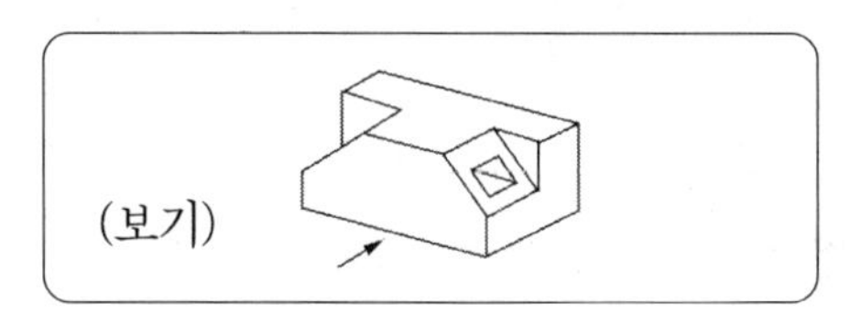

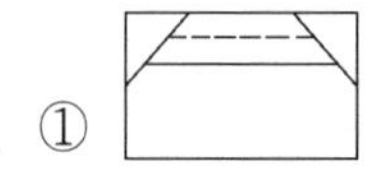

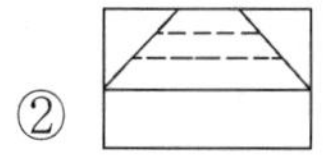

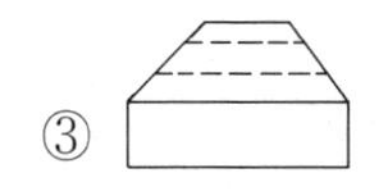

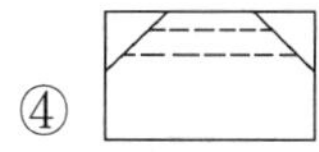

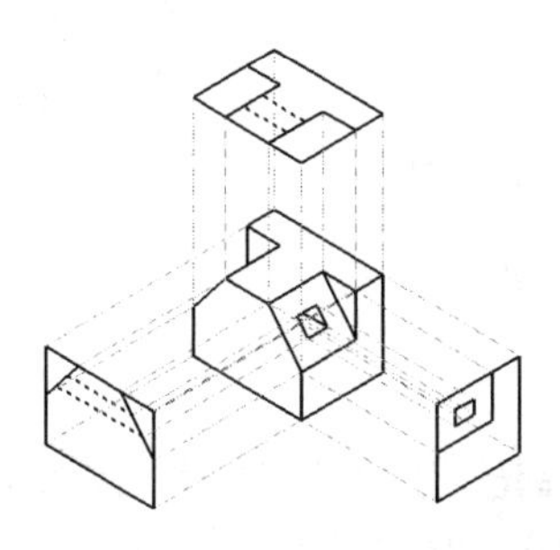

Q113

그림과 같은 입체의 화살표 방향 투상도로 가장 적합한 것은?

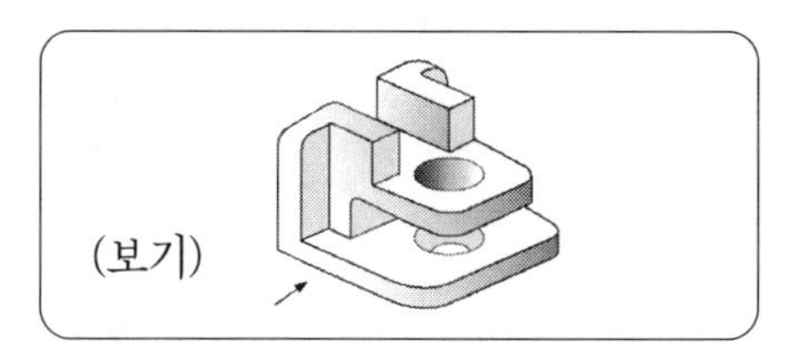

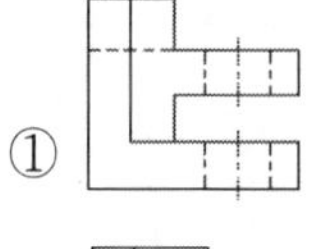

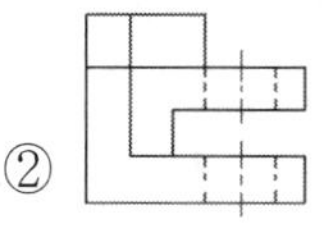

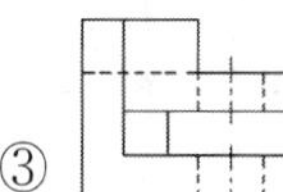

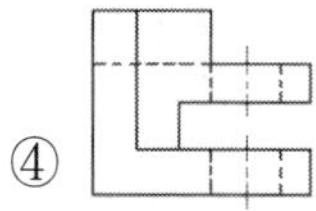

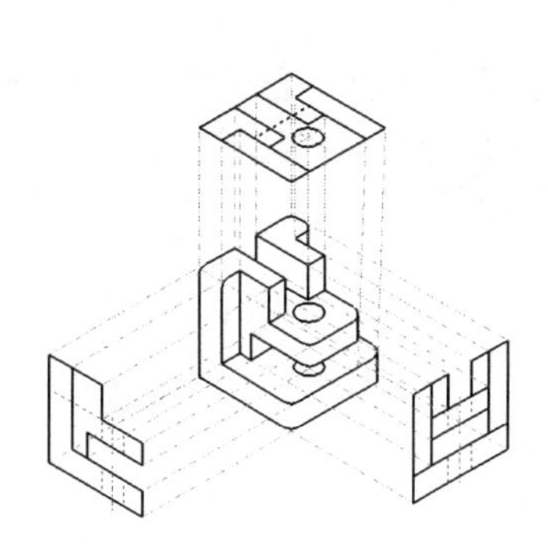

Q114

그림과 같은 입체도의 화살표 방향을 정면으로 할 때 우측면도로 적합한 투상은?

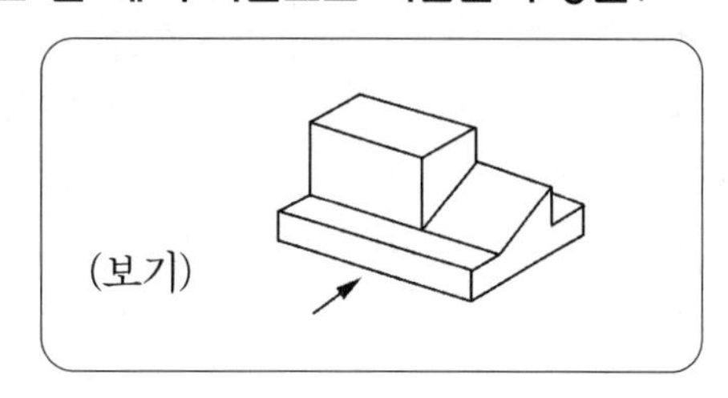

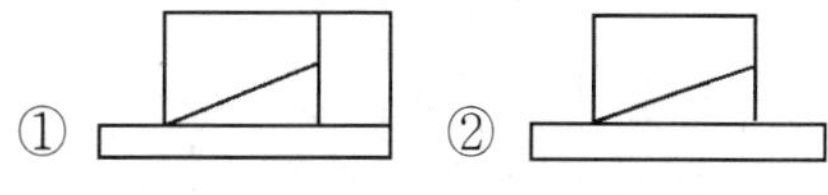

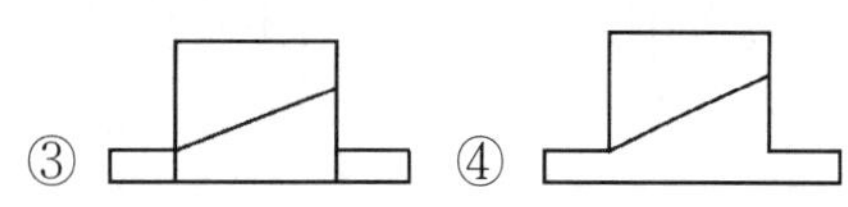

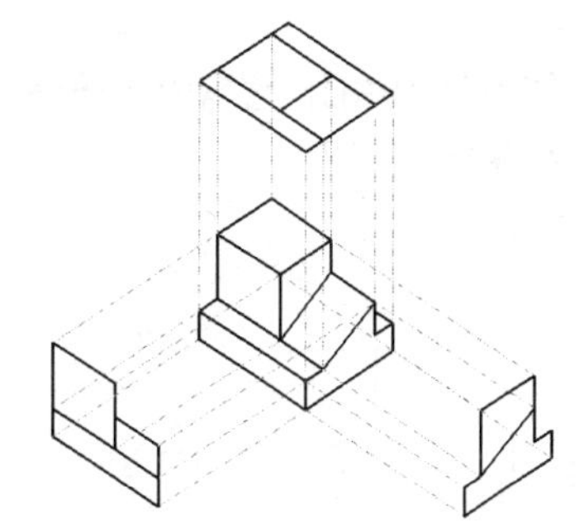

정답 112. ④ 113. ④ 114. ④

Q115

3각법으로 투상한 그림과 같은 정면도와 평면도에 좌측면도로 적합한 것은?

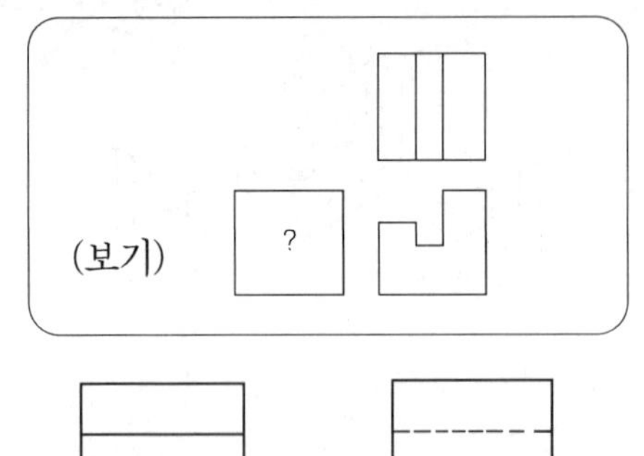

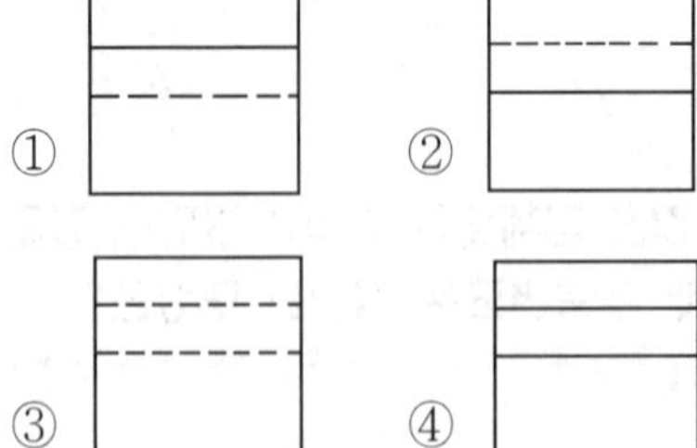

해설

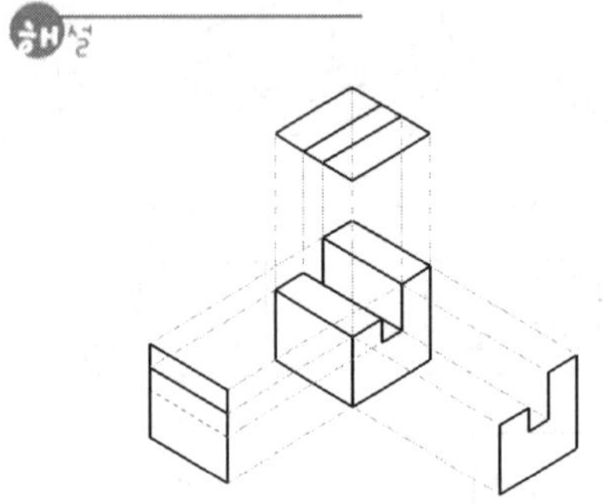

Q116

다음 그림에서 화살표 방향이 정면일 경우 평면도로 옳은 것은?

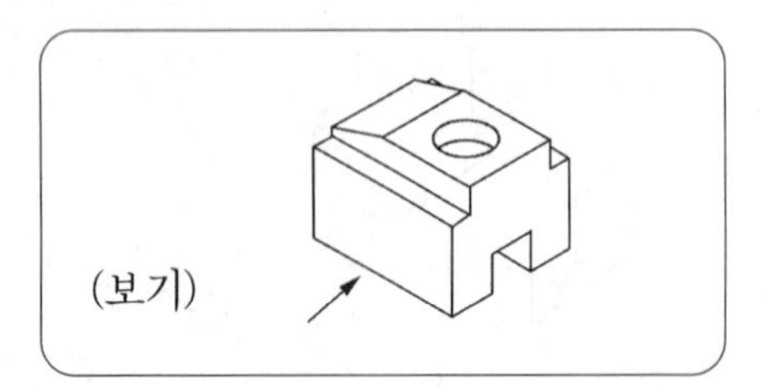

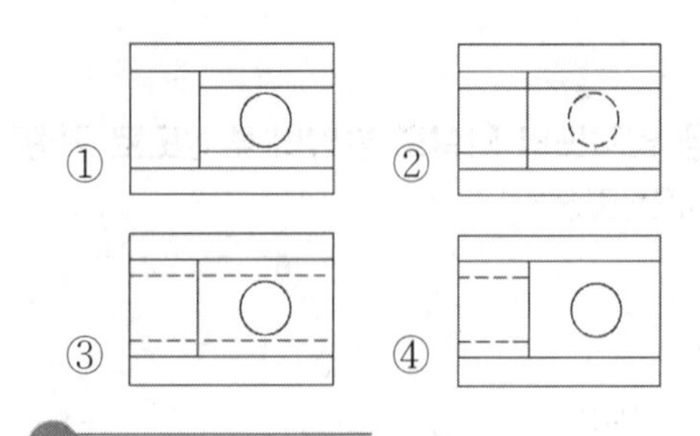

해설

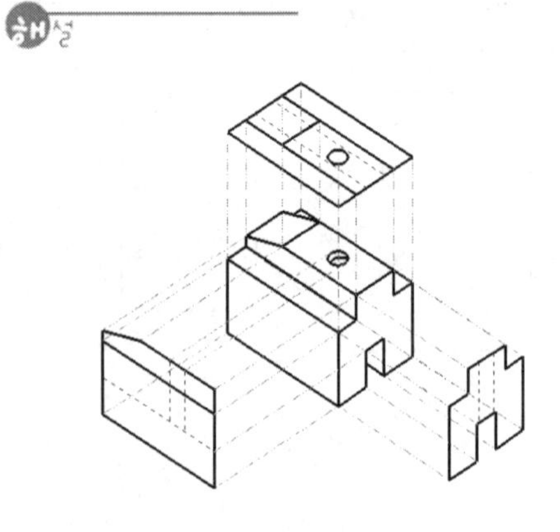

Q117

그림과 같은 입체도에서 화살표 방향을 정면으로 한 제3각 정투상도로 가장 적합한 투상은?

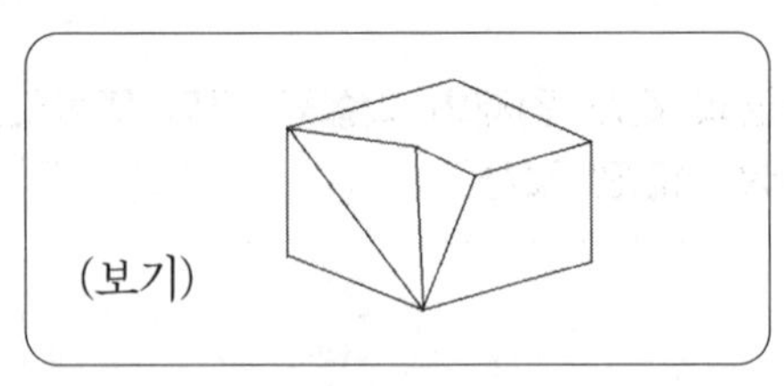

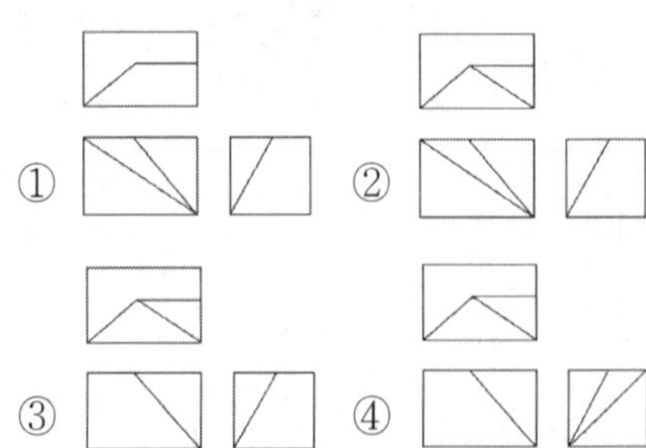

정답 115. ① 116. ③ 117. ②

해설

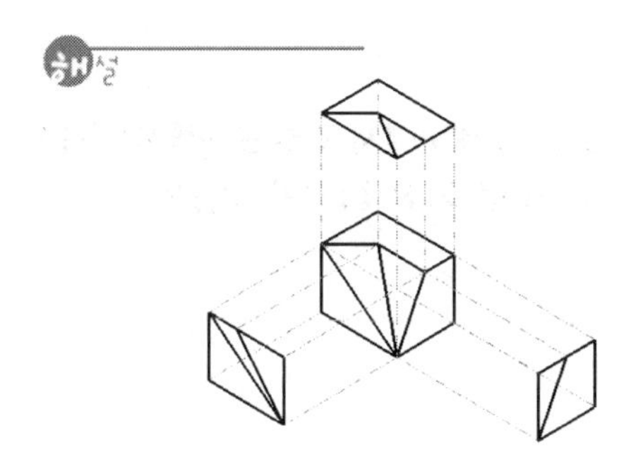

Q118

다음은 제3각법의 정투상도로 나타낸 정면도와 우측면도이다. 평면도로 가장 적합한 것은?

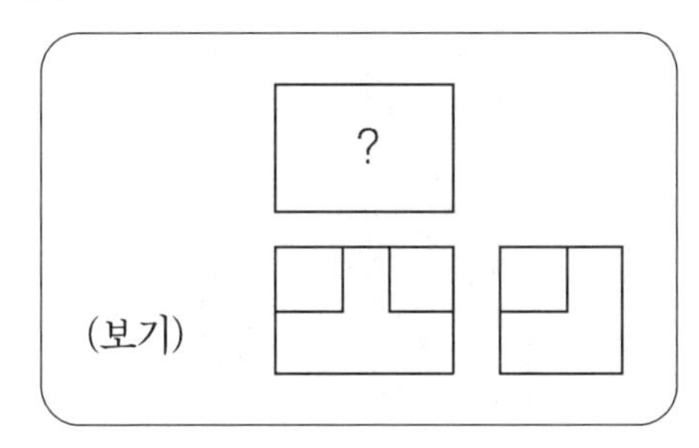

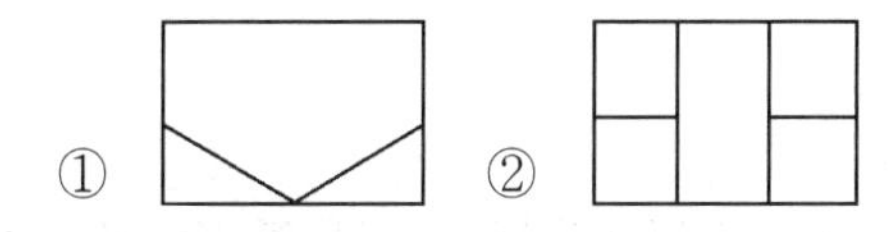

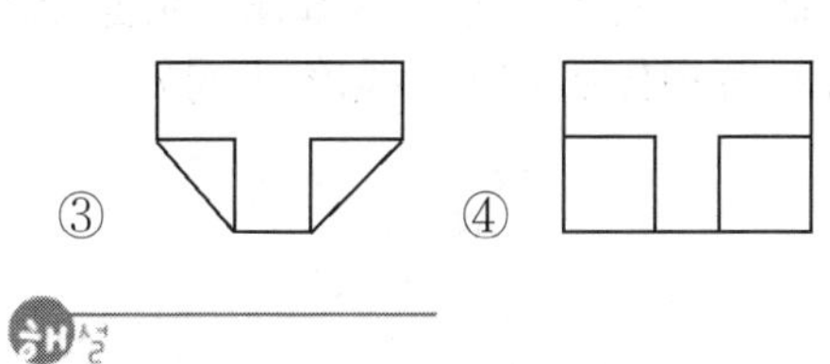

해설

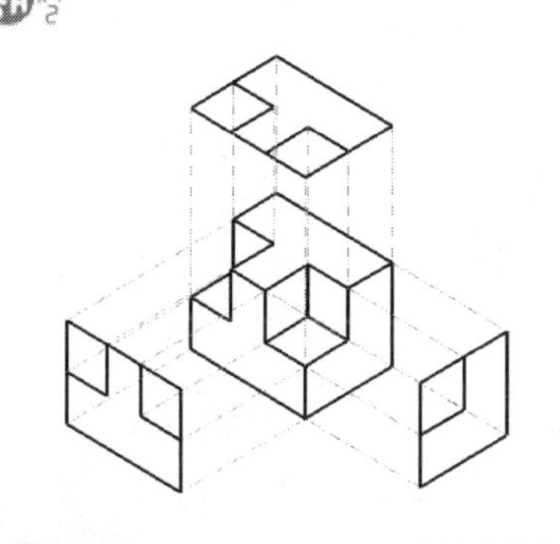

Q119

아래 그림은 평면도와 정면도가 똑같이 나타나는 물체의 평면도와 정면도이다. 우측면도로 가장 적합한 것은?

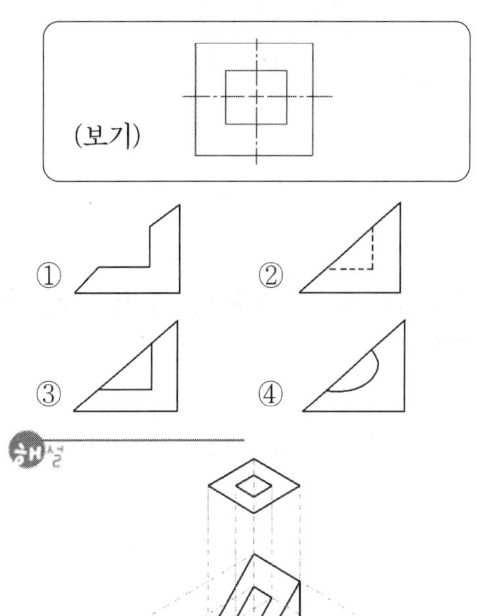

해설

Q120

다음 제3각 정투상도에 해당하는 입체도는?

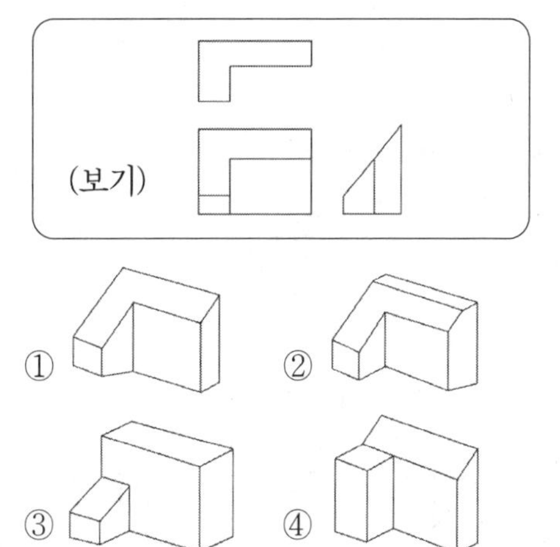

정답 118. ④ 119. ② 120. ①

해설

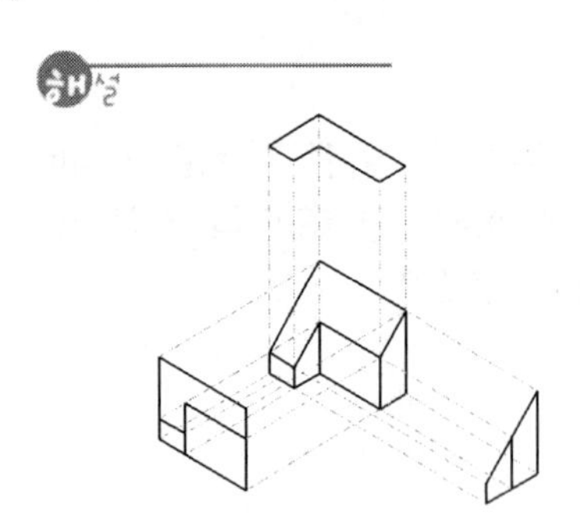

Q121

그림과 같은 평면도와 정면도에 가장 적합한 우측면도는?

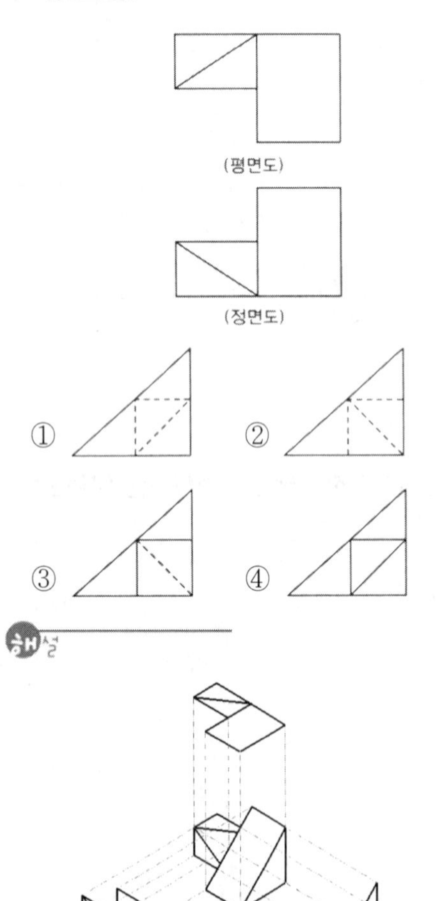

Q122

그림과 같은 입체도에서 화살표 방향이 정면일 때 정면도로 가장 적합한 것은?

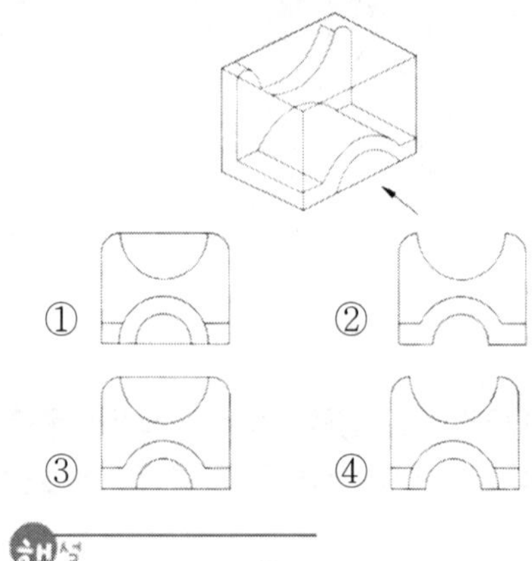

해설

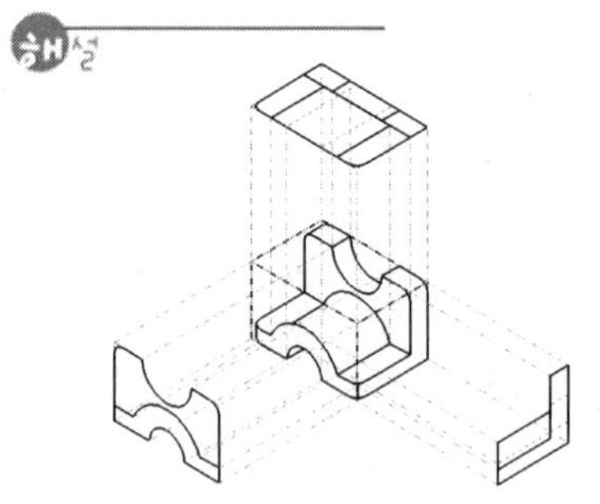

Q123

화살표 방향이 정면인 입체도를 3각법으로 투상한 도면으로 가장 적합한 것은?

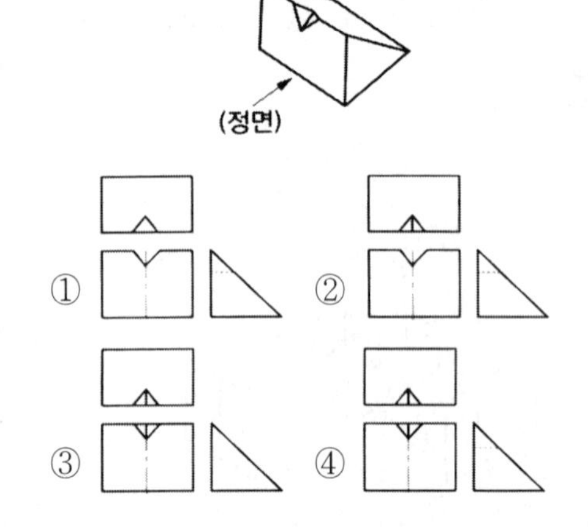

정답 121. ① 122. ② 123. ②

해설

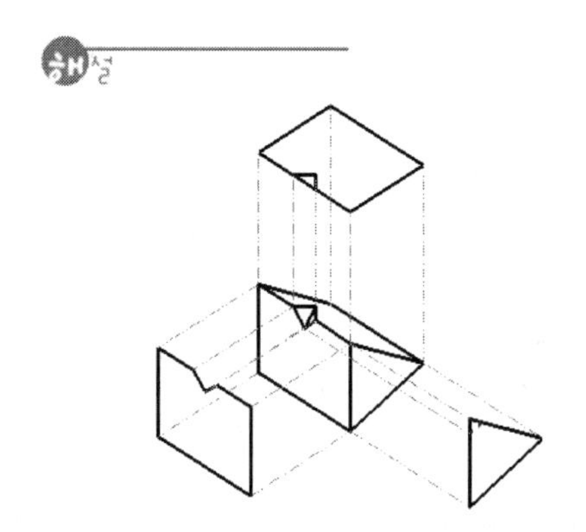

Q124

제 3각법으로 그린 각각 다른 물체의 투상도이다. 정면도, 평면도, 우측면도가 모두 올바르게 그려진 것은?

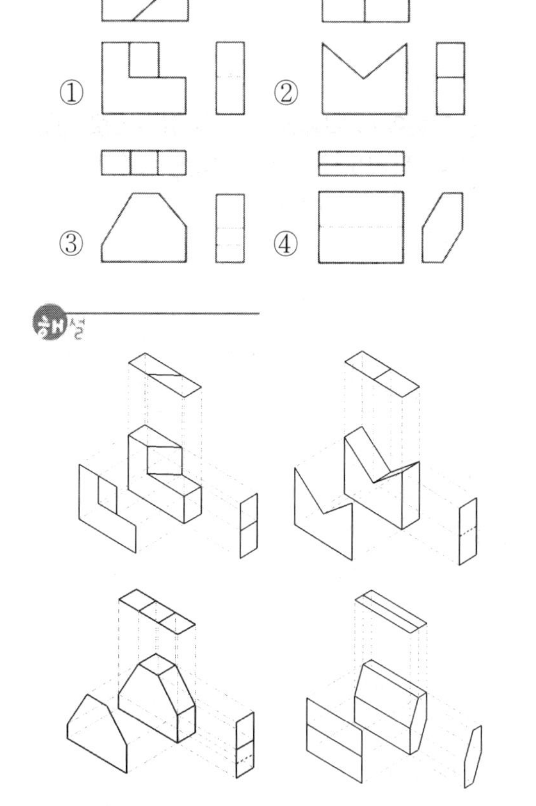

Q125

보기와 같이 제3각법으로 정투상도를 작도할 때 누락된 평면도로 적합한 것은?

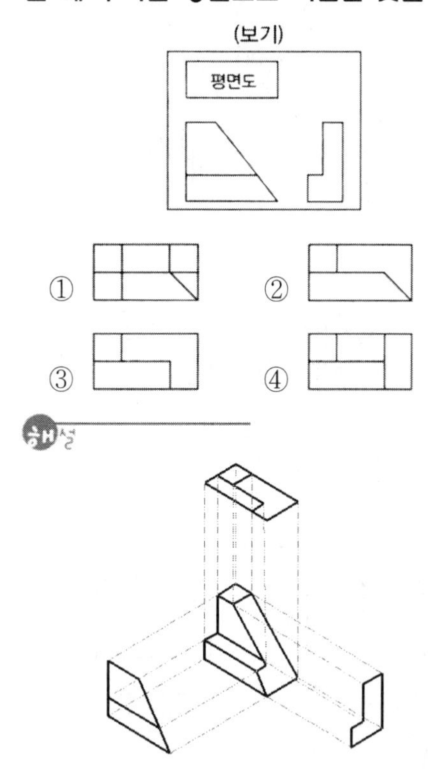

Q126

그림은 제3각법으로 정투상한 정면도와 우측면도이다. 평면도로 가장 적합한 투상도는?

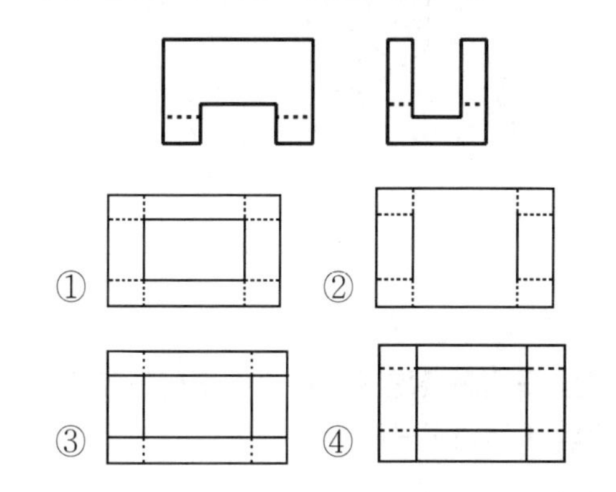

정답 124. ③ 125. ③ 126. ③

해설

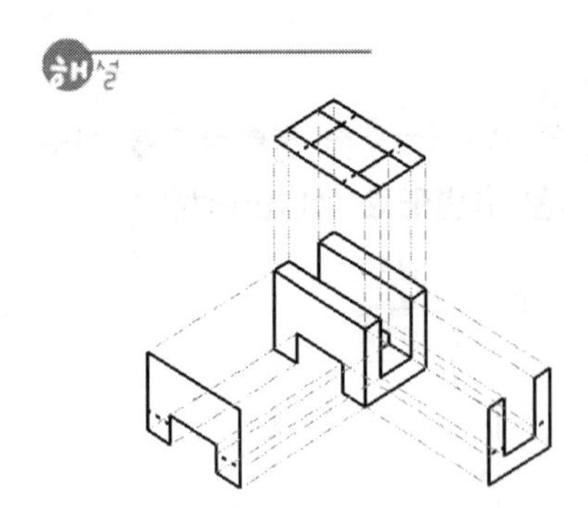

Q127

그림과 같은 제3각법 정투상도에서 누락된 우측면도를 가장 적합하게 투상한 것은?

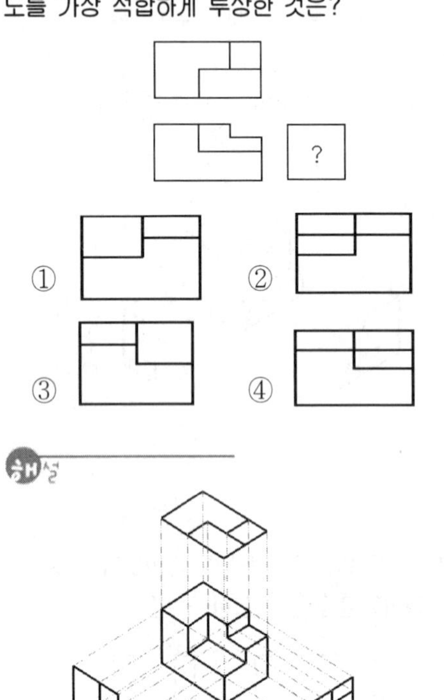

Q128

다음 도면은 정면도이다. 이 정면도에 가장 적합한 평면도는?

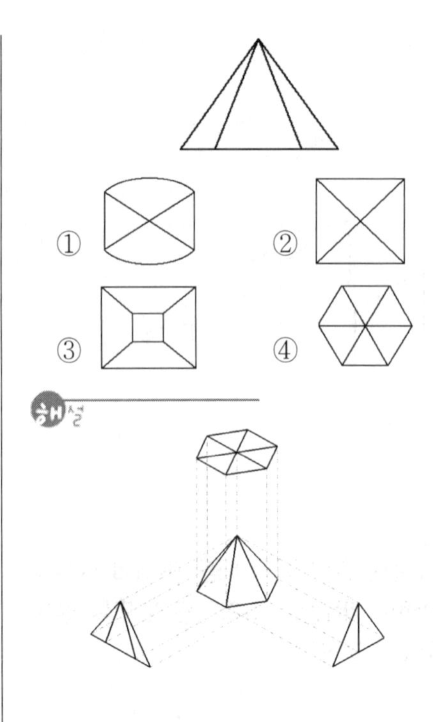

Q129

다음 그림에서 화살표 방향을 정면도로 선정할 경우 평면도로 가장 올바른 것은?

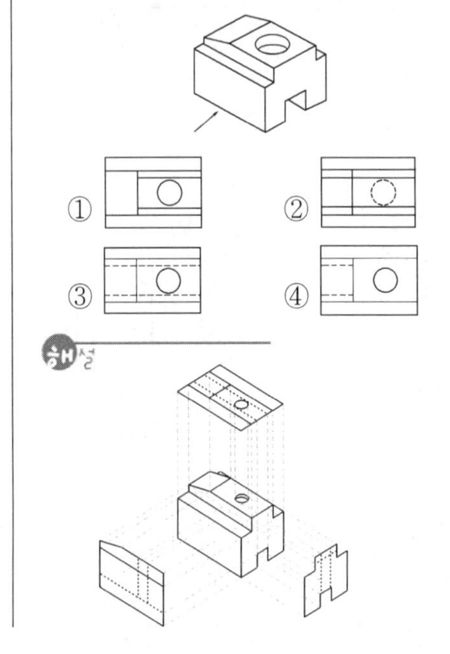

정답

127. ① 128. ④ 129. ③

Q130

그림과 같은 입체도에서 화살표 방향이 정면일 경우 평면도로 가장 적합한 것은?

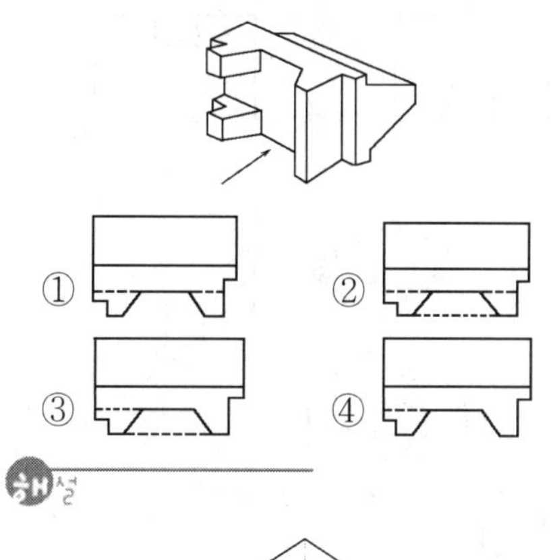

해설

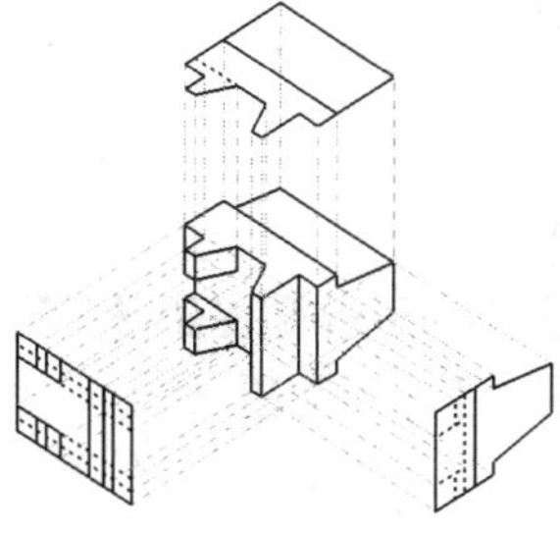

Q131

그림과 같은 제3각 투상도에 가장 적합한 입체도는?

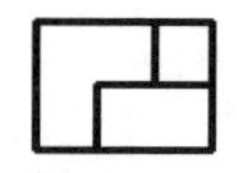

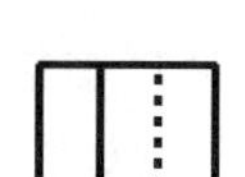

① 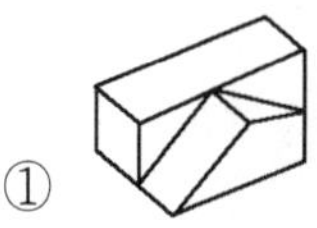

② 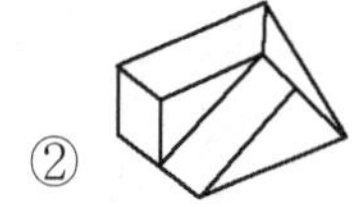

③ 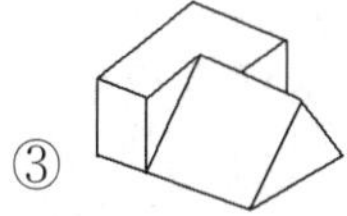

④ 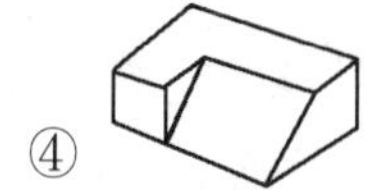

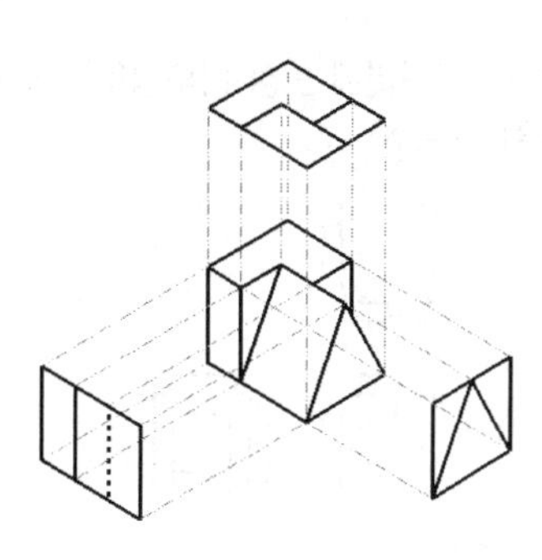

Q132

다음은 제3각법의 정투상도로 나타낸 정면도와 우측면도이다. 평면도로 가장 적합한 것은?

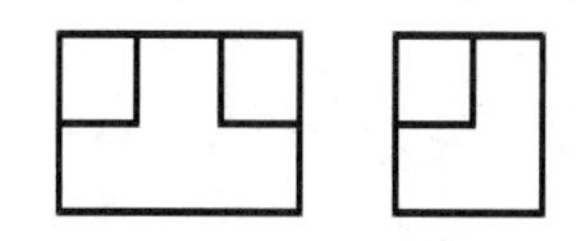

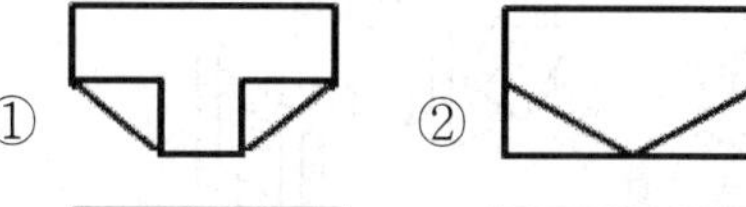

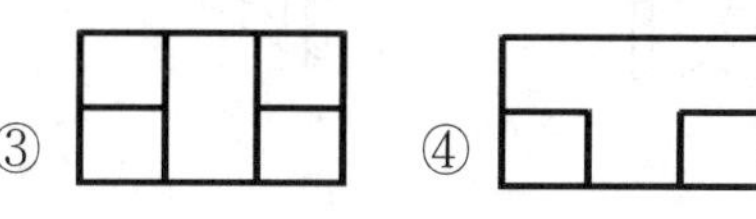

해설

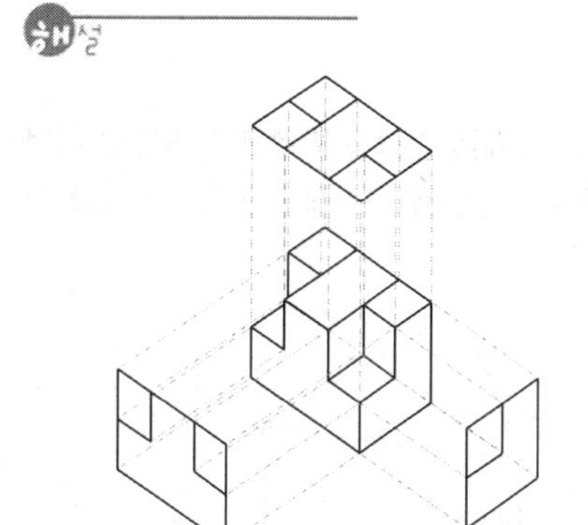

130. ④ 131. ③ 132. ③

Q133

그림과 같은 제3각법에 의한 정투상도의 입체도로 가장 적합한 것은?

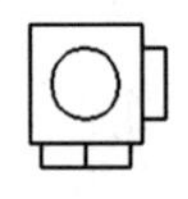

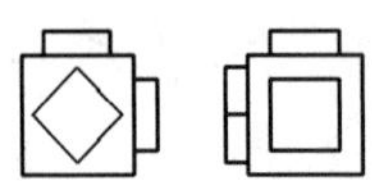

① 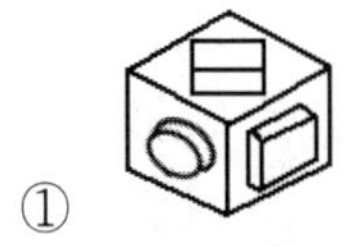
② 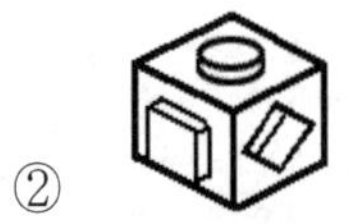
③ 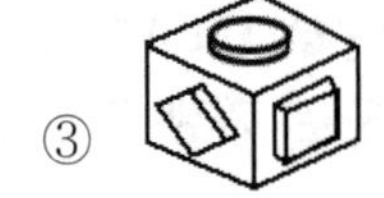
④ 

해설

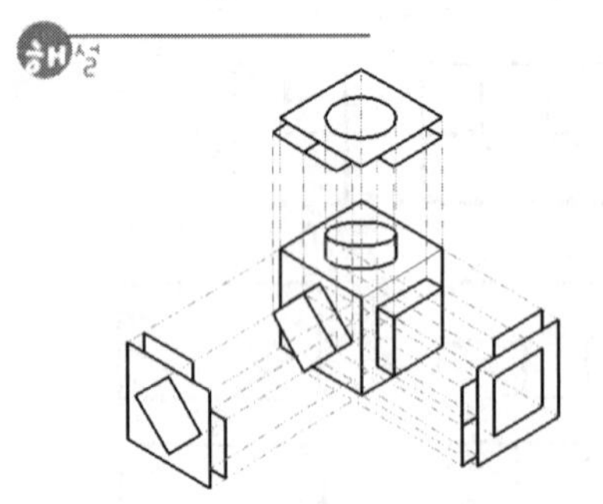

Q134

그림과 같은 입체를 화살표 방향을 정면으로 하여 제3각법으로 배면도를 투상하고자 할 때 가장 적합한 것은?

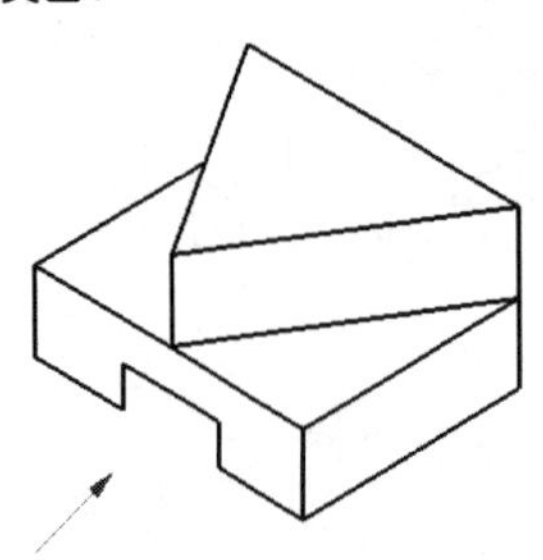

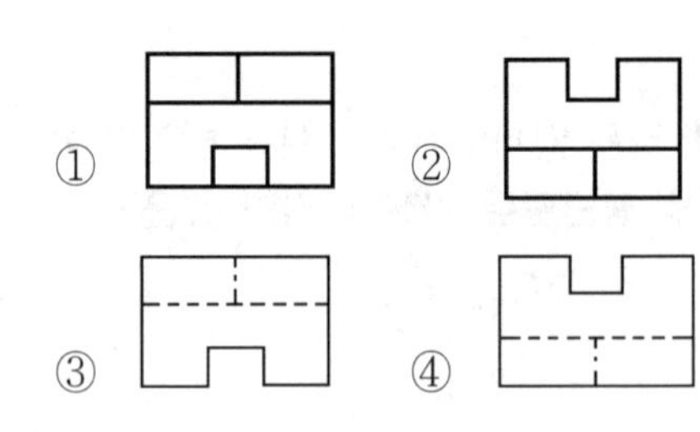

해설

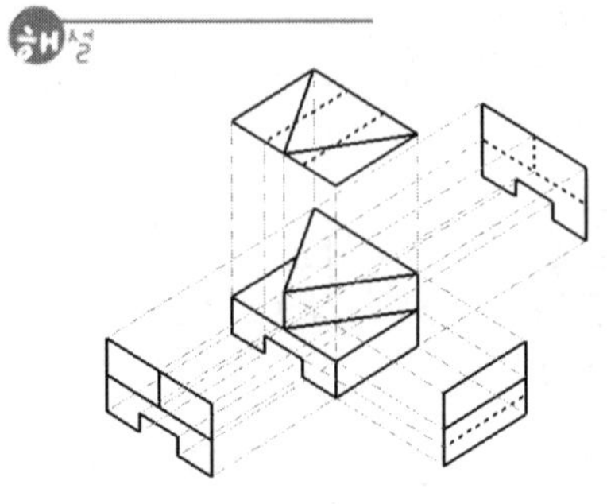

Q135

그림과 같은 입체도의 화살표 방향인 정면도를 가장 올바르게 투상한 것은?

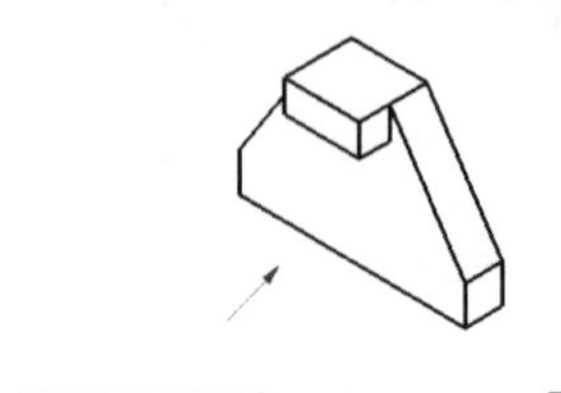

① 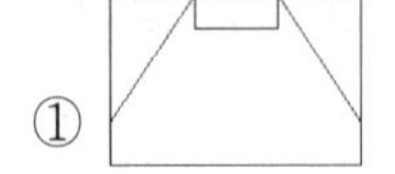
② 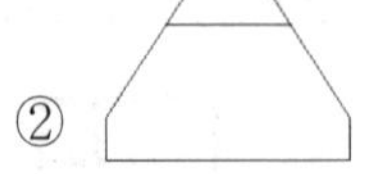
③ 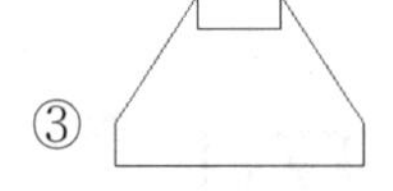
④ 

해설

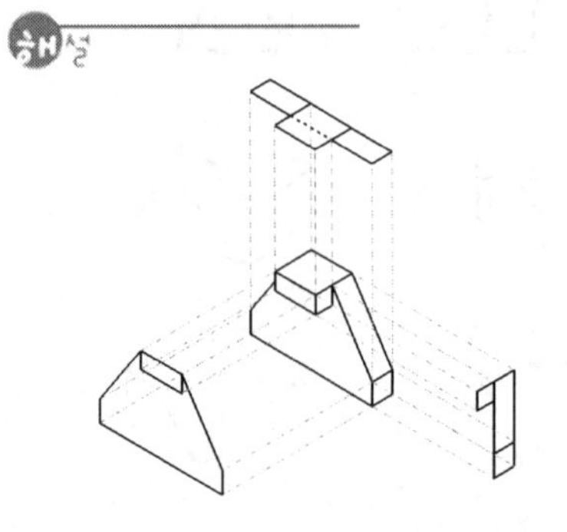

정답 133. ③ 134. ③ 135. ③

Q136

화살표 방향이 정면일 때, 좌우 대칭인 보기와 같은 입체도의 좌측면도로 가장 적합한 것은?

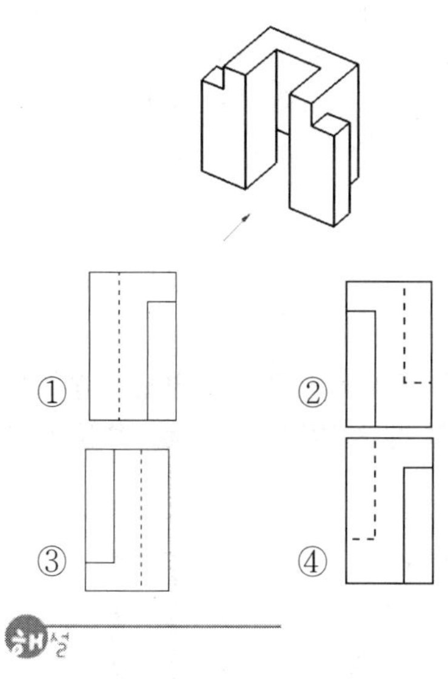

해설

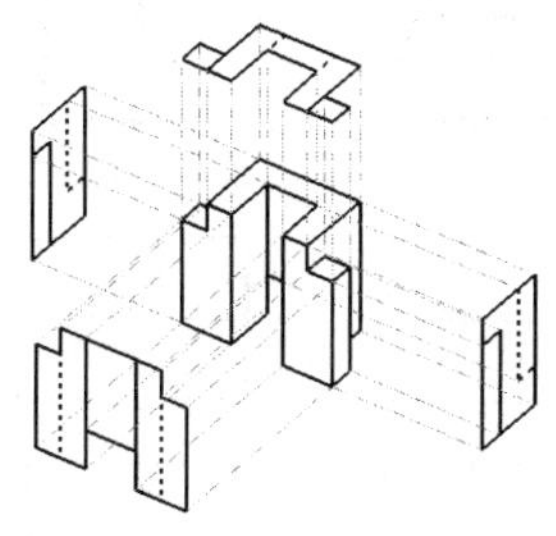

Q137

다음 입체도의 화살표 방향을 정면으로 한다면 좌측면도로 적합한 투상도는?

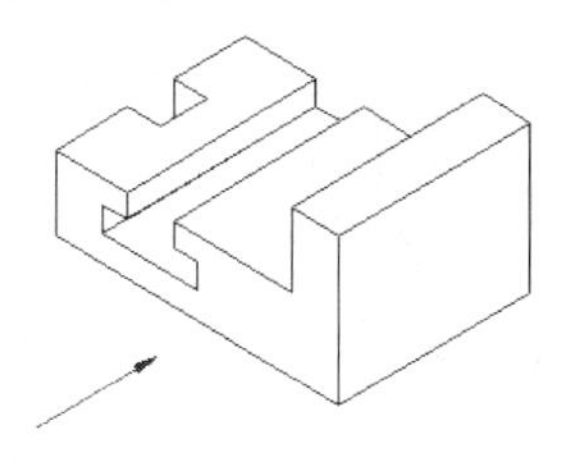

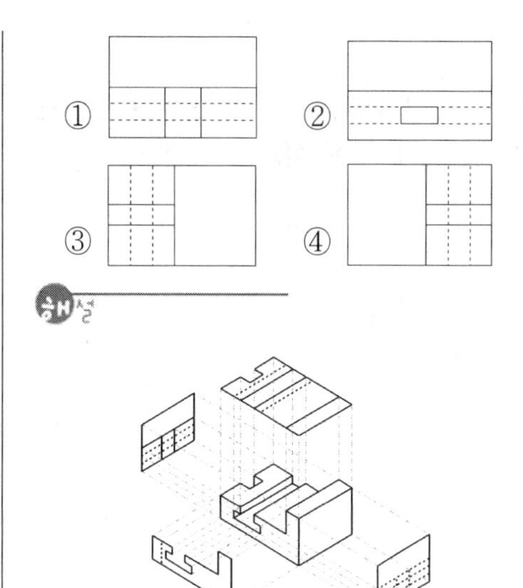

Q138

그림과 같은 제 3각법 정투상도에 가장 적합한 입체도는?

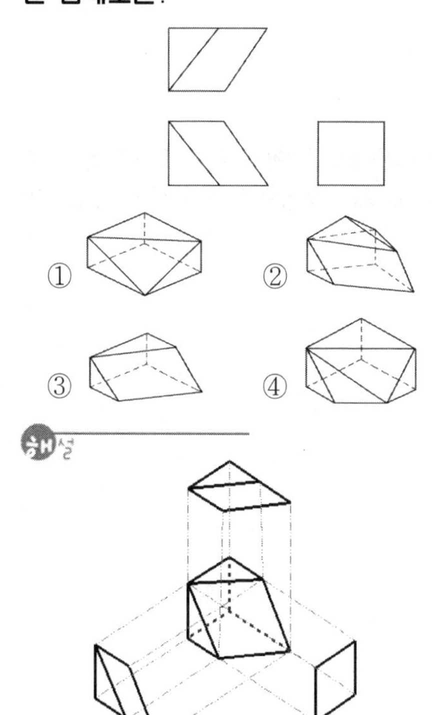

정답 136. ④ 137. ① 138. ③

Q139

제 3각법으로 정투상한 그림과 같은 정면도와 우측면도에 가장 적합한 평면도는?

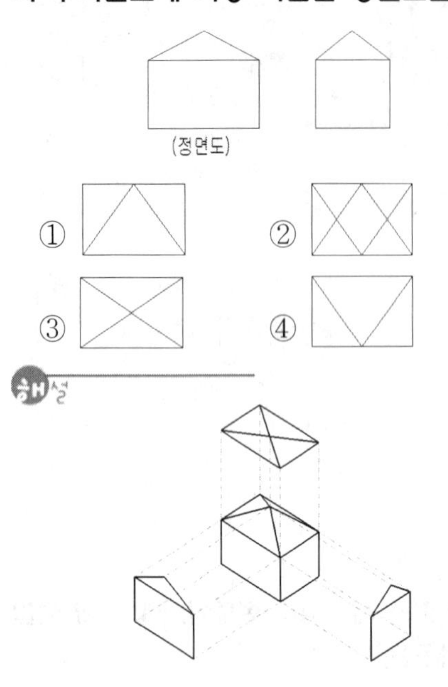

Q140

그림과 같은 입체도에서 화살표 방향을 정면으로 할 때 제 3각법으로 올바르게 정투상한 것은?

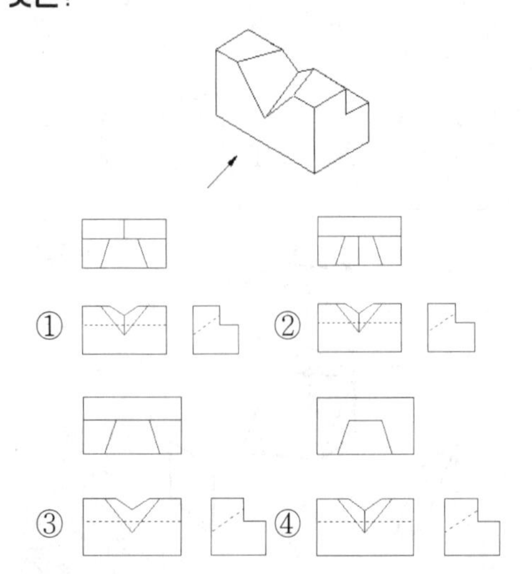

해설

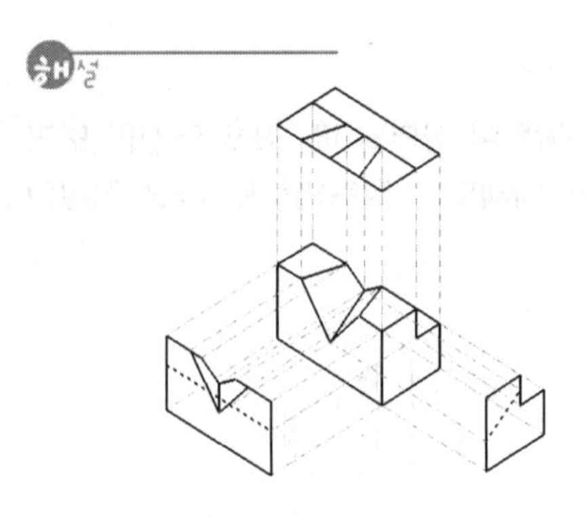

Q141

그림과 같이 제 3각법으로 정면도와 우측면도를 작도할 때 누락된 평면도로 적합한 것은?

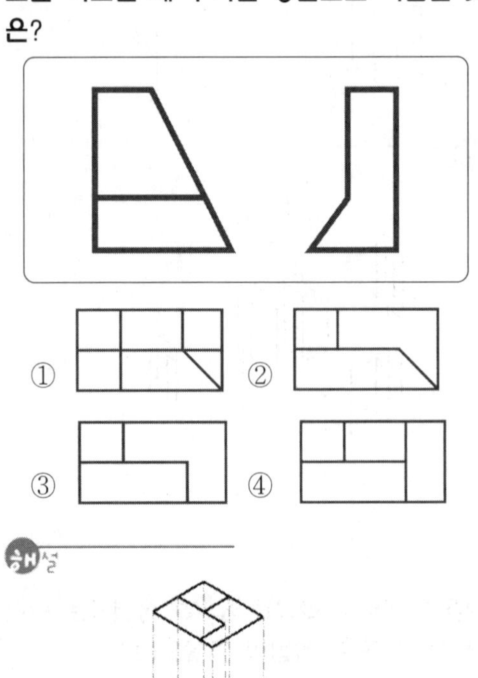

해설

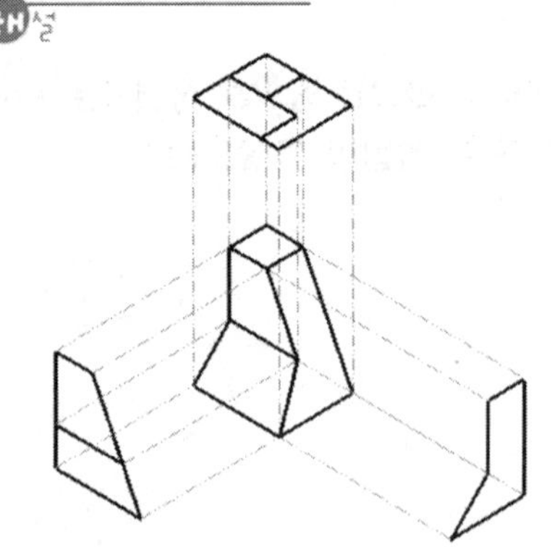

정답 139. ③ 140. ② 141. ②

Q142

그림과 같은 입체를 제 3각법으로 나타낼 때 가장 적합한 투상도는? (단, 화살표 방향을 정면으로 한다.)

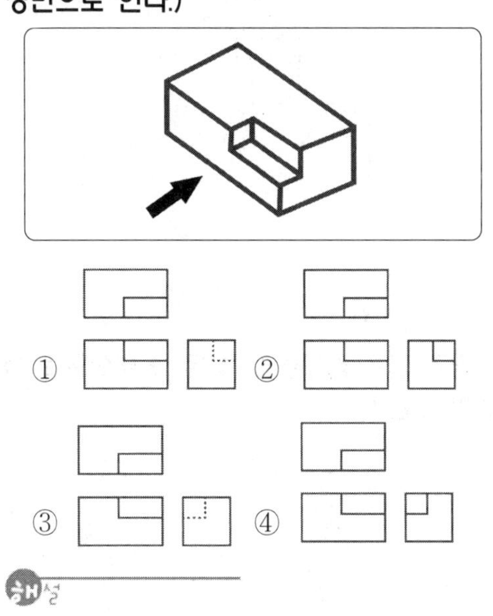

해설

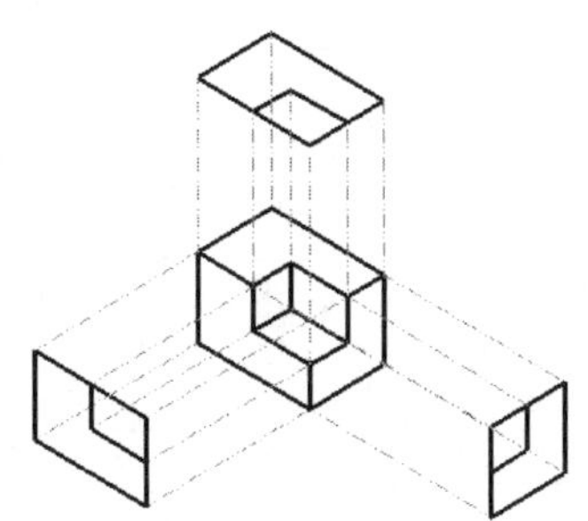

Q143

그림과 같은 입체도에서 화살표 방향이 정면일 경우 좌측면도로 가장 접합한 것은?

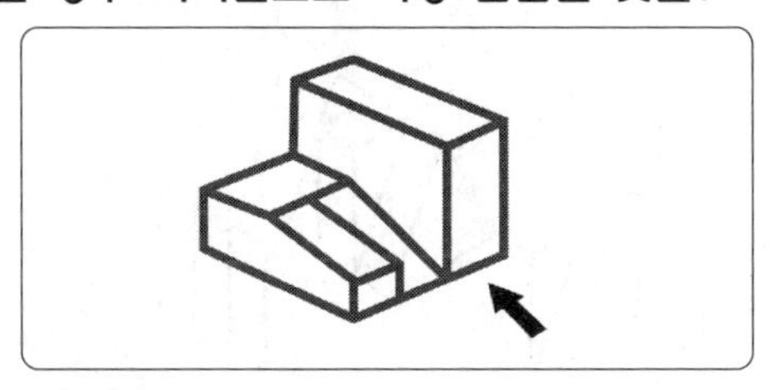

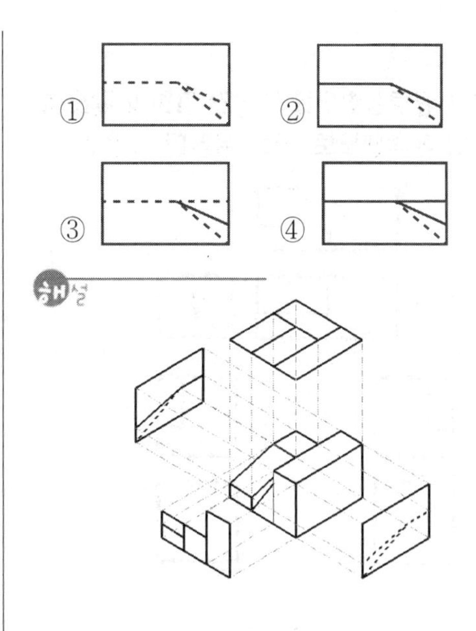

Q144

그림과 같은 제3각 정투상도의 3면도를 기초로 한 입체도로 가장 적합한 것은?

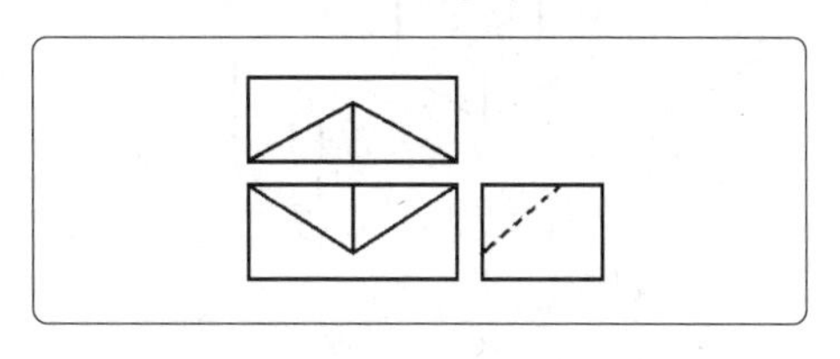

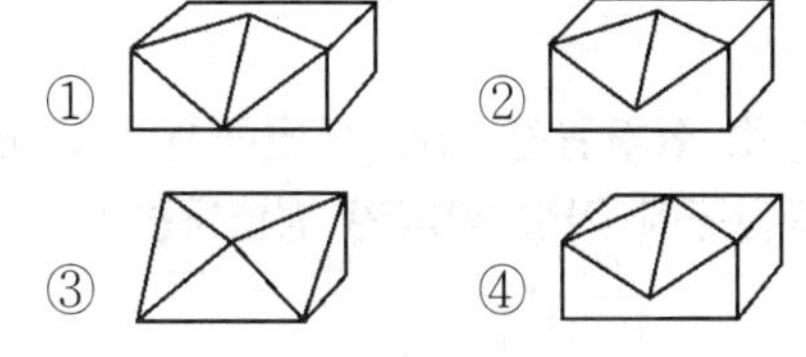

해설

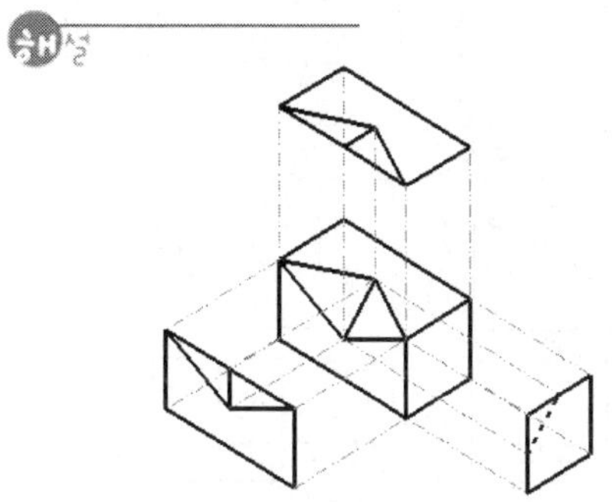

정답 142. ④ 143. ② 144. ②

Q145

제 3각 정투상법으로 투상한 그림과 같은 투상도의 우측면도로 가장 적합한 것은?

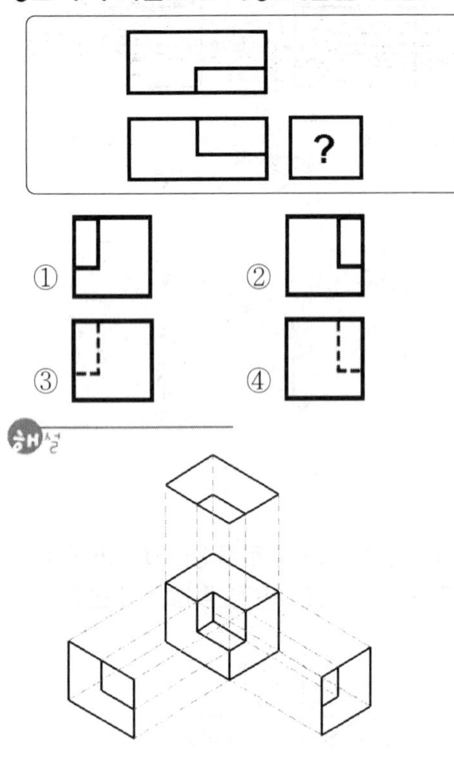

Q146

3각법으로 정투상한 아래 도면에서 정면도와 우측면도에 가장 적합한 평면도는?

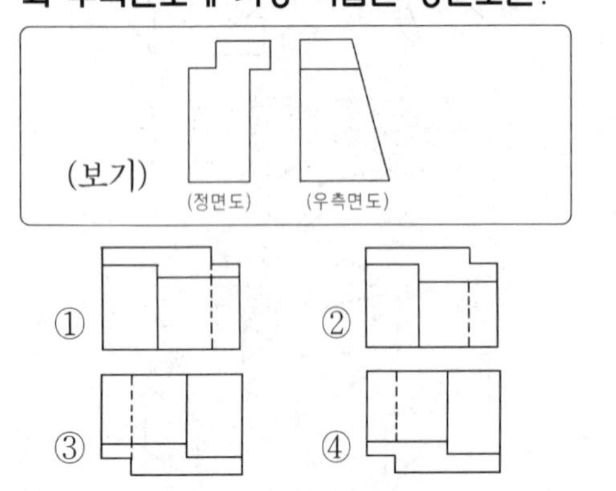

해설

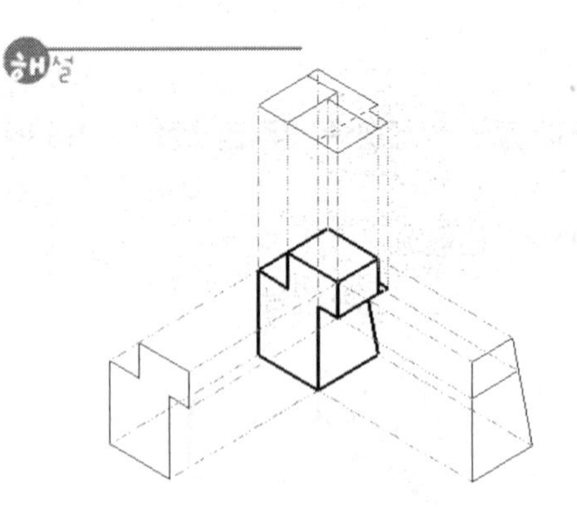

Q147

그림과 같은 입체도의 제3각 정투상도로 적합한 것은?

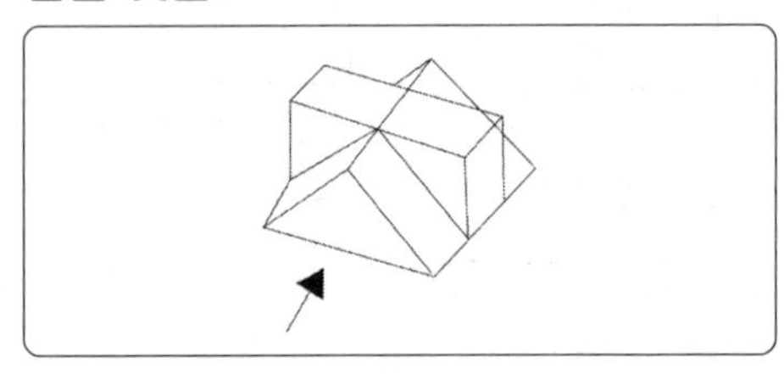

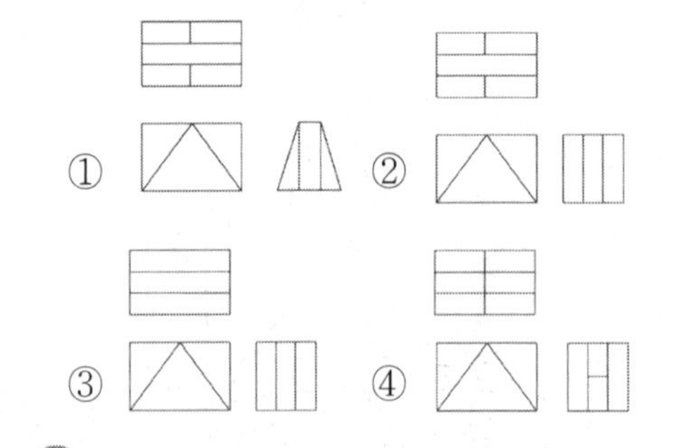

해설

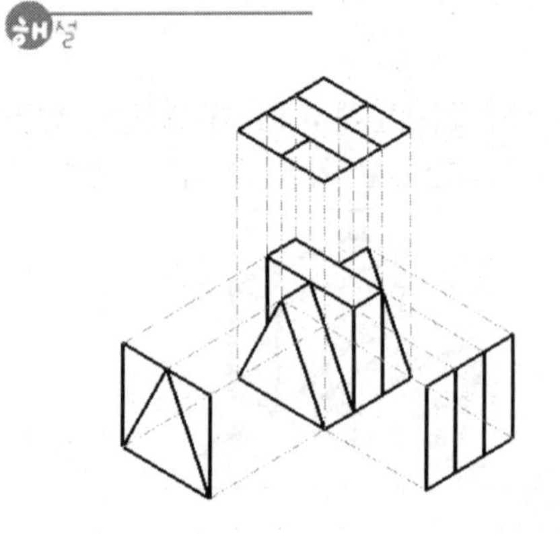

정답 145. ① 146. ① 147. ②

Q148

그림과 같은 입체도에서 화살표 방향에서 본 투상을 정면으로 할 때 평면도로 가장 적합한 것은?

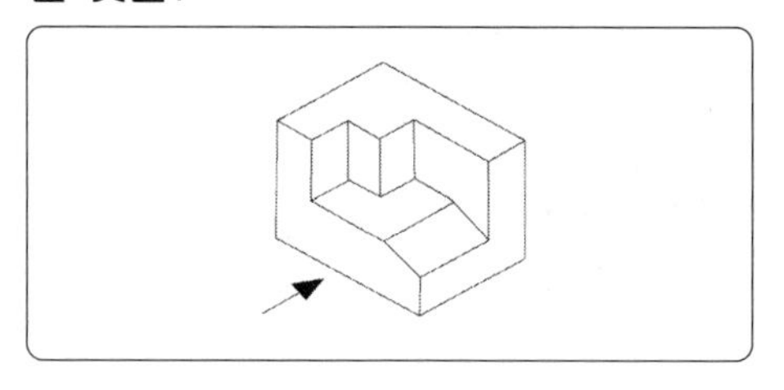

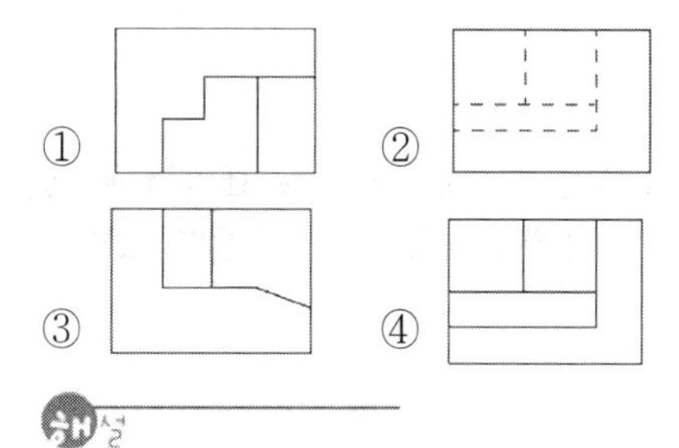

해설

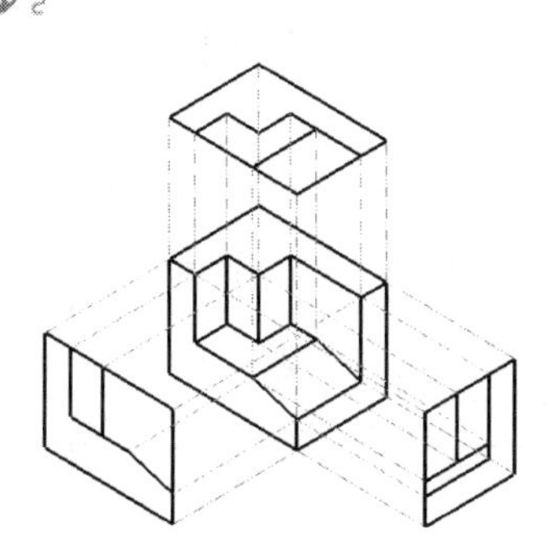

Q149

다음 입체도의 화살표 방향 투상도로 가장 적합한 것은?

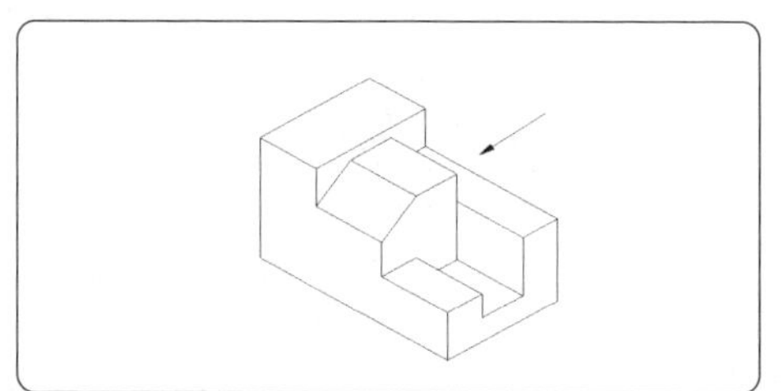

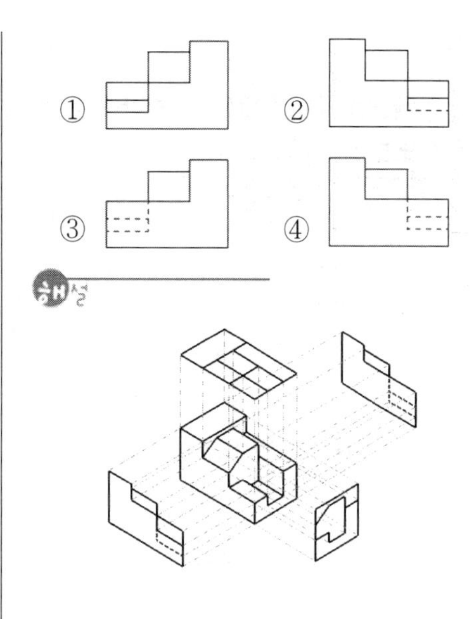

Q150

보기 도면은 정면도와 우측면도만이 올바르게 도시되어 있다. 평면도로 가장 적합한 것은?

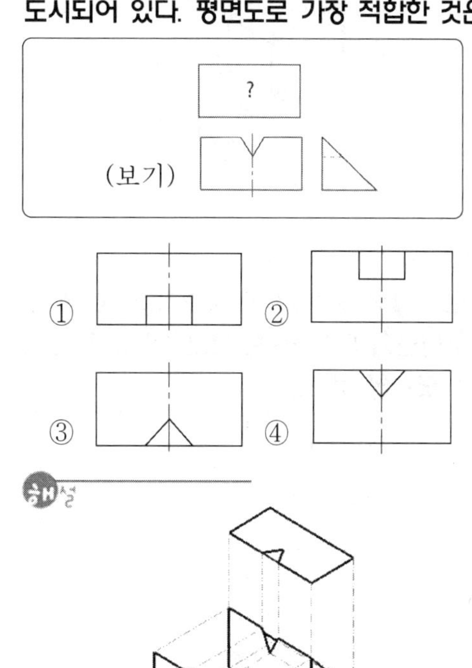

정답 148. ② 149. ③ 150. ③

Q151

그림의 입체도를 제3각법으로 올바르게 투상한 투상도는?

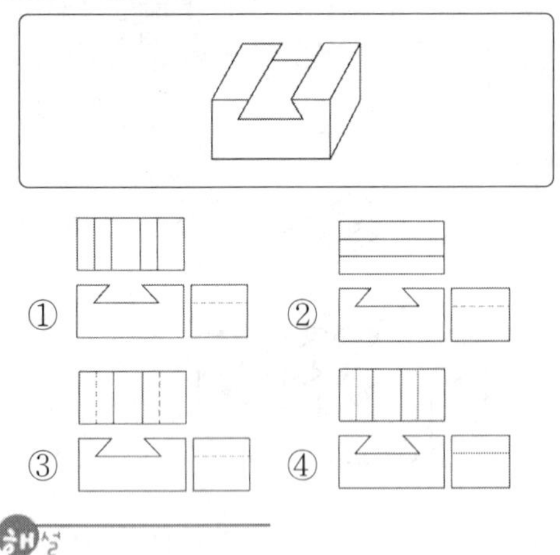

해설

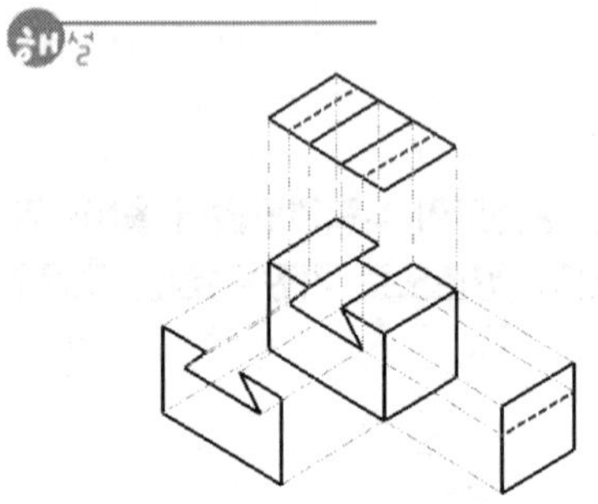

Q152

그림과 같이 정투상도의 제3각법으로 나타낸 정면도와 우측면도를 보고 평면도를 올바르게 도시한 것은?

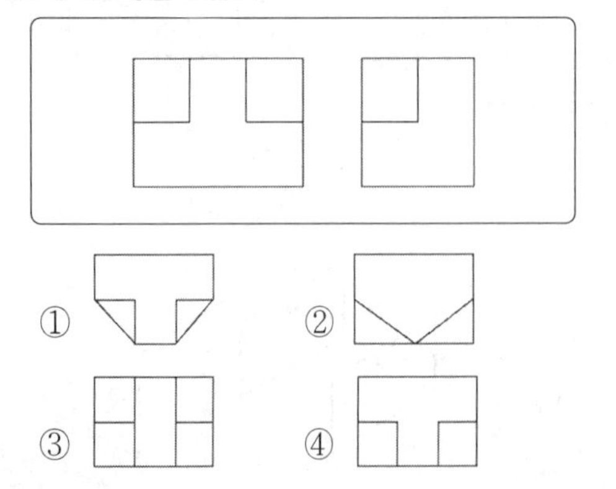

해설

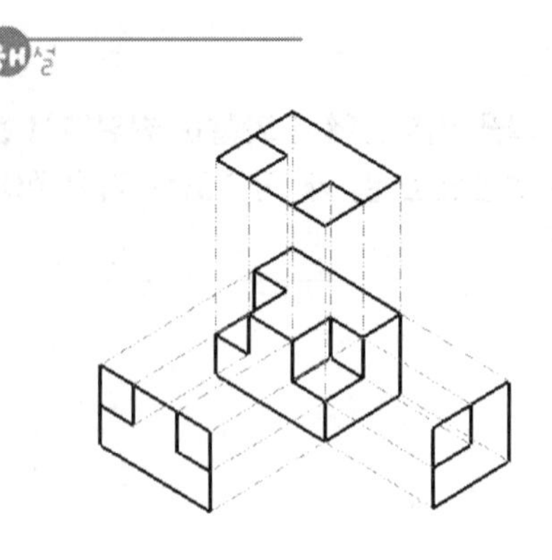

Q153

그림과 같은 입체도에서 화살표 방향을 정면으로 할 때 평면도로 가장 적합한 것은?

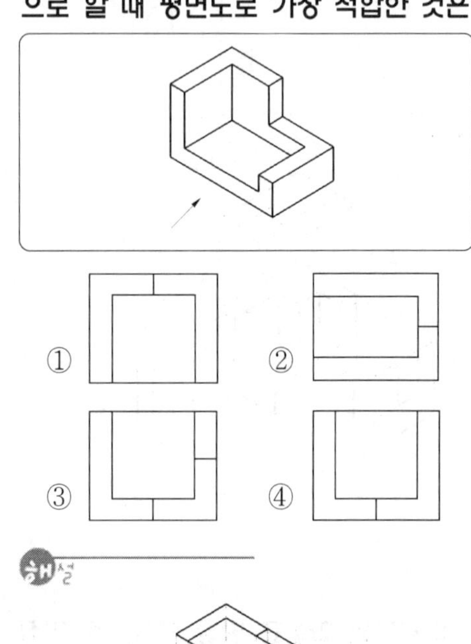

해설

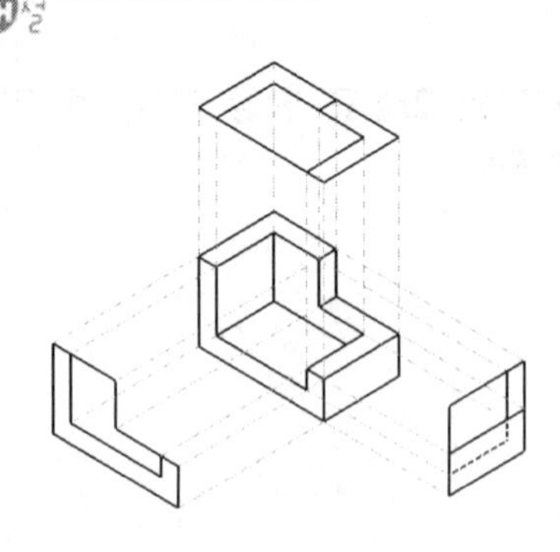

정답 151. ③ 152. ④ 153. ①

Q154

보기 입체도의 화살표 방향이 정면일 때 평면도로 적합한 것은?

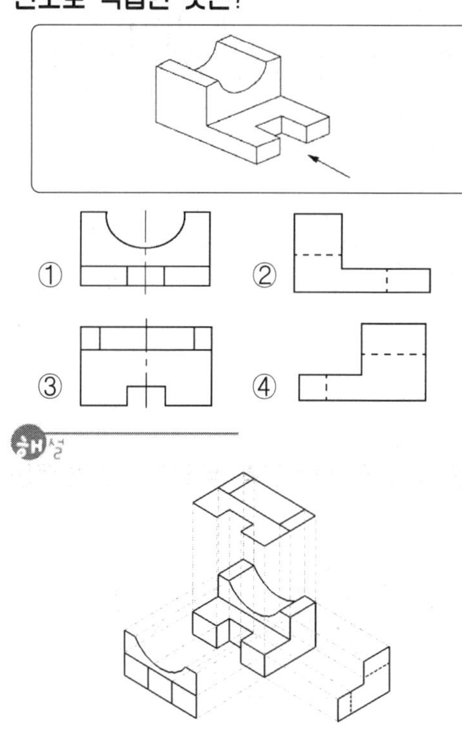

Q155

그림과 같은 입체도를 3각법으로 올바르게 도시한 것은?

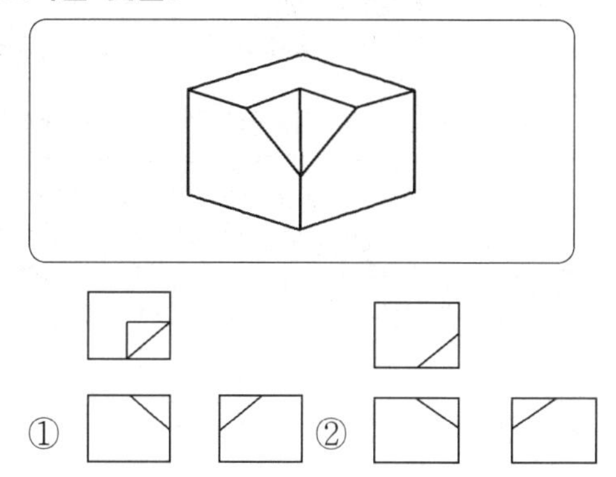

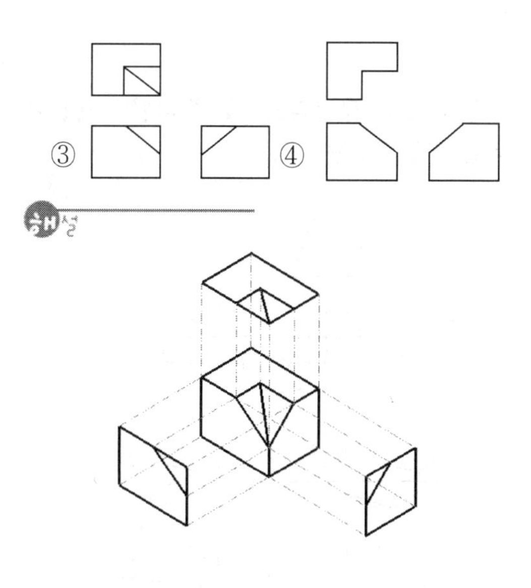

Q156

그림과 같은 입체도의 화살표 방향 투상도로 가장 적합한 것은?

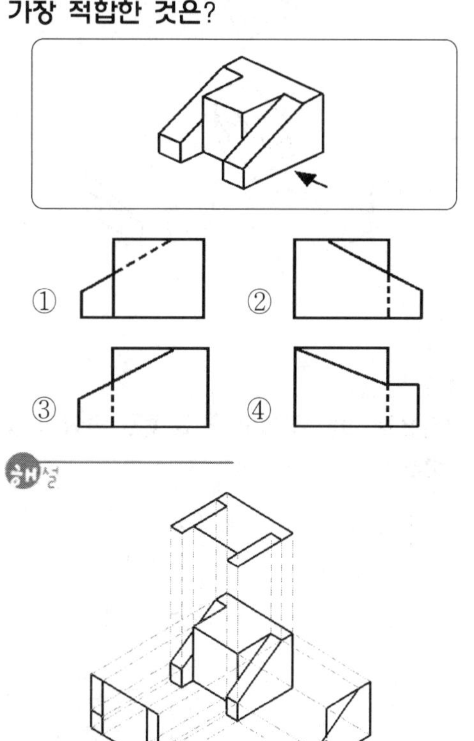

154. ③ 155. ③ 156. ③

Q157

그림과 같이 제 3각법으로 정투상한 도면에 적합한 입체도는?

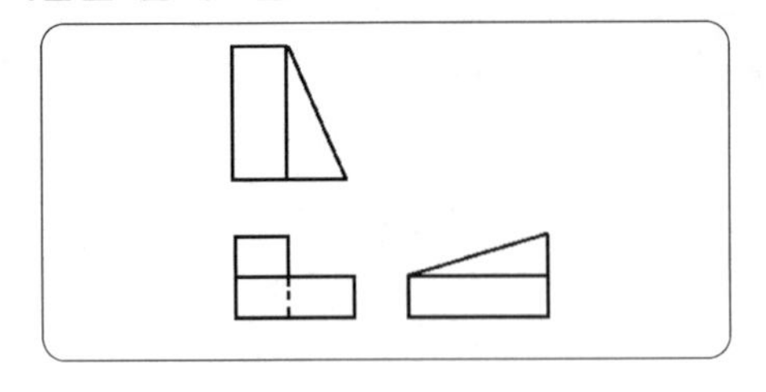

① 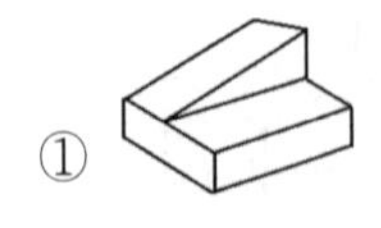
② 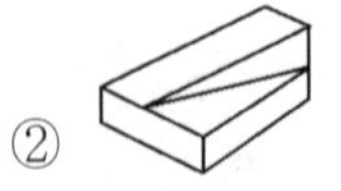
③ 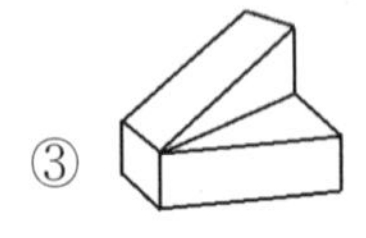
④ 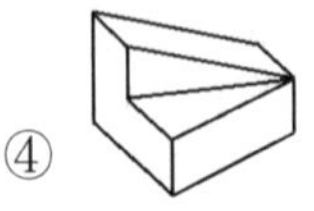

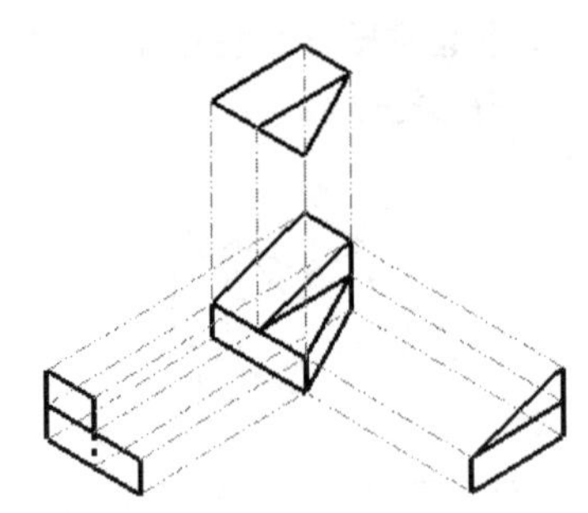

Q158

3각법으로 그린 투상도 중 잘못된 투상이 있는 것은?

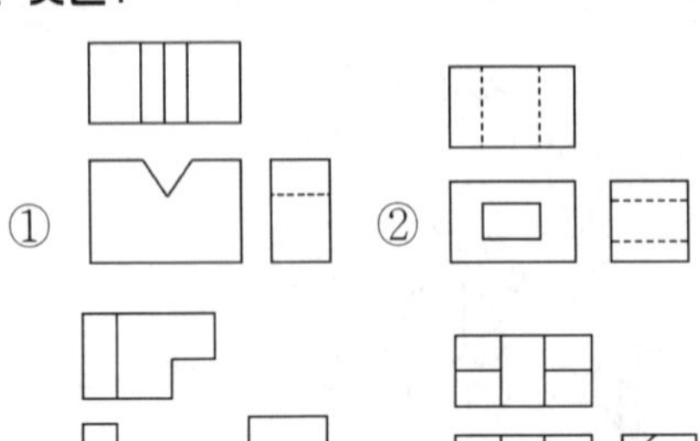

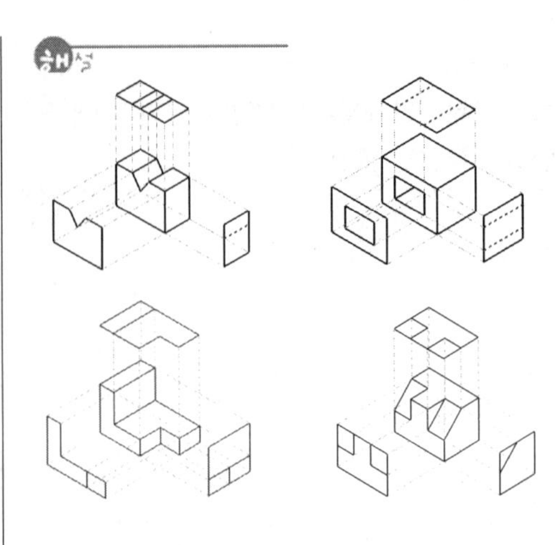

Q159

그림과 같은 투상도를 무엇이라고 부르는가?

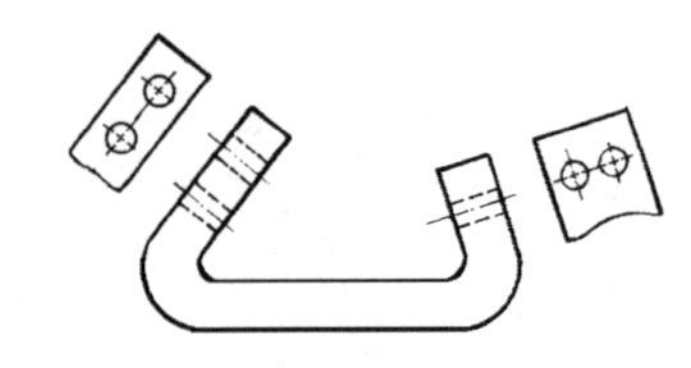

① 보조 투상도　② 국부 투상도
③ 주 투상도　④ 경사 투상도

해설 정투상도 이외의 투상도

① 보조 투상도 : 물체가 경사면이 있어 투상을 시키면 실제 길이와 모양이 틀려져 경사면에 별도의 투상면을 설정하고 이 면에 투상하면 실제 모양이 그려짐
② 부분 투상도 : 물체의 일부 모양만을 도시해도 충분한 경우
③ 국부 투상도 : 대상물의 구멍, 홈 등 한 국부만의 모양을 도시하는 것으로 충분한 경우에는 그 필요 부분만을 국부 투상도로 나타냄
④ 회전 투상도 : 투상면이 어느 각도를 가지고 있기 때문에 그 실형을 표시하지 못할 때에는 그 부분을 회전해서 실제 길이를 나타내는 것

정답 157. ② 158. ④ 159. ①

Q160

물체 경사부분의 실제크기와 같은 모양을 나타낼 필요가 있을 때는 경사면에 평행한 별도의 투상면을 설정하고 이 면에 투상하면 실제 모양이 그려진다. 이러한 투상도를 무엇이라 하는가?

① 보조 투상도 ② 정면 투상도
③ 평면 투상도 ④ 투사도

Q161

경사면부가 있는 대상물에서 그 경사면의 실형을 나타낼 필요가 있는 경우에 그리는 투상도로 가장 적합한 것은?

① 보조 투상도 ② 부분 투상도
③ 국부 투상도 ④ 회전 투상도

Q162

다음 중 보기와 같은 투상도의 종류 명칭으로 가장 적합한 것은?

(보기)

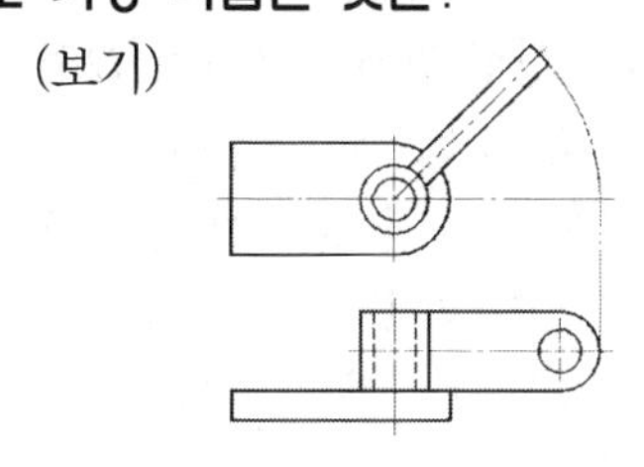

① 보조 투상도 ② 회전 투상도
③ 국부 투상도 ④ 조합 단면도

Q163

보기 도면과 같은 투상도의 명칭으로 가장 적합한 것은?

(보기)

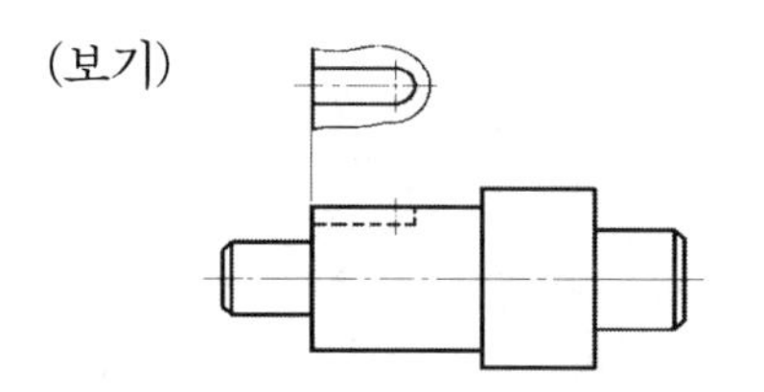

① 회전 투상도 ② 보조 투상도
③ 국부 투상도 ④ 부분 투상도

Q164

특정부분의 모양이 작아 상세한 도시나 치수 기입이 곤란한 경우 그 부분을 가는 실선으로 둘러싸며 영자 대문자를 표시한 후 해당 부분을 다른 장소에 확대하여 그리는 투상의 명칭은?

① 관용 투상도 ② 단면 투상도
③ 부분 확대도 ④ 보조 투상도

해설 확대도(상세도) : 도면 중에는 그 크기가 너무 작아 치수 기입이 곤란한 경우 그 부분을 적당한 위치에 배척으로 확대하여 상세화 시키는 투상도로 부분 확대도라고도 할 수 있다.

Q165

다음 그림은 어떤 단면을 나타내고 있는가?

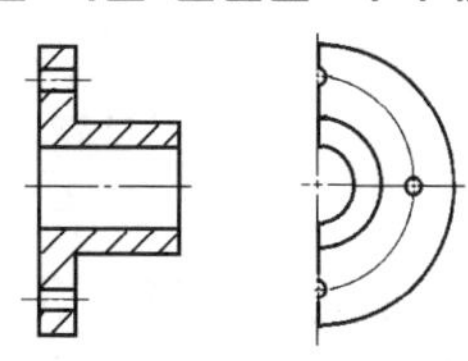

① 한쪽 단면도(반단면)
② 온 단면도(전단면도)
③ 부분 단면도
④ 계단 단면도

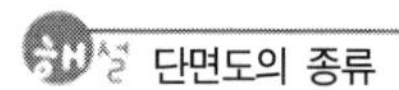

해설 단면도의 종류
① 전단면도(온단면도)
㉠ 물체의 중심에서 ½로 절단하여 단면 도시

정답 160. ① 161. ① 162. ② 163. ③ 164. ③ 165. ②

㉡ 물체 전체를 직선으로 절단하여 앞부분을 잘라내고, 남은 뒷부분을 단면으로 그린 것
② 반단면도(한쪽단면도)
㉠ 물체의 상하 좌우가 대칭인 물체의 ¼을 절단하여 내부와 외형을 동시에 도시
㉡ 단면을 표시하는 해칭은 물체의 왼쪽과 위쪽에 한다.
③ 부분 단면도
㉠ 일부분을 잘라내고 필요한 내부 모양을 그리기 위한 방법으로 파단선을 그어서 단면 부분의 경계를 표시한다.
④ 회전 단면도
㉠ 핸들, 축, 형강 등과 같은 물체의 절단한 단면의 모양을 90°회전하여 내부 또는 외부에 그리는 것
㉡ 내부에 표시할 때는 가는 실선을 사용한다.
㉢ 외부에 표시할 때는 굵은 실선을 사용한다.
⑤ 계단 단면도 그리기
㉠ 복잡한 물체의 투상도 수를 줄일 목적으로 절단면을 여러 개 설치하여 1개의 단면도로 조합하여 그린 것으로 화살표와 문자 기호를 반드시 표시한다.

Q166

단면도에서 절단 단면을 나타내기 위하여 가는 실선을 규칙적으로 사용하는 선의 명칭은?

① 가상선　　② 파단선
③ 절단선　　④ 해칭선

Q167

대칭형 물체의 ¼을 잘라내고 도면의 반쪽을 단면으로 나타낸 것은?

① 온(전) 단면도
② 한쪽(반) 단면도
③ 부분 단면도
④ 계단 단면도

Q168

물체의 필요한 곳을 임의의 일부분에서 파단하여 부분적으로 내부의 모양을 표시한 단면은?

① 온 단면　　② 부분 단면
③ 한쪽 단면　　④ 회전 단면

Q169

단면도의 표시 방법에서 보기와 같은 단면도의 명칭은?

(보기)
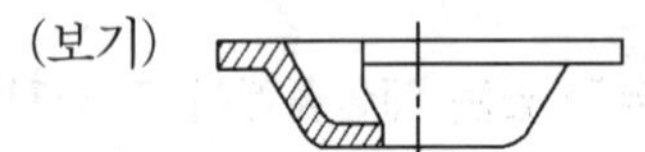

① 전단면도　　② 한쪽 단면도
③ 부분 단면도　　④ 회전 도시 단면도

Q170

회전도시 단면도에 관한 설명으로 올바른 것은?

① 암 및 림, 훅 등은 절단면에 90°를 회전하여 도시하여도 좋다.
② 절단선의 연장선 위에 굵은 1점 쇄선 또는 가는 1점 쇄선으로 그린다.
③ 절단할 곳의 전·후를 끊어서 그 사이에 가는 실선으로 그린다.
④ 도형 내의 절단한 곳에 겹쳐서 가상선으로 그린다.

Q171

구조물의 부재 등은 절단할 곳의 전후를 끊어서 90° 회전하여 그 사이에 단면 현상을 표시하는 단면도는?

① 부분 단면도　　② 한쪽 단면도
③ 회전 단면도　　④ 조합 단면도

정답　166. ④　167. ②　168. ②　169. ③　170. ①　171. ③

Q172

보기와 같은 도면이 나타내는 단면은 어느 단면도에 해당하는가?

(보기)

① 한쪽 단면도
② 회전도시 단면도
③ 예각 단면도
④ 온단면도(전단면도)

Q173

보기 도면과 같은 단면도 명칭으로 가장 적합한 것은?

(보기)

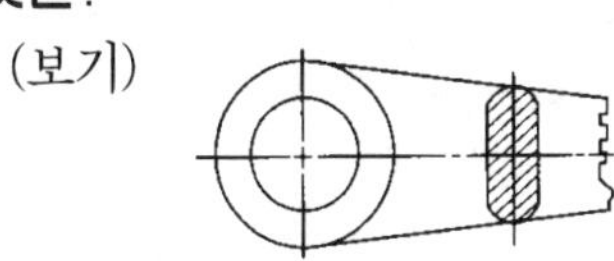

① 부분 단면도
② 직각 도시 단면도
③ 회전 도시 단면도
④ 가상 단면도

Q174

보기 구조물의 도면에서 (A), (B)의 단면도의 명칭은?

(보기)

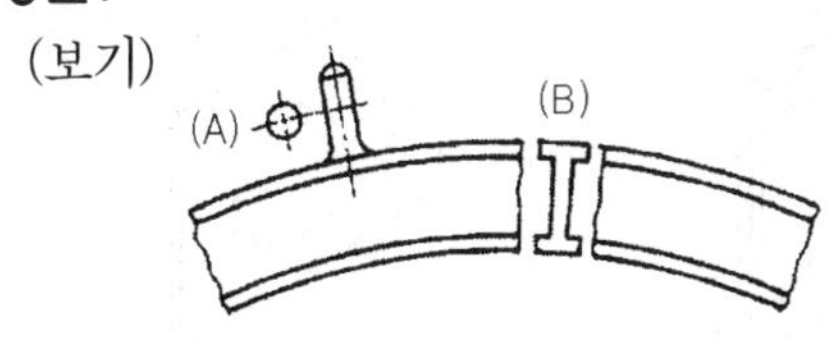

① 온단면도
② 변환 단면도
③ 회전도시 단면도
④ 부분 단면도

Q175

암이나 리브 등을 도형 내에 단면 도시할 때 절단한 곳에 겹쳐서 단면 형상을 그리는 경우 사용하는 선은?

① 가는 실선 ② 파선
③ 굵은 실선 ④ 가상선

Q176

다음과 같은 리벳이음(Rivet Joint) 단면의 표시법에서 KS 기계제도 통칙으로 올바르게 투상된 것은?

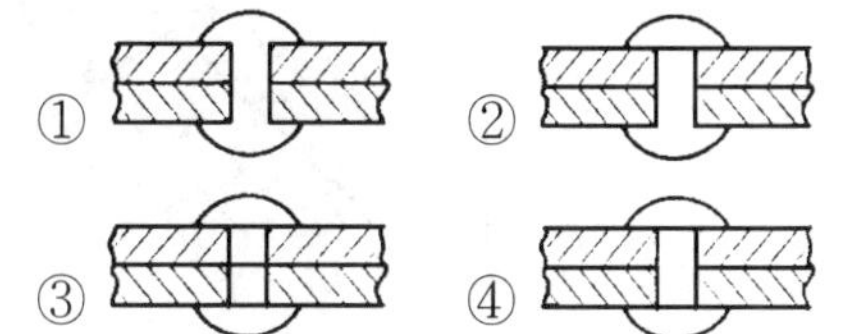

해설 길이방향으로 단면하지 않는 부품
① 길이 방향으로 단면해도 의미가 없는 거나 이해를 방해하는 부품인 축, 리벳 등은 길이 방향으로 단면을 하지 않는다.
② 얇은 물체인 개스킷, 박판, 형강의 경우는 한 줄의 굵은 실선으로 단면 도시
그러므로 리벳을 단면하지 않은 ④가 정답이 된다.

Q177

개스킷, 박판, 형강 등의 도시에서 절단 자리의 두께가 얇은 경우에 실제 치수에 관계없이 나타낼 수 있는 선은?

① 가는 실선
② 아주 굵은 실선
③ 가는 2점 쇄선
④ 굵은 1점 쇄선

정답 172. ② 173. ③ 174. ③ 175. ① 176. ④ 177. ②

11. 상관체 및 전개도

(1) 상관체 및 상관선

① **상관체** : 2개 이상의 입체가 서로 관통하여 하나의 입체가 된 것

② **상관선** : 상관체가 나타난 각 입체의 경계선

③ 여러 가지 입체의 상관선

④ 각으로 만나는 두 정사각기둥의 3면도를 상관선으로 그린 것

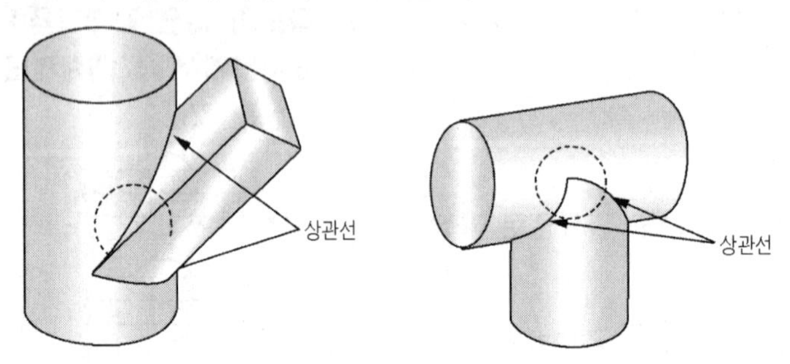

(2) 전개도

① 입체의 표면을 평면 위에 펼쳐 그린 그림

② 전개도를 다시 접거나 감으면 그 물체의 모양이 됨

③ **용도** : 철판을 굽히거나 접어서 만드는 상자, 철제 책꽂이, 캐비닛, 물통, 쓰레받기, 자동차 부품 , 항공기 부품, 덕트 등

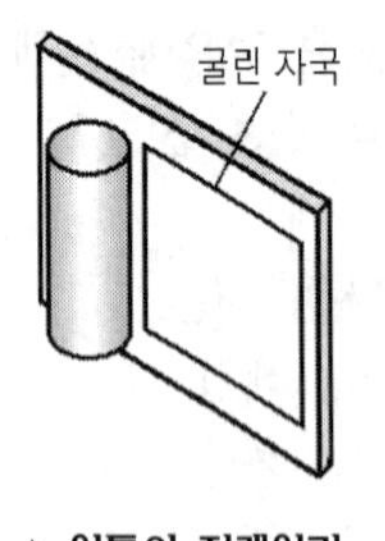

▲ 원통의 전개원리

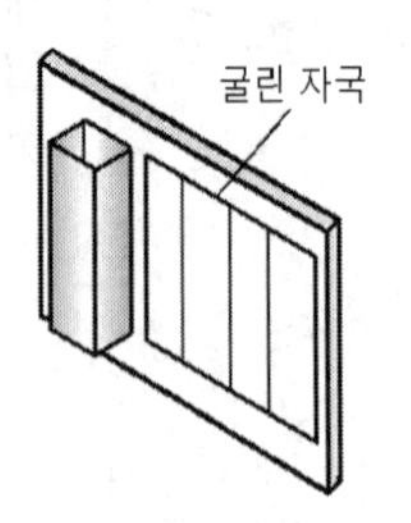

▲ 사각통의 전개원리

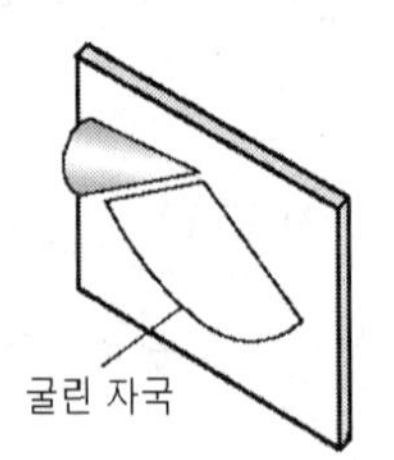

▲ 원뿔의 전개원리

(3) 전개도 작성할 때 유의 사항

① 실제 치수로 하며, 가장자리, 겹치는 부분 및 접는 부분은 여유 치수를 두어야 함
② **문자나 숫자의 기호** : 전개 순서에 따라 중요 부분만 간략하게 표기
③ **외형선**은 0.5mm 이하, **전개선**은 0.18mm 이하의 굵기로
④ **전개도법** : 평행선법, 삼각형법, 방사선법
⑤ 복잡한 형상은 3가지 방법을 혼용해서 전개

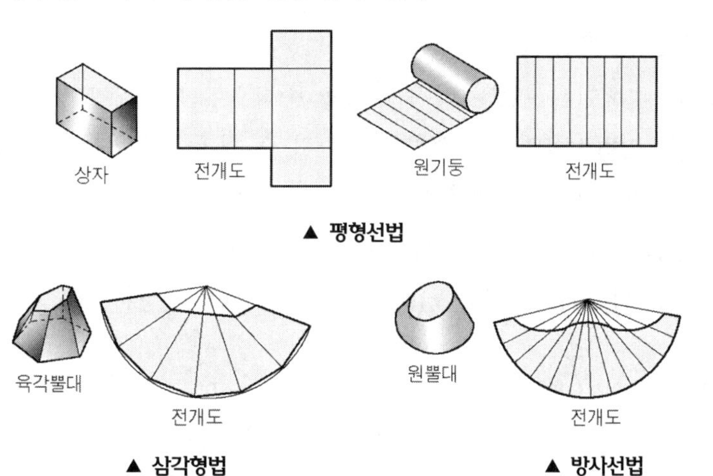

▲ 평형선법

▲ 삼각형법

▲ 방사선법

(4) 평행선 전개법

① **특징** : 물체의 모서리가 직각으로 만나는 물체나 원통형 물체를 전개할 때 사용
② **그리는 방법** : 원둘레(πD)를 구해 수평선을 긋고, 12등분 하여 각 등분점에 수직선을 긋는다.
③ 평면도의 원둘레를 12등분하여 정면도에 내려 긋는다.
④ 정면도의 각 점에서 수평선을 긋는다.
⑤ 정면도와의 교점을 이으면 전개도가 된다.

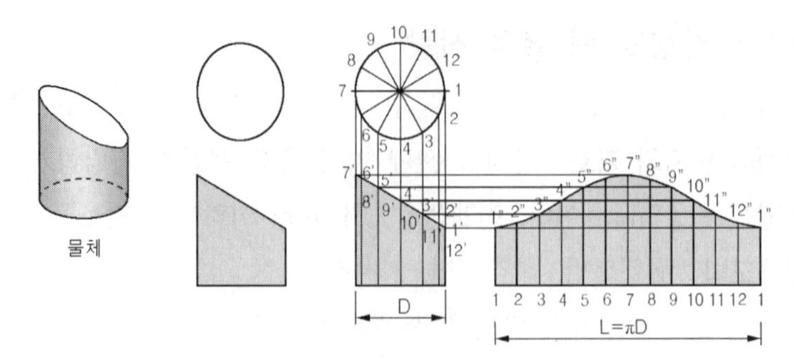

(5) 방사선 전개법

① **특징** : 각뿔이나 원뿔처럼 꼭지점을 중심으로 부채꼴 모양으로 전개하는 방법

② **그리는 방법** : 정면도와 평면도를 그린 후 평면도의 원둘레(πD)를 12등분한다.

③ 정면도의 빗변과 평행하게 긋는다.

④ 점 O를 중심으로 정면도의 O'0을 반지름으로 하여 원을 그린다.

⑤ 평면도 원의 등분 길이(x)를 재어 점 0부터 12등분한다.

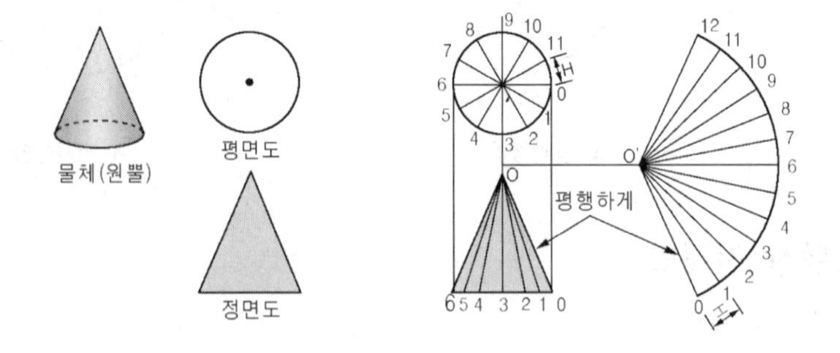

(6) 삼각형 전개법

① **특징** : 꼭지점이 먼 각뿔이나 원뿔을 전개할 때 입체의 표면을 여러 개의 삼각형으로 나누어 전개하는 방법

② **그리는 방법** : 정면도와 평면도를 그리고, 빗변의 실제 길이를 구한다.

③ 빗변의 실제 길이를 반지름으로 하는 원호를 그린 후 평면도 BC로 원호를 4등분한다.

④ 변 CD = DE 되게 정사각형을 그린다.

⑤ 겹치는 부분을 5mm 정도로 그린다.

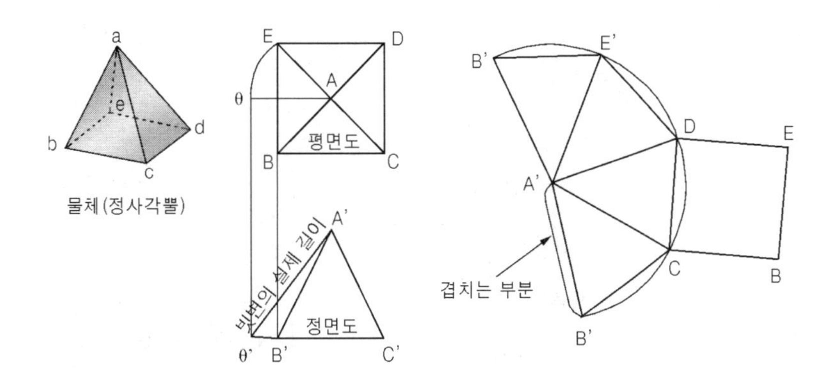

(7) 두꺼운 판의 전개

① **원통 치수가 외경일 때 판의 길이** : [Π × (바깥지름 − 판 두께)]

② **원통 치수가 내경일 때 판의 길이** : [Π × (바깥지름 + 판 두께)]

③ **구부림 곡선의 길이** : [(지름 + 두께) × Π × 구부러진 각도] ÷ 360

(8) 판금작업의 종류

① **전단작업의 종류**

㉠ 블랭킹(blanking) : 판재에 펀칭을 하여 소요의 형상을 뽑아내는 작업이다.

㉡ 펀칭(punching) : 판재에서 구멍을 만드는 작업이며, 뽑힌 부분이 스크랩(scrap)이 되며 남은 부분이 제품이 된다.

㉢ 전단(shearing) : 판재를 절단하여 소요의 형상을 만드는 작업이다.

㉣ 트리밍(triming) : 판재를 오므리기(drawing)를 한 후 둥글게 절단하는 작업이다.

㉤ 세이빙(shaving) : 뽑기나 구멍 뚫기를 한 제품의 가공면을 다듬질하는 작업이다.

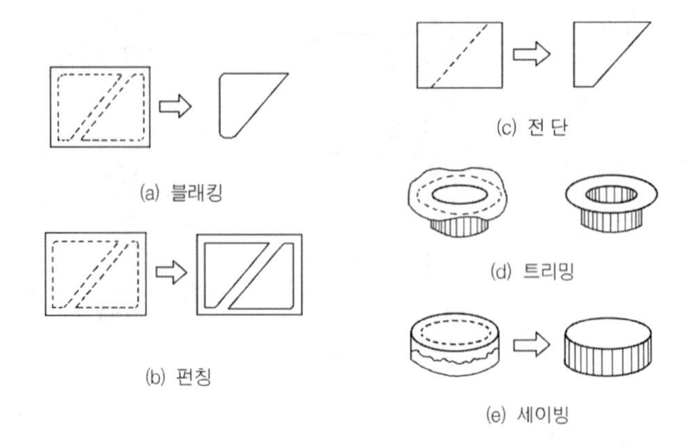

② **전단에 요하는 힘**

펀치와 다이로 블랭킹 또는 펀칭시 필요한 힘 P(kgf)은 다음과 같이 구한다.

$$P = \ell t\tau$$

ℓ : 전단길이(mm), t : 두께(mm), τ : 전단저항(kgf/mm^2)

따라서 지름 d 인 원판을 블랭킹(타출)할 때의 힘은 $P = \pi dt\tau$ 이다.

③ **판뜨기에 요하는 재료**

㉠ 원통의 지름이 외경으로 표시될 때 둥글게 구부리는데 요하는 판재의 길이
(원통의 외경－판두께)×3.14

㉡ 원통의 지름이 내경으로 표시될 때 둥글게 구부리는데 요하는 판재의 길이
(원통의 내경＋판두께)×3.14

④ **굽힘 또는 늘림에 의한 가공**

㉠ 벤딩(bending) : 굽힘 작업

㉡ 컬링(curling) : 판금제품의 가장자리를 장식과 보강을 목적으로 끝을 마는 작업이다.

⑤ **인발에 의한 가공**

㉠ 디프 드로잉(deep drawing) : 다이와 펀치 사이에 소성재료를 넣고 펀치로 가압하여 성형하는 가공이다.

㉡ 비딩(beading) : 요철(凹凸)형상의 롤러 사이에 판재를 넣고 롤러를 회전시켜

판재에 홈을 만드는 가공이다.

⑥ 압축에 의한 가공

㉠ 엠보싱(embossing) : 재료의 두께를 변화시키지 않고 성형하는 가공이다.

㉡ 코이닝(압인가공 : coining) : 주화, 메달(medal) 등의 표면에 문자나 모양을 찍어 넣는 가공이다.

⑦ 기타 가공

㉠ 스피닝(spinning) : 선반의 주축에 다이를 고정하고 그 다이 사이에 블랭크(blank)를 심압대로 눌러 블랭크를 다이와 함께 회전시켜서 성형하는 가공 방법이다.

㉡ 벌징(bulging) : 원통용기의 입구는 그대로 두고 밑 부분을 볼록하게 하는 가공이다.

12. 스케치도 그리기

(1) 스케치선 그리기

- **스케치** : 물체를 보고 용지에 그 모양을 프리핸드로 그리는 것
- **스케치도** : 스케치한 도면에 치수, 재질, 가공법 및 기타 필요한 사항을 기입하여 완성한 도면
- 제품을 만들 때 처음에는 구상한 것을 프리핸드 스케치로 그리고, 다음에 제도 용구를 사용하여 그려서 도면을 작성

① 연필 잡는 법

㉠ 스케치할 때 : 연필 끝에서 30 ~ 40mm 정도 느슨하게 쥔다.

㉡ 직선을 그을 때 : 50 ~ 60° 정도 기울인다.

㉢ 원호를 그을 때 : 30° 정도 기울인다.

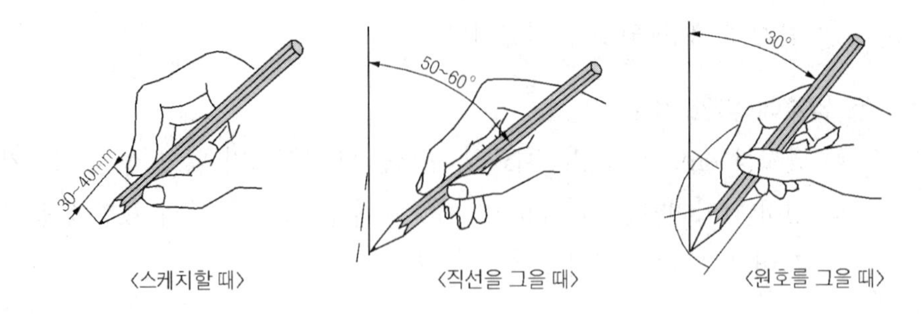

〈스케치할 때〉 〈직선을 그을 때〉 〈원호를 그을 때〉

② **직선 그리기**

㉠ 직선을 곧고 바르게 그리려면 먼저 시작점과 끝점을 표시해 놓고 그린다.

㉡ 빗금은 왼쪽에서 오른쪽으로 올려 그리거나 내려 그린다.

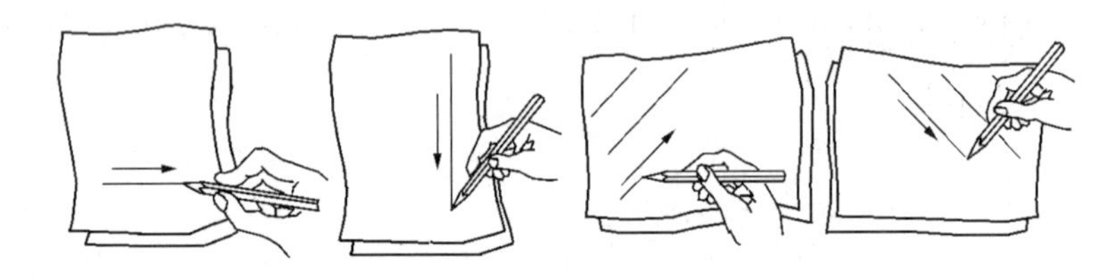

③ **원 그리기**

㉠ 원은 중심선과 보조선을 먼저 그린다.

㉡ 반지름 부분을 표시한 후에 그린다.

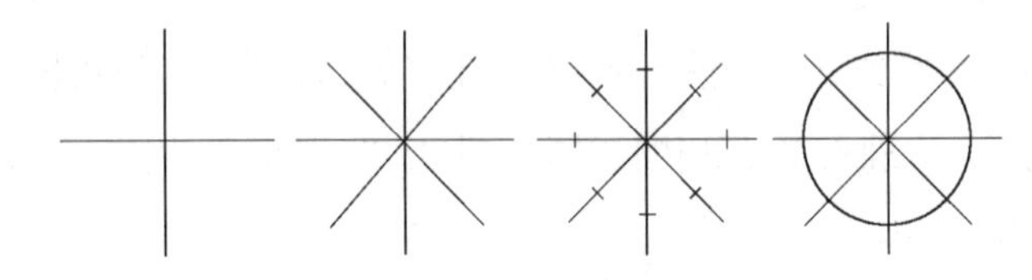

④ **원호 그리기**

㉠ 먼저 수직선을 그린다.

㉡ 원호의 시작점과 끝점을 표시한다.

㉢ 시작점과 끝점을 연결하고 중심점을 잡는다.

㉣ 세 점을 원호로 연결한다.

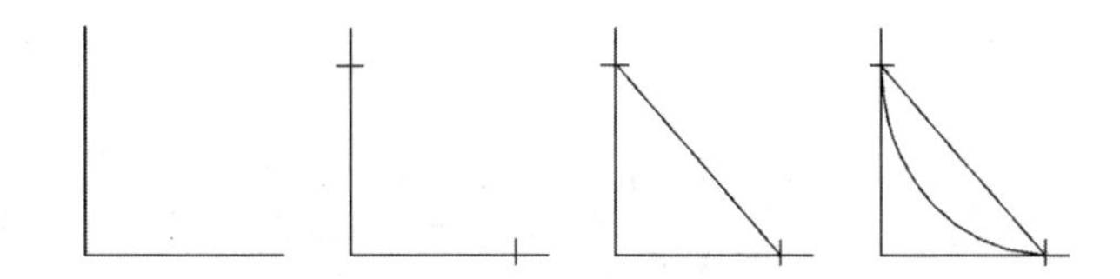

⑤ **경사진 원통을 프리핸드로 그리기**

㉠ 중심선인 수평선과 수직선을 그린다.
㉡ 반경을 정하고 수평선과 수직선을 그린다.
㉢ 교차점을 통과하는 중심선을 그린다.
㉣ 원통 길이를 정한다.
㉤ 중심선인 수평선과 수직선을 그린다.
㉥ 원둘레에 점을 찍는다.
㉦ 가는 실선으로 원통을 그린다.
㉧ 굵은 실선으로 원통의 외형선을 그린다.

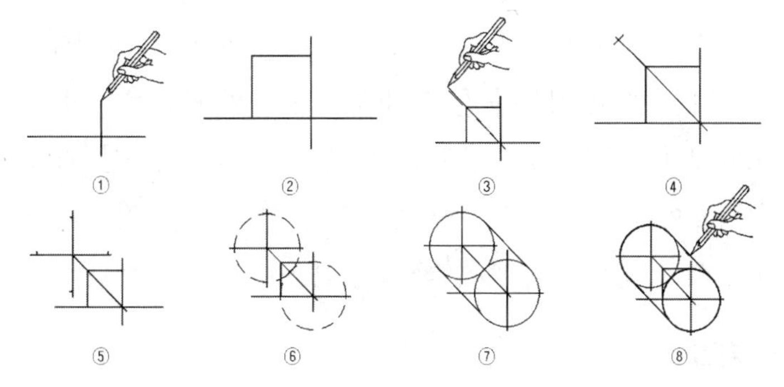

(2) 스케치도 그리기

① 스케치 용구

㉠ 작도용구 : 스케치 용구(모눈종이 또는 갱지), 연필, 지우개
㉡ 측정용구 : 직선자, 줄자, 캘리퍼스(내경, 외경), 버니어 캘리퍼스, 마이크로미터, 각도기, 게이지(깊이, 나사, 반지름, 틈새), 정반
㉢ 분해용 공구 : 렌치, 플라이어, 드라이버 세트, 스패너, 해머

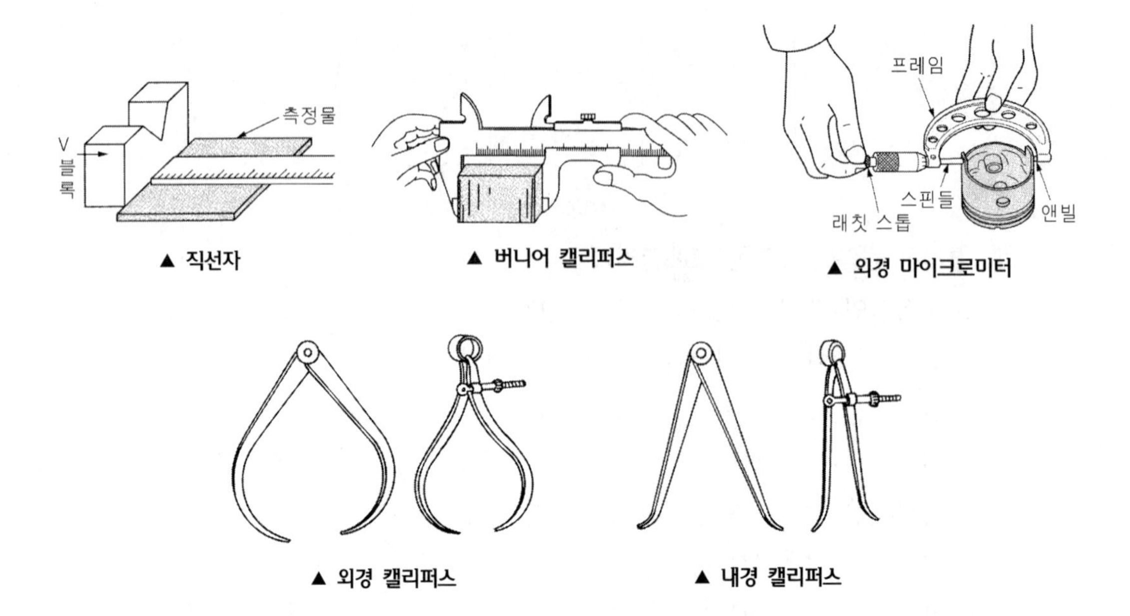

▲ 직선자 ▲ 버니어 캘리퍼스 ▲ 외경 마이크로미터

▲ 외경 캘리퍼스 ▲ 내경 캘리퍼스

② 스케치 순서

㉠ 먼저 분해하기 전에 조립도를 프리핸드로 그리고, 조립 상태를 표시하며, 주요 치수를 기입 한 후 각 부품을 순서에 따라 분해하고, 부분 조립도를 스케치한다.

㉡ 각부의 부품 조립도와 부품표를 작성하고 세부 치수를 기입한다.

㉢ 각 부품도에 재료(재질), 가공법, 수량, 끼워 맞춤 기호 등을 기입한다.

㉣ 기계 전체의 형상을 명백히 하고 완전 여부를 검토한다.

③ 스케치 방법

㉠ 프린트법 : 부품 표면에 광명단 또는 스탬프잉크를 칠한 후 용지에 찍어 실제 형상으로 모양을 뜨는 방법

㉡ 본뜨기법 : 실제 부품을 용지 위에 올려놓고 본을 뜨는 방법과 부품 표면을 납선으로 본을 떠서 이를 용지에 옮기는 방법

㉢ 사진 촬영법 : 사진기로 실물을 직접 찍어서 도면을 그리는 방법(크거나 복잡한 경우)

㉣ 프리핸드법 : 손으로 직접 그리는 방법

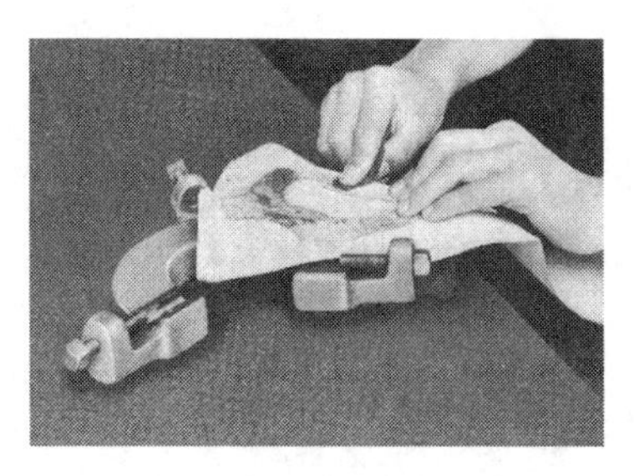

▲ 프린트법

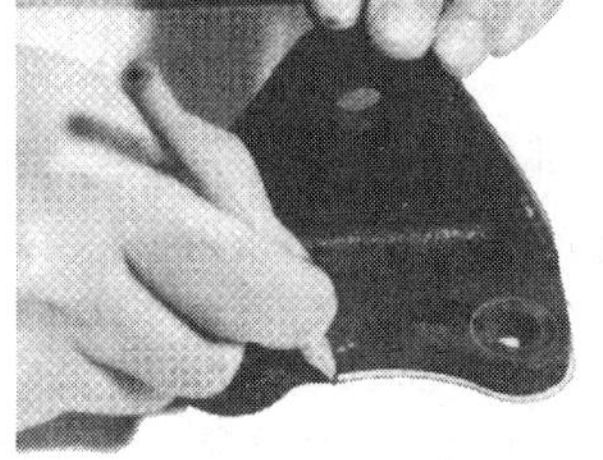

▲ 본뜨기법

▲ 프리 핸드법

④ 스케치도 그리기

㉠ 스케치할 제품의 각부 치수를 버니어 캘리퍼스를 이용하여 측정한다.

㉡ 모눈 종이에 정면도를 기준으로 평면도와 측면도를 배치한다.

㉢ 스탬프 잉크나 광명단을 이용하여 우측면도를 프린트한다.

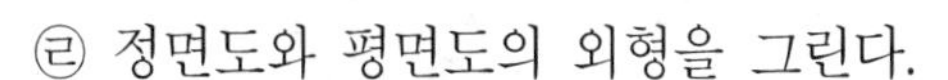

㉣ 정면도와 평면도의 외형을 그린다.

㉤ 가늘게 그린 부분을 진한 선으로 완성한다.

㉥ 치수선, 치수 보조선 및 치수를 기입한다.

(a) 투상면 배치

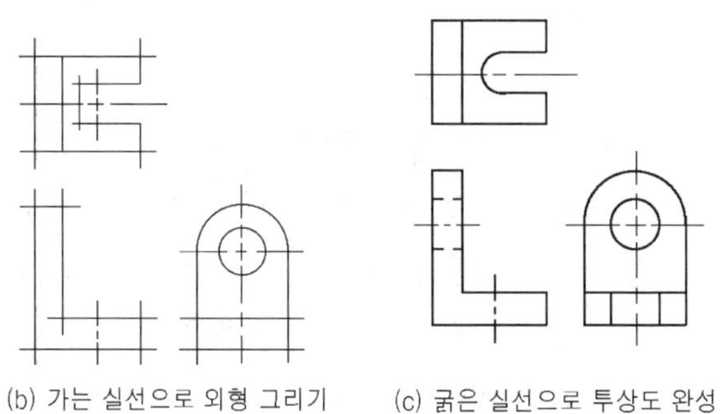

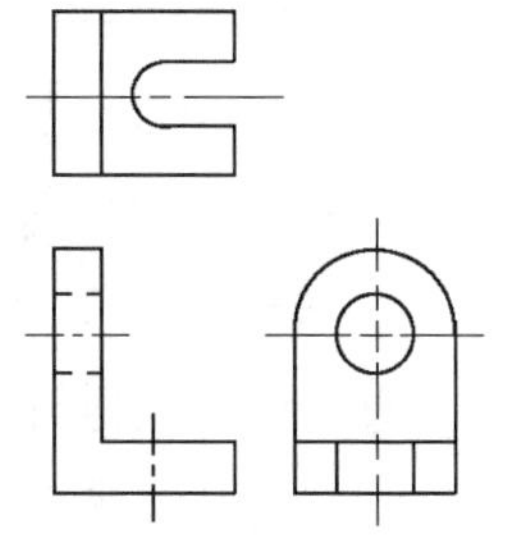

(b) 가는 실선으로 외형 그리기 (c) 굵은 실선으로 투상도 완성 (d) 치수선, 치수 보조선, 치수 기입

13. 기계 요소 그리기

(1) 나사

- 2개 이상의 기계 부품을 조립할 때 사용
- 암나사와 수나사의 쌍으로 구성
- 볼트와 너트 : 지름이 큰 경우
- 작은 나사 : 나사의 축 지름이 8mm 이하

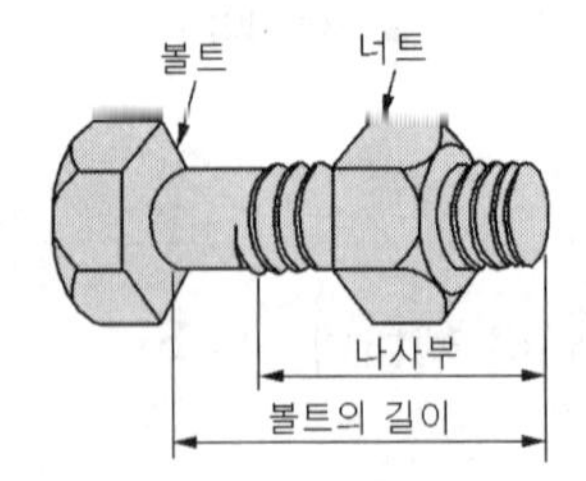

- 인접한 두산의 직선거리를 측정한 값을 피치라 하고 나사가 1회전하여 축 방향으로 진행한 거리를 리드라 하며 **L = NP**(L : 리드, N : 줄 수, P : 피치)로 나타낸다.
- 축 방향에서 시계 방향으로 돌려서 앞으로 나아가는 나사를 오른나사, 반대인 경우를 왼나사라 한다.

① **나사의 종류**

㉠ 삼각 나사

- 미터 나사(M) : 각도 60° 지름은 mm
- 휘트워드 나사 : 각도 55° 지름은 인치
- 유니파이 나사(UNC, UNF) : 각도 60°지름은 인치

㉡ 사각 나사 : 프레스와 같이 큰 힘의 전달에 사용한다.(전동용 나사)

㉢ 사다리꼴 나사 : 접촉이 정확하여 선반의 리드스크루 등에 사용한다. 나사산의 각도 30°(미터계, TM), 나사산의 각도 29°(인치계 TW)

㉣ 톱니 나사 : 삼각 나사와 사각 나사의 장점을 딴 것이며 추력이 한 방향으로 작용하는 곳에 사용한다.(잭, 바이스)

㉤ 둥근 나사 : 전구와 소켓 등에 사용한다.

㉥ 관용 나사 : 배관용 강관 연결에 사용한다. 테이퍼 나사(PT, PS)와 평행나사(PF)의 2종이 있으며 테이퍼는 1/16이다.

ⓢ 볼 나사 : 마찰이 매우 작고 백래쉬가 작아 NC 공작기계와 같은 정밀 공작기계에 많이 사용된다.

② **나사의 표시법** : 나사의 잠긴 방향, 나사산의 줄 수, 나사의 호칭, 나사의 등급
(예 좌 2줄 M500 × 3 - 2 왼나사 2줄 미터 가는 나사 2급)

③ **나사의 호칭**

㉠ 나사의 호칭은 나사의 종류 표시 기호 지름 표시 숫자, 피치 또는 25.4mm에 대한 나사산의 수로써 다음과 같이 표시한다.

㉡ 피치를 mm로 나타내는 경우(나사의 종류, 나사의 지름 × 피치) (예 M16 × 2)

㉢ 일반적으로 미터나사는 피치를 생략하나 다만 M3, M4, M5에는 피치를 붙여 표시한다.

㉣ 피치를 산의 수로 표시하는 경우(유니파이 나사는 제외) (나사의 종류를 표시하는 기호, 수나사의 지름을 표시하는 숫자, 산, 산수) (예 TW 20 산 6)

㉤ 관용 나사는 산의 수를 생략한다. 또 각인에 한하여 산 대신에 하이픈을 사용할 수 있다.)

㉥ 유니파이 나사 (수나사의 지름을 표시하는 숫자 또는 번호 - 산수, 나사의 종류를 표시하는 기호) (예 1/2 - 13 UNC)

④ **나사의 등급** : 나사의 정도를 구분한 것을 나사의 등급이라 하며, 숫자 밑에 문자에 조합으로 나타낸다. 미터 나사는 급수가 작을수록, 유니파이 나사는 급수가 클수록 정도가 높다.(예 3A, 3B 2A, 2B 1A, 1B A : 수나사 B : 암나사) 나사의 등급은 필요 없을 경우에는 생략해도 좋으며, 또 암나사와 수나사의 등급을 동시에 표시할 필요가 있을 시에는 암나사의 등급 다음에(/)을 넣고 수나사 등급을 표시한다.(예 M10 - 2/1 : 한 줄 미터 보통 나사, 암나사 2급, 수나사 1급)

⑤ **볼트와 너트**

㉠ 볼트와 너트의 제도

- 볼트와 너트는 전조하여 다량 생산하므로 제작도는 그리지 않는다.
- 제작도용 약도로 그린다.
- 나사산을 모두 그리지 않고 간략도로 그린다.
- 제작용 약도에서 육각(사각)너트의 암나사부는 가는 실선으로 원을 그리고,

골지름의 ¼은 그리지 않는다.

㉡ 제작용 약도 그리는 방법

- 골지름은 가는 실선으로 그린다.
- 안지름은 굵은 실선으로 그린다.
- 완전 나사부와 불완전 나사부의 경계는 굵은 실선으로 그린다.
- 볼트와 너트의 결합을 나타낼 때는 볼트를 기준으로 그린다.
- 불완전 나사부의 골을 나타내는 선은 축선에 대하여 30°의 가는 실선으로 그린다.

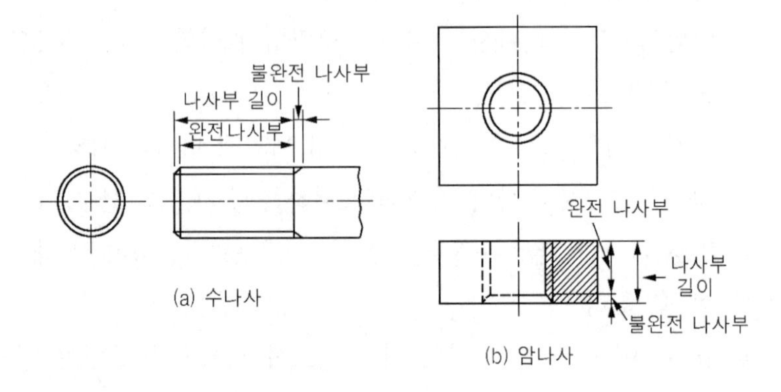

(a) 수나사 (b) 암나사

㉢ 볼트의 호칭 : 규격 번호, 종류, 다듬질 정도, 나사의 호칭 × 길이 - 나사의 등급, 강도 구분, 재료, 지정 사항으로 표시(예 KSB 1002 육각 볼트 중 M42 × 150 - 2 SM20C 둥근끝)

- 이중 규격 번호는 생략 가능하며, 지정 사항은 자리 붙이기, 나사부의 길이, 나사 끝 모양, 표면 처리 등을 필요에 따라 표시가 가능하다.

㉣ 너트의 호칭 : 규격 번호, 종류, 모양의 구별, 다듬질 정도, 나사의 호칭 - 나사의 등급, 재료, 지정사항

(예 KSB 1002 육각너트 2종 상 M42-1 SM20C H=42)

- 규격번호는 특별히 필요치 않으면 생략하고 지정 사항은 나사의 바깥지름과 동일한 너트의 높이(H), 한 계단 더 큰 부분의 맞변 거리(B), 표면 처리 등을 필요에 따라 표시한다.

㉤ 작은 나사 보통 지름이 1 ~ 8mm(규격번호, 종류, 나사의 호칭 × 길이, 나사

의 등급, 강도 구분, 재료, 지정사항) (예 +자 홈 접시머리 작은 나사 M5 × 0.8 25 SM20C 아연 도금)

- 작은 나사의 제도
- 작은 나사의 머리에 (-)홈이 있으면 평면도의 원에 45°방향으로 하나의 굵은 실선으로 그린다.
- 작은 나사의 머리에 (+) 홈이 있으면 평면도의 원에 × 표를 그린다.
- 나사부의 골지름은 가는 실선으로 그린다.

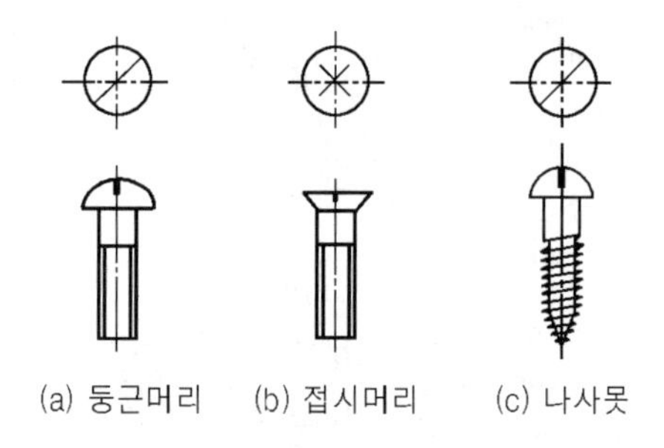

(a) 둥근머리 (b) 접시머리 (c) 나사못

㉥ 세트 스크루 (머리 모양, 끝 모양, 등급, 나사의 호칭 × 길이, 재료, 지정 사항) (예 사각 평행형 2급 M5 × 0.8 10 SM20C 아연 도금)

(2) 핀

① **종류** : 평행 핀, 테이퍼 핀, 슬롯 테이퍼 핀, 분할 핀

② 기계 접촉면의 미끄럼 방지나 너트의 풀림 방지 및 위치 고정용 등 비교적 큰 힘이 걸리지 않는 곳에 사용

③ 규격품이므로 부품도를 그리지 않고 조립도만 그린다.

④ 부품란의 비고에 규격을 기입한다.

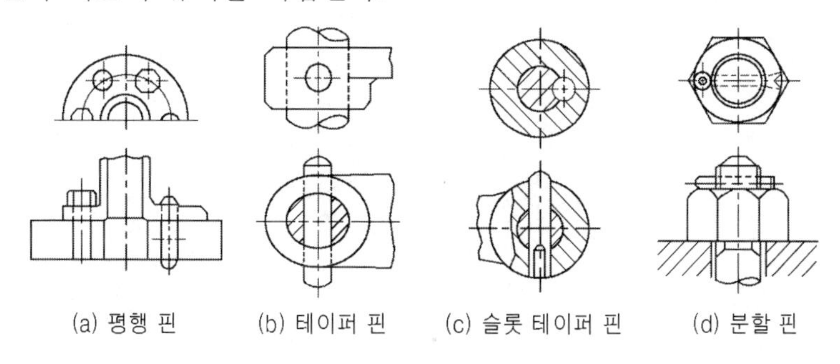

(a) 평행 핀 (b) 테이퍼 핀 (c) 슬롯 테이퍼 핀 (d) 분할 핀

(3) 키

① **종류** : 평키, 안장 키, 묻힘 키, 반달 키, 원뿔 키, 스플라인

② 축에 풀리, 기어 등의 회전체를 고정시켜 축과 회전체가 미끄러지지 않고 회전을 정확하게 전달하는데 쓰임

③ 규격품이므로 부품도를 그리지 않고 조립도만 그린다.

④ 부품란의 비고에 규격을 기입한다.

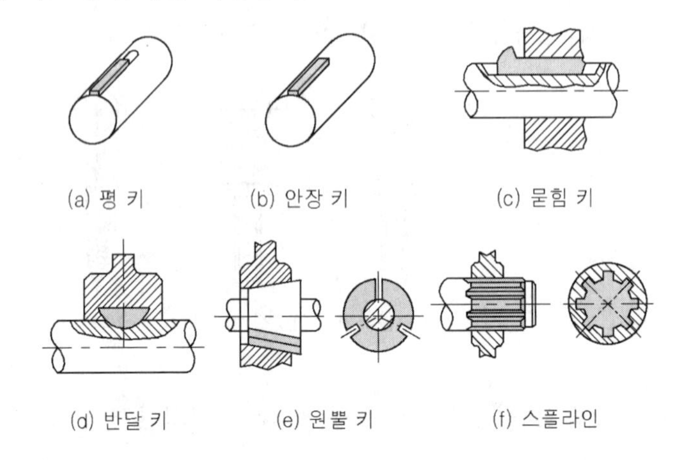

(a) 평 키 (b) 안장 키 (c) 묻힘 키

(d) 반달 키 (e) 원뿔 키 (f) 스플라인

(4) 벨트 풀리

① **종류** : 평 벨트 풀리, V 벨트 풀리

② 동력을 전달하는 두 축 사이의 거리가 길 때에 사용

③ **평 벨트 재질** : 가죽, 고무, 강철 등

④ V 벨트는 합성 고무를 압축하여 40°각도 V자 홈으로 만듦. 평 벨트에 비해 미끄럼과 소음 적음

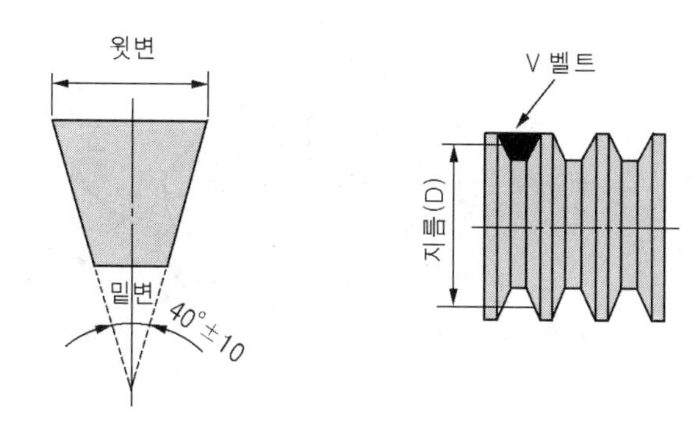

(5) 기어

① **종류** : 스퍼 기어, 내접 기어, 헬리컬 기어, 직선 베벨 기어, 스크루 기어, 래크

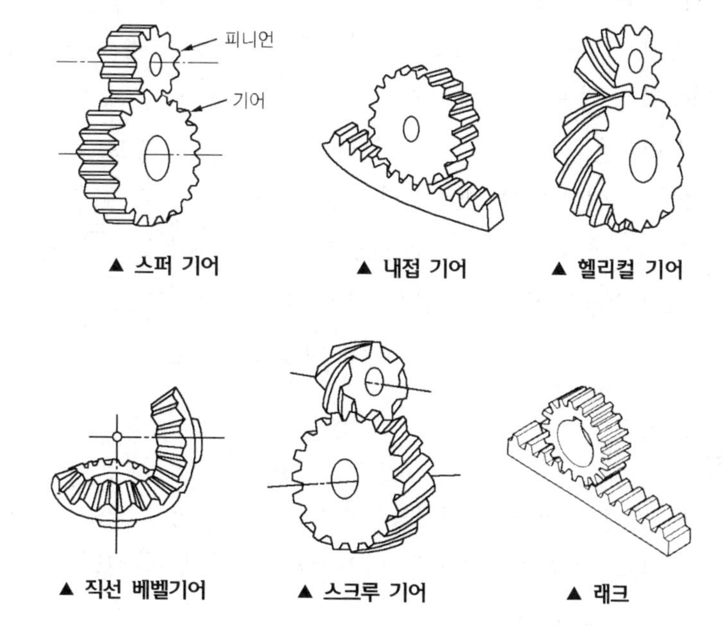

▲ 스퍼 기어 ▲ 내접 기어 ▲ 헬리컬 기어

▲ 직선 베벨기어 ▲ 스크루 기어 ▲ 래크

② 동력을 전달하는 두 축 사이의 거리가 짧을 때 사용

③ **특징** : 동력을 일정한 속도비로 정확하게 전달 가능

④ 한 쌍의 기어가 맞물려 돌기 위한 조건은 모듈(module)이 같아야 한다.

⑤ **모듈** : 피치원의 지름을 잇수로 나눈 값

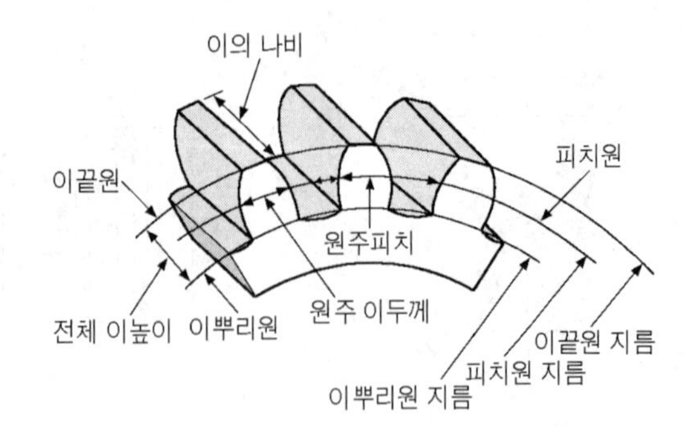

⑥ **기어를 그리는 방법**

㉠ 이끝원은 굵은 실선으로 그린다.

㉡ 피치원은 가는 1점 쇄선으로 그린다.

㉢ 이뿌리원은 가는 실선으로 그린다.

㉣ 헬리컬 기어나 나사 기어 등의 잇줄 방향은 보통 3개의 가는 실선으로 그린다.

㉤ 기어의 부품도에는 요목표를 병행한다.

㉥ 요목표 내용 : 치형, 모듈, 압력각, 잇수 등

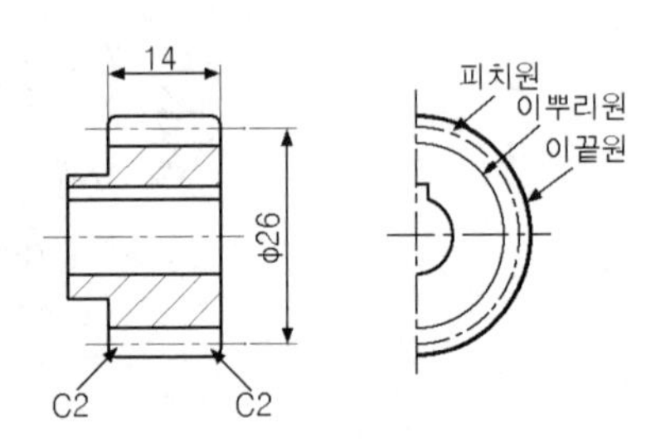

(6) 리벳

① 용도에 따라 일반용, 보일러용, 선박용 등

② 리벳 머리의 종류에 따라 둥근 머리, 접시 머리, 납작 머리, 둥근 접시 머리, 얇은 납작 머리, 남비 머리 등

③ 리벳의 호칭(규격 번호, 종류, 호칭지름 × 길이 재료)(예 KSB 1102 열간 둥근 머리 리벳 12 × 30 SBV 34)규격 번호를 사용하지 않는 경우는 종류의 명칭에 열간 또는 냉간을 앞에 기입한다.)

④ **리벳 이음의 도시법**

㉠ 리벳의 크기를 도시할 필요가 있을 때에는 아래 그림과 같이 도시한다.

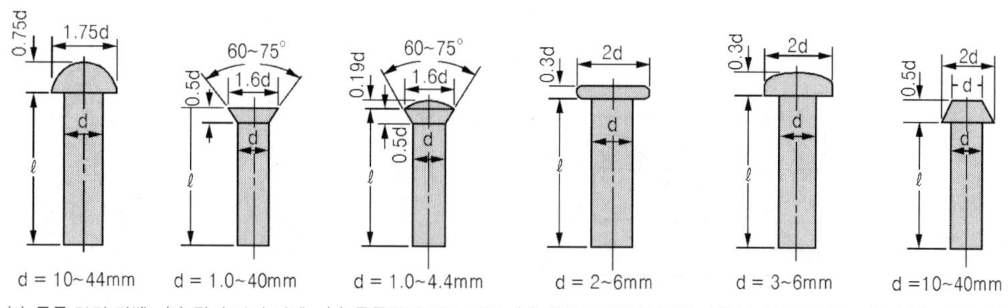

(a) 둥근 머리 리벳 (b) 접시 머리 리벳 (c) 둥근접시 머리 리벳 (d) 얇은 납작머리 리벳 (e) 남비 머리 리벳 (f) 납작 머리 리벳

▲ **리벳의 종류**

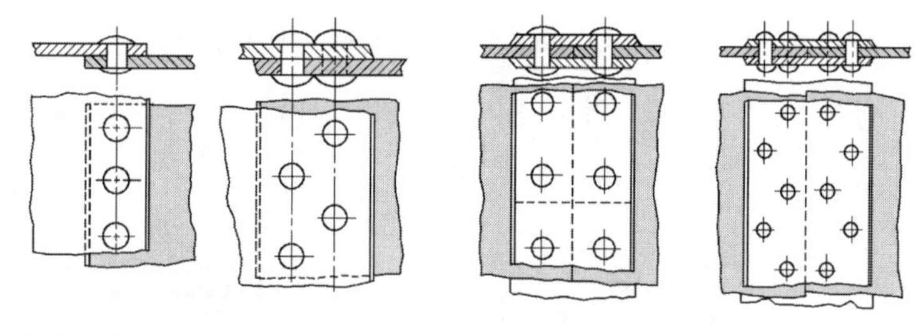

(a) 1줄 겹치기 (b) 2줄 지그재그 겹치기 (c) 1줄 맞대기 (d) 2줄 지그재그 맞대기

▲ **겹치기 이음** ▲ **맞대기 이음**

㉡ 리벳의 위치만을 표시할 때에는 중심선만을 그린다.

㉢ 같은 간격으로 연속하는 같은 종류의 구멍 표시 방법은 아래 그림과 같이 한다.(간격의 수 × 간격의 치수 = 합계 치수)

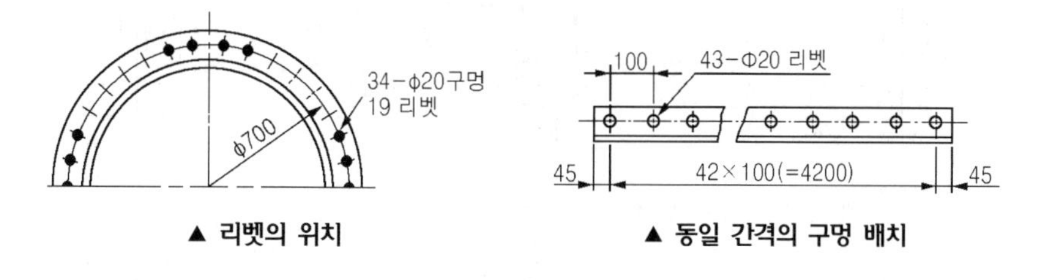

▲ **리벳의 위치** ▲ **동일 간격의 구멍 배치**

㉣ 얇은 판, 형강 등의 단면은 굵은 실선으로 도시한다.

㉤ 여러 장의 얇은 판의 단면 도시에서 각판의 파단선은 서로 어긋나게 긋는다.

㉥ 리벳은 길이 방향으로 절단하여 도시하지 않는다.

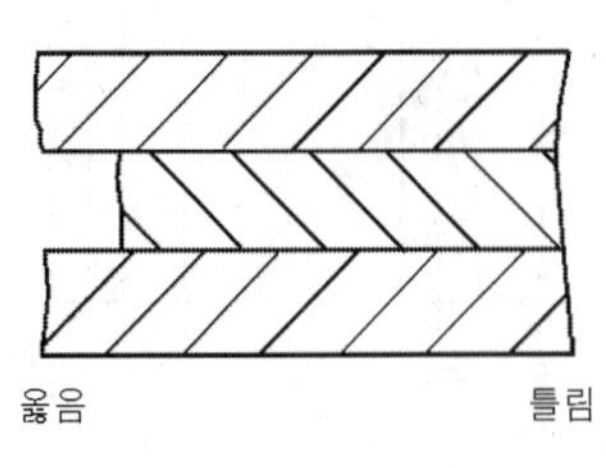

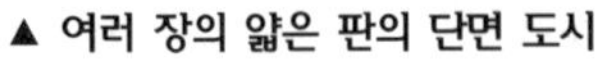

▲ 여러 장의 얇은 판의 단면 도시

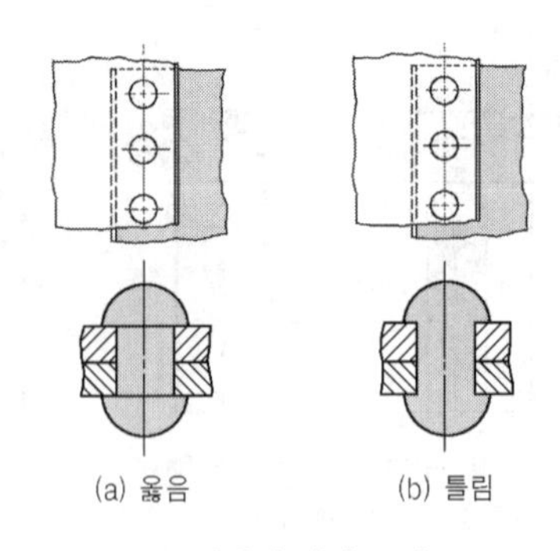

▲ 리벳의 단면 도시

㉦ 형강의 치수 기입은 형강 도면 위쪽에 기입한다.

㉧ 평강 또는 형강의 치수 표시는(모양 나비 × 나비 × 두께 − 길이)로 표시

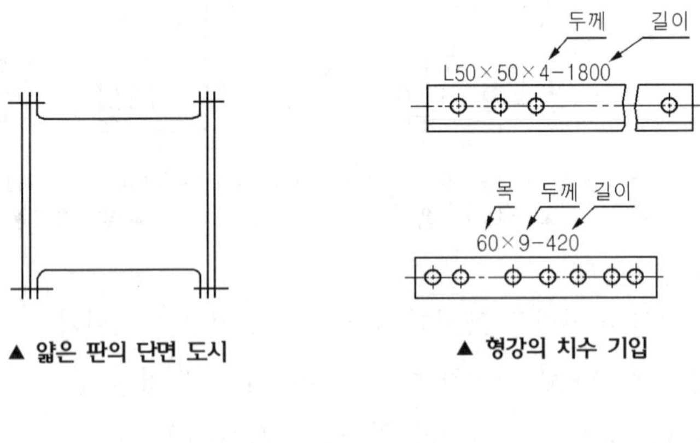

▲ 얇은 판의 단면 도시

▲ 형강의 치수 기입

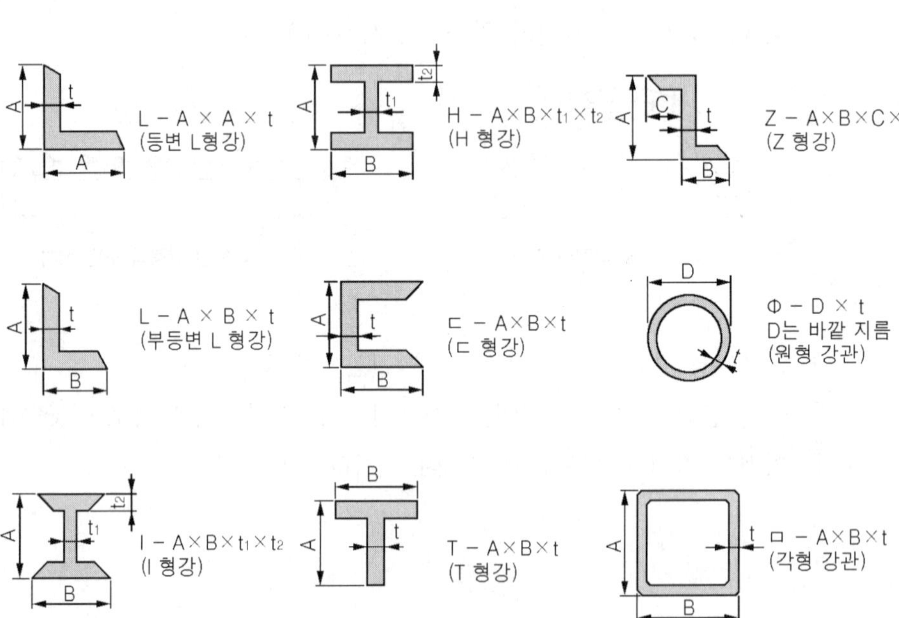

㉶ 구조물에 쓰이는 리벳은 기호를 사용한다.

		둥근 머리 리벳	접시머리 리벳					납작머리 리벳			둥근 접시머리 리벳		
종 별													
기호 (화살표 방향에서 봄)	공장 리벳	○											
	현장 리벳	●											

14. 배관도면 그리기

(1) 도면의 일반적인 사항

도면의 작성 전 도면 목록표, 범례표, 장비일람표 등을 작성하여 건설 현장에 종사하면서 도면을 보는 사람뿐만 아니라 그 장치를 운전하는 사람도 쉽게 이해할 수 있도록 하여야 한다.

(2) 배관(配管)의 표시 방법

① **관의 표시** : 관은 원칙적으로 1줄의 실선으로 도시하고, 동일 도면 내에서는 같은 굵기의 선을 사용한다. 다만 관의 계통, 상태, 목적을 표시하기 위하여 선의 종류를 바꾸어 도시하여도 된다. 이 경우, 각각의 선 종류의 뜻을 도면상의 보기 쉬운 위치 또는 아래 표와 같은 범례표에 명기한다. 치수 표시는 mm(A)를 단위로 하고 각도는 보통 도로 표시한다.

배관도의 종류로는 평면 배관도, 입면 배관도, 입체 배관도, 조립도, 부분 조립도 등이 있다. 관의 높이 표시는 관의 중심을 기준으로 하는 EL, 관 외경의 아래면을 기준으로 하는 BOP, 관 외경의 윗면을 기준으로 하는 TOP, 지표면을 기준으로 하는 GL, 1층 바닥면을 기준으로 하는 FL이 있다.

위생 배관		
—— ◆ ——	급수관 COLD WATER	KS D5301 (동관 "L" 타입)
——◆◆——	급탕관 HOT WATER SUPPLY	KS D5301 (동관 "L" 타입)
——◆◆◆——	환탕관 HOT WATER RETURN	KS D5301 (동관 "L" 타입)
——PD——	배수양수관 PUMPING DRAIN WATER	KS D3507 (백강관)
—— D ——	배수관 DRAIN	입상 KS D4307 - EPOXY TYPE 횡주 KS D4307 - NO - HUB TYPE
—— S ——	오수관 SOIL	
- - - V - - -	통기관 VENT	KS D3507 (백강관)

② **복관(複管)으로 그리기** : 관은 아래 그림과 같이 복관으로 그려 상세히 표현하기도 한다.

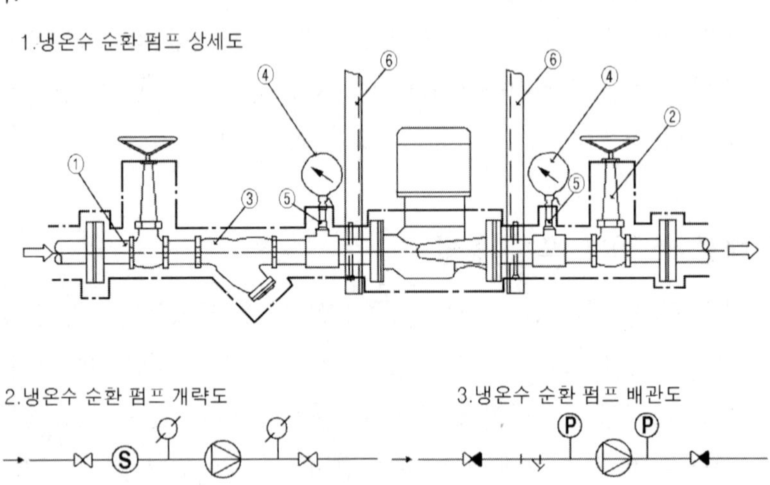

▲ 복관의 도시

(3) 배관에 흐르는 유체의 종류 상태 표시 방법

① **표시** : 표시 항목은 원칙적으로 다음 순서에 따라 필요한 것을 글자, 글자기호를 사용하여 표시한다. 또한, 추가할 필요가 있는 표시항목은 그 뒤에 붙이며, 글자기호의 뜻은 도면상의 보기 쉬운 위치에 명기한다.

㉠ 관의 호칭지름

㉡ 유체의 종류, 상태, 배관계의 식별 (공기 A, 가스 G, 기름 O, 수증기 S, 물 W)

㉢ 배관계의 시방(관의 종류, 두께, 배관계의 압력구분 등)

㉣ 관의 외면에 실시하는 설비재료

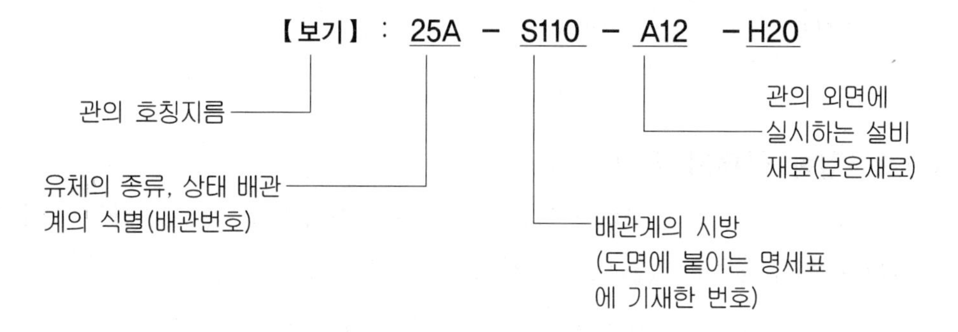

② **표시 내용 표현 방법** : 표시 내용을 관에 표시하는 경우는 관의 위쪽 또는 왼쪽에 도시하거나 복잡한 경우에는 지시선을 사용하여 인출하여 기입한다.

【보기】 25A - S110 - A12 - H20

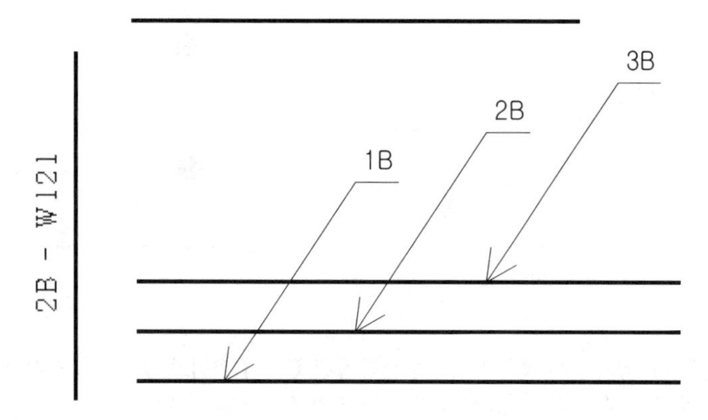

(4) 유체 흐름의 표시 방법

① **배관내 흐름의 방향** : 배관내 흐름의 방향은 관을 표시하는 선에 화살표를 붙여 방향을 표시한다.

【보기】

② **배관도의 부속품 부품 구성품 및 기기내의 흐름의 방향** : 배관도의 부속품기기내의 흐름의 방향을 특히 표시할 필요가 있는 경우는 그 그림기호에 따르는 화살표로 표시한다.

【보기】

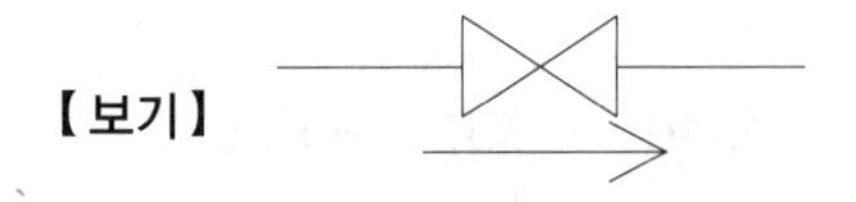

(5) 관 접속 상태의 표시 방법

관을 표시하는 선이 교차하고 있는 경우에는 아래의 표와 같은 표시 방법에 따라 각각의 관이 접속하고 있는지, 접속하고 있지 않은지를 표시한다.

관의 접속 상태		도시 방법
접속하고 있지 않을 때		
접속 하고 있을 때	교차	
	분기	

참고 접속하고 있지 않는 것을 표시하는 선의 끊긴 자리, 접속하고 있는 것을 표시하는 검은 동그라미는 도면을 복사 또는 축소할 때에도 명백하도록 그려야 한다.

(6) 관 결합 방식의 표시 방법

관의 결합 방식은 아래의 표와 같이 일반(나사식), 용접식, 플랜지식, 턱걸이식, 유니온식으로 구분하여 표시할 수 있다.

결합 방식의 종류	그림 기호
일반(나사식)	─┼─
용접식	─●─
플랜지식	─‖─
턱걸이식	─)─
유니온식	─┼‖─

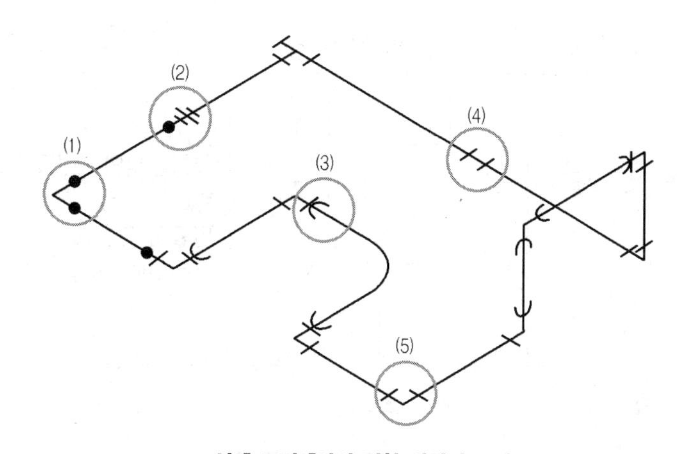

▲ 실제 도면에서의 결합 방식의 표시

참고 방식의 표시 : 그림에서 ①은 용접식, ②는 용접식 및 유니온식인 절연 유니온을 사용한 이음, ③은 턱걸이식, ④는 플랜지식, ⑤는 일반식인 나사이음으로 엘보를 사용한 이음이다.

(7) 관이음의 표시 방법

① **이음쇠의 사용목적에 따른 종류** : 이음쇠를 사용목적에 따라 분류하면 다음 표와 같다.

목 적	종 류
배관 방향을 바꿀 때	엘보, 벤드
관을 도중에서 분기할 때	티, 와이, 크로스
지름이 같은 관을 직선으로 연결할 때	소켓, 유니온, 플랜지, 니플
지름이 다른 관을 연결할 때	부싱, 이경 소켓, 이경 엘보, 이경 티
관 끝을 막을 때	캡, 플러그
관의 수리, 점검, 교체 필요시	유니온, 플랜지

② **고정식 관 이음쇠** : 고정식 관 이음쇠는 엘보, 벤드, 티, 크로스, 리듀서, 하프커플링 등이 있다.

관 이음쇠의 종류		그림 기호	비 고
엘보 및 벤드			결합방식의 그림기호와 결합하여 사용한다. 지름이 다르다는 것을 표시할 필요가 있을 때는 그 호칭을 인출선을 사용하여 기입한다.
엘보 및 벤드			
티			
크로스			
리듀서	동심	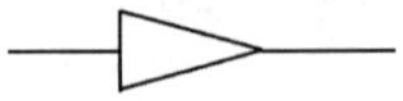	특히 필요한 경우에는 결합방식의 그림기호와 결합하여 사용한다.
리듀서	편심		
하프커플링			

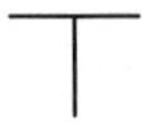

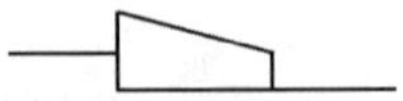

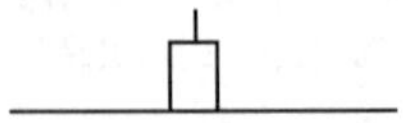

③ **가동식 관 이음쇠** : 가동식 관 이음쇠는 신축 이음쇠 및 플랙시블 이음쇠가 등이 있다.

관 이음쇠의 종류	그림 기호	비 고
신축 이음쇠		특히 필요한 경우에는 결합방식의 그림 기호와 결합하여 사용한다.
플랙시블 이음쇠		

참고 신축이음은 루프형, 벨로즈형, 슬리브형, 스위블형이 있다.

이음종류	연결 방법	도시 기호
신축이음	루프형	
	벨로즈형	
	슬리브형	
	스위블형	

④ **지름이 다른 이음쇠의 호칭 순위**

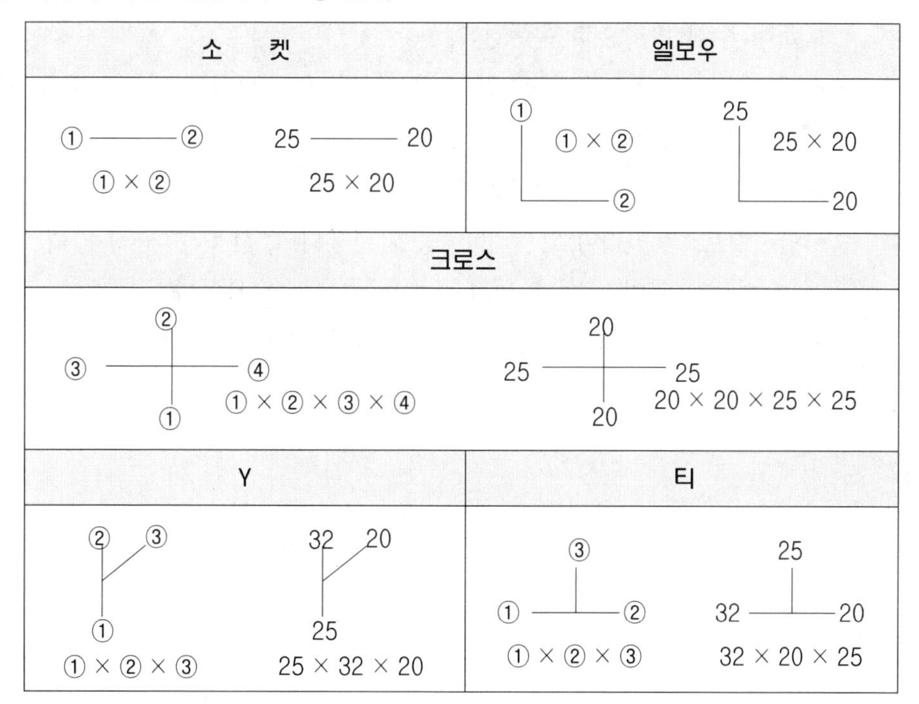

(8) 관 끝부분의 표시 방법

끝 부분의 종류	그림 기호
막힌 플랜지	
나사박음식 캡 및 나사박음식 플러그	
용접식 캡	

(9) 밸브 및 콕 몸체의 표시 방법

① 밸브 및 콕의 표시 방법

㉠ 밸브의 종류

- 슬로스 밸브(게이트 밸브) : 나사봉에 의하여 밸브가 파이프의 축선에 직각 방향으로 개폐되는 밸브이며, 이 밸브를 완전하게 열면 유체 흐름의 저항이 작고 밸브의 개폐 시간이 긴 밸브이다.
- 글로브 밸브(스톱밸브) : 파이프 출구와 입구가 일직선이고 밸브 시트에 대하여 수직 방향으로 운동한다.
- 체크밸브 : 유체의 흐름을 한 방향으로만 흐르게 하는 밸브로 종류에는 리프트식과 스윙식이 있다.
- 앵글밸브 : 파이프의 출구와 입구가 직각을 이루는 밸브이다.
- 안전밸브 : 보일러나 압력 용기 등에 사용되며, 사용 중 규정 압력 이상이 되면 밸브가 열려 유체가 대기 중에 방출되는 밸브이다.
- 콕 : 관 속의 유체가 저압일 경우 신속히 개폐할 때 사용한다.

㉡ 밸브의 표시방법

종　류	그림 기호	종　류	그림 기호
밸브 일반		앵글밸브	
게이트 밸브		3방향 밸브	
글로브 밸브		안전밸브	
체크 밸브			
볼 밸브			
버터플라이 밸브		콕 일반	

② **밸브 및 콕의 닫혀 있는 상태 표시** : 밸브 및 콕이 닫혀 있는 경우에는 그림 기호를 까맣게 칠하거나 닫혀 있다는 것을 표시하는 문자 "폐", "C" 등을 첨가하여 표시한다.

【보기】 

(10) 밸브 및 콕 조작부의 표시 방법

밸브 및 콕의 개폐조작부의 동력 조작 또는 수동 조작의 구별을 명시할 필요가 있는 경우에는 아래의 표와 같은 그림기호로 표시한다.

개폐 조작	그림 기호	비고
수동 조작		수동으로 개폐를 지시할 필요가 없을 때는 조작부의 표시를 생략한다.
동력 조작		상세에 대하여 표시는 KS A3016에 따른다.

(11) 계기의 표시 방법

유량계, 압력계 등의 계기를 표시하는 경우에는 관을 표시하는 선에서 분기시킨 가는 선의 끝에 원을 그려서 아래와 같이 표시한다.

【보기】

계기의 측정하는 변동량 및 기능 등을 표시하는 글자 기호는 KS A3016에 따른다. 그 보기를 참고도에 표시한다.

【보기】

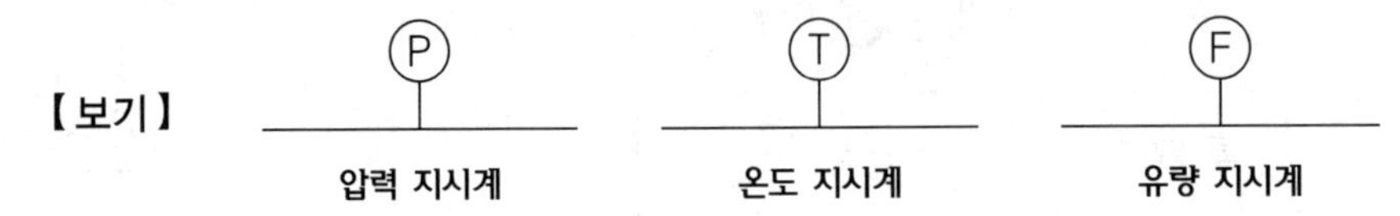

(12) 기기의 표시 방법

종 류	그림 기호
방열기	
고압 증기 트랩	
저압 증기 트랩	
기수 분리기	
방열기	절 수 종류-모양 태 핑

(13) 지지 장치의 표시 방법

지지 장치를 표시하는 경우에는 아래와 같은 그림기호에 따라 표시한다.

【보기】

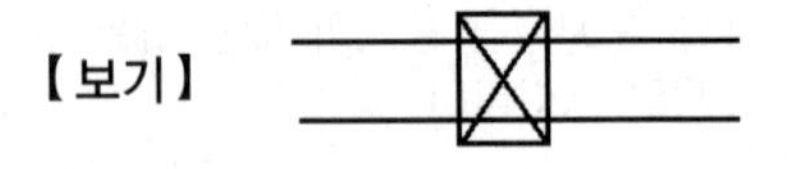

(14) 투영에 의한 배관 등에 표시 방법

① **관의 입체적 표시 방법**(화면에 직각방향으로 배관되어 있는 경우)

㉠ 관 A가 화면에 직각으로 바로 앞쪽으로 올라가 있는 경우

【보기】

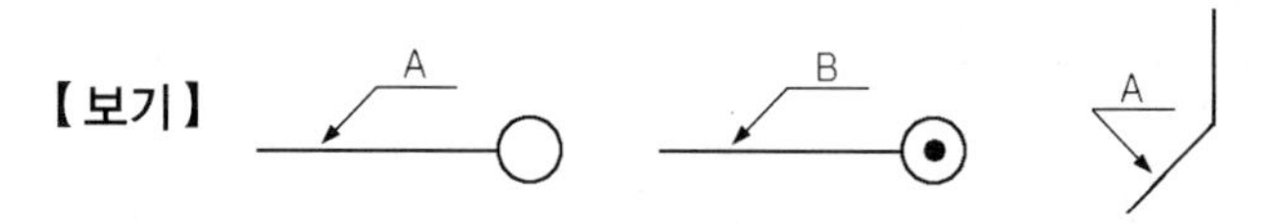

㉡ 관 A가 화면에 직각으로 반대쪽으로 내려가 있는 경우

【보기】

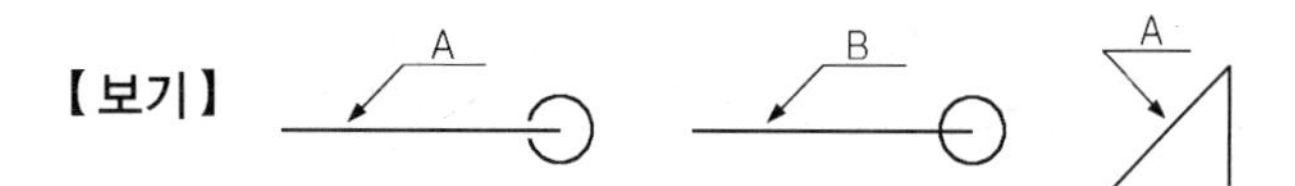

㉢ 관 A가 화면에 직각으로 바로 앞쪽으로 올라가 있고 관 B와 접속하고 있는 경우

【보기】

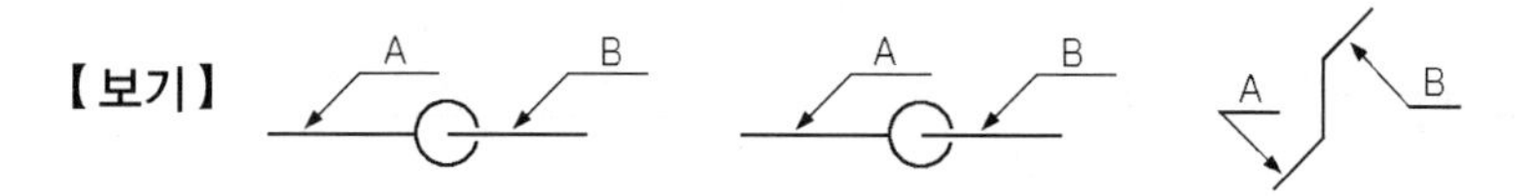

㉣ 관 A로부터 분기된 관 B가 화면에 직각으로 바로 앞쪽으로 올라가 있으며 구부려져 있는 경우

【보기】

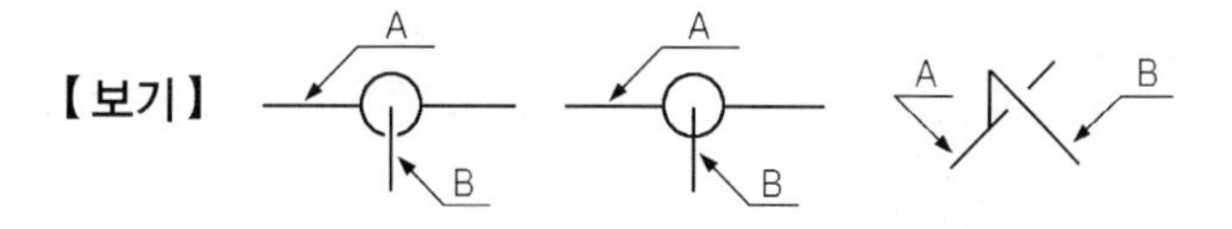

㉤ 관 A로부터 분기된 관 B가 화면에 직각으로 반대쪽으로 내려가 있고 구부려져 있는 경우

【보기】

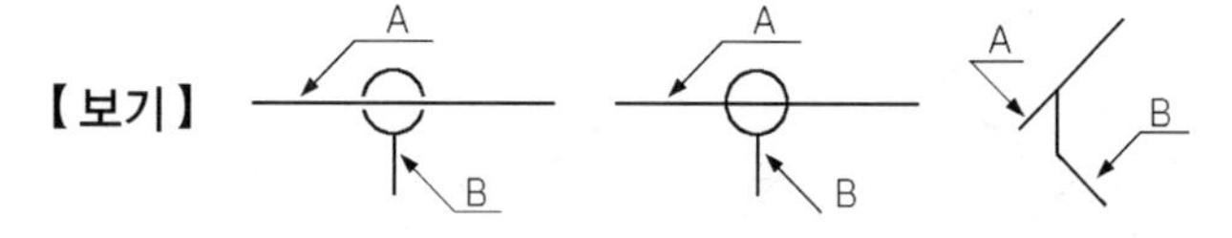

㉥ 정 투영도에서 관이 화면에 수직일 때 그 부분만을 도시하는 경우

【보기】

② **관의 입체적 표시 방법**(화면에 직각 이외의 각도로 배관되어 있는 경우)

㉠ 관 A가 위쪽으로 비스듬히 일어서 있는 경우

【보기】

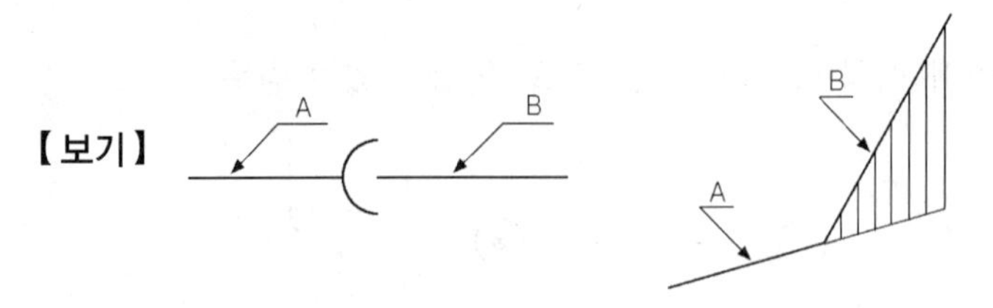

㉡ 관 A가 아래쪽으로 비스듬히 내려가 있는 경우

【보기】

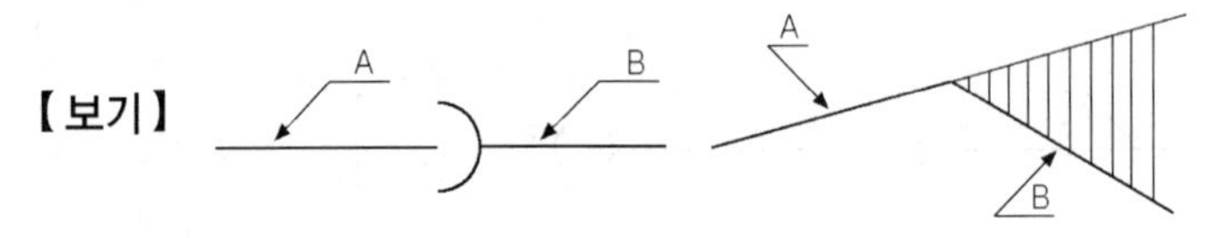

㉢ 관 A가 수평방향에서 바로 앞쪽으로 비스듬히 구부러져 있는 경우

【보기】

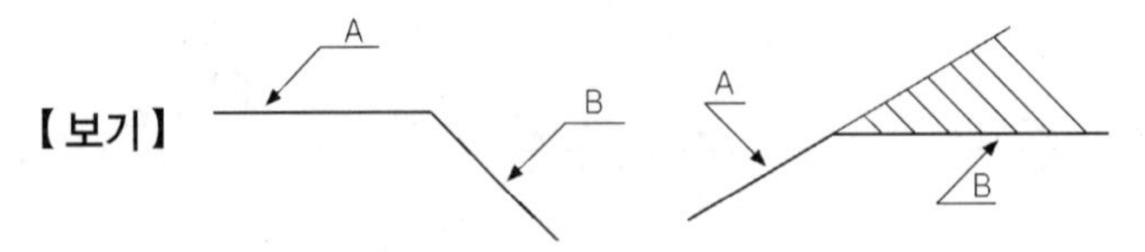

㉣ 관 A가 수평방향으로 화면에 비스듬히 바로 앞쪽 위 방향으로 일어서 있는 경우

【보기】

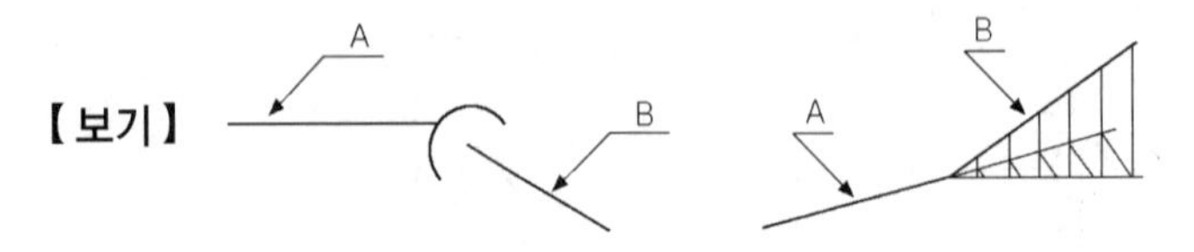

㉤ 관 A가 수평방향으로 화면에 비스듬히 반대쪽 윗방향으로 일어서 있는 경우

【보기】

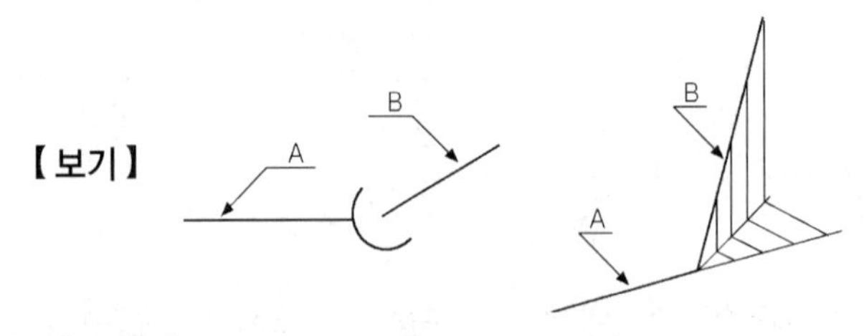

(15) 공업 배관

① 공업 배관 도면에는 평면 배관도, 입면 배관도, 부분 배관 조립도, 공정도, 계통도, 배치도, 관장치도 등이 있다.

② 계통도, PID(Pipe and Instrument Diagram), 관 장치도가 있다.

15. 용접 도면 그리기

(1) 용접 이음의 종류

용접 이음의 5가지 기본종류는 맞대기 이음(Butt joint), 겹치기 이음(Lap joint), 티 이음(Tee joint), 모서리 이음(Outside Corner) 및 변두리 이음(Edge joint)이 있다.

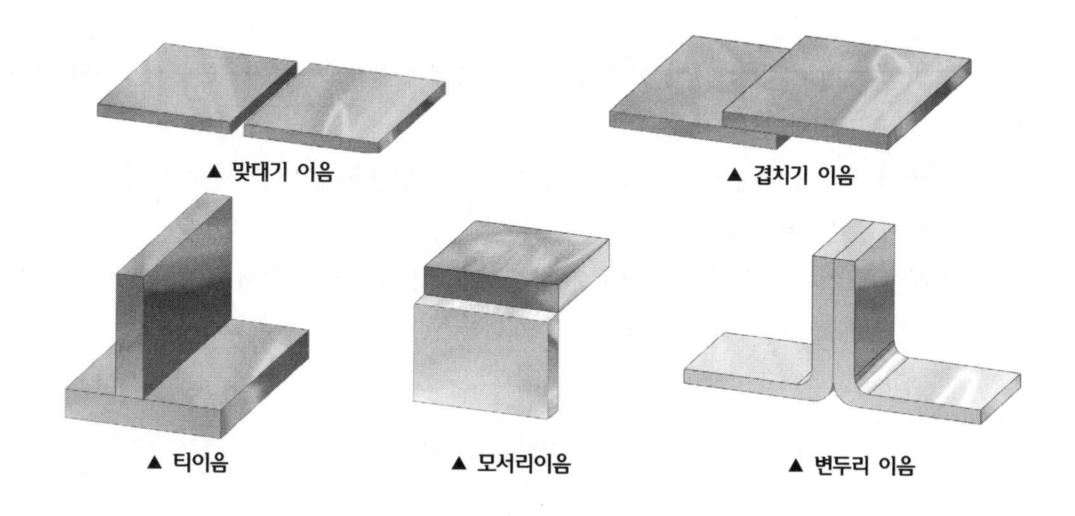

▲ 맞대기 이음 ▲ 겹치기 이음

▲ 티이음 ▲ 모서리이음 ▲ 변두리 이음

(2) 용접 기호의 일반적인 사항

① 용접 기호는 화살표, 기준선, 동일선, 꼬리로 구성되어 있으며, 상세 항목이 없는 경우에는 꼬리는 생략 가능하다.

② 화살표 및 기준선에는 모든 관련 기호를 붙인다. 예를 들면, 용접 방법, 허용 수준, 용접 자세, 용가재 등 상세 항목을 표시하려는 경우에는 기준선의 끝에 꼬리를 덧붙인다.

③ 용접부에 관한 화살표의 위치는 일반적으로는 특별한 의미가 없으며, 기준선에 대하여 각도가 있도록 하여 기준선의 한쪽 끝에 연결한다.

④ 기준선은 도면의 이음부를 표시하는 선에 평행으로 또는 불가능한 경우에는 수직으로 기입하여야만 한다.

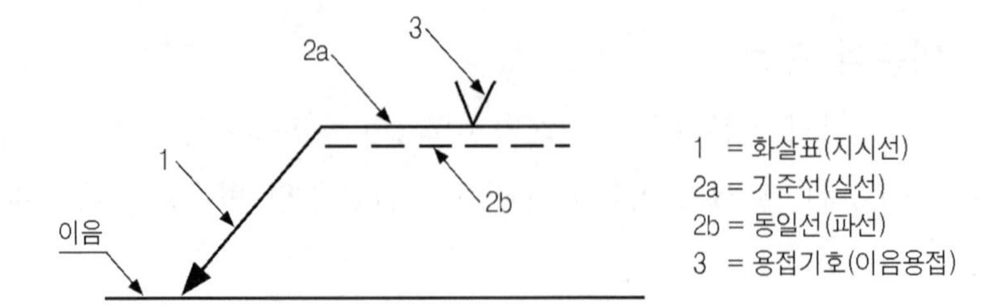

⑤ 만일 용접부(용접면)가 이음의 화살표 쪽에 있을 때에는 기호는 실선 쪽의 기준선에 기입한다.

⑥ 만일 용접부(용접면)가 이음의 화살표와는 반대쪽에 있을 때에는 기호는 파선 쪽에 기입한다.

⑦ 부재의 양쪽을 용접하는 경우 용접 기호를 기준선의 상하(좌우) 대칭으로 조합시켜 사용할 수 있다.

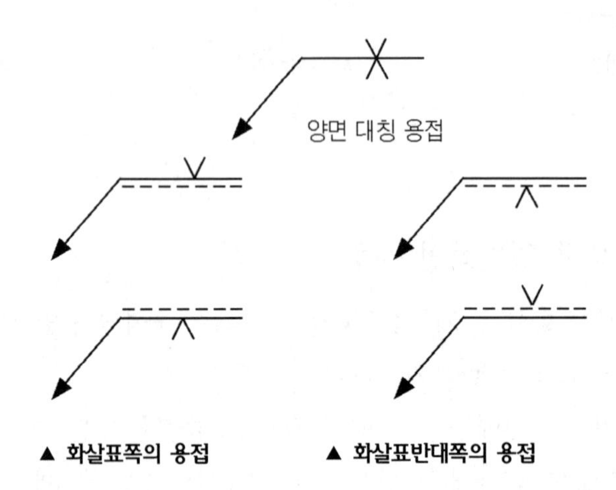

▲ 화살표쪽의 용접 ▲ 화살표반대쪽의 용접

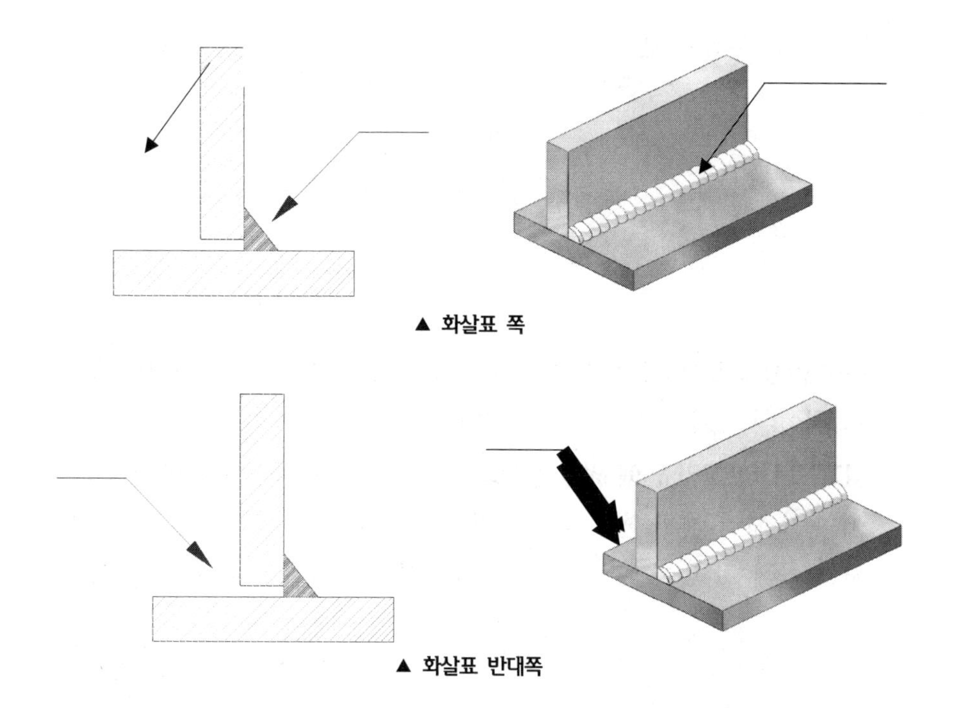

▲ 화살표 쪽

▲ 화살표 반대쪽

⑧ 용접이 부재의 전부를 일주하여 용접하는 일주(온둘레) 용접의 경우에는 아래 그림과 같이 원의 기호로 표시한다.

⑨ 현장 용접의 경우에는 아래 그림과 같이 깃발 기호로 표시한다.

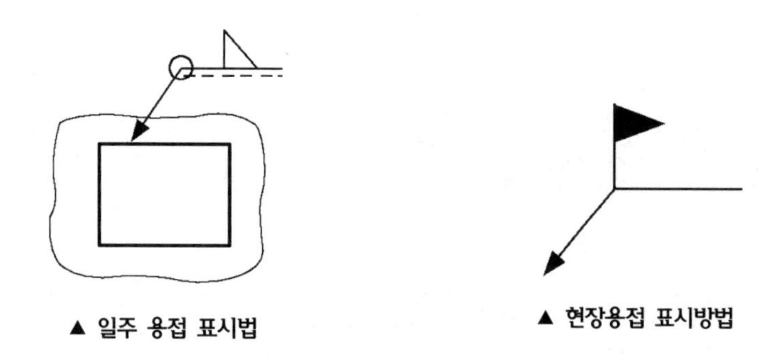

▲ 일주 용접 표시법

▲ 현장용접 표시방법

⑩ S : 용접부의 단면 치수 또는 강도, R : 루트 간격, A : 홈 각도,
L : 단속 필렛 용접의 용접 길이 n : 단속 필렛 용접 등의 수 P : 피치
T : 특별한 지시 사항 – : 표면 모양, G : 다듬질 방법의 보조기호

○ : 일주 용접의 보조기호, ▶ : 현장용접 보조기호

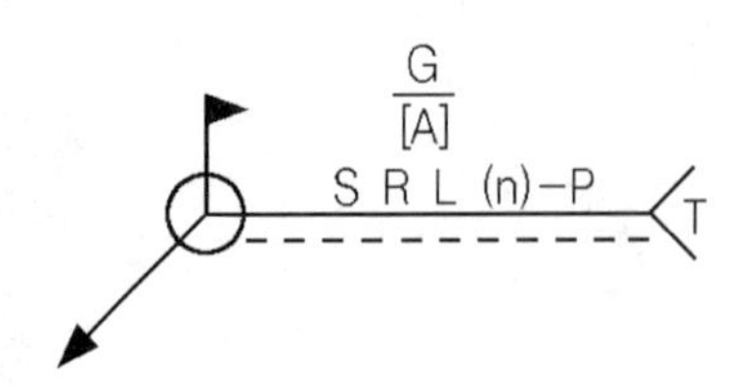

⑪ **용접 방법의 표시** : 용접 방법의 표시가 필요한 경우에는 기준선의 끝의 2개의 꼬리 사이에 숫자로 표시 할 수 있다.

⑫ **참고 표시의 꼬리 안에 있는 정보의 순서** : 이음과 치수에 관한 정보는 다음 순서에 따라 꼬리 안에 한층 상세한 정보를 표시함으로써 보충할 수 있다. 상자형의 꼬리 안에 참고 기호를 표시함으로써 특별한 지시를 표시할 수 있다.

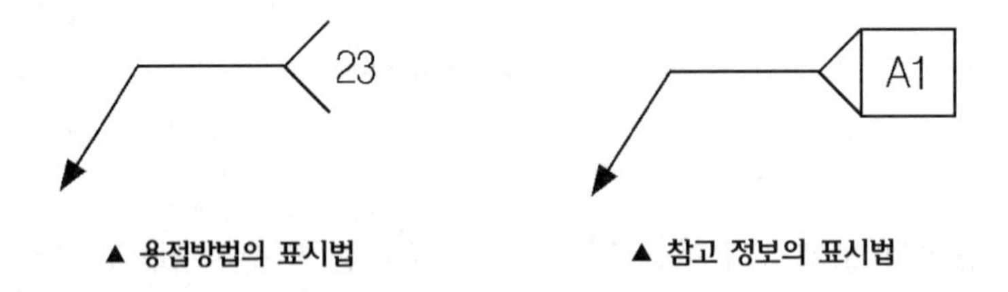

▲ 용접방법의 표시법 ▲ 참고 정보의 표시법

⑬ **심 및 스폿 용접 이음**(용접, 브레이징, 솔더링)의 경우에는 계수는 겹쳐진 그 부재의 계면이나 또는 그 부재 중 한 쪽을 관통시켜 접합시킨다.

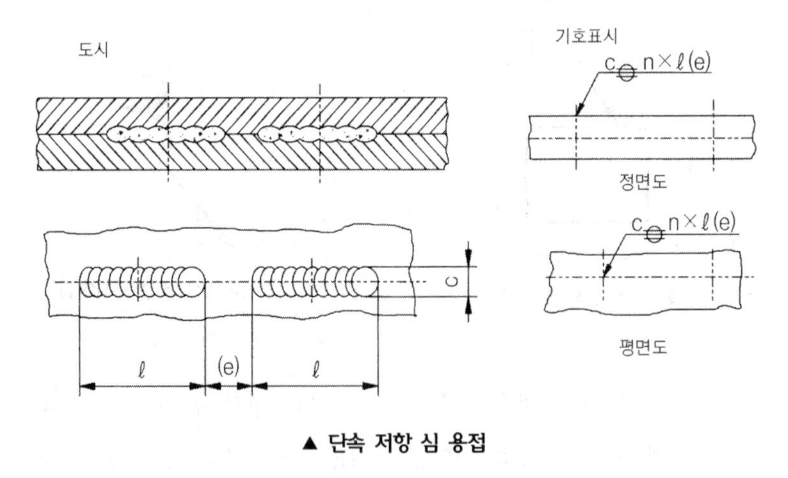

▲ 단속 저항 심 용접

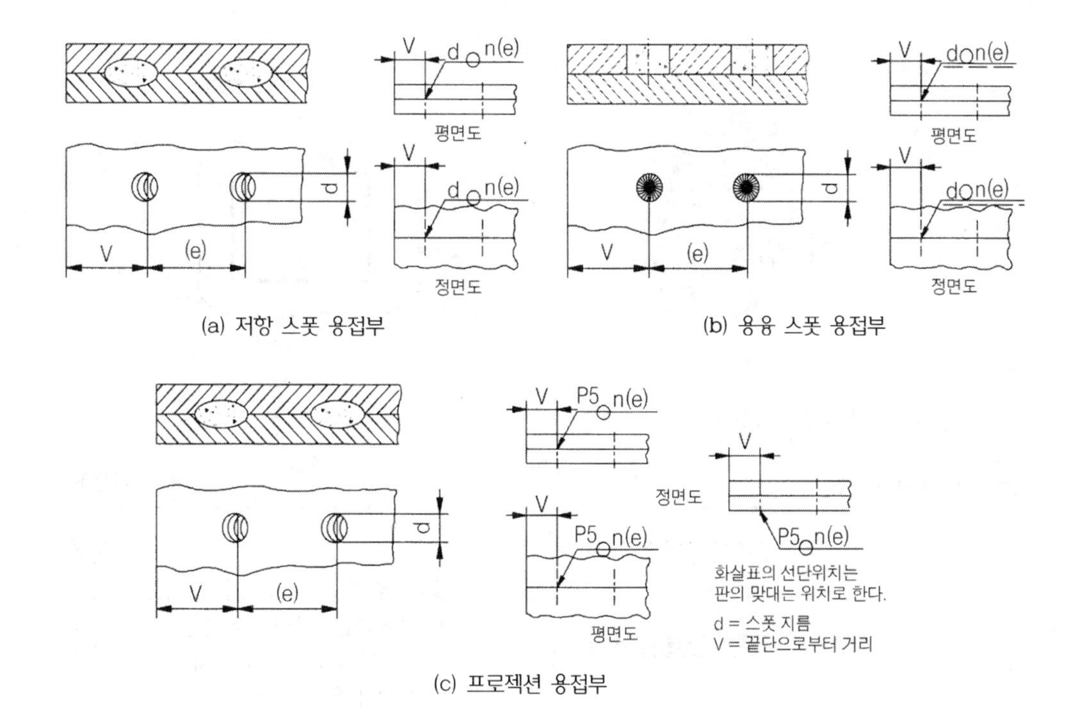

▲ 스폿 용접

용접부의 지름 d = mm, 용접수 (n), 간격(e)의 표시 예이다.

⑭ **기준선의 위치** : 기준선은 도면의 이음부를 표시하는 선에 평행으로 또는 불가능한 경우에는 수직으로 기입하여야만 한다.

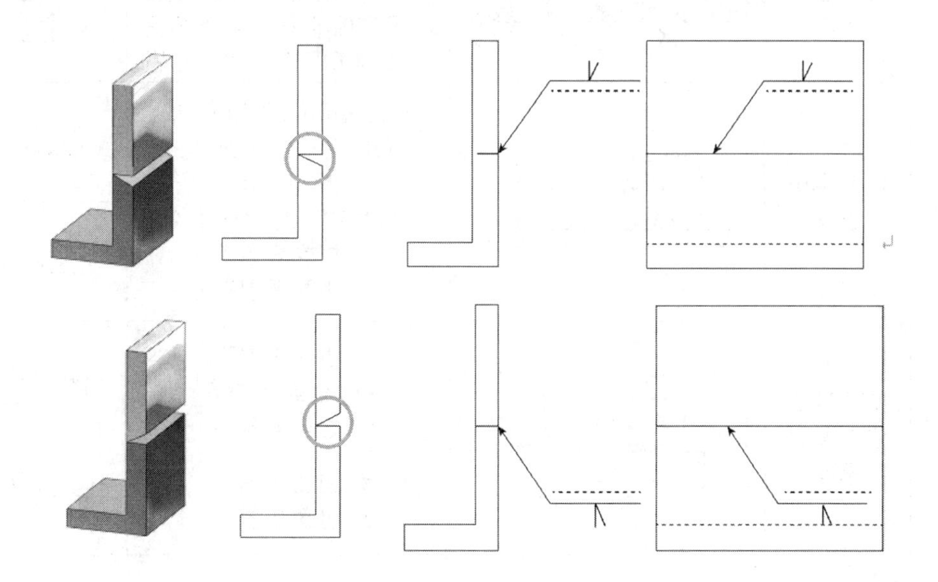

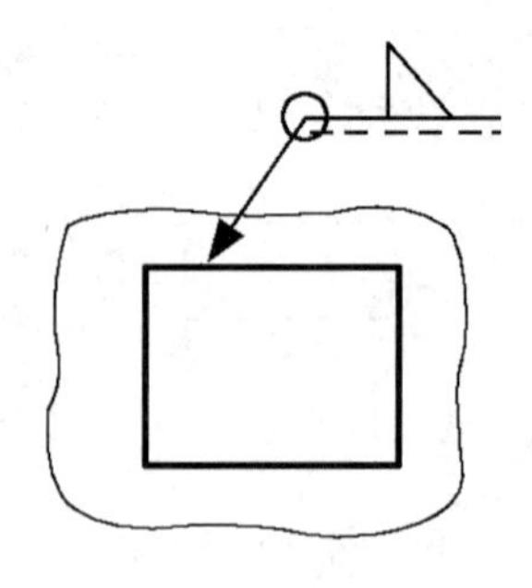

⑮ 주요치수 표시방법

번호	용접부명칭	도시	정의	기호표시
1	맞대기 용접	5	s : 얇은 부재의 두께보다 커질 수 없는 거리로서 부재의 표면부터 용입이 바닥까지의 최소 거리	V
		5		s‖
		5		sY
2	플랜지형 맞대기 용접	5	s : 용접부 외부 표면부터 용입의 바닥까지 최소 거리	s‖
3	연속 필릿 용접		a : 단면에서 표시될 수 있는 최대 이등변삼가형의 높이 z : 단면에서 표시될 수 있는 최대 이등변 삼각형의 변	a◺ z◺
4	단속 필릿 용접	ℓ (e) ℓ	ℓ : 용접 길이(크레이터 제외) (e) : 인접한 용접부 간격(피치) n : 용접부의 개수(용접 수) a : 번호 3 참조 z : 번호 3 참조	a◺ n×ℓ(e)
				z◺ n×ℓ(e)
5	지그재그 단속 필릿 용접	ℓ (e) ℓ (e) ℓ ℓ (e) ℓ	ℓ : 번호 4 참조 (e) : 번호 4 참조 n : 번호 4 참조 a : 번호 3 참조 z : 번호 3 참조	a n×ℓ (e) a n×ℓ (e)
				z n×ℓ (e) z n×ℓ (e)

번호	용접부명칭	도시	정의	기호표시
6	플러그 또는 슬롯 용접부	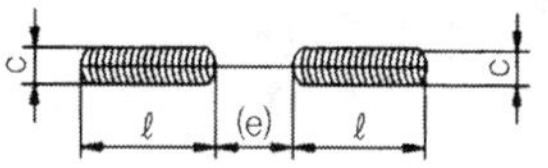 c, ℓ, (e), ℓ, c	ℓ : 번호 4 참조 (e) : 번호 4 참조 n : 번호 4 참조 c : 슬롯의 너비	 c n× ℓ (e)
7	심 용접부	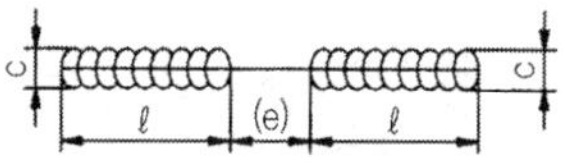 c, ℓ, (e), ℓ, c	ℓ : 번호 4 참조 (e) : 번호 4 참조 n : 번호 4 참조 c : 용접부 너비	 c n× ℓ (e)
8	플러그 용접부	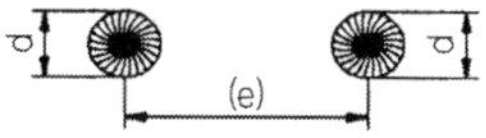 d, (e), d	ℓ : 번호 4 참조 (e) : 간격 d : 구멍지금	 d n(e)
9	스폿 용접부	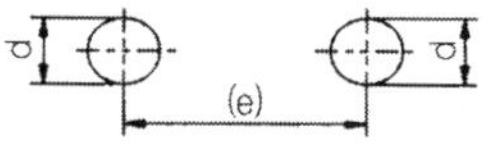 d, (e), d	ℓ : 번호 4 참조 (e) : 간격 d : 스폿부의 지금	 d ◯ n(e)

(3) 용접 이음의 기본 기호

각종 이음은 일반적으로 제작에서 사용되는 용접부의 형상과 유사한 기호로 표시한다.

번호	명 칭	도 시	기 호
1	플랜지형 용접, 돌출된 모서리를 가진 평판 사이의 맞대기 용접	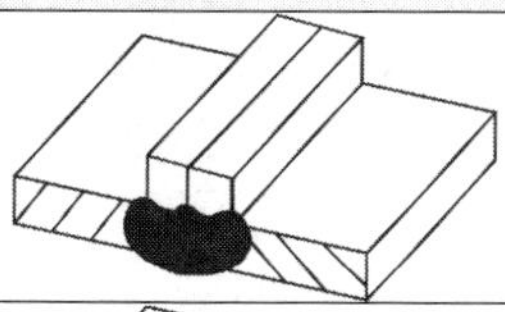	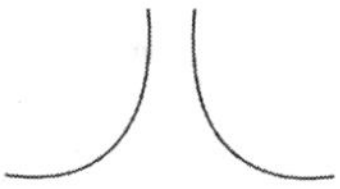)(
2	평행(I형) 맞대기 용접	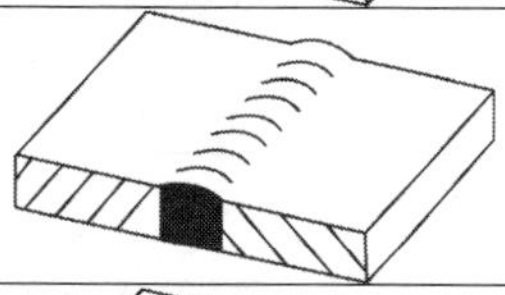	 ‖
3	V형 맞대기 용접	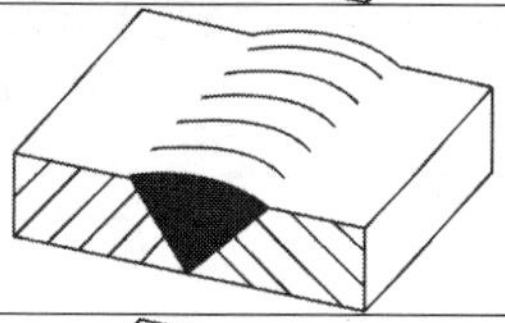	 V
4	일면 개선형 맞대기 용접(베벨형)	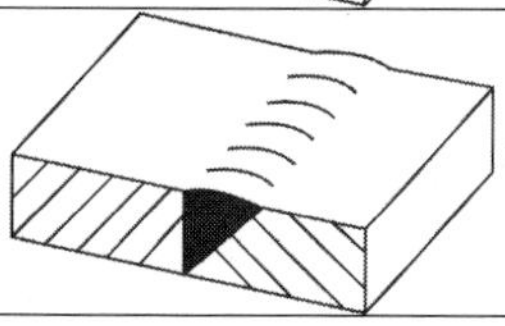	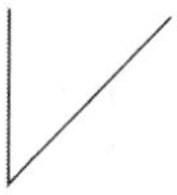 ⊬

5	넓은 루트면이 있는 V형 맞대기 용접	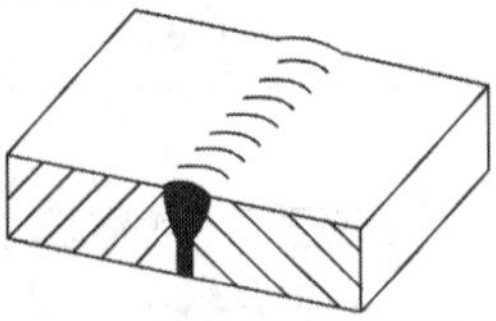	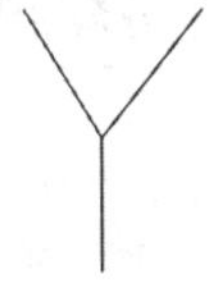
6	넓은 루트면이 있는 한 면 개선형 맞대기 용접	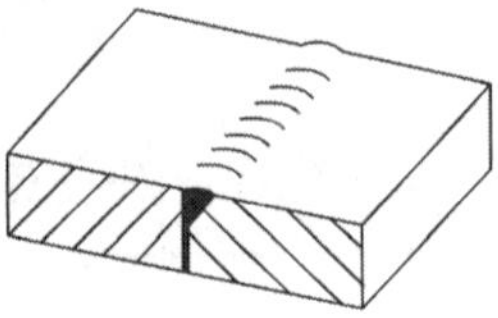	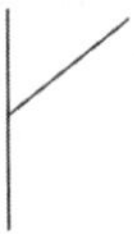
7	U형 맞대기 용접(평행 또는 경사면)		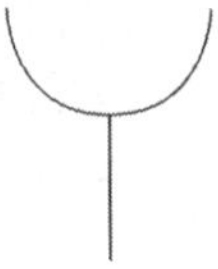
8	J형 맞대기 용접	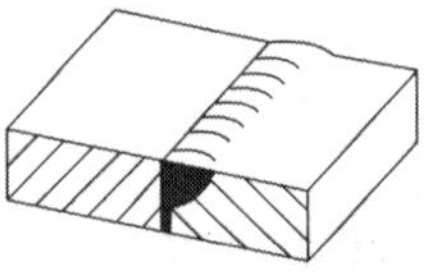	
9	이면 용접	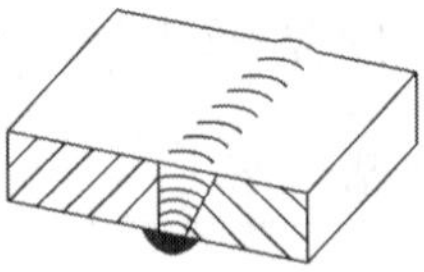	
10	필릿 용접	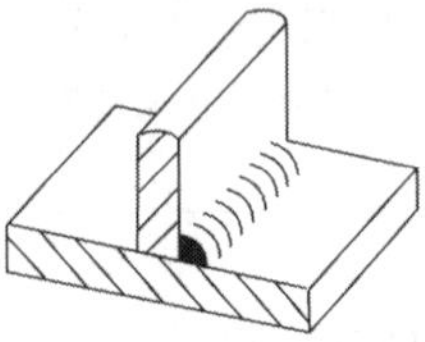	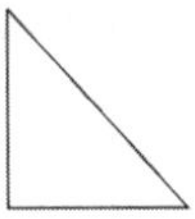
11	플러그(plug) 또는 슬롯(slot) 용접	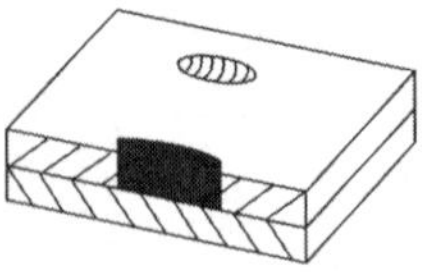	
12	점(spot) 용접	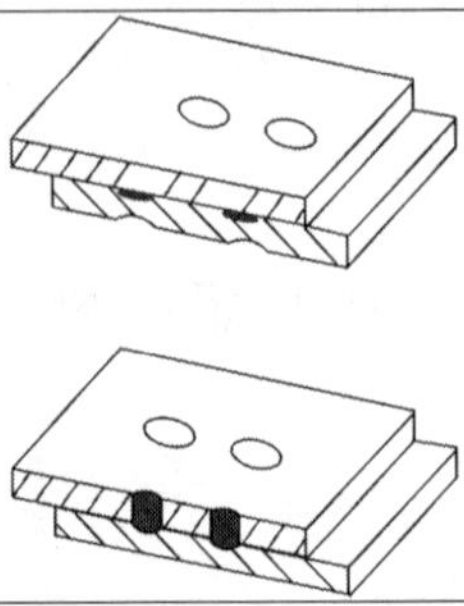	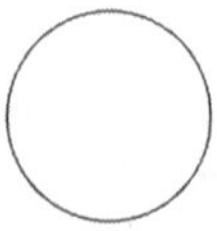

번호	명 칭	도 시	기 호
13	심(seam) 용접	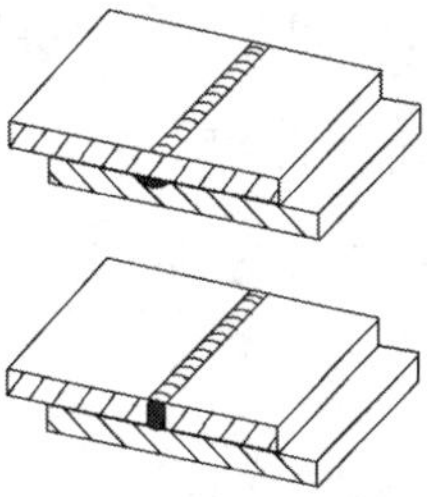	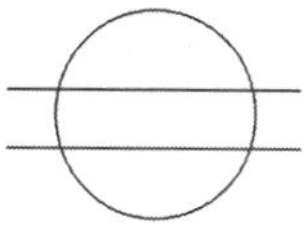
14	개선 각이 급격한 V형 맞대기 용접	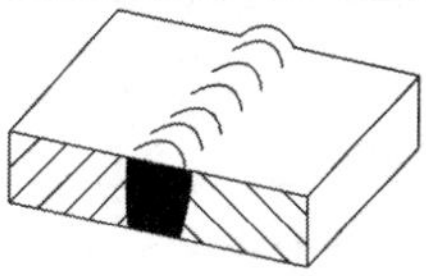	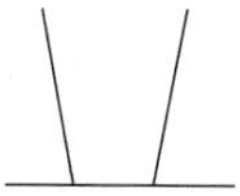
15	개선 각이 급격한 일면 개선형 용접	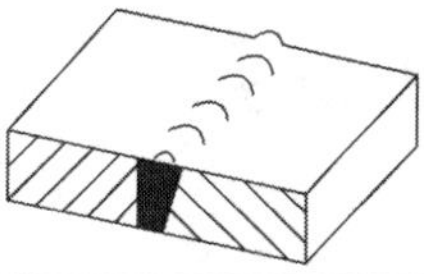	
16	가장자리(edge) 용접	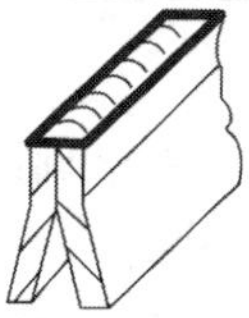	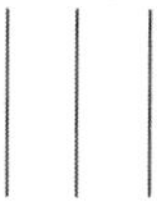
17	표면 육성 용접	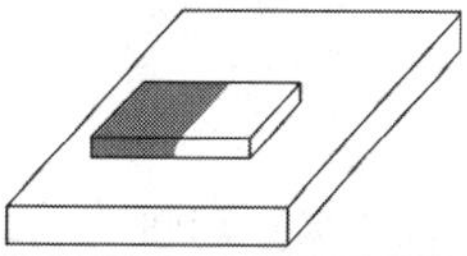	
18	표면(surface) 접합부	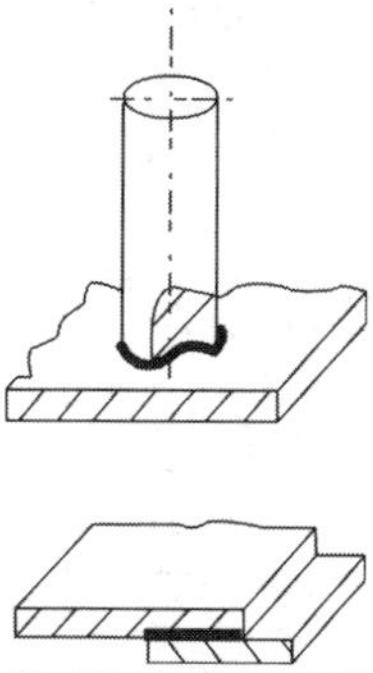	
19	경사(slope) 접합부	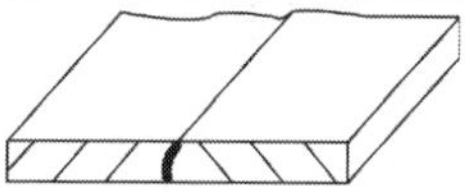	
20	겹침 접합부	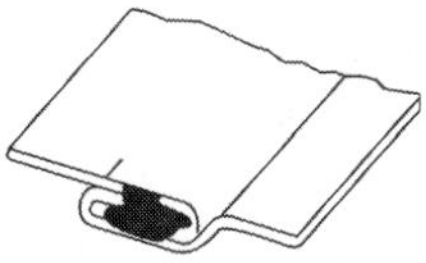	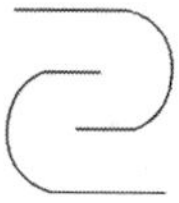

(4) 기본 기호의 조합

필요한 경우에는 기본 기호를 조합하여 사용할 수 있는데 양면 홈이음의 경우 한면 홈이음 기호를 조합하여 기준선에 좌우 대칭으로 조합시켜 배치하는 방법으로 사용한다.

	명 칭	도 시	기 호
1	양면 V형 맞대기 용접	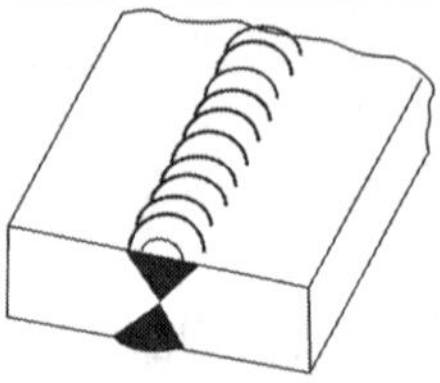	 X
2	양면 K형 맞대기 용접	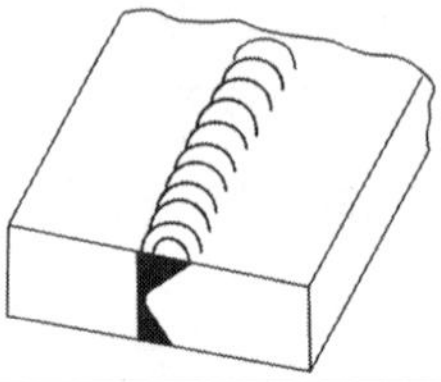	 K
3	부분 용입 양면 V형 맞대기 용접 (부분 용입 X형 이음)	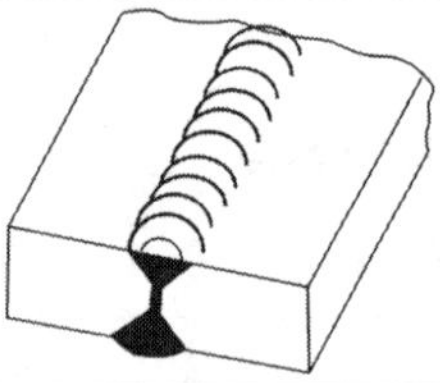	
4	부분 용입 양면 K형 맞대기 용접 (부분 용입 K형 이음)	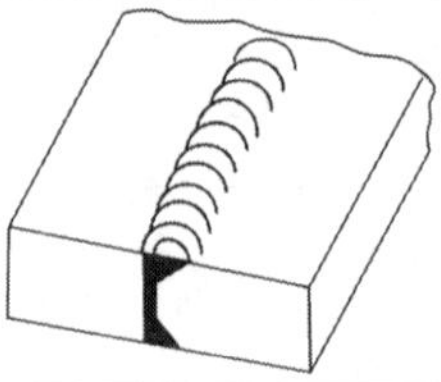	
5	양면 U형 맞대기 용접 (H형 이음)	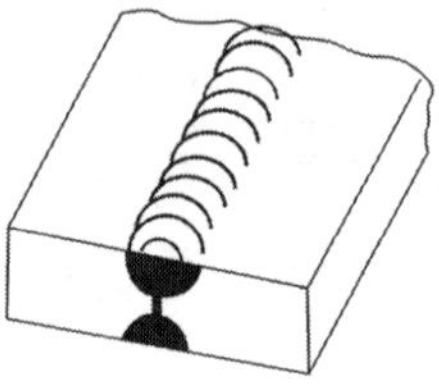	

(5) 용접 이음의 보조 기호

기본 기호에 용접부 표면의 형상 및 용접부 형상의 특징을 표시할 경우 보조 기호를 사용하며, 이 보조 기호가 없을 경우에는 용접부 표면의 형상을 정확히 지시할 필요가 없다는 것을 의미한다.

번호	용접부 및 용접부 표면의 형상	기 호
1	평면(동일 평면으로 다듬질)	——
2	볼록(凸)형	⌒
3	오목(凹)형	◡
4	끝단부를 매끄럽게 함	
5	영구적인 덮개 판을 사용	M
6	제거 가능한 덮개 판을 사용	MR

번호	명 칭	도 시	기 호
1	평면 마감 처리한 V형 맞대기 용접		
2	볼록 양면 V(X형)형 용접		
3	오목 필릿 용접		
4	이면 용접이 있으나 표면 모두 평면 마감 처리한 V형 맞대기 용접		
5	넓은 루트면이 있고 이면 용접된 V형 맞대기 용접		
6	평면마감 처리한 V형 맞대기 용접		또는
7	매끄럽게 처리한 필릿 용접		

(6) 필릿 및 +자 이음의 양면 필릿 용접

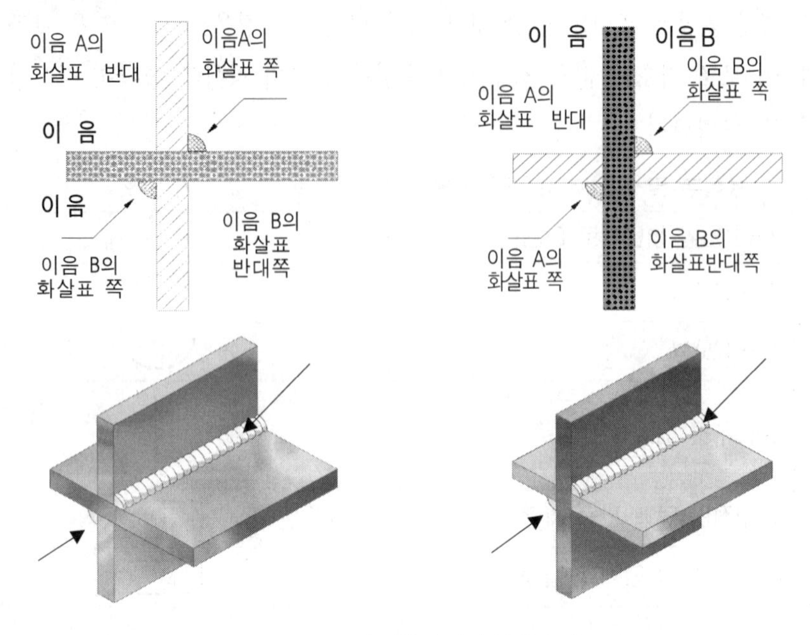

▲ +자 이음의 양면 필릿 용접

(7) 용접 이음의 기본 사용예(KSB0052)

번호	기호 명칭	도 시	표 시	기호 표시 (a)	기호 표시 (b)
1	양 플랜지형 이음 맞대기 용접 1				
2	I형 맞대기 용접 2				
3					
4					

번호	기호 명칭	도 시	표 시	기호 표시	
				(a)	(b)
5	V형 이음 맞대기 용접 ∨ 3	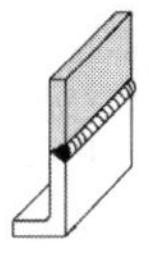	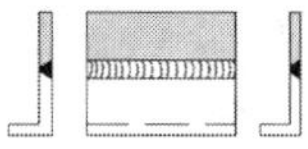	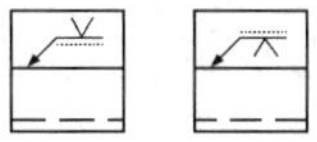	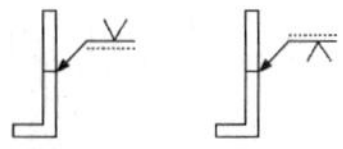
6		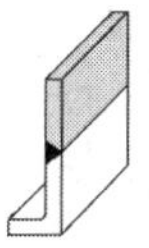	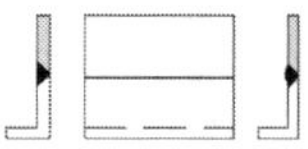	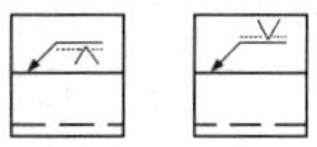	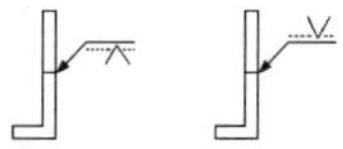
7	V형 이음 맞대기 용접 ∨ 4	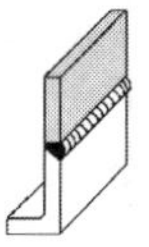	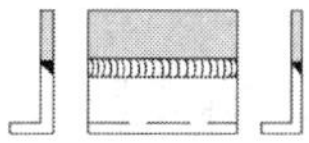	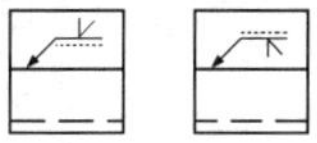	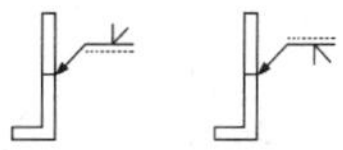
8		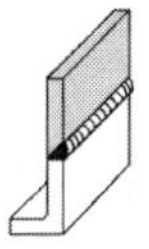	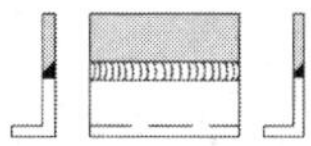	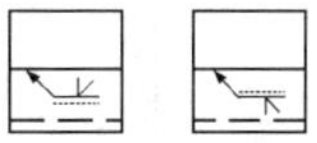	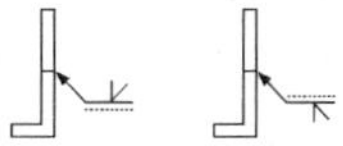
9		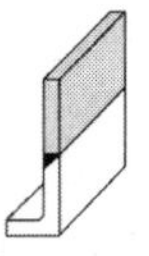	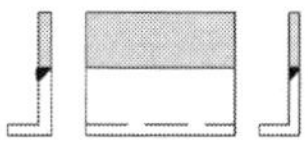	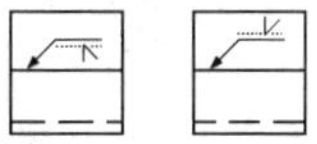	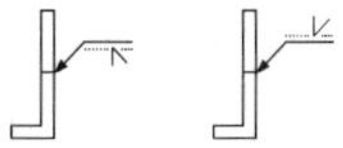

(8) 용접 이음의 기본 기호의 조합 예

번호	기호 명칭	도 시	표 시	기호 표시	
				(a)	(b)
1	플랜지형 맞대기 용접 1 이면 용접 9 1 – 9	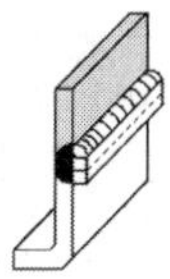	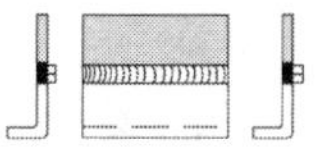	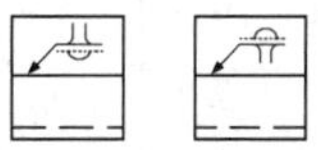	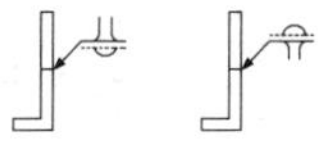
2	I형 맞대기 용접 ‖ 2 양면 용접 2 – 2	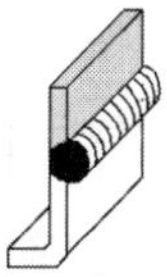	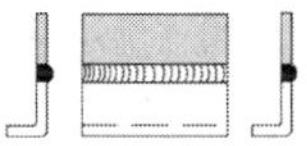	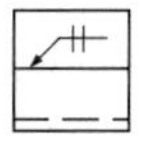	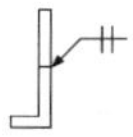

번호	기호 명칭	도 시	표 시	기호 표시 (a)	기호 표시 (b)
3	V형 맞대기 용접 ╲╱ 3 이면 용접 ⌓ 9 3 − 9	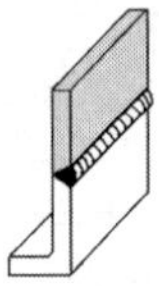	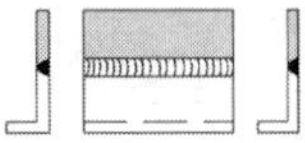	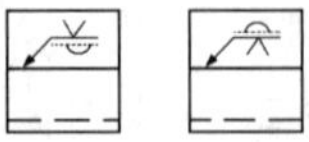	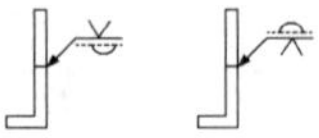
4		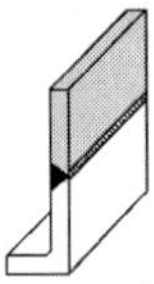	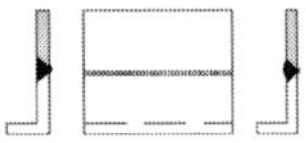	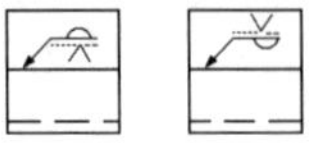	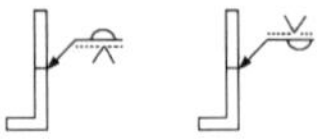
5	양면 V형 맞대기 용접 ╲╱ 3 X형 용접 3 − 3	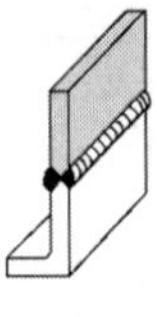	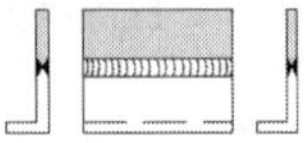	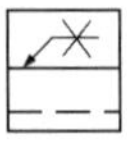	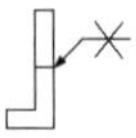
6	K형 맞대기 용접 ∣╱ 4 K형 용접 4 − 4	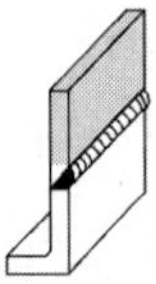	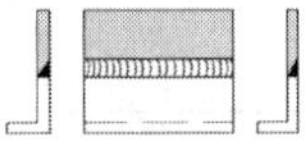	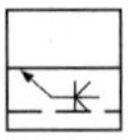	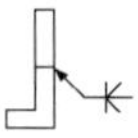
7		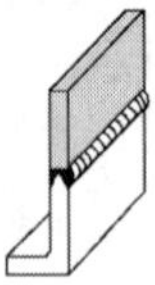	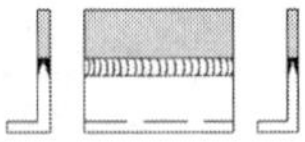	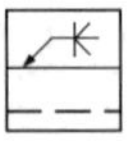	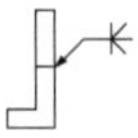
8	넓은 루트면이 있는 V형 맞대기 용접 Y 5 5 − 5	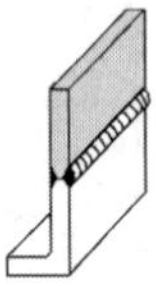	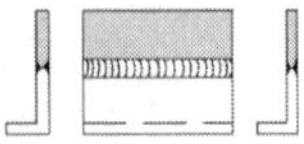	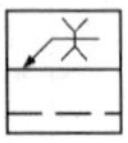	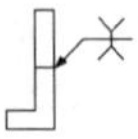
9	넓은 루트면이 있는 K형 용접 ∣╱ 6 6 − 6	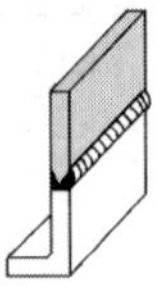	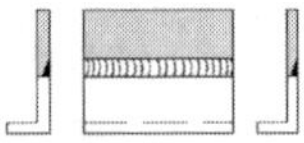	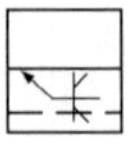	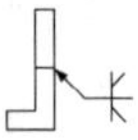
10	양면 U형 맞대기 용접 Y 7 7 − 7	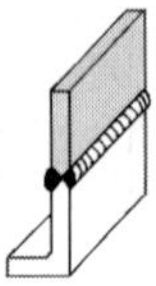	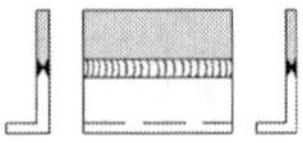	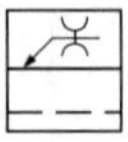	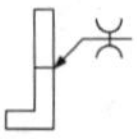

(9) 용접 이음의 기본 기호와 보조 기호의 조합 예

번호	기호 명칭	도 시	표 시	기호 표시	
				(a)	(b)
1					
2					
3					
4					
5					

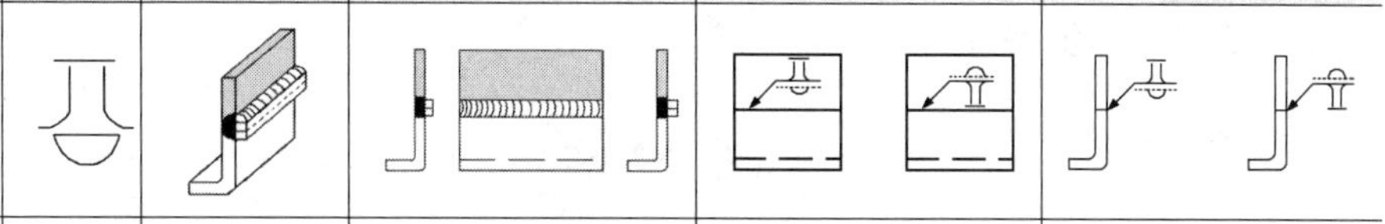

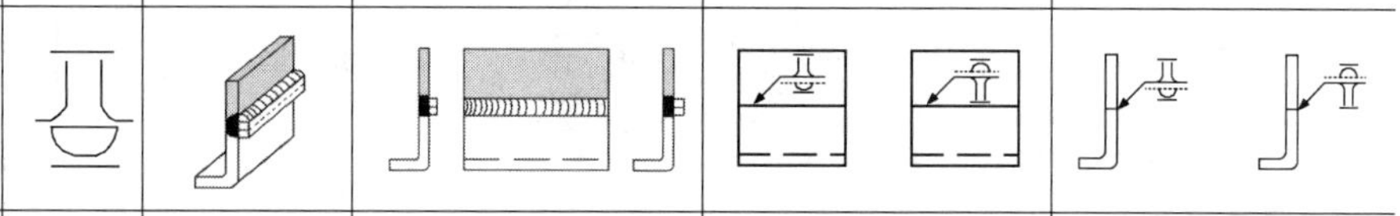

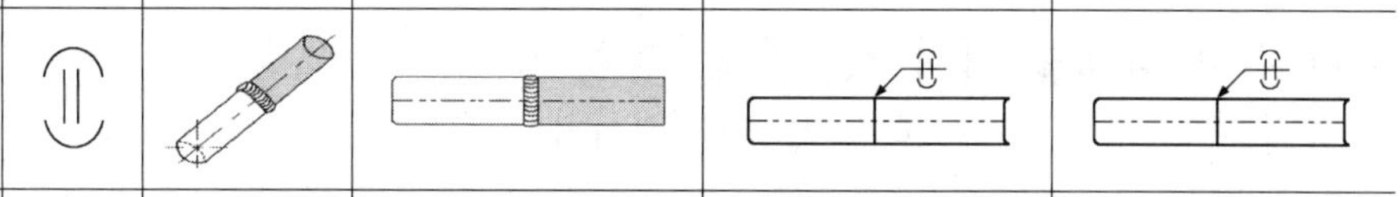

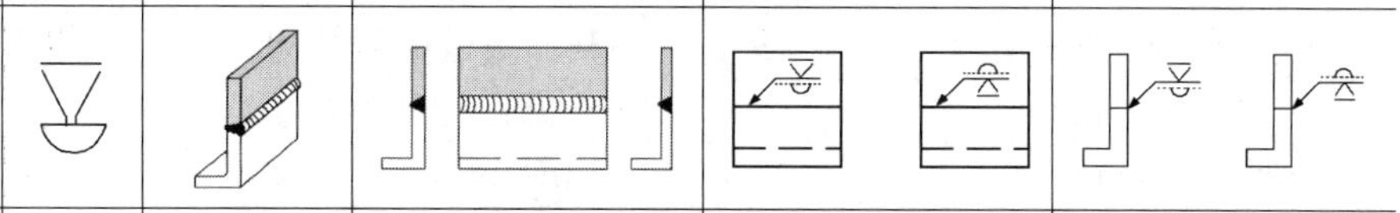

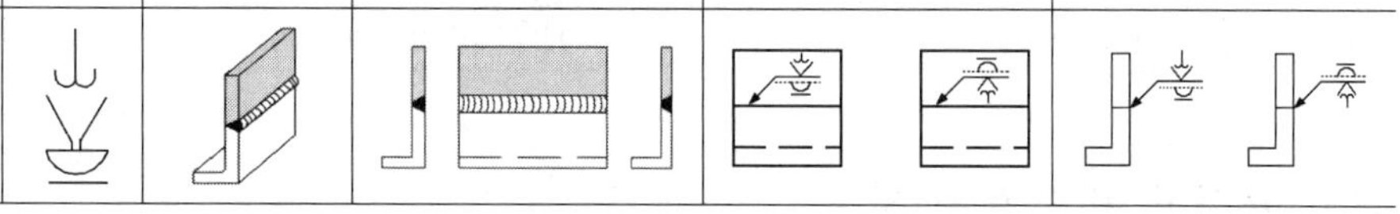

(10) 필릿 이음의 사용 예

도시	표시	기호 표시		
		(a)	(b)	틀린 표시
		추천하지 않음		
		추천하지 않음		
		추천하지 않음		

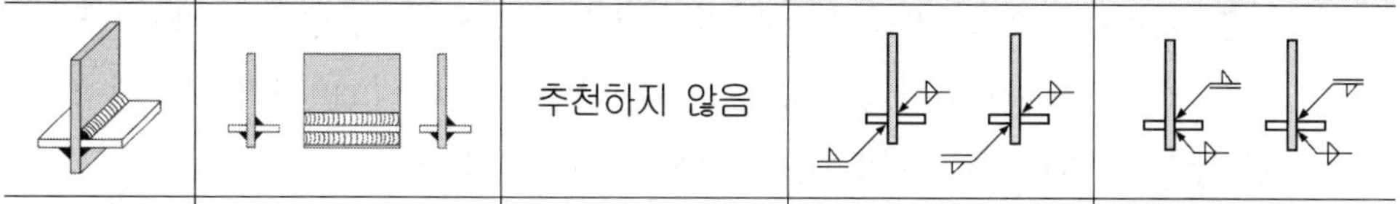

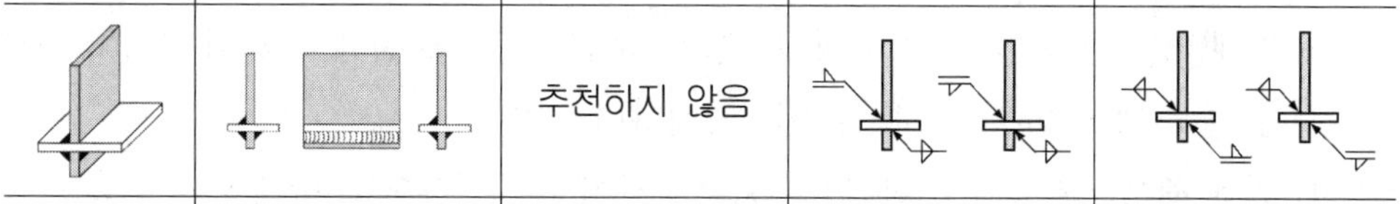

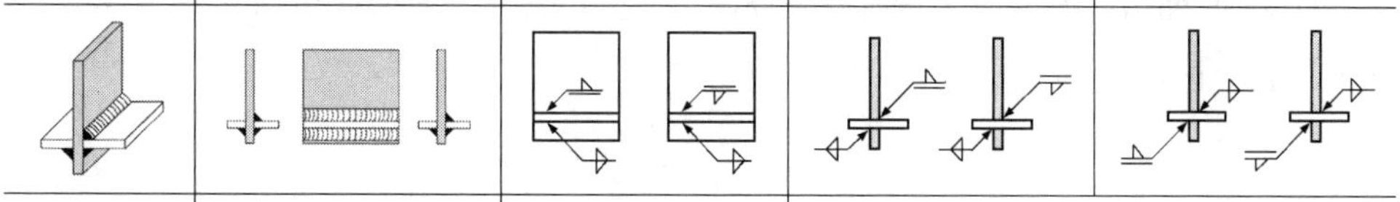

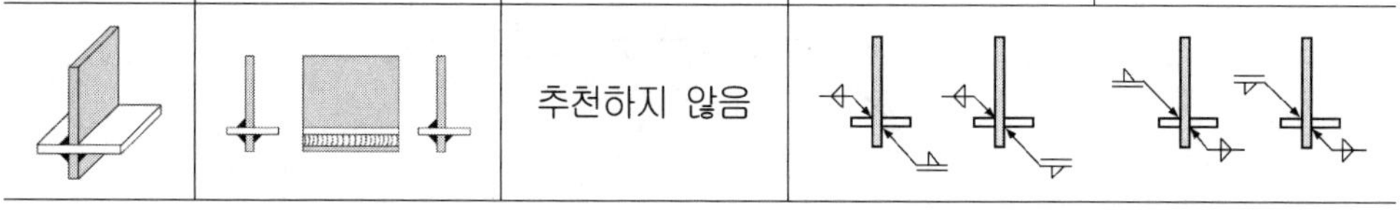

(11) 보조 기호의 신 규격과 구 구격의 차이

	실제 모양	신 규격	구 규격
플러그 용접 : 플러그 또는 슬롯 용접			
스폿 용접			
심 용접			

(12) 가공 상태를 지시하는 용접 보조 기호

용접 후 용접부를 가공하는 방법을 지시하는 기호의 다음과 같다.

표면 용접부 가공 방법	기호	표면 용접부 가공 방법	기호
치핑(chipping)	C	그라인딩(grinding)	G
해머링(hammering)	H	머시닝(machining)	M
롤링(rolling)	R	미정(unspecified)	U

(13) 용접부 비파괴 검사

① **기본 기호**로는 RT(방사선 투과 시험), UT(초음파 탐상 시험), MT(자분 탐상 시험), PT(침투 탐상 시험), ET(와류 탐상 시험) LT(누설 시험), ST(변형도 측정 시험) VT(육안 시험), PRT(내압 시험)이 있다.

② **보조 기호**로는 N(수직탐상), A(경사각 탐상), S(한 방향으로부터의 탐상), B(양 방향으로부터의 탐상), W(이중 벽 촬영), D(염색, 비형광 탐상시험), F(형광 탐상 시험), O(전둘레 시험), Cm(요구 품질 등급)

③ **기재방법** : 용접 기호의 기재 방법과 동일하다. 기준선에 비파괴 기호를 기입하고 꼬리에 특별한 지시 사항을 기재하면 된다.

④ **기호 해석** : 온둘레를 화살표 쪽은 방사선 검사, 화살표 반대쪽은 초음파 검사, KS B0845 규정 적용

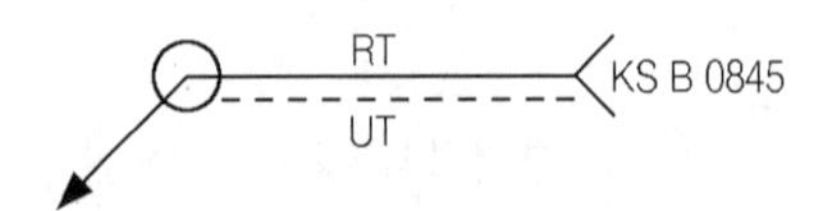

참고 용접절차사양서

용접절차사양서(WPS: Welding Procedure Specification)는 용접절차 시방서 등으로 혼재되어 사용하고 있다. 이러한 용접절차사양서는 용접작업을 수행하기 전 용접작업 후 품질과 사용상의 성능을 충분히 확보하기 위해 필요하다. 즉 재료의 특성에 따라 용접방법을 기술한 작업기준서이다.

1 용접절차사양서 세부 내용

용접절차사양서에는 제작자 관련 사항, 모재 관련 사항, 모든 용접 절차에 공통적인 사항을 내용으로 하고 있다.

1. 제작자 관련 사항

제작자의 신원확인 즉 소속, 사양번호, 관련 시험번호 및 일자 등을 포함한다.

<표 3-1> 용접절차사양서(WPS) 제작자 관련 사항

WELDING PROCEDURE SPECIFICATION (WPS)	
회사명 (COMPANY NAME)	개정번호 (REVISION)
사양번호 WELDING PROCEDURE SPEC.NO	일자 (DATE)
관련시험번호 SUPPORTING PQR NO	개정일자 REV DATE
용접방법 WELDING PROCESS	형태 (TYPE)

2. 모재 관련 사항

모재의 사양, 등급, 두께 등을 관련 규격을 참조하여 표시하고 있다.

3. 용접절차 관련 사항

용접법, 이음부 형상, 용접자세, 예열 및 후열, 전기적 특성 등 용접 절차 전반에 대하여 용접법에 따라 다양하게 기술하고 있다.

<표 1> 용접절차사양서(WPS)에 포함된 모재 및 용접절차에 대한 사항

▪ **이음(JOINT) : QW-402** 이음형태(JOINT DESIGN) 백킹유무(BACKING) 이음준비(JOINT PREPARATION)	▪ **후열처리(POST WELD HEAT TREATMENT) : QW-407** 온도 (TEMPERATURE) 시간 범위(TIME RANGE) 기타 (OTHERS)
▪ **모재(BASE METAL) : QW-403** 사양(MATERIAL SPEC.) 등급(TYPE OR GRADE) 두께(THICKNESS)	▪ **가스(GAS) : QW-408** 보호가스 (SHIELDING GAS) 유량 (FLOW RATE) 순도 (MIXTURE)
▪ **용접 재료(FILLER METAL) : QW-404** 용도, 용접법 재질에 따라 분류된 번호(F NO) ASME에서 분류한 용접자재 사양(SFA NO)	▪ **전기적특성(ELECTRICAL CHARACTERISTIC) : QW-409** 전류 (CURRENT) 교류(AC) 직류(DC) 극성 (POLARITY) 전압 조절(VOLT RANGE)
▪ **용접 자세(POSITION): QW-405** 홈(POSITION OF GROOVE) **용접방향(VERTICAL PROGRESSION)** **: 상(UP) 하(DOWN)** **필릿(POSITION OF FILLET)**	
▪ **예열 (PREHEAT) : QW-406** 예열 온도(PREHEAT TEMP) 층간 온도(INTERPASS TEMP)	▪ **용접 기법(WELDING TECHNIQUE) : QW-410** 직선(STRINGER) 운봉(WEAVE BEAD) 단층(SINGLE PASS) 다층(MULTI PASS) 용접봉 간격(ELECTRODES SPACING) 피닝(PEENING) 청결방법(CLEANING)
특기사항 (NOTE)	
작성자 (PREPARED BY)	
검토자 (REVIEWED BY)	
승인자 (APPROVED BY)	

2 용접절차사양서의 용접 일반에 관한 항목별 특정 사항 이해

용접 작업의 기준이 되는 WPS 작성은 다양한 코드에 의해 작성할 수 있다. 일반적으로 ASME코드 기준을 주로 사용한다.

1. WPS 번호

WPS 번호는 사양번호, 개정번호, 관련시험 번호 등이 있다.

(1) 사양번호

사양번호(WELDING PROCEDURE SPECIFICATION NUMBER)는 다양한 용접에 따라 분류가 가능하도록 일반적으로 문자, 숫자 등을 조합하여 회사의 특성에 맞게 부여한다.

(2) 개정번호

개정번호(REVISION NUMBER)는 WPS 내용 수정 횟수에 따라 부여하는 번호이다.

(3) 관련시험 번호

관련시험 번호(SUPPORTING PROCEDURE QUALIFICATION TEST RECORD NUMBER)는 WPS에서 인증을 실시한 번호로 사양번호와 관련 있게 부여하면 이해를 높일 수 있다.

2. 용접 방법

용접 방법(welding process)은 선정된 용접방법을 기재하는 것으로 피복아크용접은 'SMAW(Shielded Metal Arc Welding)'로, 가스텅스텐아크용접은 'GTAW(Gas Tungsten Arc Welding)'로, 서브머지드용접은 'SAW(Submerged Arc welding)' 등으로 표시한다. 더불어 수동 용접 및 자동 용접 등의 작업 방법을 병기하기도 한다.

3. 이음부 형상(QW-402)

용접하고자 하는 모재의 이음부 형상을 기재하는 것으로 루트면, 루트간격, 용접 층수 및 이면 보호를 위한 백킹재의 재질 등을 포함할 수 있다.

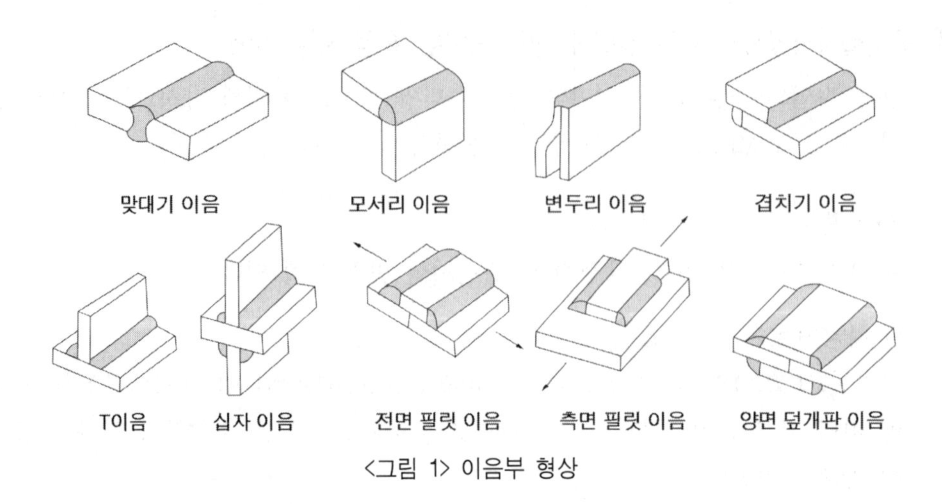

<그림 1> 이음부 형상

4. 모재(QW-403)

용접작업을 위한 모재의 용접성, 기계적성질 및 화학적 성질 등의 재료 특성을 분류한 코드로 기록할 수 있다. 예를 들어 ASME에서는 P-No로 대분류, GR-No는 P-No의 소분류로 사용하고 있으며 연강은 P-No가 1이다. 또한 모재의 두께 범위와 용착 금속의 두께 범위를 병기할 수도 있다.

<표 2> 모재의 종류

P-No	용착금속의 형태	(화학 성분)Chemical Analysis					
		C	Cr	Mo	Ni	Mn	Si
1	연간 (Mild Steel)	0.15	–	–	–	1.60	1.00
8	스테인리스강 (Chrome-Nickel)	0.15	14.50-30.00	4.00	7.50-15.00	2.50	1.00

5. 용접 재료(QW-404)

피복제나 사용가스에 따른 용접봉을 분류한 번호를 ASME는 'F-No'로 용착금속의 화학적 성분에 따른 분류는 'A-No'로 분류한다. 예를 들어 'E7016'의 F-No는 4이고 A-No는 1이다. 만일 규격에 없으면 그 내용을 적으면 된다.

<표 3> 용접봉

AWS-No	F-No	A-No	사용 모재
E7016	4	1	탄소강
ER80S-B2	6	3	합금
E308L, E316L	5	8	스테인리스강

※ E: 피복 아크 용접봉, ER: 비피복 아크 용접봉, L: 저 탄소계 용접봉

6. 용접 자세(QW-405)

용접자세를 기재하는 곳으로 평판과 파이프로 구분하고 홈 용접과 필렛 용접 자세로 구분한다.

아래보기(1G, F)

수평보기(2G. H)

수직보기(3G, V)

위보기(4G, O)

<그림 2> 평판 홈 용접 자세

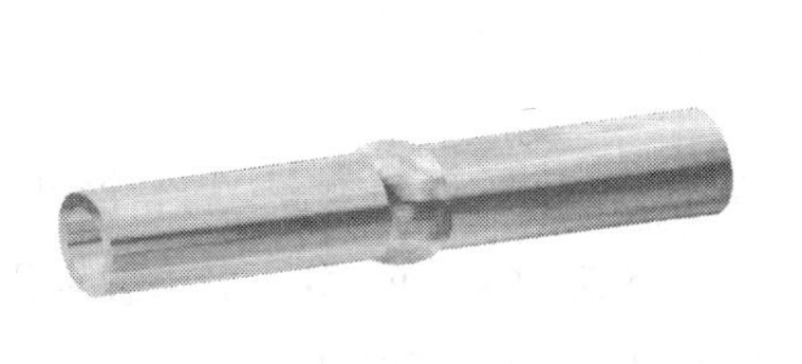

1G(파이프를 수평으로 회전시키면서 용접)

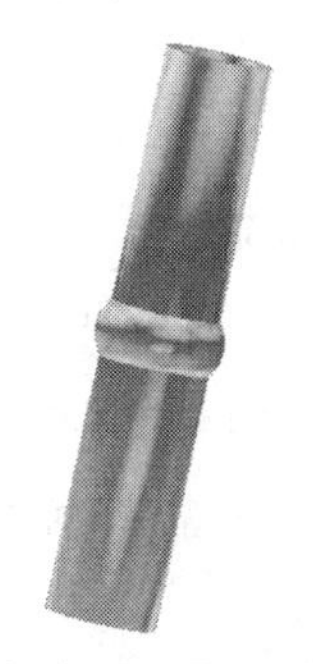

2G(파이프를 수직으로 두고 수평으로 용접)

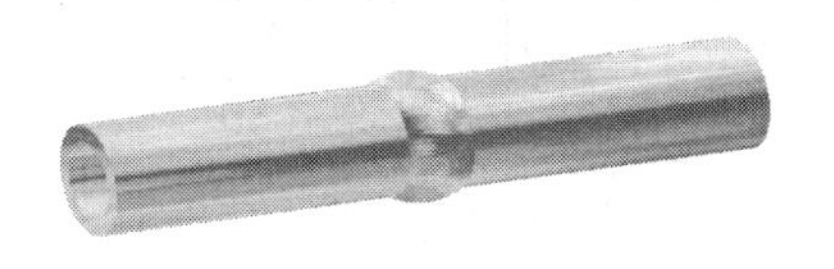

5G(파이프를 수평으로 두고 돌아가면서 전자세 용접)

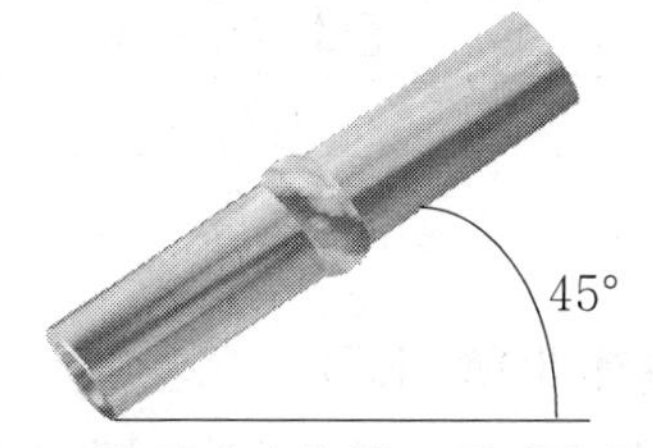

6G(파이프를 경사지게 두고 돌아가면서 용접)

<그림 3> 파이프 홈 용접 자세

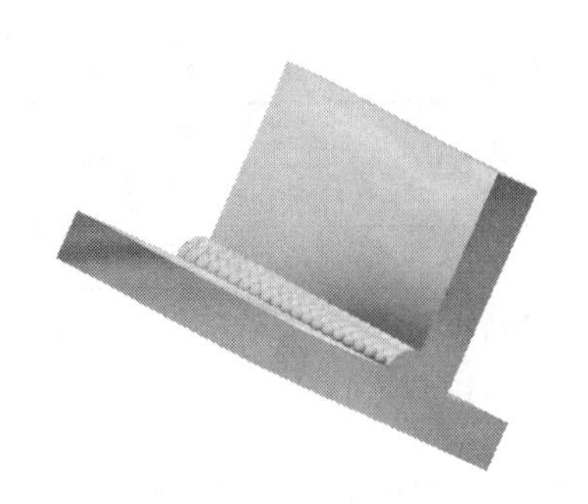
아래보기 필릿(1F)

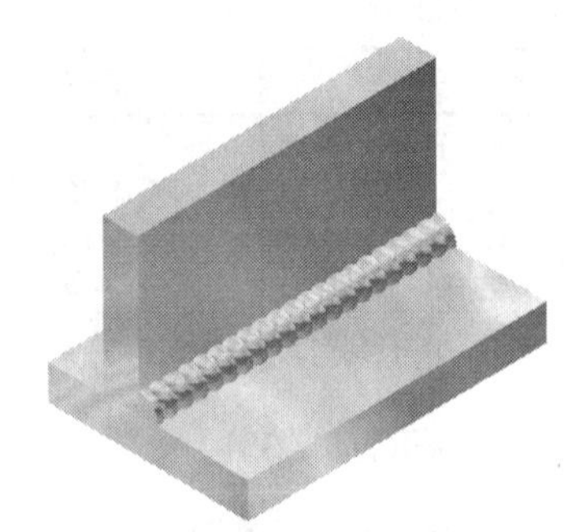
수평보기 필릿(2F)

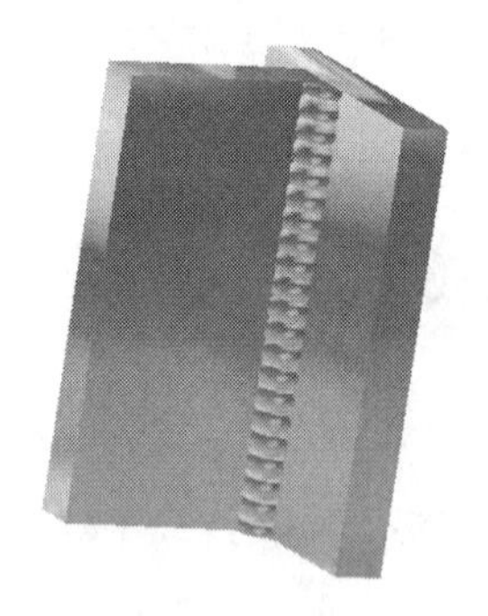
수직보기 필릿(3F)

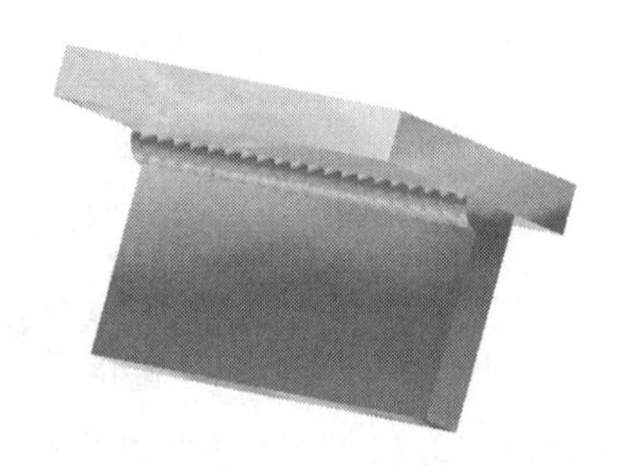
위보기 필릿(4F)

<그림 4> 필릿 용접

6. 예열(QW-406)

외기온도, 용접부 상태 등에 따라 용접 전에 용접 금속에 영향을 주지 않기 위해 용접 이음부를 가열하는 것을 말한다. 일반적으로 연강의 경우 탄소함유량이 0.3%를 초과하고 두께가 25㎜를 초과하는 경우 175℃로 예열한다.

<표 4> 예열 조건

P-No	탄소함유량(%)	두께(㎜)	예열온도(℃)
1	C>0.3	25	175
8	6	3	50

7. 후열처리(QW-407)

용접 작업 후 용접부의 잔류응력 제거, 연화, 균열 방지 및 내식성 향상 등을 위해 용접부을 가열하는 것을 말한다.

<표 5> 후열조건

P-No	일반열처리 유지온도(℃)	두께(㎜)에 따른 최소유지시간	
		25≤50	50<두께(t)<75
1	595	25㎜당 1시간 최소 15분	2시간+15분
8	–	–	–

8. 가스(QW-408)

피복아크 용접에서는 사용되지 않으나 이산화탄소 아크 용접, 가스텡스텐 아크(GTAW) 용접 등에서는 용접을 할 때 용융지의 보호를 위해 보호가스를 사용한다. 예를 들어 가스텅스텐아크 용접에서는 아르곤(Ar)가스, 헬륨(He)가스 및 혼합가스 등의 사용을 표시한다.

9. 전기적 특성(QW-409)

전기적 특성은 모재의 종류, 두께, 용접 방법 등에 따라 다양하게 존재할 수 있다. 일반적으로 정극성과 역극성에 차이와 직류 및 교류의 차이를 비교하면 다음과 같다.

<표 6> 정극성과 역극성

극 성	상 태	특 징
직류 정극성 (DCSP) 모재(+) 용접봉(–)	용접봉(전극) 아크 모재 용접기 ⊖ ⊕	• 모재의 용입이 깊다. • 용접봉의 늦게 녹는다. • 비드 폭이 좁다. • 후판 등 일반적으로 사용된다.
직류 역극성 (DCRP) 모재(–) 용접봉(+)	용접봉(전극) 아크 모재 용접기 ⊕ ⊖	• 모재의 용입이 얕다. • 용접봉이 빨리 녹는다. • 비드 폭이 넓다. • 박판 등의 비철금속에 사용된다.

<표 7> 정직류와 교류의 비교

비 교	직류(DC)	교류(AC)
아 크 안 정	안정	불안정
극 성 변 화	가능	불가능
아 크 쏠 림	쏠림	쏠림 방지
무부하 전압	40 ~ 60V	70 ~ 80V
전격 위험	적다	크다
비 피복봉	사용 가능	사용 불가
구 조	복잡	간단
고 장	많다	적다
역 률	우수	떨어짐
소 음	발전기형은 크다	대체적으로 적음
가 격	고가	저가
용 도	박판	후판

10. 용접 기법(QW-410)

용접기법은 다양하다. 예를 들어 위빙 없이 비드(string bead)를 한 방향으로 곧게 만들기도 하며 위빙 비드(weaving bead)를 만들기 위해 용접봉을 용접 방향에 대하여 일정한 형상으로 움직여 비드를 만들기도 한다. 또한 두꺼운 판의 경우에는 다층(multiple pass)으로 용접을 하여야 하며 얇은 판의 경우는 단층(single pass)으로 용접한다. 이외에도 용접과 관련된 피닝 방법 등 다양한 내용을 소개할 수 있다.

11. 기타

용접작업과 관련된 필요 사항을 기록할 수 있는데 특히 지금까지 기재된 각항 중 주요사항을 도표화하기도 한다.

기계제도

Q1

지름이 동일한 원통이 직각으로 교차하는 부분의 상관선을 그린 것이다. 상관선의 모양으로 가장 적합한 것은?

① 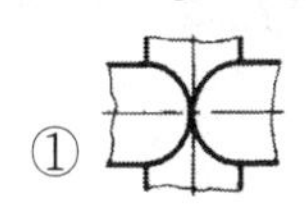 ② 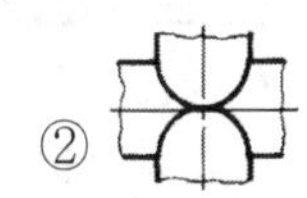

③ 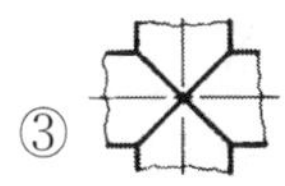 ④ 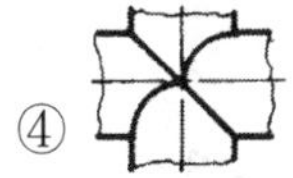

Q2

보기와 같은 원통을 경사지게 절단한 제품을 제작할 때 다음 중 어떤 전개법이 가장 적합한가?

(보기) 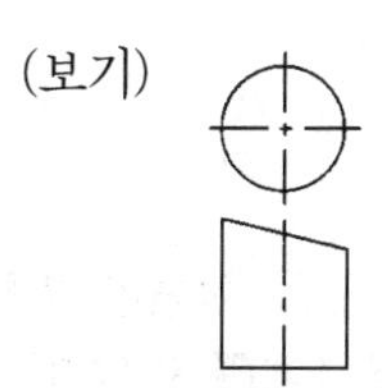

① 혼합형법 ② 평행선법
③ 삼각형법 ④ 방사선법

해설 전개도
① 입체의 표면을 평면 위에 펼쳐 그린 그림
② 전개도를 다시 접거나 감으면 그 물체의 모양이 됨
③ 용도 : 철판을 굽히거나 접어서 만드는 상자, 철제 책꽂이, 캐비닛, 물통, 쓰레받기, 자동차 부품, 항공기 부품, 덕트 등
④전개도의 종류
㉠ 평행선 전개법 특징 : 물체의 모서리가 직각으로 만나는 물체나 원통형 물체를 전개할 때 사용
㉡ 방사선 전개법 특징 : 각뿔이나 원뿔처럼 꼭짓점을 중심으로 부채꼴 모양으로 전개하는 방법
㉢ 삼각형 전개법 특징 : 꼭지점이 먼 각뿔이나 원뿔을 전개할 때 입체의 표면을 여러 개의 삼각형으로 나누어 전개하는 방법

Q3

입체의 표면을 한 평면위에 펼쳐서 그린 도면인 것은?

① 입체도 ② 투시도
③ 평면도 ④ 전개도

Q4

다음 중 일반적인 전개도법의 종류가 아닌 것은?

① 평행선법 ② 방사선법
③ 삼각형법 ④ 반지름법

Q5

다음 전개도법의 종류 중 주로 각 기둥이나 원기둥의 전개에 가장 많이 이용되는 방법은?

① 삼각형을 이용한 전개도법
② 방사선을 이용한 전개도법
③ 평행선을 이용한 전개도법
④ 사각형을 이용한 전개도법

정답 1. ③ 2. ② 3. ④ 4. ④ 5. ③

Q6

다음 전개도법에서 원뿔의 전개에 가장 적합한 것은?

① 평행 전개법　② 방사 전개법
③ 삼각 전개법　④ 정 다각형법

해설 방사선 전개법은 각뿔이나 원뿔처럼 꼭짓점을 중심으로 부채꼴 모양으로 전개하는 방법

Q7

보기와 같은 원뿔의 전개도 작도에 관한 설명으로 가장 적합한 것은?

(보기)

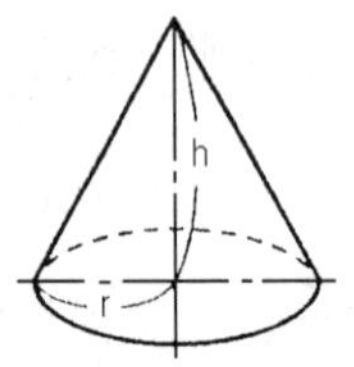

① 부채꼴 원호의 반지름과 중심각을 계산하여 전개를 작도한다.
② 원뿔의 밑면의 원둘레를 12등분하여 전개도를 작도한다.
③ 원뿔의 밑면의 원둘레를 24등분하여 전개도를 작도한다.
④ 부채꼴 원호의 지름과 호의 길이를 계산하여 전개도를 작도한다.

Q8

모서리나 중심축에 평행선을 그어 전개하는 방법으로 주로 각기둥이나 원기둥을 전개하는데 가장 적합한 전개도법의 종류는?

① 삼각형을 이용한 전개도법
② 평행선을 이용한 전개도법
③ 방사선을 이용한 전개도법
④ 사다리꼴을 이용한 전개도법

Q9

판금작업시 강판재료를 절단하기 위하여 가장 필요한 도면은?

① 조립도　② 전개도
③ 배관도　④ 공정도

Q10

제 3각법으로 정투상한 보기와 같은 각뿔의 전개도 형상으로 적합한 것은?

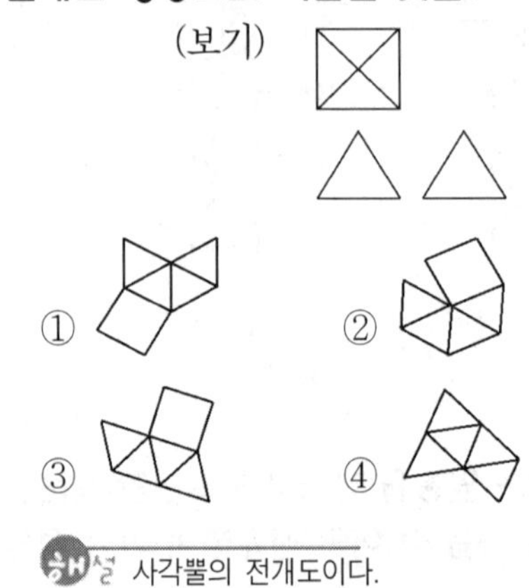

해설 사각뿔의 전개도이다.

Q11

보기와 같은 판금 제품인 원통을 정면에서 진원인 구멍을 1개를 제작하려고 한다. 전개한 현도 판의 진원 구멍부분 형상으로 가장 적합한 것은?

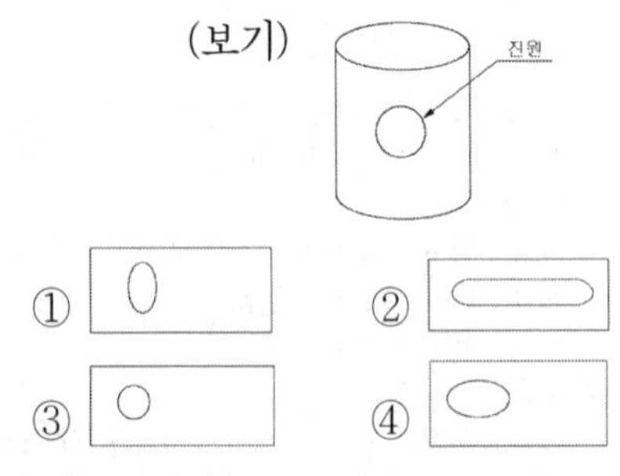

해설 원기둥에 뚫린 진원 구멍은 펼치면 타원이 된다.

정답 6. ②　7. ①　8. ②　9. ②　10. ①　11. ④

Q12

보기와 같은 밑면이 정원인 원뿔을 수직선에 경사지게 절단한 단면에 직각으로 시선을 주었을 때, 절단면의 모양으로 다음 중 가장 적합한 형상은?

(보기)

① 3각형 ② 동심원
③ 타원 ④ 다각형

해설 원뿔을 평행하게 절단하면 동심원이 되나 그림과 같이 경사지게 절단하면 타원이 나온다.

Q13

절단된 원추를 3각법으로 정투상한 정면도와 평면도가 보기와 같은 때, 가장 적합한 전개도 현상은?(단, 철판의 두께와 치수는 무시함)

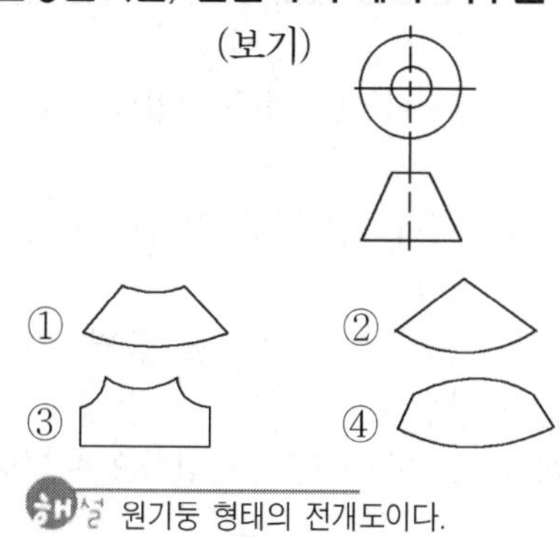

해설 원기둥 형태의 전개도이다.

Q14

보기와 같이 경사방향으로 절단된 원뿔을 전개할 때 전개도 형상으로 가장 적합한 것은?

(보기)

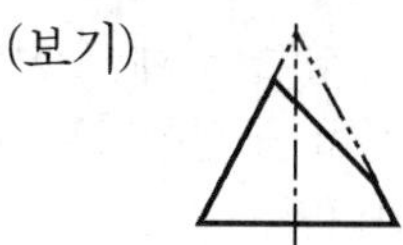

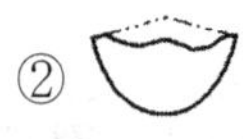

Q15

용기 모양의 대상물 도면에서 아주 굵은 실선을 외형선으로 표시하고 치수 표시가 φint 34 로 표시된 경우 올바르게 해독한 것은?

① 도면에서 int 로 표시된 부분의 두께 치수
② 화살표로 지시된 부분의 폭방향 치수가 φ34mm
③ 화살표로 지시된 부분의 안쪽 치수가 φ34mm
④ 도면에서 int 로 표시된 부분만 인치단위 치수

해설 치수 표시에서 φint 34의 의미는 화살표로 지시된 부분의 안쪽 치수가 지름 34mm라는 의미이다.

Q16

그림과 같이 외경은 550mm, 두께가 6mm, 높이는 900mm 인 원통을 만들려고 할 때, 소요되는 철판의 크기로 다음 중 가장 적합한 것은?(단, 양쪽 마구리는 없는 상태이며 이음매 부위는 고려하지 않음)

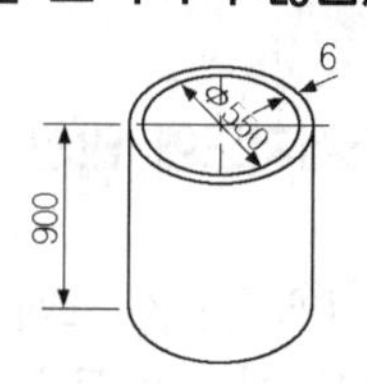

① 900 × 1,709 ② 900 × 1,749
③ 900 × 1,705 ④ 900 × 1,800

해설 원의 둘레를 구하는 공식은 $2\pi r$ 이다. 즉 πd로도 계산할 수도 있다. 여기서는 안지름이 550으로 나와있으므로 두께 6mm를 뺀 544로 계산하여 보면 3.14 × 544가 되어 1708.16정도 나오므로 ①가 답이 된다.

정답 12. ③ 13. ① 14. ② 15. ③ 16. ①

Q17

보기와 같은 원뿔 전개도에서 원호의 반지름 ℓ 은 얼마인가?

(보기)

① 50cm ② 60cm
③ 45cm ④ 55cm

해설 피타고라스 정리에 의하여 밑변 30, 높이 40이므로 빗변은 50cm가 나온다.

Q18

다음과 같은 도면에서 ⓐ판의 두께는 얼마인가?

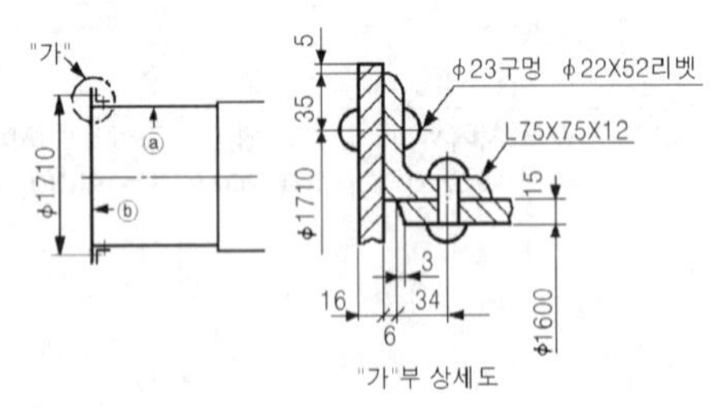

"가"부 상세도

① 11mm ② 12mm
③ 15mm ④ 16mm

해설 그림에서 알 수 있듯이 ⓐ는 15mm, ⓑ는 16mm이다.

Q19

기계부품의 스케치도에 관한 설명 중 틀린 것은?

① 기계나 기계부품을 스케치하여 각부의 치수, 재질, 가공법 등을 기입한다.
② 적합한 계측기기의 사용법을 알아야 정확하게 도면화 시킬 수 있다.
③ 제도 용구와 측정 용구로서 정확한 1 : 1 척도로만 도면화 하여야 한다.
④ 기계부품에 대한 충분한 사전 지식을 갖추어야 신속 정확하게 도면화 시킬 수 있다.

해설 ① 스케치 용구
㉠ 작도 용구 : 스케치 용구(모눈종이 또는 갱지), 연필, 지우개
㉡ 측정 용구 : 직선자, 줄자, 캘리퍼스(내경, 외경), 버니어 캘리퍼스, 마이크로미터, 각도기, 게이지(깊이, 나사, 반지름, 틈새),정반
㉢ 분해용 공구 : 렌치, 플라이어, 드라이버 세트, 스패너, 해머
② 스케치 순서
㉠ 먼저 분해하기 전에 조립도를 프리핸드로 그리고, 조립 상태를 표시하며, 주요 치수를 기입 한 후 각 부품을 순서에 따라 분해하고, 부분 조립도를 스케치한다.
㉡ 각부의 부품 조립도와 부품표를 작성하고 세부 치수를 기입한다.
㉢ 각 부품도에 재료(재질), 가공법, 수량, 끼워 맞춤 기호 등을 기입한다.
㉣ 기계 전체의 형상을 명백히 하고 완전 여부를 검토한다.

Q20

스케치도의 작성법에 관한 설명으로 올바른 것은?

① 다듬질 정도나 재료명은 기입할 필요가 없다.
② 가공방법이나 끼워맞춤 정도는 기입할 필요가 없다.
③ 부품표를 만들어 부품번호, 품명, 수량 등을 기입한다.
④ 스케치도는 반드시 1 : 1 현척으로 그려야 한다.

Q21

스케치 도면 작성 시 고려하여야 할 사항이 아닌 것은?

① 분해한 부품은 분해 순서대로 둔다.
② 기계는 주요 구성부별로 구분 분해하여 스케치한다.

정답 17. ① 18. ③ 19. ③ 20. ③

③ 분해하기 전에 세밀히 관찰하고 분해순서를 조사한다.
④ 각각의 부품치수와 조립 후의 전체치수와는 별개이므로 전체치수는 고려하지 아니하고 그린다.

Q22

스케치도를 작성할 때 내경, 외경, 깊이 등을 한 측정기로 측정하기가 가장 편리한 것은?

① 깊이 게이지 ② 마이크로미터
③ 직각자 ④ 버니어캘리퍼스

해설 측정용 용구 중 버니어 캘리퍼스는 내경, 외경, 깊이, 길이 등을 측정할 수 있다.

Q23

스케치 할 물체의 표면에 기름이나 광명단을 칠한 후 그 위에 종이를 대고 눌러서 실제의 모양을 뜨는 방법을 무엇이라 하는가?

① 모양뜨기법 ② 프린트법
③ 프리핸드법 ④ 사진법

해설 스케치 방법
① 프린트법 : 부품 표면에 광명단 또는 스탬프 잉크를 칠한 후 용지에 찍어 실제 형상으로 모양을 뜨는 방법
② 본뜨기법 : 실제 부품을 용지 위에 올려놓고 본을 뜨는 방법과 부품 표면을 납선으로 본을 떠서 이를 용지에 옮기는 방법
③ 사진 촬영법 : 사진기로 실물을 직접 찍어서 도면을 그리는 방법(크거나 복잡한 경우)
④ 프리핸드법 : 손으로 직접 그리는 방법

Q24

스케치 할 물체의 표면에 기름이나 광명단을 칠한 후 그 위에 종이를 대고 눌러서 실제의 모양을 뜨는 방법을 무엇이라 하는가?

① 모양뜨기법 ② 프린트법
③ 프리핸드법 ④ 사진법

Q25

평면이면서 복잡한 윤곽을 갖는 부품면에 광명단을 칠하고 그 위에 종이를 대고 눌려서 그 실제의 형을 찍어 내는 작업은 다음의 어느 경우에 이용하는가?

① 연필 원도를 그릴 때
② 트레이싱을 할 때
③ 스케치를 할 때
④ 도면 복사를 할 때

Q26

다음 중 관용 테이퍼 나사를 나타내는 것은?

① M 3 ② UNC ⅜
③ PT ¾ ④ TM 18

해설 나사의 종류
① 삼각 나사
㉠ 미터 나사(M) – 각도 60° 지름은 mm
㉡ 휘트워드 나사 – 각도 55° 지름은 인치
㉢ 유니파이 나사(UNC,UNF) – 각도 60° 지름은 인치
② 사각 나사 : 프레스와 같이 큰 힘의 전달에 사용한다.(전동용 나사)
③ 사다리꼴 나사 : 접촉이 정확하여 선반의 리드 스크루 등에 사용한다. 나사산의 각도 30°(미터계,TM), 나사산의 각도 29°(인치계TW)
④ 톱니 나사 : 삼각 나사와 사각 나사의 장점을 딴 것이며 추력이 한 방향으로 작용하는 곳에 사용한다.(잭, 바이스)
⑤ 둥근 나사 : 전구와 소켓 등에 사용한다.
⑥ 관용 나사 : 배관용 강관 연결에 사용한다. 테이퍼 나사(PT,PS)와 평행나사(PF)의 2종이 있으며 테이퍼는 1/16이다.

정답 21. ④ 22. ④ 23. ② 24. ② 25. ③ 26. ③

Q27

감속기 하우징의 기름 주입구 나사가 PF ½ - A로 표시되어 있었다. 올바르게 설명한 것은?

① 관용 평행나사 A급
② 관용 평행나사 호칭경 1″
③ 관용 테이퍼나사 A급
④ 관용 가는나사 호칭경 1″

Q28

KS 나사 표시 방법에서 G ½ A로 기입된 기호의 올바른 해석은?

① 가스용 암나사로 인치 단위이다.
② 관용 평행 암나사로 등급이 A급이다.
③ 관용 평행 수나사로 등급이 A급이다.
④ 가스용 수나사로 인치 단위이다.

해설 ① 관용 테이퍼 수나사R ¾
② 관용 테이퍼 암나사Rc ¾
③ 관용 평행 암나사Rp ¾
④ 관용 평행 나사G ½
A는 수나사, B는 암나사

Q29

미터나사의 호칭 M8 X 1에서 1이 의미하는 것은?

① 나사의 종류를 표시하는 기호
② 나사의 호칭 지름을 표시하는 숫자
③ 길이를 표시하는 숫자
④ 피치를 표시하는 숫자

해설 피치를 mm로 나타내는 경우(나사의 종류, 나사의 지름 × 피치)(예 : M16 × 2)

Q30

유니파이 가는 나사를 기호로 나타낸 것은?

① UNC ② UNF ③ TM ④ PT

해설 UNC 유니파이 보통나사, UNF는 유니파이 가는 나사를 뜻한다.

Q31

나사 표시 "좌 M10 - 6H"의 설명 중 맞는 것은?

① 왼쪽방향 1줄 미터 가는나사 호칭경 10mm이고, 공차 6H의 암나사
② 왼쪽방향 1줄 미터 보통나사 호칭경 10mm이고, 공차 6H의 암나사
③ 왼쪽방향 1줄 미터 가는나사 호칭경 10mm이고, 공차 6H의 수나사
④ 왼쪽방향 1줄 미터 보통나사 호칭경 10mm이고, 공차 6H의 수나사

Q32

마찰이 매우 작고 백래시가 작아 정밀 공작기계의 이송 장치에 사용되는 나사는?

① 톱니 나사 ② 볼 나사
③ 사각 나사 ④ 사다리꼴 나사

해설 볼 나사는 마찰이 매우 작고 백래시가 작아 NC 공작기계 등 정밀 공작기계에 많이 사용된다.

Q33

다음 중 전체 길이로 리벳의 호칭길이를 표시하는 리벳은?

① 얇은 납작 머리 리벳
② 접시 머리 리벳
③ 소형 둥근 머리 리벳
④ 냄비 머리 리벳

해설 리벳의 호칭 길이는 묻히는 길이와 같다. 즉 접시 머리 리벳의 경우 머리까지 묻히므로 전체가 호칭길이 이다.

정답 27. ① 28. ③ 29. ④ 30. ② 31. ② 32. ② 33. ②

Q34

보기 그림과 같은 리벳이음 명칭으로 가장 적합한 것은?

(보기)

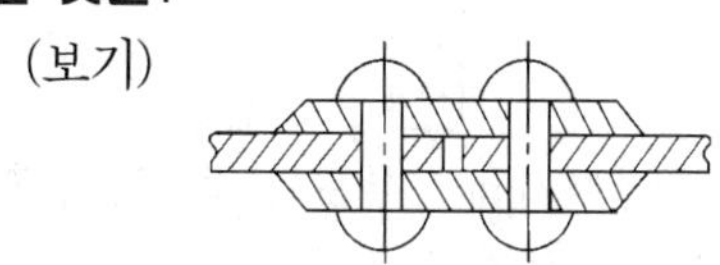

① 1열 2점 겹치기 이음
② 1열 맞대기 이음
③ 2열 겹치기 이음
④ 2열 맞대기 이음

해설 리벳 이음은 맞대기 이음과 겹치기 이음이 있다. 겹치기 이음에서는 두 부재가 겹쳐지므로 1줄의 리벳으로도 고정이 되지만 맞대기의 경우에는 1줄의 리벳으로는 고정할 수 없다. 그러므로 2줄의 리벳이 있어야 되는데 맞대기에서는 이를 1열 맞대기 이음이라 부른다.

Q35

3각법으로 그린 도면과 같은 리벳이음에서 B판의 두께는 얼마인가?

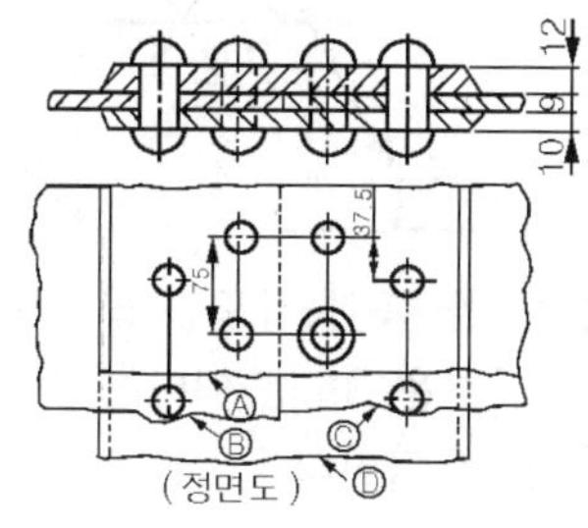

① 9mm ② 10mm
③ 12mm ④ 13mm

해설 그림에서 B와 C는 9mm이다.

Q36

보기와 같은 용접이음의 용접부 명칭으로 다음 중 가장 적합한 것은?

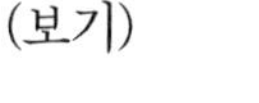

(보기)

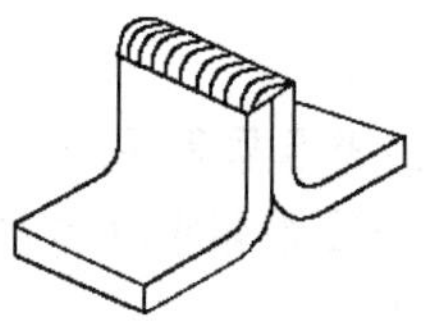

① 플랜지형 맞대기 용접부
② 플랜지형 겹치기 용접부
③ 연속 모서리 용접부
④ 연속 필렛 용접부

해설 그림은 플랜지형 맞대기 용접부를 보여주고 있다.

Q37

보기와 같은 KS 용접 기호에 관한 설명 중 올바른 것은?

(보기)

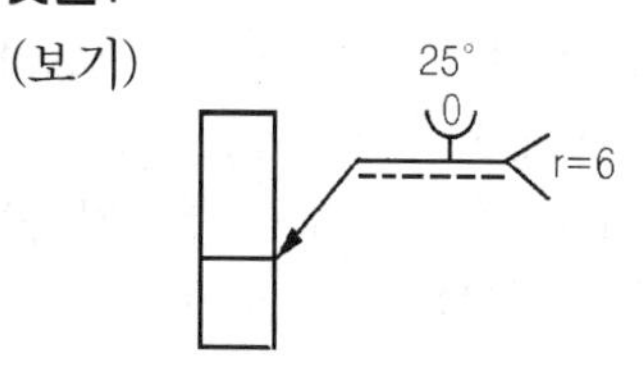

① U형 이음 맞대기 용접
② 홈 각도 6°
③ 루트 반지름 25mm
④ 루트 간격 6mm

해설 실선에 기호가 붙어 있으므로, 화살표쪽 U형 맞대기 용접으로 홈각도 25°, 루트 간격 0, 루트 반지름 6mm이다.

Q38

다음과 같은 용접도시기호의 설명으로 올바른 것은?

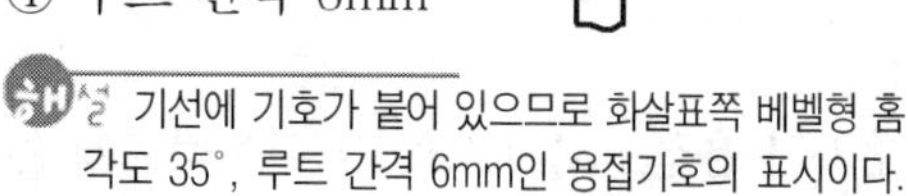

① 홈 깊이 6mm
② 홈 각도 70°
③ 루트 반지름 6mm
④ 루트 간격 6mm

해설 기선에 기호가 붙어 있으므로 화살표쪽 베벨형 홈 각도 35°, 루트 간격 6mm인 용접기호의 표시이다.

정답 34. ② 35. ① 36. ① 37. ① 38. ④

Q39

보기 도면의 맞대기 이음에 대한 KS 용접기호를 올바르게 설명한 것은?

(보기)

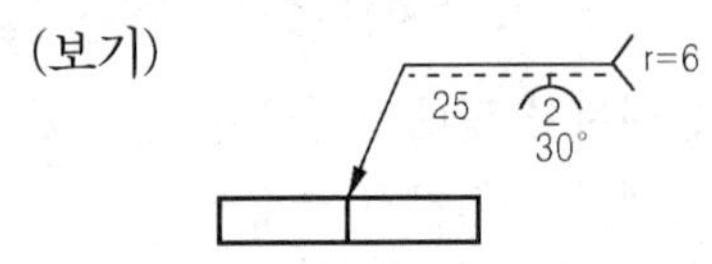

① U형 홈용접, 화살표쪽 홈깊이 25mm, 홈 각도 30°, 루트 반지름 6mm이고, 루트간격은 2mm이다.
② U형 홈용접, 화살표 반대쪽 홈깊이가 25mm, 루트 반지름은 6mm, 홈각도 30°, 루트 간격 2mm이다.
③ 플래어 V형 홈용접, 화살표 반대쪽 홈깊이 25mm, 홈 각도 30°, 루트 간격 6mm 이고, 루트 반지름은 2mm이다.
④ 플래어 V형 홈용접, 화살표쪽 홈깊이 25mm 홈각도 30°, 루트간격은 2mm, 루트 반지름은 6mm이다.

해설 기선에 기호가 붙어 있으므로 화살표쪽 U형 홈각도 30°, 루트 간격 2mm인, 루트 반지름 6mm, 홈깊이 25mm 용접기호의 표시이다.

Q40

다음 용접 도면에 관한 설명 중 틀린 것은?

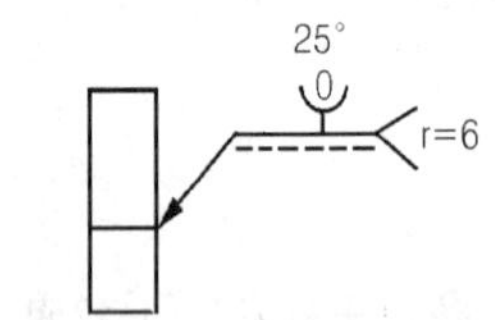

① U 형 용접 ② 홈각도 25°
③ 화살표쪽 용접 ④ 루트 간격 6mm

해설 꼬리에 기입된 r = 6은 루트 반지를 의미한다.

Q41

보기의 용접도시기호를 가장 올바르게 설명한 것은?

(보기)

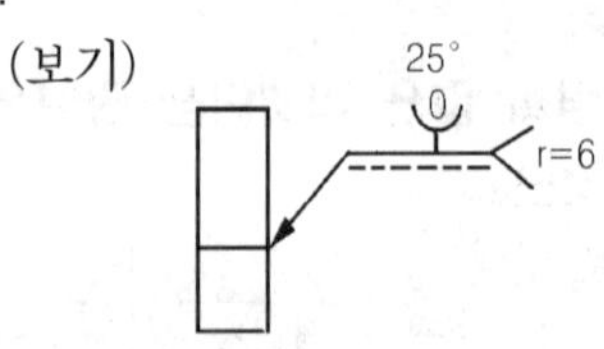

① 홈 깊이 6mm, 루트 간격 0mm, 홈 각도 25° 화살쪽 용접
② 홈 각도 25° 루트 반지름 6mm, 루트간격 0mm 화살쪽 용접
③ 루트면 0mm, 루트 반지름 6mm, 용입깊이 25mm 화살쪽 용접
④ 루트면 0mm, 홈 각도 25° 홈 깊이 6mm 화살쪽 용접

해설 기선에 기호가 붙어 있으므로 화살표쪽 U형 홈각도 25°, 루트 간격 0mm인, 루트 반지름 6mm 용접기호의 표시이다.

Q42

다음 KS용접도시기호 설명으로 틀린 것은?

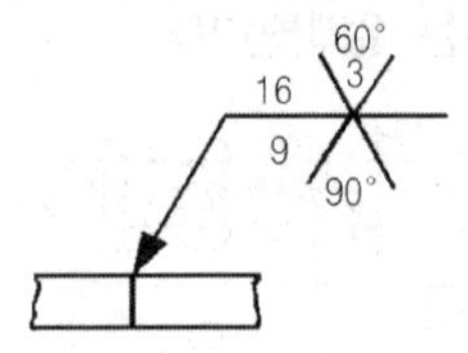

① 화살표 쪽 홈의 각도는 90°이다.
② 루트 간격은 3mm 이다.
③ X형 홈 용접이다.
④ 화살표쪽 홈 깊이가 16mm 이다.

해설 화살표 쪽 홈의 각도는 60°이다.

Q43

보기와 같이 도시된 용접 기호의 해독으로 올바른 것은?

정답 39. ② 40. ④ 41. ② 42. ①

(보기)

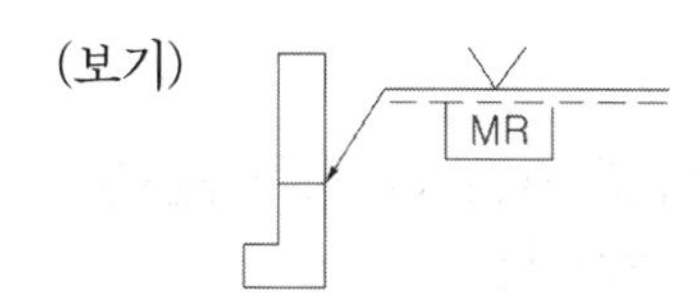

① 화살표 쪽은 방사선 시험이다.
② 화살표 반대쪽은 육안검사이다.
③ 제거 가능한 덮개 판을 사용한다.
④ 영구적인 덮개 판을 사용하여 용접한다.

해설 영구적인 덮개 판은 M, 제거 가능한 덮개 판은 MR을 사용한다. 기선 중 실선에 기호가 붙으면 화살표 쪽이므로, 화살표쪽은 V형 용접, 화살표 반대쪽 즉 파선에 기호를 보면 제거 가능한 덮개 판을 사용함을 알 수 있다.

Q44

용접부의 다듬질 방법에 관한 보조기호의 설명이다. 틀린 것은?

① C : 치핑　　② F : 침탄
③ G : 연삭　　④ M : 절삭

해설 용접부의 다듬질 방법의 기호
C : 치핑, G : 그라인딩, M : 기계 절삭,
F : 특별히 지정하지 않음

Q45

용접 보조기호 중 용접부의 다듬질 방법을 특별히 지정하지 않는 경우의 기호는?

① C　② F　③ G　④ M

Q46

용접 보조기호 중 "F"로 기입되어 있는 것은 용접부의 다듬질 방법 중 어떤 것을 나타내는 것인가?

① 치핑　　② 연삭
③ 절삭　　④ 지정하지 않음

Q47

용접부의 보조기호에서 제거 가능한 덮개 판을 사용하는 경우의 표시 기호는?

① M　　② P
③ MR　　④ PR

해설 ①는 영구적인 덮개판, ③은 제거 가능한 덮개 판을 말한다.

Q48

보기와 같은 KS 용접 기호의 해석으로 올바른 것은?

(보기)

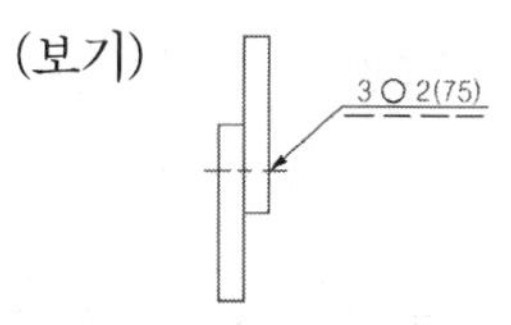

① 용접수는 2개이고 피치 75mm인 스폿(점) 용접이다.
② ∅2mm이고 피치 75mm인 플러그 용접이다.
③ 폭이 2mm이고 길이가 75mm인 심 용접이다.
④ 용접 수가 2개이고, 피치가 75mm인 플러그 용접이다.

해설 용접수는 2개이고 피치 75mm인 스폿 지름이 3mm인 점 용접이다.

Q49

보기와 같은 KS 용접기호의 해석이 잘못된 것은?

(보기)

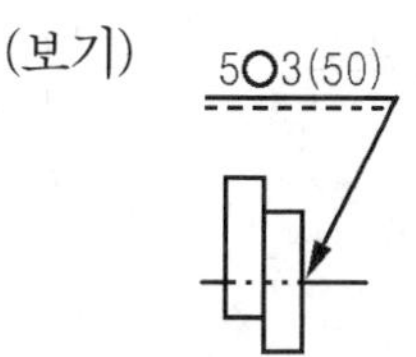

43. ③　44. ②　45. ②　46. ④　47. ③　48. ①

① 온둘레 용접이다.
② 스폿부의 지름은 5mm이다.
③ 스폿용접 피치는 50mm이다.
④ 스폿용접의 용접 수는 3이다.

해설 현장 용접의 표시는 깃발 모양이며, 일주(전둘레, 온둘레) 용접의 표시는 ○이다. 현장 용접과 일주 용접의 표시 기호는 화살과 기선이 만나는 꼭지점에 표시한다.
그림의 용접기호에서 ○는 점 용접을 뜻한다.

Q50

보기의 KS용접 보조기호를 올바르게 해독한 것은?

(보기)

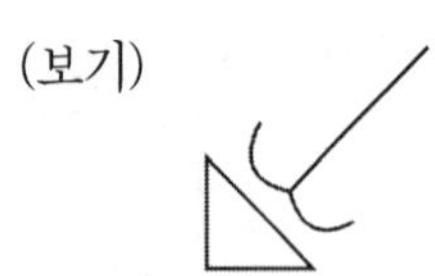

① 필렛 용접 중앙부를 볼록하게 다듬질
② 필렛 용접 끝단부를 매끄럽게 다듬질
③ 필렛 용접 끝단부에 영구적인 덮개 판을 사용
④ 필렛 용접 중앙부에 제거 가능한 덮개 판을 사용

해설 기호는 끝단부를 매끄럽게 다듬질하라는 보조기호이며, M은 영구적인 덮개판, MR은 제거 가능한 덮개판을 의미한다.

Q51

보기와 같은 용접부기호의 명칭으로 올바른 것은?

(보기)

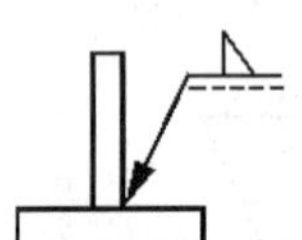

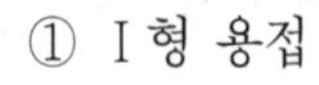

① I형 용접
② 플러그 용접
③ 필릿 용접
④ 스폿 용접

Q52

보기와 같은 용접기호 도시방법에서 기호 설명이 잘못된 것은?

(보기)

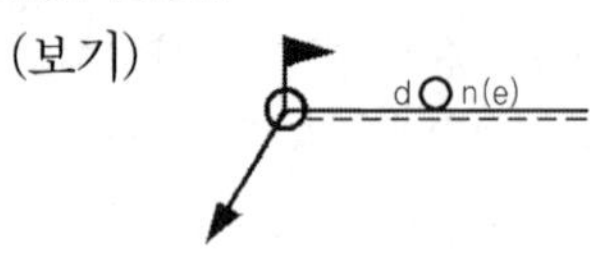

① d : 끝단까지 거리
② n : 스폿 용접수
③ (e) : 용접부의 간격
④ 현장기호 : 온둘레 현장용접

해설 d는 스폿 지름을 의미한다.

Q53

보기와 같은 KS용접 기호의 해독으로 틀린 것은?

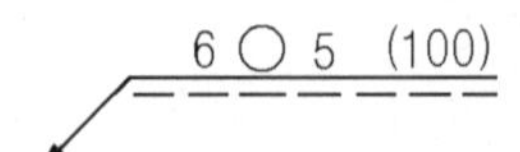

① 화살표 반대쪽 스폿 용접
② 스폿부의 지름 6mm
③ 용접부의 개수(용접 수)5개
④ 스폿 용접한 간격은 100mm

해설 실선이 기선에 기호가 붙으면 화살표 쪽 용접을 말한다.

Q54

온 둘레 현장 용접의 용접 보조 기호는?

① ○ ② ●
③ ⊙ ④ 깃발 기호

해설 온 둘레 또는 일주 용접의 표시는 화살과 기선이 만나는 꼭지점 부분에 ○를 사용하여 표시하며, 현장 용접의 표시는 깃발 모양을 사용한다.

정답 49. ① 50. ② 51. ③ 52. ① 53. ① 54. ④

Q55

보기 용접 기호 중 가 나타내는 의미 설명으로 올바른 것은?

(보기) 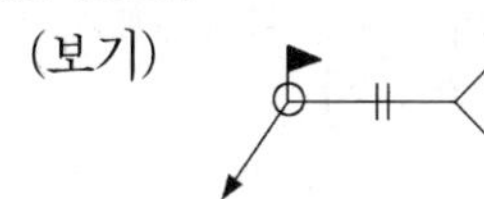

① 전둘레 필렛 용접
② 현장 필렛 용접
③ 전둘레 현장 용접
④ 현장 점 용접

Q56

용접 시공 내용의 기재가 다음 보기와 같이 표기되어 있다면 뜻하는 것은?

(보기) 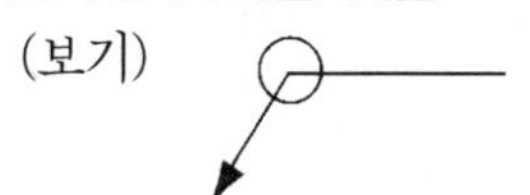

① 현장 용접 ② 온둘레 현장 용접
③ 온둘레 용접 ④ 원 가공 용접

Q57

KS용접도시 기호와 사용 예의 연결이 올바른 것은?

① ● : 현장 용접
② ▶ : 비드 덧붙임
③ ○ : 일주(전둘레) 용접
④ ⊙ : 현장 전둘레 용접

Q58

다음 도면의 용접기호는 어떠한 용접을 나타내는가?

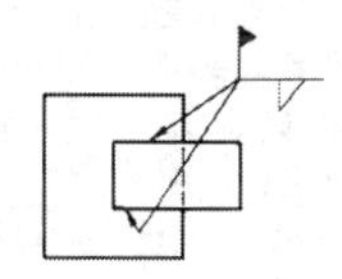

① 단속 필릿 현장용접
② 연속 필릿 공장용접
③ 단속 필릿 공장용접
④ 연속 필릿 현장용접

해설 깃발 모양은 현장 용접을 뜻하며, 기선에 필릿을 뜻하는 기호에 숫자 등이 없으므로 연속 필릿 용접을 뜻한다.

Q59

KS용접기호의 꼬리부분 A에는 무엇을 기입하는가?

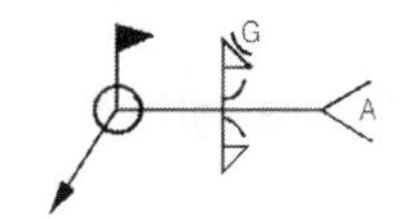

① 단면 치수 또는 강도
② 표면의 모양
③ 필렛용접의 길이
④ 특별 지시사항

해설 꼬리 부분에는 특별 지시 사항을 기입한다. 즉 꼬리 안에 한층 상세한 정보를 표시함으로써 보충

Q60

보기와 같은 용접 기호에서 a5는 무엇을 의미하는가?

(보기) 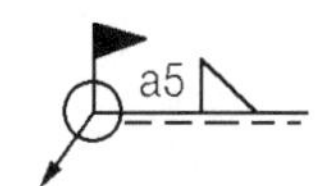

① 다듬질 방법의 보조 기호
② 점 용접부의 용접수가 5개
③ 필릿 용접 목 두께가 5mm
④ 루트 간격이 5mm

해설 a5는 필릿 용접에서 목 두께가 5mm

정답 55. ③ 56. ③ 57. ③ 58. ④ 59. ④ 60. ③

Q61

보기 그림에 표시된 용접 단면에서 H로 표시된 부분을 무엇이라 하는가?

(보기)

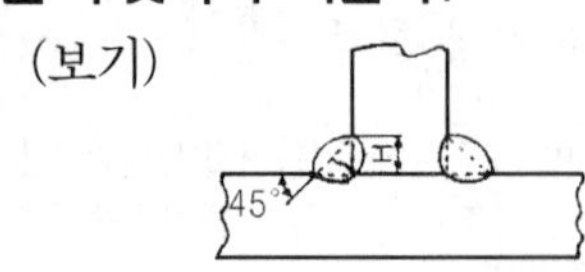

① 목 두께　　② 용입 깊이
③ 이음 루트　　④ 목 길이

해설 H는 목길이 즉 각장을 의미한다.

Q62

아래 KS 용접기호를 올바르게 해독한 것은?

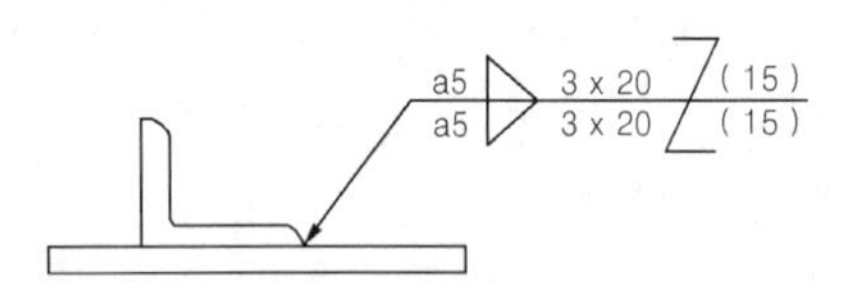

① 용접 피치는 20mm
② 전체 용접길이는 600mm
③ 화살표쪽의 목 두께는 5mm
④ 지그재그 용접, 화살표 반대쪽의 용접부 길이는 15mm

해설 도면에서 a5의 의미가 목 두께를 뜻하며, 용접부 길이는 3개소 20mm으로 피치는 15mm 지그재그 용접이다.

Q63

보기 도면의 용접도시 기호 해석으로 올바른 것은?

(보기)

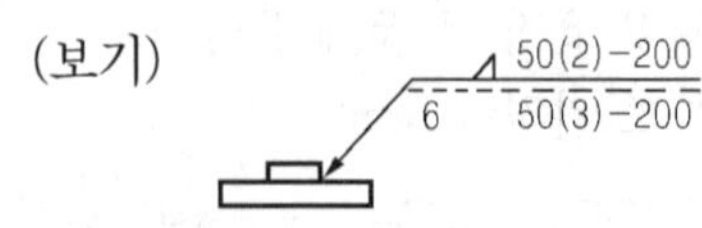

① 연속 필렛 용접이다.
② 화살표 쪽 용접 수는 3개이다.
③ 화살표 반대쪽 용접피치는 50mm 이다.
④ 용접 목 길이는 양쪽 모두 6mm이다.

해설 용접 목 길이는 모두 6mm, 화살표 쪽은 용접 길이 50mm, 용접수 2개, 피치 200, 화살표 반대쪽은 용접 길이 50mm, 용접수 3개, 피치 200인 지그재그 필릿 용접이다.

Q64

다음 용접기호 중에서 병렬연속 용접기호는?

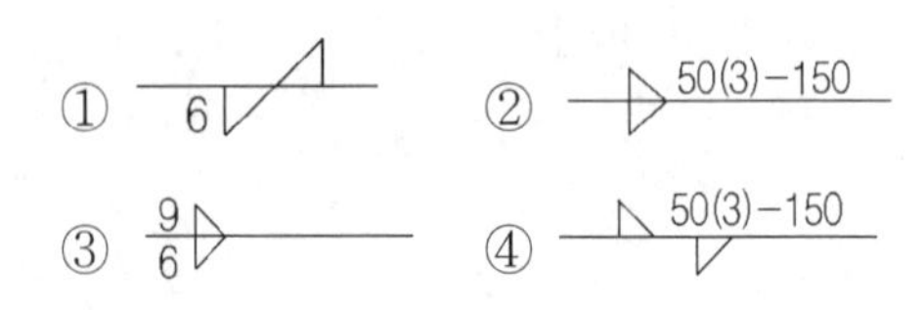

해설 ①는 지그재그 연속 필릿 용접 ② 병렬 단속 필릿 용접 ④ 지그재그 한쪽 연속, 한쪽 단속 필릿 용접

Q65

용접부 비파괴 시험 기호 중 자분탐상 시험 기호는?

① VT　　② RT
③ PT　　④ MT

해설 용접부의 비파괴 검사 종류

① 외관 검사(VT) : 비드의 외관, 나비, 높이 및 용입불량, 언더컷, 오버랩 피트 등의 외관 양부를 검사
② 누설 검사(LT) : 기밀, 수밀, 유밀 및 일정한 압력을 요하는 제품에 이용되는 검사로 주로 수압, 공기압을 쓰나 때에 따라서는 할로겐, 헬륨가스 및 화학적 지시약을 쓰기도 한다.
③ 침투 검사(PT) : 표면에 미세한 균열, 피트 등의 결함에 침투액을 표면 장력의 힘으로 침투시켜 세척한 후 현상액을 발라 결함을 검출하는 방법으로 형광 침투 검사와 염료 침투 검사가 있는데 후자가 주로 현장에서 사용된다.
④ 자기 검사(MT) : 표면에 가까운 곳의 균열, 편석, 기공, 용입불량 등의 검출에 사용되나 비자성체는 사용이 곤란하다.
⑤ 초음파 검사(UT) : 0.5 ~ 15MHz의 초음파를 내부에 침투시켜 내부의 결함, 불균일 층의 유무를 알아냄. 종류로는 투과법, 공진법, 펄스

정답 61. ④　62. ③　63. ④　64. ③　65. ④

반사법(가장 일반적)이 있다. 장점으로는 위험하지 않으며 두께 및 길이가 큰 물체에도 사용 가능하나 결함위치의 길이는 알 수 없으며 표면의 요철이 심한 것 얇은 것은 검출이 곤란하다.

⑥ 방사선 투과 검사(RT) : 가장 확실하고 널리 사용됨

㉠ X선 투과 검사 : 균열, 융합불량, 기공, 슬랙 섞임 등의 내부 결함 검출에 사용된다. X선 발생장치로는 관구식과 베타트론 식이 있다. 단점으로는 미소 균열이나 모재면에 평행한 라미네이션 등의 검출은 곤란하다.

㉡ γ선 투과 검사 : X선으로 투과하기 힘든 후판에 사용한다. γ선원으로는 라듐, 코발트60, 세슘 134가 있다.

⑦ 와류 검사(맴돌이 검사) : 금속 내에 유기된 와류 전류를 이용한 검사법으로 자기 탐상이 곤란한 비자성체 검사에 사용된다.

⑧ 보조 기호로는 N(수직탐상), A(경사각 탐상), S(한 방향으로부터의 탐상), B(양 방향으로부터의 탐상), W(이중 벽 촬영), D(염색, 비형광 탐상시험), F(형광 탐상 시험), O(전둘레 시험), Cm(요구 품질 등급)

Q66

용접부 비파괴 시험 기호 중 방사선 검사 기호는?

① VT ② RT ③ PT ④ MT

Q67

용접부 투과시험 기호가 RT로 표시된 경우 올바른 해석은?

① 경사각 투과시험 ② 형광 투과시험
③ 비형각 투과시험 ④ 방사선 투과시험

Q68

보기와 같은 용접부 비파괴 검사 기호의 해독으로 올바른 것은?

(보기)

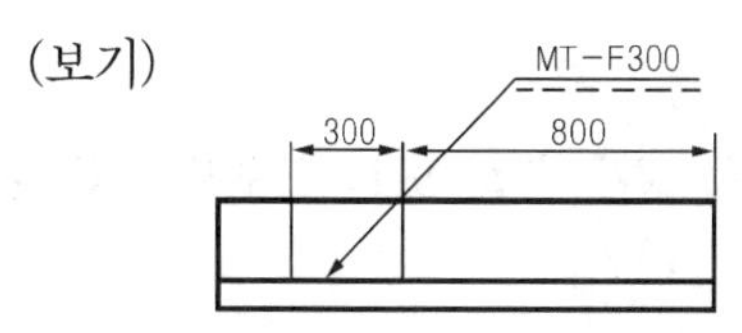

① 방사선 투과시험
② 침투형광 탐상시험
③ 초음파 탐상시험
④ 자분형광 탐상시험

해설 MT는 자분 탐상 검사이며, F는 형광검사이다.

Q69

보기의 용접부 비파괴 시험기호 중 MT - F300이 나타내는 것은?

(보기)

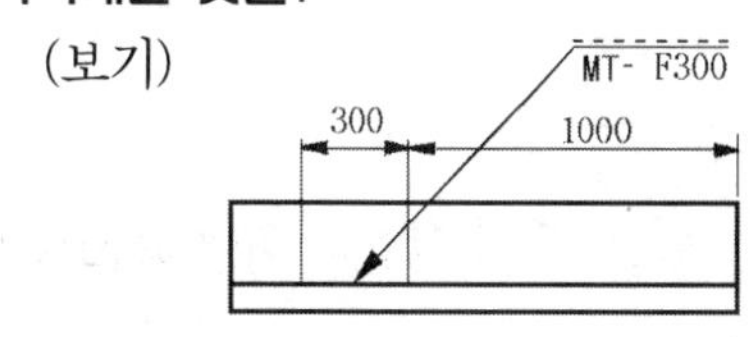

① 일반 자분탐상시험
② 형광 자분탐상시험
③ 일반 침투탐상시험
④ 형광 침투

Q70

용접부에 PT - F로 표시된 비파괴시험 기호의 해독으로 올바른 것은?

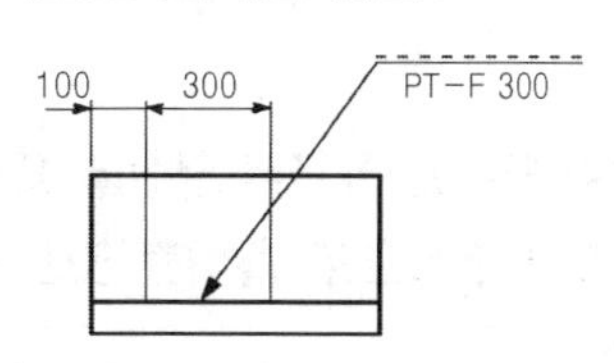

① 자분탐상 시험이다.
② 초음파탐상 시험이다.
③ 와전류탐상 시험이다.
④ 형광침투탐상 시험이다.

정답 66. ② 67. ④ 68. ④ 69. ② 70. ④

Q71

그림과 같은 용접 도시 기호를 올바르게 설명한 것은?

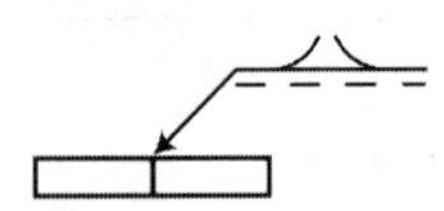

① 돌출된 모서리를 가진 평판 사이즈의 맞대기 용접이다.
② 평행(I형) 맞대기 용접이다.
③ U형 이음으로 맞대기 용접이다.
④ J형 이음으로 맞대기 용접이다.

해설 그림은 화살표쪽으로 돌출된 모서리를 가진 양면 플랜지형의 맞대기 용접을 뜻한다.

Q72

그림의 용접 도시기호는 어떤 용접을 나타내는가?

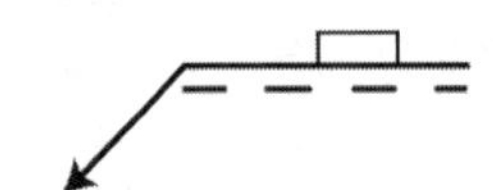

① 점 용접　　② 플러그 용접
③ 심 용접　　④ 가장자리 용접

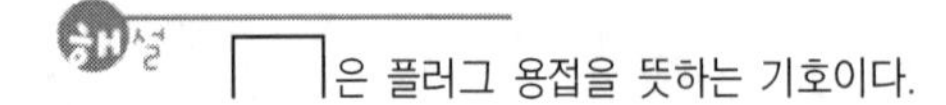

해설 ⊓은 플러그 용접을 뜻하는 기호이다.

Q73

보기와 같이 도시된 용접부 형상을 표시한 KS 용접기호의 명칭으로 올바른 것은?

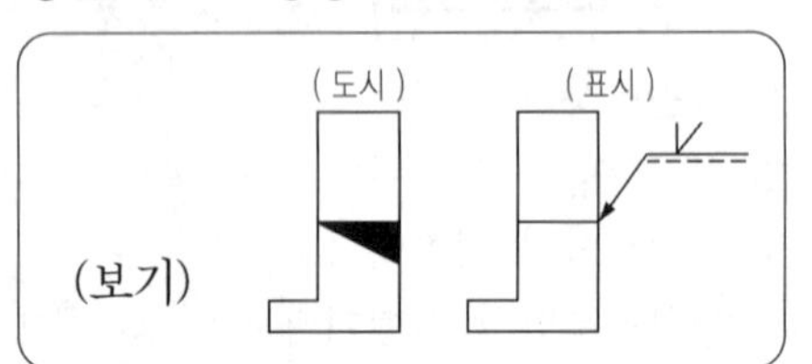

① 일면 개선형 맞대기 용접
② V형 맞대기 용접
③ 플랜지형 맞대기 용접
④ J형 이음 맞대기 용접

해설 문제에 도시된 기호는 일명 용접홈을 베벨형으로 개선한 용접을 나타내는 것이다.

Q74

그림과 같은 용접 도시 기호의 명칭은?

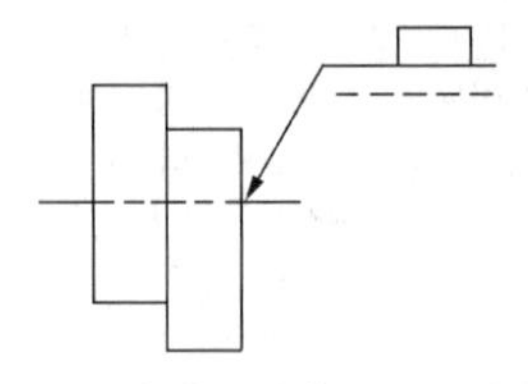

① 필릿 용접　　② 플러그 용접
③ 스폿 용접　　④ 프로젝션 용접

해설 실선에 플러그 기호 ⊓가 붙어 있으므로 화살표쪽 플러그 용접을 의미한다.

Q75

그림과 같은 용접기호의 설명으로 옳은 것은?

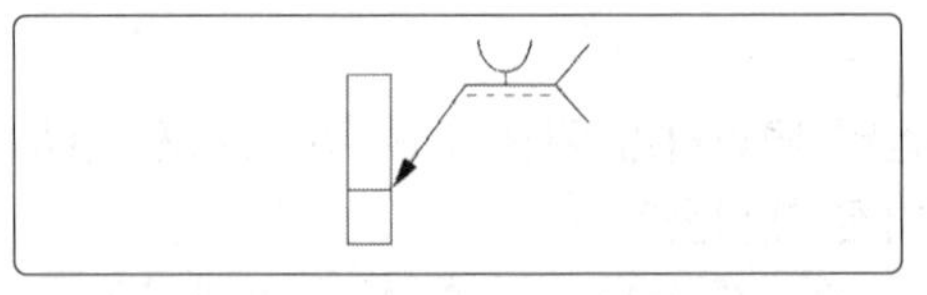

① U형 맞대기 용접, 화살표쪽 용접
② V형 맞대기 용접, 화살표쪽 용접
③ U형 맞대기 용접, 화살표 반대쪽 용접
④ V형 맞대기 용접, 화살표 반대쪽 용접

해설 실선에 기호가 붙어 있으므로 화살표쪽 용접이며 U형 맞대기 용접이다.

정답 71. ①　72. ②　73. ①　74. ②　75. ①

Q76

도면에서의 지시한 용접법으로 바르게 짝지어진 것은?

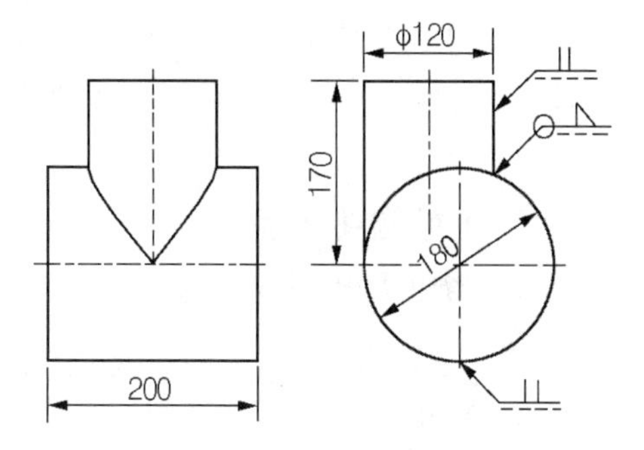

① 평형 맞대기 용접, 필릿 용접
② 겹치기 용접, 플러그 용접
③ 심 용접, 점 용접
④ 이면 용접, V형 맞대기 용접

해설 ||은 I형 맞대기 용접을 ◺은 필릿 용접을 뜻하는 기호이다.

Q77

보기와 같은 용접기호 도시방법에서 기호 설명이 잘못된 것은?

[보기]

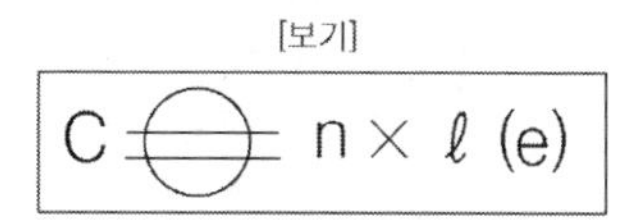

① C : 용접부의 반지름
② ℓ : 용접부의 길이
③ n : 용접부의 개수
④ ⊖ : 심(seem) 용접을 의미

해설 C는 용접부의 지름, n은 개수, ℓ은 용접부의 길이, e는 피치를 의미하며 ⊖심 용접을 의미한다.

Q78

그림과 같은 용접기호의 의미를 바르게 설명한 것은?

d ⊓ n(e)

① 구멍의 지름이 n이고 e의 간격으로 d개인 플러그 용접
② 구멍의 지름이 d이고 e의 간격으로 n개인 플러그 용접
③ 구멍의 지름이 n이고 e의 간격으로 d개인 심 용접
④ 구멍의 지름이 d이고 e의 간격으로 n개인 심 용접

해설 용접수는 n개이고 플러그 구멍 지름이 d이고 간격은 e를 의미한다.

Q79

플러그 용접에서 용접부 수는 4개, 간격은 70mm, 구멍의 지름은 8mm인 경우 그 용접 기호 표시로 올바른 것은?

① 4 ⊓ 8−70
② 8 ⊓ 4−70
③ 4 ⊓ 8(70)
④ 8 ⊓ 4(70)

해설 기호 앞에 숫자가 구멍의 지름이며 다음에 나오는 숫자가 개수, 간격은 괄호안에 숫자로 기입한다.

정답 76. ① 77. ① 78. ② 79. ④

Q80

그림과 같이 이면용접에 해당하는 용접기호는?

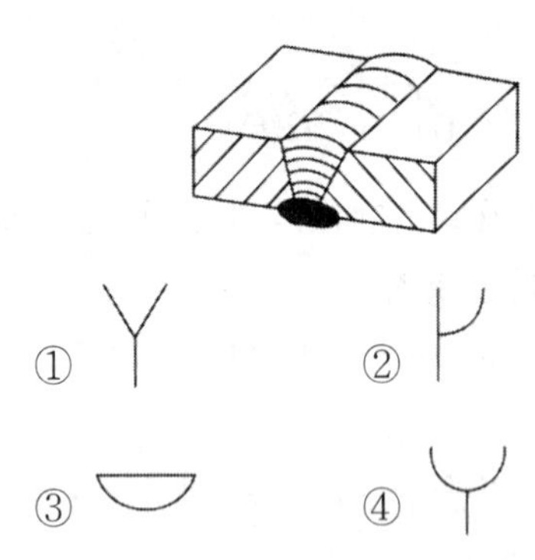

① Y ② ㅏ(반 U형) ③ ◡ ④ Y(U형)

해설 그림은 뒤쪽면(이면) 용접과 넓은 루트면을 가진 V형(Y 이음) 맞대기 용접으로 이면 용접의 기호는 ③가 해당된다.

Q81

다음 용접 기호와 그 설명으로 틀린 것은?

① ◺ : 블록 필릿 용접

② X : 블록 양면 V형 용접

③ ▽ : 평면 마감 처리한 V형 맞대기 용접

④ ▽ : 이면 용접이 있으며 표면 모두 평면 마감 처리한 V형 맞대기 용접

해설 ①은 오목 필릿 용접을 의미한다.

Q82

다음 중 필릿 용접의 기호로 옳은 것은?

①  ② 

③  ④ 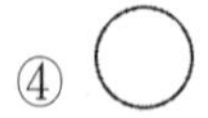

해설 ◺는 필릿용접, ①는 플러그 또는 슬롯, ②는 비드 덧붙임, ④는 점용접을 의미한다.

Q83

양면 용접부 조합 기호에 대하여 그 명칭이 틀린 것은?

① X : 양면 V형 맞대기 용접

② X : 넓은 루트면이 있는 K형 맞대기 용접

③ K : K형 맞대기 용접

④ X : 양면 U형 맞대기 용접

해설 X은 넓은 루트면이 있는 양면 V형 맞대기 용접을 표현한 것이다.

Q84

일면 개선형 맞대기 용접의 기호로 맞는 것은?

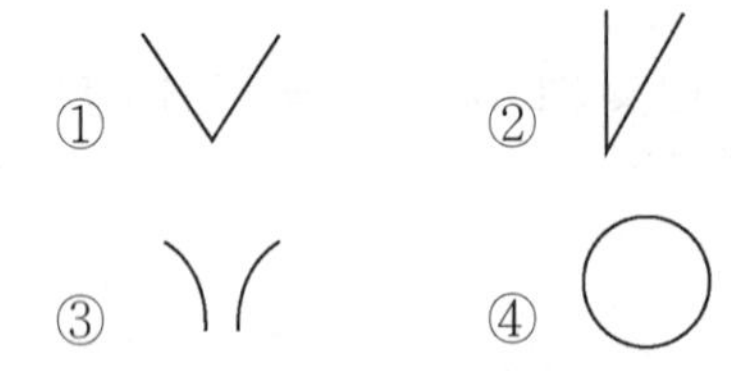

해설 ✔형(베벨형)은 한면 즉 일면만을 개선한 홈을 만들어 용접하는 것이다.

Q85

다음 그림과 같은 양면 용접부 조합기호의 명칭으로 옳은 것은?

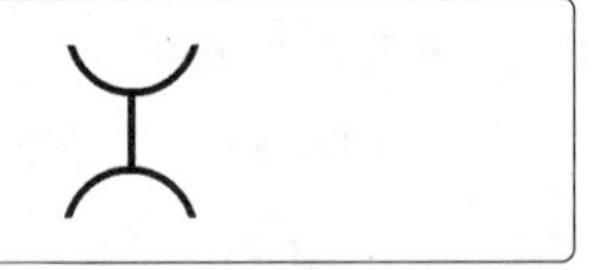

① 넓은 루트면이 있는 K형 맞대기 용접

② 넓은 루트면이 있는 양면 V 형 용접

③ 양면 V 형 맞대기 용접

④ 양면 U 형 맞대기 용접

정답 80. ③ 81. ① 82. ③ 83. ② 84. ② 85. ④

해설 양면 U형 맞대기 용접(H형 이음)

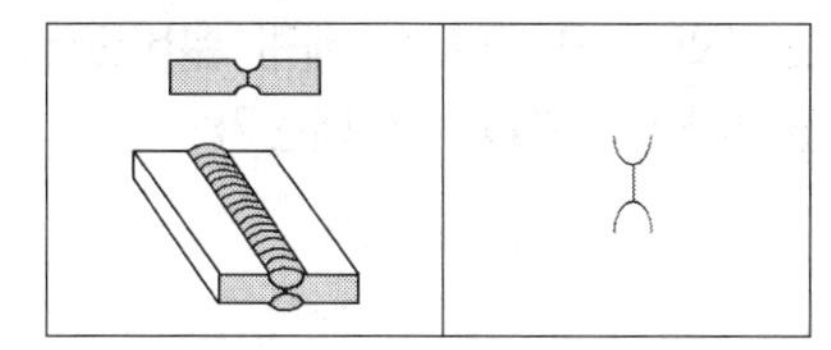

Q86

그림과 같은 용접기호에서 a7이 의미하는 뜻으로 알맞은 것은?

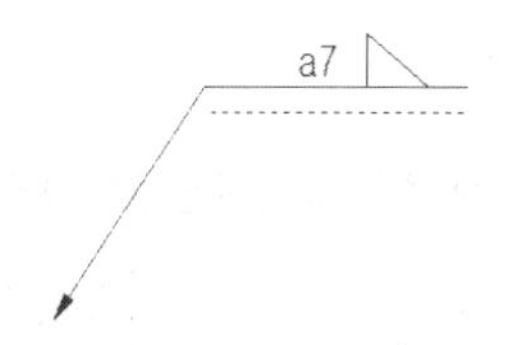

① 용접부 목 길이가 7mm 이다.
② 용접 간격이 7mm 이다.
③ 용접 모재의 두께가 7mm 이다.
④ 용접부 목 두께가 7mm이다.

해설 a7는 필릿 용접에서 목 두께가 7mm임을 의미한다.

Q87

그림과 같은 용접도시기호를 올바르게 해석한 것은?

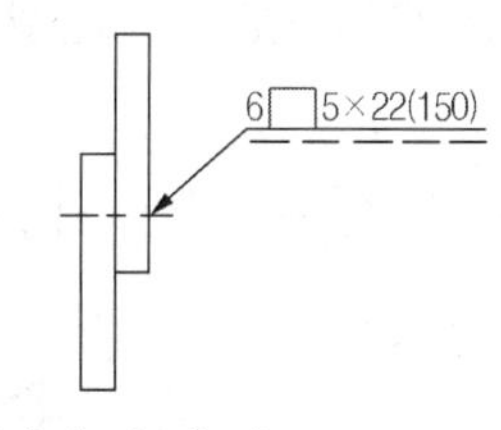

① 슬롯 용접의 용접 수 22
② 슬롯의 너비 6mm, 용접길이 22mm
③ 슬롯 용접 루트간격 6mm, 폭 150mm
④ 슬롯의 너비 5mm, 피치 22mm

해설

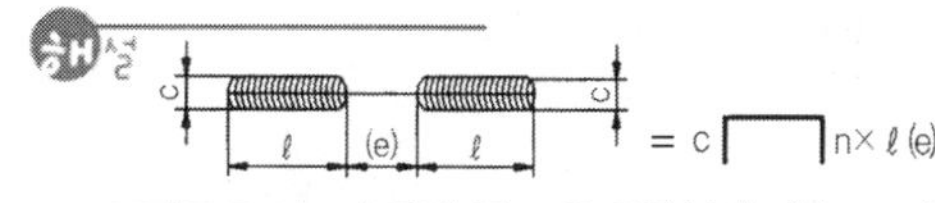

그러므로 C는 슬롯의 폭, n은 용접부의 개수, ℓ이 용접부의 길이이다.

Q88

그림과 같이 용접을 하고자 할 때 용접 도시기호를 올바르게 나타낸 것은?

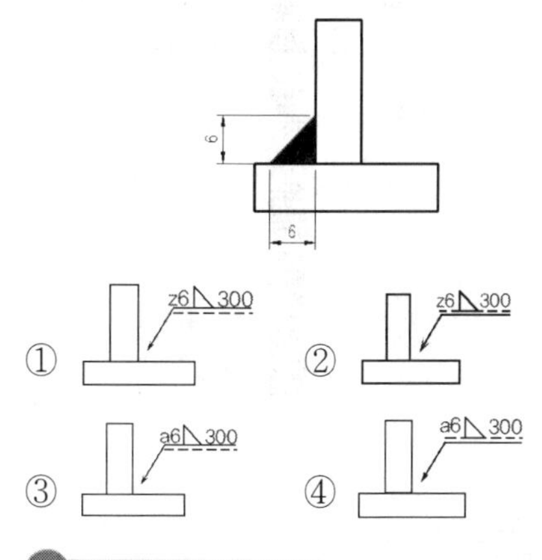

해설 그림과 같이 용접을 하려면 화살표 반대쪽이어야 되므로 ②또는 ④와 같이 파선에 기호가 기입되어야 한다. 아울러 목길이가 6mm이므로 z6으로 한다.

Q89

화살표가 가리키는 용접부의 반대쪽 이음의 위치로 옳은 것은?

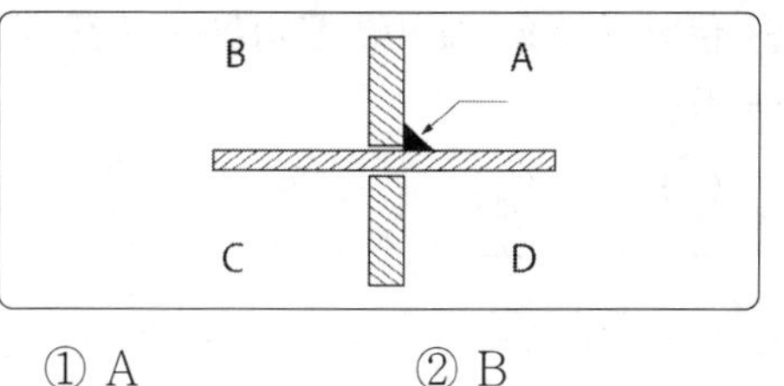

① A ② B
③ C ④ D

86. ④ 87. ② 88. ②

해설

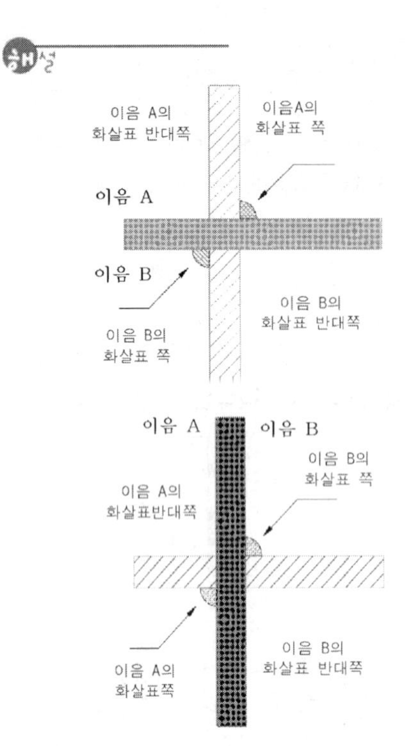

Q90

기계설비 도면에서 1층 바닥면을 기준하여 높이를 나타낼 때 사용하는 기호는?

① CL ② EL ③ FL ④ GL

해설 배관의 치수를 표시하는 방법은 관중심을 기준으로 할 때는 EL, 관외경의 위 EOP, 관 외경의 아래 BOP, 1층 바닥면 기준 FL 등이 있다.

Q91

배관 설비 계통의 계기를 표시하는 기호 중 온도계는?

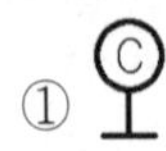
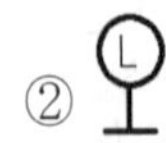

해설 온도계와 압력계 표시는 계기의 표시기호를 ○안에 기입한다. 온도계(thermometer)는 원안에 T, 압력계(Pressure) 원안에 P를 기입한다.

Q92

보기와 같은 표시는 배관 설비도에서 다음 중 어떤 계기를 나타내는가?

(보기) 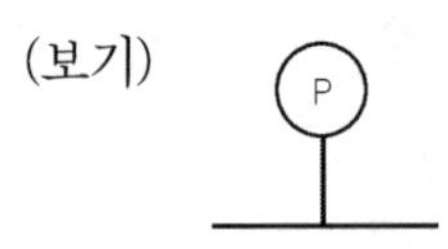

① 압력계 ② 온도계
③ 유량계 ④ 속도계

해설 압력계는 P, 온도계는 T로, 유량계는 F로 기입한다.

Q93

배관 도시기호 중 체크밸브를 나타낸 것은?

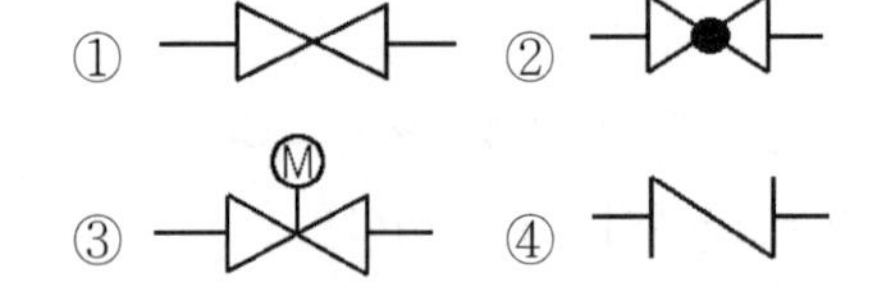

해설 체크 밸브는 유체를 한쪽 방향으로 흐르게 하는 밸브로 체크 밸브는 유체의 흐름을 한 쪽 방향으로 흐르게 하는 것으로 스윙식과 리프트식이 있다. ④와 같은 모양이나 밸브의 한쪽이 까맣게 칠해진 밸브( )로 표시한다. 밸브에서 까맣게 칠해지면 닫혀있다는 의미이다.

Q94

다음 배관 도시기호 중 체크밸브는 어느 것인가?

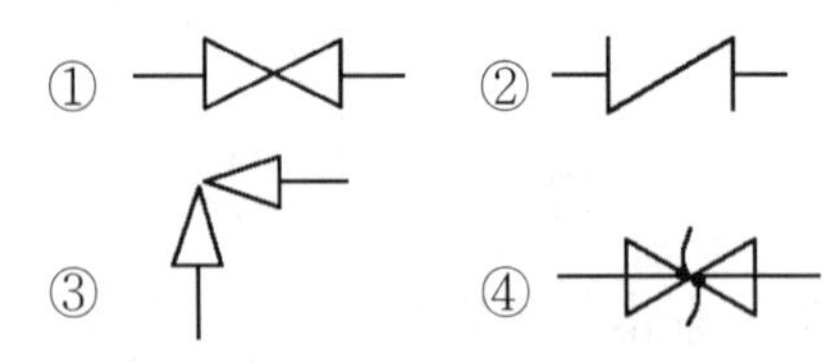

해설 ①는 일반 밸스, ②는 체크 밸브, ③는 앵글 밸브, ④는 스프링식 안전 밸브이다.

정답 89. ② 90. ③ 91. ④ 92. ① 93. ④ 94. ②

Q95

보기 그림은 배관용 밸브의 도시 기호이다. 어떤 밸브의 도시 기호인가?

(보기) →

① 앵글 밸브 ② 체크 밸브
③ 게이트 밸브 ④ 안전 밸브

Q96

배관설비 도면에서 보기와 같은 관 이음의 도시 기호가 의미하는 것은?

(보기) 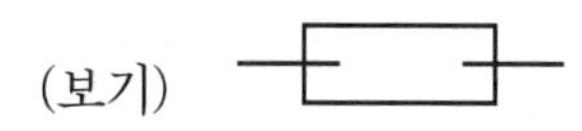

① 신축관 이음 ② 하프 커플링
③ 슬루스 밸브 ④ 플렉시블 커플링

해설 배관 도면에서 신축 이음은 루프형, 벨로즈형, 슬리브형, 스위블형 이음이 있다. 여기서 그림 ①는 신축관 이음의 도시기호를 보여주고 있다.

Q97

다음 중 배관용 탄소 강관의 재질기호는?

① SPA ② STK
③ SPP ④ STS

해설 배관용 탄소강 재료 기호
① SPP : 배관용 탄소강관
② SPS : 일반구조용 탄소강관
③ SPA : 배관용 합금강관
④ SPPH : 고압 배관용 탄소강관
⑤ SPPS : 압력 배관용 탄소강관
⑥ SPLT : 저온 배관용 탄소강관
⑦ SPHT : 고온 배관용 탄소강관

Q98

파이프 이음의 도시 중 다음 기호가 뜻하는 것은?

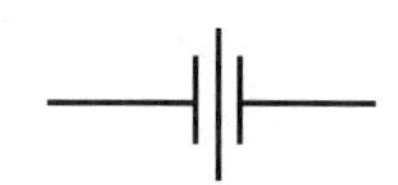

① 유니언 ② 엘보
③ 부시 ④ 플러그

Q99

그림과 같은 배관도시기호가 있는 관에는 어떤 종류의 유체가 흐르는가?

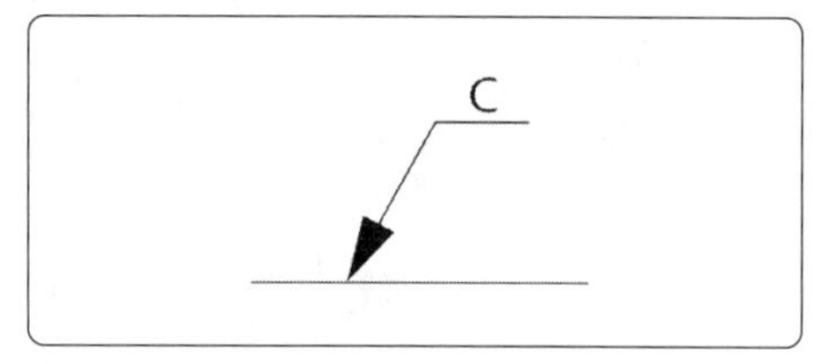

① 온수 ② 냉수
③ 냉온수 ④ 증기

해설 'C'는 냉수(Cold)를 의미한다.

Q100

배관 도시기호에서 안전밸브에 해당하는 것은?

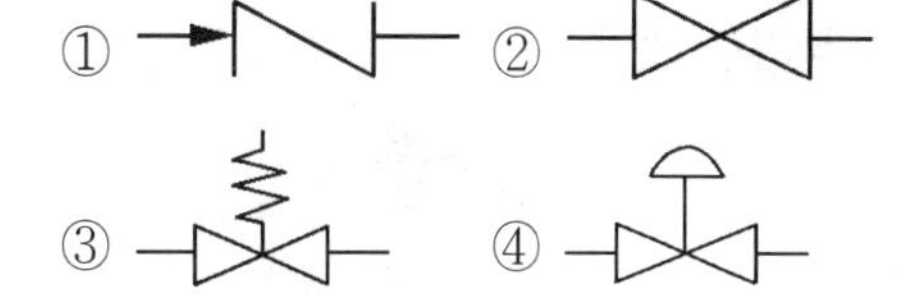

해설 ③는 스프링식 안전 밸브의 도시 기호이다.

정답 95. ② 96. ① 97. ③ 98. ① 99. ② 100. ③

Q101

그림과 같은 배관 도시 기호는 무엇을 나타낸 것인가?

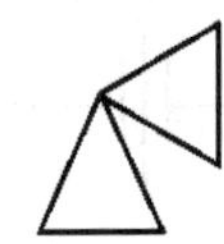

① 앵글 밸브 ② 체크 밸브
③ 게이트 밸브 ④ 안전 밸브

해설

종 류	그림 기호	종 류	그림 기호
밸브 일반		앵 글 밸 브	
게이트 밸 브		3방향 밸 브	
글로브 밸 브		안전 밸브	
체 크 밸 브			
볼 밸 브			
버터플 라 이 밸 브		콕 일반	

Q102

배관 도면에서 그림과 같은 기호의 의미로 가장 적합한 것은?

① 콕 일반 ② 볼 밸브
③ 체크 밸브 ④ 안전 밸브

해설 체크 밸브는 유체를 한쪽 방향으로 흐르게 하는 밸브로 체크 밸브는 유체의 흐름을 한 쪽 방향으로 흐르게 하는 것으로 스윙식과 리프트식이 있다. ─/─와 같은 모양이나 밸브의 한쪽이 까맣게 칠해진 밸브(─▶◁─ ─▷◀─)로도 표시한다. 밸브에서 까맣게 칠해지면 닫혀있다는 의미이다

Q103

그림은 배관용 밸브의 도시 기호이다. 어떤 밸브의 도시 기호인가?

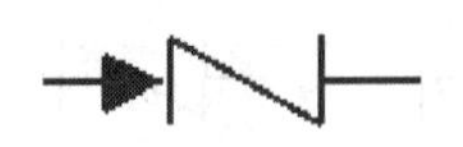

① 앵글 밸브 ② 체크 밸브
③ 게이트 밸브 ④ 안전 밸브

해설 체크 밸브는 유체를 한쪽 방향으로 흐르게 하는 밸브로 스윙식과 리프트식이 있다. 모양은 (─/─)이나 밸브의 한쪽이 까맣게 칠해진 밸브(─▶◁─ ─▷◀─)로 표시하기도 한다. 밸브에서 까맣게 칠해지면 닫혀있다는 의미이다.

Q104

배관 제도 밸브 도시기호에서 일반 밸브가 닫힌 상태를 도시한 것은?

① ②
③ ④

해설 밸브 및 콕이 닫혀 있는 경우에는 그림 기호를 까맣게 칠하거나 닫혀 있다는 것을 표시하는 문자 "폐", "C" 등을 첨가하여 표시한다.

Q105

다음 밸브 기호는 어떤 밸브를 나타내는가?

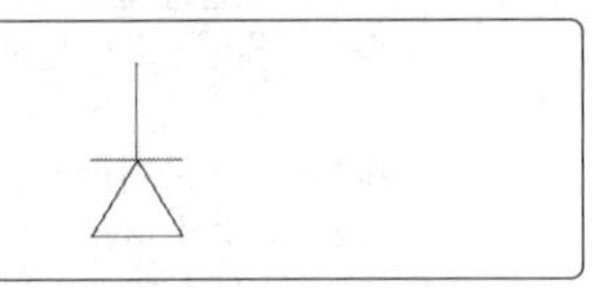

① 풋 밸브 ② 볼 밸브
③ 체크 밸브 ④ 버터플라이 밸브

해설 원심 펌프의 흡입관 하단에 설치하는 역류 방지 밸브인 풋 밸브 기호이다.

정답 101. ① 102. ③ 103. ② 104. ④ 105. ①

Q106

배관 설비도의 계기 표시 기호 중에서 유량계를 나타내는 기호는?

① 

② 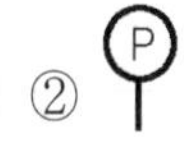

③ 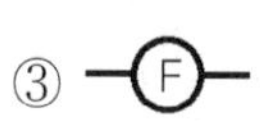

④ 

해설 온도계는 T, 압력계는 P, 유량계는 F

Q107

배관도에서 유체의 종류와 문자 기호를 나타낸 것 중 틀린 것은?

① 공기 : A
② 연료가스 : G
③ 연료유 또는 냉동기유 : O
④ 증기 : W

해설 공기 A, 가스 G, 기름 O, 수증기 S, 물 W

Q108

밸브 표시 기호에 대한 밸브 명칭이 틀린 것은?

① 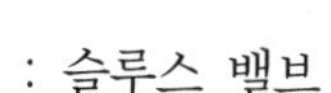 : 슬루스 밸브
② : 3방향 밸브
③ : 버터플라이 밸브
④ : 볼 밸브

해설 ①은 앵글 밸브이다.

Q109

파이프의 영구 결합부(용접 등)는 어떤 형태로 표시하는가?

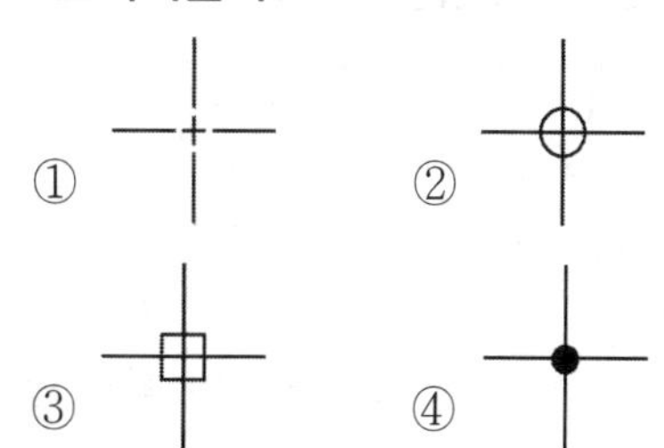

해설

결합 방식의 종류	그림 기호
일반(나사식)	
용접식	
플랜지식	
턱걸이식	
유니온식	

Q110

배관의 접합 기호 중 플랜지 연결을 나타내는 것은?

① 
② 
③
④ 

해설 ①는 나사 이음, ②는 플랜지 연결, ③는 유니언, ④는 턱걸이 이음을 나타낸다.

정답 106. ③ 107. ④ 108. ① 109. ④ 110. ②

Q111

다음 배관 도시 기호 중에서 확장 조인트를 나타내는 도시 기호는?

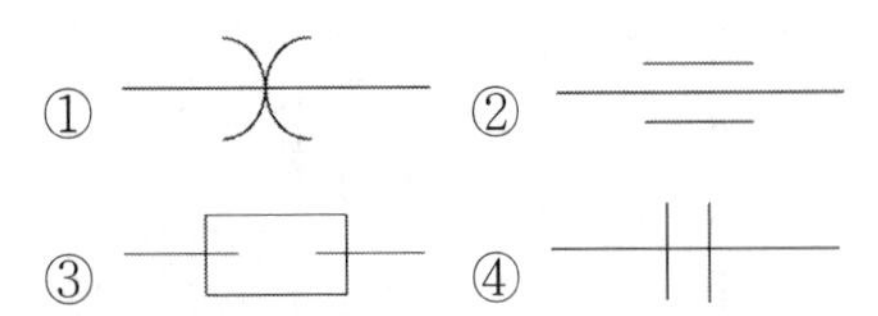

해설 확장 조인트를 뜻하는 배관 도시기호는 ③이다.

Q112

관의 끝부분의 표시방법에 용접식 캡을 나타내는 것은?

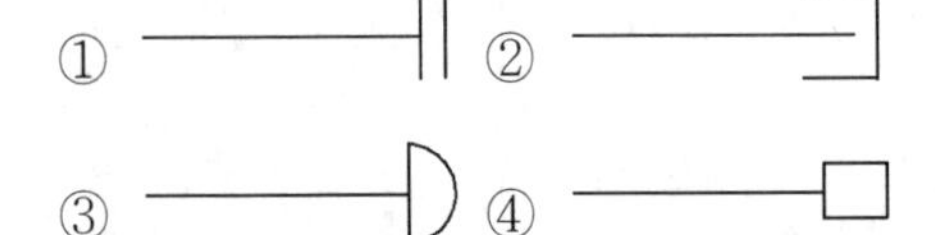

해설 ①는 플랜지, ②는 일반용 캡, ③는 용접용 캡을 의미한다.

Q113

배관의 끝부분 도시기호가 그림과 같을 경우 ①과 ②의 명칭이 올바르게 연결된 것은?

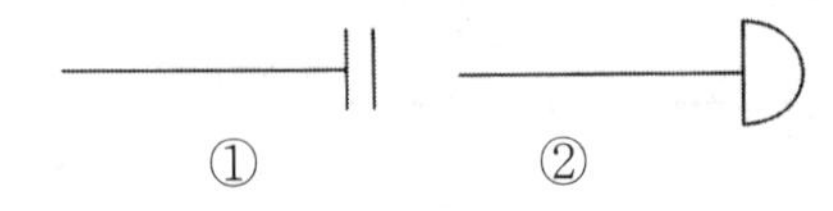

① ① 블라인더 플랜지 ② 나사식 캡
② ① 나사박음식 캡 ② 용접식 캡
③ ① 나사박음식 캡 ② 블라인더 플랜지
④ ① 블라인더 플랜지 ② 용접식 캡

해설 그림 ①은 블라인더 플랜지 이며 ②는 용접식 캡이다.

Q114

그림에서 나타난 배관 접합 기호는 어떤 접합을 나타내는가?

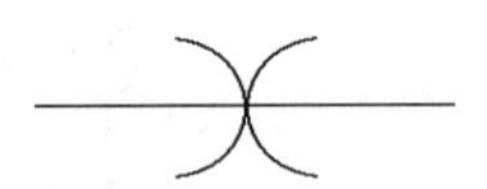

① 블랭크(blank) 연결
② 유니언(union) 연결
③ 플랜지(flange) 연결
④ 칼라(collar) 연결

해설 그림은 칼라 연결을 나타낸 것으로 수도용인 석면 시멘트관과 원심력 철근 콘크리트관 등의 연결에 사용된다.

Q115

지지 장치를 의미하는 배관 도시 기호가 그림과 같이 나타날 때 이지지 장치의 형식은?

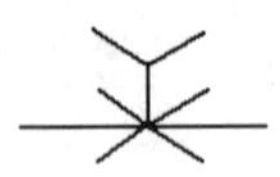

① 고정식　　② 가이드식
③ 슬라이드식　　④ 일반식

해설 그림은 고정식지지 장치를 나타낸 것이다.

Q116

배관의 간략도시방법 중 환기계 및 배수계의 끝장치 도시방법의 평면도에서 그림과 같이 도시된 것의 명칭은?

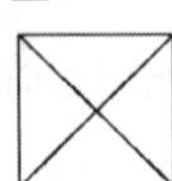

① 배수구　　③ 벽붙이 환기삿갓
② 환기관　　④ 고정식 환기삿갓

해설 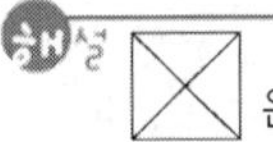 은 고정식 환기 삿갓을 의미한다.

정답 111. ③ 112. ③ 113. ④ 114. ④ 115. ① 116. ④

Q117

배관의 간략도시방법 중 환기계 및 배수계의 끝부분 장치 도시방법의 평면도에서 그림과 같이 도시된 것의 명칭은?

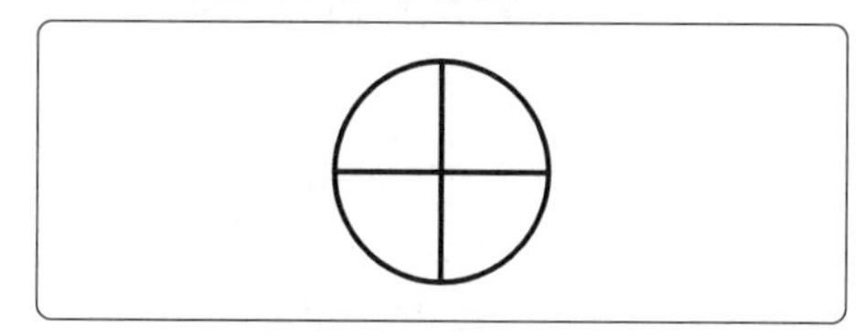

① 회전식 환기삿갓 ② 고정식 환기삿갓
③ 벽붙이 환기삿갓 ④ 콕이 붙은 배수구

해설 그림은 콕이 붙은 배수구를 의미한다.

Q118

그림과 같은 관 표시 기호의 종류는?

① 크로스 ② 리듀서
③ 디스트리뷰터 ④ 휨 관 조인트

해설 (기호) 은 휨 관 조인트를 표시하는 기호이다.

Q119

다음 배관 도면에 없는 배관 요소는?

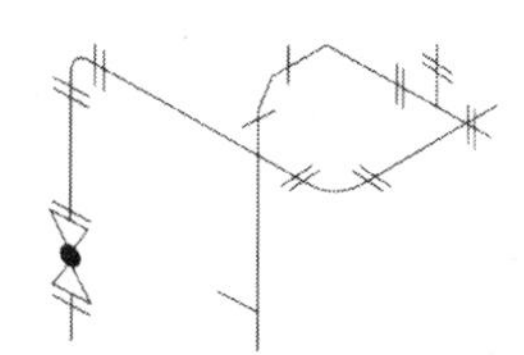

① 티 ② 엘보
③ 플랜지 이음 ④ 나비 밸브

해설 도면에는 글로브밸브가 사용되었으며 나사 이음과 플랜지 이음을 하고 있다. 또한 엘보와 티가 사용되고 있다.

Q120

다음 배관 도면에 포함되어 있는 요소로 볼 수 없는 것은?

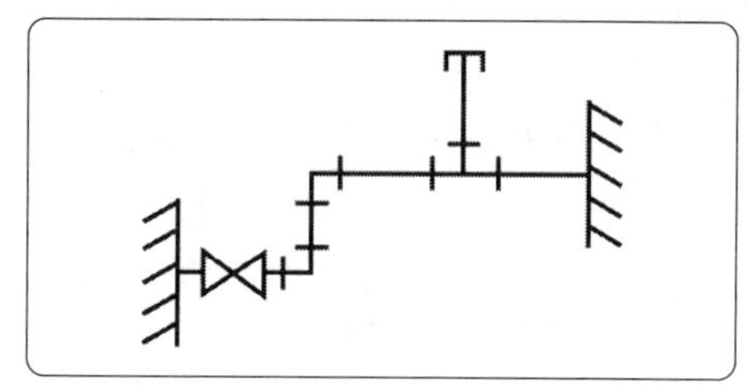

① 엘보 ② 캡
③ 티 ④ 체크 밸브

해설 체크 밸브는 유체를 한쪽 방향으로 흐르게 하는 밸브로 스윙식과 리프트식이 있다. 모양은 (기호)이나 밸브의 한쪽이 까맣게 칠해진 밸브(기호)로 표시하기도 한다. 밸브에서 까맣게 칠해지면 닫혀있다는 의미이다.

Q121

다음과 같은 배관의 등각 투상도(isometric drawing)를 평면도로 나타낸 것으로 맞는 것은?

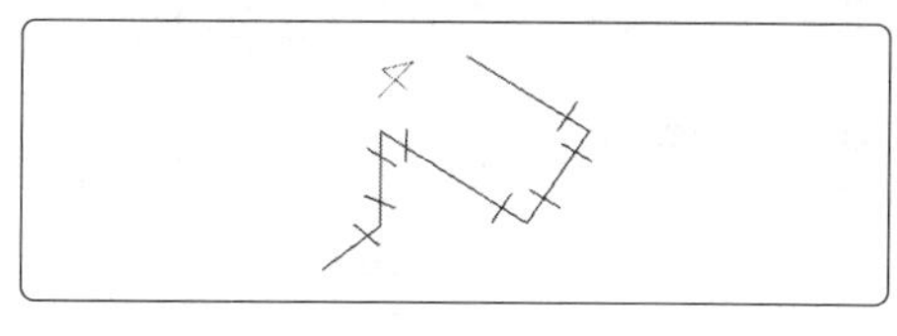

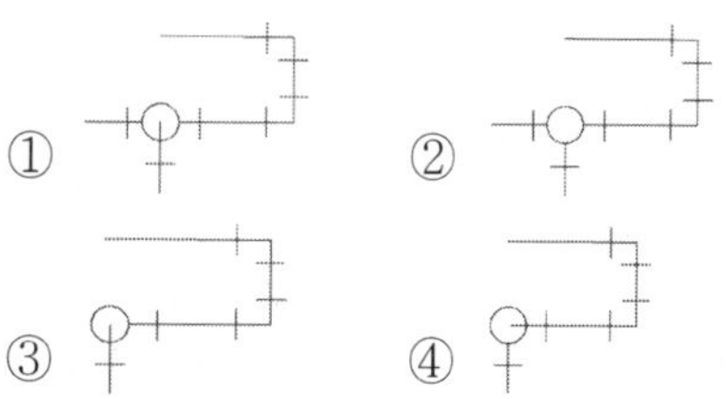

해설 그림의 등각 투상도를 보면 위쪽 엘보우를 기준으로 오는 엘보우를 생각하면 ④와 같다.

정답 117. ④ 118. ④ 119. ④ 120. ④ 121. ②

Q122

다음 냉동 장치의 배관 도면에서 팽창 밸브는?

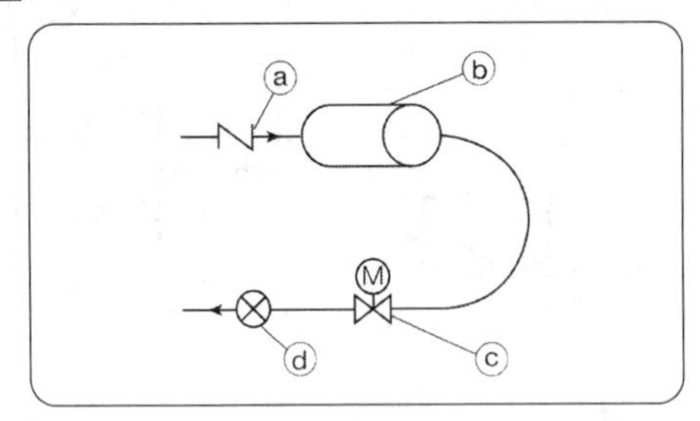

① ⓐ　　② ⓑ
③ ⓒ　　④ ⓓ

해설 냉동 장치에서 팽창 밸브는 응축기에 응축 액화된 고온 고압의 액체 냉매를 증발을 일으킬 수 있도록 감압하여 주는 역할을 하는 밸브로 그림에 ⓓ와 같이 표시한다.

Q123

관의 구배를 표시하는 방법 중 틀린 것은?

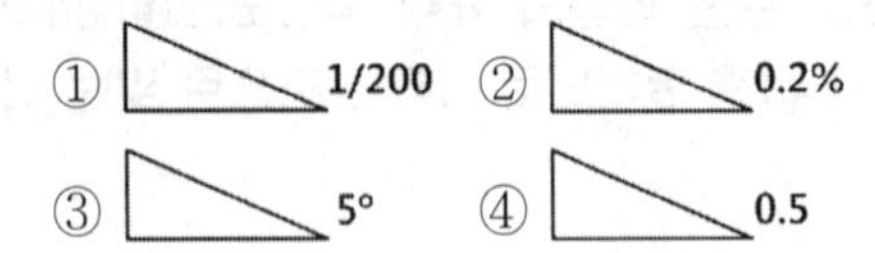

해설 관의 구배 표시 방법은 분수, %, 각도 표시로 한다.

정답 122. ④ 123. ④

09

CBT복원문제

용접기능사

특수용접기능사

CBT복원문제 Craftsman Welding

제1회 용접기능사

01 다음 중 용접 시 수소의 영향으로 발생하는 결함과 가장 거리가 먼 것은?

① 기공 ② 균열
③ 은점 ④ 설퍼

해설 설퍼 균열은 황으로 인한 영향이다.

02 가스 중에서 최소의 밀도로 가장 가볍고 확산 속도가 빠르며, 열전도가 가장 큰 가스는?

① 수소 ② 메탄
③ 프로판 ④ 부탄

해설 수소의 성질
① 수소(H_2)는 0℃ 1기압에서 1ℓ의 무게는 0.0899g 가장 가볍고, 확산 속도가 빠르다.
② 무색, 무미, 무취로 불꽃은 육안으로 확인이 곤란하다.
③ 납땜이나 수중 절단용으로 사용한다.
④ 아세틸렌 다음으로 폭발성이 강한 가연성 가스이다.
⑤ 고온, 고압에서는 취성이 생길 수 있다.
⑥ 제조법으로는 물의 전기 분해 및 코크스의 가스화법으로 제조한다.

03 용착금속의 인장강도가 55N/m³, 안전율이 6이라면 이음의 허용응력은 약 몇 N/m²인가?

① 0.92 ② 9.2
③ 92 ④ 920

해설

$$안전율(S)=\frac{허용응력}{사용응력}=\frac{인장강도(극한강도)}{허용응력}$$

에서 $\frac{55}{6}=9.166$

04 팁 끝이 모재에 닿는 순간 순간적으로 팁 끝이 막혀 팁 속에서 폭발음이 나면서 불꽃이 꺼졌다가 다시 나타나는 현상은?

① 인화 ② 역화 ③ 역류 ④ 선화

해설 역화(Back fire) : 팁 끝이 모재에 닿아 순간적으로 팁 끝이 막히거나 팁 끝의 가열 및 조임 불량 및 가스 압력의 부적당할 때 폭음이 나며서 불꽃이 꺼졌다가 다시 나타나는 현상을 말한다. 역화를 방지하려면 팁의 과열을 막고, 토치 기능을 점검한다. 역화가 발생하였을 경우는 우선 아세틸렌을 차단 후 산소를 차단하여야 한다.

05 다음 중 파괴 시험 검사법에 속하는 것은?

① 부식시험 ② 침투시험
③ 음향시험 ④ 와류시험

해설 부식 시험은 화학적 시험 방법으로 파괴 시험 방법이다.

06 TIG 용접 토치의 분류 중 형태에 따른 종류가 아닌 것은?

① T형 토치 ② Y형 토치
③ 직선형 토치 ④ 플랙시블형 토치

해설 티그 용접에 사용되는 토치는 T형, 직선형, 플렉시블형 토치가 있다.

정답 01. ④ 02. ① 03. ② 04. ② 05. ① 06. ②

07 용접에 의한 수축 변형에 영향을 미치는 인자로 가장 거리가 먼 것은?

① 가접
② 용접 입열
③ 판의 예열 온도
④ 판 두께에 따른 이음 형상

✔ 해설 가접도 수축 변형에 영향을 미치는 인자로 작용할 수 있으나 여기서는 열만을 고려할 때 가장 관계가 적다.

08 전자동 MIG 용접과 반자동 용접을 비교했을 때 전자동 MIG 용접의 장점으로 틀린 것은?

① 용접 속도가 빠르다.
② 생산 단가를 최소화 할 수 있다.
③ 우수한 품질의 용접이 얻어진다.
④ 용착 효율이 낮아 능률이 매우 좋다.

✔ 해설 전자동 미그 용접의 가장 큰 장점은 균일한 품질의 제품을 빠르게 용접할 수 있다로 설명할 수 있다. 전자동 용접을 한다고 하여 용착 효율이 낮아지는 것은 아니다.

09 다음 중 탄산가스 아크 용접의 자기쏠림 현상을 방지하는 대책으로 틀린 것은?

① 엔드 탭을 부착한다.
② 가스 유량을 조절한다.
③ 어스의 위치를 변경한다.
④ 용접부의 틈을 적게 한다.

✔ 해설 자기쏠림이란 아크 쏠림이라 할 수 있으며 가스 유량을 조절한다고 하여 자기 쏠림이 변화가 있다고 할 수 없다. 단지 가스 유량을 조절한다면 용접부 보호에 관계될 뿐이다.

10 다음 용접법 중 비소모식 아크 용접법은?

① 논 가스 아크 용접
② 피복 금속 아크 용접
③ 서브머지드 아크 용접
④ 불활성 가스 텅스텐 아크 용접

✔ 해설 비소모식 아크 용접법이라 전극봉이 녹지 않고 용접봉이 공급되는 것을 말하며 대표적인 것이 불활성가스 텅스텐 아크 용접 즉 티그 용접이라 할 수 있다.

11 용접부를 끝이 구면인 해머로 가볍게 때려 용착금속부의 표면에 소성변형을 주어 인장응력을 완화시키는 잔류 응력 제거법은?

① 피닝법
② 노내 풀림법
③ 저온 응력 완화법
④ 기계적 응력 완화법

✔ 해설 피닝법 : 끝이 둥근 특수 해머로 용접부를 연속적으로 타격하며 용접 표면에 소성 변형을 주어 인장 응력을 완화한다. 첫층 용접의 균열 방지 목적으로 700℃ 정도에서 열간 피닝을 한다.

12 용접 변형의 교정법에서 점 수축법의 가열 온도와 가열시간으로 가장 적당한 것은?

① 100~200℃, 20초
② 300~400℃, 20초
③ 500~600℃, 30초
④ 700~800℃, 30초

✔ 해설 **용접 후 변형 교정 방법**

① 박판에 대한 점 수축법 : 가열온도 500 ~ 600℃, 가열시간은 30초 정도, 가열부 지름 20 ~ 30mm, 가열 즉시 수냉
② 형재에 대한 직선 수축법
③ 가열 후 해머질 하는 방법
④ 후판에 대해 가열후 압력을 가하고 수냉하는 방법
⑤ 로울러에 거는 법
⑥ 절단하여 정형후 재 용접하는 방법
⑦ 피닝법

정답 07. ① 08. ④ 09. ② 10. ④ 11. ① 12. ③

13 **수직판 또는 수평면 내에서 선회하는 회전 영역이 넓고 팔이 기울어져 상하로 움직일 수 있어 주로 스폿 용접, 중량물 취급 등에 많이 이용되는 로봇은?**

① 다관절 로봇　② 극좌표 로봇
③ 원통 좌표 로봇　④ 직각 좌표계 로봇

해설 회전영역이 넓은 로봇은 극좌표 로봇이다.

14 **서브머지드 아크 용접 시 발생하는 기공의 원인이 아닌 것은?**

① 직류 역극성 사용
② 용제의 건조 불량
③ 용제의 살포량 부족
④ 와이어 녹, 기름, 페인트

해설 직류 역극성이나 직류 정극성을 사용한다고 하여 기공이 발생하는 것은 아니다.

15 **다음 중 전자 빔 용접에 관한 설명으로 틀린 것은?**

① 용입이 낮아 후판 용접에는 적용이 어렵다.
② 성분 변화에 의하여 용접부의 기계적 성질이나 내식성의 저하를 가져올 수 있다.
③ 가공재나 열처리에 대하여 소재의 성질을 저하시키지 않고 용접할 수 있다.
④ 10-4~10-6㎜Hg 정도의 높은 진공실 속에서 음극으로부터 방출된 전자를 고전압으로 가속시켜 용접을 한다.

해설 전자 빔 용접(electron beam welding)은 고 진공(10-4㎜Hg 이상) 중에서 전자를 전자 코일로서 적당한 크기로 만들어 양극 전압에 의해 가속시켜 접합부에 충돌시켜 그 열로 용접하는 방법이다.

전자빔 용접의 특징

① 용접부가 좁고 용입이 깊다.
② 얇은 판에서 두꺼운 판까지 광범위한 용접이 가능하다.(정밀제품에 자동화에 좋다.)
③ 고 용융점 재료 또는 열전도율이 다른 이종 금속과의 용접이 용이하다.
④ 용접부가 대기의 유해한 원소와 차단되어 양호한 용접부를 얻을 수 있다.
⑤ 고속 용접이 가능하므로 열 영향부가 적고, 완성 치수에 정밀도가 높다.
⑥ 고 진공형, 저 진공형, 대기압형이 있다.
⑦ 저전압 대 전류형, 고 전압 소 전류형이 있다.
⑧ 피 용접물의 크기에 제한을 받으며 장치가 고가이다.
⑨ 용접부의 경화 현상이 일어나기 쉽다.
⑩ 배기 장치 및 X선 방호가 필요하다.

16 **안전 보건표지의 색채, 색도기준 및 용도에서 지시의 용도 색채는?**

① 검은 색　② 노란색
③ 빨간 색　④ 파란 색

해설

색채	용도	사용례
빨간색	금지	정지신호, 소화설비 및 그 장소, 유해행위의 금지
	경고	화학물질 취급장소에서의 유해·위험 경고
노란색	경고	화학물질 취급장소에서의 유해·위험경고 이외의 위험경고, 주의표지 또는 기계방호물
파란색	지시	특정 행위의 지시 및 사실의 고지
녹색	안내	비상구 및 피난소, 사람 또는 차량의 통행표지
흰색		파란색 또는 녹색에 대한 보조색
검은색		문자 및 빨간색 또는 노란색에 대한 보조색

17 **X선이나 γ선을 재료에 투과시켜 투과된 빛의 강도에 따라 사진 필름에 감광시켜 결함을 검사하는 비파괴 시험법은?**

① 자분 탐상 검사　② 침투 탐상 검사

정답 13. ② 14. ① 15. ① 16. ④ 17. ④

③ 초음파 탐상 검사 ④ 방사선 투과 검사

해설 방사선 투과 검사(RT) : 가장 확실하고 널리 사용됨

① X선 투과 검사 : 균열, 융합불량, 기공, 슬랙 섞임 등의 내부 결함 검출에 사용된다. X선 발생장치로는 관구식과 베타트론 식이 있다. 단점으로는 미소 균열이나 모재면에 평행한 라미네이션 등의 검출은 곤란하다.

② γ선 투과 검사 : X선으로 투과하기 힘든 후판에 사용한다. γ선원으로는 라듐, 코발트60, 세슘134가 있다.

18 다음 중 용접봉의 용융속도를 나타낸 것은?

① 단위 시간 당 용접 입열의 양
② 단위 시간 당 소모되는 용접 전류
③ 단위 시간 당 형성되는 비드의 길이
④ 단위 시간 당 소비되는 용접봉의 길이

해설 용접봉의 용융 속도는 단위 시간당 소비되는 용접봉의 길이 또는 무게로 나타낸다. 용융 속도 = 아크 전류 × 용접봉 쪽 전압강하로 표현되며, 용접봉 재질이 일정하다면 용융 속도는 아크 전압 및 심선의 지름과 관계없이 용접 전류에만 비례한다.

19 물체와의 가벼운 충돌 또는 부딪침으로 인하여 생기는 손상으로 충격 부위가 부어오르고 통증이 발생되며 일반적으로 피부 표면에 창상이 없는 상처를 뜻하는 것은?

① 출혈 ② 화상
③ 찰과상 ④ 타박상

해설 일반적으로 피부 표면에 창상이 없는 상처를 타박상이라고 한다.

20 일명 비석법이라고도 하며, 용접 길이를 짧게 나누어 간격을 두면서 용접하는 용착법은?

① 전진법 ② 후진법
③ 대칭법 ④ 스킵법

해설 비석법 : 스킵법이라고도 하며 짧은 용접 길이로 나누어 놓고 간격을 두면서 용접하는 방법으로 특히 잔류 응력을 적게 할 경우 사용한다.

21 금속 산화물이 알루미늄에 의하여 산소를 빼앗기는 반응에 의해 생성되는 열을 이용한 용접법은?

① 마찰 용접
② 테르밋 용접
③ 일렉트로 슬래그 용접
④ 서브머지드 아크 용접

해설 테르밋 용접

① 원리 : 테르밋 반응에 의한 화학 반응열을 이용하여 용접한다.

② 특징
- 테르밋제는 산화철 분말(FeO, Fe_2O_3, Fe_3O_4)약 3~4, 알루미늄 분말을 1로 혼합한다.(2,800℃의 열이 발생)
- 점화제로는 과산화 바륨, 마그네슘이 있다.
- 용융 테르밋 용접과 가압 테르밋 용접이 있다.
- 작업이 간단하고 기술습득이 용이하다.
- 전력이 불필요하다.
- 용접 시간이 짧고 용접후의 변형도 적다.
- 용도로는 철도레일, 덧붙이 용접, 큰 단면의 주조, 단조품의 용접

22 저항 용접의 장점이 아닌 것은?

① 대량 생산에 적합하다.
② 후열 처리가 필요하다.
③ 산화 및 변질 부분이 적다.
④ 용접봉, 용제가 불필요하다.

해설 전기 저항 용접

장점
① 용접사의 기능에 무관하다.
② 용접 시간이 짧고 대량 생산에 적합하다.
③ 용접부가 깨끗하다.
④ 산화 작용 및 용접 변형이 적다.
⑤ 가압 효과로 조직이 치밀하다.

단점
① 설비가 복잡하고 가격이 비싸다.
② 후열 처리가 필요하다.

정답 18. ④ 19. ④ 20. ④ 21. ② 22. ②

23 정격 2차 전류 200A, 정격 사용률 40%인 아크용접기로 실제 아크 전압 30V, 아크 전류 130A로 용접을 수행한다고 가정할 때 허용 사용률은 약 얼마인가?

① 70% ② 75%
③ 80% ④ 95%

해설 허용 사용율(%) × (실제 용접 전류)^2 = 정격 사용율(%) × (정격 2차 전류)^2 따라서 허용 사용율(%) × (130)^2 = 정격 사용율(40) × (200)^2 =94.67

24 아크 전류가 일정할 때 아크 전압이 높아지면 용접봉의 용융속도가 늦어지고 아크 전압이 낮아지면 용융속도가 빨라지는 특성을 무엇이라 하는가?

① 부저항 특성
② 절연회복 특성
③ 전압회복 특성
④ 아크 길이 자기 제어 특성

해설 정전압 특성(자기 제어 특성) : 수하 특성과는 반대의 성질을 갖는 것으로 부하 전류가 변해도 단자 전압이 거의 변하지 않는 것으로 CP(Constant Potential)특성이라고도 한다. 주로 반자동 및 자동 용접에 필요한 특성이다. 또한 아크 길이가 길어지면 부하 전압은 일정하지만 전류가 낮아져 정상보다 늦게 녹아 정상적인 아크 길이를 맞추고 반대로 아크 길이가 짧아지면 부하 전압은 일정하지만 전류가 높아져 와이어의 녹는 속도를 빨리하여 스스로 아크 길이를 맞추는 것을 자기 제어 특성이라 한다.

25 강재 표면의 홈이나 개재물, 탈탄층 등을 제거하기 위하여 될 수 있는 대로 얇게 그리고 타원형 모양으로 표면을 깎아내는 가공법은?

① 분말 절단 ② 가스 가우징
③ 스카핑 ④ 플라즈마 절단

해설 스카핑은 강재 표면의 탈탄 층 또는 홈을 제거하기 위해 사용하는 것으로 용접 홈을 파는 가우징과 달리 표면을 얕고 넓게 깎는 것이다.

26 다음 중 야금적 접합법에 해당되지 않는 것은?

① 융접(fusion welding)
② 접어 잇기(seam)
③ 압접(pressure welding)
④ 납땜(brazing and soldering)

해설 접어잇기 방법은 판금 가공에서 사용하는 방법으로 기계적 접합법에 해당한다고 할 수 있다.

27 다음 중 불꽃의 구성 요소가 아닌 것은?

① 불꽃심 ② 속불꽃
③ 겉불꽃 ④ 환원불꽃

해설 불꽃의 구성
① 백심(불꽃심), 속불꽃, 겉불꽃으로 구성되어 있다.
② 백심(Flame core) : 환원성 백색 불꽃이다.
③ 속불꽃(Inner flame) : 백심부에서 생성된 일산화탄소와 수소가 공기 중의 산소와 결합 연소되어 고열을 발생하는 부분이다. 온도가 가장 강한 부분으로 3200 ~ 3450℃이다.
④ 겉불꽃(Outer flame) : 연소가스가 다시 주위 공기의 산소와 결합하여 완전연소 되는 부분이다.

28 피복 아크 용접봉에서 피복제의 주된 역할이 아닌 것은?

① 용융금속의 용적을 미세화하여 용착효율을 높인다.
② 용착금속의 응고와 냉각속도를 빠르게 한다.
③ 스패터의 발생을 적게 하고 전기 절연작용을 한다.

정답 23. ④ 24. ④ 25. ③ 26. ② 27. ④ 28. ②

④ 용착금속에 적당한 합금원소를 첨가한다.

해설 피복제의 역할
① 아크 안정
② 산·질화 방지
③ 용적을 미세화 하여 용착 효율 향상
④ 서냉으로 취성 방지
⑤ 용착 금속의 탈산 정련 작용
⑥ 합금 원소 첨가
⑦ 슬랙의 박리성 증대
⑧ 유동성 증가
⑨ 전기 절연 작용 등이 있다.

29 교류 아크 용접기에서 안정한 아크를 얻기 위하여 상용주파의 아크 전류에 고전압의 고주파를 중첩시키는 방법으로 아크 발생과 용접작업을 쉽게 할 수 있도록 하는 부속장치는?

① 전격방지장치 ② 고주파 발생장치
③ 원격 제어장치 ④ 핫 스타트장치

해설 고주파 발생 장치 : 아크의 안정을 확보하기 위하여 상용 주파수의 아크 전류 외에, 고전압 3,000 ~ 4,000[V]를 발생하여, 용접 전류를 중첩시키는 방식

30 피복 아크 용접봉의 피복제 중에서 아크를 안정시켜 주는 성분은?

① 붕사 ② 페로망간
③ 니켈 ④ 산화티탄

해설 아크 안정제 : 이온화하기 쉬운 물질을 만들어 재점호 전압을 낮추어 아크를 안정시킨다. 아크 안정제로는 규산나트륨, 규산칼륨, 산화티탄, 석회석 등이 있다.

31 산소 용기의 취급 시 주의사항으로 틀린 것은?

① 기름이 묻은 손이나 장갑을 착용하고는 취급하지 않아야 한다.
② 통풍이 잘되는 야외에서 직사광선에 노출시켜야 한다.
③ 용기의 밸브가 얼었을 경우에는 따뜻한 물로 녹여야 한다.
④ 사용 전에는 비눗물 등을 이용하여 누설 여부를 확인한다.

해설 산소 용기를 취급할 때 주의 점
① 타격, 충격을 주지 않는다.
② 직사광선, 화기가 있는 고온의 장소를 피한다.
③ 용기 내의 압력이 너무 상승(170kgf/cm²)되지 않도록 한다.
④ 밸브가 동결되었을 때 더운물, 또는 증기를 사용하여 녹여야 한다.
⑤ 누설 검사는 비눗물을 사용한다.
⑥ 용기 내의 온도는 항상 40℃이하로 유지하여야 한다.
⑦ 용기 및 밸브 조정기 등에 기름이 부착되지 않도록 한다.
⑧ 저장실에 가스를 보관시 다른 가연성 가스와 함께 보관하지 않는다.

32 피복 아크 용접봉의 기호 중 고산화티탄계를 표시한 것은?

① E 4301 ② E 4303
③ E 4311 ④ E 4313

해설 E4301(일미나이트계), E4303(라임 티탄계), E4311(고 셀룰로오스계), E4313(고산화티탄계), E4316(저수소계), E4324(철분 산화 티탄계), E4326(철분저수소계), E4327(철분산화철계)

33 가스 절단에서 프로판 가스와 비교한 아세틸렌가스의 장점에 해당되는 것은?

① 후판 절단의 경우 절단속도가 빠르다.
② 박판 절단의 경우 절단속도가 빠르다.
③ 중첩 절단을 할 때에는 절단속도가 빠르다.
④ 절단면이 거칠지 않다.

정답 29. ② 30. ④ 31. ② 32. ④ 33. ②

해설

아세틸렌	프로판
• 혼합비 1 : 1 • 점화 및 불꽃 조절이 쉽다. • 예열 시간이 짧다. • 표면의 녹 및 이물질 등에 영향을 덜 받는다. • 박판의 경우 절단 속도가 빠르다.	• 혼합비 1 : 4.5 • 절단면이 곱고 슬랙이 잘 떨어진다. • 중첩 절단 및 후판에서 속도가 빠르다. • 분출 공이 크고 많다. • 산소 소비량이 많아 전체적인 경비는 비슷하다.

34 용접기의 구비조건이 아닌 것은?

① 구조 및 취급이 간단해야 한다.
② 사용 중에 온도 상승이 적어야 한다.
③ 전류 조정이 용이하고 일정한 전류가 흘러야 한다.
④ 용접 효율과 상관없이 사용 유지비가 적게 들어야 한다.

해설 용접기는 효율이 높아야 하며 효율이 높아야 사용 유지비가 적게 든다.

35 다음 중 연강을 가스 용접할 때 사용하는 용제는?

① 붕사
② 염화나트륨
③ 사용하지 않는다.
④ 중탄산소다+탄산소다

해설 연강을 가스용접 할 경우에는 용제를 사용하지 않는다.

36 프로판 가스의 특징으로 틀린 것은?

① 안전도가 높고 관리가 쉽다.
② 온도 변화에 따른 팽창률이 크다.
③ 액화하기 어렵고 폭발 한계가 넓다.
④ 상온에서는 기체 상태이고 무색, 투명하다.

해설 프로판 가스는 C3H8의 가스로 기화 및 액화가 용이하다.

37 피복 아크 용접봉에서 아크 길이와 아크 전압의 설명으로 틀린 것은?

① 아크 길이가 너무 길면 불안정하다.
② 양호한 용접을 하려면 짧은 아크를 사용한다.
③ 아크 전압은 아크 길이에 반비례한다.
④ 아크 길이가 적당할 때 정상적인 작은 입자의 스패터가 생긴다.

해설 아크 전압은 아크 길이에 비례한다. 즉 아크 전압 (Va) = 음극 전압 강하(Vn) + 양극 전압 강하(Vp) + 아크 기둥 전압 강하)(Vc)으로 여기서 아크 기둥 전압 강하가 아크 길이에 해당된다.

38 다음 중 용융금속의 이행 형태가 아닌 것은?

① 단락형　② 스프레이형
③ 연속형　④ 글로블러형

해설 용융 금속의 이행 형태
① 단락형 : 큰 용적이 용융지에 단락 되어 표면 장력의 작용으로 이행되는 형식으로 맨 용접봉, 박피복 용접봉에서 발생한다.
② 글로 뷸러형 : 비교적 큰 용적이 단락 되지 않고 옮겨가는 형식으로 피복제가 두꺼운 저수소계 용접봉 등에서 발생한다. 핀치 효과형이라고도 한다.
③ 스프레이형 : 미세한 용적이 스프레이와 같이 날려 이행되는 형식으로 고산화티탄계, 일미나이트계 등에서 발생한다. 분무상 이행형이라고도 한다.

39 강자성을 가지는 은백색의 금속으로 화학반응용 촉매, 공구 소결재로 널리 사용되고 바이탈륨의 주성분 금속은?

① Ti　② Co　③ Al　④ Pt

해설 소결제로 사용되는 것은 코발트이다.

정답 34. ④ 35. ③ 36. ③ 37. ③ 38. ③ 39. ②

40 **재료에 어떤 일정한 하중을 가하고 어떤 온도에서 긴 시간 동안 유지하면 시간이 경과함에 따라 스트레인이 증가하는 것을 측정하는 시험 방법은?**

① 피로 시험　② 충격 시험
③ 비틀림 시험　④ 크리프 시험

해설 크리프 시험은 재료의 인장강도보다 적은 일정한 하중을 가했을 때 시간의 경과와 더불어 변화하는 현상인 크리프 현상을 이용하여 변형을 검사하는 방법이다.

41 **금속의 결정구조에서 조밀육방격자(HCP)의 배위수는?**

① 6　② 8
③ 10　④ 12

해설

종 류	특 징	금 속
체심입방격자 (B·C·C)	• 강도가 크고 전·연성은 떨어진다. • 단위격자 속 원자수 2, 배위수는 8	Cr, Mo, W, V, Ta, K, Ba, Na, Nb, Rb, α−Fe, δ−Fe
면심입방격자 (F·C·C)	• 전·연성이 풍부하여 가공성이 우수하다. • 배위수는 12, 단위격자속 원자수 4	Ag, Al, Au, Cu, Ni, Pb, Ce, Pd, Pt, Rh, Th, Ca, γ−Fe
조밀육방격자 (H·C·P)	• 전·연성 및 가공성 불량하다. • 배위수는 12, 단위격자속 원자수 4	Ti, Be, Mg, Zn, Zr, Co, La

42 **주석청동의 용해 및 주조에서 1.5~1.7%의 아연을 첨가할 때의 효과로 옳은 것은?**

① 수축률이 감소된다.
② 침탄이 촉진된다.
③ 취성이 향상된다.
④ 가스가 흡입된다.

해설 주석청동의 용해 및 주조할 때 수축을 줄이기 위해 아연을 첨가한다.

43 **금속의 결정구조에 대한 설명으로 틀린 것은?**

① 결정입자의 경계를 결정입계라 한다.
② 결정체를 이루고 있는 각 결정을 결정입자라 한다.
③ 체심입방격자는 단위격자 속에 있는 원자수가 3개이다.
④ 물질을 구성하고 있는 원자가 입체적으로 규칙적인 배열을 이루고 있는 것을 결정이라 한다.

해설 해설 41참고 즉 체심입방격자의 단위 격자 속 원자수는 2개이다.

44 **Al의 표면을 적당한 전해액 중에서 양극 산화처리하면 표면에 방식성이 우수한 산화피막층이 만들어진다. 알루미늄의 방식 방법에 많이 이용되는 것은?**

① 규산법　② 수산법
③ 탄화법　④ 질화법

해설 알루마이트법(수산법) : 수산 용액에 넣고 전류를 통과시켜 알루미늄 표면에 황금색 경질 피막을 형성하는 방법

45 **강의 표면 경화법이 아닌 것은?**

① 풀림　② 금속 용사법
③ 금속 침투법　④ 하드 페이싱

해설 **강의 일반 열처리 방법**

① 담금질 : 강을 A_3 변태 및 A_1 선 이상 30~50℃로 가열한 후 수냉 또는 유냉으로 급랭시키는 방법으로 강을 강하게 만드는 열처리이다.

정답 40. ④ 41. ④ 42. ① 43. ③ 44. ② 45. ①

② 뜨임 : 담금질된 강을 A_1 변태점 이하로 가열 후 냉각시켜 담금질로 인한 취성을 제거하고 경도를 떨어뜨려 강인성을 증가시키기 위한 열처리이다.
③ 풀림 : 재질의 연화 및 내부 응력 제거를 목적으로 노내에서 서냉한다
④ 불림 : A_3 또는 Acm선 이상 30 ~ 50℃정도로 가열, 가공 재료의 결정 조직을 균일화한다. 공기 중 공랭하여 미세한 Sorbite 조직을 얻는다.

46 비금속 개재물이 강에 미치는 영향이 아닌 것은?

① 고온 메짐의 원인이 된다.
② 인성은 향상시키나 경도를 떨어뜨린다.
③ 열처리 시 개재물로 인한 균열을 발생시킨다.
④ 단조나 압연 작업 중에 균열의 원인이 된다.

해설 비금속 개재물은 불순물로 내부에 존재할 때 오히려 결함이 되어 기계적성질을 떨어트린다.

47 해드 필드강(hadfield steel)에 대한 설명으로 옳은 것은?

① Ferrite계 고 Ni강이다.
② Pearlite계 고 Co강이다.
③ Cementite계 고 Cr강이다.
④ Austenite계 Mn강이다.

해설

Mn강	저Mn강 (1 ~ 2%)	• 일명 듀콜강, 조직은 펄라이트 • 용접성 우수, 내식성 개선 위해 Cu 첨가
	고Mn강 (10 ~ 14%)	• 하드 필드강(수인강), 조직은 오스테나이트 • 경도가 커서 내마모재, 광산 기계, 칠드 롤러

48 잠수함, 우주선 등 극한 상태에서 파이프의 이음쇠에 사용되는 기능성 합금은?

① 초전도 합금 ② 수소 저장 합금
③ 아모퍼스 합금 ④ 형상 기억 합금

해설 형상기억합금은 니켈-티탄합금 등으로 고온에서 기억시킨 형상을 기억하고 다른 상황이 발생하더라도 열을 가열하면 즉시 원래대로 돌아오는 성질의 합금을 말한다.

49 탄소강에서 탄소의 함량이 높아지면 낮아지는 것은?

① 경도 ② 항복강도
③ 인장강도 ④ 단면 수축률

해설 인장강도, 경도 등에 값이 커지면 연신율 및 수축률은 줄어든다.

50 3~5%Ni, 1%Si을 첨가한 Cu 합금으로 C 합금이라고도 하며, 강력하고 전도율이 좋아 용접봉이나 전극재료로 사용되는 것은?

① 톰백 ② 문쯔메탈
③ 길딩메탈 ④ 코슨합금

해설 코슨(Cu – Ni – Si)의 합금이다.

51 치수 기입법에서 지름, 반지름, 구의 지름 및 반지름, 모떼기, 두께 등을 표시할 때 사용하는 보조기호 표시가 잘못된 것은?

① 두께 : D6
② 반지름 : R3
③ 모떼기 : C3
④ 구의 반지름 : SΦ6

해설 ① ∅ : 원의 지름 기호를 나타내며 명확히 구분 될 경우는 생략할 수 있다.
② □ : 정사각형 기호로 생략 할 수 있다.
③ R : 반지름 기호

정답 46. ② 47. ④ 48. ④ 49. ④ 50. ④ 51. ①

④ 구(S) : 구면 기호로 ∅,R의 기호 앞에 기입한다.
⑤ C : 모따기 기호
⑥ P : 피치 기호
⑦ t : 판의 두께 기호로 치수 숫자 앞에 표시한다.
⑧ ⊠ : 평면기호
⑨ ( ) : 참고 치수 기호

52 **인접부분을 참고로 표시하는데 사용하는 것은?**

① 숨은 선 ② 가상선
③ 외형선 ④ 피치선

해설 가상선은 가는 이점 쇄선을 사용
① 도시된 물체의 앞면을 표시하는 선
② 인접 부분을 참고로 표시하는 선
③ 가공 전 또는 가공 후의 모양을 표시하는 선
④ 이동하는 부분의 이동 위치를 표시하는 선
⑤ 공구, 지그 등의 위치를 참고로 표시하는 선
⑥ 반복을 표시하는 선 등으로 사용된다.

53 **보기와 같은 KS 용접 기호의 해독으로 틀린 것은?**

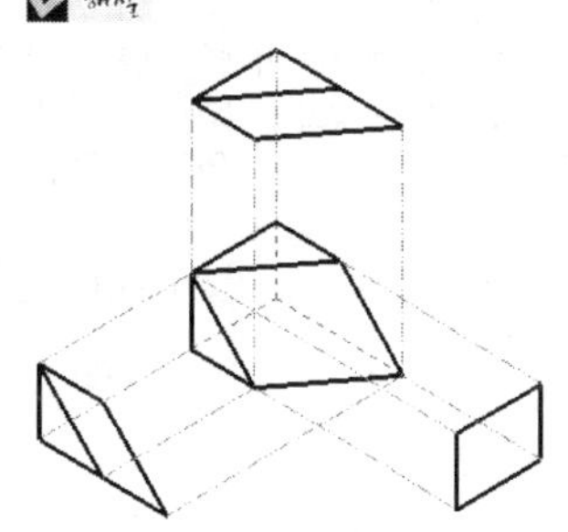

① 화살표 반대쪽 점용접
② 점 용접부의 지름 6㎜
③ 용접부의 개수(용접 수) 5개
④ 점 용접한 간격은 100㎜

해설 실선에 용접기호가 있으므로 화살표쪽 용접으로 점용접이며 용접부의 지름은 6㎜, 용접수는 5개 간격은 100㎜이다.

54 **좌우, 상하 대칭인 그림과 같은 형상을 도면화하려고 할 때 이에 관한 설명으로 틀린 것은? (단, 물체에 뚫린 구멍의 크기는 같고 간격은 6㎜로 일정하다.)**

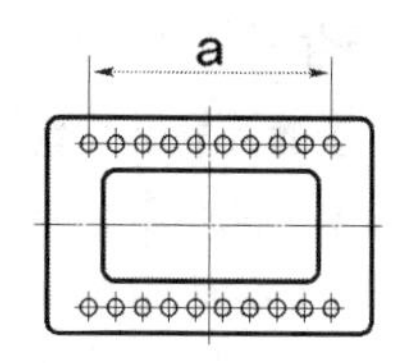

① 치수 a는 9×6(=54)으로 기입할 수 있다.
② 대칭기호를 사용하여 도형을 1/2로 나타낼 수 있다.
③ 구멍은 동일 형상일 경우 대표 형상을 제외한 나머지 구멍은 생략할 수 있다.
④ 구멍은 크기가 동일하더라도 각각의 치수를 모두 나타내야 한다.

해설 구멍의 크기가 동일하면 대표 형상을 제외한 나머지 구멍은 표지하지 않고, 치수 또한 개수와 지름으로 표시하면 된다.

55 **그림과 같은 제3각법 정투상도에 가장 적합한 입체도는?**

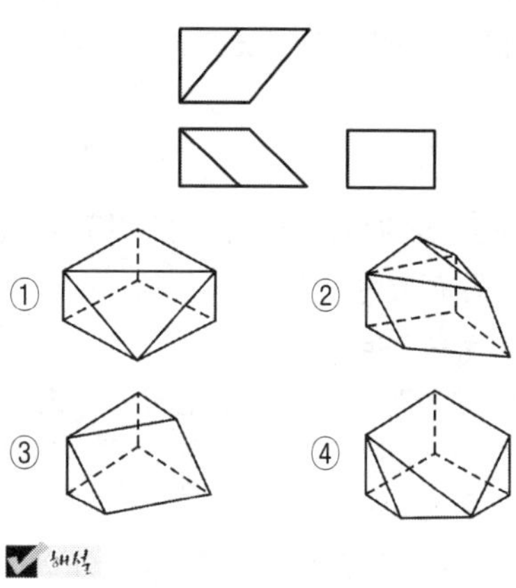

해설

정답 52. ② 53. ① 54. ④ 55. ③

56 3각 기둥, 4각 기둥 등과 같은 각 기둥 및 원기둥을 평행하게 펼치는 전개 방법의 종류는?

① 삼각형을 이용한 전개도법
② 평행선을 이용한 전개도법
③ 방사선을 이용한 전개도법
④ 사다리꼴을 이용한 전개도법

해설 **전개도의 종류**
① 평행선 전개법 특징 : 물체의 모서리가 직각으로 만나는 물체나 원통형 물체를 전개할 때 사용
② 방사선 전개법 특징 : 각뿔이나 원뿔처럼 꼭짓점을 중심으로 부채꼴 모양으로 전개하는 방법
③ 삼각형 전개법 특징 : 꼭지점이 먼 각뿔이나 원뿔을 전개할 때 입체의 표면을 여러 개의 삼각형으로 나누어 전개하는 방법

57 SF-340A는 탄소강 단강품이며, 340은 최저인장강도를 나타낸다. 이 때 최저 인장강도의 단위로 가장 옳은 것은?

① N/㎡ ② kgf/㎡
③ N/㎟ ④ kgf/㎟

해설 인장강도의 SI단위는 N/㎟이다.

58 배관 도면에서 그림과 같은 기호의 의미로 가장 적합한 것은?

① 체크 밸브
② 볼 밸브
③ 콕 일반
④ 안전 밸브

해설 체크 밸브는 유체를 한쪽 방향으로 흐르게 하는 밸브로 체크 밸브는 유체의 흐름을 한 쪽 방향으로 흐르게 하는 것으로 스윙식과 리프트식이 있다. 제시된 모양과 같은 모양과 더불어 밸브의 한쪽이 까맣게 칠해진 밸브(—▶◁— —▷◀—)로도 표시한다. 밸브에서 까맣게 칠해지면 닫혀 있다는 의미이다.

59 한쪽 단면도에 대한 설명으로 올바른 것은?

① 대칭형의 물체를 중심선을 경계로 하여 외형도의 절반과 단면도의 절반을 조합하여 표시한 것이다.
② 부품도의 중앙 부위의 전후를 절단하여 단면을 90° 회전시켜 표시한 것이다.
③ 도형 전체가 단면으로 표시된 것이다.
④ 물체의 필요한 부분만 단면으로 표시한 것이다

해설 **단면도의 종류**
① 전단면도(온단면도)
㉠ 물체의 중심에서 ½로 절단하여 단면 도시
㉡ 물체 전체를 직선으로 절단하여 앞부분을 잘라내고, 남은 뒷부분을 단면으로 그린 것
② 반단면도(한쪽단면도)
㉠ 물체의 상하 좌우가 대칭인 물체의 ¼을 절단하여 내부와 외형을 동시에 도시
㉡ 단면을 표시하는 해칭은 물체의 왼쪽과 위쪽에 한다.
③ 부분 단면도
㉠ 일부분을 잘라내고 필요한 내부 모양을 그리기 위한 방법으로 파단선을 그어서 단면 부분의 경계를 표시한다.
④ 회전 단면도
㉠ 핸들, 축, 형강 등과 같은 물체의 절단한 단면의 모양을 90°회전하여 내부 또는 외부에 그리는 것
㉡ 내부에 표시할 때는 가는 실선을 사용한다.
㉢ 외부에 표시할 때는 굵은 실선을 사용한다.
⑤ 계단 단면도 그리기
㉠ 복잡한 물체의 투상도 수를 줄일 목적으로 절단면을 여러 개 설치하여 1개의 단면도로 조합하여 그린 것으로 화살표와 문자 기호를 반드시 표시한다.

60 판금 작업 시 강판재료를 절단하기 위하여 가장 필요한 도면은?

① 조립도 ② 전개도
③ 배관도 ④ 공정도

해설 **전개도**
① 입체의 표면을 평면 위에 펼쳐 그린 그림
② 전개도를 다시 접거나 감으면 그 물체의 모양이 됨
③ 용도 : 철판을 굽히거나 접어서 만드는 상자, 철제 책꽂이, 캐비닛, 물통, 쓰레받기, 자동차 부품, 항공기 부품, 덕트 등

정답 56. ② 57. ③ 58. ① 59. ① 60. ②

CBT복원문제 Craftsman Welding

제2회 용접기능사

01 초음파 탐상법의 종류에 속하지 않는 것은?

① 투과법 ② 펄스반사법
③ 공진법 ④ 극간법

해설 **초음파 검사(UT)** : 0.5～15MHz의 초음파를 내부에 침투시켜 내부의 결함, 불균일 층의 유무를 알아냄. 종류로는 투과법, 공진법, 펄스반사법(가장 일반적)이 있다. 장점으로는 위험하지 않으며 두께 및 길이가 큰 물체에도 사용 가능하나 결함위치의 길이는 알 수 없으며 표면의 요철이 심한 것 얇은 것은 검출이 곤란하다. 발진 탐촉자와 수파 탐촉자를 각각 다른 탐촉자로 시행하는 2탐촉자법과 1개로 양자를 겸용하는 1탐촉자법이 있다.

02 서브머지드 아크 용접의 특징으로 틀린 것은?

① 콘택트 팁에서 통전되므로 와이어 중에 저항열이 적게 발생되어 고전류 사용이 가능하다.
② 아크가 보이지 않으므로 용접부의 적부를 확인하기가 곤란하다.
③ 용접 길이가 짧을 때 능률적이며 수평 및 위보기 자세 용접에 주로 이용된다.
④ 일반적으로 비드 외관이 아름답다.

해설 ① **서브머지드 아크 용접의 장점**
㉠ 용접속도가 수동 용접에 비해 10～20배, 용입은 2～3배 정도가 커서 능률적이다.
㉡ 용접 홈의 크기가 작아도 되며 용접 재료의 소비 및 용접 변형이 적다.
㉢ 용접 조건만 일정하다면 용접공의 기술 차이에 의한 품질의 격차가 거의 없어 이음의 신뢰도를 높일 수 있다.
㉣ 한 번 용접으로 75mm까지 가능하다.

② **서브머지드 아크 용접의 단점**
㉠ 설비비가 고가이며 와이어 용제의 선정이 어렵다.
㉡ 아래보기 수평 필릿 자세에 한정한다.
㉢ 홈의 정밀도가 높아야 한다.(루트 간격 0.8mm이하, 홈 각도 오차 ±5도, 루트 오차 ±1mm)
㉣ 용접부가 보이지 않아 용접부를 확인 할 수 없다.
㉤ 시공 조건을 잘못 잡으면 제품의 불량률이 커진다.
㉥ 입열량이 커서 용접 금속의 결정립의 조대화로 충격값이 커진다.

03 비용극식, 비소모식 아크 용접에 속하는 것은?

① 피복아크 용접
② TIG용접
③ 서브머지드 아크 용접
④ CO_2 용접

해설 비소모식이란 전극봉은 녹지 않고 용접봉이 공급되어 용접되는 불활성가스텅스텐 아크 용접(TIG)을 말한다.

04 다음 중 귀마개를 착용하고 작업하면 안 되는 작업자는?

① 조선소의 용접 및 취부 작업자
② 자동차 조립 공장의 조립 작업자
③ 강재 하역장의 크레인 신호자
④ 판금 작업장의 타출 판금 작업자

해설 크레인 신호자는 귀마개를 착용해서는 안 된다.

정답 01. ④ 02. ③ 03. ② 04. ③

05 기계적 결함으로 볼 수 없는 것은?

① 볼트 이음 ② 리벳 이음
③ 접어 잇기 ④ 압접

해설 용접은 융접, 압접, 납땜으로 분류할 수 있다.

06 플라즈마 아크 용접장치에서 아크 플라스마의 냉각가스로 쓰이는 것은?

① 아르곤과 수소의 혼합가스
② 아르곤과 산소의 혼합가스
③ 아르곤과 메탄의 혼합가스
④ 아르곤과 프로판의 혼합가스

해설 아크 플라즈마 냉각 가스로는 아르곤과 수소의 혼합가스가 사용된다.

07 용제 제품을 조립하다가 V홈 맞대기 이음 홈의 간격이 5mm 정도 벌어졌을 때 홈의 보수 및 용접방법으로 가장 적합한 것은?

① 그대로 용접한다.
② 뒷댐판을 대고 용접한다.
③ 덧살올림 용접 후 가공하여 규정 간격을 맞춘다.
④ 치수에 맞는 재료로 교환하여 루트 간격을 맞춘다.

해설 **맞대기 용접** : 판 두께 6mm 이하 한쪽 또는 양쪽에 덧살 올림 용접을 하여 깎아 내고 규정 간격으로 홈을 만들어 용접하며, 6~16mm인 경우는 두께 6mm 정도의 뒤판을 대서 용접하여 용락을 방지한다. 또한 16mm 이상에서는 판의 전부 혹은 일부(약 300mm)를 대체한다.

08 샤르피식의 시험기를 사용하는 시험방법은?

① 경도시험 ② 인장시험
③ 피로시험 ④ 충격시험

해설 기계적 시험(동적 시험)
① **충격 시험** : (샤르피식, 아이조드식) 재료의 인성과 취성을 알아봄
② **피로 시험** : 반복되어 작용하는 하중(안전하중) 상태에서의 성질(피로 한도, S-N 곡선)을 알아낸다.

09 용착금속의 인장강도가 55N/㎥, 안전율이 6이라면 이음의 허용응력은 약 몇 N/㎡인가?

① 0.92 ② 9.2
③ 92 ④ 920

해설

$$안전율(S) = \frac{허용응력}{사용응력} = \frac{인장강도(극한강도)}{허용응력}$$

에서 $\frac{55}{6} = 9.166$

10 용접에 의한 수축 변형에 영향을 미치는 인자로 가장 거리가 먼 것은?

① 가접
② 용접 입열
③ 판의 예열 온도
④ 판 두께에 따른 이음 형상

해설 가접도 수축 변형에 영향을 미치는 인자로 작용할 수 있으나 여기서는 열만을 고려할 때 가장 관계가 적다.

11 다음 중 용접 작업전 예열을 하는 목적으로 틀린 것은?

① 용접 작업성의 향상을 위하여
② 용접부의 수축 변형 및 잔류 응력을 경감시키기 위하여
③ 용접금속 및 열 영향부의 연성 또는 인성을 향상시키기 위하여
④ 고탄소강이나 합금강의 열 영향부 경도를 높게 하기 위하여

해설 예열의 목적
① 용접부와 인접된 모재의 수축응력을 감소하여 균열 발생 억제
② 냉각속도를 느리게 하여 모재의 취성 방지
③ 용착금속의 수소 성분이 나갈 수 있는 여유를 주어 비드 밑 균열 방지
④ 용접금속 및 열 영향부의 연성 또는 인성을 향상시키기 위하여

정답 05. ④ 06. ① 07. ③ 08. ④ 09. ② 10. ① 11. ④

12 **전격의 방지대책으로 적합하지 않는 것은?**

① 용접기의 내부는 수시로 열어서 점검하거나 청소한다.
② 홀더나 용접봉은 절대로 맨손으로 취급하지 않는다.
③ 절연 홀더의 절연부분이 파손되면 즉시 보수하거나 교체한다.
④ 땀, 물 등에 의해 습기찬 작업복, 장갑, 구두 등은 착용하지 않는다.

해설 용접기의 내부는 작업자가 수시로 열어 점검하거나 청소해서는 안 된다.

13 **다음 중 용접 후 잔류응력 완화법에 해당하지 않는 것은?**

① 기계적 응력완화법
② 저온 응력완화법
③ 피닝법
④ 화염경화법

해설 잔류 응력 경감법
① **노내 풀림법** : 유지 온도가 높을수록, 유지 시간이 길수록 효과가 크다. 노내 출입 허용 온도는 300℃를 넘어서는 안 된다. 일반적인 유지 온도는 625 ± 25℃이다. 판 두께 25mm 1시간
② **국부 풀림법** : 큰 제품, 현장 구조물 등과 같이 노내 풀림이 곤란할 경우 사용하며 용접선 좌우 양측을 각각 약 250mm 또는 판 두께 12배 이상의 범위를 가열한 후 서냉한다. 하지만 국부 풀림은 온도를 불균일하게 할 뿐 아니라 이를 실시하면 잔류 응력이 발생될 염려가 있으므로 주의하여야 한다. 유도가열 장치를 사용한다.
③ **기계적 응력 완화법** : 용접부에 하중을 주어 약간의 소성 변형을 주어 응력을 제거한다. 실제 큰 구조물에서는 한정된 조건하에서만 사용할 수 있다.
④ **저온 응력 완화법** : 용접선 좌우 양측을 정속도로 이동하는 가스 불꽃으로 약 150mm의 나비를 약 150 ~ 200℃로 가열 후 수냉하는 방법으로 용접선 방향의 인장 응력을 완화시키는 방법
⑤ **피닝법** : 끝이 둥근 특수 해머로 용접부를 연속적으로 타격하며 용접 표면에 소성 변형을 주어 인장 응력을 완화한다. 첫층 용접의 균열 방지 목적으로 700℃ 정도에서 열간 피닝을 한다.

14 **박판의 스테인리스 강의 좁은 홈의 용접에서 아크 교란 상태가 발생할 때 적합한 용접방법은?**

① 고주파 펄스 티그 용접
② 고주파 펄스 미그 용접
③ 고주파 펄스 일렉트로 슬래그 용접
④ 고주파 펄스 이산화탄소 아크 용접

해설 박판의 스테인레스 용접은 주로 고주파 펄스 티그 용접을 사용한다.

15 **서브머지드 아크 용접에 관한 설명으로 틀린 것은?**

① 아크 발생을 쉽게 하기 위하여 스틸 울(steel wool)을 사용한다.
② 용융속도와 용착속도가 빠르다.
③ 홈의 개선각을 크게 하여 용접효율을 높인다.
④ 유해 광선이나 흄(fume) 등이 적게 발생한다.

해설 서브머지드 아크 용접
(1) 방법
① 용제 속에서 아크를 발생시켜 용접
② 상품명으로는 유니언 멜트 용접, 링컨 용접법이라고도 한다.
③ 전원으로는 직류(400A이하에 역극성을 사용하여 박판에 사용), 교류(설비비가 싸고 쏠림이 없다)가 모두 쓰인다.
(2) 장점
① 용접 속도가 수동 용접에 비해 10 ~ 20배, 용입은 2 ~ 3배 정도가 커서 능률적이다.
② 용접 홈의 크기가 작아도 되며 용접 재료의 소비 및 용접 변형이 적다.
③ 용접 조건만 일정하다면 용접사의 기술 차이에 의한 품질의 격차가 거의 없어 이음의 신뢰도를 높일 수 있다.
④ 한 번 용접으로 75mm까지 가능하다.
(3) 단점
① 설비비가 고가이며 와이어 및 용제의 선정이 어렵다.
② 아래 보기 수평 필렛 자세에 한정한다.
③ 홈의 정밀도가 높아야 한다.(루트 간격 0.8mm이하, 홈 각도 오차 ±5°, 루트 오차 ±1mm)

정답 12. ① 13. ④ 14. ① 15. ③

④ 용접부가 보이지 않아 용접부를 확인 할 수 없다.
⑤ 시공 조건을 잘못 잡으면 제품의 불량률이 커진다.
⑥ 입열 량이 커서 용접 금속의 결정립의 조대화로 충격값이 커진다.

16 **한 부분의 몇 층을 용접하다가 이것을 다음 부분의 층으로 연속시켜 전체 모양이 계단 형태를 이루는 용착법은?**

① 스킵법 ② 덧살 올림법
③ 전진 블록법 ④ 케스케이드법

해설 **다층 용접에 따른 분류**
① **덧살 올림법(빌드업법)** : 열 영향이 크고 슬래그 섞임의 우려가 있다. 한냉시, 구속이 클 때 후판에서 첫 층에 균열 발생우려가 있다. 하지만 가장 일반적인 방법이다.
② **캐스케이드법** : 한 부분의 몇 층을 용접하다가 이것을 다음부분의 층으로 연속시켜 용접하는 방법으로 후진법과 같이 사용하며, 용접결함 발생이 적으나 잘 사용되지 않는다.
③ **전진 블록법** : 한 개의 용접봉으로 살을 붙일만한 길이로 구분해서 홈을 한 부분에 여러 층으로 완전히 쌓아 올린 다음, 다음 부분으로 진행하는 방법으로 첫 층에 균열 발생 우려가 있는 곳에 사용된다.

17 **탄산가스 아크 용접의 장점이 아닌 것은?**

① 가시 아크이므로 시공이 편리하다.
② 적용되는 재질이 철 계통으로 한정되어 있다.
③ 용착 금속의 기계적 성질 및 금속학적 성질이 우수하다.
④ 전류 밀도가 높아 용입이 깊고 용접 속도를 빠르게 할 수 있다.

해설 **이산화탄소 아크 용접의 장·단점**
① **장점**
㉠ 가는 와이어로 고속 용접이 가능하며 수동 용접에 비해 용접 비용이 저렴하다.
㉡ 가시 아크이므로 시공이 편리하고, 스패터가 적어 아크가 안정하다.
㉢ 전자세 용접이 가능하고 조작이 간단하다.
㉣ 잠호 용접에 비해 모재 표면에 녹과 거칠기에 둔감하다.
㉤ 미그용접에 비해 용착 금속의 기공 발생이 적다.
㉥ 용접 전류의 밀도가 크므로 용입이 깊고, 용접속도를 매우 빠르게 할 수 있다.
㉦ 산화 및 질화가 되지 않은 양호한 용착 금속을 얻을 수 있다.
㉧ 보호가스가 저렴한 탄산가스라서 용접경비가 적게 든다.
㉨ 강도와 연신성이 우수하다.
② **단점**
㉠ 이산화탄소 가스를 사용하므로 작업량 환기에 유의한다.
㉡ 비드 외관이 타 용접에 비해 거칠다
㉢ 고온 상태의 아크 중에서는 산화성이 크고 용착 금속의 산화가 심하여 기공 및 그 밖의 결함이 생기기 쉽다.
㉣ 야외외서 작업을 할 경우 가스 보호에 유의하여야 한다.

18 **미세한 알루미늄 분말과 산화철 분말을 혼합하여 과산화바륨과 알루미늄 등의 혼합 분말로 된 점화제를 넣고 연소시켜 그 반응열로 용접하는 방법은?**

① MIG 용접 ② 테르밋 용접
③ 전자 빔 용접 ④ 원자 수소 용접

해설 **테르밋 용접**
① **원리** : 테르밋 반응에 의한 화학 반응열을 이용하여 용접한다.
② **특징**
㉠ 테르밋제는 산화철 분말(FeO, Fe_2O_3 , Fe_3O_4) 약 3~4, 알루미늄 분말을 1로 혼합한다.(2,800℃의 열이 발생)
㉡ 점화제로는 과산화바륨, 마그네슘이 있다.
㉢ 용융 테르밋 용접과 가압 테르밋 용접이 있다.
㉣ 작업이 간단하고 기술습득이 용이하다.
㉤ 전력이 불필요하다.
㉥ 용접 시간이 짧고 용접후의 변형도 적다.
㉦ 용도로는 철도레일, 덧붙이 용접, 큰 단면의 주조, 단조품의 용접

19 **수직판 또는 수평면 내에서 선회하는 회전 영역이 넓고 팔이 기울어져 상하로 움직일 수 있어 주로 스폿 용접, 중량물 취급 등에 많이 이용되는 로봇은?**

① 다관절 로봇 ② 극좌표 로봇
③ 원통 좌표 로봇 ④ 직각 좌표계 로봇

해설 회전영역이 넓은 로봇은 극좌표 로봇이다.

정답 16. ④ 17. ② 18. ② 19. ②

20 **X선이나 γ선을 재료에 투과시켜 투과된 빛의 강도에 따라 사진 필름에 감광시켜 결함을 검사하는 비파괴 시험법은?**

① 자분 탐상 검사
② 침투 탐상 검사
③ 초음파 탐상 검사
④ 방사선 투과 검사

해설 **방사선 투과 검사(RT) : 가장 확실하고 널리 사용됨**
① **X선 투과 검사** : 균열, 융합불량, 기공, 슬래그 섞임 등의 내부 결함 검출에 사용된다. X선 발생 장치로는 관구식과 베타트론 식이 있다. 단점으로는 미소 균열이나 모재면에 평행한 라미네이션 등의 검출은 곤란하다.
② **γ선 투과 검사** : X선으로 투과하기 힘든 후판에 사용한다. γ선원으로는 라듐, 코발트 60, 세슘 134가 있다.

21 **다음 중 용접자세 기호로 틀린 것은?**

① F ② V
③ H ④ OS

해설 용접자세 기호 F: 아래보기, V: 수직보기 H: 수평보기 O:위보기

22 **환원가스 발생 작용을 하는 피복아크 용접봉의 피복제 성분은?**

① 산화티탄 ② 규산나트륨
③ 탄산칼륨 ④ 당밀

해설 **가스 발생제** : 용융 금속을 대기로부터 보호하기 위하여 중성 또는 환원성 가스를 발생하여 용융 금속의 산화 및 질화를 방지한다. 가스 발생제로는 녹말, 톱밥, 당밀, 석회석, 셀롤로오스, 탄산바륨 등이 있다.

23 **가스 절단 시 예열 불꽃이 약할 때 일어나는 현상으로 틀린 것은?**

① 드래그가 증가한다.
② 절단면이 거칠어진다.
③ 역화를 일으키기 쉽다.
④ 절단속도가 느려지고, 절단이 중단되기 쉽다.

해설 예열 불꽃의 세기가 세면 절단면 모서리가 용융되어 둥글게 되고, 절단면이 거칠게 된다. 또한 슬래그의 박리성이 떨어진다. 반대로 약해지면 드래그의 길이가 증가하고, 절단 속도가 늦어진다.

24 **가스 용접의 특징으로 틀린 것은?**

① 용융 범위가 넓으며, 운반이 편리하다.
② 전원 설비가 없는 곳에서도 쉽게 설치할 수 있다.
③ 아크 용접에 비해서 유해 광선의 발생이 적다.
④ 열집중성이 좋아 효율적인 용접이 가능하여 신뢰성이 높다.

해설 **(1) 가스 용접의 원리**
가연성 가스(아세틸렌, 석탄 가스, 수소 가스, LPG 등)와 지연성 가스(산소)의 혼합으로 가스가 연소할 때 발생하는 열(약 3,000℃) 정도를 이용하여 모재를 용융시키면서 용접봉을 공급하여 접합하는 방법이다. 피복 아크 용접과 같은 용접의 일종이다.

(2) 가스 용접의 장·단점

① **장점**
㉠ 전기가 필요 없다.
㉡ 용접기의 운반이 비교적 자유롭다.
㉢ 용접 장치의 설비비가 전기 용접에 비하여 싸다.
㉣ 불꽃을 조절하여 용접부의 가열 범위를 조정하기 쉽다.
㉤ 박판 용접에 적당하다.
㉥ 용접되는 금속의 응용 범위가 넓다.
㉦ 유해 광선의 발생이 적다.
㉧ 용접 기술이 쉬운 편이다.

② **단점**
㉠ 고압가스를 사용하기 때문에 폭발, 화재의 위험이 크다.
㉡ 열효율이 낮아서 용접 속도가 느리다.
㉢ 아크 용접에 비해 불꽃의 온도가 낮다.
㉣ 금속이 탄화 및 산화될 우려가 많다.
㉤ 열의 집중성이 나빠 효율적인 용접이 어렵다.
㉥ 일반적으로 신뢰성이 적다.
㉦ 용접부의 기계적 강도가 떨어진다.
㉧ 가열 범위가 넓어 용접 응력이 크고, 가열 시간 또한 오래 걸린다.

정답 20. ④ 21. ④ 22. ④ 23. ② 24. ④

25 **피복 아크 용접시 아크 열에 의하여 용접봉과 모재가 녹아서 용착금속이 만들어 지는데 이 때 모재가 녹은 깊이를 무엇이라 하는가?**

① 용융지 ② 용입
③ 슬래그 ④ 용적

해설 ① **아크** : 기체 중에서 일어나는 방전의 일종으로 피복 아크 용접에서의 온도는 5,000～6,000℃이다.
② **용융지(용융 풀)** : 모재가 녹은 쇳물 부분
③ **용적** : 용접봉이 녹아 모재로 이행되는 쇳물 방울
④ **용착** : 용접봉이 녹아 용융지에 들어가는 것
⑤ **용입** : 모재가 녹은 깊이
⑥ **용락** : 모재가 녹아 쇳물이 떨어져 흘러내려 구멍이 나는 것

26 **현상제(MgO, $BaCO_3$)를 사용하여 용접부의 표면 결함을 검사하는 방법은?**

① 침투 탐상법 ② 자분 탐상법
③ 초음파 탐상법 ④ 방사선 투과법

해설 **침투 검사(PT)** : 표면에 미세한 균열, 피트 등의 결함에 침투액을 표면 장력의 힘으로 침투시켜 세척한 후 현상액을 발라 결함을 검출하는 방법으로 형광 침투 검사와 염료 침투 검사가 있는데 후자가 주로 현장에서 사용된다.

27 **2개의 모재에 압력을 가해 접촉시킨 다음 접촉면에 압력을 주면서 상대운동을 시켜 접촉면에서 발생하는 열을 이용하는 용접법은?**

① 가스 압접 ② 냉간 압접
③ 마찰 용접 ④ 열간 압접

해설 **마찰 용접**
① **원리** : 접합하고자 하는 재료를 접촉시키고 하나는 고정시키며 다른 하나를 가압, 회전하여 발생되는 마찰열로 적당한 온도가 되었을 때 접합
② **특징**
㉠ 컨벤셔널형과 플라이 휠형이 있다.
㉡ 자동화가 용이하며 숙련이 필요 없다.
㉢ 접합 재료의 단면은 원형으로 제한한다.
㉣ 상대 운동을 필요로 하는 것은 곤란하다.

28 **용접법의 분류 중에서 융접에 속하는 것은?**

① 시임 용접 ② 테르밋 용접
③ 초음파 용접 ④ 플래시 용접

해설 **용접(Fusion Welding)** : 접합 부분을 용융 또는 반용융 상태로 하고 여기에 용접봉 즉 용가재를 첨가하여 접합하는 방법으로 그 종류는 피복 아크 용접, 가스 용접, 불활성 가스 아크 용접, 서브머지드 용접, 이산화탄소 아크 용접, 일렉트로 슬래그 및 일렉트로 가스 용접, 테르밋 용접 등이 있다.

29 **정격 2차 전류 200A, 정격 사용률 40%인 아크용접기로 실제 아크 전압 30V, 아크 전류 130A로 용접을 수행한다고 가정할 때 허용 사용률은 약 얼마인가?**

① 70% ② 75% ③ 80% ④ 95%

해설 허용 사용율(%) × (실제 용접 전류)^2 = 정격 사용율(%) × (정격 2차 전류)^2 따라서 허용 사용율(%) × $(130)^2$ = 정격 사용율(40) × $(200)^2$ =94.67

30 **다음 중 불꽃의 구성 요소가 아닌 것은?**

① 불꽃심 ② 속불꽃
③ 겉불꽃 ④ 환원불꽃

해설 **불꽃의 구성**
① 백심(불꽃심), 속불꽃, 겉불꽃으로 구성되어 있다.
② **백심(Flame core)** : 환원성 백색 불꽃이다.
③ **속불꽃(Inner flame)** : 백심부에서 생성된 일산화탄소와 수소가 공기 중의 산소와 결합 연소되어 고열을 발생하는 부분이다. 온도가 가장 강한 부분으로 3200～3450℃이다.
④ **겉불꽃(Outer flame)** : 연소가스가 다시 주위 공기의 산소와 결합하여 완전연소 되는 부분이다.

31 **재료의 접합방법은 기계적 접합과 야금적 접합으로 분류하는데 야금적 접합에 속하지 않는 것은?**

① 리벳 ② 용접
③ 압접 ④ 납땜

해설 기계적 접합법은 나사, 리벳 등으로 결합하는 방법을 말하며, 야금적 접합법은 용접을 말한다.

정답 25. ② 26. ① 27. ③ 28. ② 29. ④ 30. ④ 31. ①

32 **일반적인 용접의 장점으로 옳은 것은?**

① 재질 변형이 생긴다.
② 작업 공정이 단축된다.
③ 잔류 응력이 발생한다.
④ 품질검사가 곤란하다.

해설 ① **용접의 장점**
㉠ 작업 공정을 줄일 수 있다.
㉡ 형상의 자유화를 추구 할 수 있다.
㉢ 이음 효율 향상(기밀 수밀 유지)
㉣ 중량 경감, 재료 및 시간의 절약
㉤ 이종 재료의 접합이 가능하다.
㉥ 보수와 수리가 용이하다.(주물의 파손부 등)
② **용접의 단점**
㉠ 품질 검사가 곤란하다.
㉡ 제품의 변형을 가져 올 수 있다.(잔류 응력 및 변형에 민감)
㉢ 유해 광선 및 가스 폭발 위험이 있다.
㉣ 용접사의 기능과 양심에 따라 이음부 강도가 좌우한다.

33 **알루미늄과 마그네슘의 합금으로 바닷물과 알칼리에 대한 내식성이 강하고 용접성이 매우 우수하여 주로 선박용 부품, 화학 장치용 부품 등에 쓰이는 것은?**

① 실루민　② 하이드로날륨
③ 알루미늄청동　④ 애드미럴티 황동

해설 하이드로날륨은 내식용 알루미늄 합금으로 알루미늄에 마그네슘을 혼합한 합금이다

34 **피복 배합제의 성분 중 탈산제로 사용되지 않는 것은?**

① 규소철　② 망간철
③ 알루미늄　④ 유황

해설 **탈산제** : 용융 금속 중의 산화물을 탈산 정련하는 작용을 한다. 탈산제로는 페로실리콘, 페로망간, 페로티탄, 알루미늄 등이 있다.

35 **가스절단에 이용되는 프로판가스와 아세틸렌가스를 비교하였을 때 프로판가스의 특징으로 틀린 것은?**

① 절단면이 미세하며, 깨끗하다.
② 포갬 절단 속도가 아세틸렌보다 느리다.
③ 절단 상부 기슭이 녹은 것이 적다.
④ 슬래그의 제거가 쉽다.

해설 **아세틸렌가스와 프로판가스의 비교**

아세틸렌	프로판
• 혼합비 1 : 1 • 점화 및 불꽃 조절이 쉽다. • 예열 시간이 짧다. • 표면의 녹 및 이물질 등에 영향을 덜 받는다. • 박판의 경우 절단 속도가 빠르다.	• 혼합비 1 : 4.5 • 절단면이 곱고 슬래그가 잘 떨어진다. • 중첩 절단 및 후판에서 속도가 빠르다. • 분출 공이 크고 많다. • 산소 소비량이 많아 전체적인 경비는 비슷하다.

36 **용접기의 특성 중에서 부하전류가 증가하면 단자 전압이 저하하는 특성은?**

① 수하 특성　② 상승 특성
③ 정전압 특성　④ 자기제어 특성

해설 **수하 특성** : 부하 전류가 증가하면 단자 전압이 저하하는 특성을 수하 특성(垂下 特性)이라 한다. $V = E - IR$(V : 단자 전압, E : 전원 전압)

37 **산소 아크 절단에 대한 설명으로 가장 적합한 것은?**

① 전원은 직류 역극성이 사용된다.
② 가스절단에 비하여 절단속도가 느리다.
③ 가스절단에 비하여 절단면이 매끄럽다.
④ 철강 구조물 해체나 수중 해체 작업에 이용된다.

해설 **산소 아크 절단**
① 사용 전원은 직류 정극성이 널리 쓰임, 때로는 교류도 사용
② 중공(속이 빈)의 피복 강 전극으로 아크를 발생(예열원)시키고 그 중심부에서 산소를 분출시켜 절단하는 방법으로 절단속도가 크다. 하지만 절단면이 고르지 못하는 단점도 있다.

38 **형상 기억 효과를 나타내는 합금이 일으키는 변태는?**

① 펄라이트 변태　② 마텐자이트 변태

정답 32. ② 33. ② 34. ④ 35. ② 36. ① 37. ④ 38. ②

③ 오스테나이트 변태 ④ 레데뷰라이트 변태

해설 형상 기억 합금(shape - memory alloys)
보통의 금속 재료에서는 탄성 한도 이하의 변형은 외력을 제거하면 완전히 본래의 상태로 되돌아가지만, 항복점을 넘은 변형은 소성 변형이 남게 된다. 이것을 가열하면 재료는 연해진다. 하지만 형상 기억 합금은 이러한 소성 변형은 가열과 동시에 원상태로 회복된다. 즉 형상 기억 합금은 일단 어떤 형상을 기억하면 여러 가지의 형상으로 변형시켜도 적당한 온도로 가열하면 변형전의 형상으로 돌아오는 성질이 있다. 이러한 합금이 일으키는 변태는 마텐자이트 변태이다.

39 가스 절단에서 프로판 가스와 비교한 아세틸렌가스의 장점에 해당되는 것은?

① 후판 절단의 경우 절단속도가 빠르다.
② 박판 절단의 경우 절단속도가 빠르다.
③ 중첩 절단을 할 때에는 절단속도가 빠르다.
④ 절단면이 거칠지 않다.

해설 아세틸렌가스와 프로판가스의 비교

아세틸렌	프로판
• 혼합비 1 : 1 • 점화 및 불꽃 조절이 쉽다. • 예열 시간이 짧다. • 표면의 녹 및 이물질 등에 영향을 덜 받는다. • 박판의 경우 절단 속도가 빠르다.	• 혼합비 1 : 4.5 • 절단면이 곱고 슬래그가 잘 떨어진다. • 중첩 절단 및 후판에서 속도가 빠르다. • 분출 공이 크고 많다. • 산소 소비량이 많아 전체적인 경비는 비슷하다.

40 피복 아크 용접봉에서 아크 길이와 아크 전압의 설명으로 틀린 것은?

① 아크 길이가 너무 길면 불안정하다.
② 양호한 용접을 하려면 짧은 아크를 사용한다.
③ 아크 전압은 아크 길이에 반비례한다.
④ 아크 길이가 적당할 때 정상적인 작은 입자의 스패터가 생긴다.

해설 아크 전압은 아크 길이에 비례한다. 즉 아크 전압 (Va) = 음극 전압 강하(Vn) + 양극 전압 강하(Vp) + 아크 기둥 전압 강하)(Vc)으로 여기서 아크 기둥 전압 강하가 아크 길이에 해당된다.

41 60%Cu-40%Zn 황동으로 복사기용 판, 볼트, 너트 등에 사용되는 합금은?

① 톰백(Tombac)
② 길딩메탈(Gilding Metal)
③ 문쯔메탈(Muntz Metal)
④ 에드미럴티메탈(Admiralty metal)

해설 문쯔메탈(Muntz metal)
① Cu(60) : Zn(40)
② 값이 싸고, 내식성이 다소 낮고, 탈아연 부식을 일으키기 쉬우나 강력하기 때문에 기계 부품용으로 많이 쓰인다.
판재, 선재, 볼트, 너트, 열교환기, 파이프, 밸브, 탄피, 자동차 부품, 일반 판금용 재료 등

42 열과 전기의 전도율이 가장 좋은 금속은?

① Cu ② Al
③ Ag ④ Au

해설 일반적으로 구리가 전기 전도율이 가장 좋아 전선으로 사용되고 있는 것으로 알고 있으나 은이 전기 전도율이 가장 좋다.

43 강에서 상온 메짐(취성)의 원인이 되는 원소는?

① P ② S ③ Mn ④ Cu

해설 취성이나 메짐은 같은 말이며 황은 고온 취성(적열 취성), 인은 청열 취성(상온 취성, 냉간 취성)의 원인이 된다.

종류	현 상	원인
청열 취성	강이 200 ~ 300℃로 가열되면 경도, 강도가 최대로 되고, 연신율, 단면 수축률은 줄어들게 되어 메지게 되는 것으로 이때 표면에 청색의 산화 피막이 생성된다.	P
적열 취성	고온 900℃이상에서 물체가 빨갛게 되어 메지는 것을 적열 취성이라 한다. 이를 방지하기 위하여 Mn을 첨가한다.	S
상온 취성	충격, 피로 등에 대하여 깨지는 성질로 일명 냉간 취성이라고도 한다.	P

정답 39. ② 40. ③ 41. ③ 42. ③ 43. ①

44 **철에 Al, Ni, Co를 첨가한 합금으로 잔류 자속 밀도가 크고 보자력이 우수한 자성 재료는?**

① 퍼멀로이　　② 센더스트
③ 알코니 자석　　④ 페라이트 자석

✔해설 알니코 자석은 MK자석이라고도 하며, Fe : Ni : Al계를 기초로 한 영구자석이다. 가장 광범위하게 사용된다.

45 **탄소강은 200~300℃에서 연신율과 단면 수축률이 상온보다 저하되어 단단하고 깨지기 쉬우며, 강의 표면이 산화되는 현상은?**

① 적열 메짐　　② 상온 메짐
③ 청열 메짐　　④ 저온 메짐

✔해설 **청열 취성(메짐)**
강이 200 ~ 300℃로 가열되면 경도, 강도가 최대로 되고 연신율, 단면 수축률은 줄어들게 되어 메지게 되는 것으로 이때 표면에 청색의 산화 피막이 생성된다. 인(P)이 원인이 된다.

46 **Y 합금의 일종으로 Ti과 Cu를 0.2% 정도씩 첨가한 것으로 피스톤에 사용되는 것은?**

① 두랄루민　　② 코비탈륨
③ 로엑스합금　　④ 하이드로날륨

✔해설 코피탈륨은 피스톤 주조용 Al합금으로 Y합금보다 우수한 성질을 갖는다. Al, Cu, Ni, Cr, Mn, Fe, Si, Mg, Ti의 합금이다.

47 **Fe-C 평형상태도에서 공정점의 C%는?**

① 0.02%　　② 0.8%
③ 4.3%　　④ 6.67%

✔해설 공석점의 탄소%는 0.8%, 공정점의 탄소%는 4.3이다.

48 **다음 중 주철에 관한 설명으로 틀린 것은?**

① 비중은 C와 Si 등이 많을수록 작아진다.
② 용융점은 C와 Si 등이 많을수록 낮아진다.
③ 주철을 600℃ 이상의 온도에서 가열 및 냉각을 반복하면 부피가 감소한다.
④ 투자율을 크게 하기 위해서는 화합 탄소를 적게 하고, 유리 탄소를 균일하게 분포시킨다.

✔해설 **주철의 개요**
① 주철의 탄소 함유량은 1.7 ~ 6.68%의 강이다.
② 실용적 주철은 2.5 ~ 4.5%의 강이다.
③ 철강보다 용융점(1,150 ~ 1,350℃)이 낮아 복잡한 것이라도 주조하기 쉽고 또 값이 싸기 때문에 일반기계 부품과 몸체 등의 재료로 널리 쓰인다.
④ 전·연성이 작고 가공이 안 된다.
⑤ 비중 7.1 ~ 7.3으로 흑연이 많아질수록 낮아진다.
⑥ 담금질, 뜨임은 안 되나 주조 응력의 제거 목적으로 풀림 처리는 가능하다.
⑦ 자연 시효 : 주조 후 장시간 방치하여 주조 응력을 제거하는 것이다.
⑧ 압축 강도는 인장 강도의 비하여 3 ~ 4배이다.

49 **금속의 결정구조에 대한 설명으로 틀린 것은?**

① 결정입자의 경계를 결정입계라 한다.
② 결정체를 이루고 있는 각 결정을 결정입자라 한다.
③ 체심입방격자는 단위격자 속에 있는 원자수가 3개이다.
④ 물질을 구성하고 있는 원자가 입체적으로 규칙적인 배열을 이루고 있는 것을 결정이라 한다.

✔해설 해설 41참고 즉 체심입방격자의 단위 격자 속 원자 수는 2개이다.

50 **해드 필드강(hadfield steel)에 대한 설명으로 옳은 것은?**

① Ferrite계 고 Ni강이다.
② Pearlite계 고 Co강이다.
③ Cementite계 고 Cr강이다.
④ Austenite계 Mn강이다.

정답 44. ③ 45. ③ 46. ② 47. ③ 48. ③ 49. ③ 50. ④

해설

Mn강	저Mn강 (1~2%)	• 일명 듀콜강, 조직은 펄라이트 • 용접성 우수, 내식성 개선 위해 Cu 첨가
	고Mn강 (10~14%)	• 하드 필드강(수인강), 조직은 오스테나이트 • 경도가 커서 내마모재, 광산 기계, 칠드 롤러

51 **그림과 같은 KS 용접기호의 해석으로 올바른 것은?**

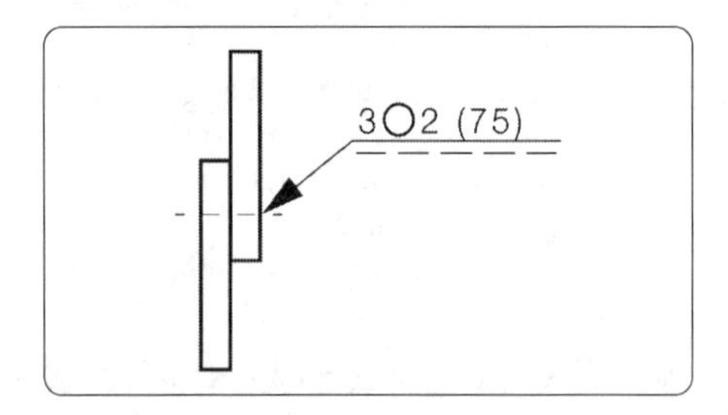

① 지름이 2mm이고 피치가 75mm인 플러그 용접이다.
② 폭이 2mm이고 길이가 75mm인 심 용접이다.
③ 용접 수는 2개이고, 피치가 75mm인 슬롯 용접이다.
④ 용접 수는 2개이고, 피치가 75mm인 스폿(점) 용접이다.

해설 3은 용접부의 지름, 2는 용접수, 75는 피치이며 ○은 점용접을 의미한다.

52 **도면에 물체를 표시하기 위한 투상에 관한 설명 중 잘못된 것은?**

① 주 투상도는 대상물의 모양 및 기능을 가장 명확하게 표시하는 면을 그린다.
② 보다 명확한 설명을 위해 주 투상도를 보충하는 다른 투상도를 많이 나타낸다.
③ 특별한 이유가 없는 경우 대상물을 가로 길이로 놓은 상태로 그린다.
④ 서로 관련되는 그림의 배치는 되도록 숨은선을 쓰지 않도록 한다.

해설 물체를 투상할 때는 가급적 투상도 수를 줄이는 방법을 택해야 한다.

53 **그림과 같은 입체도의 화살표 방향 투상도로 가장 적합한 것은?**

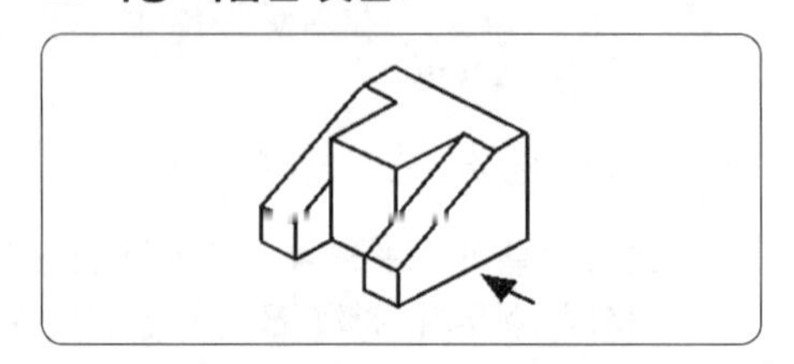

① 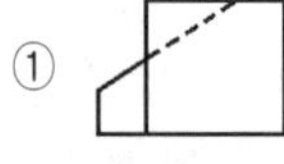
② 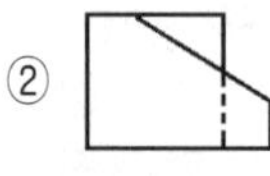
③ 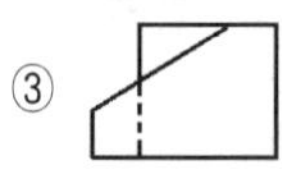
④ 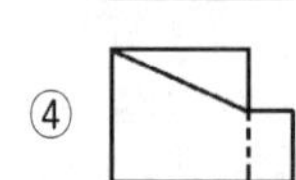

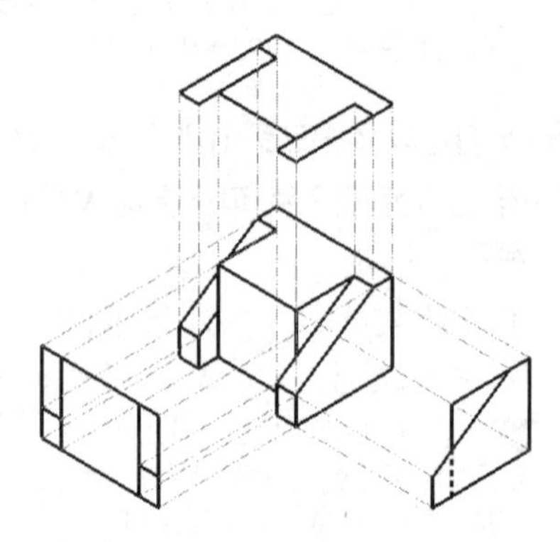

54 **다음 중 한쪽 단면도를 올바르게 도시한 것은?**

① 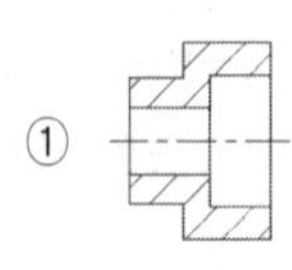
② 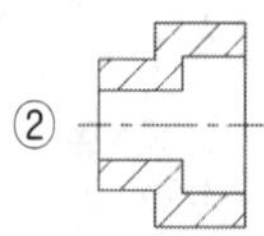
③ 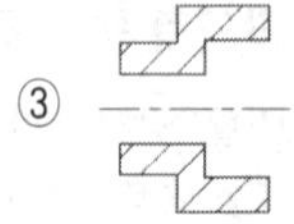
④ 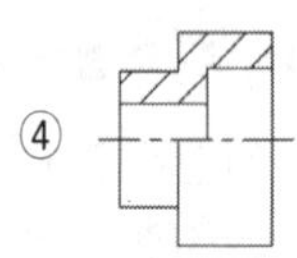

정답 51. ④ 52. ② 53. ③ 54. ④

해설 반단면도(한쪽단면도)
① 물체의 상하 좌우가 대칭인 물체의 ¼을 절단하여 내부와 외형을 동시에 도시
② 단면을 표시하는 해칭은 물체의 왼쪽과 위쪽에 한다.

55 **주 투상도를 나타내는 방법에 관한 설명으로 옳지 않은 것은?**

① 조립도 등 주로 기능을 나타내는 도면에서는 대상물을 사용하는 상태로 표시한다.
② 주 투상도를 보충하는 다른 투상도는 되도록 적게 표시한다.
③ 특별한 이유가 없을 경우 대상물을 세로 길이로 놓은 상태로 표시한다.
④ 부품도 등 가공하기 위한 도면에서는 가공에 있어서 도면을 가장 많이 이용하는 공정에서 대상물을 놓은 상태로 표시한다.

해설 정면도(주투상도)의 선정
① **정면도** : 물체의 모양, 기능 및 특징을 가장잘 나타낼 수 있는 면으로 선택
② **동물, 자동차, 비행기** : 측면을 정면도로 선정해야 특징이 잘 나타남
③ 정면도를 보충하는 평면도, 측면도, 저면도, 배면도의 투상 수는 가능한 적게
④ **정면도만으로 표시할 수 있는 물체** : 다른 투상도는 생략(치수 보조 기호 이용)

56 **그림과 같이 원통을 경사지게 절단한 제품을 제작할 때, 다음 중 어떤 전개법이 가장 적합한가?**

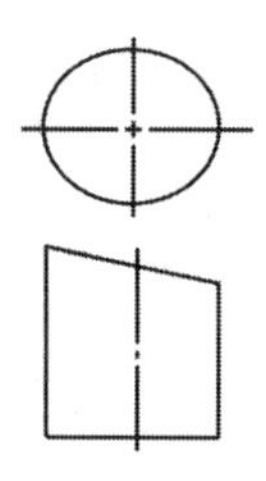

① 사각형법 ② 평행선법
③ 삼각형법 ④ 방사선법

해설 전개도 방법에는 평행선법, 방사선법, 삼각형법이 있다. 이중 원기둥이나 각기둥에 적합한 방법은 평행선법이다.

57 **다음 중 가는 실선으로 나타내는 경우가 아닌 것은?**

① 시작점과 끝점을 나타내는 치수선
② 소재의 굽은 부분이나 가공 공정의 표시선
③ 상세도를 그리기 위한 틀의 선
④ 금속 구조 공학 등의 구조를 나타내는 선

해설 구조를 나타내는 선은 외형선으로 굵은 실선을 사용한다.

58 **제 3각법의 투상도에서 도면의 배치 관계는?**

① 평면도를 중심하여 정면도는 위에 우측면도는 우측에 배치된다.
② 정면도를 중심하여 평면도는 밑에 우측면도는 우측에 배치된다.
③ 정면도를 중심하여 평면도는 위에 우측면도는 우측에 배치된다.
④ 정면도를 중심하여 평면도는 위에 우측면도는 좌측에 배치된다.

해설 3각법
① 물체를 제3면각 안에 놓고 투상하는 방법이다.
② 투상방법 : 눈 → 투상면 → 물체
③ 정면도를 기준으로 투상된 모양을 투상한 위치에 배치한다. 정면도 위에 평면도 우측에 우측면도를 배치한다.
④ KS에서는 제 3각법으로 도면 작성하는 것이 원칙이다.
⑤ 도면의 표제란에 표시 기호로 표현 가능하다.
⑥ 장점 : 도면을 보고 물체의 이해가 쉽다.

정답 55. ③ 56. ② 57. ④ 58. ③ 59. ①

59 **보기와 같은 KS 용접 기호의 해독으로 틀린 것은?**

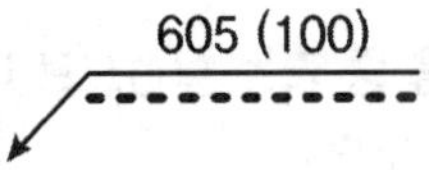

605 (100)

① 화살표 반대쪽 점용접
② 점 용접부의 지름 6㎜
③ 용접부의 개수(용접 수) 5개
④ 점 용접한 간격은 100㎜

해설 실선에 용접기호가 있으므로 화살표쪽 용접으로 점용접이며 용접부의 지름은 6㎜, 용접수는 5개 간격은 100㎜이다.

60 SF-340A는 **탄소강 단강품이며**, 340은 **최저인장강도를 나타낸다. 이 때 최저 인장강도의 단위로 가장 옳은 것은?**

① N/㎡　② kgf/㎡
③ N/㎟　④ kgf/㎟

해설 인장강도의 SI단위는 N/㎟이다.

정답 59. ① 60. ③

CBT복원문제 Craftsman Welding

제3회 용접기능사

01 용접작업 중 지켜야 할 안전사항으로 틀린 것은?

① 보호 장구를 반드시 착용하고 작업한다.
② 훼손된 케이블은 사용 후에 보수한다.
③ 도장된 탱크 안에서의 용접은 충분히 환기시킨 후 작업한다.
④ 전격 방지기가 설치된 용접기를 사용한다.

해설 훼손된 케이블은 즉시 수리 후 사용하여야 감전의 위험 등을 막을 수 있다.

02 주철 용접 시 주의사항으로 옳은 것은?

① 용접 전류는 약간 높게 하고 운봉하여 곡선비드를 배치하며 용입을 깊게 한다.
② 가스 용접 시 중성불꽃 또는 산화불꽃을 사용하고 용제는 사용하지 않는다.
③ 냉각되어 있을 때 피닝작업을 하여 변형을 줄이는 것이 좋다.
④ 용접봉의 지름은 가는 것을 사용하고, 비드의 배치는 짧게 하는 것이 좋다.

해설 주철은 강에 비하여 용융점이 1,150℃ 정도로 낮고 유동성이 좋고 주조성이 우수하여 각종 주물을 만드는데 사용된다. 하지만 주철은 인장강도가 낮고 상온에서 가단성 및 연성이 없다. 주철은 용접 시 탄소가 많으므로 기포발생에 주의하여야 하며, 예열 및 후열 등의 용접 조건을 충분하게 지켜 시멘타이트 층이 생기지 않도록 하여야 한다. 또한 용접 시 수축이 많아 균열이 생기기 쉽고 용접 후 잔류 응력 발생에 주의하여야 한다. 따라서 용접시 용접봉의 지름은 가는 것을 사용하고 비드의 배치는 짧게 하는 것이 좋다.

03 TIG 용접에서 직류 역극성에 대한 설명이 아닌 것은?

① 용접기의 음극에 모재를 연결한다.
② 용접기의 양극에 토치를 연결한다.
③ 비드 폭이 좁고 용입이 깊다.
④ 산화 피막을 제거하는 청정작용이 있다.

해설 불활성 가스 아크 용접에서 직류 역극성의 경우 폭이 넓고 얕은 용입을 얻고, 청정작용이 있다.

04 용접 열원을 외부로부터 공급 받는 것이 아니라 금속 산화물과 알루미늄간의 분말에 점화제를 넣어 점화제의 화학반응에 의하여 생성되는 열을 이용한 금속 용접법은?

① 일렉트로 슬래그 용접
② 전자 빔 용접
③ 테르밋 용접
④ 저항 용접

해설 **테르밋 용접**

① **원리** : 테르밋 반응에 의한 화학 반응열을 이용하여 용접한다.
② **특징**
㉠ 테르밋제는 산화철 분말(FeO, Fe_2O_3, Fe_3O_4) 약 3～4, 알루미늄 분말을 1로 혼합한다.(2,800℃의 열이 발생)
㉡ 점화제로는 과산화바륨, 마그네슘이 있다.
㉢ 용융 테르밋 용접과 가압 테르밋 용접이 있다.
㉣ 작업이 간단하고 기술 습득이 용이하다.
㉤ 전력이 불필요하다.
㉥ 용접 시간이 짧고 용접후의 변형도 적다.
㉦ 용도로는 철도 레일, 덧붙이 용접, 큰 단면의 주조, 단조품의 용접

정답 01. ② 02. ④ 03. ③ 04. ③

05 플래시 용접(flash welding)법의 특징으로 틀린 것은?

① 가열 범위가 좁고 열영향부가 적으며, 용접속도가 빠르다.
② 용접면에 산화물의 개입이 적다.
③ 종류가 다른 재료의 용접이 가능하다.
④ 용접면의 끝맺음 가공이 정확하여야 한다.

해설 플래시 용접
① 용접물에 간격을 두어 설치하고 전류를 통하여 발열 및 불꽃 비산을 지속시켜 접합면이 골고루 가열되었을 때 가압하여 접합한다.
② 예열 → 플래시 → 업셋 순으로 진행된다.
③ 열 영향부 및 가열 범위가 좁다.
④ 이음의 신뢰도가 높고 강도가 좋다.
⑤ 용접 시간, 소비 전력이 적다.
⑥ 용접면에 산화물의 개입이 적다.
⑦ 종류가 다른 재료의 용접이 가능하다.
⑧ 강재, 니켈, 니켈 합금 등에 적합하다.

06 용접 설계상 주의사항으로 틀린 것은?

① 용접에 적합한 설계를 할 것
② 구조상의 노치부가 생성되게 할 것
③ 결함이 생기기 쉬운 용접 방법은 피할 것
④ 용접이음이 한곳으로 집중되지 않도록 할 것

해설 용접 이음의 설계시 주의점
① 아래 보기 용접을 많이 하도록 한다.
② 용접 작업에 지장을 주지 않도록 간격을 둘 것
③ 필릿 용접은 되도록 피하고 맞대기 용접을 하도록 한다.
④ 판 두께가 다른 재료의 이음시 구배를 두어 갑자기 단면이 변하지 않도록 한다.(¼이하 테이퍼 가공을 함)
⑤ 맞대기 용접에는 이면 용접을 하여 용입 부족이 없도록 할 것
⑥ 용접 이음부가 한곳에 집중되지 않도록 설계할 것
⑦ 물품의 중심에 대하여 대칭으로 용접 진행
⑧ 용접 길이는 될 수 있는 한 짧게 할 것

07 다음 중 서브머지드 아크 용접의 다른 명칭이 아닌 것은?

① 잠호 용접 ② 헬리 아크 용접
③ 유니언 멜트 용접 ④ 불가시 아크 용접

해설 서브머지드 아크 용접(잠호 용접)은 용제 속에서 아크를 발생시켜 용접하며, 상품명으로는 유니언 멜트 용접, 링컨 용접법이라고도 한다.

08 용접결함에서 언더컷이 발생하는 조건이 아닌 것은?

① 전류가 너무 낮을 때
② 아크 길이가 너무 길 때
③ 부적당한 용접봉을 사용할 때
④ 용접속도가 적당하지 않을 때

해설 언더컷(모재와 비드 경계부위가 파임)의 원인은 용접 전류가 너무 높을 때, 부적당한 용접봉 사용시, 용접 속도가 너무 빠를 때, 용접봉의 유지 각도가 부적당 할 때, 아크 길이가 길 때 발생한다.

09 팁 끝이 모재에 닿는 순간 순간적으로 팁 끝이 막혀 팁 속에서 폭발음이 나면서 불꽃이 꺼졌다가 다시 나타나는 현상은?

① 인화 ② 역화
③ 역류 ④ 선화

해설 **역화(Back fire)** : 팁 끝이 모재에 닿아 순간적으로 팁 끝이 막히거나 팁 끝의 가열 및 조임 불량 및 가스 압력의 부적당할 때 폭음이 나며선 불꽃이 꺼졌다가 다시 나타나는 현상을 말한다. 역화를 방지하려면 팁의 과열을 막고, 토치 기능을 점검한다. 역화가 발생하였을 경우는 우선 아세틸렌을 차단 후 산소를 차단하여야 한다.

10 전자동 MIG 용접과 반자동 용접을 비교했을 때 전자동 MIG 용접의 장점으로 틀린 것은?

① 용접 속도가 빠르다.
② 생산 단가를 최소화 할 수 있다.
③ 우수한 품질의 용접이 얻어진다.
④ 용착 효율이 낮아 능률이 매우 좋다.

해설 전자동 미그 용접의 가장 큰 장점은 균일한 품질의 제품을 빠르게 용접할 수 있다. 로 설명할 수 있다. 전자동 용접을 한다고 하여 용착 효율이 낮아지는 것은 아니다.

정답 05. ④ 06. ② 07. ② 08. ① 09. ② 10. ④

11 **전기 저항 용접 중 플래시 용접 과정의 3단계를 순서대로 바르게 나타낸 것은?**

① 업셋 → 플래시 → 예열
② 예열 → 업셋 → 플래시
③ 예열 → 플래시 → 업셋
④ 플래시 → 업셋 → 예열

해설 **플래시 용접** : 업셋 용접과의 차이는 용접면을 가볍게 접촉시키면서 통전해서 생긴 불꽃으로 재료를 가열해서 가압하여 접합하는 용접법이다. 즉 플래시 용접의 3단계는 예열 → 플래시 → 업셋의 순으로 진행된다.

12 **연납과 경납을 구분하는 온도는?**

① 550℃ ② 450℃
③ 350℃ ④ 250℃

해설 납땜은 모재는 녹지 않고 용접봉만 녹여 붙이는 것으로 그 온도 450℃를 기준으로 연납과 경납으로 구분한다.

13 **용접 지그나 고정구의 선택 기준 설명 중 틀린 것은?**

① 용접하고자 하는 물체의 크기를 튼튼하게 고정시킬 수 있는 크기와 강성이 있어야 한다.
② 용접 응력을 최소화할 수 있도록 변형이 자유스럽게 일어날 수 있는 구조이어야 한다.
③ 피용접물의 고정과 분해가 쉬워야 한다.
④ 용접간극을 적당히 받쳐주는 구조이어야 한다.

해설 용접 지그나 고정구는 용접 작업을 용이하게 하거나 용접 변형 등을 막기 위한 구조와 강성을 가지고 있어야한다.

14 **현미경 시험을 하기 위해 사용되는 부식제 중 철강용에 해당되는 것은?**

① 왕수 ② 염화제2철용액
③ 피크린산 ④ 플로오르화 수소액

해설 **현미경 조직 시험** : 시험편을 충분히 연마하여 고배율로 미소 결함을 관찰한다. 부식액은 다음과 같다.
① 철강용은 피크로산 알코올 용액, 초산 알코올 용액
② 스테인리스강은 왕수 알코올 용액
③ 구리 및 합금용은 염화제이철용액, 염화암모늄액, 과황산암모늄액
④ 알루미늄 및 그 합금은 플로오르화 수소액, 수산화나트륨

15 **가용접에 대한 설명으로 틀린 것은?**

① 가용접 시에는 본 용접보다도 지름이 큰 용접봉을 사용하는 것이 좋다.
② 가용접은 본 용접과 비슷한 기량을 가진 용접사에 의해 실시되어야 한다.
③ 강도상 중요한 곳과 용접의 시점 및 종점이 되는 끝 부분은 가용접을 피한다.
④ 가용접은 본 용접을 실시하기 전에 좌우의 홈 또는 이음부분을 고정하기 위한 짧은 용접이다.

해설 **가(용)접**
① 홈 안에 가접은 피하고 불가피한 경우 본 용접 전에 갈아낸다.
② 응력이 집중하는 곳은 피한다.
③ 전류는 본 용접보다 높게 하며, 용접봉의 지름은 가는 것을 사용한다. 또한 너무 짧게 하지 않는다.
④ 시·종단에 엔드 탭을 설치하기도 한다.
⑤ 가접사도 본 용접사에 비하여 기량이 떨어지면 안 된다.

16 **맞대기 용접이음에서 판 두께가 9mm, 용접선 길이 120mm, 하중이 7560N 일 때, 인장응력은 몇 N/㎟ 인가?**

① 5 ② 6
③ 7 ④ 8

해설 $\sigma = \frac{P}{A} = \frac{7560}{9 \times 120} = 7$

17 **다음 중 초음파 탐상법의 종류가 아닌 것은?**

① 극간법 ② 공진법
③ 투과법 ④ 펄스 반사법

정답 11. ③ 12. ② 13. ② 14. ③ 15. ① 16. ③ 17. ①

✔해설 **초음파 검사(UT)** : 0.5 ~ 15MHz의 초음파를 내부에 침투시켜 내부의 결함, 불균일 층의 유무를 알아냄. 종류로는 투과법, 공진법, 펄스 반사법(가장 일반적)이 있다. 장점으로는 위험하지 않으며 두께 및 길이가 큰 물체에도 사용 가능하나 결함 위치의 길이는 알 수 없으며 표면의 요철이 심한 것 얇은 것은 검출이 곤란하다. 발진 탐촉자와 수파 탐촉자를 각각 다른 탐촉자로 시행하는 2탐촉자법과 1개로 양자를 겸용하는 1탐촉자법이 있다.

18 피복아크 용접의 필릿 용접에서 루트 간격이 4.5mm 이상일 때의 보수 요령은?

① 규정대로의 각장으로 용접한다.
② 두께 6mm 정도의 뒤판을 대서 용접한다.
③ 라이너를 넣든지 부족한 판을 300mm 이상 잘라내서 대체 하도록 한다.
④ 그대로 용접하여도 좋으나 넓혀진 만큼 각장을 증가 시킬 필요가 있다.

✔해설 **필릿 용접의 보수** : 용접물의 간격이 1.5mm 이하에서는 규정의 다리 길이로 용접하며, 1.5 ~ 4.5mm인 경우는 그대로 용접해도 좋으나 다리 길이를 증가시킬 수 도 있다. 4.5mm 이상에서는 라이너를 넣는다거나 또는 부족한 판을 300mm 이상 잘라내서 대체한다.

19 서브머지드 아크 용접 시 발생하는 기공의 원인이 아닌 것은?

① 직류 역극성 사용
② 용제의 건조 불량
③ 용제의 살포량 부족
④ 와이어 녹, 기름, 페인트

✔해설 직류 역극성이나 직류 정극성을 사용한다고 하여 기공이 발생하는 것은 아니다.

20 다음 중 용접봉의 용융속도를 나타낸 것은?

① 단위 시간 당 용접 입열의 양
② 단위 시간 당 소모되는 용접 전류
③ 단위 시간 당 형성되는 비드의 길이
④ 단위 시간 당 소비되는 용접봉의 길이

✔해설 용접봉의 용융 속도는 단위 시간당 소비되는 용접봉의 길이 또는 무게로 나타낸다. 용융 속도 = 아크 전류 × 용접봉 쪽 전압강하로 표현되며, 용접봉 재질이 일정하다면 용융 속도는 아크 전압 및 심선의 지름과 관계없이 용접 전류에만 비례한다.

21 전기 저항 용접의 발열량을 구하는 공식으로 옳은 것은? (단, H : 발열량(cal), I : 전류(A), R : 저항(Ω), t : 시간(sec)이다.)

① $H = 0.24IRt$
② $H = 0.24IR^2t$
③ $H = 0.24I^2Rt$
④ $H = 0.24IRt^2$

✔해설 $P=VI=IRI=I^2R$을 열량으로 바꾸면 줄 상수인 0.24와 시간을 넣으면 다음과 같다. $H = 0.24I^2RT$

22 토치를 사용하여 용접 부분의 뒷면을 따내거나 U형, H형으로 용접 홈을 가공하는 것으로 일명 파내기라고 부르는 가공법은?

① 산소창 절단 ② 선삭
③ 가스 가우징 ④ 천공

✔해설 가스 가우징은 강재 용접 뒷면 따내기, 금속 표면의 홈 가공을 하기 위하여 깊은 홈을 파내는 가공법으로 홈의 깊이와 폭의 비는 1 : 2~3 정도로 하며, 가스 용접에 절단용 장치를 이용할 수 있다. 단지 팁은 비교적 저압으로서 대용량의 산소를 방출할 수 있도록 슬로 다이버전트로 팁을 사용한다. 토치의 예열 각도는 30~45°를 유지한다.

23 직류아크 용접기와 비교하여 교류아크 용접기에 대한 설명으로 가장 올바른 것은?

① 무부하 전압이 높고 감전의 위험이 많다.
② 구조가 복잡하고 극성변화가 가능하다.
③ 자기쏠림 방지가 불가능하다.
④ 아크 안정성이 우수하다.

✔해설 교류 아크 용접기는 직류 아크 용접기에 비하여 아크가 불안정하고 무부하 전압이 70~80V로 직류 아크 용접기 40~60V에 비하여 높아 감전에 위험이 크다.

정답 18. ③ 19. ① 20. ④ 21. ③ 22. ③ 23. ①

24 규격이 AW 300 인 교류 아크 용접기의 정격 2차 전류 조정 범위는?

① 0~300A ② 20~220A
③ 60~330A ④ 120~430A

해설 AW는 정격 2차 전류라는 의미이며 그 조절 범위는 20~110%이다. 따라서 AW 300의 20%인 60과 110%인 330을 생각하면 된다.

25 직류 아크 용접기로 두께가 15mm이고 길이가 5m 인 고장력 강판을 용접하는 도중에 아크가 용접봉 방향에서 한쪽으로 쏠리었다. 다음 중 이러한 현상을 방지하는 방법이 아닌 것은?

① 이음의 처음과 끝에 엔드 탭을 이용한다.
② 용량이 더 큰 직류 용접기로 교체한다.
③ 용접부가 긴 경우에는 후퇴 용접법으로 한다.
④ 용접봉 끝을 아크 쏠림 반대 방향으로 기울인다.

해설 아크 쏠림, 아크 블로우, 자기 불림 등은 모두 동일한 말이며 용접 전류에 의한 아크 주위에 발생하는 자장이 용접봉에 대하여 비대칭일 때 일어나는 현상이다.

- **방지책**

① 직류 용접기 대신 교류 용접기를 사용한다.
② 아크 길이를 짧게 유지한다.
③ 접지를 용접부로 멀리한다.
④ 긴 용접선에는 후퇴법을 사용한다.
⑤ 용접부의 시·종단에는 엔드 탭을 설치한다.

26 CO_2 가스 아크 편면용접에서 이면 비드의 형성은 물론 뒷면 가우징 및 뒷면 용접을 생략할 수 있고, 모재의 중량에 따른 뒤업기(turn over) 작업을 생략할 수 있도록 홈 용접부 이면에 부착하는 것은?

① 스캘롭 ② 엔드탭
③ 뒷댐재 ④ 포지셔너

해설 CO_2가스 아크용접의 뒷댐재는 세라믹, 구리, 글라스테이프 등이 사용되고 있으나 이중 가장 일반적으로 사용되는 것이 세라믹 제품이다.

27 모재의 절단부를 불활성가스로 보호하고 금속전극에 대전류를 흐르게 하여 절단하는 방법으로 알루미늄과 같이 산화에 강한 금속에 이용되는 절단방법은?

① 산소 절단 ② TIG 절단
③ MIG 절단 ④ 플라스마 절단

해설 미그 절단은 직류 역극성(DCRP)을 사용한다. 즉 전극에(+)를 연결하고 대전류를 흐르게 하여 절단하는 방법이다.

28 탄소 전극봉 대신 절단 전용의 특수 피복을 입힌 피복봉을 사용하여 절단하는 방법은?

① 금속아크 절단
② 탄소아크 절단
③ 아크에어 가우징
④ 플라스마 제트 절단

해설 **금속 아크 절단**

① 보통은 용접봉의 값이 비싸 잘 쓰이지 않고 있으나 토치나 탄소 용접봉이 없을 때 쓰인다. 탄소 전극봉 대신에 특수 피복제를 입힌 전극봉을 써서 절단한다.
② 사용 전원은 직류 정극성이 바람직 하지만 교류도 사용 가능하다.

29 아크 전류가 일정할 때 아크 전압이 높아지면 용접봉의 용융속도가 늦어지고 아크 전압이 낮아지면 용융속도가 빨라지는 특성을 무엇이라 하는가?

① 부저항 특성
② 절연회복 특성
③ 전압회복 특성
④ 아크 길이 자기 제어 특성

해설 **정전압 특성(자기 제어 특성)** : 수하 특성과는 반대의 성질을 갖는 것으로 부하 전류가 변해도 단자 전압이 거의 변하지 않는 것으로 CP(Constant Potential) 특성이라고도 한다. 주로 반자동 및 자동 용접에 필요한 특성이다. 또한 아크 길이가 길어지면 부하 전압은 일정하지만 전류가 낮아져 정상보다 늦게 녹아 정상적인 아크 길이를 맞추고 반대로 아크 길이가 짧아지면 부하 전압은 일정하지만 전류가 높아져 와이어의 녹는 속도를 빨리하여 스스로 아크 길이를 맞추는 것을 자기 제어 특성이라 한다.

정답 24. ③ 25. ② 26. ③ 27. ③ 28. ① 29. ④

30 피복 아크 용접봉에서 피복제의 주된 역할이 아닌 것은?

① 용융금속의 용적을 미세화하여 용착효율을 높인다.
② 용착금속의 응고와 냉각속도를 빠르게 한다.
③ 스패터의 발생을 적게 하고 전기 절연작용을 한다.
④ 용착금속에 적당한 합금원소를 첨가한다.

해설 피복제의 역할
① 아크 안정
② 산·질화 방지
③ 용적을 미세화 하여 용착 효율 향상
④ 서냉으로 취성 방지
⑤ 용착 금속의 탈산 정련 작용
⑥ 합금 원소 첨가
⑦ 슬래그의 박리성 증대
⑧ 유동성 증가
⑨ 전기 절연 작용 등이 있다.

31 피복아크 용접기를 사용하여 아크 발생을 8분간 하고 2분간 쉬었다면, 용접기의 사용률은 몇 %인간?

① 25 ② 40
③ 65 ④ 80

해설 ① 용접 작업시간에는 휴식 시간과 용접기를 사용하여 아크를 발생한 시간을 포함하고 있다.
② 용접기에 사용율이 80%라고 하면 용접기가 가동되는 시간 즉 용접 작업시간 중 아크를 발생시킨 시간을 의미한다. 여기서는 용접작업 시간 10분에서 아크 발생시간이 8분이므로 80%가 된다.
③ 사용율은 다음과 같은 식으로 계산할 수 있다.

$$사용율(\%) = \frac{(아크시간)}{(아크시간 + 휴식시간)} \times 100$$

32 용접작업을 하지 않을 때는 무부하 전압을 20~30V 이하로 유지하고 용접봉을 작업물에 접촉시키면 릴레이(relay) 작동에 의해 전압이 높아져 용접작업이 가능하게 하는 장치는?

① 아크 부스터 ② 원격 제어장치
③ 전격 방지기 ④ 용접봉 홀더

해설 **전격 방지기** : 전격이란 전기적인 충격 즉 감전을 말하며, 전격 방지기는 감전의 위험으로부터 작업자를 보호하기 위하여 2차 무부하 전압을 20 ~ 30[V]로 유지하는 장치

33 다음 금속 중 용융 상태에서 응고할 때 팽창하는 것은?

① Sn ② Zn ③ Mo ④ Bi

해설 비스무트(Bi)는 용융 상태에서 응고할 때 팽창하는 금속이다.

34 고셀룰로오스 용접봉은 셀룰로오스를 몇 % 정도 포함하고 있는가?

① 0~5 ② 6~15
③ 20~30 ④ 30~40

해설 **E4311(고셀룰로오스계)**
① 셀룰로오스를 20 ~ 30% 정도 포함한 용접봉
② 피복량이 얇고, 슬래그가 적어 수직 상·하진 및 위보기 용접에서 우수한 작업성
③ 아크는 스프레이 형상으로 용입이 크고 비교적 빠른 용융 속도를 낼 수 있으나 슬래그가 적으므로 비드 표면이 거칠고 스패터가 많은 결점이 있다.

35 교류 아크 용접기의 종류에 속하지 않는 것은?

① 가동 코일형 ② 탭 전환형
③ 정류기형 ④ 가포화 리액터형

해설 **교류 아크 용접기**
① **탭 전환형** : 코일의 감긴 수에 따라 전류를 조정한다. 하지만 탭과 탭사이의 전류를 조절할 수 없어 미세 전류 조절이 불가능하며, 넓은 범위의 전류 조정이 어렵다. 주로 소형으로 사용되나 적은 전류 조정시에도 무부하 전압이 높아 감전의 위험이 있다.
② **가동 코일형** : 1차 코일의 거리 조정으로 누설 자속을 변화하여 전류를 조정한다. 아크 안정도가 높고 소음은 없으나 가격이 고가여서 현재 거의 사용되지 않고 있다.
③ **가동 철심형** : 가동 철심으로 누설 자속을 가감하여 전류를 조정하여 광범위한 전류 조절과 더불어 미세 전류 조절이 가능하여 현재 가장 널리 사용되고 있다.
④ **가포화 리액터형** : 가변 저항의 변화로 용접 전류를 조정한다.

정답 30. ② 31. ④ 32. ③ 33. ④ 34. ③ 35. ③

36 기체를 수천도의 높은 온도로 가열하면 그 속도의 가스원자가 원자핵과 전자로 분리되어 양(+)과 음(-) 이온상태로 된 것을 무엇이라 하는가?

① 전자빔　② 레이저
③ 테르밋　④ 플라즈마

해설 기체의 가열로 전리된 전자의 이온이 혼합되어 도전성을 띤 가스체를 플라즈마라고 하며 이때 발생된 온도는 10,000 ~ 30,000℃정도이다. 아크 플라즈마를 좁은 틈으로 고속도로 분출시켜 생기는 고온의 불꽃을 이용해서 절단 용사, 용접하는 방법이다.

37 산소 용기의 윗부분에 각인되어 있는 표시 중, 최고 충전 압력의 표시는 무엇인가?

① TP　② FP
③ WP　④ LP

해설 산소 용기
① 최고 충전 압력(FP)은 보통 35℃에서 150kgf/cm² 으로 한다.
② 산소병 또는 봄베(bomb)는 에르하르트법 또는 만네스만법으로 제조하며, 인장강도 57(kgf/cm²) 이상, 연신율 18% 이상의 강재가 사용된다.
③ 산소 용기에는 충전 가스의 명칭, 용기 제조 번호, 용기 중량, 내압 시험 압력, 최고 충전 압력 등이 각인 되어 있다.
④ 용기의 내압 시험 압력(TP)은 최고 충전 압력(5P)의 $\frac{5}{3}$로 한다.
⑤ 산소 용기는 보통 5,000ℓ, 6,000ℓ, 7,000ℓ의 3종류가 있다. 즉 기압으로 나누어 내용적으로 환산하여 보면, 33.7ℓ, 40.7ℓ, 46.7ℓ가 있다.
⑥ 용기의 색은 녹색이다.

38 다음 중 Ni - Cu 합금이 아닌 것은?

① 어드밴스　② 콘스탄탄
③ 모넬메탈　④ 니칼로이

해설 ① 콘스탄탄은 구리 니켈 합금으로 40 ~ 50% Ni의 양을 가지고 있고 전기 저항이 크고, 온도 계수가 낮으므로 통신 기재, 저항선, 전열선 등으로 사용된다. 이 합금은 철, 구리, 금 등에 대한 열기전력이 높으므로 열전쌍 선으로도 쓰인다. 내산 내열성이 좋고 가공성도 좋다.
② 44% Ni, 1% Mn을 가진 것을 어드밴스라고 부르고 정밀 전기 저항선에 사용된다.
③ 모넬메탈(Ni 65 ~ 70%)
㉠ 내열·내식성이 우수하므로 터빈 날개, 펌프 임펠러 등의 재료로서 사용된다.
㉡ R모넬 : 소량의 S(0.025 ~ 0.06%)을 첨가하여 강도를 저하시키고 절삭성을 개선한 것.
㉢ K모넬 : 3%의 Al을 첨가한 것으로, 석출 경화에 의해 경도가 향상된 것
㉣ KR모넬 : K모넬에 탄소량을 다소 높게(0.28% C)첨가하여 절삭성을 향상 시킨 것

39 용접기의 구비조건이 아닌 것은?

① 구조 및 취급이 간단해야 한다.
② 사용 중에 온도 상승이 적어야 한다.
③ 전류 조정이 용이하고 일정한 전류가 흘러야 한다.
④ 용접 효율과 상관없이 사용 유지비가 적게 들어야 한다.

해설 용접기는 효율이 높아야 하며 효율이 높아야 사용 유지비가 적게 든다.

40 다음 중 용융금속의 이행 형태가 아닌 것은?

① 단락형　② 스프레이형
③ 연속형　④ 글로뷸러형

해설 용융 금속의 이행 형태
① **단락형** : 큰 용적이 용융지에 단락되어 표면 장력의 작용으로 이행되는 형식으로 맨 용접봉, 박피복 용접봉에서 발생한다.
② **글로 뷸러형** : 비교적 큰 용적이 단락되지 않고 옮겨가는 형식으로 피복제가 두꺼운 저수소계 용접봉 등에서 발생한다. 핀치 효과형이라고도 한다.
③ **스프레이형** : 미세한 용적이 스프레이와 같이 날려 이행되는 형식으로 고산화티탄계, 일미나이트계 등에서 발생한다. 분무상 이행형이라고도 한다.

41 시편의 표점거리가 125㎜, 늘어난 길이가 145㎜ 이었다면 연신율은?

① 16%　② 20%　③ 26%　④ 30%

해설 연신율 : 재료가 늘어나는 성질로 가공성과 밀접한 관련이 있다. $\frac{\text{늘어난길이}}{\text{원래길이}} \times 100$으로 구한다. 즉 $\frac{20}{125} \times 100 = 16$

정답 36. ④ 37. ② 38. ④ 39. ④ 40. ③ 41. ①

42 **비파괴검사가 아닌 것은?**

① 자기 탐상시험 ② 침투 탐상시험
③ 샤르피 충격시험 ④ 초음파 탐상시험

해설 충격 시험은 재료의 인성과 취성을 알아보기 위한 파괴시험으로 샤르피식, 아이조드식이 있다.

43 **강자성체 금속에 해당되는 것은?**

① Bi, Sn, Au ② Fe, Pt, Mn
③ Ni, Fe, Co ④ Co, Sn, Cu

해설 철, 니켈, 코발트은 강자성체로 자기 변태 온도는 Fe(768℃), Ni(358℃), Co(1,160℃)이다.

44 **물과 얼음, 수증기가 평형을 이루는 3 중점 상태에서의 자유도는?**

① 0 ② 1 ③ 2 ④ 3

해설 ① **자유도** : F = n + 2 − P(F : 자유도, n은 성분의 수, P는 상의 수)
② **물의 상태도**
㉠ T(삼중점)에서 자유도 F = 1 + 2 − 3 = 0이 되며, 즉 불변계로서 이것은 완전히 고정된다는 뜻이다.
㉡ 순금속은 1원계이므로 용융 금속만 존재할 때에는 상의 수 p = 1, F = 1이 되므로 용융 상태에서는 온도를 자유롭게 선택할 수 있다.

45 **강에 S, Pb 등의 특수 원소를 첨가하여 절삭할 때 칩을 잘게 하고 피삭성을 좋게 만든 강은 무엇인가?**

① 불변강 ② 쾌삭강
③ 베어링강 ④ 스프링강

해설 **쾌삭강** : 강에 S, Zr, Pb, Ce 등을 첨가하여 절삭 성을 향상시킨 강이다.

46 **구상흑연주철은 주조성, 가공성 및 내마멸성이 우수하다. 이러한 구상흑연주철 제조 시 구상화제로 첨가되는 원소로 옳은 것은?**

① P, S ② O, N
③ Pb, Zn ④ Mg, Ce

해설 **구상흑연주철**(노듈러 주철, 덕타일 주철)
① 용융 상태에서 Mg, Ce, Mg − Cu 등을 첨가하여 흑연을 편상에서 구상화로 석출시킨다.
② 기계적 성질 인장 강도는 50 ~ 70kg/mm² (주조 상태), 풀림 상태에서는 45 ~ 55kg/mm² 이다. 연신율은 12 ~ 20%정도로 강과 비슷하다.
③ 조직은 Cementite형 (Mg첨가량이 많고, C, Si가 적고 냉각 속도가 빠를 때 Pearlite형 (Cementite와 Ferrite의 중간), Ferrite 형(Mg양이 적당, C 및 특히 Si가 많고, 냉각 속도 느릴 때) 만들어진다.
④ 성장도 적으며, 산화되기 어렵다.
⑤ 가열 할 때 발생하는 산화 및 균열 성장이 방지

47 **금속의 소성변형을 일으키는 원인 중 원자 밀도가 가장 큰 격자면에서 잘 일어나는 것은?**

① 슬립 ② 쌍정 ③ 전위 ④ 편석

해설 **금속의 소성 변형**
① **슬립** : 금속 결정형이 원자 간격이 가장 작은 방향으로 층상 이동하는 현상(원자 밀도가 최대인 격자면에서 발생)
② **트윈(쌍정)** : 변형 전과 변형 후 위치가 어떤 면을 경계로 대칭되는 현상(연강을 대단히 낮은 온도에서 변형시켰을 때 관찰된다.)
③ **전위** : 불안정하거나 결함이 있는 곳으로부터 원자 이동이 일어나는 현상

48 **그림과 같은 결정격자의 금속 원소는?**

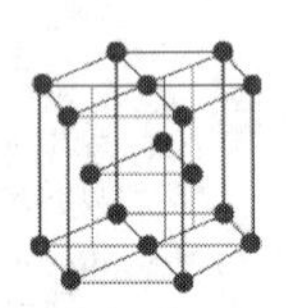

① Ni ② Mg ③ Al ④ Au

해설 그림은 조밀육방격자를 의미하며, Ti, Be, Mg, Zn 등이 있다.

49 **Al의 표면을 적당한 전해액 중에서 양극 산화처리하면 표면에 방식성이 우수한 산화 피막층이 만들어진다. 알루미늄의 방식 방법에 많이 이용되는 것은?**

① 규산법 ② 수산법

정답 42. ③ 43. ③ 44. ① 45. ② 46. ④ 47. ① 48. ② 49. ②

③ 탄화법 ④ 질화법

해설 알루마이트법(수산법) : 수산 용액에 넣고 전류를 통과시켜 알루미늄 표면에 황금색 경질 피막을 형성하는 방법

50 잠수함, 우주선 등 극한 상태에서 파이프의 이음쇠에 사용되는 기능성 합금은?

① 초전도 합금 ② 수소 저장 합금
③ 아모퍼스 합금 ④ 형상 기억 합금

해설 형상 기억 합금은 니켈-티탄 합금 등으로 고온에서 기억시킨 형상을 기억하고 다른 상황이 발생하더라도 열을 가열하면 즉시 원래대로 돌아오는 성질의 합금을 말한다.

51 그림과 같은 도시 기호가 나타내는 것은?

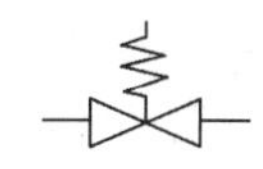

① 안전 밸브 ② 전동 밸브
③ 스톱 밸브 ④ 슬루스 밸브

해설 제시된 도시 기호는 스프링식 안전밸브이다.

52 KS 기계재료 표시기호 SS 400의 400은 무엇을 나타내는가?

① 경도 ② 연신율
③ 탄소 함유량 ④ 최저 인장강도

해설 재료 표시기호 숫자 뒤에 "C"가 붙어있으면 탄소 함유량을 없으면 최저 인장강도를 의미한다.

53 치수 기입의 원칙에 관한 설명 중 틀린 것은?

① 치수는 필요에 따라 기준으로 하는 점, 선, 또는 면을 기준으로 하여 기입한다.
② 대상물의 기능, 제작, 조립 등을 고려하여 필요하다고 생각되는 치수를 명료하게 도면에 지시한다.
③ 치수 입력에 대해서는 중복 기입을 피한다.
④ 모든 치수에는 단위를 기입해야 한다.

해설 치수 기입의 원칙
① 도면에 길이의 크기와 자세 및 위치를 명확하게 표시하며, 길이단위 : mm, 도면에는 기입하지 않는다. 아울러 각도 단위 : 도(°), 분(′), 초(″)를 사용한다.
② 가능한 한 주투상도(정면도)에 기입한다.
③ 치수의 중복 기입을 피한다.
④ 치수 숫자를 자릿 누름 표시라는 콤머 등을 사용하지 않는다.
⑤ 치수는 계산할 필요가 없도록 기입한다.
⑥ 관련되는 치수는 한 곳에 모아서 기입한다.
⑦ 참고 치수는 치수 수치에 괄호를 붙인다.
⑧ 비례척에 따르지 않을 때의 치수 기입은 치수 숫자 밑에 굵은선을 그어 표시해야 한다. 또는 NS(Not to Scale)로 표기한다.
⑨ 외형치수 전체 길이치수는 반드시 기입한다.

54 다음 재료 기호 중 용접구조용 압연 강재에 속하는 것은?

① SPPS 380 ② SPCC
③ SCW 450 ④ SM 400C

해설 용접구조용 압연강재(KS D3515)의 SWS 표기는 한국산업규격의 개정('97. 10. 22)에 의하여 SM으로 변경되었다. 즉 SM400 A, B, C가 있으며, 400은 인장강도를 의미한다.

55 그림에서 나타난 용접기호의 의미는?

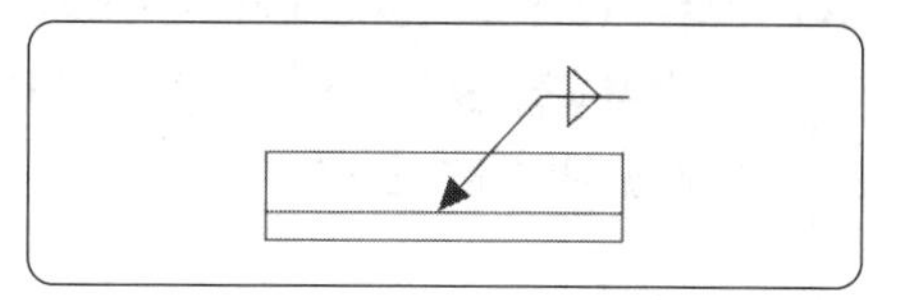

① 플래어 K형 용접
② 양 쪽 필릿 용접
③ 플러그 용접
④ 프로젝션 용접

해설 실선만 있고 실선 위아래 기호가 붙으면 화살표쪽과 화살표반대쪽 양쪽 모두 용접을 하라는 의미이며, 삼각형의 용접기호는 필릿 용접을 의미한다. 즉 양쪽 필릿 용접이다.

정답 50. ④ 51. ① 52. ④ 53. ④ 54. ④ 55. ②

56 그림과 같이 제 3각법으로 정투상한 각 뿔의 전개도 형상으로 적합한 것은?

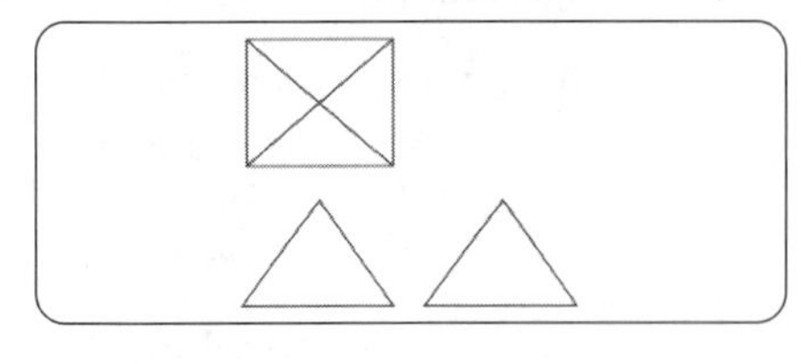

① 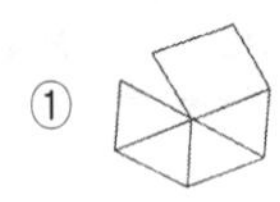
② 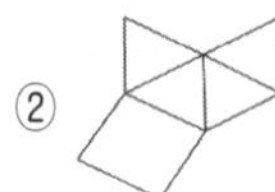

③ 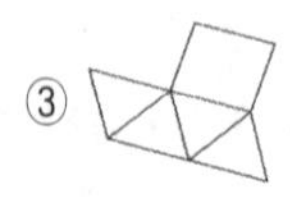
④ 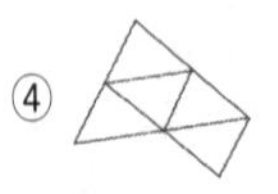

✔ 해설 각 뿔의 전개 형상은 ②와 같다. 즉 ②의 모양을 접었을 때 각뿔이 된다.

57 다음 중 일반 구조용 탄소 강관의 KS 재료 기호는?

① SPP ② SPS
③ SKH ④ STK

✔ 해설 SPP: 배관용 탄소강관, SKH: 고속도 공구 강 강재, STK: 일반 구조용 탄소 강관

58 배관의 간략 도시방법에서 파이프의 영구 결합부(용접 또는 다른 공법에 의한다.) 상태를 나타내는 것은?

① 
② 

③ 
④ 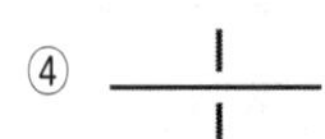

✔ 해설

결합 방식의 종류	그림 기호
일반(나사식)	
용접식	
플랜지식	
턱걸이식	
유니온식	

59 좌우, 상하 대칭인 그림과 같은 형상을 도면화하려고 할 때 이에 관한 설명으로 틀린 것은? (단, 물체에 뚫린 구멍의 크기는 같고 간격은 6mm로 일정하다.)

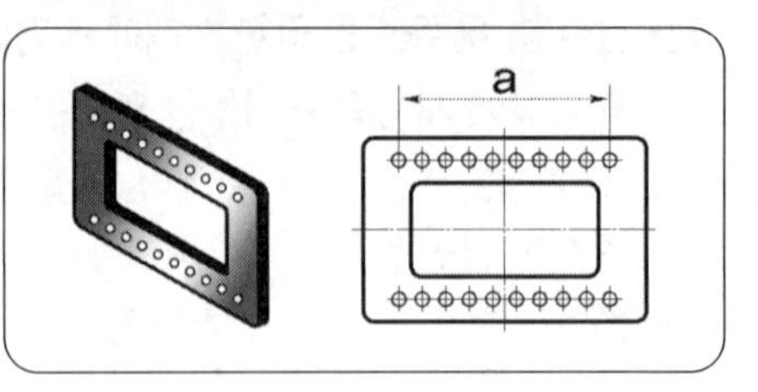

① 치수 a는 9×6(=54)으로 기입할 수 있다.
② 대칭기호를 사용하여 도형을 1/2로 나타낼 수 있다.
③ 구멍은 동일 형상일 경우 대표 형상을 제외한 나머지 구멍은 생략할 수 있다.
④ 구멍은 크기가 동일하더라도 각각의 치수를 모두 나타내야 한다.

✔ 해설 구멍의 크기가 동일하면 대표 형상을 제외한 나머지 구멍은 표지하지 않고, 치수 또한 개수와 지름으로 표시하면 된다.

60 배관 도면에서 그림과 같은 기호의 의미로 가장 적합한 것은?

① 체크 밸브
② 볼 밸브
③ 콕 일반
④ 안전 밸브

✔ 해설 체크 밸브는 유체의 흐름을 한 쪽 방향으로 흐르게 하는 것으로 스윙식과 리프트식이 있다. 제시된 모양과 같은 모양과 더불어 밸브의 한쪽이 까맣게 칠해진 밸브( )로도 표시한다. 밸브에서 까맣게 칠해지면 닫혀있다는 의미이다.

정답 56. ② 57. ④ 58. ③ 59. ④ 60. ①

CBT복원문제 Craftsman Welding

제4회 용접기능사

01 자동화 용접장치의 구성요소가 아닌 것은?

① 고주파 발생장치 ② 칼럼
③ 트랙 ④ 캔트리

해설 **고주파 발생장치** : 아크의 안정을 확보하기 위하여 상용 주파수의 아크 전류 외에 고전압 3,000 ~ 4,000[V]를 발생하여 용접 전류를 중첩시키는 장치이다.

02 다음 중 CO_2 가스 아크 용접의 장점으로 틀린 것은?

① 용착 금속의 기계적 성질이 우수하다.
② 슬래그 혼입이 없고, 용접 후 처리가 간단하다.
③ 전류 밀도가 높아 용입이 깊고, 용접 속도가 빠르다.
④ 풍속 2m/s 이상의 바람에도 영향을 받지 않는다.

해설 이산화탄소 아크 용접
① **장점**
㉠ 가는 와이어로 고속 용접이 가능하며 수동 용접에 비해 용접 비용이 저렴하다.
㉡ 가시 아크이므로 시공이 편리하고, 스패터가 적어 아크가 안정하다.
㉢ 전자세 용접이 가능하고 조작이 간단하다.
㉣ 잠호 용접에 비해 모재 표면에 녹과 거칠기에 둔감하다.
㉤ 미그용접에 비해 용착 금속의 기공 발생이 적다.
㉥ 용접 전류의 밀도가 크므로 용입이 깊고, 용접 속도를 매우 빠르게 할 수 있다.
㉦ 산화 및 질화가 되지 않은 양호한 용착 금속을 얻을 수 있다.
㉧ 보호가스가 저렴한 탄산가스라서 용접경비가 적게 든다.
㉨ 강도와 연신성이 우수하다.
② **단점**
㉠ 탄산가스를 사용하므로 작업장 환기에 유의한다.
㉡ 비드 외관이 타 용접에 비해 거칠다
㉢ 고온 상태의 아크 중에서는 산화성이 크고 용착 금속의 산화가 심하여 기공 및 그 밖의 결함이 생기기 쉽다.
㉣ 풍속이 2m/s 이상일 때에는 방풍장치가 필요하다.

03 지름이 10cm인 단면에 8000kgf의 힘이 작용할 때 발생하는 응력은 약 몇 kgf/cm² 인가?

① 89 ② 102
③ 121 ④ 158

해설 $\sigma = \frac{하중}{단면적} = \frac{8000}{3.14 \times 5^2} = 101.91$

04 용접 작업시 전격 방지대책으로 틀린 것은?

① 절연 홀더의 절연부분이 노출, 파손되면 보수하거나 교체한다.
② 홀더나 용접봉은 맨손으로 취급한다.
③ 용접기의 내부에 함부로 손을 대지 않는다.
④ 땀, 물 등에 의한 습기 찬 작업복, 장갑, 구두 등을 착용하지 않는다.

해설 A형 안전 홀더일지라도 용접봉을 물리는 부분에 감전 될 수 있으며, 용접봉을 맨손으로 잡게 되면 화상에 위험 등이 있다.

정답 01. ① 02. ④ 03. ② 04. ②

05 **서브머지드 아크 용접부의 결함으로 가장 거리가 먼 것은?**

① 기공　② 균열
③ 언더컷　④ 용착

해설 용착은 용접봉이 녹아 용융지에 들어가는 것으로 용접 결함이 아니다.

06 **전자 빔 용접의 특징으로 틀린 것은?**

① 정밀 용접이 가능하다.
② 용접부의 열 영향부가 크고 설비비가 적게 든다.
③ 용입이 깊어 다층 용접도 단층 용접으로 완성할 수 있다.
④ 유해가스에 의한 오염이 적고 높은 순도의 용접이 가능하다.

해설 전자 빔 용접(electron beam welding)은 고 진공(10^{-4} mmHg 이상) 중에서 전자를 전자 코일로서 적당한 크기로 만들어 양극 전압에 의해 가속시켜 접합부에 충돌시켜 그 열로 용접하는 방법이다.

- 전자빔 용접의 특징
  ① 용접부가 좁고 용입이 깊다.
  ② 얇은 판에서 두꺼운 판까지 광범위한 용접이 가능하다.(정밀 제품에 자동화에 좋다.)
  ③ 고 용융점 재료 또는 열전도율이 다른 이종 금속과의 용접이 용이하다.
  ④ 용접부가 대기의 유해한 원소와 차단되어 양호한 용접부를 얻을 수 있다.
  ⑤ 고속 용접이 가능하므로 열 영향부가 적고, 완성치수에 정밀도가 높다.
  ⑥ 고 진공형, 저 진공형, 대기압형이 있다.
  ⑦ 저전압 대 전류형, 고 전압 소 전류형이 있다.
  ⑧ 피 용접물의 크기에 제한을 받으며 장치가 고가이다.
  ⑨ 용접부의 경화 현상이 일어나기 쉽다.
  ⑩ 배기 장치 및 X선 방호가 필요하다.

07 **납땜에 사용되는 용제가 갖추어야 할 조건으로 틀린 것은?**

① 청정한 금속면의 산화를 방지할 것
② 납땜 후 슬래그의 제거가 용이할 것
③ 모재나 땜납에 대한 부식 작용이 최소한일 것
④ 전기 저항 납땜에 사용되는 것은 부도체일 것

해설 용제
① 연납용 용제
　㉠ 부식성 용제인 염화아연, 염화암모늄, 염산 등
　㉡ 비부식성 용제로는 송진, 수지, 올리브유 등
② 경납용 용제는 붕사, 붕산, 염화리튬, 빙정석, 산화제1동이 사용된다.
③ 조건: 사용재료의 산화를 방지할 것, 모재와의 친화력이 좋을 것, 산화 피막 등 불순물을 제거 하고 유동성이 좋을 것
　※ 전기저항 납땜의 경우 도체이어야 한다.

08 **다음 중 용접 시 수소의 영향으로 발생하는 결함과 가장 거리가 먼 것은?**

① 기공　② 균열　③ 은점　④ 설퍼

해설 설퍼 균열은 황으로 인한 영향이다.

09 **다음 중 파괴 시험 검사법에 속하는 것은?**

① 부식 시험　② 침투 시험
③ 음향 시험　④ 와류 시험

해설 부식 시험은 화학적 시험 방법으로 파괴 시험 방법이다.

10 **다음 중 탄산가스 아크 용접의 자기쏠림 현상을 방지하는 대책으로 틀린 것은?**

① 엔드 탭을 부착한다.
② 가스 유량을 조절한다.
③ 어스의 위치를 변경한다.
④ 용접부의 틈을 적게 한다.

해설 자기 쏠림이란 아크 쏠림이라 할 수 있으며 가스 유량을 조절한다고 하여 자기 쏠림이 변화가 있다고 할 수 없다. 단지 가스 유량을 조절한다면 용접부 보호에 관계될 뿐이다.

11 **다음 중 다층용접 시 적용하는 용착법이 아닌 것은?**

① 빌드업법　② 캐스케이드법
③ 스킵법　④ 전진 블록법

정답 05. ④ 06. ② 07. ④ 08. ④ 09. ① 10. ② 11. ③

해설 다층 용접에 따른 분류
① **덧살 올림법(빌드업법)** : 각 층마다 전체의 길이를 용접하면서 쌓아 올리는 방법으로 열 영향이 크고 슬래그 섞임의 우려가 있다. 한냉시, 구속이 클 때 후판에서 첫 층에 균열 발생우려가 있다. 하지만 가장 일반적인 방법이다.
② **캐스케이드법** : 한 부분의 몇 층을 용접하다가 이것을 다음부분의 층으로 연속시켜 용접하는 방법으로 후진법과 같이 사용하며 , 용접결함 발생이 적으나 잘 사용되지 않는다.
③ **전진 블록법** : 한 개의 용접봉으로 살을 붙일만 한 길이로 구분해서 홈을 한 부분에 여러 층으로 완전히 쌓아 올린 다음, 다음 부분으로 진행하는 방법으로 첫 층에 균열 발생 우려가 있는 곳에 사용된다.

12 용접 진행 방향과 용착 방향이 서로 반대가 되는 방법으로 잔류 응력은 다소 적게 발생하나 작업의 능률이 떨어지는 용착법은?

① 전진법 ② 후진법
③ 대칭법 ④ 스킵법

해설 ① **전진법** : 용접 시작 부분보다 끝나는 부분이 수축 및 잔류 응력이 커서 용접 이음이 짧고, 변형 및 잔류 응력이 그다지 문제가 되지 않을 때 사용
② **후진법** : 용접을 단계적으로 후퇴하면서 전체 길이를 용접하는 방법으로 수축과 잔류 응력을 줄이는 방법
③ **대칭법** : 용접 전 길이에 대하여 중심에서 좌우로 또는 용접물 형상에 따라 좌우 대칭으로 용접하여 변형과 수축 응력을 경감한다.
④ **비석법** : 스킵법이라고도 하며 짧은 용접 길이로 나누어 놓고 간격을 두면서 용접하는 방법으로 특히 잔류 응력을 적게 할 경우 사용한다.
⑤ **교호법** : 열 영향을 세밀하게 분포시킬 때 사용

13 CO_2 가스 아크 용접 결함에 있어서 다공성이란 무엇을 의미하는가?

① 질소, 수소, 일산화탄소 등에 의한 기공을 말한다.
② 와이어 선단부에 용적이 붙어 있는 것을 말한다.
③ 스패터가 발생하여 비드의 외관에 붙어 있는 것을 말한다.
④ 노즐과 모재간 거리가 지나치게 작아서 와이어 송급 불량을 의미한다.

해설 다공성이란 공기구멍이 많은 것 즉 질소, 수소, 일산화탄소 등에 의한 기공이 많은 것을 말한다.

14 용접 자동화의 장점을 설명한 것으로 틀린 것은?

① 생산성 증가 및 품질을 향상시킨다.
② 용접조건에 따른 공정을 늘일 수 있다.
③ 일정한 전류 값을 유지할 수 있다.
④ 용접와이어의 손실을 줄일 수 있다.

해설 용접을 자동하게 되면 공정 등을 줄일 수 있어 제조비용 등을 줄일 수 있다.

15 용접 이음의 종류가 아닌 것은?

① 겹치기 이음 ② 모서리 이음
③ 라운드 이음 ④ T형 필릿 이음

해설 용접 이음의 종류

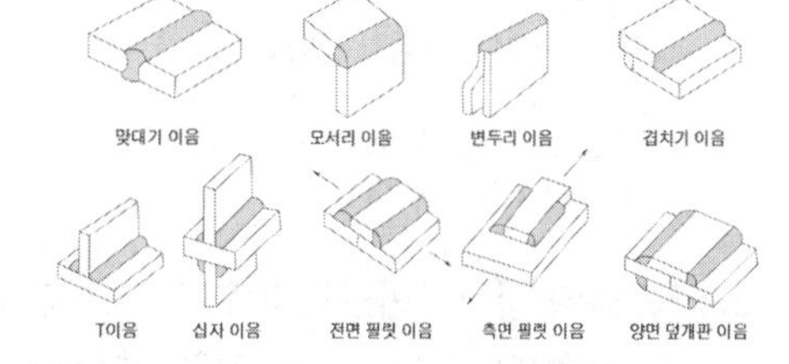

16 용접이음부에 예열하는 목적을 설명한 것으로 틀린 것은?

① 수소의 방출을 용이하게 하여 저온균열을 방지한다.
② 모재의 열 영향부와 용착금속의 연화를 방지하고, 경화를 증가시킨다.
③ 용접부의 기계적 성질을 향상시키고, 경화조직의 석출을 방지시킨다.
④ 온도분포가 완만하게 되어 열응력의 감소로 변형과 잔류응력의 발생을 적게 한다.

해설 예열의 목적
① 용접부와 인접된 모재의 수축응력을 감소하여 균열 발생 억제
② 냉각속도를 느리게 하여 모재의 취성 방지

정답 12. ② 13. ① 14. ② 15. ③ 16. ②

③ 용착금속의 수소 성분이 나갈 수 있는 여유를 주어 비드 밑 균열 방지

- **후열의 목적**

① 용접 후 급랭에 의한 균열 방지

17 산소와 아세틸렌 용기의 취급상의 주의사항으로 옳은 것은?

① 직사광선이 잘 드는 곳에 보관한다.
② 아세틸렌 병은 안전상 눕혀서 사용한다.
③ 산소병은 40℃ 이하 온도에서 보관한다.
④ 산소병 내에 다른 가스를 혼합해도 상관없다.

해설 **산소 용기를 취급할 때 주의점**

① 타격, 충격을 주지 않는다.
② 직사광선, 화기가 있는 고온의 장소를 피한다.
③ 용기 내의 압력이 너무 상승(170kgf/cm²)되지 않도록 한다.
④ 밸브가 동결되었을 때 더운물, 또는 증기를 사용하여 녹여야 한다.
⑤ 누설 검사는 비눗물을 사용한다.
⑥ 용기 내의 온도는 항상 40℃ 이하로 유지하여야 한다.
⑦ 용기 및 밸브 조정기 등에 기름이 부착되지 않도록 한다.
⑧ 저장실에 가스를 보관 시 다른 가연성 가스와 함께 보관하지 않는다.

18 용접부를 끝이 구면인 해머로 가볍게 때려 용착금속부의 표면에 소성변형을 주어 인장응력을 완화시키는 잔류 응력 제거법은?

① 피닝법
② 노내 풀림법
③ 저온 응력 완화법
④ 기계적 응력 완화법

해설 **피닝법** : 끝이 둥근 특수 해머로 용접부를 연속적으로 타격하며 용접 표면에 소성 변형을 주어 인장 응력을 완화한다. 첫층 용접의 균열 방지 목적으로 700℃ 정도에서 열간 피닝을 한다.

19 다음 중 전자 빔 용접에 관한 설명으로 틀린 것은?

① 용입이 낮아 후판 용접에는 적용이 어렵다.
② 성분 변화에 의하여 용접부의 기계적 성질이나 내식성의 저하를 가져올 수 있다.
③ 가공재나 열처리에 대하여 소재의 성질을 저하시키지 않고 용접할 수 있다.
④ 10^{-4}~10^{-6}mmHg 정도의 높은 진공실 속에서 음극으로부터 방출된 전자를 고전압으로 가속시켜 용접을 한다.

해설 전자 빔 용접(electron beam welding)은 고 진공(10^{-4}mmHg 이상) 중에서 전자를 전자 코일로서 적당한 크기로 만들어 양극 전압에 의해 가속시켜 접합부에 충돌시켜 그 열로 용접하는 방법이다.

- **전자빔 용접의 특징**

① 용접부가 좁고 용입이 깊다.
② 얇은 판에서 두꺼운 판까지 광범위한 용접이 가능하다.(정밀제품에 자동화에 좋다.)
③ 고 용융점 재료 또는 열전도율이 다른 이종 금속과의 용접이 용이하다.
④ 용접부가 대기의 유해한 원소와 차단되어 양호한 용접부를 얻을 수 있다.
⑤ 고속 용접이 가능하므로 열 영향부가 적고, 완성 치수에 정밀도가 높다.
⑥ 고 진공형, 저 진공형, 대기압형이 있다.
⑦ 저전압 대 전류형, 고 전압 소 전류형이 있다.
⑧ 피 용접물의 크기에 제한을 받으며 장치가 고가이다.
⑨ 용접부의 경화 현상이 일어나기 쉽다.
⑩ 배기 장치 및 X선 방호가 필요하다.

20 물체와의 가벼운 충돌 또는 부딪침으로 인하여 생기는 손상으로 충격 부위가 부어오르고 통증이 발생되며 일반적으로 피부 표면에 창상이 없는 상처를 뜻하는 것은?

① 출혈 ② 화상 ③ 찰과상 ④ 타박상

해설 일반적으로 피부 표면에 창상이 없는 상처를 타박상이라고 한다.

21 가스용접 모재의 두께가 3.2mm일 때 가장 적당한 용접봉의 지름을 계산식으로 구하면 몇 mm인가?

① 1.6 ② 2.0 ③ 2.6 ④ 3.2

해설 가스 용접봉의 지름을 구하고자 할 때는 용접하고자 하는 모재 두께의 반에 1을 더한 것이다. 즉 $D=\frac{t}{2}+1$이 된다. 즉 1.6+1이 된다.

정답 17. ③ 18. ① 19. ① 20. ④ 21. ③

22 **피복 아크 용접에서 직류 역극성(DCRP) 용접의 특징으로 옳은 것은?**

① 모재의 용입이 깊다.
② 비드 폭이 좁다.
③ 봉의 용융이 느리다.
④ 박판, 주철, 고탄소강의 용접 등에 쓰인다.

✔ 해설 직류 정극성과 역극성

◆ 직류 정극성 모재(+) 용접봉(-)

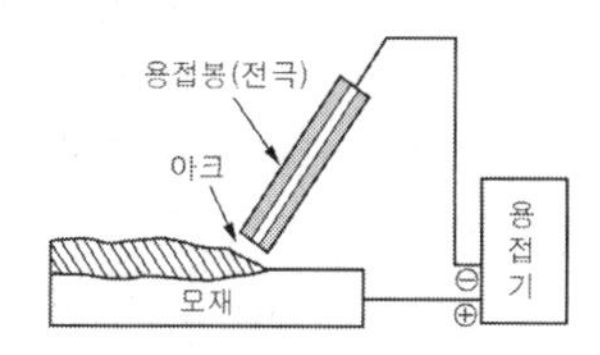

◈ 직류 정극성(DCSP)
- 모재의 용입이 깊다.
- 용접봉의 늦게 녹는다.
- 비드 폭이 좁다.
- 후판 등 일반적으로 사용된다.

◆ 직류 역극성 모재(-) 용접봉(+)

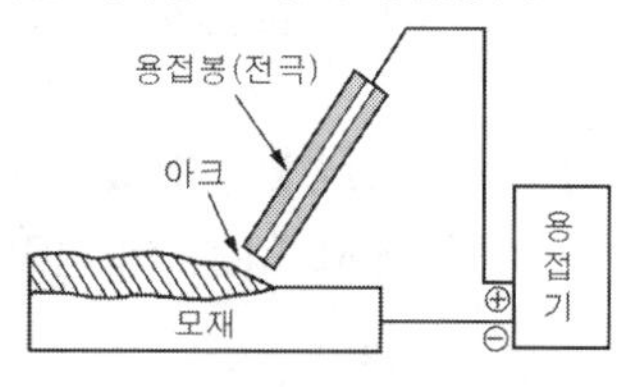

◈ 직류 역극성(DCRP)
- 모재의 용입이 얕다.
- 용접봉이 빨리 녹는다.
- 비드 폭이 넓다.
- 박판 등의 비철금속에 사용된다.

23 **용접 자세를 나타내는 기호가 틀리게 짝지어진 것은?**

① 위보기 자세 : O ② 수직 자세 : V
③ 아래보기 자세 : U ④ 수평 자세 : H

✔ 해설 아래보기 자세 기호는 F 이다.

24 **아세틸렌 가스의 성질 중 15℃ 1기압에서의 아세틸렌 1리터의 무게는 약 몇 g 인가?**

① 0.151 ② 1.176
③ 3.143 ④ 5.117

✔ 해설 아세틸렌(C_2H_2)
① 비중은 0.906으로 공기보다 가볍고, 가연성 가스로 가장 많이 사용한다.
② 카바이드(CaC_2)에 물을 작용시켜 제조한다. ($CaC_2 + 2H_2O \rightarrow C_2H_2 \uparrow + Ca(OH)_2 +$ 31,872(kcal))
③ 순수한 것은 무색, 무취의 기체이다. 하지만 인화수소, 유화수소, 암모니아와 같은 불순물을 혼합할 때 악취가 난다.
④ 15℃ 1기압에서 1 ℓ 의 무게는 1.176g이다.
⑤ 여러 가지 액체에 잘 용해되며 물에는 같은 양, 석유에는 2배, 벤젠에는 4배, 알코올에서는 6배, 아세톤에는 25배 용해되며, 그 용해량은 압력에 따라 증가한다. 단 소금물에는 용해되지 않는다.

25 **강재 표면의 홈이나 개재물, 탈탄층 등을 제거하기 위해 얇고 타원형 모양으로 표면을 깎아내는 가공법은?**

① 가스 가우징 ② 너깃
③ 스카핑 ④ 아크 에어 가우징

✔ 해설 스카핑
① 강재 표면의 탈탄 층 또는 홈을 제거하기 위해 사용
② 가우징과 달리 표면을 얕고 넓게 깎는 것이다.

26 **사용률이 60%인 교류 아크 용접기를 사용하여 정격 전류로 6분 용접하였다면 휴식시간은 얼마인가?**

① 2분 ② 3분 ③ 4분 ④ 5분

✔ 해설 사용율이 60%라는 의미는 10분 작업 중 6분 아크 발생하고 4분 휴식시간을 갖는다는 의미이다.

27 **아크 에어 가우징 작업에 사용되는 압축공기의 압력으로 적당한 것은?**

① 1~3kgf/㎠ ② 5~7kgf/㎠
③ 9~12kgf/㎠ ④ 14~16kgf/㎠

✔ 해설 아크 에어 가우징
① 탄소 아크 절단에 압축 공기를 병용하여 결함을 제거(흑연으로 된 탄소봉에 구리 도금을 한 전극 사용)

정답 22. ④ 23. ③ 24. ② 25. ③ 26. ③ 27. ②

② 가스 가우징보다 작업 능률이 2 ~ 3배 좋다.
③ 균열의 발견이 특히 쉽다.
④ 철, 비철금속 어느 경우도 사용된다.
⑤ 전원으로는 직류 역극성이 사용된다.
⑥ 아크 전압 35V, 전류 200 ~ 500A, 압축 공기는 6 ~ 7kg/cm² (4kg/cm² 이하로 떨어지면 용융 금속이 잘 불려 나가지 않는다.

28 금속 산화물이 알루미늄에 의하여 산소를 빼앗기는 반응에 의해 생성되는 열을 이용한 용접법은?

① 마찰 용접
② 테르밋 용접
③ 일렉트로 슬래그 용접
④ 서브머지드 아크 용접

해설 **테르밋 용접**
① **원리** : 테르밋 반응에 의한 화학 반응열을 이용하여 용접한다.
② **특징**
㉠ 테르밋제는 산화철 분말(FeO, Fe_2O_3, Fe_3O_4)약 3 ~ 4, 알루미늄 분말을 1로 혼합한다.(2,800℃의 열이 발생)
㉡ 점화제로는 과산화바륨, 마그네슘이 있다.
㉢ 용융 테르밋 용접과 가압 테르밋 용접이 있다.
㉣ 작업이 간단하고 기술습득이 용이하다.
㉤ 전력이 불필요하다.
㉥ 용접 시간이 짧고 용접후의 변형도 적다.
㉦ 용도로는 철도레일, 덧붙이 용접, 큰 단면의 주조, 단조품의 용접

29 다음 중 야금적 접합법에 해당되지 않는 것은?

① 융접(fusion welding)
② 접어 잇기(seam)
③ 압접(pressure welding)
④ 납땜(brazing and soldering)

해설 접어잇기 방법은 판금 가공에서 사용하는 방법으로 기계적 접합법에 해당한다고 할 수 있다.

30 교류 아크 용접기에서 안정한 아크를 얻기 위하여 상용 주파의 아크 전류에 고전압의 고주파를 중첩시키는 방법으로 아크 발생과 용접작업을 쉽게 할 수 있도록 하는 부속장치는?

① 전격 방지장치 ② 고주파 발생장치
③ 원격 제어장치 ④ 핫 스타트장치

해설 **고주파 발생 장치** : 아크의 안정을 확보하기 위하여 상용 주파수의 아크 전류 외에 고전압 3,000 ~ 4,000[V]를 발생하여, 용접 전류를 중첩시키는 방식

31 다음 중 알루미늄을 가스 용접할 때 가장 적절한 용제는?

① 붕사 ② 탄산나트륨
③ 염화나트륨 ④ 중탄산나트륨

해설 **용접 금속에 따른 용제**

용접 금속	용 제(flux)
연 강	일반적으로 사용하지 않는다.
반 경 강	중탄산소다 + 탄산소다
주 철	중탄산나트륨 70%, 탄산나트륨 15%, 붕사 15%
구리합금	붕사 75%, 붕산, 플로오르화 나트륨, 염화나트륨 25%
알루미늄	염화칼륨 45%, 염화나트륨 30%, 염화리튬 15%, 황산칼륨 3% 플루오르화 칼륨 7%,

32 다음 중 연강용 가스용접봉의 종류인 "GA43"에서 "43"이 의미하는 것은?

① 가스 용접봉
② 용착금속의 연신율
③ 용착금속의 최소 인장강도 수준
④ 용착금속의 최대 인장강도 수준

해설

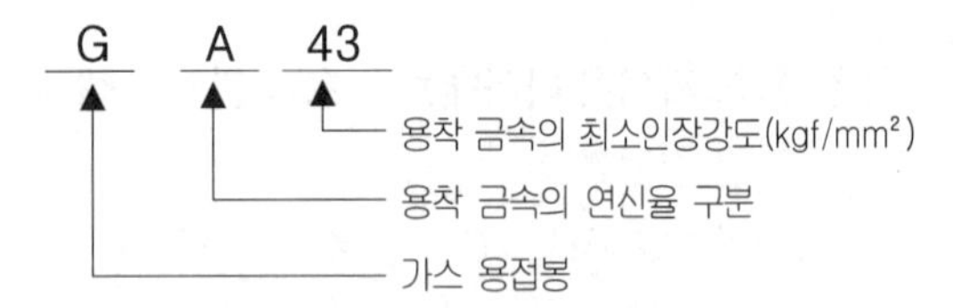

33 피복 아크 용접봉은 금속 심선의 겉에 피복제를 발라서 말린 것으로 한쪽 끝은 홀더에 물려 전류를 통할 수 있도록 심선 길이의 얼마만큼을 피복하지 않고 남겨 두는가?

정답 28. ② 29. ② 30. ② 31. ③ 32. ③ 33. ④

① 3 mm ② 10 mm
③ 15 mm ④ 25 mm

해설 용접봉, 용가재, 전극봉 등은 모두 동일한 말이며, 심선의 재료는 저 탄소 림드강으로 황, 인 등의 불순물 양을 제한하여 제조한다. 용접봉의 심선은 규격화 되어 있으며, 일반적으로 심선 지름의 굵기 허용오차는 ±0.05mm이고, 길이의 허용 오차는 ±3mm이다. 일반적으로 3.2mm의 경우 길이는 350mm ± 3mm이다. 용접봉을 홀더에 끼우는 용접봉 노출부의 길이는 25 ± 5mm이고, 700 및 900일 때는 30 ± 5mm이다.

34 용접법의 분류 중 압접에 해당하는 것은?

① 테르밋 용접
② 전자 빔 용접
③ 유도 가열 용접
④ 탄산가스 아크 용접

해설 **압접 (Pressure Welding)** : 접합 부분을 열간 또는 냉간 상태에서 압력을 주어 접합하는 방법으로 그 종류는 전기 저항 용접(점용접, 심 용접, 프로젝션 용접, 업셋 용접, 플래시 용접, 퍼커션 용접), 초음파 용접, 마찰 용접, 유도 가열 용접, 가스 압접 등이 있다.

35 Mg 및 Mg 합금의 성질에 대한 설명으로 옳은 것은?

① Mg의 열전도율은 Cu와 Al보다 높다.
② Mg의 전기 전도율은 Cu와 Al보다 높다.
③ Mg합금보다 Al합금의 비강도가 우수하다.
④ Mg는 알칼리에 잘 견디나 산이나 염수에는 침식된다.

해설 **마그네슘의 성질 및 용도**
① 비중이 1.74로 실용 금속 중에서 가장 가볍고 용융점 650℃, 조밀 육방 격자이다.
② 마그네사이트, 소금 앙금, 산화마그네슘으로 얻는다.
③ 마그네슘의 전기 열전도율은 구리, 알루미늄보다 낮고, Sb, Li, Mn, Cu, Sn 등의 함유량의 증가에 따라 저하한다. 선팽창 계수는 철의 2배 이상으로 대단히 크다.
④ 전기 화학적으로 전위가 낮아서 내식성이 나쁘다. 알칼리 수용액에 대해서는 비교적 침식되지 않지만 산, 염류의 수용액에는 현저하게 침식된다. 부식을 방지하기 위하여 양극 산화 처리, 도금 및 도장을 한다.
⑤ 마그네슘은 가공 경화율이 크기 때문에 실용적으로 10~20% 정도의 냉간 가공성을 갖는다. 그러나 절삭 가공성은 대단히 좋으므로 고속 절삭이 가능하고 마무리면도 우수하다.

36 정격 2차 전류 300A, 정격 사용률 40%인 아크용접기로 실제 200A 용접 전류를 사용하여 용접하는 경우 전체 시간을 10분으로 하였을 때 다음 중 용접 시간과 휴식 시간을 올바르게 나타낸 것은?

① 10분 동안 계속 용접한다.
② 5분 용접 후 5분간 휴식한다.
③ 7분 용접 후 3분간 휴식한다.
④ 9분 용접 후 1분간 휴식한다.

해설 (정격 2차 전류)^2×정격 사용율=(실제 용접 전류)^2×허용 사용율 $(300)^2 \times 40 = (200)^2 \times ?$ 즉, 허용 사용율은 90%가 된다. 따라서 10분 작업을 할 경우 9분 용접 작업 후 1분간 쉬어야 한다.

37 피복아크 용접봉의 피복제 작용을 설명한 것 중 틀린 것은?

① 스패터를 많게 하고, 탈탄 정련작용을 한다.
② 용융금속의 용적을 미세화하고, 용착효율을 높인다.
③ 슬래그 제거를 쉽게 하며, 파형이 고운 비드를 만든다.
④ 공기로 인한 산화, 질화 등의 해를 방지하여 용착금속을 보호한다.

해설 **피복제의 역할**
① 아크 안정
② 산·질화 방지
③ 용적을 미세화 하여 용착 효율 향상
④ 서냉으로 취성 방지
⑤ 용착 금속의 탈산 정련 작용
⑥ 합금 원소 첨가
⑦ 슬래그의 박리성 증대
⑧ 유동성 증가
⑨ 전기 절연 작용 등이 있다.

정답 34. ③ 35. ④ 36. ④ 37. ①

38 **산소 용기의 취급 시 주의사항으로 틀린 것은?**

① 기름이 묻은 손이나 장갑을 착용하고는 취급하지 않아야 한다.
② 통풍이 잘되는 야외에서 직사광선에 노출시켜야 한다.
③ 용기의 밸브가 얼었을 경우에는 따뜻한 물로 녹여야 한다.
④ 사용 전에는 비눗물 등을 이용하여 누설 여부를 확인한다.

해설 **산소 용기를 취급할 때 주의 점**
① 타격, 충격을 주지 않는다.
② 직사광선, 화기가 있는 고온의 장소를 피한다.
③ 용기 내의 압력이 너무 상승(170kgf/cm²)되지 않도록 한다.
④ 밸브가 동결되었을 때 더운물, 또는 증기를 사용하여 녹여야 한다.
⑤ 누설 검사는 비눗물을 사용한다.
⑥ 용기 내의 온도는 항상 40℃이하로 유지하여야 한다.
⑦ 용기 및 밸브 조정기 등에 기름이 부착되지 않도록 한다.
⑧ 저장실에 가스를 보관시 다른 가연성 가스와 함께 보관하지 않는다.

39 **다음 중 연강을 가스 용접할 때 사용하는 용제는?**

① 붕사
② 염화나트륨
③ 사용하지 않는다.
④ 중탄산소다+탄산소다

해설 연강을 가스용접 할 경우에는 용제를 사용하지 않는다.

40 **강자성을 가지는 은백색의 금속으로 화학반응용 촉매, 공구 소결재로 널리 사용되고 바이탈륨의 주성분 금속은?**

① Ti ② Co ③ Al ④ Pt

해설 소결제로 사용되는 것은 코발트이다.

41 **주철의 유동성을 나쁘게 하는 원소는?**

① Mn ② C ③ P ④ S

해설 주철 중에 황(S)이 함유되면 유동성을 해치고, 주조 시 수축률을 크게 하고 흑연의 생성을 방해하여 고온 취성을 일으킨다.

42 **구상흑연주철에서 그 바탕조직이 펄라이트이면서 구상흑연의 주위를 유리된 페라이트가 감싸고 있는 조직의 명칭은?**

① 오스테나이트(austenite) 조직
② 시멘타이트(cementite) 조직
③ 레데뷰라이트(ledeburite) 조직
④ 불스 아이(bull' s eye) 조직

해설 구상흑연주철은 주철이 가지는 우수한 주조성과 더불어 주철이 가지지 못하는 가공성을 우수하게 만든 주철로 구상흑연 주위에 페라이트가 둘러싸여 있고 그 바깥쪽에 펄라이트 조직으로 되어 있는 것을 불스 아이(bull' s eye) 조직이라고 한다.

43 **니켈-크롬 합금 중 사용한도가 1000℃까지 측정할 수 있는 합금은?**

① 망가닌 ② 우드메탈
③ 배빗메탈 ④ 크로멜-알루멜

해설 **크로멜, 알루멜**

크로멜 Cr 10% 알루멜 Al 3%	• 크로멜은 Cr 10% 함유한 것이며, 알루멜은 Al 3% 함유한 합금이다. • 최고 1,200℃까지 온도 측정이 가능하므로 고온 측정용의 열전쌍으로 사용된다. • 고온에서 내산화성 크며, 다른 비철금속의 열전쌍에 비하여 사용 수명이 길다.

44 **황동의 종류 중 Cu와 같이 연하고 코이닝하기 쉬우므로 동전이나 메달 등에 사용되는 합금은?**

① 95% Cu – 5% Zn 합금
② 70% Cu – 30% Zn 합금
③ 60% Cu – 40% Zn 합금
④ 50% Cu – 50% Zn 합금

정답 38. ② 39. ③ 40. ② 41. ④ 42. ④ 43. ④ 44. ①

해설

종 류	성분(%) (Cu : Zn)	용 도
Gilding metal	95 : 5	코이닝이 쉬워 화폐, 메달, 토큰
Commercial bronze	90 : 10	디프 드로잉 재료, 메달, 배지, 가구용, 건축용 등, 청동 대용으로 사용
Red brass	85 : 15	건축용, 금속 잡화, 소켓 체결용, 콘덴서, 열교환기, 튜브 등
Low brass	80 : 20	금속 잡화, 장신구, 악기 등에 사용(톰백)
Cartridge brass	70 : 30	판, 봉, 관, 선등의 가공용 황동에 대표, 자동차 방열기, 전구 소켓, 탄피, 일용품

45 Al의 비중과 용융점(℃)은 약 얼마인가?

① 2.7, 660℃ ② 4.5, 390℃
③ 8.9, 220℃ ④ 10.5, 450℃

해설 **알루미늄의 성질**

① 비중 2.7 용융점 660℃ 변태점이 없고 열 및 전기의 양도체이다.
② 전·연성이 풍부하며 400 ~ 500℃에서 연신율이 최대이다.
③ 풀림 온도 250 ~ 300℃이며 순수 알루미늄은 유동성이 불량하여 주조가 안 된다.
④ 무기산 염류에 침식되나 대기 중에서는 안정한 산화 피막을 형성한다.

46 침탄법에 대한 설명으로 옳은 것은?

① 표면을 용융시켜 연화시키는 것이다.
② 망상 시멘타이트를 구상화시키는 방법이다.
③ 강재의 표면에 아연을 피복시키는 방법이다.
④ 강재의 표면에 탄소를 침투시켜 경화시키는 것이다.

해설 **표면 경화법**

① 침탄법
㉠ **고체 침탄법** : 침탄제인 코크스 분말이나 목탄과 침탄 촉진제(탄산바륨, 적혈염, 소금)를 소재와 함께 900 ~ 950℃로 3 ~ 4시간 가열하여 표면에서 0.5 ~ 2mm의 침탄층을 얻음
㉡ **액체 침탄법** : 침탄제인 NaCN, KCN에 염화물 NaCl, KCl, $CaCl_2$ 등과 탄화염을 40 ~ 50% 첨가하고 600 ~ 900℃에서 용해하여 C와 N가 동시에 소재의 표면에 침투하게 하여 표면을 경화시키는 방법으로 침탄 질화법이라고도 한다.
㉢ **가스 침탄법** : 메탄 가스, 프로판 가스 등에 탄화 수소계 가스로 가득 찬 노 안에 놓고 일정 시간 가열하여 소재 표면으로 탄소의 확산이 이루어지게 하는 침탄법이다. 가스 침탄법은 침탄 온도, 기체 공급량, 기체 혼합비 등의 조절로 균일한 침탄층을 얻을 수 있고, 작업이 간편하며, 열효율이 높고, 연속적으로 침탄 온도에서의 직접 담금질이 가능하다는 장점이 있어 공업적으로 다량 침탄을 할 때 이용된다. 침탄 조작, 즉 고온 가열이 완료된 후에는 일단 서냉시킨 다음 1차·2차 담금질, 뜨임을 한다.

② **질화법** : 암모니아(NH_3)가스를 이용하여 520℃에서 50 ~ 100시간 가열하면 Al, Cr, Mo 등이 질화되며, 질화가 불필요하면 Ni, Sn도금을 한다.

47 다이캐스팅 주물품, 단조품 등의 재료로 사용되며 융점이 약 660℃이고, 비중이 약 2.7인 원소는?

① Sn ② Ag ③ Al ④ Mn

해설 **알루미늄의 성질**

① **물리적 성질**
㉠ 비중 2.7 용융점 660℃ 변태점이 없으며 색깔은 은백색이다.
㉡ 열 및 전기의 양도체이다.

② **화학적 성질**
㉠ 알루미늄은 대기 중에서 쉽게 산화되지만 그 표면에 생기는 산화알루미늄(Al_2O_3)의 얇은 보호 피막으로 내부의 산화를 방지한다.
㉡ 내식성을 저하하는 불순물로는 구리, 철, 니켈 등이 있다.
㉢ 마그네슘과 망간 등은 내식성에 거의 영향을 끼치지 않는다.
㉣ 황산, 묽은 질산, 인산에는 침식되며 특히 염산에는 침식이 대단히 빨리 진행된다.
㉤ 80% 이상의 진한 질산에는 침식에 잘 견디며, 그 밖의 유기산에는 내식성이 좋아 화학 공업용으로 널리 쓰인다.

정답 45. ① 46. ④ 47. ③

③ **기계적 성질**
- ㉠ 전·연성이 풍부하며 400 ~ 500℃에서 연신율이 최대이다.
- ㉡ 풀림 온도 250 ~ 300℃이며 순수한 알루미늄은 주조가 안 된다.
- ㉢ 알루미늄은 순도가 높을수록 강도, 경도는 저하하지만, 철, 구리, 규소 등의 불순물 함유량에 따라 성질이 변한다.
- ㉣ 다른 금속에 비하여 냉간 또는 열간 가공성이 뛰어나므로 판, 원판, 리벳, 봉, 선 등으로 쉽게 소성 가공할 수 있다. 경도와 인장 강도는 냉간 가공도의 증가에 따라 상승하나 연신율은 감소한다.

48 금속의 결정구조에서 조밀육방격자(HCP)의 배위수는?

① 6　② 8　③ 10　④ 12

해설

종 류	특 징	금 속
체심입방격자 (B·C·C)	• 강도가 크고 전·연성은 떨어진다. • 단위격자 속 원자수 2, 배위수는 8	Cr, Mo, W, V, Ta, K, Ba, Na, Nb, Rb, α-Fe, δ-Fe
면심입방격자 (F·C·C)	• 전·연성이 풍부하여 가공성이 우수하다. • 배위수는 12, 단위격자속 원자수 4	Ag, Al, Au, Cu, Ni, Pb, Ce, Pd, Pt, Rh, Th, Ca, γ-Fe
조밀육방격자 (H·C·P)	• 전·연성 및 가공성 불량하다. • 배위수는 12, 단위격자속 원자수 4	Ti, Be, Mg, Zn, Zr, Co, La

49 강의 표면 경화법이 아닌 것은?

① 풀림　② 금속 용사법
③ 금속 침투법　④ 하드 페이싱

해설 **강의 일반 열처리 방법**

① **담금질** : 강을 A_3 변태 및 A_1 선 이상 30 ~ 50℃로 가열한 후 수냉 또는 유냉으로 급랭시키는 방법으로 강을 강하게 만드는 열처리이다.
② **뜨임** : 담금질된 강을 A_1 변태점 이하로 가열 후 냉각시켜 담금질로 인한 취성을 제거하고 경도를 떨어뜨려 강인성을 증가시키기 위한 열처리이다.
③ **풀림** : 재질의 연화 및 내부 응력 제거를 목적으로 노내에서 서냉한다
④ **불림** : A_3 또는 Acm선 이상 30 ~ 50℃정도로 가열, 가공 재료의 결정 조직을 균일화한다. 공기 중 공랭하여 미세한 Sorbite 조직을 얻는다.

50 탄소강에서 탄소의 함량이 높아지면 낮아지는 것은?

① 경도　② 항복강도
③ 인장강도　④ 단면 수축률

해설 인장강도, 경도 등에 값이 커지면 연신율 및 수축률은 줄어든다.

51. 도면의 척도 값 중 실제 형상을 확대하여 그리는 것은?

① 2:1　② 1: $\sqrt{2}$
③ 1:1　④ 1:2

해설 분수로 생각하면 된다. 즉 2:1은 2배 확대한 것으로 도면에 그릴 때 2배 확대하여 그리고, 치수 기입은 실제 치수로 기입한다.

52 그림과 같이 기계 도면 작성 시 가공에 사용되는 공구 등의 모양을 나타낼 필요가 있을 때 사용하는 선으로 올바른 것은?

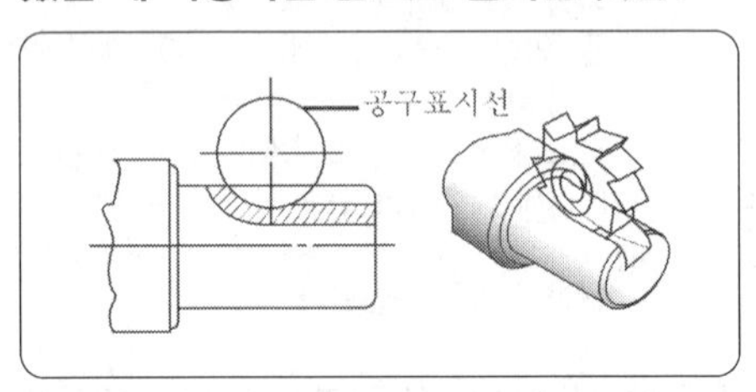

① 가는 실선　② 가는 1점 쇄선
③ 가는 2점 쇄선　④ 가는 파선

해설 **가상선은 가는 2점 쇄선을 사용**

① 도시된 물체의 앞면을 표시하는 선
② 인접 부분을 참고로 표시하는 선
③ 가공 전 또는 가공 후의 모양을 표시하는 선
④ 이동하는 부분의 이동 위치를 표시하는 선
⑤ 공구, 지그 등의 위치를 참고로 표시하는 선
⑥ 반복을 표시하는 선 등으로 사용된다.

정답 48. ④　49. ①　50. ④　51. ①　52. ③

53 **기계제도에서 물체의 보이지 않는 부분의 형상을 나타내는 선은?**

① 외형선　② 가상선
③ 절단선　④ 숨은선

해설 선의 종류와 용도
① 외형선은 굵은 실선으로 그린다.
② 치수선, 치수 보조선, 지시선, 회전 단면선, 중심선, 수준면선 등은 가는 실선으로 그린다.
③ 은선(숨은선)은 가는 파선 또는 굵은 파선으로 그린다.
④ 중심선, 기준선, 피치선은 가는 1점 쇄선으로 그린다.
⑤ 특수 지정선은 굵은 1점 쇄선으로 그린다.
⑥ 가상선 무게 중심선은 가는 2점 쇄선으로 그린다.
⑦ 파단선은 물체의 일부를 파단한 곳을 표시하는 선으로 불규칙한 파형의 가는 실선 또는 지그재그 선으로 그린다.
⑧ 절단선은 가는 1점 쇄선으로 끝 부분 및 방향이 변하는 부분을 굵게 한 것
⑨ 해칭은 가는 실선으로 규칙적으로 줄을 늘어놓은 것
⑩ 특수한 용도의 선으로는 가는 실선 아주 굵은 실선으로 나눌 수 있다.

54 **그림의 도면에서 X 의 거리는?**

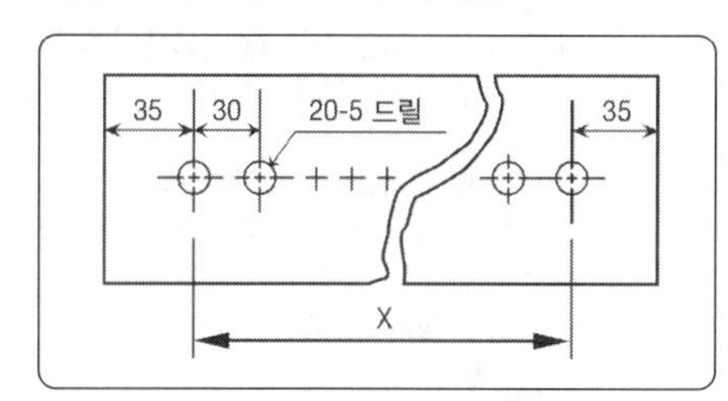

① 510 mm　② 570 mm
③ 600 mm　④ 630 mm

해설 피치가 30이며, 구멍의 개수가 20이므로 간격은 19가 되어 19×30=570 이 된다.

55 **그림과 같은 배관 도면에서 도시기호 S는 어떤 유체를 나타내는 것인가?**

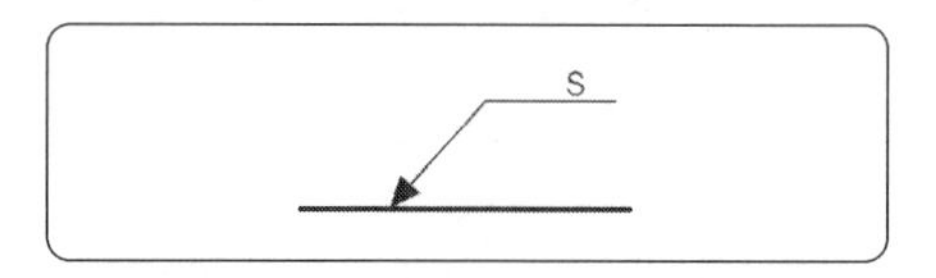

① 공기　② 가스
③ 유류　④ 증기

해설 유체의 종류, 상태, 배관계의 식별
(공기 A, 가스 G, 기름 O, 수증기 S, 물 W)

56 **그림과 같은 도면에서 괄호 안의 치수는 무엇을 나타내는가?**

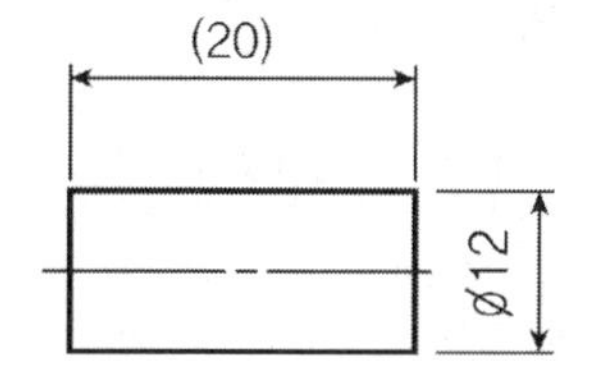

① 완성 치수　② 참고 치수
③ 다듬질 치수　④ 비례척이 아닌 치수

해설 치수에 사용되는 보조기호는 치수 숫자 앞에 사용하며 다음과 같은 의미가 있다.
① Ø : 원의 지름 기호를 나타내며 명확히 구분 될 경우는 생략할 수 있다.
② □ : 정사각형 기호
③ R : 반지름 기호
④ 구(S) : 구면 기호로 Ø, R의 기호 앞에 기입한다.
⑤ C : 모따기 기호
⑥ P : 피치 기호
⑦ t : 판의 두께 기호로 치수 숫자 앞에 표시한다.
⑧ ⊠ : 평면기호
⑨ ( ) : 참고 치수 기호

57 **그림과 같은 도면에서 나타난 "□40" 치수에서 "□"가 뜻하는 것은?**

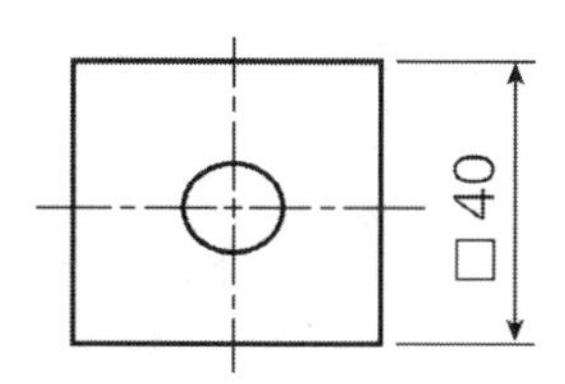

① 정사각형의 변
② 이론적으로 정확한 치수
③ 판의 두께
④ 참고치수

해설 □ : 정사각형 기호이다.

정답 53. ④ 54. ② 55. ④ 56. ② 57. ①

58 치수 기입법에서 지름, 반지름, 구의 지름 및 반지름, 모떼기, 두께 등을 표시할 때 사용하는 보조기호 표시가 잘못된 것은?

① 두께 : D6
② 반지름 : R3
③ 모떼기 : C3
④ 구의 반지름 : SΦ6

해설 ① ∅ : 원의 지름 기호를 나타내며 명확히 구분 될 경우는 생략할 수 있다.
② □ : 정사각형 기호로 생략 할 수 있다.
③ R : 반지름 기호
④ 구(S) : 구면 기호로 ∅,R의 기호 앞에 기입한다.
⑤ C : 모따기 기호
⑥ P : 피치 기호
⑦ t : 판의 두께 기호로 치수 숫자 앞에 표시한다.
⑧ ⊠ : 평면기호
⑨ (　) : 참고 치수 기호

59 그림과 같은 제3각법 정투상도에 가장 적합한 입체도는?

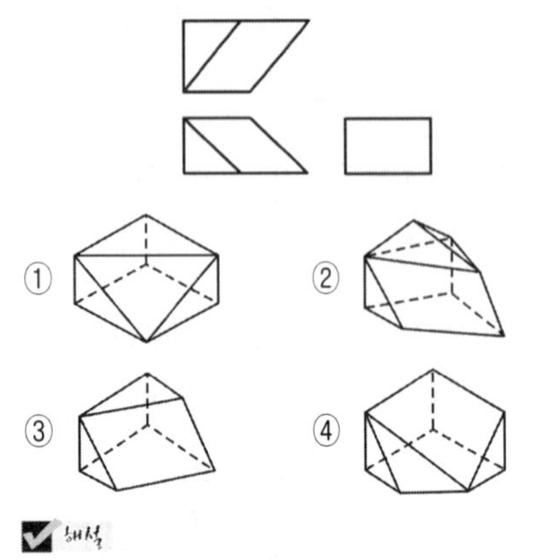

해설

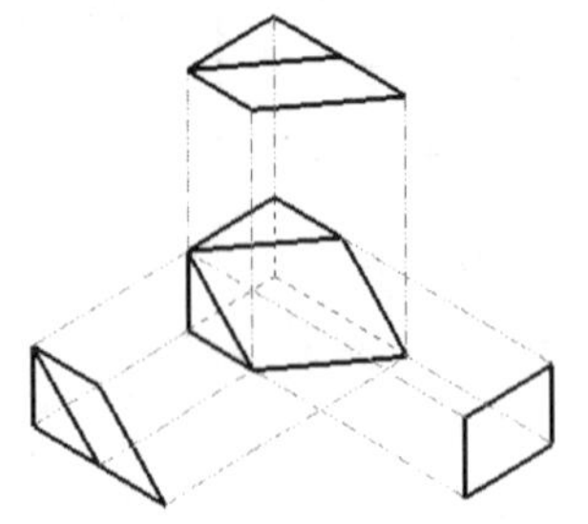

60 한쪽 단면도에 대한 설명으로 올바른 것은?

① 대칭형의 물체를 중심선을 경계로 하여 외형도의 절반과 단면도의 절반을 조합하여 표시한 것이다.
② 부품도의 중앙 부위의 전후를 절단하여 단면을 90° 회전시켜 표시한 것이다.
③ 도형 전체가 단면으로 표시된 것이다.
④ 물체의 필요한 부분만 단면으로 표시한 것이다

해설 단면도의 종류

① **전단면도(온단면도)**
㉠ 물체의 중심에서 ½로 절단하여 단면 도시
㉡ 물체 전체를 직선으로 절단하여 앞부분을 잘라내고, 남은 뒷부분을 단면으로 그린 것

② **반단면도(한쪽단면도)**
㉠ 물체의 상하 좌우가 대칭인 물체의 ¼을 절단하여 내부와 외형을 동시에 도시
㉡ 단면을 표시하는 해칭은 물체의 왼쪽과 위쪽에 한다.

③ **부분 단면도**
㉠ 일부분을 잘라내고 필요한 내부 모양을 그리기 위한 방법으로 파단선을 그어서 단면 부분의 경계를 표시한다.

④ **회전 단면도**
㉠ 핸들, 축, 형강 등과 같은 물체의 절단한 단면의 모양을 90°회전하여 내부 또는 외부에 그리는 것
㉡ 내부에 표시할 때는 가는 실선을 사용한다.
㉢ 외부에 표시할 때는 굵은 실선을 사용한다.

⑤ **계단 단면도 그리기**
㉠ 복잡한 물체의 투상도 수를 줄일 목적으로 절단면을 여러 개 설치하여 1개의 단면도로 조합하여 그린 것으로 화살표와 문자 기호를 반드시 표시한다.

정답 58. ① 59. ③ 60. ①

CBT복원문제 Craftsman Welding

제5회 용접기능사

01 CO_2 **가스 아크 용접에서 기공의 발생 원인으로 틀린 것은?**

① 노즐에 스패터가 부착되어 있다.
② 노즐과 모재사이의 거리가 짧다.
③ 모재가 오염(기름, 녹, 페인트)되어 있다.
④ CO_2 가스의 유량이 부족하다.

해석 CO_2 가스 아크 용접에서 기공 발생의 원인은 가스 유량이 부족하거나, 모재 표면에 오염 등에 의해 발생한다. 또한 노즐에 스패터가 부착되면 가스 보호가 원활하지 못해 기공이 발생할 수 있다.

02 용접 홈 이음 형태 중 U형은 루트 반지름을 가능한 크게 만드는데 그 이유로 가장 알맞은 것은?

① 큰 개선각도 ② 많은 용착량
③ 충분한 용입 ④ 큰 변형량

해석 이 문제의 경우는 생각이 필요하다. 예를 들어 앞에 그림이 루트 반지름이 작은 경우이며, 뒤에 그림이 루트 반지름이 큰 경우이다. 따라서 정답으로 발표한 충분한 용입에 대한 정상적인 해석이 용입량이 너무 많으면 안 되는 것을 의미한다면 정답이 되겠지만 용입량은 오히려 루트 반지름이 작은 경우 더 많을 수 있기 때문에 혼란을 줄 수 있다.

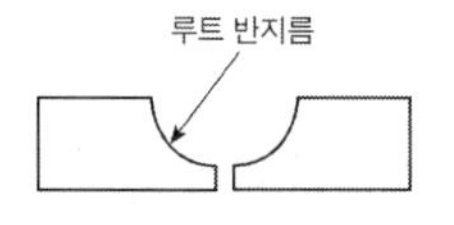

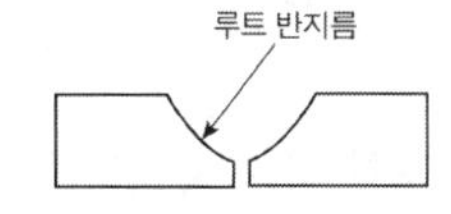

03 화재의 분류 중 C급 화재에 속하는 것은?

① 전기 화재 ② 금속 화재
③ 가스 화재 ④ 일반 화재

해석 등급별 소화방법

분류	A급 화재	B급 화재	C급 화재	D급 화재
명칭	보통 화재	기름 화재	전기 화재	금속 화재
가연물	목재, 종이, 섬유	유류, 가스	전기	Mg, Al 분말
주된 소화 효과	냉각	질식	냉각, 질식	질식
적용 소화기	물, 분말	포말, 분말, CO_2	분말, CO_2	모래, 질식

04 서브머지드 아크 용접봉 와이어 표면에 구리를 도금한 이유는?

① 접촉 팁과의 전기 접촉을 원활히 한다.
② 용접 시간이 짧고 변형을 적게 한다.
③ 슬래그 이탈성을 좋게 한다.
④ 용융 금속의 이행을 촉진시킨다.

해석 서브머지드 아크 용접의 전극 형상은 와이어, 테이프, 대상 전극의 형태가 있고, 이중 가장 일반적인 것은 와이어이며 2.6~6.4㎜의 것이 사용된다. 구리로 피막 처리하여 녹 방지 및 전기 전도도를 향상시키고 있다.

정답 01. ② 02. ③ 03. ① 04.①

05 **다음이 설명하고 있는 현상은?**

알루미늄 용접에서는 사용 전류에 한계가 있어 용접 전류가 어느 정도 이상이 되면 청정 작용이 일어나지 않아 산화가 심하게 생기며, 아크 길이가 불안정하게 변동되어 비드 표면이 거칠게 주름이 생기는 현상

① 번 백(burn back)
② 퍼커링(puckering)
③ 버터링(buttering)
④ 멜트 백킹(melt backing)

해설 퍼커링에 의미는 오그라드는 것을 말하며, 알루미늄합금을 미그 용접할 때 전류가 높으면 용융지 가장자리에 외기가 들어와 주름진 산화피막이 표면에 생기는 것을 말한다.

06 **서브머지드 아크 용접에서 사용하는 용제 중 흡습성이 가장 적은 것은?**

① 용융형　② 혼성형
③ 고온 소결형　④ 저온 소결형

해설 용제의 종류
① **용융형 용제**
㉠ 외관은 유리 형상의 형태
㉡ 흡습성이 적어 보관이 편리하다.
㉢ 입자가 가늘수록 고 전류를 사용하며, 용입이 얕고 비드 폭이 넓은 평활한 비드를 얻을 수 있다.
㉣ 전류가 낮을 때는 굵은 입자를, 전류가 높을 때는 가는 입자를 사용한다.
② **소결형 용제**
㉠ 착색이 가능하여 식별이 가능하나 흡습성이 강해 장기 보관시 변질의 우려가 있다.
㉡ 기계적 강도를 요구하는 곳에 합금제 첨가가 쉬워 사용되나 비드 외관은 용융형에 비해 거칠다.
㉢ 용융형에 비해 비교적 넓은 재질에 응용 사용되고 있다.
㉣ 용융형에 비해 슬래그 박리성이 좋고 미분 발생이 거의 없다.
㉤ 다층 용접에는 적합하지 못하며 덧살 붙임 용접 등에 적합하다.
③ **혼성형 용제** : 용융형 + 소결형

07 **피복아크용접 작업 시 감전으로 인한 재해의 원인으로 틀린 것은?**

① 1차 측과 2차 측 케이블의 피복 손상부에 접촉되었을 경우
② 피용접물에 붙어있는 용접봉을 떼려다 몸에 접촉되었을 경우
③ 용접기기의 보수 중에 입출력 단자가 절연된 곳에 접촉 되었을 경우
④ 용접 작업 중 홀더에 용접봉을 물릴 때나 홀더가 신체에 접촉 되었을 경우

해설 감전으로 인한 재해를 방지하기 위하여 입출력 단자는 절연하여야 한다.

08 **가스 중에서 최소의 밀도로 가장 가볍고 확산속도가 빠르며, 열전도가 가장 큰 가스는?**

① 수소　② 메탄　③ 프로판　④ 부탄

해설 수소의 성질
① 수소(H_2)는 0℃ 1기압에서 1ℓ의 무게는 0.0899g으로 가장 가볍고, 확산 속도가 빠르다.
② 무색, 무미, 무취로 불꽃은 육안으로 확인이 곤란하다.
③ 납땜이나 수중 절단용으로 사용한다.
④ 아세틸렌 다음으로 폭발성이 강한 가연성 가스이다.
⑤ 고온, 고압에서는 취성이 생길 수 있다.
⑥ 제조법으로는 물의 전기 분해 및 코크스의 가스화법으로 제조한다.

09 **TIG 용접 토치의 분류 중 형태에 따른 종류가 아닌 것은?**

① T형 토치　② Y형 토치
③ 직선형 토치　④ 플랙시블형 토치

해설 티그 용접에 사용되는 토치는 T형, 직선형, 플렉시블형 토치가 있다.

10 **다음 용접법 중 비소모식 아크 용접법은?**

① 논 가스 아크 용접
② 피복 금속 아크 용접
③ 서브머지드 아크 용접
④ 불활성 가스 텅스텐 아크 용접

정답　05. ②　06. ①　07. ③　08. ①　09. ②　10. ④

해설 비소모식 아크 용접법이라 전극봉이 녹지 않고 용접봉이 공급되는 것을 말하며 대표적인 것이 불활성가스 텅스텐 아크 용접 즉 티그 용접이라 할 수 있다.

11 피복아크 용접 시 지켜야 할 유의사항으로 적합하지 않은 것은?

① 작업 시 전류는 적정하게 조절하고 정리 정돈을 잘하도록 한다.
② 작업을 시작하기 전에는 메인스위치를 작동시킨 후에 용접기 스위치를 작동시킨다.
③ 작업이 끝나면 항상 메인스위치를 먼저 끈 후에 용접기 스위치를 꺼야 한다.
④ 아크 발생 시 항상 안전에 신경을 쓰도록 한다.

해설 ① **전원 투입 순서** : 분전반 → 메인스위치 → 용접기 ON/OFF 스위치
② **전원 제거 순서** : 용접기 ON/OFF 스위치 → 메인스위치 → 분전반

12 다음 중 테르밋 용접의 특징에 관한 설명으로 틀린 것은?

① 용접 작업이 단순하다.
② 용접기구가 간단하고, 작업장소의 이동이 쉽다.
③ 용접 시간이 길고, 용접 후 변형이 크다.
④ 전기가 필요 없다.

해설 테르밋 용접
① **원리** : 테르밋 반응에 의한 화학 반응열을 이용하여 용접한다.
② **특징**
㉠ 테르밋제는 산화철 분말(FeO, Fe_2O_3, Fe_3O_4) 약 3~4, 알루미늄 분말을 1로 혼합한다.(2,800℃의 열이 발생)
㉡ 점화제로는 과산화바륨, 마그네슘이 있다.
㉢ 용융 테르밋 용접과 가압 테르밋 용접이 있다.
㉣ 작업이 간단하고 기술습득이 용이하다.
㉤ 전력이 불필요하다.
㉥ 용접 시간이 짧고 용접후의 변형도 적다.
㉦ 용도로는 철도레일, 덧붙이 용접, 큰 단면의 주조, 단조품의 용접

13 아크 쏠림의 방지 대책에 관한 설명으로 틀린 것은?

① 교류 용접으로 하지 말고 직류 용접으로 한다.
② 용접부가 긴 경우는 후퇴법으로 용접한다.
③ 아크 길이는 짧게 한다.
④ 접지부를 될 수 있는 대로 용접부에서 멀리한다.

해설 아크 쏠림, 아크 블로우, 자기 불림 등은 모두 동일한 말이며 용접 전류에 의한 아크 주위에 발생하는 자장이 용접봉에 대하여 비대칭일 때 일어나는 현상이다.
• 방지책
① 직류 용접기 대신 교류 용접기를 사용한다.
② 아크 길이를 짧게 유지한다.
③ 접지를 용접부로부터 멀리한다.
④ 긴 용접선에는 후퇴법을 사용한다.
⑤ 용접부의 시·종단에는 엔드 탭을 설치한다.

14 용접부의 연성 결함을 조사하기 위하여 사용되는 시험법은?

① 브리넬 시험 ② 비커스 시험
③ 굽힘 시험 ④ 충격 시험

해설 **굽힘 시험** : 굽힘 시험은 모재 및 용접부의 연성, 결함의 유무를 시험하는 방법으로 종류로는 표면 굽힘, 이면 굽힘, 측면 굽힘 시험이 있다. 국가기술자격 검정에서 사용하는 방법이다.

15 플라즈마 아크 용접의 특징으로 틀린 것은?

① 용접부의 기계적 성질이 좋으며, 변형도 적다.
② 용입이 깊고 비드 폭이 좁으며, 용접 속도가 빠르다.
③ 단층으로 용접할 수 있으므로 능률적이다.
④ 설비비가 적게 들고 무부하 전압이 낮다.

해설 플라스마 아크 용접의 특징
① **장점**
㉠ 아크 형태가 원통이고 지향성이 좋아 아크 길이가 변해도 용접부는 거의 영향을 받지 않는다.

정답 11. ③ 12. ③ 13. ① 14. ③ 15. ④

㉡ 용입이 깊고 비드 폭이 좁으며 용접 속도가 빠르다.
㉢ 다음 용접으로는 V형 등으로 용접할 것도 I형으로 용접이 가능하며, 1층 용접으로 완성 가능
㉣ 전극봉이 토치 내의 노즐 안쪽에 들어가 있으므로 모재에 부딪칠 염려가 없으므로 용접부에 텅스텐 오염의 염려가 없다.
㉤ 용접부의 기계적 성질이 우수하다.
㉥ 작업이 쉽다.(박판, 덧붙이, 납땜에도 이용되며 수동 용접도 쉽게 설계)

② **단점**
㉠ 설비비가 고가
㉡ 용접 속도가 빨라 가스의 보호가 불충분하다.
㉢ 무부하 전압이 높다.
㉣ 모재 표면을 깨끗이 하지 않으면 플라즈마 아크 상태가 변하여 용접부에 품질이 저하됨

③ **사용 가스 및 전원**
㉠ 사용 가스로는 Ar, H_2 를 사용하며 모재에 따라 N 또는 공기도 사용
㉡ 전원은 직류가 사용

④ **용도** : 탄소강, 스테인리스강, 티탄, 니켈합금, 구리 등에 적합

16 **보기에서 설명하는 서브머지드 아크 용접에 사용되는 용제는?**

<보기>
- 화학적 균일성이 양호하다.
- 반복 사용성이 좋다.
- 비드 외관이 아름답다.
- 용접 전류에 따라 입자의 크기가 다른 용제를 사용해야 한다.

① 소결형 ② 혼성형 ③ 혼합형 ④ 용융형

해설 **용융형 용제**
① 외관은 유리 형상의 형태
② 흡습성이 적어 보관이 편리하다.
③ 입자가 가늘수록 고 전류를 사용하며, 용입이 얕고 비드 폭이 넓은 평활한 비드를 얻을 수 있다.
④ 전류가 낮을 때는 굵은 입자를, 전류가 높을 때는 가는 입자를 사용한다.

17 **고주파 교류 전원을 사용하여 TIG 용접을 할 때 장점으로 틀린 것은?**

① 긴 아크 유지가 용이하다.
② 전극봉의 수명이 길어진다.
③ 비접촉에 의해 용착 금속과 전극의 오염을 방지한다.
④ 동일한 전극봉 크기로 사용할 수 있는 전류 범위가 작다.

해설 고주파 전원을 사용하므로 모재에 접촉시키지 않아도 아크가 발생한다. 또한 고주파 장치가 붙어 있는 것을 사용하면 초기 아크 발생이 쉽고 텅스텐 전극의 오손 등이 적어 오래 사용할 수 있다.

18 **용접 변형의 교정법에서 점 수축법의 가열 온도와 가열시간으로 가장 적당한 것은?**

① 100~200℃, 20초
② 300~400℃, 20초
③ 500~600℃, 30초
④ 700~800℃, 30초

해설 **용접 후 변형 교정 방법**
① 박판에 대한 점 수축법 : 가열온도 500 ~ 600℃, 가열시간은 30초 정도, 가열부 지름 20 ~ 30mm, 가열 즉시 수냉
② 형재에 대한 직선 수축법
③ 가열 후 해머질 하는 방법
④ 후판에 대해 가열 후 압력을 가하고 수냉하는 방법
⑤ 로울러에 거는 법
⑥ 절단하여 정형후 재 용접하는 방법
⑦ 피닝법

19 **안전 보건표지의 색채, 색도기준 및 용도에서 지시의 용도 색채는?**

① 검은 색 ② 노란색 ③ 빨간 색 ④ 파란 색

해설 **색도기준 및 용도**

색채	용도	사용례
빨간색	금지	정지신호, 소화설비 및 그 장소, 유해행위의 금지
	경고	화학물질 취급 장소에서의 유해·위험 경고
노란색	경고	화학물질 취급 장소에서의 유해·위험경고 이외의 위험경고, 주의표지 또는 기계 방호물
파란색	지시	특정 행위의 지시 및 사실의 고지
녹색	안내	비상구 및 피난소, 사람 또는 차량의 통행표지
흰색		파란색 또는 녹색에 대한 보조색
검은색		문자 및 빨간색 또는 노란색에 대한 보조색

정답 16. ④ 17. ④ 18. ③ 19. ④

20 일명 비석법이라고도 하며, 용접 길이를 짧게 나누어 간격을 두면서 용접하는 용착법은?

① 전진법 ② 후진법
③ 대칭법 ④ 스킵법

해설 **비석법** : 스킵법이라고도 하며 짧은 용접 길이로 나누어 놓고 간격을 두면서 용접하는 방법으로 특히 잔류 응력을 적게 할 경우 사용한다.

21 가스 용접에 사용되는 가연성 가스의 종류가 아닌 것은?

① 프로판 가스 ② 수소 가스
③ 아세틸렌 가스 ④ 산소

해설 가스 용접에 사용되는 대표적인 가스는 아세틸렌 가스와 알칸계열(C_nH_{2n+2})의 가스인 프로판, 부탄가스 등이 있으며 수중 용접 및 절단 등에 사용되는 수소가스가 있다. 산소는 가연성 가스의 연소를 돕는 지연성 가스이다.

22 다음 중 아세틸렌가스의 관으로 사용할 경우 폭발성 화합물을 생성하게 되는 것은?

① 순구리관 ② 스테인리스강관
③ 알루미늄합금관 ④ 탄소강관

해설 아세틸렌의 위험성

① 온도
- ㉠ 406 ~ 408℃ : 자연 발화
- ㉡ 505 ~ 515℃ : 폭발 위험
- ㉢ 780℃ : 자연 폭발

② 압력
- ㉠ 1.3(kgf/cm²) : 이하에서 사용
- ㉡ 1.5(kgf/cm²) : 충격가열 등의 자극으로 폭발
- ㉢ 2.0(kgf/cm²) : 자연 폭발

③ 혼합가스
- ㉠ 공기 또는 산소가 혼합한 경우 불꽃 또는 불티 등으로 착화, 폭발의 위험성이 있다.
- ㉡ 아세틸렌 15%, 산소 85%에서 가장 위험하다.
- ㉢ 인화수소를 포함한 경우 : 0.02%이상 폭발성, 0.06%이상 자연 폭발한다.

④ 기타
- ㉠ 구리, 구리합금(구리 62% 이상), 은, 수은 등과 접촉하여 120℃ 부근에서 폭발성 화합물이 생성된다.
- ㉡ 압력이 주어진 아세틸렌가스에 충격, 마찰, 진동 등에 의하여 폭발의 위험성이 있다.

23 이산화탄소 아크 용접의 보호가스 설비에서 저전류 영역의 가스유량은 약 몇 L/min 정도가 가장 적당한가?

① 1~5 ② 6~9
③ 10~15 ④ 20~25

해설 이산화탄소의 보호가스 유량은 저전류에서 분당 10~15L가 셋팅하여 작업한다.

24 가스 용접에서 모재의 두께가 6mm일 때 사용되는 용접봉의 직경은 얼마인가?

① 1mm ② 4mm
③ 7mm ④ 9mm

해설 가스 용접봉의 직경은 판 두께의 반에다 1을 더한다고 생각하면 된다. 즉 6mm인 반인 3mm에 1을 더하면 4mm가 된다. 식으로는 $D = \frac{T}{2} + 1$ 이다.

25 가스용기를 취급할 때의 주의사항으로 틀린 것은?

① 가스용기의 이동시는 밸브를 잠근다.
② 가스용기에 진동이나 충격을 가하지 않는다.
③ 가스용기의 저장은 환기가 잘되는 장소에 한다.
④ 가연성 가스용기는 눕혀서 보관한다.

해설 가연성 가스나 지연성 가스 모두 눕혀서 보관하게 되면 용기가 굴러가 다른 물체에 부딪히게 되면 충격 등이 가해져 폭발할 수 있다.

26 용해 아세틸렌 취급 시 주의 사항으로 틀린 것은?

① 저장 장소는 통풍이 잘 되어야 한다.
② 저장 장소에는 화기를 가까이 하지 말아야 한다.
③ 용기는 진동이나 충격을 가하지 말고 신중히 취급해야 한다.
④ 용기는 아세톤의 유출을 방지하기 위해 눕혀서 보관한다.

정답 20. ④ 21. ④ 22. ① 23. ③ 24. ② 25. ④ 26. ④

✔해설 용해 아세틸렌 취급시 유의사항
① 저장실에는 착화에 위험이 없어야 한다.
② 용기는 반드시 세워서 취급하여야 한다.
③ 용기의 온도를 40℃ 이하로 유지하며 이동시에는 반드시 캡을 씌워야 한다.
④ 동결 부분은 35℃ 이하의 온수로 녹이며, 누설 검사는 비눗물을 사용한다.

27 리벳이음과 비교하여 용접이음의 특징을 열거한 것 중 틀린 것은?

① 구조가 복잡하다.
② 이음 효율이 높다.
③ 공정의 수가 절감된다.
④ 유밀, 기밀, 수밀이 우수하다.

✔해설 용접은 이음 구조가 간단하고, 이음 효율이 높으며, 공정수를 줄일 수 있다. 하지만 용접 이음은 모재에 열을 가하므로 잔류 응력의 발생으로 변형 등이 일어나는 단점을 가지고 있다.

28 저항 용접의 장점이 아닌 것은?

① 대량 생산에 적합하다.
② 후열 처리가 필요하다.
③ 산화 및 변질 부분이 적다.
④ 용접봉, 용제가 불필요하다.

✔해설 전기 저항 용접
① 장점
㉠ 용접사의 기능에 무관하다.
㉡ 용접 시간이 짧고 대량 생산에 적합하다.
㉢ 용접부가 깨끗하다.
㉣ 산화 작용 및 용접 변형이 적다.
㉤ 가압 효과로 조직이 치밀하다.
② 단점
㉠ 설비가 복잡하고 가격이 비싸다.
㉡ 후열 처리가 필요하다.

29 강재 표면의 홈이나 개재물, 탈탄층 등을 제거하기 위하여 될 수 있는 대로 얇게 그리고 타원형 모양으로 표면을 깎아내는 가공법은?

① 분말 절단 ② 가스 가우징
③ 스카핑 ④ 플라즈마 절단

✔해설 스카핑은 강재 표면의 탈탄 층 또는 홈을 제거하기 위해 사용하는 것으로 용접 홈을 파는 가우징과 달리 표면을 얕고 넓게 깎는 것이다.

30 피복 아크 용접봉의 피복제 중에서 아크를 안정시켜 주는 성분은?

① 붕사 ② 페로망간
③ 니켈 ④ 산화티탄

✔해설 아크 안정제 : 이온화하기 쉬운 물질을 만들어 재점호 전압을 낮추어 아크를 안정시킨다. 아크 안정제로는 규산나트륨, 규산칼륨, 산화티탄, 석회석 등이 있다.

31 아크 용접에서 아크쏠림 방지 대책으로 옳은 것은?

① 용접봉 끝을 아크쏠림 방향으로 기울인다.
② 접지점을 용접부에 가까이 한다.
③ 아크 길이를 길게 한다.
④ 직류 용접 대신 교류 용접을 사용한다.

✔해설 쏠림 방지책
① 직류 용접기 대신 교류 용접기를 사용한다.
② 아크 길이를 짧게 유지한다.
③ 접지를 용접부로 멀리한다.
④ 긴 용접선에는 후퇴법을 사용한다.
⑤ 용접부의 시 · 종단에는 엔드 탭을 설치한다.
⑥ 용접봉 끝을 아크 쏠림 방향의 반대 방향으로 기울일 것

32 피복제 중에 산화티탄(TiO_2)을 약 35% 정도 포함한 용접봉으로 아크는 안정되고 스패터는 적으나 고온 균열(hot crack)을 일으키기 쉬운 결점이 있는 용접봉은?

① E4301 ② E4313
③ E4311 ④ E4316

✔해설 고산화티탄계(E4313)
① 고산화티탄계는 TiO_2 을 약 35%정도 함유
② 아크는 안정되며 스패터가 적고 슬랙의 박리성도 대단히 좋아 비드의 겉모양이 고우며 재 아크 발생이 잘 되어 작업성이 우수.
③ 용도로는 일반 경 구조물, 경자동차 박 강판 표면 용접에 적합
④ 작업성 : E4313 > E4301 > E4316
⑤ 기계적 성질 : E4316 > E4301 > E4313

정답 27. ① 28. ② 29. ③ 30. ④ 31. ④ 32. ②

33 **다음 중 두꺼운 강판, 주철, 강괴 등의 절단에 이용되는 절단법은?**

① 산소창 절단　② 수중 절단
③ 분말 절단　④ 포갬 절단

✔ 해설 **산소창 절단**
① 토치 대신 내경이 3.2 ~ 6mm, 길이 1.5 ~ 3m의 강관을 통하여 절단 산소를 내보내고 이 강관의 연소하는 발생 열에 의해 절단
② 아세틸렌가스가 필요 없으며 강괴 후판의 절단 및 암석의 천공 등에 쓰인다.

34 **피복 아크 용접에서 일반적으로 가장 많이 사용되는 차광유리의 차광도 번호는?**

① 4~5　② 7~8
③ 10~11　④ 14~15

✔ 해설 **차광 유리**
아크 불빛은 적외선과 자외선을 포함하고 있어 눈을 보호하기 위하여 빛을 차단하는 차광 유리를 사용하여야 한다.

차광도 번호	용접 전류(A)	용접봉 지름(mm)
8	45 ~ 75	1.2 ~ .0
9	75 ~ 130	1.6 ~ 2.6
10	100 ~ 200	2.6 ~ 3.2
11	150 ~ 250	3.2 ~ 4.0
12	200 ~ 300	4.8 ~ 6.4
13	300 ~ 400	4.4 ~ 9.0
14	400 이상	9.0 ~ 9.6

35 **금속간 화합물의 특징을 설명한 것 중 옳은 것은?**

① 어느 성분 금속보다 용융점이 낮다.
② 어느 성분 금속보다 경도가 낮다.
③ 일반 화합물에 비하여 결합력이 약하다.
④ Fe_3C 는 금속간 화합물에 해당되지 않는다.

✔ 해설 **금속간 화합물** : 친화력이 큰 성분 금속이 화학적으로 결합되면 각 성분 금속과는 성질이 현저하게 다른 독립된 화합물을 만드는데 이것을 금속간 화합물이라 한다.(Fe_3C, Cu_4Sn, Cu_3Sn $CuAl_2$, Mg_2Si, $MgZn_2$)
① 금속간 화합물은 일반적으로 경도가 높기 때문에 그 특성을 이용하여 여러 가지 우수한 공구 재료를 만드는데 사용한다.

36 **산소 - 아세틸렌 불꽃의 종류가 아닌 것은?**

① 중성 불꽃　② 탄화 불꽃
③ 산화 불꽃　④ 질화 불꽃

✔ 해설 ① **중성 불꽃(neutral flame)** : 불꽃의 온도는 3,230℃ 정도이다.
② **산성 불꽃(excess oxygen flame)** : 불꽃의 온도는 3,320 ~ 3,430℃ 정도이며 산소 과잉 불꽃이라고도 한다.
③ **탄화 불꽃(excess acetylene flame, carbonizing flame)** : 불꽃의 온도는 3,070 ~ 3,150℃ 정도로 아세틸렌 과잉 불꽃이라고도 한다. 속불꽃과 겉불꽃 사이에 백색의 제3의 불꽃이 존재한다.

37 **다음 중 아크 절단법이 아닌 것은?**

① 스카핑
② 금속 아크 절단
③ 아크 에어 가우징
④ 플라즈마 제트 절단

✔ 해설 **아크 절단**
① 전극과 모재 사이에 아크를 발생시켜 그 열로 모재를 용융 절단
② 압축 공기, 산소 기류와 함께 쓰면 능률적임
③ 정밀도는 가스 절단보다 떨어지나 가스 절단이 곤란한 재료에 사용이 가능하다.
④ 종류로는 탄소 아크 절단, 금속 아크 절단, 산소 아크 절단, 아크 에어 가우징, 플라즈마 제트 절단 등이 있다.

여기서 스카핑이란 강재 표면의 탈탄 층 또는 홈을 제거하기 위해 사용하는 것으로 용접 홈을 파는 가우징과 달리 표면을 얕고 넓게 깎는 것이다.

38 **피복 아크 용접봉의 기호 중 고산화티탄계를 표시한 것은?**

① E 4301　② E 4303
③ E 4311　④ E 4313

✔ 해설 E4301(일미나이트계), E4303(라임 티탄계), E4311(고 셀롤로오스계), E4313(고산화티탄계), E4316(저수소계), E4324(철분산화티탄계), E4326(철분저수소계), E4327(철분산화철계)

정답 33. ① 34. ③ 35. ③ 36. ④ 37. ① 38. ④

39 **프로판 가스의 특징으로 틀린 것은?**

① 안전도가 높고 관리가 쉽다.
② 온도 변화에 따른 팽창률이 크다.
③ 액화하기 어렵고 폭발 한계가 넓다.
④ 상온에서는 기체 상태이고 무색, 투명하다.

해설 프로판 가스는 C_3H_8의 가스로 기화 및 액화가 용이하다.

40 **재료에 어떤 일정한 하중을 가하고 어떤 온도에서 긴 시간 동안 유지하면 시간이 경과함에 따라 스트레인이 증가하는 것을 측정하는 시험 방법은?**

① 피로 시험 ② 충격 시험
③ 비틀림 시험 ④ 크리프 시험

해설 크리프 시험은 재료의 인장강도보다 적은 일정한 하중을 가했을 때 시간의 경과와 더불어 변화하는 현상인 크리프 현상을 이용하여 변형을 검사하는 방법이다.

41 **주변 온도가 변화하더라도 재료가 가지고 있는 열팽창계수나 탄성계수 등의 특정한 성질이 변하지 않는 강은?**

① 쾌삭강 ② 불변강
③ 강인강 ④ 스테인리스강

해설 불변강

인바 (Ni 36%)	• 팽창 계수가 적다. • 표준척, 열전쌍, 시계 등에 사용
엘린바 (Ni(36) – Cr(12))	• 상온에서 탄성률이 변하지 않음 • 시계 스프링, 정밀 계측기 등
플래티 나이트 (Ni 10 ~ 16%)	• 백금 대용 • 전구, 진공관 유리의 봉입선 등
퍼멀로이 (Ni 75 ~ 80%)	• 고 투자율 합금 • 해전 전선의 장하 코일용 등
기타	• 코엘린바, 초인바, 이소에라스틱

42 **섬유 강화 금속 복합 재료의 기지 금속으로 가장 많이 사용되는 것으로 비중이 약 2.7인 것은?**

① Na ② Fe ③ Al ④ Co

해설 알루미늄의 성질

① 물리적 성질
㉠ 비중 2.7 용융점 660℃ 변태점이 없으며 색깔은 은백색이다.
㉡ 열 및 전기의 양도체 이다.

② 화학적 성질
㉠ 알루미늄은 대기 중에서 쉽게 산화되지만 그 표면에 생기는 산화알루미늄(Al_2O_3)의 얇은 보호 피막으로 내부의 산화를 방지한다.
㉡ 내식성을 저하하는 불순물로는 구리, 철, 니켈 등이 있다.
㉢ 마그네슘과 망간 등은 내식성에 거의 영향을 끼치지 않는다.
㉣ 황산, 묽은 질산, 인산에는 침식되며 특히 염산에는 침식이 대단히 빨리 진행된다.
㉤ 80% 이상의 진한 질산에는 침식에 잘 견디며, 그 밖의 유기산에는 내식성이 좋아 화학 공업용으로 널리 쓰인다.

③ 기계적 성질
㉠ 면심 입방 격자로 전·연성이 풍부하며 400 ~ 500℃에서 연신율이 최대이다.
㉡ 풀림 온도 250 ~ 300℃이며 순수한 알루미늄은 주조가 안 된다.
㉢ 알루미늄은 순도가 높을수록 강도, 경도는 저하하지만, 철, 구리, 규소 등의 불순물 함유량에 따라 성질이 변한다.
㉣ 다른 금속에 비하여 냉간 또는 열간 가공성이 뛰어나므로 판, 원판, 리벳, 봉, 선 등으로 쉽게 소성 가공할 수 있다. 경도와 인장 강도는 냉간 가공도의 증가에 따라 상승하나 연신율은 감소한다.

43 **주철에 대한 설명으로 틀린 것은?**

① 인장강도에 비해 압축강도가 높다.
② 회주철은 편상 흑연이 있어 감쇠능이 좋다.
③ 주철 절삭 시에는 절삭유를 사용하지 않는다.
④ 액상일 때 유동성이 나쁘며, 충격 저항이 크다.

해설 주철의 성질

① 물리적 성질
㉠ 비중은 규소와 탄소가 많을수록 작아지며, 용융 온도는 낮아진다.
㉡ 흑연편이 클수록 자기 감응도가 나빠진다.
㉢ 투자율을 크게 하기 위해서는 화합 탄소를 적게 하고 유리 탄소를 균일하게 분포시킨다.

정답 39. ③ 40. ④ 41. ② 42. ③ 43. ④

㉣ 규소와 니켈의 양이 증가할수록 고유 저항이 높아진다.

② **화학적 성질**

㉠ 염산, 질산 등의 산에는 약하나 알칼리에는 강하다.

㉡ 물에 대한 내식성이 매우 좋아 상수도용 관으로 사용한다. 하지만 물이 급속하게 충돌하는 곳에서는 주철은 심하게 침식된다.

㉢ 바닷물에 대해서는 비교적 내식성이 좋으나 파도 등의 충격을 받으면 침식이 쉽게 일어난다.

③ **기계적 성질**

㉠ 주철은 경도를 측정하여 그 값에 따라 재질을 판단할 수 있으며 주로 브리넬 경도(HB)로 사용하며, 페라이트가 많은 것은 HB = 80 ~ 120, 백주철의 경우에는 HB = 420 정도이다.

㉡ 주철의 기계적 성질은 탄소강과 같이 화학성분만으로는 규정할 수가 없기 때문에, KS규격에서는 인장강도를 기준으로 분류하고 있으며, 회주철의 경우는 98 ~ 440MPa범위이다. 하지만 탄소, 규소의 함유량과 주물 두께의 영향을 같이 나타내기 위하여 편의상 탄소 포화도를 사용하며 얇은 주물을 제외하고는 포화도 Sc = 0.8 ~ 0.9정도의 것이 가장 큰 인장강도를 갖는다.

㉢ 압축강도는 인장강도의 3 ~ 4배 정도이며, 보통 주철에서는 4배 정도이고, 고급 주철 일수록 그 비율은 작아진다.

㉣ 주철은 깨지기 쉬운 큰 결점을 가지고 있다. 하지만 고급 주철은 어느 정도 충격에 견딜 수 있다. 저탄소, 저규소로 흑연량이 적고 유리 시멘타이트가 없는 주철은 다른 주철에 비하여 충격값이 크다.

㉤ 주철 조직 중 흑연이 윤활제 역할을 하고, 흑연 자신이 윤활유를 흡수 보유하므로 내마멸성이 커진다. 크롬을 첨가하면 내마멸성을 증가시킨다.

㉥ 회주철에는 흑연의 존재에 의해 진동을 받을 때 그 에너지를 급속히 흡수하는 특성이 있으며, 이 성능을 감쇠능이라 한다. 회주철의 감쇠능은 대단히 양호하며, 강의 5 ~ 10배에 달한다.

44 **금속재료의 표면에 강이나 주철의 작은 입자(ϕ0.5mm~1.0mm)를 고속으로 분사시켜 표면의 경도를 높이는 방법은?**

① 침탄법 ② 질화법
③ 폴리싱 ④ 쇼트피닝

해설 쇼트피닝은 재료 표면에 강으로 된 작은 구를 분사시켜 피닝 효과로 재료 표면을 단단하게 하는 것이다.

45 **주위의 온도 변화에 따라 선팽창 계수나 탄성률 등의 특정한 성질이 변하지 않는 불변강이 아닌 것은?**

① 인바 ② 엘린바
③ 코엘린바 ④ 스텔라이트

해설 불변강

인바 (Ni 36%)	• 팽창 계수가 적다. • 표준척, 열전쌍, 시계 등에 사용
엘린바 (Ni(36) - Cr(12))	• 상온에서 탄성률이 변하지 않음 • 시계 스프링, 정밀 계측기 등
플래티 나이트 (Ni 10 ~ 16%)	• 백금 대용 • 전구, 진공관 유리의 봉입선 등
퍼멀로이 (Ni 75 ~ 80%)	• 고 투자율 합금 • 해전 전선의 장하 코일용 등
기타	• 코엘린바, 초인바, 이소에라스틱

46 **시험편을 눌러 구부리는 시험방법으로 굽힘에 대한 저항력을 조사하는 시험방법은?**

① 충격시험 ② 굽힘시험
③ 전단시험 ④ 인장시험

해설 굽힘 시험은 모재 및 용접부의 연성, 결함의 유무를 시험하는 방법으로 종류로는 표면 굽힘, 이면 굽힘, 측면 굽힘 시험이 있다. 국가기술자격 검정에서 사용하는 방법이다.

47 **전해 인성 구리는 약 400℃ 이상의 온도에서 사용하지 않는 이유로 옳은 것은?**

① 풀림 취성을 발생시키기 때문이다.
② 수소 취성을 발생시키기 때문이다.
③ 고온 취성을 발생시키기 때문이다.
④ 상온 취성을 발생시키기 때문이다.

해설 전해 인성 구리는 400℃ 이하의 온도에서 사용하는 이유는 수소에 의한 취성을 방지하기 위해서이다.

정답 44. ④ 45. ④ 46. ② 47. ②

48 **주석청동의 용해 및 주조에서 1.5~1.7%의 아연을 첨가할 때의 효과로 옳은 것은?**

① 수축률이 감소된다.
② 침탄이 촉진된다.
③ 취성이 향상된다.
④ 가스가 흡입된다.

해설 주석청동의 용해 및 주조할 때 수축을 줄이기 위해 아연을 첨가한다.

49 **비금속 개재물이 강에 미치는 영향이 아닌 것은?**

① 고온 메짐의 원인이 된다.
② 인성은 향상시키나 경도를 떨어뜨린다.
③ 열처리 시 개재물로 인한 균열을 발생시킨다.
④ 단조나 압연 작업 중에 균열의 원인이 된다.

해설 비금속 개재물은 불순물로 내부에 존재할 때 오히려 결함이 되어 기계적 성질을 떨어트린다.

50 **3~5%Ni, 1%Si을 첨가한 Cu 합금으로 C 합금이라고도 하며, 강력하고 전도율이 좋아 용접봉이나 전극재료로 사용되는 것은?**

① 톰백 ② 문쯔메탈
③ 길딩메탈 ④ 코슨합금

해설 코슨(Cu – Ni – Si)의 합금이다.

51 **그림과 같은 입체도를 3각법으로 올바르게 도시한 것은?**

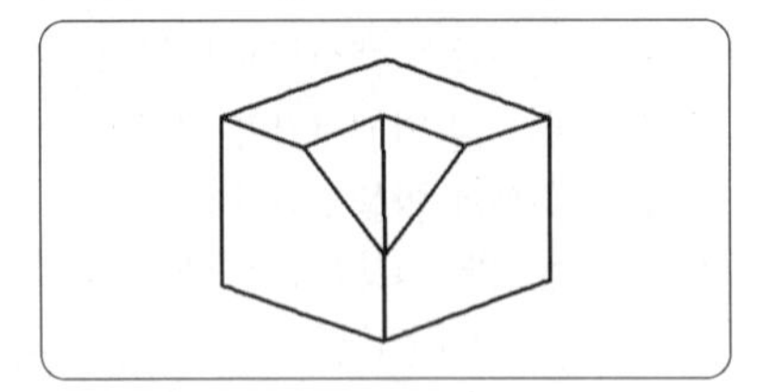

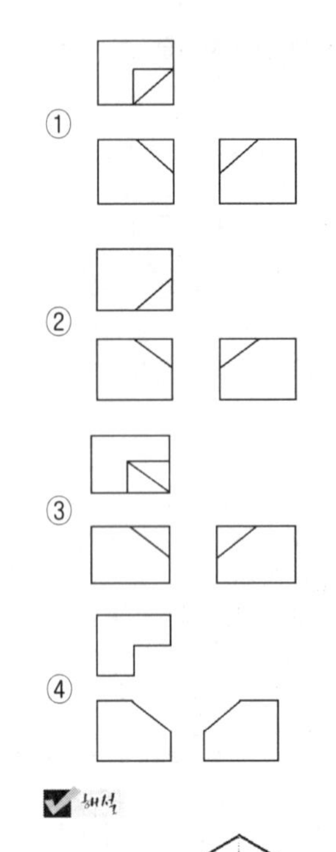

해설

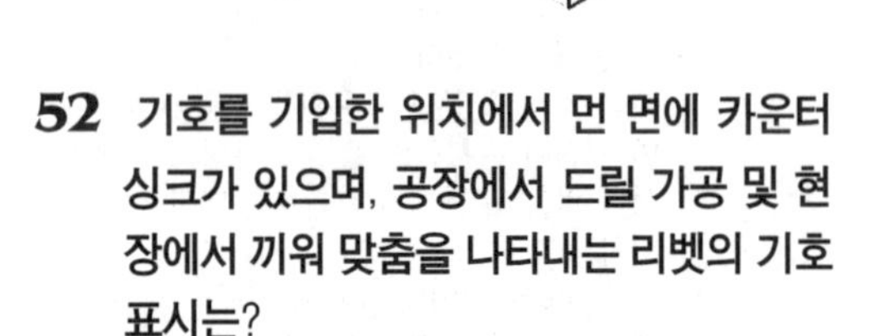

52 **기호를 기입한 위치에서 먼 면에 카운터 싱크가 있으며, 공장에서 드릴 가공 및 현장에서 끼워 맞춤을 나타내는 리벳의 기호 표시는?**

① 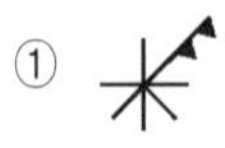 ② 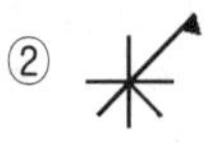

③ 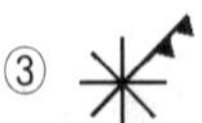 ④ 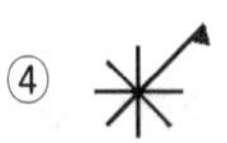

해설 기호를 기입한 위치에서 먼 면에 카운터 싱크가 있으며, 공장에서 드릴 가공 및 현장에서 끼워 맞춤을 나타내는 리벳의 기호 표시는 ②에 해당한다. 참고적으로 ┼ 는 리벳 구멍에 카운터

정답 48. ① 49. ② 50. ④ 51. ③ 52. ②

싱크가 없고 공장에서 드릴 가공 및 끼워 맞추기 할 때의 간략 표시이며, ③은 양쪽 면에 카운터 싱크가 있고, 현장에서 드릴가공 및 끼워 맞춤에 대한 것이다.

53 그림과 같은 입체도의 화살표 방향을 정면도로 표현할 때 실제와 동일한 형상으로 표시되는 면을 모두 고른 것은?

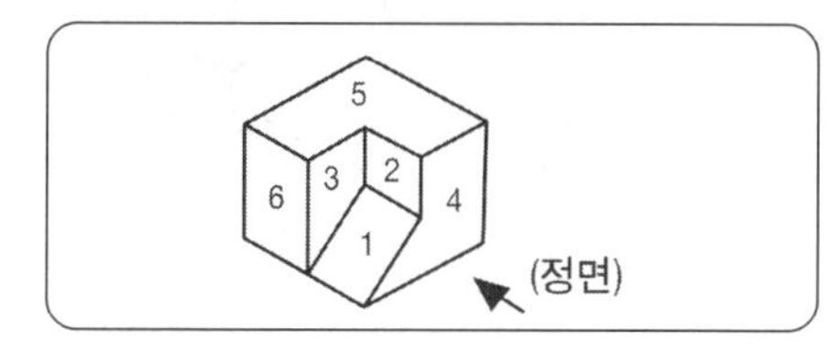

① 3과 4　　② 4와 6
③ 2와 6　　④ 1과 5

해설 투상도에 평행하면 실제길이, 경사지면 짧게, 직각이면 한차원 줄어든다. 따라서 정면도에서 볼 때 3과 4면이 투상면에 평행이므로 실제 길이로 1과 2면은 수직이므로 한차원 준 직선으로 보인다.

54 다음 치수 중 참고 치수를 나타내는 것은?

① (50)　　② □50
③ 50 (테두리)　　④ 50

해설 치수 숫자에 괄호 예를 들어 (100)과 같이 기입하면 참고 치수, 100 (테두리)같이 쓰면 이론적으로 정확한 치수 100과 쓰면 도면 척도에 비례하지 않는 치수(NS)를 의미한다.

55 그림의 입체도에서 화살표 방향을 정면으로 하여 제3각법으로 그린 정투상도는?

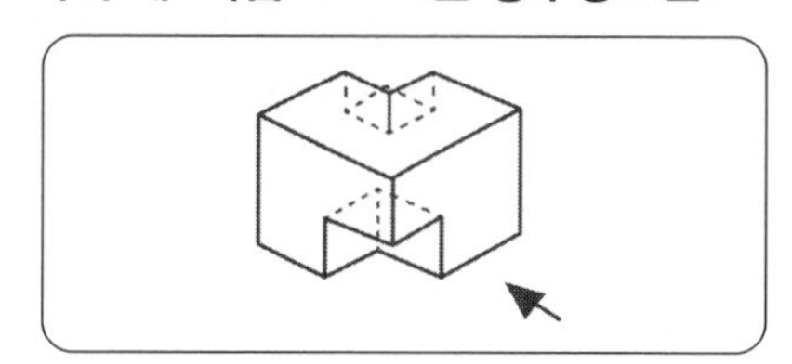

①
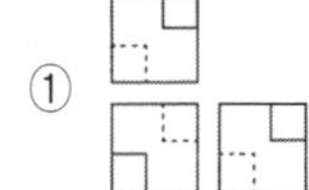

②
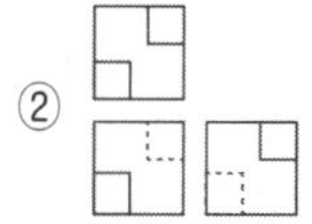

③
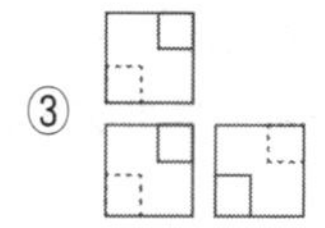

④
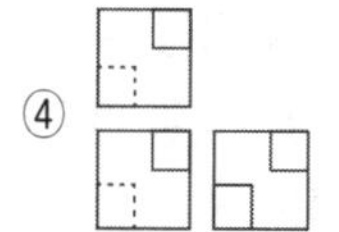

해설

56 다음 용접 기호 중 표면 육성을 의미하는 것은?

①　　②
③　　④

해설 서페이싱 즉 표면 육성을 의미한다.

57 도면에 대한 호칭방법이 다음과 같이 나타날 때 이에 대한 설명으로 틀린 것은?

KS B ISO 5457-Alt-TP 112.5-R-TBL

① 도면은 KS ISO 5457을 따른다.
② A1 용지 크기이다.
③ 재단하지 않은 용지이다.
④ 112.5g/㎡ 사양의 트레이싱지이다.

해설 제시된 기호에서 A_1t는 A_1 용지 크기로 제단 하였다는 의미이다.

58 인접부분을 참고로 표시하는데 사용하는 것은?

① 숨은 선　　② 가상선
③ 외형선　　④ 피치선

해설 가상선은 가는 이점 쇄선을 사용
① 도시된 물체의 앞면을 표시하는 선
② 인접 부분을 참고로 표시하는 선
③ 가공 전 또는 가공 후의 모양을 표시하는 선
④ 이동하는 부분의 이동 위치를 표시하는 선
⑤ 공구, 지그 등의 위치를 참고로 표시하는 선
⑥ 반복을 표시하는 선 등으로 사용된다.

정답 53. ① 54. ① 55. ① 56. ① 57. ③ 58. ②

59 **3각 기둥, 4각 기둥 등과 같은 각 기둥 및 원기둥을 평행하게 펼치는 전개 방법의 종류는?**

① 삼각형을 이용한 전개도법
② 평행선을 이용한 전개도법
③ 방사선을 이용한 전개도법
④ 사다리꼴을 이용한 전개도법

해설 전개도의 종류
① **평행선 전개법 특징** : 물체의 모서리가 직각으로 만나는 물체나 원통형 물체를 전개할 때 사용
② **방사선 전개법 특징** : 각뿔이나 원뿔처럼 꼭짓점을 중심으로 부채꼴 모양으로 전개하는 방법
③ **삼각형 전개법 특징** : 꼭지점이 먼 각뿔이나 원뿔을 전개할 때 입체의 표면을 여러 개의 삼각형으로 나누어 전개하는 방법

60 **판금 작업 시 강판재료를 절단하기 위하여 가장 필요한 도면은?**

① 조립도 ② 전개도
③ 배관도 ④ 공정도

해설 전개도
① 입체의 표면을 평면 위에 펼쳐 그린 그림
② 전개도를 다시 접거나 감으면 그 물체의 모양이 됨
③ **용도** : 철판을 굽히거나 접어서 만드는 상자, 철제 책꽂이, 캐비닛, 물통, 쓰레받기, 자동차 부품, 항공기 부품, 덕트 등

정답 59. ② 60. ②

CBT복원문제 Craftsman Welding

제 1 회 특수용접기능사

01 다음 중 MIG 용접에서 사용하는 와이어 송급 방식이 아닌 것은?

① 풀(pull) 방식
② 푸시(push) 방식
③ 푸시 풀(push-pull) 방식
④ 푸시 언더(push-under) 방식

해설 **MIG용접의 와이어 송급 방식**

① 푸시방식 : 와이어 릴의 바로 앞에 와이어 송급 장치를 부착하여 송급 튜브를 통해 와이어를 용접 토치에 송급하는 방식
② 풀 방식 : 송급장치를 용접 토치에 직접 연결시켜 토치와 송급장치가 하나로 된 구조로 되어 있어 송급 시 마찰 저항을 작게 하여 와이어 송급을 원활하게 한 방식으로 주로 작은 지름의 연한 와이어를 사용 시 이 방식이 사용된다.
③ 푸시 풀 방식 : 와이어 릴과 토치 측의 양측에 송급장치를 부착하는 방식으로 송급 튜브가 수십 미터 길이에도 사용된다.
④ 더블 푸시 방식 : 용접 토치에 송급장치를 부착시키지 않고 긴 송급 튜브를 사용할 수 있다.

02 용접결함과 그 원인의 연결이 틀린 것은?

① 언더컷 – 용접전류가 너무 낮을 경우
② 슬래그 섞임 – 운봉속도가 느릴 경우
③ 기공 – 용접부가 급속하게 응고될 경우
④ 오버랩 – 부적절한 운봉법을 사용했을 경우

해설 언더컷은 전류가 높을 때 발생하는 구조상 결함이다.

03 일반적으로 용접순서를 결정할 때 유의해야할 사항으로 틀린 것은?

① 용접물의 중심에 대하여 항상 대칭으로 용접한다.
② 수축이 작은 이음을 먼저 용접하고 수축이 큰 이음은 나중에 용접한다.
③ 용접 구조물이 조립되어감에 따라 용접작업이 불가능한 곳이나 곤란한 경우가 생기지 않도록 한다.
④ 용접 구조물의 중립축에 대하여 용접 수축력의 모멘트 합이 0이 되게 하면 용접선 방향에 대한 굽힘을 줄일 수 있다.

해설 용접과 리벳 작업을 같이 할 경우 수축이 큰 용접 이음을 한 뒤 리벳 작업을 수행한다.

04 용접부에 생기는 결함 중 구조상의 결함이 아닌 것은?

① 기공 ② 균열
③ 변형 ④ 용입 불량

해설 **용접 결함**

- 치수상 결함 : 변형, 치수 및 형상 불량
- 성질상 결함 : 기계적, 화학적 성질 불량
- 구조상 결함 : 언더컷, 오버랩, 기공, 용입 불량 등

정답 01. ④ 02. ① 03. ② 04. ③

05 **스터드 용접에서 내열성의 도기로 용융금 속의 산화 및 유출을 막아주고 아크열을 집중시키는 역할을 하는 것은?**

① 페룰 ② 스터드
③ 용접토치 ④ 제어장치

해설 아크를 보호하고 집중하기 위하여 도기로 만든 페룰을 사용하여 용착부의 오염방지 및 용접사의 눈을 아크로부터 보호한다.

06 **다음 중 저항 용접의 3요소가 아닌 것은?**

① 가압력 ② 통전 시간
③ 용접 토치 ④ 전류의 세기

해설 전기 저항용접의 3요소는 가압력, 전류의 세기, 통전시간이다.

07 **다음 중 용접이음의 종류가 아닌 것은?**

① 십자 이음 ② 맞대기 이음
③ 변두리 이음 ④ 모따기 이음

해설 모따기는 재료 모서리에 날카로움 또는 결함 등을 제거하기 위하여 가공하는 것을 말한다.

08 **일렉트로 슬래그 용접의 장점으로 틀린 것은?**

① 용접 능률과 용접 품질이 우수하다.
② 최소한의 변형과 최단시간의 용접법이다.
③ 후판을 단일층으로 한 번에 용접할 수 있다.
④ 스패터가 많으며 80%에 가까운 용착 효율을 나타낸다.

해설 (1) **일렉트로 슬래그 용접 원리(Electro Slag Wel- ding, ESW)** : 서브머지드 아크 용접에서와 같이 처음에는 플럭스 안에서 모재와 용접봉 사이에 아크가 발생하여 플럭스가 녹아서 액상의 슬랙이 되면 전류를 통하기 쉬운 도체의 성질을 갖게 되면서 아크는 꺼지고 와이어와 용융 슬랙 사이에 흐르는 전류의 저항 발열을 이용하는 자동 용접법이다.

(2) 일렉트로 슬래그 용접 특징
① 전기 저항 열($Q = 0.24I^2 Rt$)을 이용하여 용접(주울의 법칙 적용)한다.
② 두꺼운 판의 용접법으로 적합하다.(단층으로 용접이 가능)
③ 매우 능률적이고 변형이 적다.
④ 홈 모양은 I형이기 때문에 홈 가공이 간단하다.
⑤ 변형이 적고, 능률적이고 경제적이다.
⑥ 아크가 보이지 않고 아크 불꽃이 없다.
⑦ 기계적 성질이 나쁘다.
⑧ 노치 취성이 크다.(냉각 속도가 늦기 때문에)
⑨ 가격이 고가이다.
⑩ 용접 시간에 비하여 준비 시간이 길다.
⑪ 용도로는 보일러 드럼, 압력 용기의 수직 또는 원주이음, 대형 부품 로울 등에 후판 용접에 쓰인다.

09 **선박, 보일러 등 두꺼운 판의 용접 시 용융 슬래그와 와이어의 저항 열을 이용하여 연속적으로 상진하는 용접법은?**

① 테르밋 용접
② 넌실드 아크 용접
③ 일렉트로 슬래그 용접
④ 서브머지드 아크 용접

해설 **해설 8참고**

10 **다음 중 스터드 용접법의 종류가 아닌 것은?**

① 아크 스터드 용접법
② 저항 스터드 용접법
③ 충격 스터드 용접법
④ 텅스턴 스터드 용접법

해설 **스터드 용접**
① 원리 : 스터드 용접은 크게 저항 용접에 의한 것, 충격 용접에 의한 것, 아크 용접에 의한 것으로 구분 되며, 아크 용접은 모재와 스터드 사이에 아크를 발생 시켜 용접한다.
② 특징
㉠ 자동 아크 용접이다.
㉡ 볼트, 환봉, 핀 등을 용접한다.
㉢ 0.1 ~ 2초 정도의 아크가 발생한다.

정답 05. ① 06. ③ 07. ④ 08. ④ 09. ③ 10. ④

㉣ 셀렌 정류기의 직류 용접기를 사용한다. 교류도 사용 가능하다.
㉤ 짧은 시간에 용접되므로 변형이 극히 적다.
㉥ 철강재 이외에 비철 금속에도 쓸 수 있다.

11 **탄산가스 아크 용접에서 용착속도에 관한 내용으로 틀린 것은?**

① 용접속도가 빠르면 모재의 입열이 감소한다.
② 용착률은 일반적으로 아크전압이 높은 쪽이 좋다.
③ 와이어 용융속도는 와이어의 지름과는 거의 관계가 없다.
④ 와이어 용융속도는 아크 전류에 거의 정비례하며 증가한다.

✔ 해설 용착률은 아크 전류와 관계가 있으며 아크 전압이 높으면 비드폭이 넓어진다.

12 **플래시 버트 용접 과정의 3단계는?**

① 업셋, 예열, 후열
② 예열, 검사, 플래시
③ 예열, 플래시, 업셋
④ 업셋, 플래시, 후열

✔ 해설 플래시 용접은 맞대기 전기 저항 용접으로 그 3단계는 예열 → 플래시 → 업셋의 순으로 진행된다.

13 **용접결함 중 은점의 원인이 되는 주된 원소는?**

① 헬륨 ② 수소
③ 아르곤 ④ 이산화탄소

✔ 해설 은점은 물고기 눈 모양으로 반짝거리는 것으로 헤어크랙과 더불어 수소가 원인이 된다.

14 **다음 중 제품별 노내 및 국부풀림의 유지온도와 시간이 올바르게 연결된 것은?**

① 탄소강 주강품 : 625±25℃, 판두께 25㎜에 대하여 1시간
② 기계구조용 연강재 : 725±25℃, 판두께 25㎜에 대하여 1시간
③ 보일러용 압연강재 : 625±25℃, 판두께 25㎜에 대하여 4시간
④ 용접구조용 연강재 : 725±25℃, 판두께 25㎜에 대하여 2시간

✔ 해설 노내 풀림법 : 유지 온도가 높을수록, 유지시간이 길수록 효과가 크다. 노내 출입 허용 온도는 300℃를 넘어서는 안된다. 일반적인 유지 온도는 625 ± 25℃ 이다. 판두께 25mm 1시간

15 **용접 시공에서 다층 쌓기로 작업하는 용착법이 아닌 것은?**

① 스킵법 ② 빌드업법
③ 전진 블록법 ④ 캐스케이드법

✔ 해설 다층 용접에 따른 분류
① 덧살 올림법(빌드업법) : 열 영향이 크고 슬랙섞임의 우려가 있다. 한냉시, 구속이 클 때 후판에서 첫층에 균열 발생우려가 있다. 하지만 가장 일반적인 방법이다.
② 캐스케이드법 : 한 부분의 몇 층을 용접하다가 이것을 다음부분의 층으로 연속시켜 용접하는 방법으로 후진법과 같이 사용하며 , 용접결함 발생이 적으나 잘 사용되지 않는다.
③ 전진 블록법 : 한 개의 용접봉으로 살을 붙일만한 길이로 구분해서 홈을 한 부분에 여러 층으로 완전히 쌓아 올린 다음, 다음 부분으로 진행하는 방법으로 첫층에 균열 발생 우려가 있는 곳에 사용된다.

16 **예열의 목적에 대한 설명으로 틀린 것은?**

① 수소의 방출을 용이하게 하여 저온 균열을 방지한다.

정답 11. ② 12. ③ 13. ② 14. ① 15. ① 16. ③

② 열영향부와 용착 금속의 경화를 방지하고 연성을 증가시킨다.
③ 용접부의 기계적 성질을 향상시키고 경화조직의 석출을 촉진시킨다.
④ 온도 분포가 완만하게 되어 열응력의 감소로 변형과 잔류 응력의 발생을 적게 한다.

해설 예열의 목적
- 용접부와 인접된 모재의 수축응력을 감소하여 균열 발색 억제
- 냉각속도를 느리게 하여 모재의 취성 방지
- 용착금속의 수소 성분이 나갈 수 있는 여유를 주어 비드 밑 균열 방지
- 강재를 가스 절단시 800~900℃로 예열한다.

17 용접 작업에서 전격의 방지대책으로 틀린 것은?

① 땀, 물 등에 의해 젖은 작업복, 장갑 등은 착용하지 않는다.
② 텅스텐봉을 교체할 때 항상 전원 스위치를 차단하고 작업한다.
③ 절연홀더의 절연부분이 노출, 파손되면 즉시 보수하거나 교체한다.
④ 가죽 장갑, 앞치마, 발 덮게 등 보호구를 반드시 착용하지 않아도 된다.

해설 전격이란 전기적인 충격 즉 감전 등을 말하며 용접을 할 경우 보호구를 착용하여야만 화상, 전격 등의 위험을 예방할 수 있다.

18 서브머지드 아크용접에서 용제의 구비조건에 대한 설명으로 틀린 것은?

① 용접 후 슬래그(Slag)의 박리가 어려울 것
② 적당한 입도를 갖고 아크 보호성이 우수할 것
③ 아크 발생을 안정시켜 안정된 용접을 할 수 있을 것
④ 적당한 합금성분을 첨가하여 탈황, 탈산 등의 정련작용을 할 것

해설 용제는 용접작업을 원활히 하기 위해 도움을 주는 것으로 용접 후 슬래그 박리가 안 된다는 것은 슬래그가 잘 떨어지지 않는다는 뜻으로 적합하지 않다.

19 MIG 용접의 전류밀도는 TIG 용접의 약 몇 배 정도인가?

① 2　　② 4
③ 6　　④ 8

해설 미그 용접
① 전류밀도가 티그 용접의 2배, 일반 용접의 4~6배로 주로 스프레이형의 용적을 갖는다.
② 입상 이행은 와이어보다 큰 용적으로 용융되어 이행하며 주로 CO_2 가스를 사용할 때 나타난다.
③ 전원은 정전압 특성을 가진 직류 역극성이 주로 사용됨

20 다음 중 파괴시험에서 기계적 시험에 속하지 않는 것은?

① 경도 시험　　② 굽힘 시험
③ 부식 시험　　④ 충격 시험

해설 부식시험은 화학적 시험이다.

21 다음 중 초음파 탐상법에 속하지 않는 것은?

① 공진법　　② 투과법
③ 프로드법　　④ 펄스 반사법

해설 **초음파 검사(UT)** : 초음파 검사(UT) : 0.5 ~ 15MHz의 초음파를 내부에 침투시켜 내부의 결함, 불균일 층의 유무를 알아냄. 종류로는 투과법, 공진법, 펄스 반사법(가장 일반적)이 있다. 장점으로는 위험하지 않으며 두께 및 길이가 큰 물체에도 사용가능하나 결함위치의 길이는 알 수 없으며 표면의 요철이 심한 것 얇은 것은 검출이 곤란하다. 발진 탐촉자와 수파탐촉자를 각각 다

정답 17. ④ 18. ① 19. ① 20. ③ 21. ③

른 탐촉자로 시행하는 2탐촉자법과 1개로 양자를 겸용하는 1탐촉자법이 있다. 이중 초음파의 펄스를 시험체의 한쪽 면으로부터 송신하여 결함에코의 형태로 결함을 판정하는 방법은 펄스 반사법이다.

22 화재 및 소화기에 관한 내용으로 틀린 것은?

① A급 화재란 일반화재를 뜻한다.
② C급 화재란 유류화재를 뜻한다.
③ A급 화재에는 포말소화기가 적합하다.
④ C급 화재에는 CO_2 소화기가 적합하다.

해설 **화재의 종류**
① A급(일반 화재) 목재, 종이, 섬유 등이 연소한 후 재를 남기는 화재(물을 사용하여 불을 끔)
② B급(유류 화재) 석유, 프로판 가스 등과 같이 연소할 후 아무것도 남기지 않는 화재(이산화탄소, 소화 분말 등을 뿌려 불을 끔)
③ C급(전기 화재) 전기 기계 등에 의한 화재(이산화탄소, 증발성 액체, 소화 분말 등을 뿌려 불을 끔)
④ D급(금속 화재) 마그네슘과 같은 금속에 의한 화재(마른 모래를 뿌려 불을 끔)

23 TIG 절단에 관한 설명으로 틀린 것은?

① 전원은 직류 역극성을 사용한다.
② 절단면이 매끈하고 열효율이 좋으며 능률이 대단히 높다.
③ 아크 냉각용 가스에는 아르곤과 수소의 혼합가스를 사용한다.
④ 알루미늄, 마그네슘, 구리와 구리합금, 스테인리스강 등 비철금속의 절단에 이용한다.

해설 **티그 절단**
① 열적 핀치 효과에 의한 플라즈마로 절단하는 방법으로 텅스텐 전극과 모재와의 사이에 아크를 발생시켜 아르곤 가스를 공급하여 절단하는 방법
② 전원은 직류 정극성이 사용된다.
③ 주로 알루미늄, 구리 및 구리합금, 마그네슘, 스테인리스강과 같은 금속 재료에 절단에만 사용하나 열효율이 좋고 능률적이다.
④ 사용 가스로는 아르곤과 수소 혼합가스가 사용된다. 금속재료의 절단에만 한정된다.

24 다음 중 기계적 접합법에 속하지 않는 것은?

① 리벳 ② 용접
③ 접어 잇기 ④ 볼트 이음

해설 용접은 야금적 접합법에 해당한다.

25 다음 중 아크절단에 속하지 않는 것은?

① MIG 절단
② 분말 절단
③ TIG 절단
④ 플라즈마 제트 절단

해설 분말 절단은 철분 또는 용제를 연속적으로 절단용 산소에 공급하여 그 산화열 또는 용제의 화학작용을 이용하여 절단하는 방법이다.

26 가스 절단 작업 시 표준 드래그 길이는 일반적으로 모재 두께의 몇 % 정도인가?

① 5 ② 10
③ 20 ④ 30

해설 ① 가스 절단면에 있어서 절단기류의 입구점과 출구점 사이의 수평거리
② 드래그의 길이는 판 두께의 $\frac{1}{5}$ 즉 20% 정도가 좋다.
③ 드래그는 가능한 작고 일정할 것

27 용접 중에 아크를 중단시키면 중단된 부분이 오목하거나 납작하게 파진 모습으로 남게 되는 것은?

① 피트 ② 언더컷

정답 22. ② 23. ① 24. ② 25. ② 26. ③ 27. ④

③ 오버랩　　　　　④ 크레이터

해설 용접부의 끝 부분을 크레이터라고 하며, 일반적으로 크레이터 처리는 아크 길이를 짧게 하여 운봉을 정지시켜서 크레이터를 채운 다음 용접봉을 빠른 속도로 들어 아크를 끊는다. 이때 크레이터 처리를 잘 못하면 균열, 슬랙 섞임, 등이 일어나거나 파손 될 수 있어 시종단에 엔드탭을 사용한다.

28 10000~30000℃의 높은 열에너지를 가진 열원을 이용하여 금속을 절단하는 절단법은?

① TIG 절단법
② 탄소 아크 절단법
③ 금속 아크 절단법
④ 플라즈마 제트 절단법

해설 기체의 가열로 전리된 전자의 이온이 혼합되어 도전성을 띤 가스체를 플라즈마라고 하며 이때 발생된 온도는 10,000 ~ 30,000℃정도이다. 아크 플라즈마를 좁은 틈으로 고속도로 분출시켜 생기는 고온의 불꽃을 이용해서 절단 용사, 용접하는 방법이다.
플라즈마 절단에는 이행형 즉 텡스텐 전극과 모재에 각각 전원을 연결하는 방식인 플라즈마 제트 절단과 텅스텐 전극과 수냉 노즐에 전원을 연결하고 모재에는 전원을 연결하지 않는 비이행형인 플라즈마 아크 절단이 있다. 비이행형의 경우는 비금속, 내화물의 절단도 가능하다.
① 무부하 전압이 높은 직류 정극성 이용
② 플라즈마10,000 ~ 30,000℃를 이용하여 절단
③ 아르곤 + 수소(질소 + 공기)가스 이용
④ 특수금속, 비금속, 내화물도 절단 가능
⑤ 절단면에 슬랙이 부착되지 않고 열 영향부가 적어 변형이 거의 없다.

29 일반적인 용접의 특징으로 틀린 것은?

① 재료의 두께에 재한이 없다.
② 작업공정이 단축되며 경제적이다.
③ 보수와 수리가 어렵고 제작비가 많이 든다.
④ 제품의 성능과 수명이 향상되며 이종 재료도 용접이 가능하다.

해설 ① **용접의 장점**
- 작업 공정을 줄일 수 있다.
- 형상의 자유화를 추구 할 수 있다.
- 이음 효율 향상(기밀 수밀 유지)
- 중량 경감, 재료 및 시간의 절약
- 이종 재료의 접합이 가능하다.
- 보수와 수리가 용이하다.(주물의 파손부 등)

② **용접의 단점**
- 품질 검사가 곤란하다.
- 제품의 변형을 가져 올 수 있다.(잔류 응력 및 변형에 민감)
- 유해 광선 및 가스 폭발 위험이 있다.
- 용접사의 기능과 양심에 따라 이음부 강도가 좌우한다.

30 일반적으로 두께가 3㎜인 연강판을 가스 용접하기에 가장 적합한 용접봉의 직경은?

① 약 2.6㎜　　　② 약 4.0㎜
③ 약 5.0㎜　　　④ 약 6.0㎜

해설 가스 용접봉의 지름을 구하고자 할 때는 용접하고자 하는 모재 두께의 반에 1을 더한 것이다. 즉 $D=\frac{t}{2}+1$이 되어 1.5+1이 되어 2.5이므로 정답은 2.6㎜가 된다.

31 연강용 피복 아크 용접봉의 종류에 따른 피복제 계통이 틀린 것은?

① E 4340 : 특수계
② E 4316 : 저수소계
③ E 4327 : 철분산화철계
④ E 4313 : 철분산화티탄계

해설 E4313은 고산화티탄계이다.

정답 28. ④ 29. ③ 30. ① 31. ④

32 **다음 중 아크 쏠림 방지대책으로 틀린 것은?**

① 접지점 2개를 연결할 것
② 용접봉 끝은 아크 쏠림 반대 방향으로 기울일 것
③ 접지점을 될 수 있는 대로 용접부에서 가까이 할 것
④ 큰 가접부 또는 이미 용접이 끝난 용착부를 향하여 용접할 것

해설 아크 쏠림, 아크 블로우, 자기불림 등은 모두 동일한 말이며 용접전류에 의한 아크 주위에 발생하는 자장이 용접봉에 대하여 비대칭일 때 일어나는 현상이다.
① 직류 용접기 대신 교류 용접기를 사용한다.
② 아크 길이를 짧게 유지한다.
③ 접지를 용접부로 멀리한다.
④ 긴 용접선에는 후퇴법을 사용한다.
⑤ 용접부의 시·종단에는 엔드탭을 설치한다.
⑥ 용접봉 끝은 아크쏠림 반대방향으로 기울인다.

33 **양호한 절단면을 얻기 위한 조건으로 틀린 것은?**

① 드래그가 가능한 클 것
② 슬래그 이탈이 양호할 것
③ 절단면 표면의 각이 예리할 것
④ 절단면이 평활하다 드래그의 홈이 낮을 것

해설 **가스 절단에 양부 판정**
① 드래그는 가능한 작을 것
② 절단 모재의 표면 각이 예리할 것
③ 절단면이 평활 할 것
④ 슬랙의 박리성이 우수할 것
⑤ 경제적인 절단이 이루어질 것

34 **산소-아세틸렌가스 절단과 비교한, 산소-프로판가스절단의 특징으로 틀린 것은?**

① 슬래그 제거가 쉽다.
② 절단면 윗 모서리가 잘 녹지 않는다.
③ 후판 절단 시에는 아세틸렌보다 절단속도가 느리다.
④ 포갬 절단 시에는 아세틸렌보다 절단속도가 빠르다.

해설

아세틸렌	프로판
• 혼합비 1 : 1 • 점화 및 불꽃 조절이 쉽다. • 예열 시간이 짧다. • 표면의 녹 및 이물질 등에 영향을 덜 받는다. • 박판의 경우 절단 속도가 빠르다.	• 혼합비 1 : 4.5 • 절단면이 곱고 슬랙이 잘 떨어진다. • 중첩 절단 및 후판에서 속도가 빠르다. • 분출 공이 크고 많다. • 산소 소비량이 많아 전체적인 경비는 비슷하다.

35 **용접기의 사용률(duty cycle)을 구하는 공식으로 옳은 것은?**

① 사용률(%) = 휴식시간 / (휴식시간+아크발생시간) × 100
② 사용률(%) = 아크발생시간 / (아크발생시간+휴식시간) × 100
③ 사용률(%) = 아크발생시간 / (아크발생시간−휴식시간) × 100
④ 사용률(%) = 휴식시간 / (아크발생시간−휴식시간) × 100

해설 ① 용접 작업시간에는 휴식 시간과 용접기를 사용하여 아크를 발생한 시간을 포함하고 있다.
② 용접기에 사용율이 40%라고 하면 용접기가 가동되는 시간 즉 용접 작업시간 중 아크를 발생시킨 시간을 의미한다.
③ 사용율은 다음과 같은 식으로 계산할 수 있다.

$$\text{사용율(\%)} = \frac{(\text{아크시간})}{(\text{아크시간} + \text{휴식시간})} \times 100$$

36 **가스절단에서 예열불꽃의 역할에 대한 설명으로 틀린 것은?**

① 절단산소 운동량 유지
② 절단산소 순도 저하 방지
③ 절단개시 발화점 온도 가열

정답 32. ③ 33. ① 34. ③ 35. ② 36. ④

④ 잘단재의 표면 스케일 등의 박리성 저하

✔해설 예열용 가스로는 아세틸렌, 프로판, 수소, 천연 가스 등 여러 종류가 사용될 수 있으며 일반적으로 아세틸렌이 많이 사용된다. 예열 불꽃이 강하면 절단면이 거칠어지며, 슬래그 중의 철 성분의 박리가 어렵고, 모재가 용융되어 둥글게 되어 드로스 등이 발생할 수 있다. 아울러 예열 불꽃이 약해도 절단 속도가 늦어지고 절단이 중단되기 쉬우며 드래그가 증가와 더불어 역화를 일으킬 수도 있다.

37 가스 용접 작업에서 양호한 용접부를 얻기 위해 갖추어야 할 조건으로 틀린 것은?

① 용착 금속의 용집 상태가 균일해야 한다.
② 용접부에 첨가된 금속의 성질이 양호해야 한다.
③ 기름, 녹 등을 용접 전에 제거하여 결함을 방지한다.
④ 과열의 흔적이 있어야 하고 슬래그나 기공 등도 있어야 한다.

✔해설 과열한 흔적이나 슬래그 기공 등이 있으면 양호한 용접부라고 할 수 없다.

38 용접기 설치 시 1차 입력이 10 kVA이고 전원전압이 200V이면 퓨즈 용량은?

① 50A ② 100A
③ 150A ④ 200A

✔해설 용접기의 1차측에 퓨즈(Fuse)를 붙인 안전 스위치를 사용한다. 퓨즈는 규정 값보다 크거나 구리선 철선 등을 퓨즈 대용으로 사용해서는 안 된다. 다음과 같은 식으로 계산한다.

$$\text{퓨즈의 용량}(A) = \frac{\text{1차입력}(KVA)}{\text{전원전압}(200\,V)}$$

따라서 10000÷200=50

39 다음의 희토류 금속원소 중 비중이 약 16.6, 용융점은 약 2996℃이고, 150℃ 이하에서 불활성 물질로서 내식성이 우수한 것은?

① Se ② Te ③ In ④ Ta

✔해설 Ta는 탄탈 또는 탄탈럼으로 읽히며 비중은 약 16.6, 용융점은 약 2996℃이고, 150℃ 이하에서 불활성 물질이다.

40 압입체의 대면각이 136° 인 다이아몬드 피라미드에 하중 1~120kg을 사용하여 특히 얇은 물건이나 표면 경화된 재료의 경도를 측정하는 시험법은 무엇인가?

① 로크웰 경도 시험법
② 비커스 경도 시험법
③ 쇼어 경도 시험법
④ 브리넬 경도 시험법

✔해설 경도 시험

① 브리넬 경도는 담금질된 강구를 일정하중으로 시험편의 표면에 압입한 후 이때 생긴 오목자국의 표면적을 측정하여 구한다. 그 공식은

$$H_B = \frac{P}{A} = \frac{2P}{\pi D(D-\sqrt{D^2-d^2})}$$

가 된다.

② 비커스 경도는 꼭지각인 136°인 다이아몬드 4각추의 압자를 일정하중으로 시험편에 압입한 후 생긴 오목자국의 대각선을 측정하여 경도를 산출한다. 그 공식으로는 $1.854 \times \frac{P}{d^2}$ 로 구한다.

③ 로크웰 경도 : B스케일(하중이 100kg), C스케일(꼭지각이 120°하중은 150kg)이 있다.

④ 쇼어 경도 : 추를 일정한 높이에서 낙하시켜 반발한 높이로 측정한다. 완성품의 경우 많이 쓰인다.

$$Hs = \frac{10,000}{65} \times \frac{h}{h_0}$$ (h_0 : 추의 낙하높이(25cm), h : 추의 반발 높이)

41 T.T.T 곡선에서 하부 임계냉각 속도란?

① 50% 마텐자이트를 생성하는데 요하는 최대의 냉각속도

정답 37. ④ 38. ① 39. ④ 40. ② 41. ④

② 100% 오스테나이트를 생성하는데 요하는 최소의 냉각속도
③ 최초의 소르바이트가 나타나는 냉각속도
④ 최초의 마텐자이트가 나타나는 냉각속도

해설 Time Temperature Transformation diagram의 머리글자를 따서 TTT곡선이라고 하며 가로축에는 시간, 세로축에는 온도를 표현하여 과냉 오스테나이트의 조직 변태를 나타낸 곡선으로 최초의 마텐자이트가 나타나는 냉각속도를 하부 임계냉각 속도라고 한다.

42 1000~1100℃에서 수중냉각 함으로써 오스테나이트 조직으로 되고, 인성 및 내마멸성 등이 우수하여 광석 파쇄기, 기차 레일, 굴삭기 등의 재료로 사용되는 것은?

① 고 Mn강 ② Ni – Cr강
③ Cr – Mo강 ④ Mo계 고속도강

해설

Mn강	저Mn강 (1 ~ 2%)	• 일명 듀콜강, 조직은 펄라이트 • 용접성 우수, 내식성 개선 위해 Cu 첨가
	고Mn강 (10 ~ 14%)	• 하드 필드강(수인강), 조직은 오스테나이트 • 경도가 커서 내마모재, 광산 기계, 칠드 롤러

43 게이지용 강이 갖추어야 할 성질로 틀린 것은?

① 담금질에 의해 변형이나 균열이 없을 것
② 시간이 지남에 따라 치수변화가 없을 것
③ HRC55 이상의 경도를 가질 것
④ 팽창계수가 보통 강보다 클 것

해설 게이지 강이란 측정을 위한 것으로 외부 환경에 따라 팽창계수 값이 잘 변하면 안된다.

44 알루미늄을 주성분으로 하는 합금이 아닌 것은?

① Y합금 ② 라우탈
③ 인코넬 ④ 두랄루민

해설 인코넬은 니켈을 주성분으로 내열합금이다.

45 두 종류 이상의 금속 특성을 복합적으로 얻을 수 있고 바이메탈 재료 등에 사용되는 합금은?

① 제진 합금 ② 비정질 합금
③ 클래드 합금 ④ 형상 기억 합금

해설 클래드 합금 이란 두 종류 이상의 금속 특성을 복합적으로 얻는 합금을 말한다.

46 황동 중 60%Cu + 40%Zn 합금으로 조직이 α + β이므로 상온에서 전연성이 낮으나 강도가 큰 합금은?

① 길딩 메탈(gilding metel)
② 문쯔 메탈(Muntz metel)
③ 두라나 메탈(durana metel)
④ 애드미럴티 메탈(Admiralty metel)

해설 문쯔메탈(Muntz metal)이라고 하며 Cu 60 : Zn 40의 성분으로 값이 싸고, 내식성이 다소 낮고, 탈아연 부식을 일으키기 쉬우나 강력하기 때문에 기계 부품용으로 많이 쓰인다. 판재, 선재, 볼트, 너트, 열교환기, 파이프, 밸브, 탄피, 자동차 부품, 일반 판금용 재료 등에 사용된다.

47 가단주철의 일반적인 특징이 아닌 것은?

① 담금질 경화성이 있다.
② 주조성이 우수하다.
③ 내식성, 내충격성이 우수하다.
④ 경도는 Si량이 적을수록 좋다.

정답 42. ① 43. ④ 44. ③ 45. ③ 46. ② 47. ④

해설 ① 백심 가단 주철(WMC) 탈탄이 주목적 산화철을 가하여 950℃에서 70~100시간 가열
② 흑심 가단 주철(BMC) Fe_3 C의 흑연화가 목적
- 1단계(850~950℃풀림)유리 Fe_3 C → 흑연화
- 2단계(680~730℃풀림)Pearlite중에 Fe_3 C → 흑연화

③ 고력 펄라이트 가단 주철 (PMC) 흑심 가단 주철에 2단계를 생략한 것
④ 가단 주철의 탈탄제 : 철광석, 밀 스케일, 헤어 스케일 등의 산화철을 사용

48 금속에 대한 성질을 설명한 것으로 틀린 것은?

① 모든 금속은 상온에서 고체 상태로 존재한다.
② 텅스텐(W)의 용융점은 약 3410℃이다.
③ 이리듐 (Ir)의 비중은 약 22.5 이다.
④ 열 및 전기의 양도체이다.

해설 금속 중 수은은 상온에서 액체이다.

49 순철이 910℃에서 Ac_3 변태를 할 때 결정격자의 변화로 옳은 것은?

① BCT → FCC ② BCC → FCC
③ FCC → BCC ④ FCC → BCT

해설 페라이트(α,δ)는 일명 지철이라고도 하며 순철에 가까운 조직으로 극히 연하고 상온에서 강자성체인 체심입방격자 조직으로 변압기 철심 등에 사용된다. 912℃를 기준으로 이하를 α철(체심 입방 격자, BCC), 1,400℃까지를 γ철(면심입방 격자,FCC)), 그 이후는 다시 δ철(체심입방격자)의 동소체를 갖는다.

50 압력이 일정한 Fe-C 평형상태도에서 공정점의 자유도는?

① 0 ② 1
③ 2 ④ 3

해설 공정점의 자유도(F)는 1+2-3이 되어 0이 된다.

51 다음 중 도면의 일반적인 구비조건으로 관계가 가장 먼 것은?

① 대상물의 크기, 모양, 자세, 위치의 정보가 있어야 한다.
② 대상물을 명확하고 이해하기 쉬운 방법으로 표현해야 한다.
③ 도면의 보존, 검색 이용이 확실히 되도록 내용과 양식을 구비해야 한다.
④ 무역과 기술의 국제 교류가 활발하므로 대상물의 특징을 알 수 없도록 보안성을 유지해야 한다.

해설 도면은 대상물의 특징을 누구나 알 수 있도록 규격화 되어 있다.

52 보기 입체도를 제 3각법으로 올바르게 투상한 것은?

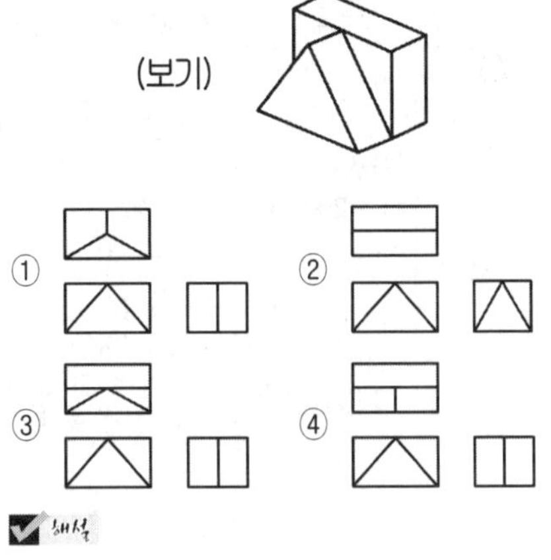

해설

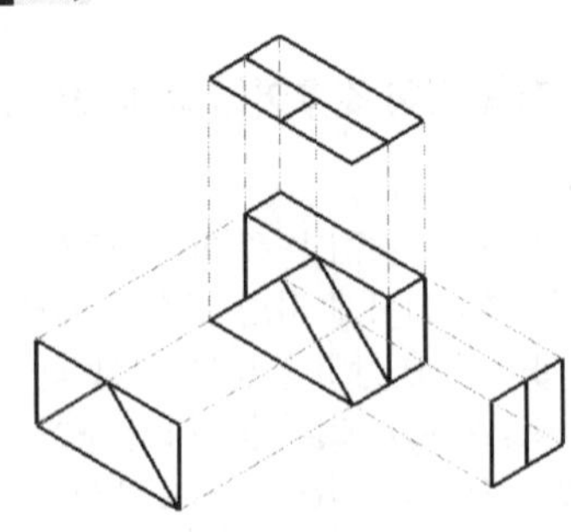

정답 48. ① 49. ② 50. ① 51. ④ 52. ④

53 **배관도에서 유체의 종류와 문자 기호를 나타내는 것 중 틀린 것은?**

① 공기 : A
② 연료 가스 : G
③ 증기 : W
④ 연료유 또는 냉동기유 : O

해설 증기는 S이다. 즉 steam이며 물이 W이다.

54 **리벳의 호칭 표기법을 순서대로 나열한 것은?**

① 규격번호, 종류, 호칭지름×길이, 재료
② 종류, 호칭지름×길이, 규격번호, 재료
③ 규격번호, 종류, 재료, 호칭지름×길이
④ 규격번호, 호칭지름×길이, 종료, 재료

해설 리벳의 호칭은 규격번호, 종류, 호칭지름×길이, 재료로 표시한다.

55 **다음 중 일반적으로 긴 쪽 방향으로 절단하여 도시할 수 있는 것은?**

① 리브 ② 기어의 이
③ 바퀴의 암 ④ 하우징

해설 길이방향으로 단면하지 않는 부품
① 길이 방향으로 단면해도 의미가 없는 거나 이해를 방해하는 부품인 축, 리브류, 암류 등은 특정한 일부분의 길이 방향으로 단면을 하지 않는다.
② 얇은 물체인 개스킷, 박판, 형강의 경우는 한 줄의 굵은 실선으로 단면 도시

56 **단면의 무게 중심을 연결한 선을 표시하는데 사용하는 선의 종류는?**

① 가는 1점 쇄선 ② 가는 2점 쇄선
③ 가는 실선 ④ 굵은 파선

해설 선의 종류와 용도
① 외형선은 굵은 실선으로 그린다.
② 치수선, 치수 보조선, 지시선, 회전 단면선, 중심선, 수준면선 등은 가는 실선으로 그린다.
③ 은선(숨은선)은 가는 파선 또는 굵은 파선으로 그린다
④ 중심선, 기준선, 피치선은 가는 1점 쇄선으로 그린다.
⑤ 특수 지정선은 굵은 1점 쇄선으로 그린다.
⑥ 가상선 무게 중심선은 가는 2점 쇄선으로 그린다.
⑦ 파단선은 물체의 일부를 파단한 곳을 표시하는 선으로 불규칙한 파형의 가는 실선 또는 지그재그 선으로 그린다.
⑧ 절단선은 가는 1점 쇄선으로 끝 부분 및 방향이 변하는 부분을 굵게 한 것
⑨ 해칭은 가는 실선으로 규칙적으로 줄을 늘어놓은 것
⑩ 특수한 용도의 선으로는 가는 실선 아주 굵은 실선으로 나눌 수 있다.

57 **다음 용접 보조기호에 현장 용접기호는?**

③  ④ ———

해설 현장 용접의 의미는 깃발을 찾으면 된다.

58 **보기 입체도의 화살표 방향 투상 도면으로 가장 적합한 것은?**

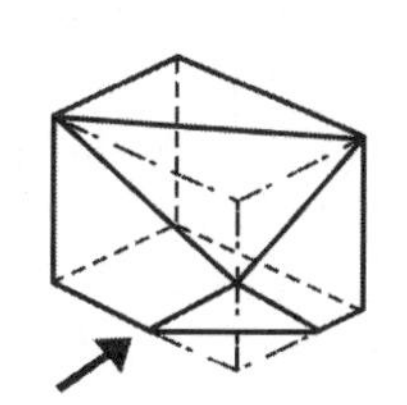

① 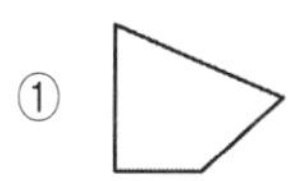 ② 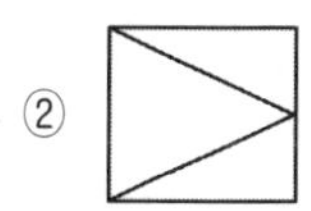

정답 53. ③ 54. ① 55. ④ 56. ② 57. ② 58. ③

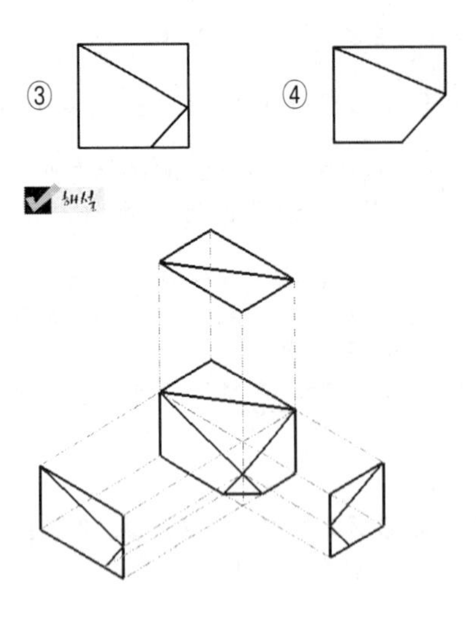

59. 탄소강 단강품의 재료 표시기호 "SF 490A" 에서 "490" 이 나타내는 것은?

① 최저 인장강도
② 강재 종류 번호
③ 최대 항복강도
④ 강재 분류 번호

해설 재료표시에서 490이 의미하는 것은 최저 인장강도를 의미한다.

60. 다음 중 호의 길이 치수를 나타내는 것은?

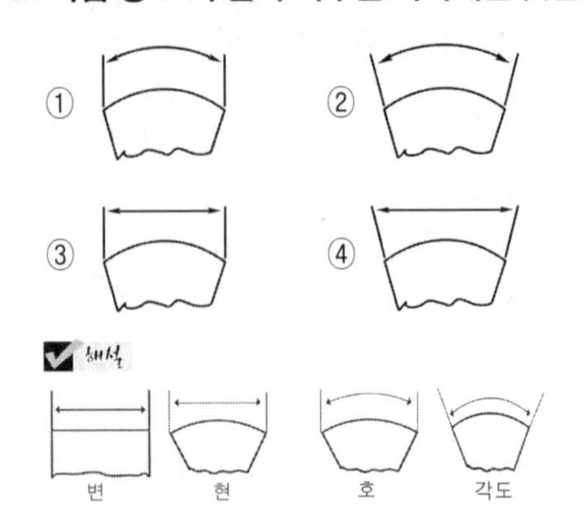

정답 59. ① 60. ①

CBT복원문제 Craftsman Welding

제2회 특수용접기능사

01 아크 용접에서 피닝을 하는 목적으로 가장 알맞은 것은?

① 용접부의 잔류응력을 완화시킨다.
② 모재의 재질을 검사하는 수단이다.
③ 응력을 강하게 하고 변형을 유발시킨다.
④ 모재표면의 이물질을 제거한다.

해설 **피닝법** : 끝이 둥근 특수 해머로 용접부를 연속적으로 타격하며 용접 표면에 소성 변형을 주어 인장 응력을 완화한다. 첫 층 용접의 균열 방지 목적으로 700℃정도에서 열간 피닝을 한다.

02 플라즈마 아크의 종류가 아닌 것은?

① 이행형 아크　② 비이행형 아크
③ 중간형 아크　④ 텐덤형 아크

해설 플라즈마 아크 용접에는 이행형 즉 텡스텐 전극과 모재에 각각 전원을 연결하는 방식과 텅스텐 전극과 수냉 노즐에 전원을 연결하고 모재에는 전원을 연결하지 않는 비이행형이 있다. 또한 혼합형이라고 할 수 있는 중간형 아크가 있다.

03 로봇 용접의 분류 중 동작 기구로부터의 분류 방식이 아닌 것은?

① PTB 좌표 로봇
② 직각 좌표 로봇
③ 극좌표 로봇
④ 관절 로봇

해설 동작기구로부터 로봇의 분류는 직각좌표 로봇, 극좌표 로봇, 원통좌료 로봇, 스카라 로봇, 관절 로봇 등으로 한다.

04 다음 중 기본 용접 이음 형식에 속하지 않는 것은?

① 맞대기 이음　② 모서리 이음
③ 마찰 이음　④ T자 이음

해설

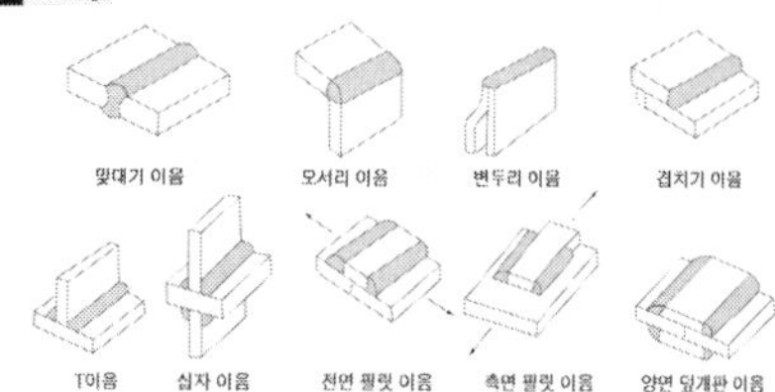

05 화재의 분류는 소화시 매우 중요한 역할을 한다. 서로 바르게 연결된 것은?

① A급 화재 – 유류 화재
② B급 화재 – 일반 화재
③ C급 화재 – 가스 화재
④ D급 화재 – 금속 화재

해설 **등급별 소화 방법**

분 류	A급 화재	B급 화재	C급 화재	D급 화재
명칭	보통 화재	기름 화재	전기 화재	금속 화재
가연물	목재, 종이, 섬유	유류, 가스	전기	Mg, Al 분말
주된 소화 효과	냉각	질식	냉각, 질식	질식
적용 소화기	물, 분말	포말, 분말, CO_2	분말, CO_2	모래, 질식

정답 01. ① 02. ④ 03. ① 04. ③ 05. ④

06 **가스용접 시 안전사항으로 부적당한 것은?**

① 호스는 길지 않게 하며 용접이 끝났을 때는 용기 밸브를 잠근다.
② 작업자 눈을 보호하기 위해 적당한 차광유리를 사용한다.
③ 산소병은 60℃ 이상 온도에서 보관하고 직사광선을 피하여 보관한다.
④ 호스 접속부는 호스 밴드로 조이고 비눗물 등으로 누설 여부를 검사한다.

✔ 해설 **산소 용기를 취급할 때 주의 점**
① 타격, 충격을 주지 않는다.
② 직사광선, 화기가 있는 고온의 장소를 피한다.
③ 용기 내의 압력이 너무 상승(170kgf/cm^2)되지 않도록 한다.
④ 밸브가 동결되었을 때 더운물, 또는 증기를 사용하여 녹여야 한다.
⑤ 누설 검사는 비눗물을 사용한다.
⑥ 용기 내의 온도는 항상 40℃이하로 유지하여야 한다.
⑦ 용기 및 밸브 조정기 등에 기름이 부착되지 않도록 한다.

07 **다음 용접 결함 중 구조상의 결함이 아닌 것은?**

① 기공 ② 변형
③ 용입 불량 ④ 슬래그 섞임

✔ 해설 **용접 결함의 분류**
① **치수상 결함** : 변형, 치수 및 형상 불량
② **구조상 결함** : 언더컷, 오버랩, 슬래그 섞임, 융합 불량, 기공, 용입 불량, 균열 등
③ **성질상 결함** : 기계적, 화학적 성질 불량

08 **용접봉의 습기가 원인이 되어 발생하는 결함으로 가장 적절한 것은?**

① 기공 ② 선상조직
③ 용입 불량 ④ 슬래그 섞임

✔ 해설 기공은 수소 또는 일산화탄소 과잉, 용접부의 급속한 응고, 모재 가운데 유황 함유량 과대, 기름 페인트 등이 모재에 묻어 있을 때, 아크 길이, 전류 조작의 부적당, 용접 속도가 너무 빠를 때, 용접봉에 습기가 있을 때

09 **일반적으로 용접순서를 결정할 때 유의해야 할 사항으로 틀린 것은?**

① 용접물의 중심에 대하여 항상 대칭으로 용접한다.
② 수축이 작은 이음을 먼저 용접하고 수축이 큰 이음은 나중에 용접한다.
③ 용접 구조물이 조립되어 감에 따라 용접작업이 불가능한 곳이나 곤란한 경우가 생기지 않도록 한다.
④ 용접 구조물의 중립축에 대하여 용접 수축력의 모멘트 합이 0이 되게 하면 용접선 방향에 대한 굽힘을 줄일 수 있다.

✔ 해설 용접과 리벳 작업을 같이 할 경우 수축이 큰 용접 이음을 한 뒤 리벳 작업을 수행한다.

10 **스터드 용접에서 내열성의 도기로 용융금속의 산화 및 유출을 막아주고 아크열을 집중시키는 역할을 하는 것은?**

① 페룰 ② 스터드
③ 용접토치 ④ 제어장치

✔ 해설 아크를 보호하고 집중하기 위하여 도기로 만든 페룰을 사용하여 용착부의 오염방지 및 용접사의 눈을 아크로부터 보호한다.

11 **용접부의 균열 중 모재의 재질 결함으로써 강괴일 때 기포가 압연되어 생기는 것으로 설퍼 밴드와 같은 층상으로 편재해 있어 강재 내부에 노치를 형성하는 균열은?**

① 라미네이션(lamination) 균열
② 루트(root) 균열
③ 응력 제거 풀림(stress relief) 균열
④ 크레이터(crater) 균열

✔ 해설 라미네이션 균열은 압연 강재에 있는 내부 결함으로 비금속 개재물, 불순물, 기포 등이 층상으로 평행하게 존재한다.

정답 06. ③ 07. ② 08. ① 09. ② 10. ① 11. ①

12 **용접부의 결함이 오버랩일 경우 보수 방법은?**

① 가는 용접봉을 사용하여 보수한다.
② 일부분을 깎아내고 재 용접한다.
③ 양단에 드릴로 정지 구멍을 뚫고 깎아내고 재 용접한다.
④ 그 위에 다시 재 용접한다.

해설 오버랩의 원인은 전류가 낮을 때 부적당한 용접봉 사용시, 운봉 및 봉의 유지각도가 나쁠 때 발생하는 결함이다. 그 보수 방법으로는 덮인 일부분을 깎아내고 가는 용접봉을 사용하여 재 용접한다.

13 **일렉트로 슬래그 용접에서 사용되는 수냉식 판의 재료는?**

① 연강 ② 동
③ 알루미늄 ④ 주철

해설 ① **일렉트로 슬래그 용접 원리(Electro Slag Wel- ding, ESW)** : 서브머지드 아크 용접에서와 같이 처음에는 플럭스 안에서 모재와 용접봉 사이에 아크가 발생하여 플럭스가 녹아서 액상의 슬래그가 되면 전류를 통하기 쉬운 도체의 성질을 갖게 되면서 아크는 꺼지고 와이어와 용융 슬래그 사이에 흐르는 전류의 저항 발열을 이용하는 자동 용접법이다.
② **일렉트로 슬래그 용접 특징**
㉠ 전기 저항 열($Q = 0.24I^2 Rt$)을 이용하여 용접(주울의 법칙 적용)한다.
㉡ 두꺼운 판의 용접법으로 적합하다.(단층으로 용접이 가능)
㉢ 매우 능률적이고 변형이 적다.
㉣ 홈 모양은 I형이기 때문에 홈 가공이 간단하다.
㉤ 변형이 적고, 능률적이고 경제적이다.
㉥ 아크가 보이지 않고 아크 불꽃이 없다.
㉦ 기계적 성질이 나쁘다.
㉧ 노치 취성이 크다.(냉각 속도가 늦기 때문에)
㉨ 가격이 고가이다.
㉩ 용접 시간에 비하여 준비 시간이 길다.
㉪ 용도로는 보일러 드럼, 압력 용기의 수직 또는 원주이음, 대형 부품 로울 등에 후판 용접에 쓰인다.

14 **일렉트로 슬래그 용접에서 주로 사용되는 전극 와이어의 지름은 보통 몇 mm 정도인가?**

① 1.2~1.5 ② 1.7~2.3
③ 2.5~3.2 ④ 3.5~4.0

해설 일렉트로 슬래그 용접은 서브머지드 아크 용접에서와 같이 처음에는 플럭스 안에서 모재와 용접봉 사이에 아크가 발생하여 플럭스가 녹아서 액상의 슬래그가 되면 전류를 통하기 쉬운 도체의 성질을 갖게 되면서 아크는 꺼지고 와이어와 용융 슬래그 사이에 흐르는 전류의 저항 발열을 이용하는 자동 용접법이다. 일반적으로 사용되는 전극의 지름은 2.5~3.2㎜가 사용된다.

15 **다음 중 서브머지드 아크 용접(Sub-merged Arc Welding)에서 용제의 역할과 가장 거리가 먼 것은?**

① 아크 안정
② 용락 방지
③ 용접부의 보호
④ 용착금속의 재질 개선

해설 **서브머지드 용접의 용제 조건**
① 적당한 용융 온도 및 점성을 가져 양호한 비드를 얻을 수 있을 것
② 용착 금속에 적당한 합금원소를 첨가할 수 있고 탈산, 탈황 등의 정련작용으로 양호한 용착금속을 얻을 수 있을 것
③ 적당한 입도를 가져 아크의 보호성이 좋을 것
④ 용접 후 슬래그의 박리성이 좋을 것
⑤ 용제의 역할은 아크 안정, 절연 작용, 용접부의 오염 방지, 합금 원소 첨가, 급랭 방지, 탈산 정련 작용 등

16 **다음 중 불활성 가스인 것은?**

① 산소 ② 헬륨
③ 탄소 ④ 이산화탄소

해설 불활성 가스는 18족의 가스로 비활성 가스라고도 한다. 헬륨, 네온, 아르곤 등이 있다.

정답 12. ② 13. ② 14. ③ 15. ② 16. ②

17 **다음 중 TIG 용접 시 주로 사용되는 가스는?**

① CO_2 ② H_2
③ O_2 ④ Ar

해설 **불활성 가스 텅스텐 아크 용접 특징**
① 전극은 텅스텐 전극을 사용. 전자 방사 능력을 높이기 위하여 토륨을 1~2% 함유한 토륨 텅스텐봉이 사용
② 전극은 비용극식, 비소모식이라 하여 직접 용가재로 사용하지 않고, 용접 전원으로는 직류, 교류가 모두 쓰인다.
③ 사용 가스는 주로 아르곤이 사용된다.

18 **맞대기 용접이음에서 판 두께가 6mm, 용접선 길이가 120mm, 인장응력이 9.5N/㎟ 일 때 모재가 받는 하중은 몇 N 인가?**

① 5680 ② 5860
③ 6480 ④ 6840

해설 $\sigma = \frac{P}{A}$
따라서 P=σ×A=6×120×9.5=6840

19 **용접결함 중 은점의 원인이 되는 주된 원소는?**

① 헬륨 ② 수소
③ 아르곤 ④ 이산화탄소

해설 은점은 물고기 눈 모양으로 반짝거리는 것으로 헤어크랙과 더불어 수소가 원인이 된다.

20 **용접 작업에서 전격의 방지대책으로 틀린 것은?**

① 땀, 물 등에 의해 젖은 작업복, 장갑 등은 착용하지 않는다.
② 텅스텐 봉을 교체할 때 항상 전원 스위치를 차단하고 작업한다.
③ 절연홀더의 절연부분이 노출, 파손되면 즉시 보수하거나 교체한다.
④ 가죽 장갑, 앞치마, 발 덮게 등 보호구를 반드시 착용하지 않아도 된다.

해설 전격이란 전기적인 충격 즉 감전 등을 말하며 용접을 할 경우 보호구를 착용하여야만 화상, 전격 등의 위험을 예방할 수 있다.

21 **납땜에서 경납용 용제가 아닌 것은?**

① 붕사 ② 붕산
③ 염산 ④ 알칼리

해설 **용제**
① 연납용 용제
㉠ 부식성 용제인 염화아연, 염화암모늄, 염산 등
㉡ 비부식성 용제로는 송진, 수지, 올리브유 등
② 경납용 용제는 붕사, 붕산, 염화리튬, 빙정석, 산화제1동이 사용된다.

22 **아크가 보이지 않는 상태에서 용접이 진행된다고 하여 일명 잠호 용접이라 부르기도 하는 용접법은?**

① 스터드 용접
② 레이저 용접
③ 서브머지드 아크 용접
④ 플라즈마 용접

해설 서브머지드 아크용접은 용제를 사용하는 전자동 용접방식의 하나로 모재 용접부에 미세한 가루 모양의 용제를 공급관을 통하여 공급하고, 그 속에 전극 와이어를 넣어 와이어 끝과 모재 사이에서 아크를 발생시키는 방법으로 잠호 용접이라고도 한다.

23 **아크 길이가 길 때 일어나는 현상이 아닌 것은?**

① 아크가 불안정해진다.
② 용융금속의 산화 및 질화가 쉽다.
③ 열 집중력이 양호하다.
④ 전압이 높고 스패터가 많다.

해설 아크 길이가 길어지면 아크는 불안정해지고 전압이 높아지면 스패터가 많아진다. 또한 용융 금속의 산화 및 질화가 되기 쉽다.

24 **피복 아크 용접에서 "모재의 일부가 쇳물 부분"을 의미하는 것은?**

① 슬래그 ② 용융지
③ 피복부 ④ 용착부

정답 17. ④ 18. ④ 19. ② 20. ④ 21. ③ 22. ③ 23. ③ 24. ②

해설 ① **아크** : 기체 중에서 일어나는 방전의 일종으로 피복 아크 용접에서의 온도는 5,000~6,000℃이다.
② **용융지(용융 풀)** : 모재가 녹은 쇳물 부분
③ **용적** : 용접봉이 녹아 모재로 이행되는 쇳물 방울
④ **용착** : 용접봉이 녹아 용융지에 들어가는 것
⑤ **용입** : 모재가 녹은 깊이
⑥ **용락** : 모재가 녹아 쇳물이 떨어져 흘러내려 구멍이 나는 것

25 전격 방지기는 아크를 끊음과 동시에 자동적으로 릴레이가 차단되어 용접기의 2차 무부하 전압을 몇 V 이하로 유지시키는가?

① 20~30　② 35~45
③ 50~60　④ 65~75

해설 **전격 방지기** : 감전의 위험으로부터 작업자를 보호하기 위하여 2차 무부하 전압을 20~30[V]로 유지하는 장치

26 다음 중 일렉트로 가스 아크 용접의 특징으로 옳은 것은?

① 용접속도는 자동으로 조절된다.
② 판 두께가 얇을수록 경제적이다.
③ 용접장치가 복잡하여, 취급이 어렵고 고도의 숙련을 요한다.
④ 스패터 및 가스의 발생이 적고, 용접 작업 시 바람의 영향을 받지 않는다.

해설 일렉트로 가스 아크 용접은 일렉트로 슬래그 용접의 특징 있는 조작과 이산화탄소 가스 아크 용접을 조합한 아크 용접의 일종이다. 일렉트로 가스 아크 용접은 이산화탄소 가스를 보호 가스로 사용하여 이산화탄소 가스 분위기 속에서 아크를 발생시키고 그 아크열로 용접을 한다. 일명 이산화탄소 엔크로즈 아크 용접이라고도 하며 두꺼운 판에 적합한 자동용접이다.

27 산소-아세틸렌가스 용접기로 두께가 3.2mm인 연강 판을 V형 맞대기 이음을 하려면 이에 적합한 연강용 가스 용접 봉의 지름(mm)을 계산식에 의해 구하면 얼마인가?

① 2.6　② 3.2
③ 3.6　④ 4.6

해설 $D=\frac{T}{2}+1$ 즉 판 두께의 반에 1을 더한다고 생각하면 된다. 판 두께가 3.2㎜이므로 반이 1.6에 1을 더한 2.6이 된다.

28 아크 용접기의 구비조건으로 틀린 것은?

① 효율이 좋아야 한다.
② 아크가 안정되어야 한다.
③ 용접 중 온도상승이 커야 한다.
④ 구조 및 취급이 간단해야 한다.

해설 용접 중 용접기의 온도 상승이 크게 되면 용접기 소손의 원인이 된다.

29 TIG 절단에 관한 설명으로 틀린 것은?

① 전원은 직류 역극성을 사용한다.
② 절단면이 매끈하고 열효율이 좋으며 능률이 대단히 높다.
③ 아크 냉각용 가스에는 아르곤과 수소의 혼합가스를 사용한다.
④ 알루미늄, 마그네슘, 구리와 구리합금, 스테인리스강 등 비철금속의 절단에 이용한다.

해설 **티그 절단**
① 열적 핀치 효과에 의한 플라즈마로 절단하는 방법으로 텅스텐 전극과 모재와의 사이에 아크를 발생시켜 아르곤 가스를 공급하여 절단하는 방법
② 전원은 직류 정극성이 사용된다.
③ 주로 알루미늄, 구리 및 구리합금, 마그네슘, 스테인리스강과 같은 금속 재료에 절단에만 사용하나 열효율이 좋고 능률적이다.
④ 사용 가스로는 아르곤과 수소 혼합가스가 사용된다. 금속재료의 절단에만 한정된다.

30 용접 중에 아크를 중단시키면 중단된 부분이 오목하거나 납작하게 파진 모습으로 남게 되는 것은?

① 피트　② 언더컷
③ 오버랩　④ 크레이터

해설 용접부의 끝 부분을 크레이터라고 하며, 일반적으로 크레이터 처리는 아크 길이를 짧게 하

정답 25. ① 26. ① 27. ① 28. ③ 29. ① 30. ④

여 운봉을 정지시켜서 크레이터를 채운 다음 용접봉을 빠른 속도로 들어 아크를 끊는다. 이때 크레이터 처리를 잘 못하면 균열, 슬래그 섞임, 등이 일어나거나 파손 될 수 있어 시종단에 엔드 탭을 사용한다.

31 가변압식 팁 번호가 200일 때 10시간 동안 표준불꽃으로 용접할 경우 아세틸렌가스의 소비량은 몇 리터인가?

① 20 ② 200
③ 2000 ④ 20000

해설 가변압식은 1시간당 소비되는 아세틸렌 소비량으로 팁 번호가 주어지므로 표준불꽃이라고 하면 아세틸렌과 산소가 1:1로 들어가므로 200×10=2000이 된다.

32 가스용접에서 토치를 오른손에 용접봉을 왼손에 잡고 오른쪽에서 왼쪽으로 용접을 해나가는 용접법은?

① 전진법 ② 후진법
③ 상진법 ④ 병진법

해설 전진법은 좌진법이라고 하며 오른쪽에서 왼쪽으로 진행하는 것을 말한다.

33 면심입방격자의 어떤 성질이 가공성을 좋게 하는가?

① 취성 ② 내식성
③ 전연성 ④ 전기 전도성

해설 가공성을 좋게 하는 것은 전연성이다. 반대로 가공성을 저해하는 것은 강도 및 경도이다.

34 가스용접이나 절단에 사용되는 가연성 가스의 구비조건으로 틀린 것은?

① 발열량이 클 것
② 연소속도가 느릴 것
③ 불꽃의 온도가 높을 것
④ 용융금속과 화학반응이 일어나지 않을 것

해설 가연성 가스의 구비조건
① 불꽃 온도가 높을 것
② 연소 속도가 빠를 것
③ 발열량이 클 것
④ 용융 금속과 화학 반응을 일으키지 않을 것

35 연강용 가스용접에서 625±25℃에서 1시간 동안 응력을 제거한 것"을 뜻하는 영문자 표시에 해당되는 것은?

① NSR ② GB
③ SR ④ GA

해설 가스 용접봉
① 연강용, 주철용, 비철 금속 재료용 등이 있다.
② NSR(용접된 그대로), SR(응력 제거 풀림 625±25℃)이 있다.

36 아크 용접에 속하지 않는 것은?

① 스터드 용접
② 프로젝션 용접
③ 불활성가스 아크 용접
④ 서브머지드 아크 용접

해설 압접 (Pressure Welding) : 접합 부분을 열간 또는 냉간 상태에서 압력을 주어 접합하는 방법으로 그 종류는 전기 저항 용접(점용접, 심용접, 프로젝션 용접, 업셋 용접, 플래시 용접, 퍼커션 용접), 초음파 용접, 마찰 용접, 유도 가열 용접, 가스 압접 등이 있다.

37 프로판 가스의 성질에 대한 설명으로 틀린 것은?

① 기화가 어렵고 발열량이 낮다.
② 액화하기 쉽고 용기에 넣어 수송이 편리하다.
③ 온도 변화에 따른 팽창률이 크고 물에 잘 녹지 않는다.
④ 상온에서는 기체 상태이고 무색, 투명하고 약간의 냄새가 난다.

해설 가스의 비중과 발열량

가스의 종 류	비중	발열량 (kcal/m²)	산소와 혼합 시 불꽃 최고 온도(℃)
아세틸렌	0.906	12,753.7	3,430
수소	0.070	2,446.4	2,900
프로판	1.522	20,550.1	2,820
메탄	0.555	8,132.8	2,700

정답 31. ③ 32. ① 33. ③ 34. ② 35. ③ 36. ② 37. ①

38 **금속의 공통적 특성으로 틀린 것은?**

① 열과 전기의 양도체이다.
② 금속 고유의 광택을 갖는다.
③ 이온화하면 음(-) 이온이 된다.
④ 소성 변형성이 있어 가공하기 쉽다.

해설 **금속의 공통적 성질**
① 실온에서 고체이며, 결정체이다.(단, 수은 제외)
② 빛을 반사하고 고유의 광택이 있다.
③ 가공이 용이하고, 연·전성이 크다.
④ 열, 전기의 양도체이다.
⑤ 비중이 크고, 경도 및 용융점이 높다.

39 **양호한 절단면을 얻기 위한 조건으로 틀린 것은?**

① 드래그가 가능한 클 것
② 슬래그 이탈이 양호할 것
③ 절단면 표면의 각이 예리할 것
④ 절단면이 평활하다 드래그의 홈이 낮을 것

해설 **가스 절단에 양부 판정**
① 드래그는 가능한 작을 것
② 절단 모재의 표면 각이 예리할 것
③ 절단면이 평활 할 것
④ 슬래그의 박리성이 우수할 것
⑤ 경제적인 절단이 이루어질 것

40 **가스 용접 작업에서 양호한 용접부를 얻기 위해 갖추어야 할 조건으로 틀린 것은?**

① 용착 금속의 용집 상태가 균일해야 한다.
② 용접부에 첨가된 금속의 성질이 양호해야 한다.
③ 기름, 녹 등을 용접 전에 제거하여 결함을 방지한다.
④ 과열의 흔적이 있어야 하고 슬래그나 기공 등도 있어야 한다.

해설 과열한 흔적이나 슬래그 기공 등이 있으면 양호한 용접부라고 할 수 없다.

41 **스테인리스강 중 내식성이 제일 우수하고 비자성이나 염산, 황산, 염소가스 등에 약하고 결정입계 부식이 발생하기 쉬운 것은?**

① 석출경화계 스테인리스강
② 페라이트계 스테인리스강
③ 마텐자이트계 스테인리스강
④ 오스테나이트계 스테인리스강

해설 **오스테나이트계 Cr(18)-Ni(8)**
① 내식, 내산성이 13Cr 보다 우수
② 용접성이 SUS중 가장 우수
③ 담금질로 경화되지 않는다. 비자성체

42 **자기변태가 일어나는 점을 자기 변태점이라 하며, 이온도를 무엇이라고 하는가?**

① 상점　② 이슬점
③ 퀴리점　④ 동소점

해설 자기변태가 일어나는 온도를 자기 변태점이라 하고 이온도를 퀴리점이라 한다. 자기 변태는 원자 배열은 변화가 없고 자성만 변하는 것으로 Fe(768℃), Ni(358℃), Co(1,160℃) 등이 대표적이다.

43 **열처리의 종류 중 항온열처리 방법이 아닌 것은?**

① 마퀜칭　② 어닐링
③ 마템퍼링　④ 오스템퍼링

해설 어닐링(annealing)은 풀림이라고 하며 강을 적당한 온도로 가열해 일정시간 노안에서 두고 서서히 냉각시키는 조작으로 응력을 제거하기 위한 열처리이다.

44 **Fe-C 상태도에서 A_3 및 A_4 변태점 사이에서의 결정구조는?**

① 체심입방격자　② 체심입방격자
③ 조밀육방격자　④ 면심입방격자

해설 **동소 변태** : 고체 내에서 원자 배열이 변하는 것
① α - Fe(체심, 912℃ A_3),
γ - Fe(면심, 1400℃ A_4), δ - Fe(체심)

정답 38. ③ 39. ① 40. ④ 41. ④ 42. ③ 43. ② 44. ④

② 동소 변태 금속 : Fe(912℃, 1,400℃), Co(477℃), Ti(830℃), Sn(18℃) 등

45 금속 표면에 스텔라이트, 초경합금 등의 금속을 용착시켜 표면경화 층을 만드는 것은?

① 금속 용사법 ② 하드 페이싱
③ 쇼트 피이닝 ④ 금속 침투법

해설 **하드 페이싱** : 소재의 표면에 스텔라이트나 경합금 등을 융접 또는 압접으로 용착시키는 표면 경화법

46 담금질한 강을 뜨임 열처리하는 이유는?

① 강도를 증가시키기 위하여
② 경도를 증가시키기 위하여
③ 취성을 증가시키기 위하여
④ 인성을 증가시키기 위하여

해설 **강의 일반 열처리 방법**
① **담금질** : 강을 A_3 변태 및 A_1 선 이상 30 ~ 50℃로 가열한 후 수냉 또는 유냉으로 급랭시키는 방법으로 강을 강하게 만드는 열처리이다.
② **뜨임** : 담금질된 강을 A_1 변태점 이하로 가열 후 냉각시켜 담금질로 인한 취성을 제거하고 경도를 떨어뜨려 강인성을 증가시키기 위한 열처리이다.
③ **풀림** : 재질의 연화 및 내부 응력 제거를 목적으로 노내에서 서냉한다.
④ **불림** : A_3 또는 Acm선 이상 30 ~ 50℃정도로 가열, 가공 재료의 결정 조직을 균일화하여 표준 조직을 얻는다. 공기 중 공랭하여 미세한 Sorbite 조직을 얻는다.

47 합금 공구강 중 게이지용 강이 갖추어야 할 조건으로 틀린 것은?

① 경도는 HRC 45 이하를 가져야 한다.
② 팽창계수가 보통강보다 작아야 한다.
③ 담금질에 의한 변형 및 균열이 없어야 한다.
④ 시간이 지남에 따라 치수의 변화가 없어야 한다.

해설 게이지용 강은 팽창계수가 적어 온도 변화 등에 따라 영향을 받으며 안 되며, 경도 값 등이 우수해야 한다.

48 다음 중 소결 탄화물 공구강이 아닌 것은?

① 듀콜(Ducole)강
② 미디아(Midia)
③ 카볼로이(Carboloy)
④ 텅갈로이(Tungalloy)

해설 저Mn강(1 ~ 2%)
① 일명 듀콜강, 조직은 펄라이트
② 용접성 우수, 내식성 개선 위해 Cu 첨가

49 게이지용 강이 갖추어야 할 성질로 틀린 것은?

① 담금질에 의해 변형이나 균열이 없을 것
② 시간이 지남에 따라 치수변화가 없을 것
③ HRC55 이상의 경도를 가질 것
④ 팽창계수가 보통 강보다 클 것

해설 게이지 강이란 측정을 위한 것으로 외부 환경에 따라 팽창계수 값이 잘 변하면 안된다.

50 가단주철의 일반적인 특징이 아닌 것은?

① 담금질 경화성이 있다.
② 주조성이 우수하다.
③ 내식성, 내충격성이 우수하다.
④ 경도는 Si량이 적을수록 좋다.

해설 ① 백심 가단 주철(WMC) 탈탄이 주목적 산화철을 가하여 950℃에서 70 ~ 100시간 가열
② 흑심 가단 주철(BMC) Fe_3C의 흑연화가 목적
㉠ 1단계(850 ~ 950℃풀림)유리 Fe_3C → 흑연화
㉡ 2단계(680 ~ 730℃풀림)Pearlite중에 Fe_3C → 흑연화
③ 고력 펄라이트 가단 주철 (PMC) 흑심 가단 주철에 2단계를 생략한 것
④ 가단 주철의 탈탄제 : 철광석, 밀 스케일, 헤어 스케일 등의 산화철을 사용

51 다음 단면도에 대한 설명으로 틀린 것은?

① 부분 단면도는 일부분을 잘라내고 필요한 내부 모양을 그리기 위한 방법이다.
② 조합에 의한 단면도는 축, 핀, 볼트, 너트류의 절단면의 이해를 위해 표시한 것이다.
③ 한쪽 단면도는 대칭형 대상물의 외형 절반과의 단면도의 절반을 조합하여 표시한

정답 45. ② 46. ④ 47. ① 48. ① 49. ④ 50. ④ 51. ②

것이다.

④ 회전도시 단면도는 핸들이나 바퀴 등의 암, 림, 훅, 구조물 등의 절단면을 90도 회전시켜서 표시한 것이다.

해설 길이 방향으로 단면해도 의미가 없는 거나 이해를 방해하는 부품인 축, 리벳 등은 길이 방향으로 단면을 하지 않는다.

52 **다음 냉동 장치의 배관 도면에서 팽창 밸브는?**

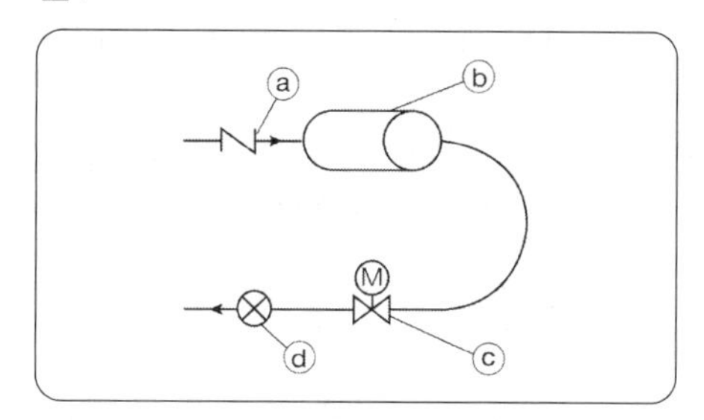

① ⓐ　② ⓑ
③ ⓒ　④ ⓓ

해설 냉동 장치에서 팽창 밸브는 응축기에 응축 액화된 고온 고압의 액체 냉매를 증발을 일으킬 수 있도록 감압하여 주는 역할을 하는 밸브로 그림에 ⓓ와 같이 표시한다.

53 **다음 중 열간 압연 강판 및 강대에 해당하는 재료 기호는?**

① SPCC　② SPHC
③ STS　④ SPB

해설 열간 압연 강판 및 강대는 주로 자동차의 프레임, 바퀴 등에 사용되는 것으로 그 기호는 SPHC이다. SHP라고도 사용된다.

54 **기계제도에서 도형의 생략에 관한 설명으로 틀린 것은?**

① 도형이 대칭 형식인 경우에는 대칭 중심선의 한쪽 도형만을 그리고 그 대칭 중심선의 양끝 부분에 대칭그림기호를 그려서 대칭임을 나타낸다.

② 대칭 중심선의 한쪽 도형을 대칭 중심선을 조금 넘는 부분까지 그려서 나타낼 수도 있으며, 이 때 중심선 양 끝에 대칭 그림기호를 반드시 나타내야 한다.

③ 같은 종류, 같은 모양의 것이 다수 줄지어 있는 경우에는 실형 대신 그림 기호를 피치선과 중심선과의 교점에 기입하여 나타낼 수 있다.

④ 축, 막대, 관과 같은 동일 단면형의 부분은 지면을 생략하기 위하여 중간 부분을 파단선으로 잘라내서 그 긴요한 부분만을 가까이 하여 도시할 수 있다.

해설 • **대칭 도형의 생략** : 도형이 대칭 형상을 갖는 경우에는 대칭 중심선 한쪽을 생략하여 그린다.

① 정면도가 단면도로 된 경우에는 정면도에 가까운 곳의 반을 생략하여 그린다.
② 정면도에 외형이 나타나 있을 경우에는 정면도에 가까운 곳의 반을 그린다.
③ 대칭 표시선 : 대칭 중심선의 상하 또는 좌우에 두 줄의 짧은 가는 평행선을 그어 생략하는 것을 나타낸다.

• **중간부의 생략** : 축, 봉, 관, 테이퍼 축 등의 동일 단면형의 부분이 긴 경우에는 중간 부분을 잘라 단축시켜 그린다.

① 잘라 버린 끝 부분은 파단선으로 나타낸다.
② 원형일 경우에는 끝 부분을 타원형으로 나타낸다.
③ 해칭을 한 단면에서는 파단선을 생략해도 좋다.

55 **제3각법으로 정투상한 그림에서 누락된 정면도로 가장 적합한 것은?**

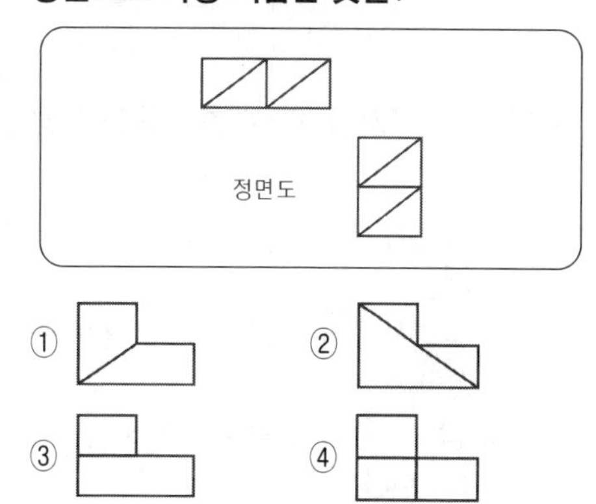

정답 52. ④ 53. ② 54. ② 55. ②

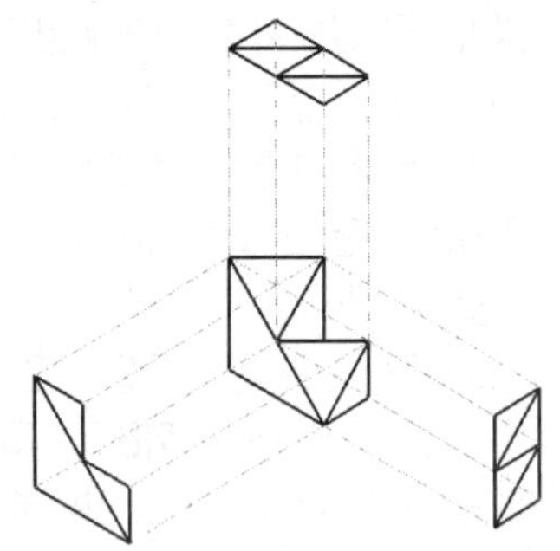

56 판을 접어서 만든 물체를 펼친 모양으로 표시할 필요가 있는 경우 그리는 도면을 무엇이라 하는가?

① 투상도 ② 개략도
③ 입체도 ④ 전개도

해설 전개도

① 입체의 표면을 평면 위에 펼쳐 그린 그림
② 전개도를 다시 접거나 감으면 그 물체의 모양이 됨
③ **용도** : 철판을 굽히거나 접어서 만드는 상자, 철제 책꽂이, 캐비닛, 물통, 쓰레받기, 자동차 부품, 항공기 부품, 덕트 등
④ **전개도의 종류**
㉠ 평행선 전개법 특징 : 물체의 모서리가 직각으로 만나는 물체나 원통형 물체를 전개할 때 사용
㉡ 방사선 전개법 특징 : 각뿔이나 원뿔처럼 꼭짓점을 중심으로 부채꼴 모양으로 전개하는 방법
㉢ 삼각형 전개법 특징 : 꼭지점이 먼 각뿔이나 원뿔을 전개할 때 입체의 표면을 여러 개의 삼각형으로 나누어 전개하는 방법

57 나사의 표시방법에 대한 설명으로 옳은 것은?

① 수나사의 골지름은 가는 실선으로 표시한다.
② 수나사의 바깥지름은 가는 실선으로 표시한다.
③ 암나사의 골지름은 아주 굵은 실선으로 표시한다.
④ 완전 나사부와 불완전 나사부의 경계선은 가는 실선으로 표시한다.

해설 나사의 도시방법

① 수나사의 바깥지름과 암나사의 안지름을 나타내는 선은 굵은 실선으로 그린다.
② 완전나사부와 불완전 나사부의 경계선은 굵은 실선으로 그린다.
③ 수나사와 암나사의 결합부분은 수나사로 표시한다.
④ 단면시 나사부의 해칭은 수나사는 외경, 암나사는 내경까지 해칭한다.
⑤ 수나사와 암나사의 골을 표시하는 선은 가는 실선으로 그린다.
⑥ 불완전 나사부의 골밑을 나타내는 선은 축선에 대하여 30° 의 가는 실선으로 그린다.
⑦ 수나사와 암나사의 측면 도시에서 각각의 골 지름은 가는 실선으로 약 $\frac{3}{4}$ 만큼 그린다.
⑧ 암나사 탭 구멍의 드릴 자리는 120° 의 굵은 실선으로 그린다.
⑨ 가려서 보이지 않는 나사부의 산과 골을 나타내는 선은 같은 굵기의 파선으로 한다.

58 다음 입체도의 화살표 방향을 정면으로 한다면 좌측면도로 적합한 투상도는?

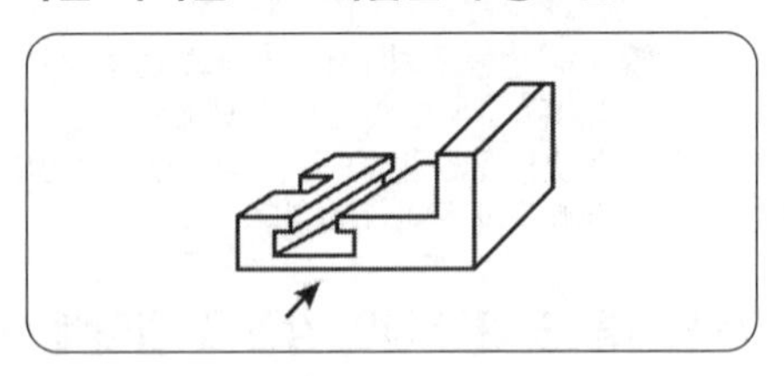

① 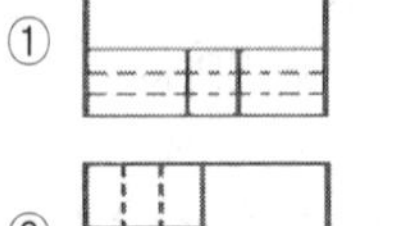 ② 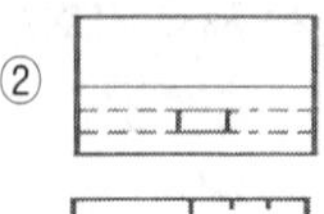

③ 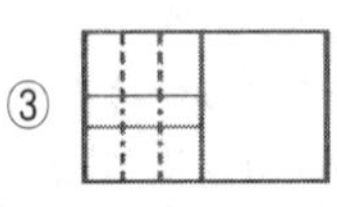 ④ 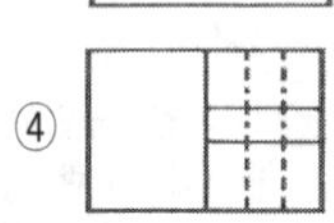

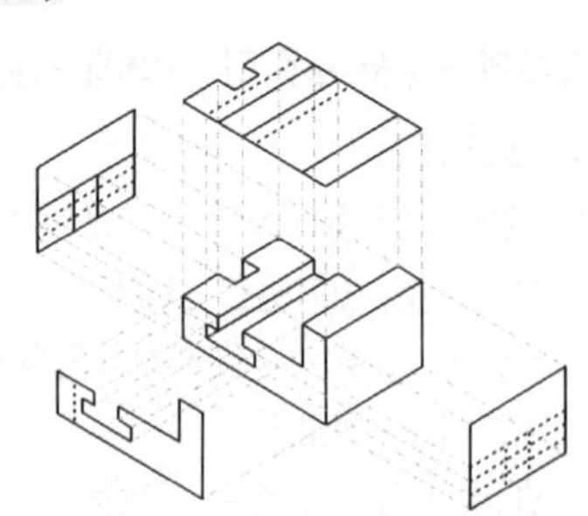

정답 56. ④ 57. ① 58. ①

59 배관도에서 유체의 종류와 문자 기호를 나타내는 것 중 틀린 것은?

① 공기 : A
② 연료 가스 : G
③ 증기 : W
④ 연료유 또는 냉동기유 : O

해설 증기는 S이다. 즉, steam이며 물이 W이다.

60 다음 용접 보조기호에 현장 용접기호는?

① 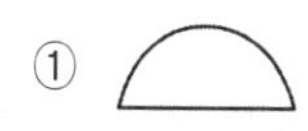
② 
③ ○
④ —

해설 현장 용접의 의미는 깃발을 찾으면 된다.

정답 59. ③ 60. ②

CBT복원문제 Craftsman Welding

제3회 특수용접기능사

01 다음 중 연납의 특성에 관한 설명으로 틀린 것은?

① 연납땜에 사용하는 용가제를 말한다.
② 주석-납계 합금이 가장 많이 사용된다.
③ 기계적 강도가 낮으므로 강도를 필요로 하는 부분에는 적당하지 않다.
④ 은납, 황동납 등이 이에 속하고 물리적 강도가 크게 요구될 때 사용된다.

해설 연납의 종류
① 주석 - 납
㉠ 대표적 연납이다.
㉡ 흡착 작용은 주석의 함유량이 많아지면 커진다.
② 카드뮴 - 아연납
㉠ 모재에 가공 경화를 주지 않고 이음 강도가 요구될 때 쓰인다.
㉡ 카드뮴(40%), 아연(60%)은 알루미늄의 저항 납땜에 사용된다.
③ 저 융점 납땜
㉠ 주석 - 납 합금에 비스무트를 첨가한 것이 사용된다.
㉡ 100℃ 이하의 용융점을 가진 납땜을 의미한다.
※ 은납, 황동납은 경납이다.

02 피복 아크 용접 결함 중 용착 금속의 냉각 속도가 빠르거나 모재의 재질이 불량할 때 일어나기 쉬운 결함으로 가장 적당한 것은?

① 용입 불량 ② 언더컷
③ 오버랩 ④ 선상 조직

해설 선상 조직은 용착금속의 냉각 속도가 빠를 때, 모재 재질이 불량할 때 발생하는 결함이다.

03 CO_2 용접작업 중 가스의 유량은 낮은 전류에서 얼마가 적당 한가?

① 10~15ℓ/mim
② 20~25ℓ/mim
③ 30~35ℓ/mim
④ 40~45ℓ/mim

해설 이산화탄소 아크 용접의 보호가스 설비에서 저전류 영역의 가스유량은 10 ~ 15ℓ/min이다.

04 용접부의 표면에 사용되는 검사법으로 비교적 간단하고 비용이 싸며, 특히 자기 탐상 검사가 되지 않는 금속 재료에 주로 사용되는 검사법은?

① 방사선 비파괴 검사
② 누수 검사
③ 침투 비파괴 검사
④ 초음파 비파괴 검사

해설 **침투 검사(PT)** : 표면에 미세한 균열, 피트 등의 결함에 침투 액을 표면 장력의 힘으로 침투시켜 세척한 후 현상액을 발라 결함을 검출하는 방법으로 형광 침투 검사와 염료 침투 검사가 있는데 후자가 주로 현장에서 사용된다.

05 이산화탄소 아크 용접 방법에서 전진법의 특징으로 옳은 것은?

① 스패터의 발생이 적다.
② 깊은 용입을 얻을 수 있다.
③ 비드 높이가 낮고 평탄한 비드가 형성된다.
④ 용접선이 잘 보이지 않아 운봉을 정확하게 하기 어렵다.

정답 01. ④ 02. ④ 03. ① 04. ③ 05. ③

해설 ① 전진법
㉠ 용접선이 잘 보이므로 운봉을 정확하게 할 수 있다.
㉡ 비드 높이가 낮고 평탄한 비드가 형성된다.
㉢ 스패터가 비교적 많으며 진행 방향으로 흩어진다.
㉣ 용착금속이 아크보다 앞서기 쉬워 용입이 얕아진다.
② 후진법
㉠ 용접선이 노즐에 가려 운봉을 정확하게 하기 어렵다.
㉡ 높이가 약간 높고 폭이 좁은 비드를 얻을 수 있다.
㉢ 아크가 안정적이며, 스패터의 발생이 적다.
㉣ 용융금속이 앞서나가지 않아 깊은 용입을 얻는다.
㉤ 비드 형상이 잘 보이기 때문에 비드의 폭과 높이 등을 제어하기 쉽다.

06 다음 중 일반적으로 모재의 용융선 근처의 열 영향부에서 발생되는 균열이며 고탄소강이나 저합금강을 용접할 때 용접열에 의한 열영향부의 경화와 변태응력 및 용착금속 속의 확산성 수소에 의해 발생되는 균열은?

① 루트 균열 ② 설퍼 균열
③ 비드 밑 균열 ④ 크레이터 균열

해설 비드 밑 균열은 비드의 바로 밑 용융선을 따라 열 영향부에 생기는 균열로 고탄소강이나 합금강 같은 재료를 용접할 때 생기는 균열이다.

07 다음 중 냉각속도가 가장 빠른 금속은?

① 구리 ② 연강
③ 알루미늄 ④ 스테인리스강

해설 냉각속도는 전기 전도율과 관계가 있다. 따라서 제시된 금속 중에서는 구리가 가장 빠르다.

08 은납 땜이나 황동납 땜에 사용되는 용제(Flux)는?

① 봉사 ② 송진
③ 염산 ④ 염화암모늄

해설 경납용 용제는 붕사, 붕산, 염화리튬, 빙정석, 산화제1동이 사용되며, 모재와의 친화력이 좋아야 되고, 용융점은 모재보다 낮아야 하며, 모재와 야금적 반응이 좋아야 한다.

09 용접부에 생기는 결함 중 구조상의 결함이 아닌 것은?

① 기공 ② 균열
③ 변형 ④ 용입 불량

해설 용접 결함
① **치수상 결함** : 변형, 치수 및 형상 불량
② **성질상 결함** : 기계적, 화학적 성질 불량
③ **구조상 결함** : 언더컷, 오버랩, 기공, 용입 불량, 균열 등

10 일렉트로 슬래그 용접의 장점으로 틀린 것은?

① 용접 능률과 용접 품질이 우수하다.
② 최소한의 변형과 최단시간의 용접법이다.
③ 후판을 단일 층으로 한 번에 용접할 수 있다.
④ 스패터가 많으며 80%에 가까운 용착 효율을 나타낸다.

해설 ① **일렉트로 슬래그 용접 원리(Electro Slag Wel- ding, ESW)** : 서브머지드 아크 용접에서와 같이 처음에는 플럭스 안에서 모재와 용접봉 사이에 아크가 발생하여 플럭스가 녹아서 액상의 슬래그가 되면 전류를 통하기 쉬운 도체의 성질을 갖게 되면서 아크는 꺼지고 와이어와 용융 슬래그 사이에 흐르는 전류의 저항 발열을 이용하는 자동 용접법이다.
② **일렉트로 슬래그 용접 특징**
㉠ 전기 저항 열($Q = 0.24I^2 Rt$)을 이용하여 용접(주울의 법칙 적용)한다.
㉡ 두꺼운 판의 용접법으로 적합하다.(단층으로 용접이 가능)
㉢ 매우 능률적이고 변형이 적다.
㉣ 홈 모양은 I형이기 때문에 홈 가공이 간단하다.
㉤ 변형이 적고, 능률적이고 경제적이다.
㉥ 아크가 보이지 않고 아크 불꽃이 없다.
㉦ 기계적 성질이 나쁘다.
㉧ 노치 취성이 크다.(냉각 속도가 늦기 때문에)
㉨ 가격이 고가이다.
㉩ 용접 시간에 비하여 준비 시간이 길다.
㉪ 용도로는 보일러 드럼, 압력 용기의 수직 또는 원주이음, 대형 부품 로울 등에 후판 용접에 쓰인다.

정답 06. ③ 07. ① 08. ① 09. ③ 10. ④

11 다음 중 용접 열원을 외부로부터 가하는 것이 아니라 금속분말의 화학반응에 의한 열을 사용하여 용접하는 방식은?

① 테르밋 용접 ② 전기 저항 용접
③ 잠소 용접 ④ 플라즈마 용접

해설 **테르밋 용접**
① **원리** : 테르밋 반응에 의한 화학 반응열을 이용하여 용접한다.
② **특징**
㉠ 테르밋제는 산화철 분말(FeO, Fe_2O_3, Fe_3O_4) 약 3~4, 알루미늄 분말을 1로 혼합한다.
(2,800℃의 열이 발생)
㉡ 점화제로는 과산화바륨, 마그네슘이 있다.
㉢ 용융 테르밋 용접과 가압 테르밋 용접이 있다.
㉣ 작업이 간단하고 기술습득이 용이하다.
㉤ 전력이 불필요하다.
㉥ 용접 시간이 짧고 용접후의 변형도 적다.
㉦ 용도로는 철도레일, 덧붙이 용접, 큰 단면의 주조, 단조품의 용접

12 다음 중 초음파 탐상법의 종류에 해당하지 않는 것은?

① 투과법 ② 펄스 반사법
③ 관통법 ④ 공진법

해설 **초음파 검사(UT)** : 0.5~15MHz의 초음파를 내부에 침투시켜 내부의 결함, 불균일 층의 유무를 알아냄. 종류로는 투과법, 공진법, 펄스 반사법(가장 일반적)이 있다. 장점으로는 위험하지 않으며 두께 및 길이가 큰 물체에도 사용 가능하나 결함위치의 길이는 알 수 없으며 표면의 요철이 심한 것 얇은 것은 검출이 곤란하다. 발진 탐촉자와 수파 탐촉자를 각각 다른 탐촉자로 시행하는 2탐촉자법과 1개로 양자를 겸용하는 1탐촉자법이 있다.

13 맞대기 용접 이음에서 모재의 인장강도는 40kgf/㎟이며, 용접 시험편의 인장강도가 45kgf/㎟일 때 이음효율은 몇 %인가?

① 88.9 ② 104.4
③ 112.5 ④ 125.0

해설 $\text{이음효율} = \dfrac{\text{용접시험편의인장강도}}{\text{모재의인장강도}} \times 100$

$\dfrac{45}{40} \times 100 = 112.5$

14 다음 중 전기 저항 용접의 종류가 아닌 것은?

① 점 용접 ② MIG 용접
③ 프로젝션 용접 ④ 플래시 용접

해설 **이음 형상에 따라 전기 저항 용접의 분류**
① **겹치기 저항 용접** : 점 용접, 프로젝션 용접, 시임 용접
② **맞대기 저항 용접** : 플래시 용접, 업셋 용접, 퍼커션 용접

15 가스용접 시 안전조치로 적절하지 않은 것은?

① 가스의 누설검사는 필요할 때만 체크하고 점검은 수돗물로 한다.
② 가스용접 장치는 화기로부터 5m 이상 떨어진 곳에 설치해야 한다.
③ 작업 종료시 메인 밸브 및 콕 등을 완전히 잠가준다.
④ 인화성 액체 용기의 용접을 할 때는 증기 열탕물로 완전히 세척 후 통풍 구멍을 개방하고 작업한다.

해설 가스 누설 검사는 수시로 체크하여야 하며, 작업 전에는 반드시 실시하여야 한다.

16 저항 용접의 특징으로 틀린 것은?

① 산화 및 변질부분이 적다.
② 용접봉, 용제 등이 불필요하다.
③ 작업속도가 빠르고 대량생산에 적합하다.
④ 열손실이 많고, 용접부에 집중 열을 가할 수 없다.

해설 **전기 저항 용접의 특징**
① 용접사의 기능에 무관하다.
② 용접 시간이 짧고 대량 생산에 적합하다.
③ 용접부가 깨끗하다.
④ 산화 작용 및 용접 변형이 적다.
⑤ 가압 효과로 조직이 치밀하다.
⑥ 설비가 복잡하고 가격이 비싸다.
⑦ 후열 처리가 필요하다.
⑧ 이종 금속에 접합은 가능하나 용이하지 못하다.

정답 11. ① 12. ③ 13. ③ 14. ② 15. ① 16. ④

17 **서브머지드 아크 용접법에서 두 전극 사이의 복사열에 의한 용접은?**

① 텐덤식 ② 횡 직렬식
③ 횡 병렬식 ④ 종 병렬식

해설

종류	전극 배치	특징	용도
텐덤식	2개의 전극을 독립 전원에 접속	비드폭이 좁고 용입이 깊다. 용접 속도가 빠르다.	파이프 라인 용접에 사용
횡직렬식	2개의 용접봉 중심이 한 곳에 만나도록 배치	아크 복사열에 의해 용접. 용입이 매우 얕다. 자기 불림이 생길 수가 있다.	육성 용접에 주로 사용한다.
횡병렬식	2개 이상의 용접봉을 나란히 옆으로 배열	용입은 중간 정도이며 비드폭이 넓어진다.	

18 **제품을 용접한 후 일부분에 언더컷이 발생하였을 때 보수 방법으로 가장 적당한 것은?**

① 홈을 만들어 용접한다.
② 결함부분을 절단하고 재 용접한다.
③ 가는 용접봉을 사용하여 재 용접한다.
④ 용접부 전체 부분을 가우징으로 따낸 후 재 용접한다.

해설 언더컷은 전류가 높아 용접부가 움푹 패이는 결함으로 그 원인은 용접 전류가 너무 높을 때, 부적당한 용접봉 사용시, 용접 속도가 너무 빠를 때, 용접봉의 유지 각도가 부적당 할 때이다. 따라서 적정한 용접봉을 선택하여 사용하면 발생을 방지할 수 있으며, 발생시 가는 용접봉을 사용하여 갈아내고 재용접하여 보수한다.

19 **다음 중 제품별 노내 및 국부풀림의 유지온도와 시간이 올바르게 연결된 것은?**

① 탄소강 주강품 : 625±25℃, 판두께 25㎜에 대하여 1시간
② 기계구조용 연강재 : 725±25℃, 판두께 25㎜에 대하여 1시간
③ 보일러용 압연강재 : 625±25℃, 판두께 25㎜에 대하여 4시간
④ 용접구조용 연강재 : 725±25℃, 판두께 25㎜에 대하여 2시간

해설 **노내 풀림법** : 유지 온도가 높을수록, 유지 시간이 길수록 효과가 크다. 노내 출입 허용 온도는 300℃를 넘어서는 안된다. 일반적인 유지 온도는 625 ± 25℃ 이다. 판 두께 25mm 1시간

20 **서브머지드 아크 용접에서 용제의 구비조건에 대한 설명으로 틀린 것은?**

①. 용접 후 슬래그(Slag)의 박리가 어려울 것
② 적당한 입도를 갖고 아크 보호성이 우수할 것
③ 아크 발생을 안정시켜 안정된 용접을 할 수 있을 것
④ 적당한 합금성분을 첨가하여 탈황, 탈산 등의 정련작용을 할 것

해설 용제는 용접작업을 원활히 하기 위해 도움을 주는 것으로 용접 후 슬래그 박리가 안 된다는 것은 슬래그가 잘 떨어지지 않는다는 뜻으로 적합하지 않다.

21 **서브머지드 아크 용접에서 동일한 전류 전압의 조건에서 사용되는 와이어 지름의 영향 설명 중 옳은 것은?**

① 와이어의 지름이 크면 용입이 깊다.
② 와이어의 지름이 작으면 용입이 깊다.
③ 와이어의 지름과 상관이 없이 같다.
④ 와이어의 지름이 커지면 비드 폭이 좁아진다.

해설 와이어의 지름이 작으면 동일 전류일 때 지름이 큰 것보다 전류 밀도가 커져 용입이 깊어진다.

22 **가스 절단면의 표준 드래그(drag) 길이는 판 두께의 몇 % 정도가 가장 적당한가?**

① 10% ② 20%
③ 30% ④ 40%

정답 17. ② 18. ③ 19. ① 20. ① 21. ② 22. ②

해설 표준 드래그는 판두께의 20% 즉 $\frac{1}{5}$정도이다.

23 직류 용접기 사용 시 역극성(DCRP)과 비교한, 정극성(DCSP)의 일반적인 특징으로 옳은 것은?

① 용접봉의 용융속도가 빠르다.
② 비드 폭이 넓다.
③ 모재의 용입이 깊다.
④ 박판, 주철, 합금강 비철금속의 접합에 쓰인다.

해설 **정극성과 역극성의 특징**

극성	특징
직류 정극성 모재(+) 용접봉(−)	• 모재의 용입이 깊다. • 용접봉의 늦게 녹는다. • 비드 폭이 좁다. • 후판 등 일반적으로 사용된다.
직류 역극성 모재(−) 용접봉(+)	• 모재의 용입이 얕다. • 용접봉이 빨리 녹는다. • 비드 폭이 넓다. • 박판 등의 비철금속에 사용된다.

24 가스 압력 조정기 취급 사항으로 틀린 것은?

① 압력 용기의 설치구 방향에는 장애물이 없어야 한다.
② 압력 지시계가 잘 보이도록 설치하며, 유리가 파손되지 않도록 주의한다.
③ 조정기를 견고하게 설치한 다음 조정 나사를 잠그고 밸브를 빠르게 열어야 한다.
④ 압력 조정기 설치구에 있는 먼지를 털어내고 연결부에 정확하게 연결한다.

해설 압력 조정기는 게이지라고도 하며, 산소와 아세틸렌을 사용압력으로 조정하는 것을 말한다. 조정기를 설치한 다음 조정 나사를 풀어 놓은 후 밸브를 열고 조정 나사를 조여 사용압력으로 맞춘다.

25 피복 아크 용접봉의 용융속도를 결정하는 식은?

① 용융속도=아크전류 × 용접봉쪽 전압강하
② 용융속도=아크전류 × 모재쪽 전압강하
③ 용융속도=아크전압 × 용접봉쪽 전압강하
④ 용융속도=아크전압 × 모재쪽 전압강하

해설 **용접봉의 용융 속도** : 용접봉의 용융 속도는 단위 시간당 소비되는 용접봉의 길이 또는 무게로 나타낸다.
① 용융속도 = 아크전류 × 용접봉 쪽 전압강하
② 용융속도는 아크 전압 및 심선의 지름과 관계없이 용접 전류에만 비례한다.

26 다음 중 연소의 3요소에 해당하지 않는 것은?

① 가연물 ② 부촉매
③ 산소 공급원 ④ 점화원

해설 연소의 3대 요소는 가연물, 점화원, 산소 공급원이다. 즉 점화원은 불씨, 가연물은 타는 물질, 산소는 잘 타게 도와주는 것으로 생각하면 된다.

27 산소 프로판 가스 절단에서 프로판 가스 1에 대하여 얼마의 비율로 산소를 필요로 하는가?

① 1.5 ② 2.5
③ 4.5 ④ 6

해설

아세틸렌	프로판
• 혼합비 1 : 1 • 점화 및 불꽃 조절이 쉽다. • 예열 시간이 짧다. • 표면의 녹 및 이물질 등에 영향을 덜 받는다. • 박판의 경우 절단 속도가 빠르다.	• 혼합비 1 : 4.5 • 절단면이 곱고 슬랙이 잘 떨어진다. • 중첩 절단 및 후판에서 속도가 빠르다. • 분출 공이 크고 많다. • 산소 소비량이 많아 전체적인 경비는 비슷하다.

정답 23. ③ 24. ③ 25. ① 26. ② 27. ③

28 **아크가 발생될 때 모재에서 심선까지의 거리를 아크 길이라 한다. 아크 길이가 짧을 대 일어나는 현상은?**

① 발열량이 작다.
② 스패터가 많아진다.
③ 기공 균열이 생긴다.
④ 아크가 불안정해 진다.

해설 아크길이가 짧아지면 아크 전압이 낮아지므로 발열량이 작게 된다.

29 **다음 중 기계적 접합법에 속하지 않는 것은?**

① 리벳 ② 용접
③ 접어 잇기 ④ 볼트 이음

해설 용접은 야금적 접합법에 해당한다.

30 **10000~30000℃의 높은 열에너지를 가진 열원을 이용하여 금속을 절단하는 절단법은?**

① TIG 절단법
② 탄소 아크 절단법
③ 금속 아크 절단법
④ 플라즈마 제트 절단법

해설 기체의 가열로 전리된 전자의 이온이 혼합되어 도전성을 띤 가스체를 플라즈마라고 하며 이때 발생된 온도는 10,000 ~ 30,000℃정도이다. 아크 플라즈마를 좁은 틈으로 고속도로 분출시켜 생기는 고온의 불꽃을 이용해서 절단 용사, 용접하는 방법이다.
플라즈마 절단에는 이행형 즉 텡스텐 전극과 모재에 각각 전원을 연결하는 방식인 플라즈마 제트 절단과 텅스텐 전극과 수냉 노즐에 전원을 연결하고 모재에는 전원을 연결하지 않는 비이행형인 플라즈마 아크 절단이 있다. 비이행형의 경우는 비금속, 내화물의 절단도 가능하다.
① 무부하 전압이 높은 직류 정극성 이용
② 플라즈마 10,000 ~ 30,000℃를 이용하여 절단
③ 아르곤 + 수소(질소 + 공기)가스 이용
④ 특수금속, 비금속, 내화물도 절단 가능
⑤ 절단면에 슬래그가 부착되지 않고 열 영향부가 적어 변형이 거의 없다.

31 **정격 2차 전류가 200A, 아크 출력 60kW인 교류 용접기를 사용할 때 소비전력은 얼마인가?(단 내부손실은 4kW이다.)**

① 64kW ② 104kW
③ 264kW ④ 804kW

해설 소비전력=아크출력+내부손실
따라서 60+4=64가 된다.

32 **용접기와 멀리 떨어진 곳에서 용접전류 또는 전압을 조절할 수 있는 장치는?**

① 원격제어 장치
② 핫 스타트 장치
③ 고주파 발생 장치
④ 수동 전류 조정장치

해설 **원격 제어 장치** : 용접기에서 멀리 떨어진 장소에서 전류와 전압을 조절할 수 있는 장치로 가포화 리액터형과 전동기 조작형이 있다.

33 **알루미늄과 알루미늄 가루를 압축 성형하고 약 500~600℃로 소결하여 압출 가공한 분산 강화형 합금의 기호에 해당하는 것은?**

① DAP ② ACD
③ SAP ④ AMP

해설 분산 강화형 합금이란 고온 크리프에 견디는 것을 말하며, ODS(oxide dispersion strengthened alloy)라 하며 알루미나의 분산강화로서 알루미늄의 용융점이 660℃까지 강도를 유지하는 SAP-1과 SAP-2합금이 있다.

34 **피복 아크 용접에서 위빙(weaving) 폭은 심선 지름의 몇 배로 하는 것이 가장 적당한가?**

① 1 배 ② 2~3 배
③ 5~6 배 ④ 7~8 배

해설 운봉 폭은 심선 지름의 2 ~ 3배가 적당하며 쌓고자 하는 비드 폭보다 다소 좁게 운봉한다.

정답 28. ① 29. ② 30. ④ 31. ① 32. ① 33. ③ 34. ②

35 AW-250, **무부하 전압** 80V, **아크 전압** 20V**인 교류 용접기를 사용할 때 열률과 효율은 각각 약 얼마인가?(단, 내부손실은** 4kW**이다)**

① 역률 : 45%, 효율 : 56%
② 역률 : 48%, 효율 : 69%
③ 역률 : 54%, 효율 : 80%
④ 역률 : 69%, 효율 : 72%

✔ 해설 역률과 효율(단위에 주의한다.)

$$역률 = \frac{소비전력(kW)}{전원입력(KVA)} \times 100$$

$$효율 = \frac{아크출력(kW)}{소비전력(kW)} \times 100$$

소비 전력 = 아크 출력 + 내부 손실=5+4=9kW
전원 입력 = 무부하 전압 × 정격 2차 전류
= 80×250=20,000=20KVA
아크 출력 = 아크 전압 × 정격 2차 전류
= 20×250=5000=5kW
따라서

$$역률 = \frac{9}{20} \times 100 = 45 \quad 효율 = \frac{5}{9} \times 100 = 55.55$$

36 아세틸렌(C_2H_2)**가스의 성질로 틀린 것은?**

① 비중이 1.906으로 공기보다 무겁다.
② 순수한 것은 무색, 무취의 기체이다.
③ 구리, 은, 수은과 접촉하면 폭발성 화합물을 만든다.
④ 매우 불안전한 기체이므로 공기 중에서 폭발 위험성이 크다.

✔ 해설 아세틸렌(C2H2)
① 비중은 0.906으로 공기보다 가볍고, 가연성 가스로 가장 많이 사용한다.
② 카바이드(CaC_2)에 물을 작용시켜 제조한다.($CaC_2 + 2H_2O \rightarrow C_2H_2 \uparrow + Ca(OH)_2 +$ 31,872(kcal))
③ 순수한 것은 무색, 무취의 기체이다. 하지만 인화수소, 유화수소, 암모니아와 같은 불순물 혼합할 때 악취가 난다.

37 가스용접에서 용제(flux)를 사용하는 가장 큰 이유는?

① 모재의 용융온도를 낮게 하여 가스 소비량을 적게 하기 위해
② 산화작용 및 질화작용을 도와 용착금속의 조직을 미세화하기 위해
③ 용접봉의 용융속도를 느리게 하여 용접봉 소모를 적게 하기 위해
④ 용접 중에 생기는 금속의 산화물 또는 비금속 개재물을 용해하여 용착금속의 성질을 양호하게 하기 위해

✔ 해설 용제
① 모재 표면의 불순물과 산화물의 제거로 양호한 용접이 되도록 도와준다.
② 용접 중에 생기는 산화물과 유해물을 용융시켜 슬래그로 만들거나, 산화물의 용융 온도를 낮게 하기 위해서 용제를 사용한다.
③ 용제는 분말이나 액체로 된 것이 있으며, 분말로 된 것은 물이나 알코올에 개어서 사용한다.

38 다음 중 Fe-C **평형상태도에서 가장 낮은 온도에서 일어나는 반응은?**

① 공석 반응 ② 공정 반응
③ 포석 반응 ④ 포정 반응

✔ 해설 공석점: 723℃, A_2 변태점: 768℃, 공정점: 1130℃, 포정점: 1490℃

39 산소-아세틸렌가스 절단과 비교한, 산소-프로판가스 절단의 특징으로 틀린 것은?

① 슬래그 제거가 쉽다.
② 절단면 윗 모서리가 잘 녹지 않는다.
③ 후판 절단 시에는 아세틸렌보다 절단속도가 느리다.
④ 포갬 절단 시에는 아세틸렌보다 절단속도가 빠르다.

✔ 해설 아세틸렌가스와 프로판가스의 비교

아세틸렌	프로판
• 혼합비 1 : 1 • 점화 및 불꽃 조절이 쉽다. • 예열 시간이 짧다. • 표면의 녹 및 이물질 등에 영향을 덜 받는다. • 박판의 경우 절단 속도가 빠르다.	• 혼합비 1 : 4.5 • 절단면이 곱고 슬랙이 잘 떨어진다. • 중첩 절단 및 후판에서 속도가 빠르다. • 분출 공이 크고 많다. • 산소 소비량이 많아 전체적인 경비는 비슷하다.

정답 35. ① 36. ① 37. ④ 38. ① 39. ③

40 **용접기 설치 시 1차 입력이 10 kVA이고 전원전압이 200V이면 퓨즈 용량은?**

① 50A ② 100A
③ 150A ④ 200A

해설 용접기의 1차측에 퓨즈(Fuse)를 붙인 안전스위치를 사용한다. 퓨즈는 규정 값보다 크거나 구리선 철선 등을 퓨즈 대용으로 사용해서는 안 된다. 다음과 같은 식으로 계산한다.

$$퓨즈의\ 용량(A) = \frac{1차입력(KVA)}{전원전압(200V)}$$

따라서 10000÷200=50

41 **라우탈은 Al-Cu-Si 합금이다. 이중 3~8% Si를 첨가하여 향상되는 성질은?**

① 주조성 ② 내열성
③ 피삭성 ④ 내식성

해설 규소는 유동성 증가제 즉 주조성을 향상시키는 원소이다.

42 **다음 중 경질 자성 재료가 아닌 것은?**

① 샌더스트
② 알니코 자석
③ 페라이트 자석
④ 네오디뮴 자석

해설 경질 자성 재료란 페라이트 자석으로 쉽게 말하면 영구 자석을 의미한다. 그 밖에 영구 자석으로는 알니코 자석(Fe, Ni, Al계 자석), 가장 많이 사용되고 있는 네오디뮴(Nd) 자석이 해당한다.

43 **컬러 텔레비전의 전자총에서 나온 광선의 영향을 받아 새도 마스크가 열팽창하면 엉뚱한 색이 나오게 된다. 이를 방지하기 위해 새도 마스크의 제작에 사용되는 불변강은?**

① 인바 ② Ni-Cr강
③ 스테인리스강 ④ 플래티나이트

해설 불변강

인바 (Ni 36%)	• 팽창 계수가 적다. • 표준척, 열전쌍, 시계 등에 사용
엘린바 (Ni(36) – Cr(12))	• 상온에서 탄성률이 변하지 않음 • 시계 스프링, 정밀 계측기 등
플래티 나이트 (Ni 10 ~ 16%)	• 백금 대용 • 전구, 진공관 유리의 봉입선 등
퍼멀로이 (Ni 75 ~ 80%)	• 고 투자율 합금 • 해전 전선의 장하 코일용 등
기타	• 코엘린바, 초인바, 이소에라스틱

44 **Al-Cu-Si계 합금의 명칭으로 옳은 것은?**

① 알민 ② 라우탈
③ 알드리 ④ 코오슨 합금

해설 Al – Cu – Si: 라우탈이라 하며 Si 첨가로 주조성 향상 Cu 첨가로 절삭성이 향상된다.

45 **30% Zn을 포함한 황동으로 연신율이 비교적 크고 인장강도가 매우 높아 판, 막대, 관, 선 등으로 널리 사용되는 것은?**

① 톰백(tombac)
② 네이벌 황동(naval brass)
③ 6–4 황동(muntz metal)
④ 7–3 황동(cartridge brass)

해설 Zn의 함유량이 30%에서 연신율 최대이며, 40%에서는 인장 강도가 최대이다. 따라서 7 : 3 황동이다.

종 류	성분(%) (Cu : Zn)	용 도
문쯔메탈 (Muntz metal)	60 : 40	값이 싸고, 내식성이 다소 낮고, 탈아연 부식을 일으키기 쉬우나 강력하기 때문에 기계 부품용으로 많이 쓰인다. 판재, 선재, 볼트, 너트, 열교환기, 파이프, 밸브, 탄피, 자동차 부품, 일반 판금용 재료 등
카트리지 브라스 Cartridge brass	70 : 30	판, 봉, 관, 선등의 가공용 황동에 대표, 자동차 방열기, 전구 소켓, 탄피, 일용품

정답 40. ① 41. ① 42. ① 43. ① 44. ② 45. ④

46 **그림과 같은 결정격자는?**

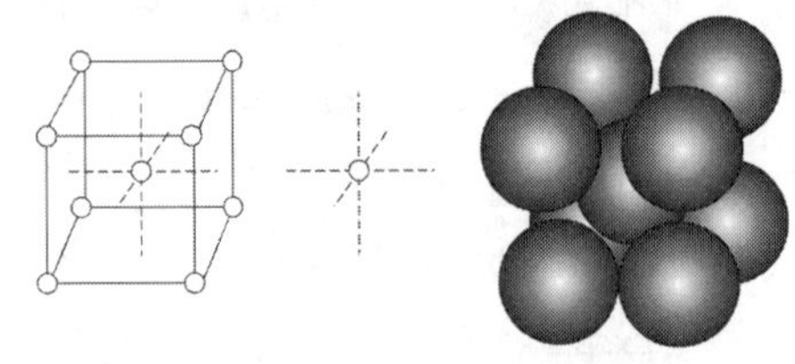

① 면심입방격자 ② 조밀육방격자
③ 저심면방격자 ④ 체심입방격자

✔해설 그림은 체심입방격자로 다음과 같은 특징이 있다.

종 류	특 징	금 속
체심입방격자 (B·C·C)	• 강도가 크고 전·연성은 떨어진다. • 단위격자 속 원자수 2, 배위수는 8	Cr, Mo, W, V, Ta, K, Ba, Na, Nb, Rb, α-Fe, δ-Fe

47 **Mg의 비중과 용융점(℃)은 약 얼마인가?**

① 0.8, 350℃ ② 1.2, 550℃
③ 1.74, 650℃ ④ 2.7, 780℃

✔해설 **마그네슘의 성질 및 용도**
① 비중이 1.74로 실용 금속 중에서 가장 가볍고 용융점 650℃ 조밀육방격자이다.
② 마그네사이트, 소금 앙금, 산화마그네슘으로 얻는다.
③ 마그네슘의 전기 열전도율은 구리, 알루미늄보다 낮고, Sb, Li, Mn, Cu, Sn 등의 함유량 증가에 따라 저하한다. 선팽창 계수는 철의 2배 이상으로 대단히 크다.
④ 전기 화학적으로 전위가 낮아서 내식성이 나쁘다. 알칼리 수용액에 대해서는 비교적 침식되지 않지만, 산, 염류의 수용액에는 현저하게 침식된다. 부식을 방지하기 위하여 양극 산화 처리, 도금 및 도장한다.
⑤ 마그네슘은 가공 경화율이 크기 때문에 실용적으로 10~20% 정도의 냉간 가공성을 갖는다. 그러나 절삭 가공성은 대단히 좋으므로 고속 절삭이 가능하고 마무리면도 우수하다.

48 4% Cu, 2% Ni, 1.5% Mg **등을 알루미늄에 첨가한** Al **합금으로 고온에서 기계적 성질이 매우 우수하고 금형 주물 및 단조용으로 이용될 뿐만 아니라 자동차 피스톤용에 많이 사용되는 합금은?**

① Y 합금 ② 슈퍼인바
③ 코슨합금 ④ 두랄루민

✔해설 Y합금: Al+Cu+Ni+Mg은 내열용 알루미늄 합금으로 주로 자동차 피스톤용에 쓰인다.

49 **알루미늄을 주성분으로 하는 합금이 아닌 것은?**

① Y합금 ② 라우탈
③ 인코넬 ④ 두랄루민

✔해설 인코넬은 니켈을 주성분으로 내열합금이다.

50 **금속에 대한 성질을 설명한 것으로 틀린 것은?**

① 모든 금속은 상온에서 고체 상태로 존재한다.
② 텅스텐(W)의 용융점은 약 3410℃이다.
③ 이리듐 (Ir)의 비중은 약 22.5 이다.
④ 열 및 전기의 양도체이다.

✔해설 금속 중 수은은 상온에서 액체이다.

51 **나사의 감김 방향의 지시방법 중 틀린 것은?**

① 오른나사는 일반적으로 감김 방향을 지시하지 않는다.
② 왼나사는 나사의 호칭 방법에 약호 "LH"를 추가하여 표시한다.
③ 동일 부품에 오른나사와 왼나사가 있을 때는 왼나사에만 약호 "LH"를 추가한다.
④ 오른나사는 필요하면 나사의 호칭 방법에 약호 "RH"를 추가하여 표시할 수 있다.

✔해설 동일 부품에 오른나사와 왼나사 있을 때에는 오른나사에는 "RH"를 왼나사에는 "LH"를 추가한다.

정답 46. ④ 47. ③ 48. ① 49. ③ 50. ① 51. ③

52 3각법으로 그린 투상도 중 잘못된 투상이 있는 것은?

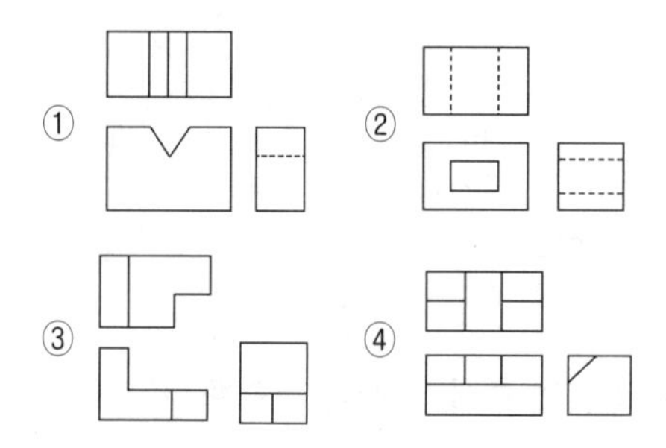

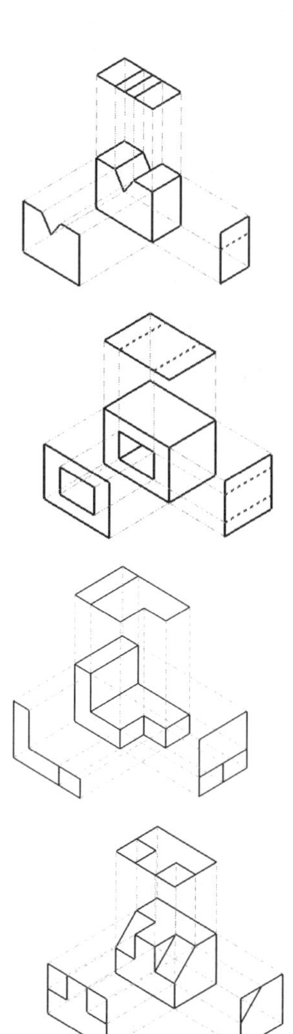

53 다음 중 치수 보조기호로 사용되지 않는 것은?

① π　　② SØ
③ R　　④ □

해설 원의 지름을 나타내는 보조기호는 π를 사용하는 것이 아니라 ∅를 사용한다.

54 나사의 종류에 따른 표시 기호가 옳은 것은?

① M – 미터 사다리꼴 나사
② UNC – 미니추어 나사
③ Rc – 관용 테이퍼 암나사
④ G – 전구 나사

해설 M은 미터나사, UNC 유니파이 보통나사, G는 관용 평행나사이다.

55 모떼기의 치수가 2mm이고 각도가 45° 일 때 올바른 차수 기입 방법은?

① C2　　② 2C
③ 2–45°　　④ 45° 2

해설 C2라고 하는 것은 45° 로 2mm 각도로 그림과 같은 모양에 기입하는 것이다.

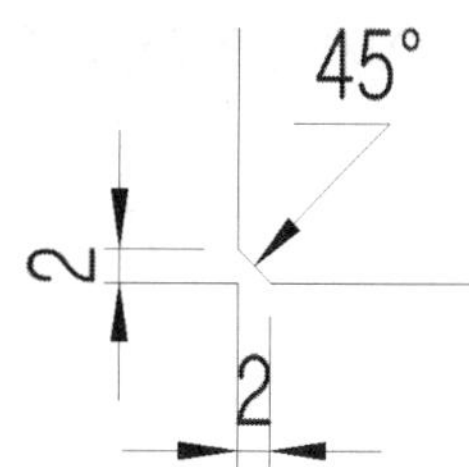

56 재료 기호 중 SPHC의 명칭은?

① 배관용 탄소 강관
② 열간 압연 강판 및 강대
③ 용접구조용 압연 강재
④ 냉간 압연 강판 및 강대

해설 SPHC는 열간 압연 강판 및 강대를 의미한다.

정답 52. ④ 53. ① 54. ③ 55. ① 56. ②

57 그림과 같은 입체도의 정면도로 적합한 것은?

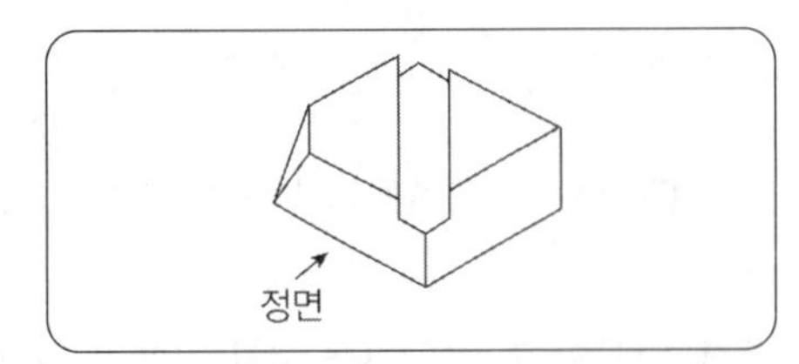

① 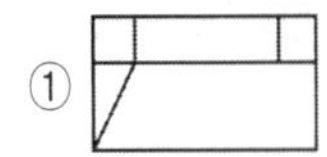
② 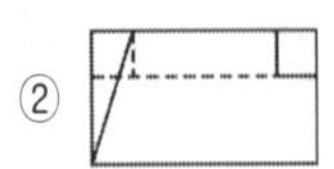
③ 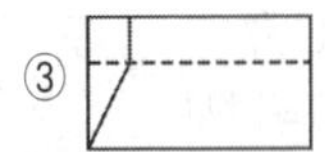
④ 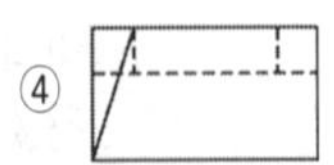

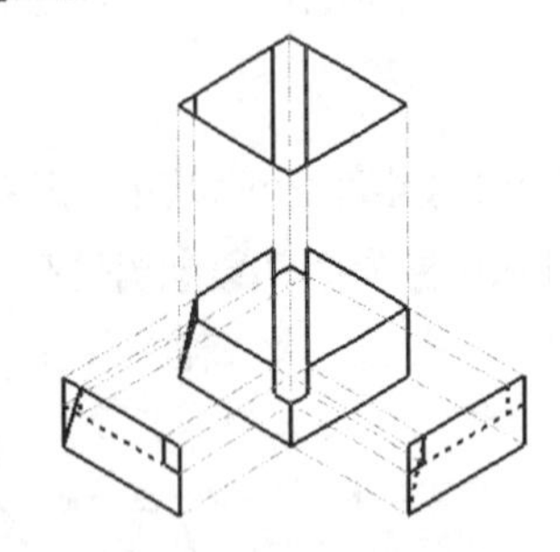

58 배관 도시 기호에서 유량계를 나타내는 기호는?

① 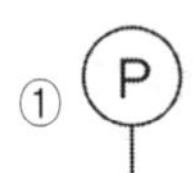

② 

③ 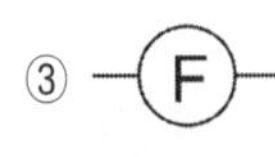

④ 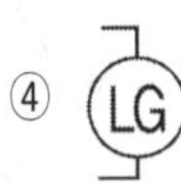

해설 압력계는 P, 온도계는 T, 유량계는 F로 표시한다.

59 리벳의 호칭 표기법을 순서대로 나열한 것은?

① 규격번호, 종류, 호칭지름×길이, 재료
② 종류, 호칭지름×길이, 규격번호, 재료
③ 규격번호, 종류, 재료, 호칭지름×길이
④ 규격번호, 호칭지름×길이, 종료, 재료

해설 리벳의 호칭은 규격번호, 종류, 호칭지름×길이, 재료로 표시한다.

60 다음 중 호의 길이 치수를 나타내는 것은?

① 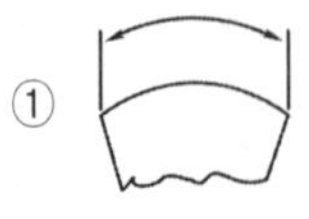
② 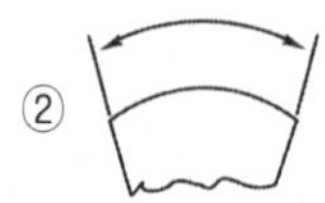
③ 
④ 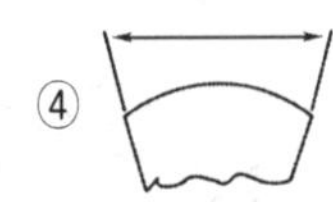

해설

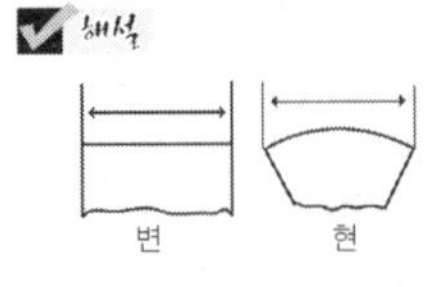

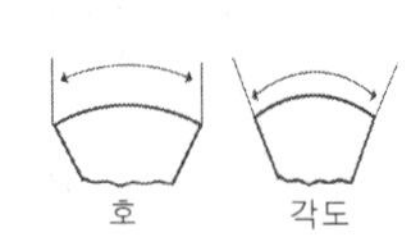

CBT복원문제 Craftsman Welding

제4회 특수용접기능사

01 다음 각종 용접에서 전격방지 대책으로 틀린 것은?

① 홀더나 용접봉은 맨손으로 취급하지 않는다.
② 어두운 곳이나 밀폐된 구조물에서 작업 시 보조자와 함께 작업한다.
③ CO_2 용접이나 MIG용접 작업 도중에 와이어를 2명이 교대로 교체할 때는 전원은 차단하지 않아도 된다.
④ 용접작업을 하지 않을 때에는 TIG전극봉은 제거하거나 노즐 뒤쪽에 밀어 넣는다.

해설 반자동용접이나 자동용접에서 와이어를 교체할 때는 반드시 전원을 차단한 후에 교체하여야 한다.

02 용접기의 점검 및 보수시 지켜야 할 사항으로 옳은 것은?

① 정격 사용률 이상으로 사용한다.
② 탭 전환은 반드시 아크 발생을 하면서 시행한다.
③ 2차측 단자의 한쪽과 용접기 케이스는 반드시 어스(earth)하지 않는다.
④ 2차측 케이블이 길어지면 전압강하가 일어나므로 가능한 지름이 큰 케이블을 사용한다.

해설 이 문제의 경우 정확한 답을 찾기는 어렵다. 2차측 케이블이 길어지면 전압강하가 일어나므로 가능한 지름이 큰 케이블을 사용하는 것이 가장 근접한 답이지만 정확하게는 정격용량에 맞는 케이블을 사용하여야 된다로 표현해야 할 듯하다.

03 TIG용접에서 가스 이온이 모재에 충돌하여 모재 표면에 산화물을 제거하는 현상은?

① 제거효과 ② 청정효과
③ 용융효과 ④ 고주파효과

해설 청정 작용이란 아르곤 가스의 이온이 모재 표면 산화 막에 충돌하여 산화 막을 파괴 제거하는 작용을 말하며, 직류 역극성에서 효과가 크다.

04 피복 아크 용접에 의한 맞대기 용접에서 개선 홈과 판 두께에 관한 설명으로 틀린 것은?

① I형 : 판 두께 6mm 이하 양쪽 용접에 적용
② V형 : 판 두께 20mm 이하 한쪽 용접에 적용
③ U형 : 판 두께 40~60mm 양쪽 용접에 적용
④ X형 : 판 두께 15~40mm 양쪽 용접에 적용

해설 판 두께 6mm까지는 I형, 6 ~ 19mm까지는V형, ✔형(베벨형), J형, 12mm이상은 X형, K형, 양면 J형이 쓰이고 16 ~ 50mm에는 U형 맞대기 이음이 쓰이며 50mm이상에서는 H형 맞대기 이음에 쓰인다.

05 연강의 인장시험에서 인장시험편의 지름이 10mm이고 최대하중이 5500kgf 일 때 인장강도는 약 몇 kgf/mm^2 인가?

① 60 ② 70
③ 80 ④ 90

정답 01. ③ 02. ④ 03. ② 04. ③ 05. ②

해설 $\sigma = \frac{P}{A} = \frac{5500}{3.14 \times 5^2} = 70.06$

06 다음 중 지그나 고정구의 설계 시 유의사항으로 틀린 것은?

① 구조가 간단하고 효과적인 결과를 가져와야 한다.
② 부품의 고정과 이완은 신속히 이루어져야 한다.
③ 모든 부품의 조립은 어렵고 눈으로 볼 수 없어야 한다.
④ 한번 부품을 고정시키면 차후 수정 없이 정확하게 고정되어 있어야 한다.

해설 **용접 지그 사용 효과**
① 용접을 하기 쉬운 자세를 취할 수 있다. 즉 아래보기 자세로 용접 할 수 있다.
② 제품의 정밀도 향상을 가져 올 수 있다.
③ 용접 조립 작업을 단순화 또는 자동화를 할 수 있게 하여 작업 능률이 향상된다.
따라서 물품의 고정과 분해가 용이하여야 되며, 부품의 조립이 원활하도록 되어야 한다.

07 다음 중 인장시험에서 알 수 없는 것은?

① 항복점 ② 연신율
③ 비틀림 강도 ④ 단면 수축률

해설 **인장 시험**
① **항복점** : 하중이 일정한 상태에서 하중의 증가 없이 연신율이 증가되는 점
② **영률** : 탄성한도 이하에서 응력과 연신율은 비례(후크의 법칙)하는데 응력을 연신율로 나눈 상수
③ **인장강도** : 최대 하중/원단면적
④ **연신율** : $\frac{\text{늘어난길이}}{\text{원래길이}} \times 100$

08 다음 중 MIG 용접에서 사용하는 와이어 송급 방식이 아닌 것은?

① 풀(pull) 방식
② 푸시(push) 방식
③ 푸시 풀(push-pull) 방식
④ 푸시 언더(push-under) 방식

해설 **MIG용접의 와이어 송급 방식**
① **푸시 방식** : 와이어 릴의 바로 앞에 와이어 송급장치를 부착하여 송급 튜브를 통해 와이어를 용접 토치에 송급하는 방식
② **풀 방식** : 송급장치를 용접 토치에 직접 연결시켜 토치와 송급장치가 하나로 된 구조로 되어 있어 송급 시 마찰 저항을 작게 하여 와이어 송급을 원활하게 한 방식으로 주로 작은 지름의 연한 와이어를 사용 시 이 방식이 사용된다.
③ **푸시 풀 방식** : 와이어 릴과 토치 측의 양측에 송급장치를 부착하는 방식으로 송급 튜브가 수십 미터 길이에도 사용된다.
④ **더블 푸시 방식** : 용접 토치에 송급장치를 부착시키지 않고 긴 송급 튜브를 사용할 수 있다.

09 다음 중 용접이음의 종류가 아닌 것은?

① 십자 이음 ② 맞대기 이음
③ 변두리 이음 ④ 모따기 이음

해설 모따기는 재료 모서리에 날카로움 또는 결함 등을 제거하기 위하여 가공하는 것을 말한다.

10 선박, 보일러 등 두꺼운 판의 용접 시 용융 슬래그와 와이어의 저항 열을 이용하여 연속적으로 상진하는 용접법은?

① 테르밋 용접
② 넌실드 아크 용접
③ 일렉트로 슬래그 용접
④ 서브머지드 아크 용접

해설 ① **일렉트로 슬래그 용접 원리(Electro Slag Wel- ding, ESW)** : 서브머지드 아크 용접에서와 같이 처음에는 플럭스 안에서 모재와 용접봉 사이에 아크가 발생하여 플럭스가 녹아서 액상의 슬래그가 되면 전류를 통하기 쉬운 도체의 성질을 갖게 되면서 아크는 꺼지고 와이어와 용융 슬래그 사이에 흐르는 전류의 저항 발열을 이용하는 자동 용접법이다.
② **일렉트로 슬래그 용접 특징**
㉠ 전기 저항 열($Q = 0.24I^2 Rt$)을 이용하여 용접(주울의 법칙 적용)한다.
㉡ 두꺼운 판의 용접법으로 적합하다.(단층으로 용접이 가능)
㉢ 매우 능률적이고 변형이 적다.
㉣ 홈 모양은 I형이기 때문에 홈 가공이 간단하다.
㉤ 변형이 적고, 능률적이고 경제적이다.
㉥ 아크가 보이지 않고 아크 불꽃이 없다.
㉦ 기계적 성질이 나쁘다.
㉧ 노치 취성이 크다.(냉각 속도가 늦기 때문에)
㉨ 가격이 고가이다.

정답 06. ③ 07. ③ 08. ④ 09. ④ 10. ③

㉮ 용접 시간에 비하여 준비 시간이 길다.
㉯ 용도로는 보일러 드럼, 압력 용기의 수직 또는 원주이음, 대형 부품 로울 등에 후판 용접에 쓰인다.

11 각종 금속의 용접부 예열온도에 대한 설명으로 틀린 것은?

① 고장력강, 저합금강, 주철의 경우 용접 홈을 50~350℃로 예열한다.
② 연강을 0℃이하에서 용접할 경우 이음의 양쪽 폭 100㎜ 정도를 40~75℃로 예열한다.
③ 열전도가 좋은 구리 합금은 200~400℃의 예열이 필요하다.
④ 알루미늄 합금은 500~600℃ 정도의 예열온도가 필요하다.

해설 알루미늄 합금 및 구리 합금에서 예열 온도는 200~400℃가 적당하다.

12 피복아크 용접 작업의 안전사항 중 전격방지 대책이 아닌 것은?

① 용접기 내부는 수시로 분해·수리하고 청소를 하여야 한다.
② 절연 홀더의 절연부분이 노출되거나 파손되면 교체한다.
③ 장시간 작업을 하지 않을 시는 반드시 전기 스위치를 차단한다.
④ 젖은 작업복이나 장갑, 신발 등을 착용하지 않는다.

해설 용접기 내부 청소 시에는 필요시에만 해주어야 하며, 냉각팬 등을 점검하고 주유해야 한다.

13 일종의 피복 아크 용접법으로 피더(feeder)에 철분계 용접봉을 장착하여 수평 필릿 용접을 전용으로 하는 일종의 반자동 용접장치로서 모재와 일정한 경사를 갖는 금속지주를 용접 홀더가 하강하면서 용접되는 용접법은?

① 그래비티 용접　② 용사
③ 스터드 용접　④ 테르밋 용접

해설 **그래비티 용접** : 모재와 일정한 경사를 갖는 슬라이드 바를 따라 용접 홀더가 하강하도록 되어 있어 아크가 발생 된 후 중력에 의해 용접봉이 하강하여 자동적으로 용접이 진행되도록 한 것이다.

14 서브머지드 아크 용접장치 중 전극 형상에 의한 분류에 속하지 않는 것은?

① 와이어(wire) 전극
② 테이프(tape) 전극
③ 대상(hoop) 전극
④ 대차(carriage) 전극

해설 서브머지드 아크 용접의 전극 형상은 와이어, 테이프, 대상 전극의 형태가 있고, 이중 가장 일반적인 것은 와이어이며 2.6~6.4㎜의 것이 사용된다. 구리로 피막 처리하여 녹 방지 및 전기 전도도를 향상시키고 있다.

15 불활성 가스가 아닌 것은?

① C_2H_2　② Ar
③ Ne　④ He

해설 불활성 가스는 주기율표 18족 원소로 He, Ne, Ar등이 있다. C_2H_2 는 아세틸렌으로 가연성 가스이다.

16 아크 용접기의 사용에 대한 설명으로 틀린 것은?

① 사용률을 초과하여 사용하지 않는다.
② 무부하 전압이 높은 용접기를 사용한다.
③ 전격 방지기가 부착된 용접기를 사용한다.
④ 용접기 케이스는 접지(earth)를 확실히 해둔다.

해설 무부하 전압이 높으면 아크 발생은 용이할 수 있으나 작업자 전격 위험이 커진다.

17 다음 중 유도방사에 의한 광의 증폭을 이용하여 용융하는 용접법은?

① 맥동 용접　② 스터드 용접
③ 레이저 용접　④ 피복 아크 용접

정답 11. ④ 12. ① 13. ① 14. ④ 15. ① 16. ② 17. ③

해설 레이저 용접은 원자와 분자의 유도방사 현상을 이용한 빛 에너지를 이용하여 모재의 열 변형이 거의 없고 이종 금속의 용접이 가능하며, 미세하고 정밀한 용접을 비접촉식 용접방식으로 할 수 있다.

18 탄산가스 아크 용접에서 용착속도에 관한 내용으로 틀린 것은?

① 용접속도가 빠르면 모재의 입열이 감소한다.
② 용착률은 일반적으로 아크전압이 높은 쪽이 좋다.
③ 와이어 용융속도는 와이어의 지름과는 거의 관계가 없다.
④ 와이어 용융속도는 아크 전류에 거의 정비례하며 증가한다.

해설 용착률은 아크 전류와 관계가 있으며 아크 전압이 높으면 비드 폭이 넓어진다.

19 용접 시공에서 다층 쌓기로 작업하는 용착법이 아닌 것은?

① 스킵법　　② 빌드업법
③ 전진 블록법　　④ 캐스케이드법

해설 **다층 용접에 따른 분류**
① **덧살 올림법(빌드업법)** : 열 영향이 크고 슬래그 섞임의 우려가 있다. 한냉시, 구속이 클 때 후판에서 첫 층에 균열 발생우려가 있다. 하지만 가장 일반적인 방법이다.
② **캐스케이드법** : 한 부분의 몇 층을 용접하다가 이것을 다음부분의 층으로 연속시켜 용접하는 방법으로 후진법과 같이 사용하며 , 용접결함 발생이 적으나 잘 사용되지 않는다.
③ **전진 블록법** : 한 개의 용접봉으로 살을 붙일만한 길이로 구분해서 홈을 한 부분에 여러 층으로 완전히 쌓아 올린 다음, 다음 부분으로 진행하는 방법으로 첫 층에 균열 발생 우려가 있는 곳에 사용된다.

20 MIG 용접의 전류 밀도는 TIG 용접의 약 몇 배 정도인가?

① 2　　② 4
③ 6　　④ 8

해설 **미그 용접**
① 전류밀도가 티그 용접의 2배, 일반 용접의 4~6배로 주로 스프레이형의 용적을 갖는다.
② 입상 이행은 와이어보다 큰 용적으로 용융되어 이행하며 주로 CO_2 가스를 사용할 때 나타난다.
③ 전원은 정전압 특성을 가진 직류 역극성이 주로 사용됨

21 피복 아크 용접봉에서 피복제의 주된 역할로 틀린 것은?

① 전기 절연 작용을 하고 아크를 안정시킨다.
② 스패터의 발생을 적게 하고 용착금속에 필요한 합금원소를 첨가시킨다.
③ 용착 금속의 탈산 정련 작용을 하며 용융점이 높고, 높은 점성의 무거운 슬래그를 만든다.
④ 모재 표면의 산화물을 제거하고, 양호한 용접부를 만든다.

해설 **피복제의 역할**
① 아크 안정
② 산·질화 방지
③ 용적을 미세화 하여 용착 효율 향상
④ 서냉으로 취성 방지
⑤ 용착 금속의 탈산 정련 작용
⑥ 합금 원소 첨가
⑦ 슬래그의 박리성 증대
⑧ 유동성 증가
⑨ 전기 절연 작용 등이 있다.

22 피복 아크 용접에서 홀더로 잡을 수 있는 용접봉 지름(mm)이 5.0~8.0일 경우 사용하는 용접봉 홀더의 종류로 옳은 것은?

① 125호　　② 160호
③ 300호　　④ 500호

해설 홀더의 종류로는 A형과 B형이 있다. A형은 안전 홀더로 전체가 절연된 것이고 B형은 손잡이만 절연된 것이나 현재는 안전을 고려해서 잘 사용되지 않는다. 홀더의 규격은 기호 다음에 나오는 숫자가 정격 용접 전류이다. 용접봉 지름이 5.0~8.0일 경우 500호를 사용한다.

정답 18. ② 19. ① 20. ① 21. ③ 22. ④

23 **용접이음 설계 시 충격하중을 받는 연강의 안전율은?**

① 12　② 8　③ 5　④ 3

해설 안전율 = $\frac{인장강도}{허용응력}$

① **정하중** : 3
② **동하중(단진 응력)** : 5
③ **동하중(교번 응력)** : 8
④ **충격 하중** : 12

24 **피복 아크 용접에서 피복제의 성분에 포함되지 않는 것은?**

① 아크 안정제　② 가스 발생제
③ 피복 이탈제　④ 슬래그 생성제

해설 피복제의 성분은 가스 발생제, 아크 안정제, 슬래그 생성제, 고착제, 합금 첨가제 등이 있다. 피복 이탈제가 아니라 슬래그 박리제이다.

25 **다음 중 산소 및 아세틸렌 용기의 취급방법으로 틀린 것은?**

① 산소용기의 밸브, 조정기, 도관, 취부구는 반드시 기름이 묻은 천으로 깨끗이 닦아야 한다.
② 산소용기의 운반 시에는 충돌, 충격을 주어서는 안된다.
③ 사용이 끝난 용기는 실병과 구분하여 보관한다.
④ 아세틸렌 용기는 세워서 사용하며, 용기에 충격을 주어서는 안된다.

해설 산소 및 아세틸렌 용기를 취급시에 기름이 묻은 걸레를 사용하여 청소를 하게 되면 인화의 위험이 높아져 화재 및 폭발의 원인이 될 수 있다.

26 **일미나이트계 용접봉을 비롯하여 대부분의 피복 아크 용접봉을 사용할 때 많이 볼 수 있으며 미세한 용접이 날려서 옮겨가는 용접이행 방식은?**

① 단락형　② 누적형
③ 스프레이형　④ 글로 뷸러형

해설 **용융 금속의 이행 형태**
① **단락형** : 큰 용적이 용융지에 단락 되어 표면 장력의 작용으로 이행되는 형식으로 맨 용접봉, 박피복 용접봉에서 발생한다.
② **글로 뷸러형** : 비교적 큰 용적이 단락 되지 않고 옮겨가는 형식으로 피복제가 두꺼운 저수소계 용접봉 등에서 발생한다. 핀치 효과형이라고도 한다.
③ **스프레이형** : 미세한 용적이 스프레이와 같이 날려 이행되는 형식으로 고산화티탄계, 일미나이트계 등에서 발생한다. 분무상 이행형이라고도 한다.

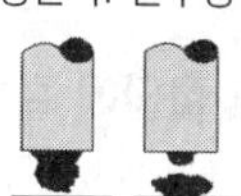
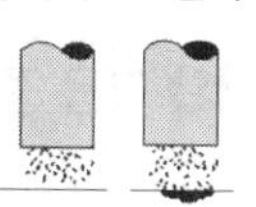

단락형　글로뷸러형　스프레이형

27 **산소 용기를 취급할 때 주의사항으로 가장 적합한 것은?**

① 산소밸브의 개폐는 빨리해야 한다.
② 운반 중에 충격을 주지 말아야 한다.
③ 직사광선이 쬐이는 곳에 두어야 한다.
④ 산소 용기의 누설시험에는 순수한 물을 사용해야 한다.

해설 **산소 용기를 취급할 때 주의 점**
① 타격, 충격을 주지 않는다.
② 직사광선, 화기가 있는 고온의 장소를 피한다.
③ 용기 내의 압력이 너무 상승(170kgf/cm^2)되지 않도록 한다.
④ 밸브가 동결되었을 때 더운물, 또는 증기를 사용하여 녹여야 한다.
⑤ 누설 검사는 비눗물을 사용한다.
⑥ 용기 내의 온도는 항상 40℃이하로 유지하여야 한다.
⑦ 용기 및 밸브 조정기 등에 기름이 부착되지 않도록 한다.
⑧ 저장실에 가스를 보관시 다른 가연성 가스와 함께 보관하지 않는다.

28 **다음 중 초음파 탐상법에 속하지 않는 것은?**

① 공진법　② 투과법
③ 프로드법　④ 펄스 반사법

해설 **초음파 검사(UT)** : 초음파 검사(UT) : 0.5 ~15MHz의 초음파를 내부에 침투시켜 내부의 결함, 불균일 층의 유무를 알아냄. 종류로는 투과

정답　23. ①　24. ③　25. ①　26. ③　27. ②　28. ③

법, 공진법, 펄스 반사법(가장 일반적)이 있다. 장점으로는 위험하지 않으며 두께 및 길이가 큰 물체에도 사용 가능하나 결함 위치의 길이는 알 수 없으며 표면의 요철이 심한 것 얇은 것은 검출이 곤란하다. 발진 탐촉자와 수파 탐촉자를 각각 다른 탐촉자로 시행하는 2탐촉자법과 1개로 양자를 겸용하는 1탐촉자법이 있다. 이중 초음파의 펄스를 시험체의 한쪽 면으로부터 송신하여 결함 에코의 형태로 결함을 판정하는 방법은 펄스 반사법이다.

29 다음 중 아크 절단에 속하지 않는 것은?

① MIG 절단
② 분말 절단
③ TIG 절단
④ 플라즈마 제트 절단

✔해설 분말 절단은 철분 또는 용제를 연속적으로 절단용 산소에 공급하여 그 산화열 또는 용제의 화학작용을 이용하여 절단하는 방법이다.

30 일반적인 용접의 특징으로 틀린 것은?

① 재료의 두께에 재한이 없다.
② 작업공정이 단축되며 경제적이다.
③ 보수와 수리가 어렵고 제작비가 많이 든다.
④ 제품의 성능과 수명이 향상되며 이종 재료도 용접이 가능하다.

✔해설 ① **용접의 장점**
㉠ 작업 공정을 줄일 수 있다.
㉡ 형상의 자유화를 추구 할 수 있다.
㉢ 이음 효율 향상(기밀 수밀 유지)
㉣ 중량 경감, 재료 및 시간의 절약
㉤ 이종 재료의 접합이 가능하다.
㉥ 보수와 수리가 용이하다.(주물의 파손부 등)
② **용접의 단점**
㉠ 품질 검사가 곤란하다.
㉡ 제품의 변형을 가져 올 수 있다.(잔류 응력 및 변형에 민감)
㉢ 유해 광선 및 가스 폭발 위험이 있다.
㉣ 용접사의 기능과 양심에 따라 이음부 강도가 좌우한다.

31 수중 절단 작업을 할 때 가장 많이 사용하는 가스로 기포 발생이 적은 연료가스는?

① 아르곤 ② 수소
③ 프로판 ④ 아세틸렌

✔해설 수중 절단의 조건
① 예열가스의 양은 공기 중에서 4~8배 정도로 한다.
② 절단 산소의 압력은 1.5~2배로 한다.
③ 수중 절단은 수심 45m까지 작업이 가능하다.
④ 육지보다 예열 불꽃을 크게 하고 절단 속도는 천천히 해야 한다.
⑤ 연료가스로는 높은 수압에서 사용이 가능한 수소를 사용한다.

32 아크 에어 가우징법의 작업능률은 가스 가우징법 보다 몇 배 정도 높은가?

① 2~3배 ② 4~5배
③ 6~7배 ④ 8~9배

✔해설 아크 에어 가우징
① 탄소 아크 절단에 압축 공기를 병용하여 결함을 제거(흑연으로 된 탄소봉에 구리 도금을 한 전극 사용)
② 가스 가우징보다 작업 능률이 2 ~ 3배 좋다.
③ 균열의 발견이 특히 쉽다.
④ 철, 비철금속 어느 경우도 사용된다.
⑤ 전원으로는 직류 역극성이 사용된다.
⑥ 아크 전압 35V, 전류 200 ~ 500A, 압축 공기는 6 ~ 7kg/cm² (4kg/cm² 이하로 떨어지면 용융금속이 잘 불려 나가지 않는다.

33 연강용 피복 아크 용접봉의 종류와 피복제 계통으로 틀린 것은?

① E4303 : 라임티타니아계
② E4311 : 고산화티탄계
③ E4316 : 저수소계
④ E4327 : 철분산화철계

✔해설 ① E4311 : 고셀로로오스계
② E4313 : 고산화티탄계

34 다음 중 가변저항의 변화를 이용하여 용접 전류를 조정하는 교류 아크 용접기는?

① 탭 전환형 ② 가동 코일형
③ 가동 철심형 ④ 가포화 리액터형

✔해설 교류 아크 용접기
① **탭 전환형** : 코일의 감긴 수에 따라 전류를 조정

정답 29. ② 30. ③ 31. ② 32. ① 33. ② 34. ④

한다. 하지만 탭과 탭 사이의 전류를 조절할 수 없어 미세 전류 조절이 불가능하며, 넓은 범위의 전류 조정이 어렵다. 주로 소형으로 사용되나 적은 전류 조정시에도 무부하 전압이 높아 감전의 위험이 있다.

② **가동 코일형** : 1차 코일의 거리 조정으로 누설자속을 변화하여 전류를 조정한다. 아크 안정도가 높고 소음은 없으나 가격이 고가여서 현재 거의 사용되지 않고 있다.

③ **가동 철심형** : 가동 철심으로 누설자속을 가감하여 전류를 조정하여 광범위한 전류 조절과 더불어 미세 전류 조절이 가능하여 현재 가장 널리 사용되고 있다.

④ **가포화 리액터형** : 가변 저항의 변화로 용접 전류를 조정한다.

35 다음 중 해드필드(Hadfield)강에 대한 설명으로 틀린 것은?

① 오스테나이트 조직의 Mn 강이다.
② 성분은 10~14 Mn%, 0.9~1.3C% 정도이다.
③ 이 강은 고온에서 취성이 생기므로 600~800℃에서 공랭한다.
④ 내마멸성과 내충격성이 우수하고 인성이 우수하기 때문에 파쇄장치, 임펠러 플레이트 등에 사용한다.

해설 하드필드강은 망간 10 ~ 14%의 강은 상온에서 오스테나이트 조직을 가지며 각종 광산기계, 기차 레일의 교차점, 냉간 인발용의 드로잉 다이스 등에 이용된다.

36 피복 아크 용접에서 아크의 특성 중 정극성에 비교하여 역극성의 특징으로 틀린 것은?

① 용입이 얕다.
② 비드 폭이 좁다.
③ 용접봉의 용융이 빠르다.
④ 박판, 주철 등 비철금속의 용접에 쓰인다.

해설

◆ 직류 정극성 모재(+) 용접봉(-)

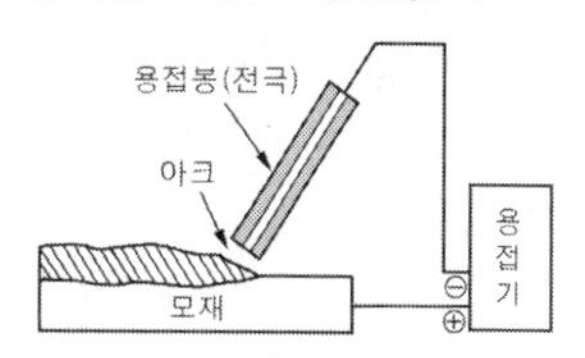

◈ 직류 정극성(DCSP)
- 모재의 용입이 깊다.
- 용접봉의 늦게 녹는다.
- 비드 폭이 좁다.
- 후판 등 일반적으로 사용된다.

◆ 직류 역극성 모재(-) 용접봉(+)

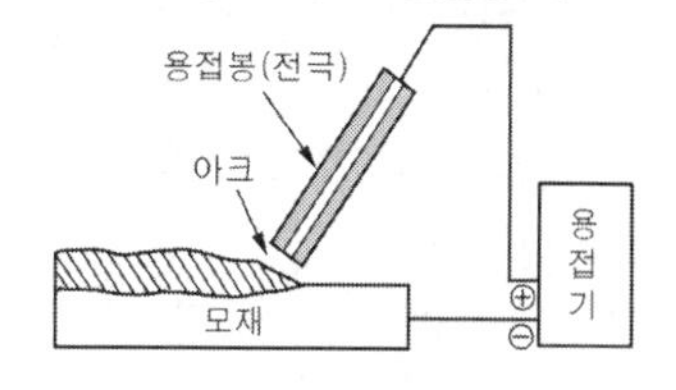

◈ 직류 역극성(DCRP)
- 모재의 용입이 얕다.
- 용접봉이 빨리 녹는다.
- 비드 폭이 넓다.
- 박판 등의 비철금속에 사용된다.

37 다음 중 아크 쏠림 방지 대책으로 틀린 것은?

① 접지점 2개를 연결할 것
② 용접봉 끝은 아크 쏠림 반대 방향으로 기울일 것
③ 접지점을 될 수 있는 대로 용접부에서 가까이 할 것
④ 큰 가접부 또는 이미 용접이 끝난 용착부를 향하여 용접할 것

해설 아크 쏠림, 아크 블로우, 자기불림 등은 모두 동일한 말이며 용접전류에 의한 아크 주위에 발생하는 자장이 용접봉에 대하여 비대칭일 때 일어나는 현상이다.

① 직류 용접기 대신 교류 용접기를 사용한다.
② 아크 길이를 짧게 유지한다.
③ 접지를 용접부로 멀리한다.
④ 긴 용접선에는 후퇴법을 사용한다.
⑤ 용접부의 시·종단에는 엔드 탭을 설치한다.
⑥ 용접봉 끝은 아크쏠림 반대방향으로 기울인다.

정답 35. ③ 36. ② 37. ③

38 **연강용 피복 아크 용접봉의 종류에 따른 피복제 계통이 틀린 것은?**

① E 4340 : 특수계
② E 4316 : 저수소계
③ E 4327 : 철분산화철계
④ E 4313 : 철분산화티탄계

해설 E4313은 고산화티탄계이다.

39 **용접기의 사용률(duty cycle)을 구하는 공식으로 옳은 것은?**

① 사용률(%) = 휴식시간 / (휴식시간+아크발생시간) × 100
② 사용률(%) = 아크발생시간 / (아크발생시간+휴식시간) × 100
③ 사용률(%) = 아크발생시간 / (아크발생시간−휴식시간) × 100
④ 사용률(%) = 휴식시간 / (아크발생시간−휴식시간) × 100

해설 ① 용접 작업시간에는 휴식 시간과 용접기를 사용하여 아크를 발생한 시간을 포함하고 있다.
② 용접기에 사용율이 40%라고 하면 용접기가 가동되는 시간 즉 용접 작업시간 중 아크를 발생시킨 시간을 의미한다.
③ 사용율은 다음과 같은 식으로 계산할 수 있다.

$$사용율(\%) = \frac{(아크시간)}{(아크시간+휴식시간)} \times 100$$

40 **다음의 희토류 금속 원소 중 비중이 약 16.6, 용융점은 약 2996℃이고, 150℃ 이하에서 불활성 물질로서 내식성이 우수한 것은?**

① Se ② Te ③ In ④ Ta

해설 Ta는 탄탈 또는 탄탈럼으로 읽히며 비중은 약 16.6, 용융점은 약 2996℃이고, 150℃ 이하에서 불활성 물질이다.

41 **금속의 조직 검사로서 측정이 불가능한 것은?**

① 결함 ② 결정입도
③ 내부응력 ④ 비금속 개재물

해설 내부 응력은 조직검사로서 측정되는 것이 아니다. 즉 조직검사로 응력 즉 스트레스는 파악할 수 없다.

42 **문쯔메탈(muntz metal)에 대한 설명으로 옳은 것은?**

① 90%Cu−10%Zn 합금으로 톰백의 대표적인 것이다.
② 70%Cu−30%Zn 합금으로 가공용 황동의 대표적인 것이다.
③ 70%Cu−30%Zn 황동에 주석(Sn)을 1% 함유한 것이다.
④ 60%Cu−40%Zn 합금으로 황동 중 아연 함유량이 가장 높은 것이다.

해설 **문쯔메탈(Muntz metal)**
① Cu(60) : Zn(40)
② 값이 싸고, 내식성이 다소 낮고, 탈아연 부식을 일으키기 쉬우나 강력하기 때문에 기계 부품용으로 많이 쓰인다.
판재, 선재, 볼트, 너트, 열교환기, 파이프, 밸브, 탄피, 자동차 부품, 일반 판금용 재료 등

43 **다음 상태도에서 액상선을 나타내는 것은?**

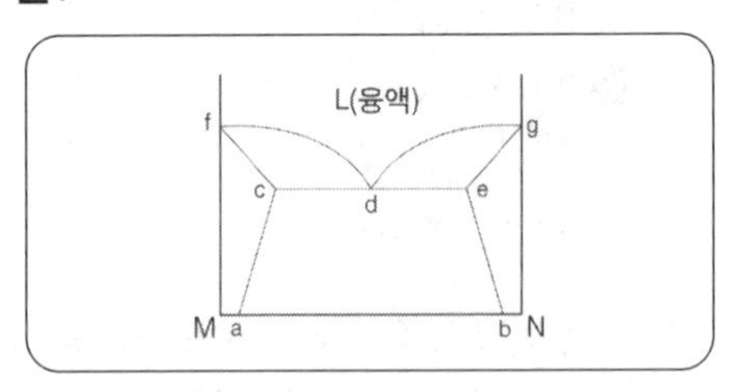

① acf ② cde
③ fdg ④ beg

해설 제시된 상태도에서 fdg선이 액상선이 된다. 즉 fdg 선위가 액체가 된다.

44 **Al 표면에 방식성이 우수하고 치밀한 산화피막이 만들어지도록 하는 방식의 방법이 아닌 것은?**

① 산화법 ② 수산법
③ 황산법 ④ 크롬산법

정답 38. ④ 39. ② 40. ④ 41. ③ 42. ④ 43. ③ 44. ①

해설 알루미늄 인공 내식 처리법
① **알루마이트법(수산법)** : 수산 용액에 넣고 전류를 통과시켜 알루미늄 표면에 황금색 경질 피막을 형성하는 방법
② **황산법** : 황산액을 사용하며, 농도가 낮은 것을 사용할수록 피막이 단단하게 형성된다. 값이 저렴하여 널리 사용
③ **크롬산법** : 산화크롬 수용액을 사용, 전압을 가감하면서 통전시간을 조정. 피막은 내마멸성은 적으나 내식성은 대단히 크다.

45 철강 인장시험 결과 시험편이 파괴되기 직전 표점거리 62 mm, **원표점거리** 50 mm **일 때 연신율은?**

① 12% ② 24% ③ 31% ④ 36%

해설

$$연신율 = \frac{늘어난길이}{원래길이} \times 100 = \frac{12}{50} \times 100 = 24$$

46 인장시험편의 단면적이 50㎟**이고 최대 하중이** 500kgf**일 때 인장강도는 얼마인가?**

① 10kgf/㎟ ② 50kgf/㎟
③ 100kgf/㎟ ④ 250kgf/㎟

해설 $\sigma = \frac{P}{A}$에서 $\frac{500}{50} = 10$

47 상온에서 방치된 황동 가공재나 저온 풀림 경화로 얻은 스프링재가 시간이 지남에 따라 경도 등 여러 가지 성질이 악화되는 현상은?

① 자연 균열 ② 경년 변화
③ 탈아연 부식 ④ 고온 탈아연

해설 **경년변화** : 상온 가공한 황동 스프링이 사용할 때 시간의 경과와 더불어 스프링 특성을 잃는 현상이다.

48 T.T.T **곡선에서 하부 임계냉각 속도란?**

① 50% 마텐자이트를 생성하는데 요하는 최대의 냉각속도
② 100% 오스테나이트를 생성하는데 요하는 최소의 냉각속도
③ 최초의 소르바이트가 나타나는 냉각속도
④ 최초의 마텐자이트가 나타나는 냉각속도

해설 Time Temperature Transformation diagram의 머리글자를 따서 TTT곡선이라고 하며 가로축에는 시간, 세로축에는 온도를 표현하여 과냉 오스테나이트의 조직 변태를 나타낸 곡선으로 최초의 마텐자이트가 나타나는 냉각속도를 하부 임계냉각 속도라고 한다.

49 두 종류 이상의 금속 특성을 복합적으로 얻을 수 있고 바이메탈 재료 등에 사용되는 합금은?

① 제진 합금 ② 비정질 합금
③ 클래드 합금 ④ 형상 기억 합금

해설 클래드 합금 이란 두 종류 이상의 금속 특성을 복합적으로 얻는 합금을 말한다.

50 순철이 910℃**에서** Ac_3 **변태를 할 때 결정격자의 변화로 옳은 것은?**

① BCT → FCC ② BCC → FCC
③ FCC → BCC ④ FCC → BCT

해설 페라이트(α, δ)는 일명 지철이라고도 하며 순철에 가까운 조직으로 극히 연하고 상온에서 강자성체인 체심입방격자 조직으로 변압기 철심 등에 사용된다. 912℃를 기준으로 이하를 α철(체심입방격자, BCC), 1,400℃까지를 γ철(면심입방 격자, FCC), 그 이후는 다시 δ철(체심입방격자)의 동소체를 갖는다.

51 그림과 같은 도면의 해독으로 잘못된 것은?

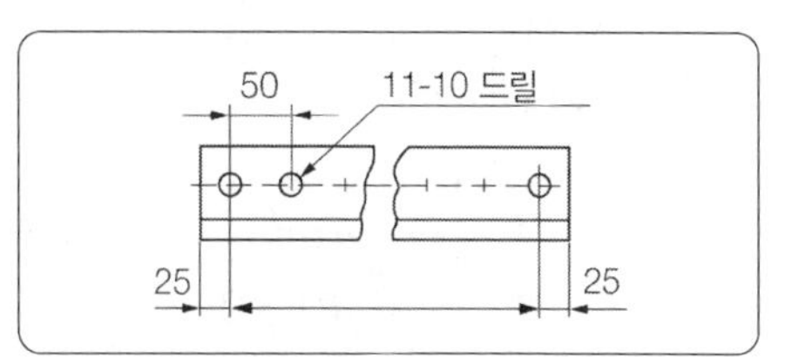

① 구멍사이의 피치는 50㎜
② 구멍의 지름은 10㎜
③ 전체 길이는 600㎜
④ 구멍의 수는 11개

정답 45. ② 46. ① 47. ② 48. ④ 49. ③ 50. ② 51. ③

해설 구멍의 개수가 11이므로 간격의 수는 10이 되고 피치는 50㎜이므로 50×10+25+25에서 전체 길이는 550㎜가 된다.

52 동일 장소에서 선이 겹칠 경우 나타내야 할 선의 우선순위를 옳게 나타낸 것은?

① 외형선 > 중심선 > 숨은선 > 치수 보조선
② 외형선 > 치수 보조선 > 중심선 > 숨은선
③ 외형선 > 숨은선 > 중심선 > 치수보조선
④ 외형선 > 중심선 > 치수 보조선 > 숨은선

해설 선의 우선 순위 : 외형선, 숨은선, 절단선, 중심선, 무게 중심선의 순서이다.

53 그림과 같은 용접 기호는 무슨 용접을 나타내는가?

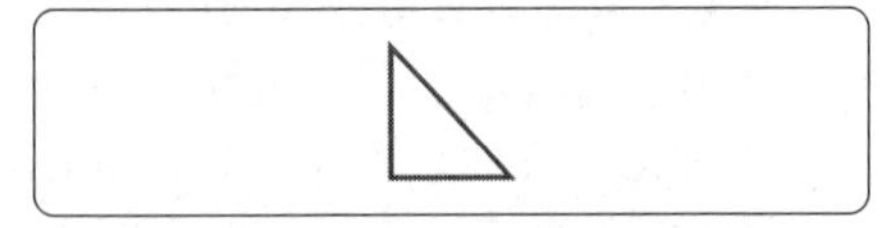

① 심 용접 ② 비드 용접
③ 필릿 용접 ④ 점 용접

해설 제시된 직각 삼각형 표시는 필릿 용접을 ○은 점용접을 의미한다.

54 배관용 탄소 강관의 종류를 나타내는 기호가 아닌 것은?

① SPPS 380
② SPPH 380
③ SPCD 390
④ SPLT 390

해설 SPPS 압력 배관용 탄소강 강관, SPPH 고압 배관용 탄소강 강관, SPLT 저온 배관용 탄소강 강관

55 그림과 같은 제3각 정투상도에 가장 적합한 입체도는?

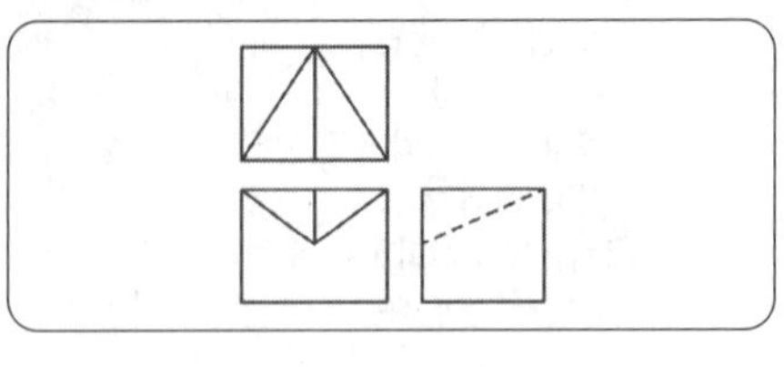

① 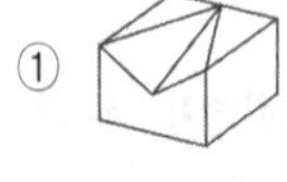 ② 

③ 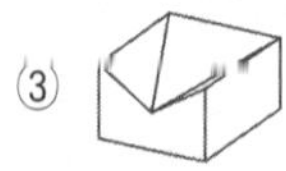 ④ 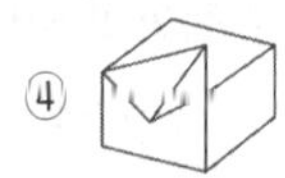

해설

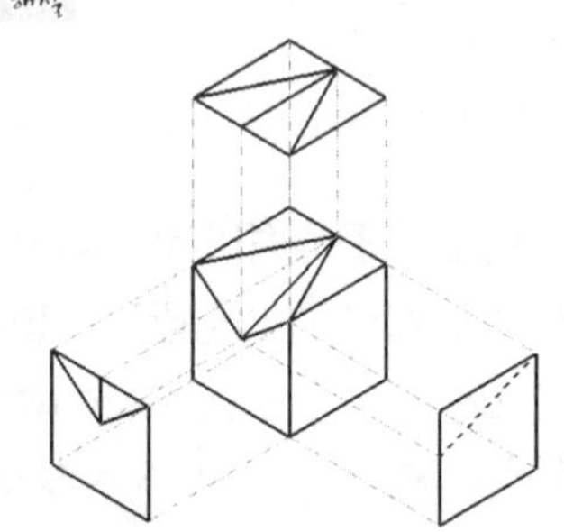

56 그림과 같이 기점 기호를 기준으로 하여 연속된 치수선으로 치수를 기입하는 방법은?

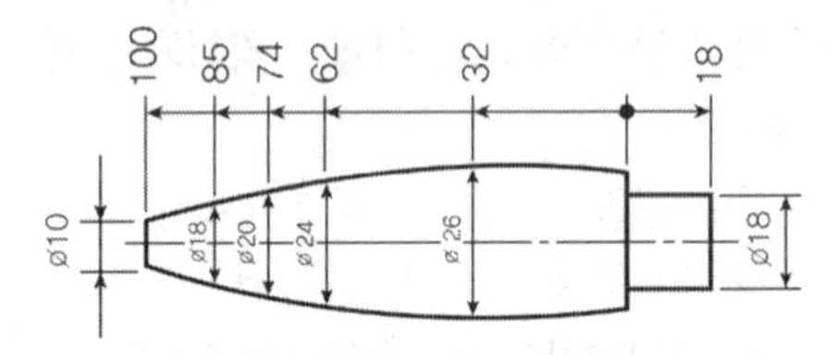

① 직렬 치수 기입법 ② 병렬 치수 기입법
③ 좌표 치수 기입법 ④ 누진 치수 기입법

해설 **직렬과 병렬 치수의 기입**

① **직렬 치수 기입** : 한 지점에서 그 다음 지점까지의 거리를 각각 치수를 기입한 것
② **병렬 치수 기입** : 기준면(기점)에서부터 각각의 지점까지 치수를 기입한 것
③ **누진 치수 기입** : 병렬 치수 기입과 같으면서 1개의 연속된 치수선에 기입한 것

정답 52. ③ 53. ③ 54. ③ 55. ① 56. ④

57 **기계제도에서 사용하는 척도에 대한 설명으로 틀린 것은?**

① 척도의 표시방법에는 현척, 배척, 축척이 있다.
② 도면에 사용한 척도는 일반적으로 표제란에 기입한다.
③ 한 장의 도면에 서로 다른 척도를 사용할 필요가 있는 경우에는 해당되는 척도를 모두 표제란에 기입한다.
④ 척도는 대상물과 도면의 크기로 정해진다.

해설 기계제도에서 척도는 표제란에 기입하며, 축척은 실제 대상 보다 작게, 현척은 실제 대상물과 같게, 배척은 실제 대상물 보다 크게 그릴 때 적용한다. 척도는 대상물에 크기에 따라 정하며 한 장의 도면에서 척도가 다를 경우 대표 척도만을 표제란에 기입하고 물체에 척도를 따르지 않음(NS)으로 표시한다.

58 **다음 중 도면의 일반적인 구비조건으로 관계가 가장 먼 것은?**

① 대상물의 크기, 모양, 자세, 위치의 정보가 있어야 한다.
② 대상물을 명확하고 이해하기 쉬운 방법으로 표현해야 한다.
③ 도면의 보존, 검색 이용이 확실히 되도록 내용과 양식을 구비해야 한다.
④ 무역과 기술의 국제 교류가 활발하므로 대상물의 특징을 알 수 없도록 보안성을 유지해야 한다.

해설 도면은 대상물의 특징을 누구나 알 수 있도록 규격화 되어 있다.

59 **단면의 무게 중심을 연결한 선을 표시하는 데 사용하는 선의 종류는?**

① 가는 1점 쇄선 ② 가는 2점 쇄선
③ 가는 실선 ④ 굵은 파선

해설 **선의 종류와 용도**
① 외형선은 굵은 실선으로 그린다.
② 치수선, 치수 보조선, 지시선, 회전 단면선, 중심선, 수준면선 등은 가는 실선으로 그린다.
③ 은선(숨은선)은 가는 파선 또는 굵은 파선으로 그린다.
④ 중심선, 기준선, 피치선은 가는 1점 쇄선으로 그린다.
⑤ 특수 지정선은 굵은 1점 쇄선으로 그린다.
⑥ 가상선 무게 중심선은 가는 2점 쇄선으로 그린다.
⑦ 파단선은 물체의 일부를 파단한 곳을 표시하는 선으로 불규칙한 파형의 가는 실선 또는 지그재그 선으로 그린다.
⑧ 절단선은 가는 1점 쇄선으로 끝 부분 및 방향이 변하는 부분을 굵게 한 것
⑨ 해칭은 가는 실선으로 규칙적으로 줄을 늘어놓은 것
⑩ 특수한 용도의 선으로는 가는 실선 아주 굵은 실선으로 나눌 수 있다.

60 **보기 입체도의 화살표 방향 투상 도면으로 가장 적합한 것은?**

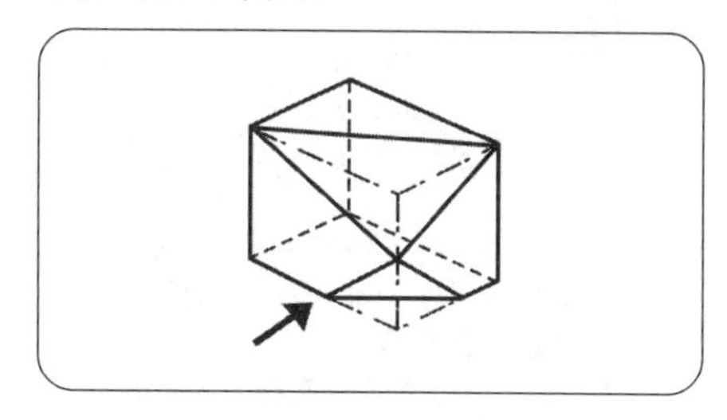

① 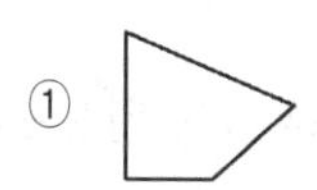 ② 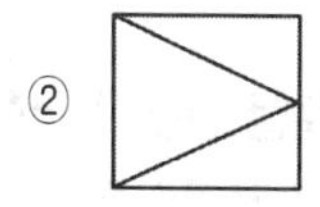

③ 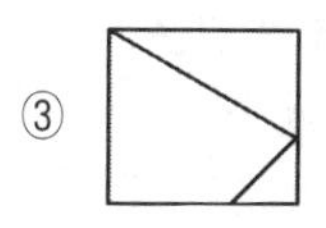 ④ 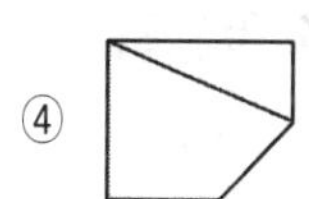

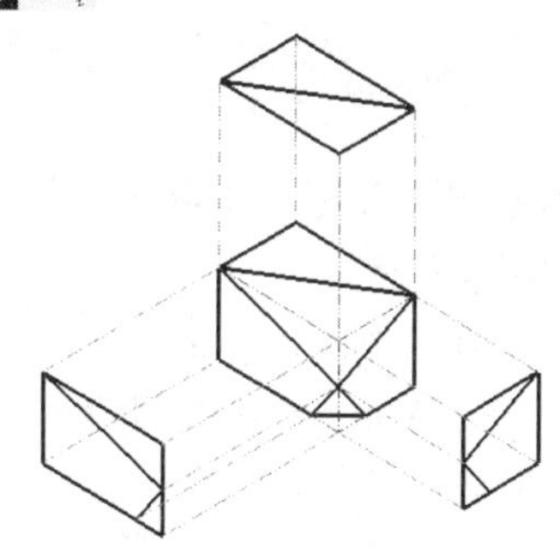

CBT복원문제 Craftsman Welding

제5회 특수용접기능사

01 심(seam) 용접법에서 용접 전류의 통전방법이 아닌 것은?

① 직·병렬 통전법 ② 단속 통전법
③ 연속 통전법 ④ 맥동 통전법

해설 심 용접
① 점 용접에 비해 가압력은 1.2~1.6배, 용접 전류는 1.5~2.0배 증가
② 단속 통전법, 연속 통전법, 맥동 통전법 등이 있다.
③ 이음 형상에 따라 원주 심, 세로 심이 있다.
④ 용접 방법에 따라 매시 심, 포일 심, 맞대기 심, 로울러 심이 있다.
⑤ 기·수·유밀성을 요하는 0.2~4mm 정도 얇은 판에 이용

02 용접 입열이 일정할 경우에는 열전도율이 큰 것일수록 냉각속도가 빠른데 다음 금속 중 열전도율이 가장 높은 것은?

① 구리 ② 납
③ 연강 ④ 스테인리스강

해설 구리는 은 다음으로 전기 전도율이 우수하다. 일반적으로 전기 전도율이 우수한 것이 열전도율이 우수하다.

03 용접 결함과 그 원인에 대한 설명 중 잘못 짝지어진 것은?

① 언더컷 - 전류가 너무 높을 때
② 기공 - 용접봉이 흡습 되었을 때
③ 오버랩 - 전류가 너무 낮을 때
④ 슬래그 섞임 - 전류가 과대 되었을 때

해설 **슬래그 혼입**: 슬래그 제거 불완전, 운봉 속도 및 전류가 적을 때

04 용접에 의한 변형을 미리 예측하여 용접하기 전에 용접 반대 방향으로 변형을 주고 용접하는 방법은?

① 억제법 ② 역변형법
③ 후퇴법 ④ 비석법

해설 열을 가하면 용접 변형이 발생하므로 이를 예측하여 반대 방향으로 변형을 주어 용접 후 변형이 교정되는 하는 방법을 역변형법이라 한다.

05 다음 중 플라즈마 아크 용접에 적합한 모재가 아닌 것은?

① 텅스텐, 백금
② 티탄, 니켈 합금
③ 티탄, 구리
④ 스테인리스강, 탄소강

해설 플라즈마 아크 용접의 특징
① **장점**
㉠ 아크 형태가 원통이고 지향성이 좋아 아크 길이가 변해도 용접부는 거의 영향을 받지 않는다.
㉡ 용입이 깊고 비드 폭이 좁으며 용접 속도가 빠르다.
㉢ 다음 용접으로는 V형 등으로 용접할 것도 I형으로 용접이 가능하며, 1층 용접으로 완성 가능
㉣ 전극봉이 토치 내의 노즐 안쪽에 들어가 있으므로 모재에 부딪칠 염려가 없으므로 용접부에 텅스텐 오염의 염려가 없다.
㉤ 용접부의 기계적 성질이 우수하다.
㉥ 작업이 쉽다.(박판, 덧붙이, 납땜에도 이용되며 수동 용접도 쉽게 설계)
② **단점**
㉠ 설비비가 고가
㉡ 용접속도가 빨라 가스의 보호가 불충분하다.
㉢ 무부하 전압이 높다.
㉣ 모재 표면을 깨끗이 하지 않으면 플라즈마 아

정답 01. ① 02. ① 03. ④ 04. ② 05. ①

크 상태가 변하여 용접부에 품질이 저하됨

③ **사용 가스 및 전원**
- ㉠ 사용 가스로는 Ar, H_2 를 사용하며 모재에 따라 N 또는 공기도 사용
- ㉡ 전원은 직류가 사용

④ **용도** : 탄소강, 스테인리스강, 티탄, 니켈합금, 구리 등에 적합

06 플라즈마 아크 용접의 특징으로 틀린 것은?

① 비드 폭이 좁고 용접속도가 빠르다.
② 1층으로 용접할 수 있으므로 능률적이다.
③ 용접부의 기계적 성질이 좋으며 용접 변형이 적다.
④ 핀치효과에 의해 전류 밀도가 작고 용입이 얕다.

07 서브머지드 아크 용접에서 와이어 돌출 길이는 보통 와이어 지름을 기준으로 정한다. 적당한 와이어 돌출 길이는 와이어 지름의 몇 배가 가장 적합한가?

① 2배 ② 4배
③ 6배 ④ 8배

해설 서브머지드 아크 용접에서의 와이어 돌출 길이는 와이어 지름의 8배가 적합하다.

08 용접 결함과 그 원인의 연결이 틀린 것은?

① 언더컷 – 용접 전류가 너무 낮을 경우
② 슬래그 섞임 – 운봉 속도가 느릴 경우
③ 기공 – 용접부가 급속하게 응고될 경우
④ 오버랩 – 부적절한 운봉법을 사용했을 경우

해설 언더컷은 전류가 높을 때 발생하는 구조상 결함이다.

09 다음 중 저항 용접의 3요소가 아닌 것은?

① 가압력 ② 통전 시간
③ 용접 토치 ④ 전류의 세기

해설 전기 저항용접의 3요소는 가압력, 전류의 세기, 통전 시간이다.

10 다음 중 스터드 용접법의 종류가 아닌 것은?

① 아크 스터드 용접법
② 저항 스터드 용접법
③ 충격 스터드 용접법
④ 텅스턴 스터드 용접법

해설 **스터드 용접**

① **원리** : 스터드 용접은 크게 저항 용접에 의한 것, 충격 용접에 의한 것, 아크 용접에 의한 것으로 구분 되며, 아크 용접은 모재와 스터드 사이에 아크를 발생 시켜 용접한다.

② **특징**
- ㉠ 자동 아크 용접이다.
- ㉡ 볼트, 환봉, 핀 등을 용접한다.
- ㉢ 0.1 ~ 2초 정도의 아크가 발생한다.
- ㉣ 셀렌 정류기의 직류 용접기를 사용한다. 교류도 사용 가능하다.
- ㉤ 짧은 시간에 용접되므로 변형이 극히 적다.
- ㉥ 철강재 이외에 비철 금속에도 쓸 수 있다.

11 논 가스 아크 용접의 설명으로 틀린 것은?

① 보호 가스나 용제를 필요로 한다.
② 바람이 있는 옥외에서 작업이 가능하다.
③ 용접장치가 간단하며 운반이 편리하다.
④ 용접 비드가 아름답고 슬래그 박리성이 좋다.

해설 **논 실드 아크 용접(논가스 아크 용접)**
옥외에서 사용 가능하도록 플럭스가 첨가된 복합 와이어를 사용하여 용접을 진행한다.

① **장점**
- ㉠ 보호 가스나 용제가 불필요
- ㉡ 바람이 있는 옥외에서 사용 가능
- ㉢ 전원으로는 교류 및 직류를 모두 사용 가능
- ㉣ 전자세 용접이 가능
- ㉤ 용접 비드가 아름답고 슬래그의 박리성이 우수
- ㉥ 용접 장치가 간단하고 운반이 편리
- ㉦ 아크를 중단하지 않고 연속 용접을 할 수 있다.

② **단점**
- ㉠ 용착 금속에 기계적 성질이 다소 떨어진다.
- ㉡ 와이어 가격이 고가이다.
- ㉢ 아크 빛이 강하며, 보호 가스 발생이 많아 용접선이 잘 안 보인다.

정답 06. ④ 07. ④ 08. ① 09. ③ 10. ④ 11. ①

12 **전자렌즈에 의해 에너지를 집중시킬 수 있고 고용융 재료의 용접이 가능한 용접법은?**

① 레이저 용접 ② 피복아크 용접
③ 전자 빔 용접 ④ 초음파 용접

해설 전자 빔 용접은 고 진공 중에서 전자를 전자 코일로서 적당한 크기로 만들어 양극 전압에 의해 가속시켜 접합부에 충돌시켜 그 열로 용접하는 방법으로 고 용융 재료의 용접이 가능하다.

13 **다음 중 용접 금속에 기공을 형성하는 가스에 대한 설명으로 틀린 것은?**

① 응고 온도에서의 액체와 고체의 용해도 차에 의한 가스 방출
② 용접금속 중에서의 화학반응에 의한 가스 방출
③ 아크 분위기에서의 기체의 물리적 혼입
④ 용접 중 가스 압력의 부적당

해설 기공은 공기구멍이라고 생각하면 된다. 즉 용융 금속 중에 기포가 응고시 수증기가 빠져 나기지 못하고 잔류하여 생긴 것은 기공이다. 하지만 이 문항의 경우 사스 압력의 부적당으로도 기공은 발생할 수 있다.

14 **용접 지그를 사용했을 때의 장점이 아닌 것은?**

① 구속력을 크게 하여 잔류응력 발생을 방지한다.
② 동일 제품을 다량 생산할 수 있다.
③ 제품의 정밀도를 높인다.
④ 작업을 용이하게 하고 작업능률을 높인다.

해설 **용접 지그 사용 효과**
① 용접을 하기 쉬운 자세를 취할 수 있다. 즉 아래보기 자세로 용접 할 수 있다.
② 제품의 정밀도 향상을 가져 올 수 있다.
③ 용접 조립 작업을 단순화 또는 자동화를 할 수 있게 하여 작업 능률이 향상된다.

15 **볼트나 환봉을 피스톤형의 홀더에 끼우고 모재와 볼트 사이에 순간적으로 아크를 발생시켜 용접하는 방법은?**

① 서브머지드 아크 용접
② 스터드 용접
③ 테르밋 용접
④ 불활성가스 아크 용접

해설 스터드 용접은 크게 저항 용접에 의한 것, 충격 용접에 의한 것, 아크 용접에 의한 것으로 구분 되며, 아크 용접은 모재와 스터드 사이에 아크를 발생 시켜 용접한다.

16 **용접 순서에 관한 설명으로 틀린 것은?**

① 중심선에 대하여 대칭으로 용접한다.
② 수축이 적은 이음을 먼저하고 수축이 큰 이음은 후에 용접한다.
③ 용접선의 직각 단면 중심축에 대하여 용접의 수축력의 합이 0이 되도록 한다.
④ 동일 평면 내에 많은 이음이 있을 때는 수축은 가능한 자유단으로 보낸다.

해설 **용접 조립시 유의점**
① 수축이 큰 맞대기 이음을 먼저 용접하고 다음에 필렛 용접
② 큰 구조물은 구조물에 중앙에서 끝으로 향하여 용접
③ 용접선에 대하여 수축력의 화가 영이 되도록 한다.
④ 리벳과 같이 쓸 때는 용접을 먼저 한다.
⑤ 용접 불가능한 곳이 없도록 한다.
⑥ 물품의 중심에 대하여 대칭으로 용접 진행

17 **심 용접의 종류가 아닌 것은?**

① 횡 심 용접(circular seam welding)
② 매시 심 용접(mash seam welding)
③ 포일 심 용접(foil seam welding)
④ 맞대기 심 용접(butt seam welding)

해설 **심용접**
① 점용접에 비해 가압력은 1.2~1.6배, 용접 전류는 1.5~2.0배 증가
② 단속 통전법, 연속 통전법, 맥동 통전법 등이 있다.
③ 이음 형상에 따라 원주 심, 세로 심이 있다.

정답 12. ③ 13. ④ 14. ① 15. ② 16. ② 17. ①

④ 용접 방법에 따라 매시 심, 포일 심, 맞대기 심, 로울러 심이 있다.
⑤ 기·수·유밀성을 요하는 0.2 ~ 4mm 정도 얇은 판에 이용

18 플래시 버트 용접 과정의 3단계는?

① 업셋, 예열, 후열
② 예열, 검사, 플래시
③ 예열, 플래시, 업셋
④ 업셋, 플래시, 후열

해설 플래시 용접은 맞대기 전기 저항 용접으로 그 3단계는 예열 → 플래시 → 업셋의 순으로 진행된다.

19 예열의 목적에 대한 설명으로 틀린 것은?

① 수소의 방출을 용이하게 하여 저온 균열을 방지한다.
② 열영향부와 용착 금속의 경화를 방지하고 연성을 증가시킨다.
③ 용접부의 기계적 성질을 향상시키고 경화조직의 석출을 촉진시킨다.
④ 온도 분포가 완만하게 되어 열응력의 감소로 변형과 잔류 응력의 발생을 적게 한다.

해설 **예열의 목적**
① 용접부와 인접된 모재의 수축응력을 감소하여 균열 발색 억제
② 냉각속도를 느리게 하여 모재의 취성 방지
③ 용착금속의 수소 성분이 나갈 수 있는 여유를 주어 비드 밑 균열 방지
④ 강재를 가스 절단시 800~900℃로 예열한다.

20 다음 중 파괴시험에서 기계적 시험에 속하지 않는 것은?

① 경도 시험 ② 굽힘 시험
③ 부식 시험 ④ 충격 시험

해설 부식시험은 화학적 시험이다.

21 다음 중 부하전류가 변화여도 단자 전압은 거의 변화하지 않는 용접기의 특성은?

① 수하 특성 ② 하향 특성
③ 정전압 특성 ④ 정전류 특성

해설 정전압 특성(자기 제어 특성) : 수하 특성과는 반대의 성질을 갖는 것으로 부하 전류가 변해도 단자 전압이 거의 변하지 않는 것으로 CP(Constant Potential) 특성이라고도 한다. 주로 반자동 및 자동 용접에 필요한 특성이다. 또한 아크 길이가 길어지면 부하 전압은 일정하지만 전류가 낮아져 정상보다 늦게 녹아 정상적인 아크 길이를 맞추고 반대로 아크 길이가 짧아지면 부하 전압은 일정하지만 전류가 높아져 와이어의 녹는 속도를 빨리하여 스스로 아크 길이를 맞추는 것을 자기 제어 특성이라 한다.

22 다음 중 용접봉의 내균열성이 가장 좋은 것은?

① 셀롤로오스계 ② 티탄계
③ 일미나이트계 ④ 저수소계

해설 피복제의 성분 중 염기성이 높을수록 내균열이 우수하다. 따라서 염기성이 높은 저수소계(E4316)가 내균열성이 우수하다.

23 용접 시공 계획에서 용접 이음 준비에 해당되지 않는 것은?

① 용접 홈의 가공 ② 부재의 조립
③ 변형 교정 ④ 모재의 가용접

해설 용접 이음 준비에는 홈의 가공, 가접 부재의 조립 등이 있다. 하지만 변형 교정은 용접 후에 처리하는 방법이다.

24 산소 - 아세틸렌 가스 절단과 비교한 산소 - 프로판 가스 절단의 특징으로 옳은 것은?

① 절단면이 미세하며 깨끗하다.
② 절단 개시 시간이 빠르다.
③ 슬래그 제거가 어렵다.
④ 중성불꽃을 만들기가 쉽다.

해설 아세틸렌가스와 프로판가스의 비교

아세틸렌	프로판
• 혼합비 1 : 1 • 점화 및 불꽃 조절이 쉽다. • 예열 시간이 짧다. • 표면의 녹 및 이물질 등에 영향을 덜 받는다. • 박판의 경우 절단 속도가 빠르다.	• 혼합비 1 : 4.5 • 절단면이 곱고 슬랙이 잘 떨어진다. • 중첩 절단 및 후판에서 속도가 빠르다. • 분출 공이 크고 많다. • 산소 소비량이 많아 전체적인 경비는 비슷하다.

정답 18. ③ 19. ③ 20. ③ 21. ③ 22. ④ 23. ③ 24. ①

25 **혼합가스 연소에서 불꽃 온도가 가장 높은 것은?**

① 산소 – 수소 불꽃
② 산소 – 프로판 불꽃
③ 산소 – 아세틸렌 불꽃
④ 산소 – 부탄 불꽃

해설

가스의 종류	완전 연소 반응식	비중	산소와 혼합시 불꽃최고 온도(℃)	발열량 (kcal/m²)	공기중 기체 함유량
아세틸렌	$C_2H_2+2\frac{1}{2}O_2 = 2CO_2+H_2O$	0.906	3,430	12,753.7	2.5 ~ 80
수소	$H_2+\frac{1}{2}O_2 = H_2O$	0.070	2,900	2,446.4	4 ~ 74
프로판	$C_3H_8+5O_2 = 3CO_2+4H_2O$	1.522	2,820	20,550.1	2.4 ~ 9.5
메탄	$CH_4+2O_2 = CO_2+2H_2O$	0.555	2,700	8,132.8	5 ~ 15

26 **가스 절단작업에서 절단속도에 영향을 주는 요인과 가장 관계가 먼 것은?**

① 모재의 온도 ② 산소의 압력
③ 산소의 순도 ④ 아세틸렌 압력

해설 아세틸렌 압력은 일반적으로 산소 압력의 1/10배 정도 사용하므로 절단 속도에 영향을 미치는 요소 중 가장 거리가 멀다.

27 **용접용 2차측 케이블의 유연성을 확보하기 위하여 주로 사용하는 캡 타이어 전선에 대한 설명으로 옳은 것은?**

① 가는 구리선을 여러 개로 꼬아 얇은 종이로 싸고 그 위에 니켈 피복을 한 것
② 가는 구리선을 여러 개로 꼬아 튼튼한 종이로 싸고 그 위에 고무 피복을 한 것
③ 가는 알루미늄선을 여러 개로 꼬아 튼튼한 종이로 싸고 그 위에 니켈 피복을 한 것
④ 가는 알루미늄선을 여러 개로 꼬아 얇은 종이로 싸고 그 위에 고무 피복을 한 것

해설 케이블의 2차측은 유연성이 요구되므로 전선 지름이 0.2 ~ 0.5(mm)의 가는 구리선을 수백 선 내지 수천선 꼬아서 만든 캡 타이어 전선을 사용한다. 또한 크기의 단위도 1개의 선은 의미가 없으므로 단면적(mm²)을 사용한다. 하지만 1차측은 고정된 선으로 유동성이 없어야 하므로 단선으로 지름(mm)을 사용하여 그 크기를 표시한다.

28 **화재 및 소화기에 관한 내용으로 틀린 것은?**

① A급 화재란 일반화재를 뜻한다.
② C급 화재란 유류화재를 뜻한다.
③ A급 화재에는 포말소화기가 적합하다.
④ C급 화재에는 CO_2 소화기가 적합하다.

해설 화재의 종류
① **A급(일반 화재)** : 목재, 종이, 섬유 등이 연소한 후 재를 남기는 화재(물을 사용하여 불을 끔)
② **B급(유류 화재)** : 석유, 프로판 가스 등과 같이 연소할 후 아무것도 남기지 않는 화재(이산화탄소, 소화 분말 등을 뿌려 불을 끔)
③ **C급(전기 화재)** : 전기 기계 등에 의한 화재(이산화탄소, 증발성 액체, 소화 분말 등을 뿌려 불을 끔)
④ **D급(금속 화재)** : 마그네슘과 같은 금속에 의한 화재(마른 모래를 뿌려 불을 끔)

29 **가스 절단 작업 시 표준 드래그 길이는 일반적으로 모재 두께의 몇 % 정도인가?**

① 5 ② 10
③ 20 ④ 30

해설 ① 가스 절단면에 있어서 절단기류의 입구점과 출구점 사이의 수평거리
② 드래그의 길이는 판 두께의 $\frac{1}{5}$ 즉 20% 정도가 좋다.
③ 드래그는 가능한 작고 일정할 것

30 **일반적으로 두께가 3㎜인 연강판을 가스 용접하기에 가장 적합한 용접봉의 직경은?**

① 약 2.6㎜ ② 약 4.0㎜
③ 약 5.0㎜ ④ 약 6.0㎜

해설 가스 용접봉의 지름을 구하고자 할 때는 용접하고자 하는 모재 두께의 반에 1을 더한 것이다. 즉 $D=\frac{t}{2}+1$이 되어 1.5+1이 되어 2.5이므로 정답은 2.6㎜가 된다.

정답 25. ③ 26. ④ 27. ② 28. ② 29. ③ 30. ①

31 용접기의 규격 AW 500의 설명 중 옳은 것은?

① AW은 직류 아크 용접기라는 뜻이다.
② 500은 정격 2차 전류의 값이다.
③ AW은 용접기의 사용률을 말한다.
④ 500은 용접기의 무부하 전압 값이다.

해설 AW는 정격 2차 전류를 의미한다. 따라서 AW 500이란 정격 2차 전류의 값이 500A임을 나타낸 것이다.

32 가스 용접에서 프로판 가스의 성질 중 틀린 것은?

① 증발 잠열이 작고, 연소할 때 필요한 산소의 양은 1:1정도이다.
② 폭발한계가 좁아 다른 가스에 비해 안전도가 높고 관리가 쉽다.
③ 액화가 용이하여 용기에 충전이 쉽고 수송이 편리하다.
④ 상온에서 기체 상태이고 무색, 투명하며 약간의 냄새가 난다.

해설 프로판 가스의 특징
① 공기보다 무겁다.
② 액체 상태에서 물보다 가볍다.
③ 기화하면 부피는 약 250배 정도 늘어난다.
④ 기화 및 액화가 용이하다.
⑤ 기화잠열이 크다.
⑥ 무색, 무미, 무취이다.
⑦ 연소 발열량이 크다.
⑧ 연소시 다량의 공기가 필요하다. 즉 필요한 산소의 양은 1:4.5정도이다.
⑨ 연소 범위가 좁다.
⑩ 발열온도(착화점)가 높다.

33 용접법의 분류에서 아크용접에 해당되지 않는 것은?

① 유도가열 용접 ② TIG 용접
③ 스터드 용접 ④ MIG 용접

해설 **압접**(Pressure Welding) : 접합 부분을 열간 또는 냉간 상태에서 압력을 주어 접합하는 방법으로 그 종류는 전기 저항 용접(점용접, 심 용접, 프로젝션 용접, 업셋 용접, 플래시 용접, 퍼커션 용접), 초음파 용접, 마찰 용접, 유도가열 용접, 가스 압접 등이 있다. 여기서 유도가열 용접은 아크 용접이 아니다.

34 피복 아크 용접 시 용접선 상에서 용접봉을 이동시키는 조작을 말하며 아크의 발생, 중단, 재아크, 위빙 등이 포함된 작업을 무엇이라 하는가?

① 용입 ② 운봉
③ 키홀 ④ 용융지

해설 운봉이란 용접봉을 움직이는 것을 말하며 위빙작업 등이 있다.

35 다음 중 재결정 온도가 가장 낮은 것은?

① Sn ② Mg
③ Cu ④ Ni

해설 **재결정** : 가공에 의해 생긴 응력이 적당한 온도로 가열하면 일정 온도에서 응력이 없는 새로운 결정이 생기는 것으로 Fe(350~450℃), Mg(150℃), Cu(150~240℃), Au(200℃), Pb(−3℃), Sn(상온) Al(150℃) 등이다.

36 피복 아크 용접 중 용접봉의 용융속도에 관한 설명으로 옳은 것은?

① 아크전압 × 용접봉쪽 전압강하로 결정된다.
② 단위시간당 소비되는 전류 값으로 결정된다.
③ 동일종류 용접봉인 경우 전압에만 비례하여 결정된다.
④ 용접봉 지름이 달라도 동일 종류 용접봉인 경우 용접봉 지름에는 관계가 없다.

해설 용접봉의 용융속도는 단위 시간당 소비되는 용접봉의 길이 또는 무게로 나타낸다.

37 가스 용접봉 선택조건으로 틀린 것은?

① 모재와 같은 재질일 것
② 용융 온도가 모재보다 낮을 것
③ 불순물이 포함되어 있지 않을 것
④ 기계적 성질에 나쁜 영향을 주지 않을 것

정답 31. ② 32. ① 33. ① 34. ② 35. ① 36. ④ 37. ②

해설 가스 용접봉은 일반적으로 모재와 재질이 같은 것을 선택하며 모재 보다 용융 온도가 높거나 낮으면 적합하지 않다.

38 피복 아크 용접봉에서 피복제의 역할로 틀린 것은?

① 용착금속의 급랭을 방지한다.
② 모재 표면의 산화물을 제거 한다.
③ 용착금속의 탈산 정련 작용을 방지한다.
④ 중성 또는 환원성 분위기로 용착금속을 보호한다.

해설 **피복제의 역할**
① 아크 안정
② 산·질화 방지
③ 용적을 미세화 하여 용착 효율 향상
④ 서냉으로 취성 방지
⑤ 용착 금속의 탈산 정련 작용
⑥ 합금 원소 첨가
⑦ 슬래그의 박리성 증대
⑧ 유동성 증가
⑨ 전기 절연 작용 등이 있다.

39 가스절단에서 예열불꽃의 역할에 대한 설명으로 틀린 것은?

① 절단산소 운동량 유지
② 절단산소 순도 저하 방지
③ 절단개시 발화점 온도 가열
④ 절단재의 표면 스케일 등의 박리성 저하

해설 예열용 가스로는 아세틸렌, 프로판, 수소, 천연 가스 등 여러 종류가 사용될 수 있으며 일반적으로 아세틸렌이 많이 사용된다. 예열 불꽃이 강하면 절단면이 거칠어지며, 슬래그 중의 철 성분의 박리가 어렵고, 모재가 용융되어 둥글게 되어 드로스 등이 발생할 수 있다. 아울러 예열 불꽃이 약해도 절단 속도가 늦어지고 절단이 중단되기 쉬우며 드래그가 증가와 더불어 역화를 일으킬 수도 있다.

40 압입체의 대면각이 136° 인 다이아몬드 피라미드에 하중 1~120kg을 사용하여 특히 얇은 물건이나 표면 경화된 재료의 경도를 측정하는 시험법은 무엇인가?

① 로크웰 경도 시험법
② 비커스 경도 시험법
③ 쇼어 경도 시험법
④ 브리넬 경도 시험법

해설 **경도 시험**
① 브리넬 경도는 담금질된 강구를 일정하중으로 시험편의 표면에 압입한 후 이때 생긴 오목자국의 표면적을 측정하여 구한다. 그 공식은 $H_B = \frac{P}{A} = \frac{2P}{\pi D(D-\sqrt{D^2-d^2})}$ 가 된다.
② 비커스 경도는 꼭지각인 136°인 다이아몬드 4각추의 압자를 일정하중으로 시험편에 압입한 후 생긴 오목자국의 대각선을 측정하여 경도를 산출한다. 그 공식으로는 $1.854 \times \frac{P}{d^2}$ 로 구한다.
③ **로크웰 경도** : B스케일(하중이 100kg), C스케일(꼭지각이 120°하중은 150kg)이 있다.
④ **쇼어 경도** : 추를 일정한 높이에서 낙하시켜 반발한 높이로 측정한다. 완성품의 경우 많이 쓰인다.
$Hs = \frac{10,000}{65} \times \frac{h}{h_0}$ (h_0 : 추의 낙하 높이(25cm), h : 추의 반발 높이)

41 탄소 함량 3.4%, 규소 함량 2.4% 및 인 함량 0.6%인 주철의 탄소당량(CE)은?

① 4.0 ② 4.2
③ 4.4 ④ 4.6

해설 주철의 탄소 당량(C_{eq})은 $C + \frac{Mn}{6} + \frac{Si+P}{3}$ 으로 구한다.
따라서 $3.4 + \frac{2.4+0.6}{3} = 4.4$가 된다.

42 다음의 조직 중 경도 값이 가장 낮은 것은?

① 마텐자이트 ② 베이나이트
③ 소르바이트 ④ 오스테나이트

해설 **오스테나이트(Austenite)** : α − Fe과 Fe_3C의 침상 조직으로 노중 냉각하여 얻는 조직으로 연성이 크고, 상온 가공과 절삭성이 양호하다. 즉 제시된 강중 가장 경도가 낮다.
일반적으로 강도 및 경도 값은 Martensite > Troostite > Sorbite > Pearlite > Austenite 순이다.

정답 38. ③ 39. ④ 40. ② 41. ③ 42. ④

43 **주철의 조직은 C 와 Si 의 양과 냉각속도에 의해 좌우된다. 이들의 요소와 조직의 관계를 나타낸 것은?**

① C.C.T 곡선 ② 탄소 당량도
③ 주철의 상태도 ④ 마우러 조직도

해설 마우러 조직 선도 : C, Si의 양 냉각 속도에 따른 조직의 변화를 표시한 것

44 **Au의 순도를 나타내는 단위는?**

① K(carat) ② P(pound)
③ %(percent) ④ ㎛(micron)

해설 금의 순도 단위는 캐럿(K)이다.

45 **열팽창계수가 다른 두 종류의 판을 붙여서 하나의 판으로 만든 것으로 온도 변화에 따라 휘거나 그 변형을 구속하는 힘을 발생하여 온도 감응 소자 등에 이용되는 것은?**

① 서멧 재료 ② 바이메탈 재료
③ 형상 기억합금 ④ 수소 저장합금

해설 열팽창계수가 다른 두 종류의 금속을 붙여 온도 변화에 따라 휘거나 그 변형을 구속하는 힘을 발생하여 온도 감응 소자 등에 사용되는 것을 바이메탈이라고 한다.

46 **미세한 결정립을 가지고 있으며, 어느 응력하에서 파단에 이르기까지 수백 % 이상의 연신율을 나타내는 합금은?**

① 제진 합금 ② 초소성 합금
③ 비정질 합금 ④ 형상 기억 합금

해설 초소성 합금이란 점토처럼 변형이 쉬워 복잡한 모양도 가공이 용이한 합금을 말한다.

47 **Al-Si계 합금을 개량처리하기 위해 사용되는 접종처리제가 아닌 것은?**

① 금속나트륨 ② 염화나트륨
③ 불화알칼리 ④ 수산화나트륨

해설 Al-Si계 합금의 조대한 공정조직을 미세화하기 위하여 나트륨(Na), 수산화나트륨(NaOH), 알칼리염류 등을 합금 용탕에 첨가하여 10~15분간 유지하는 개량처리를 한다.

48 **1000~1100℃에서 수중냉각 함으로써 오스테나이트 조직으로 되고, 인성 및 내마멸성 등이 우수하여 광석 파쇄기, 기차 레일, 굴삭기 등의 재료로 사용되는 것은?**

① 고 Mn강 ② Ni – Cr강
③ Cr – Mo강 ④ Mo계 고속도강

해설 MN강

Mn강	저Mn강 (1 ~ 2%)	• 일명 듀콜강, 조직은 펄라이트 • 용접성 우수, 내식성 개선 위해 Cu 첨가
	고Mn강 (10 ~ 14%)	• 하드 필드강(수인강), 조직은 오스테나이트 • 경도가 커서 내마모재, 광산 기계, 칠드 롤러

49 **황동 중 60%Cu + 40%Zn 합금으로 조직이 α + β 이므로 상온에서 전연성이 낮으나 강도가 큰 합금은?**

① 길딩 메탈(gilding metal)
② 문쯔 메탈(Muntz metal)
③ 두라나 메탈(durana metal)
④ 애드미럴티 메탈(Admiralty metal)

해설 문쯔메탈(Muntz metal)이라고 하며 Cu 60 : Zn 40의 성분으로 값이 싸고, 내식성이 다소 낮고, 탈아연 부식을 일으키기 쉬우나 강력하기 때문에 기계 부품용으로 많이 쓰인다. 판재, 선재, 볼트, 너트, 열교환기, 파이프, 밸브, 탄피, 자동차 부품, 일반 판금용 재료 등에 사용된다.

50 **압력이 일정한 Fe-C 평형상태도에서 공정점의 자유도는?**

① 0 ② 1
③ 2 ④ 3

해설 공정점의 자유도(F)는 1+2−3이 되어 0이 된다.

정답 43. ④ 44. ① 45. ② 46. ② 47. ② 48. ① 49. ② 50. ①

51 **그림과 같이 제 3각법으로 정투상한 도면에 적합한 입체도는?**

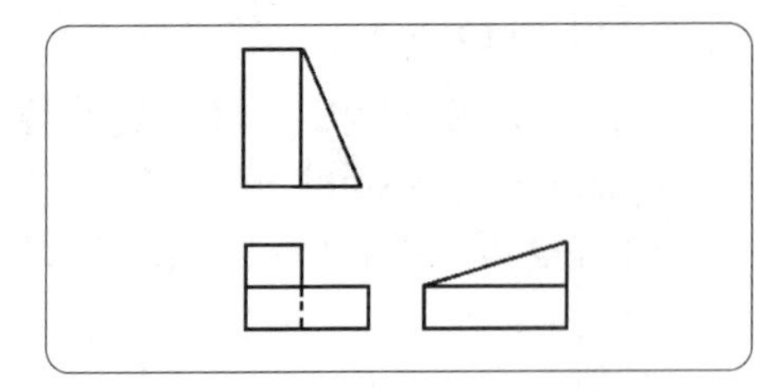

① 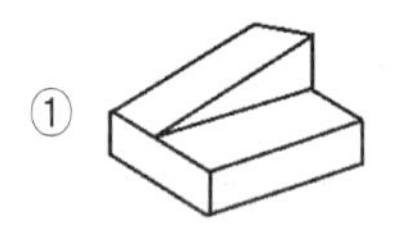
② 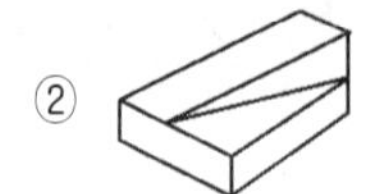
③ 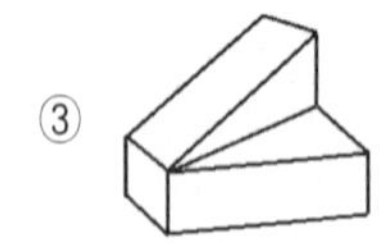
④ 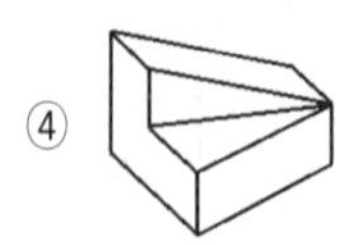

해설

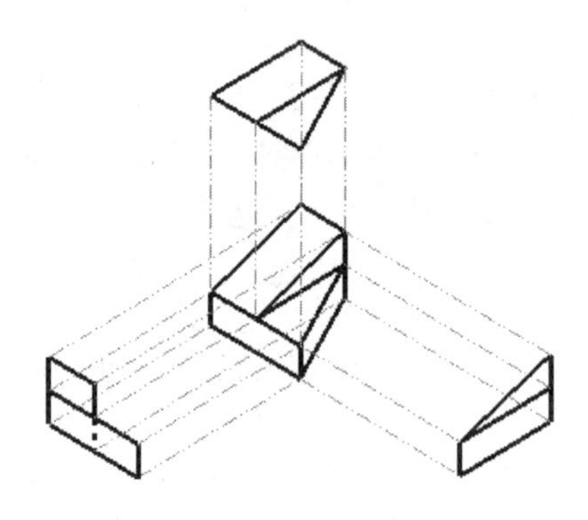

52 **일반적인 판금 전개도의 전개법이 아닌 것은?**

① 다각 전개법 ② 평행선법
③ 방사선법 ④ 삼각형법

해설 **전개도**
① 입체의 표면을 평면 위에 펼쳐 그린 그림
② 전개도를 다시 접거나 감으면 그 물체의 모양이 됨
③ **용도** : 철판을 굽히거나 접어서 만드는 상자, 철제 책꽂이, 캐비닛, 물통, 쓰레받기, 자동차 부품, 항공기 부품, 덕트 등
④ 전개도의 종류
㉠ **평행선 전개법 특징** : 물체의 모서리가 직각으로 만나는 물체나 원통형 물체를 전개할 때 사용
㉡ **방사선 전개법 특징** : 각뿔이나 원뿔처럼 꼭짓점을 중심으로 부채꼴 모양으로 전개하는 방법
㉢ **삼각형 전개법 특징** : 꼭지점이 먼 각뿔이나 원뿔을 전개할 때 입체의 표면을 여러 개의 삼각형으로 나누어 전개하는 방법

53 **다음 중 게이트 밸브를 나타내는 기호는?**

① ② ③ ④

해설 게이트 밸브는 밸브 본체가 유체 통로를 수직으로 막으며 유체의 흐름이 굽어지지 않고 일직선상으로 흐르는 밸브로 ①와 같이 표시한다.

54 **도형의 도시 방법에 관한 설명으로 틀린 것은?**

① 소성가공 때문에 부품의 초기 윤곽선을 도시해야 할 필요가 있을 때는 가는 2점 쇄선으로 도시한다.
② 필릿이나 둥근 모퉁이와 같은 가상의 교차선은 윤곽선과 서로 만나지 않은 가는 실선으로 투상도에 도시할 수 있다.
③ 널링 부는 굵은 실선으로 전체 또는 부분적으로 도시한다.
④ 투명한 재료로 된 모든 물체는 기본적으로 투명한 것처럼 도시한다.

해설 투명한 재료라도 물체의 외형 즉 보이는 곳은 외형선으로 도시한다.

55 **기계제도에서 가는 2점 쇄선을 사용하는 것은?**

① 중심선 ② 지시선
③ 피치선 ④ 가상선

해설 **선의 종류와 용도**
① 외형선은 굵은 실선으로 그린다.
② 치수선, 치수 보조선, 지시선, 회전 단면선, 중심선, 수준면선 등은 가는 실선으로 그린다.
③ 은선(숨은선)은 가는 파선 또는 굵은 파선으로 그린다.
④ 중심선, 기준선, 피치선은 가는 1점 쇄선으로 그

정답 51. ② 52. ① 53. ① 54. ④ 55. ④

린다.

⑤ 특수 지정선은 굵은 1점 쇄선으로 그린다.
⑥ 가상선 무게 중심선은 가는 2점 쇄선으로 그린다.
⑦ 파단선은 물체의 일부를 파단한 곳을 표시하는 선으로 불규칙한 파형의 가는 실선 또는 지그재그 선으로 그린다.
⑧ 절단선은 가는 1점 쇄선으로 끝 부분 및 방향이 변하는 부분을 굵게 한 것
⑨ 해칭은 가는 실선으로 규칙적으로 줄을 늘어놓은 것
⑩ 특수한 용도의 선으로는 가는 실선 아주 굵은 실선으로 나눌 수 있다.

56 아주 굵은 실선의 용도로 가장 적합한 것은?

① 특수 가공하는 부분의 범위를 나타내는데 사용
② 얇은 부분의 단면도시를 명시하는데 사용
③ 도시된 단면의 앞쪽을 표현하는데 사용
④ 이동한계의 위치를 표시하는데 사용

해설 얇은 물체인 개스킷, 박판, 형강의 경우는 한 줄의 굵은 실선으로 단면 도시

57 용접 보조기호 중 "제거 가능한 이면 판재 사용" 기호는?

① MR
② ——
③ (기호)
④ M

해설 M 은 영구적인 덮개 판을 MR 은 제거 가능한 덮개 판을 의미한다.

58 보기 입체도를 제 3각법으로 올바르게 투상한 것은?

(보기)

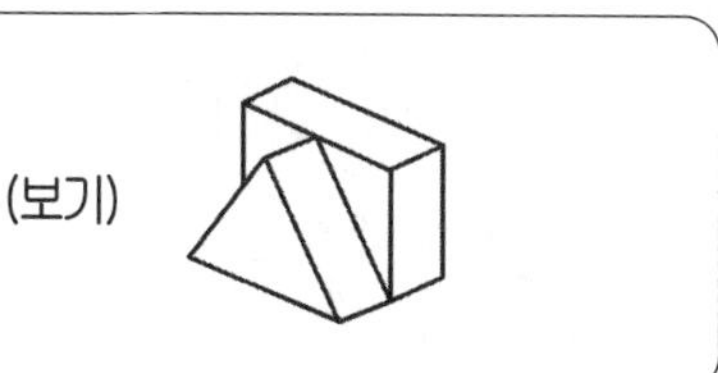

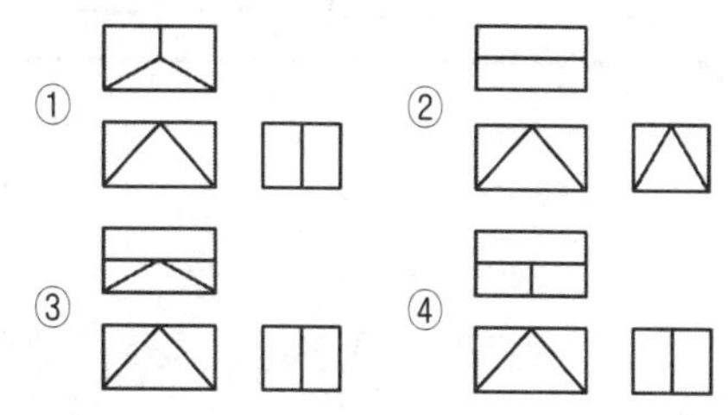

해설

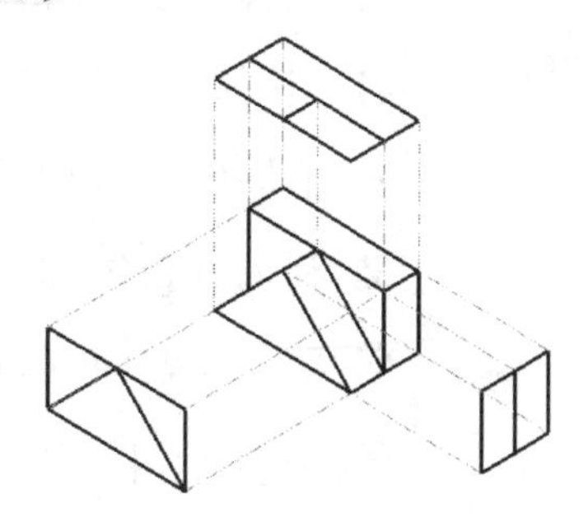

59 다음 중 일반적으로 긴 쪽 방향으로 절단하여 도시할 수 있는 것은?

① 리브 ② 기어의 이
③ 바퀴의 암 ④ 하우징

해설 **길이방향으로 단면하지 않는 부품**

① 길이 방향으로 단면해도 의미가 없는 거나 이해를 방해하는 부품인 축, 리브류, 암류 등은 특정한 일부분의 길이 방향으로 단면을 하지 않는다.
② 얇은 물체인 개스킷, 박판, 형강의 경우는 한 줄의 굵은 실선으로 단면 도시

60 탄소강 단강품의 재료 표시기호 "SF 490A" 에서 "490" 이 나타내는 것은?

① 최저 인장강도
② 강재 종류 번호
③ 최대 항복강도
④ 강재 분류 번호

해설 재료표시에서 490이 의미하는 것은 최저 인장강도를 의미한다.

정답 56. ② 57. ① 58. ④ 59. ④ 60. ①

참고문헌

☑ 고등학교 금속 재료(교육인적자원부)

☑ 고등학교 산업설비(상), (하)(교육인적자원부)

☑ 고등학교 기초제도(교육인적자원부)

☑ 고등학교 기계제도(교육인적자원부)

☑ 전기용접(한국산업인력공단)

☑ 특수용접(한국산업인력공단)

☑ 용접 - 지도용교과서(한국산업인력공단)

☑ KS B 0052

☑ 자동차 차체수리 필기
(박상윤 外 3人, 도서출판 골든벨, 2007)

☑ 차량정비공학
(김영섭 外 4人, 도서출판 골든벨, 2005)

☑ 자동차 재료학
(송창엽 外 3人, 도서출판 골든벨,1999)

E-mail : dgadin@dreamwiz.com

- 김 명 선 (現) 경기도기술학교
- 김 홍 기 (現) 서울북공업고등학교
- 안 재 수 (現) 한국산업직업전문학교
- 윤 수 한 (現) 서울공업고등학교
- 이 상 목 (現) 전문건설공제조합기술교육원
- 임 정 운 (現) 울산현대 WPS기술전문학원
- 최 현 석 (現) 북부기술교육원

패스 용접기능사 학과정복

초 판 발 행 | 2021년 3월 15일
제1판4쇄발행 | 2024년 8월 20일

엮 은 이 | 김명선, 김홍기, 안재수, 윤수한, 이상목, 임정운, 최현석
발 행 인 | 정 옥 자
임프린트 | HJ골든벨타임
등 록 | 제 3-618호(95. 5. 11) © 2021 Han Jin
I S B N | 978-89-97398-12-6
가 격 | **28,000원**

이 책을 만든 사람들

편 집 | 이상호	디 자 인 | 조경미, 박은경, 권정숙
제 작 진 행 | 최병석	웹 매 니 지 먼 트 | 안재명, 서수진, 김경희
오 프 마 케 팅 | 우병춘, 이대권, 이강연	공 급 관 리 | 오민석, 정복순, 김봉식
회 계 관 리 | 김경아	

㈾04316 서울특별시 용산구 원효로 245(원효로 1가) 골든벨빌딩 5~6F
• TEL : 영업지원본부 02-713-4135 / 기획디자인본부 02-713-7452
• FAX : 02-718-5510 • http : // www.gbbook.co.kr • E-mail : 7134135@ naver.com